Educational Producer For Your Success

알기쉽게 풀어쓴!

에듀피디
지적기사 / 필기
지적산업기사

3판

| 이진녕 편저 |

- 과목별 시험에 출제될 가능성이 높은 핵심 이론으로 구성
- 기출문제 및 관련 이론을 집중적으로 학습할 수 있도록 구성
- 과년도 기출문제를 통한 실력 향상

에듀피디 동영상강의 www.edupd.com

Engineer
Cadastral
Surveying

알기쉽게 풀어쓴!

지적기사/
지적산업기사 필기

1판 1쇄	2020년 5월 8일
3판 1쇄	2024년 11월 15일

편저자	이진녕
발행처	에듀피디
등 록	제300-2005-146
주 소	서울 종로구 대학로 45 임호빌딩 2층 (연건동)
전 화	1600-6690
팩 스	02)747-3113

※ 이 책은 저작권법에 따라 보호받는 저작물이므로 무단전재와 무단복제를 금지하며 책 내용의 전부 또는 일부를 이용하려면 반드시 저작권자와 에듀피디의 서면 동의를 받아야 합니다.

CONTENTS 책의 목차

1과목 지적측량

- CHAPTER 01. 지적측량의 개요 ········ 12
- CHAPTER 02. 관측값과 오차 ········ 27
- CHAPTER 03. 각 측량 ········ 40
- CHAPTER 04. 평판 측량 ········ 53
- CHAPTER 05. 지적삼각점 측량 ········ 68
- CHAPTER 06. 지적삼각보조점 측량 ········ 80
- CHAPTER 07. 지적도근점 측량 ········ 94
- CHAPTER 08. 도해세부측량 ········ 109
- CHAPTER 09. 지적확정측량 등 ········ 124
- CHAPTER 10. 면적 측정 ········ 136
- CHAPTER 11. 제도 ········ 150

2과목 응용측량

- CHAPTER 01. 거리측량 ········ 166
- CHAPTER 02. 수준측량 ········ 183
- CHAPTER 03. GPS 측량 ········ 202
- CHAPTER 04. 지형측량 ········ 222
- CHAPTER 05. 면체적 측량 ········ 238
- CHAPTER 06. 터널측량 ········ 261
- CHAPTER 07. 노선측량 ········ 272
- CHAPTER 08. 사진측량 ········ 304
- CHAPTER 09. 지하시설물 측량 ········ 343

3과목 토지정보체계론

- CHAPTER 01. LIS 및 GIS ········ 352
- CHAPTER 02. 자료의 생성 및 구조 ········ 372
- CHAPTER 03. 데이터베이스의 관리 ········ 404
- CHAPTER 04. 국토정보의 관리 ········ 426
- CHAPTER 05. 종합정보시스템 ········ 440

4과목 지적학

- CHAPTER 01. 지적의 개념 ········ 462
- CHAPTER 02. 지적제도의 발달 ········ 478
- CHAPTER 03. 지적제도의 변천사 ········ 496
- CHAPTER 04. 토지등록제도 ········ 515
- CHAPTER 05. 지적재조사 ········ 539

5과목 지적관계법규

- CHAPTER 01. 공간정보법 총칙 ········ 550
- CHAPTER 02. 공간정보법 토지의 등록 ········ 558
- CHAPTER 03. 공간정보법 지적공부 ········ 573
- CHAPTER 04. 공간정보법 토지이동신청 및 지적정리 ········ 584
- CHAPTER 05. 공간정보법 보칙 및 벌칙 ········ 602
- CHAPTER 06. 공간정보법 시행규칙 ········ 610
- CHAPTER 07. 부동산등기법 ········ 621
- CHAPTER 08. 국토의 계획 및 이용에 관한 법률 ········ 630
- CHAPTER 09. 지적재조사에 관한 특별법 ········ 644
- CHAPTER 10. 도로명주소법 ········ 666

2020~2022년도 기출문제

- CHAPTER 01. 2020년도 지적기사 1,2회 ········ 686
- CHAPTER 02. 2020년도 지적기사 3회 ········ 705
- CHAPTER 03. 2020년도 지적기사 4회 ········ 725
- CHAPTER 04. 2021년도 지적기사 1회 ········ 744
- CHAPTER 05. 2021년도 지적기사 2회 ········ 764
- CHAPTER 06. 2021년도 지적기사 3회 ········ 783
- CHAPTER 07. 2022년도 지적기사 1회 ········ 803
- CHAPTER 08. 2022년도 지적기사 2회 ········ 823

GUIDE 출제기준(필기)

직무 분야	건설	중직무 분야	토목	자격 종목	지적기사	적용 기간	2025.1.1~2028.12.31

● 직무내용 : 지적도면의 정리와 면적측정 및 도면작성과 지적측량 및 종합적 계획수립 등을 수행하는 직무이다.

필기검정방법	객관식	문제수	100	시험시간	2시간 30분

필기과목명	문제수	주요항목	세부항목	세세항목
지적측량	20	❶ 총론	❶ 지적측량 개요	1. 지적측량의 목적과 대상 2. 각, 거리 측량 3. 좌표계 및 측량원점
			❷ 오차론	1. 오차의 종류 2. 오차발생 원인 3. 오차보정
		❷ 기초측량	❶ 지적삼각점 측량	1. 관측 및 계산 2. 측량성과 작성 및 관리
			❷ 지적삼각 보조점 측량	1. 관측 및 계산 2. 측량성과 작성 및 관리
			❸ 지적도근점 측량	1. 관측 및 계산 2. 오차와 배분 3. 측량성과 작성 및 관리
		❸ 세부측량 (변경)	❶ 도해측량	1. 지적공부정리를 위한 측량 2. 지적공부를 정리하지 않는 측량
			❷ 지적확정측량(축척 변경, 지적재조사측량 등)	1. 관측 및 계산 2. 경계점좌표등록부 비치 지역의 측량 　방법 3. 측량성과 작성 및 관리
		❹ 면적측정 및 제도	❶ 면적측정	1. 면적측정대상 2. 면적측정 방법과 기준 3. 면적오차의 허용범위 4. 면적의 배분 및 결정
			❷ 제도	1. 제도의 기초이론 2. 제도기기 3. 지적공부의 제도방법

필기과목명	문제수	주요항목	세부항목	세세항목
응용측량	20	❶ 지상측량	❶ 수준측량	1. 직접수준측량 2. 간접수준측량
			❷ 지형측량	1. 지형표시 2. 지형측량 방법 3. 면적 및 체적 계산
			❸ 노선측량	1. 노선측량 방법 2. 원곡선 및 완화곡선
			❹ 터널측량	1. 터널 외 측량 2. 터널 내 측량 3. 터널 내외 연결 측량
		❷ GNSS(위성측위) 및 사진측량	❶ GNSS(위성측위) 측량	1. GNSS(위성측위) 일반 2. GNSS(위성측위) 응용
			❷ 사진측량	1. 사진측량 일반 2. 사진측량 응용
		❸ 지하공간정보 측량	❶ 지하공간정보 측량	1. 관측 및 계산 2. 도면작성 및 대장정리
토지정보 체계론	20	❶ 토지정보체계 일반	❶ 총론	1. 정의 및 구성요소 2. 관련 정보 체계
		❷ 데이터의 처리	❶ 데이터의 종류 및 구조	1. 속성정보 2. 도형정보
			❷ 데이터 취득	1. 기존자료를 이용하는 방법 2. 측량에 의한 방법
			❸ 데이터의 처리	1. 데이터의 입력 2. 데이터의 수정 3. 데이터의 편집
			❹ 데이터 분석 및 가공	1. 데이터의 분석 2. 데이터의 가공
		❸ 데이터의 관리	❶ 데이터베이스	1. 자료관리 2. 데이터의 표준화
		❹ 토지정보체계의 운용 및 활용	❶ 운용	1. 지적공부 전산화 2. 지적공부관리 시스템 3. 지적측량 시스템
			❷ 활용	1. 토지관련 행정 분야 2. 정책 통계 분야

GUIDE 출제기준(필기)

필기과목명	문제수	주요항목	세부항목	세세항목
지적학	20	❶ 지적일반	❶ 지적의 개념	1. 지적의 기본이념 2. 지적의 기본요소 3. 지적의 기능
		❷ 지적제도	❶ 지적제도의 발달	1. 우리나라의 지적제도 2. 외국의 지적제도
			❷ 지적제도의 변천사	1. 토지조사사업 이전 2. 토지조사사업 이후
			❸ 토지의 등록	1. 토지등록제도 2. 지적공부정리 3. 지적관련 조직
			❹ 지적재조사	1. 지적재조사 일반 2. 지적재조사 기법
지적 관계 법규	20	❶ 지적관련법규	❶ 공간정보구축 및 관리 등에 관한 법률	1. 총칙 2. 지적 3. 보칙 및 벌칙 4. 지적측량 시행규칙 5. 지적업무 처리규정
			❷ 지적재조사에 관한 특별법령	1. 지적재조사에 관한 특별법 2. 지적재조사에 관한 특별법 시행령 3. 지적재조사에 관한 특별법 시행규칙
			❸ 도로명주소법령	1. 도로명주소법 2. 도로명주소법 시행령 3. 도로명주소법 시행규칙
			❹ 관계법규	1. 부동산등기법 2. 국토의 계획 및 이용에 관한 법률

직무 분야	건설	중직무 분야	토목	자격 종목	지적산업기사	적용 기간	2025.1.1~2028.12.31

● 직무내용 : 지적도면의 정리와 면적측정 및 도면작성과 지적측량을 수행하는 직무이다.

필기검정방법	객관식	문제수	100	시험시간	2시간 30분

필기과목명	문제수	주요항목	세부항목	세세항목
지적측량	20	❶ 총론	❶ 지적측량 개요	1. 지적측량의 목적과 대상 2. 각, 거리 측량 3. 좌표계 및 측량원점
			❷ 오차론	1. 오차의 종류 2. 오차발생 원인 3. 오차보정
		❷ 기초측량	❶ 지적삼각 보조점 측량	1. 관측 및 계산 2. 측량성과 작성 및 관리
			❷ 지적도근점 측량	1. 관측 및 계산 2. 오차와 배분 3. 측량성과 작성 및 관리
		❸ 세부측량	❶ 도해측량	1. 지적공부정리를 위한 측량 2. 지적공부를 정리하지 않는 측량
		❹ 면적측정 및 제도	❶ 면적측정	1. 면적측정대상 2. 면적측정 방법과 기준 3. 면적오차의 허용범위 4. 면적의 배분 및 결정
			❷ 제도	1. 제도의 기초이론 2. 제도기기 3. 지적공부의 제도방법

GUIDE 출제기준(필기)

필기과목명	문제수	주요항목	세부항목	세세항목
응용측량	20	❶ 지상측량	❶ 수준측량	1. 직접수준측량 2. 간접수준측량
			❷ 지형측량	1. 지형표시 2. 지형측량 방법 3. 면적 및 체적 계산
			❸ 노선측량	1. 노선측량 방법 2. 원곡선 및 완화곡선
		❷ GNSS(위성측위) 및 사진측량	❶ GNSS(위성측위) 측량	1. GNSS(위성측위) 일반 2. GNSS(위성측위) 응용
			❷ 사진측량	1. 사진측량 일반 2. 사진측량 응용
		❸ 지하공간정보 측량	❶ 지하공간정보 측량	1. 관측 및 계산 2. 도면작성 및 대장정리
토지정보 체계론	20	❶ 토지정보체계 일반	❶ 총론	1. 정의 및 구성요소 2. 관련 정보 체계
		❷ 데이터의 처리	❶ 데이터의 종류 및 구조	1. 속성정보 2. 도형정보
			❷ 데이터 취득	1. 기존자료를 이용하는 방법 2. 측량에 의한 방법
			❸ 데이터의 처리	1. 데이터의 입력 2. 데이터의 수정 3. 데이터의 편집
			❹ 데이터 분석 및 가공	1. 데이터의 분석 2. 데이터의 가공
		❸ 데이터의 관리	❶ 데이터베이스	1. 자료관리 2. 데이터의 표준화
		❹ 토지정보체계의 운용 및 활용	❶ 운용	1. 지적공부 전산화 2. 지적공부관리 시스템 3. 지적측량 시스템
			❷ 활용	1. 토지관련 행정 분야 2. 정책 통계 분야

필기과목명	문제수	주요항목	세부항목	세세항목
지적학	20	❶ 지적일반	❶ 지적의 개념	1. 지적의 기본이념 2. 지적의 기본요소 3. 지적의 기능
		❷ 지적제도	❶ 지적제도의 발달	1. 우리나라의 지적제도 2. 외국의 지적제도
			❷ 지적제도의 변천사	1. 토지조사사업 이전 2. 토지조사사업 이후
			❸ 토지의 등록	1. 토지등록제도 2. 지적공부정리 3. 지적관련 조직
			❹ 지적재조사	1. 지적재조사 일반 2. 지적재조사 기법
지적 관계 법규	20	❶ 지적관련법규	❶ 공간정보구축 및 관리 등에 관한 법률	1. 총칙 2. 지적 3. 보칙 및 벌칙 4. 지적측량 시행규칙 5. 지적업무 처리규정
			❷ 지적재조사에 관한 특별법령	1. 지적재조사에 관한 특별법 2. 지적재조사에 관한 특별법 시행령 3. 지적재조사에 관한 특별법 시행규칙
			❸ 도로명주소법령	1. 도로명주소법 2. 도로명주소법 시행령 3. 도로명주소법 시행규칙

알기쉽게 풀어쓴!
지적기사 / 필기
지적산업기사

PART 1

제1과목
지적측량

01 지적측량의 개요
02 관측값과 오차
03 각 측량
04 평판 측량
05 지적삼각점 측량
06 지적삼각보조점 측량
07 지적도근점 측량
08 도해세부측량
09 지적확정측량 등
10 면적 측량
11 제도

CHAPTER 01 지적측량의 개요

1 측량의 정의

- 지구표면 및 우주공간에 존재하는 각 점 간의 상호위치관계와 특성을 해석하는 학문
- 절대적, 상대적 위치를 결정하여 지구의 형상을 결정하거나 위치를 지상에 표시하는 것
- 측량의 3요소 : 거리(Distance), 방향(Direction), 높이(Height)

2 측량의 분류

(1) 측량 규모에 따른 분류

1) 측지학적 측량

- 국지적인 소지측량에 대응되는 측량
- 지구의 형상과 크기 즉 지구의 곡률을 고려하여 지표면을 곡면으로 보고 행하는 대규모 정밀측량
- 측량정확도가 $1/1,000,000(10^{-6})$일 경우 반경 11km 이상 또는 면적이 약 400km^2 이상인 넓은 지역에 해당

2) 평면측량

- 지구의 곡률을 고려하지 않는 측량
- 반경 11km 이내의 지역을 평면으로 취급하여 행하는 측량

(2) 측량 장소에 따른 분류

지표면측량, 지하측량, 해양측량, 공간측량

(3) 측량 목적에 따른 분류

지적측량, 지형측량, 천문측량, 노선측량, 터널측량, 광산측량, 농지측량, 삼림측량, 건축물측량 등

(4) 측량 장비에 따른 분류

거리측량, 수준측량, 평판측량, 사진측량, 트랜싯측량, 컴퍼스측량, 위성측량

(5) 측량 법규에 따른 분류

1) 기본측량

모든 측량의 기초가 되는 공간정보를 제공하기 위하여 국토교통부장관이 실시하는 측량

2) 공공측량

- 국가, 지방자치단체, 그 밖에 대통령령으로 정하는 기관이 관계 법령에 따른 사업 등을 시행하기 위하여 기본측량을 기초로 실시하는 측량
- 위의 항목 외의 자가 시행하는 측량 중 공공의 이해 또는 안전과 밀접한 관련이 있는 측량으로서 대통령령으로 정하는 측량

3) 지적측량

토지를 지적공부에 등록하거나 지적공부에 등록된 경계점을 지상에 복원하기 위하여 필지의 경계 또는 좌표와 면적을 정하는 측량

4) 일반측량

기본측량, 공공측량, 지적측량 및 외의 측량

③ 지적측량의 개요

- 토지를 지적공부에 등록하거나 지적공부에 등록된 경계점을 지상에 복원하기 위하여 필지의 경계 또는 좌표와 면적을 정하는 측량
- 지적확정측량 및 지적재조사측량을 포함

(1) 지적측량의 목적

① 국토의 효율적인 관리와 국민의 소유권의 보호에 기여할 수 있는 토지경계를 설정하는 측량이며, 지적공부에 등록된 경계를 지표에 복원하는 측량
② 토지에 관한 정보를 조사, 측량하여 지적공부에 등록하는 측량
③ 토지에 관한 전반적인 정보를 제공할 수 있는 포괄적인 다목적 지적측량
④ 자연적인 토지의 형상보다는 법률적인 토지단위인 일필지의 경계와 토지소유권의 한계 등을 정확하게 표시하는 측량
⑤ 일필지 내의 건축물과 지하시설물의 상호관계를 나타낼 수 있는 측량
⑥ 지적도 및 임야도와 실제 토지와의 동일성을 나타내는 측량

(2) 지적측량의 성격과 법률적 효력

1) 지적측량의 성격
① 지적측량은 법률의 범위 내에서 국가가 행하는 행정행위인 기속측량
② 직권 등록할 수 있는 강제력이 있고 측량자의 자유의사 개입을 불허하는 측량
③ 지적측량은 토지에 관한 포괄적인 정보를 제공할 수 있는 다목적 지적측량
④ 법률적인 토지단위인 일필지의 경계와 토지소유권의 한계 등을 정확하게 표시하는 사법측량
⑤ 지적소관청의 의사에 따라 실시하는 측량이 아니고 법률의 규정에 따라 실시하는 측량

2) 지적측량의 법률적 효력
지적측량은 행정주체인 국가가 법 규정을 구체적이고 사실적인 집행에 의하여 시행하는 공법행위 중 단독적인 행정행위이며 이 행위가 성립된 경우 법률적인 효력으로 구속력, 공정력, 확정력, 강제력이 발생한다.
① **구속력** : 모든 지적측량은 완료와 동시에 구속력이 발생한다.
② **공정력** : 지적측량을 실시한 결과 적법성을 추정 받는 효력으로 당사자, 지적소관청, 국가기관과 제3자에 대해서도 그 효력이 발생한다.
③ **확정력** : 일단 유효하게 성립된 지적측량에 대해서 일정한 기간이 경과한 뒤 상대방이나 이해관계인이 그 효력을 다툴 수 없으며 변경할 수 없는 효력을 말한다.
④ **강제력** : 지적측량은 권한을 가진 소관청이 시행하는 것이기 때문에 강제력이 있다고 볼 수 있다.

(3) 지적측량의 실시 기준
① 지적공부에 등록할 경계의 설정과 복원을 위한 경계의 위치를 밝히는 모든 측량은 지적측량의 대상이 된다.
② 지적측량은 일필지를 만들거나 일필지의 경계 내에서 발생하는 토지에 대한 변화를 수행한다고 볼 수 있다.
③ 세부측량은 지적공부에 등록하기 위한 측량, 검사하는 측량, 검사를 필요로 하지 않는 측량으로 구분할 수 있다.

구분	세부 내용
지적측량성과검사가 필요한 경우	지적공부를 복구, 토지를 신규등록, 토지를 등록전환, 토지를 분할, 토지의 등록을 말소, 축척을 변경하는 경우, 지적공부의 등록사항을 정정, 토지의 이동이 있는 경우
지적측량성과검사가 필요없는 경우	지적공부를 정리하지 아니하는 측량으로서 경계복원측량, 지적현황측량
지적측량을 필요로 하지 않는 경우	토지합병, 지목변경

(4) 지적측량의 측량기간

① 지적측량의 측량기간은 5일로 하며, 측량검사기간은 4일로 한다. 다만, 지적기준점을 설치하여 측량 또는 측량검사를 하는 경우 지적기준점이 15점 이하인 경우에는 4일을, 15점을 초과하는 경우에는 4일에 15점을 초과하는 4점마다 1일을 가산한다.

② 지적측량 의뢰인과 지적측량수행자가 서로 합의하여 따로 기간을 정하는 경우에는 그 기간에 따르되, 전체 기간의 4분의 3은 측량기간으로, 전체 기간의 4분의 1은 측량 검사기간으로 본다.

4 측량기준점

(1) 측량기준점

구분	세부 내용
측량기준점	국가기준점, 공공기준점, 지적기준점
국가기준점	우주측지기준점(VLBI), 위성기준점(GNSS), 수준점, 중력점, 통합기준점, 삼각점, 지자기점
공공기준점	공공삼각점, 공공수준점
지적기준점	지적삼각점, 지적삼각보조점, 지적도근점

(2) 평면직각좌표 투영원점

원점명	원점의 경위도		비고
	경도	위도	
서부원점	동경 125°	북위 38°	토지조사사업 당시
중부원점	동경 127°	북위 38°	
동부원점	동경 129°	북위 38°	
동해원점	동경 131°	북위 38°	2003년 신설

① 세계측지계에 따르지 아니하는 지적측량의 경우 가우스상사이중투영법으로 표시하되, 직각좌표계원점에 가산수치를 종선에 500,000m(제주도지역은 550,000m), 횡선에 200,000m를 각각 가산한다. 그 밖의 지도 제작이나 필요한 경우 직각좌표계 원점을 사용 시에는 종선에 600,000m, 횡선에 200,000m를 각각 가산하여 사용한다.

② 각 좌표계에서의 투영원점의 가산(加算)수치는 X(N) 600,000m, Y(E) 200,000m이며, 원점의 축척계수는 1.0000으로 한다.

③ 직각좌표는 조건에 따라 TM(Transverse Mercator) 방법으로 표시하고, 원점의 좌표는 (X=0, Y=0)으로 한다.

(3) 기타좌표원점

구분	구소삼각원점	특별소삼각원점
원점설치지역	11개(망산, 계양, 조본, 가리, 등경, 고초, 율곡, 현창, 구암, 금산, 소라)	19개(평양, 의주, 신의주, 진남포, 전주, 마산, 진주, 나주, 광주, 목포, 군산, 원산, 함흥, 청진, 경성, 나남, 회령, 강경, 울릉도)
원점의 위치	대상지역의 중앙에 설치	대상지역의 서남단에 설치
원점의 수치	종선(X) = 0(間), 횡선(Y) = 0(間)	종선(X) = 10000m, 횡선(Y) = 30000m
측량지역	27개 지역으로 경인지역 19개 지역과 대구지역 8개 지역에서 시행	19개지역으로 원점 하나에 한 지역으로 시행
특징	• 소라원점(북위 35° 39′58″. 199선과 동경 128° 43′ 36″. 841선의 교차점)은 가장 남쪽에 위치 • 망산원점(북위 37° 43′07″. 068선과 동경 126° 22′ 24″. 596선의 교차점)은 가장 북쪽에 위치	• 1912년 임시토지조사국에서 시가지세를 빨리 징수하여 재정수요를 충당할 목적으로 실시 • 통일원점지역 삼각점과 연결하는 방식을 취한 원점

(4) 수준원점

① 우리나라의 수준원점은 1910~1915년까지 청진, 원산, 진남포, 목포, 인천에서 평균해수면을 관측하여 이를 기준으로 전국의 수준점을 설치하였다.
② 설치지점은 인천시 남구 인하로 100(인하공업전문대학에 있는 원점표석 수정판의 영 눈금선 중앙점)번지
③ 수치는 인천만 평균해수면상의 높이로부터 26.6871m 높이이다.

5 대삼각본점측량 및 기선측량

(1) 대삼각본점측량

대삼각본점측량은 전국을 23개의 삼각망으로 나누어 6대회의 방향관측을 평균·측정하여 성과를 산출하였고, 대마도의 1등 삼각점 어악(御岳)과 유명산(有名山)의 삼각점을 이용하여 부산의 절영도(絕影島)와 거제도(巨濟島)를 대삼각망으로 구성하였다.

(2) 기선측량

① 기선측량은 1910년 6월에 대전기선을 시작으로 1913년 10월 고건원기선을 측량함으로써 13개소를 설치하였다.
② 지구표면의 표준인 중등해수면상의 길이로 환산하기 위하여 5개소(청진, 원산, 진남포, 목포, 인천)의 험조장(驗潮場)을 설치하고 1년 이상 관측을 실시하여 평균중등조위(平均中等潮位)를 결정하였으며, 각 기선의 고도를 측정하여 매우 정밀하게 계산하였다.

6 지구의 형상(타원체와 지오이드)

(1) 타원체
① 타원체는 기하학적이며 굴곡이 없는 매끈한 면
② 종류로는 회전타원체, 지구타원체, 준거타원체, 국제타원체 등

(2) 지오이드
① 지오이드는 정지된 평균해수면을 육지까지 연장하여 지구전체를 둘렀다고 가정한 곡면
② 고저측량은 지오이드면 표고를 0m(기준면)으로 하여 측량

(3) 연직선편차
① 지오이드에 법선을 연직선, 타원체에 법선을 수직선
② 연직선편차 : 지구타원체상의 점에 대한 수직선을 기준으로 한 연직선의 차이

(4) 타원체와 지오이드의 비교

타원체	지오이드
기하학적으로 정의	물리학적으로 정의
굴곡이 없는 매끈한 면	불규칙한 지형
삼각측량의 기준	수준측량의 기준
타원체의 법선(수직선)	지오이드의 법선(연직선)

7 투영

지도투영법(map projection)이란 곡면인 지구타원체면상의 위치와 형상을 평면에 옮기는 방법으로서, 경위선으로 이루어진 지구상의 가상적인 망 또는 좌표를 평면에 옮기는 방법

(1) 투영방법

1) 정형(정각)도법
지도상에 나타난 경·위선의 교차 각도가 지구본상에서와 같이 그대로 유지되도록 한 투영방법

2) 정적도법
지구상 모든 지역간의 면적 관계가 지도상에서도 그대로 유지되도록 한 투영법

3) 정거도법

지구상에서와 같은 거리관계를 지도상에서도 그대로 유지하도록 투영하는 도법

4) 방위도법

평면의 종이를 지구본에 접하도록 하고, 지구본의 중심이나 그 밖의 지정된 점에서 빛을 비추었을 때, 경·위선의 그림자가 종이에 투영되는 개념을 이용한 방법

(2) 우리나라 도면에 적용하는 투영법(TM투영)

① 회전타원체로부터 직접 횡원통에 투영하는 수학적 개념이 정립되며 TM 투영법을 가우스-크뤼거투영법이라 부르기도 한다.
② 원통의 축을 90° 회전하여 선택한 경선(중앙자오선)과 접하도록 투영하는 도법
③ 중앙자오선과 적도선만 직선으로, 기타 경·위선은 곡선으로 표시
④ 우리나라의 국가기본도 제작에 적용되며 중앙자오선을 125°E, 127°E, 129°E, 131°E로 설정하여 동서방향으로 1° 구간에 적용하며, 중앙자오선의 축척계수는 1.0000

8 측량의 좌표계

(1) 1차원 좌표계

주로 직선과 같은 1차원 선형에 있어서 점의 위치를 표시

(2) 2차원 좌표계

평면상의 한 점의 위치를 표시하기 위해 2차원 좌표 구성 → 2차원 직각좌표계, 평면경사좌표, 2차원 극좌표계

(3) 3차원 좌표계

공간상의 한 점의 위치를 표시하기 위해 3차원 좌표 구성 → 3차원 직각좌표계, 3차원 경사좌표계, 원주좌표계, 구면좌표계 등

(4) 천문좌표계

천문좌표계로는 지평좌표계, 적도좌표계, 황도좌표계, 은하좌표계 등

(5) 지구좌표계

지구상의 한 점의 절대위치를 표시하기 위한 좌표계로는 경위도좌표계, 평면직교좌표, UTM좌표, UPS좌표, 3차원직교좌표 등으로 구분

CHAPTER 01 지적측량의 개요

01. 측량의 정의에 대한 설명이 아닌 것은?

① 우주공간에 존재하는 모든 점들의 상호위치관계를 결정하는 것이다.
② 측량이란 지구의 형상을 결정하고 결정한 위치를 지표상에 표시하는 것이다.
③ 제점들의 관계위치를 결정하는 데는 거리, 방향, 높이의 3요소가 있다.
④ 측량이라 함은 지상측량과 지하측량으로만 한정하고 있다.

> 해설 측량의 분류에서 장소에 따라 분류하면 지표면측량, 지하측량, 해양측량, 공간측량 등으로 구분할 수 있다.

02. 유효하게 성립된 지적측량에 대해서 일정한 기간이 경과한 뒤 상대방이나 이해관계인이 그 효력을 다툴 수 없으며 소관청도 특별한 사유가 없는 한 성과를 변경할 수 없는 효력으로 옳은 것은?

① 구속력 ② 공정력
③ 확정력 ④ 강제력

> 해설 [토지등록의 법률적 효력]
> ① 구속력 : 행정처분이 그 내용에 따라 처분 행정 자신이나 행정처분의 상대방 및 관계인을 구속하는 효력
> ② 공정력 : 토지등록에 있어서의 행정처분이 유효하게 성립하기 위한 요건을 완전히 갖추지 못한 경우에도 절대 무효인 경우를 제외하고 소관청, 감독청, 법원 등 권한 있는 기관에 의해 쟁송 또는 직권으로 취소할 때까지 법적으로 제한을 받지 않고 그 효력을 부인할 수 없는 것으로 적법성이 추정됨
> ④ 강제력 : 지적측량이나 토지등록사항에 대하여 사법권과 관계없이 소관청 명의로 집행할 수 있는 강력한 효력을 말함
> ⑤ 확정력 : 토지에 등록된 표시사항은 일정한 기간이 경과한 뒤에 등록이 유효하며 이해관계인 및 소관청도 그 효력을 다툴 수 없는 것을 형식적 확정력이라 하며, 소관청도 변경할 수 없는 것을 관습적 확정력이라 함

03. 지적측량의 법률적 효력으로 옳지 않은 것은?

① 구인력 ② 강제력
③ 공정력 ④ 확정력

> 해설 지적측량은 행정주체인 국가가 법 규정을 구체적이고 사실적인 집행에 의하여 시행하는 공법행위 중 단독적인 행정행위이며 이 행위가 성립된 경우 법률적인 효력은 구속력, 공정력, 확정력, 강제력 등이 발생한다.

04. 지적측량에 대한 설명으로 틀린 것은?

① 지적측량은 지형측량을 목적으로 한다.
② 지적측량은 기속측량이다.
③ 지적측량은 측량의 정확성과 명확성을 중시한다.
④ 지적측량의 성과는 영구적으로 보존·활용한다.

> 해설 [지적제도의 특성]
> 기속측량, 안전성, 간편성, 정확성, 신속성, 저렴성, 적합성, 등록의 완전성

05. 지적측량에 대한 설명으로 옳은 것은?

① 일반적으로 공사를 하기 위한 측량이다.
② 영속적인 법적효력을 갖는 측량이다.
③ 측량의 완료와 함께 측량성과는 불필요한 측량이다.
④ 측지학의 일반원칙에 의하여 개인이 실시하는 측량이다.

> 해설 지적측량은 영속적인 법적효력을 갖는 기속측량이다.

정답 01. ④ 02. ③ 03. ① 04. ① 05. ②

06. 다음 중 지적측량에 대한 설명으로 옳지 않은 것은?

① 경계점을 지상에 복원하는 경우 지적측량을 하여야 한다.
② 특별소삼각측량지역에 분포된 소삼각측량지역은 별도의 원점을 사용할 수 있다.
③ 조본원점과 고초원점의 평면직각종횡선수치의 단위는 간(間)으로 한다.
④ 지적측량의 방법 및 절차 등에 필요한 사항은 국토교통부령으로 정한다.

해설 [구소삼각원점]
① 조본원점, 고초원점, 율곡원점, 현창원점, 소라원점의 평면직각종횡선수치의 단위는 미터
② 망산원점, 계양원점, 가리원점, 등경원점, 구암원점, 금산원점의 평면직각종횡선수치의 단위는 간(間)
③ 각각의 원점에 대한 평면직각종횡선수치는 0으로 한다.

07. 지적측량의 방법으로 틀린 것은?

① 수준측량방법
② 경위의측량방법
③ 사진측량방법
④ 위성측량방법

해설 [지적측량의 방법]
위성측량, 사진측량, 경위의측량, 전파 및 광파거리측량, 전자평판측량, 평판측량

08. 다음 중 지적관련법령에 의한 지적측량의 구분으로 옳은 것은?

① 기초측량, 세부측량
② 확정측량, 세부측량
③ 기초측량, 삼각측량
④ 세부측량, 삼각측량

해설 공간정보의 구축 및 관리 등에 관한 법률 시행령 제8조 제1항 제3호에 따른 지적기준점을 정하기 위한 기초측량과 일필지의 경계와 면적을 정하는 세부측량으로 구분한다.

09. 다음 중 지적측량을 실시하는 경우로 옳지 않은 것은?

① 지적공부를 복구하는 경우
② 지적측량성과를 검사하는 경우
③ 경계점을 지상에 복원하는 경우
④ 지적기준점 표지를 설치하는 경우

해설 [공간정보의 구축 및 관리 등에 관한 법률 제23조(지적측량의 실시 등)]
지적기준점을 정하는 경우, 지적측량성과를 검사하는 경우, 지적공부를 복구하는 경우, 측량을 할 필요가 있는 경우, 경계점을 지상에 복원하는 경우에는 지적측량을 실시한다.

10. 지적측량이 시행되어야 하는 토지이동 종목으로 연결된 것은?

① 등록전환, 신규등록, 분할
② 분할, 합병, 등록전환
③ 분할, 합병, 신규등록, 등록전환
④ 지목변경, 등록전환, 분할, 합병

해설 토지를 신규등록하는 경우, 토지를 등록전환하는 경우, 토지를 분할하는 경우 등은 지적측량이 시행되어야 하며 지목변경이나 합병은 지적측량을 시행하지 않는다.
[토지의 이동]
① 토지의 이동이란 토지의 표시를 새로이 정하거나 변경 또는 말소하는 것
② 토지이동의 종류 : 신규등록, 등록전환, 분할, 합병, 지목변경, 축척변경, 도시개발사업 등의 신고

11. 다음 중 지적공부의 정리가 수반되지 않는 것은?

① 토지분할
② 축척 변경
③ 신규등록
④ 경계 복원

해설 경계복원측량은 지적공부를 정리하지 않으며, 측량성과에 대한 검사도 받지 않는다.

12. 지적측량의 측량기간 기준으로 옳은 것은? (단, 지적기준점을 설치하여 측량하는 경우는 고려하지 않는다.)

① 4일
② 5일
③ 6일
④ 7일

해설 [지적측량의 측량기간]
지적측량의 측량기간은 5일, 측량검사기간은 4일로 하되 지적기준점을 설치하여 측량 또는 측량검사를 하는 경우 지적기준점이 15점 이하인 경우에는 4일, 15점을 초과하는 경우에는 4일에 15점을 초과하는 4점마다 1일을 가산하도록 하고 있다.

정답 06. ③ 07. ① 08. ① 09. ④ 10. ① 11. ④ 12. ②

13. 지적기준점을 19점을 설치하여 측량하는 경우 측량기간으로 옳은 것은?

① 4일 ② 5일
③ 6일 ④ 7일

해설 ① 지적측량의 측량기간은 5일로 하며, 측량검사기간은 4일로 한다.
② 지적기준점을 설치하여 측량 또는 측량검사를 하는 경우 지적기준점이 15점 이하인 경우에는 4일, 15점을 초과하는 경우에는 15점을 초과하는 4점마다 1일을 가산하도록 하고 있다.
③ 문제의 조건은 지적기준점 19점을 설치이므로 15점에 4일, 초과 4점에 대하여 1일을 가산하므로 측량기간은 5일이 된다.

14. 지적측량에 따른 현지측량 검사를 실시하지 않아도 되는 것은?

① 지적복구측량 ② 등록전환측량
③ 분할측량 ④ 지적현황측량

해설 [공간정보의 구축 및 관리 등에 관한 법률 제25조(지적측량성과의 검사)]
지적공부를 정리하지 아니하는 경계복원측량, 지적현황측량은 지적소관청으로부터 측량성과에 대한 검사를 받지 않는다.

15. 지적측량수행자가 시·도지사 또는 지적소관청으로부터 측량성과에 대한 검사를 받지 않을 수 있는 것은?

① 신규등록측량 ② 지적도근측량
③ 분할측량 ④ 경계복원측량

해설 [공간정보의 구축 및 관리 등에 관한 법률 제25조(지적측량성과의 검사)]
지적측량수행자가 제23조에 따라 지적측량을 하였으면 지적소관청으로부터 측량성과에 대한 검사를 받아야 한다. 다만, 지적공부를 정리하지 아니하는 측량으로서 국토교통부령으로 정하는 측량(경계복원측량, 현황측량)의 경우에는 그러하지 아니하다.

16. 국가기준점에 해당하지 않는 것은?

① 위성기준점 ② 지적삼각점
③ 통합기준점 ④ 삼각점

해설 [공간정보의 구축 및 관리 등에 관한 법률 시행령 제8조(측량기준점의 구분)]
측량기준점의 다음과 같이 구분한다.
1. 국가기준점 : 우주측지기준점, 위성기준점, 수준점, 중력점, 통합기준점, 삼각점, 지자기점
2. 공공기준점 : 공공삼각점, 공공수준점
3. 지적기준점 : 지적삼각점, 지적삼각보조점, 지적도근점

17. 측량기준점을 구분할 때 지적기준점에 해당하지 않는 기준점은?

① 위성기준점 ② 지적삼각형
③ 지적도근점 ④ 지적삼각보조점

해설 [공간정보의 구축 및 관리 등에 관한 법률 시행령 제8조(측량기준점의 구분)]
측량기준점의 다음과 같이 구분한다.
1. 국가기준점 : 우주측지기준점, 위성기준점, 수준점, 중력점, 통합기준점, 삼각점, 지자기점
2. 공공기준점 : 공공삼각점, 공공수준점
3. 지적기준점 : 지적삼각점, 지적삼각보조점, 지적도근점

18. 평면직각종횡선의 종축의 북방향을 기준으로 시계방향으로 측정한 각으로, 지적측량에서 주로 사용하는 방위각은?

① 진북방위각 ② 도북방위각
③ 자북방위각 ④ 천북방위각

해설 [방위각의 종류]
① 진북방위각 : 지구의 자전축이 가리키는 북쪽을 기준으로 한 측선의 우회각(시계방향각)
② 자북방위각 : 지구의 자기장이 가리키는 북쪽을 기준으로 한 측선의 우회각(시계방향각)
③ 도북방위각 : 평면직각종횡선의 북쪽을 기준으로 한 측선의 우회각(시계방향각)으로 지적측량에서 주로 사용

정답 13. ② 14. ④ 15. ④ 16. ② 17. ① 18. ②

19. 도북방위각에 대한 설명으로 옳지 않은 것은?

① 평면직각종횡선의 종축(X)을 기준으로 시계방향으로 측정한 각이다.
② 우리나라 평면직각원점의 종선을 기준으로 구획된 지적도 도곽의 종선과 일치한다.
③ 원점상에서는 도북방위각과 진북방위각이 일치한다.
④ 평면측량인 지적측량분야에서는 Y축을 기준으로 측정한 각을 도북방위각이라 한다.

해설 [도북방위각]
① 평면직각종횡선의 종축(X)을 기준으로 시계방향으로 측정한 각이다.
② 우리나라 평면직각원점의 종선을 기준으로 구획된 지적도 도곽의 종선과 일치한다.
③ 원점상에서는 도북방위각과 진북방위각이 일치한다.
④ 평면측량인 지적측량분야에서는 X축을 기준으로 측정한 각을 도북방위각이라 한다.

20. 삼각측량에 의해 계산된 측지방위각과 천문측량에 의해 측정된 값을 비교하여 그 차이를 조정함으로써 보다 정확한 위치를 결정하기 위해 이용하는 관계식은?

① 르장드르(Legendre) 정리
② 라플라스(Laplace) 정리
③ 가우스(Gauss) 정리
④ 라먼(Larman) 정리

해설 계산된 측지방위각과 천문측량에 의해 관측된 값들을 Laplace 방정식에 적용하여 계산한 측지방위각과 비교하여 그 차이를 조정하여 정확한 위치결정이 가능하다.

21. 측량의 기준인 세계측지계의 요건 중 틀린 것은?

① 회전타원체의 장반경은 6,378,137미터 편평률은 298.257222101분의 1이다.
② 회전타원체의 중심이 지구의 질량중심과 일치할 것
③ 회전타원체의 장반경은 6,377,397미터 편평률은 299.15분의 1이다.
④ 회전타원체의 단축이 지구의 자전축과 일치할 것

해설 [공간정보의 구축 및 관리 등에 관한 법률 시행령 제7조(세계측지계 등)]
1. 회전타원체의 장반경(張半徑) 및 편평률(扁平率)은 다음 항목과 같을 것
  가. 장반경: 6,378,137미터
  나. 편평률: 298.257222101분의 1
2. 회전타원체의 중심이 지구의 질량중심과 일치할 것
3. 회전타원체의 단축(短軸)이 지구의 자전축과 일치할 것

22. 우리나라에서 지적좌표계로 채택하고 있는 준거 타원체의 편평률은?

① 1/293.47   ② 1/297.00
③ 1/298.26   ④ 1/299.15

해설 [공간정보의 구축 및 관리 등에 관한 법률 시행령 제7조(세계측지계 등)]
1. 회전타원체의 장반경(張半徑) 및 편평률(扁平率)은 다음 항목과 같을 것
  가. 장반경: 6,378,137미터
  나. 편평률: 298.257222101분의 1
2. 회전타원체의 중심이 지구의 질량중심과 일치할 것
3. 회전타원체의 단축(短軸)이 지구의 자전축과 일치할 것

23. 지구의 장반경을 6,378km, 타원율(편평률)을 1/298로 하여 적도반경과 극반경과의 차를 구한 값은?

① 21.4km   ② 30.8km
③ 41.6km   ④ 42.8km

해설 편평률 $f = \dfrac{a-b}{a}$ 에서 $\dfrac{1}{298} = \dfrac{a-b}{6,378km}$ 이므로
$a - b = \dfrac{6,378km}{298} = 21.4km$

24. 다음 중 지오이드(Geoid)에 대한 설명으로 옳은 것은?

① 지정된 점에서 중력방향에 직각을 이룬다.
② 수준원점은 지오이드면에 일치한다.
③ 지구타원체의 면과 지오이드면은 일치한다.
④ 기하학적인 타원체를 이루고 있다.

정답 19. ④ 20. ② 21. ③ 22. ③ 23. ① 24. ①

해설 [지오이드(Geoid)]
① 평균해수면을 육지로 연장시켜 지구물체를 둘러싸고 있다고 가정한 선을 지오이드라 한다.
② 지오이드의 특징
- 지오이드는 등포텐셜면이다.
- 지오이드는 연직선 중력방향에 직교한다.
- 지오이드는 불규칙한 지형이다.
- 지오이드는 위치에너지(E=mgh)가 0이다.
- 지오이드는 육지에서는 회전타원체 위에 존재하고, 바다에서는 회전타원체면 아래에 존재한다.

25. 타원체에 대한 설명으로 맞는 것은?

① 실제 지구의 모양과 같이 굴곡이 있는 곡면
② 지구물리학적 형상을 회전타원체라 한다.
③ 어느 지역 측량좌표계의 기준이 되는 지구타원체를 준거타원체라 한다.
④ 타원체는 육지에서 지오이드 위에 해양에서는 지오이드 아래에 존재한다.

해설 타원체는 실제 지구의 모양과 같이 굴곡이 없는 매끈한 면이며, 지구의 기하학적 형상을 회전타원체라 한다. 타원체는 육지에서 지오이드 아래에 존재하고 해양에서는 지오이드 위에 존재한다.

26. Geoid에 관한 설명 중 틀린 것은?

① 지오이드면이란 지구평면이 평균해수면에 의하여 둘러싸여 있다는 가상평면이다.
② 연직선편차란 중력방향과 회전타원체면과의 교각이다.
③ 구과량은 구면삼각형의 면적에 비례한다.
④ 지구의 모양은 남북이 동서보다 약간 편평한 회전타원체이다.

해설 지오이드는 평균해수면을 육지로 연장한 가상의 곡면으로 높이의 기준이 된다. 그러므로 해면과 지오이드는 같은 개념이다.

27. 세계측지계에 따르지 아니하는 지적측량은 어떤 투영법으로 표시함을 원칙으로 하는가?

① 쿠르거투영법
② 가우스상사이중투영법
③ UTM투영법
④ Lambert투영법

해설 지적측량의 경우에는 가우스상사이중투영법에 의하여 표시하며, 직각좌표계의 투영원점의 수치를 X(N)=500,000m, Y(E)=200,000m를 가산하여 적용하며 제주도의 경우는 X(N)=550,000m, Y(E)=200,000m를 가산하여 적용한다.

28. 지적측량에서는 지구의 표면을 평면으로 정하는 투영식은 어느 방법으로 표시함을 기준으로 하는가?

① 가우스법
② 가우스쿠르거법
③ 벳셀법
④ 가우스상사이중투영법

해설 우리나라 지적도 제작에 이용되는 투영방식은 가우스 상사이중투영이며 이는 회전타원체의 지구를 도면으로 표현하기 위해 타원체에서 구체로 등각투영하고 이 구체로부터 평면으로 투영하기 위해 등각원통투영으로 한번 더 투영하는 방법이다.

29. 경위도좌표계에 대한 설명으로 틀린 것은?

① 경도선은 일명 자오선(Meridian)이라고도 한다.
② 원점을 지나는 자오선을 X축, 동서방향을 Y축으로 한다.
③ 그리니치 천문대를 통과하는 자오선을 본초자오선(Prime Meridian)이라 한다.
④ 지표면 위의 한 점에서 세운 법선이 적도면과 이루는 각을 말한다.

해설 원점을 지나는 자오선을 X축, 동서방향을 Y축으로 하는 좌표계는 평면직교좌표이다.

정답 25. ③ 26. ① 27. ② 28. ④ 29. ②

30. 우리나라의 토지조사사업 당시에 적용된 측지학적 요소가 모두 옳게 나열된 것은?

① 원점축척계수 1.0000, 가우스상사이중투영, 등각투영
② 원점축척계수 0.9996, 가우스크루거투영, 등각투영
③ 원점축척계수 1.0000, 가우스상사이중투영, 등적투영
④ 원점축척계수 0.9996, 가우스크루거투영, 등적투영

해설 [우리나라에서 대축척 지도제작에 사용되는 투영법]
① TM 투영으로 등각횡원통투영방법을 이용한다.
② 가우스-크뤼거도법을 사용하며 표준형 Mercator 투영에서 지구를 90° 회전시켜 중앙자오선이 원기둥면에 접하도록 하는 투영
③ 동경 124°~132° 범위를 북위 38°상에서 경도 2°씩 4등분 하여 4개 구역으로 구분
④ 128°를 기준으로 동쪽으로 매 2°씩 이동하면서 중앙자오선 정함
⑤ 중앙자오선에서의 축척계수는 1이며, 중앙자오선 이외 지역에서의 축척계수는 1보다 크다.

31. 다음은 UTM 좌표에 대한 설명이다. 아닌 것은?

① 경도의 원점은 중앙자오선, 위도의 원점은 적도상에 있다.
② 위도방향으로 남위 80°에서 북위 80°까지 투영한다.
③ 중앙자오선에서의 축척계수는 0.9996이다.
④ 종대와 횡대는 각각 60개의 구역으로 나누어진다.

해설 [UTM 좌표계]
① UTM 좌표는 경도를 6° 간격으로, 위도를 8° 간격으로 분할하여 사용한다.
② UTM 좌표는 적도를 횡축으로, 자오선을 종축으로 한다.
③ 80°N과 80°S간 전 지역의 지도는 UTM 좌표로 표시할 수 있다.
④ UTM 좌표는 세계 제2차 대전 말기 연합군의 군사용 좌표로 세계를 하나의 통일된 좌표로 표시하기 위해 고안되었다.
⑤ UTM 좌표에서 종좌표는 N으로, 횡좌표는 E를 붙인다.
⑥ 중앙자오선에서 축척계수는 0.99960이다.

32. 경위도원점에 대한 설명으로 옳지 않은 것은?

① 위도는 준거타원체의 법선이 적도면과 만나는 각이다.
② 경도는 영국의 그리니치 천문대를 통과하는 본초자오선을 기준으로 동경과 서경으로 구분한다.
③ 지구의 위도와 경도를 이용해 지구상의 상대적 위치를 표시하는 기준원점이다.
④ 위도는 남북으로 90°로 분리되었고, 지표면 위의 한 점에서 세운 법선이 적도면과 이루는 각이다.

해설 경위도 원점은 지구의 위도와 경도를 이용해 지구상의 절대적 위치를 표시하는 기준원점을 말한다.

33. 극심입체투영법에 의해 위도 80° 이상의 양극지방에 대한 좌표를 표시하는 것은?

① UPS 좌표　　② 평면직교좌표
③ UTM 좌표　　④ 3차원직교좌표

해설 [UPS 좌표계]
① 지구상의 위치를 나타내기 위해 UTM 좌표계와 더불어 사용되는 지리 좌표계
② 지구의 양 극점 부근의 위치를 나타내는 데 사용
③ UTM 좌표계에서 나타낼 수 없는 북위 84°보다 북쪽과 남위 80°보다 남쪽 지역에 해당
④ 두 좌표계의 경계부가 중첩될 수 있도록 UPS 좌표계의 한계는 위도 30분씩 확장
⑤ UTM 좌표계와 마찬가지로, 등각투영된 직교 격자망과 미터 단위를 사용

34. 90°30′20″를 호도법(radian)의 값으로 환산하면?

① 0.6721　　② 1.6721
③ 1.5802　　④ 1.5796

해설 1라디안은 $1\rho = \dfrac{180°}{\pi}$ 이므로

$$\rho = \dfrac{90°30′20″}{\dfrac{180°}{\pi}} = 1.5796 \text{라디안}$$

35. 다음 중 측량 기준에 대한 설명으로 옳지 않은 것은?

① 수로조사에서 간출지(干出地)의 높이와 수심은 기본수준면을 기준으로 측량한다.
② 지적측량에서 거리와 면적은 지평면상의 값으로 한다.
③ 보통 측량의 원점은 대한민국 경위도원점 및 수준원점으로 한다.
④ 보통 위치는 세계측지계에 따라 측정한 지리학적 경위도와 평균 해수면으로부터의 높이를 말한다.

해설 지적측량은 평면삼각측량을 실시하며 이때 거리와 면적은 수평면상의 값으로 한다.

36. 토지조사사업 당시의 측량 조건으로 틀린 것은?

① 일본의 동경원점을 이용하여 대삼각망을 구성하였다.
② 통일된 원점 체계를 전 국토에 적용하였다.
③ 가우스상사이중투영법을 적용하였다.
④ 벳셀(Bessel)타원체를 도입하였다.

해설 구소삼각점측량은 대한제국에서 국지적으로 실시하였으며 특별소삼각측량은 임시토지조사국에서 시가지세를 급히 징수할 목적으로 실시하여 이를 후에 통일원점지역의 삼각점과 연결하는 방식을 취하였다.

37. 우리나라 토지조사사업 당시 대삼각본점측량의 방법으로 틀린 것은?

① 관측은 기선망에서 12대회의 방향관측을 실시하였다.
② 전국 13개소에 기선을 설치하였다.
③ 대삼각점은 평균 점간거리 30km로 23개의 삼각망으로 구분하였다.
④ 대삼각점은 위도 20′, 경도 15′의 방안 내에 10점이 배치되도록 하였다.

해설 [구소삼각원점]
① 관측은 기선망에서 12대회의 방향관측을 실시하였다.
② 전국 13개소에 기선을 설치하였다.
③ 대삼각점은 평균 점간거리 30km로 23개의 삼각망으로 구분하였다.
④ 대삼각점은 위도 15′, 경도 20′의 방안 내에 1점이 배치되도록 하였다.

38. 지적측량에 사용하는 좌표의 원점 중 서부원점의 위치는?

① 북위 38도선과 동경 123도선의 교차점
② 북위 38도선과 동경 125도선의 교차점
③ 북위 38도선과 동경 127도선의 교차점
④ 북위 38도선과 동경 129도선의 교차점

해설 [우리나라의 직각좌표원점]

명칭	투영원점의 위치	적용지역
서부좌표계	북위 38°, 동경 125°	동경 124~126°
중부좌표계	북위 38°, 동경 127°	동경 126~128°
동부좌표계	북위 38°, 동경 129°	동경 128~130°
동해좌표계	북위 38°, 동경 131°	동경 130~132°

39. 구 한국정부에서 실시한 구소삼각측량에 의해 설치된 원점(구소삼각원점)의 수는?

① 11개　② 13개
③ 19개　④ 27개

해설 구소삼각지역의 직각좌표계 원점은 토지조사 이전에 구한국정부에서 실시한 것으로 망산, 계양, 조본, 가리, 등경, 고초, 율곡, 현창, 구암, 금산, 소라 등 11개 지역이다.

40. 지적측량에 사용되는 구소삼각지역의 직각좌표계 원점이 아닌 것은?

① 망산원점　② 조본원점
③ 가리원점　④ 동경원점

해설 [구소삼각원점]
① 경인지역 : 망산원점 · 계양원점 · 조본원점 · 가리원점 · 등경원점 · 고초원점
② 대구지역 : 율곡원점 · 현창원점 · 구암원점 · 금산원점 · 소라원점

정답 35. ②　36. ②　37. ④　38. ②　39. ①　40. ④

41. 다음 구조삼각지역의 직각좌표계 원점 중 평면직각종횡선 수치의 단위를 간(間)으로 한 원점은?

① 조본원점
② 고초원점
③ 율곡원점
④ 망산원점

해설 [구소삼각원점]
① 조본원점, 고초원점, 율곡원점, 현창원점, 소라원점의 평면직각종횡선수치의 단위는 미터
② 망산원점, 계양원점, 가리원점, 등경원점, 구암원점, 금산원점의 평면직각종횡선수치의 단위는 간(間)
③ 각각의 원점에 대한 평면직각종횡선수치는 0으로 한다.

42. 구소삼각측량에 의하여 설치한 고초원점의 평면직각 종횡선수치(X, Y)는 얼마로 하는가?

① (500000, 200000)
② (30000, 10000)
③ (550000, 200000)
④ (0, 0)

해설 [구소삼각원점]
① 조본원점, 고초원점, 율곡원점, 현창원점, 소라원점의 평면직각종횡선수치의 단위는 미터
② 망산원점, 계양원점, 가리원점, 등경원점, 구암원점, 금산원점의 평면직각종횡선수치의 단위는 간(間)
③ 각각의 원점에 대한 평면직각종횡선수치는 0으로 한다.

43. 지적도의 도곽선 수치는 원점으로부터 각각 얼마를 가산하여 사용할 수 있는가?(단, 제주도지역은 제외한다.)

① 종선 50만 미터, 횡선 20만 미터
② 종선 55만 미터, 횡선 20만 미터
③ 종선 20만 미터, 횡선 50만 미터
④ 종선 20만 미터, 횡선 55만 미터

해설 지적측량의 경우에는 가우스상사이중투영법에 의하여 표시하며, 직각좌표계의 투영원점의 수치를 X(N)=500,000m, Y(E)=200,000m를 가산하여 적용하며 제주도의 경우는 X(N)=550,000m, Y(E)=200,000m를 가산하여 적용한다.

44. 1910년대에 시행한 특별소삼각 측량지역에 해당하지 않은 것은?

① 신의주
② 평양
③ 함흥
④ 개성

해설 특별소삼각측량 시행지역은 평양, 의주, 신의주, 진남포, 전주, 마산, 진주, 나주, 광주, 목포, 군산, 원산, 함흥, 청진, 경성, 나남, 회령, 강경과 지형상 대삼각측량으로 연결할 수 없는 울릉도에 독립된 원점을 합하여 19개 지역으로 하였다.

45. 특별소삼각점 원점의 좌표 종·횡선수치(間)로 옳은 것은?

① (10000, 30000)
② (20000, 60000)
③ (200000, 600000)
④ (500000, 200000)

해설 [삼각점의 원점]
① 구소삼각원점 0, 0
② 특별소삼각 원점 종선 10,000(間), 횡선 30,000(間)

46. 우리나라 토지조사사업 당시 기선측량을 실시한 지역은?

① 7개소
② 10개소
③ 13개소
④ 19개소

해설 기선측량은 1910년 6월에 대전기선을 시작으로 1913년 10월 고건원기선을 측량함으로써 13개소를 설치하였다.

47. 다음 중 구면삼각법을 평면삼각법으로 간주하여 계산할 때 적용하는 이론은?

① 가우스(Gauss) 정리
② 르장드르(Legendre) 정리
③ 푀스니에(Measnier) 정리
④ 가우스쿠르거(Gauss-Kruger) 정리

해설 [르장드르의 정리]
구면삼각형에서 구과량을 고려하는 경우 구과량을 오차로 간주하고 각각의 각에 오차의 1/3만큼씩을 빼주어 평면삼각형으로 간주하여 간편하게 변의 길이를 구하는 방식

02 관측값과 오차

1 오차의 정의

(1) 오차의 개요
- 모든 관측에는 필연적으로 오차가 발생하고, 모든 관측값에는 오차가 포함
- 관측값에서 착오를 제거하고, 여러 상황에 따라 알 수 있는 오차 보정
- 보정된 오차가 허용오차 범위 내에 있다면, 여러 통계학적, 기하학적 조건을 만족하도록 오차를 조정

(2) 오차의 종류
오차는 그 특성에 따라 정오차, 우연오차, 착오로 나눌 수 있으며, 오차 원인에 따라서는 기계오차, 자연오차, 개인오차로 구분

1) 오차의 성질에 의한 분류

① 착오(Mistake)
- 과실, 과대오차(Blunder)라고도 하며 관측자의 실수에 의한 오차
- 물리학적, 통계학적 계산을 통한 오차제거 또는 최소화를 할 수 없는 오차
- 착오는 자료 정리 단계에서 찾아내어 제거해야 함

② 정오차(Systematic Error)
- '체계오차' 또는 '계통오차'라고도 함
- 규칙적으로 발생하므로 횟수에 따라 오차가 누적되어 누적오차, 누차라고도 함
- 관측 조건과 상태가 변화하면 그 상태변화의 물리적인 법칙에 따라 변하는 오차를 말하며, 그 원인, 크기와 방향을 알 수 있는 오차

③ 우연오차(Random Error)
- '부정오차'라고도 하며 원인, 크기와 방향을 알 수 없는 오차
- 오차의 원인을 모르기 때문에 그 오차를 제거할 수 없으며, 충분한 수의 잉여관측을 통하여 통계적 기법으로 조정

2) 오차 발생 원인에 의한 분류

① 기계오차(Instrumental Error)

장비오차라고도 하며, 관측기계가 불완전하여 발생하는 오차

② 자연오차(Natural Error)

환경오차라고도 하며, 관측을 수행할 때의 여러 가지 자연 환경 조건의 변화에 의해 발생하는 오차

③ 개인오차(Personal Error)

관측자의 숙련도나 관측 습관 등에 의해 발생하는 오차

❷ 오차와 관련된 용어 및 개념

측량에 있어 관측할 때 아무리 주의하여도 정확성에는 한계가 있을 뿐 아니라 결과값인 데이터는 항상 오차를 포함하고 있어 참값을 얻을 수 없다. 이때 참값과 관측값의 차이를 오차라 하며, 최확(평균)값과 관측값의 차이를 잔차라 한다.

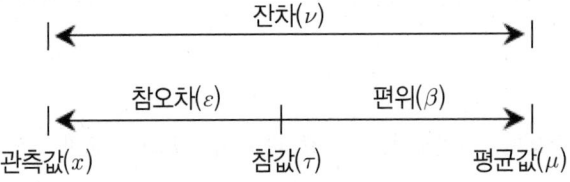

(1) **참오차(ture error) : 관측(측정)값과 참값의 차이**

$\epsilon = x - \tau$

(2) **잔차(residual error) : 최확(평균)값과 관측값의 차이**

$v = x - \mu$

(3) **편위(bias) : 참값과 평균값의 차이**

$\beta = \mu - \tau$

(4) **평균제곱근오차 : 정확도의 척도, 밀도함수의 68.26%**

$\sigma = \pm \sqrt{\dfrac{[v^2]}{(n-1)}}$: 동일한 경중률

$\sigma = \pm \sqrt{\dfrac{[Pv^2]}{(n-1)}}$: 상이한 경중률

(5) 표준오차 : 조정환산값의 정밀도의 척도

$$\sigma_s = \pm \sqrt{\frac{[v^2]}{n(n-1)}} \quad : \text{동일한 경중률}$$

$$\sigma_s = \pm \sqrt{\frac{[Pv^2]}{[P](n-1)}} \quad : \text{상이한 경중률} \ (v : \text{잔차}, \ n : \text{관측횟수}, \ P : \text{경중률})$$

(6) 확률오차 : 밀도함수의 50%

$$\gamma_s = \pm 0.6745 \sqrt{\frac{[v^2]}{n(n-1)}} \ , \ \gamma_s = \pm 0.6745 \sqrt{\frac{[Pv^2]}{[P](n-1)}}$$

(7) 최확값

- 참값은 수학적인 개념으로 실제로는 참값을 알 수 없으므로 참값을 대신한 대표값
- 반복 관측한 관측값들을 수학적 처리과정을 통해 얻어지는 참값에 가장 가까울 확률이 큰 값으로 정의하는 것이 최확값(MPV, most probable value)
- 관측값과 잔차로 구성되어 있을 때 잔차(v)가 0일 때 관측값은 최확값이 됨

③ 확률 곡선

(1) 미지량 관측시 부정오차의 발생 가능성 정도를 확률이라 하고, 오차법칙의 특성을 갖는 곡선을 확률곡선이라 한다.
(2) 오차곡선은 평균에 대칭인 종모양의 형태를 보이며 오차법칙은 다음과 같다.
　① 큰 오차가 생길 확률은 작은 오차가 발생할 확률보다 작다.
　② 같은 크기의 양의(+) 오차와 음의(-) 오차가 발생할 확률은 거의 같다.
　③ 매우 큰 오차는 거의 발생하지 않으며 오차들은 확률법칙을 따른다.

④ 정밀도와 정확도

(1) 정밀도(Precision)

① 관측값에 대한 균질성을 표시하는 척도이며 우연오차와 밀접한 관계를 갖는다.
② 관측값의 편차가 적으면 정밀하고 편차가 크면 정밀하지 않다.
③ 관측과정과 밀접한 관계가 있으며 관측장비와 방법에 크게 영향을 받는다.
④ 유효숫자로 크기를 나타내며 측정값들이 얼마만큼 분산되어 있는가를 나타낸다.

(2) 정확도(accuracy)

① 관측값과 참값의 차이이며, 절대적인 오차의 크기로 나타낸다.
② 관측값이 얼마나 참값에 일치되는가를 표시하는 척도라 할 수 있으며 관측값이 참값에 가까우면 정확도가 높다고 말한다.
③ 관측의 정교성이나 균질성과 무관하며 정오차와 착오를 얼마나 제거하는가에 관계가 있다.

(3) 정밀도와 정확도의 비교

① 정밀도는 참값의 위치와 관계없이 어느 일정한 부분에 밀집되어 있는 값을 말하며, 정확도는 참값의 위치에 가까운 값으로 밀집된 형태를 말한다.
② 측정값들의 표준편차가 아주 작으면 정밀도가 높다고 대단히 높다고 할 수 있으며 측정값이 참값에 가까우면 정확도가 높다고 할 수 있다.
③ 정확도가 높다고 정밀도가 높은 것이 아니며 정밀하다고 정확한 것도 아니다.
④ 정밀도는 확률오차 또는 중등오차의 최확치와의 비율로 표시하는 방법이며 2회 측정치의 차이와 평균치와의 비율로 표시하는 방법도 있다.
⑤ 독립된 관측값의 정밀도를 나타내는 것은 표준편차라 한다.

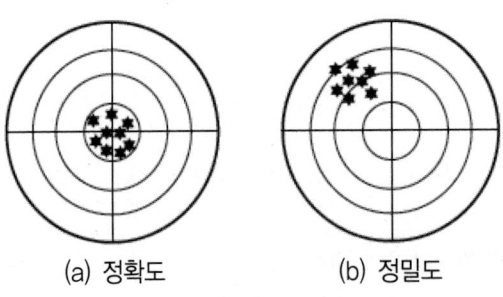

(a) 정확도   (b) 정밀도

[정확도와 정밀도]

5 경중률과 최확값의 관계

① 경중률(Weight)은 각기 다른 정밀도로 측정하는 경우 최확값을 구할 시 정밀도를 고려하여야 하는데 이때의 적용계수를 경중률이라 한다.
② 최확값(Most probable value)은 측량은 반복 관측하여도 참값을 얻을 수 없으며 참값에 가장 가까운 값, 즉 산술평균값이라 하며 이 값을 참값에 대한 최확값이라 한다.
③ 경중률(p), 측정 횟수(n), 정도(h), 거리(s), 오차(m)와의 관계에서

상호관계	특징	수식
P와 n	경중률은 측정횟수에 비례한다.	$P_1 : P_2 = n_1 : n_2$
P와 h	경중률은 정도의 제곱에 비례한다.	$P_1 : P_2 = h_1^2 : h_2^2$
P와 s	경중률은 노선 거리에 반비례한다.	$P_1 : P_2 = \dfrac{1}{S_1} : \dfrac{1}{S_2}$
P와 m	경중률은 평균제곱근오차의 제곱에 반비례한다.	$P_1 : P_2 = \dfrac{1}{m_1^2} : \dfrac{1}{m_2^2}$
m와 s	직접 수준측량시 오차는 거리의 제곱근에 비례한다.	$\sqrt{S_1} : m_1 = \sqrt{S_2} : m_2$

6 오차의 전파

(1) 정오차의 전파

- 오차의 부호와 크기를 알 때
  이들 오차의 함수는 $y = f(x_1, x_2, \cdots, x_n)$이며
  각각의 변수가 정오차 $\Delta x_1, \Delta x_2, \cdots, \Delta x_n$를 가지고 있는 경우의 함수식은

  $$\Delta y = \frac{\partial y}{\partial x_1}\Delta x_1 + \frac{\partial y}{\partial x_2}\Delta x_2 + \cdots + \frac{\partial y}{\partial x_n}\Delta x_n$$

(2) 부정오차의 전파

- 어떤 양 X가 $x_1, x_2, \cdots, x_n$의 함수로 표시되고
  관측된 평균제곱근 오차를 $\sigma_1, \sigma_2, \cdots, \sigma_n$이라면
  $X = f(x_1, x_2, \cdots, x_n)$에서 부정오차의 총합의 일반식은

  $$M = \pm \sqrt{\left(\frac{\partial X}{\partial x_1}\right)^2 \sigma_1^2 + \left(\frac{\partial X}{\partial x_2}\right)^2 \sigma_2^2 + \cdots + \left(\frac{\partial X}{\partial x_n}\right)^2 \sigma_n^2}$$

1) 부정오차 전파의 응용

① $Y = aX$

  $$\sigma_y = \pm a \sqrt{\left(\frac{\partial Y}{\partial X}\right)^2} = \pm a\sigma_x$$

② $Y = X_1 + X_2 + \cdots\cdots + X_n$

$$\sigma_y = \pm \sqrt{(\frac{\partial Y}{\partial X_1})^2 \sigma_{x_1}^2 + \cdots + (\frac{\partial Y}{\partial X_n})^2 \sigma_{x_n}^2}$$

$$= \pm \sqrt{\sigma_{x_1}^2 + \sigma_{x_2}^2 + \cdots + \sigma_{x_n}^2}$$

③ $Y = X_1 \cdot X_2$

$$\sigma_y = \pm \sqrt{X_2^2 \sigma_{x_1}^2 + X_1^2 \sigma_{x_2}^2}$$

④ $Y = X_1 / X_2 = X_1 \cdot X_2^{-1}$

$$\sigma_y = \pm \sqrt{\left(\frac{1}{X_2}\right)^2 \sigma_{x_1}^2 + \left(-1 \cdot \frac{X_1}{X_2^2}\right)^2 \sigma_{x_2}^2}$$

$$= \pm \sqrt{\frac{X_1^2}{X_2^2}\left(\frac{\sigma_{x_1}^2}{X_1^2} + \frac{\sigma_{x_2}^2}{X_2^2}\right)}$$

$$= \pm \frac{X_1}{X_2} \sqrt{\left(\frac{\sigma_{x_1}^2}{X_1}\right)^2 + \left(\frac{\sigma_{x_2}}{X_2}\right)^2}$$

CHAPTER 02 관측값과 오차

01. 다음 오차에 대한 설명 중 옳지 않은 것은?

① 측량에 수반되는 오차는 정오차, 우연오차, 착오 등으로 분류할 수 있다.
② 줄자에서 장력에 의한 것과 온도변화에 의한 오차는 정오차다.
③ 줄자를 잡아당길 때 수평으로 되지 않아 발생하는 오차는 정오차다.
④ 확률오차 γ와 표준편차 σ사이에는 $\sigma = \pm 0.6745\gamma$ 관계식이 성립된다.

해설 확률오차 $= \pm 0.6745 \times$ 표준편차
$\gamma = \pm 0.6745 \times \sigma$

02. 어떤 기선을 4구간으로 나누어 측량한 결과가 다음과 같을 때 전체 거리에 대한 확률오차는?

$L_1 = 29.5512 \pm 0.0014m$, $L_2 = 29.8837 \pm 0.0012m$
$L_3 = 29.3363 \pm 0.0015m$, $L_4 = 29.4488 \pm 0.0015m$

① $\pm 0.0028m$
② $\pm 0.0021m$
③ $\pm 0.0015m$
④ $\pm 0.0014m$

해설 [부정오차의 전파]
① 부정오차의 일반식
$Y = f(x_1, x_2, x_3 \ldots \ldots x_n)$
$\sigma_Y = \pm \sqrt{(\frac{\partial Y}{\partial x_1})^2 \sigma_{x1}^2 + (\frac{\partial Y}{\partial x_2})^2 \sigma_{x2}^2 + \cdots + (\frac{\partial Y}{\partial x_n})^2 \sigma_{xn}^2}$

② 4구간으로 나누어 측량한 전체거리의 부정오차 전파
$Y = L_1 + L_2 + L_3 + L_4$
$\sigma_Y = \pm \sqrt{(\frac{\partial Y}{\partial L_1})^2 \sigma_{L1}^2 + (\frac{\partial Y}{\partial L_2})^2 \sigma_{L2}^2 + (\frac{\partial Y}{\partial L_3})^2 \sigma_{L3}^2 + (\frac{\partial Y}{\partial L_4})^2 \sigma_{L4}^2}$
$= \pm \sqrt{(1)^2 \sigma_{L1}^2 + (1)^2 \sigma_{L2}^2 + (1)^2 \sigma_{L3}^2 + (1)^2 \sigma_{L4}^2}$
$= \pm \sqrt{(1.4mm)^2 + (1.2mm)^2 + (1.5mm)^2 + (1.5mm)^2}$
$= \pm 2.8107mm \fallingdotseq \pm 0.0028m$

03. 직사각형인 지역의 각 변을 측량하여 $a = 17.43 \pm 0.01m$, $b = 10.72 \pm 0.05m$의 값을 얻었다. 면적오차는 얼마인가?

① $\pm 0.01m^2$
② $\pm 0.05m^2$
③ $\pm 0.88m^2$
④ $\pm 0.99m^2$

해설 [부정오차의 전파]
① 부정오차의 일반식
$Y = f(x_1, x_2, x_3 \ldots \ldots x_n)$
$\sigma_Y = \pm \sqrt{(\frac{\partial Y}{\partial x_1})^2 \sigma_{x1}^2 + (\frac{\partial Y}{\partial x_2})^2 \sigma_{x2}^2 + \cdots + (\frac{\partial Y}{\partial x_n})^2 \sigma_{xn}^2}$

② 직사각형 지역의 부정오차 전파
$Y = a \times b$
$\sigma_Y = \pm \sqrt{(\frac{\partial Y}{\partial a})^2 \sigma_a^2 + (\frac{\partial Y}{\partial b})^2 \sigma_b^2}$
$= \pm \sqrt{(b)^2 \sigma_a^2 + (a)^2 \sigma_b^2}$
$= \pm \sqrt{(10.72 \times 0.01)^2 + (17.43 \times 0.05)^2}$
$= \pm 0.878m^2$

정답 01. ④ 02. ① 03. ③

04. 갑, 을 두 사람이 동일조건하에 AB거리를 측정하여 다음 결과를 얻었을 때 최확값은? [갑 : 32.994±0.008m, 을 : 33.003±0.004m]

① 32.994m ② 32.996m
③ 32.999m ④ 33.001m

해설 경중률은 평균제곱근오차의 제곱에 반비례한다. 비율계산이므로 0.008 : 0.004 = 2 : 1로 계산해도 상관없다.

$P_갑 : P_을 = \dfrac{1}{2^2} : \dfrac{1}{1^2} = \dfrac{1}{4} : \dfrac{1}{1} = 1 : 4$

최확값 $= \dfrac{P_갑 l_갑 + P_을 l_을}{P_갑 + P_을} = \dfrac{32.994 \times 1 + 33.003 \times 4}{1+4}$
$= 33.001 m$

05. 트래버스측량에서 거리와 각의 관측정확도를 균등하게 유지하려고 한다. 600m의 거리를 ±(5mm+10ppm×L)[mm]의 EDM으로 측량한 경우에 필요한 각의 오차한계는?(단, L은 [km])

① ±1.5″ ② ±2.6″
③ ±5.3″ ④ ±7.4″

해설 ① 총오차(σ)$= \pm \sqrt{부정오차^2 + (ppm \times 거리(km))^2}$
$= \pm \sqrt{5^2 + (10 \times 0.6)^2} = \pm 7.810 mm$

② 거리오차와 측각오차의 정밀도
$\dfrac{\Delta h}{D} = \dfrac{\theta}{\rho(1라디안)}$ 에서

$\dfrac{0.00781m}{600m} = \dfrac{\theta''}{\dfrac{180°}{\pi} \times 60' \times 60''}$

$\theta'' = \pm \dfrac{0.00781}{600} \times \dfrac{180°}{\pi} \times 60' \times 60'' = \pm 2.685''$

06. 경중률에 관한 설명으로 옳지 않은 것은?

① 경중률은 관측횟수에 비례한다.
② 경중률은 노선거리에 반비례한다.
③ 경중률은 확률오차의 제곱에 비례한다.
④ 경중률은 표준편차의 제곱에 반비례한다.

해설 경중률은 관측값의 무게, 비중으로도 불리며 관측값의 신뢰도를 나타내는 값이다. 경중률은 관측횟수에 비례하며, 노선의 거리에 반비례하고, 정밀도의 제곱에 반비례하며, 확률오차, 평균제곱근오차, 표준편차의 제곱에 반비례한다.

07. 줄자에 의한 거리관측시 발생한 오차와 이를 보정하기 위한 조치로 옳지 않은 것은?

① 두 지점 사이의 경사오차 – 두 지점 사이의 높이차를 관측한다.
② 줄자의 길이오차 – 표준척과 사용한 줄자의 길이를 비교한다.
③ 줄자의 처짐오차 – 거리관측시 관측지역의 중력을 관측한다.
④ 장력에 따른 오차 – 거리관측시 줄자 한쪽에 용수철 저울을 달아 장력을 관측한다.

해설 줄자의 처짐오차는 관측시 줄자의 장력과 줄자의 자중을 관측하여 비교한다.

$C_s = -\dfrac{L}{24} \cdot \dfrac{W^2 l^2}{P^2}$

$L_0 = L - \dfrac{L}{24} \cdot \dfrac{W^2 l^2}{P^2}$

여기서, P : 장력(kg), W : 쇠줄자의 자중(g/m), L : AB의 길이(m), l : 등간격의 길이(m)

08. 1회 거리측정에서의 정오차가 ϵ이라고 하면 같은 상황에서 같은 기기로 4회 측정하였을 경우 생기는 정오차의 크기는?

① ϵ ② 2ϵ
③ 4ϵ ④ 16ϵ

해설 [정오차의 전파]
① 정오차의 전파 일반식
오차의 함수 $y = f(x_1, x_2, \cdots, x_n)$
각각의 변수가 정오차 $\Delta x_1, \Delta x_2, \cdots, \Delta x_n$를 가지고 있는 경우의 함수식은

$\Delta y = \dfrac{\partial y}{\partial x_1}\Delta x_1 + \dfrac{\partial y}{\partial x_2}\Delta x_2 + \cdots + \dfrac{\partial y}{\partial x_n}\Delta x_n$

② 동일한 기기로 4회 관측시 누적된 정오차
오차의 함수 $y = x + x + x + x$
각각의 변수가 정오차 $\epsilon, \epsilon, \epsilon, \epsilon$를 가지고 있는 경우의 함수식은
$\Delta y = 1 \times \epsilon + 1 \times \epsilon + 1 \times \epsilon + 1 \times \epsilon = 4 \times \epsilon$
$\left(\because \dfrac{\partial y}{\partial x} = 1 \right)$

정답 04. ④ 05. ② 06. ③ 07. ③ 08. ③

09. 동일한 정밀도로 각을 관측하여 $\alpha = 39°19'40''$, $\beta = 52°25'29''$, $\gamma = 91°45'00''$ 를 얻었다면 γ의 최확값은?

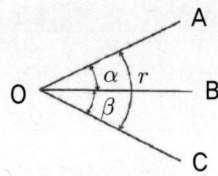

① 91°44'57" ② 91°44'59"
③ 91°45'01" ④ 91°45'03"

[해설] 조건식 $\alpha + \beta - \gamma = 0$ 이어야 하며
$39°19'40'' + 52°25'29'' - 91°45'00'' = 9''$
오차가 9"이므로 조정각은 $9'' \div 3 = 3''$
오차원인으로 α, β는 조건식이 +값이 되도록 작용하므로 -3"씩을 조정하고 γ는 그 반대이므로 +3"를 조정한다.
$\gamma = 91°45'00'' + 3'' = 91°45'03''$

10. 측량결과가 표와 같을 때 P점의 표고는?

측점	측점의 표고	측량방향	고저차	거리
A	20.14m	A→P	+1.53m	2.5km
B	24.03m	B→P	-2.33m	4.0km
C	19.89m	C→P	1.94m	2.0km

① 21.75m ② 21.72m
③ 21.70m ④ 21.68m

[해설] ① P점의 표고
$A \Rightarrow P$점의 표고 $= 20.14 + 1.53 = 21.67m$
$B \Rightarrow P$점의 표고 $= 24.03 - 2.33 = 21.70m$
$C \Rightarrow P$점의 표고 $= 19.89 + 1.94 = 21.83m$
② 경중률은 노선의 거리에 반비례한다.
$P_A : P_B : P_C = \frac{1}{2.5} : \frac{1}{4} : \frac{1}{2} = 8 : 5 : 10$
③ 최확값은 경중률을 고려하여 계산한다.
최확값$(h) = \frac{P_A \times h_A + P_B \times h_B + P_C \times h_C}{P_A + P_B + P_C}$
$= 21 + \frac{8 \times 0.67 + 5 \times 0.70 + 10 \times 0.83}{8 + 5 + 10}$
$= 21.746m$

11. 수준측량에 있어서 AB 두 점간의 표고차를 구하기 위하여 (a), (b), (c) 코스로 측량한 결과가 표와 같다면 두 점간의 표고차는?

구분	관측 표고차(m)	거리(km)
(a)	18.584	4
(b)	18.588	2
(c)	18.582	4

① 18.582m ② 18.584m
③ 18.586m ④ 18.588m

[해설] 경중률은 노선거리에 반비례한다.
$P_1 : P_2 : P_3 = \frac{1}{4} : \frac{1}{2} : \frac{1}{4} = 1 : 2 : 1$
최확값 $= \frac{P_1 l_1 + P_2 l_2 + P_3 l_3}{P_1 + P_2 + P_3}$
$= 18.58m + \frac{1 \times 4 + 2 \times 8 + 1 \times 2}{1 + 2 + 1} mm = 18.5855m$

12. 2점간의 거리를 측정한 결과가 다음과 같을 때 표준오차는?

A : 156.48m(4회)	B : 156.30m(5회)
C : 156.35m(3회)	D : 156.40m(5회)

① 1.66cm ② 2.43cm
③ 3.25cm ④ 3.88cm

[해설] 경중률은 관측횟수에 비례하므로 최확값을 구하면
$A : B : C : D = 4 : 5 : 3 : 5$
$MPV = 156.3m + \frac{4 \times 18 + 5 \times 0 + 3 \times 5 + 5 \times 10}{4 + 5 + 3 + 5} cm$
$= 156.38m$

관측값	관측값	$v(cm)$	$v^2(cm^2)$	W	Wv^2
A	156.48	10	100	4	400
B	156.30	-8	64	5	320
C	156.35	-3	9	3	27
D	156.40	2	4	5	20
계				17	767

$\sigma = \pm \sqrt{\frac{\sum(Wv^2)}{\sum W \times (n-1)}} = \pm \sqrt{\frac{767}{17 \times (4-1)}} = \pm 3.88cm$

정답 09. ④ 10. ① 11. ③ 12. ④

13. 표준줄자와 비교하여 7.5mm가 긴 30m 줄자로 경사면을 관측한 결과 150m이었다. 두 점간의 실제 거리에 대한 경사보정량이 1cm라면 고저차는?

① 1.73m   ② 1.84m
③ 2.01m   ④ 2.65m

해설 관측횟수 = $\frac{150m}{30m}$ = 5회

늘어난 줄자에 의한 누적오차 = $5 \times 7.5mm = 37.5mm$

경사에 의한 오차 $C_i = -\frac{h^2}{2L}$ 에서

$h = \sqrt{2C_iL} = \sqrt{2 \times 0.01 \times 150.0375} = 1.73m$

14. 직육면체인 저수탱크의 용적을 구하고자 한다. 일변 a, b와 높이 h에 대한 측정결과가 다음과 같을 때 부피오차는?

a=40.00±0.05m,   b=10.00±0.03m,   h=20.00±0.02m

① ±10m³   ② ±21m³
③ ±27m³   ④ ±34m³

해설 [부정오차의 전파]

① 부정오차의 일반식

$Y = f(x_1, x_2, x_3 \cdots x_n)$

$\sigma_Y = \pm\sqrt{(\frac{\partial Y}{\partial x_1})^2\sigma_{x1}^2 + (\frac{\partial Y}{\partial x_2})^2\sigma_{x2}^2 + \cdots + (\frac{\partial Y}{\partial x_n})^2\sigma_{xn}^2}$

② 직육면체인 저수탱크의 부정오차

$Y = a \times b \times h$

$\sigma_Y = \pm\sqrt{(\frac{\partial Y}{\partial a})^2\sigma_a^2 + (\frac{\partial Y}{\partial b})^2\sigma_b^2 + (\frac{\partial Y}{\partial h})^2\sigma_h^2}$

$= \pm\sqrt{(b \times h)^2\sigma_a^2 + (a \times h)^2\sigma_b^2 + (a \times b)^2\sigma_h^2}$

$= \pm\sqrt{(10 \times 20)^2 0.05^2 + (40 \times 20)^2 0.03^2 + (40 \times 10)^2 0.02^2}$

$= \pm 27.203 m^3$

15. 한 개의 각을 10회 측정하여 표와 같이 오차가 발생하였다. 평균 제곱근 오차(표준편차)는?

번호	1	2	3	4	5
오차	3.8″	1.5″	−2.0″	0.0″	4.3″
번호	6	7	8	9	10
오차	−1.8″	−2.2″	0.7″	−3.9″	2.3″

① 1.75″   ② 2.75″
③ 3.75″   ④ 4.75″

해설 $\sigma = \pm\sqrt{\frac{[v^2]}{(n-1)}}$ 에서

$[v^2] = (3.8'')^2 + (1.5'')^2 + (-2.0'')^2 + (0.0'')^2 + (4.3'')^2$
$+ (-1.8'')^2 + (-2.2'')^2 + (0.7'')^2 + (-3.9'')^2 + (2.3'')^2$
$= 68.25$

$\sigma = \pm\sqrt{\frac{68.25}{(10-1)}} = \pm 2.754''$

16. 최소제곱법에 대한 설명으로 옳은 것은?

① 같은 정밀도로 측정된 측정값에서는 오차의 제곱의 합이 최대일 때 최확값을 얻을 수 있다.
② 최소제곱법을 이용하여 정오차를 제거한다.
③ 관측값이 서로 다른 경중률을 가질 때에는 최소제곱법을 사용할 수 없다.
④ 최소제곱법의 해법에는 관측방정식과 조건방정식이 있다.

해설 서로 다른 경중률로 관측된 관측값은 최소제곱법을 사용할 수 있다.

[최소제곱법]
잔차(측정값과 최확값과의 차이)의 제곱의 합을 최소가 되도록 하여 오차를 조정하는 방법으로 서로 다른 경중률로 관측된 관측값을 통계기법을 통하여 경중률을 고려하여 최확값을 구할 수 있다.

17. 우연오차의 성질에 대한 설명으로 옳지 않은 것은?

① 큰 오차가 생길 확률은 작은 오차가 생길 확률보다 작다.
② 같은 크기의 정(+)오차와 부(−)오차의 발생확률은 같다.
③ 우연오차는 부호와 크기가 규칙적으로 나타난다.
④ 매우 큰 오차는 거의 발생하지 않는다.

정답 13. ①   14. ③   15. ②   16. ④   17. ③

해설 우연오차(부정오차)는 오차의 부호와 크기가 불규칙하게 나타나므로 확률의 법칙을 따른다.
[확률의 법칙]
① 큰 오차가 발생할 확률은 작은 오차가 발생할 확률보다 매우 작다.
② 같은 크기의 정(+)오차와 부(−)오차의 발생확률은 같다.
③ 매우 큰 오차는 거의 발생하지 않는다.

18. 평균제곱근 오차에 대한 설명으로 틀린 것은?

① 잔차의 제곱을 산술평균한 값의 제곱근
② 표준편차와 같은 의미로 사용
③ 독립관측값인 경우의 분산의 제곱근
④ 밀도함수 전체의 99.7%인 범위

해설 [평균제곱근 오차]
① 잔차의 제곱을 산술평균한 값의 제곱근
② 표준편차와 같은 의미로 사용
③ 독립관측값인 경우의 분산의 제곱근
④ 밀도함수 전체의 68.26%인 범위

19. A점에서 B점까지 일정한 경사의 도로상에서 50m의 줄자를 이용하여 거리측량을 하였다. 관측값은 398.855m이고, 관측 중의 온도는 26℃, AB간의 고저차가 11.02m일 때, AB간의 수평거리는? (단, 줄자의 표준온도는 15℃, 줄자는 표준줄자(50m)보다 6.5mm 짧고, 줄자의 팽창계수는 +0.000012/℃ 이다.)

① 398.594m ② 398.704m
③ 398.794m ④ 398.894m

해설 ① 온도보정
$$C_t = \alpha L(t-t_0) = 0.000012 \times 398.855(26-15) = 0.053m$$
② 특성치보정
$$C_c = \frac{dl}{l}L = \frac{-0.0065m}{50m} \times 398.855m = -0.052m$$
③ 경사보정
$$C_i = -\frac{h^2}{2L} = -\frac{11.02^2}{2 \times 398.855} = -0.152m$$
④ 보정 후 거리
$$398.855 + 0.053 - 0.052 - 0.152 = 398.704m$$

20. A점에서 2km 떨어져 있는 B점을 관측할 때 각도에 20″의 각오차가 있다면 B점에서의 위치오차는?

① 약 20cm ② 약 5cm
③ 약 2cm   ④ 약 0.5cm

해설 거리오차와 측각오차의 정밀도는 다음 식으로 정리된다.
$$\frac{\Delta h}{D} = \frac{\theta}{\rho(1라디안)}$$
$$\frac{\Delta h}{2,000m} = \frac{20''}{\frac{180°}{\pi} \times 60' \times 60''} \text{ 에서}$$
$$\Delta h = \frac{20'' \times 2,000m}{\frac{180°}{\pi} \times 60' \times 60''} = 0.194m \fallingdotseq 20cm$$

21. 정방형 토지의 면적을 구하기 위하여 30m 줄자로 변의 길이를 관측하고 면적을 계산한 결과 1,024m²이었다. 그러나 줄자가 기준자와 비교하여 3cm나 늘어나 있었다면 이 토지의 실제 면적은?

① 1,025.05m² ② 1,026.05m²
③ 1,027.05m² ④ 1,028.05m²

해설 [표준줄자에 관한 보정]
표준길이보다 늘어난 줄자를 사용하는 경우의 실제거리는 관측값보다 길게 계산된다.
$$실제면적 = \frac{표준길이대비 오차량^2 \times 관측면적}{표준길이^2}$$
$$= \frac{30.03^2 \times 1,024}{30^2} = 1,026.049m^2$$

22. 동일한 조건하에서 수평각을 5회 관측하여 아래와 같은 결과를 얻었다. 표준 편차(평균제곱근오차)는?

| 1회 35°26′17″ | 2회 35°26′20″ | 3회 35°26′18″ |
| 4회 35°26′25″ | 5회 35°26′15″ | |

① ±2″ ② ±3″
③ ±4″ ④ ±5″

정답 18. ④ 19. ② 20. ① 21. ② 22. ③

[해설] ① 최확값(MPV)

$$MPV = 35°26' + \frac{17'' + 20'' + 18'' + 25'' + 15''}{5} = 35°26'19''$$

② 일관측의 평균제곱근 오차(σ)

관측값	최확값	잔차(v)	잔차^2(v^2)
17″	19″	−2	4
20″	19″	1	1
18″	19″	−1	1
25″	19″	6	36
15″	19″	−4	16
계			58

$$\sigma = \pm\sqrt{\frac{[v^2]}{n-1}} = \pm\sqrt{\frac{58}{5-1}} = \pm 3.808'' ≒ 4''$$

※ 각관측의 평균제곱근 오차 $\left(\sigma = \pm\sqrt{\frac{[v^2]}{(n-1)}}\right)$와 최확값의 평균제곱근 오차 $\left(\sigma = \pm\sqrt{\frac{[v^2]}{n \times (n-1)}}\right)$를 비교

23. 측량의 오차에서 최소제곱법의 적용을 위한 가정에 해당되지 않는 것은?

① 조정할 관측값의 수는 충분히 많다.
② 관측값에 우연오차는 남아있다.
③ 오차의 빈도분포는 정규분포이다.
④ 관측값에는 과대오차 및 정오차가 남아 있다.

[해설] 관측값의 조정에는 과대오차를 발견하여 소거하고, 정오차의 원인을 파악하여 제거한 다음 최소제곱법을 적용한다. 최소제곱법의 적용은 부정오차(우연오차)에 관하여 관측값을 조정하는데 사용한다.

[부정오차]
발생원인이 불분명 하거나 직접 처리하는 방법이 불확실하고 예견할 수 없으며 관측값에 어느 정도의 영향을 주고 있는지를 알 수 없는 성질의 불규칙한 오차, 아무리 주의해도 피할 수 없고 또 계산으로 제거할 수 없으므로 통계학(최소제곱법)적으로 소거하는 방법을 사용

24. 동일 조건으로 기선측량을 하여 다음과 같은 결과를 얻었을 때 최확값은?

| A = 98.475 ± 0.030m |
| B = 98.464 ± 0.015m |
| C = 98.484 ± 0.045m |

① 98.468m ② 98.470m
③ 98.476m ④ 98.478m

[해설] ① 경중률

경중률 ∝ $\frac{1}{(평균제곱오차, 표준편차)^2}$ 이므로

$$P_A : P_B : P_C = \frac{1}{0.030^2} : \frac{1}{0.015^2} : \frac{1}{0.045^2}$$
$$= \frac{1}{2^2} : \frac{1}{1^2} : \frac{1}{3^2} = \frac{1}{4} : \frac{1}{1} : \frac{1}{9} = 9 : 36 : 4$$

② 최확값

$$L = \frac{P_A \times l_A + P_B \times l_B + P_C \times l_C}{P_A + P_B + P_C}$$
$$= 98.4 + \frac{9 \times 75 + 36 \times 64 + 4 \times 84}{9 + 36 + 4} \times 10^{-3} = 98.468m$$

25. 측량오차의 일반적인 성질이 아닌 것은?

① 극히 큰 오차가 발생할 확률은 거의 없다.
② 오차의 일반법칙 적용은 정오차에도 적용된다.
③ 같은 크기의 (+), (−) 오차가 생길 확률은 거의 같다.
④ 작은 오차가 생기는 확률은 큰 오차가 생기는 확률보다 크다.

[해설] 오차의 일반법칙 적용은 부정오차(우연오차)에 적용된다.
[확률의 법칙(오차의 법칙)]
① 큰 오차가 발생할 확률은 작은 오차가 발생할 확률보다 매우 작다.
② 같은 크기의 정(+)오차와 부(−)오차의 발생확률은 같다.
③ 매우 큰 오차는 거의 발생하지 않는다.

26. 50m에 대하여 11㎝ 늘어난 줄자로 두 점간의 거리를 관측하여 42.48m의 관측값을 얻었다면 실제 거리는?

① 42.39m ② 42.43m
③ 42.57m ④ 42.63m

정답 23. ④ 24. ① 25. ② 26. ③

해설 늘어나 있는 줄자로 관측한 값의 실제값은 +로, 수축된 줄자는 반대로 −로 적용한다.

$L_0 = L \pm C_0 \quad \because C_0 = \pm \dfrac{\Delta l}{l} L$

$C_0 = \dfrac{0.11}{50} \times 42.48m = 0.093m$

$L_0 = 42.48 + 0.093 = 42.573m$

27. 길이 1,800m를 50m 줄자로 관측할 때 줄자에 의한 오차를 50m에 대하여 ±6mm라 할 때 전체 길이 관측에 생기는 오차는?

① ±0.16mm   ② ±16mm
③ ±0.36mm   ④ ±36mm

해설 부정오차는 횟수의 제곱근에 비례한다.

$n = \dfrac{1800m}{50m} = 36회$

전체길이관측에 생기는 오차
$= \pm 6mm \times \sqrt{36} = \pm 36mm$

28. 장방형 토지를 거리측량하여 가로 106.85m와 세로 89.34m를 얻었다. 각각의 거리관측값에 ±1.0cm의 오차가 있었다면 면적의 오차는?

① ±0.90m^2 ② ±1.39m^2
③ ±14.01m^2 ④ ±139.28m^2

해설 거리측량의 오차가 면적에 미치는 오차의 전파는
$x = x \pm \sigma_x, \; y = y \pm \sigma_y, \; A = x \times y$ 일 때
$\sigma_A = \pm \sqrt{(x \times \sigma_y)^2 + (y \times \sigma_x)^2}$
$= \pm \sqrt{(106.85 \times 0.01)^2 + (89.34 \times 0.01)^2}$
$= \pm 1.39 \, m^2$

29. 어느 지점의 각을 8회 관측하여 평균제곱근오차 ±0.7″를 얻었다. 같은 조건으로 관측하여 ±0.3″의 평균제곱근오차를 얻기 위해서는 몇 회 측정하여야 하는가?

① 18회   ② 24회
③ 32회   ④ 44회

해설 부정오차는 횟수의 제곱근에 비례하므로
$M = \pm \sigma \sqrt{n} = \pm 0.7'' \sqrt{8} = \pm 0.3'' \sqrt{n}$ 에서
$n = \left(\dfrac{0.7}{0.3} \sqrt{8} \right)^2 = 43.6$

30. 거리를 측정할 때에 발생하는 오차 중에서 정오차가 아닌 것은?

① 눈금을 잘못 읽었을 때 발생하는 오차
② 표준온도와 관측시 온도 차에 의해 발생하는 오차
③ 표준줄자와의 차이에 의하여 발생하는 오차
④ 줄자의 처짐(sag)으로 발생하는 오차

해설 눈금을 잘못 읽었을 때 발생하는 오차는 우연오차(부정오차)나 착오에 해당한다.

31. 3인(A, B, C)이 각을 관측한 결과가 아래와 같을 때 최확값은?

| A : 66° 36′ 32″ ± 3.2″ |
| B : 66° 36′ 27″ ± 2.9″ |
| C : 66° 36′ 25″ ± 3.6″ |

① 66° 36′ 30″   ② 66° 36′ 28″
③ 66° 36′ 20″   ④ 66° 36′ 22″

해설 경중률은 평균제곱근오차의 제곱에 반비례한다. 비율계산이므로 0.008 : 0.004 = 2 : 1 로 계산해도 상관없다.

$P_A : P_B : P_C = \dfrac{1}{3.2^2} : \dfrac{1}{2.9^2} : \dfrac{1}{3.6^2} = 1 : 1.2 : 0.8$

최확값 $= \dfrac{P_A l_A + P_B l_B + P_C l_C}{P_A + P_B + P_C} =$
$= 66°36' + \dfrac{1 \times 32'' + 1.2 \times 27'' + 0.8 \times 25''}{1 + 1.2 + 0.8}$
$= 66°36'28''$

정답 27. ④   28. ②   29. ④   30. ①   31. ②

CHAPTER 03 각 측량

1 개요

① 트랜싯(Transit)과 데오돌라이트(Theodolite)를 이용하여 실시하는 측량
② 어떤 점에서 본(시준) 2점 사이에 낀 각을 구하는 것

(1) 각의 종류

① **평면각(Plane Angle)** : 평면삼각법을 기초로 하여 넓지 않은 지역의 상대적인 위치 결정에 이용, 호와 반경의 비율로 표현되는 각
② **곡면각(Curved Surface Angle)** : 구면 또는 타원체상의 각으로 구면 삼각법을 이용하여 장거리 위치결정을 위한 측지 측량에 응용
③ **입체각(Solid Angle)** : 공간상 전파의 확산각도 및 광원의 방사휘도 관측 등에 사용

2 각도의 계산단위

① **60진법** 원주를 360등분할 때 그 한 호에 대한 중심각을 1도라 하며 다음과 같이 도, 분, 초로 나타낸다.
원 = 360°, 1° = 60′, 1′ = 60″
② **100진법** : 원주를 400등분 할 때 그 한 호에 대한 중심각을 1그레이드(grade)로 정하며 다음과 같이 그레이드, 센티그레이드, 센티센티그레이드(g, c, cc)로 나타낸다.
원 = 400g, 1g = 100c, 1직각 = 100g, 1c = 100cc
③ **호도법** : 원의 반경과 같은 길이의 호에 대한 중심각을 1Radian(라디안, 호도)으로 표시한다.
④ **밀(mil)** : 표면에서 많이 사용되는 단위, 원의 둘레를 6,400눈금으로 등분, 눈금 하나가 만드는 각을 1밀이라 한다.
⑤ **스테라디안(Steradian)** : 입체각의 단위

3 단위의 상호관계

(1) 도와 그레이드

$\alpha° : \beta g = 90 : 100$ 이므로

$\alpha° = \dfrac{90}{100} \beta^g$ 혹은 $\beta^g = \dfrac{100}{90} \alpha°$

(2) 호도와 각도

1개의 원에 있어서 중심각과 그것에 대한 호의 길이는 서로 비례하므로 반경 R과 같은 길이의 호 AB를 잡고 이것에 대한 중심각을 ρ로 잡으면

$\dfrac{R}{2\pi R} = \dfrac{\rho°}{360°}$ ∴ $\rho° = \dfrac{180°}{\pi}$

이 ρ는 반경 R에 관계없이 정수에 의해서만 결정되므로 이것을 각의 단위로 하여 라디안(호도)이라 한다.

4 트랜싯의 조정순서(트랜싯의 6조정)

(1) 수평각 측정

① 제 1 조정(평판 기포관의 조정)

트랜싯을 어떠한 방향으로 회전하여도 두 개의 평판 수준기의 기표가 중앙에 있어야 한다.

② 제 2 조정(십자 종선의 조정)

시준선은 수평축에 직교해야 하며 십자종선은 수평축과 직교하는 평면내에 있어야 한다.

③ 제 3 조정(수평축의 조정)

수평축은 연직축과 직교해야 한다.

(2) 연직각 측정

④ 제 4 조정(십자횡선의 조정)

십자횡선은 대물렌즈의 광심과 수평축이 이루는 평면내에 있어야 한다.

⑤ 제 5 조정(망원경 기포관의 조정)

망원경 수준기 축과 시준선은 항상 평행이어야 한다.

⑥ 제 6 조정(연직분도원 버어니어의 조정)

망원경 수준기의 기포가 중앙에 있을 때에는 연직분도원의 0과 버어니어(유표)의 0은 일치해야 한다.

(3) 완전한 조정 조건

L⊥V, S⊥H, H⊥V 조건이 만족해야 한다.
(L : 기포관축, V : 연직축, S : 시준선, H : 수평축)

5 각 관측

(1) 수평각(horizontal angle)

1) 수평각의 기준

① 진(북) 자오선(true meridian) : 천문측량, 관성측량
② 자(북) 자오선(magnetic meridian) : 공사측량
③ 도(북) 자오선(grid meridian) : 평면직각 좌표계, 삼각, 다각측량 좌표계

2) 방향각, 방위각, 방위

① 방향각 : 도북을 기준으로 어느 측선까지 시계방향으로 잰 수평각
② 진북 방위각 : 진북(N)을 기준으로 어느 측선까지 시계방향으로 잰 수평각
③ 자오선 편차(자오선 수차) 또는 진북 방향각 : 도북과 진북의 편차
④ 자침 편차(편각) : 진북과 자북의 편차

3) 방위(bearing)

- 자오선(NS)과 측선 사이의 각, 0~90°, 부호로 상한(NE, SW 등)
- 방위각 : 진북(또는 도북)과 측선사이의 각, 0~360°로 표시
  ① $N20°E$
  ② $S50°E$
  ③ $S30°W$
  ④ $N40°W$

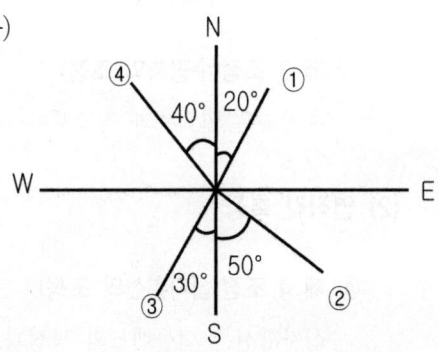

(2) 수평각 관측법

수평각 관측법에는 단각법, 배각법, 방향각법, 조합 관측법(각 관측법)이 있다.

1) 단측법(Method of Single Measurment) : 1개의 각을 1회 관측하는 방법이다.

하나의 각을 한번 관측 "나중 읽음 값-처음 읽음 값"
- 우측각(우회각) : 첫 측선에서 다음 측선까지 시계방향으로 재는 것.
- 좌회각(좌측각) : 첫 측선에서 다음 측선까지 반 시계방향으로 재는 각.

2) 배각법(反復法 : Method of Repetition)

① 방법 : 배각법은 1각을 2회 이상 관측하여 관측횟수로 나누어서 구하는 방법이다.

최후의 B를 시준한 때의 눈금값을 α_n이라면

$$\angle AOB = \frac{\alpha_n - \alpha_o}{n}$$

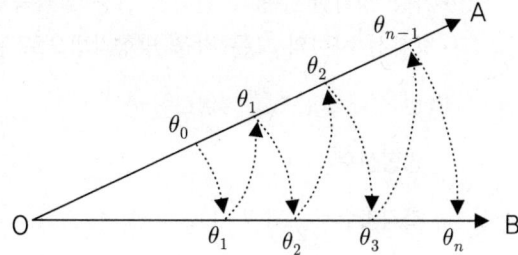

α_n : 마지막 읽음 값(B점),
α_o : A점의 맨 처음 시준한 값, n : 관측횟수

② 배각법(반복법)의 측각정도

a) 한 방향에 대한 시준오차는 $\sqrt{n}\alpha$이며 θ_0, θ_n에 $\sqrt{n}\alpha$가 있으므로 한 각의 시준오차는 즉 n배각의 관측에 있어서 1각에 포함되는 오차를 말하며 시준오차 m_1은

$$m_1 = \frac{\sqrt{2}\alpha \cdot \sqrt{n}}{n} = \sqrt{\frac{2\alpha}{n}} \quad \text{여기서, } \alpha : 시준오차$$

b) 읽음 오차 m_2는 $m_2 = \frac{\sqrt{2\beta^2}}{n}$ 여기서, β : 읽기오차

c) 1각에 생기는 배각 관측오차(M)

$$M^2 = (m_1)^2 + (m_2)^2 = \frac{2\alpha^2}{n} + \frac{2\beta^2}{n^2} = \frac{2}{n}(\alpha^2 + \frac{\beta^2}{n})$$

$$\therefore M = \pm \sqrt{\frac{2}{n}\left(\alpha^2 + \frac{\beta^2}{n}\right)}$$

③ 배각법의 특징

a) 배각법은 방향법과 비교하여 읽기 오차 β의 영향을 적게 받는다.
b) 눈금을 직접 측정할 수 없는 미량의 값을 누적하여 반복회수로 나누면 세밀한 값을 읽을 수 있다.
c) 눈금의 부정에 의한 오차를 최소로 하기 위하여 n회의 반복결과가 360°에 가깝게 해야 한다.
d) 배각법은 방향수가 적은 경우에는 편리하나 삼각측량과 같이 많은 방향이 있는 경우는 적합하지 않다.

3) 방향 관측법(Method of Direction or Continuous Combination)

- 한 측점 주위에 관측할 각이 많은 경우 어느 측선에서 각 측선에 이르는 각을 차례로 읽음
- 삼각, 천문측량에 많이 이용 함

- 이 방법은 오차가 있으면 각각의 각에 평균 분배하며 기계적 오차를 제거하기 위해서는 정·반의 관측 평균값을 취하면 된다.

※ 방향 관측법의 각 관측정도

① 1방향에 생기는 오차 m_1 : $m_1 = \pm \sqrt{\alpha^2 + \beta^2}$ α : 시준오차 β : 읽기오차

② 각 관측(두 방향의 차)의 오차 m_2 : $m_2 = \pm \sqrt{2} \cdot m_1 = \pm \sqrt{2(\alpha^2 + \beta^2)}$

③ n회 관측한 평균치에 있어서의 오차 M : $M = \pm \dfrac{\sqrt{n} \cdot m_2}{n} = \pm \dfrac{m_2}{\sqrt{n}} = \pm \sqrt{\dfrac{2}{n}(\alpha^2 + \beta^2)}$

4) 조합 각관측법 (또는 각관측법; Method of Combination)

- 가장 정확한 수평각 관측법 (1등 삼각측량에 이용)
- 방향선 사이의 모든 각을 방향각법으로 관측 : 최소 제곱법으로 최확값 산정

※ 한 점에서 관측할 방향선이 N 일 때

방향선수 : N

측각총수 $= \dfrac{1}{2}N(N-1)$

조건식수 $= \dfrac{1}{2}(N-1)(N-2)$

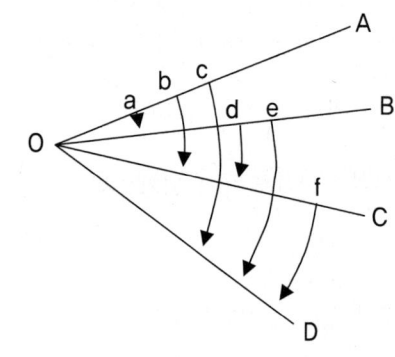

6 각관측에서 생긴 오차와 그의 소거법

(1) 정오차의 원인과 처리방법

오차의 종류	원인	처리방법
시준축오차	시준축과 수평축이 직교하지 않음	망원경을 정·반으로 관측하여 평균
수평축오차	수평축이 연직축에 직교하지 않음	망원경을 정·반으로 관측하여 평균
연직축오차	연직축이 정확히 연직선에 있지 않음	연직축과 수평기포축과의 직교를 조정 정반의 관측으로는 제거되지 않음
내심오차	시준기의 회전축과 분도원의 중심이 불일치	180°차이가 있는 2개의 독표를 읽어 평균
외심오차	회전축에 대하여 망원경의 위치가 편심	망원경을 정·반으로 관측하여 평균
분도원의 눈금오차	눈금의 부정확	읽은 분도원의 위치를 변화시켜 관측회수를 많이 하여 평균
측점 또는 시준축의 편심에 의한 오차	측점의 중심과 기계의 중심 및 측표의 중심이 동일 연직선에 있지 않음	편심거리와 편심각을 측정하여 편심보정

(2) 각 관측의 정도

종합에 대한 오차 : 삼각형, 다각형 또는 1점 주위에 수개의 각이 있을 경우에 그 각 오차의 총합은 $E_a = \pm \varepsilon_a \sqrt{n}$

여기서, $E\alpha$: n개 각의 총합에 대한 오차
 $\varepsilon\alpha$: 한 각에 대한 오차
 n : 각의 수

7 각의 최확값 및 조정

(1) 각 관측의 최확값 산정

1) 어느 일정한 각을 관측한 경우

$$\therefore MPV = \frac{[\alpha]}{n} \quad n : 측각회수$$

$[\alpha]$: $\alpha_1 + \alpha_2 + \cdots \alpha_n$

2) 관측회수(n)를 달리 하였을 경우의 최확값 경중률은 관측횟수에 비례하므로

$P_1 : P_2 : P_3 = n_1 : n_2 : n_3$

$$\therefore MPV = \frac{P_1 \alpha_1 + P_2 \alpha_2 + P_3 \alpha_3}{P_1 + P_2 + P_3}$$

(2) 조건부의 최확값

1) 관측횟수(n)를 같게 하였을 경우

① 조건 : $\alpha + \beta = \gamma$

② 오차(W) = $(\alpha + \beta) - \gamma$

③ 조정량(d) = $\dfrac{W}{n} = \dfrac{W}{3}$

2) 관측횟수(n)를 다르게 하였을 경우 : 오차 보정량은 관측횟수에 반비례하므로

$P_1 : P_2 : P_3 = \dfrac{1}{n_1} : \dfrac{1}{n_2} : \dfrac{1}{n_3}$

조정량(d) = $\dfrac{오차}{경중률의합} \times 조정할\ 각의\ 경중률$

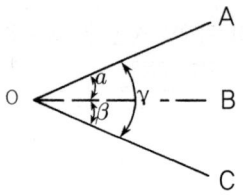

[조건부 최확값]

조건부 최확값에서 조정량을 구하면 $\alpha + \beta$ 와 γ를 비교하여 큰 각에는 조정량만큼 (−) 주고, 작은 각에는 조정량 만큼 (+) 주면 된다.

CHAPTER 03 각 측량

01. 수평각관측 방법에 대한 설명으로 옳지 않은 것은?

① 단각법은 하나의 각을 1번 관측하는 것으로 시준오차와 읽기오차가 발생된다.
② 배각법은 방향각법에 비해 읽기오차가 크다.
③ 각관측법은 수평각 관측법 중 가장 정확한 값을 얻을 수 있다.
④ 방향각법은 한 측점 주위의 각이 많을 경우 이용하는 방법이다.

해설 배각법은 기본적으로 처음과 마지막에 관측값을 읽게 되므로 읽기 오차의 영향을 적게 받는 오차이다. 방향각법에 비하여 읽기 오차의 영향을 덜 받는다.

02. 수평각 관측에서 수평축과 시준축이 직교하지 않음으로써 일어나는 각 오차의 소거방법으로 옳은 것은?

① 정 · 반위관측
② 반복법관측
③ 방향각법관측
④ 조합각관측법

해설 정 · 반위관측은 수평각 관측에서 수평축과 시준축이 직교하지 않음으로써 일어나는 각 오차를 소거할 수 있다.
[정 · 반위관측으로 소거되는 오차]
① **시준축오차** : 시준선이 수평축과 직각이 아니기 때문에 생기는 오차
② **수평축오차** : 수평축이 수평이 아니기 때문에 생기는 오차
③ **시준선의 편심 오차(외심 오차)** : 시준선이 기계의 중심을 통과하지 않기 때문에 생기는 오차
※ 연직축오차(연직축이 연직하지 않기 때문에 생기는 오차)는 소거불가능

03. 배각 관측법에서 1각에 생기는 시준오차 ±5″, 읽기오차 ±8″로 4회(4배각) 관측한 각의 오차는?

① ±4.00″   ② ±4.53″
③ ±5.00″   ④ ±5.05″

해설 [배각관측법에 의한 오차]

$$M = \pm \sqrt{\frac{2}{n}\left(\alpha^2 + \frac{\beta^2}{n}\right)}$$

여기서, n: 배각, α: 읽음오차, β: 시준오차

$$= \pm \sqrt{\frac{2}{4}\left((5'')^2 + \frac{(8'')^2}{4}\right)} = 4.528''$$

04. 빗변에서 거리를 관측할 때 경사에 의한 오차를 1:1,000까지 허용한다면, 경사각(a)은 몇 도까지 허용되는가?
(단, $\dfrac{BB'}{AB} = \dfrac{1}{1,000}$)

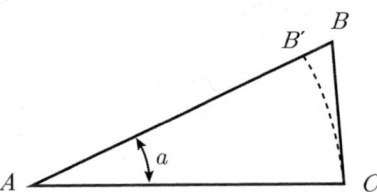

① 34′   ② 1°34′40″
③ 2°33′42″   ④ 3°34′42″

해설 $\dfrac{BB'}{AB} = \dfrac{1}{1,000}$ 에서 $\overline{BB'} = \dfrac{1}{1,000}\overline{AB}$, $\overline{AC} ≒ \overline{AB'}$ 이므로
$\overline{AC} = 1,000$ 이라면 $\overline{AB} = 1,000 + 1 = 1,001$
$\overline{AC} = \overline{AB} \times \cos\alpha$ 에서
$\cos\alpha = \dfrac{1,000}{1,001}$ 이므로 $\alpha = \cos^{-1}\left(\dfrac{1,000}{1,001}\right) = 2°33'40.6''$

정답 01. ② 02. ① 03. ② 04. ③

05. 각 측정기의 조정이 완전한 경우 성립조건이 아닌 것은?

① 시준선은 수평분도원과 직각이다.
② 시준선은 연직축과 직각을 이룬다.
③ 수평축은 연직분도원과 직각이다.
④ 연직축은 수평분도원과 직각이다.

해설 [트랜싯의 조정조건]
① 시준선과 연직축은 직교해야 한다.
② 수평축과 연직분도원은 직교해야 한다.
③ 연직축과 수평분도원은 직교해야 한다.

06. 각 측정기의 수평축이 연직축과 직교하지 않은 기계로 측정할 때의 오차소거법에 대한 설명으로 옳은 것은?

① 망원경의 정위 및 반위의 관측결과를 평균한다.
② 소거가 불가능하다.
③ 눈금판을 재조정한다.
④ 직교에 대한 편차를 구하여 더한다.

해설 연직축이 정확히 연직선상에 있지 않아 발생하는 연직축 오차는 관측값을 평균하여도 소거되지 않는다.
[정·반위관측으로 소거되는 오차]
① 시준축오차 : 시준선이 수평축과 직각이 아니기 때문에 생기는 오차
② 수평축오차 : 수평축이 연직축과 직각이 아니기 때문에 생기는 오차
③ 시준선의 편심 오차(외심 오차) : 시준선이 기계의 중심을 통과하지 않기 때문에 생기는 오차

07. 한 측점에서 6개의 방향선 사이의 각을 각관측법(조합각관측법)으로 관측하였다. 이 때 총 각관측수는?

① 20
② 15
③ 10
④ 5

해설 [조합각관측법]
조건식의 총수 = $\frac{1}{2}(n-1)(n-2)$에서 n은 방향선의 수를 의미함
각관측의 총수 = $\frac{1}{2}n(n-1) = \frac{1}{2} \times 6 \times (6-1) = 15$

08. 측량기기의 특징에 대한 설명으로 옳지 않은 것은?

① 디지털 데오도라이트를 이용하여 각을 관측할 경우 각 읽음오차를 소거할 수 있다.
② 전자파거리측량기(EDM)로 거리를 관측할 경우 온도, 습도, 기압에 대한 영향을 보정해야 정확한 거리를 측정할 수 있다.
③ 수준측량에 사용되는 레벨의 기포관 감도는 망원경의 확대 배율로 표시한다.
④ 평판측량에서 사용되는 보통앨리데이드는 시준공의 직경과 시준사의 굵기에 의해 시준오차가 발생한다.

해설 [기포관의 감도(θ'')]
기포가 1눈금 움직일 때 수준기축이 경사되는 각도를 감도(感度)라 한다. 즉, 기포관의 1눈금이 곡률중심에 끼는 각도를 말하며 곡률반경으로 표시하기도 한다.

식 $\theta'' = 206,265'' \frac{l}{nD}$

여기서, D : 수준거리, l : 고저차, n : 눈금수

09. 각 측량기에서 기계점검이 테스트 시 직교의 조건을 확인하여야 하는 3개의 축에 속하지 않는 것은?

① 편심축
② 시준축
③ 수평축
④ 연직축

해설 편심축은 각측량의 기계점검시나 테스트의 직교조건의 확인대상이 아니다.
[완전한 각조정 조건]
① 기포관축과 연직축은 직교해야 한다. (L ⊥ V)
② 시준선과 수평축은 직교해야 한다. (S ⊥ H)
③ 수평축과 연직축은 직교해야 한다. (H ⊥ V)

10. 수평각 측정방법 중 정도가 가장 높은 관측방법은?

① 단측법
② 조합각 관측법
③ 배각법
④ 방향각 관측법

해설 조합각관측법은 각관측법이라고도 하며, 수평각 관측법 중 가장 정확한 값을 얻을 수 있는 방법으로 1등 삼각측량에 이용된다.

11. 수평각 관측법 중, 가장 정확한 조합각관측법으로 측량하려고 한다. 한 점에서 관측할 방향의 수가 5라면 총 관측각 수와 조건식 수는?

① 총 관측각 수 : 6, 조건식 수 : 4
② 총 관측각 수 : 6, 조건식 수 : 6
③ 총 관측각 수 : 10, 조건식 수 : 4
④ 총 관측각 수 : 10, 조건식 수 : 6

해설 [조합각관측법]
① 조건식수
$= \frac{1}{2}(n-1)(n-2) = \frac{1}{2} \times 4 \times 3 = 6$, n : 방향선의 수
② 총 각관측수 $= \frac{1}{2}n(n-1) = \frac{1}{2} \times 5 \times 4 = 10$

12. 그림과 같이 관측하는 수평각 측정 방법은?

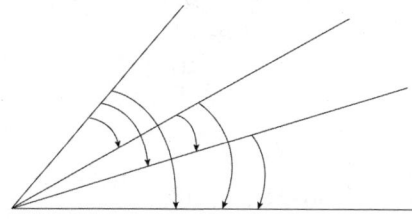

① 배각법　　② 조합각 관측법
③ 방향각법　④ 단측법

해설 조합각 관측법은 각관측법이이라고도 하며, 수평각 관측법 중 가장 정확한 값을 얻을 수 있는 방법으로 1등 삼각측량에 이용된다.

13. 3인(A, B, C)이 각을 관측한 결과가 아래와 같을 때 최확값은?

| A : 66° 36′ 32″ ± 3.2″ |
| B : 66° 36′ 27″ ± 2.9″ |
| C : 66° 36′ 25″ ± 3.6″ |

① 66° 36′ 30″　② 66° 36′ 28″
③ 66° 36′ 20″　④ 66° 36′ 22″

해설 경중률은 평균제곱근오차의 제곱에 반비례한다. 비율계산이므로 0.008 : 0.004 = 2 : 1 로 계산해도 상관없다.

$P_A : P_B : P_C = \frac{1}{3.2^2} : \frac{1}{2.9^2} : \frac{1}{3.6^2} = 1 : 1.2 : 0.8$

최확값 $= \frac{P_A l_A + P_B l_B + P_C l_C}{P_A + P_B + P_C} =$
$= 66°36′ + \frac{1 \times 32″ + 1.2 \times 27″ + 0.8 \times 25″}{1 + 1.2 + 0.8}$
$= 66°36′28″$

14. 기포관의 감도가 30″인 레벨로 거리가 100m 떨어진 표척을 관측할 때 기포관의 눈금 1/2에 의한 수준오차는?

① 7.3mm　　② 8.0mm
③ 9.4mm　　④ 14.2mm

해설 기포관의 감도에 관한 식은 그림으로부터 다음과 같이 구할 수 있다.

$L = Dn\theta″$, $180° = \pi Rad$, $\theta″ = \frac{L}{nD}$

$L = 100m \times 30″ \times \frac{1/2}{206,265″} = 0.0073m = 7.3mm$

15. 삼각형의 내각 관측결과 ∠A=55°12′20″, ∠B=35°23′40″, ∠C=89°24′30″ 이었다면 각각의 최확값으로 옳은 것은?

① ∠A=55°12′20″, ∠B=35°23′40″, ∠C=89°24′10″
② ∠A=55°12′15″, ∠B=35°23′35″, ∠C=89°24′10″
③ ∠A=55°12′15″, ∠B=35°23′20″, ∠C=89°24′25″
④ ∠A=55°12′10″, ∠B=35°23′30″, ∠C=89°24′20″

해설 삼각형의 내각의 합=180°00′30″이므로 오차는 +30″이고 $\frac{30″}{3} = 10″$씩을 각각의 각에 빼주어 조건식을 완성하면 최확값이 구해진다.

16. 각 관측에서 망원경을 정·반으로 관측하여 평균하여도 소거되지 않는 오차의 원인은?

① 시준축과 수평축이 직교하지 않는다.
② 연직축이 정확히 연직선에 있지 않다.
③ 수평축이 연직축에 직교하지 않는다.
④ 회전축에 대하여 망원경의 위치가 편심되어 있다.

[해설] 연직축이 정확히 연직선상에 있지 않아 발생하는 연직축 오차는 관측값을 평균하여도 소거되지 않는다. 다만 시준할 두 점의 고저차가 연직각으로 5° 이하인 경우 큰 오차가 발생하지 않으므로 무시한다.

17. 동일한 정밀도로 각을 관측하여 $\alpha = 39°19'40''$, $\beta = 52°25'29''$, $\gamma = 91°45'00''$를 얻었다면 γ의 최확값은?

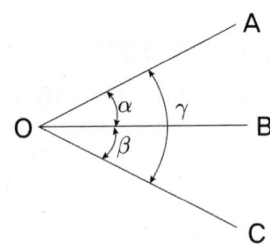

① 91°44'57''
② 91°44'59''
③ 91°45'01''
④ 91°45'03''

[해설] 조건식 $\alpha + \beta - \gamma = 0$ 이어야 하며
$39°19'40'' + 52°25'29'' - 91°45'00'' = 9''$
오차가 9''이므로 조정각은 $9'' \div 3 = 3''$
오차원인으로 α, β는 조건식이 +값이 되도록 작용하므로 $-3''$씩을 조정하고 γ는 그 반대이므로 $+3''$를 조정한다.
$\gamma = 91°45'00'' + 3'' = 91°45'03''$

18. 각과 거리를 측정하여 그 점의 위치를 결정하는 경우 거리측량의 정밀도를 1:10,000이라고 하면 각의 허용오차는 약 얼마인가?

① 10''
② 20''
③ 30''
④ 40''

[해설] 거리측량의 정밀도와 각측량의 정밀도가 같다면
$\dfrac{H}{D} = \dfrac{\theta}{\rho}$에서 $\dfrac{1}{10,000} = \dfrac{\theta}{\dfrac{180°}{\pi}}$이므로
$\therefore \theta = 0°0'20.6''$

19. 1km 앞에 있는 폭 5cm인 물체의 사이에 낀 각도는 얼마인가?

① 1.03''
② 2.06''
③ 10.3''
④ 20.6''

[해설] [거리오차와 측각오차의 정밀도]
$\dfrac{\Delta h}{D} = \dfrac{\theta}{\rho(1라디안)}$에서
$\dfrac{0.05m}{1,000m} = \dfrac{\theta''}{\dfrac{180°}{\pi} \times 60' \times 60''}$
$\theta'' = \dfrac{0.05m}{1,000m} \times \dfrac{180°}{\pi} \times 60' \times 60'' = 10.313'' ≒ 10.3''$

20. 그림에서 a_1, a_2, a_3를 같은 경중률로 관측한 결과가 $a_1 - a_2 - a_3 = 24''$일 때 조정량으로 옳은 것은?

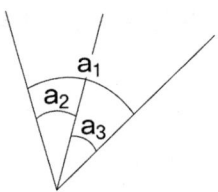

① $a_1 = +8''$, $a_2 = +8''$, $a_3 = +8''$
② $a_1 = -8''$, $a_2 = +8''$, $a_3 = +8''$
③ $a_1 = -8''$, $a_2 = -8''$, $a_3 = -8''$
④ $a_1 = +8''$, $a_2 = -8''$, $a_3 = -8''$

[해설] 조정량 = $\dfrac{오차}{관측각수} = \dfrac{24''}{3} = 8''$
관측각이 a_1, a_2, a_3 3개 임에 유의하며, a_1은 커서 a_2, a_3는 작아서 발생한 오차이므로
a_1은 (-)로 a_2, a_3는 (+)로 조정한다.
$a_1 = -8''$, $a_2 = +8''$, $a_3 = +8''$

21. 각과 거리 관측에 대한 설명으로 옳은 것은?

① 정밀기선측량의 정밀도가 1/100,000 이라는 것은 관측거리 1km에 대한 1cm의 오차를 의미한다.
② 천정각은 수평각 관측을 의미하며 고저각은 높낮이에 대한 관측각이다.

③ 각관측에서 배각관측이란 정위관측과 반위관측을 의미한다.
④ 각관측에서 관측방향이 15″ 틀어진 경우 2km 앞에 발생하는 위치오차는 1.5m이다.

해설 [각과 거리 관측에 대한 설명]
① 정밀기선측량의 정밀도가 1/100,000 이라는 것은 관측거리 1km에 대한 1cm의 오차를 의미한다.
② 천정각과 고저각은 모두 수직각이다.
③ 각관측에서 배각관측이란 읽음오차를 줄여주기 위해 2회 이상 관측하여 관측회수로 나누어서 구하는 방법
④ 각관측에서 관측방향이 15″ 틀어진 경우 2km 앞에 발생하는 위치오차는 14.54cm이다.

22. 어떤 한 각을 관측하여 32°30′20″, 32°30′15″, 32°30′17″, 32°30′18″, 32°30′20″의 결과를 얻었다. 이 각관측의 평균제곱근오차는?

① ±0.5″
② ±2.1″
③ ±3.5″
④ ±4.0″

해설 ① 최확값(MPV) : 산술평균
$$MPV = 32°30′ + \frac{20″+15″+17″+18″+20″}{5} = 32°30′18″$$

② 각 관측의 평균제곱근오차(σ)

관측값	최확값	잔차(v)	잔차$^2(v^2)$
32°30′20″	32°30′18″	2″	4
32°30′15″	32°30′18″	-3″	9
32°30′17″	32°30′18″	-1″	1
32°30′18″	32°30′18″	0	0
32°30′20″	32°30′18″	2″	4
계			18

$$\sigma = \pm\sqrt{\frac{[v^2]}{(n-1)}} = \pm\sqrt{\frac{18}{5-1}} = \pm 2.121″ ≒ \pm 2.1″$$

※ 각 관측의 평균제곱근 오차 $\left(\sigma = \pm\sqrt{\frac{[v^2]}{(n-1)}}\right)$ 와 최확값의 평균제곱근 오차 $\left(\sigma = \pm\sqrt{\frac{[v^2]}{n\times(n-1)}}\right)$ 를 비교

23. 각 관측에서 시준오차가 ±5″이고 눈금의 읽기오차는 없는 경우 4배각법으로 관측할 때 관측오차는?

① ±1.0″
② ±1.4″
③ ±1.6″
④ ±3.5″

해설 $E = \pm\sqrt{\frac{2}{n}(\alpha^2 + \frac{\beta^2}{n})}$ 에서
n : 배각수, α : 시준오차, β : 읽기오차
$= \pm\sqrt{\frac{2}{4}(5^2 + \frac{0^2}{4})} = \pm 3.536″ ≒ 3.5″$

24. 각측량에서 망원경을 정위, 반위로 측정하여 평균값을 취함으로써 제거할 수 없는 오차는?

① 시준선의 편심오차
② 시준 오차
③ 시준축오차
④ 수평축 오차

해설 [망원경의 정·반위 관측으로 제거되는 오차]
① 시준축오차 : 시준선이 수평축과 직각이 아니기 때문에 생기는 오차
② 수평축오차 : 수평축이 수평이 아니기 때문에 생기는 오차
③ 시준선의 편심 오차(외심 오차) : 시준선이 기계의 중심을 통과하지 않기 때문에 생기는 오차

25. 기포 한 눈금의 길이가 2mm, 감도가 20″일 때 곡률반지름은 얼마인가?

① 10.37m
② 20.63m
③ 23.26m
④ 38.42m

해설 기포관의 감도에 관한 식은 그림에서 $m = R \times \theta$ 에서
곡률반경(R) = $\frac{m}{\theta} \times \rho = \frac{2mm}{20″} \times 206,265″ = 20,626.5mm ≒ 20.63m$

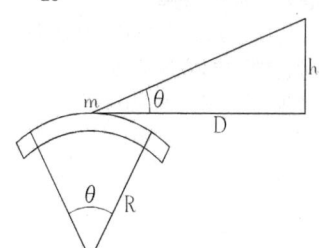

26. 어떤 각을 4명이 관측하여 다음과 같은 결과를 얻었다면 최확값은?

관측자	관측각	관측횟수
A	42°28′47″	3
B	42°28′42″	2
C	42°28′36″	4
D	42°28′55″	6

① 42°28′47″ ② 42°28′44″
③ 42°28′41″ ④ 42°28′36″

해설 ① 경중률 : 관측횟수에 비례한다.
$P_A : P_B : P_C : P_D = 3 : 2 : 4 : 6$
② 최확값 : 경중률을 고려한 산술평균
$$MPV = \frac{P_A \times A + P_B \times B + P_C \times C + P_D \times D}{P_A + P_B + P_C + P_D}$$
$$= 42°28′40″ + \frac{3 \times 7″ + 2 \times 2″ + 4 \times (-4″) + 6 \times 15″}{3 + 2 + 4 + 6}$$
$$= 42°28′46.6″$$
$$= 42°28′46.6″ ≒ 42°28′47″$$

27. 측량용 기계의 수평축에 대한 설명으로 옳은 것은?

① 연직축과 평행하다.
② 시준축과 평행하다.
③ 망원경을 중앙에서 위, 아래로 회전시키는 축이다.
④ 기포관의 중심 정점에 접하는 축이다.

해설 [측량용 기계의 수평축]
① 수평축은 망원경을 중앙에서 위, 아래로 회전시키는 축이다.
② 수평축은 연직축과 직교해야 한다.
③ 수평축은 시준축과 직교해야 한다.
④ 망원경은 수평축에 고정되어 있으며 축받이 위에서 회전한다.

CHAPTER 04 평판 측량

1 평판측량의 개요

(1) 정의 및 특징

① 평판측량은 도판에 제도지를 붙여 평판을 세우고 평판 시준기(alidade)로 목표물의 방향, 거리 및 고저차를 관측하여 직접 현장에서 위치를 결정하거나 지형도를 작성하는 측량
② 트래버스 측량이나 그 밖의 다른 측량에서 결정된 측점을 기준으로 세부측량을 함
③ 평판측량을 ground-truth 측량이라고도 함
④ 평판측량은 높은 정확도는 기대할 수 없지만 신속히 측량해야 할 경우에 적당
⑤ 삼각측량 또는 다각측량 등의 골조측량 결과로부터 구하여진 기준점을 기초로 하여 측량 구역 내에 있는 지물의 위치나 지형을 구하는 세부 측량에 사용

(2) 평판측량의 장단점

1) 장점

① 현지에서 직접 결과를 제도함으로 필요한 사항을 관측 중에 빠뜨리는 일이 없다.
② 현장에서 도면을 작성하기 때문에 복잡한 지형을 정확하게 표현
③ 필요 없는 측점을 없앨 수가 있어 능률이 좋다.
④ 각도를 읽거나 야장의 기입이 없기 때문에 이에 따르는 착오나 오차가 없다.
⑤ 측량의 과실을 발견하는 것이 용이
⑥ 기계의 구조가 간단하여 능숙해지면 작업이 빠르고 상당한 정확도를 얻을 수 있다.
⑦ 계산이나 제도 등의 내업이 적으므로 작업이 신속
⑧ 작업이 빠르기 때문에 복잡한 지형이나 시가지, 농지 등의 세부 측량에 적당

2) 단점

① 기상의 영향을 많이 받음
② 습도에 따라 도지에 신축이 생기므로 정확도에 영향을 받음

③ 외업에 시간이 많이 걸림
④ 야장이 없어 따로 계산을 할 때에 불편하고 높은 정확도를 기대할 수 없음
⑤ 기계의 부품이 많으므로 휴대가 곤란하며, 측량 중에 분실하기 쉬움

❷ 평판측량에 사용되는 기계 및 기구

(1) 평판(도판) : 보통 중형판 이용

1) 소형판 : 30×40cm

2) 중형판 : 40×50cm

3) 대형판 : 50×60cm

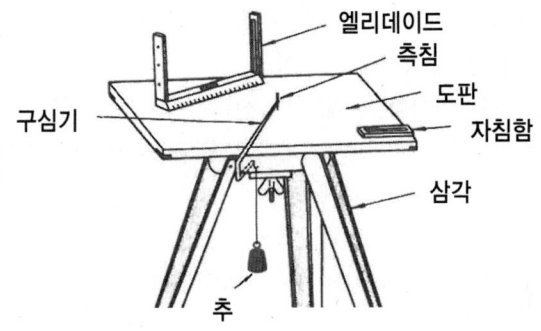

(2) 앨리데이드(Alidade)

1) 장점

① 몸통 중앙에 곡률반지름 1.0~1.5m 정도의 기포관
② 전시준판 : 시준사의 크기는 0.2~0.5mm
③ 후시준판 : 시준공의 크기는 0.5~0.8mm(하시준공 0, 중시준공 20, 상시준공 35)
④ 전시준판에 새겨져 있는 1눈금의 크기 : 전후 양시준판 간격의 1/100
⑤ 앙각(+) 측정시 : 0~40, 최대 +75
⑥ 부각(+) 측정시 : 0~35, 최대 −75
⑦ 방향선의 길이 : 도상 10cm 이내

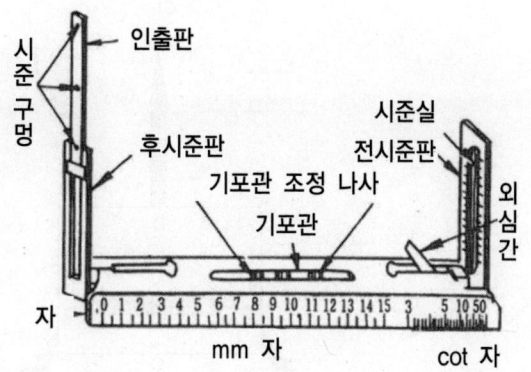

2) 망원경 앨리데이드

　　방향선의 길이 : 도상 17cm 이내

3) 자침함, 구심기, 구심추, 측침, 연필(4~8H), 폴대, 도지 등

③ 평판을 세우는 법(평판의 3요소)

- **정준(leveling)** : 평판이 수평이 되어야 한다.
- **구심(centering)** : 평판 위에 표시된 측점과 땅 위의 측점이 동일 연직선 상에 있어야 한다.
- **표정(orientation)** : 평판을 일정한 방향에 맞게 고정시켜야 한다.

(1) 정준

① 정준, 구심, 표정이 거의 만족되도록 눈으로 대략 측량하면서 삼각대을 지반에 세운다.
② 다음 그림에서와 같이 삼각 중 S_1, S_2 두개의 삼각을 땅에 충분히 고정시킨다. 이 때 평판의 높이는 측량 할 사람이 숙여서 제도를 할 수 있는 적당한 높이면 좋다.
③ 땅에 고정시킨 두개의 다리를 잇는 선에 평행하게 앨리데이드를 놓고 나머지 한 개의 다리를 좌우로 움직여 기포가 중앙에 오게 한다.
④ 앨리데이드를 ③에서 높은 방향과 직각 방향으로 놓고 ②에서 움직인 삼각을 이번에는 앞뒤로 움직여 기포가 중앙에 오게 한다.
⑤ 앨리데이드를 다시 ③의 위치로 놓고 기포가 중앙에 놓여 있는가를 검사한다.
⑥ 위의 방법을 되풀이하여 앨리데이드를 어느 방향에 놓아도 기포가 중앙에 있을 때 평판은 수평이 된다.

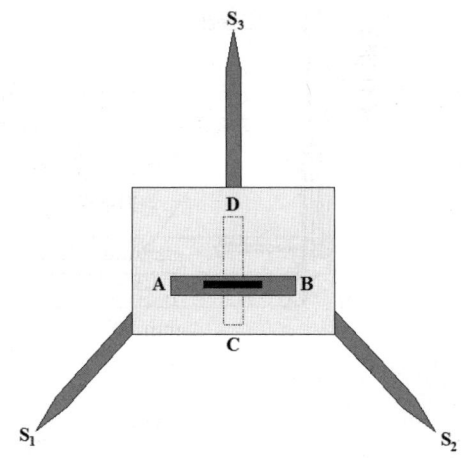

(2) 구심

① 정준이 끝났으면 중심이동 장치의 평판고정나사를 풀고 구심기를 사용하여 평판을 이동시키면서 도상의 점과 지상의 측점을 일치시킨다.
② 도상허용오차를 0.2mm로 하였을 때 허용되는 편심 거리

축척	1/100	1/500	1/600	1/1,000	1/5,000	1/10,000
허용범위 cm	1	5	6	10	50	100

(3) 표정

① 앨리데이드의 시준선을 도상의 선 A-B에 일치시킨다.
② 지상의 B점에 세운 폴을 시준하면서 평판을 수평 회전시켜 폴과 앨리데이드의 시준선을 일치시킨다.
③ 폴이 정확하게 시준사와 일치하도록 점 B의 폴을 시준하면서 평판이 회전하지 않도록 평판고정나사를 가만히 조인다.
④ 이로써 평판의 설치는 완료되었으나 설치의 세 조건(정준, 구심, 표정)중의 하나를 만족시키려고 평판을 이동시키면 다른 조건이 어긋나게 되므로 주의하여야 한다.
⑤ 평판설치 조건중 오차에 제일 큰 영향을 미치므로 각별히 주의

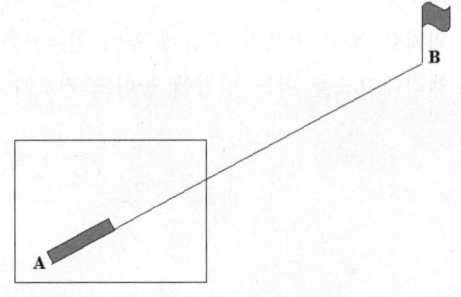

(4) 평판의 설치시 주의사항

① 삼각대의 위치는 여러 측정방향을 고려하여 측정에 편리하도록 선정한다.
② 평판의 높이는 허리 보다 약간 높게 세우는 것이 바람직하다.
③ 평판의 세 조건 중 표정에 의한 오차가 제일 크게 영향을 준다.
④ 정준하는 경우는 반드시 평판고정나사를 풀고 시행한다.
⑤ 시준할 때는 반드시 폴의 좌단을 시준한다.
⑥ 앨리데이드의 기포관은 수시로 검사할 필요가 있다. 검사 방법은 평판 위에 앨리데이드를 놓고 기포를 중앙으로 유도하고 다시 앨리데이드를 180° 수평 회전하여 기포가 중앙에 있으면 올바르다.

4 평판측량의 방법

(1) 방사법

① 광선법(光線法) 또는 사출법(射出法)이라고도 한다.
② 가장 널리 사용하는 방법으로 장애물이 없고, 비교적 좁은 지역에 적합
③ 평판을 한번 세워서 여러 점을 관측할 수 있다는 장점이 있다.
④ 대축척으로 세부측량을 할 경우 정확도가 비교적 높다.
⑤ 측량 가능 범위는 한 방향선의 길이가 도상에서 10cm 이하로 지상거리가 50~60m이며, 최대 100m를 넘지 않아야 한다.
⑥ 오차 검사가 불가능

(2) 전진법

① 도선법(道線法)이라고도 한다.
② 기지점에서 출발하여 다른 기지점에 도착하거나 출발점으로 폐합시키는 방법
③ 측점에서 측점으로 차례로 방향과 거리를 관측하여 전진하면서 도상에 트레버스를 만들어간다.
④ 도중에 미리 관측한 점들을 시준하여 오차를 검사할 수 있다.
⑤ 측량 구역이 좁고 길거나 장애물이 많을 때 많이 활용
⑥ 평판을 옮기는 횟수가 많으므로 시간이 많이 소요
⑦ 측량 도중에도 작업을 검사할 수 있는 것이 이 관측법의 특징이다.
⑧ 복전진법을 원칙으로 하고 결합다각형을 이용할 것.
⑨ 변의 수는 20변 이내이며, 노선의 길이는 각 구간마다 50m 이내일 것.

> 💡 **복전진법의 폐합오차 조정**
> ① 허용정도 이상일 때는 재 측량
> ② 허용정도 이내일 때는 거리에 비례하여 배분
>
> $$오차보정량 = \frac{출발점에서\ 보정해야\ 할\ 점까지의\ 거리(l)}{측선거리의\ 총합\ (L)} \times 폐합오차(E)$$

(3) 교회법

1) 전방교회법
① 기지점에서 미지점의 위치를 결정하는 방법
② 측량지역이 넓고 장애물이 있어서 목표점까지 거리를 측정하기 곤란한 경우
③ 교각은 30~150°(3개 방향선), 40~140°(2개 방향선) 로 하여야 하며, 정도를 높이기 위해 90°에 가깝게 하여야 한다.

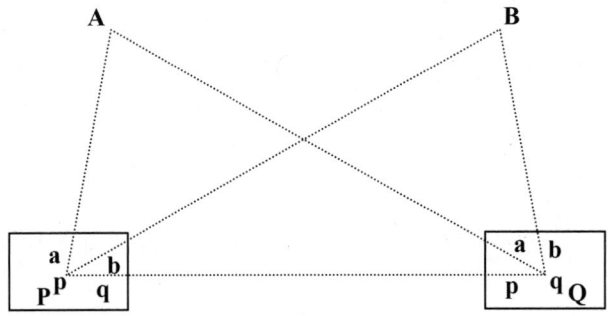

2) 측방교회법
두 개의 기지점 중 한 점에 평판을 세울 수 없을 경우 이용하는 방법이다.

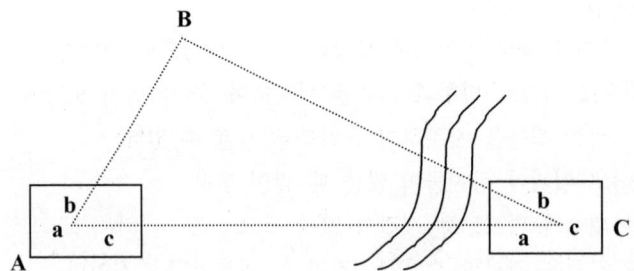

3) 후방교회법
① 미지점에 평판을 설치하고 2개 이상의 기지점을 이용함으로써 미지점의 위치를 도면상에 정하고 방향을 맞추는 작업
② 3점 문제와 2점 문제가 있다.

가. 레만법(시오삼각형법, Lehman's Method)

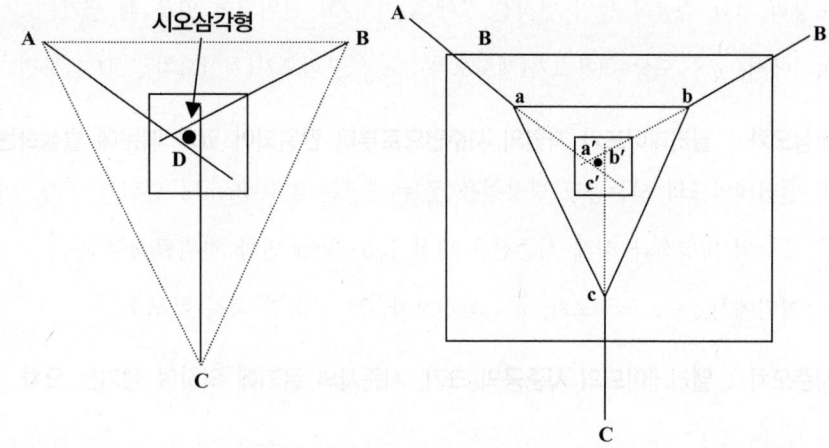

ⓐ 시오삼각형은 평판의 표정이 정확하지 않을 때 생긴다.
ⓑ 지형변화가 없는 지적도의 모서리점 A, B, C를 정확하게 정한 다음, 다음 순서에 따라 측량한다.

나. 벳셀법(Bessel's Method)

원의 기하학적 성질 이용, 정확한 위치를 구할 수 있으나 시간이 많이 소요됨

다. 투사지법(Tracing Paper Method)

ⓐ 투사지에 측량한 성과를 실제 지적도와 같은 기존의 지도 성과와 중첩 비교하여 변동 여부를 확인한 후 변동이 있으면 경계를 찾아 말뚝을 박는다.
ⓑ 경계측량에 많이 사용하는 방법이다. 정도는 좋지 못하나 쉽고 간단한 방법이다.

5 평판측량의 오차

(1) 기계오차

1) 정준오차 : 평판의 경사에 의한 오차

① 시준점과 평판위치의 고저차가 커질수록 오차도 커짐 $e = \dfrac{r}{b} \times \dfrac{n}{100} \times l$

e : 도상오차(제도오차), b : 기포의 변위량, r : 기포관 곡률반경, $\dfrac{n}{100}$: 평판의 경사, l : 도상의 시준선 길이

② 기포의 변위량 대신에 기포의 이동 눈금수가 주어졌을 때의 오차 $e = \dfrac{2a}{r} \times \dfrac{n}{100} \times l$

여기에서, a : 기포의 이동 눈금수

2) 구심오차 : 구심의 불완전에 의한 오차(치심오차)

도상의 점과 측점이 동일 연직선 상에 있지 않고 편위되어 있을 때 생기는 오차 $q = \dfrac{2e}{M}$

여기에서, q : 도상 허용오차(제도오차), e : 구심오차(치심오차), M : 도면 축척 분모수

3) 외심오차 : 앨리데이드가 자연의 시준면으로부터 편위되어 있기 때문에 발생하는 오차

① 앨리데이드의 시준공과 방향선을 긋는 면과는 2.5~3cm의 편위가 존재, 이것이 외심오차

② 도상의 방향선과 실제 시준선은 항상 2.5~3cm 만큼 편위됨 $q = \dfrac{e}{M}$

여기에서, q : 도상오차, e : 외심오차, M : 도면 축척 분모수

4) 시준오차 : 앨리데이드의 시준공의 크기, 시준사의 굵기에 의하여 생기는 오차

$$q = \dfrac{\sqrt{d^2 + t^2}}{2L} \times l$$

여기에서, q : 도상의 편위량, d : 시준공의 직경(0.4~0.8mm)
t : 시준사의 직경(0.4mm), l : 도상의 방향선 길이, L : 양시준판의 간격

(2) 관측오차

1) 방사법에 의한 오차

시준오차(ε_1)와 거리오차 및 축척에 의한 오차(ε_2)를 종합한 것으로 양 오차를 같이 0.25mm로 하면 측점의 오차 ε은

$\varepsilon = \pm \sqrt{\varepsilon_1^2 + \varepsilon_2^2} = \pm \sqrt{0.25^2 + 0.25^2} = \pm 0.354(mm)$

2) 전진법에 의한 오차

방사법의 반복으로 인한 시준오차(ε_1)와 거리오차 및 축척에 의한 오차(ε_2)의 합

$\varepsilon = \pm \sqrt{n(\varepsilon_1^2 + \varepsilon_2^2)}$ n : 측선의 수. 즉, 방사법 반복측량 횟수

3) 교회법에 의한 오차

교회점의 위치오차 $\varepsilon = \pm \sqrt{2} \times \dfrac{0.2}{\sin\theta}(mm)$

여기서 θ : 두 방향선의 교회각, 0.2 : 방향선의 변위법

6 평판측량의 응용

(1) 수평거리의 관측

1) 스타디아법

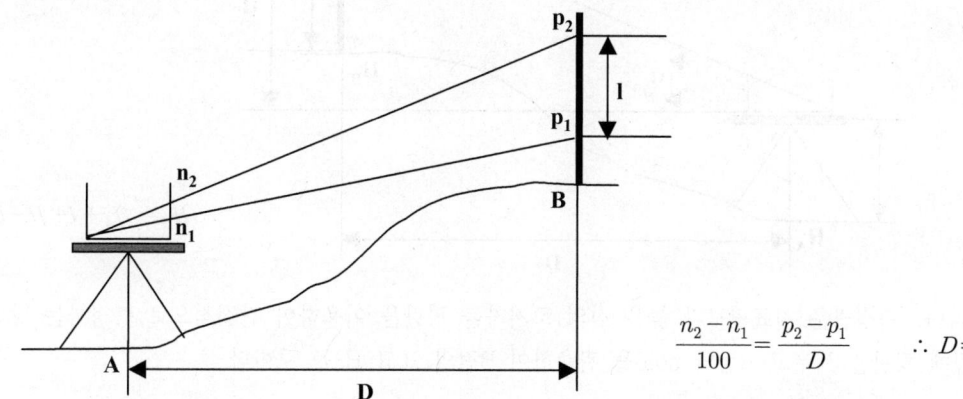

$$\frac{n_2 - n_1}{100} = \frac{p_2 - p_1}{D} \quad \therefore D = \frac{l}{n_2 - n_1} \times 100$$

① A점에 평판을 설치하고 B점에 표척을 세워 p_1과 p_2를 시준, 협장 l을 구한다.
② 이 때, 전시준판의 눈금 n_1과 n_2를 이용해 수평거리 D를 구한다.

2) 경사거리를 이용한 거리측량

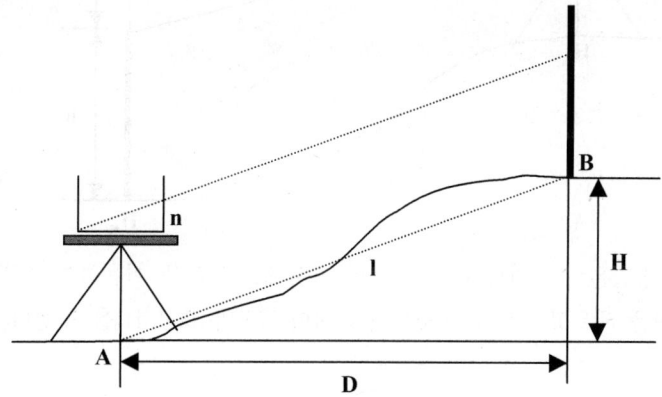

① 경사거리를 측정하여 수평거리 D와 고저차 H를 간접적으로 측정

$$100 : D = \sqrt{100^2 + n^2} : l \quad \therefore D = \frac{100}{\sqrt{100^2 + n^2}} l$$

$$\sqrt{100^2 + n^2} : l = n : H \quad \therefore H = \frac{n}{\sqrt{100^2 + n^2}} l$$

(2) 높이의 관측

1) 앙각(+)을 측정할 경우

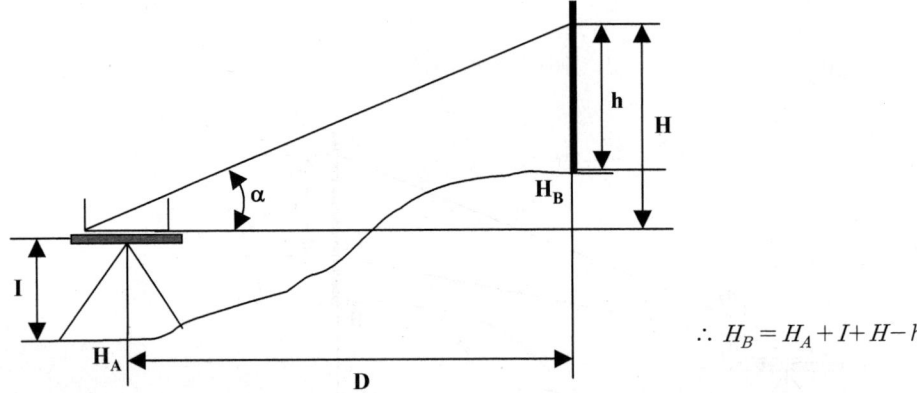

$$\therefore H_B = H_A + I + H - h$$

① 앙각(+) 측정법은 지표면보다 높은 점의 고저차를 평판을 이용하여 간접적으로 측정하는 방법
② A점에 평판을 세우고 B점의 pole을 관측하여 B점의 표고 H_B를 구한다.

2) 부각(-)을 측정할 경우

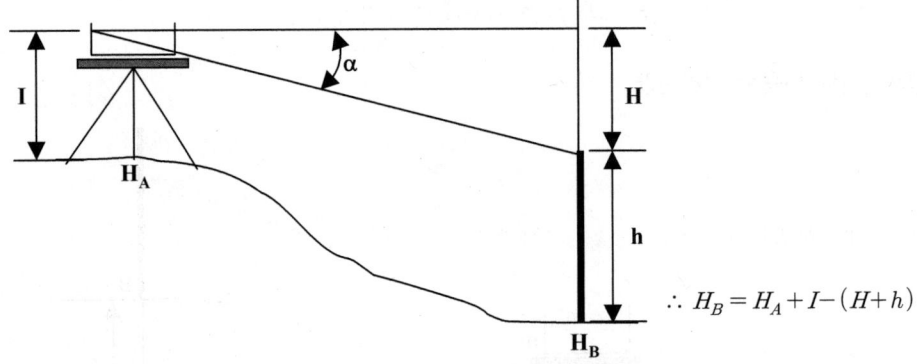

$$\therefore H_B = H_A + I - (H + h)$$

① 부각(-) 측정법은 지표면보다 낮은 점의 고저차를 평판을 이용하여 간접적으로 측정하는 방법
② A점에 평판을 세우고 B점의 pole을 관측하여 B점의 표고 H_B를 구한다.

CHAPTER 04 평판측량

01. 평판 측량의 장단점으로써 옳지 않은 것은?

① 현장에서 곧 작도할 수 있어 야장이 필요 없다.
② 현장에서 작도하기 때문에 필요한 사항의 관측을 잊어버리는 일이 없다.
③ 내업이 적어 시간이 절약된다.
④ 고저의 측량을 쉽게 할 수 있으나 오측을 발견하기는 어렵다.

> 해설 평판측량은 현장에서 도해하기 때문에 오차발견이 쉬우나, 고저측량은 어렵다.

02. 평판측량에 의하여 관측되지 않은 것은?

① 등고선 측량   ② 수준 측량
③ 간접거리 측량 ④ 직접거리 측량

> 해설 앨리데이드를 이용하여 고저차, 간접거리 측량 및 등고선 측량이 가능하다. 직접거리 측량은 주로 줄자(Tape)에 의한 방법이다.

03. 앨리데이드의 시준공의 중시준공을 통하는 수평선은 다음 중 어느 눈금인가?

① 0눈금   ② 20눈금
③ 25눈금   ④ 35눈금

> 해설 ① 하시준공 : 0눈금
>   ② 중시준공 : 20눈금
>   ③ 상시준공 : 35눈금

04. 평판의 설치작업에서 평판을 수평하게 하는 작업은 다음 중 어느 것인가?

① 구심   ② 정준
③ 표정   ④ 방사법

> 해설 구심(중심맞추기), 정준(수평맞추기), 표정(방향맞추기)

05. 평판을 설치할 때의 3조건 중에서 일반적으로 측량결과에 미치는 영향이 가장 큰 것은 어느 것인가?

① 표정   ② 정치
③ 치심   ④ 정준

> 해설 표정의 오차는 3조건 가운데 가장 방향오차가 크게 나타난다. 그러므로, 축척의 대소에 관계없이 표정오차의 영향이 크다.

06. 뚜렷하게 높고 잘 보이는 목표물을 정해 놓으면 도로 및 하천변의 여러 점의 위치를 측정할 때에 편리한 방법은?

① 후방교회법
② 측방교회법
③ 트레싱을 사용하는 방법
④ 레만의 방법

> 해설 교회법은 방향선의 교차에 의해 구점의 위치를 결정하는 방식으로 기계를 세우는 위치에 따라 전방(기지점), 측방(기지점, 미지점), 후방(미지점)교회법으로 구분한다.

정답 01. ④ 02. ④ 03. ② 04. ④ 05. ① 06. ②

07. 평판측량에 있어서 방사법에 관한 설명 중 틀린 것은 어느 것인가?

① 지형측량의 경우 일반적으로 사용된다.
② 지형의 형상, 면적 등을 알고자 할 때 가장 간단한 방법이다.
③ 가옥, 도로, 하천, 수목 등에 대해서 세부측량을 할 수 있다.
④ 형상, 면적을 알고자 하는 가장 정밀한 방법이다.

해설 평판측량 방법의 정밀도는 교회법 > 전진법 > 방사법 순이다.

08. 미지점에 평판을 세우고, 도상에서 그 점을 구할 때 사용되는 측량방법은 어느 것인가?

① 전방교회법   ② 방사법
③ 후방교회법   ④ 절측법

해설 [미지점을 구하는 교회법의 종류]
① 전방교회법 : 기지점에 기계세움
② 측방교회법 : 기지점과 미지점에 기계세움
③ 후방교회법 : 미지점에 기계세움

09. 평판측량의 평탄지의 허용오차의 한계는?

① 1/1000   ② 1/600
③ 1/500   ④ 1/300

해설 [평판측량의 허용오차 한계]
① 평탄지 : 1/1,000
② 경사지 : 1/600~1/800
③ 산지 : 1/300~1/500

10. 평판에 의하여 평탄지에서 다각측량을 하였을 때 측선길이의 총합이 580m 이고, 폐합오차가 15cm 이었다면 이 측량의 결과 처리는?

① 재측량한다.
② 비례배분하여 조정한다.
③ 거리에 반비례하여 배분한다.
④ 그대로 사용하여도 무방하다.

해설 폐합비 = $\dfrac{\text{폐합오차}}{\text{전거리}} = \dfrac{0.15}{580} = \dfrac{1}{3,870}$

평탄지의 허용오차 : $\dfrac{1}{1,000}$

폐합오차(관측값)는 허용오차범위 안에 있으므로 거리에 비례하여 배분한다.

11. 전진법으로 폐합트래버스 A, B, C, D, E, A'를 측정하니 도면상의 폐합오차가 1mm였다. 도면의 축척 1/500이고, 각 변의 길이가 AB=15m, BC=25m, CD=22.5m, DE=15.5m, EA'=22m 라 하면 C점에서 폐합오차 조정량은?

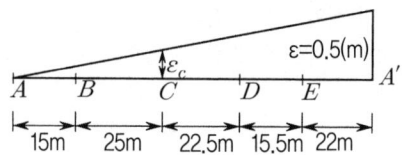

① 0.4mm   ② 0.4cm
③ 20mm   ④ 20cm

해설 폐합오차 1mm를 실제거리로 환산하면
$\dfrac{1}{500} = \dfrac{1\text{mm}}{\text{실제거리}}$
실제거리 = 500mm = 0.5m

ε_c조정량 = $\dfrac{\text{폐합오차}}{\text{전거리}} \times$ 그 측선까지의 추가거리
= $\dfrac{0.5}{100} \times 40 = 0.2\text{m} = 20\text{cm}$

12. 다음 중 평판측량의 후방교회법은?

① 두 기지점에 평판을 세워 구점의 위치를 결정한다.
② 한 기지점과 구점에 평판을 세워 구점의 위치를 결정한다.
③ 세 기지점에 평판을 세워 구점의 위치를 결정한다.
④ 한 구점에 평판을 세우고 세 기지점을 이용하여 구점의 위치를 결정한다.

해설 후방교회법은 미지점에 평판을 세우고 그 미지점을 도상에서 구하는 방법이다.
① : 전방교회법   ② : 측방교회법
③ : 전방교회법   ④ : 후방교회법

13. 평판측량의 3점 문제와 관계없는 것은?

① 레이만의 방법
② 베셀의 방법
③ 투사지를 사용하는 방법
④ 2점 문제에 의한 방법

해설 2점 문제에 의한 방법은 3점 문제와 관계가 없다.

14. 평판측량의 후방교회법에서 시오삼각형이 생기는 원인 중 중요한 것은?

① 교회각이 너무 적을 때
② 도지가 신축했을 때
③ 평판의 표정이 불완전할 때
④ 평판의 구심이 불완전할 때

해설 시오삼각형이 생기는 주요 원인은 표정의 불완전이다.

15. 평판측량의 3점 문제에서 시간이 많이 소요되기는 하나 경험이 없어도 도해법으로 비교적 정확하게 점의 위치를 구할 수 있는 방법은?

① 도선법
② 베셀의 방법
③ 레이만의 방법
④ 사출법

해설 ① 투사지법 : 가장 간단한 방법. 정도는 낮다.
② 베셀법 : 시간 많이 소요. 경험이 없어도 도해법으로 비교적 정확하게 점의 위치 결정
③ 레이만법 : 신속하고 정확하나 경험을 요함

16. 삼점문제에서 레이만(Lehman)법칙에 의하여 평판의 표정오차가 있어도 시오삼각형이 생기지 않을 수 있는 경우는?

① 구점이 주어진 abc를 연결하는 삼각형의 내부에 있을 때
② 구점이 삼각형 abc의 외부에 있고 삼각형의 외접원의 내부에 있을 때
③ 구점이 외접원의 밖에 있고 삼각형 abc의 1변에 대할 때
④ 구점이 외접원 상에 있을 때

해설 레이만 법칙에서 구점이 외접원상에 위치할 경우에는 평판표정이 잘못되어도 시오삼각형이 생기지 않는다.

17. 교회법의 교각은 몇 도 정도면 정확도가 좋은가?

① 10°~140°
② 20°~180°
③ 30°~120°
④ 40°~180°

해설 교회법에서 교각은 90°가 가장 이상적이나 지형상 30°~120° 정도를 유지하면 정확도가 좋다.

18. 앨리데이드에서 수평거리를 구하기 위하여 경사지의 경사거리 l과 앨리데이드의 경사분획 n을 측정했다. 이 경우 수평거리 L을 구하는 식은?

① $L = l \times \dfrac{100}{\sqrt{100^2 + n^2}}$

② $L = l + l \left\{ \dfrac{1}{1 + \left(\dfrac{n}{100}\right)^2} \right\}$

③ $L = l \times \left\{ 1 - \left(\dfrac{n}{100}\right)^2 \times \dfrac{1}{2} \right\}$

④ $L = l \times \dfrac{1}{1 + \left(\dfrac{n}{100}\right)^2}$

해설 $L : l = 100 : \sqrt{100^2 + n^2}$ 에서
$\therefore L = l \times \dfrac{100}{\sqrt{100^2 + n^2}}$

19. 그림과 같이 n=+12.5, D=50m, S=1.50m, I=1.10m, H_A =26.85m 일 때의 점 B의 표고 H_B를 구하시오.

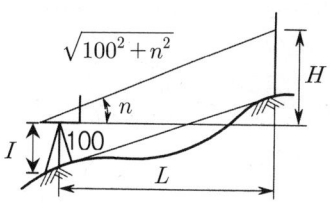

① 31.10m
② 31.60m
③ 32.70m
④ 34.20m

정답 13. ④ 14. ③ 15. ② 16. ④ 17. ③ 18. ① 19. ③

해설 $H = \dfrac{nD}{100}$ 이므로

$H = 6.25m$

$H_B = H_A + I + H - S$
$= 26.85 + 1.10 + 6.25 - 1.5 = 32.70m$

20. A점에 평판을 세우고 B점의 표척(상하간격 2m)을 보통 앨리데이드로 시준하여 상 5.5, 하 1.5의 전시준판의 잣눈을 읽었다. A, B 간의 거리를 구하면?

① 50m ② 60m
③ 55m ④ 65m

해설 $D = \dfrac{100}{n_2 - n_1} H$

$= \dfrac{100}{5.5 - 1.5} \times 2 = 25 \times 2 = 50m$

21. 허용 제도오차를 0.2mm로 할 때 축척 1/500에서 앨리데이드의 외심오차는 몇 cm인가?

① 5cm ② 50cm
③ 10cm ④ 100cm

해설 $q = \dfrac{e}{M}$ $0.2 = \dfrac{e}{500}$

$\therefore e = 0.2 \times 500 = 100mm = 10cm$

22. 시준공의 직경 0.6mm, 시준사가 0.4mm, 양 시준판의 거리가 22cm의 앨리데이드를 사용할 경우, 방향선의 길이가 20cm라면 도상에 얼마만큼의 변위가 생기겠는가?

① 약 3mm ② 약 0.3mm
③ 약 0.1mm ④ 약 0.01mm

해설 $q = \dfrac{\sqrt{d^2 + t^2}}{2c} l = \dfrac{\sqrt{0.6^2 + 0.4^2}}{2 \times 22 \times 10} \times 200$

$= 0.33mm$

23. 기포의 곡률반지름 1(m), 방향선장 10(cm), 시준선의 경사분획 20일 때 도상허용오차 0.2(mm)로 하면 평판의 허용경사는 얼마인가?

① 1/400 ② 1/300
③ 1/200 ④ 1/100

해설 $q = \dfrac{2a}{r} \cdot \dfrac{n}{100} l$ 에서

$0.2 = \dfrac{2a}{1,000} < \dfrac{20}{100} \times 100$

$a = \dfrac{0.2 \times 1,000 \times 100}{2 \times 20 \times 100} = 5(mm)$

$\therefore 경사\left(\dfrac{a}{r}\right) = \dfrac{5}{1,000} = \dfrac{1}{200}$

24. 평판측량에서 구심오차를 4cm까지 허용한다면 이 때 작업이 가능한 축척은?(단, 허용오차를 0.2mm로 한다.)

① 1/600 ② 1/400
③ 1/300 ④ 1/200

해설 구심오차 공식에서

$q = \dfrac{2e}{M}$ 에서 $\dfrac{1}{M} = \dfrac{q}{2e} = \dfrac{0.02}{2 \times 4} = \dfrac{1}{400}$

25. 평판측량에서 교회법에 관한 오차 식은?

① $e = \dfrac{0.2}{K} L$ ② $e = \pm 0.3 \sqrt{n}$
③ $e = \pm \sqrt{2} \cdot \dfrac{0.2}{\sin\theta}$ ④ $e = \dfrac{2b}{r} \cdot \dfrac{n}{100} L$

해설 교회법에 관한 오차

$e = \pm \sqrt{2} \cdot \dfrac{0.2}{\sin\theta}$

26. 축척 1/5,000의 평판 세부측량에서 제도의 허용오차를 0.3mm로 할 때 평판의 구심오차의 허용 한계는?

① 50cm ② 25cm
③ 45cm ④ 75cm

해설 $q = \dfrac{2e}{M}$ 에서

$$\therefore e = \dfrac{qM}{2} = \dfrac{0.3 \times 5{,}000}{2}$$
$$= 750\text{mm} = 75\text{cm}$$

27. 축척 1/1,000의 평판측량으로 줄자의 최소한 읽기는? (단, 도상위치 오차는 0.2mm)

① 5cm
② 10cm
③ 15cm
④ 20cm

해설 최소읽기 $= 0.2 \times 1{,}000$
$= 200\text{mm} = 20\text{cm}$

28. 다음 평판측량에 관한 사항 중 옳은 것은?

① 측량의 과실을 발견하기 쉬워 높은 기대정도를 기대할 수 있다.
② 전진법에 의해 n개의 측선을 측정할 때 시준 및 거리에 의한 오차가 각각 0.25mm 라면 오차식은 $\pm 0.35\sqrt{n}$ 이다.
③ 방향선의 교각을 θ 변위를 0.2mm라 하면 교회법에 의한 오차는 $\pm \sqrt{0.2}\,\dfrac{2}{\sin\theta}$ 이다.
④ 알리다드의 시준공 지름을 d, 시준사 지름 t, 시준판간격 c, 방향선의 길이 L 이면 시준오차는 $\dfrac{\sqrt{d^2 + t^2}}{c}L(\text{cm})$ 이다.

해설 [전진법 오차]
$M = \pm \sqrt{n(m_1^2 + m_2^2)}$ 에서 시준오차(m_1), 거리 및 축척 오차(m_2)를 각각 0.25mm 간주한다면
$M = \pm \sqrt{n(0.25^2 + 0.25^2)} = \pm 0.35\sqrt{n}$

29. 평판측량으로 전진법을 행할 경우 변수가 16변인 폐합오차의 한계는 어느 정도인가?

① 0.2mm
② 0.6mm
③ 1.2mm
④ 1.5mm

해설 $M = \pm 0.3\sqrt{n} = 0.3\sqrt{16} = 1.2\text{mm}$

30. 폐합오차를 도상에서 1.5mm까지 허용하기로 하고 제도오차의 허용이 0.3mm일 때 적당한 변수를 구하면?

① 25변
② 50변
③ 5변
④ 10변

해설 $M = \pm 0.3\sqrt{n}$
$1.5 = \pm 0.3\sqrt{n}$
$\therefore n = \dfrac{1.5^2}{0.3^2} = 25$변

31. 평판측량에서 시준오차와 축척에 의한 오차를 같이 ± 0.5mm 라 하면 전진법으로 평판 측량을 할 때 생기는 오차를 구하는 식은? (단, n은 측선의 수임)

① $\pm 0.3\sqrt{n}$
② $\pm 0.5\sqrt{n}$
③ $\pm 0.7\sqrt{n}$
④ $\pm 0.9\sqrt{n}$

해설 $M = \pm \sqrt{n(m_1^2 + m_2^2)}$ 에서
$m_1 = \pm 0.5\text{mm}, m_2 = \pm 0.5\text{mm}$로 계산하면
$M = \pm 0.7\text{mm}\sqrt{n}$ 이 된다.

정답 27. ④ 28. ② 29. ③ 30. ① 31. ③

05 CHAPTER 지적삼각점 측량

1 지적삼각점 측량

지적삼각점 측량은 과거에는 기지변을 기초로 내각을 측정하여 거리를 계산하는 방법으로 실시하였으나 최근에는 측량장비의 발달로 광파기, TS(Total Station), GPS(Global Positioning System) 등의 장비를 이용하여 직접적으로 거리를 측정하는 삼변측량 방식이 널리 활용되고 있다.

(1) 삼각망의 종류

1) 삼각쇄(단열삼각망)
① 폭이 좁고 긴 지역에 적합
② 노선측량, 하천측량에 주로 이용
③ 측량이 신속하고 경비가 절감되지만 정밀도가 낮음

2) 유심다각망(유심삼각망)
① 한 점을 중심으로 여러 개의 삼각형을 결합시킨 삼각망
② 농지측량 및 평탄한 지역 등 넓은 지역에 주로 이용
③ 정밀도는 비교적 높은 편

3) 사각망(사변형 삼각망)
① 사각형의 정점을 연결하여 구성한 삼각망
② 조건식의 수가 가장 많아 정밀도가 가장 높음

4) 삽입망
① 삼각쇄와 유심다각망의 장점을 결합하여 구성한 삼각망
② 지적삼각측량에서 가장 흔하게 사용

5) 삼각망
① 두 개 이상의 기선을 사용하는 삼각망
② 그 형태에 구애됨이 없이 최소제곱법의 원리에 따라 관측값을 정밀하게 조정

(2) 삼각측량의 원리

① sin법칙을 이용하면 1개의 기지변과 삼각형의 내각을 측정하여 2변의 길이를 구함

$$\frac{a}{\sin A} = \frac{b}{\sin B} = \frac{c}{\sin C}$$

$$\therefore a = \frac{c \times \sin A}{\sin C}, \quad b = \frac{c \times \sin B}{\sin C}$$

② 코사인 제2법칙을 이용하면 세변의 길이를 측정하여 3점의 위치를 결정

$$\angle A = \cos^{-1}\frac{b^2 + c^2 - a^2}{2bc}, \quad \angle B = \cos^{-1}\frac{c^2 + a^2 - b^2}{2ca}, \quad \angle C = \cos^{-1}\frac{a^2 + b^2 - c^2}{2ab}$$

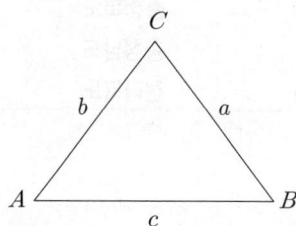

(3) 지적삼각측량의 순서

① 계획 : 1:50,000 기본도 상에서 지형 및 기지여건을 참작하여 적절한 삼각망 계획
② 답사 : 도상계획의 내용을 토대로 현지답사
③ 선점 : 삼각점 상호간 시준이 양호하고 표지보존에 유리한 위치로 결정
④ 조표 : 선점한 위치에 측점 설치
⑤ 관측 : 경위의측량(수평각, 연직각), 전파기 또는 광파기(변장)
⑥ 계산 : 평균계산법, 망평균계산법
⑦ 성과표 정리

2 지적삼각측량의 세부방법

(1) 측량 및 계산방법

1) 측량방법

위성기준점, 통합기준점, 삼각점, 지적삼각점을 기초로 하여 경위의측량방법, 전파기 또는 광파기측량방법, 위성측량방법 및 국토교통부장관이 승인한 측량방법에 의함

2) 계산방법

지적삼각점측량의 계산은 평균계산법 또는 망평균계산법에 의함

(2) 지적삼각점의 명칭 및 등급

지적삼각점의 명칭은 측량지역이 소재하고 있는 특별시, 광역시, 도 또는 특별자치도의 명칭 중 두 글자를 선택하고 시·도 단위로 일련번호를 붙여 정함

1) 지적삼각점의 명칭

기관명	명칭	기관명	명칭	기관명	명칭
서울특별시	서울	울산광역시	울산	전라남도	전남
부산광역시	부산	경기도	경기	경상북도	경북
대구광역시	대구	강원도	강원	경상남도	경남
인천광역시	인천	충청북도	충북	제주도	제주
광주광역시	광주	충청남도	충남		
대전광역시	대전	전라북도	전북		

2) 지적삼각점의 등급

등급	평균 변장
1등 삼각점	30km
2등 삼각점	10km
3등 삼각점	5km
4등 삼각점	2.5km

(3) 지적삼각형의 내각 및 점간거리

① **삼각형의 내각** : 삼각형의 각 내각은 30도 이상 120도 이하로 하며, 망평균계산법과 삼변측량에 따르는 경우에는 그러하지 아니한다.
② **점감거리** : 지적삼각점표지의 설치시 점간거리는 평균 2km~5km로 한다.
③ **성과의 기재** : 지적삼각점성과 결정을 위한 관측 및 계산의 과정은 지적삼각점측량부에 적어야 한다.

❸ 지적삼각점의 관측과 계산

(1) 경위의측량방법(수평각관측)

① 관측 : 10초독 이상의 경위의 사용
② 수평각관측 : 3대회의 방향관측법에 의함(윤곽도는 0도, 60도, 120도)
③ 수평각의 측각공차
   • 1방향각 : 30초 이내
   • 1측회의 폐색 : ±30초 이내

- 삼각형 내각관측치의 합과 180도와의 차 : ±30초 이내
- 기지각과의 차 : ±40초 이내

(2) 전파기 또는 광파기 측량방법(변장관측)
① 관측 : 전파기 또는 광파측거기는 표준편차가 ±(5mm+5ppm)이상인 정밀측거기 사용
② 점간거리 : 점간거리는 5회 측정하여 그 측정치의 최대치와 최소치의 교차가 평균치의 10만분의 1 이하인 때에는 그 평균치를 측정거리로 하고, 원점에 투영된 평면거리에 의하여 계산
③ 삼각형의 내각 : 삼각형의 내각은 3변의 평면거리에 의하여 계산하며, 기지각과의 차는 ±40초 이내이어야 함

(3) 경위의측량방법(연직각관측)
① 관측 : 각 측점에서 정·반으로 2회 관측
② 계산 : 관측치의 최대치와 최소치의 교차가 30초 이내인 때에는 그 평균치를 연직각으로 함
③ 표고 : 2개의 기지점에서 소구점의 표고를 계산한 결과 그 교차가 $0.05m+0.05(S_1+S_2)m$ 이하인 때에는 그 평균치를 표고로 하며, S_1과 S_2는 기지점에서 소구점까지의 평면거리로 km단위로 표시한 값

(4) 지적삼각점의 계산
① 계산방법 : 지적삼각점의 계산은 진수를 사용하여 각규약과 변규약에 의한 평균계산법 또는 망평균계산법에 따름
② 계산단위
- 각 : 초
- 변의 길이 : cm
- 진수 : 6자리 이상
- 좌표 또는 표고 : cm
- 경위도 : 초아래 3자리
- 자오선 수차 : 초아래 1자리

(5) 지적삼각망의 조정
① 지적삼각점 측량에서 아무리 정밀하게 관측하여도 항상 측량오차를 수반하기 때문에 삼각망을 조정하여야 한다. 이러한 삼각망을 만족시키기 위한 조정에 필요한 조건은 측점조건, 변조건, 각조건이 있다.
② 지적삼각망 조정에서 각규약은 삼각형 내각의 관측치와 180°와의 차를 없애는 것이고, 망규약은 관측치와 기지내각과의 차이를 없애는 것이고, 변규약은 하나의 기지변과 평균각으로 다른 기지변까지의 계산된 거리와의 차를 없앤다.

1) 조정조건
- 각조건 : 각 다각형의 내각의 합은 180(n-2)이다. (각조건식 식수 = S-P+1)
- 점조건 : 한 측점에서 측정한 여러 각의 합은 그 각을 한 각으로 하여 측정한 값과 같다. 또 한 측점의 둘레에 있는 모든 각을 합한 값은 360°이다. (측점조건식수 = w-l+1)

- **변조건** : 삼각망 중의 한 변의 길이는 계산의 순서와 관계없이 같은 값이어야 한다. (변조건식의 수 = B+S-2P+2)
- **조건식의 총수** : 각조건, 점조건, 변조건을 합한 것(조건식 총수 = B+a-2P+3)

∴ B : 기선의 총수, S : 변의 총수, P : 삼각점의 총수, w : 한 점 주위의 각의 수, l : 한 측점에서 나간 변의 수

2) 조정방법

근사조정법과 정밀조정법으로 구분되며 근사조정법은 기지점 자체에도 오차가 포함되어 있으며 계산이 간단하고 도해지역에 적용이 가능하다.

정밀조정법은 최소제곱법에 의한 조정으로 모든 기하학적 조건을 동시에 만족하도록 조정함으로서 계산이 복잡하며 경계점좌표지역 측량에 주로 이용한다.

4 지적기준점 설치 및 관리

지적삼각점 매설시 지하에 반석을 매설하는 목적은 주석의 망실 또는 이동시 위치판단을 하기 위함이고, 주석을 매설할 때에는 "지적"이라는 부분이 남향이 되도록 매설하는 것이 원칙이며 선점계획도는 지형판단이 용이하고 삼각점 배치를 알 수 있는 축척 1/25,000, 1/50,000 지형도를 많이 활용하고 있다.

1) 지적소관청은 연 1회 이상 지적기준점표지의 이상 유무를 조사하여야 하며 이 경우 멸실되거나 훼손된 지적기준점표지를 계속 보존할 필요가 없을 때에는 폐기할 수 있다.
2) 지적소관청이 관리하는 지적기준점표지가 멸실되거나 훼손되었을 때에는 지적소관청은 다시 설치하거나 보수하여야 한다.
3) 지적소관청이 지적삼각점을 설치하거나 변경하였을 때에는 그 측량성과를 시·도지사에게 통보하여야 한다.
4) 지적소관청은 지형·지물 등의 변동으로 인하여 지적삼각점성과가 다르게 된 때에는 지체 없이 그 측량성과를 수정하고 그 내용을 시·도지사에게 통보하여야 한다.
5) 조사 내용은 지적삼각보조점 및 지적도근점표지의 멸실 유무, 사고 원인, 경계의 부합 여부 등을 적는다. 이 경우 경계와 부합되지 아니할 때에는 그 사유를 적는다.

지적기준점	점간거리	성과관리	성과표의 기록·관리
지적삼각점	2km 이상 5km 이하	특별시장·광역시장·도지사 또는 특별자치도지사	1. 지적삼각점의 명칭과 기준원점명 2. 좌표 및 표고 3. 경도 및 위도(필요한 경우로 한정한다) 4. 자오선수차(子午線收差) 5. 시준점(視準點)의 명칭, 방위각 및 거리 6. 소재지와 측량 연월일 7. 그 밖의 참고사항 8. 번호 및 위치의 약도

CHAPTER 05 지적삼각점 측량

01. 지적측량에서 기초측량에 해당하지 않는 것은?

① 지적삼각보조점측량
② 지적삼각점측량
③ 지적도근점측량
④ 세부측량

해설 ① **기초측량** : 지적삼각점측량, 지적삼각보조점측량, 지적도근점측량
② **세부측량** : 경위의측량방법, 평판측량방법, 위성측량방법, 전자평판측량방법

02. 지적삼각점측량의 기초가 되는 것으로만 나열된 것은?

① 삼각점, 지적삼각보조점
② 지적삼각점, 지적삼각보조점
③ 삼각점, 지적삼각점
④ 지적삼각보조점, 통합기준점

해설 지적삼각점측량은 위성기준점, 통합기준점, 삼각점 및 지적삼각점을 기초로 하여 경위의측량방법, 전파기 또는 광파기측량방법, 위성측량방법 및 국토교통부장관이 승인한 측량방법에 따르되, 그 계산은 평균계산법이나 망평균계산법에 따른다.

03. 지적측량 중 기초측량에서 사용하는 방법이 아닌 것은?

① 경위의측량방법   ② 평판측량방법
③ 위성측량방법   ④ 광파기측량방법

해설 ① **기초측량** : 지적삼각점측량, 지적삼각보조점측량, 지적도근점측량
② **세부측량** : 경위의측량방법, 평판측량방법, 위성측량방법, 전자평판측량방법

04. 지적삼각점의 선점에 대한 설명으로 틀린 것은?

① 사용이 편리하고 발견이 쉬운 장소가 좋다.
② 측량 지역의 특정 장소에 밀집하여 배치하도록 한다.
③ 지반이 견고하고, 가급적 시준선상에 장애물이 없도록 한다.
④ 후속 측량에 편리하고 영구적으로 보존할 수 있는 위치이어야 한다.

해설 지적삼각점은 후속측량에 편리하게 측량지역에 균등 배치하여야 한다.

05. 지적삼각점의 선점 시 고려할 사항으로 틀린 것은?

① 측량지역에 대하여 등밀도로 배점한다.
② 후속측량에 편리하도록 땅이 무른 곳에 설치한다.
③ 삼각점의 상호 시통이 양호한 위치를 선정한다.
④ 삼각형의 내각은 60°에 가깝도록 한다.

해설 지적삼각점의 선점시에 삼각점 상호간의 시준이 양호한 위치를 선정하며, 표지의 보존에 유리한 곳에 설치한다.

06. 지적기준점 측량의 절차를 순서대로 바르게 나열한 것은?

① 계획수립 - 준비 및 답사 - 선점 및 조표 - 관측 및 계산과 성과표 작성
② 준비 및 답사 - 계획수립 - 선점 및 조표 - 관측 및 계산과 성과표 작성
③ 준비 및 답사 - 계획수립 - 관측 및 계산과 성과표 작성 - 선점 및 조표
④ 계획수립 - 준비 및 답사 - 관측 및 계산과 성과표 작성 - 선점 및 조표

정답 01. ④ 02. ③ 03. ② 04. ② 05. ② 06. ①

> **해설** [지적기준점 측량의 작업절차]
> 계획의 수립 → 준비 및 현지답사 → 선점 및 조표 → 관측 및 계산과 성과표의 작성

07. 지적삼각점 표지의 점간 평균거리는?

① 2km 이상 5km 이하
② 3km 이상 10km 이하
③ 5km 이상 20km 이하
④ 10km 이상 30km 이하

> **해설** [지적기준점의 점간거리]
> ① 지적삼각점 : 2~5km 이상
> ② 지적삼각보조점 : 1~3km, 다각망도선법 : 0.5~1km 이하
> ③ 지적도근점 : 50~300m, 다각망도선법 : 500m 이하

08. 지적삼각점측량의 방법 기준으로 옳지 않은 것은?

① 지적삼각점 표지의 점간거리는 평균 2km 이상 5km 이하로 한다.
② 삼각형의 각 내각은 30° 이상 120° 이하로 한다. 다만, 망평균계산법과 삼변측량에 따르는 경우에는 그러하지 아니하다.
③ 미리지적삼각점 표지를 설치하여야 한다.
④ 지적삼각점의 명칭은 측량지역이 소재하고 있는 시·군의 명칭 중 한 글자를 선택하고 시·군단위로 일련번호를 붙여서 정한다.

> **해설** 지적삼각점의 명칭은 측량지역이 소재하고 있는 특별시·광역시·도 또는 특별자치도(이하 "시·도"라 한다)의 명칭 중 두 글자를 선택하고 시·도 단위로 일련번호를 붙여서 정한다.

09. 지적기준점 표지설치의 점간거리 기준으로 옳은 것은?

① 지적삼각점 : 평균 2킬로미터 이상 5킬로미터 이하
② 지적삼각보조점 : 평균 1킬로미터 이상 2킬로미터 이하
③ 지적삼각보조점 : 다각망도선법에 따르는 경우 평균 2킬로미터 이하
④ 지적도근점 : 평균 40미터 이상 300미터 이하

> **해설** [지적기준점의 점간거리]
> ① 지적삼각점 : 2~5km 이상
> ② 지적삼각보조점 : 1~3km, 다각망도선법 : 0.5~1km 이하
> ③ 지적도근점 : 50~300m, 다각망도선법 : 500m 이하

10. 지적삼각점측량에서 수평각의 측각공차 기준이 옳은 것은?

① 1측회의 폐색 : ±30초 이내
② 1방향각 : 40초 이내
③ 삼각형 내각관측의 합과 180도와의 차 : ±40초 이내
④ 기지각과의 차 : ±30초 이내

> **해설** [지적삼각측량 수평각의 측각공차]
> ① 1방향각 : 30초 이내
> ② 1측회의 폐색 : ±30초 이내
> ③ 삼각형내각관측치의 합과 180도와의 차 : ±30초 이내
> ④ 기지각과의 차 : ±40초 이내

11. 경위의 측량방법에 따른 지적삼각점의 수평각 관측 시 윤곽도로 옳은 것은?

① 0도, 60도, 120도
② 0도, 45도, 90도
③ 0도, 90도, 180도
④ 0도, 30도, 60도

> **해설** [경위의 측량방법에 따른 지적삼각점의 관측과 계산 기준]
> ① 관측은 10초독 이상의 경위의를 사용한다.
> ② 수평각 관측은 3대회(윤곽도는 0°, 60°, 120°)의 방향관측법에 따른다.
> ③ 수평각의 측각공차에서 1방향각의 공차는 30초 이내로 한다.
> ④ 수평각의 측각공차에서 1측회의 폐색공차는 ±30초 이내로 한다.

12. 지적삼각점측량을 할 때 사용하고자 하는 삼각점의 변동 유·무를 확인하는 기준은?

① 기지각과의 오차가 ± 30초 이내
② 기지각과의 오차가 ± 40초 이내
③ 기지각과의 오차가 ± 50초 이내
④ 기지각과의 오차가 ± 1분 이내

정답 07. ① 08. ④ 09. ① 10. ① 11. ① 12. ②

해설 [지적삼각측량 수평각의 측각공차]
① 1방향각 : 30초 이내
② 1측회의 폐색 : ±30초 이내
③ 삼각형내각관측치의 합과 180도와의 차 : ±30초 이내
④ 기지각과의 차 : ±40초 이내

13. 지적삼각점측량의 수평각 관측에서 기지각과의 차가 ±30.8″이었다. 가장 알맞은 처리방법은?

① 공차(公差)범위를 벗어나므로 재측량해야 한다.
② 기지점을 확인해야 한다.
③ 다른 기지점에 의하여 측량한다.
④ 공차 내이므로 계산 처리한다.

해설 기지각과의 차이 30.8″는 허용범위 이내(40″)이므로 계산처리한다.

14. 지적삼각점을 설치하기 위하여 연직각을 관측한 결과가 최대치는 +25°42′37″이고, 최소치는 +25°42′32″일 때 옳은 것은?

① 최대치를 연직각으로 한다.
② 평균치를 연직각으로 한다.
③ 최소치를 연직각으로 한다.
④ 연직각을 다시 관측하여야 한다.

해설 [지적삼각점 설치를 위한 연직각의 관측]
각측점에서 정·반으로 2회 관측허용교차가 30초 이내(5″)인 경우 평균치를 연직각으로 한다.

15. 지적삼각점의 관측과 계산에 대한 설명으로 맞는 것은?

① 수평각 관측은 3배각의 배각관측법에 의한다.
② 1방향각의 측각 공차는 ±50초 이내이다.
③ 기지각과의 측각 공차는 ±40초 이내이다.
④ 연직각을 관측할 때에는 정반 1회 관측한다.

해설 [지적삼각측량 수평각의 측각공차]
① 1방향각 : 30초 이내
② 1측회의 폐색 : ±30초 이내
③ 삼각형내각관측치의 합과 180도와의 차 : ±30초 이내
④ 기지각과의 차 : ±40초 이내

16. 경위의측량방법에 따른 지적삼각점의 관측과 계산에 대한 설명으로 옳은 것은?

① 관측은 20초독 이상의 경위의를 사용한다.
② 삼각형의 각내각은 30° 이상 150° 이하로 한다.
③ 1방향각의 수평각 공차는 30초 이내로 한다.
④ 1측회의 폐색 공차는 ±40초 이내로 한다.

해설 [지적삼각측량 수평각의 측각공차]
① 1방향각 : 30초 이내
② 1측회의 폐색 : ±30초 이내
③ 삼각형내각관측치의 합과 180도와의 차 : ±30초 이내
④ 기지각과의 차 : ±40초 이내

17. 다음 그림에서 BP의 계산식으로 옳은 것은?

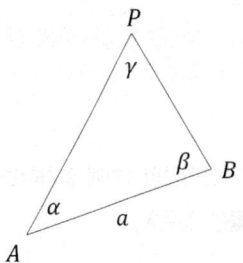

① $BP = \dfrac{a \times \sin\alpha}{\sin\gamma}$ ② $BP = \dfrac{a \times \sin\beta}{\sin\gamma}$

③ $BP = \dfrac{a \times \sin\alpha}{\sin\beta}$ ④ $BP = \dfrac{a \times \sin\gamma}{\sin\beta}$

해설 사인법칙에 의해 $\dfrac{a}{\sin\gamma} = \dfrac{BP}{\sin\alpha}$ 이므로

$BP = \dfrac{a \times \sin\alpha}{\sin\gamma}$

18. 지적삼각점의 관측 및 계산에 있어서 옳지 않은 것은?

① 관측은 10초독 이상의 경위의를 사용한다.
② 수평각은 3대회의 방향관측법에 의한다.
③ 연직각은 정으로 2회 측정한다.
④ 계산은 진수를 사용하여 각 규약과 변규약에 따른 평균계산법 또는 망평균계산법에 따른다.

정답 13. ④ 14. ② 15. ③ 16. ③ 17. ① 18. ③

해설 [지적삼각점의 관측 및 계산]
① 연직각은 정반 2회 관측하고 정확도는 ±30″초 이내로 관측
② 경위의 정밀은 10초독 이상, 전파(광파) 표준편차 +(5mm+5ppm) 이상의 정밀기기 사용

19. 광파기측량방법으로 지적삼각점을 관측할 경우 기계의 표준편차는 얼마 이상이어야 하는가?
① ±(3mm + 5ppm) 이상
② ±(5mm + 5ppm) 이상
③ ±(3mm + 10ppm) 이상
④ ±(5mm + 10ppm) 이상

해설 [지적삼각점의 관측 및 계산]
① 연직각은 정반 2회 관측하고 정확도는 ±30″초 이내로 관측
② 경위의 정밀은 10초독 이상, 전파(광파) 표준편차 +(5mm+5ppm) 이상의 정밀기기 사용

20. 삼각측량에서 삼각망의 1번에 설치하는 기본적인 측선을 일컫는 용어로 옳은 것은?
① 귀심   ② 방위
③ 편심   ④ 기선

해설 [삼각측량]
① 기본원리 : 삼각형의 세각을 관측하여 1개의 기지변(기선)을 이용하여 다른 두 개의 변을 사인법칙에 의해 계산하고 미지의 위치를 계산하는 측량
② 기선 : 삼각측량에서 1번에 설치하는 기본적인 측선으로 주로 인바 줄자를 이용하여 측정

21. 삼각형의 순서에 따라 산출하는 임의의 변의 길이는 계산 경로와 관계없이 모두 일치하도록 오차를 조정하여 배부하는 것은?
① 변규약   ② 삼각규약
③ 망규약   ④ 측점규약

해설 [근사조정법에 의한 삽입망조정계산]
① 삼각규약 : 각 삼각형의 오차를 계산하여 각 내각에 동일한 조건으로 오차를 3등분하여 조정

② 망규약 : 기지내각에 맞도록 조정
③ 변규약 : 점간거리를 얻는 조건식
④ 측점규약 : 측점주위의 모든 각의 합은 360°

22. 근사조정법에 의한 삽입망 조정계산에서 기지내각에 맞도록 조정하는 것을 무슨 조정이라고 하는가?
① 망규약에 대한 조정   ② 변규약에 대한 조정
③ 측점규약에 대한 조정   ④ 삼각규약에 대한 조정

해설 [근사조정법에 의한 삽입망조정계산]
① 삼각규약 : 각 삼각형의 오차를 계산하여 각 내각에 동일한 조건으로 오차를 3등분하여 조정
② 망규약 : 기지내각에 맞도록 조정
③ 변규약 : 점간거리를 얻는 조건식
④ 측점규약 : 측점주위의 모든 각의 합은 360°

23. 지적삼각측량의 조정계산에서 기지내각에 맞도록 조정하는 것을 무엇이라 하는가?
① 측점조정   ② 삼각조정
③ 각조정   ④ 망조정

해설 [망조정]
① 지적삼각측량의 조정계산에서 기지내각에 맞도록 조정하는 것
② 관측된 거리, 각도, 방위각 및 기준점 좌표를 이용한 망조직에 의하여 각 관측점의 좌표를 구하는 것

24. 근사법에 의한 삼각망 조정 중 측점에서 각관측을 실시하면 1측점의 둘레각 합이 360°가 되어야 한다는 조건은?
① 변조정   ② 도형조정
③ 각도조정   ④ 측점조정

해설 [근사조정법에 의한 삽입망조정계산]
① 변조정 : 점간거리를 얻는 조건식
② 도형조정 : n각형 내각의 합은 180°(n-2)
③ 각도조정 : 삼각형 내각의 합은 180°
④ 측점조정 : 측점주위의 모든 각의 합은 360°

25. 지적삼각측량의 계산에서 진수는 몇 자리 이상을 사용하는가?

① 6자리 이상　　② 7자리 이상
③ 8자리 이상　　④ 9자리 이상

해설 [지적삼각측량의 계산 단위]
① 각 : 초
② 변의 길이 : cm
③ 진수 : 6자리 이상
④ 좌표 : cm

26. 사각망조정계산에서 관측각이 다음과 같을 때 $α_1$의 각규약에 의한 조정량은? (단, $α_1$=48°31′50.3″, $β_2$=53°03′57.2″, $α_3$=22°44′29.2″, $β_4$=27°16′36.9″)

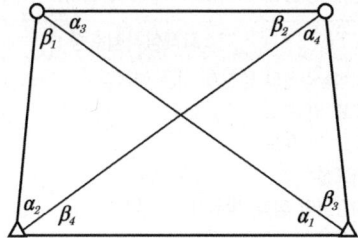

① +0.2″　　② -0.2″
③ +0.4″　　④ -0.4″

해설 $ε = (α_1 + β_4) - (α_3 + β_2) = 0°0′0.8″$
즉 오차가 0.8″이므로 조정량은 $α_1, β_4$에는 -0.2″를 $α_3, β_2$에는 +0.2″를 조정한다.

27. 지적삼각점의 관측계산에서 자오선수차의 계산단위 기준은?

① 초아래 1자리　　② 초아래 2자리
③ 초아래 3자리　　④ 초아래 4자리

해설 [지적삼각측량의 계산 단위]
① 각 : 초
② 변의 길이 : cm
③ 진수 : 6자리 이상
④ 좌표 : cm
⑤ 자오선수차 : 초 아래 1자리

28. 사각망조정계산에서 $(α_1 + β_4) > (α_3 + β_2)$일 때 오차배부 방법으로 옳은 것은?

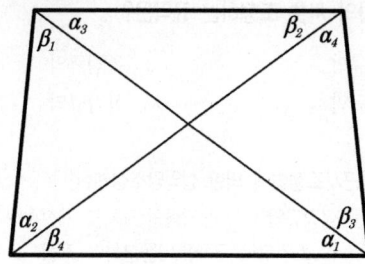

① $α_1$과 $β_4$에는 +로 배부하고, $α_3$과 $β_2$에는 -로 배부한다.
② $α_1$과 $β_4$에는 -로 배부하고, $α_3$과 $β_2$에는 -로 배부한다.
③ $α_1$과 $β_4$에는 -로 배부하고, $α_3$과 $β_2$에는 +로 배부한다.
④ $α_1$과 $α_3$에는 +로 배부하고, $β_4$과 $β_2$에는 -로 배부한다.

해설 $(α_1 + β_4) > (α_3 + β_2)$인 경우 오차의 원인을 비교하여 $α_1$과 $β_4$에는 -로 배부하고, $α_3$과 $β_2$에는 +로 배부한다.

29. 다음 그림과 같은 삼각쇄에서 기지방위각의 오차가 +24″일 때 ③삼각형의 $γ$각에는 얼마를 보정하여야 하는가?

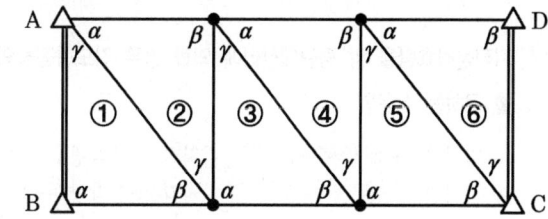

① +4″　　② -4″
③ +12″　　④ -12″

해설 ①, ③ $γ$각은 좌측에 있고 ②, ④ $γ$각은 우측에 있으므로 ③ $γ$각의 보정량은 $\frac{ε}{n}$이므로 보정량= $\frac{+24″}{6}$ = +4″

30. 다음 중 삼각망조정계산에 있어서 삼각형의 내각은 180°가 되어야 한다는 조건을 충족시키기 위하여 관측 내각의 합과 180°와의 차를 조정하는 규약은?

① 변규약
② 측점규약
③ 망규약
④ 삼각규약

해설 [근사조정법에 의한 삽입망조정계산]
① 삼각규약 : 각 삼각형의 오차를 계산하여 각 내각에 동일한 조건으로 오차를 3등분하여 조정
② 망규약 : 기지내각에 맞도록 조정
③ 변규약 : 점간거리를 얻는 조건식
④ 측점규약 : 측점주위의 모든 각의 합은 360°

31. 지적삼각점측량에서 삼각쇄망 오차의 조정계산 순서로 옳은 것은? (단, 1. 삼각조정, 2. 변조정, 3. 망조정, 4. 측점조정)

① 1-2-3-4
② 2-4-1-3
③ 4-1-3-2
④ 3-2-4-1

해설 [삼각쇄망 오차의 조정계산의 순서]
측점조정 - 삼각조정 - 망조정 - 변조정

32. 지적삼각측량을 망 평균계산법에 의할 경우 각도방정식의 수를 구하는 식은?

① 기지변수+소구점수-1
② 기지점수+삼각형수-1
③ 기지변수+소구점수-3
④ 기지점수+삼각형수-3

해설 각도방정식의 수 = 기지점수+삼각형수-1
변방정식의 수 = 기지변수+소구점수-3

33. 지적삼각점측량에서 A점의 종선좌표가 1,000m, 횡선좌표가 2,000m, AB 간의 평면거리가 3210.987m, AB 간의 방위각이 333°33′33.3″일 때의 B점의 횡선좌표는?

① 496.789m
② 570.237m
③ 798.466m
④ 1322.123m

해설 종선좌표(X_B)
$= X_A + l \times \cos\theta = 1,000 + 3,210.987 \times \cos 333°33′33.3″$
$= 3,875.10m$
횡선좌표(Y_B)
$= Y_A + l \times \sin\theta = 2,000 + 3,210.987 \times \sin 333°33′33.3″$
$= 570.237m$

34. 지적삼각점 성과표에 기록·관리하여야 하는 사항이 아닌 것은?

① 부호 및 위치의 약도
② 지적삼각점의 명칭과 기준 원점명
③ 소재지와 측량연월일
④ 시준점의 명칭·방위각 및 거리

해설 [지적기준점 성과표의 기록 및 관리]

지적삼각점측량
1. 지적삼각점의 명칭과 기준 원점명
2. 좌표 및 표고
3. 경도 및 위도
4. 자오선수차
5. 시준점의 명칭, 방위각 및 거리
6. 소재지와 측량연월일
7. 그 밖의 참고사항

지적삼각보조점측량
1. 번호 및 위치의 약도
2. 좌표와 직각좌표계 원점명
3. 경도와 위도(필요한 경우로 한정)
4. 표고(필요한 경우로 한정)
5. 소재지와 측량연월일
6. 도선등급 및 도선명
7. 표지의 재질
8. 도면번호
9. 설치기관
10. 조사연월일, 조사자 직위, 성명 등

35. 지적삼각점의 계산 시 점간거리는 어떤 거리에 의하여 계산하여야 하는가?

① 점간 실제 수평거리
② 점간 실제 경사거리
③ 원점에 투영된 평면거리
④ 기준면상 거리

정답 30.④ 31.③ 32.② 33.② 34.① 35.③

해설 지적삼각점측량에서 삼각형의 내각은 원점에 투영된 세 변의 평면거리에 따라 계산한다.

36. 시·도지사가 지적삼각점 성과표에 기록·관리하여야 하는 사항에 해당하지 않는 것은?

① 기준 원점명
② 좌표 및 표고
③ 표지의 재질
④ 자오선수차

해설 [지적기준점고시 및 기록관리]

성과고시사항	성과기록·관리사항
1. 기준점의 명칭 및 번호	1. 지적삼각점의 명칭과 기준원점명
2. 직각좌표계의 원점명	2. 좌표 및 표고
3. 좌표 및 표고	3. 경도 및 위도(필요한 경우로 한정)
4. 경도와 위도	4. 자오선수차
5. 설치일, 소재지 및 표지의 재질	5. 시준점의 명칭, 방위각 및 거리
	6. 소재지와 측량연월일
6. 측량성과 보관장소	7. 그 밖의 참고사항

37. 다음의 지적기준점성과표의 기록·관리 사항 중 반드시 등재하지 않아도 되는 것은?

① 경계점좌표
② 소재지와 측량연월일
③ 지적삼각점의 명칭과 기준 원점명
④ 자오선수차

해설 [지적기준점고시 및 기록관리]

성과고시사항	성과기록·관리사항
1. 기준점의 명칭 및 번호	1. 지적삼각점의 명칭과 기준원점명
2. 직각좌표계의 원점명	2. 좌표 및 표고
3. 좌표 및 표고	3. 경도 및 위도(필요한 경우로 한정)
4. 경도와 위도	4. 자오선수차
5. 설치일, 소재지 및 표지의 재질	5. 시준점의 명칭, 방위각 및 거리
	6. 소재지와 측량연월일
6. 측량성과 보관장소	7. 그 밖의 참고사항

38. 다음 중 지적삼각점성과를 관리하는 자는?

① 지적소관청
② 시·도지사
③ 국토교통부장관
④ 행정안전부장관

해설 ① 지적삼각점성과는 특별시장, 광역시장, 도지사 또는 특별자치도지사가 관리하고
② 지적삼각보조점성과 및 지적도근점성과는 지적소관청이 관리한다.

06 CHAPTER 지적삼각보조점 측량

1 지적삼각점보조측량 개요

(1) 지적삼각보조측량의 개요
지적삼각보조측량은 지형관계상 지적삼각보조점, 지적도근점의 설치 또는 재설치를 위하여 지적삼각보조점 또는 지적위성기준점의 설치를 필요로 하는 경우와 세부측량의 시행상 지적삼각보조점의 설치를 필요로 하는 경우에 실시한다.

지적삼각보조측량은 위성기준점, 통합기준점, 삼각점, 지적삼각점 및 지적삼각보조점을 기초로 하여 경위의 측량방법, 전파기 또는 광파기측량방법, 위성측량방법 및 국토교통부장관이 승인한 측량방법에 의하되, 계산은 교회법, 다각망도선법에 의한다.

(2) 지적삼각보조측량의 조건
① 지적삼각보조측량을 할 때 필요한 경우에는 미리 지적삼각보조점표지를 설치할 수 있다.
② 지적삼각보조점은 측량지역별로 설치순서에 따라 일련번호를 부여하되, 영구표지를 설치하는 경우에는 시·군·구별로 일련번호를 부여한다. 이 경우 지적삼각보조점의 일련번호 앞에 "보"자를 붙인다.
③ 지적삼각보조점은 교회망 또는 교점다각망으로 구성하여야 한다.

(3) 지적삼각측량의 순서
① 계획 : 1:50,000 기본도 상에서 지형 및 기지여건을 참작하여 적절한 삼각망 계획
② 답사 : 도상계획의 내용을 토대로 현지답사
③ 선점 : 삼각점 상호간 시준이 양호하고 표지보존에 유리한 위치로 결정
④ 조표 : 선점한 위치에 측점 설치
⑤ 관측 : 경위의측량(수평각, 연직각), 전파기 또는 광파기(변장)
⑥ 계산 : 교회법, 다각망도선법에 의함
⑦ 성과표 정리

2 지적삼각보조점측량의 세부방법

(1) 측량 및 계산방법

1) 측량방법
위성기준점, 통합기준점, 삼각점, 지적삼각점 및 지적삼각보조점을 기초로 하여 경위의측량방법, 전파기 또는 광파기측량방법, 위성측량방법 및 국토교통부장관이 승인한 측량방법에 의함

2) 계산방법
지적삼각보조점측량의 계산은 교회법 또는 다각망도선법에 의함

(2) 지적삼각점의 명칭 및 등급
지적삼각보조점은 측량지역별로 설치순서에 따라 일련번호를 부여하되, 영구표지를 설치하는 경우에는 시·군·구별로 일련번호를 부여한다. 이 경우 지적삼각보조점의 일련번호 앞에 "보"자를 붙인다.

(3) 지적삼각보조점 성과의 기재

1) 지적삼각보조점의 망구성 : 교회망 또는 교점다각망으로 구성
2) 지적삼각보조점표지의 점간거리
   - 지적삼각보조점 표지의 설치시 점간거리는 평균 1km 내지 3km로 함
   - 다각망도선법에 의하는 때에는 평균 0.5km 이상 1km 이하로 함
3) 성과의 기재 : 지적삼각보조점 성과결정을 위한 관측 및 계산의 과정은 지적삼각보조점측량부에 적어야 함

3 지적삼각보조점측량의 기준

(1) 경위의측량방법과 전파기 또는 광파기측량방법(교회법)

1) 측량방법
① 3방향의 교회에 따를 것
② 지형상 부득이하여 2방향의 교회에 의하여 결정하려는 경우에는 각 내각을 관측하여 각 내각의 관측치의 합계와 180도와의 차가 ±40초 이내일 때에는 이를 각 내각에 고르게 배분하여 사용할 수 있다.

2) 수평각의 각 내각 : 삼각형의 각 내각은 30도 이상 120도 이하로 할 것

(2) 전파기 또는 광파기측량방법(다각망도선법)

1) 측량방법 : 3개 이상의 기지점을 포함한 결합다각방식에 따를 것

2) 1도선의 점의 수
   ① 1도선의 점의 수는 기지점과 교점을 포함하여 5개 이하로 할 것
   ② 1도선이란 기지점과 교점간 또는 교점과 교점간을 말함

3) 1도선의 거리
   ① 1도선의 거리는 4킬로미터 이하로 할 것
   ② 1도선의 거리는 기지점과 교점 또는 교점과 교점간의 점간거리의 총합계를 말함

❹ 지적삼각보조점의 관측과 계산

(1) 경위의측량방법과 교회법에 따른 관측과 계산

1) 관측 : 관측은 20초독 이상의 경위의를 사용할 것

2) 수평각관측 : 수평각관측은 2대회의 방향관측법에 따를 것(윤곽도는 0도, 90도)

3) 수평각의 측각공차
   ① 1방향각 : 40초 이내
   ② 1측회의 폐색 : ±40초 이내
   ③ 삼각형 내각관측치의 합과 180도와의 차 : ±50초 이내
   ④ 기지각과의 차 : ±50초 이내

4) 계산단위
   ① 각 : 초
   ② 변의 길이 및 좌표 : cm
   ③ 진수 : 6자리 이상

5) 위치의 연결교차
   ① 2개의 삼각형으로부터 계산한 위치의 연결교차($\sqrt{종선교차^2 + 횡선교차^2}$)가 0.30미터 이하일 때에는 그 평균치를 지적삼각보조점의 위치로 할 것.
   ② 기지점과 소구점 사이의 방위각 및 거리는 평균치에 따라 새로 계산하여 정한다.

(2) 전파기 또는 광파기측량방법과 교회법에 따른 관측과 계산

1) 점간거리측정
① 관측 : 표준편차가 ±(5mm+5ppm)이상의 정밀측거기 사용
② 점간거리 : 5회 측정하여 그 측정치의 최대치와 최소치의 교차가 평균치의 10만분의 1 이하인 때에는 그 평균치를 측정거리로 하고, 원점에 투영된 평면거리에 따라 계산
③ 삼각형내각 : 세변의 평면거리에 의하여 계산
④ 삼각형과 기지각과의 차 : ±50초 이내

2) 연직각의 관측과 계산
① 관측 : 각 측점에서 정·반으로 2회 관측
② 연직각계산 : 관측치의 최대치와 최소치의 교차가 30초 이내인 때에는 그 평균치를 연직각으로 함
③ 표고 : 2개의 기지점에서 소구점의 표고를 계산한 결과 그 교차가 $0.05m+0.05(S_1+S_2)m$ 이하인 때에는 그 평균치를 표고로 하며, S_1과 S_2는 기지점에서 소구점까지의 평면거리로 km단위로 표시한 값
④ 기지각과의 차 : ±50초 이내이어야 함
⑤ 계산단위
  ㉠ 각 : 초
  ㉡ 변의 길이 및 좌표 : cm
  ㉢ 진수 : 6자리 이상
⑥ 위치의 연결교차
  ㉠ 2개의 삼각형으로부터 계산한 위치의 연결교차($\sqrt{종선교차^2+횡선교차^2}$)가 0.30미터 이하일 때에는 그 평균치를 지적삼각보조점의 위치로 할 것.
  ㉡ 기지점과 소구점 사이의 방위각 및 거리는 평균치에 따라 새로 계산하여 정한다.

(3) 경위의측량방법, 전파기 또는 광파기측량방법과 다각망도선법에 따른 관측과 계산

1) 각관측
① 관측 : 관측은 20초독 이상의 경위의를 사용할 것
② 수평각관측
  ㉠ 수평각관측은 2대회의 방향관측법에 따를 것
  ㉡ 수평각관측은 배각법에 따를 수 있으며, 1회 측정각과 3회 측정각의 평균치에 대한 교차는 30초 이내로 함

종별	각	측정횟수	거리	진수	좌표
배각법	초	3회	cm	5자리 이상	cm

③ 수평각의 측각공차
　㉠ 수평각의 측각공차는 다음 표에 따르며 이 경우 삼각형 내각의 관측치를 합한 값과 180도와의 차는 내각을 전부 관측한 때에 적용

종별	1방향각	1측회의 폐색	삼각형의 내각 관측치의 합과 180도와의 차	기지각과의 차
공차	40초 이내	±40초 이내	±50초 이내	±50초 이내

　㉡ 1방향각 : 40초 이내
　㉢ 1측회의 폐색 : ±40초 이내
　㉣ 삼각형 내각관측치의 합과 180도와의 차 : ±50초 이내
　㉤ 기지각과의 차 : ±50초 이내

④ 계산단위
　㉠ 각 : 초
　㉡ 변의 길이 및 좌표 : cm
　㉢ 진수 : 6자리 이상

2) 점간거리 측정
① 관측 : 표준편차가 ±(5mm+5ppm) 이상의 정밀측거기 사용
② 점간거리 : 5회 측정하여 그 측정치의 최대치와 최소치의 교차가 평균치의 10만분의 1 이하인 때에는 그 평균치를 측정거리로 하고, 원점에 투영된 평면거리에 따라 계산
③ 삼각형내각 : 세변의 평면거리에 의하여 계산
④ 삼각형과 기지각과의 차 : ±50초 이내

3) 연직각의 관측과 계산
① 관측 : 각 측점에서 정·반으로 2회 관측
② 연직각계산 : 관측치의 최대치와 최소치의 교차가 30초 이내인 때에는 그 평균치를 연직각으로 함
③ 표고 : 2개의 기지점에서 소구점의 표고를 계산한 결과 그 교차가 $0.05m+0.05(S_1+S_2)m$ 이하인 때에는 그 평균치를 표고로 하며, S_1과 S_2는 기지점에서 소구점까지의 평면거리로 km단위로 표시한 값

4) 도선별 평균방위각과 관측방위각의 폐색오차 및 종·횡선오차 배분
① 도선별 평균방위각과 관측방위각의 폐색오차
　$±10\sqrt{n}$초 이내로 함 (n은 폐색변을 포함한 변의 수)
② 도선별 연결오차
　0.05×S미터 이하로 할 것 (S는 도선의 거리를 1천으로 나눈 수)
③ 측각오차의 배분
　측선장에 반비례하여 각 측선의 관측각에 배분한다.

$$K = -\frac{e}{R} \times r$$

여기서, K : 각 측선에 배부할 초 단위의 각도
e : 초단위의 오차
R : 폐색변을 포함한 각 측선장 반수의 총합계
r : 각 측선장의 반수, 이 경우 반수는 측선장 1미터에 대하여 1천을 기준으로 한 수

④ 종선오차 및 횡선오차의 배분

각 측선의 종선차 또는 횡선차 길이에 비례하여 배분한다.

$$T = -\frac{e}{L} \times l$$

여기서, T : 각 측선의 종선차 또는 횡선차에 배부할 센티미터 단위의 수치
e : 종선오차 또는 횡선오차
L : 종선차 또는 횡선차의 절대치의 합계
l : 각 측선의 종선차 또는 횡선차

5 지적기준점 설치 및 관리

(1) 지적삼각보조점의 관리

① 설치 및 관리 : 소관청
② 성과 관리 : 소관청
③ 성과통보 : 소관청 → 국토교통부장관
④ 열람 및 등본교부 : 시 · 도지사

(2) 성과고시 및 성과표의 기록 · 관리

지적기준점	성과고시(공보에 게재)	성과표의 기록 · 관리
지적삼각보조점	1. 지적삼각보조점의 명칭 및 번호 2. 좌표 3. 소재지와 측량 연월일 4. 측량성과 보관장소	1. 번호 및 위치의 약도 2. 좌표 3. 소재지와 측량 연월일 4. 도선등급 및 도선명 5. 표지의 재질 6. 도면번호 7. 조사연월일, 조사자의 직위 · 성명 및 조사내용

CHAPTER 06 지적삼각보조점 측량

01. 지적측량 시 지적삼각보조점을 정하는 기준으로 옳지 않은 것은?

① 삼각점과 지적삼각보조점
② 지적삼각점과 지적삼각보조점
③ 삼각점과 지적삼각점
④ 지적삼각보조점과 지적도근점

해설 지적삼각보조점측량 시 삼각점과 지적삼각점, 삼각점과 지적삼각보조점, 지적삼각점과 지적삼각보조점을 기준으로 한다.

02. 지적삼각보조점측량의 방법에 대한 설명으로 옳지 않은 것은?

① 교회법으로 시행한다.
② 망평균계산법으로 시행한다.
③ 전파기측량법으로 시행한다.
④ 광파기측량법으로 시행한다.

해설 망평균계산법은 지적삼각점측량의 계산방법이다.

03. 지적삼각보조점의 망 구성으로 옳은 것은?

① 유심다각망 또는 삽입망
② 삽입망 또는 사각망
③ 사각망 또는 교회망
④ 교회망 또는 교점다각망

해설 [지적삼각보조점 측량]
① 지적삼각보조점측량을 하는 때 필요한 경우에는 미리 지적삼각보조점표지를 설치해야 한다.

② 지적삼각보조점은 측량지역별로 설치순서에 따라 일련번호를 부여하되, 영구표지를 설치하는 경우에는 시군·구별로 일련번호를 부여한다. 이 경우 지적삼각보조점의 일련번호 앞에 "보"자를 붙인다.
③ 지적삼각보조점은 교회망 또는 교점다각망으로 구성해야 한다.

04. 지적삼각보조점측량의 실시 순서로 옳은 것은?

① 관측-선점-답사-조표-계산
② 선점-답사-관측-조표-계산
③ 답사-선점-조표-관측-계산
④ 답사-관측-조표-선점-계산

해설 [지적삼각보조점 측량의 실시 순서]
답사 – 선점 – 조표 – 관측 – 계산

05. 지적삼각보조점측량에 대한 설명으로 틀린 것은?

① 지적삼각보조점측량을 할 때에 필요한 경우에는 미리 지적삼각보조점표지를 설치하여야 한다.
② 지적삼각보조점의 일련번호 앞에는 "보"자를 붙인다.
③ 영구표지를 설치하는 경우에는 시·군·구별로 일련번호를 부여한다.
④ 지적삼각보조점은 교회망, 유심다각망 또는 삽입망으로 구성하여야 한다.

해설 지적삼각보조점측량은 교회망 또는 교점다각망으로 구성하여야 한다.

정답 01. ④ 02. ② 03. ④ 04. ③ 05. ④

06. 지적삼각보조점의 수평각 관측에 대한 설명으로 옳은 것은?

① 각 관측방법에 따른다.
② 방위각 측정방법에 따른다.
③ 방향관측법에 따른다.
④ 방위각법과 배각법에 따른다.

해설 경위의측량방법과 교회법에 의해 지적삼각보조점측량을 실시할 경우 관측은 20초독 이상의 경위의를 사용하며, 수평각관측의 2대회 방향관측법에 의하므로 2대회의 윤곽도는 0°, 90°

07. 지적삼각보조점측량의 연직각관측에 대한 설명으로 옳은 것은?

① 연직각관측은 분단위로 한다.
② 각관측은 정반으로 1회 관측한다.
③ 정반 관측치의 최대치와 최소치의 교차는 30초 이내여야 한다.
④ 관측치가 교차 이내이면 그 최대치를 쓴다.

해설 지적삼각보조점측량의 연직각의 관측은 초 단위, 각관측은 정반으로 2회 관측, 관측치의 최대치와 최소치의 교차가 30초 이내이면 평균치를 연직각으로 한다.

08. 지적삼각보조점측량의 방법 기준이 틀린 것은? (단, 지형상 부득이한 경우는 고려하지 않는다.)

① 지적삼각보조점은 교회망 또는 교점다각망으로 구성하여야 한다.
② 광파기측량방법에 따라 교회법으로 지적삼각보조점측량을 하는 경우 3방향의 교회에 따른다.
③ 전파기측량방법에 따라 다각망도선법으로 지적삼각보조점측량을 하는 경우 3개 이상의 기지점을 포함한 결합다각방식에 따른다.
④ 경위의측량방법과 교회법에 따른 지적삼각보조의 수평각관측은 3대회의 방향관측법에 따른다.

해설 경위의측량방법과 교회법에 의해 지적삼각보조점측량을 실시할 경우 관측은 20초독 이상의 경위의를 사용하며, 수평각관측의 2대회 방향관측법에 의하므로 2대회의 윤곽도는 0°, 90°

09. 지적삼각보조점의 수평각을 관측하는 방법에 대한 기준으로 옳은 것은?

① 도선법에 따른다.
② 2대회의 방향관측법에 따른다.
③ 3대회의 방향관측법에 따른다.
④ 관측지역에 따라 방위각법과 배각법을 혼용한다.

해설 경위의측량방법과 교회법에 의해 지적삼각보조점측량을 실시할 경우 관측은 20초독 이상의 경위의를 사용하며, 수평각관측의 2대회 방향관측법에 의하므로 2대회의 윤곽도는 0°, 90°

10. 지적삼각보조점측량의 방법 및 기준으로 틀린 것은?

① 광파기측량방법에 따라 교회법으로 지적삼각보조점측량을 할 때에 삼각형의 각 내각은 30° 이상 120° 이하로 한다.
② 전파기 또는 광파기 측량방법에 따라 다각망도선법으로 지적삼각보조점측량을 할 때 1도선의 거리는 4km 이하로 한다.
③ 2방향의 교회법으로만 실시하여야 한다.
④ 지적삼각보조점은 교회망 또는 교점다각망으로 구성하여야 한다.

해설 ① 경위의 측량방법과 전파기 또는 광파기 측량방법에 따라 교회법으로 지적삼각보조점측량을 할 때 3방향의 교회에 따른다.
② 지형상 부득이하여 2방향의 교회에 의하여 결정하고자 하는 때에는 각 내각을 관측하여 각 내각의 관측치의 합계와 180도와의 차가 ±40″ 이내일 때에는 이를 각 내각에 고르게 배분하여 사용할 수 있다.

11. 지적삼각보조측량에서 평면거리계산부를 작성할 경우 관측된 거리는?

① 수평거리
② 경사거리
③ 기준면상의 거리
④ 연직거리

해설 전파기 또는 광파기측량방법에 따른 지적삼각보조점의 관측에서 점간거리는 5회 측정하여 그 측정치의 최대치와 최소치의 교차가 평균치의 10만분의 1 이하일 때에는 그 평균치를 측정거리로 하고, 원점에 투영된 평면거리에 따라 계산한다. 이때 관측된 거리는 경사거리이다.

정답 06. ③ 07. ③ 08. ④ 09. ② 10. ③ 11. ②

12. 광파기측량방법으로 지적삼각보조점의 점간 거리를 5회 측정한 결과 평균치가 2,420m이었다. 이때 평균치를 측정거리로 하기 위한 측정치의 최대치와 최소치의 교차는 얼마 이하이어야 하는가?

① 0.2m
② 0.02m
③ 0.1m
④ 2.4m

해설 전파 또는 광파기측량방법에 의한 지적삼각점의 관측과 계산에서 점간거리는 5회 측정하여 그 측정치의 최대와 최소치의 교차가 평균치의 10만분의 1 이하인 때에는 그 평균치를 측정거리로 한다.

$$\frac{2,420m}{100,000} = 0.0242m$$

13. 경위의측량방법과 교회법에 따른 지적삼각보조점측량의 수평각 관측에서 1측회의 폐색에 대한 측각공차로 옳은 것은?

① ±30″이내
② ±40″이내
③ ±50″이내
④ ±60″이내

해설 [경위의측량방법과 교회법에 따른 지적삼각보조점의 관측 및 계산]
① 1방향각 : 40초 이내
② 1측회의 폐색 : ±40초 이내
③ 삼각형내각관측치의 합과 180도와의 차 : ±50초 이내
④ 기지각과의 차 : ±50초 이내

14. 지적삼각보조측량의 평면거리계산에 대한 설명으로 틀린 것은?

① 기준면상 거리는 경사거리를 이용해 계산한다.
② 두 점 간의 경사거리는 현장에서 2회 측정한다.
③ 원점에 투영된 평면거리에 의하여 계산한다.
④ 기준면상 거리에 축척계수를 곱하여 평면거리를 계산한다.

해설 지적삼각점측량시 점간거리는 5회 측정하여 그 측정치의 최대치와 이 평균치의 1/10만 이하일 경우 그 평균치를 측정거리로 하고, 원점에 투영된 평면거리에 따라 계산한다.

15. 지적삼각보조점의 관측을 위한 광파측거기의 표준편차 기준으로 옳은 것은?

① ±(15mm+5ppm) 이상
② ±(5mm+15ppm) 이상
③ ±(5mm+5ppm) 이상
④ ±(5mm+10ppm) 이상

해설 전파기 또는 광파기측량방법에 따른 지적삼각보조점의 관측과 계산에서 전파 또는 광파측거기는 표준편차가 ±[5mm+5ppm] 이상인 정밀측거기를 사용하여야 한다.

16. 교회법에 의하여 지적삼각보조점측량을 실시할 경우 수평각 관측의 윤곽도는?

① 0°, 45°, 90°
② 0°, 60°, 120°
③ 0°, 90°
④ 0°, 120°

해설 경위의측량방법과 교회법에 의해 지적삼각보조점측량을 실시할 경우 관측은 20초독 이상의 경위의를 사용하며, 수평각관측의 2대회 방향관측법에 의하므로 2대회의 윤곽도는 0°, 90°

17. 지적삼각보조점표지를 설치할 경우 점간거리 기준은?

① 평균 300미터 이하
② 평균 500미터 이하
③ 평균 1킬로미터 이상 3킬로미터 이하
④ 평균 2킬로미터 이상 5킬로미터 이하

해설 [지적기준점의 점간거리]
① 지적삼각점 : 2~5km 이상
② 지적삼각보조점 : 1~3km, 다각망도선법 : 0.5~1km 이하
③ 지적도근점 : 50~300m, 다각망도선법 : 500m 이하

18. 교회법에 의한 지적삼각보조점측량을 시행할 때의 설명으로 틀린 것은?

① 수평각 관측은 2대회의 방향관측법에 의한다.
② 관측은 10초독 이상의 경위의를 사용한다.
③ 1측회의 폐색 허용오차는 ±40초 이내이다.
④ 기지각과의 허용오차는 ±50초 이내이다.

해설 [경위의측량방법과 교회법에 의해 지적삼각보조점측량을 실시할 경우 관측 및 계산기준]
① 점간거리의 측정은 2회 실시
② 관측은 20초독 이상의 경위의를 사용
③ 수평각관측의 2대회 방향관측법에 의하므로 2대회의 윤곽도는 0°, 90°
④ 수평각의 1방향각 측각공차는 60초 이내

19. 경위의 측량방법에 따라 교회법으로 지적삼각보조점측량을 하는 기준으로 틀린 것은?

① 관측은 20초독 이상의 경위의를 사용한다.
② 수평각관측은 2대회의 방향관측법에 따른다.
③ 2개의 삼각형으로부터 계산한 위치의 연결교차가 0.50m 이하일 때에는 그 평균치를 지적삼각보조점의 위치로 한다.
④ 삼각형의 각 내각은 30° 이상 120° 이하로 한다.

해설 교회법에 따른 지적삼각보조점의 관측에서 2개의 삼각형으로부터 계산한 위치의 연결교차($\sqrt{종선교차^2 + 횡선교차^2}$)가 0.30미터 이하일 때에는 그 평균치를 지적삼각보조점의 위치로 한다.
이 경우 기지점과 소구점 사이의 방위각 및 거리는 평균치에 따라 새로 계산하여 정한다.

20. 경위의측량방법과 전파기측량방법에 따라 교회법으로 지적삼각보조점측량을 하는 기준이 틀린 것은?

① 수평각 관측은 2대회의 방향관측법에 의한다.
② 지적삼각보조점표지의 점간거리는 평균 1km 이상 3km 이하로 한다.
③ 반드시 2방향의 교회에 따른다.
④ 삼각형의 각 내각은 30° 이상 120° 이하로 한다.

해설 [경위의측량방법과 교회법에 의해 지적삼각보조점측량을 실시할 경우 관측 및 계산기준]
① 수평각 관측은 2대회의 방향관측법에 의한다.
② 지적삼각보조점표지의 점간거리는 평균 1km 이상 3km 이하로 한다.
③ 3방향의 교회에 따른다. 다만 지형상 부득이한 경우 2방향의 교회에 의하며 결정하기도 한다.
④ 삼각형의 각 내각은 30° 이상 120° 이하로 한다.

21. 경위의측량방법과 교회법에 따른 지적삼각보조점의 관측 및 계산에서 적용하는 수평각의 측각공차기준으로 틀린 것은?

① 1방향각 : 50초 이내
② 1측 회의 폐색 : ±40초 이내
③ 삼각형 내각관측치와 합과 180°와의 차 : ±50초 이내
④ 기지각과의 차 : ±50초 이내

해설 [경위의측량방법과 교회법에 따른 지적삼각보조점의 관측 및 계산]
① 1방향각 : 40초 이내
② 1측회의 폐색 : ±40초 이내
③ 삼각형내각관측치의 합과 180도와의 차 : ±50초 이내
④ 기지각과의 차 : ±50초 이내

22. 전파기측량방법에 의하여 교회법으로 지적삼각보조점 측량을 하는 기준에 관한 아래 설명 중 ( )에 알맞은 것은?

> 지형상 부득이 하여 2방향의 교회에 의하여 결정하고자 하는 때에는 각 내각을 관측하여 각 내각의 관측치의 합계와 180도와의 차가 ( ) 이내일 때에는 이를 각 내각에 고르게 배분하여 사용할 수 있다.

① ±20초   ② ±30초
③ ±40초   ④ ±50초

해설 지형상 부득이 하여 2방향의 교회에 의하여 결정하려는 경우에는 각 내각을 관측하여 각 내각의 관측치의 합계와 180도와의 차가 ±40초 이내일 때에는 이를 각 내각에 고르게 배분하여 사용할 수 있다.

23. 경위의측량방법과 교회법에 따른 지적삼각보조점측량의 관측 및 계산 기준이 옳은 것은?

① 1방향각의 공차는 50초 이내다.
② 수평각 관측은 3배각 관측법에 따른다.
③ 2개의 삼각형으로부터 계산한 위치의 연결교차가 0.30m 이하일 때에는 그 평균치를 지적삼각보조점의 위치로 한다.
④ 관측은 30초독 이상의 경위의를 사용한다.

해설 [경위의측량방법과 교회법에 의해 지적삼각보조점측량을 실시할 경우 관측 및 계산기준]
① 점간거리의 측정은 2회 실시
② 관측은 20초독 이상의 경위의를 사용
③ 수평각관측의 2대회 방향관측법에 의하므로 2대회의 윤곽도는 0°, 90°
④ 수평각의 1방향각 측각공차는 60초 이내

24. 아래 그림과 같은 교회망에서 $V_a^b = 125°$이고, 관측 내각이 $\alpha = 60°, \beta = 75°, \gamma = 30°$일 때 점 C에서 점 P에 대한 방위각($V_C$)의 크기는 얼마인가?

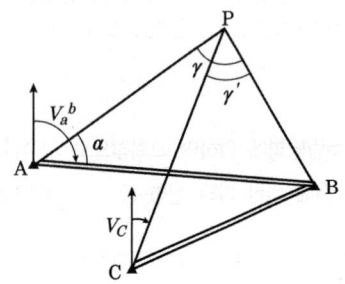

① 15° ② 20°
③ 25° ④ 30°

해설 $V_C = V_a^b - \alpha - \gamma + \gamma'$ 이므로
$V_C = 125° - 60° - 75° + 30° = 20°$

25. 다음 중 경위의측량방법과 교회법에 따른 지적삼각보조점의 관측 및 계산 기준에 관한 설명으로 옳은 것은?
① 관측은 20초독 이상의 경위의를 사용한다.
② 점간거리의 측정은 3회 실시한다.
③ 수평각 관측은 3대회의 방향관측법에 따른다.
④ 수평각의 1방향각 측각공차는 50초 이내다.

해설 [경위의측량방법과 교회법에 의해 지적삼각보조점측량을 실시할 경우 관측 및 계산기준]
① 점간거리의 측정은 5회 실시
② 관측은 20초독 이상의 경위의를 사용
③ 수평각관측의 2대회 방향관측법에 의하므로 2대회의 윤곽도는 0°, 90°
④ 수평각의 1방향각 측각공차는 40초 이내

26. 교회법에 의한 지적삼각보조점측량에서 두 점 간의 종선차가 0.40m, 횡선차가 0.30m일 때 두 점간의 연결교차는?
① 0.30m ② 0.40m
③ 0.50m ④ 0.60m

해설 연결교차 = $\sqrt{종선교차^2 + 횡선교차^2}$
연결교차 = $\sqrt{0.3^2 + 0.4^2} = 0.5m$

27. 다음 중 경위의측량방법과 교회법에 따른 지적삼각보조점의 관측 및 계산에서 2개의 삼각형으로부터 계산한 연결교차가 최대 얼마 이하일 때에 그 평균치를 지적삼각보조점의 위치로 하는가?
① 0.10m ② 0.20m
③ 0.30m ④ 0.40m

해설 경위의측량방법과 교회법에 따른 지적삼각보조점의 관측 및 계산에서 2개의 삼각형으로부터 계산한 연결교차가 0.3m이하 일 때에 그 평균치를 지적삼각보조점의 위치로 한다.

28. 경위의측량방법에 따라 교회법으로 지적삼각보조점측량을 할 때, 지형상 부득이 2방향의 교회에 의하여 결정하려는 경우 각 내각을 관측하여 각 내각의 관측치의 합계와 180도와의 차가 ±40초 이내일 때 이를 배분하는 방법은?
① 각 내각의 크기에 비례하여 배분한다.
② 각 내각의 크기에 반비례하여 배분한다.
③ 각 내각에 고르게 배분한다.
④ 허용오차 이내이므로 관측 내각에 배분할 필요가 없다.

해설 ① 경위의 측량방법과 전파기 또는 광파기 측량방법에 따라 교회법으로 지적삼각보조점측량을 할 때 3방향의 교회에 따른다.
② 지형상 부득이하여 2방향의 교회에 의하여 결정하고자 하는 때에는 각 내각을 관측하여 각 내각의 관측치의 합계와 180도와의 차가 ±40″ 이내일 때에는 이를 각 내각에 고르게 배분하여 사용할 수 있다.

29. 지적삼각보조점측량을 다각망도선법으로 할 경우에 대한 설명으로 틀린 것은?

① 3점 이상의 기지점을 포함한 결합다각방식에 의할 것
② 1도선의 점의 수는 기지점과 교점을 포함하여 5개 이하로 할 것
③ 1도선의 거리는 4km 이하로 할 것
④ 1도선은 기지점과 기지점 간 또는 교점과 교점 간을 말한다.

해설 [다각망도선법에 의한 지적삼각측보조점측량의 기준]
① 3점 이상의 기지점으로 포함한 결합다각방식에 의한다.
② 1도선(기지점과 교점간 또는 교점과 교점간)의 거리는 4km 이하로 한다.
③ 1도선의 점의 수는 기지점과 교점 포함하여 5점 이하로 한다.

30. 지적삼각보조점측량을 전파기측량방법에 따라 다각망도선법으로 지적삼각보조점을 시행할 때 1도선의 거리는 얼마 이하로 하여야 하는가?

① 0.5km 이하　② 1km 이하
③ 3km 이하　　④ 4km 이하

해설 [다각망도선법에 의한 지적삼각측보조점측량의 기준]
① 3점 이상의 기지점으로 포함한 결합다각방식에 의한다.
② 1도선의 거리는 4km 이하로 한다.
③ 1도선의 점의 수는 기지점과 교점 포함하여 5점 이하로 한다.

31. 다각망도선법에 의한 지적삼각보조점측량 및 지적도근점측량을 시행하는 경우, 기지점간 직선상의 외부에 두는 지적삼각보조점 및 지적도근점의 선점은 기지점 직선과의 사이각을 얼마 이내로 하도록 규정하고 있는가?

① 10° 이내　② 20° 이내
③ 30° 이내　④ 40° 이내

해설 [지적업무처리규정 제10조(지적기준점의 확인 및 선점 등)]
다각망도선법으로 지적삼각보조점측량 및 지적도근점측량을 할 경우에 기지점간 직선상의 외부에 두는 지적삼각보조점 및 지적도근점과 기지점 직선과의 사이각은 30도 이내로 한다.

32. 전파기측량방법에 따라 다각망도선법으로 지적삼각보조점측량을 할 때 1도선의 점의 수는 기지점과 교점을 포함하여 최대 얼마 이하로 하여야 하는가? (단, 기지점과 교점을 포함한 점의 수)

① 5개　② 10개
③ 15개　④ 20개

해설 [다각망도선법에 의한 지적삼각측보조점측량의 기준]
① 3점 이상의 기지점으로 포함한 결합다각방식에 의한다.
③ 1도선의 거리는 4km 이하로 한다.
④ 1도선의 점의 수는 기지점과 교점 포함하여 5점 이하로 한다.

33. 다각망도선법에 의한 지적삼각보조점측량을 시행할 때의 설명으로 옳은 것은?

① 결합도선에 의하고 부득이 한 때에는 왕복도선에 의할 수 있다.
② 3점 이상의 기지점을 포함한 결합다각방식에 의한다.
③ 1도선의 거리는 3킬로미터 이상 5킬로미터 이하로 한다.
④ 1도선의 점의 수는 기지점과 교점을 제외하고 5점 이하로 한다.

해설 [지적측량 시행규칙 제10조(지적삼각보조점측량)]
1. 3점 이상의 기지점을 포함한 결합다각방식에 따를 것
2. 1도선의 점의 수는 기지점과 교점을 포함하여 5점 이하로 할 것
3. 1도선의 거리는 4킬로미터 이하로 할 것

34. 지적삼각보조점을 다각망도선법에 의할 경우 도선별 평균방위각과 관측방위각의 폐색오차를 구하는 식으로 맞는 것은? (단, n은 폐색변을 포함한 변수임)

① $\pm 10\sqrt{n}$ 초 이내　② $\pm 20\sqrt{n}$ 초 이내
③ $\pm 30\sqrt{n}$ 초 이내　④ $\pm 40\sqrt{n}$ 초 이내

해설 도선별 평균방위각과 관측방위각의 폐색오차는 $\pm 10\sqrt{n}$ 이내로 하며, n은 폐색변을 포함한 변의 수이다.

정답　29. ④　30. ④　31. ③　32. ①　33. ②　34. ①

35. 전파기측량방법에 따라 다각망도선법으로 지적삼각보조점측량을 하는 기준으로 틀린 것은?

① 1도선은 기지점과 교점간 또는 교점과 교점간을 말한다.
② 1도선의 거리는 기지점과 교점 또는 교점과 교점간의 점간 거리의 총합계를 말한다.
③ 1도선의 거리는 3킬로미터 이상으로 한다.
④ 1도선의 점의 수는 기지점과 교점을 포함하여 5점 이하로 한다.

해설 [지적측량 시행규칙 제10조(지적삼각보조점측량)]
1. 3점 이상의 기지점을 포함한 결합다각방식에 따를 것
2. 1도선의 점의 수는 기지점과 교점을 포함하여 5점 이하로 할 것
3. 1도선의 거리는 4킬로미터 이하로 할 것

36. 전파기측량방법에 따라 다각망도선법으로 지적삼각보조점측량을 할 때의 기준으로 옳은 것은?

① 1도선의 거리는 4km 이하로 한다.
② 3점 이상의 기지점을 포함한 폐합다각방식에 의한다.
③ 1도선의 점의 수는 기지점을 제외하고 5점 이하로 한다.
④ 1도선은 기지점과 기지점, 교점과 교점 간의 거리이다.

해설 [다각망도선법에 의한 지적삼각측보조점측량의 기준]
① 1도선의 거리는 4km 이하로 한다.
② 3점 이상의 기지점으로 포함한 결합다각방식에 의한다.
③ 1도선의 점의 수는 기지점과 교점 포함하여 5점 이하로 한다.
④ 1도선은 기지점과 교점, 교점과 교점 간의 거리이다.

37. 경위의 측량방법과 다각망도선법으로 지적삼각보조측량을 실시할 경우 폐색변을 포함한 변의 수가 4개일 때 도선별 평균방위각과 관측방위각의 폐색오차는?

① ±5초 이내 ② ±10초 이내
③ ±15초 이내 ④ ±20초 이내

해설 폐색오차 $=\pm 10''\sqrt{n}$ 이내 이므로
폐색오차 $=\pm 10''\sqrt{4}=\pm 20''$ 이내

38. 다음 중 광파기측량방법과 다각망도선법에 따른 지적삼각보조점의 관측 및 계산에서 도선별 연결오차의 기준으로 옳은 것은? (단, S는 도선의 거리를 1천으로 나눈 수를 말한다.)

① (0.05×S)m 이하 ② (0.10×S)m 이하
③ (0.5×S)m 이하 ④ (1.0×S)m 이하

해설 광파기측량방법, 다각망도선법의 도선별 연결오차
(0.05×S)미터 이하이며 S는 도선거리/1,000

39. 지적삼각보조점측량을 Y망으로 실시하여 도선의 거리의 합계가 1654.15m이었을 때 연결오차는 최대 얼마 이하로 하여야 하는가?

① 0.02m 이하 ② 0.04m 이하
③ 0.06m 이하 ④ 0.08m 이하

해설 [광파기측량방법, 다각망도선법의 도선별 연결오차]
(0.05×S)미터 이하이며 S는 도선거리/1,000 이므로
연결오차 $= 0.05 \times \dfrac{1,654.15}{1,000} ≒ 0.08m$ 이하

40. 지적소관청이 지적삼각보조점성과를 관리하는데 있어 지적삼각보조점성과표의 기록·관리하여야 할 내용이 아닌 것은?

① 좌표와 직각좌표계 원점명
② 도선등급 및 도선명
③ 표지의 재질
④ 자오선 수차

해설 [지적기준점성과표의 기록 및 관리]

지적삼각점측량	지적삼각보조점측량
1. 지적삼각점의 명칭과 기준 원점명	1. 번호 및 위치의 약도
2. 좌표 및 표고	2. 좌표와 직각좌표계 원점명
3. 경도 및 위도	3. 경도와 위도
4. 자오선수차	4. 표고
5. 시준점의 명칭, 방위각 및 거리	5. 소재지와 측량연월일
6. 소재지와 측량연월일	6. 도선등급 및 도선명
7. 그 밖의 참고사항	7. 표지의 재질
	8. 도면번호
	9. 설치기관
	10. 조사연월일, 조사자 직위 성명 등

41. 지적기준점표지의 설치·관리 및 지적기준점 성과의 관리 등에 관한 설명으로 옳은 것은?

① 지적삼각보조점성과는 지적소관청이 관리하여야 한다.
② 지적기준점표지의 설치권자는 국토지리정보원장이다.
③ 지적소관청은 지적삼각점 성과가 다르게 된 때에는 그 내용을 국토교통부장관에게 통보하여야 한다.
④ 지적도근점표지의 관리는 토지소유자가 하여야 한다.

해설 [지적측량 시행규칙 제3조(지적기준점성과의 관리 등)]
1. 지적삼각점성과는 특별시장·광역시장·도지사 또는 특별자치도지사가 관리하고, 지적삼각보조점성과 및 지적도근점성과는 지적소관청이 관리할 것
2. 지적소관청이 지적삼각점을 설치하거나 변경하였을 때에는 그 측량성과를 시·도지사에게 통보할 것
3. 지적소관청은 지형·지물 등의 변동으로 인하여 지적삼각점성과가 다르게 된 때에는 지체 없이 그 측량성과를 수정하고 그 내용을 시·도지사에게 통보할 것

42. 지적삼각보조점성과표 및 지적도근점성과표에 기록·관리하여야 하는 사항에 해당하지 않는 것은?

① 번호 및 위치의 약도
② 소재지와 측량연월일
③ 도선등급 및 도선명
④ 측량성과 보관 장소

해설 [지적기준점고시 및 기록관리]

성과고시사항	성과기록·관리사항
1. 기준점의 명칭 및 번호	1. 지적삼각점의 명칭과 기준원점명
2. 직각좌표계의 원점명	2. 좌표 및 표고
3. 좌표 및 표고	3. 경도 및 위도(필요한 경우로 한정)
4. 경도와 위도	4. 자오선수차
5. 설치일, 소재지 및 표지의 재질	5. 시준점의 명칭, 방위각 및 거리
6. 측량성과 보관장소	6. 소재지와 측량연월일
	7. 그 밖의 참고사항

07 CHAPTER 지적도근점 측량

1 지적도근점 측량의 개요

① 지적도근측량은 측선의 거리와 그 측선들이 만나서 이루는 각을 측정하여 각 측선의 X, Y축의 거리와 방위각을 산출하여 지적기초점의 좌표를 구하는 측량
② 비교적 소규모 지역에서 시준거리가 짧은 경우 세부측량을 실시하기 위한 기초점으로 삼각점보다 조밀한 기초점 배치가 필요한 경우에 사용

(1) 대상지역

① 축척변경측량을 위하여 지적확정측량을 하는 경우
② 도시개발사업 등으로 인하여 지적확정측량을 하는 경우
③ 도시지역 및 준도시지역에서 세부측량을 하는 경우
④ 측량지역의 면적이 당해 지적도 1장에 해당하는 면적 이상인 경우
⑤ 세부측량 시행상 특히 필요한 경우

(2) 측량방법

① **도선법** : 결합도선, 폐합도선, 왕복도선
② **교회법** : 전방교회법, 측방교회법
③ **다각망법** : 1교점다각망(X형, Y형), 2교점다각망(A형, H형)

(3) 지적도근점측량의 조건

① 지적도근점측량을 하는 때에는 미리 지적도근점표지를 설치하여야 함
② 지적도근점의 번호는 영구표지를 설치하는 경우에는 시·군·구별로, 영구표지를 설치하지 아니하는 경우에는 시행지역별로 설치순서에 따라 일련번호를 부여하며, 각 도선의 교점은 지적도근점의 번호 앞에 "교"자를 붙임
③ 각 관측은 시가지지역, 축척변경지역과 경계점좌표등록부 시행지역은 배각법에 의하고, 그 밖의 지역은 배각법과 방위각법을 혼용

(4) 지적도근점측량의 순서

① 계획수립 : 측량정확도, 경제성, 작업시일 등을 고려 계획 수립
② 준비 및 답사 : 답사와 계획에 따라 현지 작업 가능성을 재점검하여 계획 확정
③ 선점 및 조표 : 후속측량에 이용가치가 높을 것과 지반이 견고하고 기계설치에 편리한 점, 상호간의 시준이 용이하고 교통방해가 적고 표지 보존이 용이한 위치로 선점
④ 관측 및 계산 : 경위의측량방법, 전파기 또는 광파기측량방법과 도선법 또는 다각망도선법에 따른다.
⑤ 성과표 및 표석대장 작성 : 번호 및 위치의 약도, 직각좌표계 원점명, 경도 및 위도와 표고(필요한 경우), 소재지와 측량연월일, 도선등급 및 도선명, 표지의 재질, 그 밖의 참고사항 등 작성

❷ 지적도근점측량의 세부방법

(1) 측량방법 및 계산방법

1) 측량방법

① 위성기준점, 통합기준점, 삼각점, 지적삼각점, 지적삼각보조점 및 지적도근점을 기초로 하여 경위의측량방법, 전파기 또는 광파기측량방법, 위성측량방법 및 국토교통부장관이 승인한 측량방법에 의함
② 지적도근점측량을 할 때에는 미리 지적도근점표지를 설치하여야 함

2) 계산방법 : 지적도근점측량의 계산은 도선법, 교회법 또는 다각망 도선법에 의함

(2) 지적도근점의 번호

① 영구표지를 설치하는 경우 : 시 · 군 · 구별로 설치순서에 따라 일련번호 부여
② 영구표지를 설치하지 아니하는 경우 : 시행지역별로 설치순서에 따라 일련번호 부여
③ 각 도선의 교점에 지적도근점의 번호 앞에 "교"자를 붙임

(3) 도선의 구분 및 도선명

① 1등도선 : 위성기준점, 통합기준점, 삼각점, 지적삼각점, 지적삼각보조점의 상호간을 연결하는 도선 및 다각망도선으로 할 것
② 2등도선 : 위성기준점, 통합기준점, 삼각점, 지적삼각점, 지적삼각보조점과 지적도근점을 연결하거나 지적도근점 상호간을 연결하는 도선으로 할 것

(4) 지적도근점의 도선구성 및 점간거리

① 도선의 구성 : 지적도근점은 결합도선, 폐합도선, 왕복도선 및 다각망도선으로 구성

② **성과기재** : 지적도근점 성과결정을 위한 관측 및 계산과정은 그 내용을 지적도근점측량부에 적어야 함
③ **점간거리** : 지적도근점 표지의 설치시 점간거리는 평균 50m 내지 300m 이하로 하며 다각망도선법에 의하는 때에는 평균 500m 이하로 함

3 지적도근측량의 기준

(1) 경위의측량방법(도선법)
① 도선은 위성기준점, 통합기준점, 삼각점, 지적삼각점, 지적삼각보조점 및 지적도근점의 상호간을 연결하는 결합도선에 따를 것
② 다만 지형상 부득이한 경우에는 폐합도선 또는 왕복도선에 따를 수 있음
③ 1도선의 점의 수는 40점 이하로 할 것
④ 다만 지형상 부득이한 경우에는 50점까지로 할 수 있음

(2) 경위의측량방법이나 전파기 또는 광파기측량방법(다각망도선법)
① 3점 이상의 기지점을 포함한 결합다각방식에 따를 것
② 1도선의 점의 수는 20개 이하로 할 것

4 지적도근점의 관측 및 계산

경위의측량방법, 전파기 또는 광파기측량방법과 도선법 또는 다각망도선법에 따른 지적도근점의 관측과 계산은 다음 기준에 따른다.

(1) 수평각관측

지역	관측방법	관측
시가지지역, 축척변경지역, 경계점좌표등록부 시행지역	배각법	20초독 이상의 경위의를 사용할 것
그 밖의 지역	배각법과 방위각법을 혼용	

(2) 관측과 계산

종별	각	측정횟수	거리	진수	좌표
배각법	초	3회	cm	5자리 이상	cm
방위각법	분	1회	cm	5자리 이상	cm

(3) 점간거리 측정 및 연직각 관측

1) 점간거리 측정

2회 측정하여 그 측정의 교차가 평균치의 3천분의 1 이하일 때에는 그 평균치를 점간거리로 할 것 이 경우 점간거리가 경사거리일 경우 수평거리로 계산하여야 함

2) 연직각 관측

올려다본 각과 내려다본 각을 관측하여 그 교차가 90초 이내일 경우 그 평균치를 연직각으로 할 것

5 폐색오차 및 연결오차 허용범위

(1) 폐색오차 및 연결오차 범위

구분		평균방위각과 관측방위각의 폐색오차	연결오차의 허용범위	표기방법
배각법	1등	±20$\sqrt{n}$초 이내	축척분모의 $\frac{1}{100}\sqrt{n}$ 센티미터 이하	가·나·다순
	2등	±30$\sqrt{n}$초 이내	축척분모의 $\frac{1.5}{100}\sqrt{n}$ 센티미터 이하	ㄱ·ㄴ·ㄷ순
	• 경계점좌표등록부 시행지역의 축척분모는 500, 축척이 6천분의 1인 지역의 축척분모는 3천으로 하며 이 경우 하나의 도선에 속하여 있는 지역의 축척이 2 이상일 때에는 대축척의 축척분모에 따른다.			
방위각법	1등	±$\sqrt{n}$분 이내	–	–
	2등	±1.5$\sqrt{n}$분 이내	–	–

(2) 측각오차 및 종횡선오차의 배부

구분	측각오차의 배분식		배분방법
배각법	$K=-\dfrac{e}{R}\times r$	K는 각 측선에 배분할 초단위의 각도, e는 초단위의 오차, R은 폐색변을 포함한 각 측선장의 반수의 총합계, r은 각 측선장의 반수, 반수는 측선장 1미터에 대하여 1천을 기준으로 한 수	• 측선장(測線長)에 반비례하여 각 측선의 관측각에 배분
방위각법	$K_n=-\dfrac{e}{S}\times s$	K_n은 각 측선의 순서대로 배분할 분단위의 각도, e는 분단위의 오차, S는 폐색변을 포함한 변의 수, s는 각 측선의 순서	• 변의 수에 비례하여 각 측선의 방위각에 배분

구분	종·횡선오차 배분식	배분방법
배각법	$T = -\dfrac{e}{L} \times l$	T는 각 측선의 종선차 또는 횡선차에 배분할 센티미터 단위의 수치, e는 종선오차 또는 횡선오차, L은 종선차 또는 횡선차의 절대치의 합계, l은 각 측선의 종선차 또는 횡선차	• 각 측선의 종선차 또는 횡선차 길이에 비례하여 배분 • 종선 또는 횡선의 오차가 매우 작아 이를 배분하기 곤란할 때에는 종선차 및 횡선차가 긴 것부터 차례로 배분
방위각법	$C = -\dfrac{e}{L} \times l$	C는 각 측선의 종선차 또는 횡선차에 배분할 센티미터 단위의 수치, e는 종선오차 또는 횡선오차, L은 각 측선장의 총합계, l은 각 측선의 측선장	• 각 측선장에 비례하여 배분 • 종선 또는 횡선의 오차가 매우 작아 이를 배분하기 곤란할 때에는 측선장이 긴 것부터 차례로 배분

(주: 위 표의 배분식 열과 배분방법 열이 합쳐져 있음)

6 다각망도선법

① 다각망도선법에 의해 지적도근점 계산 시 최소 조건식의 수를 구하는 것은 도선수에서 교점수를 뺀다.
② 망의 기본적인 형태는 X형, Y형, A형, H형을 기본형으로 하고 이러한 망을 복합하여 작업을 시행하는 방법인 복합형이 있으며 이를 총칭하여 교점다각망이라고도 한다.
③ 다각망도선법의 측량은 경위의측량방법, 전파기 또는 광파기측량방법에 의하고 측각오차, 도선별 평균방위각과 관측방위각의 폐색오차는 $\pm 10\sqrt{n}$초 이내로 한다(n은 폐색변을 포함한 변수).
④ 도선별 종횡선 좌표의 연결 오차에 대한 공차는 0.05×Sm 이하로 한다(S : 기지점과 교점간 또는 교점과 교점 간의 점간거리의 총 합계를 1천으로 나눈 수임, $S = \dfrac{\text{도선의 총거리}}{1,000}$).
⑤ 도근측량에서 1도선의 점의 수는 20점 이하로 하며 점간거리는 500m 이하로 실시하도록 규정하고 있으며 도근측량의 교점다각망 계산방법은 배각법에 준하고 교점다각망에서 1도선이라 함은 기지점과 교점 간 또는 교점과 교점 간을 말한다.
⑥ 교점다각망의 구성은 교점으로 선택된 도근점으로부터 여러 도근점을 연결 또는 기지점과 교점 간 또는 교점과 교점 간을 상호 연결하는 망으로 구성하며 각각의 망에 적합한 다양한 노선이 형성되므로 관측을 실시할 때에는 각 노선에서의 공통 시준이 가능하도록 구성한다.
⑦ 도근망은 형태에 따라 X형, Y형, A형, H형망의 교점다각망은 조건식수의 계산공식에 따라 최소 조건식수만 만족시키면 된다.
⑧ X 및 Y형은 3개의 기지점에 근거하여 교점 1개를 평균하고, A, H형은 교점 2개를 평균하는 것이다.
⑨ 교점다각망의 각관측은 배각법에 의한 3배각으로 관측하며 여러 가지 기계적 오차의 영향을 되도록 적게 하여 보다 정밀한 측각을 하기 위해 사용되는 방법이다.
⑩ 지적측량규칙에서 점간거리는 2회 측정하여 그 교차가 1/3,000 이내인 때 평균값을 점간거리로 한다.

CHAPTER 07 지적도근점 측량

01. 지적도근점측량 순서로 맞는 것은?

① 계획 → 답사 → 조표 → 관측 → 선점 → 계산
② 계획 → 선점 → 답사 → 조표 → 관측 → 계산
③ 계획 → 답사 → 선점 → 조표 → 관측 → 계산
④ 계획 → 조표 → 답사 → 선점 → 관측 → 계산

> [해설] [지적도근점측량의 순서]
> 계획의 수립 → 준비 및 현지답사 → 선점 → 조표 → 관측 → 계산 및 성과표의 작성

02. 지적도근점측량을 실시하여야 하는 기준에 관한 규정에 해당하지 않는 것은?

① 도시개발사업 등으로 인하여 지적확정측량을 하는 경우
② 측량지역면적이 당해지적도 2장에 해당하는 면적 이상일 때
③ 국토의계획및이용에관한법률에 의해 도시지역에서 세부측량을 하는 경우
④ 축척변경을 위한 측량을 하는 경우

> [해설] [지적도근점측량을 반드시 실시하여야 하는 경우]
> ① 축척변경을 위한 측량을 하는 경우
> ② 도시개발사업 등으로 인하여 지적확정측량을 하는 경우
> ③ 도시지역 및 준도시지역에서 세부측량을 하는 경우
> ④ 측량지역의 면적이 당해 지적도 1장에 해당하는 면적 이상인 경우
> ⑤ 세부측량의 시행상 특히 필요한 경우

03. 지적도근점측량에서 지적도근점을 구성할 때 사용할 수 없는 도선 또는 기준 도선에 해당하지 않는 것은?

① 개방도선   ② 폐합도선
③ 결합도선   ④ 왕복도선

> [해설] [지적도근점측량에서 지적도근점의 구성형태]
> 결합도선, 폐합도선, 왕복도선, 다각망도선으로 구성

04. 다음 중 지적도근점측량을 반드시 시행하여야 하는 지역은?

① 축척변경시행지역   ② 대단위 합병지역
③ 토지분할지역   ④ 소규모등록전환지역

> [해설] [지적도근점측량을 반드시 실시하여야 하는 경우]
> ① 축척변경을 위한 측량을 하는 경우
> ② 도시개발사업 등으로 인하여 지적확정측량을 하는 경우
> ③ 도시지역 및 준도시지역에서 세부측량을 하는 경우
> ④ 측량지역의 면적이 당해 지적도 1장에 해당하는 면적 이상인 경우
> ⑤ 세부측량의 시행상 특히 필요한 경우

05. 일반적으로 지적도근점측량에서 가장 성과가 좋다고 인정되는 도선은?

① 개방도선   ② 왕복도선
③ 폐합도선   ④ 결합도선

> [해설] 도근점의 망구성은 결합도선·폐합도선·왕복도선·개방도선이 있지만 지적측량에서는 결합도선이 가장 적합하다.

정답 01. ③ 02. ② 03. ① 04. ① 05. ④

06. 경위의측량방법과 도선법에 따른 지적도근점의 관측 시 시가지 지역에서 수평각을 관측하는 방법으로 옳은 것은?

① 배각법 ② 방위각법
③ 각관측법 ④ 편각법

해설 [지적측량 시행규칙 제13조(지적도근점의 관측 및 계산)]
① 수평각관측에서 시가지지역, 축척변경시행지역, 경계점좌표등록부 시행지역에 대하여는 배각법에 따르고 그 밖의 지역에 대하여는 배각법과 방위각법을 혼용할 것
② 관측은 20초독 이상의 경위의를 사용할 것

07. 도선법에 의한 지적도근측량을 시행할 때에, 배각법과 방위각법을 혼용하여 수평각을 관측할 수 있는 지역은?

① 시가지 지역
② 축척변경 시행지역
③ 농촌지역
④ 경계점좌표등록부 시행지역

해설 [지적측량 시행규칙 제13조(지적도근점의 관측 및 계산)]
① 수평각관측에서 시가지지역, 축척변경시행지역, 경계점좌표등록부 시행지역에 대하여는 배각법에 따르고 그 밖의 지역(농촌지역)에 대하여는 배각법과 방위각법을 혼용할 것
② 관측은 20초독 이상의 경위의를 사용할 것

08. 지적도근점측량의 연직각관측시 올려본 각과 내려본 각을 관측할 경우 교차의 한계는?

① 30초 ② 60초
③ 90초 ④ 120초

해설 [지적측량 시행규칙 제13조(지적도근점의 관측 및 계산)]
1. 수평각의 관측은 시가지 지역, 축척변경지역 및 경계점좌표등록부 시행 지역에 대하여는 배각법에 따르고, 그 밖의 지역에 대하여는 배각법과 방위각법을 혼용할 것
2. 관측은 20초독 이상의 경위의를 사용할 것
3. 점간거리를 측정하는 경우에는 2회 측정하여 그 측정치의 교차가 평균치의 3천분의 1 이하일 때에는 그 평균치를 점간거리로 할 것. 이 경우 점간거리가 경사(傾斜)거리일 때에는 수평거리로 계산하여야 한다.
4. 연직각을 관측하는 경우에는 올려본 각과 내려본 각을 관측하여 그 교차가 90초 이내일 때에는 그 평균치를 연직각으로 할 것

09. 지적도근점측량의 도선 구분이 옳은 것은?

① 1등도선은 가·나·다 순으로 표기하고, 2등도선은 ㄱ·ㄴ·ㄷ 순으로 표기한다.
② 1등도선은 가·나·다 순으로 표기하고, 2등도선은 (1)·(2)·(3) 순으로 표기한다.
③ 1등도선은 ㄱ·ㄴ·ㄷ 순으로 표기하고, 2등도선은 가·나·다 순으로 표기한다.
④ 1등도선은 (1)·(2)·(3) 순으로 표기하고, 2등도선은 가·나·다 순으로 표기한다.

해설 [지적도근점 측량에서 도선의 표기방법]
1등도선은 가, 나, 다 순으로 2등도선은 ㄱ, ㄴ, ㄷ 순으로 표기한다.

10. 지적도근점측량에서 도선명에 대한 표기로 맞는 것은?

① 1등도선은 가, 나, 다 순으로 한다.
② 2등도선은 (1), (2), (3) 순으로 한다.
③ 1등도선은 ㄱ, ㄴ, ㄷ 순으로 한다.
④ 2등도선은 가, 나, 다 순으로 한다.

해설 [지적도근점 측량에서 도선의 표기방법]
1등도선은 가, 나, 다 순으로 2등도선은 ㄱ, ㄴ, ㄷ 순으로 표기한다.

11. 지적도근점측량의 방법 기준이 틀린 것은?

① 경위의측량방법에 따라 도선법으로 지적도근점측량을 할 때 1도선의 점의 수는 30점 이하로 한다.
② 지적도근점측량의 도선은 1등도선과 2등도선으로 구분한다.
③ 경위의측량방법에 따라 다각망도선법으로 지적도근점 측량을 할 때 1도선의 점의 수는 20점 이하로 한다.
④ 경위의측량방법과 도선법에 따르는 지적도근점의 관측은 20초독 이상의 경위의를 사용한다.

해설 [지적측량 시행규칙 제12조(지적도근점측량)]
① 지적도근점측량의 도선은 1등도선과 2등도선으로 구분한다.
② 다각망도선법으로 지적도근점측량을 할 때에 1도선의 점의 수는 20개 이하로 한다.
③ 경위의측량방법에 의하여 도선법으로 지적도근점측량을 하는 때 1등도선의 점의 수는 40점 이하로 하며 지형상 부득이 한 때에는 50점까지로 할 수 있다.
④ 도선법, 교회법 또는 다각망도선법으로 구성하여야 한다.
⑤ 지적도근점의 관측은 20초독 이상의 경위의를 사용한다.

12. 경위의측량방법에 따라 도선법으로 지적도근점측량을 할 때에 1도선의 점의 수는 최대 얼마 이하로 하여야 하는가? (단, 지형상 부득이한 경우는 고려하지 않는다.)

① 10점　　　② 20점
③ 30점　　　④ 40점

해설 경위의측량방법에 의하여 도선법으로 지적도근점측량을 하는 때 1등도선의 점의 수는 40점 이하로 하며 지형상 부득이 한 때에는 50점까지로 할 수 있다.

13. 지적도근점측량에 대한 내용으로 틀린 것은?

① 1등도선은 가·나·다 순으로, 2등도선은 ㄱ·ㄴ·ㄷ 순으로 표기한다.
② 경위의측량방법에 따라 다각망도선법으로 할 때에는 3점 이상의 기지점을 포함한 결합다각방식에 따른다.
③ 경위의측량방법에 따라 도선법으로 할 때에는 왕복도선에 따르며 지형상 부득이한 경우 개방도선에 따를 수 있다.
④ 경위의측량방법에 따라 도선법으로 할 때에 1도선의 점의 수는 부득이한 경우 50점까지로 할 수 있다.

해설 [지적도근점측량에서 지적도근점의 구성형태]
결합도선, 폐합도선, 왕복도선, 다각망도선으로 구성

14. 다음 중 지적도근점측량에 대한 설명으로 옳은 것은?

① 지적도근점측량의 도선은 A도선과 B도선으로 구분한다.
② 광파기측량방법과 도선법에 따른 지적도근점의 수평각 관측 시 경계점좌표등록부 시행지역에 대하여는 배각법에 따른다.
③ 다각망도선법으로 지적도근점측량을 할 때에 1도선의 점의 수는 40개 이하로 한다.
④ 교회망 또는 교점다각망으로 구성하여야 한다.

해설 [지적측량 시행규칙 제12조(지적도근점측량)]
① 지적도근점측량의 도선은 1등도선과 2등도선으로 구분한다.
② 광파기측량방법과 도선법에 따른 지적도근점의 수평각 관측 시 경계점좌표등록부 시행지역에 대하여는 배각법에 따른다.
③ 다각망도선법으로 지적도근점측량을 할 때에 1도선의 점의 수는 20개 이하로 한다.
④ 도선법, 교회법 또는 다각망도선법으로 구성하여야 한다.

15. 지적도근점측량에 대한 설명으로 틀린 것은?

① 1등도선은 위성기준점, 통합기준점, 삼각점·지적삼각점 및 지적삼각보조점과 지적도근점의 상호 간을 연결하는 도선 또는 다각망도선으로 할 것.
② 2등도선은 위성기준점, 통합기준점, 삼각점·지적삼각점 또는 지적삼각보조점과 지적도근점을 연결하거나 지적도근점 상호 간을 연결하는 도선으로 할 것.
③ 1등도선은 가, 나, 다 순으로, 2등도선은 ㄱ, ㄴ, ㄷ 순으로 표기할 것.
④ 지적도근점은 결합도선·폐합도선·왕복도선 및 다각망도선으로 구성하여야 한다.

해설 1등도선은 위성기준점, 통합기준점, 삼각점, 지적삼각점 및 지적삼각보조점의 상호간을 연결하는 도선 또는 다각망도선으로 할 것.

16. 지적도근측량을 교회법으로 시행하는 경우에 따른 설명으로서 타당하지 않은 것은?

① 방위각법으로 시행할 때는 분위(分位)까지 독정한다.
② 시가지에서는 보통 배각법으로 실시한다.
③ 지적도근점은 기준으로 하지 못한다.
④ 삼각점, 지적삼각점, 지적삼각보조점 등을 기준으로 한다.

해설 지적도근점측량을 시행할 때에는 미리 지적도근점 표지를 설치하여 시행한다.

정답　12. ④　13. ③　14. ②　15. ①　16. ③

17. 지적도근점의 관측 및 계산에 대한 설명으로 틀린 것은?

① 시가지지역과 축척변경지역의 수평각관측은 배각법과 방위각법에 의한다.
② 관측은 20초독 이상의 경위의를 사용한다.
③ 점간거리는 2회 측정하여 그 측정치의 교차가 평균치의 3천분의 1 이하인 때에는 그 평균치로 한다.
④ 배각법에 의한 수평각을 관측할 경우 3배각으로 한다.

해설 [지적측량 시행규칙 제13조(지적도근점의 관측 및 계산)]
① 수평각관측에서 시가지지역, 축척변경시행지역, 경계점좌표등록부 시행지역에 대하여는 배각법에 따르고 그 밖의 지역에 대하여는 배각법과 방위각법을 혼용할 것
② 관측은 20초독 이상의 경위의를 사용할 것

18. 배각법으로 수평각을 관측할 때 처음 읽은 값이 59°59′04″이고 최종으로 읽은 값이 179°55′15″이면 몇 배각인가?

① 2배각 ② 3배각
③ 4배각 ④ 5배각

해설 $59°59′04″ \times 3 = 179°57′12″$ 이고 최종값과 유사하므로 3배각이다.

19. 배각법에 의한 수평각관측의 특징이 아닌 것은?

① 방향관측법에 비해 읽기 오차의 영향을 적게 받는다.
② 반복관측에 의해 분도반 전체를 사용하므로 눈금오차가 소거된다.
③ 누적관측치를 평균하게 되므로 직접 독정할 수 없는 미량의 값을 구할 수 있다.
④ 한 측점에서 여러 개의 방향을 관측할 때는 방향관측법보다 능률적이다.

해설 한 측점에서 여러 개의 방향을 관측할 때는 방향관측법이 배각법보다는 능률적이다.

20. 지적도근점측량 중 배각법에 의한 도선의 계산순서를 옳게 나열한 것은?

㉠ 관측성과 등의 이기
㉡ 측각 오차계산
㉢ 방위각 계산
㉣ 관측각의 합계계산
㉤ 각 관측선의 종·횡선 오차계산
㉥ 각 측점의 좌표계산

① ㉠-㉡-㉢-㉣-㉤-㉥
② ㉠-㉡-㉣-㉢-㉥-㉤
③ ㉠-㉣-㉡-㉢-㉤-㉥
④ ㉠-㉢-㉣-㉡-㉥-㉤

해설 [배각법에 의한 도선의 계산순서]
관측성과의 이기 – 관측각의 합계 계산 – 측각오차의 계산 – 방위각의 계산 – 각 관측선의 종·횡선오차의 계산 – 각 측점의 좌표계산

21. 도선법에 의한 지적도근점의 각도관측 시, 측각오차의 배분 방법으로 옳은 것은? (단, 배각법에 따르는 경우)

① 측선장에 비례하여 각 측선의 관측각에 배분한다.
② 측선장에 반비례하여 각 측선의 관측각에 배분한다.
③ 변의 수에 비례하여 각 측선의 관측각에 배분한다.
④ 변의 수에 반비례하여 각 측선의 관측각에 배분한다.

해설 [배각법에 의한 지적도근점 각도관측 시 측각오차의 배분]

$$K = -\frac{e}{R} \times r$$

(K:각 측선에 배분할 초단위의 각도, e:초 단위의 각 오차, R:측선장의 분수의 총합, r:각 측선장의 반수)

① 배각법에 의해 각도관측시 측각오차는 측선장에 반비례하여 각 측선의 관측각에 배분
② 방위각법에 의한 각도관측시 측각오차는 변의 수에 비례하여 각 측선의 관측각에 배분

정답 17.① 18.② 19.④ 20.③ 21.②

22. 도선법과 다각망도선법에 따른 지적도근점의 각도관측 시, 폐색오차 허용범위의 기준에 대한 설명이다. ㉠, ㉡, ㉢, ㉣에 들어갈 내용이 옳게 짝지어진 것은? (단, 'n'은 폐색변을 포함한 변의 수를 말한다.)

> 1. 배각법에 따르는 경우 : 1회 측정각과 3회 측정각의 평균값에 대한 교차는 30초 이내로 하고, 1도선의 기지방위각 또는 평균방위각과 관측방위각의 폐쇄오차는 1등도선은 (㉠)초 이내, 2등도선은 (㉡)초 이내로 할 것.
> 2. 방위각법에 따르는 경우 : 1도선의 폐색오차는 1등도선은 (㉢)분 이내, 2등도선은 (㉣)분 이내로 할 것.

① ㉠±20$\sqrt{n}$, ㉡±10$\sqrt{n}$, ㉢±$\sqrt{n}$, ㉣±2$\sqrt{n}$
② ㉠±20$\sqrt{n}$, ㉡±30$\sqrt{n}$, ㉢±$\sqrt{n}$, ㉣±1.5$\sqrt{n}$
③ ㉠±10$\sqrt{n}$, ㉡±20$\sqrt{n}$, ㉢±2$\sqrt{n}$, ㉣±$\sqrt{n}$
④ ㉠±30$\sqrt{n}$, ㉡±20$\sqrt{n}$, ㉢±1.5, ㉣±$\sqrt{n}$

해설 [지적도근점 측량시 도선법의 폐색오차]

구분	배각법	방위각법
1등도선	±20$\sqrt{n}$ 초 이내	±$\sqrt{n}$ 분 이내
2등도선	±30$\sqrt{n}$ 초 이내	±1.5$\sqrt{n}$ 분 이내

23. 경계점좌표등록부 시행지역에서 배각법에 의하여 도근측량을 실시하였다. 폐색변을 포함하여 17변일 때 1등도선의 폐색오차의 허용범위는?

① ±75초 이내   ② ±79초 이내
③ ±82초 이내   ④ ±95초 이내

해설 1등도선의 폐색오차=±20″$\sqrt{n}$=±20$\sqrt{17}$=±82″
[지적도근점 측량시 도선법의 폐색오차]

구분	배각법	방위각법
1등도선	±20$\sqrt{n}$ 초 이내	±$\sqrt{n}$ 분 이내
2등도선	±30$\sqrt{n}$ 초 이내	±1.5$\sqrt{n}$ 분 이내

24. 지적도근점측량을 배각법으로 할 경우 측각오차를 계산하는 공식은? (단, 출발기지방위각=T_1, 관측각의 합=$\sum\alpha$, 도착기지방위각=T_2, n=폐색변을 포함한 변수)

① $T_1+\sum\alpha-180°(n-1)+T_2$
② $T_2+T_1-180°(n-1)-\sum\alpha$
③ $T_1+\sum\alpha+180°(n-1)+T_2$
④ $T_1-T_2+\sum\alpha-180°(n-1)$

해설 [배각법에 의한 지적도근점측량의 측각오차계산식]
$$e = T_1 + \sum\alpha - 180(n-1) - T_2$$

25. 지적도근점측량의 배각법에서 종횡선 오차는 어느 방법으로 배부하여야 하는가?

① 컴퍼스 법칙   ② 트랜싯 법칙
③ 해론의 법칙   ④ 오사오입 법칙

해설 ① 컴퍼스 법칙 : 방위각법에 이용되며 수평거리에 비례하여 종횡선 오차 배부
② 트랜싯 법칙 : 배각법에 이용되며 각 측선의 종횡선차에 비례하여 오차 배부
③ 헤론의 공식 : 삼각형 세변의 길이를 알 때 면적산정하는 방법
④ 오사오입 법칙 : 면적산정시 산출면적과 결정면적사이의 관계를 구하고자 하는 끝자리의 다음 숫자가 5 초과할 때 올림, 5 미만인 경우 버림으로 계산하는 방식

26. 배각법에 의해 도근측량을 실시하여 종선차의 합이 -140.10m, 종선차의 기지값이 -140.30m, 횡선차의 합이 320.20m, 횡선차의 기지값이 320.25m일 때 연결오차는?

① 0.21m   ② 0.30m
③ 0.25m   ④ 0.31m

해설 연결교차 = $\sqrt{종선교차^2 + 횡선교차^2}$
연결교차
= $\sqrt{(-140.30-(-140.10))^2 + (320.25-320.20)^2} = 0.206m$

27. 지적도근점측량을 배각법에 따르는 경우 연결오차의 배분방법으로 옳은 것은?

① 각 측선의 측선장에 비례하여 배분한다.
② 각 측선의 측선장에 반비례하여 배분한다.
③ 각 측선의 종·횡선차 길이에 비례하여 배분한다.
④ 각 측선의 종·횡선차 길이에 반비례하여 배분한다.

해설 [지적도근점측량에서 종선 및 횡선차의 배분]
① 배각법 : 각 측선의 종선차 또는 횡선차 길이에 비례하여 배분
② 방위각법 : 각 측선장에 비례하여 배분

28. 배각법에 의한 지적도근측량에서 측각오차가 $-43''$이고, 측선장의 반수 합이 275.2일 때 65.32m인 변에 배분할 각은?

① $-2''$　　② $+2''$
③ $-10''$　　④ $+10''$

해설 배각법에 의한 배분은 측선장에 반비례하여 각 측선의 관측각에 배분한다.

$K = -\dfrac{e}{R} \times n$에서

$K = -\dfrac{-43''}{275.2} \times \dfrac{1,000}{65.32} = 2.3'' ≒ 2''$

29. 그림과 같은 지적도근점측량 결합도선에서 관측값의 오차는 얼마인가? (단, 補₁에서 출발방위각 33°20′20″이고, 補₂에서 폐색방위각 320°40′40″이었다.)

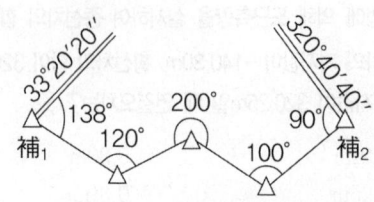

① 0°39′40″　　② 0°49′40″
③ 1°39′40″　　④ 1°49′40″

해설 $E = [a] - 180°(n-3) + W_a - W_b$이므로
$E = 648° - 180° \times (5-3) + 33°20′20″ - 320°40′40″$
$= 0°39′40″$

30. 배각법에 의한 지적도근점측량에서 측선장의 합계가 1858.67m이고, 종선오차가 -0.30m, 종선차의 절대치의 합이 268.29m일 때, 종선차 $+50.35$m에 배분할 보정량은?

① $+2$cm　　② -2cm
③ $+6$cm　　④ -6cm

해설 배각법에 의한 지적도근점측량에서 종선차의 배분
배각법에 의한 종횡선차의 배분은 각 측선의 종선차 또는 횡선차 길이에 비례하여 배분

$T = -\dfrac{e}{L} \times l$에서

$T = -\dfrac{-0.3}{268.29} \times 50.35 = 0.06m = 6cm$

31. 축척이 1/1000인 지적도 시행 지역에서 지적도근점측량을 1등 도선으로 측정한 각 측선의 수평거리의 총 합계가 700m이었을 때, 연결오차의 허용범위 기준은?

① 20cm 이하　　② 26cm 이하
③ 35cm 이하　　④ 40cm 이하

해설 2등도선의 연결오차 $= \dfrac{M}{100}\sqrt{N}\, cm$ 이하이고, M은 축척의 분모, N은 측선의 수평거리의 총 합계를 100으로 나눈 값

연결오차 $= \dfrac{1,000}{100}\sqrt{7} = 26.5cm$ 이하로 한다.

32. 축척 1/600 지역에서 지적도근측량 계산 시 각 측선의 수평거리의 총 합계가 2210.52m일 때 2등도선일 경우 연결오차의 허용한계는?

① 약 0.62m　　② 약 0.42m
③ 약 0.22m　　④ 약 0.02m

해설 2등도선의 연결오차 = $\frac{1.5M}{100}\sqrt{N}\,cm$ 이하이고, M은 축척의 분모, N은 측선의 수평거리의 총합계를 100으로 나눈 값

연결오차 = $\frac{1.5 \times 600}{100}\sqrt{22.11} = 42.3\,cm$ 이므로 약 0.42m 이하로 한다.

33. 지적도근점측량에서 측정한 각 측선의 수평거리의 총합계가 1550m일 때, 연결오차의 허용범위 기준은 얼마인가? (단, 경계점좌표등록부를 갖춰 두는 지역이며 2등도선이다.)

① 19cm 이하 ② 29cm 이하
③ 39cm 이하 ④ 59cm 이하

해설 2등도선의 연결오차 = $\frac{1.5M}{100}\sqrt{N}\,cm$ 이하이고, M은 축척의 분모, N은 측선의 수평거리의 총합계를 100으로 나눈 값

연결오차 = $\frac{1.5 \times 500}{100}\sqrt{15.5} = 29\,cm$ 이하

34. 방위각법에 의한 지적도근점측량 계산에서 종횡선오차는 어떻게 배분하는가? (단, 연결오차가 허용범위 이내인 경우)

① 측선장에 역비례 배분한다.
② 종횡선차에 역비례 배분한다.
③ 측선장에 비례 배분한다.
④ 종횡선차에 비례 배분한다.

해설 [지적도근점측량에서 종선 및 횡선차의 배분]
① 배각법 : 각 측선의 종선차 또는 횡선차 길이에 비례하여 배분
② 방위각법 : 각 측선장에 비례하여 배분

35. 도선의 변수가 15변인 도근측량을 방위각법으로 실시한 결과 각 오차가 −3분 발생하였을 경우 제10변에 배분할 오차의 배분량은?

① +2분 ② +3분
③ −2분 ④ −3분

해설 [방위각법에 의한 도근측량의 각오차 배부]
방위각법에 의한 종횡선차의 배부는 측선장에 비례하여 배분하며 $C = -\frac{e}{S} \times s$ 이므로 $C = -\frac{-3'}{15} \times 10 = +2'$

36. 다음 중 도선법에 따른 지적도근점측량을 방위각법에 의할 때 1등도선의 폐색오차의 한계는? (단, n은 폐색변을 포함한 변수임)

① ±$\sqrt{n}$분 이내 ② ±1.5$\sqrt{n}$분 이내
③ ±2$\sqrt{n}$분 이내 ④ ±3$\sqrt{n}$분 이내

해설 [지적도근점 측량시 도선법의 폐색오차]

구분	배각법	방위각법
1등도선	±20$\sqrt{n}$초 이내	±$\sqrt{n}$분 이내
2등도선	±30$\sqrt{n}$초 이내	±1.5$\sqrt{n}$분 이내

37. 경위의측량방법과 다각망도선법에 따른 지적도근점의 관측에서 시가지 지역, 축척변경지역 및 경계점좌표등록부 시행지역의 수평각 관측법은?

① 방향각법 ② 교회법
③ 방위각법 ④ 배각법

해설 [지적도근점 측량의 수평각관측방법]
① 시가지지역, 축척변경지역, 경계점좌표등록부 시행지역 : 배각법
② 그 밖의 지역 : 방위각법, 배각법

38. 지적도근점측량에 의하여 계산된 연결오차가 허용범위 이내인 때에 연결오차의 배분방법으로 옳은 것은? (단, 방위각법에 의하는 경우를 기준으로 한다.)

① 각 방위각의 크기에 비례하여 배분한다.
② 각 측선의 종횡선차 길이에 비례하여 배분한다.
③ 각 측선장에 비례하여 배분한다.
④ 각 측선장의 반수에 비례하여 배분한다.

정답 33. ② 34. ③ 35. ① 36. ① 37. ④ 38. ③

[해설] [지적도근점측량에서 종선 및 횡선차의 배분]
① 배각법 : 각 측선의 종선차 또는 횡선차 길이에 비례하여 배분
② 방위각법 : 각 측선장에 비례하여 배분

39. 방위각법에 의한 지적도근점측량시 관측 방위각이 83°15′이고, 기지방위각이 83°18′이었을 때 방위각 오차는?

① +6분　　② −6분
③ +3분　　④ −3분

[해설] 방위각오차 = 관측 방위각 − 기지 방위각 = 83°15′ − 83°18′ = −3′

40. 다각망도선법에 의하여 지적도근점측량을 실시하는 방법으로 옳은 것은?

① 개방도선식으로 망을 구성한다.
② 왕복도선식으로 망을 구성한다.
③ 폐합도선방식으로 망을 구성한다.
④ 결합다각방식으로 망을 구성한다.

[해설] 다각망도선법에 의하여 지적도근점 측량을 실시하는 방법으로는 결합다각방식으로 망을 구성한다.

41. 다각망도선법에 의한 지적도근점측량을 할 때 1도선의 점의 수는 몇 점 이하로 제한되는가?

① 10점　　② 20점
③ 30점　　④ 40점

[해설] [지적측량 시행규칙 제12조(지적도근점측량)]
① 지적도근점측량의 도선은 1등도선과 2등도선으로 구분한다.
② 다각망도선법으로 지적도근점측량을 할 때에 1도선의 점의 수는 20개 이하로 한다.
③ 도선법, 교회법 또는 다각망도선법으로 구성하여야 한다.

42. 다각망도선법에 의한 지적도근점측량에 대한 설명으로 옳은 것은?

① 각 도선의 교점은 지적도근점의 번호 앞에 "교점"자를 붙인다.
② 3점 이상의 기지점을 포함한 결합다각방식에 따른다.
③ 영구표지를 설치하지 않은 경우 지적도근점 번호는 시·군·구별로 부여한다.
④ 1도선의 점의 수는 40개 이하로 한다.

[해설] [다각망도선법에 따른 지적도근점측량]
① 각 도선의 교점은 지적도근점의 번호 앞에 '교'자를 붙인다.
② 3점 이상의 기지점을 포함한 결합다각방식에 따른다.
③ 영구표지를 설치하는 경우, 시행지역별로 설치순서에 따라 일련번호를 부여한다.(영구표지를 설치하는 경우는 시·군·구별로)
④ 1도선의 점의 수는 20개 이하로 한다.

43. 다각망도선법에 따라 지적도근점측량을 실시하는 경우 지적도근점표지의 점간거리는 평균 얼마 이하로 하여야 하는가?

① 50m 이하　　② 200m 이하
③ 300m 이하　　④ 500m 이하

[해설] [지적측량 시행규칙 제2조(지적기준점표지의 설치·관리 등)]
① 「공간정보의 구축 및 관리 등에 관한 법률」제8조제1항에 따른 지적기준점표지의 설치는 다음 각 호의 기준에 따른다.
  1. 지적삼각점표지의 점간거리는 평균 2킬로미터 이상 5킬로미터 이하로 할 것
  2. 지적삼각보조점표지의 점간거리는 평균 1킬로미터 이상 3킬로미터 이하로 할 것. 다만, 다각망도선법(多角網道線法)에 따르는 경우에는 평균 0.5킬로미터 이상 1킬로미터 이하로 한다.
  3. 지적도근점표지의 점간거리는 평균 50미터 이상 300미터 이하로 할 것. 다만, 다각망도선법에 따르는 경우에는 평균 500미터 이하로 한다.
② 지적소관청은 연 1회 이상 지적기준점표지의 이상 유무를 조사하여야 한다. 이 경우 멸실되거나 훼손된 지적기준점표지를 계속 보존할 필요가 없을 때에는 폐기할 수 있다.
③ 지적소관청이 관리하는 지적기준점표지가 멸실되거나 훼손되었을 때에는 지적소관청은 다시 설치하거나 보수하여야 한다.

정답 39. ④　40. ④　41. ②　42. ②　43. ④

44. 그림과 같은 트래버스에서 V_A^B가 52°40′일 때 BC의 방위각은 얼마인가?

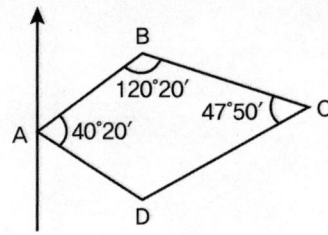

① 67°40′ ② 112°20′
③ 202°20′ ④ 292°20′

> **해설** BC의 방위각=전측선방위각+180°−교각이므로
> BC의 방위각 = 52°40′ + 180° − 120°20′ = 112°20′

45. 다각망도선법에 따른 지적도근점의 각도관측을 배각법에 따르는 경우, 1등도선의 변의 수가 폐색변을 포함하여 16변일 때 폐색오차는 얼마 이내이어야 하는가?

① ±60초 이내 ② ±80초 이내
③ ±100초 이내 ④ ±120초 이내

> **해설** 1등도선의 폐색오차=$±20″\sqrt{n}=±20\sqrt{16}=±80″$
> [지적도근점 측량시 도선법의 폐색오차]
>
> | 구분 | 배각법 | 방위각법 |
> |---|---|---|
> | 1등도선 | $±20\sqrt{n}$ 초 이내 | $±\sqrt{n}$ 분 이내 |
> | 2등도선 | $±30\sqrt{n}$ 초 이내 | $±1.5\sqrt{n}$ 분 이내 |

46. 지적도근점 두 점 A, B간의 종선차 ΔX_a^b=345.67m이고 횡선차 ΔX_a^b=−456.78m일 때 V_a^b를 구하시오.

① 52°38′24″ ② 37°07′00″
③ 52°53′00″ ④ 307°07′00″

> **해설** $\tan\theta = \dfrac{\Delta y}{\Delta x} = \dfrac{횡선차}{종선차}$ 이므로
> $\theta = \tan^{-1}\left(\dfrac{\Delta y}{\Delta x}\right) = \tan^{-1}\left(\dfrac{-456.78}{345.67}\right) = 52°53′$
> 종선차는 +, 횡선차는 −의 4상한선이므로
> BA방위각= 360° − 52°53′ = 307°07′

47. 다각망도선법 복합망의 관측방위각에 대한 보정수의 계산순서로 맞는 것은?

① 표준방정식 → 상관방정식 → 역해 → 정해 → 보정수계산
② 상관방정식 → 표준방정식 → 정해 → 역해 → 보정수계산
③ 표준방정식 → 정해 → 역해 → 상관방정식 → 보정수계산
④ 상관방정식 → 정해 → 역해 → 표준방정식 → 보정수계산

> **해설** [다각망도선법 복합망의 관측방위각에 대한 보정수의 계산순서]
> 상관방정식 → 표준방정식 → 정해 → 역해 → 보정수계산

48. 좌표가 (2,907.36m, 3,321.24m)인 지적도근점에서 거리가 23.25m, 방위각이 179°20′33″인 필계점의 좌표는?

① X=2,879.15m, Y=3,317.20m
② X=2,879.15m, Y=3,321.56m
③ X=2,884.11m, Y=3,321.56m
④ X=2,884.11m, Y=3,315.47m

> **해설** 종선좌표(X_B)
> $= X_A + l \times \cos\theta = 2,907.36 + 23.25 \times \cos179°20′33″$
> $= 2,884.11m$
> 횡선좌표(Y_B)
> $= Y_A + l \times \sin\theta = 3,321.24 + 23.25 \times \sin179°20′33″$
> $= 3,321.56m$

49. 경계점좌표등록부 시행지역에서 지적도근점의 측량성과와 검사성과의 연결교차는 얼마 이내이어야 하는가?

① 0.15m 이내 ② 0.20m 이내
③ 0.25m 이내 ④ 0.30m 이내

> **해설** [경계점좌표등록부 시행지역의 측량성과와 검사성과의 연결교차]
> ① 지적삼각점측량 : 0.20m 이내
> ② 지적삼각보조점측량 : 0.25m 이내
> ③ 지적도근점측량 : 0.15m 이내, 그밖의 지역 : 0.25m 이내
> ④ 세부측량 : 0.10m 이내, 그 밖의 지역 : $\dfrac{3}{10}M$mm 이내

정답 44. ② 45. ② 46. ④ 47. ② 48. ③ 49. ①

50. 지적도근점성과표에 기록·관리하여야 할 사항이 아닌 것은?

① 표고 및 방위각
② 소재지의 측량연월일
③ 직각좌표계 원점명
④ 번호 및 위치의 약도

해설 [지적기준점성과표의 기록 및 관리]

지적삼각점측량	지적삼각보조점측량, 지적도근측량
1. 지적삼각점의 명칭과 기준 원점명 2. 좌표 및 표고 3. 경도 및 위도 4. 자오선수차 5. 시준점의 명칭, 방위각 및 거리 6. 소재지와 측량연월일 7. 그 밖의 참고사항	1. 번호 및 위치의 약도 2. 좌표와 직각좌표계 원점명 3. 경도와 위도(필요한 경우로 한정) 4. 표고(필요한 경우로 한정) 5. 소재지와 측량연월일 6. 도선등급 및 도선명 7. 표지의 재질 8. 도면번호 9. 설치기관 10. 조사연월일, 조사자 직위 성명 등

08 CHAPTER 도해세부측량

1 세부측량의 개요

(1) 지적세부측량의 개요

① 각 필지의 토지형상을 위성기준점, 통합기준점, 지적기준점 및 경계점을 기초로 경위의측량방법, 평판측량방법, 위성측량방법 및 전자평판측량방법을 이용하여 일필지의 경계를 결정하여 지적공부에 등록하는 측량
② 평판측량방법은 평판과 앨리데이드 등의 기기를 이용하여 현지에서 도해적 방법
③ 경위의측량방법은 지적기준점으로부터 데오돌라이트나 토털스테이션을 이용하여 각 필지의 경계점 좌표를 측정한 수치적 방법
④ 지형지물의 위치 및 토지경계의 위치와 형상을 결정하는 측량

(2) 지적세부측량 실시 등

① 지적공부를 복구하는 경우, 토지를 신규등록하는 경우
② 토지를 등록전환하는 경우, 토지를 분할하는 경우
③ 바다가 된 토지의 등록을 말소하는 경우, 축척을 변경하는 경우
④ 지적공부의 등록사항을 정정하는 경우
⑤ 도시개발사업 등의 시행지역에서 토지의 이동이 있는 경우
⑥ 지적재조사 특별법에 따른 지적재조사사업에 따라 토지의 이동이 있는 경우
⑦ 경계점을 지상에 복원하는 경우 실시

(3) 세부측량의 종류

1) 신규등록측량

① 공유수면매립 등으로 인하여 새로이 조성된 토지의 등록
② 기존의 지적공부에 등록이 누락된 미등록 공공용 토지(도로, 하천, 구거 등)를 지적공부에 등록하기 위하여 실시하는 측량

2) 등록전환측량

① 임야대장 및 임야도에 등록된 토지를 토지대장 및 지적도에 옮겨 등록하기 위해 실시하는 측량
② 산림의 형질변경허가, 개간허가 등의 준공에 따라 임야대장과 임야도에 등록된 사항을 말소하고 이를 토지대장과 지적도에 옮겨 등록하기 위해 실시하는 측량

3) 분할측량

① 지적공부에 등록된 1필지를 2필지 이상으로 나누어 등록하기 위하여 실시하는 측량
② 1필지의 일부가 형질변경 등으로 용도가 다르게 된 경우
③ 1필지의 일부가 소유자가 다르게 되거나 토지소유자가 소유권이전, 매매 등을 위하여 필요한 경우
④ 소유자가 필요로 하는 경우
⑤ 토지이용상 불합리한 지상경계를 시정하기 위한 경우

4) 지적확정측량

① 지적공부에 기등록된 토지가 도시개발사업, 농어촌정비사업 등에 의하여 새로이 토지의 소재, 지번, 지목, 경계 또는 좌표와 면적 등을 지적공부에 등록하기 위해 실시하는 측량
② 세부측량 중 가장 정밀하게 실시되는 측량
③ 도시개발법에 의한 도시개발사업
④ 농어촌정비법에 의한 농어촌정비사업
⑤ 주택법에 의한 주택건설사업
⑥ 택지개발촉진법에 의한 택지개발사업
⑦ 산업입지 및 개발에 관한 법률에 의한 산업단지조성사업
⑧ 도시 및 주거환경정비법에 의한 정비사업
⑨ 지역균형개발 및 중소기업육성에 관한 법률에 의한 지역개발사업

5) 축척변경측량

① 지적도나 임야도의 정밀도를 높이기 위하여 소축척을 대축척으로 변경하기 위해 실시하는 측량
② 토지의 빈번한 이동으로 인하여 소축척의 도면으로는 측량성과를 정밀하게 등록하거나 결정하기 곤란한 경우
③ 동일한 지번부여지역 안에 상이한 축척이 병존하여 측량성과의 통일성이 결여된 경우

6) 복구측량

① 천재지변 등에 의하여 멸실된 지적공부를 멸실 이전의 상태로 복구하기 위하여 필요시하는 측량
② 경기도, 강원도 일원에 6.25전쟁 등으로 멸실된 지적공부가 많아 복구측량 실시

7) 경계정정측량

① 지적공부에 착오 또는 실수 등으로 잘못 등록된 경계를 바르게 정정하여 등록하기 위하여 실시하는 측량
② 현지의 경계는 변동이 없으나 지적공부에 등록된 토지의 경계가 잘못 등록되어 있을 경우나 경계점좌표등록부에 등록된 좌표에 오류가 있을 때 도면 또는 좌표를 정정하기 위하여 실시하는 측량

8) 경계복원측량

① 지적공부에 등록된 경계를 지표상에 복원(표시)하기 위하여 실시하는 측량
② 1975년 12월 31일 지적법개정시 법령화하여 1976년 4월 1일부터 시행

9) 현황측량

지상구조물 또는 지형지물이 점유하는 위치현황을 실측하여 지적도 또는 임야도에 등록된 경계와 대비하여 표시하고자 할 때 실시하는 측량

2 세부측량의 기준

구분	평판측량방법	경위의측량방법
거리측정단위	• 지적도를 갖춰 두는 지역에서는 5cm • 임야도를 갖춰 두는 지역에서는 50cm	• 1cm 단위
측량결과도 작성	• 토지가 등록된 도면과 동일한 축척으로 작성	• 그 토지의 지적도와 동일한 축척으로 작성

평판측량방법	경위의측량방법
• 세부측량의 기준이 되는 위성기준점, 통합기준점, 삼각점, 지적삼각점, 지적삼각보조점, 지적도근점 및 기지점이 부족한 경우에는 측량상 필요한 위치에 보조점을 설치하여 활용할 것.	• 측량결과도는 그 토지의 지적도와 동일한 축척으로 작성할 것. 다만, 도시개발사업 등의 시행지역(농지의 구획정리지역은 제외한다)과 축척변경 시행지역은 500분의 1로 하고, 농지의 구획정리 시행지역은 1천분의 1로 하되, 필요한 경우에는 미리 시·도지사의 승인을 받아 6천분의 1까지 작성할 수 있다.
• 경계점은 기지점을 기준으로 하여 지상경계선과 도상경계선의 부합여부를 현형법(現形法)·도상원호(圖上圓弧)교회법·지상원호(地上圓弧)교회법 또는 거리비교확인법 등으로 확인하여 정할 것.	• 토지의 경계가 곡선인 경우에는 가급적 현재 상태와 다르게 되지 아니하도록 경계점을 측정하여 연결할 것. 이 경우 직선으로 연결하는 곡선의 중앙종거(中央縱距)의 길이는 5cm 이상 10cm 이하로 한다. • 미리 각 경계점에 표지를 설치하여야 한다. 다만, 부득이한 경우에는 그러하지 아니하다. • 교회법·도선법 및 방사법(放射法)에 규정한 사항 외에 측량방법 및 절차에 관하여 필요한 사항은 국토교통부장관이 정한다.

3 세부측량의 방법

평판측량방법에 따른 세부측량방법 기준은 교회법·도선법 및 방사법(放射法)에 의한다.

	교회법	도선법	방사법
방향선의 도상길이	10cm 이하	8cm 이하	10cm 이하
	광파조준의 또는 광파측거기를 사용하는 때에는 30cm 이하		

(1) 교회법으로 하는 경우

① 전방교회법 또는 측방교회법에 의할 것.
② 3방향 이상의 교회에 의할 것.
③ 방향각의 교각은 30도 이상 150도 이하로 할 것.
④ 측량결과 시오삼각형이 생긴 경우 내접원의 지름이 1밀리미터 이하인 때에는 그 중심을 점의 위치로 할 것.

(2) 도선법으로 하는 경우

① 위성기준점, 통합기준점, 삼각점, 지적삼각점, 지적삼각보조점 및 지적도근점, 그 밖에 명확한 기지점 사이를 서로 연결할 것.
② 도선의 변은 20개 이하로 할 것.
③ 도선의 폐색오차가 도상길이 $\frac{\sqrt{N}}{3}$mm 이하인 때에 이를 각 점에 배분하여 그 점의 위치로 할 것.

(3) 평판측량방법에 따라 거리를 측정하는 경우

① 도곽선의 신축량이 0.5밀리미터 이상일 때에는 다음의 계산식에 따른 보정량을 산출하여 도곽선이 늘어난 경우에는 실측거리에 보정량을 더하고, 줄어든 경우에는 실측거리에서 보정량을 뺀다.

식 $\quad 보정량 = \frac{신축량(지상) \times 4}{도곽선길이 합계(지상)} \times 실측거리$

② 평판측량방법에 있어서 도상에 영향을 미치지 아니하는 지상거리의 축척별 허용범위는 $\frac{M}{10}$밀리미터로 한다. 이 경우 M은 축척분모를 말한다.

(4) 평판측량방법에 따라 경사거리를 측정하는 경우의 수평거리의 계산

1) 조준의(alidade)를 사용한 경우

식 $\quad D = l \dfrac{1}{\sqrt{1 + \left(\dfrac{n}{100}\right)^2}}$

[D는 수평거리, l은 경사거리, n은 경사분획]

2) 망원경조준의(망원경 앨리데이드)를 사용한 경우

식 $\quad D = l \cdot \cos\theta$ 또는 $D = l \cdot \sin\alpha$

[D는 수평거리, l은 경사거리, θ는 연직각, α는 천정각 또는 천저각]

4 세부측량성과의 작성

① 지적도 및 임야도에 따라 준비한 측량준비파일 작성내용 등
② 측정점의 위치, 측량기하적 및 지상에서 측정한 거리
③ 측량대상 토지의 토지이동 전의 지번과 지목(2개의 붉은 선으로 말소한다)
④ 측량결과도의 제명 및 번호(연도별로 붙인다)와 도면번호
⑤ 신규등록 또는 등록전환하려는 경계선 및 분할경계선
⑥ 측량대상 토지의 점유현황선
⑦ 측량 및 검사의 연월일, 측량자 및 검사자의 성명·소속 및 자격등급 또는 기술등급

5 측량준비파일 및 측량결과도 기재사항

(1) 측량준비파일

평판측량방법	경위의측량방법
• 측량대상 토지의 경계선·지번 및 지목	• 측량대상 토지의 경계와 경계점의 좌표 및 부호도·지번·지목
• 인근 토지의 경계선·지번 및 지목	• 인근 토지의 경계와 경계점의 좌표 및 부호도·지번·지목
• 행정구역선과 그 명칭	• 행정구역선과 그 명칭
• 지적기준점 및 그 번호와 지적기준점간의 거리	• 지적기준점 및 그 번호와 지적기준점 간의 방위각 및 그 거리
• 지적기준점의 좌표, 그 밖에 측량의 기점이 될 수 있는 기지점	–
• 도곽선과 그 수치	• 도곽선과 그 수치
• 도곽선의 신축이 0.5밀리미터 이상인 때에는 그 신축량 및 보정계수	• 경계점간 계산거리

(2) 측량결과도 기재사항

평판측량방법	경위의측량방법
• 평판측량방법에 의한 측량준비 파일에 기재한 사항 • 측정점의 위치, 측량기하적과 지상에서 측정한 거리 • 측량대상 토지의 토지이동 전의 지번과 지목(2개의 붉은 선으로 말소한다) • 측량결과도의 제명 및 번호(연도별로 붙인다)와 도면번호 • 신규등록 또는 등록전환하려는 경계선 및 분할경계선 • 측량대상 토지의 점유현황선 • 측량 및 검사의 연월일, 측량자 및 검사자의 성명·소속 및 자격등급	• 경위의측량방법에 의한 측량준비 파일에 기재한 사항 • 측정점의 위치(측량계산부의 좌표를 전개하여 기재), 지상에서 측정한 거리 및 방위각 • 측량대상 토지의 경계점간 실측거리 • 측량대상 토지의 토지이동 전의 지번과 지목(붉은색의 2선으로 말소) • 측량결과도의 제명 및 번호(연도별로 붙인다)와 지적도의 도면번호 • 신규등록 또는 등록전환하고자 하는 경계선 및 분할경계선 • 측량대상 토지의 점유현황선 • 측량 및 검사의 연월일, 측량자 및 검사자의 성명·소속 및 자격등급

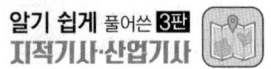

6 임야도를 갖춰 두는 지역의 세부측량

① 임야도를 갖춰 두는 지역의 세부측량은 위성기준점, 통합기준점, 삼각점, 지적삼각점, 지적삼각보조점 및 지적도근점에 따른다. 다만, 측량대상토지가 지적도를 갖춰 두는 지역에 인접하여 있고 지적도의 기지점이 정확하다고 인정되는 경우 또는 임야도에 도곽선이 없는 경우에는 위성기준점, 통합기준점, 삼각점, 지적삼각점, 지적삼각보조점 및 지적도근점에 따라 측량하지 아니하고 지적도의 축척으로 측량한 후 그 성과에 따라 임야측량결과도를 작성할 수 있다.

② 측량할 때에는 임야도상의 경계는 지적측량 시행규칙 제17조 제1항 제3호(임야도를 갖춰 두는 지역에서 인근 지적도의 축척으로 측량을 할 때에는 임야도에 표시된 경계점의 좌표를 구하여 지적도에 전개(展開)한 경계선. 다만, 임야도에 표시된 경계점의 좌표를 구할 수 없거나 그 좌표에 따라 확대하여 그리는 것이 부적당한 경우에는 축척비율에 따라 확대한 경계선을 말한다.) 경계에 따라야 하며, 지적도의 축척에 따른 측량성과를 임야도의 축척으로 측량결과도에 표시할 때에는 지적도의 축척에 따른 측량결과도에 표시된 경계점의 좌표를 구하여 임야측량결과도에 전개하여야 한다.

③ 경계점의 좌표를 구할 수 없는 경우 또는 경계점의 좌표에 따라 줄여서 그리는 것이 부적당한 경우에는 축척비율을 줄여서 임야측량결과도를 작성한다.

7 측량성과 결정 및 경계설정 등

① 측량대상 토지의 경계점 간 실측거리와 경계점의 좌표에 따라 계산한 거리의 교차는 $3+\dfrac{L}{10}$센티미터 이내여야 한다. 이 경우 L은 실측거리로서 미터단위로 표시한 수치를 말한다.

② **지적측량성과의 결정범위**
  ㉠ **지적삼각점** : 0.20미터
  ㉡ **지적삼각보조점** : 0.25미터
  ㉢ **지적도근점의 경우** : 경계점좌표등록부 시행지역 : 0.15미터, 그 밖의 지역 : 0.25미터
  ㉣ **경계점** : 경계점좌표등록부 시행지역 : 0.10미터, 그 밖의 지역 : 10분의 3M밀리미터(M은 축척분모)

8 경계복원측량의 기준 등

① 경계점을 지표상에 복원하기 위한 경계복원측량을 하려는 경우 경계를 지적공부에 등록할 당시 측량성과의 착오 또는 경계 오인 등의 사유로 경계가 잘못 등록되었다고 판단될 때에는 등록사항을 정정한 후 측량하여야 한다.

② 경계복원측량에 따라 지표상에 복원할 토지의 경계점에는 경계점표지를 설치하여야 한다. 다만, 건축물이 경계에 걸쳐 있거나 부득이 하여 경계점표지를 설치할 수 없는 경우에는 그러하지 아니하다.

9 지적현황측량

① 지상건축물 등에 대한 측량은 지상, 지표 및 지하에 대한 현황을 지적도, 임야도에 등록된 경계와 대비하여 표시한다.

② 건축허가에 따라 처음으로 시공된 옹벽, 기둥 등 측량이 가능한 건축구조물에 대한 현황을 지적도, 임야도에 등록된 경계와 대비하여 표시한다.

10 지적측량성과의 검사방법과 검사절차

① 지적측량수행자는 측량부·측량결과도·면적측정부, 측량성과 파일 등 측량성과에 관한 자료(전자파일 형태로 저장한 매체 또는 인터넷 등 정보통신망을 이용하여 제출하는 자료를 포함한다)를 지적소관청에 제출하여 그 성과의 정확성에 관한 검사를 받아야 한다. 다만, 지적삼각점측량성과 및 경위의측량방법으로 실시한 지적확정측량성과인 경우에는 다음과 같이 검사를 받아야 한다.

　㉠ **국토교통부장관이 정하여 고시하는 면적 규모 이상의 지적확정측량성과** : 시·도지사 또는 대도시 시장(「지방자치법」 제175조에 따라 서울특별시·광역시 및 특별시를 제외한 인구 50만 이상 대도시의 시장을 말한다. 이하 같다.)

　㉡ **국토교통부장관이 정하여 고시하는 면적 규모 미만의 지적확정측량성과** : 지적소관청

② 시·도지사 또는 대도시 시장은 확정측량 검사를 하였을 때에는 그 결과를 지적소관청에 통지하여야 한다.

③ 지적소관청은 「건축법」 등 관계 법령에 따른 분할제한 저촉 여부 등을 판단하여 측량성과가 정확하다고 인정하면 지적측량성과도를 지적측량수행자에게 발급하여야 하며, 지적측량수행자는 측량의뢰인에게 그 지적측량성과도를 포함한 지적측량 결과부를 지체 없이 발급하여야 한다. 이 경우 검사를 받지 아니한 지적측량성과도는 측량의뢰인에게 발급할 수 없다.

CHAPTER 08 도해세부측량

01. 평판측량의 장점으로 옳지 않은 것은?

① 내업이 적어 작업이 신속하다.
② 고저 측량이 용이하게 이루어진다.
③ 측량장비가 간편하고 사용이 편리하다.
④ 측량 결과를 현장에서 직접 제도할 수 있다.

해설 평판측량으로 고저측량을 수행할 수 있으나 작업이 용이하게 이루어지지는 않는다.
[평판측량의 장점]
① 내업이 적어 작업이 신속하다.
② 측량장비가 간편하고 사용이 편리하다.
③ 측량결과를 현장에서 직접 제도할 수 있다.

02. 평판측량법으로 세부측량을 하는 경우의 기준으로서 옳지 않은 것은?

① 거리측정 단위는 지적도 시행지역에서는 5센티미터, 임야도 시행지역에서는 10센티미터로 한다.
② 세부측량의 기준이 되는 기초점 또는 기지점이 부족할 때에는 측량상 필요한 위치에 보조점을 설치할 수 있다.
③ 경계점은 기지점을 기준으로 하여 지상경계선과 도상경계선의 부합여부를 현형법, 도상원호교회법, 지상원호교회법, 거리비교확인법 등으로 확인하여 정한다.
④ 측량결과도는 그 토지가 등록된 도면과 동일한 축척으로 작성한다.

해설 [평판측량방법에 의한 세부측량의 기준 및 방법]
1. 거리측정단위는 지적도를 갖춰 두는 지역에서는 5센티미터로 하고, 임야도를 갖춰 두는 지역에서는 50센티미터로 할 것
2. 측량결과도는 그 토지가 등록된 도면과 동일한 축척으로 작성할 것
3. 세부측량의 기준이 되는 위성기준점, 통합기준점, 삼각점, 지적삼각점, 지적삼각보조점, 지적도근점 및 기지점이 부족한 경우에는 측량상 필요한 위치에 보조점을 설치하여 활용할 것
4. 경계점은 기지점을 기준으로 하여 지상경계선과 도상경계선의 부합 여부를 현형법(現形法)·도상원호(圖上圓弧)교회법·지상원호(地上圓弧)교회법 또는 거리비교확인법 등으로 확인하여 정할 것

03. 평판측량방법으로 세부측량을 시행할 경우 지적도 시행지역의 거리측정단위는?

① 50cm 단위   ② 30cm 단위
③ 10cm 단위   ④ 5cm 단위

해설 평판측량방법에 의한 세부측량을 시행할 경우 거리측정단위는 지적도를 갖춰 두는 지역에서는 5센티미터로 하고, 임야도를 갖춰 두는 지역에서는 50센티미터로 할 것

04. 평판측량방법에 따른 세부측량의 기준 및 방법에 대한 설명 중 옳지 않은 것은?

① 지적도를 갖춰 두는 지역에서의 거리측정단위는 5cm로 한다.
② 임야도를 갖춰 두는 지역에서의 거리측정단위는 50cm로 한다.
③ 측량결과도는 축척 500분의 1로 작성한다.
④ 기지점이 부족한 경우에는 측량상 필요한 위치에 보조점을 설치하여 활용한다.

정답 01. ② 02. ① 03. ④ 04. ③

해설 [평판측량방법에 의한 세부측량의 기준 및 방법]
1. 거리측정단위는 지적도를 갖춰 두는 지역에서는 5센티미터로 하고, 임야도를 갖춰 두는 지역에서는 50센티미터로 할 것
2. 측량결과도는 그 토지가 등록된 도면과 동일한 축척으로 작성할 것
3. 세부측량의 기준이 되는 위성기준점, 통합기준점, 삼각점, 지적삼각점, 지적삼각보조점, 지적도근점 및 기지점이 부족한 경우에는 측량상 필요한 위치에 보조점을 설치하여 활용할 것
4. 경계점은 기지점을 기준으로 하여 지상경계선과 도상경계선의 부합 여부를 현형법(現形法)·도상원호(圖上圓弧)교회법·지상원호(地上圓弧)교회법 또는 거리비교확인법 등으로 확인하여 정할 것

05. 평판측량방법에 의한 세부측량으로 사용할 수 없는 것은?

① 교회법   ② 도선법
③ 방사법   ④ 시거법

해설 [지적측량시행규칙 제18조(세부측량의 기준 및 방법 등)]
평판측량방법에 따른 세부측량은 교회법·도선법 및 방사법(放射法)에 따른다.

06. 평판측량법으로 세부측량을 시행하는 경우의 기준으로 틀린 것은?

① 지적도 시행지역의 거리 측정단위는 10㎝로 한다.
② 임야도 시행지역의 거리 측량단위는 50㎝로 한다.
③ 세부측량의 기준이 되는 기지점이 부족할 때는 보조점을 설치할 수 있다.
④ 지상경계선 도상경계선의 부합여부를 현형법 등으로 결정한다.

해설 [평판측량방법에 의한 세부측량의 기준 및 방법]
1. 거리측정단위는 지적도를 갖춰 두는 지역에서는 5센티미터로 하고, 임야도를 갖춰 두는 지역에서는 50센티미터로 할 것
2. 측량결과도는 그 토지가 등록된 도면과 동일한 축척으로 작성할 것
3. 세부측량의 기준이 되는 위성기준점, 통합기준점, 삼각점, 지적삼각점, 지적삼각보조점, 지적도근점 및 기지점이 부족한 경우에는 측량상 필요한 위치에 보조점을 설치하여 활용할 것
4. 경계점은 기지점을 기준으로 하여 지상경계선과 도상경계선의 부합 여부를 현형법(現形法)·도상원호(圖上圓弧)교회법·지상원호(地上圓弧)교회법 또는 거리비교확인법 등으로 확인하여 정할 것

07. 평판측량방법에 따른 지적세부측량을 교회법으로 실시한 결과 시오삼각형이 발생한 경우 내접원의 지름이 최대 얼마 이하인 때에 그 중심을 점의 위치로 하는가?

① 1mm   ② 2mm
③ 3mm   ④ 4mm

해설 [평판측량시 교회법의 기준]
① 전방교회법 또는 측방교회법에 따름
② 방향각의 교각은 30°~150°로 함
③ 3방향 이상의 교회에 따름
④ 측량결과 시오삼각형이 생긴 경우 내접원의 지름이 1mm 이하일 때에는 그 중심을 점의 위치로 함

08. 평판측량방법에 따른 세부측량을 시행하는 경우 기지점을 기준으로 하여 지상경계선과 도상경계선의 부합 여부를 확인하는 방법에 해당하지 않는 것은?

① 현형법   ② 도상원호교회법
③ 거리비교확인법   ④ 방사법

해설 [평판측량방법에 의한 세부측량의 기준 및 방법]
1. 거리측정단위는 지적도를 갖춰 두는 지역에서는 5센티미터로 하고, 임야도를 갖춰 두는 지역에서는 50센티미터로 할 것
2. 측량결과도는 그 토지가 등록된 도면과 동일한 축척으로 작성할 것
3. 세부측량의 기준이 되는 위성기준점, 통합기준점, 삼각점, 지적삼각점, 지적삼각보조점, 지적도근점 및 기지점이 부족한 경우에는 측량상 필요한 위치에 보조점을 설치하여 활용할 것
4. 경계점은 기지점을 기준으로 하여 지상경계선과 도상경계선의 부합 여부를 현형법(現形法)·도상원호(圖上圓弧)교회법·지상원호(地上圓弧)교회법 또는 거리비교확인법 등으로 확인하여 정할 것

09. 측판측량으로 지적세부측량을 실시할 경우 한 점에서 많은 점을 관측하기에 적합할 측량방법은?

① 교회법　　② 방사법
③ 도선법　　④ 비례법

해설 ▸ 방사법은 한 점에서 모든 점의 시준이 가능할 때 활용하는 방법으로 측량은 간단하나 오차를 점검하기 곤란한 단점이 있다.

10. 미지점에서 평판을 세우고 기지점을 시준한 방향선의 교차에 의하여 그 점의 도상위치를 구할 때 사용하는 측량방법은?

① 전방교회법　　② 원호교회법
③ 측방교회법　　④ 후방교회법

해설 ▸ 교회법은 방향선의 교차에 의해 구점의 위치를 결정하는 방식으로 기계를 세우는 위치에 따라 전방(기지점), 측방(기지점, 미지점), 후방(미지점)교회법으로 구분한다.

11. 다음 중 시오삼각형이 발생할 수 있는 세부측량방법은?

① 방사법　　② 현형법
③ 교회법　　④ 도선법

해설 ▸ 시오삼각형은 세측선의 방향선이 교차하는 교회법으로 평판측량을 실시할 때 발생한다.

12. 평판측량법에 의한 세부측량을 교회법으로 시행할 경우 방향각의 교각에서 최소각과 최대각의 제한은?

① 30° 이상, 120° 이하　　② 30° 이상, 130° 이하
③ 30° 이상, 140° 이하　　④ 30° 이상, 150° 이하

해설 ▸ [평판측량시 교회법의 기준]
① 전방교회법 또는 측방교회법에 따름
② 방향각의 교각은 30°~150°로 함
③ 3방향 이상의 교회에 따름
④ 측량결과 시오삼각형이 생긴 경우 내접원의 지름이 1mm 이하일 때에는 그 중심을 점의 위치로 함

13. 다음 중 평판측량방법에 따른 세부측량을 교회법으로 하는 경우의 기준으로 옳지 않은 것은?

① 3방향 이상의 교회에 따른다.
② 방향각의 교각은 30도 이상 150도 이하로 한다.
③ 전방교회법 또는 후방교회법에 의한다.
④ 광파조준의를 사용하는 경우 방향선의 도상길이는 30cm 이하로 할 수 있다.

해설 ▸ [평판측량시 교회법의 기준]
① 전방교회법 또는 측방교회법에 따름
② 방향각의 교각은 30°~150°로 함
③ 3방향 이상의 교회에 따름
④ 측량결과 시오삼각형이 생긴 경우 내접원의 지름이 1mm 이하일 때에는 그 중심을 점의 위치로 함

14. 다음 중 평판측량방법에 따른 세부측량을 교회법으로 하는 경우의 기준 및 방법에 대한 설명으로 옳지 않은 것은?

① 전방교회법 또는 측방교회법에 따른다.
② 방향각의 교각은 30° 이상 150° 이하로 한다.
③ 3방향 이상의 교회에 따른다.
④ 측량결과 시오삼각형이 생긴 경우 내접원의 지름이 2mm 이하일 때에는 그 중심을 점의 위치로 한다.

해설 ▸ [평판측량방법에 따른 세부측량을 교회법으로 하는 경우의 기준]
① 방향선의 도상길이는 측판의 방위표정에 사용한 방향선의 도상길이 이하로서 10cm 이하로 한다. 다만, 광파조준의를 사용하는 경우에는 30cm 이하로 할 수 있다.
② 측량결과 시오삼각형이 생긴 경우 내접원의 지름이 1mm 이하인 때에는 그 중심을 점의 위치로 한다.

15. 평판측량방법에 따른 세부측량 시 일반적인 방향선 또는 측선장의 도상길이로 옳지 않은 것은?

① 교회법은 10센티미터 이하
② 도선법은 10센티미터 이하
③ 광파조준의에 의한 도선법은 30센티미터 이하
④ 광파조준의에 의한 교회법은 30센티미터 이하

정답 09. ②　10. ④　11. ③　12. ④　13. ③　14. ④　15. ②

해설 [지적측량 시행규칙 제18조(세부측량의 기준 및 방법 등)]
1. 위성기준점, 통합기준점, 삼각점, 지적삼각점, 지적삼각보조점 및 지적도근점, 그 밖에 명확한 기지점 사이를 서로 연결할 것
2. 도선의 측선장은 도상길이 8센티미터 이하로 할 것. 다만, 광파조준의 또는 광파측거기를 사용할 때에는 30센티미터 이하로 할 수 있다.
3. 도선의 변은 20개 이하로 할 것
4. 도선의 폐색오차가 도상길이 $\frac{\sqrt{N}}{3}$밀리미터 이하인 경우 그 오차는 다음의 계산식에 따라 이를 각 점에 배분하여 그 점의 위치로 할 것

16. 축척 1/1,200인 지역을 평판측량방법으로 측량할 경우 도상에 영향을 미치지 않는 지상거리의 허용범위는?

① 10cm
② 12cm
③ 15cm
④ 30cm

해설 지상거리의 허용범위 = $\frac{M}{10}(mm) = \frac{1,200}{10} = 120mm$
이므로 12cm 이하로 한다.
지적도 축척이 1/1,200인 지역에서 평판측량방법으로 세부측량을 시행할 경우 도상에 영향을 미치지 아니하는 지상거리의 허용범위는 $\frac{M}{10}(mm)$ 이하이다.

17. 평판측량방법에 따른 세부측량을 방사법으로 하는 경우 1방향선의 도상길이는 최대 얼마 이하로 하여야 하는가? (단, 광파조준의 또는 광파측거기를 사용하는 경우는 고려하지 않는다.)

① 5cm
② 10cm
③ 20cm
④ 30cm

해설 평판측량을 방사법으로 하는 경우 측선장은 도상길이 10cm로 한다. 광파조준의를 사용하는 경우 30cm 이하로 할 수 있다.

18. 평판측량방법에 있어서 도상에 영향을 미치지 아니하는 지상거리의 축척별 허용범위(L) 기준으로 옳은 것은? (단, M : 축척 분모)

① M/10mm
② M/5mm
③ M/20mm
④ M/25mm

해설 지적도 축척이 1/1,200인 지역에서 평판측량방법으로 세부측량을 시행할 경우 도상에 영향을 미치지 아니하는 지상거리의 허용범위는 $\frac{M}{10}(mm)$ 이하이다.

19. 세부측량의 기준 및 방법에 대한 내용으로 옳지 않은 것은?

① 평판측량방법에 있어서 도상에 영향을 미치지 아니하는 지상거리의 축척별 허용범위는 M/20밀리미터로 한다.(M:축척분모)
② 평판측량방법에 따른 세부측량을 교회법으로 하는 경우, 3방향 이상의 교회에 따른다.
③ 평판측량방법에 따른 세부측량에서 측량결과 또는 그 토지가 등록된 도면과 동일한 축척으로 작성한다.
④ 평판측량방법에 따른 세부측량을 도선법으로 하는 경우 도선의 변은 20개 이하로 한다.

해설 지적도 축척이 1/1,200인 지역에서 평판측량방법으로 세부측량을 시행할 경우 도상에 영향을 미치지 아니하는 지상거리의 허용범위는 $\frac{M}{10}(mm)$ 이하이다.

20. 평판측량방법에 따른 세부측량을 도선법으로 하는 경우, 도선의 변은 최대 몇 개 이하로 하여야 하는가?

① 10개
② 20개
③ 30개
④ 40개

해설 [지적측량 시행규칙 제12조(지적도근점측량)]
① 지적도근점측량의 도선은 1등도선과 2등도선으로 구분한다.
② 다각망도선법으로 지적도근점측량을 할 때에 1도선의 점의 수는 20개 이하로 한다.
③ 도선법, 교회법 또는 다각망도선법으로 구성하여야 한다.

정답 16. ② 17. ② 18. ① 19. ① 20. ②

21. 1/600 지적도 시행지역에서 평판측량의 도선법으로 세부측량을 실시하는 경우에는 측선의 길이를 얼마 이하로 정하여야 하는가?

① 72m 이하 ② 60m 이하
③ 54m 이하 ④ 48m 이하

> [해설] 도선의 측선장은 도상길이 8cm 이하로 하므로 8cm×600 = 4,800cm = 48m 이하로 한다.

22. 평판측량방법에 따른 세부측량을 도선법으로 하는 경우의 기준으로 옳지 않은 것은? (단, N은 변의 수를 말한다.)

① 위성기준점, 통합기준점, 삼각점, 지적삼각점, 지적삼각보조점 및 지적도근점, 그 밖에 명확한 기지점 사이를 서로 연결한다.
② 광파조준의 또는 광파측거기를 사용하는 경우를 제외하고 도선의 측선장은 도상길이 8cm 이하로 한다.
③ 도선의 변은 20개 이하로 한다.
④ 도선의 폐색오차는 $\sqrt{N}$ mm 이하로 한다.

> [해설] [평판측량시 도선의 폐색오차]
> 도상길이 $\frac{\sqrt{N}}{3}$ mm 이하인 경우 그 오차는 계산식에 따라 이를 각 점에 배분하여 그 점의 위치로 한다.

23. 평판측량방법에 따른 세부측량을 방사법으로 하는 경우, 광파조준의를 사용할 때에는 1방향선의 도상길이를 얼마 이하로 할 수 있는가?

① 10cm ② 15cm
③ 20cm ④ 30cm

> [해설] 평판측량방법에 따른 세부측량을 방사법으로 하는 경우, 광파조준의를 사용할 때 1방향선의 도상길이는 30cm 이하로 한다.

24. 평판측량의 앨리데이드로 비탈진 거리를 관측하는 경우 전후 시준판 안쪽에 새겨진 한 눈금의 간격은 전후 시준판 간격의 얼마 정도인가?

① 1/100 ② 1/50
③ 1/200 ④ 1/150

> [해설] 평판측량의 엘리데이드로 비탈진 거리를 관측하는 경우 전후 시준판 안쪽에 새겨진 한 눈금의 간격은 전후 시준판 간격의 1/100을 적용한다.

25. 평판측량방법으로 세부측량을 하는 때에 측량기하적 표시사항으로 잘못된 것은?

① 측정점의 방향선 길이는 측정점을 중심으로 약 1cm로 표시한다.
② 측정점의 표시에 있어 측량자는 직경 1.5mm 이상 3mm 이하의 원으로 표시한다.
③ 방위표정에 사용한 기지점 등에는 방향선을 긋고 실측한 거리를 기재한다.
④ 방위표정에 사용한 기지점이 표시에 있어 검사자는 한 변의 길이가 2~4mm의 삼각형으로 표시한다.

> [해설] [지적측량 시행규칙 제24조(측량기하적)]
> 1. 평판점·측정점 및 방위표정에 사용한 기지점 등에는 방향선을 긋고 실측한 거리를 기재한다. 이 경우 측정점의 방향선 길이는 측정점을 중심으로 약 1센티미터로 표시한다. 다만, 전자측량시스템에 따라 작성할 경우 필지선이 복잡한 때는 방향선과 측정거리를 생략할 수 있다.
> 2. 평판점은 측량자는 직경 1.5밀리미터 이상 3밀리미터 이하의 검은색 원으로 표시하고, 검사자는 1변의 길이가 2밀리미터 이상 4밀리미터 이하의 삼각형으로 표시한다. 이 경우 평판점 옆에 평판이동순서에 따라 $不_1$, $不_2$……으로 표시한다.
> 3. 평판점의 결정 및 방위표정에 사용한 기지점은 측량자는 직경 1밀리미터와 2밀리미터의 2중원으로 표시하고, 검사자는 1변의 길이가 2밀리미터와 3밀리미터의 2중 삼각형으로 표시한다.
> 4. 평판점과 기지점사이의 도상거리와 실측거리를 방향선상에 다음과 같이 기재한다.

(측량자)	(검사자)
(도상거리)/실측거리	△(도상거리)/△실측거리

정답 21. ④ 22. ④ 23. ④ 24. ① 25. ④

26. 조준의(앨리데이드)가 갖추어야 할 조건으로 틀린 것은?

① 기포관 축은 자의 밑면과 평행이어야 한다.
② 시준판의 눈금은 정확하여야 한다.
③ 시준판을 세웠을 때 밑면에 평행하여야 한다.
④ 시준면은 조준의의 밑면에 직교되어야 한다.

해설 [조준의가 갖추어야 할 조건]
① 기포관 축은 자의 밑면과 평행이어야 한다.
② 시준판의 눈금은 정확하여야 한다.
③ 시준판을 세웠을 때 밑면에 직교하여야 한다.
④ 시준면은 조준의의 밑면에 직교되어야 한다.

27. 조준의를 사용하여 독정할 수 있는 경사 분획수는 어느 것인가?

① -10 내지 +60　② -30 내지 +75
③ -75 내지 +75　④ -80 내지 +80

해설 조준의를 사용하여 독정할 수 있는 경사 분획수는 -75 내지 +75

28. 앨리데이드를 이용하여 측정한 두 점 간의 경사거리는 80m, 경사분획이 +15.5일 때, 두 점 간의 수평거리는?

① 약 78.0m　② 약 79.0m
③ 약 79.5m　④ 약 78.5m

해설 [평판측량에 의한 수평거리]

$$D = \frac{100l}{\sqrt{100^2 + n^2}} = \frac{100 \times 80m}{\sqrt{100^2 + 15.5^2}} = 79.06m$$

29. 평판측량방법으로 세부측량을 할 때에 지적도, 임야도에 따라 작성하는 측량준비파일에 포함시켜야 할 사항이 아닌 것은?

① 측량대상 토지의 경계선·지번 및 지목
② 인근 토지의 경계선·지번 및 지목
③ 지적기준점 간의 방위각 및 경계점간 계산거리
④ 지적기준점 간의 거리, 지적기준점의 좌표

해설 [지적측량 시행규칙 제17조(측량준비파일의 작성)]
1. 측량대상 토지의 경계선·지번 및 지목
2. 인근 토지의 경계선·지번 및 지목
3. 임야도를 갖춰 두는 지역에서 인근 지적도의 축척으로 측량을 할 때에는 임야도에 표시된 경계점의 좌표를 구하여 지적도에 전개(展開)한 경계선. 다만, 임야도에 표시된 경계점의 좌표를 구할 수 없거나 그 좌표에 따라 확대하여 그리는 것이 부적당한 경우에는 축척비율에 따라 확대한 경계선을 말한다.
4. 행정구역선과 그 명칭
5. 지적기준점 및 그 번호와 지적기준점 간의 거리, 지적기준점의 좌표, 그 밖에 측량의 기점이 될 수 있는 기지점
6. 도곽선(圖廓線)과 그 수치
7. 도곽선의 신축이 0.5밀리미터 이상일 때에는 그 신축량 및 보정(補正) 계수
8. 그 밖에 국토교통부장관이 정하는 사항

30. 평판측량에서 앨리데이드(Alidade)를 통하여 그림과 같이 관측했을 때 AB 간의 수평거리 D와 고저차 H의 값이 옳은 것은? (여기서, 기계고(I) = 0.8m)

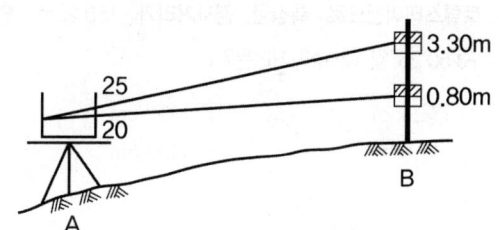

① D = 20.0m, H = 10.5m
② D = 50.0m, H = 12.5m
③ D = 50.0m, H = 12.0m
④ D = 12.5m, H = 50.0m

해설 ① 수평거리
$100 : n = D : H$ 에서
$100 : (25-20) = D : (3.3-0.8)$ 이므로
$$D = \frac{100 \times 2.5}{5} = 50m$$

② 고저차
$100 : n = D : H$ 에서
$100 : 25 = 50 : H$ 이므로
$$H = \frac{25 \times 50}{100} = 12.5m$$

31. 평판측량에서 경사거리 ℓ과 경사분획 n을 측정할 때 수평거리 L을 산출하는 공식은?

① $L = l \dfrac{100}{\sqrt{1 + \left(\dfrac{n}{100}\right)^2}}$

② $L = l \dfrac{1}{\sqrt{1 - \left(\dfrac{n}{100}\right)^2}}$

③ $L = l \dfrac{1}{\sqrt{1 + \left(\dfrac{n}{100}\right)^2}}$

④ $L = l \dfrac{1}{\sqrt{100^2 + n^2}}$

해설 [평판측량에 의한 수평거리]

$$D = \dfrac{100l}{\sqrt{100^2 + n^2}} = l \times \dfrac{1}{\sqrt{1 + \left(\dfrac{n}{100}\right)^2}}$$

32. 토털스테이션으로 측정한 경사거리가 150.23m, 연직각이 +3°50′25″일 때 수평거리는?

① 138.56m ② 140.25m
③ 145.69m ④ 149.95m

해설 $\cos\theta = \dfrac{수평거리}{경사거리}$ 에서

수평거리 = 경사거리 × $\cos\theta$이므로
수평거리 = 150.23 × $\cos 3°50′25″$ = 149.95m

33. 평판측량방법으로 세부측량을 하고자 할 때 측량준비 파일의 포함사항으로 틀린 것은?

① 인근토지의 경계선·지번 및 지목
② 도곽선과 그 수치
③ 행정구역선과 그 명칭
④ 당해 지적도의 주요지형·지물

해설 [지적측량 시행규칙 제17조(측량준비파일의 작성)]
1. 측량대상 토지의 경계선·지번 및 지목
2. 인근 토지의 경계선·지번 및 지목
3. 임야도를 갖춰 두는 지역에서 인근 지적도의 축척으로 측량을 할 때에는 임야도에 표시된 경계점의 좌표를 구하여 지적도에 전개(展開)한 경계선. 다만, 임야도에 표시된 경계점의 좌표를 구할 수 없거나 그 좌표에 따라 확대하여 그리는 것이 부적당한 경우에는 축척비율에 따라 확대한 경계선을 말한다.
4. 행정구역선과 그 명칭
5. 지적기준점 및 그 번호와 지적기준점 간의 거리, 지적기준점의 좌표, 그 밖에 측량의 기점이 될 수 있는 기지점
6. 도곽선(圖廓線)과 그 수치
7. 도곽선의 신축이 0.5밀리미터 이상일 때에는 그 신축량 및 보정(補正) 계수
8. 그 밖에 국토교통부장관이 정하는 사항

34. 다음 중 경위의측량방법과 평판측량방법으로 세부측량을 할 때 측량준비파일 작성에 공통적으로 포함하는 사항이 아닌 것은?

① 도곽선과 그 수치
② 행정구역선과 그 명칭
③ 측량대상 토지의 지번 및 지목
④ 인근 토지의 경계점의 좌표 및 경계선

해설 [지적측량 시행규칙 제17조(측량준비파일의 작성)]
1. 측량대상 토지의 경계선·지번 및 지목
2. 인근 토지의 경계선·지번 및 지목
3. 임야도를 갖춰 두는 지역에서 인근 지적도의 축척으로 측량을 할 때에는 임야도에 표시된 경계점의 좌표를 구하여 지적도에 전개(展開)한 경계선. 다만, 임야도에 표시된 경계점의 좌표를 구할 수 없거나 그 좌표에 따라 확대하여 그리는 것이 부적당한 경우에는 축척비율에 따라 확대한 경계선을 말한다.
4. 행정구역선과 그 명칭
5. 지적기준점 및 그 번호와 지적기준점 간의 거리, 지적기준점의 좌표, 그 밖에 측량의 기점이 될 수 있는 기지점
6. 도곽선(圖廓線)과 그 수치
7. 도곽선의 신축이 0.5밀리미터 이상일 때에는 그 신축량 및 보정(補正) 계수
8. 그 밖에 국토교통부장관이 정하는 사항

35. 다음 중 경계복원측량을 가장 잘 설명한 것은?

① 지적도상 경계의 수정을 위한 측량이다.
② 경계점을 지표상에 복원하기 위한 측량이다.
③ 지상의 토지구획선을 지적도에 등록하기 위한 측량이다.
④ 지적도 도곽선에 걸쳐있는 필지를 도곽선 안에 제도하기 위한 측량이다.

> 해설 [경계복원측량]
> ① 지적공부에 등록된 토지의 경계를 지상에 복원할 목적으로 실시하는 측량
> ② 등록당시의 측량방법을 기초로 수행하는 측량

36. 다음 중 복구측량에 대한 설명으로 옳은 것은?

① 수해지역 복구를 위한 측량
② 축척변경을 위한 측량
③ 지적공부 멸실 지역의 측량
④ 임야 대장상 토지를 토지대장에 옮겨 등록하기 위한 측량

> 해설 [복구측량]
> 지적공부가 전부 또는 일부가 멸실, 훼손되었을 때 종전의 내용대로 재작성하는 작업

CHAPTER 09 지적확정측량 등

1 세부측량의 기준

1975년 12월 31일 구 지적법 전문개정에 따라 처음으로 수치측량이 도입되었으며 도시개발사업, 농어촌정비사업 지역에서 새로이 지적확정측량을 할 경우 실시하였으나 근래에는 경지정리지구나 대단위 택지개발지구 등에서도 경위의측량을 실시한다.

(1) 세부측량 기준

구분	평판측량방법	경위의측량방법
거리측정단위	• 지적도를 갖춰 두는 지역에서는 5㎝ • 임야도를 갖춰 두는 지역에서는 50㎝	• 1㎝ 단위
측량결과도 작성	• 토지가 등록된 도면과 동일한 축척으로 작성	• 그 토지의 지적도와 동일한 축척으로 작성

평판측량방법	경위의측량방법
• 세부측량의 기준이 되는 위성기준점, 통합기준점, 삼각점, 지적삼각점, 지적삼각보조점, 지적도근점 및 기지점이 부족한 경우에는 측량상 필요한 위치에 보조점을 설치하여 활용할 것.	• 측량결과도는 그 토지의 지적도와 동일한 축척으로 작성할 것. 다만, 도시개발사업 등의 시행지역(농지의 구획정리지역은 제외한다)과 축척변경 시행지역은 500분의 1로 하고, 농지의 구획정리 시행지역은 1천분의 1로 하되, 필요한 경우에는 미리 시·도지사의 승인을 받아 6천분의 1까지 작성할 수 있다.
• 경계점은 기지점을 기준으로 하여 지상경계선과 도상경계선의 부합여부를 현형법(現形法)·도상원호(圖上圓弧)교회법·지상원호(地上圓弧)교회법 또는 거리비교확인법 등으로 확인하여 정할 것.	• 토지의 경계가 곡선인 경우에는 가급적 현재 상태와 다르게 되지 아니하도록 경계점을 측정하여 연결할 것. 이 경우 직선으로 연결하는 곡선의 중앙종거(中央縱距)의 길이는 5㎝ 이상 10㎝ 이하로 한다. • 미리 각 경계점에 표지를 설치하여야 한다. 다만, 부득이한 경우에는 그러하지 아니하다. • 교회법·도선법 및 방사법(放射法)에 규정한 사항 외에 측량방법 및 절차에 관하여 필요한 사항은 국토교통부장관이 정한다.

구분	세부측량(경위의측량방법)
관측장비	20초독 이상의 경위의
수평각 측정	방향관측법(1대회), 2배각의 배각법
점간거리 측정	2회측정하여 그 측정치의 교차가 평균치 3천분의 1 이하일 때는 그 평균치로 결정(경사거리일 경우 수평거리로 환산)
연직각 측정	정반으로 1회 관측하여 그 교차가 5분 이내일 경우 그 평균치를 연직각으로 하되, 분단위로 독정할 것

(2) 관측 및 계산, 계산단위 기준 등

수평각 측각공차	종별	1방향각	1회 측정각과 2회 측정각의 평균값에 대한 교차		
	공차	60초 이내	40초 이내		
계산방법	종별	각	변의 길이	진수	좌표
	단위	초	cm	5자리 이상	cm

❷ 측량준비파일, 측량결과도

(1) 측량준비파일

평판측량방법	경위의측량방법
• 측량대상 토지의 경계선·지번 및 지목	• 측량대상 토지의 경계와 경계점의 좌표 및 부호도·지번·지목
• 인근 토지의 경계선·지번 및 지목	• 인근 토지의 경계와 경계점의 좌표 및 부호도·지번·지목
• 행정구역선과 그 명칭	• 행정구역선과 그 명칭
• 지적기준점 및 그 번호와 지적기준점간의 거리	• 지적기준점 및 그 번호와 지적기준점 간의 방위각 및 그 거리
• 지적기준점의 좌표, 그 밖에 측량의 기점이 될 수 있는 기지점	–
• 도곽선과 그 수치	• 도곽선과 그 수치
• 도곽선의 신축이 0.5밀리미터 이상인 때에는 그 신축량 및 보정계수	• 경계점간 계산거리

(2) 측량결과도 기재사항

평판측량방법	경위의측량방법
• 평판측량방법에 의한 측량준비 파일에 기재한 사항 • 측정점의 위치, 측량기하적과 지상에서 측정한 거리 • 측량대상 토지의 토지이동 전의 지번과 지목(2개의 붉은 선으로 말소한다) • 측량결과도의 제명 및 번호(연도별로 붙인다)와 도면번호 • 신규등록 또는 등록전환하려는 경계선 및 분할경계선 • 측량대상 토지의 점유현황선 • 측량 및 검사의 연월일, 측량자 및 검사자의 성명·소속 및 자격등급	• 경위의측량방법에 의한 측량준비 파일에 기재한 사항 • 측정점의 위치(측량계산부의 좌표를 전개하여 기재), 지상에서 측정한 거리 및 방위각 • 측량대상 토지의 경계점간 실측거리 • 측량대상 토지의 토지이동 전의 지번과 지목(붉은색의 2선으로 말소) • 측량결과도의 제명 및 번호(연도별로 붙인다)와 지적도의 도면번호 • 신규등록 또는 등록전환하고자 하는 경계선 및 분할경계선 • 측량대상 토지의 점유현황선 • 측량및검사의 연월일, 측량자 및 검사자의 성명·소속 및 자격등급

3 지적확정측량

(1) 지적확정측량이라 함은 토지를 구획하고 지번, 지목, 면적 및 경계 또는 좌표를 지적공부에 새로이 등록하기 위하여 실시하는 측량으로 수치측량방법에 의한다.
(2) 지적확정측량을 하는 경우 필지별 경계점은 위성기준점, 통합기준점, 삼각점, 지적삼각점, 지적삼각보조점 및 지적도근점에 따라 측정하여야 하며, 지적확정측량을 하는 때에는 미리 사업계획도와 도면을 대조하여 각 필지의 위치 등을 확인하여야 한다.
(3) 도시개발사업 등으로 지적확정측량을 하고자 하는 지역 안에 임야도를 비치하는 지역의 토지가 있는 경우에는 등록전환을 하지 아니할 수 있고, 지적확정측량 방법과 절차에 대해서는 국토교통부장관이 정한다.
(4) 지구계 측량은 지구계 부근 측량준비 파일을 작성, 지적기준점 전개, 현황측량 순으로 한다.
(5) 가구점 관측은 가로망 지적도근점에 기계를 세우고 현황점을 관측하는 방법으로 배각법 및 방향관측법에 의해 측량을 실시하며 관측점 수가 많으면 주로 방향관측법이 편리하다.
(6) 가구확정측량은 지적기준점으로부터 가구점을 측정하는 방법으로서, 가구계산은 각 가로의 중심점으로부터 중심점간 방위각과 내각 θ를 구한 뒤 각 가구의 노폭 및 가구변장을 가지고 필요한 가구의 길이를 구한다.
  ① 가로가 교차하는 부분은 가각을 전제하여야 하는데 이는 도시계획 시설기준에 있는 기재사항이며 내각 θ를 알면 전제장과 전제면적을 알 수 있다.

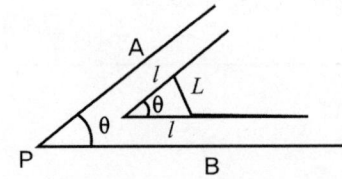

전제장 $l = \dfrac{L}{2} \times \csc\dfrac{\theta}{2}$, 전제면적 $A = \left(\dfrac{L}{2}\right)^2 \cot\dfrac{\theta}{2}$

② 가구계산방법

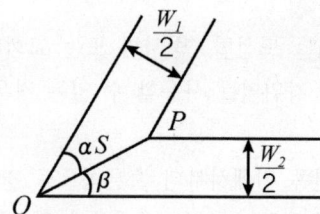

도로중심(O)과 가구정점(P)과의 거리 $S = \dfrac{W_1}{2} \times \csc\alpha = \dfrac{W_2}{2} \times \csc\beta$

(7) 필지확정측량은 가구측량이 끝난 후 각 필지에 대한 측량으로서 지적기준점으로부터 측정하여 등록하는 방법과 조건(계획면적 등)에 맞게 면적을 지정하여 처리하는 경우도 있다.

① 면적 지정 분할 [조건 AD∥BC, AB∥PQ, N=M]

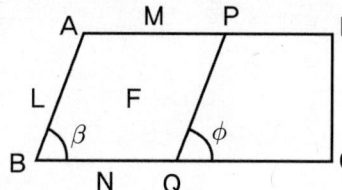

$N = M = \dfrac{F}{L \cdot \sin\beta}$

② 면적 지정 분할 [조건 AD∥BC, PQC=Φ]

$N = \dfrac{F}{L \cdot \sin\beta} - \dfrac{x\cos\phi}{2} + \dfrac{L}{2}\cos\beta$, $\quad M = \dfrac{F}{L \cdot \sin\beta} + \dfrac{x\cos\phi}{2} - \dfrac{L}{2}\cos\beta$, $\quad x = \dfrac{L \cdot \sin\beta}{\sin\phi}$

(8) 일필지의 토지의 형태가 일정하지 않아 토지의 이용가치가 적은 것을 면적이 동일하도록 토지의 형태를 변경하여 토지의 가치를 높여야 할 필요성이 있을 때와 불합리한 토지경계설정을 정정할 필요가 있을 때 경계정정측량을 실시한다.

① 한 변과 신 경계선의 사잇각이 ∅일 경우, 신 경계선이 한쪽 변에 90°일 경우

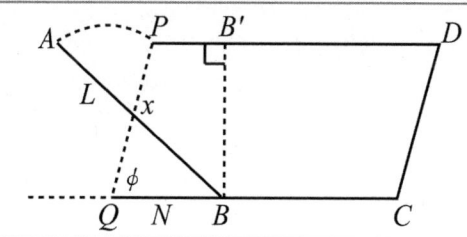

$M = N$이므로 $\therefore M = \dfrac{1}{2}(\sin\alpha \cdot \cot\phi + \cos\alpha)$ $x = L^2 + 4M(M - L\cos\alpha)$	$\phi = 90°$일 경우 $\cot\phi = \cot 90° = 0$이다. $M = N = \dfrac{L \cdot \cos\alpha}{2}$

② 대변에 평행할 때 (PQ∥DC)

$M = n = \dfrac{F}{x \cdot \sin\phi}$

4 경계점좌표등록부를 갖춰 두는 지역의 측량

① 각 필지의 경계점을 측정할 때에는 도선법·방사법 또는 교회법에 따라 좌표를 산출하여야 한다. 다만, 필지의 경계점이 지형·지물에 가로막혀 경위의를 사용할 수 없는 경우에는 간접적인 방법으로 경계점의 좌표를 산출할 수 있다.

② 각 필지의 경계점 측점번호는 왼쪽 위에서부터 오른쪽으로 경계를 따라 일련번호를 부여한다.

③ 기존의 경계점좌표등록부를 갖춰 두는 지역의 경계점에 접속하여 경위의측량방법 등으로 지적확정측량을 하는 경우 동일한 경계점의 측량성과가 서로 다를 때에는 경계점좌표등록부에 등록된 좌표를 그 경계점의 좌표로 본다. 이 경우 동일한 경계점의 측량성과의 차이는 0.10m 허용범위 이내여야 한다.

CHAPTER 09 지적확정측량 등

01. 경위의측량방법에 따른 세부측량의 방법 기준으로만 나열된 것은?

① 지거법, 도선법　　② 도선법, 방사법
③ 방사법, 교회법　　④ 교회법, 지거법

해설　경위의측량방법에 따른 세부측량의 관측 및 계산은 도선법 또는 방사법에 따른다.

02. 경위의측량방법에 따른 세부측량의 관측 및 계산에서 연직각의 관측은 정반으로 1회 관측하여 그 교차가 얼마 이내일 때 그 평균치를 연직각으로 하는가?

① 1분 이내　　② 3분 이내
③ 5분 이내　　④ 10분 이내

해설　[경위의 측량방법에 의한 세부측량의 관측 및 계산]
① 경계점표지의 설치 : 미리 각 경계에 표지를 설치하여야 함
② 관측방법 : 도선법 또는 방사법에 의함
③ 관측시 사용장비 : 20초독 이상의 경위의 사용
④ 수평각관측 : 1대회의 방향관측법이나 2배각의 배각법에 의함
⑤ 연직각관측 : 정반으로 1회 관측하여 그 교차가 5분 이내일 경우 평균치를 연직각으로 하며 분단위로 독정

03. 경위의측량방법에 따른 세부측량의 기준이 옳은 것은?

① 거리측정단위는 0.01cm로 한다.
② 관측은 30초독 이상의 경위의를 사용한다.
③ 수평각의 관측은 1대회의 방향관측법이나 2배각의 배각법에 따른다.
④ 경계점의 점간거리는 1회 측정한다.

해설　[경위의 측량방법에 의한 세부측량의 관측 및 계산]
① 거리측정 단위 : 1cm로 할 것
② 관측시 사용장비 : 20초독 이상의 경위의 사용
③ 수평각관측 : 1대회의 방향관측법이나 2배각의 배각법에 의함
④ 경계점의 거리측정 : 2회 측정하여 그 측정치의 교차가 평균치의 3000분의 1 이하일 때 그 평균치를 점간거리로 함

04. 경위의측량방법으로 세부측량을 시행할 때의 설명으로 옳은 것은?

① 수평각은 1대회의 방향관측법이나 3배각의 배각법에 의한다.
② 도선법 또는 교회법에 의한다.
③ 연직각은 정반으로 1회 관측하여 그 교차가 5분 이내일 때에는 그 평균치로 한다.
④ 수평각 관측에서 1방향각 측각 공차는 30초 이내로 한다.

해설　[경위의 측량방법에 의한 세부측량의 관측 및 계산]
① 수평각관측 : 1대회의 방향관측법이나 2배각의 배각법에 의함
② 관측방법 : 도선법 또는 방사법에 의함
③ 연직각관측 : 정반으로 1회 관측하여 그 교차가 5분 이내일 경우 평균치를 연직각으로 하며 분단위로 독정
④ 수평각의 측각공차, 1방향각 측각공차 : 60초 이내

05. 경위의측량방법에 따른 세부측량을 행하는 경우에 수평각의 측각공차는 1회각과 2회각의 평균값에 대한 교차를 얼마까지 허용하는가?

① 40초 이내　　② 30초 이내
③ 20초 이내　　④ 10초 이내

정답　01. ②　02. ③　03. ③　04. ③　05. ①

해설 [경위의 측량에 의한 세부측량시 수평각의 측각공차]
① 1방향각 : 60초 이내
② 1회 측정각과 2회 측정각의 평균값에 대한 교차 : ±40초 이내

06. 경위의측량방법에 따른 세부측량의 관측 및 계산 기준이 틀린 것은?

① 방사법 또는 교회법에 따른다.
② 수평각의 관측 시 방향관측법에 따를 때 1대회에 의한다.
③ 수평각의 관측 시 배각법에 따를 때 2배각에 의한다.
④ 미리 각 경계점에 표지를 설치하여야 한다.

해설 경위의 측량방법에 의한 세부측량의 관측 및 계산에서 관측방법은 도선법 또는 방사법에 의함

07. 경위의측량방법에 따른 세부측량을 실시하는 경우의 설명으로 옳지 않은 것은?

① 농지의 구획정리 시행지역의 측량결과도는 1천분의 1로 작성한다.
② 축척변경 시행지역의 측량결과도는 600분의 1로 작성한다.
③ 거리측정단위는 1센티미터로 한다.
④ 직선으로 연결하는 곡선의 중앙종거(中央縱距)의 길이는 5센티미터 이상 10센티미터 이하로 한다.

해설 [지적측량 시행규칙 제18조(세부측량의 기준 및 방법 등) – 경위의 측량방법에 따른 세부측량]
1. 거리측정단위는 1센티미터로 할 것
2. 측량결과도는 그 토지의 지적도와 동일한 축척으로 작성할 것. 다만, 법 제86조에 따른 도시개발사업 등의 시행지역(농지의 구획정리지역은 제외한다)과 축척변경 시행지역은 500분의 1로 하고, 농지의 구획정리 시행지역은 1천분의 1로 하되, 필요한 경우에는 미리 시·도지사의 승인을 받아 6천분의 1까지 작성할 수 있다.
3. 토지의 경계가 곡선인 경우에는 가급적 현재 상태와 다르게 되지 아니하도록 경계점을 측정하여 연결할 것. 이 경우 직선으로 연결하는 곡선의 중앙종거(中央縱距)의 길이는 5센티미터 이상 10센티미터 이하로 한다.

08. 경위의측량방법에 따른 세부측량의 관측 및 계산 기준으로 틀린 것은?

① 도선법 또는 방사법에 따른다.
② 1방향각의 수평각 측각공차는 40초 이내이어야 한다.
③ 관측은 20초독 이상 경위의를 사용한다.
④ 연직각의 관측은 정·반으로 1회 관측하여 그 교차가 5분 이내일 때 그 평균치를 연직각으로 한다.

해설 경위의 측량방법에 의한 세부측량의 관측 및 계산에서 1방향각의 수평각 측각공차는 60초 이내이어야 한다.

09. 경위의측량방법에 따른 세부측량에서 거리측정단위는 얼마로 하여야 하는가?

① 0.1cm
② 1cm
③ 5cm
④ 10cm

해설 [지적측량 시행규칙 제18조(세부측량의 기준 및 방법 등) – 경위의측량방법에 따른 세부측량]
1. 거리측정단위는 1센티미터로 할 것
2. 측량결과도는 그 토지의 지적도와 동일한 축척으로 작성할 것. 다만, 법 제86조에 따른 도시개발사업 등의 시행지역(농지의 구획정리지역은 제외한다)과 축척변경 시행지역은 500분의 1로 하고, 농지의 구획정리 시행지역은 1천분의 1로 하되, 필요한 경우에는 미리 시·도지사의 승인을 받아 6천분의 1까지 작성할 수 있다.
3. 토지의 경계가 곡선인 경우에는 가급적 현재 상태와 다르게 되지 아니하도록 경계점을 측정하여 연결할 것. 이 경우 직선으로 연결하는 곡선의 중앙종거(中央縱距)의 길이는 5센티미터 이상 10센티미터 이하로 한다.

10. 경계점좌표등록부를 갖춰 두는 지역의 측량방법 및 기준이 옳지 않은 것은?

① 각 필지의 경계점을 측정할 때에는 도선법·방사법 또는 교회법에 따라 좌표를 산출하여야 한다.
② 필지의 경계점이 지형·지물에 가로막혀 경위의를 사용할 수 없는 경우에는 간접적인 방법으로 경계점의 좌표를 산출할 수 있다.

정답 06. ① 07. ② 08. ② 09. ②

③ 기존의 경계점좌표등록부를 갖춰 두는 지역의 경계점에 접속하여 경위의측량방법 등으로 지적확정측량을 하는 경우 동일한 경계점의 측량성과가 서로 다를 때에는 경계점좌표등록부에 등록된 좌표를 그 경계점을 좌표로 본다.
④ 각 필지의 경계점 측점번호는 오른쪽 위에서부터 왼쪽으로 경계를 따라 일련번호를 부여한다.

해설 [지적측량 시행규칙 제23조(경계점좌표등록부를 갖춰두는 지역의 측량)]
각 필지의 경계점 측점번호는 왼쪽 위에서부터 오른쪽 경계를 따라 일련번호를 부여한다.

11. 경위의측량방법에 따른 세부측량의 관측 및 계산에서 준수하여야 할 사항(기준)을 잘못 적용한 것은?

① 토지의 경계가 곡선인 경우 직선으로 연결하는 곡선의 중앙 종거의 길이는 15cm로 하였다.
② 미리 각 경계점에 표지를 설치하였다.
③ 관측에 20초독의 경위의를 사용하였다.
④ 수평각의 관측은 1대회의 방향관측법에 의하였다.

해설 [지적측량 시행규칙 제18조(세부측량의 기준 및 방법 등) - 경위의측량방법에 따른 세부측량]
1. 거리측정단위는 1센티미터로 할 것
2. 측량결과도는 그 토지의 지적도와 동일한 축척으로 작성할 것. 다만, 법 제86조에 따른 도시개발사업 등의 시행지역(농지의 구획정리지역은 제외한다)과 축척변경 시행지역은 500분의 1로 하고, 농지의 구획정리 시행지역은 1천분의 1로 하되, 필요한 경우에는 미리 시·도지사의 승인을 받아 6천분의 1까지 작성할 수 있다.
3. 토지의 경계가 곡선인 경우에는 가급적 현재 상태와 다르게 되지 아니하도록 경계점을 측정하여 연결할 것. 이 경우 직선으로 연결하는 곡선의 중앙종거(中央縱距)의 길이는 5센티미터 이상 10센티미터 이하로 한다.

12. 경위의측량방법에 의한 세부측량 시 축척변경 시행지역의 측량결과도 축척은?

① 1/300
② 1/500
③ 1/600
④ 1/1,200

해설 [지적측량 시행규칙 제18조(세부측량의 기준 및 방법 등)]
도시개발사업 등의 시행지역(농지의 구획정리지역은 제외한다)과 축척변경 시행지역은 500분의 1로 하고, 농지의 구획정리 시행지역은 1천분의 1로 하되, 필요한 경우에는 미리 시·도지사의 승인을 받아 6천분의 1까지 작성할 수 있다.

13. 경계점좌표등록부를 갖춰 두는 지역에 있는 각 필지의 경계점을 측정할 때 좌표를 산출하는 방법이 아닌 것은?

① 배각법
② 교회법
③ 방사법
④ 도선법

해설 [경계점좌표등록부를 갖춰두는 지역에서의 측량방법]
① 각 필지의 경계점을 측정할 때에는 도선법·방사법 또는 교회법에 따라 좌표를 산출하여야 한다.
② 필지의 경계점이 지형·지물에 가로막혀 경위의를 사용할 수 없는 경우에는 간접적인 방법으로 경계점의 좌표를 산출할 수 있다.
③ 기존의 경계점좌표등록부를 갖추두는 지역의 경계점에 접속하여 경위의측량방법 등으로 지적확정측량을 하는 경우 동일한 경계점의 측량성과가 서로 다를 때에는 경계점좌표등록부에 등록된 좌표를 그 경계점의 좌표로 본다.
④ 각 필지의 경계점 측점번호는 왼쪽 위에서부터 오른쪽으로 경계를 따라 일련번호를 부여한다.

14. 경위의측량방법에 따른 세부측량에서 토지의 경계가 곡선인 경우, 직선으로 연결하는 곡선의 중앙종거의 길이 기준이 옳은 것은?

① 5cm 이상 10cm 이하
② 10cm 이상 15cm 이하
③ 15cm 이상 20cm 이하
④ 20cm 이상 25cm 이하

해설 [지적측량 시행규칙 제18조(세부측량의 기준 및 방법 등) - 경위의 측량방법에 따른 세부측량]
1. 거리측정단위는 1센티미터로 할 것
2. 측량결과도는 그 토지의 지적도와 동일한 축척으로 작성할 것. 다만, 법 제86조에 따른 도시개발사업 등의 시행지역(농지의 구획정리지역은 제외한다)과 축척변경 시행지역은 500분의 1로 하고, 농지의 구획정리 시행지역은 1천분의 1로 하되, 필요한 경우에는 미리 시·도지사의 승인을 받아 6천분의 1까지 작성할 수 있다.

정답 10. ④ 11. ① 12. ② 13. ① 14. ①

3. 토지의 경계가 곡선인 경우에는 가급적 현재 상태와 다르게 되지 아니하도록 경계점을 측정하여 연결할 것. 이 경우 직선으로 연결하는 곡선의 중앙종거(中央縱距)의 길이는 5센티미터 이상 10센티미터 이하로 한다.

15. 경위의측량으로 세부측량을 하였을 때 측량결과도에 작성하여야 할 사항이 아닌 것은?

① 측량기하적 및 도상에서 측정한 거리
② 측량대상 토지의 경계점간 실측거리
③ 측량대상 토지의 점유현황선
④ 측량결과도의 제명 및 번호

해설 [측량결과도에 기재할 사항]
1. 측량준비파일의 사항
2. 측정점의 위치
3. 지상에서 측정한 거리 및 방위각
4. 측량대상 토지의 경계점간 실측거리
5. 측량대상 토지의 토지이동 전의 지번과 지목
6. 측량결과도의 제명 및 번호와 지적도의 도면번호
7. 신규등록 또는 등록전환하려는 경계선 및 분할경계선
8. 측량대상 토지의 점유현황선
9. 측량 및 검사의 연월일, 측량자 및 검사자의 성명·소속 및 자격등급

16. 경계점좌표등록부를 갖춰 두는 지역의 측량에 대한 설명으로 옳은 것은?

① 경계점좌표등록부를 갖춰 두는 지역에 있는 각 필지의 경계점을 측정할 때에는 도선법 또는 원호법에 따라 좌표를 산출하여야 한다.
② 경계점좌표등록부를 갖춰 두는 지역에 있는 각 필지의 경계점 측정번호는 오른쪽 위에서부터 왼쪽으로 경계를 따라 일련번호를 부여한다.
③ 기존의 경계점좌표등록부를 갖춰 두는 지역의 경계점에 접속하여 지적확정측량을 하는 경우 동일한 경계점의 측량성과의 차이는 0.10m 이내여야 한다.
④ 기존의 경계점좌표등록부를 갖춰 두는 지역의 경계점에 접속하여 지적확정측량을 하는 경우 동일한 경계점의 측량성과가 서로 다를 때에는 새로이 측량한 성과를 좌표로 결정한다.

해설 기존의 경계점좌표등록부를 갖춰 두는 지역의 경계점에 접속하여 경위의측량방법 등으로 지적확정측량을 하는 경우 동일한 경계점의 측량성과가 서로 다를 때에는 경계점좌표등록부에 등록된 좌표를 그 경계점의 좌표로 보며 측량성과 차이는 0.10m 이내여야 한다.

17. 경위의측량방법으로 세부측량을 실시할 때 측량대상 토지의 경계점간 실측거리와 경계점의 좌표에 따라 계산한 거리의 교차는 얼마 이내이어야 하는가? (단, L은 실측거리로서 미터단위로 표시한 수치이다.)

① $6+\dfrac{L}{10}$ 센티미터 이내   ② $5+\dfrac{L}{10}$ 센티미터 이내
③ $4+\dfrac{L}{10}$ 센티미터 이내   ④ $3+\dfrac{L}{10}$ 센티미터 이내

해설 경계점간 실측거리와 계산거리의 교차는 $3+\dfrac{L}{10}$(센티미터) 이내여야 한다.

18. 경계점좌표등록부 시행지역에서 경계점의 측량성과와 검사성과의 연결교차 허용범위 기준이 옳은 것은?

① 0.10m 이내   ② 0.15m 이내
③ 0.20m 이내   ④ 0.25m 이내

해설 [경계점좌표등록부 시행지역의 측량성과와 검사성과의 연결교차]
① 지적삼각점측량 : 0.20m 이내
② 지적삼각보조점측량 : 0.25m 이내
③ 지적도근점측량 : 0.15m 이내, 그 밖의 지역 : 0.25m 이내
④ 경계점좌표등록부 시행지역 : 0.10m 이내, 그 밖의 지역 : $\dfrac{3}{10}M$mm 이내

19. 경위의측량방법으로 세부측량을 실시한 경우 측량대상토지의 경계점간 실측거리가 100.25m일 때, 이 거리와 경계점의 좌표에 의하여 계산한 거리의 교차는 최대 얼마 이내이어야 하는가?

① 11cm 이내   ② 12cm 이내
③ 13cm 이내   ④ 14cm 이내

해설 경계점간 실측거리와 계산거리의 교차는 $3+\frac{L}{10}$(센티미터) 이내여야 한다.

거리의 교차 = $3+\frac{L}{10}=3+\frac{100.25}{10}=13cm$

20. 지적확정측량 시 필지별 경계점의 기준이 되는 점이 아닌 것은?

① 수준점
② 위성기준점
③ 통합기준점
④ 지적삼각점

해설 [지적확정측량시 필지별 경계점의 기준이 되는 점]
위성기준점, 통합기준점, 삼각점, 지적삼각점, 지적삼각보조점, 지적도근점 등

21. 두 직선의 교차점(P) 계산에 있어서 AP의 거리(S_1)는? (단, Δx_a^b=18.45m, Δy_a^b=21.15m, α=349°25′25.2″, β=259°26′18.9″, 그림은 개략도임.)

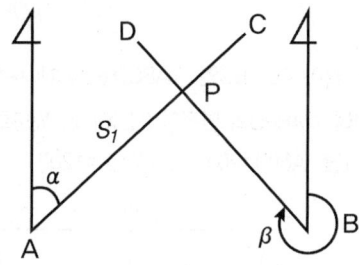

① 12.08m
② 13.26m
③ 14.26m
④ 16.41m

해설 $S_1=\frac{\Delta y \times \cos\beta - \Delta x \times \sin\beta}{\sin(\alpha-\beta)}$

$S_1=\frac{21.15 \times \cos259°26′18.9″ - 18.45 \times \sin259°26′18.9″}{\sin(349°25′25.2″ - 259°26′18.9″)}$

$= 14.26m$

22. 가구정점 P의 좌표를 구하기 위한 길이 l은 얼마인가? (단, AP=BP, L=10m, θ=68°)

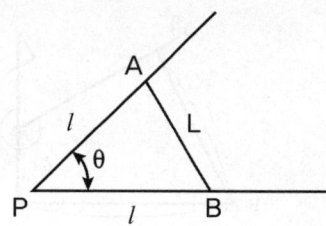

① 8.94m
② 7.06m
③ 5.39m
④ 2.67m

해설 $\sin\frac{\theta}{2}=\frac{L/2}{l}$ 에서 $l=\frac{L/2}{\sin\frac{\theta}{2}}=\frac{10/2}{\sin\frac{68°}{2}}=8.94m$

23. 그림에서 E_1=20m, θ=150°일 때 S_1은?

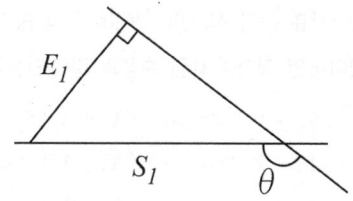

① 10.0m
② 23.1m
③ 34.6m
④ 40.0m

해설 $\sin(180°-\theta)=\frac{E_1}{S_1}$ 에서

$S_1=\frac{20m}{\sin(180°-150°)}=40.0m$

24. 도시개발사업 등에 따른 지적확정측량을 시행할 때의 측량 방법으로 맞는 것은?

① 평판측량, 경위의측량
② 경위의측량, 전파기측량
③ 전파기측량, 사진측량
④ 사진측량, 위성측량

해설 지적확정측량과 시가지지역의 축척변경측량은 경위의측량방법, 전파기 또는 광파기측량방법 및 위성측량방법에 따른다.

정답 20. ① 21. ③ 22. ① 23. ④ 24. ②

25. 점 P에서 방위각이 β인 직선 $\overline{AB}$까지의 수선장 d를 구하는 식은?

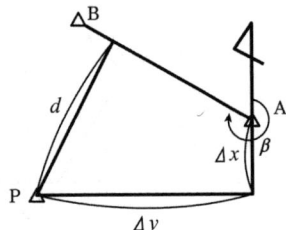

① $d = \triangle y \cdot \cos\beta - \triangle x \cdot \sin\beta$
② $d = \triangle x \cdot \cos\beta - \triangle y \cdot \sin\beta$
③ $d = \triangle x \cdot \sin\beta - \triangle y \cdot \cos\beta$
④ $d = \triangle y \cdot \sin\beta - \triangle x \cdot \cos\beta$

해설 [수선의 길이]
$E = \triangle y \cdot \cos\alpha - \triangle x \cdot \sin\alpha = (Y_2 - Y_1) \times \cos\alpha - (X_2 - X_1) \times \sin\alpha$

26. 평면직각좌표 상의 점 $A(X_1, Y_1)$에서 점 $B(X_2, Y_2)$를 지나고 방위각이 α인 직선에 내린 수선의 길이(E)는?

① $E = (Y_2 - Y_1) \times \sin\alpha - (X_2 - X_1) \times \cos\alpha$
② $E = (Y_2 - Y_1) \times \sin\alpha - (X_2 - X_1) \times \sin\alpha$
③ $E = (Y_2 - Y_1) \times \cos\alpha - (X_2 - X_1) \times \cos\alpha$
④ $E = (Y_2 - Y_1) \times \cos\alpha - (X_2 - X_1) \times \sin\alpha$

해설 [수선의 길이]
$E = \triangle y \cdot \cos\alpha - \triangle x \cdot \sin\alpha = (Y_2 - Y_1) \times \cos\alpha - (X_2 - X_1) \times \sin\alpha$

27. 다음 그림에서 수선장(E)는? (단, △x=+124.380m, △y=+19.301m, α_0=313°10′54″, 그림은 개략도임)

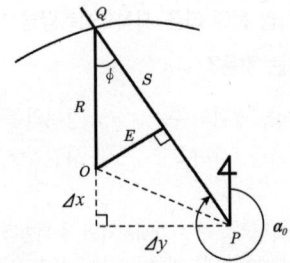

① 101.3m ② 103.9m
③ 124.4m ④ 156.4m

해설 수선장 $E = \triangle y \cdot \cos\alpha_0 - \triangle x \cdot \sin\alpha_0$ 이므로
$E = 19.301 \times \cos 313°10′54″ - 124.380 \times \sin 313°10′54″$
$= 103.9m$

28. 그림과 같이 원필지 □ABCD를 분할선 PQ로 분할할 때 협각이 각각 α, β, γ, δ이면 성립하는 등식은?

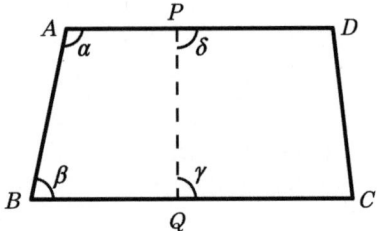

① α+β=γ+δ ② α+γ=β+δ
③ α+δ=β+γ ④ α+β+γ+δ=360°

해설 사각형 내각의 합은 360°이고, 반원은 180°임을 이용하면 α+β=γ+δ 임을 알 수 있다.

29. 그림과 같이 AD//BC인 □ABCD를 BC에 수직인 직선 PQ로 분할하여 □ABPQ의 면적이 2,200㎡가 되도록 하는 BP의 길이는? (단, AB(L)=20m, ∠ABP(β)=120°)

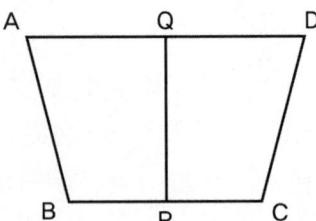

① 117.15m ② 122.02m
③ 228.66m ④ 249.03m

해설 [BP의 거리]
$N = \dfrac{F}{L \times \sin\beta} + \dfrac{L \times \cos\beta}{2} = \dfrac{2,200}{20 \times \sin 120°} + \dfrac{20 \times \cos 120°}{2}$
$= 122.02m$

AQ의 거리
$$M = \frac{F}{L \times \sin\beta} - \frac{L \times \cos\beta}{2} = \frac{2,200}{20 \times \sin 120°} - \frac{20 \times \cos 120°}{2}$$
$$= 132.02m$$

30. 아래의 토지에서 AB//BC, AB//PQ이고 AP=BQ가 되도록 □ABQP의 면적(F)를 지정하는 경우 AP의 길이를 구하는 식으로 옳은 것은? (단, L: AB의 길이)

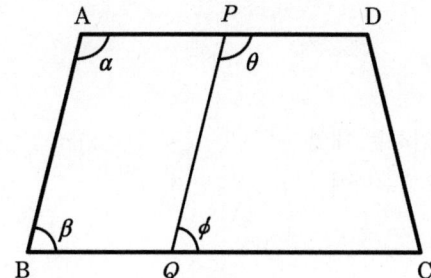

① $\dfrac{F}{L \times \sin\beta}$ ② $\dfrac{F}{L - \sin\beta}$
③ $\dfrac{F}{L + \sin\beta}$ ④ $\dfrac{F}{L \div \sin\beta}$

해설 □ABQP의 면적 $F = L \times \sin\beta \times AP$이므로
$$AP = \frac{F}{L \times \sin\beta}$$

31. 다음 그림에서 AD//BC일 때 PQ의 길이는?

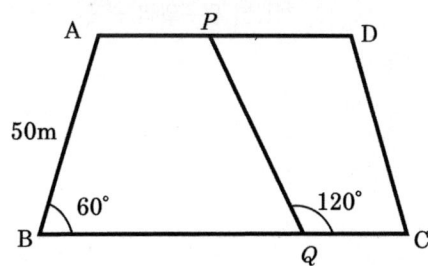

① 60m ② 50m
③ 80m ④ 70m

해설 ABQP는 대칭이므로 $\overline{AB} = \overline{PQ} = 50m$

32. 다음 그림에서 BQ의 길이는? (단, AD//BC, F=600㎡)

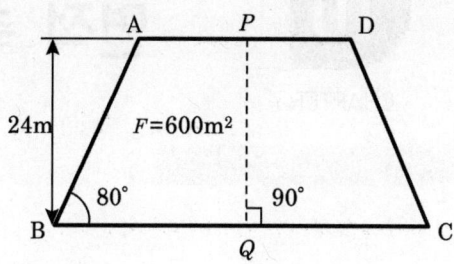

① 23.46m ② 25.78m
③ 27.47m ④ 29.38m

해설 $\overline{BQ} = \dfrac{F}{L \cdot \sin\beta} + \dfrac{L \cdot \cos\beta}{2}$이므로
$$\overline{BQ} = \frac{600}{24 \times \sin 80°} + \frac{24 \times \cos 80°}{2} = 27.47m$$

별해 $F = \dfrac{AP + AP + \dfrac{24}{\tan 80°}}{2} \times 24 = 600m^2$에서
$AP = 22.8841m$
$\dfrac{24}{\tan 80°} = 4.2318m$이므로
$BQ = 22.8841 + 4.2318 = 27.1159m$

정답 30. ① 31. ② 32. ③

CHAPTER 10 면적 측정

1 면적측정

① 면적측정은 측량의 진행과정에서 외업이 끝나고 실내에서 작업하는 내업
② 면적은 지표면상의 면적이 아니라 기준면 상에서 투영한 평균해수면에 의한 수평면적

(1) 면적측정의 대상과 방법

1) 면적의 개요

① 면적 : 지적측량에 의하여 지적공부에 등록된 토지의 수평면상 넓이를 말함
② 토지조사사업 이후부터 1975년까지의 구 지적법에서는 척관법에 따라 평(坪)과 보(步)를 단위로 하고 그 당시에는 지적(地積)이라 하였으나 지적(地籍)과 혼동되어 1975년 지적법 개정 당시 면적(面積)으로 개정하여 사용
③ 세부측량을 하는 경우에는 필지마다 면적을 측정
④ 과거 토지대장의 등록지의 면적을 "평(坪)"을 단위로, 임야대장 등록지의 면적을 "무(畝)"를 단위로 하였으나 현재는 전부 제곱미터(㎡)로 통일하여 사용

기본단위	척관법 단위와의 관계
1㎡=1m×1m 1㎢=1km×1km 1a=100㎡ 1ha=100a=10,000㎡ 1㎢=100ha=10,000a	1㎡=0.3025평 1a=100㎡=30.25평 1ha=1.0083정보=3,025평 1㎢=100.83정보=302,500평

2) 면적측정의 대상

① 지적공부의 복구·신규등록·등록전환·분할 및 축척변경을 하는 경우
② 등록사항정정 사유 발생에 의한 면적 또는 경계를 정정하는 경우
③ 도시개발사업 등으로 인한 토지의 이동에 의하여 토지의 표시를 새로이 결정하는 경우
④ 경계복원측량 및 지적현황측량에 의하여 면적측정이 수반되는 경우

3) 면적측정의 대상 제외

① 세부측량을 하는 때에 경계점을 지상에 복원하는 경계복원측량
② 지상건축물 등의 현황을 지적도 및 임야도에 등록된 경계와 대비하여 표시하는 지적현황측량을 하는 경우
③ 지목변경
④ 지번변경
⑤ 합병

4) 면적측정의 방법

① 좌표면적계산법에 의한 면적측정

- 경위의측량방법으로 세부측량을 한 지역의 필지별 면적측정은 경계점 좌표에 따른다.
- 산출면적은 1천분의 1제곱미터까지 계산하여 10분의 1제곱미터 단위로 정한다.

② 전자면적측정기에 의한 면적측정

- 도상에서 2회 측정하여 허용면적 이하일 때에는 평균치를 측정면적으로 한다.
- 산출면적은 1천분의 1제곱미터까지 계산하여 10분의 1제곱미터 단위로 정한다.
- 허용면적 : $A = 0.023^2 M \sqrt{F}$
  (A: 허용면적, M: 축척분모, F: 2회 측정한 면적의 합계를 2로 나눈 수)

5) 면적의 환산

① 평 → 제곱미터(m^2)로 환산 : 평×(400/121) = 제곱미터(m^2)
② 제곱미터(m^2) → 평으로 환산 : 제곱미터(m^2)×(121/400) = 평
③ 환산의 근거
  1m = 0.55간에서 20m = 11간
  1m×1m = 1m^2, 1간×1간 = 1평
  400m^2(20m×20m) = 121평(11간×11간)

(2) 보정면적의 계산

축척	도상거리		지상거리	
	세로(cm)	가로(cm)	세로(m)	가로(m)
1:500	30	40	150	200
1:600	33.3333	41.6667	200	250
1:1,000	30	40	300	400
1:1,200	33.3333	41.6667	400	500
1:2,400	33.3333	41.6667	800	1,000
1:3,000	40	50	1,200	1,500
1:6,000	40	50	2,400	3,000

면적을 측정하는 경우 도곽선의 길이에 0.5밀리미터 이상의 신축이 있는 때에는 이를 보정하여야 한다. 이 경우 도곽선의 신축량 및 보정계수의 계산은 다음과 같다.

1) 도곽선의 신축량계산 $S = \dfrac{\Delta X_1 + \Delta X_2 + \Delta Y_1 + \Delta Y_2}{4}$

   (S: 신축량, △X₁: 왼쪽 종선의 신축된 차, △X₂: 오른쪽 종선의 신축된 차, △Y₁: 위쪽 횡선의 신축된 차, △Y₂: 아래쪽 횡선의 신축된 차)

   이 경우 신축된 차(mm) $= \dfrac{1000(L - L_0)}{M}$

   (L: 신축된 도곽선 지상길이, L_0: 도곽선 지상길이, M: 축척분모)

2) 도곽선의 보정계수계산 $Z = \dfrac{X \cdot Y}{\Delta X \cdot \Delta Y}$

   (Z는 보정계수, X는 도곽선 종선길이, Y는 도곽선 횡선길이, △X는 신축된 도곽선 종선길이의 합/2, △Y는 신축된 도곽선 횡선길이의 합/2)

3) 면적이 5천 제곱미터 이상인 필지를 분할하는 경우 분할 후의 면적이 분할 전 면적의 80퍼센트 이상이 되는 필지의 면적을 측정할 때에는 분할 전 면적의 20퍼센트 미만이 되는 필지의 면적을 먼저 측정한 후, 분할 전 면적에서 그 측정된 면적을 빼는 방법으로 할 수 있다. 다만, 동일한 측량결과도에서 측정할 수 있는 경우와 좌표면적계산법에 따라 면적을 측정하는 경우에는 그러하지 아니하다.

2 면적오차의 허용범위 및 배분 등 처리방법

구분	등록전환을 하는 경우	토지를 분할하는 경우
허용범위	• 계산식 : $A = 0.026^2 M\sqrt{F}$ (A:오차허용면적, M:임야도 축척분모, F:등록전환될 면적) • 축척이 3천분의 1인 지역의 축척분모는 6천으로 한다.	• 계산식 : $A = 0.026^2 M\sqrt{F}$ (A:오차 허용면적, M:축척분모, F:원면적) • 축척이 3천분의 1인 지역의 축척분모는 6천으로 한다.
면적처리 방법	• 임야대장의 면적과 등록전환될 면적의 차이가 허용범위 이내인 경우에는 등록전환될 면적을 등록전환 면적으로 결정하고, 허용범위를 초과하는 경우에는 임야대장의 면적 또는 임야도의 경계를 지적소관청이 직권으로 정정하여야 한다.	• 분할전후 면적의 차이가 허용범위 이내인 경우에는 그 오차를 분할 후의 각 필지의 면적에 따라 나누고, 허용범위를 초과하는 경우에는 지적공부상의 면적 또는 경계를 정정하여야 한다.

③ 면적의 결정 및 등록방법 등

(1) 면적의 결정

분할전후 면적의 차이를 배분한 산출면적은 다음의 산식에 따라 필요한 자리까지 계산하고, 결정면적은 원면적에 일치하도록 산출면적의 구하고자 하는 끝자리의 다음 숫자가 큰 것부터 차례로 올려서 정하되, 구하고자 하는 끝자리의 다음 숫자가 서로 같은 때에는 산출면적이 큰 것을 올려서 정한다.

$$\boxed{식}\ r = \frac{F}{A} \times a$$

(r:각 필지의 산출면적, F:원면적, A:측정면적 합계 또는 보정면적합계, a:각 필지의 측정면적 또는 보정면적)

① 경계점좌표등록부가 있는 지역의 토지를 분할하는 경우
  분할 후 각 필지의 면적합계가 분할 전 면적보다 많은 경우에는 구하려는 끝자리의 다음 숫자가 작은 것부터 순차적으로 버려서 정하되, 분할 전 면적에 증감이 없도록 한다.
② 분할 후 각 필지의 면적합계가 분할 전 면적보다 적은 경우에는 구하려는 끝자리의 다음 숫자가 큰 것부터 순차적으로 올려서 정하되, 분할 전 면적에 증감이 없도록 한다.
③ 신규등록 · 등록전환 · 분할 및 경계정정 등을 하는 때에는 새로이 측량하여 각 필지의 경계 또는 좌표와 면적을 정한다.
④ 토지합병을 하고자 하는 때의 경계 또는 좌표는 합병전의 각 필지의 경계 또는 좌표가 합병으로 인하여 필요 없게 된 부분을 말소하여 정하고, 면적은 합병전의 각 필지를 합산하여 그 필지의 면적으로 한다.

(2) 면적등록방법

① 면적의 등록단위는 토지조사사업 당시부터 구 지적법 제2차 개정(1975년)시까지 사용한 평(坪) 또는 보(步)를 지적의 단위로 한 척관법(尺貫法)이 있다.
② 토지대장 및 임야대장에 등록하는 면적은 제곱미터를 단위로 정한다는 미터법이 있으며 1976년부터 1980년까지 척관법을 미터법으로 환산 등록함으로써 등기의 단위도 제곱미터로 일원화되었다.
③ 면적단위는 미터법으로 1필지의 면적이 1제곱미터 미만인 경우 1제곱미터로 등록하며 경계점좌표등록부 시행지역 및 지적도의 축척이 1/500, 1/600 지역은 0.1 제곱미터까지 등록한다.

(3) 면적의 단위결정 및 측량계산의 끝수처리 방법

1) 면적의 단위는 제곱미터로 하며, 면적의 결정 및 측량계산의 끝수처리에서 면적의 결정은 아래의 방법에 따른다.
  ① 토지의 면적에 1제곱미터 미만의 끝수가 있는 경우 0.5제곱미터 미만일 때에는 버리고 0.5제곱미터를 초과하는 때에는 올리며, 0.5제곱미터일 때에는 구하려는 끝자리의 숫자가 0 또는 짝수이면 버리고 홀수이면 올린다. 다만, 1필지의 면적이 1제곱미터 미만일 때에는 1제곱미터로 한다.

② 지적도의 축척이 600분의 1인 지역과 경계점좌표등록부에 등록하는 지역의 토지면적은 제곱미터 이하 한 자리 단위로 하되, 0.1제곱미터 미만의 끝수가 있는 경우 0.05제곱미터 미만일 때에는 버리고 0.05제곱미터를 초과할 때에는 올리며, 0.05제곱미터일 때에는 구하려는 끝자리의 숫자가 0 또는 짝수이면 버리고 홀수이면 올린다. 다만, 1필지의 면적이 0.1제곱미터 미만일 때에는 0.1제곱미터로 한다.

2) 방위각의 각치(角値), 종횡선의 수치 또는 거리를 계산하는 경우 구하려는 끝자리의 다음 숫자가 5 미만일 때에는 버리고 5를 초과할 때에는 올리며, 5일 때에는 구하려는 끝자리의 숫자가 0 또는 짝수이면 버리고 홀수이면 올린다. 다만, 전자계산조직을 이용하여 연산할 때에는 최종수치에만 이를 적용한다.

CHAPTER 10 면적 측정

01. 지적관련법규에 따른 면적측정 방법에 해당하는 것은?

① 지상삼사법　　② 도상삼사법
③ 스타디아법　　④ 좌표면적계산법

해설 면적측정방법은 좌표면적계산법과 전자면적측정기에 따른 방법이 있다.

02. 토지조사측량 당시 가장 많이 사용하였던 면적측정방법은?

① 좌표면적계산법　　② 삼사법
③ 전자면적계법　　　④ 플래니미터법

해설 토지조사사업 당시는 플래니미터에 의하여 면적을 측정하였고, 최근에는 가장 정확도가 높은 좌표면적계산법에 의하여 면적을 측정하고 있다.

03. 면적측정의 방법으로 틀린 것은?

① 경위의측량방법으로 세부측량을 한 지역의 필지별 면적측정은 경계점좌표에 의한다.
② 좌표면적계산법에 의한 산출면적은 1000분의 1㎡까지 계산하여 100분의 1㎡ 단위로 정한다.
③ 전자면적측정기에 의한 면적측정은 도상에서 2회 측정하여 그 교차가 허용면적 이하일 때에는 그 평균치를 측정면적으로 한다.
④ 전자면적측정기에 의한 측정면적은 1000분의 1㎡까지 계산하여 10분의 1㎡ 단위로 정한다.

해설 [좌표에 의한 면적측정방법]
① 대상지역 : 경위의 측량방법으로 세부측량을 실시한 지역
② 필지별 면적측정 : 경계점 좌표에 따를 것
③ 산출면적 : 산출면적은 1/1,000㎡까지 계산하여 1/10㎡ 단위로 정함

04. 세부측량에서 필지마다 면적을 측정하여야 하는 경우가 아닌 것은?

① 지적공부를 복구하는 경우
② 지적공부의 등록사항에 잘못이 있음을 발견하여 면적 또는 경계를 정정하는 경우
③ 도시개발사업으로 인한 토지의 이동에 따라 토지의 표시를 새로 결정하는 경우
④ 경계점표지의 설치를 위해 필요한 경우

해설 [지적측량을 요하는 경우]
신규등록, 등록전환, 분할, 축척변경, 도시개발사업 등의 신고 지적측량을 요하지 않는 경우
예 합병, 지목변경

05. 전자면적측정기에 의한 면적측정은 도상에서 몇 회 측정하여야 하는가?

① 1회　　② 2회
③ 3회　　④ 5회

해설 전자면적측정기에 의한 면적측정은 도상에서 2회 측정하여 그 교차가 $A = 0.023^2 M\sqrt{F}$식에 의한 허용면적 이하인 때에는 그 평균치를 측정면적으로 한다.(여기서, A : 허용면적, M : 축척분모, F : 2회 측정한 면적의 합계를 2로 나눈 수)

정답 01. ④　02. ④　03. ②　04. ④　05. ②

06. 전자면적측정기로 면적을 측정할 때에 2회 측정한 면적의 교차에 대한 허용면적은?(단, M : 축척분모, F : 2회 측정한 면적의 평균)

① $M = \dfrac{1}{50}$

② $A = 0.023^2 M\sqrt{F}$

③ $A = 0.026^2 M\sqrt{F}$

④ $M = \dfrac{5}{1,000}$

해설 전자면적측정기에 의한 면적측정은 도상에서 2회 측정하여 그 교차가 $A = 0.023^2 M\sqrt{F}$식에 의한 허용면적 이하인 때에는 그 평균치를 측정면적으로 한다.(여기서, A : 허용면적, M : 축척분모, F : 2회 측정한 면적의 합계를 2로 나눈 수)

07. 세부측량을 하는 경우 필지마다 면적을 측정하여야 하는 경우가 아닌 것은?

① 축척변경을 하는 경우
② 경계를 정정하는 경우
③ 합병을 하는 경우
④ 지적공부를 복구하는 경우

해설 [지적측량을 요하는 경우]
신규등록, 등록전환, 분할, 축척변경, 도시개발사업 등의 신고
지적측량을 요하지 않는 경우
합병, 지목변경

08. 축척 1,200분의 1 지역에서 전자면적계로 2회 측정한 필지의 면적이 497.2㎡, 502.8㎡일 때 허용교차는?

① 14.2㎡
② 15.5㎡
③ 16.8㎡
④ 18.1㎡

해설 평균 = $\dfrac{497.2 + 502.8}{2} = 500 m^2$

허용교차
$A = 0.023^2 M\sqrt{F} = 0.023^2 \times 1,200 \times \sqrt{500} = 14.195 m^2$

09. 축척 1/1200 지역 토지의 면적을 전자면적계로 2회 측정한 결과가 각 138.232㎡, 138.347㎡이었을 때 처리방법으로 옳은 것은?

① 작은 면적을 측정면적으로 한다.
② 큰 면적을 측정면적으로 한다.
③ 평균치를 측정면적으로 한다.
④ 재측량하여야 한다.

해설 평균 = $\dfrac{138.232 + 138.3478}{2} = 138.289.5 m^2$

허용교차
$A = 0.023^2 M\sqrt{F} = 0.023^2 \times 1,200 \times \sqrt{138,289.5} = 236 m^2$
교차 = $138.347 - 138.232 = 115 m^2$이므로 허용교차 범위안에 있으므로 평균하여 사용한다.

10. 등록전환을 하는 경우 임야대장의 면적과 토지대장상 등록 전환될 면적과의 허용오차 산출식은? (단, M은 축척분모, F는 원면적)

① $A = 0.026^2 M\sqrt{F}$
② $A = 0.026 M \cdot F$
③ $A = 0.026^2 M \cdot F$
④ $A = 0.026 M\sqrt{F}$

해설 등록면적과의 허용오차 산출식 $A = 0.026^2 M\sqrt{F}$

11. 축척이 3천분의 1인 지역에서 등록전환을 하는 경우 면적이 2,500㎡일 때 등록전환에 따른 오차의 허용범위로 옳은 것은?

① 79.35㎡
② 101.40㎡
③ 158.70㎡
④ 202.80㎡

해설 허용오차
$A = 0.026^2 M\sqrt{F} = 0.026^2 \times 6,000 \sqrt{2,500} = 202.8 m^2$

정답 06. ② 07. ③ 08. ① 09. ③ 10. ① 11. ④

12. 분할 후 각 필지의 면적의 합계와 분할 전 면적과의 오차의 허용범위를 산출하는 식으로 옳은 것은? (단, M : 축척분모, F : 원면적)

① $A = 0.023^2 M\sqrt{F}$
② $A = 0.026^2 M\sqrt{F}$
③ $A = 0.023^2 M\sqrt{\dfrac{F}{100}}$
④ $A = 0.026^2 M\sqrt{\dfrac{F}{100}}$

해설 등록면적과의 허용오차 산출식 $A = 0.026^2 M\sqrt{F}$

13. 축척 1/1,200 지역에서 원면적 1,600㎡인 토지를 분할하고자 할 때 신구 면적의 오차의 허용범위는?

① 32㎡ ② 47㎡
③ 52㎡ ④ 63㎡

해설 면적의 허용범위 $A = 0.026^2 M\sqrt{F}$ 이하이므로
$A = 0.026^2 \, 1,200\sqrt{1,600} = 32m^2$

14. 면적을 측정하는 경우 도곽선의 길이에 최소 얼마 이상의 신축이 있는 때에 이를 보정하여야 하는가?

① 0.2mm ② 0.3mm
③ 0.5mm ④ 0.7mm

해설 [지적측량 시행규칙 제20조(면적측정의 방법 등)]
면적을 측정하는 경우 도곽선의 길이에 0.5mm 이상의 신축이 있을 때에는 이를 보정하여야 한다.

15. 도곽선의 신축량을 알기 위해 산출하는 신축된 차(mm)의 계산식으로 옳은 것은? (단, L : 신축된 도곽선 지상길이, L_0 : 도곽선 지상길이, M : 축척분모)

① $\dfrac{(L-L_0)}{100M}$
② $\dfrac{100(L-L_0)}{M}$
③ $\dfrac{(L-L_0)}{1,000M}$
④ $\dfrac{1,000(L-L_0)}{M}$

해설 도곽선의 친축된 차 = $\dfrac{1,000(L-L_0)}{M}$

16. 1/500 도곽선에 신축량이 1.8mm 줄었을 경우 면적의 보정계수는?

① 1.0106 ② 1.0101
③ 0.9899 ④ 0.9894

해설 1/500 지적도의 도상길이는 300mm×400mm이므로
보정계수(Z) = $\dfrac{X \times Y}{\Delta X \times \Delta Y}$
= $\dfrac{300 \times 400}{(300-1.8) \times (400-1.8)} = 1.0106$

17. 축척 1/1,200 지적도에서 도곽신축량이 $\Delta X_1 = 0.4mm$, $\Delta X_2 = -1.0mm$, $\Delta Y_1 = -0.8mm$, $\Delta Y_2 = -0.6mm$일 경우 도곽선의 보정계수는?

① 1.0022 ② 1.0032
③ 1.0038 ④ 1.0044

해설 1/1,200 지적도의 도상길이는 333.33mm×416.67mm이고,
$\Delta x = \dfrac{\Delta x_1 + \Delta x_2}{2} = -0.3mm$,
$\Delta y = \dfrac{\Delta y_1 + \Delta y_2}{2} = -0.7mm$
보정계수(Z) = $\dfrac{X \times Y}{\Delta X \times \Delta Y}$
= $\dfrac{333.33 \times 416.67}{(333.33 - 0.3) \times (416.67 - 0.7)} = 1.0022$

18. 축척 1,000분의 1 지역에서 면적을 계산할 경우 각 필지의 산출면적을 구하는 식은? (단, R : 각 필지의 산출면적, F : 원면적, A : 보정면적의 합계, a : 각 필지의 보정면적)

① $R = \dfrac{F}{A} \times a$
② $R = \dfrac{a}{F} \times A$
③ $R = \dfrac{F}{A} + a$
④ $R = \dfrac{A}{F} - a$

정답 12. ② 13. ① 14. ③ 15. ④ 16. ① 17. ① 18. ①

해설 분할 전·후 면적의 차이를 배분한 산출면적을 구하는 공식은
$R = \dfrac{F}{A} \times a$

(단, R : 각 필지의 산출면적, F : 원면적, A : 보정면적의 합계, a : 각 필지의 보정면적)

해설 [좌표에 의한 면적측정방법]
① 대상지역 : 경위의 측량방법으로 세부측량을 실시한 지역
② 필지별 면적측정 : 경계점 좌표에 따를 것
③ 산출면적 : 산출면적은 1/1,000㎡까지 계산하여 1/10㎡ 단위로 정함

19. 지적도의 축척이 1:600인 지역에서 토지를 분할하는 경우, 면적측정부의 원면적이 4,529㎡, 보정면적합계가 4,550㎡일 때 어느 필지의 보정면적이 2,033㎡이었다면 이 필지의 산출면적은?

① 2,019.7㎡ ② 2,023.6㎡
③ 2,024.4㎡ ④ 2,028.2㎡

해설 $r = \dfrac{F}{A} \times a = \dfrac{4,529}{4,550} \times 2,033 = 2,023.6 m^2$

20. 축척 1/1,200 지역에서 원면적이 1,097㎡인 필지를 분할측량하여 산출한 보정면적이 아래와 같을 때 35-1의 결정면적은 얼마인가?

지번	보정면적
35	453.9㎡
35-1	621.39㎡

① 637㎡ ② 634㎡
③ 631㎡ ④ 621㎡

해설 $1,097 - (453.9 + 621.3) = 21.8 m^2$
$\dfrac{21.8}{1,097} \times 621.3 = 12.3 m^2$
$621.3 + 12.3 = 633.6 m^2$
$r = \dfrac{F}{A} \times a = \dfrac{1,097}{1,075.2} \times 621.3 = 633.9 m^2$

21. 좌표면적계산법에 따른 면적측정 시 산출면적의 단위결정 기준이 옳은 것은?

① 10분의 1㎡까지 계산하여 1㎡ 단위로 정한다.
② 100분의 1㎡까지 계산하여 1㎡ 단위로 정한다.
③ 100분의 1㎡까지 계산하여 10분의 1㎡ 단위로 정한다.
④ 1,000분의 1㎡까지 계산하여 10분의 1㎡ 단위로 정한다.

22. 필지를 분할하는 경우 분할 후의 면적이 분할 전 면적의 80퍼센트 이상이 되는 필지의 면적을 측정할 때에는 분할 전 면적의 20퍼센트 미만이 되는 필지의 면적을 먼저 측정한 후, 분할 전 면적에서 그 측정된 면적을 빼는 방법으로 할 수 있다. 이러한 방법으로 필지를 분할할 수 있는 기준 면적은 얼마 이상인가?

① 4,000㎡ ② 5,000㎡
③ 6,000㎡ ④ 7,000㎡

해설 [지적측량 시행규칙 제20조(면적측정의 방법 등)]
면적이 5천 제곱미터 이상인 필지를 분할하는 경우 분할 후의 면적이 분할 전 면적의 80퍼센트 이상이 되는 필지의 면적을 측정할 때에는 분할 전 면적의 20퍼센트 미만이 되는 필지의 면적을 먼저 측정한 후, 분할 전 면적에서 그 측정된 면적을 빼는 방법으로 할 수 있다. 다만, 동일한 측량결과도에서 측정할 수 있는 경우와 좌표면적계산법에 따라 면적을 측정하는 경우에는 그러하지 아니하다.

23. 경위의측량방법으로 세부측량을 한 지역의 필지별 면적측정 방법은?

① 전자면적측정기법 ② 좌표면적계산법
③ 도상삼변법 ④ 방사법

해설 경위의측량방법으로 세부측량을 한 지역의 필지별 면적측정은 경계점좌표에 의하여 산출하므로 좌표면적계산법에 의해 구한다.

24. 토지의 면적측정을 좌표면적계산법에 의하여 시행할 경우 맞는 것은?

① 도곽에 1.0밀리미터 이상의 신축이 있을 경우 보정하여야 한다.
② 평판측량방법으로 세부측량을 시행한 지역의 면적측정 방법이다.
③ 산출면적은 100분의 1제곱미터까지 계산하여 10분의 1제곱미터 단위로 정한다.
④ 경위의측량방법으로 세부측량을 한 지역의 필지별 면적측정은 경계점좌표에 의하여 산출하여야 한다.

해설 [좌표면적계산법]
① 도곽에 0.2밀리미터 이상의 신축이 있을 경우 보정하여야 한다.
② 경위의측량으로 세부측량을 시행한 지역의 면적측정방법이다.
③ 산출면적은 1,000분의 1제곱미터까지 계산하여 10분의 1제곱미터 단위로 정한다.
④ 경위의측량방법으로 세부측량을 한 지역의 필지별 면적측정은 경계점좌표에 의하여 산출하여야 한다.

25. 좌표면적계산법에 따른 면적측정을 하는 경우 면적을 정하는 단위기준으로 옳은 것은?

① 10분의 1제곱미터 단위로 정한다.
② 100분의 1제곱미터 단위로 정한다.
③ 1,000분의 1제곱미터 단위로 정한다.
④ 10,000분의 1제곱미터 단위로 정한다.

해설 [좌표면적계산법에 따른 면적결정]
① 도곽에 0.2밀리미터 이상의 신축이 있을 경우 보정하여야 한다.
② 경위의측량으로 세부측량을 시행한 지역의 면적측정방법이다.
③ 산출면적은 1,000분의 1제곱미터까지 계산하여 10분의 1제곱미터 단위로 정한다.

26. 다음 중 면적의 결정방법으로 옳은 것은?

① 지적도의 축척이 1/600인 지역의 면적단위는 제곱미터로 한다.
② 지적도의 축척이 1/600인 지역의 면적단위는 제곱미터 이하 한자리로 한다.
③ 지적도의 축척이 1/600인 지역의 1필지의 면적이 1제곱미터 미만인 경우는 1제곱미터로 면적을 결정한다.
④ 지적도의 축척이 1/600인 지역의 1필지의 면적이 0.1제곱미터 미만인 경우는 버린다.

해설 [공간정보의 구축 및 관리 등에 관한 법률 시행령 제60조(면적의 결정 및 측량계산의 끝수처리)]
① 지적도의 축척이 600분의 1인 지역과 경계점좌표등록부에 등록하는 지역의 토지 면적은 ㎡ 이하 한 자리 단위로 등록
② 0.1㎡ 미만의 끝수가 있는 경우 0.05㎡ 미만일 때에는 버리고, 0.05㎡를 초과할 때에는 올림
③ 0.05㎡ 때에는 구하려는 끝자리의 숫자가 0 또는 짝수이면 버리고 홀수이면 올림
④ 1필지의 면적이 0.1㎡ 미만일 때에는 0.1㎡로 함

27. 필지별 면적결정에 대한 설명으로 옳은 것은?

① 면적단위는 척관법으로 한다.
② 1필지의 면적이 1제곱미터 미만인 경우 버린다.
③ 경계점좌표등록부 시행지역은 1제곱미터까지 계산한다.
④ 축척 1/600 지역에서는 0.1제곱미터까지 등록한다.

해설 [공간정보의 구축 및 관리 등에 관한 법률 시행령 제60조(면적의 결정 및 측량계산의 끝수처리)]
① 지적도의 축척이 600분의 1인 지역과 경계점좌표등록부에 등록하는 지역의 토지 면적은 ㎡ 이하 한 자리 단위로 등록
② 0.1㎡ 미만의 끝수가 있는 경우 0.05㎡ 미만일 때에는 버리고, 0.05㎡를 초과할 때에는 올림
③ 0.05㎡ 때에는 구하려는 끝자리의 숫자가 0 또는 짝수이면 버리고 홀수이면 올림
④ 1필지의 면적이 0.1㎡ 미만일 때에는 0.1㎡로 함

정답 24. ④ 25. ① 26. ② 27. ④

28. 지적도의 축척 1/600에 등록된 토지의 면적이 70.65m²로 산출되었다. 지적공부에 등록하는 결정면적은?

① 70m² ② 70.6m²
③ 70.7m² ④ 71m²

[해설] [공간정보의 구축 및 관리 등에 관한 법률 시행령 제60조(면적의 결정 및 측량계산의 끝수처리)]
① 지적도의 축척이 600분의 1인 지역과 경계점좌표등록부에 등록하는 지역의 토지 면적은 ㎡ 이하 한 자리 단위로 등록
② 0.1㎡ 미만의 끝수가 있는 경우 0.05㎡ 미만일 때에는 버리고, 0.05㎡를 초과할 때에는 올림
③ 0.05㎡ 때에는 구하려는 끝자리의 숫자가 0 또는 짝수이면 버리고 홀수이면 올림
④ 1필지의 면적이 0.1㎡ 미만일 때에는 0.1㎡로 함

29. 지적도의 축척이 1/600 지역에서 산출면적이 327.55m²일 때 결정면적은?

① 327m² ② 327.5m²
③ 327.6m² ④ 328m²

[해설] [공간정보의 구축 및 관리 등에 관한 법률 시행령 제60조(면적의 결정 및 측량계산의 끝수처리)]
① 지적도의 축척이 600분의 1인 지역과 경계점좌표등록부에 등록하는 지역의 토지 면적은 ㎡ 이하 한 자리 단위로 등록
② 0.1㎡ 미만의 끝수가 있는 경우 0.05㎡ 미만일 때에는 버리고, 0.05㎡를 초과할 때에는 올림
③ 0.05㎡ 때에는 구하려는 끝자리의 숫자가 0 또는 짝수이면 버리고 홀수이면 올림
④ 1필지의 면적이 0.1㎡ 미만일 때에는 0.1㎡로 함

30. 지적공부에 등록하고자 면적을 측정한 결과 235.43m²이었다. 1천분의 1지역의 토지대장에 등록할 수 있는 면적은? (단, 이 지역은 경계점좌표등록부 비치지역임.)

① 235㎡ ② 236㎡
③ 235.4㎡ ④ 235.43㎡

[해설] 지적도의 축척이 600분의 1인 지역과 경계점좌표등록부에 등록하는 지역의 토지 면적은 ㎡ 이하 한 자리 단위로 등록

31. 지적도 및 임야도에 등록하는 도곽선의 용도가 아닌 것은?

① 토지경계의 측정기준
② 인접도면과의 접합기준
③ 도곽신축량의 측정기준
④ 지적측량 기준점 전개시의 기준

[해설] [도곽선의 용도]
① 지적기준점을 전개할 때의 기준
② 방위의 표시(도북방향)
③ 인접도면과의 접합기준
④ 도곽의 신축량 측정할 때의 기준
⑤ 측량결과도와 실지의 부합여부 확인의 기준

32. 지적도와 임야도의 도곽선 역할로 틀린 것은?

① 인접 도면의 접합기준선
② 기준점을 전개할 경우 기준선
③ 진북방위선의 표시
④ 도면신축량 측정의 기준으로서 거리 및 면적보정

[해설] [도곽선의 역할]
① 지적기준점을 전개할 때의 기준
② 방위의 표시(도북방향)
③ 인접도면과의 접합기준
④ 도곽의 신축량 측정할 때의 기준
⑤ 측량결과도와 실지의 부합여부 확인의 기준

33. 도면의 축척이 1,200분의 1인 지역에서 1필지의 산출면적이 48.38m²일 경우 결정면적은?

① 48㎡ ② 48.3㎡
③ 48.4㎡ ④ 49㎡

[해설] [공간정보의 구축 및 관리 등에 관한 법률 시행령 제60조(면적의 결정 및 측량계산의 끝수처리)]
① 지적도의 축척이 1,200분의 1인 지역의 토지 면적은 ㎡ 자리 단위로 등록

정답 28. ④ 29. ③ 30. ③ 31. ① 32. ③ 33. ①

② 1㎡ 미만의 끝수가 있는 경우 0.5㎡ 미만일 때에는 버리고, 0.5㎡를 초과할 때에는 올림
③ 0.5㎡ 때에는 구하려는 끝자리의 숫자가 0 또는 짝수이면 버리고 홀수이면 올림
④ 1필지의 면적이 1㎡ 미만일 때에는 1㎡로 함

34. 일반지역에서 축척이 1/6,000인 임야도의 지상 도곽선 규격 (종선×횡선)으로 옳은 것은?

① 500m×400m
② 1,200m×1,000m
③ 1,250m×1,500m
④ 2,400m×3,000m

해설 [축척별 도상거리 및 지상거리]

축척	도상거리		지상거리	
	세로(cm)	가로(cm)	세로(m)	가로(m)
1:500	30	40	150	200
1:600	33.3333	41.6667	200	250
1:1,000	30	40	300	400
1:1,200	33.3333	41.6667	400	500
1:2,400	33.3333	41.6667	800	1,000
1:3,000	40	50	1,200	1,500
1:6,000	40	50	2,400	3,000

35. 종선좌표(X) = 454600.37m, 횡선좌표(Y) = 192033.25m인 지적도근점을 포용하는 축척 1/600인 지적도의 좌측 하단부 도곽선의 수치는?

① X=454300m, Y=192000m
② X=454400m, Y=191750m
③ X=454600m, Y=192000m
④ X=454600m, Y=191750m

해설 1/600 지적도 도곽선의 지상거리 : 종선 200m, 횡선 250m
① 종선 (500,000−454,600.73)/200=226.998 이므로
500,000−(226×200)=454,800m(종선의 상부좌표)
454,800−200=454,600m(종선의 하부좌표)
② 횡선 (200,000−192,033.25)/250=31.867 이므로
200,000−(31×250)=192,250m(횡선의 우측좌표)
192,250−250=192,000m(횡선의 좌측좌표)

36. 아래의 좌표를 지적측량에 사용하기 위해 환산한 값이 옳은 것은? (단, 제주도 지역이 아닌 경우이다.)

• X좌표 : −6,677.89m   • Y좌표 : +1,153.33m

① X=493,322.11m, Y=206,655.33m
② X=493,322.11m, Y=201,153.33m
③ X=543,322.11m, Y=251,153.33m
④ X=543,322.11m, Y=256,655.33m

해설 지적측량의 경우에는 가우스상사이중투영법에 의하여 표시하며, 직각좌표계의 투영원점의 수치를 X(N)=500,000m, Y(E)=200,000m를 가산하여 적용하며 제주도의 경우는 X(N)=550,000m, Y(E)=200,000m를 가산하여 적용한다.
종선 500,000+(−6,677.89) = 493,322.11m,
횡선 200,000+(+1,153.33) = 201,153.33m

37. 축척 1/600을 축척 1/500으로 잘못 알고 면적을 계산한 결과가 2,500㎡이었다. 축척 1/600에서의 실제 토지면적은?

① 2,500㎡   ② 3,000㎡
③ 3,600㎡   ④ 4,000㎡

해설 축척은 길이의 비이고, 면적은 길이의 제곱에 비례하므로 축척을 5/6 축소되게 계산한 면적의 실제면적은 축척의 제곱에 비례하여 계산되므로 6/5 즉 1.2의 제곱인 1.44배로 계산된다.
즉, $2,500 \times 1.2^2 = 3,600 m^2$

별해 $\frac{a_2}{a_1} = \left(\frac{m_2}{m_1}\right)^2$ 에서

$a_2 = \left(\frac{m_2}{m_1}\right)^2 \times a_1 = \left(\frac{600}{500}\right)^2 \times 2,500 = 3,600 m^2$

38. 지상 1㎢의 면적을 도상 4㎠로 표시한 도면의 축척은?

① 1/2500   ② 1/5000
③ 1/25,000   ④ 1/50,000

해설 면적은 거리의 제곱에 비례한다. 축척은 거리의 함수이므로 축척의 제곱에 면적이 비례한다.
$\frac{a_2}{a_1} = \left(\frac{m_2}{m_1}\right)^2$ 이므로

정답 34. ④   35. ③   36. ②   37. ③   38. ④

$$M = \frac{m_2}{m_1} = \sqrt{\frac{a_2}{a_1}} = \sqrt{\frac{4cm^2}{1km^2}}$$
$$= \sqrt{\frac{4cm^2}{1km^2 \cdot \frac{10,000,000,000cm^2}{1km^2}}} = \frac{1}{50,000}$$

39. 다음 중 지상 500m²를 도면상에 5cm²로 나타낼 수 있는 도면의 축척은 얼마인가?

① 1/500 ② 1/600
③ 1/1000 ④ 1/1200

해설 면적은 거리의 제곱에 비례한다. 축척은 거리의 함수이므로 축척의 제곱에 면적이 비례한다.

$\frac{a_2}{a_1} = \left(\frac{m_2}{m_1}\right)^2$ 이므로

$$M = \frac{m_2}{m_1} = \sqrt{\frac{a_2}{a_1}} = \sqrt{\frac{1cm^2}{500m^2}}$$
$$= \sqrt{\frac{5cm^2}{500m^2 \times \frac{10,000cm^2}{1m^2}}} = \frac{1}{1,000}$$

40. 축척이 1/500인 도면 1매의 면적이 1,000m²이라면, 도면의 축척을 1/1,000로 하였을 때 도면 1매의 면적은 얼마인가?

① 2,000m² ② 3,000m²
③ 4,000m² ④ 5,000m²

해설 축척은 길이의 비율이고 길이의 제곱에 면적이 비례하므로 1/500과 1/1000의 축척은 2배의 관계이므로 면적은 4배가 된다.

41. 실제면적이 900m²일 때 1/600 축척에서의 도상면적은?

① 17cm² ② 25cm²
③ 54cm² ④ 90cm²

해설 면적은 거리의 제곱에 비례한다. 축척은 거리의 함수이므로 축척의 제곱에 면적이 비례한다.

$\frac{a_2}{a_1} = \left(\frac{m_2}{m_1}\right)^2$ 에서 $\frac{a_2}{900m^2} = \left(\frac{1}{600}\right)^2$ 이므로

$$a_2 = 900m^2 \times \left(\frac{1}{600}\right)^2 = 25cm^2$$

42. 다음 도형의 면적은 얼마인가? (단, α=58°40′50″, $\overline{AC}$=64.85m, $\overline{BD}$=59.60m)

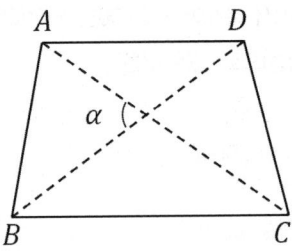

① 2,005.4m²
② 1,950.9m²
③ 1,805.4m²
④ 1,650.9m²

해설 $A = \frac{1}{2}AC \times BD \times \sin\alpha$ 에서

$A = \frac{1}{2} \times 64.85 \times 59.60 \times \sin 58°40′50″ = 1650.9m^2$

43. 축척 1,000분의 1지역의 지적도에서 도상거리가 각각 3cm, 4cm, 5cm일 때 실제 면적으로 맞는 것은?

① 500m² ② 600m²
③ 300m² ④ 400m²

해설 1000분의 1지역 지적도의 도상거리가 3cm, 4cm, 5cm의 실거리는 1000배로 구하므로 30m, 40m, 50m이다.

$S = \frac{a+b+c}{2} = \frac{30+40+50}{2} = 60m$ 에서

$A = \sqrt{s(s-a)(s-b)(s-c)}$
$= \sqrt{60(60-30)(60-40)(60-50)} = 600m^2$

정답 39. ③ 40. ③ 41. ② 42. ④ 43. ②

44. 축척 1/1,200도상에서 그림과 같은 토지의 면적은?

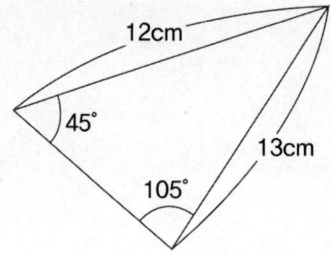

① 2,150m² ② 5,616m²
③ 2,241m² ④ 2,540m²

해설 두 변과 사잇각에 의해 삼각형 면적을 산정할 수 있다.
사잇각은 30°
두 변의 실제길이

$12cm \times 1,200 \times \dfrac{1m}{100cm} = 144m$

$13cm \times 1,200 \times \dfrac{1m}{100cm} = 156m$

$A = \dfrac{1}{2} \times 144 \times 156 \times \sin 30° = 5,616m^2$

정답 **44.** ②

CHAPTER 11 제도

1 제도

(1) 개요

1) 제도

측량결과를 도해적으로 표현하기 위하여 제도기구를 사용하여 일정한 법칙과 규약에 의하여 도지에 토지 또는 구조물의 모양과 크기를 정확히 표현하여 도면을 작성하는 것

2) 도면의 등록내용 : 토지의 소재, 지번, 지목, 경계 등

(2) 제도의 부호

1) 선
① 실선의 굵기는 0.1mm에서 0.6mm가 표준
② 파선은 연장선, 가정선, 생략 또는 물체가 보이지 않는 부분을 표시하는데 사용되며 실선과 같은 굵기로 실선부 3mm, 허선부 1mm가 표준이나 이 길이로 그릴 수 없는 경우 짧게 줄여서 작도
③ 쇄선 : 1점쇄선과 2점쇄선이 있고, 중심선 절단선을 표시하는데 사용
④ 점선 : 물체의 보이지 않는 부분을 표시하는 선으로 사용

2) 문자나 숫자
① 표제, 축척, 범례, 고유명사, 치수, 표고, 번호, 기타 각종 범례의 설명 등에 사용
② 문자의 정교함은 제도의 가치에 영향을 주며 조잡하게 되지 않도록 주의
③ 글자는 수직 또는 진행방향이 오른쪽이 되도록 씀을 원칙으로 함
④ 문자는 명조체로, 숫자는 고딕체를 사용하여 제도하도록 함

② 도면제도방법 등

(1) 일람도 및 지번색인표의 등재사항

1) 일람도
① 지번부여지역의 경계 및 인접지역의 행정구역명칭
② 도면의 제명 및 축척
③ 도곽선과 그 수치
④ 도면번호
⑤ 도로·철도·하천·구거·유지·취락 등 주요 지형·지물의 표시

2) 지번색인표
① 제명
② 지번·도면번호 및 결번

(2) 일람도의 제도

① 일람도의 축척은 그 도면축척의 10분의 1로 한다. 다만, 도면의 장수가 많아서 1장에 작성할 수 없는 경우에는 축척을 줄여서 작성할 수 있으며, 도면의 장수가 4장 미만인 경우에는 일람도의 작성을 하지 아니할 수 있다.
② 제명 및 축척은 일람도 윗부분에 "○○시·도 ○○시·군·구 ○○읍·면 ○○동·리 일람도 축척 ○○○○분의 1"이라 제도한다. 이 경우 경계점좌표등록부시행지역은 제명 중 일람도 다음에 "(좌표)"라 기재하고 제도방법은 다음과 같다.
 ㉠ 글자의 크기는 9밀리미터로 하고 글자 사이의 간격은 글자크기의 2분의 1정도 띄운다.
 ㉡ 제명의 일람도와 축척사이는 20밀리미터를 띄운다.
③ 도면번호는 지번부여지역·축척 및 지적도·임야도·경계점좌표등록부등록지별로 일련번호를 부여한다. 이 경우 신규등록 및 등록전환으로 새로 도면을 작성할 경우의 도면번호는 그 지역 마지막 도면번호의 다음 번호로 부여한다.

(3) 일람도 등 제도 방법

구분	선명칭	폭 및 제도방법
일람도	도곽선	0.1mm의 폭으로 제도
	철도용지	붉은색 0.2mm 폭의 2선으로 제도
	수도용지 중선로	남색 0.1mm 폭의 2선으로 제도
	하천·구거·유지	남색 0.1mm 폭의 2선으로 제도, 그 내부는 남색으로 엷게 채색
	취락지·건물등	검은색 0.1mm의 폭으로 제도, 그 내부를 검은색으로 엷게 채색
	도시개발사업·축척변경 등이 완료된 지구경계	붉은색 0.1mm 폭의 선으로 제도한 후 지구안을 붉은색으로 엷게 채색
	지방도로 이상	검은색 0.2mm 폭의 2선(그 밖의 도로는 0.1mm)
경계	• 경계는 0.1mm 폭의 선으로 경계점과 경계점의 사이를 직선으로 연결하여 제도 • 경계점좌표등록부 등록지역의 경계점 간 거리는 검은색의 1.0~1.5mm 크기의 아라비아숫자로 제도	
지번 및 지목	2mm 이상 3mm 이하 크기의 명조체(지번의 글자 간격은 글자크기의 4분의 1정도, 지번과 지목의 글자 간격은 글자크기의 2분의 1정도 띄어서 제도)	
행정구역선	행정구역선은 0.4mm 폭, 다만 동·리의 행정구역선은 0.2mm 폭으로 제도한다.	

① 일람도의 도곽선 수치는 2mm 크기의 아라비아 숫자로 제도한다. (도곽선 왼쪽 아랫부분과 오른쪽 윗부분의 종횡선교차점 바깥쪽에 제도)
② 일람도 도면번호는 3mm의 크기, 인접 동·리 명칭은 4mm, 그 밖의 행정구역 명칭은 5mm의 크기로 제도한다.

(4) 지번색인표 및 색인도의 제도

① 지번색인표는 도면번호별로 그 도면에 등록된 지번을, 토지의 이동으로 결번이 생긴 때에는 결번란에 그 지번을 제도한다.
② 지번색인표 제명은 지번색인표 윗부분에 9mm의 크기로 하고, "○○시·도 ○○시·군·구 ○○읍·면 ○○동·리 지번색인표"라 제도한다.
③ 색인도는 도곽선의 왼쪽 윗부분 여백의 중앙에 가로 7mm, 세로 6mm 크기의 직사각형을 중앙에 두고 그의 4변에 접하여 같은 규격으로 4개를 제도한다.
④ 색인도는 1장의 도면을 중앙으로 하여 동일 지번부여 지역 안 위쪽·아래쪽·왼쪽 및 오른쪽의 인접 도면번호를 각각 3mm의 크기로 제도한다.
⑤ 색인도의 제명 및 축척은 도곽선 윗부분 여백의 중앙에 "○○시·군·구 ○○읍·면 ○○동·리 지적도 또는 임야도 ○○장중 제○○호 축척○○○○분의 1"이라 제도한다. 이 경우 그 제도방법은 다음과 같다.
  ㉠ 글자의 크기는 5밀리미터로 하고, 글자 사이의 간격은 글자크기의 2분의 1 정도 띄어 쓴다.
  ㉡ 축척은 제명 끝에서 10밀리미터를 띄어 쓴다.

(5) 도곽선의 제도

① 도곽선은 지적기준점의 전개, 방위, 인접도면과의 접합, 도곽의 신축보정 등에 따른 기준선으로의 역할을 하기 때문에 모든 지적도와 임야도에 도곽선을 등록하여야 한다.
② 도면의 윗 방향은 항상 북쪽이 되어야 한다.
③ 지적도 도곽의 크기는 가로 40cm, 세로 30cm의 직사각형으로 한다.
④ 기타원점을 사용하는 도곽선 수치는 그 원점을 기준으로 하여 정한다.
⑤ 이미 사용하고 있는 도면의 도곽 크기는 종전에 구획되어 있는 도곽과 수치로 한다.
⑥ 도곽선은 0.1mm의 폭으로 붉은색, 도곽선의 수치는 도곽선 왼쪽 아랫부분과 오른쪽 윗부분의 종횡선교차점 바깥쪽에 2mm 크기의 붉은색으로 아라비아숫자로 제도한다.

(6) 경계의 제도

① 경계는 0.1mm 폭으로 제도한다.
② 1필지의 경계가 도곽선에 걸쳐 등록되어 있는 경우에는 도곽선 밖의 여백에 경계를 제도하거나, 도곽선을 기준으로 다른 도면에 나머지 경계를 제도한다. 이 경우 다른 도면에 경계를 제도하는 때에는 지번 및 지목을 붉은색으로 한다.
③ 토지가 작아서 제도하기가 곤란한 경우에는 그 도면의 여백에 그 축척의 10배로 확대하여 제도할 수 있다.
④ 경계점좌표등록부 시행지역의 도면(경계점간 거리등록을 하지 아니한 도면은 제외)에 등록하는 경계점간 거리는 검은색으로 1.5mm 크기의 아라비아숫자로 제도한다.

(7) 지번 및 지목의 제도

① 지번 및 지목은 경계에 닿지 않도록 필지의 중앙에 제도한다. 다만, 1필지의 토지가 형상이 좁고 길어서 필지의 중앙에 제도할 수 없을 경우 가로쓰기가 되도록 도면을 왼쪽, 오른쪽으로 돌려서 제도할 수 있다.
② 지목을 제도할 때는 지번 다음에 제도한다. 다만 레터링으로 작성하는 경우는 고딕체로 할 수 있고 부동산종합공부시스템에 따라 지번 및 지목을 제도할 경우에는 글자의 크기에 대한 규정과 부호와 부호도 적용을 하지 아니할 수 있다.
③ 명조체의 2mm 내지 3mm의 크기로, 지번의 글자 간격은 글자 크기의 1/4 정도, 지번과 지목의 글자 간격은 글자 크기의 1/2 정도 띄어서 제도한다.
④ 지번 및 지목을 제도하는 때 1필지의 면적이 작아서 지번과 지목을 필지의 중앙에 제도할 수 없는 때에는 ㄱ, ㄴ, ㄷ…, ㄱ^1, ㄴ^1, ㄷ^1…, ㄱ^2, ㄴ^2, ㄷ^2… 등으로 부호를 붙이고, 도곽선 밖에 그 부호·지번 및 지목을 제도한다. 이 경우 부호가 많아서 그 도면의 도곽선 밖에 제도할 수 없는 경우에는 별도로 부호도를 작성할 수 있다.

(8) 지적기준점의 제도

구분	내용
지적위성기준점	직경 2밀리미터, 3밀리미터의 2중원 안에 십자선을 표시하여 제도
1등 및 2등삼각점	직경 1mm, 2mm 및 3mm의 3중원으로 제도한다. 이 경우 1등 삼각점은 그 중심원 내부를 검은색으로 엷게 채색
3등 및 삼각점	직경 1mm, 2mm의 2중원으로 제도한다. 이 경우 3등 삼각점은 그 중심원 내부를 검은색으로 엷게 채색
지적삼각점 및 지적삼각보조점	직경 3mm의 원으로 제도하되 이 경우 지적삼각점은 원안에 십자선을 표시한다.
지적도근점	직경 2mm의 원으로 다음과 같이 제도

지적기준점의 명칭과 번호는 그 지적기준점의 윗부분에 명조체의 2mm 내지 3mm의 크기로 제도한다. 다만, 레터링으로 작성하는 경우에는 고딕체로 할 수 있으며 경계에 닿는 경우에는 적당한 위치에 제도할 수 있다.
(지적기준점표지를 폐기한 때에는 도면에 등록된 그 지적기준점 표시사항을 말소한다.)

(9) 행정구역선의 제도

행정구역선이란 국계, 시·도계, 시·군계, 읍·면·구계 및 동·리계 등을 말한다.

구분	내용
국계	실선 4mm와 허선 3mm로 연결하고 실선중앙에 1mm로 교차하며, 허선에 직경 0.3mm의 점 2개 제도
시·도계	실선 4mm와 허선 2mm로 연결하고 실선중앙에 1mm로 교차하며, 허선에 직경 0.3mm의 점 1개 제도
시·군계	실선과 허선을 각각 3mm로 연결하고, 허선에 0.3mm의 점 2개 제도
읍·면·구계	실선 3mm와 허선 2mm로 연결하고, 허선에 0.3mm의 점 1개 제도
동·리계	실선 3mm와 허선 1mm로 연결하여 제도
도면에 등록하는 행정구역선	0.4mm 폭으로 제도(동·리의 행정구역선은 0.2mm 폭) 행정구역선이 2종 이상 겹치는 경우에는 최상급 행정구역선만 제도
고유명칭	도로·철도·하천·유지 등은 3~4mm의 크기로 같은 간격으로 띄워서 제도

(10) 토지의 이동에 따른 도면의 제도

① 토지의 이동으로 지번 및 지목을 제도하는 경우에는 이동전 지번 및 지목을 말소하고, 새로 설정된 지번 및 지목을 가로쓰기로 제도한다.
② 경계를 말소할 때에는 해당 경계선을 말소한다.
③ 말소된 경계를 다시 등록할 때에는 말소정리 이전의 자료로 원상회복 정리한다.

④ 신규등록·등록전환 및 등록사항정정으로 도면에 경계, 지번 및 지목을 새로 등록할 때에는 이미 비치된 도면에 제도한다. 다만, 이미 비치된 도면에 정리할 수 없는 때에는 새로 도면을 작성한다.
⑤ 등록전환할 때에는 임야도의 그 지번 및 지목을 말소한다.
⑥ 필지를 분할할 경우에는 분할 전 지번 및 지목을 말소하고, 분할경계를 제도한 후 필지마다 지번 및 지목을 새로 제도한다.
⑦ 도곽선에 걸쳐 있는 필지가 분할되어 도곽선 밖에 분할경계가 제도된 때에는 도곽선 밖에 제도된 필지의 경계를 말소하고, 그 도곽선 안에 필지의 경계, 지번 및 지목을 제도한다.
⑧ 합병할 때에는 합병되는 필지 사이의 경계·지번 및 지목을 말소한 후 새로 부여하는 지번과 지목을 제도한다.
⑨ 지번 또는 지목을 변경할 때에는 지번 또는 지목만 말소하고, 새로 설정된 지번 또는 지목을 제도한다.
⑩ 지적공부에 등록된 토지가 바다가 된 때에는 경계·지번 및 지목을 말소한다.
⑪ 행정구역이 변경된 때에는 변경 전 행정구역선과 그 명칭 및 지번을 말소하고, 변경 후의 행정구역선과 그 명칭 및 지번을 제도한다.
⑫ 도시개발사업·축척변경 등의 시행지역으로서 확정측량결과도의 도곽선 차이가 0.5밀리미터 이상인 경우에는 확정측량결과도에 따라 새로이 도면을 작성한다. 이 경우 새로 도면을 작성한 지역의 종전도면의 지구안의 지번 및 지목을 말소한다.

(11) 도면의 등록사항 및 재작성

1) 도면의 등록사항

토지의 소재, 지번, 지목, 경계, 도면의 색인도, 도면의 제명 및 축척, 도곽선과 그 수치, 좌표에 의하여 계산된 경계점 간의 거리, 삼각점 및 지적기준점의 위치, 건축물 및 구조물 등의 위치이다.

2) 도면의 재작성 기준

① 당시의 도면을 기준으로 할 것.
② 직접자사법·간접자사법·전자자동제도법에 의할 것.
③ 도곽선에 0.5mm 이상의 신축이 있는 경우에는 전자자동제도법에 의하여 신축을 보정할 것.
④ 도면의 경계가 불분명한 경우에는 측량결과도를, 지번·지목이 불분명한 경우에는 대장을 기준으로 한다.

CHAPTER 11 제도

01. 도면에 등록하는 사항의 제도방법 기준이 옳은 것은?

① 경계는 0.1mm 폭의 선으로 제도한다.
② 지적기준점은 0.3mm 폭의 선으로 제도한다.
③ 도면에 등록하는 도곽선은 0.2mm의 폭으로 제도한다.
④ 동·리의 행정구역선은 0.4mm 폭으로 한다.

해설 [지적업무처리규정 제44조(행정구역선의 제도)]
도면에 등록할 행정구역선은 0.4밀리미터 폭으로 다음 각 호와 같이 제도한다. 다만, 동·리의 행정구역선은 0.2밀리미터 폭으로 한다.
1. 국계는 실선 4밀리미터와 허선 3밀리미터로 연결하고 실선 중앙에 실선과 직각으로 교차하는 1밀리미터의 실선을 긋고, 허선에 직경 0.3밀리미터의 점 2개를 제도한다.
2. 시·도계는 실선 4밀리미터와 허선 2밀리미터로 연결하고 실선 중앙에 실선과 직각으로 교차하는 1밀리미터의 실선을 긋고, 허선에 직경 0.3밀리미터의 점 1개를 제도한다.
3. 시·군계는 실선과 허선을 각각 3밀리미터로 연결하고, 허선에 0.3밀리미터의 점 2개를 제도한다.
4. 읍·면·구계는 실선 3밀리미터와 허선 2밀리미터로 연결하고, 허선에 0.3밀리미터의 점 1개를 제도한다.
5. 동·리계는 실선 3밀리미터와 허선 1밀리미터로 연결하여 제도한다.
6. 행정구역선이 2종 이상 겹치는 경우에는 최상급 행정구역선만 제도한다.
7. 행정구역선은 경계에서 약간 띄워서 그 외부에 제도한다.

02. 지적도의 제도에 관한 다음 설명 중 틀린 것은?

① 도곽선은 폭 0.1mm로 제도한다.
② 지번과 지목은 2~3mm의 크기로 제도한다.
③ 도곽선 수치는 2mm의 아라비아 숫자로 주기한다.
④ 도근점은 직경 3mm의 원으로 제도한다.

해설 [지적기준점 등의 제도]
① 지적위성기준점은 직경 2mm, 3mm의 2중원 안에 십자선을 표시하여 제도
② 1등 및 2등삼각점은 직경 1mm, 2mm, 3mm의 3중원으로 제도, 1등삼각점은 중심원 내부를 검은색으로 채색
③ 3등 및 4등삼각점은 직경 1mm, 2mm의 2중원으로 제도, 3등삼각점은 그 중심원 내부를 검은색으로 채색
④ 지적삼각점 및 지적삼각보조점은 직경 3mm의 원으로 제도, 지적삼각점은 원안에 십자선을, 지적삼각보조점은 원안을 검은색으로 채색
⑤ 지적도근점은 직경 2mm의 원으로 제도

03. 일람도의 제도 방법으로 틀린 것은?

① 도면번호는 3mm의 크기로 한다.
② 철도용지는 검은색으로 0.2mm의 폭의 선으로 제도한다.
③ 수도용지 중 선로는 남색 0.1mm 폭의 2선으로 제도한다.
④ 건물은 검은색 0.1mm의 폭으로 제도하고 그 내부를 검은색으로 엷게 채색한다.

해설 [일람도의 제도 기준]
• 도곽선은 0.1밀리미터의 폭
• 도면번호는 3밀리미터의 크기
• 인접 동·리 명칭은 4밀리미터
• 지방도로 이상은 검은색 0.2밀리미터폭의 2선, 그 밖의 도로는 0.1밀리미터 폭으로 제도
• 철도용지는 붉은색 0.2밀리미터 폭의 2선으로 제도
• 수도용지 중 선로는 남색 0.1밀리미터 폭의 2선으로 제도
• 하천, 구거, 유지는 남색 0.1밀리미터의 폭으로 제도하고 내부를 남색으로 엷게 채색
• 취락지, 건물 등은 0.1밀리미터 폭으로 제도하고 내부를 검은색으로 엷게 채색

정답 01. ① 02. ④ 03. ②

04. 축척 1/600 지적도 시행지역에서 일람도를 작성할 때 축척으로 맞는 것은?

① 1/600　　② 1/1,200
③ 1/3,000　④ 1/6,000

해설 [일람도의 작성 기준]
① 일람도의 축척은 그 도면축척의 1/10로 함
② 도면의 장수가 많아 1장에 작성할 수 없는 경우 축척을 줄여서 작성할 수 있음
③ 도면의 장수가 4장 미만인 경우 일람도의 작성을 하지 않을 수 있음

05. 일람도 제도에서 도면번호의 크기로 옳은 것은?

① 0.1mm　② 5mm
③ 4mm　　④ 3mm

해설 [일람도의 제도 기준]
• 도곽선은 0.1밀리미터의 폭
• 도면번호는 3밀리미터의 크기
• 인접 동·리 명칭은 4밀리미터

06. 다음 중 일람도의 등재사항에 해당되지 않는 것은?

① 도면번호
② 도곽선과 그 수치
③ 도로, 하천 등의 주요 지형·지물표시
④ 지번

해설 [일람도의 등재사항]
① 지번부여지역의 경계 및 인접지역의 행정구역명칭
② 도면의 제명 및 축척
③ 도곽선과 그 수치
④ 도면번호
⑤ 도로, 철도, 하천, 구거, 유지, 취락 등 주요 지형, 지물의 표시

07. 다음 일람도에 관한 설명으로 틀린 것은?

① 제명의 일람도와 축척 사이는 20mm를 띄운다.
② 축척은 당해 도면축척의 10분의 1로 한다.
③ 도면의 장수가 5장 미만인 때에는 일람도를 작성하지 않아도 된다.
④ 도면번호는 지번부여지역·축척 및 지적도·임야도·경계점좌표등록부 시행지별로 일련번호를 부여한다.

해설 [일람도의 작성 기준]
① 일람도의 축척은 그 도면축척의 1/10로 함
② 도면의 장수가 많아 1장에 작성할 수 없는 경우 축척을 줄여서 작성할 수 있음
③ 도면의 장수가 4장 미만인 경우 일람도의 작성을 하지 않을 수 있음

08. 일람도의 제도에 대한 설명 중 틀린 것은?

① 고속도로는 검은색 0.4mm의 2선으로 제도한다.
② 철도용지는 붉은색 0.2mm의 2선으로 제도한다.
③ 수도선로는 남색 0.1mm의 2선으로 제도한다.
④ 도면번호는 3mm의 크기로 한다.

해설 [일람도의 제도 기준]
• 지방도로 이상은 검은색 0.2밀리미터폭의 2선, 그 밖의 도로는 0.1밀리미터 폭으로 제도
• 철도용지는 붉은색 0.2밀리미터 폭의 2선으로 제도
• 수도용지 중 선로는 남색 0.1밀리미터 폭의 2선으로 제도

09. 지적소관청은 지적도면의 관리에 필요한 경우에는 지번부여지역마다 일람도와 지번색인표를 작성하여 갖춰둘 수 있다. 이 때 일람도를 작성하지 아니할 수 있는 경우는 도면이 몇 장 미만일 때인가?

① 4장　② 5장
③ 6장　④ 7장

해설 [일람도의 작성 기준]
① 일람도의 축척은 그 도면축척의 1/10로 함
② 도면의 장수가 많아 1장에 작성할 수 없는 경우 축척을 줄여서 작성할 수 있음

③ 도면의 장수가 4장 미만인 경우 일람도의 작성을 하지 않을 수 있음

10. 도곽선의 제도에 대한 설명 중 틀린 것은?

① 도면의 위 방향은 항상 북쪽이 되어야 한다.
② 이미 사용하고 있는 도면의 도곽 크기는 종전에 구획되어 있는 도곽과 그 수치로 한다.
③ 도면에 등록하는 도곽선은 0.1mm의 폭으로 제도한다.
④ 도곽선 수치는 왼쪽 윗부분과 오른쪽 아랫부분에 제도한다.

해설 [도곽선의 제도]
① 도면에 등록하는 도곽선은 0.1mm의 폭으로 제도
② 도곽선의 수치는 도곽선 왼쪽 아랫부분과 오른쪽 윗부분의 종횡선교차점 바깥쪽에 2mm 크기의 아라비아숫자로 제도

11. 지적도 2매 이상의 접합을 하여야 할 경우 가장 우선적인 기준이 되는 것은?

① 행정구역경계선　　② 도곽선
③ 도로경계선　　　　④ 하천경계선

해설 2매 이상의 지적도를 접합할 경우에는 도곽선이 기준이 된다.

12. 도곽선제도에서 도면에 등록하는 도곽선의 폭은?

① 0.01mm　　　　② 0.1mm
③ 0.3mm　　　　 ④ 0.5mm

해설 [도곽선의 제도]
① 도면에 등록하는 도곽선은 0.1mm의 폭으로 제도
② 도곽선의 수치는 도곽선 왼쪽 아랫부분과 오른쪽 윗부분의 종횡선교차점 바깥쪽에 2mm 크기의 아라비아숫자로 제도
③ 지적도근점은 직경 2mm의 원으로 제도

13. 도곽선의 제도에 대한 설명 중 틀린 것은?

① 도면의 위 방향은 항상 북쪽이 되어야 한다.
② 지적도의 도곽 크기는 가로 40cm, 세로 30cm의 직사각형으로 한다.
③ 도곽의 구획은 지적 관련 법령에서 정한 좌표의 원점을 기준으로 하여 정한다.
④ 도면에 등록하는 도곽선의 수치는 1mm 크기의 아라비아 숫자로 제도한다.

해설 [도곽선의 제도]
① 도면에 등록하는 도곽선은 0.1mm의 폭으로 제도
② 도곽선의 수치는 도곽선 왼쪽 아랫부분과 오른쪽 윗부분의 종횡선교차점 바깥쪽에 2mm 크기의 아라비아숫자로 제도
③ 지적도의 도곽크기는 가로 40cm, 세로 30cm의 직사각형으로 한다.
④ 도곽의 구획은 좌표의 원점을 기준으로 하여 정하되, 그 도곽의 종횡선수치는 좌표의 원점으로부터 기산하여 종횡선 수치를 각각 가산한다.
⑤ 이미 사용하고 있는 도면의 도곽크기는 종전에 구획되어 있는 도곽과 그 수치로 한다.

14. 지적도를 제도하는 경계 및 행정구역선의 폭 기준이 모두 옳은 것은?

① 0.1mm, 0.4mm　　② 0.15mm, 0.5mm
③ 0.2mm, 0.5mm　　④ 0.25mm, 0.4mm

해설 경계는 0.1밀리미터 폭의 선으로, 행정구역선은 0.4밀리미터 폭으로 제도한다.

15. 지적기준점 등이 매설된 토지를 분할하는 경우 그 토지가 작아서 제도하기가 곤란한 때에는 그 도면의 여백에 그 축척의 몇 배로 확대하여 제도할 수 있는가?

① 5배　　　　② 10배
③ 15배　　　 ④ 20배

해설 [지적업무처리규정 제41조(경계의 제도)]
지적기준점 등이 매설된 토지를 분할하는 경우 그 토지가 작

아서 제도하기가 곤란한 때에는 그 도면의 여백에 그 축척의 10배로 확대하여 제도할 수 있다.

16. 다음 중 경계의 제도 기준에 대한 설명으로 옳은 것은?

① 경계는 0.1mm 폭의 선으로 제도한다.
② 1필지의 경계가 도곽선에 걸쳐 등록되어 있는 경우에는 도곽선 밖의 여백에 경계를 제도할 수 없다.
③ 경계점좌표등록부 등록지역의 도면에 등록할 경계점 간 거리는 붉은색, 1.5mm 크기의 아라비아 숫자로 제도한다.
④ 지적기준점 등이 매설된 토지를 분할하는 경우 그 토지가 작아서 제도하기가 곤란한 때에는 그 도면의 여백에 그 축척의 15배로 확대하여 제도할 수 있다.

해설 [지적업무 처리규정 제41조(경계의 제도)]
① 경계는 0.1밀리미터 폭의 선으로 제도한다.
② 1필지의 경계가 도곽선에 걸쳐 등록되어 있으면 도곽선 밖의 여백에 경계를 제도하거나, 도곽선을 기준으로 다른 도면에 나머지 경계를 제도한다. 이 경우 다른 도면에 경계를 제도할 때에는 지번 및 지목은 붉은색으로 표시한다.
③ 경계점좌표등록부 등록지역의 도면(경계점 간 거리등록을 하지 아니한 도면을 제외한다)에 등록할 경계점 간 거리는 검은색의 1.0~1.5밀리미터 크기의 아라비아숫자로 제도한다. 다만, 경계점 간 거리가 짧거나 경계가 원을 이루는 경우에는 거리를 등록하지 아니할 수 있다.
④ 지적기준점 등이 매설된 토지를 분할할 경우 그 토지가 작아서 제도하기가 곤란한 때에는 그 도면의 여백에 그 축척의 10배로 확대하여 제도할 수 있다.

17. 다음 중 지번 및 지목의 제도에 대한 설명으로 옳지 않은 것은?

① 지번 및 지목은 경계에 닿지 않도록 필지의 중앙에 제도한다.
② 지번 및 지목을 제도할 때에는 지번 다음에 지목을 제도한다.
③ 지번 및 지목을 제도할 때에는 0.5~1mm 크기의 고딕체로 제도한다.
④ 지번 및 지목을 제도할 때에는 지번의 글자 간격은 글자크기의 1/4 정도 띄워서 제도한다.

해설 [지적업무 처리규정 제42조(지번과 지목의 제도)]
① 지번 및 지목은 경계에 닿지 않도록 필지의 중앙에 제도한다. 다만, 1필지의 토지의 형상이 좁고 길어서 필지의 중앙에 제도하기가 곤란한 때에는 가로쓰기가 되도록 도면을 왼쪽 또는 오른쪽으로 돌려서 제도할 수 있다.
② 지번 및 지목을 제도할 때에는 지번 다음에 지목을 제도한다. 이 경우 2밀리미터 이상 3밀리미터 이하 크기의 명조체로 하고, 지번의 글자 간격은 글자크기의 4분의 1정도, 지번과 지목의 글자 간격은 글자크기의 2분의 1정도 띄어서 제도한다. 다만, 부동산종합공부시스템이나 레터링으로 작성할 경우에는 고딕체로 할 수 있다.
③ 1필지의 면적이 작아서 지번과 지목을 필지의 중앙에 제도할 수 없는 때에는 ㄱ, ㄴ, ㄷ... ㄱ¹, ㄴ¹, ㄷ¹... ㄱ², ㄴ², ㄷ²... 등으로 부호를 붙이고, 도곽선 밖에 그 부호·지번 및 지목을 제도한다. 이 경우 부호가 많아서 그 도면의 도곽선 밖에 제도할 수 없는 때에는 별도로 부호도를 작성할 수 있다.
④ 부동산종합공부시스템에 따라 지번 및 지목을 제도할 경우에는 제2항 중 글자의 크기에 대한 규정과 제3항을 적용하지 아니할 수 있다.

18. 지적도면에 등록하는 선 중에서 동·리의 행정구역선의 폭은 얼마로 해야 하는가?

① 0.1mm   ② 0.2mm
③ 0.3mm   ④ 0.4mm

해설 도면에 등록할 행정구역선은 0.4밀리미터 폭으로 제도한다. 다만, 동·리의 행정구역선은 0.2밀리미터 폭으로 제도한다.

19. 도면에 등록하는 경계, 지적기준점, 행정구역선의 제도 시 폭에 대한 크기가 옳게 짝지어진 것은?

① 경계는 0.1mm, 행정구획선은 0.2mm
② 지적기준점은 0.2mm, 행정구역선은 0.1mm
③ 지적기준점은 0.2mm, 행정구역선은 0.4mm
④ 경계는 0.2mm, 지적기준점은 0.1mm

해설 [구역선 폭의 기준]
경계는 0.1mm, 동리의 행정구역선은 0.2mm, 동·리를 제외한 행정구역선 0.4mm, 삼각점 및 지적기준점은 0.2mm 폭으로 제도

20. 지번과 지목의 제도방법에 대한 설명으로 옳지 않은 것은?

① 지번과 지목의 글자간격은 글자크기의 1/3 정도 띄워서 제도한다.
② 지번의 글자간격은 글자크기의 1/4 정도가 되도록 제도한다.
③ 지번과 지목은 2mm 이상 3mm 이하의 크기로 제도한다.
④ 지번과 지목이 경계에 닿지 않도록 필지의 중앙에 제도한다.

해설 [지적업무 처리규정 제42조(지번과 지목의 제도)]
① 지번 및 지목은 경계에 닿지 않도록 필지의 중앙에 제도한다. 다만, 1필지의 토지의 형상이 좁고 길어서 필지의 중앙에 제도하기가 곤란한 때에는 가로쓰기가 되도록 도면을 왼쪽 또는 오른쪽으로 돌려서 제도할 수 있다.
② 지번 및 지목을 제도할 때에는 지번 다음에 지목을 제도한다. 이 경우 2밀리미터 이상 3밀리미터 이하 크기의 명조체로 하고, 지번의 글자 간격은 글자크기의 4분의 1정도, 지번과 지목의 글자 간격은 글자크기의 2분의 1정도 띄어서 제도한다. 다만, 부동산종합공부시스템이나 레터링으로 작성할 경우에는 고딕체로 할 수 있다.
③ 1필지의 면적이 작아서 지번과 지목을 필지의 중앙에 제도할 수 없는 때에는 ㄱ, ㄴ, ㄷ... ㄱ¹, ㄴ¹, ㄷ¹... ㄱ², ㄴ², ㄷ²... 등으로 부호를 붙이고, 도곽선 밖에 그 부호·지번 및 지목을 제도한다. 이 경우 부호가 많아서 그 도면의 도곽선 밖에 제도할 수 없는 때에는 별도로 부호도를 작성할 수 있다.
④ 부동산종합공부시스템에 따라 지번 및 지목을 제도할 경우에는 제2항 중 글자의 크기에 대한 규정과 제3항을 적용하지 아니할 수 있다.

21. 지번과 지목의 제도에 대한 설명으로 적합하지 않은 것은?

① 지번은 고딕체, 지목은 명조체로 제도한다.
② 지번과 지목은 필지가 적은 경우 부호로 표기할 수 있다.
③ 지번은 필지의 중앙에 제도한다.
④ 필지가 좁고 길게 된 경우 왼쪽 또는 오른쪽으로 돌려 제도할 수 있다.

해설 [지적업무 처리규정 제42조(지번과 지목의 제도)]
① 지번 및 지목은 경계에 닿지 않도록 필지의 중앙에 제도한다. 다만, 1필지의 토지의 형상이 좁고 길어서 필지의 중앙에 제도하기가 곤란한 때에는 가로쓰기가 되도록 도면을 왼쪽 또는 오른쪽으로 돌려서 제도할 수 있다.
② 지번 및 지목을 제도할 때에는 지번 다음에 지목을 제도한다. 이 경우 2밀리미터 이상 3밀리미터 이하 크기의 명조체로 하고, 지번의 글자 간격은 글자크기의 4분의 1정도, 지번과 지목의 글자 간격은 글자크기의 2분의 1정도 띄어서 제도한다. 다만, 부동산종합공부시스템이나 레터링으로 작성할 경우에는 고딕체로 할 수 있다.
③ 1필지의 면적이 작아서 지번과 지목을 필지의 중앙에 제도할 수 없는 때에는 ㄱ, ㄴ, ㄷ... ㄱ¹, ㄴ¹, ㄷ¹... ㄱ², ㄴ², ㄷ²... 등으로 부호를 붙이고, 도곽선 밖에 그 부호·지번 및 지목을 제도한다. 이 경우 부호가 많아서 그 도면의 도곽선 밖에 제도할 수 없는 때에는 별도로 부호도를 작성할 수 있다.
④ 부동산종합공부시스템에 따라 지번 및 지목을 제도할 경우에는 제2항 중 글자의 크기에 대한 규정과 제3항을 적용하지 아니할 수 있다.

22. 지적도에 지번 및 지목을 제도할 때 글자 크기는?

① 0.5mm 이상~1.0mm 이하
② 1.0mm 이상~2.0mm 이하
③ 2.0mm 이상~3.0mm 이하
④ 3.0mm 이상~4.0mm 이하

해설 [지적업무 처리규정 제42조(지번과 지목의 제도)]
① 지번 및 지목은 경계에 닿지 않도록 필지의 중앙에 제도한다. 다만, 1필지의 토지의 형상이 좁고 길어서 필지의 중앙에 제도하기가 곤란한 때에는 가로쓰기가 되도록 도면을 왼쪽 또는 오른쪽으로 돌려서 제도할 수 있다.
② 지번 및 지목을 제도할 때에는 지번 다음에 지목을 제도한다. 이 경우 2밀리미터 이상 3밀리미터 이하 크기의 명조체로 하고, 지번의 글자 간격은 글자크기의 4분의 1정도, 지번과 지목의 글자 간격은 글자크기의 2분의 1정도 띄어서 제도한다. 다만, 부동산종합공부시스템이나 레터링으로 작성할 경우에는 고딕체로 할 수 있다.
③ 1필지의 면적이 작아서 지번과 지목을 필지의 중앙에 제도할 수 없는 때에는 ㄱ, ㄴ, ㄷ... ㄱ¹, ㄴ¹, ㄷ¹... ㄱ², ㄴ², ㄷ²... 등으로 부호를 붙이고, 도곽선 밖에 그 부호·지번 및 지목을 제도한다. 이 경우 부호가 많아서 그 도면의 도곽선 밖에 제도할 수 없는 때에는 별도로 부호도를 작성할 수 있다.

④ 부동산종합공부시스템에 따라 지번 및 지목을 제도할 경우에는 제2항 중 글자의 크기에 대한 규정과 제3항을 적용하지 아니할 수 있다.

23. 지번 및 지목을 제도하는 때에 지번과 지목의 글자간격은 글자크기의 어느 정도를 띄어서 제도하는가?

① 글자크기의 1/2
② 글자크기의 1/3
③ 글자크기의 1/4
④ 글자크기의 1/5

해설 [지적업무 처리규정 제42조(지번과 지목의 제도)]
① 지번 및 지목은 경계에 닿지 않도록 필지의 중앙에 제도한다. 다만, 1필지의 토지의 형상이 좁고 길어서 필지의 중앙에 제도하기가 곤란한 때에는 가로쓰기가 되도록 도면을 왼쪽 또는 오른쪽으로 돌려서 제도할 수 있다.
② 지번 및 지목을 제도할 때에는 지번 다음에 지목을 제도한다. 이 경우 2밀리미터 이상 3밀리미터 이하 크기의 명조체로 하고, 지번의 글자 간격은 글자크기의 4분의 1정도, 지번과 지목의 글자 간격은 글자크기의 2분의 1정도 띄어서 제도한다. 다만, 부동산종합공부시스템이나 레터링으로 작성할 경우에는 고딕체로 할 수 있다.
③ 1필지의 면적이 작아서 지번과 지목을 필지의 중앙에 제도할 수 없는 때에는 ㄱ, ㄴ, ㄷ, ... ㄱ¹, ㄴ¹, ㄷ¹, ... ㄱ², ㄴ², ㄷ²... 등으로 부호를 붙이고, 도곽선 밖에 그 부호·지번 및 지목을 제도한다. 이 경우 부호가 많아서 그 도면의 도곽선 밖에 제도할 수 없는 때에는 별도로 부호도를 작성할 수 있다.
④ 부동산종합공부시스템에 따라 지번 및 지목을 제도할 경우에는 제2항 중 글자의 크기에 대한 규정과 제3항을 적용하지 아니할 수 있다.

24. 지적기준점 등의 제도에 관한 설명으로 옳은 것은?

① 삼각점 및 지적기준점은 0.1mm 폭의 선으로 제도한다.
② 지적삼각점은 직경 3mm의 원으로 제도하고 원 안에 십자선을 표시한다.
③ 지적삼각보조점은 직경 2mm의 원으로 제도하고 원 안에 십자선을 표시한다.
④ 지적도근점은 직경 1mm, 2mm의 2중원으로 제도한다.

해설 [지적업무처리규정 제44조(행정구역선의 제도)]
1. 위성기준점은 직경 2밀리미터 및 3밀리미터의 2중원 안에 십자선을 표시하여 제도한다.
2. 1등 및 2등삼각점은 직경 1밀리미터, 2밀리미터 및 3밀리미터의 3중원으로 제도한다. 이 경우 1등삼각점은 그 중심원 내부를 검은색으로 엷게 채색한다.
3. 3등 및 4등삼각점은 직경 1밀리미터 및 2밀리미터의 2중원으로 제도한다. 이 경우 3등삼각점은 그 중심원 내부를 검은색으로 엷게 채색한다.
4. 지적삼각점 및 지적삼각보조점은 직경 3밀리미터의 원으로 제도한다. 이 경우 지적삼각점은 원안에 십자선을 표시하고, 지적삼각보조점은 원안에 검은색으로 엷게 채색한다.
5. 지적도근점은 직경 2밀리미터의 원으로 다음과 같이 제도한다.
6. 지적기준점의 명칭과 번호는 그 지적기준점의 윗부분에 2밀리미터 이상 3밀리미터 이하 크기의 명조체로 제도한다. 다만, 레터링으로 작성할 경우에는 고딕체로 할 수 있으며 경계에 닿는 경우에는 다른 위치에 제도할 수 있다.

25. 직경 3mm의 원 안에 십자선(+)을 표시하여 제도하는 것은?

① 지적삼각점
② 지적삼각보조점
③ 지적도근점
④ 위성기준점

해설 [지적업무처리규정 제44조(행정구역선의 제도)]
1. 위성기준점은 직경 2밀리미터 및 3밀리미터의 2중원 안에 십자선을 표시하여 제도한다.
2. 1등 및 2등삼각점은 직경 1밀리미터, 2밀리미터 및 3밀리미터의 3중원으로 제도한다. 이 경우 1등삼각점은 그 중심원 내부를 검은색으로 엷게 채색한다.
3. 3등 및 4등삼각점은 직경 1밀리미터 및 2밀리미터의 2중원으로 제도한다. 이 경우 3등삼각점은 그 중심원 내부를 검은색으로 엷게 채색한다.
4. 지적삼각점 및 지적삼각보조점은 직경 3밀리미터의 원으로 제도한다. 이 경우 지적삼각점은 원 안에 십자선을 표시하고, 지적삼각보조점은 원 안에 검은색으로 엷게 채색한다.
5. 지적도근점은 직경 2밀리미터의 원으로 다음과 같이 제도한다.
6. 지적기준점의 명칭과 번호는 그 지적기준점의 윗부분에 2밀리미터 이상 3밀리미터 이하 크기의 명조체로 제도한다. 다만, 레터링으로 작성할 경우에는 고딕체로 할 수 있으며 경계에 닿는 경우에는 다른 위치에 제도할 수 있다.

26. 지적도근점은 직경 몇 밀리미터의 원으로 제도하는가?

① 1.5mm
② 2.0mm
③ 2.5mm
④ 3.0mm

> **해설** [지적업무처리규정 제44조(행정구역선의 제도)]
> 1. 지적도근점은 직경 2밀리미터의 원으로 다음과 같이 제도한다.
> 2. 지적기준점의 명칭과 번호는 그 지적기준점의 윗부분에 2밀리미터 이상 3밀리미터 이하 크기의 명조체로 제도한다.

27. 지적기준점의 제도방법(기준)이 옳은 것은?

① 위성기준점은 직경 2mm 및 3mm의 2중원 안에 검은색으로 옅게 채색하여 제도한다.
② 지적삼각점은 직경 3mm의 원 안에 검은색으로 옅게 채색하여 제도한다.
③ 지적삼각보조점은 직경 3mm의 원 안에 십자선을 표시하여 제도한다.
④ 지적도근점은 직경 2mm 원으로 제도한다.

> **해설** [지적업무처리규정 제44조(행정구역선의 제도)]
> 1. 위성기준점은 직경 2밀리미터 및 3밀리미터의 2중원 안에 십자선을 표시하여 제도한다.
> 2. 1등 및 2등삼각점은 직경 1밀리미터, 2밀리미터 및 3밀리미터의 3중원으로 제도한다. 이 경우 1등삼각점은 그 중심원 내부를 검은색으로 옅게 채색한다.
> 3. 3등 및 4등삼각점은 직경 1밀리미터 및 2밀리미터의 2중원으로 제도한다. 이 경우 3등삼각점은 그 중심원 내부를 검은색으로 옅게 채색한다.
> 4. 지적삼각점 및 지적삼각보조점은 직경 3밀리미터의 원으로 제도한다. 이 경우 지적삼각점은 원 안에 십자선을 표시하고, 지적삼각보조점은 원 안에 검은색으로 옅게 채색한다.
> 5. 지적도근점은 직경 2밀리미터의 원으로 다음과 같이 제도한다.
> 6. 지적기준점의 명칭과 번호는 그 지적기준점의 윗부분에 2밀리미터 이상 3밀리미터 이하 크기의 명조체로 제도한다. 다만, 레터링으로 작성할 경우에는 고딕체로 할 수 있으며 경계에 닿는 경우에는 다른 위치에 제도할 수 있다.

28. 직경 3mm의 원으로 제도하고 원 안을 검은색으로 옅게 채색하여 제도하는 지적측량 기준점은?

① 지적삼각점
② 지적삼각보조점
③ 지적위성기준점
④ 지적도근점

> **해설** [지적업무처리규정 제44조(행정구역선의 제도)]
> 1. 위성기준점은 직경 2밀리미터 및 3밀리미터의 2중원 안에 십자선을 표시하여 제도한다.
> 2. 1등 및 2등삼각점은 직경 1밀리미터, 2밀리미터 및 3밀리미터의 3중원으로 제도한다. 이 경우 1등삼각점은 그 중심원 내부를 검은색으로 옅게 채색한다.
> 3. 3등 및 4등삼각점은 직경 1밀리미터 및 2밀리미터의 2중원으로 제도한다. 이 경우 3등삼각점은 그 중심원 내부를 검은색으로 옅게 채색한다.
> 4. 지적삼각점 및 지적삼각보조점은 직경 3밀리미터의 원으로 제도한다. 이 경우 지적삼각점은 원 안에 십자선을 표시하고, 지적삼각보조점은 원 안에 검은색으로 옅게 채색한다.
> 5. 지적도근점은 직경 2밀리미터의 원으로 다음과 같이 제도한다.
> 6. 지적기준점의 명칭과 번호는 그 지적기준점의 윗부분에 2밀리미터 이상 3밀리미터 이하 크기의 명조체로 제도한다. 다만, 레터링으로 작성할 경우에는 고딕체로 할 수 있으며 경계에 닿는 경우에는 다른 위치에 제도할 수 있다.

29. 행정구역의 명칭을 제도할 경우 크기로 옳은 것은?

① 2~3mm
② 3~4mm
③ 6~7mm
④ 4~6mm

> **해설** 행정구역의 명칭은 도면여백의 넓이에 따라 4밀리미터 이상 6밀리미터 이하의 크기로 경계 및 지적기준점 등을 피하여 같은 간격으로 띄어서 제도한다.

정답 26. ② 27. ④ 28. ② 29. ④

30. 실선과 허선을 각각 3mm로 연결하고 허선에 0.3mm의 점 2개를 제도하는 행정구역선은?

① 국계　　　　　② 시·도계
③ 시·군계　　　④ 동·리계

> [해설] [지적업무처리규정 제44조(행정구역선의 제도)]
> 도면에 등록할 행정구역선은 0.4밀리미터 폭으로 다음 각 호와 같이 제도한다. 다만, 동·리의 행정구역선은 0.2밀리미터 폭으로 한다.
> 1. 국계는 실선 4밀리미터와 허선 3밀리미터로 연결하고 실선 중앙에 실선과 직각으로 교차하는 1밀리미터의 실선을 긋고, 허선에 직경 0.3밀리미터의 점 2개를 제도한다.
> 2. 시·도계는 실선 4밀리미터와 허선 2밀리미터로 연결하고 실선 중앙에 실선과 직각으로 교차하는 1밀리미터의 실선을 긋고, 허선에 직경 0.3밀리미터의 점 1개를 제도한다.
> 3. 시·군계는 실선과 허선을 각각 3밀리미터로 연결하고, 허선에 0.3밀리미터의 점 2개를 제도한다.
> 4. 읍·면·구계는 실선 3밀리미터와 허선 2밀리미터로 연결하고, 허선에 0.3밀리미터의 점 1개를 제도한다.
> 5. 동·리계는 실선 3밀리미터와 허선 1밀리미터로 연결하여 제도한다.
> 6. 행정구역선이 2종 이상 겹치는 경우에는 최상급 행정구역선만 제도한다.
> 7. 행정구역선은 경계에서 약간 띄워서 그 외부에 제도한다.

31. 지적도면에 등록하는 동·리의 행정구역선 폭은?

① 0.1mm　　　　② 0.2mm
③ 0.3mm　　　　④ 0.4mm

> [해설] [지적업무처리규정 제44조(행정구역선의 제도)]
> 도면에 등록할 행정구역선은 0.4밀리미터 폭으로 제도한다. 다만, 동·리의 행정구역선은 0.2밀리미터 폭으로 제도한다.

32. 지적도면에 등록하는 행정구역선 중 시·도계에 대한 설명으로 맞는 것은?

① 실선 4mm와 허선 2mm를 연결하고 실선 중앙에 1mm로 교차하며, 허선에 직경 0.3mm 점 1개를 제도한다.
② 실선 3mm와 허선 2mm를 연결하고 실선 중앙에 1mm로 교차하며, 허선에 직경 0.3mm 점 1개를 제도한다.
③ 실선 4mm와 허선 3mm를 연결하고 실선 중앙에 1mm로 교차하며, 허선에 직경 0.3mm 점 2개를 제도한다.
④ 실선 4mm와 허선 2mm로 연결하고 실선 중앙에 2mm로 교차하며, 허선에 직경 0.1mm 점 2개를 제도한다.

> [해설] [지적업무처리규정 제44조(행정구역선의 제도)]
> 도면에 등록할 행정구역선은 0.4밀리미터 폭으로 다음 각 호와 같이 제도한다. 다만, 동·리의 행정구역선은 0.2밀리미터 폭으로 한다.
> 1. 국계는 실선 4밀리미터와 허선 3밀리미터로 연결하고 실선 중앙에 실선과 직각으로 교차하는 1밀리미터의 실선을 긋고, 허선에 직경 0.3밀리미터의 점 2개를 제도한다.
> 2. 시·도계는 실선 4밀리미터와 허선 2밀리미터로 연결하고 실선 중앙에 실선과 직각으로 교차하는 1밀리미터의 실선을 긋고, 허선에 직경 0.3밀리미터의 점 1개를 제도한다.
> 3. 시·군계는 실선과 허선을 각각 3밀리미터로 연결하고, 허선에 0.3밀리미터의 점 2개를 제도한다.
> 4. 읍·면·구계는 실선 3밀리미터와 허선 2밀리미터로 연결하고, 허선에 0.3밀리미터의 점 1개를 제도한다.
> 5. 동·리계는 실선 3밀리미터와 허선 1밀리미터로 연결하여 제도한다.
> 6. 행정구역선이 2종 이상 겹치는 경우에는 최상급 행정구역선만 제도한다.
> 7. 행정구역선은 경계에서 약간 띄워서 그 외부에 제도한다.

33. 지적도에 등재하는 색인도의 크기는?

① 가로 5mm, 세로 4mm　② 가로 6mm, 세로 5mm
③ 가로 7mm, 세로 6mm　④ 가로 8mm, 세로 7mm

> [해설] 색인도는 도곽선의 왼쪽 윗부분 여백의 중앙에 가로 7밀리미터, 세로 6밀리미터 크기의 직사각형을 중앙에 두고 그의 4변에 접하여 같은 규격으로 4개의 직사각형을 제도한다.

34. 임야도 작성시 구계(區界)와 동계(洞界)가 겹치는 경우에는 어떻게 하는가?

① 구계만 그린다.
② 동계만 그린다.
③ 구계와 동계를 겹쳐 그린다.
④ 필지 경계만 그린다.

정답 30. ③ 31. ② 32. ① 33. ③ 34. ①

해설 ① 행정구역선이 2종 이상 겹치는 경우 최상위 행정구역선만 제도
② 구계와 동계가 겹치는 경우 구계만 작도

35. 다음은 지적도면에 등록할 사항이다. 해당되지 않는 것은?

① 도면의 색인도
② 도면의 제명 및 축척
③ 좌표
④ 좌표에 의해 계산된 경계점 간 거리

해설 지적도면 등의 등록사항은 도면의 색인도, 도면의 제명 및 축척, 도곽선과 그 수치, 좌표에 의하여 계산된 경계점 간의 거리, 삼각점 및 지적기준점의 위치, 건축물 및 구조물 등의 위치이다.

36. 지적도를 작성할 때 사용되는 측량결과도 용지의 규격은?

① 가로 540±0.5mm, 세로 440±0.5mm
② 가로 540±1.5mm, 세로 440±1.5mm
③ 가로 520±0.5mm, 세로 420±0.5mm
④ 가로 520±1.5mm, 세로 420±1.5mm

해설 측량결과도 용지의 규격은 가로 520±1.5mm, 세로 420±1.5mm

37. 일람도, 지적도, 임야도 등을 정리할 때 검은색으로 제도해야 하는 것은?

① 경계의 말소선
② 일람도상의 철도용지
③ 일람도상의 큰 도로
④ 도곽선 및 도곽선수치

해설 [일람도의 제도 기준]
• 도곽선은 0.1밀리미터의 폭
• 도면번호는 3밀리미터의 크기
• 인접 동·리 명칭은 4밀리미터
• 지방도로 이상은 검은색 0.2밀리미터폭의 2선, 그 밖의 도로는 0.1밀리미터 폭으로 제도
• 철도용지는 붉은색 0.2밀리미터 폭의 2선으로 제도
• 수도용지 중 선로는 남색 0.1밀리미터 폭의 2선으로 제도

• 하천, 구거, 유지는 남색 0.1밀리미터의 폭으로 제도하고 내부를 남색으로 엷게 채색
• 취락지, 건물 등은 0.1밀리미터 폭으로 제도하고 내부를 검은색으로 엷게 채색

38. 측량준비도 작성 시 검은색으로 제도하여야 할 사항은?

① 도곽신축량
② 보정계수
③ 지적기준점
④ 도곽선수치

해설 [지적업무 처리규정 제18조(측량준비파일의 작성)]
① 평판측량방법 또는 전자평판측량방법으로 세부측량을 하고자 할 때에는 측량준비파일을 작성하여야 하며, 부득이한 경우 측량준비도면을 연필로 작성할 수 있다.
② 측량준비파일을 작성하고자 하는 때에는 지적기준점 및 그 번호와 좌표는 검은색으로, 도곽선 및 그 수치와 지적기준점 간 거리는 붉은색으로, 그 외는 검은색으로 작성한다.

39. 측량준비도 작성 시 틀리게 연결된 것은?

① 측량기준점 – 검은색
② 도곽선수치 – 붉은색
③ 보정계수 – 붉은색
④ 측량기준점 간 거리 – 붉은색

해설 측량준비파일을 작성하고자 하는 때에는 지적기준점 및 그 번호와 좌표는 검은색, 도곽선 및 그 수치와 지적기준점간 거리는 붉은색으로 그 외는 검은색으로 작성한다.

40. 지적공부 작성에 대한 설명 중 도면의 작성방법에 해당되지 않는 것은?

① 직접자사법
② 간접자사법
③ 정밀복사법
④ 전자자동제도법

해설 도면의 작성방법에는 직접자사법, 간접자사법, 전자자동제도법 등이 있다. 도면 작성에는 아무리 정밀하더라도 복사물을 허용하지는 않는다.

정답 35. ③ 36. ④ 37. ③ 38. ③ 39. ④ 40. ③

2 PART

제 2 과목
응용측량

01 거리측량
02 수준측량
03 GPS 측량
04 지형측량
05 면체적 측량
06 터널측량
07 노선측량
08 사진측량
09 지하시설물 측량

CHAPTER 01 거리측량

1 개념

- 거리측량은 2점간의 거리를 직접 또는 간접으로 1회 또는 여러 회로 나누어 측량하는 것
- 넓은 범위의 측량을 대상으로 하지 않는 경우에 사용
- 측량에서 말하는 거리는 수평거리(horizontal distance)
- 때로는 경사거리(inclined distance)를 측정하는 경우도 있음
- 지도를 그리거나 면적을 계산할 때에는 반드시 수평거리로 고쳐야 함
- 관측 가능한 거리는 경사거리이므로 기준평면에 투영한 수평 거리로 환산하여 사용

2 거리 관측의 분류

(1) 직접거리 측량

보폭, 목측, 줄자, 측쇄 등을 이용하여 직접 거리를 관측하는 방법
① 보측(by pacing)
② 목측
③ 줄자(tape)
④ 측쇄(chain) : 강철선 1개를 1링크, 100링크를 1체인(20m, 66피이트)
⑤ Pole(2~5m, 20~30cm 폭의 빨간색, 흑색)

(2) 간접거리 측량

기구 등을 이용하여 전파, 광학, 삼각 및 기하학적 방법으로 거리를 간접적으로 구하는 방법 → 측량목적, 필요 정도, 경비, 지형의 조건 등을 고려하여 선택
① 직교기선법
② 수평표척(substens bar)

③ 평판(plane table에서 alidade를 이용)
④ 시거법(transit나 tacheometer에 의한 방법)
⑤ 거리계(rangefinder)에 의한 방법
⑥ 음측
⑦ 전자기파거리관측법
- 전파거리측량기(tellurometer 등)
- 광파거리측량기(geodimeter 등)
⑧ 사진측량
⑨ 초장기선간섭계(VLBI)
⑩ GPS(Global Positioning System)를 이용한 거리측정

3 직접거리측량

(1) 보측(by pacing)(약측)
보행의 보수로서 거리를 개략적으로 측정하는 방법

(2) 목측(약측)
눈대중에 의해 거리를 개략적으로 측정하는 방법

(3) 윤정계(odometer)에 의한 방법(약측)
자동차의 차륜이나 자동차에 부착된 거리측정바퀴에 의한 거리 측정방법. 정밀도 1/200

(4) 거리측정시 주의사항
- Tape는 수평으로 한다.
- Tape 측정시 바람의 영향에 주의한다.
- 같은 거리를 최소한 2회 이상 측정하고 측정값을 확정한다.

(5) 경사지의 거리측정
산지나 농지를 측량할 경우 경사가 5° 이내이면 비탈거리를 수평거리로 사용해도 무방하다.

1) 강측법(Chaining Downhill Method)
수평거리를 단계적으로 높은 지점에서 낮은 지점으로 측정

2) 등측법(Chaining Uphill Method)

강측법과 반대로 수평거리를 단계적으로 낮은 지점에서 높은 지점으로 측정

3) 비탈거리를 수평거리로 환산

경사거리와 각을 알고 있다면 수평거리를 구할 수 있다.

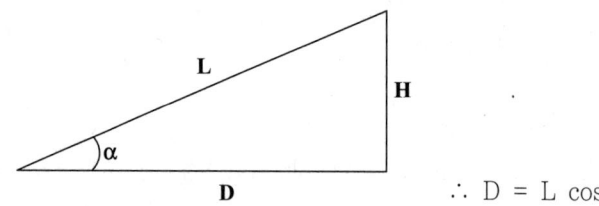

$$\therefore D = L \cos \alpha$$

L : 사거리, D : 수평거리

4 간접거리측량

구하고자 하는 거리를 직접 측정하지 않고 다른 거리나 각을 측정하여 삼각법과 같은 기하학적 관계식에 의해 구하는 방법

(1) 음측(약측)

음속은 기온 0℃ 일 때 331m/sec 이며 기온이 1℃ 올라갈 때마다 0.609m 증가한다. → 따라서 t℃ 일 때 음속은 331+0.609t 임 → 소리가 목표물까지 도달하는 시간을 초시계로 측정하고 기온을 측정하면 거리를 측정할 수 있다.

(2) 시각법(Visual angle method)(약측)

닮은 삼각형의 원리를 이용하여 거리를 측정하는 방법

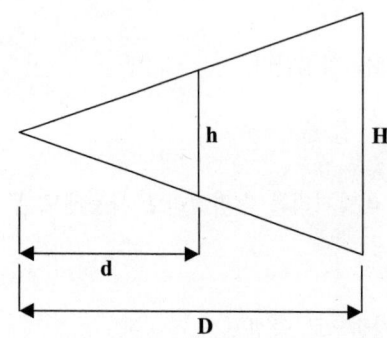

$$h : H = d : D \quad \therefore D = \frac{d}{h}H$$

(3) 측거의(Range Finder)에 의한 방법(약측)

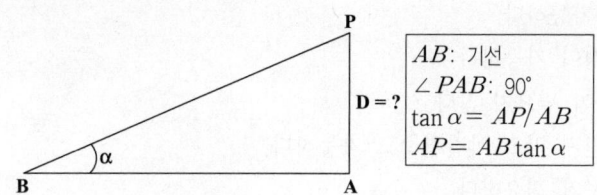

AB: 기선
$\angle PAB$: 90°
$\tan \alpha = AP/AB$
$AP = AB \tan \alpha$

(4) 전자파거리 측량기(EDM)에 의한 거리관측법

- 적외선, 가시광선, Laser, Microwave 등 전자파 이용
- 반사파의 위상과 발사파의 위상차로부터 거리를 구하는 장치

	광파거리 측량기	전파거리 측량기
반송파	적외선, 레이저광선, 가시광선	극초단파
장비구성	기계와 반사경	주국과 종국
관측범위	• 단거리용(적외선, 가시광선) – 5Km 이내 • 중거리용(레이져광선) – 60Km 이내	장거리용 – 40~50Km에 유리
정확도	±(5mm + 5ppm) 내외	±(15mm + 5ppm) 이내
대표기종	Geodimeter(스웨덴)	Tellurometer(남아공)
장점	• 정확도가 높다. • 경량, 작업신속, 트랜싯과 병용가능 • 측점부근 장애물에 영향을 받지 않음.	• 장거리관측에 적합 • 기상(안개, 가벼운 비)이나 지형의 시통성에 큰 영향을 받지 않음.
단점	기상이나 지형의 시통성에 영향을 받음.	• 단거리 관측시 정확도가 비교적 낮음. • 움직이는 장애물, 송전선부근 지연, 반사파 등의 간섭을 받음.
최소인원	1명(목표지점에 반사경 설치)	2명(주국, 종국)
조작시간	한변 10~20분(1회 관측시간 8초 이내)	한변 20~30분(1회 관측시간 30초 내외)

(5) 항공사진 측량(Aerial Photogrammetry)에 의한 거리 측정 방법

① 고정밀 측량이 가능하다.
② 장거리 거리 측정이 가능하다.
③ 관측점과의 시통이 필요치 않다.
④ 기하학적 위치 보정을 위한 각종 자료(비행자료, 지상기준점 자료 등)가 필요
⑤ 야간 측량이 불가능하고 기상의 영향을 받는다.
⑥ 측량비용이 많이 든다.
⑦ 입체 사진을 이용해 3차원 측량이 가능하다.

(6) GPS(Global Positioning Systems)를 이용한 거리 측정 방법

① 고 정밀 측량이 가능하다.
② 장거리 거리 측정이 가능하다.
③ 관측점과의 시통이 필요치 않다.
④ 날씨의 영향을 받지 않고 야간관측도 가능하다.
⑤ 위성의 궤도 정보가 필요하다.
⑥ WGS84 좌표체계로 얻어지므로 지역 좌표체계로의 변환이 필요하다.
⑦ C/A(Coarse Acquisition Code) 코드(진동수 1.023 MHz, 파장 약 300m)와 P(Presice Code) 코드(진동수 10.23MHz, 파장 약 30m)로 대별
⑧ C/A 코드는 민간용 코드이며 정밀도가 낮으며, P 코드는 군사용 코드로써 정밀도가 높으며 민간에게는 개방이 안되어 있다.

5 직접거리 측량의 오차원인과 그 보정

(1) 거리측량의 오차

1) 정오차의 원인

① 테이프의 길이가 표준길이보다 짧거나 길 때(표준척보정)
② 측정을 정확한 일직선상에서 하지 않을 때(경사보정)
③ 테이프가 바람 혹은 초목에 걸쳐서 직선이 안되었을 때(경사보정)
④ 경사지 측정에 테이프가 정확하게 직선이 안되었을 때(경사보정)
⑤ 테이프가 처져서 생긴 오차(처짐보정)
⑥ 테이프에 가하는 힘이 검정시의 장력보다 항상 크거나 적을 때(장력보정)
⑦ 측정시 온도와 검정시 온도가 동일하지 않을 때(온도보정)

2) 우연오차의 원인

① 정확한 잣눈을 읽지 못하거나 위치를 정확하게 표시 못했을 때
② 온도나 습도가 측정 중에 때때로 변했을 때
③ 측정 중 일정한 장력을 확보하기 곤란하기 때문에
④ 한 잣눈의 끝수를 정확하게 읽기 곤란하기 때문에

(2) 거리측량의 오차 보정

1) 테이프 길이가 정확하지 않을 경우의 정수보정

① 길이보정

테이프의 길이가 표준길이보다 짧을 경우 (−), 길 경우 (+) 값으로 한다.

$$\text{식}\quad C_0 = \pm \left(\frac{\varepsilon}{L}\right)l, \quad l_0 = l \pm C_0 = l\left(1 \pm \frac{\varepsilon}{L}\right)$$

여기에서, C_0 : 표준자에 대한 보정량　　l_0 : 표준자에 대한 보정길이
　　　　　L : 사용한 줄자 길이　　　　l : 관측된 길이
　　　　　ε : 표준자에 대한 쇠줄자의 길이 차, 즉 특성 값(정수)

② 면적보정

$$\text{식}\quad C_0 = \pm \left(\frac{\varepsilon}{L}\right)A, \quad A_0 = A \pm C_0 = A\left(1 \pm \frac{\varepsilon}{L}\right)$$

여기에서, C_0 : 표준자에 대한 보정량　　A_0 : 표준자에 대한 보정면적
　　　　　L : 사용한 줄자 길이　　　　A : 관측된 면적
　　　　　ε : 표준자에 대한 쇠줄자의 길이 차, 즉 특성값(정수)

2) 온도보정

$$\text{식}\quad C_t = +\alpha L(t - t_0), \quad \text{정확한 거리 } L_o = L \pm C_t$$

여기에서, C_t : 온도 보정량　　　α : 자의 선팽창율(보통 0.000012/℃)　　L : 실측거리
　　　　　t : 측정시의 평균온도　t_o : 표준온도(보통 15℃)

3) 경사보정

① 고저차를 잰 경우

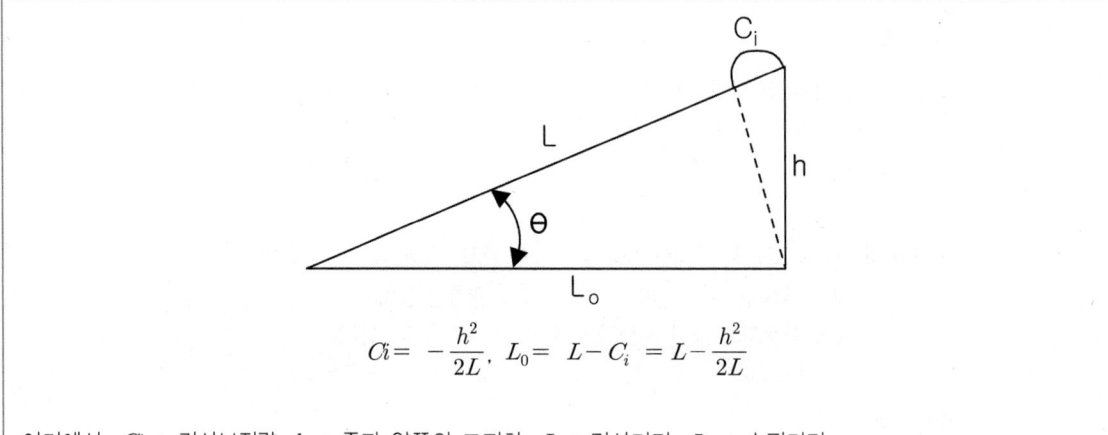

$$Ci = -\frac{h^2}{2L}, \quad L_0 = L - Ci = L - \frac{h^2}{2L}$$

여기에서, Ci : 경사보정량, h : 줄자 양쪽의 고저차, L : 경사거리, L_0 : 수평거리

② 경사각을 관측한 경우

$$\boxed{식} \quad L_i = -2L \sin^2\left(\frac{\alpha}{2}\right), \quad L_0 = L - 2L \sin^2\left(\frac{\alpha}{2}\right)$$

여기에서, L_i : 경사보정치, L_o : 정확한 거리, α : 경사각

4) 장력보정

$$\boxed{식} \quad \Delta P = \pm \frac{(P - P_0)L}{AE}, \quad L_0 = L \pm \Delta P$$

여기에서, ΔP : 장력에 대한 보정량　　L : 실측한 길이
　　　　　L_o : 정확한 거리　　　　　　P : 측정시의 장력(kg)
　　　　　P_0 : 표준 장력(10kg)　　　　A : 테이프의 단면적(cm²)
　　　　　E : 테이프의 탄성계수(보통 2,000,000Kg/cm²)

5) 처짐보정

$$\Delta S = L - l = -\frac{L}{24}\left(\frac{Wl}{P}\right)^2, \quad L_0 = L - \Delta S$$

여기에서, ΔS : 처짐에 대한 보정량, L : 실측한 길이, L_o : 정확한 거리
W : 쇠줄자의 자중(kg/m), l : 말뚝 사이의 거리, P : 실측시에 당기는 힘, 즉 장력(Kg)

6) 평균해수면 상의 길이에 대한 보정

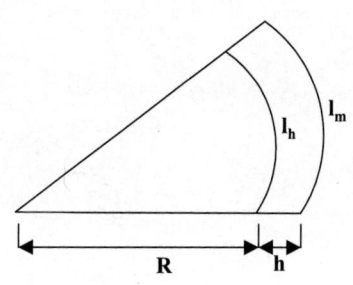

$$C_h = -\frac{LH}{R}, \quad L_0 = L - \frac{LH}{R}$$

여기에서, C_h : 평균 해수면 상의 길이에 대한 보정량, R : 지구의 반지름
h : 기선의 높이(평균표고), L_0 : 평균 해수면 상의 길이에 대한 보정길이
L : 모든 보정이 끝난 기선길이의 평균값

(3) 전 길이에 대한 오차 보정

정오차는 주로 거리의 길이, 관측횟수에 비례, 우연오차는 관측횟수의 제곱근에 비례

1) 전 길이의 정오차

$$e_1 = \frac{L}{l}\delta_1$$

e_1 : 전 길이의 정오차, L : 측정전 길이, l : 테이프의 길이, δ_1 : 정오차(누적오차)

2) 전 길이의 우연오차

$$e_2 = \delta_2 \sqrt{\frac{L}{l}}$$

e_2 : 전 길이의 우연오차, L : 측정전 길이, l : 테이프의 길이, δ_2 : 우연오차

3) 전 길이의 오차

$$\delta = e_1 \pm e_2$$

CHAPTER 01 거리측량

01. 토탈스테이션의 일반적인 기능이 아닌 것은?

① EDM이 가지고 있는 거리 측정 기능
② 각과 거리 측정에 의한 좌표계산 기능
③ 3차원 형상을 스캔하여 체적을 구하는 기능
④ 디지털 데오도라이트가 갖고 있는 측량기능

> **해설** [Total Station(토탈스테이션)]
> ① 거리와 각도를 동시에 관측할 수 있는 기능을 갖춘 측량기
> ② 전자식 데오도라이트와 광파거리측량기를 조합한 측량기
> ③ 좌표계산, 표고점 추출, 제도의 기능을 합성한 만능측량기

02. 토탈스테이션이 많이 활용되는 측량작업이 아닌 것은?

① 지형 측량과 같이 많은 점의 평면 및 표고좌표가 필요한 측량
② 고정밀도를 요하는 정밀측량 및 지각변동관측측량
③ 거리와 각을 동시에 관측하면 작업효율이 높아지는 트래버스 측량
④ 종·횡단측량이 필요한 노선측량

> **해설** 토탈스테이션은 고정밀도를 요하는 정밀측량 및 지각변동관측측량에 적합하지 않다. 지각변동관측 등의 정밀측량에는 VLBI(초장기선간섭계), SLR(위성레이저추적기술) 등의 우주측지기술이 적합하다.

03. 전자파거리측량기(EDM)에서 발생되는 오차 중 거리에 비례하여 나타나는 것은?

① 위상차 측정오차
② 반사프리즘의 구심오차
③ 반사프리즘 정수의 오차
④ 변조주파수의 오차

> **해설** [광파거리측량기의 오차]
> ① 거리에 비례하는 오차
> 광속도 오차, 광변조 주파수의 오차, 굴절률의 오차
> ② 거리에 비례하지 않는 오차
> 측정기의 정수, 반사경 정수의 오차, 위상차 측정오차, 측정기와 반사경의 구심오차

04. 전자파 거리측량기의 위상차 관측방법이 아닌 것은?

① 위상지연방법
② 위상변위방법
③ 진폭변조방법
④ 디지털 측정법

> **해설** 위상차관측의 원리는 진폭이 일정할 때 온전한 사이클을 가진 진폭의 수를 정하고 한 사이클에 못 미치는 파장의 위상차를 결정하는 원리이므로 진폭을 변조해서는 위상차를 관측할 수 없다.

05. 토탈스테이션의 기본적인 기능과 거리가 먼 것은?

① EDM이 갖고 있는 거리 측정 기능
② 디지털 데오도라이트가 갖고 있는 각 측정 기능
③ 각과 거리 측정에 의한 좌표 계산 기능
④ 디지털구적기가 갖고 있는 면적 측정 기능

> **해설** [Total Station(토탈스테이션)]
> ① 거리와 각도를 동시에 관측할 수 있는 기능을 갖춘 측량기
> ② 전자식 데오도라이트와 광파거리측량기를 조합한 측량기
> ③ 좌표계산, 표고점 추출, 제도의 기능을 합성한 만능측량기

정답 01. ③ 02. ② 03. ④ 04. ③ 05. ④

06. 전파거리측량기보다 광파거리측량기가 많이 이용되는 이유로 틀린 것은?

① 정확도가 높다.
② 1인 측량이 가능하다.
③ 기상조건의 영향을 받지 않는다.
④ 전파거리측량기에 비해 조작시간이 짧다.

해설 광파거리측량기는 전파거리측량기보다 기상조건의 영향을 많이 받는다.

	광파거리 측량기	전파거리 측량기
반송파	적외선, 레이져광선, 가시광선	극초단파
장비구성	기계와 반사경	주국과 종국
관측범위	• 단거리용(적외선, 가시광선) – 5Km 이내 • 중거리용(레이져광선) – 60Km 이내	장거리용 – 40~50Km에 유리
정확도	±(5mm + 5ppm) 내외	±(15mm + 5ppm) 이내
대표기종	Geodimeter(스웨덴)	Tellurometer(남아공)
장점	• 정확도가 높다. • 경량, 작업신속, 트랜싯과 병용가능 • 측점부근 장애물에 영향을 받지 않는다.	• 장거리관측에 적합 • 기상이나 지형의 시통성에 큰 영향을 받지 않는다.
단점	기상이나 지형의 시통성에 영향을 받는다.	• 단거리 관측시 정확도가 비교적 낮다. • 움직이는 장애물, 송전선부근, 반사파 등의 간섭을 받는다.
최소인원	1명(목표지점에 반사경 설치)	2명(주국, 종국)
조작시간	한 변 10~20분 (1회 관측시간 8초 이내)	한 변 20~30분 (1회 관측시간 30초 내외)

07. 줄자에 의한 거리관측시 발생한 오차와 이를 보정하기 위한 조치로 옳지 않은 것은?

① 두 지점 사이의 경사오차 – 두 지점 사이의 높이차를 관측한다.
② 줄자의 길이오차 – 표준척과 사용한 줄자의 길이를 비교한다.
③ 줄자의 처짐오차 – 거리관측시 관측지역의 중력을 관측한다.
④ 장력에 따른 오차 – 거리관측시 줄자 한쪽에 용수철 저울을 달아 장력을 관측한다.

해설 줄자의 처짐오차는 관측시 줄자의 장력과 줄자의 자중을 관측하여 비교한다.

$$C_s = -\frac{L}{24} \cdot \frac{W^2 l^2}{P^2}$$

$$L_0 = L - \frac{L}{24} \cdot \frac{W^2 l^2}{P^2}$$

여기서, P : 장력(kg), W : 쇠줄자의 자중(g/m), L : AB의 길이(m), l : 등간격의 길이(m)

08. 축척 1:50,000 지형도에서 두 점의 거리가 8.0cm이었고 축척을 모르는 다른 지형도상에서 동일한 두 점간의 거리가 57.1cm라고 한다면 이 지형도의 축척은?

① 약 1:5,000
② 약 1:7,000
③ 약 1:10,000
④ 약 1:14,000

해설 ① 두 점간의 거리

$$M = \frac{1}{m} = \frac{도상거리}{실제거리} = \frac{1}{50,000} = \frac{8cm}{실제거리}$$

실제거리 $= 0.08m \times 50,000 = 4,000m$

② 축척

$$M = \frac{1}{m} = \frac{도상거리}{실제거리} = \frac{0.571}{4,000} = \frac{1}{7,005.254} ≒ \frac{1}{7,000}$$

09. 실제 두 점 사이의 거리 40m가 도상에서 2mm로서 표시될 때 축척은?

① 1/10,000
② 1/20,000
③ 1/25,000
④ 1/30,000

해설 $M = \frac{1}{m} = \frac{도상거리}{실제거리} = \frac{0.002m}{40m} = \frac{1}{20,000}$

10. 축척 1:25,000인 지형도에서 제한 기울기를 4%로 할 때 등고선 주곡선 간의 수평거리는?

① 5mm   ② 10mm
③ 20mm   ④ 40mm

해설 축척 1:25,000의 지형도에서 주곡선의 간격은 10m이다.
경사도(%) = $\dfrac{높이차}{수평거리} \times 100(\%) \Leftrightarrow i = \dfrac{h}{D} \times 100(\%)$ 에서
$D = \dfrac{100}{i} h = \dfrac{100}{4} \times 10 = 250m$
∴ 도상거리 = $\dfrac{250}{25,000} = 0.01m = 10mm$

11. 등고선 간격이 10m일 때 경사제한을 최대 5%까지의 지형으로 개발한다면, 각 등고선간의 최소 수평거리는?

① 100m   ② 200m
③ 500m   ④ 1,000m

해설 경사도(i) = $\dfrac{높이차}{수평거리} \times 100$ 이므로
$5\% = \dfrac{10m}{수평거리} \times 100\%$
∴ 수평거리 = $\dfrac{10m}{5\%} \times 100\% = 200m$

12. A점은 20m의 등고선상에 있고, B점은 30m의 등고선상에 있다. 이때 AB의 경사가 20%이면 AB의 수평거리는?

① 25m   ② 35m
③ 50m   ④ 65m

해설 경사도 = $\dfrac{높이차}{수평거리} \times 100(\%) = \dfrac{30m - 20m}{수평거리} \times 100 = 20\%$
에서 수평거리 = $10m \times \dfrac{100}{20} = 50m$

13. 50m에 대하여 11cm 늘어난 줄자로 두 점간의 거리를 관측하여 42.48m의 관측값을 얻었다면 실제 거리는?

① 42.39m   ② 42.43m
③ 42.57m   ④ 42.63m

해설 늘어나 있는 줄자로 관측한 값의 실제값은 +로, 수축된 줄자는 반대로 -로 적용한다.
$L_0 = L \pm C_0$ ∴ $C_0 = \pm \dfrac{\Delta l}{l} L$
$C_0 = \dfrac{0.11}{50} \times 42.48m = 0.093m$
$L_0 = 42.48 + 0.093 = 42.573m$

14. 거리측량을 줄자로 할 때 정오차로 볼 수 없는 것은?

① 줄자의 처짐으로 인한 오차
② 관측시의 온도가 검정시의 온도와 달라 발생하는 오차
③ 줄자의 길이가 표준길이와 달라 발생하는 오차
④ 관측시 바람이 불어 줄자가 흔들려 발생하는 오차

해설 관측시 바람이 불어 줄자가 흔들려 발생하는 오차는 부정오차로 바람이 어느 쪽에서 불어오는지, 어느 방향으로 부는지도 알 수 없고, 바람의 세기도 일정하지 않으므로 분명치 않은 원인으로 인해 발생하는 오차이다.

15. 줄자를 사용하여 거리관측을 한 결과가 50m 이었다. 이 때 줄자의 중앙이 초목으로 인하여 직선으로부터 50cm 떨어지게 굽어졌다면 거리 오차의 크기는?

① 0.05m   ② 0.04m
③ 0.02m   ④ 0.01m

해설 [경사거리에 관한 보정]
$C_i(경사보정량) = -\dfrac{h^2}{2L}$ 에서 정중앙에 초목이 있어 50cm 올라갔으므로 50m 전구간에 대해서는 1m 오차가 발생한다.
$C_i = -\dfrac{(1m)^2}{2 \times 50m} = -0.01m$

16. 평탄한 땅을 30m의 줄자로 관측한 결과 71.55m이었다. 관측에 사용된 줄자가 30m에 대해 0.05m 늘어나 있었다면 실제의 거리는?

① 71.43m   ② 71.48m
③ 71.55m   ④ 71.67m

해설 늘어나 있는 줄자로 관측한 값의 실제값은 +로, 수축된 줄자는 반대로 −로 적용한다.

$$L_0 = L \pm C_0 \quad \therefore C_0 = \pm \frac{\Delta l}{l} L$$

$$C_0 = \frac{0.05}{30} \times 71.55m = 0.12m$$

$$L_0 = 71.55 + 0.12 = 71.67m$$

17. 30m 줄자로 어떤 거리를 관측하였더니 300m 이었다. 이때 줄자가 표준길이보다 1.5㎝가 짧은 것이었다면 관측거리의 정확한 값은?

① 299.85m　　② 299.98m
③ 300.15m　　④ 301.05m

해설 표준줄자보다 짧은 줄자로 관측한 값의 실제값은 −로, 늘어난 줄자는 반대로 +로 적용한다.

$$L_0 = L \pm C_0 \quad \therefore C_0 = \pm \frac{\Delta l}{l} L$$

$$C_0 = \frac{-0.015}{30} \times 300m = -0.15m$$

$$L_0 = 300 - 0.15 = 299.85m$$

18. 거리측량에 있어서 착오(錯誤)에 대한 설명으로 옳지 않은 것은?

① 착오는 오차론에서 주로 취급하고 있다.
② 기록 또는 계산의 오류가 원인이 된다.
③ 눈금의 읽음 과실도 그 원인중의 하나이다.
④ 일반적으로 착오를 먼저 제거한 다음에 정오차를 보정한다.

해설 오차론에서 주로 취급하는 오차는 부정오차(우연오차)이다.
[오차의 성질에 따른 분류]
① 정오차(누적오차, 누차) : 오차가 일어나는 원인이 명백하고, 일정한 조건 밑에서는 일정한 크기와 방향으로 발생하는 오차, 그 원인이 조사되면 오차량을 계산하여 제거할 수 있는 오차
② 부정오차(우연오차, 상차) : 일어나는 원인이 불명확하거나 원인을 안다 하여도 직접 처리하는 방법이 불확실하고 예견할 수 없으며 관측값에 어느 정도의 영향을 주고 있는지를 알 수 없는 성질의 불규칙한 오차. 아무리 주의해도 피할 수 없고 또 계산으로 제거할 수 없으므로 통계학(최소제곱법)적으로 소거하는 방법을 사용

③ 착오 : 관측자 기술의 미숙, 심리상태의 혼란, 부주의, 착각에 의한 눈금 오독, 기장오기 등으로 발생

19. 축척 1:25,000 지형도 상에서 2지점 간의 도상거리가 10cm 이었다. 이 거리를 도상 25cm로 표현하려면 지형도의 축척은?

① 1:50,000　　② 1:25,000
③ 1:10,000　　④ 1:5,000

해설 $M = \frac{1}{m} = \frac{도상거리}{실거리} = \frac{1}{25,000} = \frac{10cm}{실거리}$

실거리 = 250,000cm

$$\frac{1}{m} = \frac{25cm}{250,000cm} = \frac{1}{10,000}$$

20. 연속적인 측량이 가능한 토털스테이션을 사용하여 등고선을 측정하는 방법에 대한 설명으로 옳지 않은 것은?

① 측점으로부터의 기계고를 측정한다.
② 프리즘의 높이는 임의로 하여 수시로 변경하는 것이 편리하다.
③ 토털스테이션을 추적모드(tracking mode)로 설정하고 측정할 등고선 높이를 입력한다.
④ 높이를 알고 있는 측점에 토털스테이션을 설치하거나, 기준점을 관측하여 측점의 높이를 결정한다.

해설 토털스테이션을 측점에 설치하여 등고선 관측시 프리즘의 높이는 등고선의 높이를 측정하는 중요한 요소이므로 수시로 변경하는 것은 좋지 않다.

21. 다음 중 마라톤 코스와 같은 표면 거리를 측정하기에 가장 적합한 기기는?

① 유리섬유테이프　　② 중량이 작은 강철자
③ 초장기선 간섭계(VLBI)　　④ 기선에서 검정된 자전거

해설 1988년도 서울올림픽 마라톤 코스를 측정할 때 죤스 카운터라고 하는 윤정계(계수계)가 부착된 자전거를 이용하여 측정하였다.

22. 1:25,000 지형도상에서 표고가 480m, 210m인 2점 사이에 케이블카를 설치하고자 한다. 도상의 2점간 거리가 4cm이었다. 처짐을 고려하지 않는다면 케이블의 길이는?

① 0.963km ② 1.036km
③ 1.723km ④ 2.026km

해설 1:25,000축척을 이용하여 수평거리를 실제거리로 환산하면
$$\frac{1}{25,000} = \frac{4cm}{실제거리} 에서$$
실제거리 = $25,000 \times 4cm = 100,000cm = 1,000m$
케이블의 길이
$= \sqrt{D^2 + H^2} = \sqrt{1,000^2 + 270^2} = 1,036m$

23. 축척 1:10,000의 지형도에서 1/22 기울기로 올라가는 도로를 건설하려고 할 때 등고선(주곡선)간의 수평거리는?

① 22m ② 100m
③ 110m ④ 220m

해설 ① 경사 $(i) = \frac{H}{D} = \frac{1}{22}$
1:10,000 지형도의 등고선 주곡선 간격은 5m이다.
② 수평거리 $(D) = \frac{5}{1} \times 22 = 110m$

24. 표준줄자와 비교하여 7.5mm가 긴 30m 줄자로 경사면을 관측한 결과 150m이었다. 두 점간의 실제 거리에 대한 경사보정량이 1cm라면 고저차는?

① 1.73m ② 1.84m
③ 2.01m ④ 2.65m

해설 관측횟수 $= \frac{150m}{30m} = 5$회
늘어난 줄자에 의한 누적오차 = $5 \times 7.5mm = 37.5mm$
경사에 의한 오차 $C_i = -\frac{h^2}{2L}$ 에서
$h = \sqrt{2C_i L} = \sqrt{2 \times 0.01 \times 150.0375} = 1.73m$

25. 1:50,000 지도상에서 어느 산정으로부터 산기슭까지의 수평거리를 관측하니 46mm이었다. 산정의 표고가 454m, 산기슭의 표고가 12m일 때 이 사면의 경사는?

① $\frac{1}{2.7}$ ② $\frac{1}{4.0}$
③ $\frac{1}{5.2}$ ④ $\frac{1}{9.2}$

해설 ① 수평거리를 실제거리로 환산
$$M = \frac{1}{m} = \frac{46mm}{실거리} = \frac{1}{50,000}$$
실제거리
$= 50,000 \times 46mm = 2,300,00mm = 2,300m$
② 경사의 계산
경사 $(i) = \frac{H}{D} = \frac{442m}{2,300m} = \frac{1}{5.2}$

26. 길이 50m인 줄자를 사용하여 1,250m를 관측할 경우 50m에 대한 관측오차가 ±5mm라면 전체 거리에서 발생하는 오차는?

① ±10mm ② ±20mm
③ ±25mm ④ ±30mm

해설 ① 관측횟수 (n)
$$n = \frac{관측길이}{줄자길이} = \frac{1,250m}{50m} = 25회$$
② 전체관측에서 발생하는 오차의 전파
$\sigma_Y = \pm \sqrt{(1)^2 \sigma_{x1}^2 + (1)^2 \sigma_{x2}^2 + \cdots + (1)^2 \sigma_{x25}^2}$
$= \pm 5\sqrt{25} = \pm 25mm$

27. 축척 1:50,000 지형도에서 2점의 거리가 8.0cm 이었고 축척을 모르는 다른 지형도 상에서는 동일한 2점간의 거리가 28cm이었다면 지형도의 축척은?

① 약 1:5,000 ② 약 1:7,000
③ 약 1:10,000 ④ 약 1:14,000

해설 ① 두 점간의 거리
$$M = \frac{1}{m} = \frac{도상거리}{실제거리} = \frac{1}{50,000} = \frac{8cm}{실제거리}$$
실제거리 $= 0.08m \times 50,000 = 4,000m$

② 축척

$$M = \frac{1}{m} = \frac{도상거리}{실제거리} = \frac{0.28}{4,000} = \frac{1}{14,286} ≒ \frac{1}{14,000}$$

28. 기선측량용 강철줄자는 정오차 보정을 위한 검정표를 가지고 있다. 이 항목에 포함이 되지 않는 사항은?

① 선팽창계수
② 단위길이 당 무게
③ 상수(특성값)
④ 줄자의 두께

[해설] 기선측량용 강철 줄자의 정오차 보정에는 특성값 보정(늘어난 줄자나 줄어든 줄자), 온도 보정(온도변화에 따른 선팽창계수), 처짐 보정, 장력보정(줄자의 무게), 표고 보정 등이 있다.

29. 표고 112.24m 지점에서 관측한 기선장이 3321.25m이면 평균해수면상의 거리로 보정된 기선장은? (단, 지구는 곡선반지름이 6370km인 구로 가정한다.)

① 3321.1915m
② 3321.2162m
③ 3321.2204m
④ 3321.2329m

[해설] 평균해수면 보정값을 구하는 문제는 부호에 유의하여야 하는데 표고 112.24m에서 관측한 값을 평균해수면상으로 보정하므로 부호는 음수이어야 한다. 지구를 구로 생각할 때 반지름이 큰 상태의 표면과 작은 상태의 표면 거리를 생각해보면 알 수 있다.

① 평균해수면 보정량

$$C_h = -\frac{H}{R}L = -\frac{112.24m}{6,400,000m} \times 3,321.25m = -0.0585m$$

② 보정후의 $\overline{AB}$ 거리

$$L_0 = L - \frac{H}{R}L = 3,321.25 - 0.0585 = 3,321.1915m$$

30. 실제의 2점간의 거리 30m를 도상 2mm로서 표시할 때의 축척은 얼마인가?

① 1/10,000
② 1/15,000
③ 1/25,000
④ 1/35,000

[해설] $M = \frac{1}{m} = \frac{도상거리}{실제거리} = \frac{2mm}{30m} = \frac{0.002m}{30m} = \frac{1}{15,000}$

31. 표고 h=326.42m인 지역에 설치한 기선의 길이가 500m일 때 평균 해면상의 길이로 보정한 값은? (단, 지구반지름 R=6,367 km로 가정)

① 499.854m
② 499.974m
③ 500.256m
④ 500.456m

[해설] 표고 326.42m인 두 점의 거리를 평균해수면으로 보정하여야 하므로

평균해수면에 대한 오차 $C_h = -\frac{H}{R}L$

오차를 보정한 후의 수평거리는 $L_0 = L - \frac{H}{R}L$

여기서, R: 지구반경, H: 높이, L_0: 평균해수면상의 거리

두점간 거리 $= 500m - \frac{326.42m}{6,376,000m} \times 500 = 499.974m$

32. 강철줄자로 실측한 길이가 246.241m이었다. 이때 온도가 24°C라면 온도에 의한 보정량은? (단, 강철줄자의 온도 15°C를 기준으로 한 팽창계수는 0.0000117/°C이다.)

① 20.5mm
② 25.9mm
③ 125.0mm
④ 205.1mm

[해설] [온도에 의한 보정]

$C_t = \alpha \times L \times (t - t_0)$ 여기서, α: 팽창계수, t_0: 15°C

$= 0.0000117 \times 246.241m \times (24°C - 15°C) = 0.0259m$

$= 25.9mm$

33. 80m의 측선을 20m 줄자로 관측하였다. 1회 관측에 +5mm의 누적오차와 ±5mm의 우연오차가 발생하였다고 하면 정확한 거리는?

① 80.02±0.02m
② 80.02±0.01m
③ 80.01±0.02m
④ 80.01±0.01m

[해설] 누적오차는 횟수에 비례하고, 우연오차는 횟수의 제곱근에 비례한다.

① 관측횟수 $(n) = \frac{80m}{20m} = 4(회)$

② 누적오차(정오차)
$= +5mm \times 4(회) = +20mm = 0.02m$

정답 28. ④ 29. ① 30. ② 31. ② 32. ② 33. ②

③ 우연오차(부정오차)
= $\pm 5mm \times \sqrt{4(회)} = \pm 10mm = \pm 0.01m$
④ 정확한 거리 = 관측값 + 오차 = $80.02m \pm 0.01m$

34. 100m²인 정사각형의 토지를 0.1㎡까지 정확히 구하기 위하여 요구되는 1변의 길이는 어느 정도까지 정확하게 관측하여야 하는가?

① 4mm ② 5mm
③ 10mm ④ 12mm

해설 ① 면적이 100m²인 정사각형의 토지의 한 변의 길이
$(L^2 = A)$
$L = \sqrt{100m^2} = 10m$

② 0.1m² 정확도일 때의 변 길이의 정확도(dl)
$\dfrac{dA}{A} = 2 \times \dfrac{dl}{l}$ 에서 $\dfrac{0.1m^2}{100m^2} = 2 \times \dfrac{dl}{10m}$
$dl = \dfrac{0.1m^2}{100m^2} \times \dfrac{10m}{2} = 0.005m = 5mm$

35. 어떤 기선을 관측하여 표와 같은 결과를 얻었다면 최확값은?

관측자	관측값(m)	관측횟수
I	180.186	4
II	180.250	3
III	180.224	5

① 180.125m ② 180.218m
③ 180.220m ④ 180.815m

해설 ① 경중률 : 관측횟수에 비례하므로
$P_I : P_{II} : P_{III} = 4 : 3 : 5$
② 최확값 : 경중률을 포함한 산술평균
$L = \dfrac{P_I \times l_I + P_{II} \times l_{II} + P_{III} \times l_{III}}{P_I + P_{II} + P_{III}}$
$= 180.200 + \dfrac{4 \times (-14) + 3 \times 50 + 5 \times 24}{4 + 3 + 5} \times 10^{-3}$
$= 180.218m$

36. 표준길이 30m에 대하여 6mm 늘어난 줄자로 정사각형의 지역을 관측한 결과 62,500m²를 얻었다면 실제 면적은?

① 62,475m² ② 62,490m²
③ 62,515m² ④ 62,525m²

해설 늘어나 있는 줄자로 관측한 값의 실제값은 +로, 수축된 줄자는 반대로 -로 적용한다.
$A_0 = A \pm C_0 \quad \therefore C_0 = \pm 2 \times \dfrac{\Delta l}{l} \times A$
$C_0 = 2 \times \dfrac{0.006}{30} \times 62,500m^2 = 25m^2$
$A_0 = 62,500 + 25 = 62,525m^2$

37. 50m의 줄자로 거리를 측정할 때 ±2mm의 부정 오차가 생긴다면 이 줄자로 100m를 관측할 때 생기는 부정 오차는?

① ±4.0mm ② ±2.8mm
③ ±2.0mm ④ ±1.4mm

해설 ① 관측횟수(n)
$n = \dfrac{관측길이}{줄자의 길이} = \dfrac{100m}{50m} = 2회$
② 오차의 전파의 일반식
$Y = f(x_1, x_2, x_3 \cdots\cdots x_n)$
$\sigma_Y = \pm \sqrt{(\dfrac{\partial Y}{\partial x_1})^2 \sigma_{x1}^2 + (\dfrac{\partial Y}{\partial x_2})^2 \sigma_{x2}^2 + \cdots + (\dfrac{\partial Y}{\partial x_n})^2 \sigma_{xn}^2}$
③ 2회 관측에서 발생하는 오차의 전파
$Y = x_1 + x_2$
$\sigma_Y = \pm \sqrt{(1)^2 \sigma_{x1}^2 + (1)^2 \sigma_{x2}^2}$
$= \pm 2mm \sqrt{2} = \pm 2.828mm ≒ \pm 2.8mm$

38. 평균고도 300m의 두 지점 A, B간의 기선의 길이를 관측하였더니 수평거리가 400.423m이었다면 평균해수면상에 투영한 $\overline{AB}$의 거리는? (단, 지구의 반경은 6400km로 가정한다)

① 400.135m ② 400.235m
③ 400.335m ④ 400.404m

해설 평균해수면 보정값을 구하는 문제는 부호에 유의하여야 하는데 표고 300m에서 관측한 값을 평균해수면상으로 보정하므로 부호는 음수이어야 한다. 지구를 구로 생각할 때 반지름이

큰 상태의 표면과 작은 상태의 표면 거리를 생각해보면 알 수 있다.

① 평균해수면 보정량

$$C_h = -\frac{H}{R}L = -\frac{300m}{6,400,000m} \times 400.423m = -0.019m$$

② 보정후의 $\overline{AB}$ 거리

$$L_0 = L - \frac{H}{R}L = 400.423 - 0.019 = 400.404m$$

39. 두 지점의 경사거리 100m에 대한 경사 보정이 1㎝일 경우 두 지점 간의 높이 차는?

① 1.414m
② 2.414m
③ 14.14m
④ 24.14m

해설 [경사거리에 관한 보정]

$$C_i(경사보정량) = -\frac{h^2}{2L} 에서$$

$$h = \sqrt{2C_iL} = \sqrt{2 \times 0.01 \times 100} = 1.414m$$

40. 직선 AB를 2개 구간(d_1, d_2)으로 나누어 거리를 측정한 결과가 d_1=50.12m±0.05m, d_2=45.67m±0.04m 이었다면 직선 AB간의 거리는?

① 95.79m±0.01m
② 95.79m±0.03m
③ 95.79m±0.06m
④ 95.79m±0.09m

해설 AB의 거리 = 50.12+45.67=95.79m

[부정오차의 전파]
2구간으로 나누어 측량한 전체거리의 부정오차 전파

$$Y = L_1 + L_2$$

$$\sigma_Y = \pm\sqrt{(\frac{\partial Y}{\partial L_1})^2\sigma_{L1}^2 + (\frac{\partial Y}{\partial L_2})^2\sigma_{L2}^2}$$

$$= \pm\sqrt{(1)^2\sigma_{L1}^2 + (1)^2\sigma_{L2}^2}$$

$$= \pm\sqrt{(0.05m)^2 + (0.04m)^2} = \pm 0.06m$$

정답 39. ① 40. ③

CHAPTER 02 수준측량

1 개요

(1) 용어 정의

① 고저측량이라 함은 지구상의 여러 점간의 고저차를 구하는 측량
② 수준측량 또는 레벨측량이라고도 부른다.

1) 수준면(Level Surface)과 수준선(Level Line)

① 점들이 중력방향에 직각으로 이루어진 곡면(중력방향에 연직)을 수준면
② 즉, 지오이드 면이나 정지한 해수면을 말함
③ 수평면은 일반적으로 구면 또는 회전 타원체면이라 가정
④ 소규모의 측량에서는 수평면을 평면으로 가정하여도 무방(지구곡률을 고려하지 않고 고저측량을 하여도 무방)
⑤ 수준면에 평행한 곡선을 수준선

2) 수평면(Horizontal Plane)과 수평선(Horizontal Line)

① 수준면의 한 점에 접한 평면을 수평면(지평면)
② 수준면의 한 점에 접한 접선을 수평선(지평선)

3) 평균해면 또는 평균해수면(Mean Sea Level, MSL)

① 해수의 파도를 정지시키고 간만의 차에 의한 수위변동을 평균한 수준면
② 보통 평균해면을 기준면으로 이용
③ 여러 해 동안 관측한 해수면의 평균값을 말한다.

4) 기준면(Datum Level)

① 높이의 기준이 되는 수준면으로 그 면의 높이를 ±0으로 정한다.
② 기준면은 일반적으로 수년 동안 관측하여 얻은 평균 해수면(mean sea level : M.S.L)을 사용
③ 기준면은 계산에 의한 가상면이므로 이용하기에 불편

④ 그러므로, 평균해수면을 측정한 부근에 표지를 만들어 정확한 높이를 측정한 것을 수준기점이라 한다.
⑤ 우리나라의 수준원점(Orignal Bench Mark)은 인하대학교 구내에 있으며 높이는 26.6871m이다.
⑥ 기준으로 취한 높이를 0의 수준면 혹은 기준 수준면(Datum Plane)이라 한다.

5) 표고(Elevation)

수준면(기준면)에서 어느 점까지의 연직(수직)거리

6) 수준점(Bench Mark : B.M : 고저기준점)

① 수준원점을 출발하여 국도 및 중요 도로를 따라 적당한 간격으로 표석을 매설해 놓은 고정점
② 기준면으로부터의 높이를 정확히 구하여 놓은 점으로 고저측량의 기준이 되는 점이다(수준기표라고 함).
③ 우리나라는 국립지리원이 전국의 국토를 따라 약 4Km마다 1등 수준점, 이를 기준으로 다시 2Km마다 2등 수준점을 설치하여 놓고 있다.

2 고저측량의 분류

(1) 측량방법에 따른 분류

1) 직접고저측량(Direct Leveling)

레벨을 이용하여 두 점간에 세운 표척의 눈금차로부터 직접 고저차를 구하는 방법.

2) 간접고저측량(Indirect Leveling)

레벨 이외의 기구를 사용하여 고저차를 구하는 방법.
① 삼각 고저측량(trigonometical leveling) : 두 점간의 연직각과 수평거리 또는 경사 거리를 측정하여 삼각법에 의하여 고저차를 구한다.
② 스타디아 고저측량(stadia leveling) : 스타디아 측량으로 고저차를 구한다.
③ 기압 고저측량(barometical leveling) : 기압계나 물리적 방법에 따라 기압차를 구하여 고저차를 구한다.
④ 항공사진측량(aerial photographic leveling) : 항공사진의 입체시에 의하여 고저차를 구한다.
⑤ 기타 : 이 외에도 평판의 앨리데이드에 의한 방법, 나반에 의한 방법, 중력에 의한 방법 등이 있다.

3) 교호고저측량(reciprocal leveling)

강 또는 바다 등으로 인하여 접근이 곤란한 두 점간의 고저차를 직접 또는 간접고저에 의하여 구하는 방법.

4) 개략고저측량(approximate leveling)

간단한 기구로서 정밀을 요하지 않은 두 점간의 고저차를 구하는 방법.

(2) 측량의 목적에 따른 분류

1) 고저차 고저측량(differentical leveling)
서로 떨어진 두 점 사이의 고저차만을 측정하기 위한 측량

2) 단면 고저측량(areal leveling)
① 도로, 수로 등의 정해진 선을 따라 일정한 간격으로 표고를 정하므로 단면이나 토량을 알기 위한 측량
② 종단 고저측량과 횡단 고저측량이 있다.

3 고저측량의 작업

(1) 계획 및 준비
소요의 정도와 경제성 있는 측량을 실시하려면 충분한 계획과 준비가 필요하다.

1) 도상계획
도상계획은 이미 설치된 수준점의 위치를 조사하고, 가장 좋은 경로를 선택한다. 이 때 유의할 사항은 다음과 같다.
① 측량은 국도상에서 하기 때문에 도로 교통상황 등을 고려
② 수준점(영구표석)을 설치할 도로가 가까운 장래에 개수될 예정인 곳은 되도록 피한다.
③ 고저측량 노선은 거리가 다소 멀어도 경사가 완만한 경로를 택하는 것이 좋다.

2) 세부계획
① 도상계획이 끝나면 세부계획을 세운다.
② 주어진 점의 성과, 점의 기록(기설 수준점에 대한 위치의 명세를 기록한 것)을 준비
③ 휴대용 기계 및 기구, 소모품 같은 것을 빠뜨리지 않도록 잘 준비한다.
④ 측량장비의 점검, 조정을 충분히 하여 완전한 것만 현장으로 가져간다.

(2) 답사 및 선점
① 답사와 선점(영구표석을 설치하는 지점의 선점)은 보통 동시에 행한다.
② 답사에는 계획노선이 적당한지의 여부와 기설점에 이상이 없는 가를 확인한다.
③ 노선을 확정하면 소정의 간격으로 설치할 영구표석의 위치를 선정한다.
④ 선점시 주의할 사항은 다음과 같다.
    ※ 수준점의 위치는 도로 한쪽이나 혹은, 도로에 근접한 지역 내의 안전하면서도 발견하기 쉬운 지점일 것.
    ※ 고개, 갈림길, 교차점 등은 선점대상으로 매우 적당하므로 측량거리에 다소의 신축을 가져오더라도 그 지점을 택한다.

※ 습지, 진흙지 등의 연학지반이나 제방 위, 도랑의 양단 등은 보존하는데 부적당하므로 되도록 피한다.
※ 도로상에 택했을 때는 길의 가장자리 등 교통에 지장이 없는 곳을 택한다.

(3) 수준점과 매석

① 선점이 끝나면 관측에 앞서 표석을 묻는다.
② 그 하부에 콘크리트로 기초를 튼튼하게 하고 지표상에 나온 표석부분이 보호되도록 그 주위에 보호석을 놓고 필요하면 콘크리트로 포장을 한다.
③ 시가지 등의 복잡한 곳에서는 지하에 매설하고, 그 위에 뚜껑을 덮어 콘크리트로 보호한다.

4 고저측량의 방법

(1) 직접 고저측량

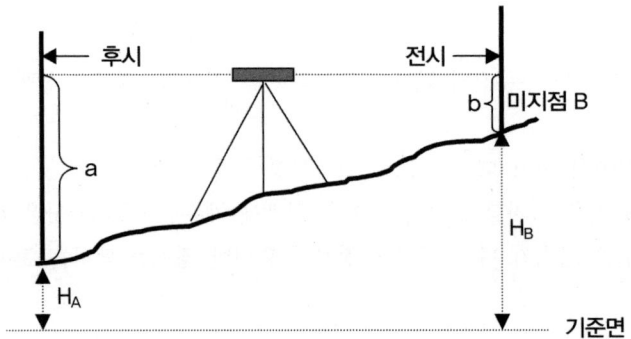

① 후시(back sight : B.S) : 기지점에 세운 표척의 눈금을 읽는 것.
② 전시(fore sight : F.S) : 표고를 구하려는 점에 세운 표척의 눈금을 읽는 것.
③ 기계고(instrument hight : I.H) : 기계를 고정시켰을 때 지표면으로부터 망원경의 시준선까지의 높이.
④ 이기점(turning point : T.P)
   • 표척을 세워서 전시와 후시를 취하는 점을 말한다. 마지막을 T.P로 놓으면 계산상 편리하다.
   • 이 점은 측량결과에 중대한 영향을 미치는 점이므로 전시, 후시를 취하는 동안에 이동하거나 침하되는 일이 없어야 하므로 적당한 장소를 선택하여야 한다.
⑤ 중간점(intermediate point : I.P)
   • 중간의 지반변형만을 알고자 전시만 취해주는 점.
   • 전시만 관측하는 점으로서 표고만을 관측하는 점을 말한다.

(2) 교호 고저측량(Reciprocal Leveling)

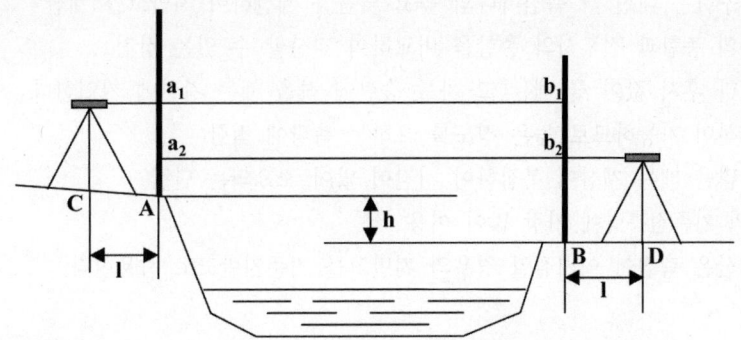

① 위의 그림에 있어서 레벨과 표척을 위치 C-A, D-B를 대상으로 하여 설치한다.
② 점 C에 기계를 세워서 점 A 및 점 B의 표척의 눈금 a_1, b_1를 읽는다.
③ 기계를 점 D에 옮겨 점 A 및 점 B의 표척의 눈금 a_2, b_2를 읽는다.
④ 점 C, 점 D에 관측한 값을 평균화하여 표고차 h를 구한다.

$$h = \frac{1}{2}\{(a_1 - b_1) + (a_2 - b_2)\}$$

5 야장기입법

(1) 고차식 야장기입법(differential or two-column system)
① 이 야장법은 후시와 전시의 2단만 있으면 고저차를 알 수 있으므로 2단식이라고도 한다.
② 이 방법은 두 점의 높이만을 구하는 것이 주목적이며 점검이 용이하지 않다.
③ 계산은 미지점의 지반고 = 기지점의 지반고 + Σ(T.P점의 후시) - Σ(T.P점의 전시)
④ 점검계산의 한계성 때문에 가장 낮은 등급에만 이용

(2) 기고식 야장법(instrumental height system)
① 이 야장법은 중간점이 많을 경우에 용이
② 즉, 후시보다 전시가 많을 경우 편리
③ 먼저 기계고를 계산한 후 각 측점의 지반고를 계산
④ 승강식보다 기입사항이 적고 고차식보다 상세하므로 시간이 절약된다.
⑤ 일반적으로 종단고저측량에 많이 이용된다.

(3) 승강식 야장법(rise and fall system)

① 기계고를 구하는 대신 각 측점마다의 높고 낮음을 계산하여 지반고를 계산
② 높고 낮음의 총합과 전후시의 총합을 비교하여 검산할 수 있는 장점
③ 전시 값보다 후시 값이 클 때는 그 차를 승란에 작을 때는 강란에 기입한다.
④ 완전한 검산이 가능하므로 높은 정도를 요하는 측량에 적합
⑤ 중간점이 많을 때는 계산이 복잡하여 시간이 많이 소요되는 단점
⑥ 공공측량의 기준점측량에 가장 많이 이용
⑦ 지반고 계산은 측점이 이기점일 경우의 지반고를 기준지반고로 사용한다.

6 고저측량의 오차

(1) 기계적 오차

① **기기조정후 조정되지 않는 오차**
  ㉠ 연직축 오차 : 연직축이 기울어 발생하는 오차로 높은 정도의 측량 외에는 일반적으로 무시
  ㉡ 시준축 오차 : 시준선과 기포관축이 평행하지 않아서 발생하는 정오차로 보통 전후시 거리를 같게 하므로 소거 가능

② **시차에 의한 오차**
  ㉠ 시차가 있는 망원경으로 표척을 읽게 되면 눈의 위치가 변하여 정확한 값을 얻을 수 없어 발생하는 부정오차
  ㉡ 망원경이 시차가 없도록 십자선을 명확히 조정한 후 관측

③ **표척의 눈금이 정확하지 않을 때의 오차**
  ㉠ 눈금오차는 직접 고저차에 영향을 주며, 고저차에 비례하여 증가하는 정오차
  ㉡ 표척을 표준자와 비교하여 보정값을 정하고 관측결과에 보정

④ **표척의 영눈금의 오차(영점오차)**
  ㉠ 표척의 저면이 마모되거나 변형이 있을 경우 눈금이 아래면과 일치하지 않아 발생하는 정오차
  ㉡ 오차소거는 출발점의 표척을 도착점에 사용 (기계의 정치수를 짝수)

(2) 인위적 오차

① 표척의 기울기에 의한 오차
㉠ 표척이 기울어 있으면 표척읽기에 커다란 오차가 발생하며 대개는 부정오차
㉡ 표척의 읽음값에 비례, 경사각의 제곱에 비례

② 관측순간 기포관이 중앙에 있지 않아 생기는 오차
시준거리에 비례하고 관측 직전에 기포위치를 점검하여 보정

③ 기기 및 표척의 침하에 의한 오차
기계의 삼각 및 표척을 견고하게 지반에 잘 장치하고 단시간 내에 관측을 마무리해야 한다.

④ 관측자에 의한 오차
관측자의 개인오차, 기포의 수평조정, 표척의 읽기 오차 등이 있다.

(3) 자연적 원인에 의한 오차

① 곡률오차(구차)
대지측량에서 수평면에 대한 높이와 지평면에 대한 높이의 차

$$\Delta h = \frac{D^2}{2r}$$

② 굴절오차
밀도가 상이한 두 공기층의 통과에 따른 빛의 굴절오차

$$\Delta h = \frac{-k}{2r}D^2$$

③ 양차
곡률오차 및 굴절오차의 결과에서

$$\Delta h(양차) = \frac{1-k}{2r}D^2$$

여기서, D: 관측점간 거리, k: 굴절계수(0.11~0.14), r: 지구의 곡률반경

④ 기상의 상태에 따라 생기는 오차
㉠ 태양광선, 바람, 습도, 온도 등이 기계나 표척에 미치는 영향은 일정하지 않으나 측량 결과에 각각 영향을 미친다.
㉡ 높은 정확도의 측량에서는 우산으로 기계를 태양이나 바람으로부터 보호하고 왕복관측한 그 평균값을 구하여 측량결과에 이용함으로 가능한 한 오차를 줄일 필요가 있다.

(4) 직접측량시 주의 사항

① 표척은 1, 2개를 쓰고 출발점에 세워둔 표척은 도착점에 세워둔다.
② 기계의 정치수는 짝수회로 한다.
③ 표척과 기계와의 거리는 60m 내외를 표준으로 한다.
④ 전후시의 표척거리는 등거리로 한다.
⑤ 관측은 보통 후시표척을 기준으로 망원경을 돌려 전시표척을 시준한다.
⑥ 수준측량은 왕복관측을 원칙으로 한다.
⑦ 왕복관측시 왕복의 오차가 허용오차를 초과할 경우 재측한다.

7 직접수준측량의 오차조정 및 최확값

(1) 정밀도 및 오차의 허용 한계

거리 1km의 수준측량의 오차를 E라 하면, 거리 Skm의 수준측량의 오차의 합 M은 다음과 같이 표시된다.

$$\boxed{식} \quad M = \pm E\sqrt{S}$$

여기서, E : 1km당 오차
S : 수준측량의 왕복거리(km)

(2) 우리나라의 수준측량의 허용오차 한계

1) 기본 수준측량의 허용오차

구분	1등 수준 측량	2등 수준 측량	비고
왕복차	2.5mm $\sqrt{S}$	5.0mm $\sqrt{S}$	왕복했을 때
환폐합차	2.0mm $\sqrt{S}$	5.0mm $\sqrt{S}$	

2) 공공 수준측량의 허용오차

구분	1등 수준 측량	2등 수준 측량	3등 수준 측량	4등 수준 측량
왕복차	2.5mm $\sqrt{S}$	5mm $\sqrt{S}$	10mm $\sqrt{S}$	20mm $\sqrt{S}$
환폐합차	2.5mm $\sqrt{S}$	5mm $\sqrt{S}$	10mm $\sqrt{S}$	20mm $\sqrt{S}$

(3) 직접 수준측량의 오차조정

1) 동일기지점의 왕복관측 또는 다른 표고기준점에 폐합한 경우

$$\text{각 측점의 조정량} = \frac{\text{폐합오차}}{\text{노선거리의 합}} \times \text{조정할 측선까지 추가거리}$$

2) 직접 수준측량의 최확값 산정

동일조건으로 두점간을 왕복 관측한 경우에는 산술 평균 방식으로 최확값을 산정하고, 2점간의 거리를 2개 이상의 다른 노선을 따라 측량한 경우에는 경중률을 고려한 최확값을 산정한다.

> 식 $P_1 : P_2 : P_3 = \dfrac{1}{S_1} : \dfrac{1}{S_2} : \dfrac{1}{S_3}$
>
> $H_0 = \dfrac{P_1 H_1 + P_2 H_2 + P_3 H_3}{P_1 + P_2 + P_3}$
>
> $M = \pm \sqrt{\dfrac{[Pvv]}{[P](n-1)}}$

여기서, H_0 : 최확값, M : 평균 제곱근 오차, P : 경중률

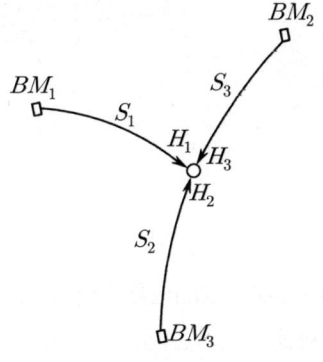

[최확값 산정]

8 레벨의 말뚝 조정법

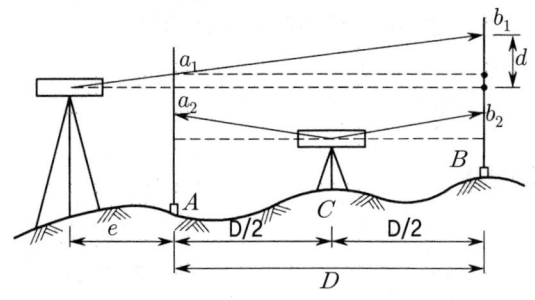

[말뚝 조정법]

a_1, b_1 : 시준선 오차에 의한 A, B 표척 읽음 값
a_2, b_2 : 등거리상에 있는 A, B 표척 읽음 값
d : B점 표척상에서 보정하여야 할 높이

$$\therefore d = \frac{D+e}{D} \left[(a_1 - b_1) - (a_2 - b_2) \right]$$

9 수준측량의 응용

(1) 종단측량

① 철도, 도로, 수로 등의 노선측량에는 20m(1측점)마다 중심 말뚝을 박아 중심선을 확정하고,
② 그 중심선을 따라 높이의 변화를 측정하는 것

(2) 횡단측량

① 종단측량에 이용된 중심선상의 각 측점의 직각 방향으로 관측하여 높이의 변화를 측량하는 것
② 중심 말뚝에서의 거리와 높이를 관측하는 측량
③ 일반적으로 hand level을 이용하고, 높은 정확도의 측량에서는 레벨을 사용하며, 토공량 산정에 주로 이용

CHAPTER 02 수준측량

01. 우리나라 국가 수준점간의 등급별 평균거리로 옳은 것은?

① 1등 4km, 2등 2km
② 1등 2km, 2등 4km
③ 1등 10km, 2등 4km
④ 1등 4km, 2등 10km

해설 [기본 수준측량]
① **1등 수준측량** : 수원원점에서 약 4km마다 1등 수준점을 마련하여 그 점의 표고를 측정하는 것으로 가장 정도가 높다.
② **2등 수준측량** : 1등 수준점에서 약 2km마다 2등 수준점을 마련하여 그 점의 표고를 측정하는 것으로 삼각점의 표고를 측정하는 경우에도 사용한다.

02. 그림과 같은 수준측량에서 P점의 표고는?

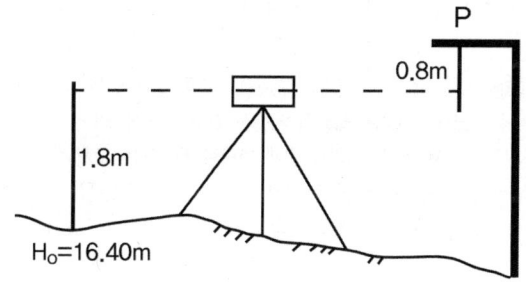

① 17.40m
② 18.00m
③ 18.40m
④ 19.00m

해설 $H_P = H_O + 후시 + 전시 = 16.40 + 1.80 - (-0.80)$
$= 19.00m$

03. 수준측량의 관측점으로부터 표고계산을 한 결과이다. 각측점의 표고 중 틀리게 계산된 측점은?(단, 측점 NO.1의 표고는 10.000m임)

측점	후시(m)	전시(m)	표고(m)
NO.1	1.865		10.000
NO.2		0.237	11.628
NO.3	2.332	1.075	10.790
NO.4		1.562	11.250

① NO.1　　② NO.2
③ NO.3　　④ NO.4

해설 $H_{NO.1} = 10.000m$
$H_{NO.2} = H_{NO.2} + 후시 - 전시 = 10.000 + 1.865 - 0.237$
$= 11.628m$
$H_{NO.3} = H_{NO.1} + 후시 - 전시 = 10.000 + 1.865 - 1.075$
$= 10.790m$
$H_{NO.4} = H_{NO.3} + 후시 - 전시 = 10.790 + 2.332 - 1.562$
$= 11.560m$

04. 수준측량시 중간점이 많은 경우 가장 많이 사용하는 야장기입법은?

① 고차식　　② 승강식
③ 양차식　　④ 기고식

해설 [수준측량 야장기입법]
① **고차식** : 중간점없이 이기점 전시와 후시로만 관측된 야장으로 가장 간단하다.
② **승강식** : 완전한 검사로 정밀측량에 적당하나, 중간점이 많으면 계산이 복잡하고 시간과 비용이 많이 든다.
③ **기고식** : 중간점이 많을 경우 편리하나 완전한 검산을 할 수 없는 단점에도 가장 많이 사용되는 방법이다.

정답　01. ①　02. ④　03. ④　04. ④

05. 수준측량의 주의사항에 대한 설명 중 옳지 않은 것은?

① 레벨은 가능한 두 점 사이의 중간에 거리가 같도록 세운다.
② 표척을 전후로 기울여 관측할 때에는 최소읽음값을 취하여야 한다.
③ 수준점 측량을 위한 관측은 왕복관측한다.
④ 수준점간의 편도관측의 측점수는 홀수로 한다.

해설 표척불량에 의한 오차를 소거하기위해 수준점간의 편도관측의 측점수는 짝수로 한다.

06. 승강식 야장법에 대한 설명으로 틀린 것은?

① 계산에서 완전한 검사를 할 수 있다.
② 정밀한 측량에는 부적당하다.
③ 중간점이 많을 때는 그 계산이 복잡하다.
④ 후시에서 전시를 뺀 값이 고저차가 되므로 그 값이 (+)일 때는 승, (-)일 때는 강의 난에 기입한다.

해설 [승강식 야장작성]
① 후시에서 전시를 뺀 값이 고저차가 되므로 그 값이 (+)일 때는 승, (-)일 때는 강의 난에 기입한다.
② 완전한 검사로 정밀측량에 적당 (계산에서 완전한 검사를 할 수 있다)
③ 중간점이 많으면 계산이 복잡하고 시간과 비용이 많이 든다.

07. 수준측량의 용어에 대한 설명으로 옳지 않은 것은?

① 기준면(datum plane)은 지평면이라고도 하며 연직선에 직교하는 평면을 말한다.
② 기준면(datum plane)은 수년 동안 관측하여 얻은 평균해수면을 사용한다.
③ 수평면(horizontal plane)은 연직선에 직교하는 평면을 말한다.
④ 수준면(level surface)은 연직선에 직교하는 모든 점을 잇는 곡면을 말한다.

해설 기준면(datum plane)은 높이의 기준이 되는 수평면이다.

08. 1눈금이 2mm이고 감도가 30″인 레벨로서 거리 100m 지점의 표척을 읽었더니 1.633m이었다. 그런데 표척을 읽을 때 기포가 2눈금 뒤로 가 있었다면 올바른 표척의 읽음값은? (단, 표척은 연직으로 세웠음)

① 1.633m
② 1.662m
③ 1.923m
④ 1.544m

해설 기포관의 감도에 관한 식은 그림으로부터 다음과 같이 구할 수 있다.
$L = Dn\theta''$에서 $L = h_2 - h_1$이고, θ는 라디안 각이므로
$L = (h_2 - h_1) = \dfrac{Dn\theta}{\rho}$에서
$h_2 = \dfrac{Dn\theta}{\rho} + h_1 = \dfrac{100m \times 2 \times 30''}{206,265''} + 1.633m = 1.662m$

09. 수준측량에서 전시와 후시의 거리를 같게 하는 것이 좋은 가장 큰 이유는?

① 레벨의 시준선 오차 소거
② 망원경의 시야 변경
③ 표척의 눈금오차 소거
④ 표척의 기울기 오차 소거

해설 수준측량에서 전시와 후시의 거리를 같게 하는 것이 좋은 가장 큰 이유는 레벨의 시준선 오차 소거에 있다.
[전시와 후시거리를 같게 하므로 제거되는 오차]
① 기계오차(시준축 오차) : 레벨조정의 불안정
② 구차(지구곡률오차)와 기차(대기굴절오차)

10. 수준측량에 의해 관측되는 표고는 어떤 것을 기준으로 한 높이인가?

① 회전타원체
② 구면
③ 지오이드
④ 벳셀타원체

해설 표고는 평균해수면을 육지로 연결한 지오이드를 기준으로 한 높이이고, 평면의 기준은 회전타원체이다.

11. 수준측량의 용어에 대한 설명으로 틀린 것은?

① 우리나라에서 기준면으로 사용하는 평균해수면은 남한전체 해수면 높이를 평균한 값을 사용한다.
② 기준면으로부터의 연직거리를 표고라 한다.
③ 수준면은 정지된 해수면을 육지까지 연장하여 얻은 곡면으로 위치에너지가 0인 지오이드면과 동일하다.
④ 수준노선이 서로 연결되어 하나의 다각형 또는 원으로 폐합된 것을 수준환이라 한다.

해설〉 우리나라에서 기준면으로 사용하는 평균해수면은 인천만의 평균해수면의 높이를 수십년동안 관측하여 평균한 값을 사용한다.

12. 수준측량에서 전시와 후시의 시준거리를 같게 하여 관측하였을 경우에도 소거되지 않은 오차는?

① 지구곡률에 따른 오차
② 대기굴절에 따른 오차
③ 표척눈금 부정확에 의한 오차
④ 시준축이 기포관축에 평행하지 않을 때의 오차

해설〉 전시와 후시의 시준거리를 같게 하여도 표척눈금이 부정확하여 발생한 오차는 조정할 수 없다.
[전시와 후시거리를 같게 하므로 제거되는 오차]
① 기계오차(시준축 오차) : 레벨조정의 불안정
② 구차(지구곡률오차)와 기차(대기굴절오차)

13. 수준측량에 사용되는 용어에 대한 설명으로 옳은 것은?

① 전시는 전후의 측량을 연결할 때 사용한다.
② 후시는 기지의 측점에 세운 표척의 읽음값이다.
③ 기계고는 지면에서부터 망원경 중심까지의 높이이다.
④ 수준면은 각 측점에서 지오이드면과 직교하는 모든 점을 잇는 곡면이다.

해설〉 [수준측량에 사용되는 용어에 대한 설명]
① 전시 : 표고를 구하려고 하는 지점에 세운 수준척의 읽음값
② 후시 : 기지의 측점에 세운 표척의 읽음값
③ 기계고 : 어떠한 지반에 기계를 세운 수준척에 수평시준선과 접하는 높이

④ 수준면 : 어떠한 면 위에 어느 점에서든지 수선을 내릴 때 그 방향이 지구의 중력(重力)방향을 향하는 면

14. 수준측량에서 발생하는 기계적 오차가 아닌 것은?

① 표척눈금의 부정확
② 표척 이음부의 불완전
③ 삼각대의 느슨함에 따른 기기정치의 불완전
④ 표척의 기울기에 따른 오차

해설〉 [표척의 기울기에 따른 오차]
① 인위적인 오차이며 대개는 부정오차
② 표척이 기울어 있으면 표척읽기에 커다란 오차가 발생
③ 표척의 읽음값에 비례, 경사각의 제곱에 비례

15. 직접수준측량의 용어를 잘못 설명한 것은?

① 표고를 이미 알고 있는 점에 세운 수준척 눈금의 읽음을 후시라 한다.
② 표고를 알고자 하는 곳에 세운 수준척 눈금의 읽음을 전시라 한다.
③ 측량도중 레벨을 옮겨 세우기 위하여 한 측점에서 전·후시를 동시에 읽을 때 그 측점을 이기점이라 한다.
④ 망원경의 시준선의 표고를 지반고라 한다.

해설〉 지반고는 어떠한 지반에 평균해수면에서부터 높이, 또는 기준면으로부터 높이를 의미한다.

16. 교호수준측량에 대한 설명 중 옳지 않은 것은?

① 교호수준측량은 도하수준측량 방법 중 하나이다.
② 표척에 목표판을 붙이고 이를 아래, 위로 움직여 레벨의 시준선과 일치시킨 후 눈금을 읽는다.
③ 교호수준측량이 가능한 양안의 거리는 2km 정도까지이다.
④ 시준선은 수면으로부터 약 3m 이상 떨어져야 한다.

해설〉 교호수준측량이 가능한 양안의 거리는 1km 정도까지이다.

정답 11. ① 12. ③ 13. ② 14. ④ 15. ④ 16. ③

17. 레벨을 점검하기 위해 그림과 같이 C점에 설치하여 A, B 양 표척의 값을 읽었다. 그리고 레벨을 BA연장선상의 D점에 세우고 A, B 양표척의 값을 읽었다. 이 점검은 무엇을 알아보기 위한 것인가?

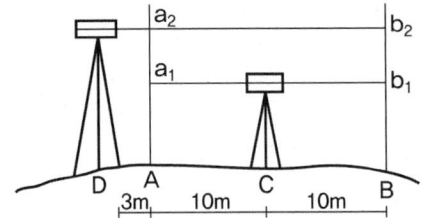

① 시준선과 연직선이 직교하는지의 여부
② 기포관축과 연직축이 수평한지의 여부
③ 시준선과 기포관축이 직교하는지의 여부
④ 시준선과 기포관축이 수평한지의 여부

해설 ◁ 항정법(말뚝조정법) : 시준선을 기포관축에 나란하게 한다.
　① 1항정법 : 망원경을 고정한 채로 십자선환을 조정나사로 조정하는 것
　② 2항정법 : 기포관의 조정을 할 수 있을 때 기포관조정 나사로 조정하는 것

18. 교호 수준측량 결과에 따른 B점의 표고는? (단, A점의 표고는 100.000m이고, a_1=2.214m, a_2=4.324m, b_1=1.678m, b_2=3.860m, $d_1=d_2$)

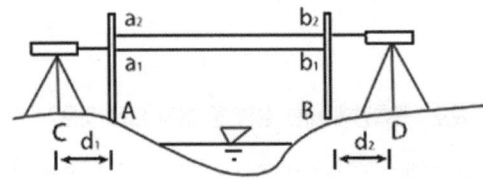

① 100.450m　　② 100.500m
③ 101.000m　　④ 101.500m

해설 ◁ 교호수준측량은 양안에서 수준측량한 결과를 평균하여 높이차를 계산하는 관측방법이다.
$$H_B = H_A + \frac{1}{2}\{(a_1-b_1)+(a_2-b_2)\}$$
$$= 100 + \frac{1}{2}\{(2.214-1.678)+(4.324-3.860)\} = 100.500m$$

19. 그림과 같이 A점에서 D점에 이르는 도중 폭 약 300m의 하천이 있어서 P점 및 Q점에 레벨을 설치하여 교호수준측량을 실시하였다. A점으로부터 D점에 이르는 각 측점의 표고차가 다음과 같을 때 D점의 표고는? (단, A점의 표고는 30m이다.)

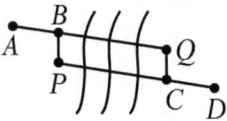

① 29.777m　　② 30.481m
③ 31.509m　　④ 32.519m

해설 ◁ $H_B = H_A + h = 30+(-0.514) = 29.486m$
B와 C 사이에 교호수준측량을 수행했으므로
$$H_C = H_B + \frac{1}{2}(\text{레벨 }P\text{에서의 고저차} + \text{레벨 }Q\text{에서의 고저차})$$
$$= 29.486 + \frac{1}{2}(-0.330+(-0.374)) = 29.134m$$
레벨 Q에서는 C→B를 관측했으므로 부호를 반대로 적용하여 계산한다.
$H_D = H_C + h = 29.134 + 0.643 = 29.777m$

20. 레벨을 조정하기 위하여 그림과 같이 A, B, C, D에 말뚝을 박고 A와 C에 수준척을 세웠다. BC=CD=30m, AB=10m일 때 레벨의 위치 B에서의 읽음값 (b_1=1.262m, b_2=1.726m) 레벨의 위치 D에서의 읽음값 (d_1=1.745m, d_2=2.245m)일 때 조정량은?

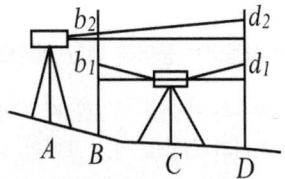

① 0.0002rad　　② 0.0004rad
③ 0.0006rad　　④ 0.0008rad

해설 ◁ ① 조정량(d)
$$d = \frac{D+e}{D}\{(b_1-d_1)-(b_2-d_2)\}$$
$$= \frac{60+10}{60}\{(1.262-1.745)-(1.726-2.245)\} = 0.042m$$

② 조정량(θ)

$$\theta(\text{라디안}) = \frac{\Delta h}{D} = \frac{0.042}{70} = 0.0006\text{라디안}$$

21. 수준측량의 결과가 표와 같을 때, No. 3의 지반고(G)와 NO. 4의 기계고(h)는?

측점	후시	전시 이기점	전시 중간점	비고
BM1	0.243			BM1의 지반고 = 10.000m
No.1	1.543	1.356		
No.2	2.483	1.020		
No.3			1.324	
No.4	1.854	1.350		
No.5		2.435		

① G = 10.569m, h = 12.397m
② G = 10.569m, h = 12.483m
③ G = 9.106m, h = 13.052m
④ G = 9.203m, h = 9.052m

해설 기계고 = 지반고 + 후시, 지반고 = 기계고 − 전시

측점	후시	전시 이기점	전시 중간점	기계고	지반고
BM1	0.243			10.243	10.000
No.1	1.543	1.356		10.430	8.887
No.2	2.483	1.020		11.893	9.410
No.3			1.324		10.569
No.4	1.854	1.350		12.397	10.543
No.5		2.435			9.962

No.3의 지반고(G) = 10.569m, NO.4의 기계고(h) = 12.397m

22. 수준측량과 관련된 설명으로 옳지 않은 것은?

① 수준점은 평균해수면을 기준으로 정확히 높이를 계산하여 표시한 점이다.
② 1등수준점은 10km마다, 2등수준점은 5km마다 국도변을 따라 설치한다.
③ 수준점은 높이에 대한 성과만을 갖는다.
④ 레벨을 사용하여 두 지점에 세운 표척의 눈금을 읽어 직접적으로 고저차를 구하는 방법을 직접수준측량이라 한다.

해설 [기본 수준측량]
① 1등 수준측량 : 수준원점에서 약 4km마다 1등 수준점을 마련하여 그 점의 표고를 측정하는 것으로 가장 정도가 높다.
② 2등 수준측량 : 1등 수준점에서 약 2km마다 2등 수준점을 마련하여 그 점의 표고를 측정하는 것으로 삼각점의 표고를 측정하는 경우에도 사용한다.

23. 국가수준기준면과 수준원점의 관계에 대한 설명으로 옳은 것은?

① 국가수준기준면과 수준원점은 일치한다.
② 제주도와 같은 섬에서도 국가수준기준면을 사용하여야 한다.
③ 국가수준기준면으로부터 정확한 표고를 측정하여 수준원점을 설치한다.
④ 국가수준기준면을 만들기 위해 수준원점을 기준으로 평균해면을 관측한다.

해설 국가수준기준면으로부터 정확한 표고를 측정하여 수준원점을 설치한다.
수준원점은 높이의 기준이 되는 점으로 우리나라는 인천 앞바다의 평균해수면을 관측하여 수준원점으로 삼고 있다. 정확한 수준원점의 위치는 인천광역시 남구 용현동 253번지(인하공업전문대학교)이며, 표고는 23.6871m이다.

24. 수준측량에서 전시거리와 후시거리를 같게 하는 이유로서 가장 적당한 것은?

① 개인습관에 대한 오차가 소거된다.
② 표척의 기울기에 대한 오차가 소거된다.
③ 표척의 침하에 의한 오차가 소거된다.
④ 기계오차와 지구곡률 오차가 소거된다.

해설 수준측량시에 전후시거리를 같게 하면 궁극적으로 시준선 오차를 방지하게 되므로 이를 통해 지구곡률오차(구차), 빛의 굴절의 오차(기차), 이 둘의 합인 양차를 제거할 수 있다.

25. 수준측량을 한 결과로부터 아래와 같은 값을 얻었다. 각, 측점의 계산된 표고 중 틀린 것은? (단, 측점 No.1의 표고는 10.000m이다.)

측점	후시(m)	전시(m)	표고(m)
No.1	1.865		10.000
No.2		0.112	11.753
No.3		0.237	11.628
No.4	2.332	1.075	10.790
No.5		1.562	11.250

① No.2 ② No.3
③ No.4 ④ No.5

해설

측점	후시(m)	전시(m)	표고(m)
No.1	1.865		10.000
No.2		0.112	11.753
No.3		0.237	11.628
No.4	2.332	1.075	10.790
No.5		1.562	11.160

26. 후시(B.S)=1.67m, 전시(F.S)=1.32m일 때 미지점이 310.50m의 지반고를 갖는다면 기지점의 지반고는?

① 309.18m ② 310.15m
③ 311.35m ④ 312.17m

해설 $H_{미지} = H_{기지} +$ 후시 $-$ 전시에서
$H_{기지} = H_{미지} +$ 전시 $-$ 후시
$= 310.50 + 1.32 - 1.67 = 310.15m$

27. 수준측량에서 5m 표척 상단이 후방으로 30cm 기울어져 있다. 표척의 읽음값이 4m 이었다면 이 관측값에 대한 오차는?

① 약 0.7cm ② 약 1.5cm
③ 약 3.0cm ④ 약 6.0cm

해설 ① 5m 표척이 30cm 기울어져 있을 때 발생할 표척의 읽음오차

경사길이 $= \sqrt{표척의 길이^2 + 기울어진 길이^2}$
$= \sqrt{5^2 + 0.3^2} = 5.00899m$
∴ 표척의 읽음 오차 $= 8.99mm$

② 5m 표척이 30cm 기울어져 있을 때 발생할 표척의 읽음오차(x)
표척의 길이의 비 = 오차의 비
$5 : 4 = 8.99 : x$
$x = \frac{4 \times 8.99}{5} = 7.19mm$

28. 기포관의 감도가 30″인 레벨로 거리가 100m 떨어진 표척을 관측할 때 기포관의 눈금 1/2에 의한 수준오차는?

① 7.3mm ② 8.0mm
③ 9.4mm ④ 14.2mm

해설 기포관의 감도에 관한 식은 다음과 같이 구할 수 있다.
$L = Dn\theta''$, $180° = \pi Rad$, $\theta'' = \frac{L}{nD}$
$L = 100m \times 30'' \times \frac{1/2}{206,265''} = 0.0073m = 7.3mm$

29. A, B, C 세 점에서 삼각수준측량에 의해 P점 높이를 구한 결과 각각 365.13m, 365.19m, 365.02m이었다. 그 거리가 $\overline{AP} = \overline{BP} =$ 2km, $\overline{CP} =$ 3km 일 때 P점의 최확값은?

① 365.125m ② 365.113m
③ 365.100m ④ 366.086m

해설 ① 경중률은 노선의 거리에 반비례한다.
$P_{\overline{AP}} : P_{\overline{BP}} : P_{\overline{CP}} = \frac{1}{2} : \frac{1}{2} : \frac{1}{3} = 3 : 3 : 2$

② 최확값은 경중률을 고려하여 계산한다.
최확값$(h) = \frac{P_{\overline{AP}} \times h_{\overline{AP}} + P_{\overline{BP}} \times h_{\overline{BP}} + P_{\overline{CP}} \times h_{\overline{CP}}}{P_{\overline{AP}} + P_{\overline{BP}} + P_{\overline{CP}}}$
$= 365 + \frac{3 \times 0.13 + 3 \times 0.19 + 2 \times 0.02}{3 + 3 + 2}$
$= 365.125m$

정답 25. ④ 26. ② 27. ① 28. ① 29. ①

30. 측량결과가 표와 같을 때 P점의 표고는?

측점	측점의 표고	측량방향	고저차	거리
A	20.14m	A→P	+1.53m	2.5km
B	24.03m	B→P	−2.33m	4.0km
C	19.89m	C→P	1.94m	2.0km

① 21.75m ② 21.72m
③ 21.70m ④ 21.68m

해설 ① P점의 표고
$A \Rightarrow P$점의 표고 $= 20.14 + 1.53 = 21.67m$
$B \Rightarrow P$점의 표고 $= 24.03 - 2.33 = 21.70m$
$C \Rightarrow P$점의 표고 $= 19.89 + 1.94 = 21.83m$

② 경중률은 노선의 거리에 반비례한다.
$P_A : P_B : P_C = \frac{1}{2.5} : \frac{1}{4} : \frac{1}{2} = 8 : 5 : 10$

③ 최확값은 경중률을 고려하여 계산한다.
$$\text{최확값}(h) = \frac{P_A \times h_A + P_B \times h_B + P_C \times h_C}{P_A + P_B + P_C}$$
$$= 21 + \frac{8 \times 0.67 + 5 \times 0.70 + 10 \times 0.83}{8 + 5 + 10}$$
$$= 21.746m$$

31. 그림과 같이 A, B, C 3개 수준점에서 직접수준측량에 의해 P점을 관측한 결과가 다음과 같을 때, P점의 최확값은?

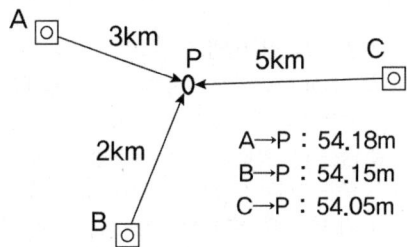

A→P : 54.18m
B→P : 54.15m
C→P : 54.05m

① 54.10m ② 54.13m
③ 54.14m ④ 54.15m

해설 ① 경중률 : 노선거리에 반비례하므로
$P_A : P_B : P_C = \frac{1}{3} : \frac{1}{2} : \frac{1}{5} = \left(\frac{1}{3} : \frac{1}{2} : \frac{1}{5}\right) \times 30 = 10 : 15 : 6$

② 최확값 : 경중률을 포함한 산술평균
$$H_P = \frac{P_A \times h_A + P_B \times h_B + P_C \times H_C}{P_A + P_B + P_C}$$
$$= 54.10 + \frac{10 \times 8 + 15 \times 5 + 6 \times (-5)}{10 + 15 + 6} \times 10^{-2}$$
$$= 54.14m$$

32. 수준측량에 있어서 AB 두 점간의 표고차를 구하기 위하여 (a), (b), (c) 코스로 측량한 결과가 표와 같다면 두 점간의 표고차는?

구분	관측 표고차(m)	거리(km)
(a)	18.584	4
(b)	18.588	2
(c)	18.582	4

① 18.582m ② 18.584m
③ 18.586m ④ 18.588m

해설 경중률은 노선거리에 반비례한다.
$P_a : P_b : P_c = \frac{1}{4} : \frac{1}{2} : \frac{1}{4} = 1 : 2 : 1$

최확값 $= \frac{P_a l_a + P_b l_b + P_c l_c}{P_a + P_b + P_c}$
$= 18.58m + \frac{1 \times 4 + 2 \times 8 + 1 \times 2}{1 + 2 + 1} mm = 18.5855m$

33. 수준측량의 선점에서 유의해야 할 사항이 아닌 것은?

① 가능한 한 위성측위에 지장이 없는 위치를 선정하는 것이 좋다.
② 일반적인 접근이 어렵도록 교통량이 많은 도로 상에 선정한다.
③ 습지, 지반연약지 또는 성토지 등 침하가 일어날 우려가 있는 장소와 지하시설물이 있는 장소는 피한다.
④ 매설 및 관측 작업이 편리한 장소를 선정한다.

해설 수준점의 보호를 위하여 교통량이 많은 도로 상은 피하고 도로부지, 학교, 인근 국가기관, 지방자치단체, 정부투자기관, 공공기관 및 공원 등의 공공용지에 선정하여야 한다.

34. 수준측량에서 야장기입법에 대한 설명으로 옳지 않은 것은?

① 고차식 야장기입법은 수준측량 노선의 총 연장이나 작업경로에 관계없이 단순히 두 점, 즉 출발점과 끝점의 표고차만 알고자 할 때에 사용하는 야장기입법이다.
② 승강식 야장기입법은 두 점에 세운 수준척 눈금의 읽음값의 차가 두 점의 표고차가 된다는 원리를 이용한 야장기입법이다.
③ 기고식 야장기입법은 어떤 한 점의 표고에 그 점의 후시를 더하면 기계고를 얻을 수 있고 기계고에서 표고를 알고자 하는 점의 전시를 빼면 그 점의 표고를 얻게 되는 방법이다.
④ 기고식은 중간점이 많을 때는 계산이 복잡해지는 단점이 있다.

해설 [수준측량 야장기입법]
① **고차식** : 중간점없이 이기점 전시와 후시로만 관측된 야장으로 가장 간단하다.
② **승강식** : 완전한 검사로 정밀측량에 적당하나, 중간점이 많으면 계산이 복잡하고 시간과 비용이 많이 든다.
③ **기고식** : 중간점이 많을 경우 편리하나 완전한 검산을 할 수 없는 단점에도 가장 많이 사용되는 방법이다.

35. 수준측량에서 10km를 왕복 관측한 경우에 허용오차가 ±15mm라면 3km를 왕복 관측한 경우의 허용오차는?

① ±5mm
② ±8mm
③ ±12mm
④ ±15mm

해설 ① 10km 왕복측정시 허용오차
$M = \pm E\sqrt{S}$ 에서 (S: 거리, M: S거리를 측량한 표준오차)
$\pm 15mm = \pm E\sqrt{20km}$
$E = \frac{\pm 15}{\sqrt{20}} = \pm 3.354 mm$
② 3km 왕복측정시 허용오차
$M = \pm 3.354\sqrt{6} = \pm 8.216mm ≒ \pm 8mm$

36. 수준기인 기포관의 감도에 대한 설명으로 옳지 않은 것은?

① 기포관의 감도란 기포가 1눈금 움직일 때 기포관 축이 경사되는 각도를 말한다.
② 기포관의 감도가 좋을수록 정밀도는 높다.
③ 기포관의 감도는 기포관의 곡률반지름과 액체의 점성에 가장 큰 영향을 받는다.
④ 기포관의 기포 1눈금이 끼인 중심각이 작으면 정밀도가 떨어진다.

해설 [기포관의 감도]
① 기포가 1눈금 움직일 때 기포관 축이 경사되는 각도
② 기포관의 감도가 좋을수록 정밀도는 높다.
③ 기포관의 감도는 기포관의 곡률반지름과 액체의 점성에 가장 큰 영향을 받는다.
④ 기포관의 기포 1눈금이 끼인 중심각이 클수록 정밀도가 떨어진다.
⑤ 기포관의 감도에 관한 식
$L = Dn\theta''$, $180° = \pi\,Rad$, $\theta'' = \frac{L}{nD}$

37. 완전한 검산을 할 수 있어 정밀한 측량에 이용되나 중간점이 많을 때는 계산이 복잡한 야장기입법은?

① 고차식
② 기고식
③ 횡단식
④ 승강식

해설 [수준측량 야장기입법]
① **고차식** : 중간점없이 이기점 전시와 후시로만 관측된 야장으로 가장 간단하다.
② **승강식** : 완전한 검사로 정밀측량에 적당하나, 중간점이 많으면 계산이 복잡하고 시간과 비용이 많이 든다.
③ **기고식** : 중간점이 많을 경우 편리하나 완전한 검산을 할 수 없는 단점에도 가장 많이 사용되는 방법이다.

38. 수준측량의 용어에 대한 설명으로 옳지 않은 것은?

① IP(중간점) : 어떤 지점의 표고를 알기 위하여 수준척을 세워 전시만을 취한 점
② TP(이기점) : 기계를 옮기기 위하여 어떠한 점에서 전시와 후시를 취하는 점
③ FS(전시) : 표고를 알고자 하는 곳의 수준척을 읽은 값
④ BS(후시) : 측량방향을 기준으로 기계의 후방을 시준하여 읽은 값

해설 [수준측량의 용어]
① 중간점(I.P) : 어떤 지점의 표고를 알기 위하여 표척을 세워 전시를 취하는 점
② 이기점(T.P) : 기계를 옮기기 위하여 어떠한 점에서 전시와 후시를 모두 취하는 점
③ 전시(F.H) : 표고를 구하려는 점에 세운 표척의 눈금을 읽은 값
④ 후시(B.S) : 기지의 측점에 세운 표척의 읽음값

39. 레벨(Level)의 조정에 관한 사항으로 옳지 않은 것은?

① 기포관축은 연직축에 직교해야 한다.
② 시준선은 기포관축에 평행해야 한다.
③ 십자횡선은 연직축에 직교해야 한다.
④ 십자종선과 시준선은 평행해야 한다.

해설 [레벨의 조정]
① 기포관축을 시준선에 평행하게 할 것
② 기포관축을 연직축에 수직으로 할 것
③ 십자횡선은 연직축에 직교하게 할 것
④ 십자종선은 시준선에 직교하게 할 것

40. 기포 한 눈금의 길이가 2mm, 감도가 20″일 때 곡률반지름은 얼마인가?

① 10.37m
② 20.63m
③ 23.26m
④ 38.42m

해설 기포관의 감도에 관한 식은 그림에서 $m = R \times \theta$에서
곡률반경$(R) = \dfrac{m}{\theta} \times \rho = \dfrac{2mm}{20″} \times 206,265″$
$= 20,626.5mm ≒ 20.63m$

41. 직접수준측량을 하여 2km를 왕복하는데 오차가 ±16mm 이었다면 이것과 같은 정밀도로 측량하여 4.5km를 왕복 측량하였을 때에 예상되는 오차는?

① ±20mm
② ±24mm
③ ±36mm
④ ±42mm

해설 ① 1km 왕복시의 표준오차
$M = \pm E\sqrt{S}$에서 (S: 거리, M: S거리를 측량한 표준오차)
$\pm 16mm = \pm E\sqrt{4km}$
$E = \dfrac{\pm 16}{\sqrt{4}} = \pm 8.0mm$
② 4.5km 왕복측량시 예상되는 오차
$M = \pm E\sqrt{S} = \pm 8.0mm\sqrt{9km} = \pm 24.0mm$

42. 우리나라 2등 수준측량의 왕복관측 값의 허용오차는 얼마인가? (단, L은 km단위의 편도 거리이다.)

① $2.5\sqrt{L}$ mm
② $5.0\sqrt{L}$ mm
③ $10.0\sqrt{L}$ mm
④ $20.0\sqrt{L}$ mm

해설 우리나라 기본수준측량 – 왕복관측값의 허용오차
1등 수준측량의 허용오차
$M = \pm 2.5mm\sqrt{S}$에서 (S: 거리(km))
2등 수준측량의 허용오차
$M = \pm 5.0mm\sqrt{S}$에서 (S: 거리(km))

43. 수준측량의 활용분야에 해당하지 않는 것은?

① 지형도 작성을 위한 등고선측량
② 노선의 종·횡단측량
③ 터널의 중심선측량
④ 기준점 설치를 위한 삼각측량

해설 수준측량은 고저차를 관측하는 측량으로 활용분야는 높이값과 관련된 분야이다. 예를 들면 등고선, 종·횡단측량, 터널의 중심선측량 등이며, 이에 반해 기준점설치를 위한 삼각측량은 정확한 수평위치를 결정하는 측량 방법이다.

정답 38. ④ 39. ④ 40. ② 41. ② 42. ② 43. ④

CHAPTER 03 GPS 측량

1 GPS(Global Positioning System)의 개요

(1) GPS의 의의
① GPS는 가장 대표적인 위성 항법 시스템
② GPS 수신기가 위치하고 있는 지점과 위성간의 거리를 측정해 그 거리 벡터를 교차시켜 위치를 결정함.

(2) GPS의 특징
① 측위기법에 따라 다양한 정확도 분포를 지님(수mm~100m)
② 기선길이에 비해 상대적으로 높은 정확도를 지님(1ppm~0.1ppm 이상)
③ 위치결정과 동등한 정확도로 속도와 시간 결정
④ 지구상 어느 곳에서도 이용 가능(육·해·공)
⑤ 날씨, 기상에 관계없이 위치결정 가능
⑥ 24시간 어느 시간에서나 이용 가능
⑦ 수평성분과 수직성분을 제공하므로 3차원 정보 제공
⑧ 기선결정의 경우, 두 측점간 시통에 무관
⑨ EDM과 같은 Two-way 방식이 아닌 One-way 방식
⑩ 다양한 측위기법을 제공하므로 상당히 경제적

(3) GPS의 구성
우주부분(Space Segment), 제어부분(Control Segment), 사용자부분(User Segment)으로 구분

1) 우주 부분(Space Segment)

GPS 위성의 명칭은 NAVSTAR(NAVigation System with Time and Ranging)이며 Rockwell International사에서 제작

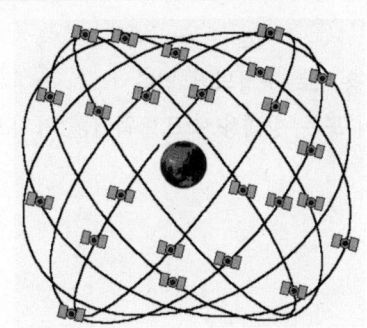

위 성 의 수 : 24개
궤 도 면 : 6면(1면 4개 위성)
궤도 경사각 : 55도
주   기 : 약 11시간 58분(0.5항성일)
궤 도 고 도 : 약 20,200Km
궤 도 형 상 : 거의 원궤도(타원궤도)
위 성 수 명 : 7.5년 (BlockⅡ 위성)
사용 좌표계 : WGS-84

2) 제어 부분(Control Segment)

모니터와 위성 체계의 연속적 제어, GPS의 시간 결정, 위성시간값 예측, 각각의 위성에 대해 주기적인 항법 신호갱신 등의 일을 하는 부분

① 주관제국(MCS : Master Control Station)

　㉠ Colorado Springs의 Falcon 공군기지에 위치
　㉡ GPS 위성의 운영에 대한 총 지휘
　㉢ 위성의 발사나 예비위성의 작동여부 결정
　㉣ 부관제국에서 보내온 자료를 방송궤도력과 위성에 있는 원자시계에 대한 정확한 시각보정정보를 전송받아 시계오차 계산
　㉤ Up Link 안테나를 통해 GPS위성에 다시 업로드시켜 사용자에게 전달하는 기능

② 부관제국(Monitor Station)

무인으로 운영되며 주어진 시간에 관측할 수 있는 모든 GPS 위성을 추적

　㉠ GPS 위성으로부터 신호 데이터를 수집, 저장
　㉡ 통신시설을 통하여 주관제국으로 전송
　㉢ 위성의 항로(궤도) 추적 및 예측

③ 기타 제어 시설

　㉠ 적도면을 따라 일정한 간격으로 3개의 지상 안테나가 위치
　㉡ 유사시 주관제국을 대신할 수 있는 2개의 예비 주관제국
　㉢ Up Link안테나는 지상국의 안테나로서 관제소와 함께 설치되어 있으며 주로 적도를 중심으로 배치되며, 주관제국에서 계산된 결과값들 시계보정, 궤도보정값을 사용자에게 전달할 메시지를 GPS 위성에 업로드

㉣ Ephemeris Data는 위성의 개별 궤도정보로서 GPS 위성측량을 실시한 후 수신된 데이터를 처리할 때 Almanac Data는 모든 위성의 궤도정보로 GPS 위성측량을 하기 위한 계획 단계에서 관측의 최적 시간대를 선정하기 위하여 사용

3) 사용자 부분(User Segment)

① GPS의 사용자 부문(User segment)은 GPS 수신기와 사용자로 구성되어 있음.
② 사용자는 GPS 수신기와 안테나 그리고 해석용 소프트웨어 또는 항법용 소프트웨어를 가지고 있어야 함.

❷ GPS의 신호와 오차

① GPS 위성에서 신호를 보낼 때는 L_1, L_2의 두 가지 Microwave 반송파에 신호를 실어 전송
② L_1(1575.42MHz)의 반송파는 Navigation Message와 C/A Code Signal을 싣고,
③ L_2(1227.60MHz)의 반송파는 전리층에서 생기는 Delay를 측정
④ 두 반송파에 담겨져서 보내지는 정보는 C/A Code, P-Code, Navigation Message 등

(1) GPS의 신호

1) 반송파(Carrier)

통신 방식: L-band의 극초단파(마이크로웨이브)를 반송파로 이용

① 반송파 (Carrier):

L_1 = 1575.42MHz (기준신호 10.23MHz × 154)
L_2 = 1227.60MHz (기준신호 10.23MHz × 120)

L_1파(약 1.6GHz) : 파장 $\lambda = \dfrac{3.0 \times 10^8 m}{1.6 \times 10^9 Hz} \cong 0.2m$

L_2파(약 1.2GHz) : 파장 $\lambda = \dfrac{3.0 \times 10^8 m}{1.2 \times 10^9 Hz} \cong 0.25m$

② 반송파에 싣는 정보에는 "항법 메시지"와 "PRN(Pseudo Random Noise)코드(1과 0의 연속신호)"가 있음
③ 항법 메시지 : 위성시계 보정치, 전리층 모델, 위성 궤도 정보, 위성상태 정보 등 PRN 코드 : C/A코드(민간용), P코드(군용), Y코드
④ L_1파에는 C/A 코드와 P코드가 중첩 변조되어 송신되고, L_2파에는 P코드가 중첩 변조되어 송신된다. 즉, L_1파에서는 C/A code, P Code가 있으나 L_2파에서는 P Code만 있음
⑤ C/A 코드와 P 코드는 위성탑재 시계에 기초한 시각신호이다. 따라서, 위성에서의 GPS신호 발사시각과 수신기에 포착된 시각을 비교하여 전파 전달시간을 측정함

2) PRN 코드(Pseudo Random Noise Code)

- PRN 코드 코드는 GPS의 기본 요소
- 모든 위성은 각각의 고유한 PRN 코드 보유
- 물리적으로 매우 복잡한 디지털 코드이며, 아주 복잡한 일련의 ON과 OFF 파동

① C/A Code
- L_1 반송파만 사용 : 전리층 지연 보상에 불리
- 주파수 : 1.023MHz
- 파장 : 약 300m, 1ms주기로 반복
- 위성 식별은 본 C/A 코드로 가능함

② P-Code
- L_1과 L_2 반송파 사용 : 전리층 지연 보상
- 주파수 : 10.23MHz
- 파장 : 약 30m, 266.4일 주기로 반복
- 암호화한 P코드를 Y코드라고도 함

[신호종류의 주파수]

신호종류		주파수(MHz)	
기준신호		f_o = 10.23	
반송파	L_1	$f_o \times 154$	= 1575.42
	L_2	$f_o \times 120$	= 1227.60
항법메시지		$f_o \div 204600$	= 5×10^{-5}
변조신호	CA코드	$f_o \times 10^{-1}$	= 1.023
	P코드	f_o	= 10.23
	W코드(P와 W의 합성코드를 Y코드라 함)	$f_o \times 10^{-2}$	= 0.1023

3) 항법 메시지(Navigation Massage)

㉠ 항법 메시지(Navigation Massage)는 C/A Code와 함께 L_1에 변조
㉡ 이 Message는 50㎐의 신호로 GPS 위성의 궤도, 시간 그리고 다른 System Parameter들을 포함하는 Data Bit

③ GPS 오차

(1) 개요

- GPS 측위오차는 거리오차와 DOP(정밀도 저하율)의 곱으로 표시가 되어 크게 구조적 요인에 의한 거리오차, 위성의 배치상황에 따른 오차, SA(Selective Availability), Cycle Slip 등으로 구분
- Noise(잡음), Bias(편의), 그리고 Blunder들이 주원인

1) 구조적 요인에 의한 거리오차

① 위성궤도오차

위성의 항행메시지(Navigation Message)에 의한 예상궤도와 실제궤도의 불일치가 원인으로 위성의 예상위치를 사용하는 실시간 위치결정(Real Time Positioning)에 의한 영향

② 위성시계오차

위성에 장착된 정밀한 원자시계의 미세한 오차로 위성시계오차로 잘못된 시간에 신호를 보냄으로써 발생하는 오차

③ 전리층과 대류권에 의한 전파지연

전리층은 전자입자로 형성되어 있기 때문에 입사되는 신호가 방해를 받고, 대류권은 수증기로 인하여 방해 받는 비율이 다를 뿐 동일한 영향을 받음.

[오차의 원인 및 오차량]

오차의 원인 및 내용	오차량	비고
① 위성의 시계오차 (지상관제부문에 의해 수정되지 않은 상태)	0~1.5m	DGPS로 오차소거
② 위성의 궤도정보 오차	1~1.5m	DGPS로 오차소거
③ 대류권 오차 (지표에서 약 8~13km 사이)	0~30m	대기굴절모델이용
④ 전리층 오차 (지표에서 약 50~200km 사이)	0~30m	DGPS로 오차소거
⑤ 수신기의 잡음	0~10m	
⑥ Multipath	0~1m	
⑦ 실수	1~수백km	
㉠ 사용자의 실수(측지학적 기준 설정 잘못)	1~100m	
㉡ 수신기 오차(소프트웨어+하드웨어)	?	
㉢ 노이즈 + 바이어스 오차	15m	

④ 수신기에서 발생하는 오차(multipath)
  ㉠ 위성신호의 오차원인 중에서 상대적으로 작은 부분을 차지하며, 우주에서 쏘아보낸 신호가 지상의 수신기에 도착되기 전에 건물이나 주변의 철제 구조물, 수면 등에서 반사된 후, 지상의 수신기 안테나로 위성신호가 수신되는 현상
  ㉡ 지상 수신기에는 위성으로부터의 신호를 바로 받는 것과 주위의 인공적인 혹은 자연적인 물체에 의해 반사되어 돌아오는 신호가 동시에 수신되는 것.

⑤ 위성의 임계고도각(Mask Angle)
  ㉠ 마스크 각도를 설정하는 것은 설정된 고도각 이하의 위성의 신호는 받지 않겠다는 것을 의미하는데 가장 전형적인 마스크 각도는 일반적으로 15도임.
  ㉡ 마스크 각도를 너무 높게 설정하게 되면, 위성장애물이 다수 존재하는 지역에서는 최소 4개의 위성도 관측할 수 없게 되는 경우가 발생할 수 있음.

2) 위성의 배치 상황에 따른 오차(DOP : 정밀도저하율)

DOP의 수치는 낮을수록 위성의 기하학적 배치가 좋은 것을 말하며 DOP가 낮다는 것은 위치의 모호성을 나타내는 부분의 면적이 작기 때문에 높은 정도를 얻을 수 있고 면적이 클수록 정도는 떨어지게 된다.

💡 DOP의 종류와 설명

① GDOP(Geometric Dilution of Precision)
  – 기하학적 정밀도저하율로 전체적인 위치정확도
  – GDOP = $\sqrt{q_{xx}^2 + q_{yy}^2 + q_{zz}^2 + q_{tt}^2}$

② PDOP(Position Dilution of Precision)
  – 위치 정밀도저하율로 일반적으로 사용되는 3차원 정도
  – PDOP = $\sqrt{q_{xx}^2 + q_{yy}^2 + q_{zz}^2}$

③ HDOP(Horizontal Dilution of Precision)
  – 수평 정밀도저하율로 2차원의 수평면에 대한 정도
  – HDOP = $\sqrt{q_{xx}^2 + q_{yy}^2}$

④ VDOP(Vertical Dilution of Precision)
  – 수직 정밀도저하율로 높이에 대한 정도
  – VDOP = $\sqrt{q_{zz}^2}$

⑤ TDOP(Time Dilution of Precision)
  – 시간 정밀도 저하율로 시간에 대한 정도
  – TDOP = $\sqrt{q_{tt}^2}$

[DOP에 따른 측량상태]

양호한 정도	매우 좋음	좋음	보통	불량
DOP	1-3	4-5	6	> 6

3) 선택적 가용성에 의한 오차, SA(Selective Availability)

① 미국방성이 정책적 판단에 의해 고의로 오차를 증가시킨 것으로 천체위치표에 의한 자료와 위성시계 자료의 조작을 통해 위성과 수신기 사이에 거리오차가 생기도록 하는 방법
② SA의 감소를 위해 상대위치해석이나 DGPS 기법이 개발되었으나 2000년 5월 1일부로 해제되어 더 이상은 영향을 미치지 않는다.

4) Cycle Slip(주파단절)

① 사이클 슬립은 GPS반송파 위상추적회로에서 반송파 위상치의 값을 순간적으로 놓침으로 인해 발생하는 오차
② 반송파위상데이터를 사용하는 정밀위치측정분야에서는 매우 큰 영향을 미칠 수 있으므로 사이클 슬립의 검출은 매우 중요
③ 사이클 슬립의 원인으로는 GPS 안테나 주위의 지형지물에 의한 신호단절, 높은 신호잡음, 낮은 신호강도, 낮은 위성의 고도각 등이 있음

4 GPS 측량 방법

(1) 거리측량방법

1) 의사거리를 이용한 위치결정(코드관측방식)

① 위성에서 발사한 코드와 수신기에서 미리 복사한 코드를 비교하여 두 코드가 완전히 일치할 때까지 걸리는 시간을 관측하여 여기에 전파속도를 곱하여 거리를 구함
② 코드관측방식은 GPS위성과 수신기간의 거리가 의사시간코드(pseudo-timing code)의 사용에 의해서 결정되는 기법

2) 반송파 관측방식에 의한 위치결정

① 위상 관측은 반송파가 지상의 수신기 안테나에 도착할 때의 위성신호의 위상과 수신기 내부의 발진기(진동자)의 위상 사이의 차이를 관측하는 것
② 반송파 위상 차이만 관측될 뿐, 위성과 수신기 사이의 반송파의 진동수를 헤아리지 못하는데 이를 "모호정수(integer ambiguity)"라고 한다. 모호정수의 결정과 시계동조 오차를 소거하기 위하여 차분법(differencing technique)을 사용

가. 단일 차분법(Single differencing)
두 가지 단순 차분 관측법이 있음.
㉠ 두 수신기에서 동일 시각(한 epoch)에 수신한 한 위성으로부터의 위성신호 위상차를 계산 → 위성시계오차 제거

ⓒ 한 수신기에서 동일 시각(한 epoch)에 수신한 두 위성으로부터의 위성신호 위상차를 계산 → 수신기 시계오차 제거

나. 이중 차분법(Double differencing)

두 수신기에서 동일 시각에 수신한 두 위성으로부터의 위성신호 위상을 관측하고, 2개의 single differencing의 차이를 계산 → 수신기와 위성 시계오차 동시 제거

다. 삼중 차분법(Triple differencing)

서로 다른 두 시각(epoch)에 두 수신기에서 수신한 두 위성으로부터의 위성신호위상을 관측하고, 2개의 double differencing의 차이를 계산 → 모호 정수의 제거

(2) GPS 측량 구분과 종류

GPS 관측 기법은 다음과 같이 네 가지 측면에서 분류.
- 사용 성과(신호) : 코드측위 ↔ 위상측위
- 자료 처리 방법 : 실시간 측위 ↔ 후처리 측위
- 기준국 유무 : 단독(점)측위 ↔ 상대측위
- 수신기 이동 유무 : 이동측위 ↔ 고정측위

1) 단독측위법(Point Positioning)

수신기 1대에서 관측된 자료를 이용하는 코드측위법

2) 상대측위법(Relative Positioning)

① 기지점 수신기의 위치 및 의사거리를 중심으로 반송파 위상의 관측값을 이용하여 미지점의 수신기의 위치를 계산하는 방식
② 정지측량(Static), 신속정지측량(Fast Static), 이동측량(Stip-and-Go Kinematic, Continuous Kinematic), 실시간 이동측량(RTK, Real-Time Kinematic)

가. 정지측량

높은 정확도를 요하는 측지측량, 지구물리분야, 기준점 측량 등에 활용

나. 신속정지측량

ⓐ 하나의 기준국으로 여러 미지점을 한꺼번에 관측하는 방법
ⓑ 20km 이내의 지역에서 가장 많이 사용하는 방법
ⓒ 비교적 짧은 관측시간이 소요되며 관측시간은 위성의 수에 따라 결정

다. 이동측량

ⓐ 스태틱 측위에서 정수 바이애스 결정을 위해 장시간 관측이 필요했는데 이 시간을 단축하기 위해 키네마틱 측위 개발

ⓒ 기지점에 안테나와 수신기를 설치하고, 다른 수신기는 여러 측점을 수초씩 측정하여 순차적으로 이동해 가는 측량 방식

라. 실시간 위치 결정법(RTK)
㉠ 수신기 한 대는 기준국에, 다른 한 대는 이동 중이며, 실시간으로 좌표를 결정하는 기법
ⓒ 광범위한 많은 관측점의 좌표를 1~2cm의 정밀도로 빠른 시간 내에 획득하기 위해 개발된 것이 실시간, 이동측량 기법

(3) DGPS(Differential GPS)
① GPS의 오차를 보다 정밀하게 보정하여 이용자에게 제공하는 일종의 GPS 보정 시스템
② 정밀하게 측정된(알려진) 기준국의 위치와 GPS 위성으로부터 수신한 신호로부터 계산된 좌표를 비교하여 각 위성 신호에서의 거리 보정값을 산출

5 GPS의 활용

(1) 육상기준점 측량에 활용
① 정지측량, 신속정지측량, 이동측량, 실시간 이동측량기법을 이용하여 지상 기준점 측량 수행
② 지오이드 모델개발과 지적삼각측량, 지적삼각보조점측량, 지적도근점측량, 경계측량, 일필지 측량 등의 지적측량에 활용

(2) 영해기준점 측량에 활용
① 최근 우리바다에 접해있는 인근 일본과 중국의 영해 협상을 위해서는 우선 우리영토의 최남단, 서단, 동단의 좌표의 중요성 고취
② 정지측량, 신속정지측량, 이동측량, RTK 측량기법 사용

(3) 지각변동감지에 활용
대규모 측량에 GPS가 강점이 있으므로 대륙간의 움직임을 정확히 파악 가능

(4) 지오이드 모델개발
① 지구중력장모델, 육상중력자료 및 GPS/Leveling 기법에 의한 지오이드로 계산을 수행하여 우리나라에 적합한 지오이드 모델을 개발
② 국내에서 지구중력장 모델과 육상중력자료 및 GPS/Leveling 기법을 토대로 개발된 지오이드 모델들은 약 ±10cm의 정확도를 보이고 있으나, 좀 더 높은 정확도의 지오이드 모델개발이 필요

(5) GIS 데이터 획득에 활용

① 신속하게 요구하는 정확도로 위치를 결정할 수 있으므로 GIS 데이터 구축을 위한 위치결정시스템으로 적합
② DGPS, RTK 등의 GPS 측위결과를 기존 수치지도에 표시할 수 있으며, 현장에서 측량결과를 이용하여 직접 GIS 데이터 획득 및 기존 수치지도를 갱신

(6) 해상측량에 활용

해상에 떠있는 배인 경우에는 그 위치가 항상 유동적이므로 기존의 측량방법으로는 위치결정에 어려운 점이 있다. GPS를 사용하면 목적에 맞게 효율적으로 활용할 수 있다.

(7) 해상구조물의 측설

① 항만 등의 해양구조물 설치시 해상의 정확한 위치결정은 매우 중요
② GPS를 이용한 실시간 이동측량(RTK)을 활용하면 해상구조물의 정확한 위치 및 가이드 정보제공을 받을 수 있으며 해상구조물 설치작업시 최소한의 인원배치로 안전도를 향상시킬 수 있다.

(8) Airborne GPS

① GPS 장비 및 관성항법장치(INS)를 비행체(항공기, 헬기, 인공위성)에 장착하고 지상국과의 상대관측을 통해 실시간 또는 후처리로 획득된 결과를 이용하여 센서의 위치와 자세를 산출하는 방법으로 항공사진측량용 카메라 및 레이저 스캐너를 조합하여 사용하는 최신 GPS 기술
② 항공사진에 의한 지도제작시 막대한 지상기준점 측량비용의 절감효과

(9) GPS/INS

① GPS의 일관성있는 높은 위치정확도와 독립적으로 자신의 위치와 자세를 결정할 수 있는 INS의 장점을 조합한 최신 기술
② GPS의 높은 정확도로 얻어진 좌표를 INS에 계속 제공함으로써 시간이 지날수록 위치와 자세 정확도가 저하되는 INS의 단점을 보완

(10) 기타 활용

1) 자동차 항법(Car Navigation System)
① 저가형 GPS 수신장치를 이용하여 운전안내시스템으로 개발이 활발
② 자동차 관련회사가 주축이 되어 개발되고 있으며 PDA와 GPS의 결합 용이

2) 항공기 항법(CNS/ATM)
ICAO(국제민간항공기구)에서 추진하고 있는 새로운 항행지원시스템을 총괄하는 개념

C	항공교통분야(Communication)
N	항공항행분야(Navigation)
S	항공감시분야(Surveilance)
ATM	항공항행분야(Air Traffic Management)

3) 기상예보시스템
대류권 수분량에 따른 GPS 신호의 지연현상을 이용하여 실시간 국지기상을 파악

4) 우주분야에서의 활용
① 우주선의 이·착륙 제어
② 지구궤도와 행성간의 항법을 위한 위치정보 제공
③ 위성의 궤도 결정

5) 군사분야에서의 활용
① 전략·전술 수행을 위한 저공 비행침투시 위치정보 제공
② 군사 요충지 위치정보 확보를 위한 타겟 수집
③ 적군의 위치파악을 위한 수색 및 정보수집시 현위치 제공

6) 시각동기(Timing)
① 세계시로 GPS시간을 사용
② 통신망의 표준시각 및 관리, 전화, 무선전화(PCS, IMT2000), 전력공급, 금융거래, 전자상거래 등에 활용

CHAPTER 03 GPS 측량

01. GPS에 관한 설명으로 옳지 않은 것은?

① 3차원 측량을 동시에 할 수 있다.
② 두 개의 주파수를 사용하여 신호를 전송한다.
③ 지구를 크게 3개의 지역으로 분할한 지역기준계를 사용한다.
④ 약 0.5항성일의 궤도주기를 가지고 있다.

해설 GPS의 기준계는 WGS84로 지역좌표계가 아닌 세계좌표계이다.

02. GPS를 이용한 위치결정에 사용되지 않는 것은?

① 후방교회법　　② 최소제곱법
③ 차분법　　　　④ 구면조화함수

해설 구면조화함수는 구면에서 라플라스 방정식의 해의 정규직교기저로서 구면 대칭인 좌표계를 다룰 때 쓰이므로 타원체를 다루는 GPS의 위치결정에는 쓰이지 않는다.
[GPS를 이용한 위치결정]
① 후방교회법 : 기지점인 인공위성으로부터 타원체상의 위치를 결정하므로 GPS의 위치결정은 후방교회법
② 최소제곱법 : 최확값의 산정에는 최소제곱법이 사용된다.
③ 차분법 : 일중차, 이중차, 삼중차의 차분법에 의해 위성시계오차, 수신기시계오차, 반송파의 모호정수를 소거하여 위치결정의 정확도를 높이게 된다.

03. GPS 위성 시스템에 관한 설명 중 옳지 않은 것은?

① 위성의 고도는 지표면상 평균 약 20,200km이다.
② 기준계는 GRS80를 사용한다.
③ 각 위성들은 모두 상이한 코드정보를 전송한다.
④ 위성의 궤도주기는 약 11시간 58분이다.

해설 GPS 위성시스템의 측지기준계는 WGS84 좌표계를 이용한다.

04. 위성측위시스템의 인공위성의 궤도 형태로 옳은 것은?

① 타원　　　　② 쌍곡선
③ 포물선　　　④ 직선

해설 케플러 제1법칙 : 위성의 공전궤도는 타원궤도를 따라 돈다.
① 타원 궤도의 법칙 : 행성들의 궤도는 타원.
　- 두 초점 사이가 가까울수록 원
　- 타원궤도 공전중 태양과의 거리가 달라짐 =근일점, 원일점
　- 이심률이 0이면 원, 이심률이 1이면 직선 =타원이라고 하지만 거의 원과 비슷하다.
② 근일점과 원일점 : 태양과 가장 가까울 때가 근일점, 태양과 가장 멀 때가 원일점
③ 궤도의 이심률 : 타원이라 하지만 거의 원과 비슷

05. GPS 위성시스템의 우주부분에 대한 설명으로 틀린 것은?

① GPS 위성의 궤도면 수는 6개이다.
② 각 궤도면의 경사각은 적도에 대해 55°경사로 배치되어 있다.
③ GPS위성은 하루에 약 1번씩 지구 주위를 회전하고 있다.
④ 각 궤도 간 경사각은 60°이다.

해설 GPS위성은 하루에 약 2번씩 지구 주위를 회전하고 있다.(12시간 주기)
[GPS의 주요구성요소]
① 우주부문(Space Segment)
　연속적 다중위치 결정체계. 55°의 궤도경사각, 위도 60°의 6궤도, 2만km 고도와 12시간 주기로 운행
② 제어부문(Control Segment)
　궤도와 시각 결정을 위한 위성의 추적, 전리층 및 대류층의 주기적 모형화. 위성시간의 동일화, 위성자료 전송

정답 01. ③　02. ④　03. ②　04. ①　05. ③

③ 사용자부문(User Segment)
위성으로부터 보내진 전파를 수신해 원하는 위치 또는 두 점 사이의 거리 계산

06. GNSS(Global Navigation Satellite System) 측량에 대한 설명으로 옳지 않은 것은?

① GNSS 측량은 관측 가능한 기상 및 시간의 제약이 매우 적다.
② 도심지내 GNSS 측량에서는 멀티패스에 주의해야 한다.
③ GNSS 측량에서는 3차원 좌표값을 직접 얻기 때문에 안테나 높이를 관측할 필요가 없다.
④ GNSS 측량에서는 수신점 간의 시통이 없어도 기선 벡터(거리와 방향)를 구할 수 있으므로 시통을 염려할 필요가 없다.

해설 GNSS 측량에서 3차원 좌표값을 직접 얻기 위해서 안테나의 높이를 관측하여야 한다.

07. 세계 각 국에서는 보다 정확하고 시공을 초월한 측위환경에 대한 수요가 증가함에 따라 각국 고유의 측위위성시스템(GNSS : global navigation satellite system)을 개발하고 구축하고 있다. 이와 관련이 없는 것은?

① Galileo   ② QZSS
③ SPOT   ④ GLONASS

해설 GNSS는 GPS와 GLONASS, Galileo 등 인공위성을 이용하여 지상물의 위치·고도·속도 등에 관한 정보를 제공하는 시스템이다.
[GNSS(Global Navigational Satellite System)]
GPS : 미국, GLONASS : 러시아, Galileo : 유럽연합, QZSS (준천정위성) : 일본, 북두항법시스템 : 중국

08. GPS 관측도중 장애물 등으로 인하여 GPS 신호의 수신이 일시적으로 단절되는 현상을 무엇이라고 하는가?

① 사이클 슬립(Cycle Slip)   ② SA(Selective Availability)
③ AS(Anti Spoofing)   ④ 모호정수(Ambiguity)

해설 [Cycle Slip(주파수 단절)]
GPS 관측도중 장애물 등으로 인하여 GPS 신호의 수신이 일시적으로 단절되는 현상으로 GPS 반송파 위상추적회로에서 반송파 위상치의 값을 순간적으로 놓침으로 인해 발생되는 오차이다.

09. GPS 측량에 있어 기준점 선점시 고려사항과 가장 거리가 먼 것은?

① 전파의 다중경로 발생 예상지점 회피
② 주파단절 예상지점 회피
③ 임계 고도각 유지가능 지역 선정
④ 인접 기준점과 시통이 잘되는 지점 선정

해설 GPS 측량의 기준점 선점에 인접 기준점과 시통의 유무는 무관하며, 다만 기준점과 위성과의 전파수신이 가능하도록 임계 고도각이 유지 가능지역을 선정하여야 하고, 전파의 다중경로 발생지역이나 주파수 단절 예상지역 등은 피해야 한다.

10. GPS에서 두 개의 주파수를 사용하는 주된 이유는?

① 전리층의 효과를 제거(보정)하기 위해
② 수신기 오차를 제거(보정)하기 위해
③ 시계오차를 제거(보정)하기 위해
④ 다중 반사를 제거(보정)하기 위해

해설 L_1과 L_2의 2주파 수신기를 사용하게 되면 전리층 오차를 제거할 수 있다.

11. GPS 위성으로부터 전송되는 L_1 신호의 주파수는 1,575.42MHz이다. 광속 c=299,752,458m/s일 때 L_1 신호 100,000 파장의 거리는 얼마인가?

① 10,230,000m   ② 12,276,000m
③ 15,754,200m   ④ 19,029,367m

해설 주파수는 시간의 역수$\left(\dfrac{1}{t}\right)$이고,
$\lambda = \dfrac{c}{f}$ (λ : 파장, c : 광속도, f : 주파수)

MHz를 Hz 단위로 환산하여 계산하면,

$$\lambda = \frac{299,792,458}{1,575.42 \times 1,000,000} = 0.190293672 m$$

∴ L_1 신호 100,000 파장의 거리
$= 0.190293672 \times 100,000 = 19,029.367 m$

12. 위성의 기하학적 배치상태에 따른 정밀도 저하율을 뜻하는 것은?

① 멀티패스(Multipath)
② DOP
③ 사이클 슬립(Cycle Slip)
④ S/A

> **해설** [DOP(Dilution of Precision), 정밀도 저하율]
> ① 위성의 배치에 따른 정밀도 저하율을 의미한다.
> ② 높은 DOP는 위성의 기하학적 배치 상태가 나쁘다는 것을 의미한다.
> ③ 수신기를 가운데 두고 4개의 위성이 정사면체를 이룰 때, 즉 최대 체적일 때 GDOP, PDOP 등이 최소가 된다.
> ④ DOP 상태가 좋지 않을 때는 정밀 측량을 피하는 것이 좋다.

13. GPS를 이용한 기준점측량의 계획을 수립하려고 한다. 이때 위성의 이용가능시간대와 배치상황도를 참고하여 관측계획을 수립할 때 고려하지 않아도 되는 것은?

① 상공시계확보를 위한 선점위치의 지상 장애물 분포 상황
② 임계고도각 이상에 존재하는 사용위성의 개수
③ 수신에 사용할 각 위성의 번호
④ 관측예정시간대의 DOP수치파악

> **해설** 관측계획을 수립할 때 위성의 번호는 고려하지 않아도 된다.
> [GPS 관측계획 수립시 고려사항]
> ① 지상측점의 선점위치
> ② 임계고도각 이외의 지역에 존재하는 위성의 개수
> ③ 관측 예정 시간대의 DOP 수치

14. GPS 측량에서 시간의 기준에 대한 설명 중 옳지 않은 것은?

① 2006년 10월 현재, 협정세계시(UTC)의 국제 원자시(TAI)의 차는 3초이다.
② MJD(Modified Julian Date) = Julian Date − 2,400,000.5days이다.
③ 국제원자시(TAI)는 전 세계 세슘원자시계의 평균으로 설정된 것이다.
④ GPS시(GPS time)는 국제원자시(TAI)와 19초 차이가 난다.

> **해설** [GPS time(GPS 시간)의 결정]
> ① 1980년 1월 6일 UTC(세계시)와 동일하게 설정
> ② 지구 자전주기의 변환에 의해 세계시보다 약 10초, 국제원자시보다 약 19초 지연
> ③ 우리나라의 표준시와 약 9시간의 정수차가 있으며 이는 지구자전의 감속에 의한 윤초 때문에 수시로 변경
> ④ MJD(Modified Julian Date)=Julian Date−2,400,000.5days
> ⑤ 국제원자시(TAI)는 전 세계 세슘원자시계의 평균으로 설정된 것

15. DGPS에 대한 설명으로 옳지 않은 것은?

① 일반적으로 DGPS가 단독측위보다 정확하다.
② DGPS에서는 2개의 수신기에 관측된 자료를 사용한다.
③ DGPS에서는 2개의 수신기의 위치를 동시에 계산한다.
④ 기선의 길이가 길수록 DGPS의 정확도는 낮다.

> **해설** DGPS에서는 기지국과 미지점으로 구성되어 기지국의 보정값에 의해 미지점의 정확한 위치를 구하게 되므로 2개의 수신기의 위치를 동시에 계산하지 않는다.
> [DGPS(Differential GPS)]
> ① 이미 알고 있는 기지점 좌표를 이용하여 오차를 최대한 줄여 이용하기 위한 상대측위방식의 위치결정방식
> ② 기지점에 기준국용 GPS 수신기를 설치하고 위성을 관측하여 위성의 보정값을 구한 뒤 이를 이용하여 미지점용 GPS 수신기의 위치결정오차를 개선하는 위치결정방식
> ③ 일반적으로 DGPS가 단독측위보다 정확하다.
> ④ DGPS에서는 2개의 수신기에 관측된 자료를 사용한다.
> ⑤ 기선의 길이가 길수록 DGPS의 정확도는 낮다.

정답 12. ② 13. ③ 14. ① 15. ③

16. 다음 중 GPS 다중경로 오차를 줄이기 위한 측량 방법으로 거리가 먼 것은?

① 이중주파수 수신기를 설치한다.
② 관측시간을 길게 설정한다.
③ 오차 요인을 장소를 피해 안테나를 설치한다.
④ 각 위성 신호에 대하여 칼만 필터를 적용한다.

해설 전리층에서 발생하는 전파지연오차는 2주파 수신기에서 주파수조합에 의해 소거되므로 GPS 수신기로는 두 개의 주파수를 사용하는 2주파 수신기를 가장 많이 사용한다.

17. 고정점으로부터 50km 떨어져 있는 미지점의 좌표를 GPS관측으로 결정하려고 한다. 다음 중 가장 우수한 결과를 확보할 수 있는 조건은?

① 고정국 및 미지점에 각각 1주파용 수신기 및 안테나로 관측하고 위성궤도력은 보통력을 사용한다.
② 고정국 및 미지점에 각각 2주파용 수신기 및 안테나로 관측하고 위성궤도력은 정밀력을 사용한다.
③ 고정국 및 미지점에 각각 2주파용 수신기 및 안테나로 관측하고 위성궤도력은 보통력을 사용한다.
④ 고정국은 2주파용 수신기 및 안테나, 미지점은 1주파용 수신기 및 안테나로 관측하며 위성궤도력은 정밀력을 사용한다.

해설 GPS관측에서 우수한 결과를 확보하기 위해서는 수신기는 1주파용보다는 2주파용 수신기를 사용하고, 위성궤도력은 보통력보다는 정밀력을 사용하여 관측한다.

18. 위성측량에서 위성의 궤도와 임의 시각의 궤도상의 위치를 결정할 수 있는 위성의 궤도요소가 아닌 것은?

① 궤도의 장반경
② 승교점(ascending node)의 적위
③ 궤도 경사각
④ 궤도 이심율(eccentricity)

해설 승교점의 적위는 궤도요소와 관계가 없다.

[위성의 궤도요소]
궤도의 장반경, 궤도의 이심률, 궤도의 경사각, 승교점의 적경, 근지점의 인수, 근점의 이각

19. DGPS 측위에 대한 설명 중 틀린 것은?

① 위치를 알고 있는 기지점과 위치를 모르는 미지점에서 동시에 관측한다.
② 동시에 수신 가능한 위성이 최소한 4개가 필요하다.
③ 기지점과 미지점의 거리가 길수록 측위정확도가 높다.
④ 기지점과 미지점에서의 오차가 유사할 것이라는 가정을 이용한다.

해설 DGPS에서는 기지국과 미지점의 거리가 멀수록 측위의 정확도가 낮아진다.
[DGPS(Differential GPS)]
① 이미 알고 있는 기지점 좌표를 이용하여 오차를 최대한 줄여 이용하기 위한 상대측위방식의 위치결정방식
② 기지점에 기준국용 GPS 수신기를 설치하고 위성을 관측하여 위성의 보정값을 구한 뒤 이를 이용하여 미지점용 GPS 수신기의 위치결정오차를 개선하는 위치결정방식
③ 일반적으로 DGPS가 단독측위보다 정확하다.
④ DGPS에서는 2개의 수신기에 관측된 자료를 사용한다.
⑤ 기선의 길이가 길수록 DGPS의 정확도는 낮다.

20. 상대측위 방법(간섭계측위)의 설명 중 옳지 않은 것은?

① 전파의 위상차를 관측하는 방식으로서 정밀측량에 주로 사용된다.
② 위상차의 계산은 단순차, 2중차, 3중차의 차분 기법을 적용할 수 있다.
③ 수신기 1대를 사용하여 모호 정수를 구한 뒤 측위를 실시한다.
④ 위성과 수신기간 전파의 파장 개수를 측정하여 거리를 계산한다.

해설 모호정수를 구하기 위해서는 2대의 수신기로 3중차분을 수행하여야 한다.
[상대관측 방법(간섭계 측위)]
2점간에 도달하는 전파의 시간적 지연을 측정하고 2점간의 거리를 정확히 측정하여 관측하는 방법이다.

정답 16. ① 17. ② 18. ② 19. ③ 20. ③

① 스태틱(Static) 측량
2개 이상의 수신기를 각 측점에 고정하고 양 측점에서 동시에 4대 이상의 위성으로부터 신호를 30분 이상 수신완료 후 컴퓨터로 각 수신위치 및 거리계산하는 방식으로 계산된 위치 및 거리 정확도가 높으므로 측지 측량에 이용되며 향후 VLBI의 보완 또는 대체 가능할 것으로 보인다.

② 키네마틱(Kinematic) 측량
기지점에 1대의 수신기를 고정국, 다른 수신기를 이동국으로 하여 이동국을 순차로 이동하면서 각 측점에 놓고 4대 이상의 위성으로부터 신호를 수초~수분정도 수신하는 방식으로서 이동차량 위치결정, 공사측량 등에 응용되며 정밀도는 10m~10cm 정도이다.

21. 차분(Differencing)을 이용한 측위에 대한 설명으로 옳지 않은 것은?

① 공통된 위성으로부터 수신된 신호는 같은 궤도 오차를 가진다.
② 하나의 수신기에 수신된 여러 위성으로부터의 신호는 같은 수신기 시계오차를 가진다.
③ 기지점과 미지점간의 거리가 짧다면 대기효과는 비슷하게 나타난다.
④ 단일차분에 의해서 위성과 수신기의 시계오차를 동시에 제거할 수 있다.

해설 [위상차 측정방법]
① 일중차 : 1개의 위성을 2개의 수신기를 이용하여 관측하거나 2개의 위성을 1개의 수신기로 관측한 반송파의 위상차를 통하여 위성궤도오차와 원자시계오차를 소거하나 수신기 시계오차는 아직 갖고 있다.
② 이중차 : 2개의 위성을 2개의 수신기를 이용하여 반송파의 위상차를 통하여 수신기의 시계오차를 소거하나 모호정수는 아직 갖고 있다.
③ 3중차 : 일정시간동안 이중위상차를 측정하여 이중위상차를 누적하는 적분위상차방식으로 반송파의 모호정수를 소거한다.

22. GPS 위성의 궤도상 좌표를 결정할 수 있는 제원으로 관계가 먼 것은?

① 알마낙(Almanac)
② 방송궤도력(Broadcast ephemeris)
③ IGS의 SP3
④ IONEX(The IONosphere map Exchange) 정보

해설 ① 알마낙(Almanac) : GPS위성의 항법메시지에 포함되어 있는 궤도정보로, 수신기가 위성들의 대략적인 위치를 계산하는데 사용
② 방송궤도력(Broadcast ephemeris) : 시간에 따른 위성의 궤적을 기록한 것으로, 향후 궤도에 대한 예측값이 포함되어 있다.
③ IGS의 SP3 : 국제 GNSS 서비스에서 제공하는 정밀력의 포맷이다.
④ IONEX(The IONosphere map Exchange) 정보 : 전리층에서의 TEC(Total Electron Count)를 정의한 데이터구조의 표준

23. 기준국과 이동국간의 거리가 짧을 경우 상대측위를 수행하면 절대측위에 비해 정확도가 현격히 향상되게 되는데 그 이유로 거리가 먼 것은?

① 위성궤도오차가 제거된다.
② 다중경로오차(multipath)를 완전히 제거할 수 있다.
③ 전리층에 의한 신호의 전파지연이 보정된다.
④ 위성시계오차가 제거된다.

해설 다중경로오차(Multipath)는 GPS위성의 신호가 수신기에 수신되기 전에 건물이나 지형 등에 반사되어 수신되므로 발생하는 오차로서 기준국과 이동국의 거리의 문제가 아닌 수신기 주변에 반사물질의 유무와 관계가 있는 사항이다.

24. 다음의 GPS를 이용한 측량방법 중 가장 정밀한 위치결정 방법으로 기준점측량이나 학술목적으로 주로 사용되는 방법은?

① 정지(Static) 측량
② 이동(Kinematic) 측량
③ 네트워크 RTK(Real Time Kinematic) 측량
④ RTK(Real Time Kinematic) 측량

해설 [스태틱(Static) 측량, 정지측량]
정지측량이란 수신기를 장시간동안 한 점에 고정한 채로 관측하는 방법으로 높은 정확도의 좌표값을 얻을 수 있어, 기준점 측량에 일반적으로 사용한다.

25. GPS의 활용분야와 가장 관계가 먼 것은?

① 측지 측량기준망의 설정
② 지각변동 관측
③ 지형공간정보 획득 및 시설물 유지관리
④ 실내 건축인테리어

해설 GPS의 단점으로는 실내와 같이 수신기의 상공이 막혀 있는 경우 전파의 수신이 불가능하다는 것이다.
[GPS의 활용분야]
① 일반 측량 분야
 1~3cm 내외의 정확도를 요하는 측량으로서 일반 공사 측량, 횡단측량 및 토공량 산출, 현황 측량에 사용된다.
② 해상 측량 분야
 준설선·항타선 등의 선박 유도, 정밀 수심 측량, 해상구조물 설치측량 등에 사용이 편리하다.
③ 토공 장비의 제어
 불도저나 그레이더 등의 토공 장비에 GPS를 부착하여 별도의 측량없이 토공 작업을 수행한다.
④ GIS 구축
 정밀을 요하는 지하시설물 측량 분야의 GIS 구축시 수치지도와 연계하여 수치 지도상에 각종 시설물의 레이어에 대한 위치 정보의 파악 및 입력, 지도 갱신.
⑤ GPS-VAN에 부착
 지상 사진 측량을 위한 GPS-VAN의 위치 측정에 사용됨
⑥ 시설물 변위 계측 및 방재 예측 시스템 구축

26. 위성의 기하학적 분포상태는 의사거리에 의한 단독측위의 선형화된 관측방정식을 구성하고 정규방정식의 역행렬을 활용하면 판단할 수 있다. 관측점 좌표 x, y, z 및 수신시 시계 l에 대한 cofactor 행렬(Q)의 대각선요소가 q_{xx}=0.5, q_{yy}=1.1, q_{zz}=3.5, q_{tt}=2.3일 때 관측점에서의 GDOP는?

① 3.575　　② 4.359
③ 6.500　　④ 13.030

해설 $GDOP = \sqrt{q_{xx}^2 + q_{yy}^2 + q_{zz}^2 + q_{tt}^2}$
$= \sqrt{0.5^2 + 1.1^2 + 3.5^2 + 2.3^2}$
$= 4.359$

27. GPS(Global Positioning System)에 관한 설명으로 옳은 것은?

① GPS의 위치결정법에는 반송파 위상관측법만이 있다.
② L_1파는 P 코드만을 변조한다.
③ GPS의 구성은 우주부문, 제어부문, 사용자부문으로 나뉜다.
④ L_2파는 P 코드와 C/A 코드를 변조한다.

해설 [GPS의 특징]
① GPS의 위치결정법에는 반송파 위상관측법, 코드에 의한 의사거리관측법이 있다.
② L_1파는 P, C/A 코드를 변조한다.
③ GPS의 구성은 우주부문, 제어부문, 사용자부문으로 나뉜다.
④ L_2파는 P 코드만 변조한다.

28. GPS를 이용하여 위치를 결정하는 경우에 대한 설명으로 틀린 것은?

① 반송파를 이용한 위치결정이 코드를 이용한 경우보다 정확하다.
② 단독측위보다 상대측위가 정확하다.
③ 위성의 대수가 많은 것이 정확하다.
④ 위성의 고도각이 낮을수록 정확하다.

해설 위성의 고도각은 낮을수록 관측이 부정확해지므로 임계고도각을 15° 이상으로 유지한다.

29. 기종이 서로 다른 GPS 수신기를 혼합하여 관측하였을 경우 수집된 GPS 데이터의 기선 해석이 용이하도록 고안된 세계 표준의 GPS 데이터의 자료형식은?

① RINEX　　② DXF
③ DWG　　④ RTCM

해설 RINEX(Receiver Independent Exchange Format)란 관측한 수신기의 기종이 다르더라도 그와 무관하게 자료를 처리하기 위한 표준형식의 ASCII 파일형태를 의미한다.
[RINEX의 특징]
① RINEX는 GPS 수신기 기종에 따라 기록방식이 달라 이를 통합하기 위해 만든 표준파일형식이다.
② 헤더부분에는 관측점명, 안테나 높이, 관측날짜, 수신기명 등 파일에 대한 정보가 들어간다.
③ RINEX 파일로 변환하였을 경우 자료처리가 가능하도록 고안된 데이터 포맷이다.
④ 반송파, 코드 신호를 모두 기록한다.

30. GPS/INS를 이용한 항공사진측량의 장점으로 옳은 것은?

① 해석적 내부표정을 쉽게 할 수 있다.
② 해석적 상호표정을 쉽게 할 수 있다.
③ 지상기준점측량의 작업량을 줄일 수 있다.
④ 수치사진측량 기술을 적용할 수 있다.

해설 ① GPS를 이용한 위치결정은 위성에서 발사한 전파를 수신기에서 수신하기까지의 도달시간을 관측하여 결정하므로 GPS에 의한 위치결정에 있어서 가장 중요한 관측요소는 위성과 수신기 사이의 거리가 된다.
② INS(관성항법장치)는 차량, 항공기 등에 관성측량기를 장착해 관측자의 현재위치를 측량하고 진로를 알려주는 정밀 항법장치로 3차원 각가속도를 측정하여 위치와 속도, 진행방향을 계산해내는 시스템으로 GPS와 병행하여 비행기의 자세보정에 사용된다.
③ GPS/INS 장비가 동시에 장착되어 있는 경우 측정순간의 비행기의 정확한 위치와 자세정보를 얻을 수 있으므로 지상기준점측량의 작업량을 줄일 수 있다.

31. 임의 지점에서 GPS관측을 수행하여 타원체고(h) 57.234m를 획득하였다. 그 지점의 지구중력장 모델로부터 산정한 지오이드고(N)가 25.578m이었다면 정표고(H)는?

① −31.656m
② 31.656m
③ 57.234m
④ 82.812m

해설 정표고는 타원체고에서 지오이드고를 뺀 값으로 GPS측량에 의하여 타원체고를 얻게 되면 해당지역의 지오이드고를 고려하여 정표고를 얻는다.
정표고 = 타원체고 − 지오이드고 = 57.234 − 25.578 = 31.656m

32. GPS 위성과 수신기 간의 거리를 측정할 수 있는 재원과 관계가 먼 것은?

① P 코드
② CA 코드
③ L_1 반송파
④ E_1 코드

해설 E_1은 Galileo위성의 신호이므로 GPS 거리관측과는 무관하다.
[GPS 신호체계]
GPS 신호는 C/A코드, P코드 및 항법 메시지 등의 측위 계산용 신호가 각기 다른 주파수를 가진 L_1 및 L_2파의 2개 전파에 실려 지상으로 방송이 되며 L_1, L_2파는 코드 신호 및 항법메시지를 운반한다고 하여 반송파(carrier wave)라 한다.

반송파 신호	코드 신호	용도
L_1파 (1,575.42MHz)	[C/A 코드] 위성궤도정보를 PRN 코드로 암호화한 코드	민간용
	[P 코드] 위성궤도정보를 PRN 코드로 암호화한 코드(10.23MHz)	군사용
	[항법 메시지] 시각정보, 궤도정보 및 타위성의 궤도 정보	민간용
L_2파 (1,227.60MHz)	P코드(10.23MHz)	군사용
	항법 메시지	민간용

33. 다음 중 가장 정확하게 위치를 결정할 수 있는 자료처리법은?

① 코드를 이용한 단독측위
② 코드를 이용한 상대측위
③ 반송파를 이용한 단독측위
④ 반송파를 이용한 상대측위

해설 GPS 관측에서는 코드관측보다는 반송파 관측이, 단독측위보다는 상대측위방법이 위치정밀도가 우수하다.
[GPS측량의 정확도 비교]
① 반송파관측 ≫ 코드관측
② 상대측위 ≫ 단독측위
③ 정지측위 ≫ 이동측위
④ 후처리방식 ≫ 전처리방식
⑤ 정밀궤도력 ≫ 방송궤도력

34. GPS의 오차에 대한 설명으로 틀린 것은?

① GPS의 오차에는 위성시계오차, 대기 굴절오차, 수신기오차 등이 있다.
② 위성의 위치오차는 위성의 배치상태의 오차를 말하며 측점의 좌표계산에는 영향을 주지 않는다.
③ 안테나 위상 중심오차는 안테나의 중심과 위상중심의 차이에서 발생하는 오차를 말한다.
④ 위성의 기하학적 배치상태가 정밀도에 어떻게 영향을 주는가를 추정할 수 있는 하나의 척도로 DOP(Dilution of Precision)를 사용한다.

해설 위성의 배치상태에 따른 오차는 DOP(정밀도저하율)을 의미하며 이는 수신기, 위성들 간의 기하학적 배치에 따라 영향을 받으며 DOP에 비례하여 측위오차가 발생한다.

35. GPS 수신기에 의해 구해지는 높이값은?

① 지오이드고 ② 정표고
③ 역표고 ④ 타원체고

해설 GPS 수신기에 의해 구해지는 높이는 지구를 매끈한 면으로 가정한 가상의 타원체고이며, 특히 GPS는 WGS-84타원체를 사용한다.
[높이의 종류]
① 지오이드고 : 타원체와 지오이드면까지의 수직거리
② 정표고 : 지표면과 지오이드와의 수직거리
③ 타원체고 : 지표면과 타원체와의 수직거리
④ 역표고 : 그 점과 지오이드 사이의 포텐셜 차이를 표준위도에서의 중력값으로 나눈 것

36. GPS측량시 고려해야 할 사항에 대한 설명으로 옳지 않은 것은?

① 3차원 위치결정을 위해서는 4개 이상의 위성신호를 관측하여야 한다.
② 임계 고도각(앙각)은 15도 이상을 유지하는 것이 좋다.
③ DOP값이 3 이하인 경우는 관측을 하지 않는 것이 좋다.
④ 철탑이나 대형 구조물, 고압선의 아래 지점에서는 관측을 피하여야 한다.

해설 DOP(정밀도저하율)은 값이 클수록 관측정확도가 낮아지며 그 수치가 7~10 이상인 경우 관측을 하지 않는다.

37. GPS 관측계획 수립시 고려해야 할 사항 중 틀린 것은?

① 보유 수신기 대수
② 동원 가능한 인원
③ 관측시간
④ 위성궤도력

해설 [GPS 관측계획 수립시 고려해야 할 사항]
① 좌표기준점의 수와 분포
② 수신기의 종류 및 대수
③ 표고 결정 방법
④ 작업인원과 관측시간

38. GPS 측위의 계통적 오차(정오차) 요인이 아닌 것은?

① 위성의 시계오차 ② 위성의 궤도오차
③ 전리층 지연오차 ④ 관측 잡음오차

해설 관측 잡음오차는 계통적 오차 요인이 아니다.
[GPS 측량의 구조적 원인에 의한 오차]
① 위성시계오차
② 위성궤도오차
③ 전리층과 대류권의 전파지연에 의한 오차
④ $\overline{DE}$ 방위각 $= 36°48' + 108°25' = 145°13'$

39. 위성의 배치에 따른 정확도의 영향을 DOP라는 수치로 나타낸다. 다음 설명 중 틀린 것은?

① GDOP : 중력 정확도 저하율
② HDOP : 수평 정확도 저하율
③ VDOP : 수직 정확도 저하율
④ TDOP : 시각 정확도 저하율

해설 [DOP(Dilution of Precision, 정밀도 저하율)]
수신기와 위성들 간의 기하학적 배치에 따라 영향을 받는데 이 경우 측위 정확도의 영향을 표시하는 계수로 DOP가 사용된다.

[DOP의 종류]
① GDOP : 기하학적 정밀도 저하율
② PDOP : 위치 정밀도 저하율(3차원 위치)
③ HDOP : 수평 정밀도 저하율(수평위치)
④ VDOP : 수직 정밀도 저하율(높이)
⑤ TDOP : 시간 정밀도 저하율
⑥ RDOP : 상대 정밀도 저하율

40. 다음 중 사이클 슬립(cycle slip)의 발생과 관련이 없는 경우는?

① 높은 지대로 주변에 장애물이 없는 곳에서 측량을 하는 경우
② 태양폭풍에 의해 전리층이 교란된 경우
③ 수신기를 갑자기 이동한 경우
④ 신호가 단절된 경우

해설 [사이클 슬립의 원인]
① GPS 안테나 주위의 지형, 지물에 의한 신호 단절
② 높은 신호 잡음
③ 낮은 신호 강도(Signal strength)
④ 낮은 위성의 고도각
⑤ 사이클 슬립은 이동측량에서 많이 발생

41. DGPS에 대한 설명으로 옳지 않은 것은?

① DGPS에서는 2개의 수신기에 관측된 자료를 사용한다.
② DGPS 측량은 실시간 위치결정이 불가능하다.
③ 기선의 길이가 길수록 DGPS의 정확도는 낮다.
④ 일반적으로 DGPS가 단독측위보다 정확하다.

해설 DGPS 측량은 기지점 보정데이터를 무선통신에 의하여 전송하여 미지점의 실시간 위치결정이 가능하다.
[DGPS(Differential GPS)]
① 이미 알고 있는 기지점 좌표를 이용하여 오차를 최대한 줄여 이용하기 위한 상대측위방식의 위치결정방식
② 기지점에 기준국용 GPS 수신기를 설치하고 위성을 관측하여 위성의 보정값을 구한 뒤 이를 이용하여 미지점용 GPS 수신기의 위치결정오차를 개선하는 위치결정방식
③ 일반적으로 DGPS가 단독측위보다 정확하다.
④ DGPS에서는 2개의 수신기에 관측된 자료를 사용한다.
⑤ 기선의 길이가 길수록 DGPS의 정확도는 낮다.

42. GNSS를 이용한 위치결정과 관련이 없는 것은?

① 후방교회법
② 최소제곱법
③ 교각법
④ 차분법

해설 [GPS를 이용한 위치결정]
① 후방교회법 : 기지점인 인공위성으로부터 타원체상의 위치를 결정하므로 GPS의 위치결정은 후방교회법
② 최소제곱법 : 최확값의 산정에는 최소제곱법이 사용된다.
③ 차분법 : 일중차, 이중차, 삼중차의 차분법에 의해 위성시계오차, 수신기시계오차, 반송파의 모호정수를 소거하여 위치결정의 정확도를 높이게 된다.

CHAPTER 04 지형측량

1 개요

- **지형측량** – 지형도를 작성하기 위한 측량
- **지형도** – 지표면상의 자연 및 인공적인 지물·지모의 상호위치 관계를 수평적, 수직적으로 관측하여 일정한 축척과 도식으로 표시한 것
- **지형**
  - 지물–지표면상의 자연적, 인위적 물체(도로, 하천, 건축물 등)
  - 지모–지표면의 기복상태(산정, 계곡, 평야 등)

(1) 지도의 종별 및 특성

1) 표현방법에 의한 분류

① 일반도 : 자연, 인문, 사회 사상을 정확하고 상세하게 표현한 지도
   (예 1/5,000 및 1/50,000기본도, 1/250,000지세도, 1/1,000,000대한민국전도)

② 주제도 : 어느 특정한 주제를 강조하여 표현한 지도
   (예 토지이용도, 지질도, 토양도, 관광도, 도시계획도)

③ 특수도 : 특수한 목적에 사용되는 지도
   (예 항공도, 해도, 사진지도, 지적도)

2) 제작방법에 따른 분류

① 실측도 : 실제 측량한 성과를 이용하여 제작한 지도
   (예 1/5,000 및 1/25,000기본도, 지적도)

② 편집도 : 기존 지도를 이용, 편집한 지도(대축척 → 소축척)
   (예 1/25,000지형도 → 1/50,000지형도)

③ 집성도 : 기존의 지도, 도면, 사진 등을 이어 붙여서 만든 것(예 사진집성도)

3) 축척에 따른 분류

① 대축척 : 1/10,000 보다 큰 것
  ㉠ 중축척 : 1/10,000 ~ 1/100,000
  ㉡ 소축척 : 1/100,000 미만

❷ 지형표시 방법(지형의 표현)

(1) 입체모형에 의한 방법
실제 지형을 축소하여 제작하는 모형으로 전체 지역을 개략적으로 판단하는데 유용

(2) 투시도에 의한 방법
투시도법에 의해 지형을 묘사하는 것으로 안내도 및 경관분석에 이용

(3) 지형도에 의한 표시 방법

1) 자연적 도법
태양광선이 지표면을 비칠 때에 생긴 명암의 상태를 이용하여 지표면의 입체감을 나타내는 방법
① 영선법(우모법) : 단선상(短線狀)의 선(게바)으로 지표의 기복을 표시(급경사-굵고 짧게, 완경사-가늘고 길게)
② 음영법 : 태양이 서북쪽에서 45°각도로 비친다고 가정
  지표의 기복에 대하여 명암을 2~3색 이상으로 지형을 표시

2) 부호적 도법
일정한 부호를 사용하여 지형을 세부적으로 정확히 나타내는 방법(국토지리정보원 발행의 1/50,000, 1/25,000)
① 단채법 : 등고선상의 대상(帶狀)부분을 색으로 구분하여 높이 변화를 표시(高-진한갈색)
② 점고법 : 표고를 숫자에 의해 표시(해도, 하천·호소·항만의 수심도)
③ 등고선법 : 등고선에 의해 지형을 표시(토목에서 가장 널리 이용)

3) 등고선의 성질
① 동일 등고선상의 모든 점은 같은 높이
② 도면내외에 폐합하는 폐곡선
③ 도면내에서 폐합 → 등고선의 내부에 산정 또는 분지가 존재
④ 두쌍의 볼록부가 서로 마주보고 다른 한쌍의 등고선의 바깥쪽으로 내려갈 때 → 고개

⑤ 등고선은 서로 만나지 않는다.(예외 : 절벽, 동굴)
⑥ 동일경사의 등고선의 수평거리는 같다.
⑦ 평면을 이루는 지표의 등고선은 서로 평행한 직선
⑧ 계곡을 횡단할 경우
⑨ 최대경사선(유하선, 능선)과 직각으로 교차
⑩ 산꼭대기와 산밑은 산중턱보다 완경사
⑪ 수원에 가까운 부분은 하류보다 급경사

4) 등고선의 간격 및 종류

① 등고선의 종류
  ㉠ 주곡선(가는 실선)-등고선 간격의 기준이 되는 곡선
  ㉡ 계곡선(2호 실선)-지형의 상태와 판독을 쉽게 하기 위해 사용(주곡선 5개)
  ㉢ 간곡선(가는 파선)-완경사지에서 등고선의 평면거리가 너무 길어 지형의 변화가 불분명할 때(주곡선의 1/2)
  ㉣ 조곡선(가는 점선)-(주곡선의 1/4)
  ㉤ 2차조곡선-(주곡선의 1/8)

② 주곡선의 간격

식별등고선 간격 0.2mm ┐ 두 곡선의 중심간격 → 안전률 고려
등고선 굵기 0.1mm   ┘   (0.3mm)   (0.4~0.5mm)

┌ 1/10,000 이상 소축척 - m/2,000 ~ m/2,500
└ 1/500 ~ 1/1,000 대축척 - m/500 ~ m/1,000

(단위:m)

구분	축척	주곡선	계곡선	간곡선	조곡선
토목공사용	1/500	1	5	0.5	0.25
	1/1,000	1	5	0.5	0.25
	1/2,500	2	10	1	0.5
	1/5,000	5	25	2.5	1.25
지형도	1/10,000	5	25	2.5	1.25
	1/25,000	10	50	5	2.5
	1/50,000	20	100	10	5
지세도	1/200,000	100	500	50	25

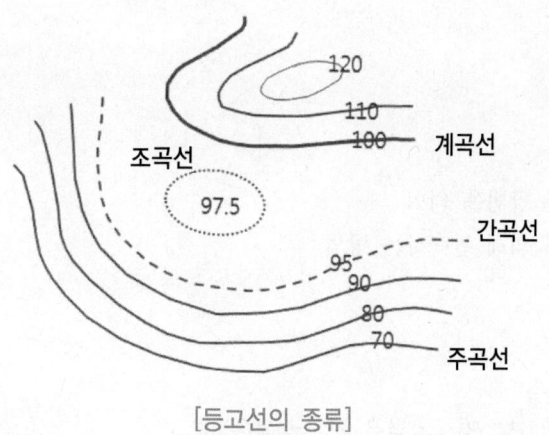

[등고선의 종류]

3 지성선

(1) 지표면을 다수의 평면으로 이루어졌다고 생각할 때 이 평면의 접합부, 즉 접선을 말함

(2) 능선, 곡선, 경사변환선, 최대경사선으로 구성

   1) 능선
      ① 지표면 높은 곳의 꼭대기점을 연결한 선
      ② 빗물이 이 경계선을 좌우로 하여 흐르게 되므로 분수선이라고도 함

   2) 곡선
      ① 지표면이 낮거나 움푹 패인 점을 연결한 선
      ② 사면을 흐른 물이 이 요선을 향하여 모이게 되므로 합수선, 합곡선이라고도 함

   3) 경사변환선
      동일방향의 경사면에서 경사의 크기가 다른 두 면의 접합선

   4) 최대경사선
      ① 지표의 임의의 1점에 있어서 그 경사가 최대로 되는 방향을 표시한 선
      ② 물이 흐르는 방향으로 유선이라고도 함

④ 등고선의 관측방법

(1) 직접법
① 직접법은 지상관측에 의한 방법을 의미
② 높이차를 레벨이나 평판에 의해 관측하는 방법

(2) 레벨에 의한 방법

$H_B = (H_A + a_1) - b$

b_1인 점들로 표척이동 → $P_1, P_2, P_3, \cdots$; 낮은 곳 → 높은 곳

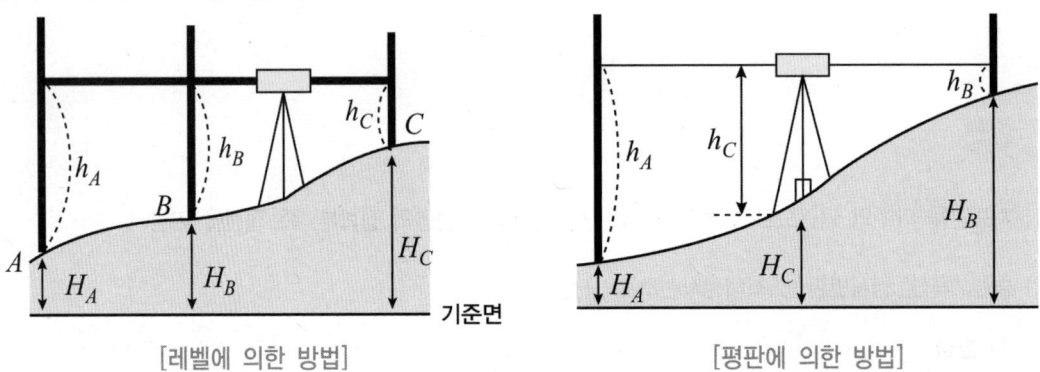

[레벨에 의한 방법]　　　　　　　　[평판에 의한 방법]

(3) 평판에 의한 방법

$$\boxed{식}\ H_A = H_C + h_C - H_A$$

(4) 간접관측법
산악지의 임의의 점에 측점을 설치하지 않을 경우, 또는 빠르게 작업을 하지 않고 전체적인 지형의 특징을 파악하는 것을 중요시한 경우의 관측법.
지성선상의 주요점의 위치와 표고 관측-계산, 목측 → 등고선을 도상에 기입

1) 기지점 표고를 이용한 계산법

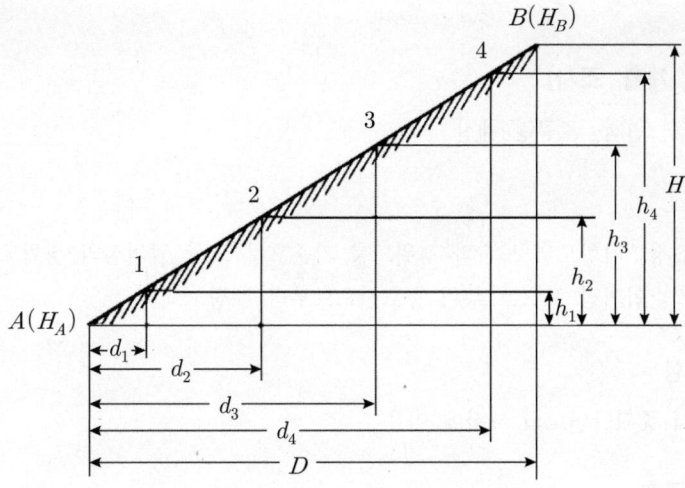

[기지점 표고를 이용한 계산법]

$H : D = h_1 : d_1 = h_2 : d_2$

$\therefore d_1 = \dfrac{D}{H} \times h_1, \quad d_2 = \dfrac{D}{H} \times h_2$

2) 목측에 의한 방법

① 지성선상의 경사변환점의 위치와 표고를 기본으로 하여 지성선상의 각 등고선의 통과점을 목측에 의해 도상에 구하고 현지지형을 스케치하여 등고선을 작도하며
② 1/10,000 이하의 소축척에 이용

3) 방안법

정방형, 장방형의 방안의 교점마다 표고를 관측하여 등고선 추출

4) 종단점법

지성선방향이나 주요방향의 측선에 대해 기준점으로부터의 거리와 높이를 관측하여 등고선을 추출

5) 횡단점법

노선측량, 수준측량에서 중심말뚝의 표고와 횡단선상의 횡단측량 결과를 이용하여 등고선을 그리는 방법

5 지형도의 이용

(1) 토목공사(설계, 계획, 조사)

노선의 도상선점, 면적, 토공량 계산

1) 위치결정

① 경위도 결정 : 지형도의 도곽과 경위도를 기준으로 도상 임의점의 경위도를 결정
② 표고 결정 : 임의점 표고는 주위 등고선으로부터 추정

2) 단면도의 작성

지형도상에서 종횡단면도의 제작에 이용

3) 등경사선의 관측

① 등경사선 : 수평면에 대하여 일정한 경사를 가진 지표면상의 선
② 중심선이 등경사선에 가깝도록 결정

$$L = \frac{100}{i} \times h$$ (h: 등고선간격, I: 등경사선의 경사, L: 수평거리)

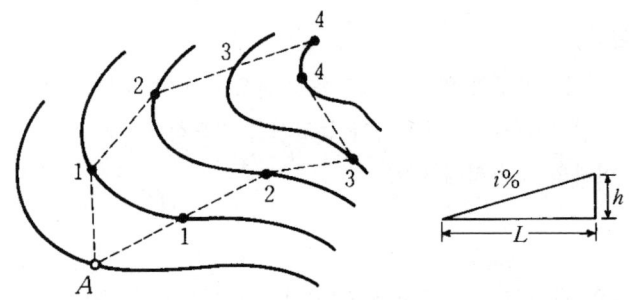

4) 유역면적의 산정

① 지점 유량의 산정이나 댐건설계획 수립시에 한점에 모이는 유량을 산정하여 댐의 위치를 결정하고, 이때 유역면적을 산정
② 일반적으로 구적기를 이용하여 등고선간 면적을 관측

5) 체적(토공량) 산정

① 양단면 평균법

$$V = \frac{h}{2}\{A_0 + A_n + 2(A_1 + A_2 + \ldots + A_{n-1})\}$$

② 각주공식

$$V = \frac{h}{3}\{A_0 + A_n + 4 \times \sum A_{홀수} + 2 \times \sum A_{짝수}\}$$

CHAPTER 04 지형측량

01. 지형의 표시법에 대한 설명으로 틀린 것은?

① 영선법은 짧고 거의 평행한 선을 이용하여 경사가 급하면 가늘고 길게, 경사가 완만하면 굵고 짧게 표시하는 방법이다.
② 음영법은 어느 특정한 곳에서 일정한 방향으로 평행광선을 비칠 때 생기는 그림자를 연직방향에서 본 상태로 기복의 모양을 표시하는 방법이다.
③ 채색법은 등고선의 사이를 색으로 채색, 색채의 농도를 변화시켜 표고를 구분하는 방법이다.
④ 점고법은 하천, 항만, 해양측량 등에서 수심을 나타낼 때 측점에 숫자를 기입하여 수심 등을 나타내는 방법이다.

해설 영선법은 짧고 거의 평행한 선을 이용하여 경사가 급하면 짧고 굵게, 경사가 완만하면 가늘고 길게 표시하는 방법이다.

02. 하천, 항만, 해양 등의 심천을 나타내는 데 측점에 숫자로 기입하여 고저를 표시하는 지형의 표시방법은?

① 점고법 ② 영선법
③ 음영법 ④ 등고선법

해설 [지형도 표시방법 중 부호도법]
① 점고법 : 하천, 항만, 해양측량 등에서 심천측량을 한 측점에 숫자를 기입하여 고저를 표시하는 방법
② 채색법 : 색조를 이용하여 고저를 표시하는 방법
③ 등고선법 : 일정한 높이의 수평면으로 지형을 절단했을 때의 잘린 면의 곡선을 이용하여 지형을 표시

03. 지형을 지물과 지모로 분류할 때 지모에 해당되는 것은?

① 건물 ② 하천
③ 구릉 ④ 시가지

해설 [지형측량]
① 정의 : 지표면상의 자연적, 인공적인 상태를 정확히 측량하여 그 결과를 일정한 축척과 도식으로 도시하는 지형도를 작성
② 지물 : 일정한 축척으로 나타내며 주로 인공적인 형태를 의미함 (도로, 하천, 철도, 시가지, 촌락 등)
③ 지모 : 등고선으로 표시되는 지표의 기복을 의미함 (산정, 구릉, 계곡, 평야 등)

04. 지형측량의 순서로 옳은 것은?

① 측량계획작성 → 도근점측량 → 측량원도작성 → 세부측량
② 측량계획작성 → 도근점측량 → 세부측량 → 측량원도작성
③ 측량계획작성 → 세부측량 → 측량원도작성 → 도근점측량
④ 측량계획작성 → 측량원도작성 → 도근점측량 → 세부측량

해설 [지형측량의 순서]
측량계획작성 → 조사 및 선점 → 기준점측량(도근점측량) → 세부측량 → 측량원도작성 → 지도편집

05. 지형의 표시 방법과 거리가 먼 것은?

① 교회법 ② 수치표고모델(DEM)
③ 등고선법 ④ 점고법

해설 [교회법]
평판 측량에서 하천 등의 장애물이 있어 거리를 직접 잴 수 없을 때 위치를 확정할 수 있는 다른 1점을 써서 기타의 위치를 확정할 수 있는 측정 방법
[교회법의 종류]
① 전방 교회법 : 기지점에 평판을 세워서 미지점을 구하는 방법

정답 01. ① 02. ① 03. ③ 04. ② 05. ①

② **측방 교회법** : 기지점에 1회 평판을 세워서 미지점을 구하는 방법
③ **후방 교회법** : 미지점에 평판을 세워서 2점 또는 3점의 기지점을 이용하여 미지점의 위치를 결정하는 방법

06. 지형도 및 수치지형도에 대한 설명으로 옳지 않은 것은?

① 지형도는 지표면상의 자연적 또는 인공적인 지형의 수평 또는 수직의 상호위치관계를 관측하여 그 결과를 일정한 축척과 도식으로 도면에 나타낸 것이다.
② 지형도 상에 표시되는 요소로 지형에는 지물과 지모가 있다.
③ 수치지형도의 축척은 일정하기 때문에 확대 및 축소하여 다양한 축척의 지형도를 만들 수 없다.
④ 수치지형도의 지형 및 지물은 레이어로 구분된다.

해설 수치지형도는 확대 및 축소하여 다양한 축척의 지형도를 제작할 수 있다.

07. 지형표시방법 중 점고법에 대한 설명으로 옳은 것은?

① 지표면상 임의 점의 표고를 숫자에 의하여 나타내는 방법
② 지형을 색으로 구분하고 채색하여 높이의 변화를 나타내는 방법
③ 태양광선이 서북쪽에서 경사 45°의 각도로 비친다고 가정하고 채색으로 표시하는 방법
④ 단선상의 선으로 지표의 기복을 나타내는 방법

해설 [지형도 표시방법 중 부호도법]
① 점고법 : 하천, 항만, 해양측량 등에서 심천측량을 한 측점에 숫자를 기입하여 고저를 표시하는 방법
② 채색법 : 색조를 이용하여 고저를 표시하는 방법
③ 등고선법 : 일정한 높이의 수평면으로 지형을 절단했을 때의 잘린 면의 곡선을 이용하여 지형을 표시

08. 등고선의 종류와 지형도의 축척에 따른 등고선의 간격에 대한 설명으로 틀린 것은?

① 주곡선은 지형표시의 기본이 되는 곡선으로 가는 실선을 사용하여 나타낸다.
② 등고선의 간격은 측량의 목적 및 지역의 넓이, 작업에 관련한 경제성, 토지의 현황, 도면의 축척, 도면의 읽기 쉬운 정도 등을 고려하여 결정한다.
③ 계곡선은 등고선의 수 및 표고를 쉽게 읽도록 주곡선 5개마다 굵게 표시한 곡선으로 굵은 실선을 사용하며 축척 1:50,000지형도의 경우에 간격이 50m이다.
④ 간곡선은 주곡선의 ½간격으로 삽입한 곡선으로 가는 파선으로 나타내며 축척 1:25,000지형도에서는 5m 간격이다.

해설 1:50,000 지형도의 주곡선 간격은 20m이고, 계곡선 간격은 주곡선 간격의 5배인 100m이다.

09. 등고선에 관한 설명으로 옳지 않은 것은?

① 주곡선은 지형을 나타내는 기본이 되는 곡선으로 간격은 축척에 따라 다르게 결정된다.
② 간곡선은 주곡선 간격의 1/2로 표시되며, 주곡선만으로는 지모의 상태를 명시할 수 없는 장소에 가는 파선으로 나타낸다.
③ 조곡선은 간곡선 간격의 1/2로 표시하는데, 표현이 부족한 곳에 가는 실선으로 나타낸다.
④ 계곡선은 지모의 상태를 파악하고 등고선의 고저차를 쉽게 판독할 수 있도록 주곡선 5개마다 굵은 실선으로 나타낸다.

해설 [등고선의 표시방법]
① 주곡선 : 가는 실선
② 계곡선 : 굵은 실선 (주곡선 5개마다 설치)
③ 간곡선 : 파선 (주곡선의 1/2에 설치)
④ 조곡선 : 점선 (조곡선과 주곡선 사이 1/2에 설치)

10. 등고선의 종류에 대한 설명 중 옳은 것은?

① 등고선의 간격은 계곡선→주곡선→조곡선→간곡선 순으로 좁아진다.
② 간곡선은 일점쇄선으로 표시한다.
③ 계곡선은 조곡선 5개마다 1개씩 표시한다.
④ 일반적으로 등고선의 간격이란 주곡선의 간격을 의미한다.

[해설] [등고선에 관한 설명]
① 등고선의 간격은 계곡선 → 주곡선 → 간곡선 → 조곡선 순으로 좁아진다.
② 간곡선은 파선으로 표시한다.
③ 계곡선은 주곡선 5개마다 1개씩 표시한다.
④ 일반적으로 등고선의 간격이란 주곡선의 간격을 의미한다.

11. 아래의 축척별 등고선 간격으로 옳지 않은 것은?

	축척	주곡선	계곡선	간곡선	조곡선
(1)	1:500	1.0m	5.0m	0.5m	0.25m
(2)	1:1,000	1.0m	5.0m	0.5m	0.25m
(3)	1:2,500	5.0m	25.0m	2.5m	1.25m
(4)	1:5,000	5.0m	25.0m	2.5m	1.25m

① (1)
② (2)
③ (3)
④ (4)

[해설] [축척별 등고선 간격]

축척	주곡선	계곡선	간곡선	조곡선
1:500	1.0m	5.0m	0.5m	0.25m
1:1,000	1.0m	5.0m	0.5m	0.25m
1:2,500	2.0m	10.0m	1.0m	0.50m
1:5,000	5.0m	25.0m	2.5m	1.25m

12. 축척 1:10,000 지형도상에서 균일 경사면상에 40m와 50m 등고선 사이의 P점에서 40m와 50m 등고선까지의 최단거리가 각각 도상에서 5mm, 15mm일 때, P점의 표고는?

① 42.5m
② 43.5m
③ 45.5m
④ 47.5m

[해설] ① 40m, 50m 등고선에서 P점까지의 실제거리

$M = \dfrac{도상거리}{실거리} = \dfrac{1}{10,000}$ 에서

$5mm \times 10,000 = 50m$, $15mm \times 10,000 = 150m$

② P점의 표고(H_P)
수평거리 : 높이차 = 200m : 10m = 50m : x ⇒
$x = 2.5m$
$H_P = 40m + 2.5m = 42.5m$

13. 지형측량의 결과인 등고선도의 이용과 가장 거리가 먼 것은?

① 지적도의 작성
② 노선의 도상선정
③ 성토, 절토의 범위결정
④ 집수면적의 측정

[해설] 지적도의 작성은 지형도와 상관없고, 토지소유자의 경계를 구분하여 필지를 도면으로 표시하는 작업이다.

14. 등고선의 성질에 대한 설명으로 옳지 않은 것은?

① 등고선은 도면 내외에서 폐합하는 곡선이다.
② 높이가 다른 두 등고선은 동굴이나 절벽과 같은 지형에서는 교차한다.
③ 등고선은 최대경사방향과 직각으로 교차한다.
④ 등고선은 경사가 급한 곳에서는 간격이 넓고, 완만한 경사에서는 좁다.

[해설] [등고선의 성질]
1) 동일 등고선상에 있는 모든 점은 같은 높이이다.
2) 등고선은 도면상 혹은 외에서 폐합하며 도중에 손실되지 않는다.
3) 지도상에서 폐합되는 부분은 산정(山頂) 또는 ㄴ지이다(구별이 곤란하면 화살로 낮은 쪽으로 표시한다).
4) 등고선은 현애(懸崖 : 낭떠러지) 이외에는 서로 만나지 않는다.
5) 등고선은 급경사지에서는 간격이 좁고 완경사지에서는 넓다.
6) 등고선은 등경사지에서 등간격이며, 등경사 평면인 지형에서는 등간격의 평행선으로 된다.
7) 등고선간의 최단거리의 방향은 기지 표면의 최대 경사의 방향을 가리키므로 최대 경사의 방향은 등고선에 수직한 방향이다.
8) 등고선이 곡선을 통과할 때는 한쪽에 연(沿)하여 거슬러 올라가서 곡선을 직각방향으로 횡단한 다음 곡선(谷線) 다른 쪽에 연하여 내려간다.
9) 한쌍의 등고선의 凹부가 서로 마주 서 있고 다른 한쌍의 등고선이 바깥쪽으로 향하여 저하할 때는 그곳은 고개를 나타낸다.

15. 등고선 간격이 2m인 지형도에서 94m 등고선상의 A점과 128m 등고선상의 B점을 연결하여 기울기 $\frac{8}{100}$의 도로를 개설하였다면 AB간 도로의 실제길이는 약 얼마인가?

① 420m ② 422m
③ 424m ④ 426m

해설 ① A, B 두 점간의 높이차 = 128 − 94 = 34m
② A, B 두 점을 연결한 도로의 기울기
$$기울기 = \frac{높이차}{수평거리} = \frac{8}{100} = \frac{34m}{수평거리}$$
$$수평거리 = \frac{100 \times 34m}{8} = 425m$$
③ A, B간 도로의 실제길이 = 경사거리
$$경사거리 = \sqrt{수평거리^2 + 높이차^2}$$
$$= \sqrt{425^2 + 34^2} = 426.358m$$

16. 축척 1:500 지형도를 기초로 하여 축척 1:3,000의 지형도를 제작하고자 한다. 1:3000 지형도 1도엽은 1:500 지형도를 몇 매 포함한 것인가?

① 45매 ② 40매
③ 36매 ④ 25매

해설 면적은 거리의 제곱에 비례하고, 도엽수는 면적의 함수이므로 도엽수는 축척의 제곱에 비례함을 알 수 있다.
$\frac{1}{500}$은 $\frac{1}{3,000}$에 비해 거리가 약 6배의 관계이므로 면적은 $6^2 = 36$매 임을 알 수 있다.

17. 점 A, B가 등경사에 위치할 때 A의 표고는 37.65m, B의 표고는 53.25m, 두 점 사이의 도상길이는 68.5mm이다. AB선상의 표고 40.00m 지점의 위치는 A로부터 도상에서 몇 mm 떨어진 곳에 위치하는가?

① 8.5mm ② 7.8mm
③ 10.3mm ④ 9.7mm

해설 그림과 같이 높이와 관련한 정보는 실제 길이를, 수평거리와 관련한 정보는 도상거리로 구분하여 식을 정리하면
① A, B 두 점간의 높이차 = 53.25 − 37.65 = 15.6m

② 높이 40m일 때의 A점 표고에 대한 높이차 = 40−37.65 = 2.35m

③ 삼각형에 대한 비례식을 풀면 $\frac{15.6}{68.5} = \frac{2.35}{d}$에서
$$d = \frac{2.35}{15.6} \times 68.5mm = 10.319mm$$

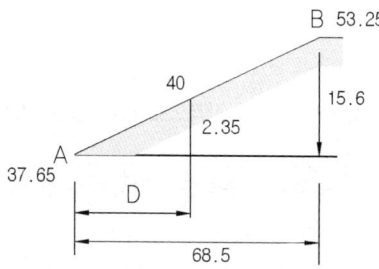

18. 축척 1:25,000인 우리나라 지형도의 한 도엽의 크기(경도, 위도)는 얼마인가?

① 1.25′ × 1.25′ ② 2.5′ × 2.5′
③ 7.5′ × 7.5′ ④ 15.0′ × 15.0′

해설 [축척에 따른 1도엽당 차지하는 지상의 면적]
① 1 : 50,000 / 15′× 15′
② 1 : 25,000 / 7.5′× 7.5′
③ 1 : 10,000 / 3′× 3′
④ 1 : 5,000 / 1.5′× 1.5′

19. 축척 1:25,000의 지형도에서 963m의 산정으로부터 423m의 산 밑까지의 거리가 95mm이었다. 이때 사면의 경사는 약 얼마인가?

① $\frac{1}{7.4}$ ② $\frac{1}{6.4}$
③ $\frac{1}{5.4}$ ④ $\frac{1}{4.4}$

해설 경사 = $\frac{높이차}{수평거리} \times 100(\%)$ 이므로
$$= \frac{963 - 423}{0.095 \times 25,000} \times 100(\%) = \frac{1}{4.398}$$

20. 축척 1:25,000 지형도 상의 인접한 두 주곡선 사이의 수평거리가 8mm이었다면 두 지점간의 기울기는?

① 5%   ② 8%
③ 10%   ④ 20%

해설 ① 수평거리
$$M = \frac{1}{m} = \frac{도상거리}{실제거리} = \frac{1}{25,000} = \frac{8mm}{실제거리}$$
실제거리 = $0.008m \times 25,000 = 200m$

② 기울기
축척 1:25,000의 지형도에서 주곡선의 간격은 10m이다.
경사도(%) = $\frac{높이차}{수평거리} \times 100(\%) \Leftrightarrow i = \frac{h}{D} \times 100(\%)$에서
$i = \frac{10m}{200m} \times 100(\%) = 5\%$

21. 축척 1:50,000 지형도에서 두 점의 거리가 8.0cm이었고 축척을 모르는 다른 지형도상에서 동일한 두 점간의 거리가 57.1cm라고 한다면 이 지형도의 축척은?

① 약 1:5,000   ② 약 1:7,000
③ 약 1:10,000   ④ 약 1:14,000

해설 ① 두 점간의 거리
$$M = \frac{1}{m} = \frac{도상거리}{실제거리} = \frac{1}{50,000} = \frac{8cm}{실제거리}$$
실제거리 = $0.08m \times 50,000 = 4,000m$

② 축척
$$M = \frac{1}{m} = \frac{도상거리}{실제거리} = \frac{0.571}{4,000} = \frac{1}{7,005.254} ≒ \frac{1}{7,000}$$

22. 1,595m 산 정상과 1,390m 산기슭 사이에 주곡선 간격의 등고선 개수는? (단, 축척은 1:50,000이다.)

① 9개   ② 10개
③ 19개   ④ 20개

해설 1:50,000 지형도의 주곡선 간격은 20m이므로 1,390m와 1,595m 사이에는 1400, 1420, 1440, 1460, 1480, 1500, 1520, 1540, 1560, 1580로 모두 10개의 주곡선이 있다.

23. A점은 20m의 등고선상에 있고, B점은 30m의 등고선상에 있다. 이때 AB의 경사가 20%이면 AB의 수평거리는?

① 25m   ② 35m
③ 50m   ④ 65m

해설 경사도 = $\frac{높이차}{수평거리} \times 100(\%) = \frac{30m - 20m}{수평거리} \times 100 = 20\%$에
서 수평거리 = $10m \times \frac{100}{20} = 50m$

24. 일반적으로 주곡선의 등고선 간격을 결정하는데 가장 중요한 요소는?

① 도면의 축척   ② 지역의 넓이
③ 지형의 상태   ④ 내업에 필요한 시간

해설 주곡선의 등고선 간격을 결정하는데 가장 중요한 요소는 도면의 축척이다.
예를 들어 중축척 도면의 경우 축척의 분모수를 2,000 혹은 2,500으로 나눈 값이 주곡선 간격이 된다.
$\frac{1}{50,000}$ 도면의 주곡선 간격은 $\frac{50,000}{2,500} = 20m$이다.

25. 지형도의 활용과 가장 거리가 먼 것은?

① 저수지의 담수 면적과 저수량의 계산
② 절토 및 성토 범위의 결정
③ 노선의 도상 선정
④ 지적경계측량

해설 [지형도를 활용]
각종 단면도의 작성, 유역면적의 측정, 성토 및 절토 등 토공량 산정, 저수량 산정, 노선의 선정, 등경사선의 관측 등

26. 축척 1:25,000 지형도에서 100m 등고선 상의 점과 120m 등고선 상의 점간에 도상거리 20m를 얻었다. 이때 두 점의 경사각은?

① 2°17′26″   ② 2°18′38″
③ 16°17′15″   ④ 20°17′42″

해설 등고선상 두 점의 높이차와 도상위치를 알고 있으므로 이들의 축척을 통일하여 경사각을 구한다.
도상거리를 실거리로 환산하려면 축척의 분모를 곱하면 된다.

$$\tan 경사각 = \frac{높이차}{수평거리} 이므로$$

$$= \tan^{-1}\left(\frac{(120-100)m}{20mm \times 25,000 \times \frac{1m}{1,000mm}}\right)$$

$$= 2°17'26''$$

27. 지형측량의 결과인 등고선도의 이용과 가장 거리가 먼 것은?

① 지적도의 작성 ② 노선의 도상선정
③ 성토, 절토의 범위결정 ④ 집수면적의 측정

해설 지적도의 작성은 지형도와 상관없고, 토지소유자의 경계를 구분하여 필지를 도면으로 표시하는 작업이다.

28. 1:50,000 지형도에서 4% 경사의 노선을 선정하려면 등고선 (주곡선) 간의 도상거리는?

① 4.0mm ② 10.0mm
③ 12.5mm ④ 25.0mm

해설 축척 1:25,000의 지형도에서 주곡선의 간격은 10m이다.

$$경사도(\%) = \frac{높이차}{수평거리} \times 100(\%) \Leftrightarrow i = \frac{h}{D} \times 100(\%) 에서$$

$$D = \frac{100}{i}h = \frac{100}{4} \times 10 = 250m$$

$$\therefore 도상거리 = \frac{250}{25,000} = 0.01m = 10mm$$

29. 1:50,000 지형도를 보면 도엽번호가 표기되어 있다. 다음 도엽번호에 대한 설명으로 틀린 것은?

NJ-52-11-18

① 1:250,000 도엽을 28등분한 것 중 18번째 도엽번호를 의미한다.
② N은 북반구를 의미한다.
③ J는 적도면에서부터 알파벳으로 붙인 위도구역을 의미한다.

④ 52는 국가 고유 코드를 의미한다.

해설 N : 북반구 지역
J : 적도면에서 북위 4°마다 알파벳으로 붙인 위도구역
52 : 서경 180°선에서 동으로 6°마다 붙인 경도구역
11 : 1:250,000 지세도의 지도번호
18 : 1:250,000 지세도를 가로 7등분, 세로 4등분한 1:50,000 지형도의 지도번호

30. 다음 설명 중 옳지 않은 것은?

① 지성선은 토지기복이 되는 선으로 주로 산악에 있어서 요선, 철선, 경사변환점 등을 나타내는 선이다.
② 경사변환선이란 지성선이 방향을 바꾸어 다른 방향으로 향하는 점 또는 분기하거나 합하여 지는 점이다.
③ 철선(능선)이란 지표면이 높은 곳의 꼭대기 점을 연결한 선이다.
④ 요선(계곡선)은 지표면이 낮거나 움푹 패인 점을 연결한 선으로 합수선이라고도 한다.

해설 [지성선(地性線 : topographical line)]
1) 능선(능선, 분수선) : 정상을 향하여 가장 높은 점을 연결한 선으로 빗물이 이것을 경계로 흐르게 되므로 분수선이라고도 한다.
2) 곡선(합수선, 계곡선) : 가장 낮은 점을 연결한 선으로 계곡선이라고도 한다.
3) 경사변환선 : 동일 방향의 경사면에서 경사의 크기가 다른 두 면의 교선을 경사 변환선이라 한다.
4) 최대 경사선 : 지표의 임의의 한 점에 있어서 그 경사가 최대로 되는 방향을 표시한 선을 말하며 등고선에 직각으로 교차한다. 이는 물이 흐르는 방향으로 유하선이라고도 한다.

31. 지형도의 축척별 주곡선 간격으로 옳지 않은 것은? (단, 축척 - 등고선 간격)

① 1 : 50000 - 20m ② 1 : 25000 - 10m
③ 1 : 10000 - 5m ④ 1 : 5000 - 2.5m

정답 27. ① 28. ② 29. ④ 30. ② 31. ④

해설 [축척별 등고선 간격]

축척	주곡선	계곡선	간곡선	조곡선
1:500	1.0m	5.0m	0.5m	0.25m
1:1,000	1.0m	5.0m	0.5m	0.25m
1:2,500	2.0m	10.0m	1.0m	0.50m
1:5,000	5.0m	25.0m	2.5m	1.25m

32. 등고선간의 최단 거리방향이 의미하는 것은?

① 최소 경사 방향을 표시한다.
② 최대 경사 방향을 표시한다.
③ 상향 경사를 표시한다.
④ 하향 경사를 표시한다.

해설 등고선 간의 최단거리방향은 최대경사방향을 표시한다.

33. 주로 지역 내의 지성선 위치 및 그 위 각 점의 표고를 실측 도시하여 이것을 기초로 현지에서 지형을 관찰하면서 적당하게 등고선을 삽입하는 방법으로 비교적 소축척 산지에 이용되는 방법은?

① 횡단점법
② 직접법
③ 좌표점법
④ 종단점법

해설 [등고선의 관측방법]
① **방안법** : 정방형, 장방형 형태의 방안에 교점의 표고를 관측하여 보간에 의해 등고선 추출
② **종단점법** : 지성선방향이나 주요방향의 측선에 대해 기준점으로부터의 거리와 높이를 관측하여 등고선을 추출
③ **횡단점법** : 노선측량, 수준측량에서 중심말뚝의 표고와 횡단선상의 횡단측량 결과를 이용하여 등고선을 그리는 방법
④ **직접관측법** : 등고선이 통과하는 점을 현지에서 구하고 그 위치를 도시하여 직접 등고선을 그리는 방법으로 고원, 대지, 평야 등의 완경사지와 같은 시통하기 좋은 곳에 적합하며, 정확도가 좋은 대축척 지형측량에 이용
⑤ **직접법** : 레벨 또는 평판을 이용하여 등고선을 삽입할 경우에 이용

34. 지형측량에서 동일방향의 경사면에서 경사의 크기가 다른 두 면의 접선(평면교선)을 무엇이라고 하는가?

① 능선
② 계곡선
③ 경사변환선
④ 최대경사선

해설 [지성선(地性線 : topographical line)]
1) **능선(능선, 분수선)** : 정상을 향하여 가장 높은 점을 연결한 선으로 빗물이 이것을 경계로 흐르게 되므로 분수선이라고도 한다.
2) **곡선(합수선, 계곡선)** : 가장 낮은 점을 연결한 선으로 계곡선이라고도 한다.
3) **경사변환선** : 동일 방향의 경사면에서 경사의 크기가 다른 두 면의 교선을 경사변환선이라 한다.
4) **최대 경사선** : 지표의 임의의 한 점에 있어서 그 경사가 최대로 되는 방향을 표시한 선을 말하며 등고선에 직각으로 교차한다. 이는 물이 흐르는 방향으로 유하선이라고도 한다.

35. 축척 1:25,000 지형도에서 산 정상부터 산 밑까지의 지도상 거리가 5.6cm이고, 실제 지형에서는 산 정상의 표고가 335.75m, 산 밑의 표고가 102.50m일 때 사면의 경사도는?

① 1/4
② 1/5
③ 1/6
④ 1/7

해설 ① 실제거리(D)
$M = \dfrac{1}{m} = \dfrac{도상거리}{실제거리}$ 에서 $\dfrac{1}{25,000} = \dfrac{5.6cm}{실제거리}$
실제거리 $= 25,000 \times 0.056m = 1,400m$

② 경사도(i)
$i = \dfrac{높이차}{수평거리} = \dfrac{337.75m - 102.50m}{1,400m} = \dfrac{1}{6}$

36. A,B 두 점의 표고가 각각 118m, 145m이고, 수평거리가 270m이며, AB간은 등경사이다. AB선상의 표고 120m, 130m, 140m 되는 점은 A점으로부터 각각 수평으로 몇 m 떨어진 지점인가?

① 10m, 110m, 210m
② 20m, 120m, 220m
③ 20m, 110m, 220m
④ 10m, 120m, 210m

정답 32. ② 33. ④ 34. ③ 35. ③ 36. ②

해설 수평거리:높이$= D:H = d:h$ 이므로

① $d_1 = \dfrac{D}{H} \times h_1 = \dfrac{270m}{145m - 118m} \times (120m - 118m) = 20m$

② $d_2 = \dfrac{D}{H} \times h_2 = \dfrac{270m}{145m - 118m} \times (130m - 118m) = 120m$

③ $d_3 = \dfrac{D}{H} \times h_3 = \dfrac{270m}{145m - 118m} \times (140m - 118m) = 220m$

37. 축척 1 : 10,000의 지형도에 등고선을 기입할 때, 계곡선의 간격은?

① 10m ② 25m
③ 50m ④ 100m

해설 1:10,000 지형도의 주곡선 간격은 5m이고 계곡선은 주곡선 5개마다 1개씩 굵은 실선으로 표시하므로 25m 간격이 된다.

38. 축척 1:2,500 수치지도의 주곡선 간격은?

① 0.5m ② 1.0m
③ 2.0m ④ 5.0m

해설 [축척에 따른 등고선의 간격]

표시법 축척	2호실선 계곡선	세실선 주곡선	세파선 간곡선	세점선 보조곡선
1/50,000	100	20	10	5
1/25,000	50	10	5	2.5
1/10,000	25	5	2.5	1.25
1/5,000	25	5	2.5	1.25
1/2,500	10	2	1	0.5
1/1,000	5	1	0.5	0.25
1/500	5	1	0.5	0.25

39. 지성선 중 등고선과 직각으로 만나는 선이 아닌 것은?

① 최대경사선 ② 경사변환선
③ 계곡선   ④ 분수선

해설 경사변환선은 동일 방향의 경사면에서 경사의 크기가 다른 두 면의 교선을 경사 변환선이라 한다.

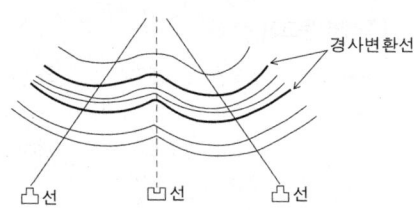
경사변환선

40. 다음 중 지성선의 종류에 속하지 않는 것은?

① 계곡선   ② 능선
③ 경사변환선 ④ 산능대지선

해설 [지성선의 종류]
① 능선 : 지표면 높은 곳의 꼭대기점을 연결한 선. 빗물이 이 경계선을 좌우로 하여 흐르게 되므로 분수선이라고도 함
② 곡선 : 지표면이 낮거나 움푹 패인 점을 연결한 선. 사면을 흐른 물이 이 곳을 향하여 모이게 되므로 합수선이라고도 함
③ 경사변환선 : 동일방향의 경사면에서 경사의 크기가 다른 두 면의 접합선
④ 최대경사선 : 지표의 임의의 1점에 있어서 그 경사가 최대로 되는 방향을 표시한 선. 물이 흐르는 방향으로 유선이라고도 함

41. 축척 1:10,000인 지형도의 주곡선의 간격과 1:25,000의 지형도의 간곡선의 간격으로 올바르게 짝지어진 것은?

① 10m, 10m ② 10m, 5m
③ 5m, 10m   ④ 5m, 5m

해설 [축척에 따른 등고선의 간격]

표시법 축척	2호실선 계곡선	세실선 주곡선	세파선 간곡선	세점선 보조곡선
1/50,000	100	20	10	5
1/25,000	50	10	5	2.5
1/10,000	25	5	2.5	1.25
1/5,000	25	5	2.5	1.25
1/2,500	10	2	1	0.5
1/1,000	5	1	0.5	0.25
1/500	5	1	0.5	0.25

정답 37. ② 38. ③ 39. ② 40. ④ 41. ④

42. 그림에서 등고선 AB간의 수평거리가 80m일 때 AB의 경사는?

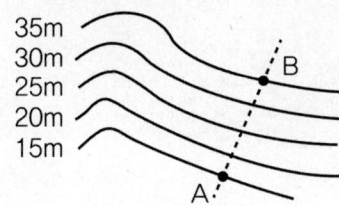

① 10% ② 15%
③ 20% ④ 25%

해설 경사도(%) = $\dfrac{\text{높이차}}{\text{수평거리}} \times 100(\%)$ 에서

경사도(%) = $\dfrac{35m - 15m}{80m} \times 100(\%) = 25\%$

05 CHAPTER 면체적 측량

1 개요

① 면적과 체적의 산정은 건설공사의 계획, 토공량 산정, 시공에 있어 적정 계획면 설정, 수문량 조사를 위한 유역면적, 저수지의 담수량 산정 등에 널리 사용
② 토지 및 임야의 면적 등과 같이 재산권이 결부된 실생활의 문제와도 밀접한 관련

2 면적산정방법

① **면적** : 토지를 둘러싼 경계선을 기준면에 투영시켰을 때 그 선내의 넓이
② **직접관측법** : 현지에서 직접 거리를 관측하여 구하는 방법
③ **간접법** : 도상에서 값을 구하여 계산하거나, 구적기를 사용하여 구하는 방법과 기하학을 이용하여 구하는 방법으로 도지의 신축, 도상에서의 거리관측오차 등이 면적 등에 영향을 받으며 직접관측법에 비하여 정확도가 낮음

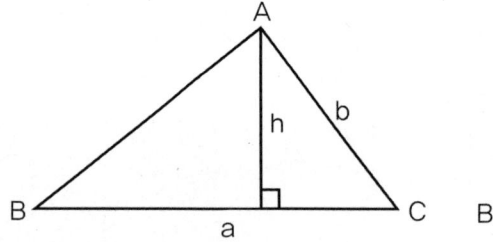
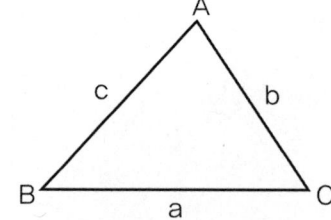

(1) 삼각형 면적 계산

① 삼사법 : 밑변과 높이를 관측하여 면적 산정 : $A = \dfrac{1}{2}ah$ (a = 밑변, h = 높이)

② 2변의 길이와 그 사이각을 알 때 : $A = \dfrac{1}{2}ab \cdot \sin C = \dfrac{1}{2}ac \cdot \sin B = \dfrac{1}{2}bc \cdot \sin A$

③ 3변의 길이를 알 때 : $A = \sqrt{s(s-a)(s-b)(s-c)}$, $s = \dfrac{1}{2}(a+b+c)$

(2) 지거법에 의한 면적 계산
① 복잡하게 굴곡진 경계선 내의 면적을 구할 경우
② 일반적으로 도상에서 구적기를 사용하여 구적
③ 수치계산법으로 구하기 위하여 지거법으로 계산

1) 사다리꼴 공식 : 경계선의 굴절이 심한 경우

$$A = d\left\{\frac{y_0 + y_n}{2} + y_1 + y_2 + \cdots + y_{n-1}\right\}$$

$$A = d\left(\frac{y_0 + y_n}{2} + \sum y_{나머지}\right)$$

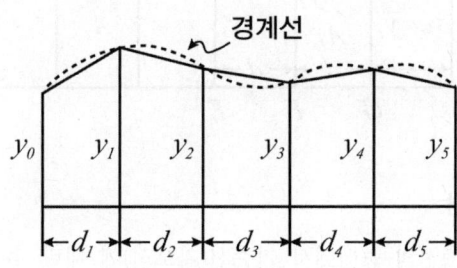

2) 심프슨 제 1법칙 (2구간을 1조)

A_1 = (사다리꼴 ABDE) + (포물선 BCD)

$$A = \frac{d}{3}\{y_0 + y_n + 4(y_1 + y_3 + \cdots + y_{n-1}) + 2(y_2 + y_4 + \cdots + y_{n-2})\}$$

$$= \frac{d}{3}(y_0 + y_n + 4\sum y_{홀수} + 2\sum y_{나머지짝수})$$

(단, n은 짝수이며 홀수인 경우 끝의 것은 사다리꼴로 계산)

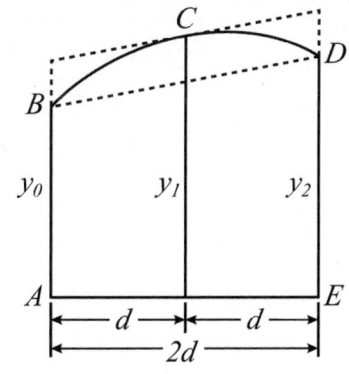
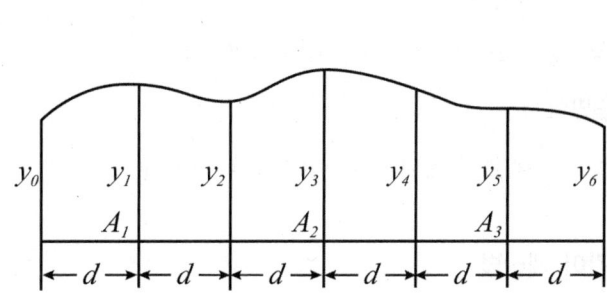

3) 심프슨 제 2법칙(3구간을 1조)

A_1 = (사다리꼴 ABDE) + (포물선 BCD)

$$A = \frac{3}{8}d[y_0 + y_n + 2(y_3 + y_6 + \cdots + y_{n-3}) + 3(y_1 + y_2 + y_4 + \cdots + y_{n-2} + y_{n-1})]$$

$$= \frac{3}{8}d[y_0 + y_n + 2\sum y_{3의 배수} + 3\sum y_{3의 배수아닌 나머지}]$$

(단, n은 3의 배수)

※ n이 3의 배수가 아닌 경우 나머지는 사다리꼴 공식으로 계산하여 합산

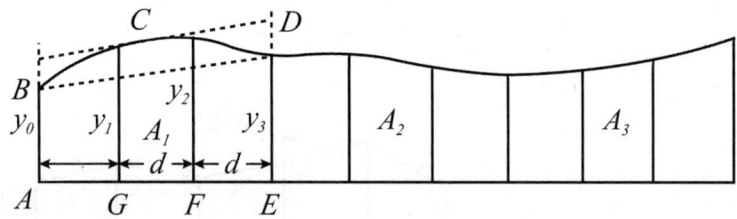

(3) 배면적에 의한 면적 계산

배횡거 = 2×횡거(어떤 측선의 중심에서 기준선(자오선)에 내린 수선의 길이)
① 1측선의 배횡거 : 제 1측선의 경거의 길이
② 임의 측선의 배횡거 : (하나앞 측선의 배횡거)+(하나앞의 경거)+(그 측선의 경거)
③ 다각형 면적 : $\frac{1}{2}\sum$(배횡거 × 위거)

(4) 좌표에 의한 면적 계산

$$A = (x_2 - x_3)(y_3 - y_1) - \frac{1}{2}(y_2 - y_1)(x_2 - x_1) - \frac{1}{2}(x_2 - x_3)(y_3 - y_2) - \frac{1}{2}(x_1 - x_3)(y_3 - y_1)$$

△ABC의 면적

$$A = \frac{1}{2}|x_1(y_3 - y_2) + x_2(y_1 - y_3) + x_3(y_2 - y_1)|$$

일반식

$$A = \frac{1}{2}|x_1(y_n - y_2) + x_2(y_1 - y_3) + \ldots + x_n(y_{n-1} - y_1)|$$

(5) 간이 계산법

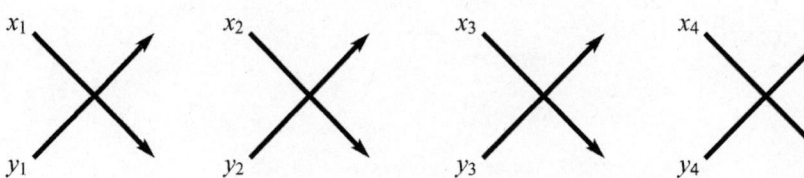

그림에서 배면적은

$2A = (x_1y_2 + x_2y_3 + x_3y_4 + x_4y_5) - (y_1x_2 + y_2x_3 + y_3x_4 + y_4x_5)$

면적(A)은

$$\therefore A = \frac{1}{2}(\text{배면적})$$

(6) 횡단면적의 산정

1) 성토단면인 경우

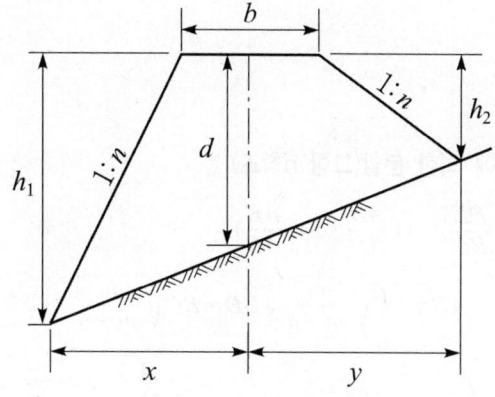

$$\therefore A = \left\{\frac{h_1+h_2}{2} \times (x+y)\right\} - \left\{\left[\frac{1}{2}\left(x-\frac{b}{2}\right) \times h_1\right] + \left[\frac{1}{2}\left(y-\frac{b}{2}\right) \times h_2\right]\right\}$$

2) 절토단면인 경우

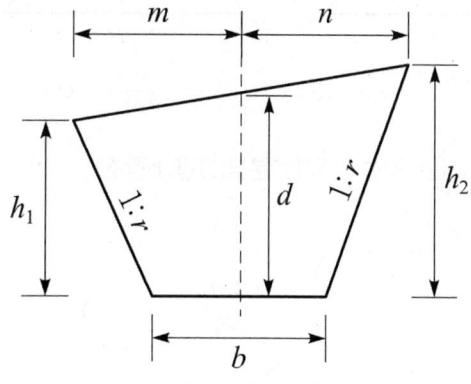

[성토, 절토단면도]

$$\therefore A = \left\{\frac{h_1+d}{2} \times m + \frac{h_2+d}{2} \times n\right\} - \left\{\frac{h_1}{2} \times \left(m-\frac{b}{2}\right) + \frac{h_2}{2} \times \left(n-\frac{b}{2}\right)\right\}$$

(7) 축척과 면적과의 관계

$m_1^2 : A_1 = m_2^2 : A_2$ 이므로 $\therefore A_2 = \left(\dfrac{m_2}{m_1}\right)^2 A_1$

여기서, A_1 : 축척 $\dfrac{1}{m_1}$ 인 도면의 축척, A_2 : 축척 $\dfrac{1}{m_2}$ 인 도면의 축척

3 면적의 분할

(1) 삼각형의 분할

1) 한 변에 평행한 직선에 의한 분할(그림 a참조)

$$\dfrac{\triangle ADE}{\triangle ABC} = \dfrac{m}{m+n} = \left(\dfrac{DE}{BC}\right)^2 = \left(\dfrac{AD}{AB}\right)^2 = \left(\dfrac{AE}{AC}\right)^2$$

$$\therefore AD = AB\sqrt{\dfrac{m}{m+n}},\ AE = AC\sqrt{\dfrac{m}{m+n}},\ DE = BC\sqrt{\dfrac{m}{m+n}}$$

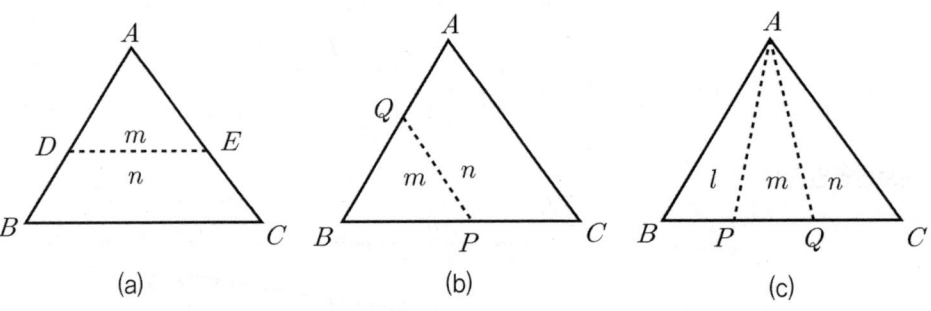

2) 한변상 고정점(Q)를 지나는 직선에 의한 분할(그림 b참조)

$$\dfrac{\triangle APQ}{\triangle ABC} = \dfrac{m}{m+n} = \dfrac{BQ \cdot BP}{AB \cdot BC}$$

$$\therefore BQ = \dfrac{m}{m+n} \cdot \dfrac{AB \cdot BC}{BP},\ BP = \dfrac{m}{m+n} \cdot \dfrac{AB \cdot BC}{BQ}$$

3) 한 꼭지점을 지나는 직선에 의한 분할(그림 c참조)

$$\dfrac{\triangle ABP}{\triangle ABC} = \dfrac{l}{l+m+n} = \dfrac{BP}{BC} \Rightarrow BP = \dfrac{l}{l+m+n}BC$$

$$\dfrac{\triangle ABQ}{\triangle ABC} = \dfrac{l+m}{l+m+n} = \dfrac{BQ}{BC} \Rightarrow BQ = \dfrac{l+m}{l+m+n}BC$$

(2) 사각형 분할

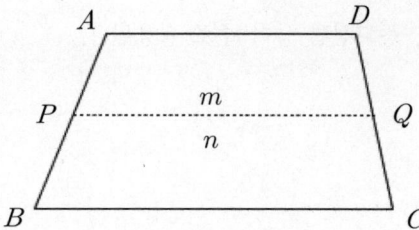

$$PQ = \sqrt{\frac{mBC^2 + nAD^2}{m+n}}$$

$$AP = \frac{EF - AD}{BC - AD} \times AB$$

❹ 면적 및 체적의 정확도

(1) 동일 관측정밀도가 아닌 경우

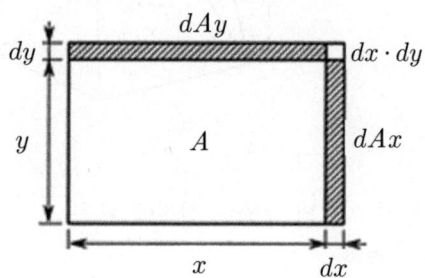

$$\frac{dA}{A} = \frac{dx}{x} + \frac{dy}{y}$$

(2) 동일 관측정밀도인 경우

$\frac{dx}{x} = \frac{dy}{y} = K$ 이므로 ∴ $\frac{dA}{A} = 2K$,

면적측량의 정확도는 거리측량의 정확도의 2배

(3) 체적측정의 정밀도

$$\frac{dV}{V} = 3\frac{dl}{l}$$

$$\frac{dl}{l} = \frac{1}{3}\frac{dV}{V}$$

5 체적의 계산

체적의 산정에는 단면법, 점고법, 등고선법 등이 주로 활용된다.

(1) 단면법에 의한 체적의 계산

1) 각주공식
① 각주 : 다각형인 양단면이 평행이고 측면이 전부 평면형인 입체
② 일반적으로 어떤 노선의 전토공량은 중심선에 수직인 평행단면으로 절단 각각을 각주로 가정

$$V = \frac{h}{3}(A_1 + 4A_m + A_2)$$

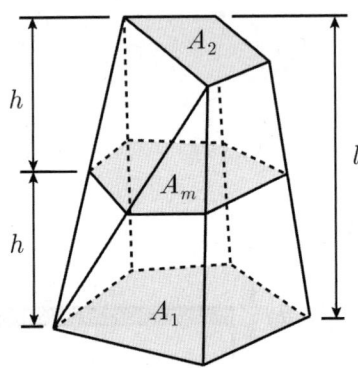

2) 양단면 평균법
① 도로 철도와 같이 좁고 긴 지형의 토공량 산정에 활용
② 참값보다 크게 나타나는 경향

식 $V = \dfrac{A_1 + A_2}{2} \cdot L$

3) 중앙단면법
① 횡단면의 간격이 일정하지 않고 단면적의 변화가 크지 않은 경우
② 참값보다 작게 나타나는 경향

식 $V = A_m \cdot L$

※ 단면법에 의해 구해진 토량의 대소를 비교하면 일반적으로 양단면 평균법 > 각주공식 > 중앙단면법으로 구해진다.

(2) 점고법에 의한 체적

① 넓은 지역의 정지나 매립과 같은 경우의 토공량산정
② 일정 간격으로 측점을 설정 → 지반고를 측정 → 각 측점을 정점으로 사각형이나 – 삼각형의 면적 × 지반고와 계획지반고의 높이차 → 토공량산정

1) 3각형으로 구분한 경우

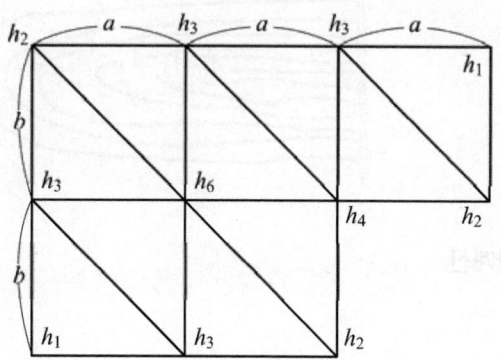

$$V = \frac{A}{3}(\sum h_1 + 2\sum h_2 + 3\sum h_3 + 4\sum h_4 + 5\sum h_5 + 6\sum h_6 + 7\sum h_7 + 8\sum h_8)$$

A : 3각형 1개의 면적

2) 4각형으로 구분한 경우

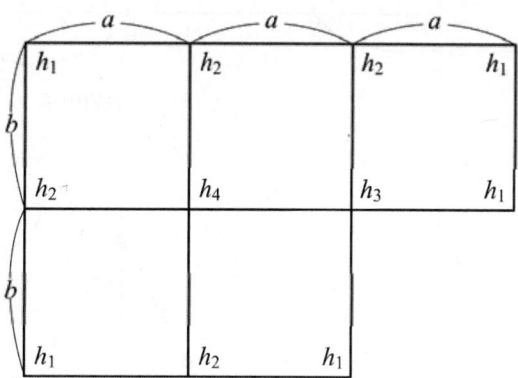

$$V = \frac{A}{4}(\sum h_1 + 2\sum h_2 + 3\sum h_3 + 4\sum h_4)$$

A : 사각형 1개의 면적
$\sum h_1$: 4각형의 꼭지각 1개가 접한 점의 표고
$\sum h_2$: 4각형의 꼭지각 2개가 접한 점의 표고
$\sum h_3$: 4각형의 꼭지각 3개가 접한 점의 표고
$\sum h_4$: 4각형의 꼭지각 4개가 접한 점의 표고

(3) 등고선법에 의해 체적을 구하는 방법(각주 공식)

$$V = \frac{h}{3}\{A_0 + 4(A_1 + A_3 + ... + A_{n-1}) + 2(A_2 + A_4 + ... + A_{n-2}) + A_n\}$$

h: 등고선 간격

$A_0, A_1, \cdots, A_n$ 등고선에 표시된 각 등고선 단면적

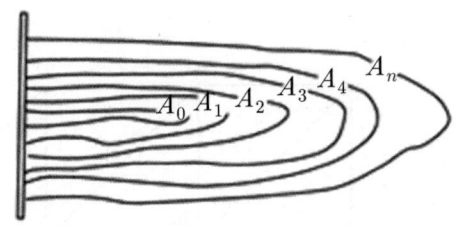

(4) 유토곡선에 의한 토량계산

1) 유토곡선의 작도

종횡단면도에서 절토는 (+), 성토는 (−)로 하여 각 측점마다 토량을 구해 누가 토량을 계산하여 종단면도 축척과 동일하게 기준선을 설정하여 작도한 곡선 − 유토곡선, 토량곡선

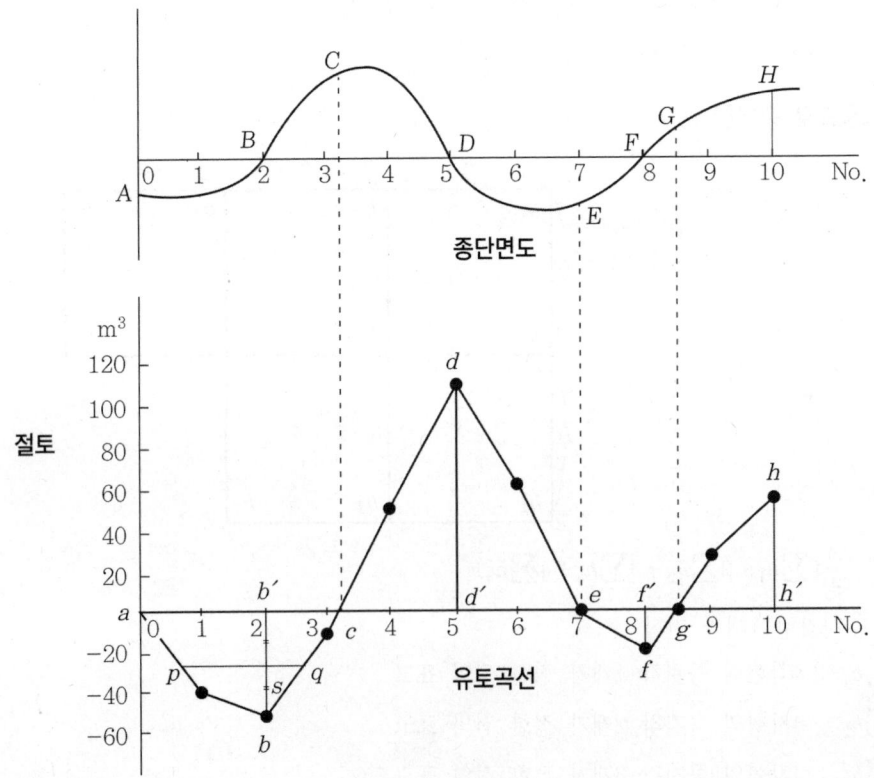

- AH간 사토량 = hh′
- ac구간 총토량 = bb′

- AC구간 평균운반거리 = bb'의 1/2점 s를 통과하는 평행선길이 pg

$$\text{평균운반거리} = \frac{\text{총토공량}}{\text{총토량}} = \frac{\text{유토곡선과 평행선이 둘러싸인 면적}}{\text{최대종거(절토에서 성토로 운반되는)}}$$

$$pg = \frac{Q_{ac}}{bb'} \leftarrow Q_{ac} = pg \times bb'$$

① 하향구간 - 성토구간 상향 - 절토구간
② 곡선과 평행선이 교차하는 점 - c, g, e - 절성토평형상태
③ ac구간 전토량 = 최대종거 = bb', dd', ff'
④ AH구간에서 hh' = 사토량
⑤ AC구간 평균 운반거리 = bb'의 1/2점 s를 통과하는 평행선 길이 pg, 성토중심과 성토중심의 거리

2) 유토곡선의 이용

① 절토와 성토의 계획토량 결정
② 운반거리 결정
③ 토량의 배분
④ 운반장비(기계)의 결정

CHAPTER 05 면체적 측량

01. 그림과 같은 사다리꼴 토지를 AB와 나란한 선 XY로 면적을 m:n=3:2로 분할하고자 한다. AB=40m, AD=60m, CD=50m 일 때에 AX는?

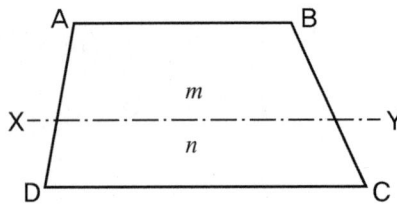

① 46.26m
② 24.00m
③ 36.00m
④ 37.56m

해설 $XY = \sqrt{\dfrac{m \times CD^2 + n \times AB^2}{m+n}} =$
$= \sqrt{\dfrac{3 \times 50^2 + 2 \times 40^2}{3+2}} = 46.26\,m$

A점과 D점, D점에서 CD선상으로 10m 지점으로 된 삼각형에서 비례식을 이용하면

$\overline{AX} = \dfrac{6.26}{10} \times 60 = 37.56\,m$

02. 3개의 꼭지점 좌표가 아래와 같은 삼각형의 면적은 얼마인가?

A(123.56m, 189.40m), B(324.32m, 224.74m),
C(154.70m, 390.42m)

① 19,628.1m²
② 19,638.1m²
③ 19,648.1m²
④ 19,658.1m²

해설 좌표법에 의하여 계산하면 (A점에서 시작하여 시계방향으로 다시 A점으로 폐합)

$$\dfrac{123.56}{189.40} \times \dfrac{324.32}{224.74} \times \dfrac{154.70}{390.42} \times \dfrac{123.56}{189.40}$$

$\sum \searrow = (123.56 \times 224.74) + (324.32 \times 390.42) + (154.70 \times 189.40)$
$= 183,690.0688$

$\sum \swarrow = (324.32 \times 189.40) + (154.70 \times 224.74) + (123.56 \times 390.42)$
$= 144,433.7812$

$2 \cdot A = \sum \searrow - \sum \swarrow = 183,690.07 - 143,433.78 = 39,256.28$

$A = \dfrac{2 \cdot A}{2} = 19,628.1\,m^2$

03. 심프슨 법칙에 대한 설명으로 옳지 않은 것은?

① 심프슨의 제1법칙은 경계선을 2차 포물선으로 보고, 지거의 두 구간을 한 조로 하여 면적을 계산한다.
② 심프슨의 제2법칙은 지거의 두 구간을 한 조로 하여 경계선을 3차 포물선으로 보고 면적을 계산한다.
③ 심프슨의 제1법칙은 구간의 개수가 홀수인 경우 마지막 구간을 사다리꼴 공식으로 계산하여 더해 준다.
④ 심프슨 법칙을 이용하는 경우, 지거 간격은 균등하게 하여야 한다.

해설 심프슨의 제2법칙은 지거의 세 구간을 한 조로 하여 경계선을 2차 포물선으로 보고 면적을 계산한다.

정답 01. ④ 02. ① 03. ②

04. 삼각형 토지의 면적을 구하기 위해 트래버스 측량을 한 결과의 배횡거와 위거가 표와 같을 때, 면적은 얼마인가?

측선	배횡거	위거L(m)	배면적
AB	38.82	+23.29	904.12
BC	54.35	−54.34	−2,953.38
CA	15.53	+31.05	482.21
계			1,567.05

① $43393.06 m^2$
② $2169.53 m^2$
③ $1084.93 m^2$
④ $783.53 m^2$

해설 면적 $= \dfrac{배면적}{2} = \dfrac{1,567.05}{2} = 783.525 m^2$

05. 정사각형의 토지를 50m 테이프로 측정하여 면적을 구하였더니 750m²의 결과를 얻었다. 그런데 이 테이프가 50m에 10cm가 늘어나 있었다면 실제의 면적은 얼마인가?

① $747.0m^2$
② $748.5m^2$
③ $751.5m^2$
④ $753.0m^2$

해설 면적은 길이의 제곱에 비례한다. 축척은 길이의 함수이므로 축척의 제곱에 면적은 비례함을 적용한다.
또 늘어나 있는 줄자로 관측한 값의 실제값은 +로, 수축된 줄자는 반대로 −로 적용한다.

실제면적 $= \left(\dfrac{부정길이}{표준길이}\right)^2 \times$ 관측면적
$= \left(\dfrac{50.1}{50}\right)^2 \times 750 = 753.0 m^2$

06. 그림에서 면적을 m:n=3:1으로 분할하고자 한다. 밑변의 길이 BC가 100m일 때, BD의 길이는 얼마인가?

① 25m
② 33m
③ 67m
④ 75m

해설 삼각형의 꼭지점과 대응되는 변 사이를 분할하는 경우는 면적의 비율과 분할되는 변의 비율이 비례하게 된다. 즉, 길이의 비가 곧 면적의 비가 된다. 이를 식으로 표현하면

$\dfrac{\triangle ABD}{\triangle ABC} = \dfrac{\frac{1}{2}h\overline{BD}}{\frac{1}{2}h\overline{BC}} = \dfrac{m}{m+n} = \dfrac{\overline{BD}}{\overline{BC}}$

$\therefore \overline{BD} = \dfrac{m}{m+n} \cdot \overline{BC} = \dfrac{1}{1+3} \times 100 = 25 m$

07. 직각좌표 ABCD 4점을 꼭지점으로 한 4각형 ABCD의 면적은? (단위 : m)

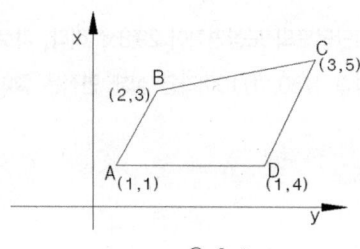

① $2m^2$
② $3m^2$
③ $4m^2$
④ $5m^2$

해설 좌표법에 의하여 계산하면 (A점에서 시작하여 시계방향으로 다시 A점으로 폐합)

$\dfrac{1}{1} \times \dfrac{2}{3} \times \dfrac{3}{5} \times \dfrac{1}{4} \times \dfrac{1}{1}$

$\sum \swarrow = (1 \times 3) + (2 \times 5) + (3 \times 4) + (1 \times 1) = 26$

$\sum \searrow = (2 \times 1) + (3 \times 3) + (1 \times 5) + (1 \times 4) = 20$

$2 \cdot A = \sum \swarrow - \sum \searrow = 26 - 20 = 6$

$A = \dfrac{2 \cdot A}{2} = 3 m^2$

08. 그림과 같이 ABCD토지의 면적을 심프슨 제2법칙에 의하여 구한 결과 45㎡이였다. AD의 거리는?

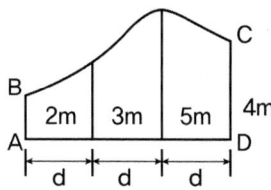

① 3.0m
② 9.0m
③ 12.0m
④ 16.0m

해설 Simpson 1법칙은 지거 3개를 묶어 곡선으로 처리하는 방법이다.

$$A = \frac{3d}{8}\left(h_0 + h_n + 3 \times \sum(h_3의\ 배수\ 아닌\ 것) + 2 \times \sum(h_3의\ 배수)\right)$$

$$A = \frac{3 \times d}{8}\{2 + 4 + (3+5)\} = 45m^2$$

$$d = \frac{45 \times 8}{3 \times 30} = 4m$$

$$\therefore \overline{AD} = d \times 3 = 12m$$

09. 어떤 횡단면도의 도상면적이 29.8㎠ 이다. 가로와 세로의 축척이 각각 1/50, 1/10이라면 실제 면적은 얼마인가?

① 1.49㎡
② 2.98㎡
③ 7.45㎡
④ 3.68㎡

해설 도상면적은 실제면적에서 축척만큼 축소된 것으로 실제면적은 도상면적에 축척의 분모수를 곱하여 구할 수 있다.
가로와 세로의 축척이 상이한 횡단면도상의 면적의 실제면적은 도상면적에 가로, 세로의 축척비율을 곱해주면 된다.
즉, 실제면적 = 도상면적 × 가로축척분모수 × 세로축척분모수
$A = 29.8\,cm^2 \times 50 \times 10 = 14,900\,cm^2 = 1.49\,m^2$

10. 수평거리를 동일한 정확도로 관측하여 1,000㎡의 면적에 대한 면적산정 오차가 0.1㎡ 이내에 들게 하려면 거리관측의 허용 정확도는?

① 1/5,000
② 1/10,000
③ 1/20,000
④ 1/25,000

해설 거리오차의 정확도를 K 라 하면 면적오차의 정확도는 $2K$
$\frac{\Delta l}{l} = K$ 이면 $\frac{\Delta A}{A} = 2\frac{\Delta l}{l} = 2K$
$\frac{0.1}{1,000} = 2\frac{\Delta l}{l}$
$\frac{\Delta l}{l} = \frac{0.1}{2 \times 1,000} = \frac{1}{20,000}$

11. 면·체적 측량에 관한 설명 중 틀린 것은?

① 구적기에 의한 방법은 도면의 축척과 신축 등으로 인하여 직접법에 비해 정확도가 다소 떨어진다.
② 각주공식은 다각형인 양단면이 평행이고, 중앙의 면적을 구하여 심프슨 제2법칙을 적용하여 구한다.
③ 다각측량에서 폐합다각형 내의 면적은 배횡거법으로 구할 수 있다.
④ 산지에서의 정지작업 또는 매립용량, 저수지담수량의 체적 산정 등에는 등고선법이 사용된다.

해설 각주공식은 단면형태의 체적을 구하는데 사용하는 방법으로 다각형인 양단면이 평행이고 중앙의 단면을 구하여 심프슨 1법칙을 적용하여 체적을 구한다.

12. 면적계산 방법 중 삼각형의 밑변과 높이를 관측하여 면적을 구하는 방법은?

① 삼사법
② 삼변법
③ 지거법
④ 구적기 사용

해설 [면적산정방법]
① 삼사법 : 삼각형의 밑변과 높이를 구하여 삼각형 면적산정
② 삼변법 : 삼각형의 세변의 길이를 구하여 헤론의 공식으로 면적산정
③ 지거법 : 사각형에서 지거를 내려 사다리꼴, 심프슨 1, 2 법칙에 의하여 면적산정
④ 구적기사용 : 도면의 축척을 구적기에 반영하여 면적산정

13. 도로설계 횡단도상에서 양단 거리가 20m이고, No.28과 No.29의 면적이 다음과 같다. 양단 사이의 단면 변화가 일률적이라면 성토량과 절토량은?

구분	성토단면	절토단면
No. 28	2.11m²	1.35m²
No. 29	0.58m²	1.83m²

① 성토량 15.3㎥, 절토량 31.8㎥
② 성토량 26.9㎥, 절토량 31.8㎥
③ 성토량 15.3㎥, 절토량 4.8㎥
④ 성토량 26.9㎥, 절토량 4.8㎥

해설 단면법 중에 양단평균법에 의하여 체적을 산정한다. 이때 단면 간 거리는 NO. 28~NO. 29 사이의 1단면이므로 20m 적용

성토량 $= \dfrac{2.11+0.58}{2} \times 20 = 26.9\,m^3$

절토량 $= \dfrac{1.35+1.83}{2} \times 20 = 31.8\,m^3$

14. 그림과 같이 곡선과 직선인 경계선에 쌓여 있는 면적을 심프슨(Simpson)의 제1법칙으로 구한 값은? (단, h_0=3.2m, h_1=10.4m, h_2=12.8m, h_3=11.2m, h_4=4.4m이고 지거의 간격 d=5m이다.)

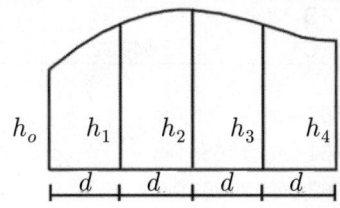

① 190㎡ ② 194㎡
③ 197㎡ ④ 199㎡

해설 Simpson 1법칙은 지거 2개를 묶어 곡선으로 처리하는 방법이다.

$A = \dfrac{d}{3}(h_0 + h_4 + 4 \times (h_1 + h_3) + 2 \times h_2)$

$= \dfrac{5}{3}(3.2 + 4.4 + 4 \times (10.4 + 11.2) + 2 \times 12.8)$

$= 199\,m^2$

15. 배면적(倍面積)을 구하는 방법으로 옳은 것은?

① Σ(조정 위거×배횡거)
② Σ(조정 경거×배횡거)
③ Σ(조정 경거×횡거)
④ Σ(조정 위거×조정 경거)

해설 배면적은 배횡거와 조정위거의 곱의 총합으로 구한다.
배면적 = $\left|\sum(\text{조정위거} \times \text{배횡거})\right|$

16. 축척 1:5000 도상에서의 면적이 40.52㎠이었다면 실제면적은?

① 0.01㎢ ② 0.1㎢
③ 1.0㎢   ④ 10.0㎢

해설 축척은 길이의 비율이며, 면적은 길이의 제곱에 비례하므로 면적은 축척의 제곱에 비례한다.

$\left(\dfrac{1}{m}\right)^2 = \left(\dfrac{도상면적}{실제면적}\right)^2$ 이므로

실제면적 = 도상면적 × m^2
$= 40.52\,cm^2 \times 5,000^2 = 1,013,000,000\,cm^2$

답안의 단위는 km^2이고 $1km = 100cm \times 1,000m$이므로
$1km^2 = (100,000cm)^2$이므로
실제면적 = $0.1013\,km^2 ≒ 0.1\,km^2$

17. 그림과 같은 단면의 면적은?

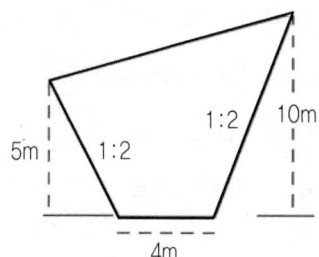

① 55㎡   ② 85㎡
③ 130㎡ ④ 160㎡

해설 면적산정은 공식에 의한 방법보다 사다리꼴 면적에서 양쪽의 삼각형 면적을 빼주면 쉽게 구할 수 있다.
경사 1 : 2는 높이 1일 때 수평거리 변화가 2라는 의미로 높이 5이면 수평거리 10, 높이 10이면 수평거리 20이 된다.
사각형의 면적 = 사다리꼴 면적 – 왼쪽 삼각형 – 오른쪽 삼각형

① 사다리꼴 면적 $A_1 = \dfrac{5+10}{2} \times (10+4+20) = 255$ (그림을 90° 돌린 사다리꼴로 본다)

② 왼쪽 삼각형 면적 $A_2 = \dfrac{10 \times 5}{2} = 25$

③ 오른쪽 삼각형 면적 $A_3 = \dfrac{20 \times 10}{2} = 100$

면적 = $A_1 - A_2 - A_3 = 255 - 25 - 100 = 130\,m^2$

정답 14. ④ 15. ① 16. ② 17. ③

18. 그림과 같은 5각형 ABCDE를 동일면적의 사각형 AFDE로 만들기 위해 DC의 연장선에 경계점 F를 설치하였다. BC=25m, ∠ACB=30°, ∠BCF=80°일 때 CF의 거리는 얼마인가?

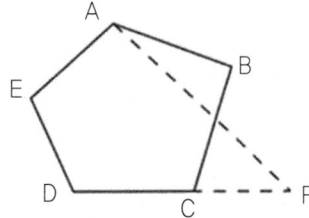

① 12.5m ② 12.7m
③ 13.0m ④ 13.3m

> **해설** 문제의 조건에서 △ABC와 △ACF의 면적이 같음을 알 수 있다. 이를 식으로 표현하면
>
> $\triangle ABC = \frac{1}{2}\overline{AC} \times \overline{BC} \times \sin\angle ACB$
>
> $= \frac{1}{2}\overline{AC} \times 25 \times \sin\angle 30°$
>
> $\triangle ACF = \frac{1}{2}\overline{AC} \times \overline{CF} \times \sin\angle ACF$
>
> $= \frac{1}{2}\overline{AC} \times \overline{CF} \times \sin\angle 110°$
>
> △ABC=△ACF 이므로
>
> $\frac{1}{2}\overline{AC} \times 25 \times \sin\angle 30° = \frac{1}{2}\overline{AC} \times \overline{CF} \times \sin\angle 110°$
>
> $\overline{CF} = \frac{25 \times \sin\angle 30°}{\sin\angle 110°} = 13.3m$

19. 그림과 같은 토지의 1변 BC에 평행하게 면적을 m:n=1:3의 비율로 분할하고자 할 경우, AB의 길이가 90m라면 AX는 얼마인가?

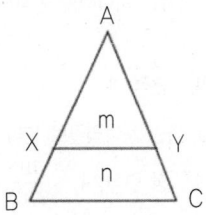

① 22.5m ② 30m
③ 45m ④ 52m

> **해설** 1변에 평행한 직선으로 분할하는 경우 △ABC와 △AXY는 닮은꼴이므로 다음과 같은 관계식이 적용된다.
>
> $\frac{\triangle AXY}{\triangle ABC} = \left(\frac{XY}{BC}\right)^2 = \left(\frac{AX}{AB}\right)^2 = \left(\frac{AY}{AC}\right)^2 = \frac{m}{m+n}$
>
> $\therefore \overline{AX} = \overline{AB}\sqrt{\frac{m}{m+n}} = 90\sqrt{\frac{1}{1+3}} = 45m$

20. 세 꼭지점의 평면좌표가 표와 같은 삼각형의 면적을 3:2로 분할하는 점 M의 좌표는?

구분	X(m)	Y(m)
A	493.69	555.27
B	777.54	734.82
C	642.32	876.12

① X=666.0m, Y=665.0m
② X=664.0m, Y=663.0m
③ X=662.0m, Y=661.0m
④ X=666.0m, Y=659.0m

> **해설** 삼각형의 꼭지점과 대응되는 변 사이를 분할하는 경우는 면적의 비율과 분할되는 변의 비율이 비례하게 된다. 즉, 길이의 비가 곧 면적의 비가 된다. 이를 식으로 표현하면
>
> $\overline{AM} = \frac{3}{3+2}\overline{AB}$
>
> $\overline{AB}$의 X거리 $= X_B - X_A = 777.54 - 493.69 = 283.85$
>
> $\overline{AB}$의 Y거리 $= Y_B - Y_A = 734.82 - 555.27 = 179.55$
>
> $M(X, Y) = \left(X_A + \frac{3}{5}(\overline{AB}\text{의 }X\text{거리}),\ Y_A + \frac{3}{5}(\overline{AB}\text{의 }Y\text{거리})\right)$
>
> $M(X, Y) = \left(493.69 + \frac{3}{5} \cdot 283.85,\ 555.27 + \frac{3}{5} \cdot 179.55\right)$
>
> $= (664, 663)$

정답 18. ④ 19. ③ 20. ②

21. 그림과 같은 삼각형 토지에서 BC(=55m) 위의 점 D와 AC(=40m) 위의 점 E를 연결하여 △ABC의 면적을 2등분할 때 AE의 길이는?

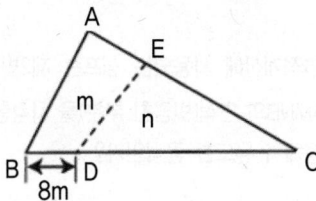

① 16.6m ② 17.7m
③ 18.8m ④ 19.9m

해설
$$\frac{\triangle CDE}{\triangle ABC} = \frac{\frac{1}{2}\overline{CD}\cdot\overline{CE}\cdot sic\,C}{\frac{1}{2}\overline{AC}\cdot\overline{BC}\cdot sic\,C} = \frac{n}{m+n}$$

$$\therefore \overline{CE} = \frac{n}{m+n}\cdot\frac{\overline{AC}\cdot\overline{BC}}{\overline{CD}} = \frac{1}{1+1}\cdot\frac{40\times55}{55-8} = 23.4m$$

$$\therefore \overline{AE} = \overline{AC} - \overline{EC} = 40 - 23.4 = 16.6m$$

22. 축척 1:1,000의 도면을 축척 1:500으로 잘못 계산하여 10,000㎡의 면적을 얻었다면 실제 정확한 면적은?

① 2,500㎡ ② 5,000㎡
③ 20,000㎡ ④ 40,000㎡

해설 축척은 길이의 비이고, 면적은 길이의 제곱에 비례하므로 축척을 1/2 축소되게 계산한 면적의 실제면적은 축척의 제곱에 비례하여 계산되므로 2의 제곱인 4배로 계산된다.
즉, $10,000 \times 2^2 = 40,000\,m^2$

23. 그림과 같은 지역의 면적은?

① 258.16m²
② 248.16m²
③ 238.16m²
④ 228.16m²

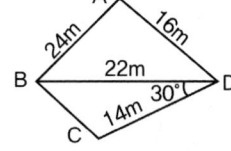

해설
① △ABC의 면적
$$s = \frac{24+22+16}{2} = 31$$
$$A = \sqrt{s(s-a)(s-b)(s-c)}$$
$$= \sqrt{31\times7\times9\times15} = 171.16m^2$$
② △BCD의 면적
$$A = \frac{1}{2}\times22\times14\times\sin30° = 77m^2$$
∴ ① + ② = 248.16m²

24. 그림과 같은 도로건설의 절취단면 면적은?

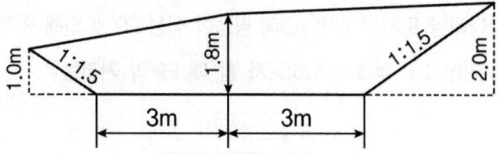

① 13.95m² ② 15.95m²
③ 16.95m² ④ 17.95m²

해설 도로 중심부를 기준으로 양쪽 사면의 삼각형을 포함한 두 사다리꼴 면적에서 두 삼각형 면적을 제하여 절취단면을 구한다.
이때 좌측 삼각형의 밑변은 $1\times1.5 = 1.5m$이고 우측 삼각형의 밑변은 $2\times1.5 = 3m$이다.
① 두 사다리꼴 면적
$$= \frac{1+1.8}{2}\times4.5 + \frac{1.8+2}{2}\times6 = 17.7$$
② 두 삼각형 면적
$$= \frac{1\times1.5}{2} + \frac{2\times3}{2} = 3.75$$
∴ ① − ② = 17.7 − 3.75 = 13.95m²

25. 삼각형 ABC의 좌표가 표와 같을 때 토지의 면적은?

[단위 : m]

측점	X	Y
A	40	30
B	20	70
C	90	100

① 4700m² ② 3700m²
③ 2700m² ④ 1700m²

해설 좌표법에 의하여 계산하면 (A점에서 시작하여 시계방향으로 다시 A점으로 폐합)

$$\frac{40}{30} \times \frac{20}{70} \times \frac{90}{100} \times \frac{40}{30}$$

$\sum \searrow = (40 \times 70) + (20 \times 100) + (90 \times 30) = 7,500$
$\sum \swarrow = (20 \times 30) + (70 \times 90) + (40 \times 100) = 10,900$
$2 \cdot A = \sum \searrow - \sum \swarrow = -3,400$
$A = \frac{2 \cdot A}{2} = 1,700 m^2$

26. 사다리꼴 토지의 밑변 AD에 평행한 직선 PP'에 의해 면적을 2등분(m : n = 1 : 1)하고자 할 때 PP'의 거리는?

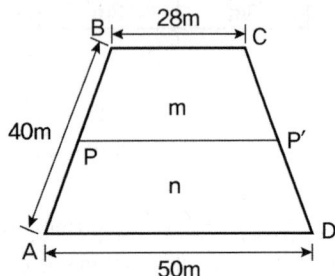

① 37.0m　② 38.7m
③ 40.5m　④ 42.5m

해설 AD에 평행한 PP'으로 분할하면
$PP' = \sqrt{\frac{m \times AD^2 + n \times BC^2}{m+n}} = \sqrt{\frac{1 \times 50^2 + 1 \times 28^2}{1+1}}$
$= 40.52m$

27. 체적측량에 있어서 관측된 수평 및 수직거리 x, y, z의 거리오차를 dx, dy, dz라 하고 거리관측의 정확도가 K로 동일하다고 할 때, 다음 중 체적관측의 정확도는?

① $\frac{1}{3}K$　② 1K
③ 3K　④ 9K

해설 거리오차의 정확도를 K라 하면 면적오차의 정확도는 $2K$, 체적오차의 정확도는 $3K$

$\frac{\Delta l}{l} = K$이면
$\frac{\Delta A}{A} = 2\frac{\Delta l}{l} = 2K$, $\frac{\Delta V}{V} = 3\frac{\Delta l}{l} = 3K$

28. 토지의 면적계산에 사용되는 심프슨 제2법칙은 그림과 같은 포물선 AMNB의 면적(빗금친 부분)을 사각형 ABCD면적의 얼마로 가정해서 유도한 공식인가?

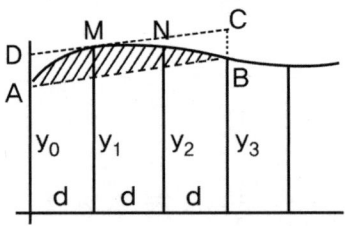

① 3/8　② 1/2
③ 3/4　④ 7/8

해설 심프슨 제2법칙은 세 개의 지거를 한조로 묶어 면적을 산정하며 그림의 빗금친 포물선 AMNB의 면적은 사각형 ABCD면적의 3/4으로 가정하여 유도하여 산정한다.

29. 그림과 같은 지형의 면적은? (단, 단위는 m 이다.)

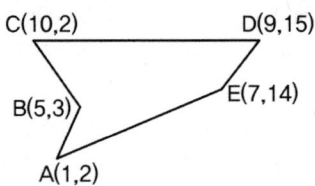

① $63m^2$　② $58m^2$
③ $53m^2$　④ $48m^2$

해설 좌표법에 의하여 계산하면 A(1, 2)에서 시작하여 시계방향으로 다시 A로 폐합)

$$\frac{1}{2} \times \frac{5}{3} \times \frac{10}{2} \times \frac{9}{15} \times \frac{7}{14} \times \frac{1}{2}$$

$\sum \searrow = (1 \times 3) + (5 \times 2) + (10 \times 15) + (9 \times 14) + (7 \times 2) = 303$
$\sum \swarrow = (5 \times 2) + (10 \times 3) + (9 \times 2) + (7 \times 15) + (1 \times 14) = 177$
$2 \cdot A = \sum \searrow - \sum \swarrow = 303 - 177 = 126$
$A = \frac{2 \cdot A}{2} = 63 m^2$

30. 그림과 같은 토지의 단면적(A)을 구하는 식으로 옳은 것은?

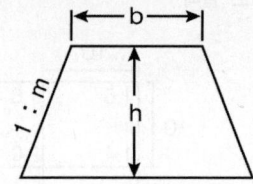

① $A = (b+mh)h$
② $A = (b+m)h$
③ $A = \frac{1}{2}(b+2m)h$
④ $A = \frac{1}{2}(b+2mh)h$

해설 사면 경사 1:m는 높이 1에 대한 수평거리가 m이라는 의미로 그림의 아랫변의 길이는 b+2hm이 된다.
토지의 면적은 사다리꼴 공식에 의하여
$A = \frac{b+(b+2mh)}{2}h = (b+mh)h$

31. 그림과 같은 횡단면도의 성토 부분의 면적은?

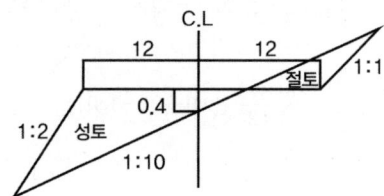

① $10m^2$
② $16m^2$
③ $18m^2$
④ $24m^2$

해설 y=0.1x−0.4, y=0.5x+6
두 식을 연립해서 풀면 좌측성토부 교차점의 좌표를 얻을 수 있다.
x=−16, y=−2이고 성토부 삼각형의 밑변은 16이므로
성토부 삼각형의 면적 = $\frac{1}{2} \times 16 \times 2 = 16m^2$

32. 세변의 길이가 각각 20m, 30m, 40m인 삼각형의 면적은 약 얼마인가?

① $90m^2$
② $180m^2$
③ $240m^2$
④ $290m^2$

해설 세 변의 길이를 아는 삼각형의 면적은 헤론의 공식을 이용한다.
$s = \frac{a+b+c}{2} = \frac{20+30+40}{2} = 45$
$A = \sqrt{s(s-a)(s-b)(s-c)}$
$= \sqrt{45(45-20)(45-30)(45-40)} \fallingdotseq 290m^2$

33. 다음 표와 같은 트래버스 계산에서 △ABC의 면적은?

측선	위거L(m)	경거D(m)	배횡거
AB	+23.29	+38.82	
BC	−54.34	−23.29	
CA	+31.05	−15.53	

① $756.35m^2$
② $783.53m^2$
③ $1,449.52m^2$
④ $2,142.68m^2$

해설 문제의 기본의도는 빈칸인 배횡거를 구하여 배횡거와 조정위거의 곱의 총합으로 면적을 구하라는 의도이나 위거와 경거를 알고 있으므로 세변의 길이를 피타고라스의 정리에 의해 구한 후 면적을 구해도 되고 합위거, 합경거로 좌표를 구한 후 좌표법에 의하여 면적을 구할 수도 있다. 가장 자신있는 방법을 선택하여 답을 구하면 되겠다.
[배횡거에 의한 방법]
배횡거=전측선의 배횡거+전측선의 조정경거+해당측선의 조정경거
배면적=배횡거×조정위거

측선	위거L(m)	경거D(m)	배횡거	배면적
AB	+23.29	+38.82	+38.82	904.1178
BC	−54.34	−23.29	+54.35	−2,953.379
CA	+31.05	−15.53	+15.53	482.2065
계				−1,567.0547

면적 = $\frac{배면적}{2} = \frac{1,567.0547}{2} = 783.53m^2$

34. 축척 1:50,000 지형도의 주곡선 간격이 20m이다. 이때 5%의 기울기로 노선을 선정하려면 주곡선 사이의 도상거리는 얼마인가?

① 4mm
② 8mm
③ 12mm
④ 25mm

정답 30. ① 31. ② 32. ④ 33. ② 34. ②

해설 경사는 높이를 수평거리로 나누어서 얻을 수 있는데 5% 경사는 수평거리 100m 변화에 높이 5m 변화를 의미한다.

$$\frac{20m}{수평거리} \times 100(\%) = 5(\%)$$

$$수평거리 = \frac{20m}{5} \times 100 = 400m$$

$$도상거리 = \frac{수평거리}{축척의 분모수} = \frac{400}{50,000} = 0.008m$$

35. 그림과 같은 경우에 심프슨 제1법칙에 의한 면적을 구하는 식으로 적당한 것은?

① $\frac{d}{3}[(h_1+h_9)+4(h_2+h_4+h_6+h_8)+2(h_3+h_5+h_7)]$

② $\frac{d}{3}(h_1+2h_2+3h_3+4h_4+5h_5+6h_6+7h_7+8h_8+9h_9)$

③ $\frac{d}{6}[(h_1+h_9)+4(h_2+h_4+h_6+h_8)+2(h_3+h_5+h_7)]$

④ $\frac{d}{6}(h_1+2h_2+3h_3+4h_4+5h_5+6h_6+7h_7+8h_8+9h_9)$

해설 심프슨 제1법칙의 경우 높이를 h_0부터 계수하는 경우

$$A = \frac{d}{3}\{h_0+h_n+4\times\sum(h_{홀수})+2\times\sum(y_{짝수})\}$$

h_1부터 계수하는 경우

$$A = \frac{d}{3}\{h_1+h_{n-1}+4\times\sum(h_{짝수})+2\times\sum(y_{홀수})\}$$

36. 면적측량에 대한 설명으로 틀린 것은?

① 삼사법에서는 삼각형의 밑변과 높이를 되도록 같게 하는 것이 이상적이다.
② 삼변법은 정삼각형에 가깝게 나누는 것이 이상적이다.
③ 구적기는 불규칙한 형의 면적측정에 널리 이용된다.
④ 심프슨 제2법칙은 사다리꼴 2개를 1조로 생각하여 면적을 계산한다.

해설 심프슨 제2법칙은 곡선부의 면적을 계산하기 위해 지거를 나누어 지거 3개를 한묶음으로 간주하여 면적을 산정하는 방법으로 사다리꼴을 고려해 면적을 구하는 방법이 아니다.

37. 그림과 같은 지역의 토공량은? (단, 분할된 격자의 가로, 세로 길이는 10m로 같다.)

① 787.5m³
② 880.5m³
③ 970.5m³
④ 952.5m³

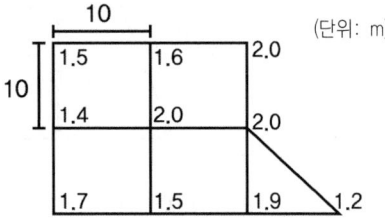

해설 사각형 부분과 삼각형 부분으로 나누어서 각각 계산하고 토공량을 합산한다.

① 사각형 부분

$$V_1 = \frac{ab}{4}(\Sigma h_1+2\Sigma h_2+3\Sigma h_3+4\Sigma h_4)$$

$$= \frac{10\times10}{4}\{(1.5+2.0+1.9+1.7)$$
$$+2(1.6+2.0+1.5+1.4)+3(0)+4(2.0)\}$$
$$= 702.5m^3$$

② 삼각형 부분

$$V_2 = \frac{ab}{3\times2}(\Sigma h_1+2\Sigma h_2+3\Sigma h_3+4\Sigma h_4+5\Sigma h_5$$
$$+6\Sigma h_6+7\Sigma h_7+8\Sigma h_8)$$

$$= \frac{10\times10}{3\times2}\{(2.0+1.2+1.9)\}$$
$$= 85m^3$$

③ 토량의 합
$$V = V_1+V_2 = 702.5+85 = 787.5m^3$$

38. 그림과 같이 삼각형으로 나누어서 측량을 실시하였다. 시공 계획고를 50m로 할 때 남는 토량은?

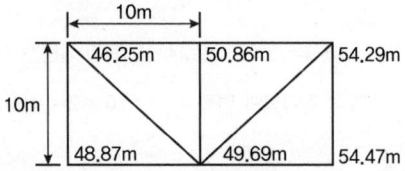

① 70.28m³
② 74.37m³
③ 81.67m³
④ 92.45m³

해설 $V = \dfrac{ab}{6}(\Sigma h_1 + 2\Sigma h_2 + 3\Sigma h_3 + 4\Sigma h_4) = \dfrac{10 \times 10}{6}$
$(48.87 + 54.47 + 2(46.25 + 50.86 + 54.29) + 4 \times 49.69)$
$= 10,081.67$

50m를 기준으로 전체 면적을 성토하면 성토량은
$50 \times \dfrac{10 \times 10}{2} \times 4 = 10,000 m^3$

$10,081.67 - 10,000 = 81.67 m^3$ (+값이므로 절토량을 의미함)

39. 그림과 같은 삼각형 지역의 토량은 얼마인가? (단, 각 점에 주어진 수치는 지반고이며 m단위이고, 각 변에 주어진 거리는 수평면에 투영된 거리임)

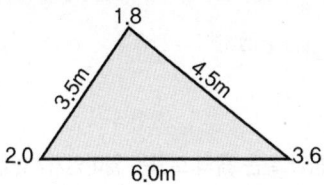

① $151.4m^3$ ② $75.7m^3$
③ $19.3m^3$ ④ $12.3m^3$

해설 삼각형의 세 변의 길이를 알 때는 헤론의 공식을 이용하여 면적을 구할 수 있으며 토량은 계산된 면적에 세 점의 평균높이를 곱하여 구한다.
$A = \sqrt{S(S-a)(S-b)(S-c)}$
$= \sqrt{7(7-3.5)(7-4.5)(7-6)} = 7.83 m^2$
$\therefore S = \dfrac{a+b+c}{2} = \dfrac{3.5+4.5+6}{2} = 7$
$V = A \times 평균 h = 7.83 \times \left(\dfrac{1.8+2.0+3.6}{3}\right) = 19.3 m^3$

40. 아래 지역의 토량 계산결과 940m³이었다면 절토량과 성토량이 같게 되는 기준면상에서의 높이는?

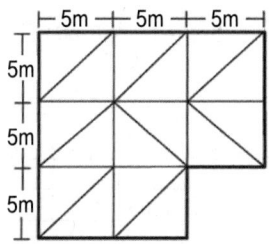

① 3.70m ② 4.70m
③ 6.70m ④ 9.70m

해설 절성토량이 같게 되기 위한 기준면상에서의 높이는 토공량을 전체 면적으로 나누면 얻을 수 있다.
$h = \dfrac{V}{nA} = \dfrac{940}{16 \times \dfrac{5 \times 5}{2}} = 4.7 m$

41. 아래 표는 어느 노선의 구간별 토량계산결과이다. 구간 4까지의 누가토량은?

구간	절토량(m^3)	성토량(m^3)
1	100	200
2	300	
3	400	100
4	250	

① $750m^3$ ② $1050m^3$
③ $1350m^3$ ④ $1400m^3$

해설 절토는 +토량으로 성토는 -토량으로 계산한다.

구간	절토량(m^3)	성토량(m^3)	누가토량(m^3)
1	100	200	-100
2	300		+200
3	400	100	+500
4	250		+750

42. 노선의 직선부분에 대한 토량을 계산하기 위한 측량결과의 일부이다. 양단면 평균법에 의한 성토부분의 토량은?

측점	누적거리(m)	단면적(성토)(m^2)
No.1	0	23
No.1+5	5	25
No.2	20	33
No.3	40	20
No.4	60	43

① $1615m^3$ ② $1717m^3$
③ $1860m^3$ ④ $1980m^3$

정답 39. ③ 40. ② 41. ① 42. ②

해설 도로의 토량계산은 양단면평균법에 의하여 토량을 산정한다.

$$V = \sum \left(\frac{전단면 + 후단면}{2} \times 거리 \right)$$

$$V = \frac{A_1 + A_2}{2} \times L + \frac{A_2 + A_3}{2} \times L + \frac{A_3 + A_4}{2} \times L + \frac{A_4 + A_5}{2} \times L$$

$$= \frac{23 + 25}{2} \times 5 + \frac{25 + 33}{2} \times 20 + \frac{33 + 20}{2} \times 20 + \frac{20 + 43}{2} \times 20$$

$$= 1,717 m^3$$

43. 길이 100m, 폭 20m의 도로를 성토하기 위한 6m 높이의 성토량은? (단, 성토경사=1:1.5)

① 13,800m³ ② 14,400m³
③ 14,700m³ ④ 17,400m³

해설 경사도 1:1.5는 높이 1일 때 수평거리의 변화 1.5를 의미한다. 즉 높이 6m의 경우 수평거리의 변화는 6×1.5 = 9.00이다.

면적(사다리꼴) = $\frac{윗변 + 아래변}{2} \times 높이$

$= \frac{20 + (20 + 6 \times 1.5 \times 2)}{2} \times 6 = 174 m^2$

체적 = 면적×길이 = 174 × 100 = 17,400m³

44. 다음 표에서 성토부분의 총 토량(m^3)으로 옳은 것은?

측점	거리(m)	성토단면적(m^2)
1	0	23.00
2	20.0	33.00
3	20.0	20.00
4	20.0	43.00

① 2,315m³ ② 2,220m³
③ 1,915m³ ④ 1,720m³

해설 도로의 토량계산은 양단면평균법에 의하여 토량을 산정한다.

$$V = \sum \left(\frac{전단면 + 후단면}{2} \times 거리 \right)$$

$$V = \frac{A_1 + A_2}{2} \times L + \frac{A_2 + A_3}{2} \times L + \frac{A_3 + A_4}{2} \times L$$

$$= \frac{23 + 33}{2} \times 20 + \frac{33 + 20}{2} \times 20 + \frac{20 + 43}{2} \times 20$$

$$= 1,720 m^3$$

45. 1:25,000 축척의 지형도에서 주곡선을 이용하여 구릉지를 구적기로 면적측정하여 $A_0 = 120 m^2$, $A_1 = 450 m^2$, $A_2 = 1,270 m^2$, $A_3 = 2,430 m^2$, $A_4 = 5,670 m^2$을 얻었을 때 등고선법(각주공식)에 의한 체적은?

① 56,166.67m³ ② 66,166.67m³
③ 76,166.67m³ ④ 86,166.67m³

해설 $V = \frac{h}{3}(A_0 + A_4 + 4 \times (A_1 + A_3) + 2 \times A_2)$

1:25,000 지형도의 주곡선을 이용하므로 등고선간격(h)은 10m를 적용

$= \frac{10}{3}(120 + 5,670 + 4 \times (450 + 2,430) + 2 \times 1,270)$

$= 66,166.67 m^3$

46. 다음 그림과 같은 흙의 토량은 얼마인가? (단, 각주공식을 사용)

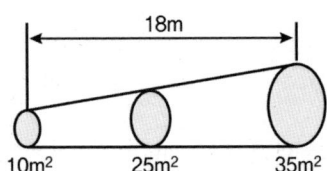

① 405m³ ② 420m³
③ 435m³ ④ 450m³

해설 단면법에 의한 토량의 계산은 양단면평균법, 중앙단면법, 각주공식 등이 있다.
각주공식에 의한 토량산출은

$V = \frac{l}{3}(A_1 + 4 \times A_m + A_2)$

$= \frac{9}{3}(10 + 4 \times 25 + 35) = 435 m^3$

47. 그림과 같은 단면을 갖는 길이 50m인 제방의 체적은?

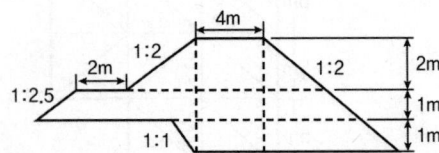

① 1,818.5m³ ② 2,015.5m³
③ 2,187.5m³ ④ 2,212.5m³

해설 제방의 체적은 제방의 단면적에 길이를 곱하여 구한다. 면적은 그림과 같이 세 개의 사다리꼴로 나누어 계산하고 합산하여 구한다.
1 : 2 경사의 의미는 높이 1변화에 수평거리 2가 변하는 것으로 높이가 2이면 수평거리 4를 적용한다.

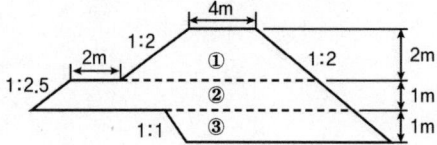

$A = ① + ② + ③$
$= \frac{4+12}{2} \times 2 + \frac{14+18.5}{2} \times 1 + \frac{11+12}{2} \times 1$
$= 43.75 m^2$
$V = A \times h = 43.75 \times 50 = 2,187.5 m^3$

48. 토량계산 공식 중 양단면의 면적차가 심할 때 산출된 토량의 일반적인 대소 관계로 옳은 것은? (단, A = 중앙단면법, B = 양단면평균법, C = 각주공식)

① A = C < B   ② A < C = B
③ A < C < B   ④ A > C > B

해설 단면에 의한 체적의 계산에서 가장 정확한 방법은 각주공식, 상대적으로 가장 적은 토량이 산정되는 방법은 중앙단면법, 가장 많은 토량이 산정되는 방법은 양단면평균법이다. 도로설계에서는 양단면평균법에 의하여 토량을 산정한다.

49. 유토곡선의 특성에 대한 설명으로 옳지 않은 것은?

① 곡선이 하향인 구간은 절토구간이고, 상향인 구간은 성토구간이다.
② 곡선의 지점은 성토에서 절토로, 정점은 절토에서 성토로 바뀌는 점이다.
③ 평행선(기선)에서 곡선의 저점이나 정점까지의 종거는 절토에서 성토로 운반되는 절토량을 의미한다.
④ 유토곡선과 평행선(기선)과 교차점은 성토점과 절토량이 거의 같은 평행상태를 나타낸다.

해설 [유토곡선의 성질]
1) 곡선의 하향구간 : 성토구간, 상향구간 : 절토구간
2) 곡선의 최소점 (저점) → 성토구간에서 절토구간으로의 변이점
3) 곡선의 극대점 (정점) → 절토구간에서 성토구간으로의 변이점
4) 곡선의 극대치와 극소치의 차가 2점간의 전토량을 표시
5) 평형선과 평형점
   – 기선에 평행한 임의직선을 그어 곡선과의 교점으로 둘러쌓인 사이의 토공은 절토와 성토가 평형이다.
   – 기선과 평행한 선을 평형선, 평형선과의 교점을 평형점이라 한다.
6) 절토에서 성토에 운반할 전토량
   – 평형선에서 곡선의 극소점(저점)이나 극대점(정점)까지의 수직길이 또는 평형선과 평형선간의 수직고를 절토에서 성토로 운반할 전토량을 표시
7) 절토에서 성토까지의 평균거리 : 전토량의 1/2점을 통과하는 평행선의 길이가 평균운반거리
8) 토취장과 사토장의 위치와 거리를 고려하여 평형선을 상하시켜 경제적인 토공배분이 가능
9) Mass curve로 운반장비를 선정함으로 경제적인 시공이 가능

50. 그림과 같은 유토곡선에 대한 설명으로 옳은 것은?

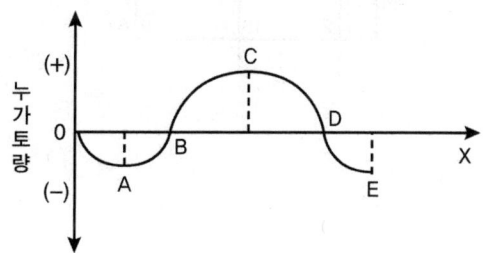

① 상향부분 A~C 구간은 성토구간을 나타낸다.
② 기선 OX상의 B,D에서는 토량의 이동이 없다.
③ C점은 성토에서 절토로 변하는 점이다.
④ 이 곡선은 결과적으로 토량이 남는다는 것을 의미한다.

해설 [유토곡선의 성질]
1) 곡선의 하향구간 : 성토구간, 상향구간 : 절토구간
2) 곡선의 최소점 (저점) → 성토구간에서 절토구간으로의 변이점
3) 곡선의 극대점 (정점) → 절토구간에서 성토구간으로의 변이점

4) 곡선의 극대치와 극소치의 차가 2점간의 전토량을 표시
5) 평형선과 평형점
   - 기선에 평행한 임의직선을 그어 곡선과의 교점으로 둘러쌓인 사이의 토공은 절토와 성토가 평형이다.
   - 기선과 평행한 선을 평형선, 평형선과의 교점을 평형점이라 한다.
6) 절토에서 성토에 운반할 전토량
   - 평형선에서 곡선의 극소점(저점)이나 극대점(정점)까지의 수직길이 또는 평형선과 평형선간의 수직고를 절토에서 성토로 운반할 전토량을 표시
7) 절토에서 성토까지의 평균거리 : 전토량의 1/2점을 통과하는 평행선의 길이가 평균운반거리
8) 토취장과 사토장의 위치와 거리를 고려하여 평형선을 상하시켜 경제적인 토공배분이 가능
9) Mass curve로 운반장비를 선정함으로 경제적인 시공이 가능

51. DEM의 전체 토량과 절토량 및 성토량이 균형을 이루는 계획 지반고로 옳게 짝지어진 것은?

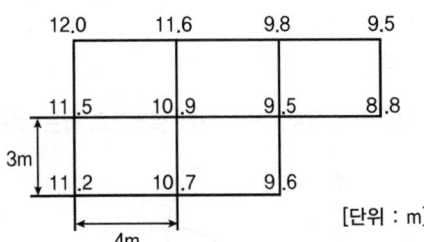

① 631.20㎥, 10.52m ② 631.20㎥, 11.18m
③ 670.50㎥, 10.52m ④ 670.50㎥, 11.18m

해설 $V = \dfrac{ab}{4}(\Sigma h_1 + 2\Sigma h_2 + 3\Sigma h_3 + 4\Sigma h_4)$

$= \dfrac{3 \times 4}{4} \{(12.0 + 9.5 + 8.8 + 9.6 + 11.2)$
$\qquad + 2(11.6 + 9.8 + 10.7 + 11.5) + 3(9.5) + 4(10.6)\}$
$= 631.2 \, m^3$

계획고$(h) = \dfrac{V}{nA} = \dfrac{631.2}{5 \times 3 \times 4} = 10.52 \, m$

CHAPTER 06 터널측량

- 터널측량 : 철도, 돌, 수로 등을 지형이나 경제적인 조건 때문에 산악, 지하, 또는 수중에 터널로 설치할 때 터널 건설에 필요한 측량
- 터널을 선정, 계획할 때는 지형, 지질조사(지층, 단층), 지하수 등의 상태를 예비측량하여 공사가 용이하고 안전한 곳 선택
- 절취고가 20m 이상인 경우는 일반적으로 터널로 계획하는 것이 유리
- 터널의 중심선은 가급적 직선으로 하되 부득이한 경우에는 곡선으로 함

1 터널측량의 순서

(1) 답사
개략적인 계획을 세우고 현장 부근의 지형이나 지질을 조사하여 터널위치 예정

(2) 예측
① 답사와 조사의 결과에 따라 터널위치를 약측에 의하여 선정
② 지표에 중심선을 미리 표시하고 다시 도면상에 터널위치를 검토

(3) 지표 설치
① 예측의 결과로 정한 중심선을 현지의 지표에 정확히 설정
② 터널 입구의 위치 결정
③ 터널의 연장 정확히 관측

(4) 지하 설치
지표에 설치된 중심선을 기준으로 터널 입구에서 굴착이 진행함에 따라 갱내의 중심선을 설정하는 작업

2 터널측량의 작업내용

(1) **터널외 기준점 측량(삼각·다각·수준)** : 기준점설치 및 중심선 방향의 설치
  ↓
(2) **세부측량(평판·수준)** : 갱구 및 터널가설계획에 필요한 상세한 지형도 작성(축척 1:200)
  ↓
(3) **터널내측량(다각, 수준)** : 설계에 따른 공사 상황 측량, 터널 기준점 설치
  ↓
(4) **터널내외의 연결측량** : 지상측량좌표와 지하측량의 좌표를 같게 하는 측량

3 터널 외 측량

① 터널 외 측량은 일반 지상측량과 같은 개념
② 착공 전에 행하는 측량
③ 지형측량, 터널의 기준점측량, 중심선측량, 수준측량 등

4 터널 내 측량

(1) 터널내측량이 지상측량과 다른 점
① 측점은 보통 천장에 설치
② 시준하는 목표 및 망원경의 십자선에 조명 필요
③ 터널 내는 좁고 굴곡이 많으며 급경사인 경우가 많아 이에 적합한 기계가 요구됨

(2) 터널 측량용 트랜싯의 구비조건
① 이심장치를 가지고 있고, 상·하 어느 측점에도 빠르게 구심시킬 수 있을 것
② 상부고정나사와 하부고정나사의 모양을 바꾸어 어두운 갱내에서도 촉감으로 구별할 수 있을 것
③ 연직분도원은 전원일 것
④ 수평분도원은 0°~360°까지 일정한 방향으로 명확하게 새겨져 있을 것
⑤ 주망원경의 위 또는 옆에 보조망원경을 달 수 있도록 되어 있을 것

(3) 터널 내 중심선 측량

1) 도벨(Dowel)이라는 기준점 설치
① 차륜에 의해 파괴되지 않도록 견고하게 만든 기준점
② 재료의 반출입에 지장이 없고, 측량기계 설치가 용이한 중심선상 도랑에 설치
③ 터널의 굴삭이 완성된 구간 중 하부에 설치할 수 없는 곳은 천정에 도벨 설치

2) 터널 내에서의 중심말뚝은 차량 등에 의해 파괴되지 않도록 견고하게 고정

(4) 터널 내 수준측량
① 터널 내의 고저측량에 표척과 Level을 사용
② 먼지나 연기의 장애로 표척과 Level을 조명해야 할 경우 발생
③ 터널 내 수준측량에는 완경사인 경우 레벨, 급경사인 경우 트랜싯에 의한 방법 이용

1) 직접수준측량

식 $H_B = H_A - h_1 + h_2$

2) 간접수준측량

식 $\Delta H = l\sin\alpha + h_1 - H$

ΔH : A, B점의 고저차, l : 경사거리, h_1 : 시준고, H : 천장으로부터 기계높이

(5) 터널 내 곡선 설치
① 터널 내의 곡선설치는 지거법에 의한 곡선설치
② 접선편거와 현편거에 의한 방법 등 이용

5 터널 내외 연결측량

① 지상측량좌표와 지하측량의 좌표를 일치시키는 측량
② 도로나 철도와 같은 지상연결측량은 중심선측량으로 터널 내외를 연결
③ 지하철, 통신구 등의 지하연결측량은 수직구를 통하여 지하터널굴착을 위한 기준점 설치측량 실시

(1) 지상연결측량

① 횡갱, 사갱 포함
② 다각측량으로 터널 내외 연결측량 실시
③ 가능한 한 후시를 길게 하여 측량하므로 오차를 줄임

(2) 지하연결측량(수직구 측량)

1) 광학적 방법

① 토털스테이션 등을 이용하여 지상에서 지하로 직접 시준하여 기준점 좌표 측설
② 수직구 높이가 낮고 넓은 경우에 적용
③ 오차를 줄이기 위해 반사프리즘을 역으로 세워 시준

2) 강선법

피아노 강선과 연직추를 이용하여 지상좌표를 직접 지하로 이설

3) 연직기에 의한 방법

① 수직구 발판에 기지점 설치
② 지하 바닥면에 연직기를 설치하고 지상기준점을 직접 시준하여 구심을 설치하므로 기준점 이설
③ 경우에 따라 지상에 연직기를 설치하여 지하를 시준하기도 함

4) 트랜싯과 추선에 의한 방법

아주 깊은 지하의 연결측량에 사용

6 터널 준공측량

① 터널 완공 후 측량에는 준공검사측량, 터널의 변형 조사측량 등으로 구분
② 세부적으로 중심선 측량, 고저측량, 단면 측량 등으로 구분

CHAPTER 06 터널측량

01. 터널측량에 대한 설명으로 옳지 않은 것은?

① 터널 내에서의 곡선설치는 일반적으로 지상에서와 같은 방법으로 행한다.
② 터널의 길이방향 관측은 삼각측량 또는 트래버스 측량으로 행한다.
③ 터널 내의 측량에서는 기계의 십자선 및 표척 등에 조명이 필요하다.
④ 터널측량은 터널외측량, 터널내측량, 터널내외연결측량으로 구분할 수 있다.

해설 터널 내에서의 곡선설치는 일반적으로 조도가 낮고 장소가 협소하므로 지상에서와 동일한 방법으로 측량하기 어렵고, 지거법, 접선편거법, 현편거법 등에 의해 설치한다.

02. 터널측량의 순서를 바르게 나타낸 것은?

① 예측 – 답사 – 지표설치 – 지하설치
② 답사 – 예측 – 지표설치 – 지하설치
③ 예측 – 지하설치 – 지표설치 – 답사
④ 답사 – 지표설치 – 지하설치 – 예측

해설 [터널측량의 작업순서]
① 답사 : 개략적인 계획수립, 현장조사를 통한 터널의 위치 예정
② 예측 : 지표의 중심선을 미리 표시하고 도면상 터널위치 검토
③ 지표설치 : 터널 중심선의 지표에 설치, 갱문의 위치 결정
④ 지하설치 : 갱문에서 굴착진행함에 따라 갱내 중심선을 설정하는 작업

03. 터널 완성 후에 실시하는 측량과 관계가 먼 것은?

① 터널 내외 연결측량
② 중심선측량
③ 고저측량
④ 단면측량

해설 터널의 완공후에는 터널의 시공이 설계대로 진행이 되었는지를 점검하기 위해 중심선측량, 고저측량, 단면측량, 변위측량 등을 수행하며, 터널 내외 연결측량은 시공초기에 시행하는 측량이다.

04. 터널측량의 일반적인 작업공정 순서로 옳은 것은?

① 지형측량 – 터널 외 기준점 측량 – 세부측량 – 터널 내 측량 – 준공측량
② 세부측량 – 터널 외 기준점 측량 – 터널 내 측량 – 지형측량 – 준공측량
③ 지형측량 – 세부측량 – 터널 외 기준점 측량 – 터널 내 측량 – 준공측량
④ 세부측량 – 터널 내 측량 – 지형측량 – 준공측량 – 터널 외 기준점 측량

해설 [터널측량의 순서]
노선선정 – 갱외측량 – 갱내외 연결측량 – 갱내측량 – 내공단면측량 – 터널 변위계측
일반적인 작업공정을 묻는 본 질문에서는 처음부터 세부측량을 할 수 없으므로 처음은 지형측량을 선택하여 ①, ③의 답안으로 범위를 좁히고, 갱외측량에서 갱내로 측량이 진행되므로 최종 ①을 선택하면 된다.

05. 터널측량을 지상측량과 비교했을 때의 특징적인 내용이 아닌 것은?

① 망원경의 십자선은 조명 장치 등으로 구분이 용이하여야 한다.
② 측점은 천정에 설치하기도 한다.
③ 터널 내의 곡선 설치는 장소가 협소하므로 편각법을 주로 사용한다.
④ 터널 내는 좁고, 어두우며, 급경사인 경우가 많으므로 특별한 기계장치의 조합이 필요하다.

해설 터널측량의 갱내곡선설치는 지상과는 달리 조명이 어둡고 갱내가 협소하므로 일반적인 곡선설치는 어렵고, 지거법, 접선편거법, 현편거법 등이 이용된다.

06. 다음 중 터널 곡선부의 측설법으로 적절치 못한 것은?

① 중앙종거법
② 현편거법
③ 트래버스 측량에 의한 방법
④ 접선편거법

해설 터널측량의 갱내곡선설치는 지상과는 달리 조명이 어둡고 갱내가 협소하므로 일반적인 곡선설치는 어렵고, 지거법, 접선편거법, 현편거법 등이 이용된다. 중앙종거법은 곡선반경 또는 곡선길이가 큰 시가지의 곡선설치와 기설곡선의 검사에 이용된다.

07. 터널 내 측량의 특징에 관한 설명 중 옳지 않은 것은?

① 습기, 먼지 소음, 어두움 등으로 측량조건이 매우 불량하다.
② 폐합트래버스에 의한 측량이 주로 이루어지므로 누적발생오차를 쉽게 확인할 수 있다.
③ 굴착면의 변위발생으로 설치한 기준점의 변형이 일어나기 쉽다.
④ 후시의 경우 거리가 짧고 예각 발생의 경우가 많아 오차가 자주 발생할 수 있다.

해설 터널의 갱내측량의 경우 폐합 또는 결합 트래버스를 원칙으로 하는데 일반적으로 결합트래버스가 폐합트래버스에 비해 정확도가 우수한 이유는 폐합트래버스의 오차는 누적되어 영향을 주는 단점 때문이다.

08. 경사 약 30°의 경사터널의 시점과 종점의 고저차를 가장 정밀하고 간편하게 구하는 방법은?

① 레벨과 표척을 이용한 수준측량에 의해 고저차를 구한다.
② 경사계로 경사를 구하고 사거리를 측정하여 고저차를 구한다.
③ 토털스테이션으로 경사와 경사거리를 측정하여 고저차를 구한다.
④ 기압계에 의하여 고저차를 구한다.

해설 터널시종점의 고저차를 정밀관측에 사용되는 측량장비는 토털스테이션이며, 레벨, 경사계, 기압계 등은 개략적인 고저차를 구하는데 사용된다.

09. 터널측량에서 터널 내 고저측량에 대한 설명으로 옳지 않은 것은?

① 터널의 굴삭이 진행됨에 따라 터널 입구 부근에 이미 설치된 고저 기준점(B.M)으로부터 터널 내의 B.M에 연결하여 터널 내의 고저를 관측한다.
② 터널 내의 B.M은 터널 내 작업에 의하여 파손되지 않는 곳에 설치가 쉽고, 측량이 편리한 장소를 선택한다.
③ 터널 내의 고저측량에는 터널 외와 달리 레벨을 사용하지 않는다.
④ 터널 내의 표척은 작업에 지장이 없도록 알맞은 길이를 사용하고 조명을 할 수 있도록 해야 한다.

해설 터널 내의 수준측량도 지상수준측량과 마찬가지로 레벨과 표척의 조합으로 높이를 관측하고 상황에 따라 연직각관측에 의한 간접수준측량을 수행한다.

10. 터널 내 중심선 측량과 가장 거리가 먼 것은?

① 중심선 도입측량과 중심말뚝 설치
② 터널내 고저측량
③ 터널변형 측정
④ 터널내 곡선설치

해설 터널변형 측정에는 정밀계측, 일상계측, 유지관리계측 등이 있으며, 중심선측량과는 관계가 없다.

정답 05. ③ 06. ① 07. ② 08. ③ 09. ③ 10. ③

11. 경사 30° 인 경사터널에서 터널입구와 터널 내부의 두 점간 고저차를 측정하는데 가장 신속하고 정확한 방법은?

① 경사계에 의해서 경사를 구하고 사거리를 측정하여 계산으로 구한다.
② 수은 기압계에 의하여 측정한다.
③ 레벨로 직접 수준측량을 한다.
④ 토털스테이션을 사용하여 측정한다.

해설 터널시종점의 고저차를 정밀관측에 사용되는 측량장비는 토털스테이션이며, 레벨, 경사계, 기압계 등은 개략적인 고저차를 구하는데 사용된다.

12. 터널안에서 A점의 좌표가 $(1,749.0m, 1,134.0m, 126.9m)$, B점의 좌표가 $(2,419.0m, 987.0m, 149.4m)$일 때 A, B점을 연결하는 터널을 굴진하는 경우 이 터널의 경사거리는?

① 685.94m   ② 686.19m
③ 686.31m   ④ 686.57m

해설 $\overline{AB}$의 수평거리 $= \sqrt{\Delta X^2 + \Delta Y^2}$
$= \sqrt{(2,419.0 - 1,749.0)^2 + (987.0 - 1,134.0)^2}$
$= 685.937m$
$\overline{AB}$의 경사거리 $= \sqrt{수평거리^2 + \Delta Z^2}$
$= \sqrt{(685.937)^2 + (149.4 - 126.9)^2}$
$= \sqrt{(685.937)^2 + (149.4 - 126.9)^2}$
$= 686.31m$

13. 터널의 양쪽 입구 A와 B를 연결한 지상골조측량을 실시하여 A(-2,357.26m, -1,763.26m), B(-1,385.78m, -987.33m) 및 임의점 P에 대한 방위각 $(\overline{AP})$=176°27′32″를 얻었을 때 ∠P$_{AB}$는?

① 38°36′49″   ② 137°50′39″
③ 151°16′36″   ④ 215°04′21″

해설 $\overline{AB}$측선의 좌표를 그려보면 방위각이 1사분선에 속함을 알 수 있다. (0°~90°)

$\tan\theta = \dfrac{\Delta Y}{\Delta X} = \dfrac{Y_B - Y_A}{X_B - X_A} \Rightarrow \theta = \tan^{-1}\left(\dfrac{Y_B - Y_A}{X_B - X_A}\right)$

$\overline{AB}$의 방위각 $\theta = \tan^{-1}\left(\dfrac{Y_B - Y_A}{X_B - X_A}\right)$
$= \tan^{-1}\left(\dfrac{-987.33 - (-1,763.26)}{-1,385.78 - (-2,357.26)}\right)$
$= 38°36′53″$

14. 두 개의 수직터널을 이용하여 지상과 지하의 연결측량을 시행하는 방법은?

① 정렬법   ② 삼각법
③ sin누적법   ④ 트래버스법(다각측량)

해설 [갱내외 연결측량방법]
① 한 개의 수직갱에 의한 방법 : 1개의 수직갱으로 연결한 경우에는 수직갱에 2개의 추를 매달아서 이것에 의해 연직면을 정하고 그 방위각을 지상에서 관측하여 지하의 측량을 연결
② 두 개의 수직갱에 의한 방법 : 2개의 수갱구에 각각 1개씩 수선 AE를 정한 후 이 AE를 기점 및 폐합점으로 하고 지상과 갱내에서 다각측량(트래버스측량)을 실시

15. 직선 터널(Tunnel)을 파기 위하여 트래버스측량을 수행하여 표와 같은 결과를 얻었다. 직선 AB의 거리와 방향각은?

측선	위거(m) +	위거(m) −	경거(m) +	경거(m) −
A-1	120.50		39.80	
1-2		26.34	119.49	
2-3		113.04	18.33	
3-B		35.80		62.01
계	120.50	175.18	177.62	62.01

① 143.62m, 25°18′46″
② 127.89m, 115°18′46″
③ 143.62m, 115°18′46″
④ 127.89m, 25°18′46″

해설 $\overline{AB} = \sqrt{\Delta X^2 + \Delta Y^2}$
$= \sqrt{(175.18 - 120.50)^2 + (177.62 - 62.01)^2}$
$= 127.89m$

$\tan\theta = \dfrac{\Delta Y}{\Delta X}$ 에서

$\theta = \tan^{-1}\left(\dfrac{\Delta Y}{\Delta X}\right) = \tan^{-1}\left(\dfrac{177.62-62.01}{175.18-120.50}\right)$

$= -64°41'14''$ (2상한)

$\overline{AB}$방향각 $= 180° - 64°41'14'' = 115°18'46''$

16. 터널 내의 A, B점의 좌표(x, y, z)가 A(1,328, 810, 86.3), B(1,734, 588, 112.4)일 때 이 터널의 굴착 경사각은? (단, 좌표의 단위는 m이다.)

① 1°00'00"
② 3°13'54"
③ 3°1'12"
④ 3°54'38"

해설 $\tan\theta = \dfrac{H}{D} = \dfrac{\text{고저차}}{\text{수평거리}}$

$\overline{AB}$의 수평거리 $= \sqrt{(X_B-X_A)^2+(Y_B-Y_A)^2}$

$= 462.25\,m$

$\overline{AB}$의 고저차 $= Z_B - Z_A = 112.40 - 86.30 = 26.10\,m$

경사각$(\theta) = \tan^{-1}\left(\dfrac{\overline{AB}\text{의 고저차}}{\overline{AB}\text{의 수평거리}}\right) = 3°13'53.97''$

17. 터널완성 후의 변형조사측량 중 고저측량에 대한 설명으로 틀린 것은?

① 철도의 경우는 시공기면을 기준으로 한다.
② 수로 터널과 같이 인버트(invert)가 있는 경우는 인버트의 상단을 기준으로 한다.
③ 도로 터널에서는 arch crown을 기준으로 한다.
④ 일반적으로 중심점의 높이는 중심선측량과 같이 20m 간격으로 관측한다.

해설 [터널 변형조사측량에서 고저측량의 기준]
① 철도 : 시공기면이 기준
② 수로터널 : 인버트의 중심이 기준
③ 도로터널 : arch crown 및 포장의 중심이 기준
④ 중심점의 높이는 중심선측량과 같이 20m 간격으로 관측

18. 터널 내의 두 측점 좌표가 A(150, 300), B(400, 500)이고 표고가 각각 A=10m, B=20m일 때, AB점을 잇는 터널의 경사각은? (단, 좌표의 단위는 m이다)

① 약 1°47'20"
② 약 2°12'13"
③ 약 3°27'08"
④ 약 4°32'10"

해설 $\tan\theta = \dfrac{H}{D} = \dfrac{\text{고저차}}{\text{수평거리}}$

$\overline{AB}$의 수평거리 $= \sqrt{(X_B-X_A)^2+(Y_B-Y_A)^2}$

$= 320.156\,m$

$\overline{AB}$의 고저차 $= Z_B - Z_A = 10.0\,m$

경사각$(\theta) = \tan^{-1}\left(\dfrac{\overline{AB}\text{의 고저차}}{\overline{AB}\text{의 수평거리}}\right) = 1°47'20''$

19. 그림과 같이 터널에서 직접 수준측량을 하였을 때 B점의 지반고 H_B를 구하는 식으로 옳은 것은? (단, H_A는 기지점 A의 지반고이다.)

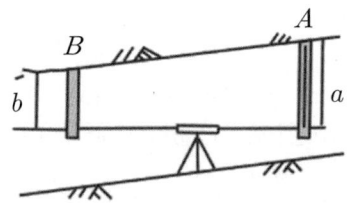

① $H_B = H_A - a + b$
② $H_B = H_A + a - b$
③ $H_B = H_A + a + b$
④ $H_B = H_A - a - b$

해설 표척이 천정에 매달려 있는 경우는 바닥에 표척을 세운 것과 반대로 눈금을 계수하므로 기본식의 부호를 반대로 적용한다. 또, 일반적인 그림은 후시가 왼쪽에 위치하나 문제의 경우 기지점 A가 오른쪽에 있는 것도 주의해야 한다.

H_B = 기지점의 지반고 + 후시 - 전시

$H_B = H_A + (-a) - (-b) = H_A - a + b$

20. 터널 내에서 기준점으로 사용되는 중심말뚝으로 차량 등에 파손되지 않도록 견고하게 설치하는 것은?

① 스터럽(stirrup)
② 도벨(dowel)
③ 쇼란(shoran)
④ 양수표(water gauge)

해설 [도벨(Dowel)]
갱내에서의 중심말뚝은 차량 등에 의하여 파괴되지 않도록 견고하게 만들어 주어야 하는데 이를 도벨이라 하며, 노반을 가로×세로 30cm 씩, 깊이 30~40cm 정도 파내어 콘크리트를 넣고 목괴를 묻어 만든다.

21. 터널 내외 연결측량에 관한 설명으로 옳지 않은 것은?

① 1개의 수직 터널에 의한 연결측량방법은 정렬법과 삼각법이 있다.
② 선단에 추를 달아 수직선을 내리고 추의 흔들림을 막기 위해 물 또는 기름통에 넣어 진동을 방지한다.
③ 얕은 수직 터널에서는 보통 철선, 강선, 황동선이 이용되며 깊은 수직 터널에서는 피아노선이 이용된다.
④ 수직터널이 한 개인 경우 수직 터널에 한 개의 수선을 내리고 이 수선의 길이와 방위를 관측한다.

해설 [터널 내외의 연결측량]
① 깊은 수갱은 피아노선이 사용되며 무게는 50~60kg
② 추는 얕은 수갱일 경우 철선, 동선 등이 사용되며, 무게는 5kg 이하
③ 추가 진동하므로 직각방향으로 진동의 위치를 10회 이상 관측하여 평균값으로 정지점 정함
④ 하나의 수갱에서 두 개의 추를 달아 이것에 의하여 연직면을 결정하고 그 방위각을 지상에서 측정하여 지하의 측량에 연결
⑤ 수갱 밑바닥에는 물 또는 기름을 넣은 통을 두어 추의 진동을 감소시킴

22. 터널내 천정에 표척을 매달아 수준측량을 실시한 결과 a점의 표척 눈금이 2.450m, b점의 표척 눈금이 3.560m, ab 사이의 수평거리가 150m일 경우 천정 경사도는 얼마인가?

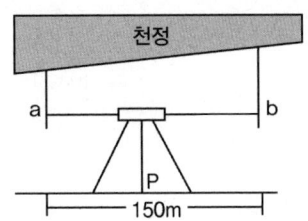

① 1.11%
② 0.74%
③ 0.25%
④ 0.42%

해설 경사 $= \tan\theta = \dfrac{H}{D} = \dfrac{\text{고저차}}{\text{수평거리}}$
$= \dfrac{3.560 - 2.450}{150} \times 100 = 0.74\%$

23. 터널측량의 순서 중 중심선을 현지의 지표에 정확히 설치하고 터널 입구의 위치를 결정하는 단계는?

① 답사
② 예측
③ 지표설치
④ 지하설치

해설 [터널측량의 작업순서]
① 답사 : 개략적인 계획수립, 현장조사를 통한 터널의 위치 예정
② 예측 : 지표의 중심선을 미리 표시하고 도면상 터널위치 검토
③ 지표설치 : 터널 중심선을 현지의 지표에 정확히 설치, 터널 입구의 위치 결정
④ 지하설치 : 갱문에서 굴착진행함에 따라 갱내 중심선을 설정하는 작업

24. 그림에서 A점의 표고가 40m라면 B점의 표고는?

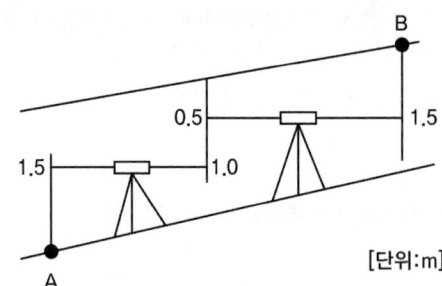

[단위:m]

① 40.5m
② 43.5m
③ 47.0m
④ 47.5m

해설 $H_B = H_A + \sum BS - \sum FS$
$= 40 + (1.5 - 0.5) - (-1.0 - 1.5) = 43.5m$

25. 삼각점을 이용하여 터널 입구 A와 B의 좌표값에 대한 결과가 표와 같다. 측선 AB의 거리와 방위각은?

구분	X(m)	Y(m)
A	-50169.38	+66466.21
B	-51226.24	+66106.39

① 거리: 1116.43m, 방위각: 18° 48′ 06″
② 거리: 1116.43m, 방위각: 198° 48′ 06″
③ 거리: 380.55m, 방위각: 18° 48′ 06″
④ 거리: 380.55m, 방위각: 198° 48′ 06″

> **해설**
> $\overline{AB} = \sqrt{(\triangle X)^2 + (\triangle Y)^2}$
> $= \sqrt{(-51,226.24-(-50,169.38))^2 + (66,106.39-66,466.21)^2}$
> $= 1,116.43 m$
> $\tan\theta = \dfrac{\triangle Y}{\triangle X} = \dfrac{Y_B - Y_A}{X_B - X_A} \Rightarrow \theta = \tan^{-1}\left(\dfrac{Y_B - Y_A}{X_B - X_A}\right)$
> $\overline{AB}$의 방위각 $\theta = \tan^{-1}\left(\dfrac{Y_B - Y_A}{X_B - X_A}\right)$
> $= \tan^{-1}\left(\dfrac{66,106.39-66,466.21}{-51,226.24-(-50,169.38)}\right)$
> $= 18°48′06″$
> $\overline{AB}$는 방안에 그려보면 3상한에 해당하여 180° ~ 270° 사이의 각이어야 하므로
> $\overline{AB}$의 방위각 $\theta = 198°48′06″$

26. 터널의 변형조사 측량과 거리가 먼 것은?

① 중심측량   ② 삼각측량
③ 고저측량   ④ 단면측량

> **해설** 터널측량에서 수행하는 삼각측량은 갱외측량이나 갱내외 연결측량시에 실시하는 측량으로 변형조사측량과는 무관하다.

27. 터널의 지상측량에 속하지 않는 것은?

① 지표중심선 측량   ② 전 구간에 걸친 지형측량
③ 지상 수준측량   ④ 터널 내 중심선측량

> **해설** 터널 내 중심선측량의 터널 내 측량으로 지하측량에 속한다.

28. 그림과 같은 터널에서 AB 사이의 경사가 1/250이고 BC 사이의 경사는 1/100일 때 측점 A와 C 사이의 지반고 차이는 얼마인가?

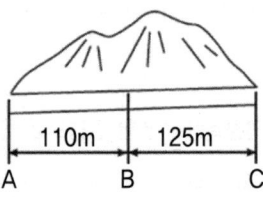

① 1.690m   ② 1.645m
③ 1.600m   ④ 1.590m

> **해설** $\overline{AB}$와 $\overline{BC}$의 수평거리가 각각 110m, 125m이고 경사가 1/250, 1/1000이므로 높이는 수평거리에 경사를 곱하면 얻을 수 있다.
> A와 C 사이의 지반고 차이 $= 110 \times \dfrac{1}{250} + 125 \times \dfrac{1}{100}$
> $= 0.44 + 1.25 = 1.69 m$

29. 터널 내의 천정에 측점 A, B가 그림과 같이 설치되었다고 할 때 두 점의 고저차 H는? (단, 관측 경사거리=100.5m, 수직각=30°25′30″)

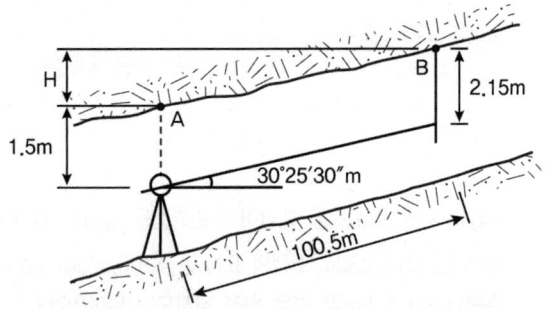

① 51.54m   ② 59.67m
③ 87.31m   ④ 103.31m

> **해설**
> $\Delta H =$ 스타프 읽음값의 차이 + 경사거리 × sin경사각
> $\Delta H = (2.15 - 1.5) + 100.5 \times \sin30°25′30″ = 51.54 m$

정답 25. ② 26. ② 27. ④ 28. ① 29. ①

30. 터널 내 수준측량에서 지형이 급경사인 경우 가장 적당한 방법은?

① 레벨을 사용하는 방법
② 클리노미터에 의한 방법
③ 기압계를 사용하는 방법
④ 토털스테이션을 사용하는 방법

해설 터널시종점의 고저차를 정밀관측에 사용되는 측량장비는 토털스테이션이며, 레벨, 경사계, 기압계 등은 개략적인 고저차를 구하는데 사용된다.

31. 터널 내에서 50m 떨어진 두 점의 수평각을 관측하였더니 시준선에 직각으로 4mm의 시준오차가 발생하였다면 수평각의 오차는?

① 26″
② 22.5″
③ 19″
④ 16.5″

해설 $l = R \times \theta$ 에서
$$\theta = \frac{l}{R} \times \frac{180°}{\pi} = \frac{4mm}{50,000mm} \times \frac{180°}{\pi} \times \frac{3,600″}{1°}$$
$$= 16.5″$$

32. 그림에서 A점의 표고가 50m라면 B점의 표고는? [단위 : m]

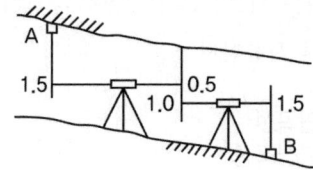

① 46.5m
② 47.5m
③ 49.0m
④ 49.5m

해설 표척이 바닥에 있는 경우는 원래대로 천장에 달려 있는 경우는 전·후시 읽음값의 부호를 반대로 적용하여 계산한다.
$$H_B = H_A + \sum 후시 - \sum 전시$$
$$= 50.0 + (-1.5 - 1.0) - (-0.5 + 1.5) = 46.5m$$

별해 기계가 거치된 부분은 수평이므로 A점 지반고에서부터 표척의 값을 차례대로 누적하여 계산한다.
$$H_B = 50 - 1.5 + 0.5 - 1.0 - 1.5 = 46.5m$$

이 때 부호는 아래로 향하면 - 값을, 위로 향하면 + 값을 적용하면 된다.

33. 터널 중심선측량의 가장 중요한 목적은?

① 정확한 방향과 거리측정
② 터널 입구의 정확한 크기 설정
③ 인조점의 올바른 매설
④ 도벨의 정확한 위치 결정

해설 터널 중심선측량의 가장 중요한 목적은 터널의 정확한 방향과 거리를 측정하여 정확한 방향으로 터널을 뚫기 위함이다.

07 노선측량

1 개설

① 노선측량(Route Surveying)은 도로, 철도, 수로, 관로 및 송전선로와 같이 폭이 좁고 길이가 긴 구역의 측량
② 도로나 철도의 경우 현지 지형에 조화를 이루는 선형계획과 경제성 및 안전성을 고려한 최적의 곡선설치가 선행되어야 함
③ 노선선정, 지형도작성, 중심선 측량, 종횡단 측량, 용지측량 및 공사량 산정의 순으로 진행

2 곡선설치법

(1) 곡선의 종류

직선부 노선의 중심선 방향이나 경사가 변하는 곳에 곡선으로 두 직선을 연결한다. 곡선은 크게 수평곡선과 수직곡선(종곡선)으로 구분된다. 수평곡선은 방향을 바꾸기 위한 것이며, 종곡선은 경사를 바꾸기 위해 설치된다. 수평곡선은 다시 단곡선, 복심곡선, 반향곡선, 배향곡선으로 구분되는 원곡선과 클로소이드, 램니스케이트곡선, 3차포물선의 완화곡선이 있으며, 종곡선은 원곡선과 포물선을 많이 사용한다.

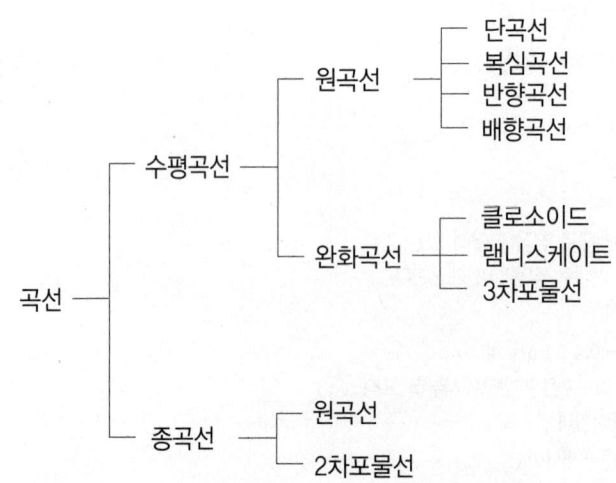

(2) 단곡선의 기본공식

1) 단곡선의 성질

단곡선은 반경이 일정한 원곡선이다. 단곡선은 반경의 크기에 따라 곡선의 완급을 표시하며 설계속도(V), 편경사(i)와 노면의 횡방향 미끄럼 마찰계수(f) 등에 의해 그 크기가 결정된다. 단곡선의 기하학적인 관계는 다음과 같다.

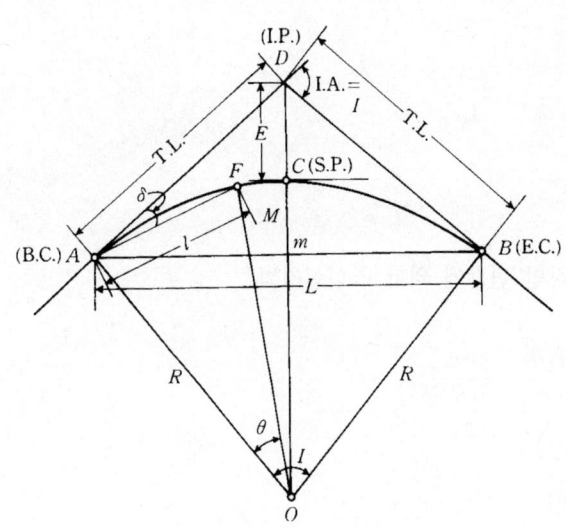

[단곡선의 기하학적 관계]

B.C : 원곡선 시점(Beginning of curve)
E.C : 원곡선 종점(End of curve)
I.P : 교선점(Intersection point)
R : 반경(Radius)
T.L : 접선길이(tangent length)
E : 외할(External secant)
M : 중앙종거(Middle ordinate)
S.P : 곡선중점(Secant Point)
C.L : 곡선길이(Curve length)
L : 장현(Long chord)
l : 현길이(chord length)
c : 호길이(arc length)
I : 교각(Intersection Angle)
δ : 편각(deflection Angle)
θ : 중심각(central Angle)
$\dfrac{I}{2}$: 총편각(total deflection angle)

- 접선의 길이 $TL = R \tan \dfrac{I}{2}$

- 곡선 길이 $CL = RI(I\text{는 라디안}) = \dfrac{RI}{\rho} = \dfrac{\pi RI}{180°} = 0.01745 RI$ (I는 각도)

- 편각 $\delta = \dfrac{\theta}{2} = \dfrac{l}{2R}$ (라디안)

  ($\delta = \dfrac{\theta}{2}$ 에서 $R\theta = l$, $\theta = \dfrac{l}{R}$, $\delta = \dfrac{l}{2R}$)

- 호길이 $c = R \cdot \theta = 2R \cdot \delta$ ($\because \theta = 2\delta$)

- 현길이 $l = 2R \sin \delta = 2R \sin \dfrac{\theta}{2}$

- 외할 $E = R(\sec \dfrac{I}{2} - 1) = R\sec \dfrac{I}{2} - R$

- 중앙종거 $M = R(1 - \cos \dfrac{I}{2}) = R - R\cos \dfrac{I}{2}$

2) 단곡선의 설치

① 기본적으로 단곡선 반경(R), 접선(2방향), 교선점(D), 교각(I)을 정한 후
② 곡선반경(R), 교각(I)으로부터 접선장(T.L), 곡선장(C.L), 외할(E) 등을 계산
③ 곡선시점(B.C), 곡선종점(E.C), 곡선의 중간점(S.P)의 위치를 결정
④ 시단현, 종단현 길이를 구하고 중심말뚝의 위치를 정함
⑤ 곡선의 설치는 편각설치법, 접선편거와 현편거에 의한 설치법, 장현에 대한 종거와 횡거에 의한 설치법, 접선에 대한 지거에 의한 설치법, 중앙종거에 의한 설치법 등 활용

(3) 곡선설치법

1) 편각설치법

① 편각법

㉠ 단곡선에서 접선과 현이 이루는 각인 편각에 의한 곡선설치법
㉡ 정밀도가 가장 높아 많이 이용
㉢ 편각(δ) : $\delta = \dfrac{l}{2R}$(라디안)$= \dfrac{l}{2R}\dfrac{180°}{\pi} = \dfrac{90°l}{\pi R}$

② 계산순서

㉠ 접선길이(TL)와 곡선길이(CL) 계산
㉡ 곡선시점의 위치(B.C) 계산 : $BC = IP - TL$
㉢ 곡선종점의 위치(E.C) 계산 : $EC = BC + CL$
㉣ 시단현의 길이(l_1) : l_1 = BC 다음측점까지의 거리 − BC의 거리
㉤ 종단현의 길이(l_2) : l_2 = EC의 거리 − EC 이전 측점까지의 거리
㉥ 편각의 계산 : 시단현, 종단현 및 20m 현에 대한 편각
㉦ 검산 : 편각의 총합 = I/2

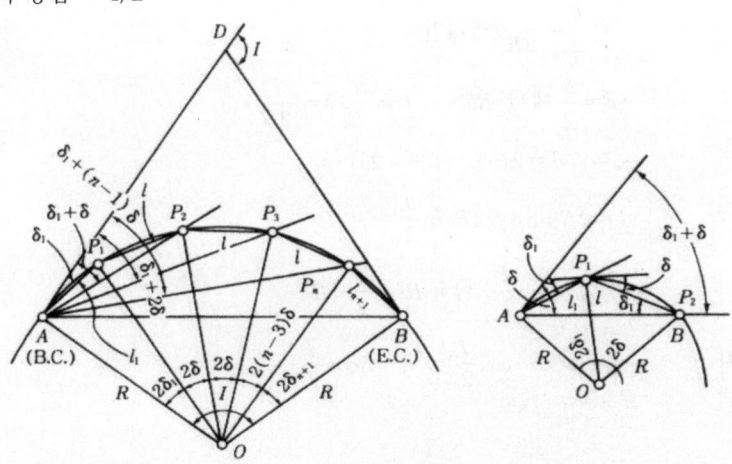

2) 중앙종거법

① 최초에 중앙종거 M_1을 구하고 차례로 $M_2, M_3, \cdots$로 하여 작은 중앙종거를 구하여 적당한 간격마다 곡선의 중심말뚝을 박는 방법
② 시가지의 곡선설치나 철도, 도로 등의 기설 곡선의 검사, 정정에 사용
③ 단계별로 1/4로 줄어들어 1/4법이라고도 함

$$M_1 = R(1-\cos\frac{I}{2}), \quad \frac{L_1}{2} = R\sin\frac{I}{2}$$
$$M_2 = R(1-\cos\frac{I}{4}), \quad \frac{L_2}{2} = R\sin\frac{I}{4}$$
$$M_3 = R(1-\cos\frac{I}{8}), \quad \frac{L_3}{2} = R\sin\frac{I}{8}$$
$$\vdots \qquad\qquad\qquad \vdots$$
$$M_n = R(1-\cos\frac{I}{2^n}), \quad \frac{L_n}{2} = R\sin\frac{I}{2^n}$$

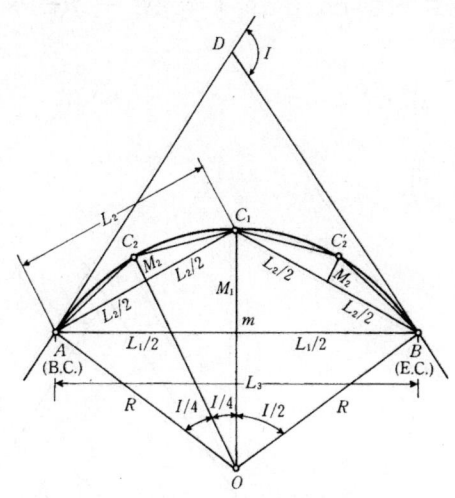

3) 지거법

① 적당한 방향 또는 현을 x축으로 하고 이것에서 수직으로 지거 y를 내려 곡선을 측설하는 방법
② 일반적으로 줄자만을 사용하나 정확히 직각을 만들 때는 직각기 또는 트랜시트 사용
③ 지거법에 의한 원곡선설치에는 접선지거법, 중앙종거법, 장현지거법 등이 있음
④ 편각법으로 설치하기 곤란한 곳에 사용하며 삼림 등의 벌채량을 줄일 수 있음

$$\delta = \sin^{-1}\frac{l}{2R}$$
$$l = 2R\sin\delta$$
$$x = l\sin\delta = 2R\sin^2\delta = R(1-\cos 2\delta)$$
$$y = l\cos\delta = 2R\sin\delta\cos\delta = R\sin 2\delta$$

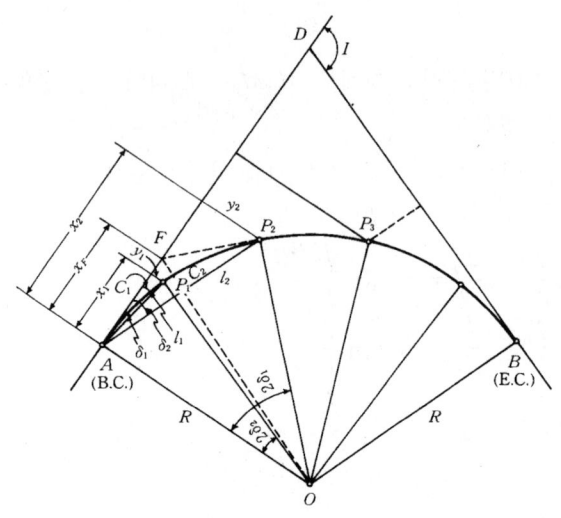

4) 종횡거법
- 트랜싯 없이도 줄자를 사용하여 간단하게 설치할 수 있는 방법
- 현장 : $c = 2R \sin\delta$
- 횡거 : $y = c\cos\left(\dfrac{I}{2} - \delta\right)$
- 종거 : $x = c\sin\left(\dfrac{I}{2} - \delta\right)$

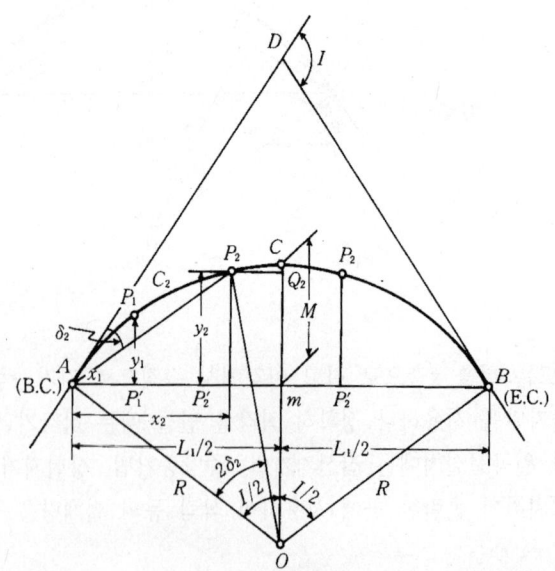

(4) 완화곡선의 개요

1) 완화곡선

① 차량이 직선부에서 곡선부로 이동할 때는 곡률반경이 무한대로부터 일정한 값으로 급격히 변화하기 때문에 원심력도 0에서 최대값으로 급격히 변하여 차량이 격동하게 되고 승객의 불쾌감을 유발하게 됨
② 이를 방지하기 위해 원심력의 변화를 곡선의 길이에 따라 점진적으로 일정하게 변하도록 직선부와 곡선부 사이에 삽입하는 곡선이 완화곡선
③ 완화곡선의 반경은 직선부, 무한대로부터 원곡선 시점부, 최소값까지 점진적으로 변함

2) 완화곡선의 성질

① 곡선반경은 완화곡선의 시점에서 무한대, 종점에서 원곡선 R이 됨
② 완화곡선의 접선은 시점에서 직선에, 종점에서 원호에 접함
③ 완화곡선에 연한 곡률반경의 감소율은 캔트의 증가율과 같은 비율(부호는 반대)
④ 완화곡선의 종점에서의 캔트는 원곡선의 캔트와 동일
⑤ 완화곡선의 곡률은 곡선길이에 비례

3) 캔트와 편경사

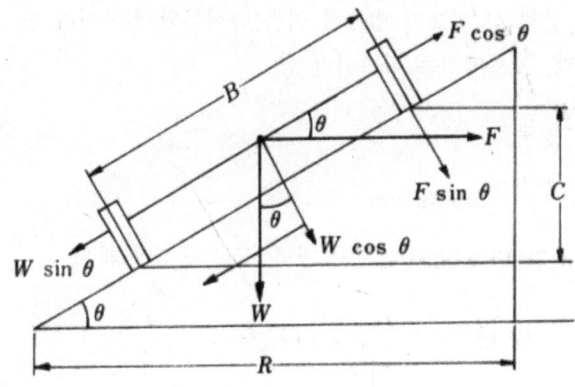

R : 곡률반경(m)　　　　W : 차량중량(kg)　　　　V : 주행속도(km/h=V/3.6(m/sec))
g : 중력가속도=$9.8m/sec^2$　F : 원심력(kg)　　　　　f : 마찰계수
θ : 편경사의 각도　　　　B : rail 간격(m)　　　　C : cant(m)

원심력 F는

$$F = \frac{mv^2}{R} \quad (W=mg)$$

$$F = \frac{Wv^2}{gR} = \frac{W}{R} \cdot \frac{(\frac{V}{3.6})^2}{g} = W \cdot \frac{V^2}{127R}$$

$$\therefore \frac{F}{W} = \frac{V^2}{127R} \qquad km/h \to \frac{1}{3.6} m/\sec$$

또한 θ가 적을 때

$$\frac{C}{B} = \sin\theta \fallingdotseq \tan\theta$$

그러므로

$$\frac{C}{B} \fallingdotseq \frac{V^2}{127R} \Rightarrow C = \frac{BV^2}{Rg}$$

철도의 경우 궤간 D에 따른 cant C의 크기

① 궤간 $1067mm$ $D=1.127mm$, $C=8.87\dfrac{V^2}{R}$

② 궤간 $1435mm$ $D=1500mm$, $C=11.8\dfrac{V^2}{R}$

4) 확폭

① 확폭(slack) : 자동차가 곡선부를 주행할 때 뒷바퀴가 앞바퀴보다 항상 안쪽을 지나므로 곡선부에서는 직선부보다 약간 넓게 할 필요가 있으며 이를 곡선부의 확폭이라 함
② 철도에서는 슬랙, 도로에서는 확폭이라 함
③ 확폭(ϵ) : $\epsilon = \dfrac{L^2}{2R}$
④ 슬랙(l) : $l = \dfrac{3,600}{R} - 15 \leq 30mm$

여기서, L : 차량전면에서 뒷바퀴까지의 거리, R : 곡선반경

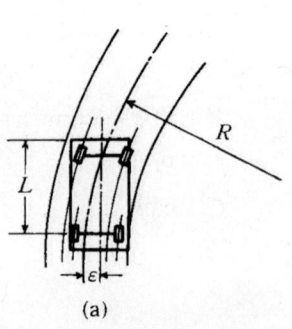
(a)

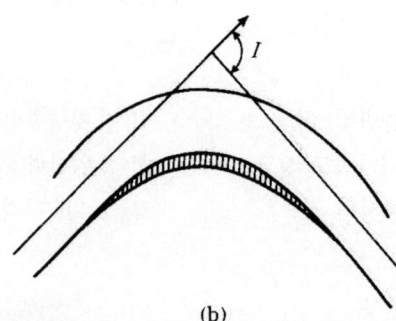
(b)

5) 완화곡선의 길이

① 곡선길이 L(m)가 캔트 C(mm)의 N배에 비례인 경우

$$L = \frac{N}{1,000}C = \frac{N}{1,000}\frac{BV^2}{Rg}$$

L : 완화곡선 길이, N : 차량 속도에 따라 300~800을 택함

② 일정시간율로 경사시킨 경우

$$t = \frac{L}{V} = \frac{C}{r} = \frac{BV^2}{rgR} \quad \therefore L = \frac{BV^3}{rgR}$$

t : 완화곡선을 주행하는데 필요한 시간, r : 캔트의 시간적 변화율

③ 원심가속도의 허용변화율(P)을 알 경우

$$L = \frac{V^3}{PR}$$

P는 0.5~0.75m/s로 함

6) 완화곡선의 종류

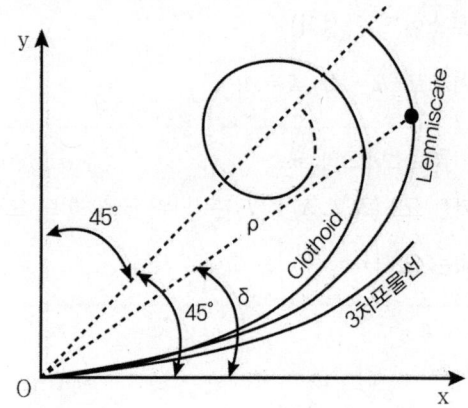

① 클로소이드 : 일반도로, 고속도로
② 3차포물선 : 일반철도
③ 렘니스케이트곡선 : 지하철(도시철도)
④ 사인체감곡선 : 고속철도

(5) 클로소이드 곡선

1) 클로소이드 곡선의 개요
① 곡률이 곡선길이에 비례하여 증가하는 일종의 나선형 곡선
② 달팽이곡선이라 하며 고속도로나 일반도로에 주로 사용되는 완화곡선

2) 단위 클로소이드
① 클로소이드 곡선의 기본식

$$A^2 = RL$$

여기서, A는 클로소이드의 매개변소(파라미터), L, R은 완화곡선의 길이와 반지름

② 단위 클로소이드

㉠ 클로소이드의 매개변수 $A=1$인 클로소이드

$$A^2 = RL = 1 \Rightarrow \frac{R}{A}\frac{L}{A} = 1$$

㉡ 단위 클로소이드의 요소는 알파벳 소문자를 사용하므로

$1 = rl$ (단위 클로소이드 곡선식)

$r = \frac{R}{A}$, $l = \frac{L}{A}$이므로 $R = Ar$, $L = Al$

> 💡 매개변수가 A인 클로소이드의 요소
> 가. 길이의 단위를 가진 요소(R, L, X, Y, T_L)는 단위 클로소이드 요소를 A배하여 사용
> 나. 길이의 단위가 없는 요소 $\left(\tau, \sigma, \frac{\Delta r}{r}\right)$는 그대로 사용

3) 클로소이드 공식

① 곡선 반지름(R) : $R = \frac{A^2}{L} = \frac{A}{l} = \frac{L}{2\tau} = \frac{A}{\sqrt{2\tau}}$

② 곡선의 길이(L) : $L = \frac{A^2}{R} = \frac{A}{r} = 2\tau R = A\sqrt{2\tau}$

③ 접선각(τ) : $\tau = \frac{L}{2R} = \frac{L^2}{2A^2} = \frac{A^2}{2R^2}$

④ 매개변수(A) : $A = \sqrt{RL} = lR = Lr = \frac{L}{\sqrt{2R}} = \sqrt{2}\,\tau R$

⑤ 이정량(ΔR) : $\Delta R = Y + R\cos\tau - R = Y + R(\cos\tau - 1)$

4) 클로소이드의 성질

① 클로소이드는 나선의 일종
② 모든 클로소이드는 닮은꼴이므로 매개변수 A를 바꾸면 크기가 다른 클로소이드를 무수히 만들 수 있음
③ 클로소이드의 요소는 길이의 단위를 가진 것과 단위가 없는 것도 있음
④ 어떤 점에 관한 2가지의 클로소이드 요소가 정해지면 클로소이드를 해석할 수 있고, 단위의 요소가 하나 주어지면 단위 클로소이드의 표를 유도할 수 있음
⑤ 접선각 τ는 45° 이하가 좋으며 작을수록 정확
⑥ 곡선길이가 일정할 때 곡률 반경이 크면 접선각은 작아짐

5) 클로소이드의 종류

클로소이드는 직선, 클로소이드, 원곡선 등 선형요소의 조합방법에 따라 기본형, S형, 난형, 볼록형, 복합형 등이 있음

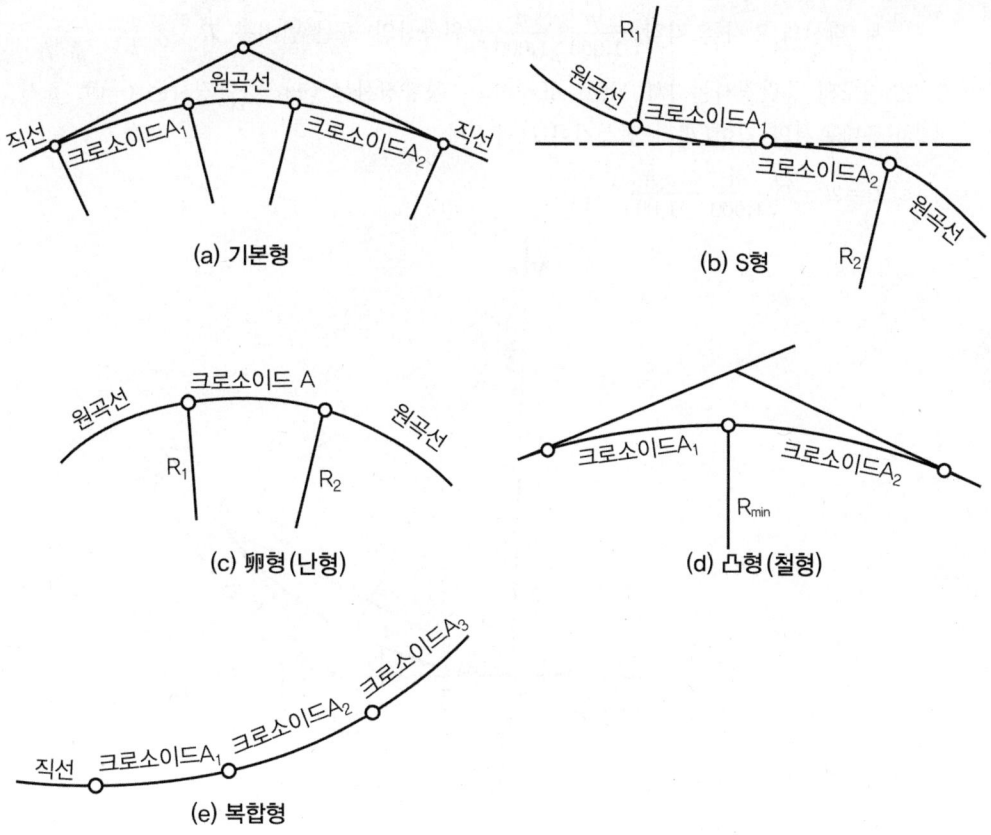

(6) 종단곡선의 설치

1) 종단곡선의 개요(종곡선)
① 노선의 종단경사가 변하는 곳에 충격을 완화하고 충분한 시거를 확보해 줄 목적으로 경사가 변화하는 곳에 적당한 곡선을 설치하여 차량이 원활하게 주행하도록 하는 곡선
② 원곡선과 포물선이 이용되고 있고 지형에 따라 오목형과 볼록형으로 구분
③ 철도에서는 주로 원곡선이, 도로에서는 2차포물선이 많이 사용

2) 원곡선에 의한 종단 곡선(철도)

가. 종단곡선의 길이 계산

① 접선길이(l) : $l = \dfrac{R}{2}\left(\dfrac{m}{1,000} - \dfrac{n}{1,000}\right)$

두 직선의 경사를 각각 $\dfrac{m}{1,000}, \dfrac{n}{1,000}$, 원곡선의 곡선 반지름 R

② 철도의 종단경사는 1/1,000로 표시하고, 상향경사는 (+), 하향경사는 (−)로 표시
③ 종단곡선의 길이(L) : 접선길이(l)의 2배

$$\therefore L = 2l = R\left(\dfrac{m}{1,000} - \dfrac{n}{1,000}\right)$$

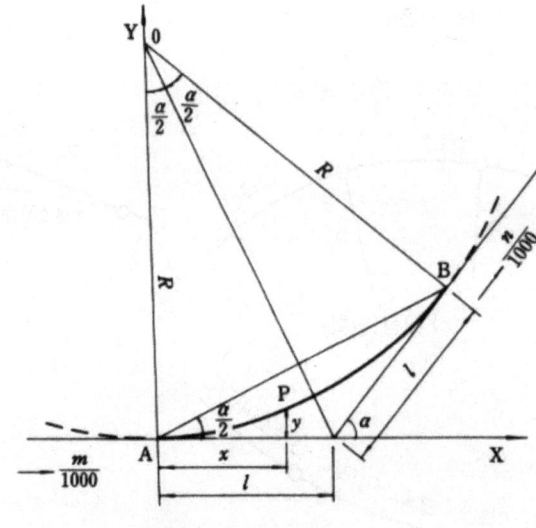

[원곡선에 의한 종곡선 설치]

나. 종거 계산

식 $y = \dfrac{x^2}{2R}$

여기서 x : 횡거, y : 횡거 x에 대한 종거

다. 최소 곡선 반지름

노선의 경사 변화가 $\frac{10}{1,000}$ 이상인 경우 종단 곡선의 최소 곡선 반지름의 규정

① 수평 곡선 반지름이 800m 이하인 곡선의 경우 : 4,000m
② 기타의 경우 : 3,000m

3) 2차 포물선에 의한 종단 곡선(도로)

가. 종단곡선의 길이 계산

① 설계속도를 기준으로 하는 경우

$$\boxed{식}\ L = \frac{V^2 \mid m - n \mid}{360}$$

여기서 V : 설계속도(Km/h), m, n : 종단 경사(%)

㉠ 종단 곡선의 길이는 가능한 한 길게 취하는 것이 좋음
㉡ 충격 완화와 시거 확보에 필요한 길이를 감안해서 규정치의 1.5~2.0배 길이 적용

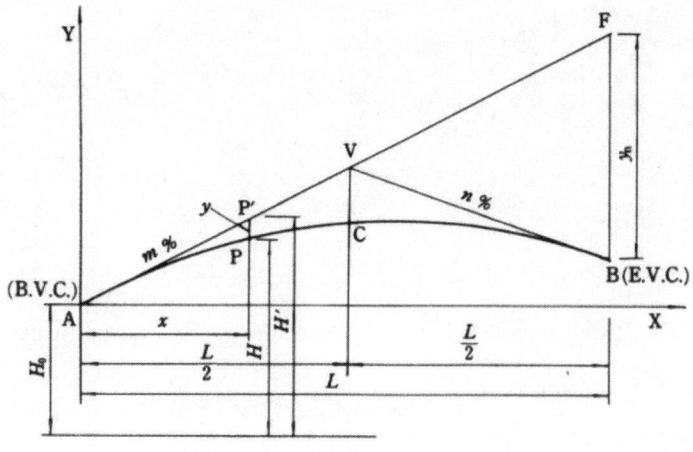

[2차 포물선에 의한 종곡선 설치]

② 곡률반지름을 기준으로 하는 경우 (일반적으로 많이 사용)

$$\boxed{식}\ L = \frac{R}{100}(m - n)$$

나. 종거의 계산

$$y = \frac{|m-n|}{200L}x^2$$

여기서 y : 종거, x : 횡거

다. 계획고의 계산

$$H' = H_0 + \frac{m}{100}x$$
$$H = H' - y$$

CHAPTER 07 노선측량

01. 노선의 곡선 중에서 반지름이 각기 다른 2개의 원곡선으로 구성되고 이 두 곡선의 연속점에서 공통접선을 가지며 곡선중심이 공통접선에 대하여 서로 반대쪽에 있는 곡선을 무엇이라고 하는가?

① 단곡선 ② 반향곡선
③ 클로소이드 ④ 복곡선

해설 [복합곡선(Compound Curve)의 종류]
① 복심곡선 : 반경이 다른 2개의 원곡선이 1개의 공통접선을 같은 방향에서 연결하는 곡선
② 반향곡선 : 반경이 다른 2개의 원곡선이 1개의, 공통접선의 서로 반대쪽에 있는 곡선중심을 연결하는 곡선
③ 배향곡선 : 반향곡선을 연속시켜 머리핀같은 형태의 곡선으로 된 것으로 머리핀곡선이로고도 함

02. 노선 선정을 할 때의 유의사항으로 옳지 않은 것은?

① 노선은 될 수 있는 대로 경사가 완만하게 한다.
② 노선은 운전의 지루함을 덜기 위해 평면곡선과 종단곡선을 많이 사용한다.
③ 절토 및 성토의 운반 거리를 가급적 짧게 한다.
④ 토공량이 적고, 절토와 성토가 균형을 이루게 한다.

해설 [노선 선정시 유의사항]
① 노선은 될 수 있는 대로 경사가 완만하게 한다.
② 곡선설치는 가급적 피하되 운전의 지루함을 덜기 위해 평면곡선과 종단곡선을 적절하게 사용한다.
③ 절토 및 성토의 운반 거리를 가급적 짧게 한다.
④ 토공량이 적고, 절토와 성토가 균형을 이루게 한다.

03. 노선측량의 작업순서로 옳은 것은?

① 계획조사측량 - 노선선정 - 실시설계측량 - 용지측량 - 세부측량 - 공사측량
② 노선선정 - 계획조사측량 - 용지측량 - 세부측량 - 실시설계측량 - 공사측량
③ 계획조사측량 - 용지측량 - 노선선정 - 실시설계측량 - 세부측량 - 공사측량
④ 노선선정 - 계획조사측량 - 실시설계측량 - 세부측량 - 용지측량 - 공사측량

해설 [노선측량의 작업순서]
노선선정 - 계획조사측량 - 실시설계측량 - 세부측량 - 용지측량 - 공사측량

04. 그림과 같은 단곡선에서 곡선반지름(R)=50m, AI의 방위=N79° 49″ 32″ E, BI의 방위=N50° 10′ 28″W일 때 AB의 거리는?

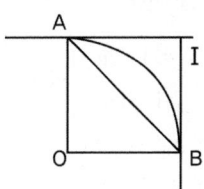

① 34.20m ② 28.36m
③ 42.26m ④ 10.81m

해설 AI의 방위 = N79° 49′ 32″ E = 79° 49′ 32″ (AI방위각)
BI의 방위 = N50° 10′ 28″ W = 309° 49′ 32″ (BI방위각)
$I = BI방위각 - 180° - AI방위각$
$= 309° 49′ 32″ - 180° - 79° 49′ 32″ = 50°$
$\overline{AB} = 2R \sin \frac{I}{2} = 2 \times 50m \times \sin \frac{50°}{2} = 42.26m$

정답 01. ④ 02. ② 03. ④ 04. ③

05. 두 개의 수직터널 A, B에서 추선측량을 하여 터널 내외를 연결했다. 터널 외 A, B의 좌표가 A($x=1,367.54m$, $y=486.57m$), B($x=2,187.24m, y=1,687.64m$)이고, 터널 내 A, B의 좌표가 A($x=1,367.54m$, $y=486.57m$), B($x=2,196.77m, y=1,677.72m$)일 때 이 터널 내외의 측선이 이루는 방위각의 차는 얼마인가?

① 29′19″ ② 30′53″
③ 31′53″ ④ 53′19″

해설
$$\tan\theta = \frac{\Delta Y}{\Delta X} = \frac{Y_B - Y_A}{X_B - X_A} \Rightarrow \theta = \tan^{-1}\left(\frac{Y_B - Y_A}{X_B - X_A}\right)$$

터널외 $\overline{AB}$의 방위각 $\theta = \tan^{-1}\left(\frac{Y_B - Y_A}{X_B - X_A}\right)$
$= \tan^{-1}\left(\frac{1,687.64 - 486.57}{2,187.24 - 1,367.54}\right)$
$= 55°41′14″$

터널내 $\overline{AB}$의 방위각 $\theta = \tan^{-1}\left(\frac{1,677.72 - 486.57}{2,196.77 - 1,367.54}\right)$
$= 55°09′21″$

방위각의 차이 $= 55°41′14″ - 55°09′21″ = 0°31′53″$

06. 도로의 기점으로부터 1000.00m 지점에 교점(I.P)이 있고 원 곡선의 반지름 R=100m, 교각 I=30° 20′ 일 때 시단현 l_1 과 종단현 l_2 의 길이는?

① l_1=7.11m, l_2=14.17m
② l_1=7.11m, l_2=5.83m
③ l_1=12.89m, l_2=14.17m
④ l_1=12.89m, l_2=5.83m

해설 중심말뚝의 간격이 20m이므로 시단현의 길이는 곡선시점에서 다음 말뚝까지의 거리를 의미한다.
$$T.L = R\tan\frac{I}{2} = 100 \times \tan\frac{30°20′}{2} = 27.11m$$

곡선시점(B.C)의 위치 = 시점 ~ 교점까지의 거리 − 접선길이(T.L)
$= 1,000 - 27.11 = 972.89m$

시단현(l_1)의 길이 = 곡선시점인 972.89m 보다 큰 20의 배수인 980m에서 곡선 시점까지의 거리를 뺀 값이다.
$= 980 - 972.89 = 7.11m$

또, 곡선종점(E.C)의 위치는 노선의 시점에서 곡선시점까지의 직선구간에 곡선의 길이를 더한 값이다.

$$C.L = \frac{\pi}{180°}RI = \frac{\pi}{180°} \times 100m \times 30°20′ = 52.94m$$

곡선종점(E.C)의 위치 = 시점 ~ 곡선시점까지의 거리 + 곡선 길이(C.L) = 972.89 + 52.94 = 1,025.83m

종단현(l_2)의 길이 = 곡선종점인 1,025.83m에서 이보다 작은 20의 배수인 1,020m을 뺀 값이다.
$= 1,025.83 - 1,020 = 5.83m$

07. 그림과 같이 AC 및 BD선 사이에 곡선을 설치하고자 한다. 그런데 그 교점에 장애물이 있어 교각을 측정하지 못하고 ∠ACD, ∠CDB 및 CD의 거리를 측정하여 다음의 결과를 얻었다. ∠ACD=150°, ∠CDB=90°, CD=200m, 곡선반지름을 300m라 하면 C점에서 곡선시점까지의 거리는?

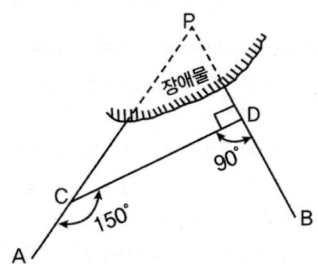

① 298.58m
② 288.68m
③ 275.78m
④ 268.87m

해설 ∠C = 30°, ∠D = 90°, 교각 I = ∠C + ∠D = 120°, ∠P = 180° − 120° = 60°
$$T.L = R\tan\frac{I}{2} = 300 \times \tan\frac{120°}{2} = 519.62m$$

$\overline{CP}$는 sine 법칙에 의하여 구한다.
$$\frac{\overline{CD}}{\sin P} = \frac{\overline{CP}}{\sin D} \Leftrightarrow \frac{200}{\sin 60°} = \frac{\overline{CP}}{\sin 90°}$$
$\therefore \overline{CP} = 230.94m$

C점에서 곡선시점까지의 거리 = T.L − $\overline{CP}$ = 519.62 − 230.94 = 288.68m

08. 중앙종거 30m, 곡선시점과 곡선종점을 연결하는 현의 길이 300.5m인 원곡선을 설치하고자 할 때 이에 적합한 곡선반지름은?

① 310.50m ② 353.50m
③ 376.25m ④ 391.25m

해설 [중앙종거와 곡률반경과의 관계]
$$R = \frac{L^2}{8M} + \frac{M}{2} = \frac{300.5^2}{8 \times 30} + \frac{30}{2} = 391.25\,m$$

09. 곡선에 단곡선을 설치할 때, 교점 부근에 하천이 있어 그림과 같이 A', B'를 선정하여 α=36°14′20″, β=42°26′40″를 얻었다면 접선길이(T.L)는? (단, 곡선의 반지름은 224m이다.)

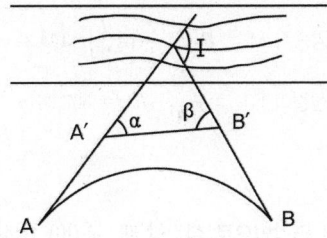

① 183.614m ② 307.615m
③ 327.865m ④ 559.663m

해설 △A'B'IP로 구성된 삼각형의 꼭지점 I.P점의 각을 γ라 하면
$\gamma = 180° - (\alpha + \beta)$
$= 180° - (36°14′20″ + 42°26′40″) = 101°19′$
교각 $I = \alpha + \beta = 78°41′$
$$T.L = R\tan\frac{I}{2} = 224 \times \tan\frac{78°41′}{2} = 183.614\,m$$

10. 원곡선에서 교각이 60°이고 노선시점으로부터 교점까지의 추가거리가 356.21m일 때 원곡선 시점의 추가거리가 183m이면 이 원곡선의 반지름은?

① 500m ② 300m
③ 200m ④ 100m

해설 T.L = 교점까지의 추가거리 − 시점까지의 추가거리
= 356.21 − 183 = 173.21m
$T.L = R \cdot \tan\frac{I}{2} = 173.21m$
$\therefore R = \dfrac{173.21}{\tan\dfrac{60°}{2}} = 300\,m$

11. 원곡선의 반지름이 100m일 때 중심말뚝간격 20m에 대한 현의 길이와 호의 길이의 차는?

① 3.3cm ② 5.5cm
③ 6.7cm ④ 9.2cm

해설 [현과 호의 길이의 차이]
$$l - C = \frac{C^3}{24R^2} = \frac{20^3}{24 \times 100^2} = 0.033\,m = 3.3\,cm$$

12. 기점(도로시작점)으로부터 425.50m에 교점(I.P)이 있고, 곡률반경 R=250m, 교각 I=45°30′인 단곡선에서 시단현의 편각은? (단, 중심말뚝 간격은 20m 이다.)

① 2°11′34″ ② 2°12′56″
③ 2°13′10″ ④ 2°13′35″

해설 중심말뚝의 간격이 20m이므로 시단현의 길이는 곡선시점에서 다음 말뚝까지의 거리를 의미한다.
$T.L = R\tan\dfrac{I}{2} = 250 \times \tan\dfrac{45°30′}{2} = 104.83\,m$
곡선시점(B.C)의 위치 = 시점 ~ 교점까지의 거리 − T.L = 402.5 − 104.83 = 320.67m
시단현(l_1)의 길이 = 곡선시점인 320.67m 보다 큰 20의 배수인 340m 에서 곡선 시점까지의 거리를 뺀 값이다.
= 340 − 320.67 = 19.33m
시단현 편각
$(\delta) = \dfrac{l_1}{2R} \times \rho = \dfrac{19.33}{2 \times 250} \times \dfrac{180°}{\pi} = 2°12′56″$

13. 삼각점을 이용하여 터널 입구 A와 B의 좌표값에 대한 결과가 표와 같다. 측선 AB의 거리와 방향은?

구분	X(m)	Y(m)
A	−50,169.38	+66,466.21
B	−51,226.24	+66,106.39

① 거리 : 1,116.43m, 방향 : 18° 48′ 06″
② 거리 : 1,116.43m, 방향 : 198° 48′ 06″
③ 거리 : 380.55m, 방향 : 18° 48′ 06″
④ 거리 : 380.55m, 방향 : 198° 48′ 06″

해설

$\overline{AB} = \sqrt{(\Delta X)^2 + (\Delta Y)^2}$
$= \sqrt{(-51,226.24-(-50,169.38))^2 + (66,106.39-66,466.21)^2}$
$= 1,116.43\,m$

$\tan\theta = \dfrac{\Delta Y}{\Delta X} = \dfrac{Y_B - Y_A}{X_B - X_A} \Rightarrow \theta = \tan^{-1}\left(\dfrac{Y_B - Y_A}{X_B - X_A}\right)$

$\overline{AB}$의 방위각 $\theta = \tan^{-1}\left(\dfrac{Y_B - Y_A}{X_B - X_A}\right)$
$= \tan^{-1}\left(\dfrac{66,106.39 - 66,466.21}{-51,226.24-(-50,169.38)}\right)$
$= 18° 48′ 06″$

$\overline{AB}$는 그림상 3상한에 해당하여 180°~270° 사이의 각이어야 하므로 $\overline{AB}$의 방위각 $\theta = 198° 48′ 06″$

14. 각법에 의한 단곡선의 측설에 있어서 그림과 같이 호의 길이 20m를 현의 길이 20m로 간주하는 경우, δ_1과 δ_2의 차이는 얼마인가? (단, 단곡선의 반지름(R)은 190m이다.)

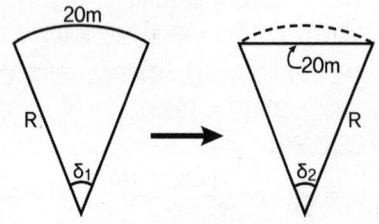

① 약 1″
② 약 5″
③ 약 10″
④ 약 15″

해설 호의 길이 $= \dfrac{\pi}{180°} R \cdot I = 20 = \dfrac{\pi}{180°} \times 190 \times I$

$I = \dfrac{180° \times 20}{190 \times \pi} = 6° 01′ 51.08″$

현의 길이 $= 2R \times \sin\dfrac{I}{2} = 20 = 2 \times 190 \times \sin\dfrac{I}{2}$

$\sin\dfrac{I}{2} \Rightarrow I = 2 \times \sin^{-1}\left(\dfrac{20}{2 \times 190}\right) = 6° 02′ 2.12″$

∴ 각의 차이 = 6° 02′ 2.12″ − 6° 01′ 51.08″ = 11.04″ ≒ 약 10″

15. 원곡선 설치에 있어서 곡선 반지름 R=250m, 교각 A=130°일 때, 중앙종거(M)와 곡선길이(C.L)는?

① M=144.35m, C.L=567.23m
② M=144.35m, C.L=570.25m
③ M=143.55m, C.L=570.25m
④ M=143.55m, C.L=567.23m

해설 중앙종거 $M = R \times \left(1 - \cos\dfrac{I}{2}\right) = 144.35\,m$

곡선길이 $C.L = \dfrac{\pi}{180°} R \cdot I = 567.23\,m$

16. 원곡선을 편각법으로 설치할 때, 교각(I) 1=44°, 곡선장(C.L)이 120m인 경우, 30m에 대한 편각은?

① 3° 40′
② 5° 30′
③ 6° 30′
④ 7° 9′

해설 곡선길이 $C.L = \dfrac{\pi}{180°} R \cdot I$ 에서

$R = \dfrac{C.L \times 180°}{\pi \times I} = \dfrac{120 \times 180°}{\pi \times 44°} = 156.26\,m$

편각$(\delta) = \dfrac{l_1}{2R} \times \rho = \dfrac{30}{2 \times 156.26} \times \dfrac{180°}{\pi} = 5° 30′$

17. 곡선반지름이 200m인 원곡선을 설치하고자 한다. 도로의 지점에서 교점까지의 거리는 324.5m이며 교점부근에 장애물이 있어 아래 그림과 같이 점 A, B에서의 각을 관측하였을 때, 도로시점으로부터 원곡선 시점까지의 거리는?

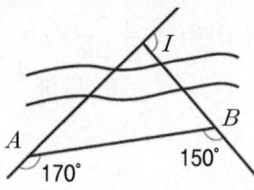

① 184.3m ② 251.7m
③ 157.9m ④ 286.4m

해설 ∠A=10°, ∠B=30°, 교각 I = ∠A+∠B = 40°
$$T.L = R\tan\frac{I}{2} = 200 \times \tan\frac{40°}{2} = 72.8m$$
B.C = I.P점까지의 거리 − T.L = 324.5 − 72.8 = 251.7m

18. 단곡선에 있어서 교각(I)=60°, 반지름(R)=100m, 곡선시점(B.C)의 추가거리가 120.85m일 때 곡선종점(E.C)까지의 거리는 얼마인가?

① 120.3m ② 186.6m
③ 225.6m ④ 250.6m

해설 노선의 시점에서 곡선종점까지의 거리는 노선의 시점에서 곡선시점(B.C)까지의 거리와 곡선길이(C.L)를 더하여 구한다.
즉, 곡선종점까지의 거리 = 곡선시점까지의 직선거리 + 곡선길이
$$C.L = \frac{\pi}{180°} \cdot R \cdot I = \frac{\pi}{180°} \cdot 100 \cdot 60° = 104.72m$$
곡선종점까지의 거리 = 102.85 + 104.72 = 225.57m

19. 노선이 기점에서 교점(I.P)까지의 거리가 136.895km이고 교점에서 곡선시점(B.C)까지의 거리가 173m이며 곡선길이(C.L)가 337m일 때 20m 간격으로 중심말뚝을 설치할 때, 단곡선의 시단현과 종단현의 길이는?

① 시단현 15m, 종단현 13m
② 시단현 13m, 종단현 15m
③ 시단현 18m, 종단현 19m
④ 시단현 19m, 종단현 18m

해설 중심말뚝의 간격이 20m이므로 시단현의 길이는 곡선시점에서 다음 말뚝까지의 거리를 의미한다.
곡선시점(B.C)의 위치 = 시점 ~ 교점까지의 거리 − 접선길이(T.L)
= 136.895 − 173 = 136.722m
시단현(l_1)의 길이 = 곡선시점인 136.722m 보다 큰 20의 배수인 136.740m에서 곡선 시점까지의 거리를 뺀 값이다.
= 136.740 − 136.722 = 18m
또, 곡선종점(E.C)의 위치는 노선의 시점에서 곡선시점까지의 직선구간에 곡선의 길이를 더한 값이다.
곡선종점(E.C)의 위치 = 시점 ~ 곡선시점까지의 거리 + 곡선길이(C.L) = 136.722 + 337 = 137.059m
종단현(l_2)의 길이 = 곡선종점인 137.059m에서 이보다 작은 20의 배수인 137.040m을 뺀 값이다.
= 137.059 − 137.040 = 19m

20. 원곡선의 교각(I)=28°08′25″, 반지름(R)=150m, 외할(E)=4.64m인 원곡선을 동일한 교각을 갖는 외할(E')=7.64m의 원곡선으로 변경할 때 구성되는 새로운 원곡선의 반지름은?

① 97m ② 138m
③ 235m ④ 247m

해설 교각이 동일한 새로운 곡선설치이므로 신구곡선은 같은 반지름을 적용한다.
$E = R\left(\sec\frac{I}{2} - 1\right)$에서
$$R = \frac{E}{\left(\sec\frac{I}{2}-1\right)} = \frac{E}{\left(\frac{1}{\cos\frac{I}{2}}-1\right)} = \frac{7.64}{\left(\frac{1}{\cos\frac{28°08′05″}{2}}-1\right)}$$
$= 247m$
∵ sec 함수는 cos의 역수이므로 cos의 역수로 계산한다.

21. 다음 중 노선측량에서 구조물의 장소에 대해서 지형도와 종단면도를 작성하는 측량은?

① 조사측량 ② 세부측량
③ 설계측량 ④ 공사측량

해설 [노선측량의 순서]
① 노선선정
② 계획조사측량 : 지형도작성, 비교노선선정, 종·횡단면도 작성, 개략노선 결정
③ 실시설계측량 : 지형도작성, 중심선선정, 중심선설치, 다각측량, 고저측량

정답 17. ② 18. ③ 19. ③ 20. ④ 21. ②

④ 세부측량 : 구조물의 장소에 대해 평면도와 종단면도 작성
⑤ 공사측량 : 노선측량의 점검 목적으로 공사 이후에 수행하는 측량

22. 편각법으로 곡선반지름 592.70m인 단곡선을 설치할 경우에 중심말뚝간격 20m에 대한 편각은?

① 57′
② 58′
③ 59′
④ 60′

해설 편각에 의한 곡선설치는 $\delta = \dfrac{l}{2R} \times \rho$로 계산된다.

$\delta = \dfrac{20}{2 \times 592.70} \times \dfrac{180°}{\pi} = 0°58′$

23. 노선의 종단면도에 계획선을 계획할 때 고려하여야 할 사항에 대한 설명으로 옳지 않은 것은?

① 계획경사는 될 수 있는 대로 요구에 합치시킨다.
② 경사와 곡선을 가능한 병설한다.
③ 절토는 성토와 대략 같게 되도록 한다.
④ 절토는 성토로 유용할 수 있도록 운반거리를 고려한다.

해설 [평면선형과 종단선형의 조합]
① 운전자를 시각적으로 자연스럽게 유도하는 선형으로 한다.
② 평면, 종단 양선형의 크기에 균형이 이루어져야 한다.
③ 노면배수에 지체가 생기지 않는 선형으로 한다.
④ 시거와 배수등의 문제가 발생하므로 평면선형과 종단곡선을 1 : 1로 대응시키지 않도록 한다.

24. 단곡선 설치에 있어 도로기점으로부터 교점(I.P)까지의 거리가 515.32m, 곡선반지름이 300m, 교각이 31°00′일 때 시단현에 대한 편각은? (단, 중심말뚝의 간격은 20m이다.)

① 30′03″
② 38′43″
③ 45′08″
④ 48′01″

해설 중심말뚝의 간격이 20m이므로 시단현의 길이는 곡선시점에서 다음 말뚝까지의 거리를 의미한다.

$T.L = R \tan \dfrac{I}{2} = 200 \times \tan \dfrac{31°}{2} = 83.20 m$

곡선시점(B.C)의 위치 = 시점 ~ 교점까지의 거리 − 접선길이(T.L)
= 515.32 − 83.20 = 432.12m
시단현(l_1)의 길이 = 곡선시점인 432.12m 보다 큰 20의 배수인 440m에서 곡선 시점까지의 거리를 뺀 값이다.
= 440 − 432.12 = 7.88m

시단현(l_1) 편각 $\delta_{l_1} = \dfrac{l_1}{2R} \times \rho = \dfrac{7.88}{2 \times 200} \times \dfrac{180°}{\pi}$
$= 0°45′08″$

25. 신설도로의 구간 No.10에서 No.10+10m 사이에 성토고 1m, 성토기울기 1:1.5, 도로폭 20m의 도로를 건설하고자 할 때 토공량은?

① 207m³
② 215m³
③ 414m³
④ 430m³

해설 구간 No. 10에서 No. 10 + 10m 이므로 구간의 연장은 210 − 200 = 10m이고, 경사 1 : 1.5 는 높이 1일 때 수평거리 변화가 1.5 라는 의미로 성토고가 1.0 이면 수평거리 1.5 임을 알 수 있다.

토공량 = 사다리꼴 면적 × 구간의 연장

$V = \dfrac{20 + (20 + 1.5 + 1.5)}{2} \times 10 = 215 m^3$ (사면은 좌우 양쪽에 설치되므로 1.5를 두 번 적용한다.)

26. 그림과 같이 R=150m, I=85°인 원곡선의 곡선시점 A와 교각의 크기를 유지(I=I′)한 상태에서 교점(P′)을 접선 AP를 따라 20m 이동하여 노선을 변경하고자 할 때, 새로운 원곡선의 반지름 R′은?

① 171.9m
② 200.4m
③ 226.1m
④ 232.3m

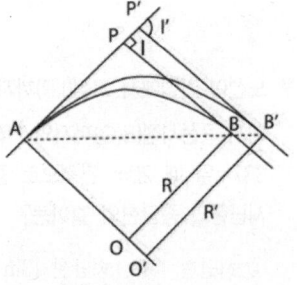

해설 구곡선 $T.L = R\tan\dfrac{I}{2} = 150 \times \tan\dfrac{85°}{2} = 137.45m$

신곡선 $T.L = R'\tan\dfrac{I}{2}$ 에서

$(137.45 + 20) = R'\tan\dfrac{85°}{2}$

$R' = \dfrac{137.45 + 20}{\tan\dfrac{85°}{2}} = 171.9m$

$= 325 - 82.843 = 242.157m$

시단현(l_1)의 길이 = 곡선시점인 242.157m 보다 큰 20의 배수인 260m 에서 곡선 시점까지의 거리를 뺀 값이다.

$= 260 - 242.157 = 17.843m$

시단현(l_1)편각 $\delta_{l_1} = \dfrac{l_1}{2R} \times \rho$

$= \dfrac{17.843}{2 \times 200} \times \dfrac{180°}{\pi} = 2°33'21''$

27. 설계속도 100km/h의 도로건설에 있어서 직선부와 원곡선부 사이에 완화곡선 설치여부를 이정량의 크기에 의해 판단하고자 한다. 이정량이 0.2m 이하일 때 완화곡선을 생략할 수 있다면 원곡선의 최소 반지름은? (단, 완화곡선은 클로소이드 곡선으로 설치하고, 완화곡선 길이는 설계속도로 2초간 주행하는 거리로 가정한다.)

① 315m   ② 417m
③ 643m   ④ 920m

해설 이정량을 구하는 식은 $S = \dfrac{1}{24} \times \dfrac{L^2}{R} = 0.2m$의 식에

2초간 주행한 완화곡선의 길이 $L = v \cdot t$를 적용하여 정리할 때

여기서, 단위환산을 위해 km/hr를 $m/\sec$로 환산하려

$v = \dfrac{V}{3.6}$으로 대입하면

$R = \dfrac{1}{24 \times 0.2} \times \left(\dfrac{V \times t}{3.6}\right)^2$

$= \dfrac{1}{24 \times 0.2} \times \left(\dfrac{100 \times 2}{3.6}\right)^2 = 643m$

28. 교점(I.P.)의 위치가 공사기점으로부터 325.00m 곡선반지름 (R) 200m, 교각(I) 45°인 단곡선을 편각법으로 설계할 때 시단현의 편각은?

① 2°33'21"   ② 1°56'11"
③ 1°22'38"   ④ 0°37'5"

해설 중심말뚝의 간격이 20m이므로 시단현의 길이는 곡선시점에서 다음 말뚝까지의 거리를 의미한다.

$T.L = R\tan\dfrac{I}{2} = 200 \times \tan\dfrac{45°}{2} = 82.843m$

곡선시점(B.C)의 위치 = 시점 ~ 교점까지의 거리 - 접선길이(T.L)

29. 노선측량 중 편각법에 의한 원곡선 설치에 있어서 필요없는 요소는?

① 시단현(l_1)   ② 중앙종거(M)
③ 곡선반경(R)   ④ 종단현에 대한 편각(δ_n)

해설 [편각법에 의한 곡선설치]
중심말뚝의 간격이 20m이므로 시단현의 길이는 곡선시점에서 다음 말뚝까지의 거리를 의미한다.
또, 곡선종점(E.C)의 위치는 노선의 시점에서 곡선시점까지의 직선구간에 곡선의 길이를 더한 값이다.

시단현(l_1)편각 $(\delta_{l_1}) = \dfrac{l_1}{2R} \times \rho$

종단현(l_2)편각 $(\delta_{l_2}) = \dfrac{l_2}{2R} \times \rho$

중심말뚝길이$(l = 20m)$편각 $(\delta_{l=20m}) = \dfrac{l}{2R} \times \rho$

30. 원곡선에서 현의 길이가 100m이고, 이 현의 길이에 대한 중심각이 1°라고 할 때, 이 원곡선의 반지름은 약 얼마인가?

① 5,730m   ② 5,440m
③ 4,865m   ④ 4,500m

해설 현의 길이 $C = 2R\sin\dfrac{I}{2}$ 이므로

$R = \dfrac{C}{2 \cdot \sin\dfrac{I}{2}} = \dfrac{100}{2 \cdot \sin\dfrac{1°}{2}} = 5,730m$

정답 27. ③   28. ①   29. ②   30. ①

31. 캔트가 C인 노선의 곡선부에서 속도와 반지름을 모두 2배로 할 때 변화된 캔트는?

① C
② 2C
③ C/2
④ C/4

해설 $C = \dfrac{bV^2}{gR}$

(C: 캔트, b: 궤도간격, V: 설계속도, g: 중력가속도, R: 곡선반경)

속도와 반지름이 2배로 변화할 경우 캔트의 계산

$C = \dfrac{b(2V)^2}{g(2R)} = \dfrac{4}{2} \times \dfrac{bV^2}{gR} = 2 \times \dfrac{bV^2}{gR}$

$= 2C$

∴ 2배로 증가한다.

32. 노선공사를 위한 계획조사측량작업에 가장 적합한 방법은?

① 평판측량
② 시거측량
③ 골조측량
④ 사진측량

해설 노선공사를 위한 계획조사측량은 항공사진측량에 의한 도화를 주로 활용한다.

[노선측량의 순서]
① 노선선정
② 계획조사측량 : 지형도작성, 비교노선선정, 종·횡단면도 작성, 개략노선 결정
③ 실시설계측량 : 지형도작성, 중심선선정, 중심선설치, 다각측량, 고저측량
④ 세부측량 : 구조물의 장소에 대해 평면도와 종단면도 작성
⑤ 공사측량 : 노선측량의 점검 목적으로 공사 이후에 수행하는 측량

33. 현편거법에 의하여 터널 내 곡선설치를 할 때 $\overline{SQ}$의 크기는?

① $\dfrac{2l^2}{R}$
② $\dfrac{l^2}{R}$
③ $\dfrac{l^2}{2R}$
④ $\dfrac{l}{R}$

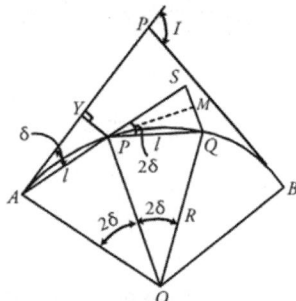

해설 $\angle AOP = \angle SPQ = 2\delta$, $PQ = PS$ 이고
$\triangle AOP$와 $\triangle SPQ$는 닮은꼴이므로

$\dfrac{l}{R} = \dfrac{SQ}{l}$ ∴ $SQ = \dfrac{l^2}{R}$

34. 교각이 50°30′이고 곡선반지름이 300m일 때 단곡선을 중앙종거에 의하여 설치하고자 한다. 세 번째 중앙종거 M_3는?

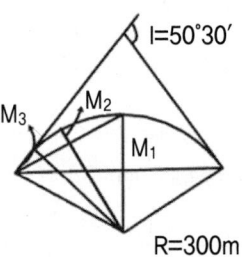

① 28.663m
② 7.254m
③ 1.819m
④ 0.456m

해설 세 번째 중앙종거 M_3에 적용되는 교각은 첫 번째 중앙종거 M_1의 교각을 4등분하여 얻는다.

$M_3 = R \cdot \left(1 - \cos\dfrac{\dfrac{I}{2}}{4}\right) = R \cdot \left(1 - \cos\dfrac{I}{8}\right)$

$= 300 \cdot \left(1 - \cos\dfrac{50°30′}{8}\right) = 1.819\,m$

정답 31. ② 32. ④ 33. ② 34. ③

35. 설계속도 65km/h, 곡선반지름 550m인 곡선을 설계할 때, 필요한 편경사는?

① 6% ② 5%
③ 4% ④ 3%

해설 [편경사와 설계속도, 곡선반경의 관계식]

$R \geq \dfrac{V^2}{127 \times i}$ (R : 곡선반경, V : 설계속도, i : 편경사)

$i \geq \dfrac{V^2}{127 \times R} = \dfrac{65^2}{127 \times 550} \times 100 = 6\%$

36. 종단곡선의 설치에서 상향기울기가 5/1,000, 하향기울기가 30/1,000, 반지름 2000m인 원곡선을 설치할 때 교점에서 곡선시점까지의 거리는?

① 35m ② 55m
③ 60m ④ 65m

해설 [원곡선형태의 종단곡선의 접선길이]

$l = \dfrac{R}{2}\left(\dfrac{n}{1,000} - \dfrac{m}{1,000}\right)$

$= \dfrac{2,000}{2}\left(\dfrac{5}{1,000} - \dfrac{-30}{1,000}\right) = 35m$

37. 곡선 시점까지의 추가거리가 550m이고 중심말뚝 간격이 20m, 교각이 60°, 곡선반지름이 200m일 때 종단현의 편각은?

① 2° 47′ 04″ ② 2° 51′ 53″
③ 2° 55′ 05″ ④ 2° 59′ 55″

해설 종단현의 길이를 먼저 구한 후 편각을 구한다.

① $C.L = \dfrac{\pi}{180°}RI = \dfrac{\pi}{180°} \times 200 \times 60° = 209.44m$

② 곡선종점의 위치
$= 550 + C.L = 550 + 209.44 = 759.44m$

③ 종단현의 길이 $l_2 = 759.44 - 740 = 19.44m$

④ 종단현의 편각
$\delta_{l_2} = \dfrac{l_2}{2R} \times \dfrac{180°}{\pi} = \dfrac{19.44}{2 \times 200} \times \dfrac{180°}{\pi} = 2°47′4.47″$

38. 직선과 원곡선을 직접 접속할 경우에 비하여 그 사이에 완화곡선을 설치하는 경우 생기는 Y방향(주접선의 직각방향)의 길이를 무엇이라고 하는가?

① 이정량(shift) ② 접선편거
③ 현편거 ④ 캔트(cant)

해설 이정량(Shift)은 S로 표현되며, 직선과 원곡선을 직접 접속할 경우에 비하여 그 사이에 완화곡선을 설치하는 경우 생기는 Y방향(주접선의 직각방향)의 길이를 의미한다.

39. 원곡선 설치를 위한 조건이 다음과 같을 경우 원곡선 시점(B.C.)으로부터 원곡선상 처음 중심점(P_1)까지의 편각은?

측점위치	X(m)	Y(m)
원곡선시점(B.C)	117.441	117.441
교점(I.P)	150.000	150.000
원곡선상 처음중심점(P_1)	123.030	124.452

① 3° 26′ 20″ ② 6° 26′ 20″
③ 45° 00′ 00″ ④ 51° 26′ 20″

해설 원곡선시점, 교점, 원곡선상 처음중심점 등 세점의 좌표를 알고 있으므로 원곡선시점으로부터 교점과 처음 중심점의 방위각을 각각 계산하면 두 선분의 방위각의 차이가 곧 편각이 된다.

$\overline{B.C \sim I.P}$의 방위각
$= \tan^{-1}\left(\dfrac{\Delta Y}{\Delta X}\right) = \tan^{-1}\left(\dfrac{150 - 117.441}{150 - 117.441}\right) = 45°$

$\overline{B.C \sim P_1}$의 방위각
$= \tan^{-1}\left(\dfrac{\Delta Y}{\Delta X}\right) = \tan^{-1}\left(\dfrac{124.452 - 117.441}{123.030 - 117.441}\right)$
$= 51°26′20.37″$

두 측선의 방위각의 차이 =
$51°26′20.37″ - 45° = 6°26′20.37″$

정답 35. ① 36. ① 37. ① 38. ① 39. ①

40. 교각(I)이 60°이고, 곡선반지름(R)이 150m, 노선의 시점에서 교점(I.P)까지의 추가거리가 540m일 때, 시단현의 편각은? (단, 중심말뚝 간격은 20m 이다.)

① 1° 15′ 38″ ② 1° 35′ 33″
③ 2° 05′ 38″ ④ 2° 33′ 33″

해설 중심말뚝의 간격이 20m이므로 시단현의 길이는 곡선시점에서 다음 말뚝까지의 거리를 의미한다.

$T.L = R\tan\dfrac{I}{2} = 150 \times \tan\dfrac{60°}{2} = 86.60m$

곡선시점(B.C)의 위치 = 시점 ~ 교점까지의 거리 - T.L = 540 - 86.60 = 453.40m
시단현(l_1)의 길이 = 곡선시점인 453.40m 보다 큰 20의 배수인 460m에서 곡선 시점까지의 거리를 뺀 값이다.
= 460 - 453.40 = 6.60m
시단현 편각(δ)
= $\dfrac{l_1}{2R} \times \rho = \dfrac{6.60}{2 \times 150} \times \dfrac{180°}{\pi} = 1° 15′ 38″$

41. 그림과 같이 폭 15m의 도로가 어느 지역을 지나가게 될 때 도로에 포함되는 □BCDE의 넓이는? (단, AC의 방위=N23° 30′ 00″ E, AD의 방위=S89° 30′ 00″ E, AB의 거리=20, ∠ACD=90°이다.)

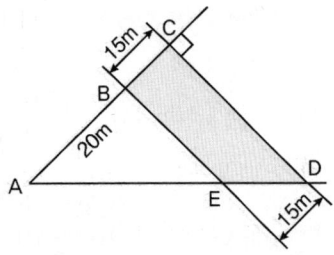

① 971.78m^2 ② 926.50m^2
③ 910.10m^2 ④ 893.22m^2

해설 ∠CAD = AD방위각 - AC방위각
= 90°30′ - 23°30′ = 67°
$\overline{BE} = 20m \times \tan 67° = 47.117m$
$\overline{CD} = 35m \times \tan 67° = 82.455m$
□BCED = $\dfrac{\overline{BE} + \overline{CD}}{2} \times \overline{BC} = \dfrac{47.117 + 82.455}{2} \times 15$
= 971.79m^2

42. 곡선반지름 200m의 곡선에 캔트 0.38m를 붙인 노선의 설계속도는? (단, 레일간격 D=1.067m이다.)

① 약 8.44km/h ② 약 18.44km/h
③ 약 26.42km/h ④ 약 36.42km/h

해설 $C = \dfrac{bV^2}{gR}$ (C: 캔트, b: 궤도간격, V: 설계속도, g: 중력가속도, R: 곡선반경)

$V = \sqrt{\dfrac{0.38 \times 9.8 \times 200}{1.067}} = 26.42km/h$

43. 상향기울기 4/1000와 하향기울기 3/1000의 두 직선에 반지름 500m인 종단곡선을 설치할 때, 곡선시점에서 20m 떨어져 있는 지점의 종거 y의 값은?

① 0.2m ② 0.4m
③ 0.6m ④ 0.8m

해설 종거(y) = $\dfrac{x^2}{2R} = \dfrac{20^2}{2 \times 500} = 0.4m$

44. 교각 60°, 곡선반지름 100m의 원곡선에서 이 원곡선의 시점을 움직이지 않고 교점에서 교각을 100°로 증가시켜 새로운 원곡선을 설치할 때, 접선길이의 변화가 없다면 새로운 원곡선의 반지름은?

① 48.45m ② 57.74m
③ 145.34m ④ 173.21m

해설 $T.L = R \cdot \tan\dfrac{I}{2} = 100 \times \tan\dfrac{60°}{2} = 57.735m$

$T.L = R \cdot \tan\dfrac{I}{2} = R \times \tan\dfrac{100°}{2} = 57.735m$

$R = \dfrac{57.735m}{\tan\dfrac{100°}{2}} = 48.445m$

45. 그림과 같은 노선 단면에서 여유폭을 포함하는 용지의 폭은? (단, 여유폭=0.5m로 한다.)

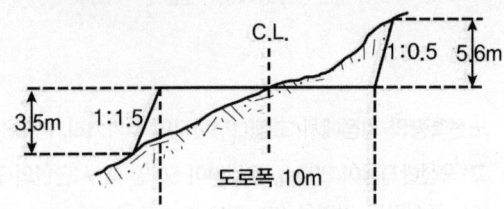

① 18.05m ② 19.05m
③ 23.53m ④ 24.53m

해설 노선의 용지의 폭은 도로폭에 여유폭을 합하여 산정한다.
용지폭 = 10 + 3.5 × 1.5(좌측사면) + 5.6
× 0.5(우측사면) + 2 × 0.5(양쪽여유폭)
= 19.05m

46. 터널측량에서 측점의 위치가 표와 같을 경우 터널 내 곡선의 교각은?

측정위치	N(m)	E(m)
터널내원곡선시점	100.000	100.000
터널내원곡선종점	100.000	350.000
교점	120.000	225.000

① 18° 10' 50" ② 28° 15' 45"
③ 48° 10' 50" ④ 71° 50' 10"

해설 원곡선의 교각은 곡선시점과 교점과의 방위각과 교점과 곡선 종점의 방위각을 각각 계산하여 구한다.

시점부방위각 = $\tan^{-1}\left(\frac{225-100}{120-100}\right) = 80°54'35''$

종점부방위각 = $\tan^{-1}\left(\frac{350-225}{100-120}\right) = -80°54'35''$
$= 180° - 80°54'35'' = 99°05'25''$
(∵ 2사분선의 방위각이므로)

$I = 180°$ − 시점부 방위각 − (180° − 종점부 방위각)
= 180° − 80°54'35'' − (180° − 99°05'25'')
= 18°10'50''

47. 도로의 중심선을 따라 20m 간격으로 종단 측량을 행한 결과가 표와 같다. 측정 No. 1의 도로 계획고를 표고 21.50m로 하고 2%의 상향기울기의 도로를 설치하기 위한 No. 5의 절취고는?

측점	No.1	No.2	No.3	No.4	No.5
지반고(m)	20.30	21.80	23.45	26.10	28.20

① 4.70m ② 5.10m
③ 5.90m ④ 6.10m

해설 2% 경사 = $\frac{H}{D} \times 100(\%)$ 이므로

No. 5의 높이차(H) = $80m \times \frac{2}{100} = 1.6m$

No. 5의 계획고 = No. 1의 계획고 + 높이차 = 21.50 + 1.60
= 23.10

No. 5의 절취고 = 지반고 − 계획고 = 28.20 − 23.10
= 5.10m

48. 노선측량에서 그림과 같은 단곡선을 설치할 때 CD의 거리는? (단, 곡선 반지름(R)=50m, $\alpha=20°$)

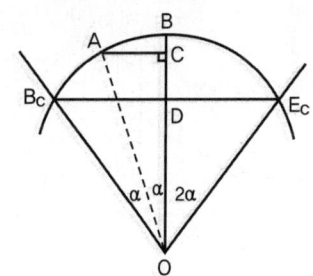

① 17.10m ② 8.68m
③ 8.55m ④ 4.34m

해설 $\overline{BD} = R(1-\cos 2\alpha) = 50m(1-\cos(2\times 20°)) = 11.70m$
$\overline{CD} = R(1-\cos\alpha) = 50m(1-\cos 20°) = 3.02m$
$\overline{CD} = \overline{BD} - \overline{BC} = 11.70 - 3.02 = 8.68m$

49. 교각 80°, 곡선반지름 300m, 노선의 시작점에서 교점까지의 추가거리가 310.30m일 때 시단현의 편각은?(단, 중심말뚝 간의 거리는 20m이다.)

① 0° 8′ 12″
② 0° 12′ 12″
③ 1° 8′ 12″
④ 1° 12′ 12″

해설 중심말뚝의 간격이 20m이므로 시단현의 길이는 곡선시점에서 다음 말뚝까지의 거리를 의미한다.

$T.L = R\tan\dfrac{I}{2} = 300 \times \tan\dfrac{80°}{2} = 251.73\,m$

곡선시점(B.C)의 위치 = 시점 ~ 교점까지의 거리 − T.L
= 310.30 − 251.73 = 58.57m

시단현(l_1)의 길이 = 곡선시점인 58.57m 보다 큰 20의 배수인 60m에서 곡선 시점까지의 거리를 뺀 값이다.
= 60 − 58.57 = 1.43m

시단현 편각(δ)
$= \dfrac{l_1}{2R} \times \rho = \dfrac{1.43}{2 \times 300} \times \dfrac{180°}{\pi} = 0° 08′ 11.6″$

50. 노선측량에서 그림과 같은 단곡선에서 곡선반지름 R=100m, 교각 I=60°라면 옳지 않은 것은?

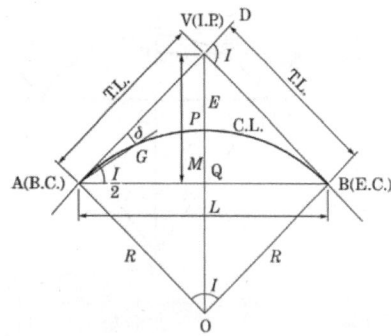

① 장현(L)=120m
② 외할(E)=15.5m
③ 중앙종거(M)=13.4m
④ 접선장(T.L)=57.7m

해설 $T.L = R \times \tan\dfrac{I}{2} = 100 \times \tan\dfrac{60°}{2} = 57.7\,m$

$C.L = \dfrac{\pi}{180°} \cdot R \cdot I = \dfrac{\pi}{180°} \times 100 \times 60° = 104.72\,m$

$M = R \times \left(1 - \cos\dfrac{I}{2}\right) = 100 \times \left(1 - \cos\dfrac{60°}{2}\right) = 13.40\,m$

$E = R \times \left(\sec\dfrac{I}{2} - 1\right) = 100 \times \left(\sec\dfrac{60°}{2} - 1\right) = 15.47\,m$

$C = 2R \times \sin\dfrac{I}{2} = 2 \times 100 \times \sin\dfrac{60°}{2} = 25\,m$

51. 노선측량의 기점에서 교점(I.P.)까지의 추가거리가 308.15m이고 곡선반지름이 300m, 교각(I)이 50°일 때 시단현의 길이는? (단, 중심말뚝 간격은 20m이다.)

① 8.26m
② 8.5mm
③ 11.25m
④ 11.74m

해설 중심말뚝의 간격이 20m이므로 시단현의 길이는 곡선시점에서 다음 말뚝까지의 거리를 의미한다.

$T.L = R\tan\dfrac{I}{2} = 300 \times \tan\dfrac{50°}{2} = 139.89\,m$

곡선시점(B.C)의 위치 = 시점 ~ 교점까지의 거리 − T.L
308.15 − 139.89 = 168.26m

시단현(l_1)의 길이 = 곡선시점인 320.67m 보다 큰 20의 배수인 340m에서 곡선 시점까지의 거리를 뺀 값이다.
= 180 − 168.26 = 11.74m

52. 그림은 도로중심선 측량도이다. 원곡선의 반지름(R)이 100m, α=45°, β=75°, CD=100m일 때 AC의 길이는?

① 61.7m
② 71.8m
③ 83.6m
④ 89.6m

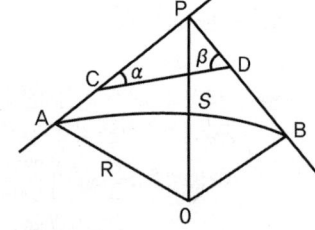

해설 $I = \alpha + \beta = 45° + 75° = 120°$

$\overline{AP} = T.L = R \times \tan\dfrac{I}{2} = 100 \times \tan\dfrac{120°}{2} = 173.21\,m$

$\triangle PDC$ 에서 $\dfrac{\overline{CP}}{\sin\beta} = \dfrac{\overline{CD}}{\sin\angle CPD}$

$\overline{CP} = \dfrac{\sin\gamma}{\sin\angle CPD}\,\overline{CD} = \dfrac{\sin 75°}{\sin 60°} \times 100 = 111.54\,m$

$\therefore \overline{DA} = T.L - \overline{CP} = 173.21 - 111.54 = 61.67\,m$

53. 단곡선 설치에 있어서 반지름 R=100m, 교각 I=30°일 때 다음의 곡선요소 값으로 옳은 것은? (단, C.L : 곡선장, L : 장현)

① C.L.=52.36m, L=51.76m
② C.L.=51.76m, L=52.36m
③ C.L.=51.76m, L=26.79m
④ C.L.=52.36m, L=26.79m

해설
$$C.L = \frac{\pi}{180°}RI = \frac{\pi}{180°} \times 100m \times 30° = 52.36m$$
$$L = 2R\sin\frac{I}{2} = 2 \times 100m \times \sin\frac{30°}{2} = 51.76m$$

54. 원곡선으로 곡선을 설치할 때 교각 60°, 반지름 200m, 곡선시점의 위치 No. 20+12.5m일 때 곡선종점의 위치는? (단, 중심말뚝 간의 거리는 20m이다.)

① 821.9m
② 621.9m
③ 521.9m
④ 421.9m

해설 노선의 시점에서 곡선종점까지의 거리는 노선의 시점에서 곡선시점(B.C)까지의 거리와 곡선길이(C.L)를 더하여 구한다.
즉, 곡선종점의 거리 = 곡선시점까지의 직선거리 + 곡선길이
① 곡선시점까지의 직선거리
 $= No.20 + 12.5 = 20 \times 20 + 12.5 = 412.5m$
② $C.L = \frac{\pi}{180°} \cdot R \cdot I = \frac{\pi}{180°} \cdot 200 \cdot 60° = 209.4m$
③ 곡선종점까지의 거리 $= 412.5 + 209.4 = 621.9m$

55. 그림과 같이 교각 I=60°, 곡선 반지름 R=100m의 원곡선에서 제1접선(AP)을 움직이지 아니하고 교점(P)를 중심으로 30°만큼 더 회전하여 접선길이(AP)와 곡선시점(A)을 같이 하는 새로운 원곡선의 반지름은?

① 47.75m
② 57.74m
③ 74.57m
④ 77.45m

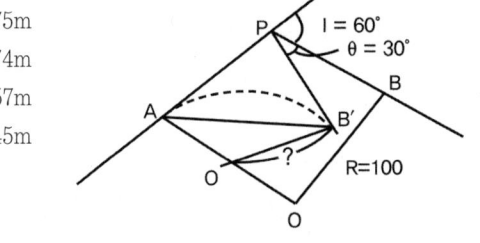

해설 문제의 조건에 접선의 변화가 없다는 말은 접선길이가 동일하다는 의미이므로
$$T.L = R\tan\frac{I}{2} = 100 \times \tan\frac{60°}{2} = 57.735m$$
신곡선의 교각은 기존곡선의 교각에 $\theta = 30°$ 만큼 더해진 값이므로 접선길이의 식에서
$$T.L = R\tan\frac{I}{2} = R \times \tan\frac{90°}{2} = 57.735m$$
$$R = \frac{57.735}{\tan\frac{90°}{2}} = 57.735m$$

56. 단곡선을 설치하기 위한 조건 중 곡선시점(B.C)의 좌표가 $X_{B.C} = 1,000.500m$, $Y_{B.C} = 200.400m$이고, 곡선반지름(R)이 300m, 교각(I)이 70°일 때, 곡선시점(B.C)으로부터 교점(I.P)에 이르는 방위각이 123° 13′ 12″일 경우 원곡선 종점(E.C)의 좌표는?

① $X_{EC} = 680.921m$, $Y_{EC} = 328.093m$
② $X_{EC} = 328.093m$, $Y_{EC} = 828.093m$
③ $X_{EC} = 1,233.966m$, $Y_{EC} = 433.766m$
④ $X_{EC} = 1,344.666m$, $Y_{EC} = 544.546m$

해설 원곡선 종점의 좌표는 곡선의 현의 길이를 구하고 나면 곡선시점좌표에서 곡선의 길이와 방위각은 문제에 주어졌으므로 트래버스측량의 좌표계산과 같은 형식으로 계산할 수 있다.
① 곡선의 현의 길이
$$C = 2R\sin\frac{I}{2} = 2 \times 300 \times \sin\frac{70°}{2} = 344.146m$$
② 원곡선시종점의 방위각 = 곡선시점으로부터 교점까지의 방위각 + 교각 / 2
$= 123° 13′ 12″ + 35° = 158° 13′ 12″$
③ 원곡선 종점(E.C)의 좌표
$X_{E.C} = X_{B.C} +$ 원곡선현의 길이$\times \cos$곡선시종점방위각
$= 1,000.500 + 344.146 \times \cos 158° 13′12″ = 680.921m$
$Y_{E.C} = Y_{B.C} +$ 원곡선현의 길이$\times \sin$곡선시종점방위각
$= 200.400 + 344.146 \times \sin 158° 13′12″ = 328.093m$

57. 그림과 같이 단곡선의 첫번째 측점 P를 측설하기 위하여 E.C에서 관측할 각도(δ')는? (단, 교각 I = 60°, 곡선 반지름 R = 100m, 중심말뚝간격 = 20m, 시단현의 거리 = 13.96m)

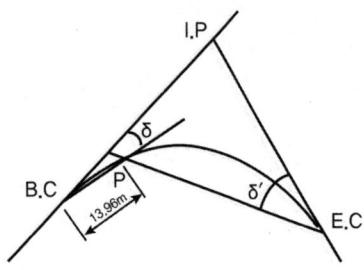

① 24° ② 25°
③ 26° ④ 27°

해설 13.96m 의 편각 $\delta = \dfrac{l}{2R} \times \rho$

$= \dfrac{13.96}{2 \times 100} \times \dfrac{180°}{\pi} = 3°59'57'' ≒ 4°$

$\delta' = \dfrac{I}{2} - \delta = \dfrac{60°}{2} - 4° = 26°$

58. 그림과 같은 단곡선에서 ∠AOB=36°52′00″, CD=BD이고, OA=OB=OE=R=20m일 때 EF의 거리는?

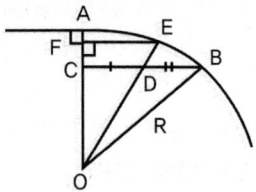

① 7.50m ② 7.14m
③ 7.02m ④ 6.41m

해설 $\overline{OC} = R\cos(\angle BOC) = 20m \times \cos 36°52' = 16m$

$\overline{CB} = R\sin(\angle BOC) = 20m \times \sin 36°52' = 12m$

$\overline{CD} = \dfrac{\overline{CB}}{2} = \dfrac{\overline{BD}}{2} = 6m$

$\tan(\angle COD) = \dfrac{\overline{CD}}{\overline{OC}}$ 에서

$\angle COD = \tan^{-1}\left(\dfrac{\overline{CD}}{\overline{OC}}\right) = \tan^{-1}\left(\dfrac{6}{16}\right) = 20°33'21.76''$

∴ $\overline{EF} = 20 \times \sin 20°33'21.76'' = 7.02m$

59. 도로의 중심선을 따라 20m 간격의 종단측량을 실시하여 표와 같은 결과를 얻었다. 측점1과 측점3의 지반고를 연결하는 도로 계획선을 설정한다면 이 계획선의 경사는?

측점	지반고(m)
1	153.86
2	152.44
3	150.66

① −1.6% ② −3.2%
③ −4.0% ④ −8.0%

해설 경사도(i)

$= \dfrac{H}{D} \times 100(\%) = \dfrac{153.86 - 150.6 + 6}{40} \times 100 = 8\%$

측점을 따라 아래로 향한 경사이므로 −8%이다.

60. 도로의 중심선을 따라 20m 간격으로 종단 측량을 하여 표와 같은 결과를 얻었다 측점 NO.1의 도로 계획고를 21.50m로 하고 2%의 상향기울기로 도로를 설치할 때 NO.5의 절토고는? (단, 지반고의 단위 : m)

측점	No.1	No.2	No.3	No.4	No.5
지반고	20.30	21.80	23.45	26.10	28.20

① 4.7m ② 5.1m
③ 5.9m ④ 6.1m

해설

측점	No.1	No.2	No.3	No.4	No.5
지반고	20.30	21.80	23.45	26.10	28.20
계획고	21.50	21.90	22.30	22.70	23.10
절성토고	−1.20	−0.10	+1.15	+3.40	+5.10

61. 도로중심선을 따라 20m 간격의 종단측량을 하여 표와 같은 결과를 얻었다. 측점 No.1과 측점 No.5의 지반고를 연결하는 도로계획선을 설정한다면, 이 계획선의 도로 기울기는 얼마인가?

측점	지반고(m)
NO.1	72.68
NO.2	70.08
NO.3	74.13
NO.4	73.58
NO.5	74.28

① -2% ② -1.6%
③ +1.6% ④ +2%

해설 No.1과 No.5의 지반고를 연결하는 도로계획선이므로 도로의 기울기는 높이차를 수평거리로 나누어 계산한다.
① 높이차 = 74.28 - 72.68 = 1.60m (지반고가 상승하고 있으므로 경사는 +)
② 수평거리 = 100 - 20 = 80m
③ 기울기 = $\frac{높이차}{수평거리} \times 100(\%) = \frac{1.6}{80} \times 100 = 2.0\%$

62. 노선측량작업에서 종단측량에 관한 설명 중 옳지 않은 것은?

① 노선 중심선에 설치된 중심말뚝 및 추가점에 대한 지반고를 측량하는 것이다.
② 종단도면작성시 보통 수평축척을 수직축척보다 크게 잡는다.
③ 종단측량의 정확도는 수준측량의 정확도를 기준으로 판단할 수 있다.
④ 종단측량에 앞서 수준점을 노선근처에 설치하고 이를 기준으로 수준측량을 실시하는 것이 좋다.

해설 종단면도 작성시 도로의 높이 변화에 비해 노선의 연장이 길게 되므로 종횡방향의 축척을 다르게 적용하는데 도로의 높이 변화에 해당하는 수직축척은 대축척으로 노선의 연장에 해당하는 수평축척은 소축척으로 작도한다.

63. 종단측량과 횡단측량에 관한 설명으로 틀린 것은?

① 종단측량은 횡단측량보다 일반적으로 높은 정확도가 요구된다.
② 종단면도에서는 수직축척은 수평축척보다 작게 취하는 것이 보통이지만 횡단면에서는 단면적을 계산하지 않으면 안 되므로 종횡의 축척을 같게 하지 않으면 안된다.
③ 종단면도를 보면 노선의 대세를 분별하지만 횡단면도에서는 이것을 분별하기가 어렵다.
④ 횡단면도에는 종단측량의 중심이 위치하게 되며, 그 성과를 토대로 절토단면적, 성토단면적을 계산한다.

해설 종단면도나 횡단면도 모두 종횡의 축척을 다르게 작도한다. 이는 연장에 비해 높이의 변화가 크지 않으므로 수직축척이 대축척, 수평축척이 소축척이 되도록 작도한다.

64. 단곡선 설치에 관한 설명으로 틀린 것은?

① 교각(I)이 일정할 때 접선장(T.L)은 곡선반지름(R)에 비례한다.
② 교각(I)과 곡선반지름(R)이 주어지면 단곡선을 설치할 수 있는 기본적인 요소를 계산할 수 있다.
③ 편각법에 의한 단곡선 설치시 호길이(l)에 대한 편각(δ)을 구하는 식은 곡선반지름 R이라 할 때 $\delta = \frac{l}{R}(radian)$이다.
④ 중앙종거법은 단곡선의 두 점을 연결하는 현의 중심으로부터 현에 수직으로 종거를 내려 곡선을 설치하는 방법이다.

해설 편각법에 의한 단곡선 설치시 편각을 구하는 식은
시단현 편각 $\delta = \frac{l}{2R}$(라디안)

65. 노선의 중심말뚝(간격 20m)에 대한 횡단측량을 실시하여 단면적을 구한 결과, 단면1의 면적 $A_1 = 80m^2$, 단면2의 면적 $A_2 = 120m^2$이었다. 이 구간의 토량은?

① 200m³ ② 800m³
③ 1,000m³ ④ 2,000m³

해설 양단면평균법에 의하여 평균단면을 구하고 중심말뚝간 거리를 곱하여 토량을 구한다.
$V = A \times h = \frac{A_1 + A_2}{2} \times h = \frac{80 + 120}{2} \times 20$
$= 2,000 m^3$

66. 캔트(cant)에 대한 설명으로 옳은 것은?

① 직선과 곡선의 연결부분을 의미한다.
② 토량을 계산하는 방법의 일종이다.
③ 곡선부의 안쪽과 바깥쪽의 높이 차이다.
④ 완화곡선의 일종이다.

해설 캔트(cant)는 차량이 곡선부를 주행할 때 곡률과 차량의 주행속도에 의해 원심력이 작용되므로 횡활 또는 전도를 일으킬 위험이 있는데 이 때 외측 노면을 내측보다 높여 주는 것을 cant라고 한다.

캔트의 기본식은 $C = \dfrac{bV^2}{gR}$

(C: 캔트, b: 궤도간격, V: 설계속도, g: 중력가속도, R: 곡선반경)

67. 노선의 종단경사가 급격히 변하는 곳에서 차량의 충격을 제거하고 시야를 확보하기 위하여 설치하는 것은?

① 수평곡선　　② 캔트
③ 종단곡선　　④ 슬랙

해설 종단곡선(종곡선)은 종단경사가 급격히 변하는 곳에서도 설치하지만 경사변화가 심하지 않더라도 주행의 안전과 차량충격 완화, 시거(보이는 거리), 시야의 확보를 위해 설치한다.

68. 클로소이드 공식으로 옳지 않은 것은? (단, R:곡선반지름, L:곡선길이, A:파라메타, τ:접선각)

① $R = A^2/L$　　② $L = 2\tau R$
③ $\tau = L^2/2A^2$　　④ $A = L^2/2\tau$

해설 $A^2 = RL = \dfrac{L^2}{2\tau} = 2\tau R^2$ 이므로 $A = \sqrt{\dfrac{L^2}{2\tau}}$

69. 클로소이드의 성질에 대한 설명으로 틀린 것은?

① 클로소이드는 나선의 일종이다.
② 모든 클로소이드는 닮은꼴이다.
③ 모든 클로소이드의 요소는 길이의 단위를 갖는다.
④ 어떤 점에 관한 클로소이드 요소 중 두 개가 정해지면 클로소이드의 크기와 위치가 결정되며 다른 요소들로 구할 수 있다.

해설 [클로소이드의 성질]
① 클로소이드는 나선의 일종이다.
② 모든 클로소이드는 닮은꼴(상사성)이다.
③ 단위가 있는 것도 있고 없는 것도 있다.
④ τ는 30°가 적당하다.

70. 완화곡선을 삽입하는 이유로서 옳은 것은?

① 캔트(cant)와 슬랙(slack)을 주기 위하여
② 직선과 곡선 구간의 변화에 따른 원심력의 급증에 의한 주행차량의 격동을 방지하기 위하여
③ 곡선설치에 정확도를 향상시키고 지거에 의한 설치가 용이하도록 하기 위하여
④ 곡선 구간 진입에 의한 차량의 속도 저하를 방지하기 위하여

해설 [완화곡선을 삽입하는 이유]
자동차가 평면선형의 직선부에서 곡선부로, 곡선부에서 직선부로, 또는 다른 곡선부로 곡선구간의 변화에 따라 원심력의 급증에 의해 주행차량의 불쾌감이 생기게 되는데 이러한 구간을 원활하게 주행하도록 하기 위하여 주행궤적의 변화에 따라 운전자가 쉽게 적응할 수 있도록 이러한 구간에는 변이구간을 설치하여야 하는데 이를 완화곡선이라 한다.

71. 곡선반지름이 1,200m인 원곡선상을 80km/hr로 주행하려면 캔트(cant)를 얼마로 하여야 하는가? (단, 궤간은 1,067mm)

① 167mm　　② 109mm
③ 105mm　　④ 45mm

해설 $C = \dfrac{bV^2}{gR}$ (C: 캔트, b: 궤도간격, V: 설계속도, g: 중력가속도, R: 곡선반경)

단위를 통일하여 계산하는 것이 중요함. 즉 거리는 m, 시간은 s

$C = \dfrac{1.067 \times \left(\dfrac{80}{3.6}\right)^2}{9.8 \times 1,200} = 0.045\,m$

정답 66. ③　67. ③　68. ④　69. ③　70. ②　71. ④

72. 철도의 곡선부에서 뒷바퀴가 앞바퀴보다 안쪽을 지나게 되므로 직선부보다 넓은 폭이 필요하게 되는데 이 넓히는 양을 무엇이라고 하는가?

① 캔트(cant) ② 슬랙(slack)
③ 전도 ④ 횡거

해설 도로의 평면선형에서 곡선부를 통과하는 차량에는 원심력이 발생하여 접선방향으로 탈선하는 것을 방지하려 바깥쪽 노면을 안쪽 노면보다 높게 하여 단일경사의 단면을 형성하는데 이를 편경사(cant)라 하며, 곡선부를 지나는 차량의 경우 뒷바퀴가 안쪽차로를 침범하게 되어 이를 고려하여 곡선부 안쪽의 폭을 넓혀주게 되는데 확폭(슬랙, slack)이라 한다. 편경사와 확폭 등 직선구간에서 원곡선으로 변화되는 지점에 곡선반경과 경사와 도로폭의 변화를 부드럽게 연결시켜 주는 곡선을 완화곡선이라 한다.

73. 철도 노선에서 곡선부를 통과하는 차량에 원심력이 발생하여 접선방향으로 탈선하려는 것을 방지하기 위해 바깥쪽 철로를 안쪽 철로보다 높이는 것을 무엇이라 하는가?

① 캔트(Cant) ② 슬랙(Slack)
③ 완화곡선 ④ 반향곡선

해설 캔트(Cant)는 철도나 도로에서 곡선부를 주행하는 차량이 받는 원심력으로 탈선하는 것을 방지하기 위해 외측부분을 내측에 비하여 높이는 정도를 말하며 캔트로 인해 노면의 단면이 단일경사로 변하게 되는데 이러한 경사를 편경사라 한다.

$C = \dfrac{bV^2}{gR}$ (C: 캔트, b: 궤도간격, V: 설계속도, g: 중력가속도, R: 곡선반경)

74. 완화곡선에 대한 설명 중 옳지 않은 것은?

① 곡선반지름은 완화곡선의 종점에서 무한대, 시점에서 원곡선의 반지름 R로 된다.
② 완화곡선의 접선은 종점에서 원호에, 시점에서 직선에 접한다.
③ 완화곡선에 연한 곡선반경의 감소율은 캔트의 증가율과 같다.
④ 종점에 있는 캔트는 원곡선의 캔트와 같다.

해설 [완화곡선의 성질]
① 완화곡선의 반지름은 시점에서 무한대, 종점에서는 원곡선의 반지름과 같다.
② 완화곡선의 접선은 시점에서는 직선에, 종점에서는 원호에 접한다.
③ 완화곡선의 곡선반경 감소율은 캔트의 증가율과 같다.
④ 완화곡선의 편경사의 크기는 곡선의 반경에 반비례하고 설계속도에 비례한다.

75. 클로소이드 곡선에 관한 설명으로 옳지 않은 것은?

① 곡률반경이 곡선의 길이에 비례하는 완화곡선이다.
② 일정 속도로 달리는 차량에서 앞바퀴의 회전속도를 일정하게 유지할 경우의 차량궤적이다.
③ 클로소이드의 크기는 매개변수 A에 의해 결정된다.
④ 클로소이드에서 (곡선반경 = 곡선장 = 클로소이드의 매개변수)인 점을 클로소이드의 특성점이라 한다.

해설 [클로소이드의 개요]
① 곡률이 곡선길이에 비례하는 곡선
② 곡선반경과 곡선길이는 반비례
③ 차의 앞바퀴의 회전속도를 일정하게 유지할 경우 차가 그리는 궤적이 클로소이드
④ 기본식 $A^2 = RL = \dfrac{L^2}{2\tau} = 2\tau R^2$

76. 다음 중 클로소이드 곡선의 설치 방법이 아닌 것은?

① 주접선에서 직교좌표에 의한 설치법
② 현에서 직교좌표에 의한 설치법
③ 현각현장법에 의한 설치법
④ 4분의 1법에 의한 설치법

해설 4분의 1법에 의한 설치는 중앙종거에 의한 원곡선설치 방법에 관한 다른 이름이다.

77. 클로소이드 곡선(Clothoid curve)에 대한 설명 중 옳지 않은 것은?

① 철도의 종단곡선설치에 효과적이다.
② 반지름(R)×곡선장(L)=매개변수²(A²)인 점을 특성점이라 한다.
③ 클로소이드는 곡률이 곡선의 길이에 비례하는 곡선이다.
④ 곡선장(L)을 일정하게 두고 클로소이드의 크기를 변화시키면 클로소이드 선상의 각 점은 대응하지 않는다.

해설 클로소이드곡선은 완화곡선의 일종으로 고속도로의 직선구간과 평면곡선 사이에 삽입하여 갑작스런 핸들조작에 의한 운전자의 불쾌감을 감소시켜주는 역할을 한다. 철도의 종곡선에는 주로 원곡선이 사용된다.

78. 클로소이드 곡선에서 곡선반지름(r)이 180m, 매개변수(Parameter) A가 95m라면 곡선길이(L)는?

① 25.604m   ② 40.267m
③ 50.139m   ④ 100.275m

해설 $A^2 = RL = \dfrac{L^2}{2\tau} = 2\tau R^2$

$L = \dfrac{A^2}{R} = \dfrac{95^2}{180} = 50.139\,m$

79. 캔트(cant)에 대한 설명으로 옳은 것은?

① 직선과 곡선의 연결부분을 의미한다.
② 토량을 계산하는 방법의 일종이다.
③ 곡선부의 안쪽과 바깥쪽의 높이 차이다.
④ 완화곡선의 일종이다.

해설 캔트(cant)는 차량이 곡선부를 주행할 때 곡률과 차량의 주행 속도에 의해 원심력이 작용되므로 횡활 또는 전도를 일으킬 위험이 있는데 이 때 외측 노면을 내측보다 높여 주는 것을 cant라고 한다.

캔트의 기본식은 $C = \dfrac{bV^2}{gR}$

(C: 캔트, b: 궤도간격, V: 설계속도, g: 중력가속도, R: 곡선반경)

80. 노선의 종단경사가 급격히 변하는 곳에서 차량의 충격을 제거하고 시야를 확보하기 위하여 설치하는 것은?

① 수평곡선   ② 캔트
③ 종단곡선   ④ 슬랙

해설 종단곡선(종곡선)은 종단경사가 급격히 변하는 곳에서도 설치하지만 경사변화가 심하지 않더라도 주행의 안전과 차량충격 완화, 시거(보이는 거리), 시야의 확보를 위해 설치한다.

81. 클로소이드의 성질에 대한 설명으로 틀린 것은?

① 클로소이드는 나선의 일종이다.
② 모든 클로소이드는 닮은꼴이다.
③ 모든 클로소이드의 요소는 길이의 단위를 갖는다.
④ 어떤 점에 관한 클로소이드 요소 중 두 개가 정해지면 클로소이드의 크기와 위치가 결정되며 다른 요소들로 구할 수 있다.

해설 [클로소이드의 개요]
① 곡률이 곡선길이에 비례하는 곡선
② 곡선반경과 곡선길이는 반비례
③ 차의 앞바퀴의 회전속도를 일정하게 유지할 경우 차가 그리는 궤적이 클로소이드
④ 기본식 $A^2 = RL = \dfrac{L^2}{2\tau} = 2\tau R^2$

[클로소이드의 성질]
① 클로소이드는 나선의 일종이다.
② 모든 클로소이드는 닮은꼴(상사성)이다.
③ 단위가 있는 것도 있고 없는 것도 있다.
④ τ는 30°가 적당하다.

82. 교각 60°, 곡선반지름 150m인 단곡선을 설치할 때, 직선과 원곡선 사이에 완화곡선을 설치하면 완화곡선의 길이는? (단, 완화곡선 매개변수는 120m이다.)

① 5.3m   ② 53m
③ 9.6m   ④ 96m

해설 $A^2 = RL = \dfrac{L^2}{2\tau} = 2\tau R^2$

$L = \dfrac{A^2}{R} = \dfrac{120^2}{150} = 96\,m$

정답 77. ① 78. ③ 79. ③ 80. ③ 81. ③ 82. ④

83. 도로의 종단곡선을 2차 포물선으로 설치하려고 한다. 이때 종단 경사가 상·하향 모두 4%라면 종단곡선의 시점과 시점으로부터 24m 떨어진 지점의 높이차(D)는?

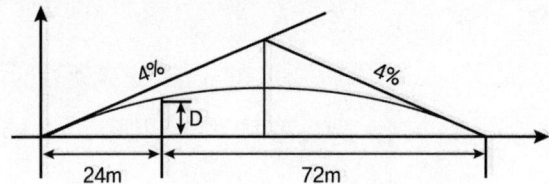

① 0.15m ② 0.24m
③ 0.72m ④ 0.96m

해설 볼록 종곡선의 경우는 종거(y)를 구하여 표고에서 빼주고, 오목 종곡선의 경우는 더해준다.

$$y = \frac{i_1 - i_2}{200L}x^2 = \frac{4-(-4)}{200 \times 96}24^2 = 0.24\,m$$

$$D' = \frac{i_1}{100}x = \frac{4}{100} \times 24 = 0.96\,m$$

$$D = D' - y = 0.96 - 0.24 = 0.72\,m$$

84. 그림에서 V지점에 해당하는 종단곡선(Vertical Curve)상의 계획고(Elevation)는 얼마인가? (단, 종단곡선은 2차포물선이고, A점의 계획고=65.50m)

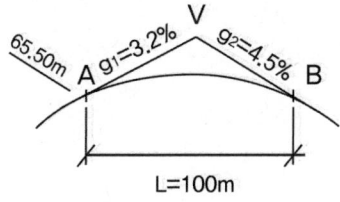

① 66.14m ② 66.57m
③ 66.83m ④ 67.49m

해설 볼록 종곡선의 경우는 종거(y)를 구하여 표고에서 빼주고, 오목 종곡선의 경우는 더해준다.

$$y = \frac{g_1 - g_2}{200L}x^2 = \frac{3.2-(-4.5)}{200 \times 100}50^2 = 0.96\,m$$

$$H_V' = H_A + \frac{g_1}{100}x = 65.50 + \frac{3.2}{100} \times 50 = 67.1\,m$$

$$H_V = H_V' - y = 67.1 - 0.96 = 66.14\,m$$

85. 종곡선이 상향기울기 $\frac{2.5}{1,000}$, 하향기울기 $\frac{40}{1,000}$일 때 곡선반경이 2,000m이면 곡선장(L)은?

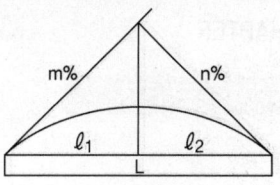

① 85m ② 90m
③ 195m ④ 205m

해설 종곡선장 $L = R\left(\frac{m-n}{1,000}\right) = 2,000\left(\frac{2.5-(-40)}{1,000}\right)$

$$= 2,000 \times \frac{42.5}{1,000} = 85\,m$$

86. 도로의 종단곡선으로 많이 쓰이는 곡선은?

① 3차 포물선 ② 2차 포물선
③ 클로소이드 곡선 ④ 렘니스케이트 곡선

해설 완화곡선의 종류에는 클로소이드곡선(고속도로), 렘니스케이트곡선(시가지철도), 3차포물선(일반철도), sine 체감곡선(고속철도) 등이 있으며 2차포물선은 종단곡선으로 이용된다.

87. 그림과 같은 종단곡선을 2차 포물선으로 설치하고자 할 때, B점의 계획고는? (단, A점의 계획고는 78.63m이다.)

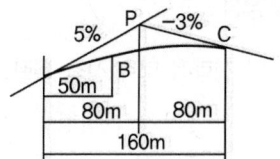

① 81.63m ② 80.73m
③ 79.33m ④ 78.23m

해설 볼록 종곡선의 경우는 종거(y)를 구하여 표고에서 빼주고, 오목 종곡선의 경우는 더해준다.

$$y = \frac{g_1 - g_2}{200L}x^2 = \frac{5.0-(-3.0)}{200 \times 160}50^2 = 0.9\,m$$

$$H_B = H_A + \frac{g_1}{100}x = 78.63 + \frac{5.0}{100} \times 50 = 81.63\,m$$

$$H_B' = H_B - y = 81.63 - 0.90 = 80.73\,m$$

CHAPTER 08 사진측량

1 사진의 총론

(1) 개요

1) 사진측량의 정의(Definition of photogrammetry)
① 빛에 의한 사진영상 또는 전자파의 에너지 반사특성의 기록을 이용하여 대상물의 기록, 측정 및 해석에 의해 정보를 얻는 과학이며, 원격탐사의 한 분야
② 사진측량은 정량적 사진측량과 정성적(해석적) 사진측량으로 구분
  ㉠ **정량적 사진측량** : 지표면 대상물의 위치결정, 거리, 높이차, 면적, 체적 계산, 지형도, 정사사진지도의 제작, 수치고도 모델과 같은 수치자료 제작.
  ㉡ **정성적 사진측량** : 대상물을 분석, 판단하고 중요성을 평가, 생태분석, 환경분석, 임학, 지질학, 적지선정, 자원조사 등에 사용.

2) 사진측량의 특징

가. 장점

① 정량적 및 정성적 측량이 가능
  ㉠ **정량적** : 지형, 지물의 형상, 위치, 크기 결정
  ㉡ **정성적** : 파사체의 특성 해석

② 동적인 대상물의 측량이 가능
  ㉠ 움직이는 대상물에 대하여 그 상태를 정확히 분석
  ㉡ 파도 및 구름의 동태, 하천의 흐름, 구조물의 변형, 교통량 조사 및 교통사고의 조사, 홍수, 화재 등의 상황 보존 기록

③ 측량의 정확도가 균일
  ㉠ 1~2회의 현장측량 외에는 실내에서 일련의 연속작업으로 처리되므로 정확도가 균일
  ㉡ 상대오차가 양호하며, 일반적으로 허용되는 정확도는

© 높이의 경우 $(0.1~0.2‰) \times H = \frac{1~2}{10,000} \times H$ (H는 촬영고도)

② 수평위치의 경우 $(10~30\mu m) \times m = \left(\frac{10}{1,000} ~ \frac{30}{1,000} mm\right) \times m$ (m은 축척의 분모)

④ 접근하기 어려운 대상물의 측량이 가능

㉠ 재래식 측량에서는 접근이 불가능한 구역, 극한지방, 열대지방 등 장기간 체류가 곤란한 지역 등의 관측이 어려움

㉡ 사진측량학에서는 관측대상에 접근하지 않고도 관측 가능

⑤ 분업화에 의해 작업능률이 좋다.

㉠ 촬영과 일부현장의 작업 이외에는 전공정이 전문분야별로 분업적으로 처리

㉡ 능률적인 작업 가능

⑥ 축척변경이 용이

최초에 정한 축척으로 촬영한 사진과 이미 측량된 기준점을 이용하여 일정한 한도 내에서 소요축척에 따라 대상물을 도화기로서만 도화할 수 있다.

⑦ 경제적

㉠ 중축척 이하, 종래측량보다 50%, 항공삼각측량적용시 80% 이상 경비절감

㉡ 일반적으로 사진측량은 축척이 작을수록, 광역일수록 경제적

⑧ 시간을 포함한 4차원(x,y,z,t) 측량이 가능

사진측량은 3차원공간의 점 P(X,Y,Z)를 2차원 공간의 점 p(x,y)로 표현된 사진을 광학적 또는 수학적 방법으로 다시 3차원공간의 점 P(X,Y,Z)로 재현하는 것

나. 단점

① 소규모의 대상에 대해 시설비용이 많이 소모

사진에 의한 관측을 할 경우 사진기, 탐측기, 항공기, 정밀도해기, 편위수정기 및 부대시설에 관한 설치비가 많이 든다.

② 피사체의 식별이 난해한 경우 현지 보측이 요구됨

지명, 행정경계, 건물명, 음영에 의하여 분별하기 힘든 곳 등의 관측은 현장의 작업으로 보완하지 않으면 안된다.

③ 항공사진 촬영시 기상조건, 태양고도 등에 영향

④ 사진처리의 지연

과거 아날로그사진측량의 단점으로 디지털사진측량에서는 문제 안됨

⑤ 측정 및 해석의 지연

수지사진측량환경에서는 촬영후 즉시 해석 가능

3) 사진측량의 분류

가. 사용목적에 의한 분류

① **사진측량**(Phtographic surveying) : 정량적 의미
② **사진판독**(Phtographic interpretation) : 정성적 의미
③ **응용사진측량**(Applied photogrammetry) : 토지, 지형 등 일반적인 대상물이 아닌 피사체 측정
④ **근접사진측량**(Close-range photogrammetry) : 대상물에 매우 근접시켜 촬영한 사진; 응용사진측량의 일부분이기도 함

나. 촬영위치에 의한 분류

① **지상사진**(Terrestrial photos) : 지상에서 촬영된 사진; 카메라 축이 수평면에 평행하고, 화면이 연직되게 촬영
② **항공사진**(Aerial photos) : 공중에서 촬영된 사진; 상공에서 지면을 향하여 화면이 수평하게 촬영한 사진
③ **다중파장대사진**(Multispectral photography) : MSC 및 MSS를 항공기나 인공위성에 탑재하여 얻은 사진

다. 촬영방향에 따른 분류

① **연직사진** : 광축이 연직선과 거의 일치하도록 공중에서 촬영한 사진(경사각 3° 이내)이다.
② **경사촬영** : 광축이 연직선 또는 수평선에 경사지도록 촬영한 사진(경사각 3° 이상)으로서 경사사진은 지평선이 사진에 나타나는 고경사사진과 지평선이 사진에 찍히지 않는 저경사사진이 있다.
③ **수평사진** : 광축이 수평선과 거의 일치하도록 지상에서 촬영한 사진이다.

라. 측량방법에 의한 분류

① **항공사진측량**

  ㉠ 항공기 및 기구 등에 탑재된 측량용 사진기로 촬영된 수직사진을 이용
  ㉡ 대상물의 크기, 위치 및 사진판독에 의해 환경 및 자원해석 등 수행

② **지상사진측량**

  ㉠ 지상의 두 점에 사진기를 고정시켜 수평방향으로 촬영한 수평사진을 이용
  ㉡ 구조물 및 시설물의 형태 및 변위관측과 고산지대의 지형해석
  ㉢ 촬영거리가 짧은 경우(일반적으로 300m 이내) 근거리사진측량이라 하며, 공학적으로 널리 이용

③ **수중사진측량**

  ㉠ 해저사진측량이라고도 하며 이는 수중사진기에 의해 얻어진 영상을 해석함으로써 수중자원 및 환경을 조사하는 것
  ㉡ 플랑크톤의 양 및 수질조사, 해저의 기복상황, 수중식물의 활력도, 분포량 등 조사

④ 원격탐측

　㉠ 대상물에서 반사 또는 방사하는 각종 전자기파를 수집·처리하여 토지, 환경 및 자원문제에 이용하는 한 기법
　㉡ 주로 광역 및 원거리 대상물에 관한 해석으로 인공위성을 이용하는 경우가 많다.

⑤ 비지형사진측량

　㉠ 지도작성 이외의 목적으로 X선, 모아레 사진, 레이저사진 등을 이용
　㉡ 의학, 고고학, 문화재조사, 변형조사 등에 이용

마. 렌즈 화각(피사각)에 따른 분류

① 렌즈의 화각(피사각)은 렌즈가 얼마나 넓은 각도로 영상을 촬영하는가를 표현하는 것
② 화각이 클수록 같은 넓은 각을 포함하는 넓은 지역의 영상을 얻을 수 있지만
③ 화각이 클수록 렌즈의 중심이 바깥지역은 왜곡이 점점 크게 발생하게 되는 단점

[항공사진측량용 사진기의 종류]

종류	렌즈의 피사각	초점거리 (mm)	사진의 크기 (cm)	필름의 길이 (cm)	최단 셔터 간격 (초)	사용 목적	비고
초광각 사진기	120°	88	23×23	80	3.5	소축척도화용	완전평지에 이용
광각 사진기	90°	152~153	23×23	120	2	일반지형도 제작, 판독용	경제적
보통각 사진기	60°	210	18×18	120	2	산림조사용	산악지대, 도심지촬영, 정면도 제작
협각 사진기	60° 이하	300	18×18	120	2.5	특수대축척용, 판독용	특수한 정면도 제작

바. 필름에 따른 분류

① 팬크로매틱, 팬크로, 전정색

　㉠ 흑백사진
　㉡ 가장 일반적으로 지형도 제작에 사용

② 천연색, 컬러사진

　㉠ 주로 판독용으로 사용
　㉡ 최근 지형도 제작용으로도 사용

③ 위색사진

　㉠ 살아있는 식물은 적색, 그 외는 청색으로 표현
　㉡ 생물 및 식물의 연구조사에 널리 사용

④ 적외선 사진
- ㉠ 지질, 토양, 수자원, 삼림조사, 판독에 사용
- ㉡ 살아있는 식물이 빨갛게 표현되어 산불지역의 피해조사나 식생의 현황을 파악하는데 이용

⑤ 팬인프라사진
- ㉠ 팬크로 사진과 적외선 사진의 합성
- ㉡ 대상물의 특수한 성격을 파악하기 위해 사용되는 판독용 사진

사. 도화축척에 따른 분류

① 대축척도화
- ㉠ 1/500~1/3,000
- ㉡ 촬영고도 800m 이내의 저공촬영한 항공사진을 도화

② 중축척도화
- ㉠ 1/5,000~1/25,000
- ㉡ 촬영고도 800m~3,000m에서 촬영한 항공사진을 도화

③ 소축척도화
- ㉠ 1/50,000~1/100,000
- ㉡ 촬영고도 3,000m 이상의 고공촬영한 항공사진을 도화

4) 사진측량의 적용

가. 토지
① 국토기본도 및 지형도의 제작
② 토지이용계획도 및 도시계획도의 작성
③ 지적도 제작 및 정비
④ 해안선 및 해저 지형 조사

나. 자원
① **지하자원** : 지질조사 및 광물자원 조사
② **농업자원** : 농작물의 종류별 분포 및 수확량 조사
③ **수산자원** : 관개배수, 어군의 이동상황 및 분포 조사
④ **산림자원** : 산림의 수종 등 산림자원 조사

다. 환경
① **오염원 조사** : 대기, 수질, 해양 등
② **토양 조사** : 식물의 활력조사, 토양의 함수비 및 효용도 조사
③ **해양환경 조사** : 해수의 수온, 조류, 파량 등

④ **기상조사** : 풍향, 구름, 태풍 등의 기상 관측 및 예측
⑤ **방재대책 및 피해조사** : 홍수피해, 적설량, 해수침입, 병충해, 삼림화재, 연약지반 등 조사
⑥ **도심지 조사** : 열섬현상, 도시의 발달 및 팽창, 인구분포, 건축물 관리 등

라. 사회기반시설 분야
① 토목·건축시설물의 변위 관측
② 도로시설물 관리
③ 건설공사 공정사진 촬영 및 준공도면 작성

마. 기타
① 문화재 발굴, 보존 및 복원 사업
② 의상, 의료 분야, 인체공학
③ 교통량, 주행방향, 교통사고, 도로상황 등 교통조사
④ 산업 생산품 설계 및 제품조사
⑤ 군사(이동, 분포, 작전 등)적 이용
⑥ **사회문제 연구** : 사건사고 조사 등

2 사진의 일반성

(1) 탐측기(Sensor)

1) 탐측기의 종류
① 전자기파를 수집하는 장비이며 일반적으로 수동적 탐측기와 능동적 탐측기로 구분
② 수동적 탐측기는 일반카메라와 같이 단순히 조리개를 열어 대상물에서 반사 또는 방사되는 전자기파를 수집하는 방식
③ 능동적 탐측기는 LiDAR(Light Detection And Ranging)와 같은 레이저기기처럼 전자기파를 발사한 후 대상물에서 반사되는 전자기파를 다시 수집하는 방식

[수동적 탐측기와 능동적 탐측기의 비교]

종류	수동적 탐측기	능동적 탐측기
특징	기상의 영향 받음	기상의 영향 받지 않음
	야간 관측 불가능	야간 관측 가능
	수목지역의 지형해석 곤란	수목지역의 지형해석 가능
	수목지형의 지형도 제작 불가	수목지형의 지형도 제작 가능
	예 일반사진기	예 LiDAR

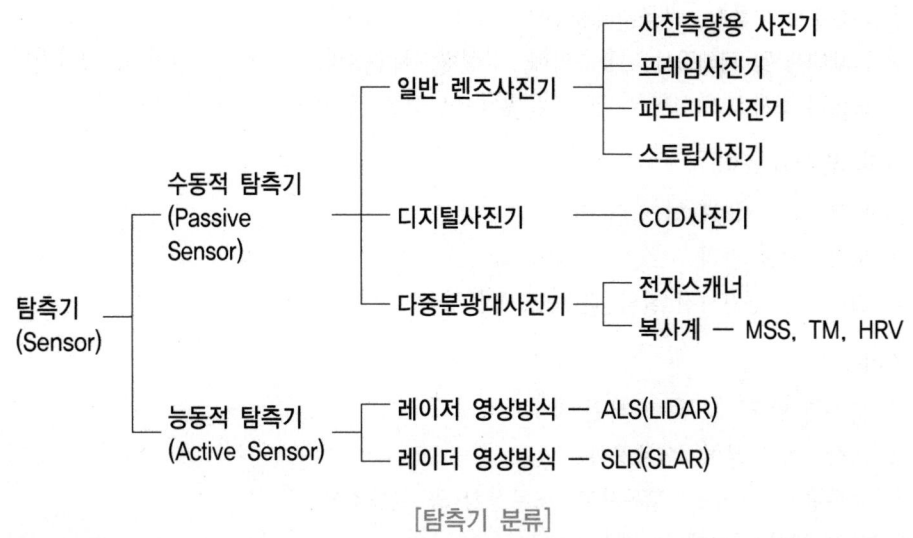

[탐측기 분류]

2) 항공사진측량용 사진기

가. 항공사진측량용 사진기의 특징

① 초점거리가 길며(88mm~300mm), 렌즈의 지름 및 화각(피사각)이 크다.
② 렌즈왜곡이 극히 적으며, 왜곡이 있더라도 역의 왜곡을 가진 보정판을 이용하면 왜곡을 없앨 수 있다.
③ 해상력과 선명도가 높으며, 주변부라도 입사광량의 감소가 거의 없다.
④ 필름크기가 폭 18cm, 24cm, 길이 60m, 90m, 120m로서 크며 필름의 평면도를 유지하기 위한 압착장치가 있고, 항공사진측량용 특수필름에는 헐레이션을 방지하도록 제작되고 있다.
⑤ 사진기가 크고 무거우며(약 80kg), 셔터 속도는 1/100~1/1000초이다.
⑥ 파인더를 통해 촬영경로를 확인하고 사진의 중복도를 조정한다.

나. 측량용 사진의 지표

① 사진의 지표는 사진의 각 변의 중심이나 네 모퉁이에 표시되어 있는 표식
② 지표들을 이용하여 사진의 중심을 찾을 수 있도록 미리 표시해 놓은 것
③ 2차원좌표변환에서는 이 값들이 주점과의 변위를 계산하여 사진의 왜곡을 보정하는데 사용
④ 사진지표는 사진기의 종류에 따라 Zeiss형과 Wild형이 있다.

다. 사진 매수에 따른 명칭의 변화

① 번들(bundle), 광속 또는 단사진
　한 장의 사진

② 모델(model) 또는 입체사진
　㉠ 입체영상을 얻기 위해 연속된 한 쌍의 좌우 사진이 중복되어 결합하는 것
　㉡ 2장의 중복된 사진의 결합

③ 스트립(strip) 또는 단코스(course) 사진
  ㉠ **코스** : 비행기가 사진촬영을 위해 진행방향으로 비행하며 연속적으로 사진을 촬영하는 경우의 경로
  ㉡ **종중복** : 하나의 단코스 방향인 종방향으로 촬영한 연속사진을 중복시키는 것
  ㉢ **스트립** : 종방향으로 중복된 여러 사진들을 연결한 접합사진

④ 블록(block) 또는 복코스 사진
  여러 스트립 또는 여러 코스를 진행하여 촬영한 사진들을 횡방향으로 집성하여 모자이크처럼 연결한 면을 이루는 사진들

3) 항공기, 사진 보조자료 및 촬영보조기계

가. 촬영용 항공기의 요구조건
① 안정성이 좋을 것
② 조작성이 좋을 것
③ 시계가 좋을 것
④ 요구되는 속도를 얻을 수 있을 것
⑤ 상승속도가 클 것
⑥ 상승한계가 높을 것
⑦ 항공거리가 길 것
⑧ 이륙거리가 짧을 것

(2) 사진의 특성

1) 정사투영과 중심투영

가. 정사투영
① 정사투영은 지도에 표현된 것과 같이 표현된 모든 위치점이 바로 위에서 내려다본 것처럼 모든 지점에서 연직방향에 수직으로 투영된 것
② 지표면이 평탄한 곳에서는 중심투영에 의한 투영과 정사투영에 의한 투영이 동일하게 표현되지만 지표면에 비고 또는 굴곡이 있는 경우는 사진의 형상이 변화하게 된다.

나. 중심투영
① 사진의 상은 대상물로부터 반사된 광이 렌즈 중심을 직진하여 평면인 필름면에 투영되어 나타난다.
② 항공사진은 피사체인 지형을 렌즈의 광축을 중심하여 정면으로 촬영한 영상인데, 이것을 중심투영이라 하며 항공사진의 이용에 있어 가장 기본적이며 중요한 요소이다.
  ㉠ **왜곡수차(Distortion)** : 이론적인 중심투영에 의하여 만들어진 점과 실제점의 변위
  ㉡ **왜곡수차 보정** : 포로-코페(Porro-koppe)의 방법, 보정판을 사용하는 방법, 화면거리를 변화시키는 방법

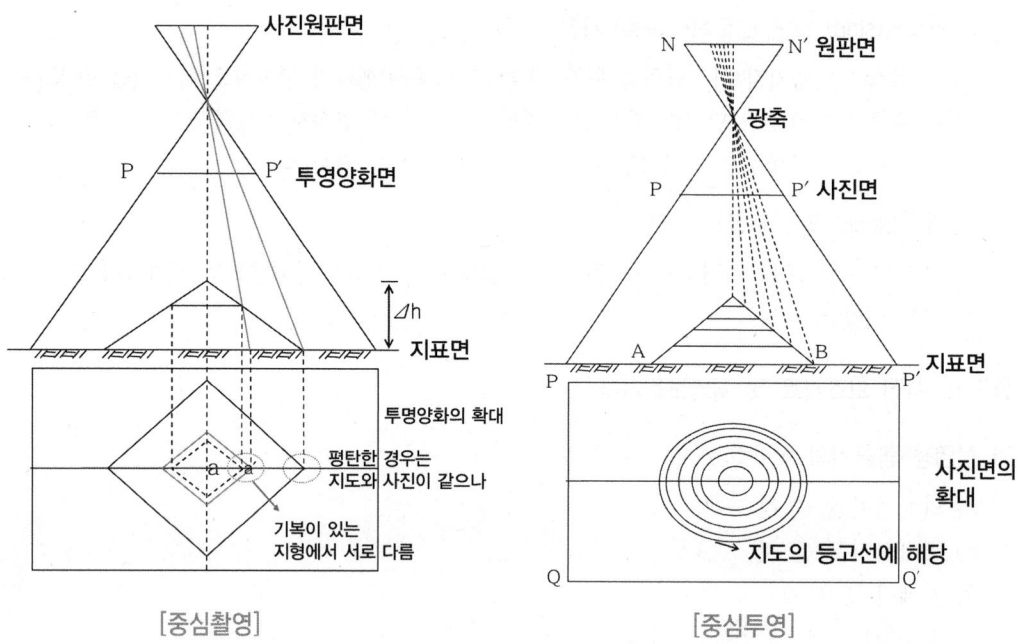

[중심촬영]   [중심투영]

2) 사진의 특수 3점

사진의 특수 3점이란 주점, 연직점, 등각점을 말하며, 수직사진에서는 특수 3점이 일치

가. 주점

① 주점은 사진의 중심점으로 렌즈 중심으로부터 사진면에 내린 수선의 발
② 렌즈의 광축과 사진면이 교차하는 점
③ 일반적으로 측량용사진에서는 사진지표가 교차하는 중심점을 사진의 주점으로 사용

나. 연직점

① 지상연직점 : 렌즈 중심으로부터 지표면에 내린 수선의 발
② 연직점 : 렌즈 중심을 통한 연직선과 사진면과의 교점

$$\overline{mn} = f \tan i$$

③ 사진상의 비고점은 모두 연직점을 중심으로 하여 방사선상에 있다.
④ 사진면에 경사가 있어도 연직점을 중심으로 하여 관측한 각은 높이에 의한 간격에는 아무 관련이 없다.

다. 등각점

① 등각점은 사진면에 직교되는 광선과 연직선이 이루는 각을 2등분하는 광선이 사진면과 교차하는 점
② 투영중심에서 주점과 연직점을 만드는 각의 2등분선이 만나는 점

$$\overline{mj} = f \tan \frac{i}{2}$$

③ 등각점 j에는 경사 I에 관계없이 연직사진의 축척과 같은 축척이 된다.

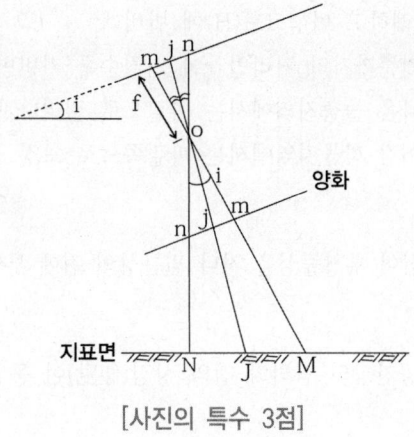

[사진의 특수 3점]

3) 사진의 기하학적 특성

가. 기복변위

사진이 중심투영의 특성을 가지고 있으므로 연직으로 촬영하여도 대상물에 기복이 있을 경우에 축척은 동일하지 않으며, 사진면에서 연직점을 중심으로 방사상의 변위가 생기는데 이같이 지상에 기복이 있을 경우 발생하는 변위

① 기복변위의 원리

정사투영지도라면 P점은 지도상에 A점으로 나타나지만 중심투영에 의한 사진에서는 a점에서 기복 h에 의한 변위 Δr을 계산

$$\boxed{식}\quad \Delta r = \frac{h}{H}r \qquad \Delta r_{max} = \frac{h}{H}r_{max} = \frac{h}{H}\frac{\sqrt{2}}{2}a$$

여기서 h는 비고, H는 촬영고도, Δr은 기복변위량, r은 연직점에서 상점의 거리

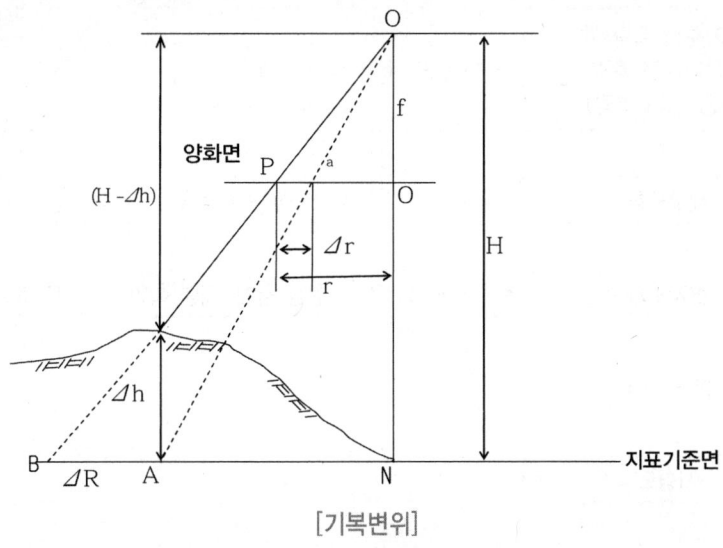

[기복변위]

② 특징
  ㉠ 비고(h)에 비례하고 비행고도(H)에 반비례
  ㉡ 연직점에서 기준까지의 거리인 r이 커질수록 기변변위는 증가
  ㉢ 지표가 튀어나온 돌출지역에서는 바깥으로 밀려나가는 왜곡이 발생하므로 안쪽으로 보정
  ㉣ 움푹하게 들어간 함몰지역에서는 바깥쪽으로 보정

나. 공선조건
  3차원공간상의 한 점이 투영중심을 지나 필름상의 점에 투영되므로 이 세 점(A, L, a)은 동일선상에 존재

다. 공면조건
  2개의 투영중심과 공간상의 임의의 점의 상점(像點)이 동일평면내에 존재하기 위한 관계식

❸ 사진측량에 의한 지형도 제작

(1) 지형도의 제작과정

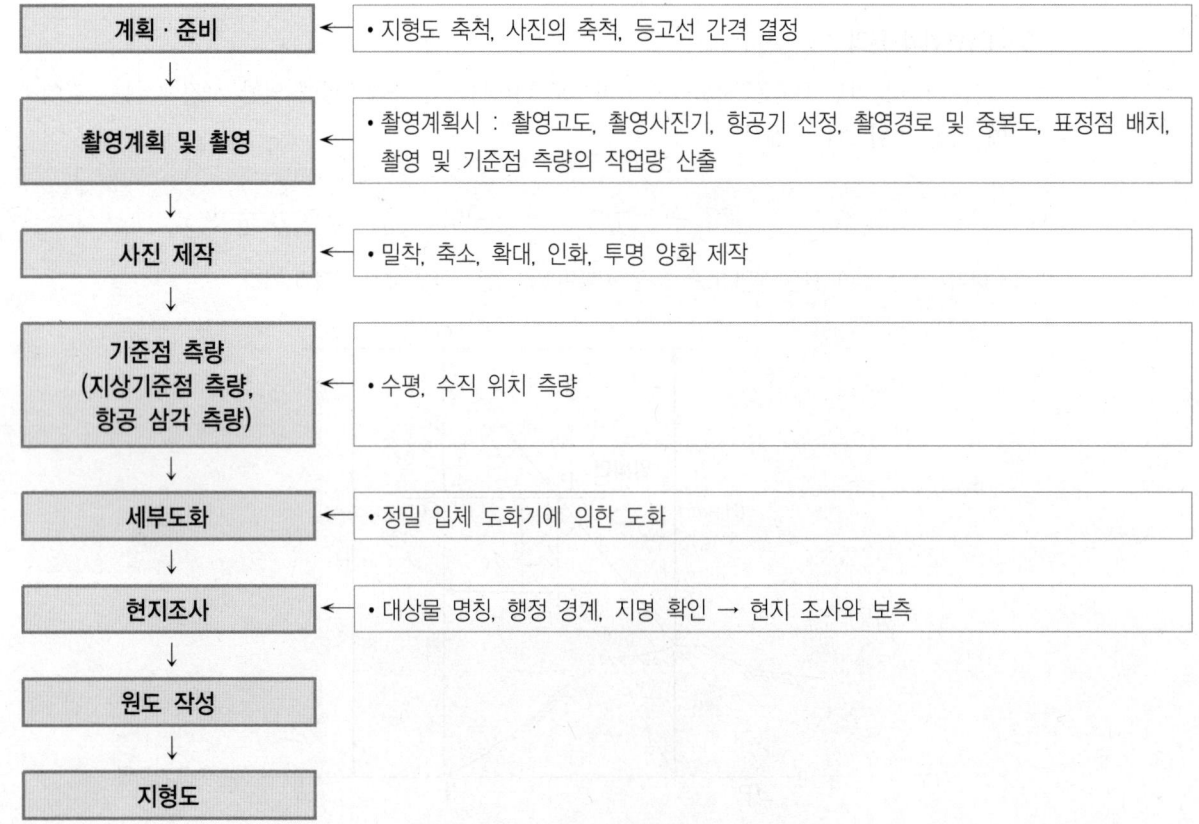

(2) 촬영계획

1) 계획수립시 고려사항

① 촬영기선길이 및 촬영고도
② 도화기 계수(C) 및 등고선간격
③ 촬영경로 및 사진 매수
④ 표정점의 배치
⑤ 촬영일시 및 촬영사진기의 선정
⑥ 촬영계획도 작성
⑦ 지도의 사용목적
⑧ 소요의 사진축척 및 정확도

2) 사진축척

가. 지표면이 평탄한 경우

① 삼각형의 닮은꼴을 이용
② 비행기의 촬영고도는 축척을 정한 후 초점거리를 곱하여 구함
③ 축척은 촬영고도에 반비례, 초점거리에 비례

$$\text{식} \quad M = \frac{1}{m} = \frac{l}{s} = \frac{f}{H}$$

여기서, M : 사진축척(photo scale)
m : 사진축척 분모수
l : 사진상에서 잰 두 점 사이의 길이
s : l에 대한 지상거리
f : 초점거리(주점거리, 화면거리)
H : 촬영고도

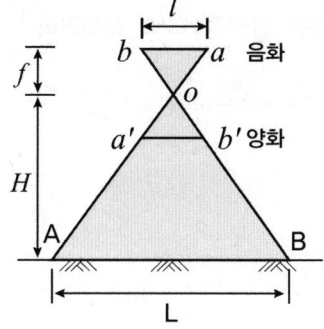 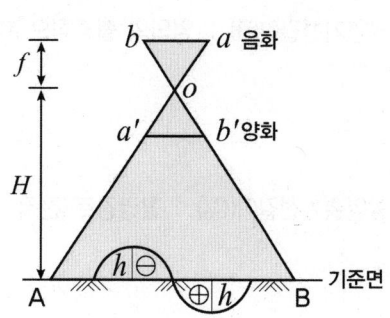

나. 지표면에 비고가 있을 때

① 비고가 (+)값인 경우

$$\text{식} \quad M = \frac{1}{m} = \frac{f}{H-h}$$

② 비고가 (−)값인 경우

$$\text{식} \quad M = \frac{1}{m} = \frac{f}{H+h}$$

3) 중복도

가. 종중복도

① 종중복은 촬영진행 방향의 중복
② 중복사진의 입체시가 목적으로 스트립 형성
③ 최소 50% 이상이나 일반적으로 60%의 중복

나. 횡중복도

① 인접한 촬영경로 사이의 중복으로 블록 형성
② 최소 5% 이상이나 일반적으로는 30%의 중복도를 주어 촬영

다. 산악지역의 중복

① 비행고도에 대하여 10~20%의 비고차이가 있을 경우는 산악지역으로 보고 2단촬영을 하여 축척을 정함
② 산악지형이나 고층빌딩이 밀집한 시가지는 10~20% 이상 중복도를 높여서 촬영
③ 사각부의 제거가 목적

4) 촬영기선길이

가. 촬영기선길이(B) : 임의의 촬영점으로부터 다음 촬영점까지의 실제거리

$$\text{식} \quad B = mb = ma\left(1 - \frac{p}{100}\right)$$

나. 촬영횡기선길이(C_0) : 촬영경로 간격

$$\text{식} \quad C_0 = ma\left(1 - \frac{q}{100}\right)$$

여기서, B : 촬영종기선 길이 C_0 : 촬영횡기선 길이 m : 사진축척분모수
        p : 종중복도(over lap) q : 횡중복도(side lap)

다. 주점기선길이(b_0)와 촬영기선길이(B)와의 관계

$$B = ma(1-\frac{p}{100})$$
$$b_0 = a(1-\frac{p}{100})$$
$$B = mb_0$$

라. 대축척도면 제작시 : 기복변위량을 작게 하기 위해서는 중복도를 증가시킴

5) 촬영경로

① 촬영경로는 촬영지역을 완전히 덮도록 촬영경로 사이의 중복도를 고려하여 결정
② 도로나 하천 등의 선형구조물을 촬영할 경우 이것에 따른 직선 촬영경로를 조합하여 촬영하지만 일반적으로 넓은 지역의 경우 동서방향으로 직선촬영경로가 되도록 계획
③ 지역이 남북으로 긴 경우 후속하는 작업의 기준점 배치, 도화능률 등의 경제성을 고려하여 남북방향으로 계획
④ 일반적으로 중축척의 경로길이는 약 30km 이내(10~20model) 한도

6) 촬영고도

① 촬영기준면은 촬영고도를 정할 때의 기준으로 계획지역 내의 저지면을 기준으로 촬영고도 결정
② 비고가 촬영고도의 20%를 초과할 경우 2단 촬영을 하고 촬영경로 단위로 촬영고도를 바꾼다.
③ 촬영고도는 그려진 등고선의 간격과 사용하는 도화기의 성능과 관계

$$H = C\Delta h$$

여기서, H : 촬영고도
C : 도화기의 계수
Δh : 등고선 간격

7) 유효 면적(A)의 계산

가. 사진 한 매의 경우

$$A_o = (a \cdot m)(a \cdot m) = a^{2m^2} = \frac{a^2 H^2}{f^2} = \frac{ab}{f^2}H^2$$

나. 단촬영경로(사진이 종방향으로 접합된 모형)인 경우 유효입체모형면적

$$A_1 = (m \cdot a)(1-\frac{p}{100})(m \cdot a) = A_o(1-\frac{p}{100})$$

다. 복촬영경로(사진이 종방향으로 접합된 모형)인 경우 유효입체모형면적

$$A_2 = (m \cdot a)(1-\frac{p}{100})(m \cdot a)(1-\frac{p}{100}) = A_o(1-\frac{p}{100})(1-\frac{q}{100})$$

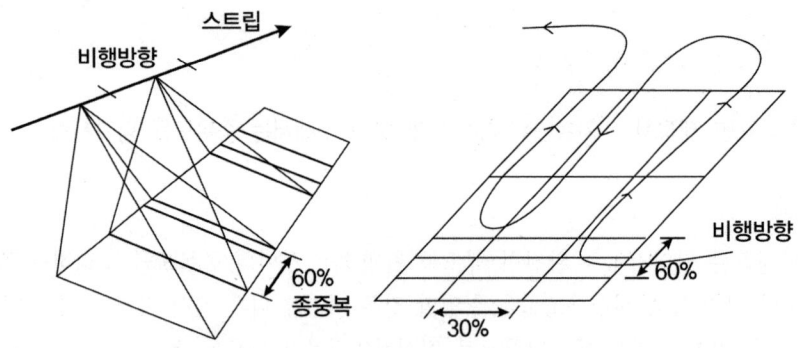

8) 사진매수

 가. 안전율을 고려한 경우

$$사진매수(N) = \frac{F}{A} \times (1 + 안전율)$$

여기서 F는 촬영대상지역의 면적이나 단촬영경로인 경우는 촬영종방향길이, A는 유효면적

 나. 안전율을 고려하지 않았을 경우

　① 종모델수 = $\frac{촬영경로의 종방향의 길이}{종기선 길이}$ = $\frac{S_1}{B}$ = $\frac{S_1}{ma(1-\frac{p}{100})}$

　② 횡모델수 = $\frac{촬영경로의 횡방향의 길이}{횡기선 길이}$ = $\frac{S_2}{B}$ = $\frac{S_2}{ma(1-\frac{q}{100})}$

　③ 총모델수 = 종 모델수 × 횡 모델수
　④ 사진매수 = {(종 모델수 + 1) × 횡 모델수}

9) 지상기준점측량의 작업량

　① 삼각점총수 = 총 모델수 × 2
　② 수준측량 총거리 = [촬영경로의 종방향길이 × {2×(촬영경로의 수) + 1} + 촬영경로 횡방향길이 × 2] km

10) 사진촬영

　① 항공사진촬영은 운항속도의 180~200km/h 정도의 소형항공기에 의함
　② 요즘 도시의 대축척지도 제작에 100km/h의 항공기도 이용

③ 항공기 조종사 이외에 촬영사가 동승하여 사진기의 조작과 촬영 수행
④ 높은 고도에서 촬영할 경우는 고속기 이용
⑤ 낮은 고도에서의 촬영에서는 노출중의 편위에 의한 영향에 주의
⑥ 촬영은 지정된 촬영경로에서 촬영경로 간격의 10% 이상 차이가 없도록 함
⑦ 고도는 지정고도에서 5% 이상 낮게 혹은 10% 이상 높게 진동하지 않도록 직선상에서 일정한 거리를 유지하면서 촬영
⑧ 앞 뒤 사진간의 회전은 5° 이내 촬영시의 사진기 경사는 3° 이내

11) 노출시간

① 촬영할 때 문제가 되는 것은 노출시간 조리개의 결정
② 사용하는 필름의 감광도, 필터의 성질, 촬영목적물에서의 반사광의 분석 분포 등으로 사진촬영할 때 고려해야만 하는 사항 등
③ **최장 및 최소노출시간의 계산식**

$$T_l = \frac{\Delta S_m}{V}, \quad T_s = \frac{B}{V}$$

여기서, T_l : 최장노출시간(sec)　　　　T_s : 최소노출시간(sec)
　　　　V : 항공기의 초속　　　　　　ΔS : 흔들리는 량(mm)
　　　　$B : ma \times (1 - \frac{p}{100})$　　　　m : 축척분모수

(3) 입체사진측량

1) 입체시

   가. 입체시의 일반

   ① 단안시
      ㉠ 사물을 한 눈으로 보는 것
      ㉡ 망막에 비치는 상이 평면적이므로 물체의 원근감을 얻을 수 없음

   ② 쌍안시
      ㉠ 사물을 두 눈으로 보는 것
      ㉡ 원근감으로 얻게 됨

   ③ 입체시
      ㉠ 쌍안시에 의해 입체감을 얻는 것
      ㉡ 정입체시와 역입체시가 있음

   나. 정입체시와 역입체시

   ① 정입체시
      어떤 대상물을 찍은 중복사진을 명시거리(약 25cm)에서 왼쪽 사진은 왼쪽 눈, 오른쪽 사진은 오른쪽 눈으로 바라보면 상이 하나로 융합되면서 입체감을 얻는 현상

   ② 역입체시
      ㉠ 입체시 과정에서 높은 것이 낮게, 낮은 것이 높게 보이는 현상
      ㉡ 정입체시되는 한 쌍의 사진에서 좌우사진을 바꾸어 입체시하는 경우
      ㉢ 정상적인 여색입체시 과정에서 색안경의 적색과 청색을 바꾸어 볼 경우

   다. 입체사진의 조건
   ① 한 쌍의 사진을 촬영한 사진기의 광축이 거의 동일평면상에 있어야 함
   ② 기선고도비(B/H)가 적당한 값은 1/4(약 0.25)
   ③ 기선고도비란 촬영거리에 대한 촬영기선의 비율
   ④ 2매의 사진축척은 거의 같아야 하며, 최대 15%의 축척차까지 입체시되나 장시간 입체시할 경우 5% 이상의 축척차는 좋지 않음

   라. 입체시의 방법

   ① 육안에 의한 입체시
      중복사진을 왼쪽 그림은 왼쪽 눈, 오른쪽 그림은 오른쪽 눈으로 입체시를 얻는 방법

② 인공 입체시
  ㉠ **입체경에 의한 입체시** : 렌즈식 입체시, 반사식 입체시
  ㉡ **여색입체시** : 1쌍의 입체사진의 오른쪽은 적색, 왼쪽은 청색으로 현상하여 왼쪽은 적색, 오른쪽은 청색인 안경으로 볼 때 얻는 입체시
  ㉢ **편광입체시** : 직교한 편광소자의 조합에 의한 차광효과를 이용하여 좌우안의 화상을 분리하는 것으로 편광필터에 의한 입체 디스플레이를 하는 방식
  ㉣ **순동입체시** : 눈의 착시 현상을 이용한 방법으로 영화와 같이 망막상의 잔상을 이용하여 입체시를 얻는 방법
  ㉤ **컴퓨터상 입체시** : 컴퓨터 메모리상에 있는 왼쪽 영상과 오른쪽 영상을 VGA카드에서 짝수 주사선에는 왼쪽영상, 홀수 주사선에는 오른쪽영상을 번갈아 가며 디스플레이시키는 것

마. 입체상의 변화
  ① 기선(B)이 긴 경우가 짧은 경우보다 더 높게 보임
  ② 렌즈의 초점거리가 긴 쪽의 사진이 짧은 쪽의 사진보다 더 낮게 보임
  ③ 같은 촬영기선에서 촬영할 때 낮은 촬영고도(대축척)로 촬영한 사진이 촬영고도가 높은 경우(소축척)보다 더 높게 보임
  ④ 눈의 위치가 약간 높아짐에 따라 입체상은 더 높게 보임
  ⑤ 눈을 옆으로 돌리면 눈이 움직이는 쪽으로 비스듬히 기울어져 보임

2) 시차

가. 시차의 정의
  ① **시차**
    한 쌍의 사진상에 있어 동일점에 대한 상점이 연직한 상태에서 만나게 되는 한 점에서 생기는 종횡의 시각적 오차
  ② **X시차(횡시차, P_x)**
    ㉠ 한 쌍의 항공사진의 주점거리와 동일한 점을 절대적으로 입체시 하고 각각 다르게 연직사진으로 촬영된 두 개의 영상은 항공기선의 시차와 수평면으로 측정된 거리의 차이
    ㉡ X방향으로 이동되며 물체의 높이와 관련
  ③ **Y시차(종시차, P_y)**
    ㉠ 항공기선에 포함된 수직면과 두 개의 영상에 있는 한 점의 수직거리와의 차이
    ㉡ Y시차가 소거되어야 양호한 입체모델을 얻게 됨
    ㉢ Y방향으로 이동되며 사진의 경사에 한정되어 관련

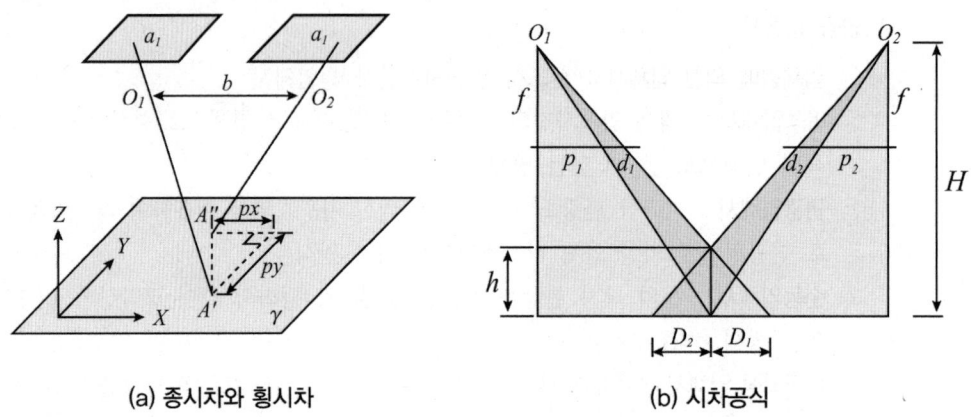

(a) 종시차와 횡시차   (b) 시차공식

나. 시차차

① 시차차의 개요

㉠ 관측위치의 변동으로 인하여 대상물의 상이 사진상의 주점에 대하여 변위되어 촬영된 것으로 두 점 사이의 시차차는 두 점 사이의 높이차에서 기인

㉡ 비행고도, 촬영기선길이, 초점거리 등과 시차차의 관계를 규명하여 높이를 보다 용이하게 계산할 수 있음

② 시차차 관련 공식

㉠ 비고(봉의 높이)를 구하는 경우 : $h = \dfrac{H}{P_r + \Delta P} \Delta P$

㉡ 기준면의 시차 대신 주점기선길이를 관측하는 경우 : $h = \dfrac{H}{b_0 + \Delta P} \Delta P$

㉢ 시차차가 무시할 정도로 작을 경우 : $h = \dfrac{H}{b_0} \Delta P$

여기서, H: 비행고도, ΔP: 시차차($P_a - P_r$), P_a: 정상시차, P_r: 기준면시차, b_0: 주점기선길이

3) 과고감

가. 과고감의 개요

평면축척에 대하여 수직축척이 크게 되므로 높은 곳은 더 높게 낮은 곳은 더 낮게 과장되어 보이는 것

나. 부상비

부상비(n) : $\dfrac{촬영기선의 길이(B)}{안기선의 길이(b)}$

다. 과고감의 특징

① 입체시한 경우 과고감이나 촬영에 사용한 렌즈의 초점거리, 사진의 중복도에 따라 변함

② 과고감은 부상도와 관찰자의 경험이나 심리, 생리적 작용 등이 복잡하게 합하여 생기는 것

③ 과고감은 지표면의 기복을 과장하여 나타낸 것으로 낮고 평탄한 지역의 지형판독에 도움
④ 과고감은 사면의 경사가 실제보다 급하게 보이므로 오판에 유의
⑤ 과고감은 필요에 따라 사진판독의 요소로도 사용

4 표정

(1) 표정

1) 표정의 개요
사진측량에서 매우 중요한 과정 중 하나로 촬영 당시의 카메라와 대상물의 관계를 재현하는 것

가. 내부표정
① 사진의 주점을 투영기의 중심에 일치
② 초점거리의 조정
③ 건판신축, 대기굴절, 지구곡률, 렌즈왜곡의 보정

나. 외부표정

① 상호표정
  ㉠ 종시차 소거
  ㉡ 5개의 표정인자($\kappa, \phi, \omega, b_y, b_z$) 사용

② 절대표정
  ㉠ 축척 및 경사의 조정으로 위치 결정
  ㉡ 축척의 결정, 위치 및 방위의 결정, 표고 및 경사의 결정
  ㉢ 7개의 표정인자($\lambda, \kappa, \phi, \omega, s_x, s_y, s_z$) 사용

③ 접합표정
  ㉠ 모델간, 스트립 간의 접합요소
  ㉡ 입체모형인 경우 생략, 좌표변환시에만 필요
  ㉢ 7개의 표정인자($\lambda, \kappa, \phi, \omega, c_x, c_y, c_z$) 사용

2) 표정의 순서
내부표정 → 상호표정 → 절대표정 → 접합표정

가. 내부표정
① 도화기의 투영기에 촬영 당시와 똑같은 상태로 양화건판을 정착시키는 작업

② 기계좌표로부터 지표좌표를 구한 다음 사진좌표를 구하는 단계의 표정
③ 내부표정 좌표조정 변환식
   ㉠ Helmert 변환 : 2차원 회전, 원점의 평행 이동, 축척을 보정한 변환
   ㉡ 2차원 등각사상 변환 : 직교기계좌표로부터 관측된 지표좌표를 사진좌표로 변환할 때 이용되며, 축척변환, 회전변환, 평행변위 3단계로 이뤄짐
   ㉢ 2차원 부등각 사상변환 : 비직교기계좌표로부터 관측된 지표좌표를 사진좌표로 변환시 이용

나. 상호표정
① 대상물과의 관계를 고려하지 않고 좌우사진의 양 투영기에서 나오는 광속이 이루는 종시차를 소거하여 입체모형 전체가 완전입체시되도록 하는 작업
② 사진좌표로부터 사진기 좌표를 구한 후 모델좌표를 구하는 단계의 표정
③ 상호표정 좌표조정 변환식
   ㉠ 공선조건 : 공간상 임의의 점과 그에 대응되는 사진상의 점, 사진기의 투영중심이 동일직선상에 있어야 할 조건
   ㉡ 공면조건 : 두 개의 투영중심과 공간상의 임의점의 두 상점이 동일평면상에 있기 위한 조건

다. 절대표정(대지표정)
① 상호표정이 끝난 입체모형을 지상 기준점을 이용하여 대상물의 공간상 좌표계와 일치시키는 작업
② 모델좌표를 이용하여 절대좌표를 구하는 단계의 표정
③ 대상물 3차원 좌표를 얻기 위한 조정법(조정의 기본단위로 구분)
   ㉠ 다항식법 : 종접합모형(strip)인 경우
   ㉡ 독립모델법 : 입체모형(model)인 경우
   ㉢ 광속법 : 사진일 경우
   ㉣ DLT법

라. 접합표정
① 인접된 2개의 입체모형에 공통된 요소를 활용하여 입체모형의 경사와 축척 등을 통일
② 서로 독립된 입체모형좌표계로 표시되어 있는 입체모형좌표를 하나의 통일된 스트립좌표계로 순차적으로 변환하는 작업

(2) 항공삼각측량

1) 개요
① 입체도화기 및 정밀좌표관측기에 의해 사진상에 무수한 점들의 좌표를 관측한 후
② 소수의 지상기준점 좌표와 도화기 등의 정밀좌표측정기에 얻어진 사진좌표나 모델좌표, 스트립 좌표들을 이용하여 수학적으로 절대좌표를 결정하는 과정

2) 항공삼각측량의 장점 및 활용

가. 장점
① 실내작업으로 지상기준점 획득 가능
② 측량대상지역 내로 진입하는 것 최소화
③ 지상측량이 어려운 지역의 측량 최소화
④ 항공삼각측량을 통해 실체 관측된 GCP의 정밀도 검정

나. 활용
① 도화기에서 모델의 절대표정을 위한 지상기준점 제공
② 필지경계점 좌표계산
③ DEM 제작
④ 기계구조물(선박, 항공기) 정밀 위치측량

3) 항공삼각측량법의 분류

가. 촬영경로수에 의한 분류
① 스트립 조정
② 블록 조정

나. 조정단위의 종류에 의한 분류
① **다항식법** : 블록
② **독립모델법** : 입체모형
③ **광속법** : 사진

다. 조정방법에 의한 분류
① **기계법** : 에어로 폴리곤법, 독립모델법, 스트립 및 블록 조정
② **해석법** : 광속법, 독립모델법, 스트립 및 블록조정

4) 항공삼각측량의 조정방법

가. 다항식법
① 스트립을 단위로 블록을 조정하는 것
② 스트립마다 접합표정 또는 개략이 절대표정을 한 후 복스트립에 포함된 기준점과 횡접합점을 이용하여 각 스트립의 절대표정을 다항식에 의한 최소제곱법으로 결정하는 방법

나. 독립모델법
① 각 모델을 단위로 접합점과 기준점을 이용하여 여러 모델의 좌표를 조정하여 절대좌표로 환산하는 방법
② 다항식에 비해 기준점수가 감소되어 전체적으로 정확도가 향상되므로 큰 블록 조정에 이용

다. 광속법

① 상좌표를 사진좌표로 변환시킨 다음 사진좌표로부터 직접 절대좌표를 구하는 것
② 종횡접합모형 내의 각 사진상에 관측된 기준점 접합점의 사진좌표를 이용하여 최소제곱법으로 각 사진의 외부표정 요소 및 접합점의 최확값을 결정하는 방법
③ 각 점의 사진좌표가 관측값으로 이용되므로 다항식법이나 독립모형법에 비해 정확도가 가장 양호하며 조정능력이 높은 방법
④ 수동적인 작업은 최소이나 계산과정이 매우 복잡한 방법

5) 항공삼각측량의 배치계획

가. 스트립 배치계획

① 스트립은 10~15개의 입체사진마다 배치하는 것이 원칙
② 일반적으로 첫 모델에 3~4점, 4~5모델마다 1점씩 배치하고 마지막에 2점 배치
③ 삼각점은 x, y평면에서 축척조정에 이용되며 일반적으로 7점 배치
④ 수준점은 높이(z)에 관한 조정에 이용되며 일반적으로 6점이 사용

나. 블록 배치계획

① 블록에서의 표정점 배치에는 축척조정에 관계되는 삼각점은 외곽에 배치하고 경사조정에 관계하는 수준점은 횡방향으로 배치하여 조정 수행
② 실제 조정작업에서는 작업내용이나 경험에 따라 적절히 배치하여 수행

(3) 편위수정과 사진지도

1) 편위수정

가. 편위수정의 개요

① 비행기로 사진을 촬영할 때 항공기의 동요나 경사로 인해 사진상의 약간의 변위가 생기는 현상과 축척이 일정하지 않은 경사와 축척을 수정하여 변위가 없는 수직사진으로 작성하는 작업
② 항공사진의 음화를 촬영할 때와 같은 상태로 놓고 지면과 평행한 면에 이것을 투영함으로 수정할 수 있으며 기하학적 조건, 광학적 조건, 샤임플러그 조건이 필요

나. 편위수정의 원리

① 편위수정기는 매우 정확한 대형기계로서 배율, 축척 조정에 활용하며 원판과 투영판의 경사도 자유로이 변화시킬 수 있으며, 보통 4개의 표정점이 필요
② 편위수정기의 원리는 렌즈, 투영면, 화면의 3가지 요소에서 항상 선명한 상을 갖도록 하는 조건을 만족시키는 방법

다. 편위수정을 위한 조건

① 기하학적 조건(소실점조건)

필름을 경사지게 하면 필름의 중심과 편위수정기의 렌즈중심은 달라지므로 이를 바로잡기 위해 필름을 움직여야 하는 것을 소실점 조건이라 한다.

② 광학적 조건(Newton의 조건)

광학적 경사보정은 경사편위수정기라는 특수한 장비를 사용하여 확대배율을 변경하여도 항상 예민한 영상을 얻을 수 있도록 하는 조건

③ 샤임플러그 조건

화면과 렌즈 주점과 투영면의 연장이 항상 한 선에서 일치하도록 하여 투영면상의 상이 선명하게 맺히도록 하는 조건

2) 사진지도

가. 사진지도의 개요

사진지도는 사진과 지도의 특징을 모두 표현하는 것으로 사진을 직접 보듯이 표현된 것으로 지도만으로는 알 수 없는 부분까지도 사진의 표현을 이용하여 알 수 있으므로 조사용으로 특히 유용하게 활용할 수 있다.

나. 사진지도의 종류

① **약조정집성사진지도** : 사진기의 경사에 의한 변위, 지표면의 비고에 의한 변위를 수정하지 않고 사진을 그대로 붙여 접합한 사진지도
② **반조정집성사진지도** : 일부의 수정만 거친 사진지도
③ **조정집성사진지도** : 사진기의 경사에 의한 변위를 수정하고, 축척도 조정한 사진지도
④ **정사투영사진지도** : 사진기의 경사, 지표면의 비고를 수정하였을 뿐 아니라 등고선까지 삽입한 사진지도

다. 사진지도의 장단점

① 장점

㉠ 넓은 지역 한눈에 파악 가능
㉡ 조사에 편리
㉢ 지표면에 있는 단속적인 징후도 경사로 되어 연속으로 보임
㉣ 지형, 지질이 달라도 사진상에서 추적 가능

② 단점

㉠ 산지와 평지에서는 지형이 일치하지 않음
㉡ 운반에 불편
㉢ 사진의 색조가 다르므로 오판의 가능성 높음
㉣ 과고감에 의해 산의 사면이 실제보다 깊게 보임

CHAPTER 08 사진측량

01. 항공사진 상에서 축척을 구하는데 필요하지 않은 것은?

① 촬영고도　　② 표고
③ 카메라 초점거리　　④ 사진규격

> 해설 항공사진의 축척은 촬영고도와 표고에 반비례하고, 카메라의 초점거리에 비례한다.
> ① 사진축척
> $$M = \frac{1}{m} = \frac{f}{H}$$: 촬영기준면이 평균해수면인 경우
> ② 비고(표고)에 따른 사진축척
> $$M = \frac{1}{m} = \frac{f}{H-h}$$: 표고가 기준면보다 높은 경우
> $$M = \frac{1}{m} = \frac{f}{H+h}$$: 표고가 기준면보다 낮은 경우

02. 항공사진 촬영성과 중 재촬영하지 않아도 되는 것은?

① 항공기의 고도가 계획촬영고도를 10% 벗어날 때
② 인접 코스 간의 중복도가 표고의 최고점에서 3%일 때
③ 촬영 진행방향의 중복도가 53% 미만인 경우가 전 코스 사진매수의 1/2일 때
④ 디지털항공사진 카메라의 경우 촬영코스당 지상표본거리가 당초 계획하였던 목표값보다 큰 값이 20% 발생했을 때

> 해설 [항공사진 촬영성과 중 재촬영 요인의 판정기준(항공사진촬영 작업규정 제24조)]
> 1. 항공기의 고도가 계획촬영 고도의 15% 이상 벗어날 때
> 2. 촬영 진행방향의 중복도가 53% 미만인 경우가 전 코스 사진매수의 1/4 이상일 때
> 3. 인접한 사진축척이 현저한 차이가 있을 때
> 4. 인접 코스간의 중복도가 표고의 최고점에서 5% 미만일 때
> 5. 구름이 사진에 나타날 때
> 6. 적설 또는 홍수로 인하여 지형을 구별할 수 없어 도화가 불가능하다고 판정될 때
> 7. 필름의 불규칙한 신축 또는 노출불량으로 입체시에 지장이 있을 때
> 8. 촬영시 노출의 과소, 연기 및 안개, 스모그(smog), 촬영셔터(shutter)의 기능불능, 현상처리의 부적당 등으로 사진의 영상이 선명하지 못할 때
> 9. 보조자료(고도, 시계, 카메라번호, 필름번호) 및 사진지표가 사진상에 분명하지 못할 때
> 10. 후속되는 작업 및 정확도에 지장이 있다고 인정될 때
> 11. 지상GPS기준국과 항공기에서 수신한 GPS신호가 단절되어 GPS데이터 처리가 불가능할 때
> 12. 디지털항공사진 카메라의 경우 촬영코스 당 지상표본거리(GSD)가 당초 계획하였던 목표 값보다 큰 값이 10% 이상 발생하였을 때

03. 항공사진에 대한 설명으로 틀린 것은?

① 항공사진으로 지도를 만들 수 없다.
② 항공사진은 지면에 비고가 있으면 그 상은 변형되어 찍힌다.
③ 항공사진은 지면에 비고가 있으면 연직사진이어도 렌즈의 중심과 지상점의 높이의 차가 다르고 축척은 변화한다.
④ 항공사진은 경사져 있으면 지면이 평탄하더라도 사진의 경사의 방향에 따라 한쪽은 크고 다른 쪽은 작게 되어 축척은 일정하지 않다.

> 해설 사진측량은 항공사진을 도화하여 지형도를 제작하는 과정이다.
> [항공사진의 특징(편위수정)]
> ① 항공사진은 정확한 연직사진이 아니므로 사진상에 변위가 발생하고 축척도 일정하지 않다.
> ② 편위수정은 촬영한 그대로 항공사진의 경사를 바로 하고, 촬영고도의 변동에 의한 사진축척의 변화를 수정하여 편차가 없는 일정한 축척의 연직사진을 만드는 작업
> ③ 편위수정에는 그 사진내에 적어도 4 이상의 기준점이 있어야 하고 그 가운데 4점은 사진의 네모서리 가까이에 있어야 한다.

정답 01. ④　02. ①　03. ①

④ 편위수정에 사용되는 기준점의 표고가 편위수정의 기준면의 표고와 다른 경우 비고 때문에 일어나는 편위만이라도 보정하여 두어야 한다.

04. 사진측량의 장점이 아닌 것은?

① 동적측량이 가능하다.
② 기상조건에 영향을 거의 받지 않는다.
③ 측량의 정확도가 균일하다.
④ 분업화에 의한 작업능률성이 높다.

해설 사진측량은 기상의 영향을 받기 쉬운 단점이 있다.
[사진측량의 장점]
① 광범위한 외업을 빠른 시간에 할 수 있다.
② 촬영기록은 영구히 보존되므로 그 자료에 의하여 필요에 따라 고쳐서 측량하는 것도 간단히 할 수 있다.
③ 접근하기 어려운 대상물의 측량이 용이하다.
④ 정확도는 균일성이다.
⑤ 지표에 표현할 수 없는 부분도 촬영되므로 각종 조사에 이용된다.
⑥ 축척변경이 용이하다.
⑦ 경제적이다.
⑧ 4차원 측량이 가능하다.

05. 항공사진측량을 위하여 초점거리 200㎜의 사진기로 1:20,000 입체사진을 촬영했을 때 일반적으로 허용되는 정확도의 범위로 옳은 것은?

① 수평위치(X, Y) 정확도는 0.2~0.6m, 수직위치(H) 정확도는 0.4~0.8m
② 수평위치(X, Y) 정확도는 1.2~1.4m, 수직위치(H) 정확도는 1.2~1.6m
③ 수평위치(X, Y) 정확도는 0.6~1.0m, 수직위치(H) 정확도는 0.2~0.6m
④ 수평위치(X, Y) 정확도는 0.2~0.4m, 수직위치(H) 정확도는 0.8~1.2m

해설 [사진측량의 정확도]
① 수평위치의 정확도 : $(10 \sim 30 \mu m) \times m$
여기서, m은 축척의 분모수이고,
μm는 $10^{-6} m = (10 \sim 30 \mu m) \times m$

$= (10 \sim 30) \times \dfrac{1}{1,000,000} m \times 20,000$

$= (0.2 \sim 0.6) m$

② 수직위치의 정확도 : 촬영고도의 $\dfrac{1 \sim 2}{10,000}$

$= \left(\dfrac{1 \sim 2}{10,000}\right) \times H = \left(\dfrac{1 \sim 2}{10,000}\right) \times 4,000$

$= (0.4 \sim 0.8) m$

∴ $H = mf = 20,000 \times 0.2 = 4,000 m$

06. 해발고도 3000m에서 촬영한 연직사진이 있다. 이 사진상에서 표고 120m 지점에 길이 4.0㎜로 찍혀있는 교량의 실제길이는? (단, 사용된 사진기의 초점거리는 150㎜)

① 70.8m ② 74.6m
③ 76.8m ④ 80.0m

해설 $M = \dfrac{1}{m} = \dfrac{f}{H-h} = \dfrac{\text{교량의 사진상 길이}}{\text{교량의 실제길이}}$

$M = \dfrac{1}{m} = \dfrac{0.15}{3,000-120} = \dfrac{1}{19,200}$

∴ 교량의 실제길이 $= 19,200 \times 0.004 m = 76.8 m$

07. 다음 중 항공사진의 보조자료와 거리가 먼 것은?

① 사진지표(Fiducial mark)
② 부점(Floating mark)
③ 촬영고도
④ 수준기

해설 부점(Floating mark)은 사진상에서 지형, 지물, 높이를 관측할 수 있는 역할을 하는 점이다.
[항공사진의 보조자료]
① 촬영고도 : 축척결정에 활용
② 초점거리 : 정확한 축척결정과 도화에 필요한 요소
③ 고도차 : 비행시기에 따른 고도차 표시
④ 촬영시간 : 셔터를 누르는 순간시각을 표시
⑤ 수준기 : 촬영카메라의 경사상태 파악에 활용
⑥ 지표 : 필름의 신축보정에 이용
⑦ 사진번호 : 촬영순서 구분

08. 초점거리 150mm, 비행고도 4,500m인 항공사진측량에서 일반적인 수평위치 오차의 범위는?

① 0.8~2.4mm　　② 0.5~1.0cm
③ 0.1~0.3m　　　④ 0.3~0.9m

해설 $M = \dfrac{1}{m} = \dfrac{f}{H} = \dfrac{0.15}{4,500} = \dfrac{1}{30,000}$

수평위치의 정확도 $= (10 \sim 30\mu m) \times m$

여기서, m은 축척의 분모수이고, um는 $10^{-6}m$

$= (10 \sim 30\mu m) \times 30,000 = \dfrac{(10 \sim 30)m}{1,000,000} \times 30,000$

$= (0.3 \sim 0.9)m$

09. 초점거리 210mm인 카메라로 평지를 촬영하였을 때 주점기선의 길이가 73mm이었다. 인접사진과의 종중복도는? (단, 사진의 크기는 23cm×23cm이다.)

① 76%　　② 68%
③ 53%　　④ 48%

해설 사진의 크기가 23cm이고, 주점기선길이가 73mm라면 중복된 부분의 길이는 $230 - 73 = 157mm$ 이다.

종중복도(p) $= \dfrac{\text{겹친 부분}}{\text{사진의 크기}} = \dfrac{157}{230} \times 100(\%)$

$= 68.26\%$

별해 주점기선길이 $b_0 = a(1-p)$ 이므로

$73 = 230(1-p)$를 이항하여 정리하면

$p = 1 - \dfrac{73}{230} = 68.26\%$

10. 편위수정법에 의하여 1:5,000의 지형도 측정을 계획하고 있다. 편위수정을 평면기준점을 기준으로 하여 실시하였을 때 허용되는 최대 비고(표고차)는? (단, 초점거리는 150mm, 사진축척은 1:10,000, 완성도상(1:5,000)에서의 허용오차는 0.3mm이며, 도화에 이용될 지역은 1:10,000의 사진에서 주점으로부터 3cm의 범위이다.)

① 3.0m　　② 5.7m
③ 7.5m　　④ 11.2m

해설 $H = m \cdot f = 5,000 \times 0.15 = 750m$

$\dfrac{1}{5,000}$ 완성도상에서의 허용오차는 0.3mm이므로 비고의 최대값을 h_{max}라 하면

$0.3mm \geq \Delta r = \dfrac{h_{max}}{750m} \times 30mm$

$h_{max} \leq 7.5m$

∴ 기준면으로부터 비고가 상하로 7.5m의 범위가 된다.

11. 다음 수식은 어느 표정에 필요한 것인가? (여기서, $(X_G\ Y_G\ Z_G)$는 지상좌표, S는 축척, $(r_{11}\ r_{12}\cdots r_{33})$은 회전행렬, $(x_m\ y_m\ z_m)$은 모델좌표, $(X_T\ Y_T\ Z_T)$는 원점 이동량)

$$\begin{pmatrix}X_G\\Y_G\\Z_G\end{pmatrix} = S \begin{pmatrix}r_{11}\ r_{12}\ r_{13}\\r_{21}\ r_{22}\ r_{23}\\r_{31}\ r_{32}\ r_{33}\end{pmatrix}\begin{pmatrix}x_m\\z_m\\z_m\end{pmatrix} + \begin{pmatrix}X_T\\Y_T\\Z_T\end{pmatrix}$$

① 내부표정　　② 외부표정
③ 상호표정　　④ 절대표정

해설 식에서처럼 축척, 좌표이동, 회전 등을 통해 절대좌표를 얻는 과정은 절대표정이다.

[절대표정]
표정기준점좌표를 이용하여 사진좌표, 모델좌표, 스트립좌표, 블록좌표로부터 축척, 경사 등을 조정함으로 절대좌표를 얻는 과정

12. 촬영종기선의 길이와 촬영횡기선의 길이와의 비가 4:7일 때 횡중복도가 30%였다면 종중복도는 얼마인가?

① 40%　　② 60%
③ 70%　　④ 84%

해설 $B : C = ma(1-p) : ma(1-q) = (1-p) : (1-q)$

$= 4 : 7$

$= (1-p) : (1-0.3) = 4 : 7$

∴ $p = 0.6$ (백분율이므로 $p = 60\%$)

13. 편위수정기를 이용한 편위수정(rectification)에 대한 설명으로 옳지 않은 것은?

① 편위수정을 거친 사진을 집성한 사진지도를 조정집성사진 지도라 한다.
② 사진기의 경사에 의한 변위 및 지표면의 비고에 의한 기복변위를 수정하는 것이다.
③ 수평위치 기준점이 최소한 3점이 필요하고 정밀을 요하는 경우 4점 이상이 소요된다.
④ 편위수정기를 이용하는 기계적 편위수정과 수학적 좌표변환을 이용하는 해석적 편위수정이 있다.

해설 편위수정은 사진의 경사와 축척을 수정하여 통일된 축척과 변위없는 연직사진을 제작하는 과정으로 일반적으로 4개의 표정점이 필요하다.
[편위수정의 조건]
① 기하학적 조건 (소실점 조건)
② 광학적 조건 (Newton의 렌즈조건)
③ 샤임·플러그의 조건 (화면과 렌즈주점과 투영면의 연장이 항상 한 선에서 일치하도록 하는 조건)

14. 상호표정에 대한 설명으로 옳은 것은?

① 횡시차를 소거하여 사진의 주점을 투영기의 중심에 맞추는 작업이다.
② 입체모델을 지상좌표계와 일치시키는 것이다.
③ 종시차 P_y를 소거하여 한 모델이 완전입체시가 되도록 하는 작업이다.
④ 대기굴절, 지구곡률, 렌즈수차 등을 보정하는 작업이다.

해설 상호표정은 종시차를 소거하여 목표지형물의 상대위치를 맞추는 작업으로 표정인자는 $\kappa, \phi, \omega, b_y, b_z$이다.
① 내부표정
  사진의 주점과 화면거리 조정
  건판신축, 대기굴절, 지구곡률보정, 렌즈수차 보정
② 상호표정
  양 투영기에서 나오는 광속이 촬영당시 촬영면에 이루어지는 종시차를 소거하여 목표지형물의 상대위치를 맞추는 작업
③ 절대표정
  축척의 결정, 수준면의 결정, 위치와 방위의 결정, 표고와 경사의 결정

④ 접합표정
모델과 모델의 접합, 스트립과 스트립 접합

15. 평탄지를 촬영고도 1,500m로 촬영한 연직사진이 있다. 두 사진 상에서 2점간의 시차차를 측정하니 4mm였다면 이 두 점간의 비고는? (단, 카메라의 초점거리 153mm, 사진의 크기 23×23cm, 종중복도 60%임)

① 19.6m ② 32.6m
③ 39.2m ④ 65.2m

해설 ① 주점기선장
$$b_0 = a \times (1-p) = 0.23 \times (1-0.6) = 0.092m$$
② 비고
$$h = \frac{H}{b_0}\Delta P = \frac{1,500}{0.092} \times 0.004 = 65.2m$$

16. 카메라의 촬영경사(i)가 2°, 초점거리(f)가 153mm로 평탄한 토지를 촬영한 공중사진이 있다. 이 사진에서 주점(m)에서 등각점(j)까지의 거리는?

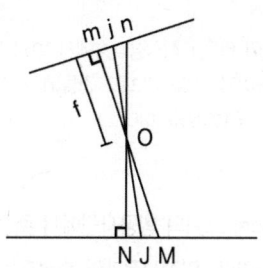

지상연직점(N) 지상주점(M)
지상등각점(J)

① 1.6mm ② 2.2mm
③ 2.7mm ④ 5.3mm

해설 주점에서 등각점의 길이는 초점거리와 경사각의 함수이다.
$$\overline{mj} = f \times \tan\frac{i}{2} = 153mm \times \tan\left(\frac{2°}{2}\right) = 2.671mm$$

17. 촬영스트립의 길이가 4km라고 하면 몇 매의 사진을 촬영해야 하는가? (단, 사진축척 1:10,000, 종중복도 60%, 사진크기 21×21cm)

① 4매 ② 5매
③ 6매 ④ 7매

해설 종모델수 $= \dfrac{S_1}{A_0}$

여기서, S_1: 촬영스트립의 길이, A_0: 유효면적

$= \dfrac{S_1}{ma(1-p)} = \dfrac{4,000m}{10,000 \times 0.21 \times (1-0.6)} = 4.76$

사진매수는 정수이므로 반올림이 아니라 올림으로 계산하며 5매의 사진을 촬영해야 한다.

18. 지상기준점으로 사용하기 위해 대공표지를 설치하고자 한다. 만약 항공사진기가 초광각카메라(화각:120°)이고, 표정기준점 설치위치의 주위에 높이가 10m인 건물이 있다면 건물에서 최소 몇 미터 이상 떨어진 곳에 대공표지를 설치해야 하는가?

① 약 10.00m ② 약 14.14m
③ 약 17.32m ④ 약 19.45m

해설 한 각이 60°인 직각삼각형에서 변의 길이가 $1:2:\sqrt{3}$ 이고 건물높이가 10m이므로 건물에서 대공표지까지의 거리는 $10\sqrt{3} ≒ 17.32m$ 이다.

19. 23cm×23cm 크기의 항공사진에서 주점기선장이 밀착사진상에서 10cm이다. 인접사진과의 중복도는?

① 약 50% ② 약 57%
③ 약 60% ④ 약 67%

해설 주점기선장은 모델에서 처음사진과 다음사진과의 거리를 말한다. 즉 겹치지 않은 순수한 사진 한장의 길이이므로

종중복도 $p = \dfrac{겹친부분}{사진의 크기} = \dfrac{23-10}{23} \times 100(\%) = 56.5\%$

별해 주점기선길이 $b_0 = a(1-p)$ 이므로
$10 = 23(1-p)$ 를 이항하여 정리하면
$p = 1 - \dfrac{10}{23} = 0.565$, 이의 백분율은 56.5%

20. 측량용 항공사진기로 한 장의 사진을 촬영하였다. 이 경우 대상물의 지상좌표로부터 사진좌표를 결정하기 위해 필요한 요소로 이루어진 것은?

① 내부표정 요소와 외부표정 요소
② 편위수정 요소와 상호표정 요소
③ 상호표정 요소와 절대표정 요소
④ 편위수정 요소와 절대표정 요소

해설 사진측량에서 대상물의 지상좌표로부터 사진좌표를 결정하기 위한 작업을 표정이라 하며 표정에는 내부표정과 외부표정(상호표정, 절대표정 혹은 대지표정, 접합표정)으로 구분된다.

21. 기계적 절대표정에 필요한 최소기준점의 수는?

① 3점의 x, y 좌표와 2점의 z좌표
② 2점의 x, y 좌표와 1점의 z좌표
③ 3점의 x, y, z 좌표와 2점의 z좌표
④ 3점의 x, y, z 좌표와 1점의 z좌표

해설 기계적 절대표정(대지표정)에 필요한 최소표정점은 삼각점 (x, y) 2점과 수준점 (z) 3점이므로 이를 다르게 표현하면 3점의 x, y, z 좌표와 1점의 z좌표가 된다.

22. 초점거리 15cm, 촬영고도 750m, 사진면의 크기 23×23cm이고, 종중복 60%, 횡중복 30%로 촬영할 때 촬영기선장은 몇 m인가?

① 460m ② 690m
③ 805m ④ 1,305m

해설 촬영종기선장은 축척, 사진의 크기, 종중복의 함수이다.

$M = \dfrac{1}{m} = \dfrac{f}{H} = \dfrac{0.15}{750} = \dfrac{1}{5,000}$

$B = ma(1-p) = 5,000 \times 0.23 \times (1-0.6) = 460m$

23. 다음의 사진기준점 측량방법 중 사진을 기본단위로 하여 조정하는 방법은?

① 광속조정법 ② 독립모형조정법
③ 다항식법 ④ 스트립조정법

해설 광속조정법은 상좌표를 사진좌표로 변환시킨 후 사진좌표로부터 직접 절대좌표를 구하는 방법
[사진기준점 측량방법]
① 광속조정법 : 사진 기준
② 독립모형조정법 : 모델(모형) 기준
③ 다항식법, 스트립조정법 : 스트립 기준

24. 표고 100m 상의 삼각점 A, B를 사진상에서 관측하였더니 두 점간의 거리가 8.4cm이고, 축척 1:25,000 지도상에서는 3.6cm이었다. 이 사진의 촬영고도(표고)는? (단, 사진기의 초점거리는 15c 이다.)

① 약 1,600m ② 약 1,700m
③ 약 1,800m ④ 약 1,900m

해설 A, B 두 점간의 실제거리 $= 25{,}000 \times 0.036 = 900m$
표고 100m 상의 삼각점을 찍은 항공사진의 축척은 다음과 같다.
$$\frac{f}{H-h} = \frac{0.15}{H-100} = \frac{0.084}{900}$$ 식을 이항하여 정리하면
$$H - 100 = \frac{0.15}{0.084} \times 900 \Rightarrow H = \frac{0.15}{0.084} \times 900 + 100$$
$$\therefore H = 1{,}707.14m \fallingdotseq 1{,}700m$$

25. 사진기의 경사, 지표면의 기복을 수정하고 등고선을 삽입하여 집성한 사진지도는?

① 반조정집성 사진지도 ② 조정집성 사진지도
③ 정사 사진지도 ④ 약조정집성 사진지도

해설 사진기의 경사, 지표면의 기복을 수정하고 등고선을 삽입하여 집성한 사진지도는 정사투영 사진지도이다.
[사진지도의 종류]
① 약조정집성 사진지도 : 카메라의 경사에 의한 변위, 지표면의 비고에 의한 변위를 수정하지 않고 사진으로 그대로 접합한 지도(조정집성을 생략한 사진지도)
② 반조정 집성 사진지도 : 일부만 수정한 지도(반만 수정한 사진지도)
③ 조정집성 사진지도 : 카메라의 경사에 의한 변위를 수정하고 축척도 조정
④ 정사투영 사진지도 : 카메라의 경사, 지표면의 비고를 수정하고 등고선도 삽입된 지도

26. 항공사진 촬영에서 사진축척 1/20,000, 허용흔들림을 0.02mm, 최장 노출시간을 1/125초로 할 때 항공기의 운항속도는 얼마로 하여야 하는가?

① 90km/h ② 180km/h
③ 270km/h ④ 360km/h

해설 최장노출시간은 셔터의 노출시간으로 촬영을 위해 조리개가 열리고 닫히는 순간의 흔들림양에 비례한다.
최장노출시간 $T_l = \frac{\Delta S \cdot m}{V}$ 에서
ΔS : 허용흔들림량, m : 축척, V : 운항속도
$$V = \frac{\Delta S \cdot m}{T_l} = \frac{0.02mm \times 20{,}000}{\frac{1}{125}sec}$$
$= 50{,}000 mm/sec$ 이를 km/hr로 단위환산하면
$= 50{,}000 \frac{mm}{sec} \times \frac{1km}{1{,}000{,}000mm} \times \frac{3{,}600sec}{1hr}$
$= 180 km/hr$

27. 초점거리 150mm, 사진의 크기 23cm×23cm의 카메라를 사용하여 촬영고도 4,500m에 촬영된 평지에 대한 연직사진이 있다. 서로 이웃하는 2장의 사진에서 주점 간 거리를 1:25,000 지형도 상에서 측정하니 96.6mm인 경우 이 두 사진의 종중복도는?

① 55% ② 60%
③ 65% ④ 70%

해설 1:25,000 축척의 지형도에서 주점기선거리를 구한 결과를 축척이 다른 연속사진에 적용하여 중복도를 구할 수 있다.
① 1:25,000 지형도에서 촬영종기선길이(B) 구하기
$$\frac{b_0}{B} = \frac{0.0966m}{B} = \frac{1}{25{,}000}$$ 에서
$B = 25{,}000 \times 0.0966 = 2{,}415m$
② 사진상에서 중복도 구하기
$$M = \frac{1}{m} = \frac{f}{H} = \frac{0.150}{4{,}500} = \frac{1}{30{,}000}$$
$B = ma(1-p)$ 에서
$2{,}415 = 30{,}000 \times 0.23 \times (1-p)$ 식을 이항하여 정리하면
$$p = 1 - \frac{2{,}415}{30{,}000 \times 0.23} = 0.65$$

28. 동서 20km, 남북 10km의 지역을 사진축척 1:15,000, 종중복도 60%, 횡중복도 30%로 촬영하고자 할 때 필요한 입체모델수는? (단, 사진크기는 23cm×23cm, 촬영코스는 동서방향으로 한다.)

① 56매 ② 60매
③ 70매 ④ 75매

해설 모델수 계산에서 중요한 것은 소수점 처리로 반올림하는 것이 아니라 올림으로 계산함에 유의한다.

① 종모델수 $D = \dfrac{S_1}{B} = \dfrac{S_1}{ma(1-p)}$

$= \dfrac{20,000m}{15,000 \times 0.23m \times (1-0.6)} = 14.49 = 15$

② 촬영경로수 $D_1 = \dfrac{S_2}{C} = \dfrac{S_2}{ma(1-q)}$

$= \dfrac{10,000m}{15,000 \times 0.23m \times (1-0.3)} = 4.14 = 5$

③ 총모델수

∴ 모델수 = 종모델수 × 촬영경로수 = 15 × 5 = 75

29. 항공사진을 입체시할 경우 과고감 발생에 영향을 주는 요소와 거리가 먼 것은?

① 사진의 명암과 그림자
② 촬영고도와 기선길이
③ 중복도
④ 사진기의 초점거리

해설 사진의 명암과 그림자로 산지에서 계곡의 깊음을 개략적으로 이를 통해 과고감을 파악할 수 있는 것은 아니다. 즉, 과고감은 입체사진에서 높이감이 수평감보다 크게 나타나는 정도를 의미하며, 산과 건물의 높이가 실제보다 과장되어 보이는 현상을 말한다.

[기선고도비]

① $\dfrac{B}{H} = \dfrac{ma(1-p)}{mf} = \dfrac{a(1-p)}{f}$

② 과고감은 기선고도비에 비례한다.
③ 촬영고도, 기선길이, 중복도, 초점거리 등은 과고감과 관련이 있다.

30. 동서 30km, 남북 20km인 사각형의 촬영지역을 횡중복도 30%, 종중복도 60%로 촬영하였다. 이 작업에 필요한 삼각점의 수는 최소 몇 점이 있어야 하는가? (단 사진의 크기 23cm×23cm, 초점거리 150mm, 촬영고도 3,000m이고 엄밀법으로 계산하고 촬영은 동서방향으로 한다.)

① 158점 ② 199점
③ 238점 ④ 279점

해설 ① 축척계산

$M = \dfrac{1}{m} = \dfrac{f}{H} = \dfrac{0.15}{3,000} = \dfrac{1}{20,000}$

② 종모델수(D)

$D = \dfrac{S_1}{B} = \dfrac{S_1}{ma(1-p)}$

$= \dfrac{30,000m}{20,000 \times 0.23m \times (1-0.6)} = 16.30 = 17$

③ 촬영경로수(D')

$D' = \dfrac{S_2}{C_0} = \dfrac{S_2}{(ma)(1-q)}$

$= \dfrac{20,000m}{20,000 \times 0.23m \times (1-0.3)} = 6.21 = 7$

④ 총모델수 = 17 × 7 = 119모델
⑤ 삼각점수 = 총모델수×2 = 117×2 = 238점

31. 다음 중 사진측량용 카메라의 특징 중 옳지 않은 것은?

① 초점거리가 일반카메라에 비해 길다.
② 렌즈왜곡이 적으며 보정이 가능하다.
③ 셔터스피드는 1/100~1/1,000초 정도이다.
④ 피사각(화각)이 적으며, 렌즈지름도 작다.

해설 [사진측량용 카메라의 특징]
① 초점거리가 일반카메라에 비해 길다.
② 렌즈왜곡이 적으며 보정이 가능하다.
③ 셔터스피드는 1/100~1/1,000초 정도이다.
④ 피사각(화각)이 크며, 렌즈지름도 크다.
⑤ 해상력과 선명도가 높으며 주변부에서도 입사광량의 감소가 거의 없다.

32. 평탄지를 축척 1:20,000로 촬영한 연직사진이 있다. 촬영에 사용한 카메라의 초점거리가 15cm, 사진의 크기가 23cm×23cm, 종중복도 60%일 때 기선고도비는?

① 0.51　　② 0.61
③ 0.71　　④ 0.81

해설) 기선고도비는 기선을 고도로 나눈 값이고, 초점거리와 축척으로부터 고도를, 중복값으로부터 기선의 길이를 구한다.
분자, 분모에 축척(m)을 약분하여 적용하면 계산이 간단해진다.

기선고도비 $\left(\dfrac{B}{H}\right) = \dfrac{ma(1-p)}{mf} = \dfrac{a(1-p)}{f}$

$= \dfrac{0.23 \times (1-0.6)}{0.15}$

$= 0.61$

33. 항공삼각측량에서 조정방법에 따라 정확도가 높은 것부터 낮은 순서로 나열된 것은?

① 기계법 – 도해법 – 해석적 방법
② 도해법 – 기계법 – 해석적 방법
③ 해석적 방법 – 도해법 – 기계법
④ 해석적 방법 – 기계법 – 도해법

해설) [항공삼각측량의 조정방법에 의한 분류(정밀도 순으로 정리)]
① 해석적 방법 : 오차조정은 컴퓨터에 의해 쉽게 처리되며 높은 정밀도를 얻을 수 있다.
② 기계법 : 소요의 절대좌표를 환산함에 있어 간이 조정기로 오차를 처리하는 방법
③ 도해법 : 간단한 탁상계산기, 그래프, 종이, 연필 등을 사용하여 소요점의 절대좌표를 Strip 좌표로부터 환산하는 방법

34. 축척이 1:25,000인 항공사진에서의 허용흔들림이 0.01mm이고 최장 노출시간이 1/200초일 때 항공기의 속도는?

① 80km/h　　② 90km/h
③ 180km/h　　④ 190km/h

해설) 최장노출시간은 셔터의 노출시간으로 촬영을 위해 조리개가 열리고 닫히는 순간의 흔들림량에 비례한다.

최장노출시간 $T_l = \dfrac{\Delta S \cdot m}{V}$ 에서

ΔS : 허용흔들림량, m : 축척, V : 운항속도

$V = \dfrac{\Delta S \cdot m}{T_l} = \dfrac{0.01mm \times 25,000}{\dfrac{1}{200}sec}$

$= 50,000 mm/\sec$

이를 km/hr로 단위환산하면

$= 50,000 \dfrac{mm}{\sec} \times \dfrac{1km}{1,000,000mm} \times \dfrac{3,600\sec}{1hr}$

$= 180 km/hr$

35. 초점거리 150mm 카메라로 평지를 축척 1:20,000로 촬영한 연직사진의 주점으로부터 거리가 60mm, 평지로부터 비고가 250m인 지역의 비고에 의한 변위량은?

① 2.5mm　　② 5.0mm
③ 7.5mm　　④ 10.0mm

해설) ① 촬영고도계산

$M = \dfrac{1}{m} = \dfrac{f}{H}$ 에서

$H = mf = 20,000 \times 0.150 = 3,000m$

② 기복변위

$\Delta r = \dfrac{h}{H} \times r$

여기서 H: 촬영고도, Δr: 주점에서의 거리, h: 비고

$= \dfrac{250m}{3,000m} \times 60mm = 5mm$

($\because \dfrac{h}{H}$의 계산에서 단위가 없어지므로)

36. 다음 중 동일 사진축척의 조건에서, 도심지에 대한 항공사진 촬영시 고층빌딩으로 인한 사각부 발생 영향을 최소화하기 위한 촬영방법은?

① 광각 카메라 대신 초광각 카메라를 사용하고 중복도를 10~20% 감소시킨다.
② 광각 카메라 대신 초광각 카메라를 사용하고 중복도를 10~20% 증가시킨다.
③ 광각 카메라 대신 보통각 카메라를 사용하고 중복도를 10~20% 감소시킨다.
④ 광각 카메라 대신 보통각 카메라를 사용하고 중복도를 10~20% 증가시킨다.

해설 산악지대, 고층빌딩이 밀집된 시가지의 촬영은 중복도를 10~20% 높여서 촬영하며, 광각 카메라 대신 화각이 작은 보통각 카메라를 사용하여 촬영한다.

37. 촬영고도 3,000m에서 촬영한 사진 I의 주점기선길이는 59mm, 사진 II의 주점기선길이는 61mm일 때 시차차 1.5mm 인 건물의 높이는?

① 95m ② 85m
③ 75m ④ 65m

해설 $h = \dfrac{H}{b_0}\Delta P$ 에서 사진 I과 사진 II의 주점기선의 길이가 주어졌으므로 이를 평균하여 적용한다.

$$= \dfrac{3,000m}{\dfrac{(59+61)mm}{2}} \times 1.5mm = 75m$$

38. 초점거리 15cm, 사진크기 23cm×23cm인 광각사진기로 종중복도 60%, 노출점간 최소 소요시간 40초, 촬영고도 3,000m로 촬영계획하면 항공기 운항속도는 몇 km/hr로 유지해야 하는가?

① 158.6km/hr ② 165.6km/hr
③ 186.5km/hr ④ 200.8km/hr

해설 최소노출시간은 촬영간격, 사진과 다음 사진간의 시간차를 의미한다.

$M = \dfrac{1}{m} = \dfrac{f}{H} = \dfrac{0.15}{3,000} = \dfrac{1}{20,000}$

$B = ma \times (1-p) = 20,000 \times 0.23 (1-0.6)$
$= 1,840(m)$

$T_S = \dfrac{B}{V}$ 에서 $V = \dfrac{B}{T_S}$

$\therefore V = \dfrac{1,840m}{40\sec} = 46 m/\sec$

$= 46 \dfrac{m}{\sec} \times \dfrac{1km}{1,000m} \times \dfrac{3,600\sec}{1hr} = 165.6 km/hr$

39. 초점거리 150mm 카메라로 촬영고도 1800m, 촬영기선장 960m로 연직촬영한 입체모델이 있다. A점의 시차를 관측한 결과 기준면(표고 0m)의 시차보다 10mm 더 크게 관측되었다면, 엄밀계산법으로 구한 A점의 표고는?

① 150m ② 175m
③ 200m ④ 225m

해설 ① 사진축척 $M = \dfrac{1}{m} = \dfrac{f}{H} = \dfrac{0.15m}{1,800m} = \dfrac{1}{12,000}$

② 주점기선길이$(b_0) = \dfrac{B}{m} = \dfrac{960}{12,000} = 0.08m$

③ A점의 표고(h)
$= \dfrac{H}{b_0 + \Delta P}\Delta P = \dfrac{1,800}{0.08+0.01} \times 0.01 = 200m$

40. 어느 지역의 비고가 200m인 곳에서 촬영한 연직사진의 축척이 1:50,000일 때 이 사진의 비고에 의한 최대 변위량은? (단, 사진의 크기는 23cm×23cm, 초점거리 210mm이다.)

① 0.15cm ② 0.31cm
③ 0.43cm ④ 0.71cm

해설 기복변위 : 대상물에 기복이 있을 경우에 사진면에서 연직점을 중심으로 방사상의 변위가 생기는데 이를 기복변위라 한다.

$\Delta r = \dfrac{h}{H}r$ 여기서 h는 비고, H는 촬영고도, Δr은 기복변위량, r은 연직점으로부터의 상점까지의 거리

$H = mf = 50,000 \times 0.21 = 10,500m$

$\Delta r_{\max} = \dfrac{h}{H} \times r_{\max}$

여기서, $r_{\max} = \dfrac{\sqrt{2}}{2} \times a$

$= \dfrac{200m}{10,500m} \times \dfrac{\sqrt{2}}{2} \times 23cm = 0.3098 cm$

41. 사진판독에 대한 설명으로 옳지 않은 것은?

① 사진판독은 촬영된 시기 및 시각과 지방의 특색에 주의해야 한다.
② 입체시를 이용하면 산지 지형에 대한 판독에 도움이 된다.
③ 사진의 축척에 따라 질감의 판독대상이 달라진다.
④ 사진판독에 있어서는 참고문헌이나 지도 등을 비교하여 판단하는 것은 선입견 때문에 좋지 않다.

[해설] 피사체의 식별이 난해한 경우 판독의 정확성을 높이기 위해서는 판독자의 경험과 전문성에 의존하여 사진만으로 판독하기 보다는 참고문헌이나 지도 등을 비교하여 판독하는 것이 유리할 수 있다.

42. 항공사진측량에 의한 지도제작시 정확도 향상 방법으로 옳지 않은 것은?

① 지상기준점 밀도를 증가시킨다.
② 성능이 높은 도화기를 사용한다.
③ 대축척사진을 이용한다.
④ 비행고도를 높인다.

[해설] $M = \dfrac{1}{m} = \dfrac{f}{H}$ 에서 비행고도를 높이면 소축척이 되어 정확도는 낮아지게 된다.
[항공사진측량의 지도제작시 정확도 향상방안]
① 지상기준점 밀도를 증가시킨다.
② 성능이 높은 도화기를 사용한다.
③ 대축척사진을 이용한다.

43. 초점거리 150mm, 사진의 크기 23cm×23cm인 카메라에 의하여 촬영된 축척 1:30,000의 항공사진이 있다. 사진은 촬영고도가 동일한 연직사진이며 촬영기준면의 표고는 0m, 인접사진과의 중복도가 60%일 때, 높이 40m의 철탑이 주점기선의 중앙에 위치하고 있다면 철탑의 기복변위는?

① 0.21mm
② 0.41mm
③ 0.62mm
④ 0.82mm

[해설] ① 촬영고도(H)
$M = \dfrac{1}{m} = \dfrac{f}{H}$ 에서
$H = m \times f = 30,000 \times 0.15 = 4,500 m$
② 주점기선길이(b_0)
$b_0 = a(1-p) = 23 \times (1-0.6) = 9.2 cm$
③ 주점에서의 거리(r)
철탑이 주점기선의 중앙에 위치하고 있으므로
$r = \dfrac{b_0}{2} = \dfrac{9.2}{2} = 4.6 cm$

④ 철탑의 기복변위(Δr)
$\Delta r = \dfrac{h}{H} \times r = \dfrac{40}{4,500} \times 4.6 cm = 0.0409 cm$
$= 0.409 mm$

44. 사진축척 1:20,000, 사진의 크기 23cm×23cm인 항공사진의 사진 한 장에 포괄되는 실제면적은?

① 5.29km²
② 10.58km²
③ 21.16km²
④ 52.9km²

[해설] $A = (ma)^2 = (20,000 \times 0.23 m)^2 = 21,160,000 m^2$
$1 km^2 = 1,000m \times 1,000m = 1,000,000 m^2$ 이므로
$A = 21,160,000 m^2 = 21.16 km^2$

45. 단사진으로부터 기복변위 공식을 적용하여 건물의 높이를 구할 수 있는 조건으로 옳은 것은?

① 칼라 필름으로 촬영한 경우
② 수직으로 촬영한 경우
③ 건물의 그림자가 있는 경우
④ 광각사진기로 촬영한 경우

[해설] 기복변위 : 대상물에 기복이 있을 경우에 사진면에서 연직점을 중심으로 방사상의 변위가 생기는데 이를 기복변위라 한다.
$\Delta r = \dfrac{h}{H} r$ 여기서 h는 비고, H는 촬영고도, Δr은 기복변위량, r은 연직점으로부터 상점까지의 거리
$h = \dfrac{\Delta r}{r} \times H$ 이므로 수직으로 촬영한 비행고도에 의해 건물의 높이를 구할 수 있다.
[기복변위의 성질]
① 기복변위는 중심투영으로 인하여 생긴다.
② 변위량은 촬영고도에 반비례한다.
③ 변위량은 지형지물의 비고에 비례한다.
④ 변위량은 사진 연직점에서 상이 생기는 거리에 비례한다.

정답 42. ④ 43. ② 44. ③ 45. ②

46. 초점거리 150mm, 사진크기 23cm × 23cm인 카메라를 이용하여 해발 2,800m의 고도에서 평균고도 해발 100m인 지역을 촬영하였다. 촬영경로의 수가 4이고, 촬영경로당 9매의 사진이 촬영되었으며 종중복도 70%, 횡중복도 35%이었다면 1모델의 유효면적을 기준으로 계산한 전체 유효면적은?

① 94km² ② 107km²
③ 120km² ④ 134km²

해설 초점거리는 촬영고도와 축척의 함수이므로 주어진 조건에서 축척은 유효면적과 사진의 크기로 구하여 적용한다.

$$A_0 = (ma)^2(1-p)(1-q)$$
$$= \left(\frac{H}{f} \times a\right)^2 (1-p)(1-q)$$
$$= \left(\frac{2,700}{0.15} \times 0.23\right)^2 (1-0.7)(1-0.35)$$
$$= 3,342,222 m^2 = 3.34 km^2$$

촬영경로의 수 4, 촬영경로당 사진매수 9매를 고려하여 전체 유효면적으로 구하면
- 경로당 모델수 : 8모델
- 총모델수 : 8×4(코스수) = 32모델
∴ 전체 유효면적 = 32×3.34 = 106.88km^2

47. 항공사진측량에서 스트립(Strip)에 관한 설명으로 틀린 것은?

① 촬영진행 방향으로 연속된 모델이다.
② 비행경로와도 같은 의미로 쓰인다.
③ 한 쌍의 중복된 사진을 의미한다.
④ 스트립이 횡방향으로 결합된 것을 블록이라 한다.

해설 ① 단사진 : 개별적인 1장의 사진
② 모델 : 입체시를 위하여 촬영진행방향(종방향)으로 찍은 2장의 사진이 접합된 형태
③ 스트립 : 촬영진행방향으로 찍어 접합한 두 개 이상의 모델이 접합된 형태
④ 블록 : 스트립이 횡방향으로 접합된 형태

48. 약 120°의 피사각을 가진 초광각 렌즈와 렌즈앞에 장치한 프리즘이 회전하여 비행방향에 직각방향으로 넓은 피사각을 촬영할 수 있는 판독용 사진기는?

① 프레임 사진기 ② 파노라마 사진기
③ 스트립 사진기 ④ 다중렌즈 사진기

해설 ① 프레임 사진기 : 초점거리가 고정된 렌즈로 셔터에 의해 한 장의 사진을 촬영하는 아날로그방식의 사진기
② 파노라마 사진기 : 약 120°의 피사각을 가진 초광각 렌즈와 렌즈앞에 장치한 프리즘이 회전하여 비행방향에 직각방향으로 넓은 피사각을 촬영할 수 있는 판독용 사진기
③ 스트립 사진기 : 항공기의 운행방향에 따라 영상을 연속적으로 롤필름에 기록하는 사진기
④ 다중렌즈 사진기 : 필터와 필름을 이용하여 여러 개의 파장영역의 영상을 동시에 촬영하는 사진기

49. 해석적 내부표정에 대한 설명으로 옳은 것은?

① 영화필름의 지표를 투영기 건판지지기의 지표에 일치시키는 작업이다.
② 정밀좌표관측기에 의해 관측된 상좌표를 사진좌표로 변환하는 작업이다.
③ 공면조건식을 활용하여 양쪽 사진의 종시차를 소거하는 작업이다.
④ 사진의 위치와 경사를 공간후방교선법으로 결정하는 작업이다.

해설 ① 영화필름의 지표를 투영기 건판지지기의 지표에 일치시키는 작업 ⇒ 기계적 내부표정
② 정밀좌표관측기에 의해 관측된 상좌표를 사진좌표로 변환하는 작업 ⇒ 해석적 내부표정
③ 공면조건식을 활용하여 양쪽 사진의 종시차를 소거하는 작업 ⇒ 상호표정
④ 사진의 위치와 경사를 공간후방교선법으로 결정하는 작업 ⇒ 절대표정

50. 사진측량으로 도심지역의 수치지도를 작성할 경우 사진이 해상도를 일정하게 유지시키면서 고층건물에 의해 발생하는 폐색지역(occlusion area)을 감소시킬 수 있는 방법은?

① 촬영고도를 높게 한다.
② 촬영고도를 낮게 한다.
③ 동일한 촬영고도에서 사진의 중복도를 크게 한다.
④ 동일한 촬영고도에서 사진의 중복도를 작게 한다.

해설 ① 해상도를 일정하게 유지하기 위해서는 동일한 촬영고도에서 촬영한다.
② 폐색지역을 감소시키려면 사진의 중복도를 10~20% 정도 높여 촬영한다.

51. 사진의 크기 23cm×23cm인 사진기로 촬영고도 3,000m에서 촬영하여 사진의 유효면적 21.16km²를 얻었다면 이 사진기의 초점거리는?

① 15cm　　② 21cm
③ 25cm　　④ 30cm

해설　초점거리는 촬영고도와 축척의 함수이므로 주어진 조건에서 축척은 유효면적과 사진의 크기로 구하여 적용한다.

$$A_0 = (ma)^2 = \left(\frac{H}{f} \times a\right)^2 \Rightarrow \sqrt{A_0} = \frac{H}{f} \times a$$

$$f = \frac{H \times a}{\sqrt{A_0}} = \frac{3,000m \times 0.23m}{\sqrt{21,160,000m^2}}$$

∵ $21.16km^2 = 21,160,000m^2$
　　　　　$= 0.15m$

52. 사진 크기와 촬영고도가 같고, A카메라는 초점거리 88mm, B카메라는 152mm일 때, A카메라에 의한 촬영면적은 B카메라의 약 몇 배인가?

① 1.3배　　② 1.8배
③ 2배　　　④ 3배

해설　$A_초 : A_광 = (ma)^2 : (ma)^2 = \left(\frac{H}{f}a\right)^2 : \left(\frac{H}{f}a\right)^2$

$$= \left(\frac{H}{88}a\right)^2 : \left(\frac{H}{152}a\right)^2 = 3 : 1$$

53. 항공사진측량을 위한 촬영계획에서 종중복도를 증가시킬 때 일어나는 현상으로 옳지 않은 것은?

① 주점기선길이가 줄어든다.
② 사진매수가 늘어난다.
③ 사각부가 줄어든다.
④ 과고감이 증가한다.

해설　과고감은 기선고도비에 비례하므로 종중복도가 증가하면 기선길이가 감소하고, 과고감도 감소한다.

$$\frac{B}{H} = \frac{ma(1-p)}{mf} = \frac{a(1-p)}{f}$$

[종중복도를 증가시킬 때 일어나는 현상]
① 주점기선길이가 줄어든다.
② 사진매수가 늘어난다.
③ 사각부가 줄어든다.
④ 과고감이 감소한다.

54. 사람이 두 눈으로 물체를 볼 때 멀리 볼 수 있는 수렴각의 최소한계를 20″라 하고, 안기선장(eye base)을 65mm라 하면 원근감을 느낄 수 있는 최대의 거리는?

① 670m　　② 560m
③ 450m　　④ 185m

해설　$\frac{dl}{L} = \frac{\theta}{\rho}$ 에서

$$L = \frac{\rho}{\theta} \times dl = \frac{\frac{180°}{\pi} \times 3600″}{20″} \times 0.065m = 670m$$

55. 사진기준점에 대한 설명으로서 옳은 것은?

① 연결점(pass point)은 인접모델간의 중복부분 중간에 위치하여야 한다.
② 연결점(pass point)과 결합점(tie point)은 별도로 선점해야 하며 동일점으로 해서는 안 된다.
③ 연결점(pass point)은 엄밀하게 선점해야 하므로 디지털 항공사진의 경우에도 자동매칭에 의한 방법을 적용하지 않는다.
④ 결합점(tie point)의 위치는 주점 부근이어야 한다.

해설　연결점(Pass Points)은 우선 각 사진의 주점 부근에 점을 선점하고 그 상하 양측에 대체로 주점기선길이와 같은 길이인 장소에 두 점을 선점한다.

56. 항공삼각측량 기법과 특징에 대한 설명으로 옳은 것은?

① 독립입체모형법 – 내부표정만으로 항공삼각측량이 가능한 간단한 방법이다.
② 다항식법 – 계산이 간단하고 정확도가 가장 높은 방법이다.
③ 번들조정법 – 수동적인 작업은 최소이나 계산과정이 매우 복잡한 방법이다.
④ 스트립조정법 – 상호표정을 실시하지 않아도 실시할 수 있는 방법이다.

해설 [항공삼각측량 기법]
① 독립입체모형법
  ㉠ 입체모델(model)을 기본단위로 접합점과 기준점을 이용하여 좌표를 조정하는 방법
  ㉡ 다항식법에 비해 기준점수가 감소되고 전체적인 정확도는 향상되나 광속법 등장한 뒤에 활용도 저하
② 다항식법
  ㉠ 종접합모형(strip)을 기본단위로 하여 최소제곱법으로 블록을 조정하는 방법
  ㉡ 필요한 기준점수가 많게 되고 정확도는 저하되나 계산량은 적다.
③ 번들조정법(광속조정법)
  ㉠ 상좌표를 사진좌표로 변환시킨 다음 사진좌표로부터 직접 절대좌표를 구하는 방법
  ㉡ 수동적인 작업은 최소, 계산과정이 매우 복잡하나 정확도 양호하고 조정능력이 뛰어남
④ DLT 방법
  번들조정법의 변형으로 상좌표로부터 사진좌표를 거치지 않고 직접 절대좌표를 구하는 방법

57. 표정점 선점에 관한 설명으로 옳지 않은 것은?

① 굴뚝과 같이 지표면보다 뚜렷하게 높은 곳에 있는 점이어야 한다.
② 상공에서 보이지 않으면 안된다.
③ 가상점, 가상상을 사용하지 않도록 한다.
④ 표정점은 X, Y, Z가 동시에 정확하게 결정될 수 있는 점이 이상적이다.

해설 [표정점의 선정]
① X, Y, Z 점이 동시에 정확하게 결정되는 점
② 상공에서 잘 보이며 명확한 점
③ 급한 경사와 가상점이 아닌 점
④ 시간적인 변화가 없는 점
⑤ 절대표정에 필요한 최소표정점은 삼각점(x, y) 2점, 수준점(z) 3점

58. 항공사진 축척이 1:15,000이고 비행코스 방향의 중복도 60%, 비행코스간의 중복도 30%일 때 23cm×23cm인 사진 1매의 유효모델 면적은?

① 11.89km² ② 4.76km²
③ 3.33km² ④ 2.14km²

해설
$A_0 = (ma) \times (1-p) \times (ma) \times (1-q)$
$= (ma)^2 \times (1-p) \times (1-q)$
$= (15,000 \times 0.23)^2 \times (1-0.6) \times (1-0.3)$
$= 3,332,700 m^2$
$1km^2 = 1,000m \times 1,000m = 1,000,000m^2$ 이므로
$A_0 = 3,332,700 m^2 = 3.3327 km^2$

59. 사진의 크기와 촬영고도가 같을 경우, 초점거리 150mm의 광각 카메라에 의한 촬영지역의 면적은 초점거리 210mm의 보통 각 카메라에 의한 촬영지역의 면적의 몇 배가 되는가?

① 약 1배 ② 약 2배
③ 약 $2\sqrt{3}$ 배 ④ 약 3배

해설 $M = \frac{1}{m} = \frac{f}{H}$ 이므로 $m = \frac{f}{H}$ 를 적용한다.

$A_{f150} : A_{f210} = \left(\frac{H}{f_{150}} \times a\right)^2 : \left(\frac{H}{f_{210}} \times a\right)^2$
$= \left(\frac{1}{150}\right)^2 : \left(\frac{1}{210}\right)^2 = \left(\frac{1}{5}\right)^2 : \left(\frac{1}{7}\right)^2$
$= \frac{1}{25} : \frac{1}{49} ≒ 2 : 1$

60. 항공사진측량에서 지상기준점 측량에 대한 설명으로 옳은 것은?

① 도화축척 1/10,000 이하의 축척에서의 평면기준점의 표준편차는 ±0.5m 이내이다.
② 기계를 설치할 수 없어서 편심요소를 측정할 경우 편심 거리는 100m 미만으로 제한한다.
③ GPS 관측시 데이터수신 간격은 50초 이하로 한다.
④ 토탈스테이션을 이용한 연직각 관측시 대회수는 2회로 한다.

해설 [지상기준점 측량(항공사진측량 작업규정)]
① 도화축척 1/10,000 이하의 축척에서의 평면기준점의 표준편차는 ±0.5m 이내이다.
② 기계를 설치할 수 없어서 편심요소를 측정할 경우 편심 거리는 50m 미만으로 제한한다.
③ GPS 관측시 데이터수신 간격은 30초 이하로 한다.
④ 토탈스테이션을 이용한 연직각 관측시 대회수는 1회로 한다.

정답 57. ① 58. ③ 59. ② 60. ①

61. 운항속도가 180km/hr인 항공기로 축척 1:20,000의 사진을 종중복도 60%로 설정하여 촬영하기로 계획을 수립했다. 이때 종중복도가 70%로 변경된다면 인접사진 간의 촬영시간 간격(최초노출시간)은 원래의 간격에 몇 %가 되어야 하는가?

① 75%　　　　② 90%
③ 110%　　　④ 125%

해설 최소노출시간은 촬영간격, 사진과 다음 사진간의 시간차를 의미한다.

$$T_S(변경전) : T_S(변경후) = \frac{B_{변경전}}{V} : \frac{B_{변경후}}{V}$$

$$= \frac{ma(1-p_{변경전})}{V} : \frac{ma(1-p_{변경후})}{V}$$

여기서 $\frac{ma}{V}$ 는 약분되므로

$= (1-0.6) : (1-0.7)$
$= 0.4 : 0.3 = 1 : 0.75$

62. 종중복도 70%, 횡중복도 40% 일 때, 촬영종기선 길이와 촬영횡기선 길이의 비는?

① 7 : 4　　　　② 4 : 7
③ 2 : 1　　　　④ 1 : 2

해설 촬영종기선 길이와 촬영 횡기선 길이의 비
$B : C = ma(1-p) : ma(1-q)$
$= 1-0.7 : 1-0.4 = 0.3 : 0.6 = 1 : 2$

63. 도화(Plotting)의 정확도에 대한 설명으로 옳지 않은 것은?

① 수직위치의 정확도는 일반적으로 기선비 또는 중복도에 의해서 변화된다.
② 60% 중복의 경우를 표준으로 생각했을 때 표정오차는 $0.15 \sim 0.20\%H$(H는 촬영고도) 정도이다.
③ 지적측량 등 대축척 도화의 경우에는 높은 정확도를 필요로 하지 않는다.
④ 입체모델의 중복도가 커지면 표고정확도는 낮아진다.

해설 대축척도화의 경우 더 높은 정확도를 필요로 한다.

64. 평균표고 120m인 지형을 초점거리 120mm인 사진기로 촬영고도 3,300m에서 촬영한 항공사진 1장이 포함하는 면적은? (단, 사진크기는 23×23cm이다.)

① 32.42km²　　② 37.15km²
③ 40.01km²　　④ 52.35km²

해설 항공사진 1장이 포함하는 면적은 사진면적에 축척의 제곱을 곱하여 구한다. 여기서 축척을 구할 때 촬영대상지역의 평균표고가 120m이므로 촬영고도 3,300m에서 120m를 뺀 값을 적용하여 계산한다.

$$M = \frac{1}{m} = \frac{f}{H-h} = \frac{0.120}{3,300-120} = \frac{1}{26,500}$$

$A = (ma)^2 = (26,500 \times 0.23)^2 = 37,149,025 m^2$
$ = 37.149 km^2$

65. 항공사진의 판독순서로 옳은 것은?

① 판독	② 촬영과 사진의 작성
③ 촬영계획	④ 정리
⑤ 판독기준의 작성	⑥ 지리조사

① ③ → ② → ⑤ → ① → ⑥ → ④
② ③ → ⑥ → ② → ⑤ → ① → ④
③ ③ → ⑤ → ② → ① → ⑥ → ④
④ ③ → ⑥ → ⑤ → ② → ① → ④

해설 [항공사진의 판독순서]
촬영계획 - 촬영과 사진의 작성 - 판독기준의 작성 - 판독 - 지리조사(현지조사) - 정리

66. 다음 중 사진판독 요소가 아닌 것은?

① 과고감　　　② 상호위치관계
③ 질감　　　　④ 헐레이션

해설 헐레이션(Hallation)은 광원주변에 번쩍임이 보이는 현상으로 빛이 필름판의 뒤쪽에서 반사되거나 필름을 투과하여 흩어져 생기는 현상을 의미하며, 일반적으로 사진의 표정점으로 헐레이션이 발생하기 쉬운 점을 피한다.
[사진의 판독요소]
색조, 모양, 과고감, 상호위치관계, 형상, 크기, 음영, 질감 등

정답 61. ① 62. ④ 63. ③ 64. ② 65. ① 66. ④

67. 항공사진촬영의 과고감에 대한 설명으로 옳지 않은 것은?

① 낮은 촬영고도로 촬영한 사진이 촬영고도가 높은 경우 보다 과고감이 크다.
② 렌즈 초점거리가 짧은 경우의 사진이 긴 경우의 사진보다 과고감이 크다.
③ 입체시할 경우 눈의 위치가 높아짐에 따라 과고감이 커진다.
④ 촬영기선이 짧은 경우가 촬영기선이 긴 경우보다 과고감이 크다.

해설 [과고감]
① 입체사진에서 높이감이 수평감보다 크게 나타나는 정도를 의미하며, 산과 건물의 높이가 실제보다 과장되어 보이는 현상
② 과고감은 기선고도비에 비례한다.
$$\frac{B}{H} = \frac{ma(1-p)}{mf} = \frac{a(1-p)}{f}$$
③ 과고감은 기선의 길이, 축척의 분모수, 눈의 위치에 비례, 초점거리, 촬영고도에 반비례한다.

68. 입체시된 항공사진상에서 지형의 과고감에 대한 설명으로 옳은 것은?

① 실제와 동일하게 나타난다.
② 입체경의 종류에 따라 다르다.
③ 실제 과고감보다 과소하게 나타난다.
④ 실제 과고감보다 과대하게 나타난다.

해설 과고감은 입체사진에서 높이감이 수평감보다 크게 나타나는 정도를 의미하며, 산과 건물의 높이가 실제보다 과장되어 보이는 현상을 말한다.

69. 항공 라이다시스템에 대한 설명 중 옳지 않은 것은?

① 항공레이저스캐너와 GPS/INS 시스템으로 구성된다.
② 지표면에 대한 3차원 좌표정보를 취득하는 시스템이다.
③ 항공사진측량보다 기상조건의 영향을 적게 받는다.
④ 극초단파를 사용하는 수동적 센서 시스템이다.

해설 [항공 라이다시스템의 구성]
1) GPS : 정확한 위치결정
   ① 위성과 지상 기지점을 이용하여 비행기의 위치 결정
   ② 레이저 스캐너의 3차원 좌표를 측정
2) INS : 자세 결정
   ① 비행기의 회전, 흔들림 등 3차원 각가속도 관측
   ② 촬영 당시의 비행기의 자세를 측정하고 보정
3) 레이저스캐너 : 3차원 위치 취득
   ① 지상에 레이저를 발사하고 반사되어 오는 반사파의 시간 측정
   ② 스캐너로부터 지표까지의 거리를 결정하는 능동적인 센서

지하시설물 측량

1 개요

지하시설물 측량이란 지하에 설치된 상수도, 하수도, 가스, 난방, 전기, 지하도, 통신, 지하상가, 지하철, 지하주차장 등 인간 생활을 영위하기 위하여 인위적으로 지하에 설치한 시설물과 지하시설물과 연결되어 지상으로 노출된 각종 맨홀, 전주, 체신주 등 가공선과 시설물 관리와 운용에 필요한 모든 자료에 대하여 조사 및 관측하여 도면 제작 및 데이터베이스를 구축하는 일련의 작업을 말한다.

2 지하시설물의 조사

(1) 지하시설물
상수도, 하수도, 전기, 가스, 통신, 공동구, 지하도, 지하차도, 터널, 지하상가

(2) 도로구성물
차도, 보도, 분리대, 교량터널의 위치, 폭원구조, 석축, 옹벽, 육교, 지하도

(3) 도로부속물
가드레일, 철책, 가로수, 녹지대, 가로등, 교통표지판, 안내표지판, 도로표지판, 도로정보 제공장치, 가로주차장

(4) 안전시설물
낙석방지책, 소음방지책, 가드레일, 가드케이블, 하천난간, 과속방지책, 미끄럼방지책

(5) 도로점용물
각종 맨홀, 소화전, 양수기, 전주, 통신주, 전화 BOX, 신호기, 광고간판

(6) 점용공작물

제방, 호안, 건널목, 고속도로, 고가도로, 입체교차로

③ 지하시설물의 관측

(1) 자장관측법
① 지표로부터 매설된 금속관로 및 케이블 관측과 탐침을 이용하여 관로나 비금속관로를 관측하는 방법
② 장비가 저렴하고 조작이 용이하며 운반이 용이하여 지하시설물 측량기법 중 가장 널리 이용되는 방법

(2) 지중레이다 관측법
① 지하를 단층촬영하여 시설물의 위치를 판독하는 방법
② 전자파의 반사의 성질을 이용하여 지하시설물을 측량하는 방법

(3) 음파 관측법
① 전자유도측량방법이 불가능한 비금속관로인 수도관로 중 PVC, 플라스틱관을 찾는데 이용
② 물이 가득 흐르는 관로에 음파신호를 보내 관 내부에 발생한 음파를 수신하여 위치를 찾는 방법

(4) 전기 관측법
① 지반중에 전류를 흘려보내어 그 전류에 의한 전압강하를 관측함으로 지반 내의 비저항값의 분포를 구하는 것
② 문화유적지 조사 등에 적합한 방법

(5) 전자 관측법
① 지반의 전자유도현상을 이용한 관측법
② 지반의 도전율을 관측함으로 지하구조와 고도전체의 위치를 파악하는 것

(6) CCTV 관내조사
라이트와 카메라가 장착된 TV 카메라를 원격조정이 가능한 자주차에 탑재하여 관거 내부에 투입시켜 관거내부를 조사하는 장비

(7) 자기 관측법
① 지구자장의 변화를 관측하여 자성체의 분포를 알아내는 것
② 조사구역을 적당한 격자간격으로 분할하여 그 격자점에 대한 자력값을 관측함으로 조사구역내의 자정변화를 확인하여 지하의 자성체의 분포 추정

❹ 탐사오차의 허용범위 (공공측량 작업규정 세부기준)

대상물	탐사오차의 허용범위		비고
	평면위치	깊이	
금속관로	±20cm	±30cm	매설깊이 3.0m
비금속관로	±20cm	±40cm	매설깊이 3.0m 이내로서 관경 100mm 이상

❺ 절대위치 측정법

(1) 정의
지하시설물의 탐사위치에 대하여 국가기준점을 기준으로 한 3차원 좌표로 위치정보를 취득하는 측량방법

(2) 절대위치 측정방법
① 기준점측량
② 수준측량
③ 탐사위치에 대한 3차원좌표관측
④ 탐사위치주변의 도로경계석 좌표관측

(3) 절대위치 측정법의 특징
① 지하시설물의 위치에 대한 높은 정확도 확보
② NGIS, 지자체 종합 GIS, 설계 및 시공측량 등의 활용에 적합
③ 측량비용 고가

❻ 상대위치 측정법

(1) 정의
지하시설물의 탐사위치에 대하여 주변의 특정지형 지물로부터의 이격거리를 관측한 후 수치지도에 그 위치를 축척에 맞추어 입력하는 측량방법

CHAPTER 09 지하시설물 측량

01. 지하에 설치, 매설된 시설물을 효율적이고 체계적으로 유지관리하기 위하여 실시하는 측량은?

① 시설물측량
② 지하시설물측량
③ 지상시설물측량
④ 매설물측량

해설 지하시설물측량이란 지하에 설치, 매설된 시설물을 효율적이고 체계적으로 유지관리하기 위하여 실시하는 측량을 의미한다.

02. 인위적으로 지하에 설치된 시설물과 지상으로 노출된 시설물 관리와 운용에 필요한 자료에 대해 조사 및 관측하고 자료기반을 구축할 수 있는 작업은?

① 터널 측량
② 수준측량
③ 지하시설물측량
④ 하천측량

해설 지하시설물측량이란 인위적으로 지하에 설치된 시설물과 지상으로 노출된 시설물 관리와 운용에 필요한 자료에 대해 조사 및 관측하고 자료기반을 구축할 수 있는 작업을 의미한다.

03. 지하시설물의 종류에 해당되지 않는 것은?

① 상수도 및 하수도시설
② 가스·통신·전기시설
③ 난방열관 시설
④ 농수로시설

해설 지하시설물의 종류에는 상수도 및 하수도시설, 가스, 통신, 전기시설, 난방열관시설, 송유관시설, 기타 공공의 이해관계가 있어 국토지리정보원장이 정하는 시설을 말한다.

04. 지하시설물 측량의 순서로 옳은 것은?

① 자료수집 – 작업계획 – 지하시설물 탐사 – 작업조서 작성 – 지하시설물 원도 작성
② 작업계획 – 자료수집 – 지하시설물 탐사 – 지하시설물 원도 작성 – 작업조서 작성
③ 자료수집 – 지하시설물 탐사 – 작업계획 – 작업조서 작성 – 지하시설물 원도 작성
④ 작업계획 – 지하시설물 탐사 – 자료수집 – 지하시설물 원도 작성 – 작업조서 작성

해설 지하시설물측량 작업순서는 작업계획 수립 → 자료 수집 및 편집 → 지상에 노출된 지하시설물 조사 → 지하시설물에 대한 측량 → 지하시설물 원도 작성 → 대장조서 및 작업조서의 작성 → 지하시설물도 작성 및 정리점검의 순서로 실시한다.

05. 지하시설물 측량작업순서 중 작업계획을 수립할 경우 준비사항이 아닌 것은?

① 착수 우선순위 결정
② 계획 수립
③ 기본도 준비
④ 현장 답사

해설
① 현장 답사 : 도로 및 교통 상황, 탐사 장애물, 관할 경찰서 위치, 구급 병원 위치 확인
② 계획 수립 : 작업지역 색인도, 인원계획 : 분야별 책임자 및 작업 종사자, 작업의 흐름도, 장비, 투입계획, 안전대책 계획, 작업예정 공정표 확인
③ 기본도 준비 : 도로폭 확인 및 시설물 자료의 누락여부 검토
④ 기타 : 참조할 자료의 파악 정리, 착수 우선순위 결정, 조사 시의 문제점 검토

정답 01. ② 02. ③ 03. ④ 04. ② 05. ①

06. 지하시설물에 대한 측량에서 지하시설물 관로탐사에서 조사할 사항이 아닌 것은?

① 탐사구역에 대한 시설물의 속성자료 확인
② 평면 위치 및 심도탐사
③ 도로의 교통상황 조사
④ 관로의 재질, 관경 및 설치년도 조사

해설 지하시설물 관로탐사 : 지하시설물을 종류별로 구분하여 평면 위치 및 심도탐사와 탐사구역에 대한 시설물의 속성자료 확인을 위하여 관로의 재질, 관경 및 설치년도 등을 조사한다.

07. 지하시설물측량 방법 중 수도관의 누수를 찾기 위한 방법으로 비금속(PVC 등) 수도관을 탐사하는데 유용한 것은?

① 전기탐사기법   ② 음파탐사기법
③ 자장탐사기법   ④ 지중레이더 탐사기법

해설 음파탐사기법은 수도관 등의 물이 흐르는 관로에 음파신호를 보내어 관내에 발생된 음파를 탐지하게 하는 방법이다.

08. 지하시설물관측방법 중에서 지하를 단층 촬영하여 시설물의 위치를 탐사하는 방법은?

① 전기탐사법   ② 자장탐사법
③ 전자탐사법   ④ 지중레이더탐사법

해설 지중레이더탐사법은 안테나에서 지하로 전파를 발사하여 지하의 여러 대상물에서 반사한 전자파를 수신하며 단면을 반사강도에 따라 8가지 컬러영상으로 표시하여 분석하고 CRT상에 순차적으로 표시하므로 대상물의 위치와 깊이를 탐사하는 방법이다.

09. 지하시설물의 관측방법 중 지구자장의 변화를 관측하여 자성체의 분포를 알아내는 방법은?

① 전자관측법   ② 자기관측법
③ 전기관측법   ④ 탄성파관측법

해설 자기관측법은 지구내부자장의 공간적 변화를 관측, 지하의 자성체 분포를 탐사하는 방법으로 지층의 전기적 성질의 차이를 관측하여 지층상황을 탐사하는데 적합한 방법이다.

10. 지하시설물의 탐사방법으로 수도관로 중 PVC 또는 플라스틱 관을 찾는데 주로 이용되는 방법은?

① 전자탐사법   ② 자기탐사법
③ 음파탐사법   ④ 전기탐사법

해설 음파탐사법은 원래 누수를 찾기 위한 기술인데 현재는 이 기술을 이용하여 수도관로 중 PVC 또는 플라스틱을 찾는 데 이용되고 있다.

11. 지하시설물 탐사방법에 해당되지 않는 것은?

① 지중레이더 탐사법
② 수중전파탐사법
③ 전자유도탐사법
④ 음파 탐사법

해설 지하시설물 탐사방법은 ① 지중레이더 탐사법, ② 전자유도탐사법, ③ 음파탐사법, ④ 전기탐사법, ⑤ 전파탐사법이 있다.

12. 전자유도측정기법에 대한 설명이다. 이 중 틀린 것은?

① 비금속관로를 관측할 수 있다.
② 측정장비가 고가이나 조작이 용이하다.
③ 운반이 간편하여 널리 이용되는 방법이다.
④ 직접측정법, 간접측정법, 클램프접속법 등이 있다.

해설 전자유도측정기법은 장비가 저렴하고 조작이 용이한 방법이다.

13. 음파탐사법에 대한 설명으로 틀린 것은?

① 지반의 구조, 상태 등을 추정할 수 있다.
② 수도관로 중 PVC 또는 플라스틱 관을 찾는 데 이용되고 있다.
③ 수도관로 탐지에 유용하다.
④ 초기에는 누수를 찾기 위한 기술이었다.

해설 음파탐사법은 초기에는 누수를 찾기 위한 기술이었는데, 현재는 수도관로 중 PVC 또는 플라스틱관을 찾는 데 이용되고 있다. 원리는 물이 가득히 흐르는 수도관에 음파신호(Sound Wave Signal)를 보내 수신기로 하여금 관내에 발생된 음파를 탐지하는 방법으로 음파신호를 보낼 수 있는 소화전이나 수도미터기 등이 반드시 필요하다.

14. 전자유도탐사법으로 지하시설물 탐사를 할 경우 종류에 해당되지 않는 것은?

① 간접탐사법 ② 음파탐사법
③ 크램프 접속법 ④ 통선법

해설 전자유도탐사법(Electromagnetic Induction Method)은 직접탐사법, 간접탐사법, 크램프 접속법, 통선법, 탐침법으로 구분하여 실시한다.

15. 지하시설물 도면을 작성할 경우 시설물과 색상이 바르게 연결되지 않는 것은?

① 상수도시설 - 청색
② 전기시설 - 적색
③ 가스시설 - 황색
④ 통신시설 - 갈색

해설 상수도시설은 청색, 하수도시설은 보라색, 가스시설은 황색, 통신시설은 녹색, 전기시설은 적색, 송유관시설은 갈색, 난방열관 시설은 주황색으로 구분하여 작성하고 있다.

16. 지하시설물측량 원도 작성에 대한 설명으로 틀린 것은?

① 작업내용, 사용장비, 작업방법 및 작업자의 인적사항을 기재한다.
② 시공년도, 관경, 재질은 조사 자료에 의해 기재한다.
③ 1/500로 확대된 도면에 판독이 용이하도록 색상별로 구분하여 정리한다.
④ 시설물관리번호를 기재하고 정리 및 편집은 판독이 편리하도록 한다.

해설 ①의 경우는 작업조서에 기재할 사항이다.

17. 탐사가 완료되면 시설물대장 및 작업 조서를 작성하는데, 작업 조서에 기재할 사항이 아닌 것은?

① 사용 장비 ② 작업방법
③ 작업자의 인적사항 ④ 관로 및 관경의 크기

해설 탐사가 완료되면 각 시설물 별로 속성연결, 시설물대장 및 작업 조서를 작성하며 작업조서 내용에는 ① 작업일자 ② 작업내용 ③ 사용 장비 ④ 작업방법 ⑤ 작업자의 인적사항 ⑥ 탐사기의 탐사능력의 범위를 초과하는 등 지하시설물을 탐사하는 것이 기술적으로 곤란한 경우에는 그 지역의 위치와 불탐사 사유를 작업조서에 명시한다.

18. 지하시설물 탐사방법 중에서 지중레이더 탐사법에 대한 설명으로 틀린 것은?

① 안테나와 자료표시부로 되어 있다.
② 지표면으로부터 전위경도에 대해 심도를 측정한다.
③ 자료표시부분에서 수신한 신호를 처리하여 표시한다.
④ 안테나는 보통 송·수신기가 하나로 되어 있다.

해설 지중레이더 탐사(Ground Penetration Rader Method) 시스템은 안테나와 자료 표시부로 되어 있으며 안테나에서 전파를 송·수신하면 자료표시 부분에서는 수신한 신호를 처리하여 표시한다. 안테나는 보통 송·수신기가 하나로 되어 있다.

19. 지하시설물측량을 지하시설물의 조사, 관측, 해석 및 유지관리로 구분할 때, 지하시설물 해석의 내용과 거리가 먼 것은?

① 지하시설물의 변동사항 갱신과 지하시설물의 특성에 따른 모니터링체계를 통합한다.
② 관측을 통하여 수집된 관측 자료를 분석한다.
③ 관측을 통하여 수집된 지하시설물원도와 대장조서를 이용하여 대장입력과 도면제작편집을 수행한다.
④ 구조화편집을 통하여 최종자료 기반화를 완성한다.

해설 지하시설물의 변동사항의 갱신과 지하시설물의 특성에 따른 모니터링 체계는 별도로 관리하고 있다.

20. 지하시설물 측량작업순서 중 도로폭 확인 및 시설물자료의 누락여부를 검토하는 단계는?

① 기본도 준비 ② 현장 답사
③ 계획 수립   ④ 도면작성

해설 ① 현장 답사 : 도로 및 교통 상황, 탐사 장애물, 관할 경찰서 위치, 구급 병원 위치 확인
② 계획 수립 : 작업지역 색인도, 인원계획 : 분야별 책임자 및 작업 종사자, 작업의 흐름도, 장비, 투입계획, 안전대책 계획, 작업예정 공정표 확인
③ 기본도 준비 : 도로폭 확인 및 시설물 자료의 누락여부 검토
④ 도면작성 : 조사, 탐사, 측량한 결과를 구분 정리하여 도면 작성

21. 지상시설물 조사 시 조사 내용으로 옳지 않은 것은?

① 조사준비 시에는 필요한 안전사항을 확인한다.
② 맨홀뚜껑의 방 및 맨홀 내부의 유해가스 산소농도를 측정하고, 지상에 송풍기 설치 및 맨홀 내부를 환기한다.
③ 노출된 지하시설물을 조사 시에는 현지조사만으로 모든 작업을 진행한다.
④ 각종 맨홀 및 변실 내부조사, 하수 맨홀은 관저, 구경, 재질, 유수 방향을 조사한다.

해설 노출된 지하시설물을 조사 시에는 현지조사, 지형, 지물에 대해서는 현지 보완 측량을 해야 한다.

22. 금속관로의 경우 3m 이하인 경우, 평면위치의 오차의 한계는 얼마인가?

① 10cm   ② 20cm
③ 30cm   ④ 40cm

해설 금속관로의 경우 매설깊이가 3.0m 이하인 경우 오차의 한계는 평면위치 20cm, 수직위치 30cm 이내이어야 한다.

23. 비금속관로의 경우 3m 이하인 경우, 평면위치의 오차와 수직위치오차의 한계는 얼마인가?

① 10cm, 20cm   ② 10cm, 30cm
③ 20cm, 30cm   ④ 20cm, 40cm

해설 비금속관로의 경우 매설깊이가 3.0m 이하인 경우 오차의 한계는 평면위치 20cm, 수직위치 40cm 이내이어야 한다.

24. 지하시설물의 유지관리에 대한 설명으로 옳지 않은 것은?

① 지하시설물의 특성에 따른 모니터링 체계를 통합함이 효율적이다.
② 일관성있고 체계적인 자료의 유지관리가 이루어져야 한다.
③ 지하시설물의 관측방법은 직접시추를 통한 방법이 거의 유일한 방법이다.
④ 자료구축이후 지속적이며 표준화된 갱신이 이루어져야 한다.

해설 지하시설물측량기법으로 직접시추 이외에도 전자유도측량기법, 지중데이터측량기법, 음파측량기법 등이 있다.

25. 지하시설물측정장비로 금속관로를 측정할 경우 매설깊이가 3m 이하인 경우, 수직위치의 오차의 한계는 얼마인가?

① 10cm   ② 20cm
③ 30cm   ④ 40cm

해설 금속관로의 경우 매설깊이가 3.0m 이하인 경우 오차의 한계는 평면위치 20cm, 수직위치 30cm 이내이어야 한다.

26. 지하시설물 측량을 위한 지상시설물의 조사사항에 해당되지 않는 것은?

① 노출된 지하시설물의 현지조사
② 지하시설물 도면과 맨홀 내부가 일치하는지 여부를 확인
③ 하수 맨홀은 관저, 구경, 재질, 유수방향 조사
④ 맨홀뚜껑을 개방하여 맨홀 내부의 유해가스 측정

해설 지상시설물의 조사사항은 조사 시 필요한 제반안전사항 확인 및 축척 1 : 500의 가편집도 준비 그리고 작업지역에 대한 사전조사, 노출된 지하시설물의 현지조사, 지형·지물에 대한 현지 보완 측량, 맨홀 뚜껑의 개방 및 맨홀 내부의 유해가스 산소농도의 측정, 지상에 송풍기 설치 및 맨홀 내부 환기, 하수 맨홀은 관저, 구경, 재질, 유수방향 조사를 실시한다.

정답 20. ① 21. ③ 22. ② 23. ④ 24. ③ 25. ③ 26. ②

온라인 교육의 명품브랜드 — www.edupd.com

알기쉽게 풀어쓴!
지적기사 / 필기
지적산업기사

PART 3

제 3 과목
토지정보체계론

01 LIS 및 GIS

02 자료의 생성 및 구조

03 데이터베이스의 관리

04 국토정보의 관리

05 종합정보시스템

01 CHAPTER | LIS 및 GIS

1 지리정보시스템(GIS)의 개요

(1) GIS의 정의
① GIS(Geographic Information System)란 인간의 의사결정에 필요한 지리정보의 관찰과 수집에서부터 보존과 분석, 출력에 이르기까지 일련의 조작을 위한 시스템
② 공통의 사용을 목적으로 실세계의 관련 구성요소 간의 상호 작용으로 이루어진 활동의 모임을 의미

(2) 지형정보체계(GIS)의 필요성
공간관련 계획수립과 정책결정시 각종 지리정보를 신속하게 분석하여 의사결정자에게 전달하기가 힘들며 국토이용 및 자원관리, 환경보존에 필요한 일반적인 통계자료 및 도형자료의 전산화체계정비가 필요

2 GIS의 구성요소

(1) 하드웨어(Hardware)
GIS를 운용하는데 필요한 각종 입·출력, 연산, 저장 등을 위한 컴퓨터시스템을 총칭

(2) 소프트웨어(Software)
각종 정보의 분석, 출력, 저장을 지원하는 컴퓨터 프로그램을 말하며, 정보의 입력(Input) 및 중첩(overlap), 데이터베이스 관리, 질의분석(query & analysis), 시각화(visualization) 등의 기능을 담당

(3) 자료(data)
① 지도나 항공사진 등에서 추출한 지형등의 도형자료와 각종 문서, 대장, 통계자료 등에서 추출한 속성자료를 모두 포함

② 최근 평면상의 기존 지도나 항공사진이 아닌 인공위성을 이용하는 등 다양한 방법으로 많은 지형정보 취득
③ 데이터베이스의 구축은 GIS의 핵심적인 요소로서 많은 시간과 노력이 필요한 방대한 작업

(4) 조직 및 인력

① GIS를 구성하는 가장 중요한 요소
② 데이터를 구축하고 실제 업무에 활용하는 사람을 말하며,
③ 시스템을 설계하고 관리하는 전문인력과 일상업무에 GIS를 활용하는 사용자를 모두 포함

3 지리정보의 특징

(1) 지리정보 유형에 따른 특징

1) 도형자료(graphic data)

① 도형자료란 현 세계의 공간상에 있는 객체나 현상을 공간적인 위치를 지도학상의 좌표체계에 따라 표현하는 자료로 정의
② 도형자료는 점, 선, 다각형으로 이루어진 면으로 분류

2) 속성자료(attribute data)

① 속성자료는 도형자료와 연관되어 대상물에 대한 설명, 또는 대상물의 특성에 대한 설명 자료를 의미
② 속성자료는 통상문자 또는 숫자의 형태로 저장되며, 최근에는 영상, 소리 등의 자료들도 속성자료에 포함
③ 일반적으로 속성자료는 효율적 관리와 검색 및 질의 수행을 위해 데이터베이스 시스템에서 테이블의 형태로 저장

(2) 지리정보의 특수성

1) 도형자료와 속성자료의 상호 연계

① 도형자료에 의한 속성자료 검색, 즉 도형자료의 선택을 통한 관련된 속성자료의 검색이 가능한 특수성(위상(topology)관계)을 지님
② 속성자료에 의한 도형자료 검색도 가능한데 이는 속성자료에 대한 조건을 설정하고 이를 통해 부합되는 도형자료를 검색하는 것
③ 속성자료와 도형자료는 두 자료를 이용한 상호 동시검색이 가능하며, 도형자료와 속성자료를 일정한 논리적 또는 산술적 연산에 의해 동시에 검색할 경우가 이에 해당

2) 공간적 위상관계를 이용한 분석

① 도형자료에서 공간 객체간에 존재하는 공간적 상호관계를 위상관계라 하며
② 객체간의 상호 인접성, 연결성, 포함성 등으로 일정 조건을 만족하는 지역이나 조건을 검색, 분석이 가능

3) 동적인 공간자료

지리정보는 일정 시점이나 일정 기간에 대한 공간상의 변화에 관한 자료를 수집, 정리하는 것을 포함하며 지리정보가 수집된 시간을 파악, 저장함으로써 시간과 관련된 분석이 가능

4 GIS관련 학문분야

(1) **지리학(Geography)** : 지구 표면의 여러 현상을 인간과 자연의 상호 작용을 통하여 지역적으로 연구하는 학문
(2) **지도학(Catography)** : 공간정보의 표현에 관한 학문
(3) **측지학(Geodesy)** : 측지학은 지구의 형상, 크기, 운동, 지구 내부의 특성 등을 해석하는 학문
(4) **원격탐사(Remote Sensing)** : 인공위성 사진과 항공사진은 GIS 자료 획득에 있어 주요 원천 자료
(5) **사진측정학 또는 사진측량학(Photogrammerty)** : 사진을 이용하여 대상물에 대하여 정성 및 정량적인 해를 구하는 학문
(6) **측량학(Surveying)** : 높은 정확도의 위치정보(토지경계, 건물위치 등) 제공에 관한 학문
(7) **통계학(Statistics)** : GIS를 이용하여 만들어진 많은 모형들은 통계학적 특성을 지니고 있고, 이러한 모형을 분석하기 위해 많은 통계학적 기법이 사용
(8) **전산과학(Computer Science)** : 자료입력 및 관리, 출력, 시각화 재현 등을 위한 기법과 소프트웨어 개발 방법론을 제공
(9) **인공지능(Artificial Intelligence)** : 컴퓨터 인공지능기능을 통해 지도 디자인, 지도에서 지형지물의 간략화 등과 같은 기능 수행
(10) **수학(Mathmatics)** : 기하학과 도형이론은 공간자료의 분석과 GIS 설계, 처리 등에 사용
(11) **토목공학(Civil Engineering)** : GIS는 사회기반시설을 관리하고 유지하는데 많이 이용되며 이를 위해 토목공학과의 연계는 매우 중요
(12) **물리학(Physics)** : 전자공학, 원격탐사, 측지학 및 지리학의 기반이 되는 학문

5 GIS 주요 활용분야

(1) 토지정보 시스템(Land Information System : LIS)

① 토지에 대한 실제 이용현황과 소유자, 거래, 지가, 개발, 이용제한 등에 관한 각종 정보를 통합 데이터베이스화

② 합리적인 토지정책과 효율적인 행정업무 수행을 지원
③ 전국 온라인 민원발급 등 민원서비스를 획기적으로 개선

(2) 도시정보시스템(Urban Information System : UIS)
① 전산시스템을 이용하여 도시지역의 각종 위치정보와 속성정보를 데이터베이스화
② 통일된 시스템 내에서 정보의 체계적 분석/갱신/편집/검색 등을 통합 관리
③ 도시의 계획과 관리, 운영 등의 업무를 효율적으로 지원할 수 있는 종합 시스템

(3) 도면 자동화 및 시설물 관리시스템(Automated Mapping and Facility Management : AM/FM)
① **도면 자동화** : 도형 해석을 위한 소프트웨어를 이용하여 지형정보를 생성, 수정 및 합성하여 시설물 관리를 효과적으로 하기 위한 시스템으로, 시설물 관리시스템에서 이용되는 지도나 도면을 수치 정보화
② **시설물 관리 시스템** : 건축, 전기, 설비, 통신 등 도면 자동화를 통해 구축된 수치지도를 바탕으로 지상 및 지하의 각종 시설물을 시스템 상에 구축하여 시설물에 대한 유지보수 활동을 효과적으로 지원하는 시스템

(4) 교통정보시스템(Transportation Information System : TIS)
① 교통개선계획, 도로유지보수, 교통시설물관리 등 종합적인 도로관리 및 운영시스템
② 지능형교통시스템(ITS)의 가장 중요한 부분인 교통정보 제공분야에 활용

(5) 환경정보시스템(Environment Information System : EIS)
① 동식물정보, 수질정보, 지질정보, 대기정보, 폐기물정보 등을 데이터베이스화
② 각종 환경영향평가와 혐오시설 입지선정 및 대형건설사업에 따른 환경변화예측 등에 활용하는 정보 시스템

(6) 국방정보시스템(National Defence Information System : NDIS)
① 적/아군에 대한 지형 정보 및 전술, 전략 정보 등을 데이터베이스화
② 효과적인 군사계획 수립 및 군사활동 지원을 위한 정보화 시스템

(7) 재해정보시스템(Disaster Information System : DIS)
① 재해/재난, 긴급구조 등 위험요소에 대한 사전 예방, 대비와 상황 발생시 신속하고도 정확한 대응과 복구체계의 확립
② 사후 분석과 평가를 위한 정보화 지원 시스템

(8) 기타 활용 분야

1) 지하정보 시스템(Under Ground Information System : UGIS)
① 지하시설에 대한 정보의 관리를 주요 목적

② 건축물, 교통시설, 도시 공급처리시설 등의 기본도를 가지고 불가시, 불균질 공간을 가시화
③ 시설물의 3차원 위치정보와 그 속성정보(지하상가, 지하철, 건축물기초, 공동구 등)를 분석하는 시스템

2) 측량정보 시스템(Surveying Information System : SIS)
① 측량기에 의한 측량 및 조사 정보시스템, GPS 위성측량에 의한 측지정보 시스템, 항공사진을 이용한 사진측량 정보 시스템 등을 포괄하여 일컫는 것
② 위성영상의 분석처리에 의한 자원탐사, 환경변화를 검출할 수 있는 원격탐사 정보시스템 등을 지원

3) 자원정보 시스템(Resources Information System : RIS)
① 농산자원 정보, 삼림자원 정보, 수자원 정보 등과 관련된 시스템
② 위성 영상과 지리 정보 시스템을 활용한 농작물 작황 조사, 병충해 피해 조사 및 수확량 예측, 토질과 지표 특성을 파악
③ 산림 자원 경영 및 관리 대책의 수립 등을 수행할 수 있는 시스템

4) 해양 정보 시스템(Marine Information System : MIS)
① 해저 영상 정보, 해저 지질 정보, 수심 정보, 해상 정보 등을 포함한 시스템
② 해류 흐름의 변동, 수온 분포 변화 조사, 어로 자원 이동 상황 및 어장 현황 예측 등을 다루는 시스템

6 GIS 최신기술

(1) 데스크탑(DeskTop) GIS
데스크탑 PC 상에서 사용자들이 손쉽게 GIS 자료의 도화와 일정수준의 공간분석을 수행할 수 있는 기술

(2) 전문(Professional) GIS
① 특정목적 또는 분야에 적용하는 전문적인 GIS
② GIS 발전과정에서 가장 먼저 등장하여 아직까지도 꾸준히 개선 발전되고 있는 분야

(3) 전사적(Enterprise) GIS
① 과거 독립시스템 또는 한 부서에서 국부적으로 이용하던 GIS시스템을 LAN 및 WAN 등의 네트워크를 통하여 한 기관의 전체 부서 또는 한 지역 내 관련 기관에서 모두 함께 운영하는 개념
② 데이터의 공유를 근간으로 부서와 경계를 넘어서는 시스템 통합 차원의 GIS 기술

(4) 컴포넌트(Component) GIS
① 일반적으로 컴포넌트란 '정의된 인터페이스를 통해 특정 서비스를 제공할 수 있는 소프트웨어의 최소 단위'를 의미

② 프로그래밍 설계에서 시스템은 모듈로 구성된 컴포넌트로 나뉘며 컴포넌트 시험이란 컴포넌트를 구성하는 모든 관련된 모듈이 상호 작동을 잘 하는 조합인가 시험하는 것을 의미

(5) 인터넷(Internet) GIS

인터넷 GIS란 인터넷의 기술을 GIS와 접목하여 지리정보의 입력, 수정, 조작, 분석, 출력 등 GIS 데이터와 서비스의 제공이 인터넷 환경에서 가능하도록 구축된 GIS

(6) 3차원(3D) GIS

① 실세계와 유사한 공간 데이터 모델에 대한 사용자들의 요구에 따라 기존의 2차원 평면형태의 공간정보의 제공 및 분석이 아닌 3차원의 입체적인 공간정보의 제공과 공간분석을 수행하기 위한 기능을 제공하는 것
② 3차원 GIS는 네트워크 및 인터넷 기술의 발달, 영상처리 기술의 발달에 힘입어 미래의 각광 받는 기술로 주목

(7) 모빌(Mobile) GIS

① 시·공간의 제약이 없는 무선통신 환경에서 사용자들이 개인 휴대 단말기를 이용하여 필요한 지리정보를 실시간 제공받을 수 있는 GIS 솔루션
② 최근 무선 이동통신 환경의 급속한 발달과 개인 휴대단말기 보급확대 및 성능의 개선 등으로 모빌 GIS는 가장 각광 받고 있는 분야

(8) Temporal GIS

① 지리현상의 공간적 분석에서 시간의 개념을 도입하여 시간의 변화에 따른 공간변화를 이해하기 위한 방법
② 시간적 정보의 저장을 통하여 어느 곳에서, 무엇이, 어떻게 변화하는지를 디스플레이
③ S/W는 시간적 형태나 변화가 존재하는지를 평가할 수 있으며, 변화에 내재된 과정의 추측 가능

(9) 개방형(Open) GIS

① 표준 규약의 목적은 공간정보의 상호운용성을 구현하고 이를 Internet을 통한 검색 및 유통을 가능하게 하기 위함이다.
② 상호운용 가능한 공간 데이터 처리 기술 규약을 공동 개발하고, 상호운영 가능한 제품을 보다 많이 제공하는 것이 개방형(Open) GIS의 목적이다.
③ 개방형(Open) GIS는 서로 다른 GIS데이터 상호간의 호환 및 정보의 교환, 시스템의 통합과 다양한 분야에서 다목적으로 사용되는 국토공간의 핵심적 자료들을 취합할 수 있도록 국가 공간정보 유통기구를 통해 유통할 경우 개방형 GIS 구축이 필수적이다.
④ 시스템 상호 간의 접속에 대한 용이성과 분산처리 기술을 확보하여야 하므로 객체지향적 자료의 관리 및 저장을 지향하는 것과 서로 다른 GIS데이터 상호 간의 호환이 필요하다.

⑤ 정보의 교환 및 시스템의 통합과 다양한 분야에 공유할 수 있어야 하고 Network 상에서 사용자가 필요한 자료를 찾을 경우 정보의 검색이 제한된 범위에서 가능하다.
⑥ 다양한 분야에서 다목적으로 사용되는 국토공간의 핵심적 자료들을 취합할 수 있도록 하며 국가 공간정보 유통기구를 통해 유통할 경우 개방형 GIS 구축이 필수적이다.

7 토지정보체계의 정의

(1) 토지정보
① 토지에 관련된 모든 정보
② 토지의 경계, 면적, 형태, 특성, 이용실태, 가격 등 토지의 물리적 특성정보와 등기, 과세 정보 등 행정적 정보 포함

(2) 토지정보체계
① 토지정보체계(LIS : Land Information System)
② 합리적 토지정책 수립과 토지업무 효율화에 기여하는 시스템
③ 토지의 이용, 개발, 행정, 다목적 지적 등 토지관련 문제의 해결을 위한 정보시스템
④ 지적 등 토지관련 재산권 정보의 효율적 관리를 위한 전산시스템

(3) 토지정보체계 구축의 필요성
① 토지와 관련된 정책자료의 다목적 활용
② 토지·부동산 정보관리체계 및 다목적 지적정보체계 필요
③ 관련업무의 능률과 정확도 향상
④ 공공기관 및 부서간 토지정보 공유 및 토지관련 과세자료로 활용
⑤ 도면과 대장을 효율적이고 통합적으로 관리
⑥ 지적공부의 노후화 극복 및 수작업으로 인한 오류 방지
⑦ 지방행정 전산화와 지적민원처리의 신속성 확보

8 토지정보체계의 활용

① **토지거래** : 일필지 정보 제공
② **토지평가** : 정보를 이용하여 편리하고 정확하게 평가
③ **지적관리** : 일필지 정보관리 등 지적업무에 활용
④ **기타관련분야** : 농업생산, 환경, 행정, 교통, 조세, 지적측량, 시설물관리 등

⑨ 토지정보체계의 관리 목적

하나의 목적 또는 다수의 목적을 달성하기 위하여 정보를 효율적으로 이용하도록 신속하고 정확하게 제공·신뢰할 수 있는 가장 최신의 토지등록데이터를 확보 및 기존의 정보시스템 개선 또는 새로운 시스템의 도입으로 토지정보체계의 DB에 관련된 시스템을 자동화하는 것이다.

⑩ 토지정보체계의 특징

- 일필지의 이동정리에 따른 정확한 자료가 저장되며 검색이 편리하여야 한다.
- 지적도의 경계점좌표를 수치로 등록함으로써 각종 계획업무에 활용할 수 있게 된다.
- 토지이용계획 및 토지관계 정책자료 등 다목적으로 활용이 가능하며 공공계획에 유용하게 사용된다.
- 개인별, 법인별 토지소유 현황자료는 토지권리에 대한 분석과 정보제공의 기초가 된다.
- 지적공부의 열람·등본의 발급업무 및 토지이동, 소유권변동, 등급수정 등 변동자료를 신속하고 정확하게 처리할 수 있다.
- 지적전산화는 지방행정 관련 통계자료가 가능하고 전산전문요원의 양성 및 기술 향상을 도모할 수 있다.
- 지적의 일필지 지번부여지역과 부동산등록구역은 일치되지 않을 경우가 있으므로 식별되는 모든 필지는 강제 등록한다.

⑪ LIS와 GIS의 비교

LIS	GIS
• 지적도를 기본도로 함 • 국가주도 개발 • 지적정보가 중요 • 지적관리 등에 이용	• 지형도를 기본도로 함 • 필요기관 등에서 자체개발 • 지번개념이 희박하여 등록된 경계가 중요시되지 않음 • 수치지도, 지형도 제작에 이용

CHAPTER 01 LIS 및 GIS

01. 토지정보시스템에 대한 설명으로 틀린 것은?

① 토지와 토지 관련 자료를 수집한다.
② 토지의 형태와 특성을 기록한다.
③ 토지 정보의 효율적 관리에 이용된다.
④ 토지 과세의 의사결정시스템이다.

해설 ◁ 토지정보시스템은 최신자료 활용, 납세자 성명 또는 명칭 등을 과세기초자료로 이용되고 있으나 토지과세의 의사결정에는 영향을 줄 수 없다.

02. 토지정보체계에 대한 설명으로 틀린 것은?

① 토지정보체계는 토지에 관한 정보를 제공함으로서 토지관리를 지원한다.
② 토지정보체계의 유용성은 토지자료의 유연성과 획일성에 중점을 두고 있다.
③ 토지정보체계의 운영은 자료의 수집 및 자료의 처리·유지·검색·분석·보급 등도 포함한다.
④ 토지정보체계는 토지이용계획, 토지 관련 정책자료 등에 다목적으로 활용이 가능하다.

해설 ◁ 토지정보시스템은 토지자료를 효율적으로 편리하게 사용할 수 있도록 유용성 측면에서 개발하였다.

03. 토지정보시스템에 대한 설명으로 가장 거리가 먼 것은?

① 법률적, 행정적, 경제적 기초 하에 토지에 관한 자료를 체계적으로 수집한 시스템이다.
② 협의의 개념은 지적을 중심으로 지적공부에 표시된 사항을 근거로 하는 시스템이다.
③ 지상 및 지하의 공급시설에 대한 자료를 효율적으로 관리하는 시스템이다.
④ 토지 관련 문제의 해결과 토지정책의 의사결정을 보조하는 시스템이다.

해설 ◁ [시설물정보체계(FM)]
건축, 전기, 설비, 통신 등 도면 자동화를 통해 구축된 수치지도를 바탕으로 지상 및 지하의 각종 공급시설물을 시스템 상에 구축하여 시설물에 대한 유지보수 활동을 효과적으로 지원하는 시스템

04. 토지정보체계의 자료구축에 있어서 표준화의 필요성과 가장 관련이 적은 것은?

① 자료의 중복구축 방지로 비용을 절감할 수 있다.
② 자료구조의 단순화를 목적으로 한다.
③ 기존에 구축된 모든 데이터에 쉽게 접근할 수 있다.
④ 시스템 간의 상호연계성을 강화할 수 있다.

해설 ◁ [GIS 표준화의 필요성]
비용절감, 접근용이성, 상호연계성, 활용의 극대화 등

05. 토지정보체계의 자료관리 과정 중 가장 중요한 단계는?

① 자료 검색 방법
② 데이터베이스 구축
③ 조작 처리
④ 부호화(code화)

해설 ◁ 토지정보체계의 자료관리과정 중 가장 중요한 단계는 데이터베이스의 구축이며 이는 논리적으로 연관된 하나 이상의 자료의 모음으로 그 내용을 고도로 구조화가 요구되며 공간분석을 위해 데이터베이스의 구축이 선행되어야 한다.

정답 01. ④ 02. ② 03. ③ 04. ② 05. ②

06. 토지정보체계의 구성내용 중 법률적인 정보로 볼 수 없는 것은?

① 소유권　　　　② 지역권
③ 지하시설물　　④ 저당권

해설　[토지정보시스템의 구성]
① 토지측량자료 : 기하학적 자료, 토지표지자료 등
② 법률자료 : 소유권, 소유권이외의 권리(지역권, 저당권 등)
③ 자연자원자료 : 지질, 광업, 유량, 기후, 입목 등
④ 기술적 시설물에 관한 자료 : 지하시설물, 전력, 산업, 공장, 주거지, 교통시설 등
⑤ 환경보전에 관한 자료 : 수질, 공해, 소음, 대기 등
⑥ 경제 및 사회정책적 자료 : 인구, 고용능력, 교통조건, 문화시설 등

07. 다음 중 토지정보시스템의 주된 구성요소로만 나열된 것은?

① 조직과 인력, 하드웨어 및 소프트웨어, 자료
② 하드웨어 및 소프트웨어, 통신장비, 네트워크
③ 자료, 보안장치, 시설
④ 지적측량, 조직과 인력, 네트워크

해설　토지정보시스템의 구성요소로는 하드웨어, 소프트웨어, 데이터, 인력 및 조직 등이며 3대요소이면 하드웨어, 소프트웨어, 데이터를 들 수 있다.

08. 공간데이터의 수집 절차로 옳은 것은?

① 데이터 획득 → 수집계획 → 데이터 검증
② 수집계획 → 데이터 검증 → 데이터 획득
③ 수집계획 → 데이터 획득 → 데이터 검증
④ 데이터 검증 → 데이터 획득 → 수집계획

해설　[공간데이터의 수집절차]
수집 계획 → 데이터 획득 → 데이터 검증

09. 토지정보체계의 구성요소에 해당하지 않는 것은?

① 기준점　　　　② 데이터베이스
③ 소프트웨어　　④ 조직과 인력

해설　토지정보시스템의 구성요소로는 하드웨어, 소프트웨어, 데이터, 인력 및 조직 등이며 3대요소이면 하드웨어, 소프트웨어, 데이터를 들 수 있다.

10. 토지정보시스템의 집중형 하드웨어 시스템에 대한 설명으로 틀린 것은?

① 초기 도입비용이 저렴하다.
② 토지정보의 통합 관리로 전체적인 통제 및 유지가 가능하다.
③ 시스템 구성의 초기 단계에서 자원낭비의 우려가 있다.
④ 시스템 장애 시 전체적인 피해가 발생한다.

해설　토지정보시스템의 집중형 하드웨어의 초기 도입비용은 매우 높게 소요되므로 자료관리가 비경제적이다.

11. 속성정보에 대한 설명으로 틀린 것은?

① 지도의 특정한 지도요소가 속성정보에 해당한다.
② 지도상의 특성이나 질, 형상, 지물의 관계를 나타낸다.
③ 도형정보와 연결이 되는 관계로 정확성을 유지한다.
④ 속성정보는 도형요소에 의해 나타난 성질을 문자나 숫자로도 설명한다.

해설　지도의 특정한 지도요소가 공간정보에 해당한다.
[속성정보]
① 지도형상의 특성, 질, 관계와 지형적 위치를 설명하는 자료
② 문자와 숫자가 조합된 구조로 행렬의 형태로 저장
③ 속성정보에는 속성, 지형참조자료, 지형색인, 공간관계가 포함됨

12. 토지정보시스템에서 속성정보로 취급할 수 있는 것은?

① 토지 간의 인접관계　　② 토지 간의 포함관계
③ 토지 간의 위상관계　　④ 토지의 지목

해설　① 토지 간의 위상관계인 인접성, 포함성, 연결성 등은 공간정보에 해당
② 토지의 표시 중 소재, 지번, 지목, 면적 등은 속성자료에 해당

13. 다음 중 토지정보의 분류(자료 형태)와 가장 거리가 먼 것은?

① 위치정보 ② 속성정보
③ 도형정보 ④ 오차정보

해설 토지정보시스템의 데이터 구성요소는 위치정보(도면정보)와 속성정보(대장정보)로 구성된다.

14. GIS의 데이터모델을 공간데이터와 속성데이터로 구분할 때, 다음 중 공간데이터와 가장 거리가 먼 것은?

① 수치지적도 ② 수치영상
③ 인공위성영상데이터 ④ 토지가격데이터

해설 토지의 가격데이터는 속성데이터이다.

15. 지적속성자료를 입력하는 장치는?

① 스캐너 ② 키보드
③ 디지타이저 ④ 플로터

해설 토지정보시스템의 구성요소로는 하드웨어, 소프트웨어, 데이터, 인력 및 조직 등이며 3대요소이면 하드웨어, 소프트웨어, 데이터를 들 수 있다.

16. 현행 토지정보시스템의 속성자료와 관련이 없는 것은?

① 토지대장 ② 임야대장
③ 국세과세대장 ④ 공유지연명부

해설 ① 도형 혹은 속성자료 : 경계점좌표등록부
② 속성자료 : 공유지연명부, 대지권등록부, 토지대장 및 임야대장

17. 토지정보체계의 자료처리 흐름으로 일반적인 자료처리과정에 포함되지 않는 것은?

① 모형화 ② 부호화
③ 통계해석 ④ 중첩, 분해

해설 경계선을 수치 부호화하여 저장하는 방식은 자료의 입력방식에 해당하며, 자료처리과정에 포함되지 않는다.

18. 하나의 주제에 관한 자료를 포함하고 있는 공간자료파일을 의미하는 것은?

① 레이어 ② 데이터베이스
③ 래스터 ④ 벡터

해설 [레이어(Layer)와 커버리지(Coverage)]
① 레이어 : 수치화된 도형자료만을 나타낸 것으로 같은 성격을 가지는 공간객체를 같은 층으로 묶음
② 커버리지 : 도형자료와 관련된 속성데이터를 함께 갖는 수치지도

19. 토지정보시스템의 구축효과로 가장 거리가 먼 것은?

① 체계적이고 과학적인 지적업무처리와 지적행정실현
② 지적공부의 전산화 및 전산파일유지로 지적서고의 팽창 방지
③ 지역 개발 관련 민원의 사전 차단
④ 최신 자료 확보로 지적통계와 정책정보의 정확성 제고

해설 지역 개발 관련 민원의 사전 차단은 토지정보시스템의 구축효과와 관련이 없다.
[토지정보시스템의 구축효과]
업무처리의 신속화, 정보의 공유, 업무별 분산처리의 실현, 시간과 거리에 제한이 없다. 중복된 업무를 처리하지 않을 수 있다.

20. 종이지적도를 디지타이저 장비를 이용하여 전산화할 때, 디지타이저 장비 중 마우스와 같은 기능을 하는 것은?

① Stick ② Puck
③ Cable ④ Tablet

해설 Puck : 공학적 설계 등을 응용하는데 많이 사용되는 마우스와 비슷한 모양의 장치인데 항목이나 명령 선택용 버튼이 붙어 있으며 한쪽 끝에 투명한 플라스틱 부분이 나와 있고 거기에 가느다란 십자선이 인쇄되어 있다.

정답 13. ④ 14. ④ 15. ② 16. ③ 17. ② 18. ① 19. ③ 20. ②

21. 다음 중 우리나라의 지적측량에서 사용하는 직각좌표계의 투영법 기준으로 옳은 것은?

① 방위도법
② 정사투영법
③ 가우스상사이중투영법
④ 원추투영법

해설 우리나라 지적도 제작에 이용되는 투영방식은 가우스 상사이중투영이며 이는 회전타원체의 지구를 도면으로 표현하기 위해 타원체에서 구체로 등각투영하고 이 구체로부터 평면으로 투영하기 위해 등각원통투영으로 한번 더 투영하는 방법이다.

22. 토지정보체계에서 데이터베이스의 구축 시 발생하는 오차로 보기 어려운 것은?

① 데이터의 좌표 변환 시 사용하는 투영법에 따른 오차
② 원본 자료의 부정확성에 따른 오차
③ 자료의 논리적 일관성에 따른 오차
④ 데이터의 입력 과정에서 발생하는 오차

해설 [토지정보체계의 오차]

입력자료의 품질에 따른 오차	데이터베이스구축시 발생하는 오차
• 위치정확도에 따른 오차 • 속성위치정확도에 따른 오차 • 논리적 일관성에 따른 오차 • 완결성에 따른 오차 • 자료변환과정에 따른 오차	• 절대위치자료 생성시 기준점의 오차 • 위치자료 생성시 발생되는 영상의 정확도에 따른 오차 • 디지타이징시 발생하는 오차 • 좌표변환시 투영법에 따른 오차 • 사회자료 부정확성에 따른 오차 • 자료처리시 발생되는 오차

23. 지적 분야에서 토지정보시스템이 필요한 이유로 가장 옳은 것은?

① 지적삼각점의 관리 부실 개선
② 세계좌표계 변환에 대비
③ 지적 불부합에 의한 분쟁 해결
④ 토지관련 정보의 효율적 관리 및 이용

해설 지적분야에서 토지정보시스템이 필요한 가장 중요한 이유는 토지관련 정보의 효율적 관리 및 이용을 들 수 있다.

24. 토지정보시스템 데이터의 질적 평가에서 고려해야 하는 요소가 아닌 것은?

① 데이터의 정확성   ② 데이터의 오차
③ 데이터의 완벽성   ④ 데이터의 정밀성

해설 [데이터의 질적 평가에서 고려해야 하는 요소]
데이터의 정확성, 데이터의 정밀성, 데이터의 오차, 데이터의 불확실성 등

25. 데이터베이스에서 자료의 중앙 통제시 가장 큰 장점은?

① 데이터의 중복이 전혀 없게 되어 경제적이다.
② 저장된 자료의 일관성 유지가 용이하다.
③ 보안에 대한 위험이 없어진다.
④ 데이터베이스 관리자가 필요 없게 된다.

해설 데이터베이스에서 자료의 중앙통제시 저장된 자료의 일관성을 유지하는 데 있다.
[데이터베이스의 중앙통제시의 장점]
① 중앙제어기능
② 효율적인 자료의 호환
③ 데이터의 독립성
④ 새로운 응용프로그램 개발의 용이성
⑤ 직접적인 사용자 접근 기능
⑥ 자료중복 방지
⑦ 다양한 양식의 자료 제공

26. 소프트웨어의 주요기능 유형 중 데이터 입력과 관련이 없는 것은?

① 데이터 검색   ② 공간 데이터 입력
③ 데이터 통합   ④ 구조화 편집

해설 데이터 검색은 이미 입력된 데이터를 분석방법과 조건에 의해 분류하고 처리하는 과정이다.

27. 다음 공간정보의 형태에 대한 설명 중 옳지 않은 것은?

① 점은 위치좌표계의 단 하나의 쌍으로 표현되는 대상이다.
② 선은 점이 연결되어 만들어지는 집합이다.
③ 면적은 공간적 대상물의 범주로 간주되며 연속적인 자료의 표현이다.
④ 면적은 분리된 단위를 형성하는 것에 가까운 점 분할의 집합이다.

해설 ◁ 선은 점의 연결로 만들어지고, 면적은 선의 연결로 만들어지므로 면적은 분리된 단위를 형성하는 것에 가까운 선분할의 집합이다.

28. 토지정보체계의 데이터 관리에서 파일처리방식의 문제점이 아닌 것은?

① 시스템 구성이 복잡하고 비용이 많이 소요된다.
② 데이터의 독립성을 지원하지 못한다.
③ 사용자 접근을 제어하는 보안체제가 미흡하다.
④ 다수의 사용자 환경을 지원하지 못한다.

해설 ◁ [파일처리방식의 문제점]
① 데이터의 독립성을 지원하지 못한다.
② 사용자 접근을 제어하는 보안체제가 미흡하다.
③ 다수의 사용자환경을 지원하지 못한다.

29. 필지단위로 토지정보체계를 구축할 경우 적합하지 않은 것은?

① 원격탐사   ② GPS 측량
③ 항공사진측량   ④ 디지타이저

해설 ◁ [원격탐사(RS : Remote Sensing)]
지상이나 항공기 및 인공위성 등의 탑재기(platfrom)에 설치된 감지기(sensor)를 이용하여 지표, 지상, 지하, 기권 및 우주공간의 대상물에서 반사 혹은 방사되는 전자기파를 탐지기파로 탐지하고 이들 자료로부터 토지, 환경 및 자원에 대한 정보를 얻어 이를 해석하는 기법

30. 3차원 토지정보체계 구축을 위한 측량기술의 설명으로 옳지 않은 것은?

① 위성 측량기술 – 광역지역에 대한 반복적인 시계열 3차원 자료구축에 유리하다.
② 항공사진 측량기술 – 균질한 정확도와 원하는 축척의 수치지도 제작에 유리하다.
③ GNSS 측량기술 – 기존의 평판이나 트랜싯 측량에 비해 정확도가 떨어져 지적재조사 사업에 불리하다.
④ 모바일 매핑시스템 – LIDAR, GPS, INS 등을 탑재하여 도로시설물의 3차원 정보 구축에 유리하다.

해설 ◁ [GNSS 측량기술]
① 우주공간의 궤도를 돌고 있는 위성을 이용하여 지상의 위치를 결정하는 측위시스템
② 평판, 트랜싯측량에 비해 정확도가 높아 지적재조사사업에 이용

31. 한국토지정보시스템(KLIS)에 대한 설명으로 옳은 것은? (단, 중앙행정부서의 명칭은 해당 시스템의 개발 당시 명칭을 기준으로 한다.)

① 국토교통부의 토지관리정보시스템과 행정안전부의 필지중심토지정보시스템을 통합한 시스템이다.
② 국토교통부의 토지관리정보시스템과 행정안전부의 시·군·구 지적행정시스템을 통합한 시스템이다.
③ 행정안전부의 시·군·구 지적행정시스템과 필지중심 토지정보시스템을 통합한 시스템이다.
④ 국토교통부의 토지관리정보시스템과 개별공시지가 관리시스템을 통합한 시스템이다.

해설 ◁ [한국토지정보시스템(KLIS)]
국가적인 정보화사업을 효율적으로 추진하기 위하여 행정안전부의 PBLIS와 국토교통부의 LMIS를 하나의 시스템으로 통합하여 전산정보의 공공활용과 행정의 효율성을 제고하기 위해 추진되고 있는 정보화산업

32. 한국토지정보시스템에 대한 설명으로 옳은 것은?

① 2004년 1월부터 KLIS 사업추진단을 구성하여 개발에 착수하였다.
② 한국토지정보시스템은 PBLIS와 LMIS를 통합하여 새로 구축한 시스템이다.
③ 한국토지정보시스템은 National Geographic Information System의 약자로 NGIS라 한다.
④ 한국토지정보시스템은 기본시스템으로 지적공부관리시스템과 지적측량성과작성시스템으로만 구성되어 있다.

해설 [한국토지정보시스템(KLIS)]
① 개요 : 토지에 관련된 모든 분야에 활용할 수 있는 기본시스템
② 활용범위 : 지적공부관리시스템, 지적측량 성과작성시스템, 연속/편집도 관리시스템, 토지민원발급시스템, 도로명 및 건물번호관리시스템, 토지행정지원시스템, 민원발급관리시스템, 용도지역지구관리시스템 등

33. 지적전산화의 목적에 대한 설명으로 틀린 것은?

① 체계적이고 과학적인 토지관리
② 지적민원을 신속하고 정확하게 처리
③ 지적서고의 확장에 따른 비용을 확대
④ 전국적으로 획일적인 시스템의 활용

해설 [지적전산화의 목적]
① 토지정보의 수요에 대한 신속한 정보 제공
② 공공계획의 수립에 필요한 정보 제공
③ 토지 투기의 예방
④ 행정자료구축과 행정업무에 이용
⑤ 다른 정보자료 등과의 연계
⑥ 민원인에 대한 신속한 대처

34. 지적도면 전산화의 필요성에 대한 설명으로 틀린 것은?

① 국가와 지방자치단체 간의 연계활용이 불가능하다.
② 지적정보의 지속적인 Update와 유지 관리가 편리하다.
③ 토지 관련 모든 분야에 핵심정보의 제공이 가능하다.
④ 토지정책 결정에 필요한 자료를 신속·정확하게 제공할 수 있다.

해설 지적정보는 국가지리정보시스템(NGIS)과 연계·통합할 수 있으며 국가와 지방자치단체 간의 연계활용으로 정책적으로 편리하게 제공할 수 있다.

35. 한국토지정보체계의 지적측량성과작성시스템에서 생성할 수 있는 파일이 아닌 것은?

① 도형데이터 추출파일
② 측량관측파일
③ 토지이동정리파일
④ 세부측량계산파일

해설 [KLIS 측량성과 작성시스템 파일 확장자]
• 측량준비도 추출파일 (*.cif, cadastral information file)
• 일필지속성정보파일 (*.sebu, 세부측량을 영어로 표현)
• 측량관측파일 (*.svy, survey)
• 측량계산파일 (*.ksp, kcsc survey project)
• 세부측량계산파일 (*.ser, survey evidence relation file)
• 측량성과파일 (*.jsg, 성과의 작성을 영어로 표현, 성과(sg), 작성(js))
• 토지이동정리(측량결과)파일 (*.dat, data)
• 측량성과검사요청서 파일 (*.sif)
• 측량성과검사결과 파일 (*.Srf)
• 정보이용승인신청서 파일 (*.iuf, information use)

36. 한국토지정보체계의 토지민원발급시스템에 대한 설명으로 틀린 것은?

① 지역적 한계를 극복하고 전국을 네트워크로 연결하여 열람 및 발급이 가능하다.
② 시·군·구 또는 읍면동 사무소에서 즉시 지적공부의 열람 및 발급이 가능하다.
③ 토지민원발급시스템은 지적공사의 지사에서도 열람 및 발급이 가능하다.
④ 개별공시지가 확인서 및 지적기준점 확인원의 발급이 가능하다.

해설 [토지민원발급시스템]
① 개요 : 지적민원/토지민원 서류를 발급/관리하기 위한 시스템
② 이용분야 : 지적(임야)도 등본, 지적공부 등본, 경계점좌표등록부, 지적기준점확인원, 토지이용계획 확인서, 개별공시

지가확인서의 6종류 문서 발급과 토지·임야(폐쇄)등본, 대지권등록부 발급시스템의 연계를 통한 통합서비스화면에서 One-stop으로 처리

37. 한국토지정보체계의 기대효과로 볼 수 없는 것은?

① 다양하고 입체적인 토지정보를 제공
② 민원처리 기간의 단축 및 전국 온라인 서비스 제공
③ 각 부서 간의 공동 활용으로 업무효율을 극대화
④ 데이터 품질의 유지 및 관리가 곤란

해설) 데이터 품질의 유지 및 관리가 편리하고 실시간으로 제공할 수 있다.

38. 우리나라 지적공부 전산화가 최초로 시작된 시기는?

① 1960년대   ② 1970년대
③ 1980년대   ④ 1990년대

해설) 1976년 토지기록전산화 사업을 필두로 지적공부의 전산화 사업이 시작되었다.

39. 토지기록전산화의 추진을 위한 준비 단계의 내용으로 옳은 것은?

① 지적도·임야도의 카드화
② 토지소유자 주민등록번호 등재 정리
③ 면적을 평단위로 환산 등록
④ 조사·위성측량을 통한 새로운 데이터 취득

해설) 토지기록전산화의 추진을 위한 준비는 토지소유자의 조사에서 시작하였으며 이를 위해 주민등록번호 등재 정리를 시행하였다.

40. 각종 행정 업무의 무인 자동화를 위해 가판대와 같이 공공시설, 거리 등에 설치하여 대중들이 쉽게 사용할 수 있도록 설치한 컴퓨터로 무인자동단말기를 가리키는 용어는?

① Touch Screen   ② Kiosk
③ PDA   ④ PMP

해설) [키오스크(KIOSK)]
① 정부기관이나 지방자치단체, 은행, 백화점, 전시장 등 공공장소에 설치된 무인 정보단말기
② 동적 교통정보 및 대중교통정보, 경로 안내, 요금 카드 배포, 예약 업무, 각종 전화번호 및 주소 안내 정보제공, 행정절차나 상품정보, 시설물의 이용방법 등을 제공함.
③ 터치스크린과 사운드, 그래픽, 통신카드 등 첨단 멀티미디어 기기를 활용하여 음성서비스, 동영상 구현 등 이용자에게 효율적인 정보를 제공하는 무인 종합정보안내시스템.

41. 한국토지정보시스템(KLIS)운영의 구성과 거리가 먼 것은?

① 지적공부의 정리 및 관리
② 지적측량성과 검사 지원
③ 지적기준점의 정리 및 관리
④ 지형도면의 정리 및 관리

해설) 한국토지정보시스템(KLIS)은 토지에 관련된 모든 분야에 활용할 수 있는 기본시스템으로 지형도면을 정리하거나 관리하지 않는다.

42. 지적업무전산화를 목표로 지적법을 전면 개정하여 대장의 속성에서 필지별 고유번호, 지목, 사유, 소유권변동원인 등을 최초로 코드화한 시기로 옳은 것은?

① 1950. 12. 1   ② 1975. 12. 31
③ 1995. 1. 5   ④ 2001. 1. 27

해설) 지적업무전산화를 목표로 지적법을 전면 개정하여 대장의 속성에서 최초로 코드화시킨 시기는 1975년 12월 31일이다.

43. 일반지도와 비교하여 수치지도(Digital Map)의 장점이 아닌 것은?

① 축척이나 투영법의 변환이 용이하다.
② 초기 투자비용이 저렴하다.
③ 시스템 구축 후에는 제작 기간이 적게 소요된다.
④ 다른 수치지도와의 통합 출력이 용이하다.

해설) 일반지도와 비교하여 수치지도(Digital Map)는 초기 투자비용이 많이 든다.

44. 지적전산화의 목적으로 틀린 것은?

① 전산화를 통한 중앙통제권 강화
② 토지정보의 다목적 활용
③ 토지소유현황의 신속한 파악
④ 지적 관련 민원의 신속한 처리

해설 [지적전산화의 목적]
① 토지정보의 수요에 대한 신속한 정보 제공
② 공공계획의 수립에 필요한 정보 제공
③ 토지 투기의 예방
④ 행정자료구축과 행정업무에 이용
⑤ 다른 정보자료 등과의 연계
⑥ 민원인에 대한 신속한 대처

45. 지적도면의 전산화에 대한 설명으로 틀린 것은?

① 다양한 축척으로 인한 지적도면 상호 간의 차이로 인해 지적도면 전산화를 추진하게 되었다.
② 재측량에 의한 방법보다 시간·비용이 절감된다.
③ 기존의 지적도면이 안고 있는 문제점이 해소된다.
④ 지적도면의 신축에 의한 원형 보관 및 관리의 어려움이 해소된다.

해설 지적도면의 전산화는 기존 도면을 토대로 전산화가 진행되므로 기존의 지적도면이 안고 있는 문제점은 해소되지 않는다.

46. 우리나라가 사용하고 있는 지적공부관리시스템 중 가장 최신 시스템은?

① PBLIS   ② KLIS
③ LMIS   ④ EIS

해설 [토지정보시스템의 개발순서]
토지종합정보망(LMIS) - 필지중심토지정보시스템(PBLIS) - 한국토지정보시스템(KLIS)

47. 토지대장 전산화를 위하여 실시한 준비 사항이 아닌 것은?

① 지적법령의 정비
② 토지, 임야대장의 카드화
③ 면적 표시의 평단위 통일
④ 소유권 주체의 고유번호 코드화

해설 면적 표시의 단위는 제곱미터로 통일한다.

48. 토지기록전산화의 정책적, 관리적 기대효과 중 관리적 기대효과에 해당하지 않는 것은?

① 건전한 토지거래 질서 확립
② 토지정보관리의 과학화
③ 주민편익위주의 민원처리
④ 지방행정전산화 기반 조성

해설 건전한 토지거래질서의 확립은 정책적 관점에서의 기대효과이다.
• 토지기록전산화의 정책적 기대효과
• 토지종착정보의 공동이용
• 건전한 토지거래질서의 확립
• 국토의 효율적 이용관리

49. 한국토지정보시스템(KLIS)의 시스템 구현방향은 어떤 구조로 개발하였는가?

① 1계층(Tier) 구조   ② 2계층(Tier) 구조
③ 3계층(Tier) 구조   ④ 독립형(Tier) 구조

해설 [한국형토지정보시스템(KLIS)의 시스템 구현방향]
통합시스템 아키텍쳐는 3계층 클라이언트 서버(3-Tiered Clint Server)를 기본으로 함

50. 다음 중 지적도면을 전산화함에 있어 정비하여야 할 사항과 가장 거리가 먼 것은?

① 도면번호 정비   ② 도곽선 정비
③ 소유자 정비   ④ 경계 정비

정답 44. ① 45. ③ 46. ② 47. ③ 48. ① 49. ③ 50. ③

해설 [지적도면 정비대상]
도면번호 정비, 색인도 정비, 도면의 도곽선 정비, 행정구역선의 정비, 경계 등의 정비

51. 토지·임야대장 전산화를 위한 기반 조성내역이 아닌 것은?

① 토지·임야대장 카드화
② 소유자 주민등록번호의 등재정리
③ 면적단위의 미터법 환산정리
④ 원시자료 취득을 위한 재측량

해설 [토지기록전산화의 기반조성]
① 대장의 서식을 부책식에서 카드식으로 개정
② 면적단위를 척관법에 의한 평(坪)과 보(步)에서 미터법에 의한 평방미터로 개정
③ 소유권 주체의 고유번호화
④ 지목·토지이동연혁·소유권 변동연혁 등의 코드화 및 업무의 표준화
⑤ 수치지적부(현 경계점좌표등록부)의 도입

52. 필지중심토지정보시스템(PBLIS)의 구성에 해당하지 않는 것은?

① 지적공부관리시스템
② 지적측량성과시스템
③ 부동산등기관리시스템
④ 지적측량시스템

해설 [필지중심토지정보체계(PBLIS)의 구성]
지적공부관리시스템, 지적측량시스템, 지적측량성과작성시스템

53. 지적공부를 전산으로 등록·관리할 수 있도록 서로 유기적으로 연계된 도형 및 속성자료의 데이터베이스가 탑재된 시스템을 무엇이라 하는가?

① 지적행정시스템
② 지적고도화시스템
③ 필지정보시스템
④ 지적전산정보시스템

해설 지적공부를 전산으로 등록·관리할 수 있도록 서로 유기적으로 연계된 도형 및 속성자료의 데이터베이스가 탑재된 시스템은 지적전산정보시스템이다.

54. 지적전산업무의 처리, 지적전산프로그램의 관리 등 지적전산시스템의 관리·운영 등에 필요한 사항을 정하는 자는?

① 교육부장관
② 행정안전부장관
③ 국토교통부장관
④ 산업통상자원부장관

해설 지적전산업무의 처리, 지적전산프로그램의 관리 등 지적전산시스템의 관리·운영 등에 필요한 사항은 국토교통부장관이 정한다.

55. 필지중심토지정보시스템(PBLIS)에 관한 설명으로 틀린 것은?

① 수치지형도를 도형데이터의 기반으로 하여 구축한 토지정보시스템이다.
② 지적공부관리, 지적측량, 지적측량성과작성시스템으로 구성되어 있다.
③ PBLIS와 LMIS를 통합하여 제공하는 시스템이 한국토지정보시스템(KLIS)이다.
④ 다른 시스템과의 정보 공유로 통합된 토지 관련 민원서비스를 제공할 수 있다.

해설 [PBLIS(필지중심토지정보시스템)]
① 지적도, 토지대장의 통합관리시스템 구축으로 지자체의 지적업무효율화와 토지정책, 도시계획 등의 다양한 정책분야에 기초공간자료의 제공목적으로 개발
② 대장정보와 도형정보를 통합한 일필지정보를 기반으로 토지의 모든 정보를 다루는 시스템
③ 각종 지적행정업무 수행과 관련부처 및 타기관에 제공할 정책정보를 생산하는 시스템

56. 지적도와 시·군·구 대장 정보를 기반으로 하는 지적행정시스템과의 연계를 통해 각종 지적 업무를 수행하기 위한 목적으로 과거 행정안전부에 의해 만들어진 정보시스템은?

① 필지중심토지정보시스템
② 지리정보시스템
③ 도시계획정보시스템
④ 시설물관리시스템

해설 [PBLIS(필지중심토지정보시스템)]
지적도와 시·군·구 대장 정보를 기반으로 하는 지적행정시스템과의 연계를 통해 각종 지적 업무를 수행하기 위한 목적으로 과거 행정안전부에 의해 만들어진 정보시스템이다.

정답 51. ④ 52. ③ 53. ④ 54. ③ 55. ① 56. ①

57. 필지중심토지정보시스템의 구성 체계 중 주로 시·군·구 행정종합정보화시스템과 연계를 통한 통합데이터베이스를 구축하여 지적업무의 효율성과 정확도 향상 및 지적정보의 응용·가공으로 신속한 정책정보를 제공하는 시스템은?

① 지적공부관리시스템
② 토지행정시스템
③ 지적측량시스템
④ 지적측량성과작성시스템

해설 [필지중심토지정보체계(PBLIS)의 구성]
① **지적공부관리시스템** : 사용자권한관리, 지적측량검사업무, 토지이동관리, 지적일반업무관리, 창구민원업무, 토지기록자료조회 및 출력, 지적통계관리, 정책정보관리 등 160여종의 업무 제공
② **지적측량시스템** : 지적삼각측량, 지적삼각보조점측량, 지적도근점측량, 세부측량 등 170여종의 업무 제공
③ **지적측량성과작성시스템** : 지적측량을 위한 준비도 작성과 성과도의 입력 등으로 지적측량업무를 지원하며, 측량성과를 데이터베이스로 저장하여, 지적업무의 효율성 제고

58. 다음 중 과거 필지중심토지정보체계(PBLIS)의 개발 목적으로 옳지 않은 것은?

① 행정처리 단계 축소 및 비용 절감
② 지적정보 및 부가정보의 효율적 통합 관리
③ 지적재조사 사업의 기반 확보
④ 대장과 도면정보 시스템의 분리 운영

해설 [PBLIS(필지중심토지정보시스템)]
① 지적도, 토지대장의 통합관리시스템 구축으로 지자체의 지적업무효율화와 토지정책, 도시계획 등의 다양한 정책분야에 기초공간자료의 제공목적으로 개발
② 대장정보와 도형정보를 통합한 일필지정보를 기반으로 토지의 모든 정보를 다루는 시스템
③ 각종 지적행정업무 수행과 관련부처 및 타기관에 제공할 정책정보를 생산하는 시스템

59. 과거 건설교통부의 토지 관련 업무와 행정안전부의 지적관련 업무가 분리되어 처리됨에 따라 발생되었던 자료의 이중 관리 및 정확성 문제 등을 해결하기 위하여 구축된 통합정보시스템은?

① 토지종합정보망
② 한국토지정보시스템
③ 필지중심토지정보체계
④ 시군구행정종합정보시스템

해설 [KLIS(한국토지정보시스템)]
① 국가적인 정보화사업을 효율적으로 추진하기 위해 PBLIS와 LMIS를 하나의 시스템으로 통합
② 전산정보의 공공활용과 행정의 효율성 제고를 위해 행정안전부와 국토교통부가 공동주관으로 추진하고 있는 정보화사업

60. 토지종합정보망 소프트웨어 구성에 관한 설명으로 틀린 것은?

① DB서버-응용서버-클라이언트로 구성
② 미들웨어는 자료제공자와 도면생성자로 구분
③ 미들웨어는 클라이언트에 탑재
④ 자바(Java)로 구현하여 IT-플랫폼에 관계없이 운영 가능

해설 미들웨어는 클라이언트와 연결해주는 상호 운용성을 위한 소프트웨어를 말한다.
[미들웨어의 개발]
① **LMIS(코바 미들웨어)** : 고딕엔진 및 PBLIS 기능 추가에 따른 기능
② **PBLIS(고딕용 프로바이더)** : 기존 ArcSDE 및 ZEUS 엔진과 상호 자료교환
③ **시군구(엔테라 미들웨어)** : 시군구행정종합 정보시스템과 KLIS간 정보공유를 위한 미들웨어 연계

61. 지적 관계 전산시스템을 나타내는 용어의 표기가 틀린 것은?

① 토지관리정보체계 - LIMS
② 한국토지정보시스템 - KLIS
③ 필지중심토지정보시스템 - PBLIS
④ 지리정보시스템 - GIS

해설 [지적관계 전산시스템의 용어의 표기]
토지관리정보체계(LMIS) - 필지중심토지정보시스템(PBLIS) - 한국토지정보시스템(KLIS) - 지리정보시스템(GIS)

정답 57. ① 58. ④ 59. ② 60. ③ 61. ①

62. 지적 행정에 웹 LIS를 도입함에 따른 기대효과로 거리가 먼 것은?

① 업무의 중앙 집중·통제 강화
② 정보와 자원의 공유 가능
③ 중복된 업무 배제
④ 시간과 거리에 의한 업무 제약 배제

해설 [지적 행정에 웹 LIS를 도입함에 따른 기대효과]
토지 관련 정보를 데이터베이스화하여 토지 관련 정보 서비스를 제공하는 시스템으로 각종 민원 업무의 제공과 정책 정보 관리 등에 활용한다.

63. 지적도와 시·군·구 대장 정보를 기반으로 하는 지적행정시스템의 연계를 통해 각종 지적업무를 수행할 수 있도록 만들어진 정보시스템은?

① 필지중심토지정보시스템 ② 지리정보시스템
③ 도시계획정보시스템   ④ 시설물관리시스템

해설 [PBLIS(필지중심토지정보시스템)]
① 지적도, 토지대장의 통합관리시스템 구축으로 지자체의 지적업무효율화와 토지정책, 도시계획 등의 다양한 정책분야에 기초공간자료의 제공목적으로 개발
② 대장정보와 도형정보를 통합한 일필지정보를 기반으로 토지의 모든 정보를 다루는 시스템
③ 각종 지적행정업무 수행과 관련부처 및 타기관에 제공할 정책정보를 생산하는 시스템

64. 지적행정시스템의 개발목표와 거리가 먼 것은?

① 지적전산처리 절차의 개선
② 업무편리성 및 행정효율성 제고
③ 궁극적으로 유관기관과의 시스템분리
④ 부동산 종합정보 관리체계의 기반구축

해설 지적행정시스템은 분산되어 있는 유관기관과의 데이터를 통합하여 국토공간정보를 종합적으로 관리하며, 지적정보의 공동활용확대, 지적전산처리 절차의 개선, 관련기관과의 연계기반 구축을 위해 개발되었다.

65. 다음 중 한국토지정보시스템의 약자로 옳은 것은?

① LMIS   ② KMIS
③ KLIS   ④ PBLIS

해설 [KLIS(한국토지정보시스템)]
① 국가적인 정보화사업을 효율적으로 추진하기 위해 PBLIS와 LMIS를 하나의 시스템으로 통합
② 전산정보의 공공활용과 행정의 효율성 제고를 위해 행정안전부와 국토교통부가 공동주관으로 추진하고 있는 정보화사업

66. 토지정보시스템 구축에 있어 지적도와 지형도를 중첩할 때 비연속도면을 수정하는데 가장 효율적인 자료는?

① 정사항공사진   ② TIN 모형
③ 수치표고모델   ④ 토지이용 현황도

해설 [정사항공영상]
① 지도의 지형적 특성과 사진의 특성을 모두 지님
② GIS에서 필요한 정보의 취득이나 현재의 GIS 데이터 갱신과 유지에 대한 참조 이미지의 역할 가능

67. 토지관리정보시스템(LMIS) 관리데이터가 아닌 것은?

① 공시지가 자료   ② 연속지적도
③ 지적기준점   ④ 용도지역지구

해설 [토지관리정보시스템(LMIS)의 자료]
1. 공간도형자료
   ① 지적도 : 개별, 연속, 편집 지적도
   ② 지형도 : 도로, 건물, 철도 등 지형지물
   ③ 용도지역 지구의 자료
2. 속성자료 : 토지관리업무에서 생산, 활용, 관리하는 대장 및 조서자료와 관련 법률자료

68. 다음 중 1필지를 중심으로 한 토지정보시스템을 구축하고자 할 때 시스템의 구성요건으로 옳지 않은 것은?

① 파일처리방식을 이용하여 데이터 관리를 설계한다.
② 확장성을 고려하여 설계한다.
③ 전국적으로 통일된 좌표계를 사용한다.
④ 개방적 구조를 고려하여 설계한다.

해설 1필지를 중심으로 한 토지정보시스템은 파일처리방식을 이용하는 것이 아니라 확장성, 통일된 좌표계 사용, 개방적 구조의 데이터베이스관리시스템을 이용하여 데이터 관리를 설계한다.

CHAPTER 02 자료의 생성 및 구조

1 GIS의 정보

GIS의 자료구조는 크게 위치자료와 속성자료로 구분되며, 위치자료에는 상대위치와 절대위치자료로, 특성자료는 도형, 영상, 속성자료로 구분

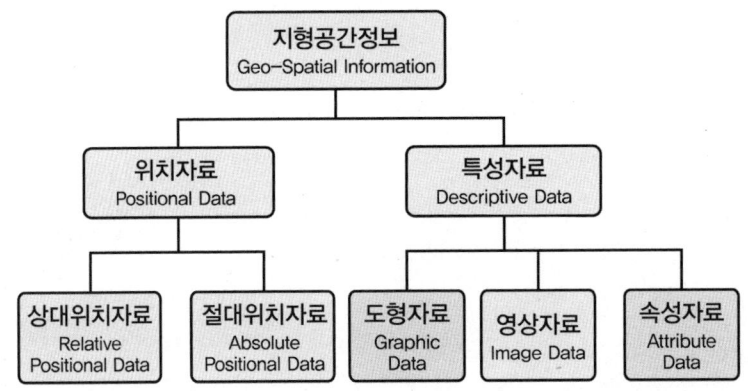

[지리정보체계의 분류]

1) **위치자료(Positional Data)**

   영상이나 지도위의 점이나 선위치를 평면위치(x, y좌표), 수직위치(z 좌표)로 나타내는 정보
   ① 상대위치자료 : 모형공간에서의 위치정보, 상대적 위치 또는 위상관계의 기준
   ② 절대위치자료 : 실제 공간상의 위치정보, 지상, 지하, 해양, 공중 등 우주공간상에서의 위치기준

2) **특성정보(Descriptive Data)**

   ① 도형자료(Graphic Data)
      ㉠ 지도형상 및 주석을 설명하기 위한 6가지 도형요소로 구성
      ㉡ 지도형상의 수치적 설명이나 지도의 특정한 지도 요소
      ㉢ 일정격자나 Vector 및 Raster 형으로 입력

② 영상정보(Image Data)

인공위성, 항공기를 통해 얻어진 영상이나 사진상의 정보를 수치화하여 입력(디지털사진기, MSS, MSC, scanner에 의한 입력) : 항공사진영상, 위성영상

③ 속성정보(Attibute Data)
   ㉠ 지도형상의 특성, 질, 관계와 지형적 위치를 나타냄(문자 및 숫자의 형태) : 보고서, 문서, 대장 등 자료
   ㉡ 정성적 자료 : 이름, 설명, 행정구역, 통계분석 불가능
   ㉢ 정량적 자료 : 인구수, 지가, 면적 등 통계분석 가능

2 데이터베이스

데이터베이스(DB : Data Base)는 새로운 데이터를 저장하거나 기존의 데이터를 삭제, 변경시키는 작업을 통해 저장된 데이터를 저장하거나 기존의 데이터를 삭제, 변경시키는 작업을 통해 저장된 데이터를 지속적으로 수정하여 최신의 데이터베이스를 유지, 관리하며 정보가 중복되지 않도록 사용 목적과 사용자들을 고려하여 효율적이고 다양하게 구축해야하며 Data Base의 특성은 아래와 같은 형태를 나타낸다.

① 데이터베이스는 기본적으로 실시간 접근성, 계속적인 변화, 동시공유, 내용에 의한 참조 등의 특성을 가지고 있다.
② 데이터베이스는 데이터의 저장, 데이터간의 관련성(구조성), 컴퓨터처리의 편의성, 공유가능성, 대량전달가능성, 재생산가능성, 접근편의성, 다양한 서비스 등의 장점을 지니고 있다.
③ 데이터베이스는 어느 특정 조직의 업무에 필요한 데이터를 공동으로 사용할 목적으로 운영·관리상 필요한 데이터를 완벽화, 비중복화, 구조화하여 컴퓨터 기억장치에 저장된 데이터의 집합체라 할 수 있다.
④ 데이터베이스는 다량의 자료를 보관하는데 좋으며, 다중 사용자를 동시에 처리하는 능력이나, 자료의 일관성이나 시스템복구 기능이 뛰어나고, 쉽게 사용할 수 있는 자료처리 언어를 제공한다는 장점이 있다.

3 간접 취득방법

(1) 도형자료 생성방법

1) 스캐닝 작업
① 복잡한 도면을 입력할 경우 시간이 단축된다.
② 이미지상에서 삭제, 수정할 수 있어 능률적이다.
③ 특정 주제만을 선택하여 입력할 수는 없다.
④ 손상된 도면의 경우 스캐닝에 의한 인식이 원활하지 못하다.
⑤ 래스터를 벡터, 문자, 기호로 변환하는 후처리작업이 뒤따른다.

2) 디지타이징 작업

① 디지타이저를 이용하여 종이지도나 영상자료로부터 객체정보를 추출하고 수치화하여 입력하는 방법
② 입력시 바로 벡터형식의 자료 저장이 가능하여 벡터화 변환 불필요
③ 벡터형식으로 직접 입력하므로 작업자의 숙련도에 따라 효율성 좌우

(2) 디지타이징 오차

- 오버슈트(overshoot) : 다른 아크와의 교점을 지나서 디지타이징된 아크의 한 부분이다.
- 언더슈트(undershoot) : 아크 상에 인접되어야 할 선형요소가 아크에 도달하지 못한 경우, 다른 선형요소와 완전히 교차되지 않은 선형이다.
- 스파이크(spike) : 교차점에서 2개의 선분이 만나는 과정에서 잘못된 좌표가 입력되어 발생하는 오차이다.
- 슬리버(sliver) : 하나의 선으로 입력되어야 할 곳에서 2개의 선으로 약간 어긋나게 입력되어 가늘고 긴 불필요한 폴리곤을 형성하는 상태이다.
- 점·선 중복(overlapping) : 주로 영역의 경계선에서 점·선이 이중으로 입력되어 발생하는 오차로 중복된 점·선을 삭제함으로서 수정이 가능하다.

(3) 좌표를 취득할 경우 유의사항

- 폴리곤 형성은 매 변곡점마다 정점(vertex), 교차점에는 교점(node), 연결되는 부분은 반드시 종점(snap)을 사용하여 입력한다.
- 한 필지가 2개 이상의 도곽에 걸쳐있는 경우 폴리곤으로 폐합한다.
- 지적좌표와 실좌표의 일치는 각 도곽의 정위치 편집에 반드시 4점 이상을 사용한다.
- 기준점(Tic)값에는 도곽선 좌표를 입력한다.
- 2개의 분할된 각각의 폴리곤에 대하여는 같은 고유번호를 부여하여 인접 도곽과의 접합 시에 분할된 폴리곤이 연결되도록 한다.

(4) 디지타이징 및 스캐닝의 장·단점

구분	장점	단점
디지타이징	• 내용이 다소 불분명한 도면이라도 입력이 가능하다. • 불필요한 도형, 주기는 입력되지 않는다. • 레이어별로 나뉘어져 입력되므로 소요비용이 저렴하다. • 도형인식(지적선)이 가능하다.	• 단순도형(지적선, 도로선)의 입력에는 비능률적이다. • 입력오차가 발생하며 입력정도가 스캐너보다 낮다. • 디지타이저의 정밀도 및 작업자의 개인차에 따라 속도와 정확도가 다르다. • CAD를 이용하여 입력할 경우 정확도의 오차(RMS 오차)를 판단하는 기준이 없다. • 손상된 도면은 입력하기 어렵다.
스캐닝	• 이미지상에서 삭제, 수정할 수 있어 능률이 높다. • 입력정도가 디지타이저보다 높다. • 복잡한 도면입력시 작업시간이 단축된다.	• 벡터화가 불완전한 부분들의 인식, 점검이 필요하다. • 래스터/벡터자료 편집용 소프트웨어가 필요하다. • 스캐너의 정밀도에 따라 이미지자료의 변형이 발생한다. • 벡터라이징 과정에서 자료를 선택적으로 분리하기 어려워진다.

4 직접 취득방법

데이터를 입력·취득하는 방법에는 지상측량, 사진측량, 원격탐사, 지도입력 디지타이저(수동)를 이용하는 방법과 스캐너(자동/반자동)를 이용하는 방법 등이 있다.

(1) 지상측량

- 전자평판측량은 토털스테이션 및 펜컴퓨터 등을 이용하여 현장에서 대상물의 좌표, 거리, 각도 등을 측정한 정보 생산(기준점, 필지경계, 시설물현황, 도로, 철도, 하천 등 현황경계)이다.
- GPS 및 Network-RTK 측량은 관측 장비, 프리즘, 입력장치 등을 이용하여 측정하고자 하는 지점의 좌표 생산(기준점, 필지경계, 현황경계)을 말한다.
- 차량 매핑시스템(Mobile Mapping System)은 차량에 디지털카메라, GPS, INS, 컴퓨터 등을 탑재하고 주행하면서 주변의 대상물을 관측하여 디지털로 입력, 정보 생산(네비게이션용 지도제작, 3D 공간정보 생성)한다.

(2) 항공사진측량

- 항공사진을 촬영하여 디지털 영상으로 변환하고, 수치사진측량 기법을 이용하여 3차원 측정, 정보생산(지형도, 수치정사지도, 항공사진 생성)은 항공사진을 디지털 영상으로 변환하는 방법이다.
- 디지털카메라, 3-Line 스캐너, 레이더장비 등을 이용하여 디지털 영상 취득, 3차원 측량 정보 수행(3차원 공간정보, 지하시설물도, 로드맵 등 생성)은 디지털 카메라로 직접 영상을 생산하는 방법이다.

(3) 원격탐사

광학센서를 이용한 주제도 작성 및 스테레오 영상을 이용한 지형도 생성, 열적외선 센서를 이용한 온도분포도 생성, 레이더를 이용한 빙산, 파도, 해상품 등의 조사, 레이더를 이용한 지형표고 등의 생성 방법이다.

5 벡터 데이터 구조

벡터 자료구조(Vector Data Structure)는 기호, 도형, 문자 등에 대한 의미로 인식할 수 있는 형태를 말하며 스파게티(spaghetti)모델과 위상관계(Topology)모델로 나누어지며 토폴로지란 인접한 도형들 간의 공간적 위치관계를 수학적으로 표현한 것을 말한다.

(1) 스파게티(spaghetti) 데이터

- 스파게티(spaghetti) 데이터 구조는 구조화되지 않은 그래픽 모형이라고도 하며, 객체가 좌표에 의한 그래픽 형태(점, 선, 면적)로 저장된다.
- 인접 다각형을 나타내는 경계선은 각각의 다각형 구축 시에 각각 한 번씩 입력되므로 경계선은 중복되어 기록될 수밖에 없다.

- 자료의 구조는 한 쌍의 X, Y좌표를 기본으로 하고, 스파게티자료 모델은 간단한 구조로 이해하기 쉬운 장점이 있다.
- 도면을 독취할 때 작성된 자료와 비슷하며 자료구조가 단순하여 파일의 용량이 작은 장점이 있다.
- 객체들 간의 공간 관계에 대한 정보는 입력되지 않으므로 공간관계를 파악하기 위해서는 계산에 의해 정보를 생성하여야 하므로 공간분석 시에는 비효율적이다.
- 인접 도형간의 토폴로지가 없어서 공간분석(spatial analysis)에는 사용하기 어렵다.

(2) 위상(Topology) 데이터

1) 위상은 특정 변화에 의해 불변으로 남는 기하학적 속성을 다루는 수학의 한 분야

2) 위상모델의 전제조건 : 모든 선의 연결성과 폐합성이 필요

3) 위상모델의 특징
   ① 각 공간객체 사이의 관계를 인접성(Adjacency), 연결성(Connectivity), 포함(Containment) 등의 관점에서 묘사
   ② 인접성 : 관심대상 사상의 좌측과 우측에 어떤 사상이 있는지를 정의
   ③ 연결성 : 특정 사상이 어떤 사상과 연결되어 있는지를 정의
   ④ 포함성 : 특정 사상이 다른 사상의 내부에 포함되느냐 혹은 다른 사상을 포함하느냐를 정의

4) 위상모델의 구성
   ① 위상모델은 노드와 링크로 구성
   ② 노드 : 두 개의 선이 교차하는 지점으로 선의 양 끝점 또는 선상에 주어진 특정한 지점, 예를 들어 도로망, 거주지역의 경계 교차지점 등은 대표적인 노드를 형성
   ③ 링크 : 두 개의 노드를 연결하는 선

5) 위상모델 테이블
   ① 면 위상테이블 : 숫자로 확인되는 모든 면사상을 구성하는 링크를 열거
   ② 노드 위상테이블 : 각 노드에서 만나는 링크를 열거
   ③ 링크 위상테이블 : 각 링크를 구성하는 노드, 면을 이루는 각 링크를 기준으로 하는 면사상의 좌우 위상관계로 각 노드의 출발점과 끝점을 열거

장점	단점
• 좌표데이터를 사용하지 않고도 인접성 분석 및 연결성 분석과 같은 공간분석이 가능하다. • 지리적 좌표에서 도출되어야 하는 공간적인 관계를 구현하는데 필요한 처리시간을 줄일 수 있다. • 입력된 도형정보에 대하여 위상과 관련되는 정보를 정리하여 공간데이터베이스에 저장한다. • 저장된 위상정보는 추후 위상을 필요로 하는 많은 자료 분석이 빠르고 용이하게 한다.	• 위상을 형성할 경우 편집시간과 사용되는 컴퓨터 프로그램 등 장비의 구입비용이 많이 소요된다. • 위상의 정립은 선이 연결되어야 하고 폐합된 도형의 형태를 갖추는 시간이 많이 소요된다. • 위상을 구축하는 과정이 반복되므로 컴퓨터프로그램의 사용이 필수적이다. • 컴퓨터 프로그램이나 하드웨어의 성능에 따라서 위상정립에 소요되는 시간에 많은 차이가 난다.

(3) 벡터자료의 파일 형식

① **Shape 파일형식** : ESRI사의 ArcGIS에서 사용되는 자료형식
② **Coverage 파일형식** : ESRI사의 Arc/Info에서 사용되는 자료형식
③ **CAD 파일형식** : Autodesk사의 AutoCAD 소프트웨어에서는 DWG와 DXF 등의 파일형식을 사용
④ **DLG 파일형식** : Digital Line Graph의 약자로 U.S. Geological Survey에서 지도학적 정보를 표현하기 위해 고안한 디지털 벡터 파일형식
⑤ **VPF 파일형식** : 미국방성의 NIMA(National Imagery and Mapping Agency)에서 개발한 군사적 목적의 벡터형 파일형식
⑥ **TIGER** : U.S. Census Bureau에서 인구조사를 위해 개발한 벡터형 파일형식

6 래스터데이터 구조

래스터데이터구조는 매우 간단하며 일정한 격자모양의 셀이 데이터의 위치와 그 값을 표현하므로 구현의 용이성과 단순한 파일구조에도 불구하고 정밀도가 셀의 크기에 따라 좌우되며 해상력을 높이면 자료의 크기가 방대해진다.

(1) 래스터데이터의 특징

매우 간단하여서 GIS 초기부터 전통적으로 많이 활용되어 왔으며 일정한 격자모양의 셀이 데이터의 위치와 그 값을 표현하므로 격자데이터라고도 한다.

• 도면자료를 스캐닝하거나 인공위성을 통해 수신하여 얻은 위성영상 자료들에 의해 구성
• 래스터 구조는 구현의 용이성과 단순한 파일구조에도 불구하고 정밀도가 셀의 크기에 따라 좌우되며 해상력을 높이면 자료의 크기가 방대해짐
• 래스터 자료구조의 공간분할 방식에는 사각구조(Rectangular), 육각형구조(Hexagonal), 삼각형구조(Triangular) 등이 있음
• 간단한 형태로는 그리드(Grid), 셀(Cell) 또는 화소(Pixel)로 구성된 배열형태로 이루어지며, 세포(Celluar)형 구조라 함

- 각 픽셀의 형태와 크기는 그 자료파일 내에서는 동일하며 배열 안에서 줄(row)과 열(column)의 위치에 의해 자동적으로 표시됨
- 그리드가 등록되는 좌표계에 의해 결정되어, 통상 좌상단과 우하단을 참조점(Reference Point)으로 사용

(2) 래스터데이터의 압축방법

1) Run-length 코드 기법

① 런이란 하나의 행에서 동일한 속성값을 갖는 셀들을 의미
② 셀 값을 개별적으로 저장하는 대신 각각의 런에 대하여 속성값, 위치, 길이를 한 번씩만 저장하는 방식
③ 셀의 크기가 지도단위 혹은 사상에 비추어 크고, 하나의 지도단위가 다수의 셀로 구성되어 있는 경우에 유용
④ 래스터 파일에 대한 정보를 헤더파일에 자체 또는 자체 저장 함
⑤ 유일값으로 구성된 자료인 경우에는 비효율적임

2) 체인 코드 기법

① 어떤 개체의 경계선을, 그 시작점에서부터 동서남북 방향으로 4방 혹은 8방으로 순차 진행하는 단위 벡터를 사용하여 표현하는 방법(예 4방일 때 - 동쪽 = 0, 북쪽 = 1 서쪽 = 2, 남쪽 = 3)
② 압축에 매우 효과적이며 면적과 둘레의 계산, 첨점(sharpturn), 오목면(concavity) 등의 연산을 쉽게 할 수 있음
③ 반면, 합집합(union)이나 교집합(intersection)과 같은 중첩 연산은 어려우며, 각 사상이 접하는 경계면이 개별 사상마다 저장되어 데이터 중복이 불가피

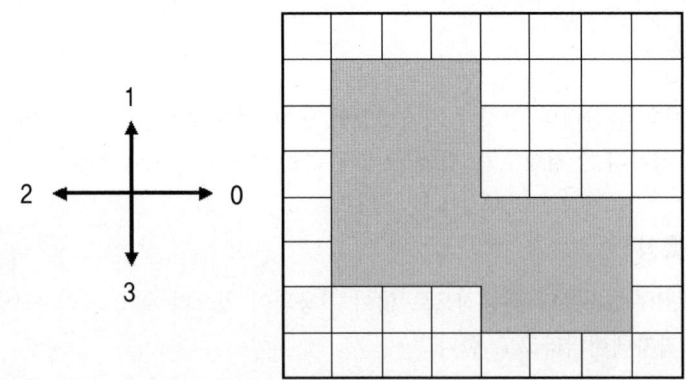

[연속된 객체를 체인코드로 압축 : 2열2행에서 시작 - $0^3, 3^3, 0^3, 3^3, 2^3, 1^1, 2^3, 1^5$]

3) 블록 코드 기법

① 런랭스 코드 방식에서 지도화하는 영역을 행(row) 단위가 아닌 타일(tile) 형태의 정사각 블록을 사용함으로써 2차원으로 확장한 기법

② 이 때의 자료구조는 원점으로부터의 (x,y) 좌표 및 정사각형의 한 변의 길이로 구성되는 세 개의 숫자만으로 표시 가능
③ 런랭스 코드 방식과 마찬가지로 크고 단순한 형태에는 효율적이나 기본적인 셀보다 약간 큰 지도단위들로 이루어지는 복잡한 지도에서는 비효율적

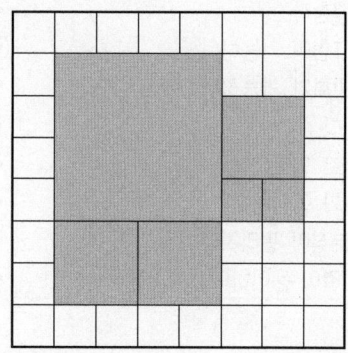

[블록 코드 기법 예 – 정사각형으로 전체 객체의 형상 나누어 저장]

④ **사지수형 기법(Quadtree technique)**
　㉠ 크기가 다른 정사각형을 이용 run-length code 기법보다 자료의 압축이 좋음
　㉡ 사지수형 기법은 run-length code 기법과 함께 가장 많이 쓰이는 자료 압축기법
　㉢ 2n×2n 배열로 표현되는 공간을 북서(NW), 북동(NE), 남서(SW), 남동(SE)으로 불리는 사분원(quadrant)으로 분할
　㉣ 이 과정을 각 분원마다 하나의 속성값이 존재할 때까지 반복
　㉤ 그 결과 대상 공간을 사지수형이라 불리는 네 개의 가지를 갖는 나무의 형태로 표현 가능

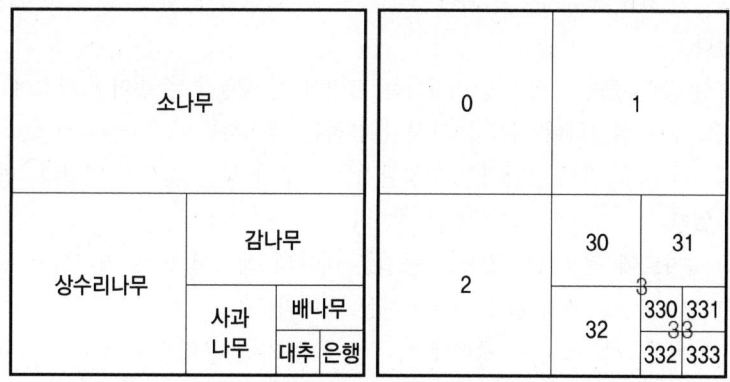

[사지수형 기법을 이용한 공간자료의 표현 예]

(3) 래스터데이터의 자료형식

pcx, jpg, bmp, Geotiff, IMG, ERM, MrSID, DEM 등

7 벡터와 래스터 자료구조의 장·단점

구분	장점	단점
벡터데이터	• 자료구조의 표현이 용이하다. • 압축된 자료를 제공한다. • 정확한 그래픽의 표현이 가능하다. • 위치와 속성의 일반화가 가능하다.	• 자료구조가 복잡하다. • 도면의 중첩이 곤란하다. • 장비의 가격이 고가이다. • 공간이 적은 곳에 적합하다.
래스터데이터	• 공간분석이 용이하다. • 자료구조가 단순하고 명료하다. • 단위별로 위상형태가 동일하다. • 레이어의 중첩과 분석이 편리하다. • 원격탐사자료와 연결이 용이하다.	• 네트워크와 연계 구현이 곤란하다. • 투영변환에 많은 시간이 소요된다. • 그래픽자료의 양이 방대하다. • 자료압축 시 정보의 손실이 크다. • 시각적 효과 및 해상력이 낮다.

8 데이터 분석

데이터의 분석은 벡터데이터와 래스터데이터 및 속성데이터에 대해 적용할 수 있다. 래스터데이터 중에서 영상데이터(Image Data)는 자료를 분석할 때 주제에 따라 각 픽셀에 수치가 부여된 경우에 대해 데이터 분석이 가능하다. 데이터 분석방법에는 질의 검색, 통계분석, 재부호화와 재분류, 근접분석, 버퍼 및 지형분석, 네트워크 분석 등으로 구분할 수 있다.

① **질의검색** : 사용자가 특정 조건을 제시하면 데이터베이스 내에서 주어진 조건을 만족하는 레코드(객체)를 찾아내는 것으로 검색된 내용을 화면으로 볼 수 있고, 파일로 저장할 수 있으며 다른 테이블로 만들어 사용할 수 있다.

② **통계분석** : 취득한 자료를 대상으로 최대, 최소, 총계, 표준편차, 분산 등의 분석과 상관관계 조사, 회귀분석 등을 실시할 수 있다.

③ **재부호화** : 속성 값의 숫자나 명칭을 변경하는 작업이며, 재분류는 주어진 자료에 대하여 구간을 설정하거나 여러 가지의 기준을 새로 설정하여 자료를 다시 분류하는 것이다.

④ **근접분석** : 객체나 사상 간의 공간적인 위치관계를 알고자 하는 것으로 인접성, 연결성, 근접성 측정과 같은 기법이 사용되고 있다.

⑤ **중첩분석** : 도형자료에 적용되는 것으로 중첩은 하나의 레이어 또는 커버리지 위에 다른 레이어를 올려놓고 두 레이어에 나타난 형상들 간의 관계를 분석하는 것이다.

⑥ **버퍼** : 어떤 객체(점, 선, 폴리곤) 둘레에 특정한 폭을 가진 구역을 구축하는 것이며, 버퍼를 생성하는 것을 버퍼링이라 한다.

⑦ **네트워크 분석** : 서로 연관된 일련의 선형 형상물로 고속도로, 철도, 도로와 같은 교통망이나 전기, 전화, 상·하수도, 하천 등과 같은 것들의 연결성과 경로를 분석하는 것이다.

CHAPTER 02 자료의 생성 및 구조

01. 도형정보를 스캐닝(Scanning)에 의거 입력할 경우 장점이 아닌 것은?

① 도형(지적선)의 인식이 가능하다.
② 이미지 상에서 삭제 · 수정할 수 있어 능률이 높다.
③ 손상된 정도에 관계없이 도면을 정확하게 입력할 수 있다.
④ 복잡한 도면 입력 시 작업시간이 단축된다.

> 해설 [스캐닝 작업의 특징]
> ① 복잡한 도면을 입력할 경우 시간이 단축된다.
> ② 이미지상에서 삭제, 수정할 수 있어 능률적이다.
> ③ 특정 주제만을 선택하여 입력할 수는 없다.
> ④ 손상된 도면의 경우 스캐닝에 의한 인식이 원활하지 못하다.
> ⑤ 래스터를 벡터, 문자, 기호로 변환하는 후처리작업이 뒤따른다.

02. 지적데이터의 속성정보라 할 수 없는 것은?

① 대지권등록부   ② 토지대장
③ 공유지연명부   ④ 지적도

> 해설 [지적데이터의 구성]
> ① 속성정보 : 토지대장, 임야대장, 공유지연명부, 대지권등록부
> ② 도형정보 : 지적도, 임야도, 경계점좌표등록부

03. 지적정보에 등록하는 사항이 아닌 것은?

① 지리적 위치   ② 토지점유자
③ 토지소유자   ④ 면적

> 해설 지적정보는 전 국토에 대한 토지소유자와 이용형태, 지리적 위치, 면적, 가격 등 기본적인 사항을 등록하고 있다.

04. 데이터베이스의 특성에 대한 설명으로 틀린 것은?

① 다양한 계층의 사용자들이 데이터베이스로 접근하는 경우 신뢰성을 가져야 한다.
② 디스크에 데이터가 저장되는 내부적 설계에는 상호 독립성을 갖고 있어야 한다.
③ 데이터베이스 시스템은 정전이 발생하는 경우에 대비하여 이중 안전장치를 가져야 한다.
④ 데이터베이스는 상호 관련이 있으므로 내적으로나 외적으로 동일망을 구성하여야 한다.

> 해설 데이터베이스는 상호 관련이 있지만 상호 독립성을 가지고 있으므로 Network로 구성하여 분산형 시스템을 유지하여야 한다.

05. 지형이나 기온, 강수량 등과 같이 지표상에 연속적으로 분포되어 있는 현상을 표현하기 위한 방법으로 적합한 것은?

① 폴리곤화   ② 점, 선, 면
③ 표면모델링   ④ 자연모델링

> 해설 [표면모델링]
> ① 지형이나 기온, 강수량 등과 같이 지표상에 연속적으로 분포되어 있는 현상을 표현하기 위한 방법
> ② 표면모델링의 예로 DEM, DTM, DSM 등이 있음

정답 01. ③ 02. ④ 03. ② 04. ④ 05. ③

06. 데이터베이스에서 도형자료의 형태에 대한 설명으로 틀린 것은?

① 선의 형태는 X, Y좌표로 표시함으로써 길이나 면적은 표현되지 않는다.
② 도형자료는 주로 그림과 같은 속성으로 구성된다.
③ 점의 형태는 시설물의 위치, 측량기준점의 위치를 한 쌍의 X, Y좌표로 표시한다.
④ 도형자료는 점, 선, 면적의 형태로 구성되어 있다.

해설 도로, 하천, 전력선, 경계, 상·하수도선, 통신관로 등의 도형자료는 길이만으로 표현되고, 필지, 건물 등은 면적으로 표현되는 도형자료도 있다.

07. 디지타이징을 할 경우 장점에 해당되지 않는 것은?

① 내용이 다소 불분명한 도면이라도 입력이 가능하다.
② 정밀도 및 작업자의 개인차에 따라 속도와 정확도가 다르다.
③ 레이어별로 나뉘어져 입력되므로 소요비용이 저렴하다.
④ 불필요한 도형, 주기는 입력하지 않을 수 있다.

해설 디지타이징 작업은 정밀도 및 작업자의 개인차에 따라 속도와 정확도가 다르며 이는 단점에 해당한다.

08. 디지타이징 및 벡터편집의 오류에서 중복되어 있는 점, 선을 제거함으로써 수정할 수 있는 방법은?

① 언더슈트(undershoot)
② 오버슈트(overshoot)
③ 슬리버 폴리곤(sliver polygon)
④ 오버래핑(overlapping)

해설 디지타이징 및 벡터편집의 오류에서 점, 선의 중복오류를 제거하는 방법은 오버래핑이다.

09. 다음 중 공간데이터 모델링 과정에 포함되지 않는 것은?

① 개념적 모델링
② 위상적 모델링
③ 물리적 모델링
④ 논리적 모델링

해설 [데이터 모델링 작업 진행 순서]
개념적 모델링 → 논리적 모델링 → 물리적 모델링

10. 토지정보시스템에 사용되는 지도투영법에 대한 설명으로 옳은 것은?

① 지적도의 투영에 사용된 투영법은 UPS도법이다.
② 토지정보시스템의 투영법은 속성데이터를 표현하는데 사용된다.
③ 지구타원체상의 형상을 평면직각좌표로 표현할 때에는 비틀림이 발생한다.
④ 투영법간의 자료변환은 불가능하다.

해설 3차원인 지구타원체상의 형상을 2차원인 평면직각좌표로 표현할 때에는 표현방식에 따라 왜곡(비틀림)이 발생한다.

11. 공간데이터를 1차 데이터와 2차 데이터로 분류할 때, 다음 중 1차 공간데이터의 취득 방법이 아닌 것은?

① 디지타이징
② 지상측량
③ 항공측량
④ GPS측량

해설 ① 1차 공간데이터(직접측량)에 의한 도형정보 자료취득방법 : 지상측량, 원격탐측, GPS측량
② 2차 공간데이터(간접측량)에 의한 도형정보 자료취득방법 : 스캐닝, 디지타이징

12. 다음 중 경계선의 이중입력으로 서로 다른 폴리곤이 중첩되어 발생하는 불필요한 폴리곤을 무엇이라고 하는가?

① 오버슈트(overshoot)
② 노드중복(overlap)
③ 슬리버(sliver)
④ 스파이크(spike)

해설 [디지타이징에 의한 오차유형]
① Sliver polygon : 필지를 표현할 때 필지가 아닌데도 조그만 조각이 생겨 필지로 인식하게 되는 경우
② Overshoot : 어느 선분까지 그려야하는데 그 선분을 지나치는 경우
③ Undershoot : 어느 선분까지 그려야하는데 그 선분에 미치지 못한 경우

정답 06. ② 07. ② 08. ④ 09. ② 10. ③ 11. ① 12. ③

13. 오버슈트, 슬리버는 다음 중 어떤 자료를 편집하는 중에 발생하는 오류인가?

① 항공사진의 영상처리
② 위성영상으로부터 정사영상 제작
③ 벡터데이터 입력 및 편집
④ 래스터데이터의 편집

해설 [벡터데이터 입력 및 편집과정에서 발생하는 오차]
오버슈트, 언더슈트, 오버랩, 슬리버 폴리곤, 스파이크, 댕글

14. 다음 중 디지타이징에 의한 도면의 독취 과정에서 흔히 발생하는 오류에 해당하지 않는 것은?

① 오버슈트(Overshoot) ② 슬리버(Sliver)
③ 스파이크(Spike) ④ 아웃슈트(Outshoot)

해설 [벡터데이터 입력 및 편집과정에서 발생하는 오차]
오버슈트, 언더슈트, 오버랩, 슬리버 폴리곤, 스파이크, 댕글

15. 디지타이저를 이용하여 도면을 독취할 때에 교차점에 2개의 선분이 만나는 과정에서 잘못된 좌표가 입력되어 발생하는 오차는?

① 스파이크(spike) ② 오버슈트(overshoot)
③ 슬리버(sliver) ④ 중복(over lapping)

해설 [스파이크(spike)]
교차점에서 두 개의 선분이 만나는 과정에서 엉뚱한 좌표가 입력되어 발생하는 오차

16. 디지타이징 및 벡터자료의 편집에서 어떤 선이 다른 선과의 교차점까지 연결되어야 하는데 그것을 지나서 선이 끝나는 상태의 오류를 무엇이라고 하는가?

① 언더슈트(undershoot)
② 오버슈트(overshoot)
③ 슬리버(sliver)
④ 오버래핑(overlapping)

해설 [오버슈트(overshoot)]
어떤 선이 다른 선과의 교차점까지 연결되어야 하는데 그것을 지나서 선이 끝나는 상태의 오류

17. 다음의 지적정보를 도형정보와 속성정보로 구분할 때 성격이 다른 하나는?

① 지번 ② 면적
③ 지적도 ④ 개별공시지가

해설 [지적정보의 구분]
① 속성정보 : 지번, 면적, 개별공시지가
② 공간정보 : 지적도, 임야도, 경계점좌표등록부

18. 토지정보체계 구축을 위한 장비와 그 용도가 잘못 연결된 것은?

① 디지타이저 - 지적도면 좌표취득 장비
② 스캐너 - 지적도면 입력 장비
③ CAD - 지적도면 좌표취득 및 편집용 소프트웨어
④ 라우터 - 서버 s/w 장비

해설 라우터는 네트워크에서 데이터의 전달을 촉진하는 중계 장치이다.

19. 다음 중 지적정보에 대한 설명으로 틀린 것은?

① 속성정보는 주로 대장자료를 말하며, 도형정보는 주로 도면자료를 말한다.
② 토지의 경계·면적 등의 물리적인 형상을 표시한 지적에 대한 자료를 포함한다.
③ 도형정보와 속성정보는 서로 성격이 다르므로 별개로 존재하며, 별도로 분리하여 관리하여야 한다.
④ 토지에 대한 법적 권리 관계 등을 등록·관리하기 위해 기록하는 등기에 대한 자료를 포함한다.

해설 지적정보는 도형정보와 속성정보로 구성되며 연계하여 제공한다.

20. 도형자료의 입력 방식 중 기존의 도면 자료를 활용할 수 있고, 비용이 저렴하며 이후 벡터라이징 작업을 필요로 하는 것은?

① 스캐닝방식　　② 위성영상방식
③ 항공사진측량방식　　④ 현지측량방식

해설 [스캐닝 작업의 특징]
① 복잡한 도면을 입력할 경우 시간이 단축된다.
② 이미지상에서 삭제, 수정할 수 있어 능률적이다.
③ 특정 주제만을 선택하여 입력할 수는 없다.
④ 손상된 도면의 경우 스캐닝에 의한 인식이 원활하지 못하다.
⑤ 래스터를 벡터, 문자, 기호로 변환하는 후처리작업이 뒤따른다.

21. 오차의 발생 원인에 대한 설명 중 틀린 것은?

① 자료 입력을 수동으로 하는 것도 오차 유발의 원인이 된다.
② 원자료의 오차는 자료기반에 거의 포함되지 않는다.
③ 여러 가지의 자료층을 처리하는 과정에서 오차가 발생한다.
④ 지역을 지도화하는 과정에서 선으로 표현할 때 오차가 발생한다.

해설 원자료의 오차는 입력과정을 통해 데이터베이스(DB)에도 포함이 된다.

22. 실세계의 지리공간을 GIS의 데이터베이스로 구축하는 과정을 추상화 수준에 따라 낮은 수준부터 높은 수준의 순서로 바르게 나열한 것은?

① 논리적 모델 → 개념적 모델 → 물리적 모델
② 개념적 모델 → 논리적 모델 → 물리적 모델
③ 개념적 모델 → 물리적 모델 → 논리적 모델
④ 논리적 모델 → 물리적 모델 → 개념적 모델

해설 [데이터 모델링 작업 진행 순서]
개념적 모델링 → 논리적 모델링 → 물리적 모델링

23. 기존의 자료 저장 방식에 비하여 데이터베이스 방식이 갖는 장점으로 옳지 않은 것은?

① 초기의 구축비용이 적게 든다.
② 저장된 자료를 공동으로 이용할 수 있다.
③ 데이터의 무결성을 유지할 수 있다.
④ 데이터의 중복을 피할 수 있다.

해설 DBMS는 초기의 구축비용이 많이 드는 단점이 있다.

24. 토지정보체계를 구축할 경우, 도형데이터 자료를 좌표로 입력하는 원시자료로 가장 적합한 것은?

① 대지권등록부 자료
② 경계점좌표등록부 자료
③ 공유지연명부 자료
④ 토지대장 및 임야대장 자료

해설 경계점좌표등록부는 도형데이터의 좌표로 구성되어 있다.

25. 부정확한 디지타이징 때문에 발생하는 위상 오차로 한쪽 끝이 다른 연결점이나 결절점(Node)에 완전히 연결되지 않은 상태의 연결선을 무엇이라 하는가?

① Dangle　　② Sliver
③ Edge　　④ Topology

해설 [댕글(Dangle)]
선 사이의 틈을 말하며 구조화 과정에서 가늘고 긴 불필요한 연결점이나 결절점에 완전히 연결되지 않은 상태의 연결선을 의미한다.

26. 도면으로부터 공간 자료를 입력하는 데 많이 쓰이는 점(Point) 입력 방식의 장비는 어느 것인가?

① 스캐너　　② 프린터
③ 디지타이저　　④ 플로터

해설 지적도면을 디지타이저를 이용하여 전산입력하게 되면 점(point)데이터인 벡터자료로 저장된다.

정답　20. ①　21. ②　22. ②　23. ①　24. ②　25. ①　26. ③

27. 위성영상으로부터의 데이터 수집에 대한 설명으로 옳지 않은 것은?

① 원격탐사는 항공기나 위성에 탑재된 센서를 통해 자료를 수집한다.
② 위성영상은 GIS 공간데이터에 대한 자료원이 풍부한 나라들에게 매우 유용하다.
③ 인공위성은 항공사진의 관측 영역보다 광대한 영역을 한 번에 관측할 수 있다.
④ 시간과 노동을 감안하면 지상 작업에 비해 단위비용이 적게 들기 때문에 GIS에 있어서 중요한 자료원이 된다.

해설 [위성영상으로부터의 데이터 수집]
인공위성으로부터의 영상은 GIS분석에 있어 공간데이터로 활용되는데 이미 공간자료원이 풍부한 나라라면 더 이상의 공간데이터로서의 공간자료는 유용하지 않다.

28. 지형공간체계(GSIS)의 자료 기반 구축에 대한 설명으로 틀린 것은?

① 도면이나 대장, 보고서 등이 이용된다.
② 래스터방식과 벡터방식을 이용할 수 있으며 수치지도는 래스터방식에 적합하다.
③ GPS에 의한 측량된 지형정보자료를 이용하여 구축할 수 있다.
④ SPOT 위성영상에 의해 얻어진 지형정보자료를 이용하여 구축할 수 있다.

해설 수치지도는 래스터방식보다는 벡터방식이 적합하다.

29. 실세계의 표현을 위한 기본적인 요소로 가장 거리가 먼 것은?

① 공간데이터(Spatial Data)
② 메타데이터(Meta Data)
③ 속성데이터(Attribute Data)
④ 시간데이터(Time Data)

해설 [메타데이터(meta data)]
실제 데이터는 아니지만 데이터베이스, 레이어, 속성, 공간형상 등과 관련된 데이터의 내용, 품질, 조건 및 특징 등을 저장한 데이터로서 데이터에 관한 데이터로 데이터의 이력을 말한다.

30. 공간객체를 색인화(Index)하기 위해 사용하는 방법이 아닌 것은?

① 그리드 색인화
② R-Tree 색인화
③ 피타고라스 색인화
④ 사지수형 색인화

해설 [공간객체의 색인화 방법]
그리드 색인화, R-Tree 색인화, 역파일 색인화, 사지수형 색인화 등

31. 디지타이징과 비교하여 스캐닝 작업이 갖는 특징에 대한 설명으로 옳은 것은?

① 스캐너로 입력한 자료는 벡터자료로서 벡터라이징 작업이 필요하지 않다.
② 디지타이징은 스캐닝 방법에 비해 자동으로 작업할 수 있으므로 작업속도가 빠르다.
③ 스캐너는 장치운영 방법이 복잡하며 위상에 관한 정보가 제공된다.
④ 스캐너로 읽은 자료는 디지털카메라로 촬영하여 얻은 자료와 유사하다.

해설 스캐너는 광학주사기를 이용하여 일정 파장의 레이저 광선을 도면에 주사하고 반사되는 값에 수치 값을 부여하여 영상형태로 만드는 방식이 디지털카메라로 촬영하여 얻은 자료와 유사하다.

32. 다음 중 2차원적으로 자료를 이용하여 공간데이터를 취득하는 방법은?

① 디지털 원격탐사 영상
② 디지털 항공사진 영상
③ GPS 관측 데이터
④ 지도로부터 추출한 DEM

해설 [공간데이터 취득하는 방법에 따른 구분]
① 1차적 자료(직접측량에 의한 자료) : 원격탐사영상, 항공사진영상, GPS 관측 데이터
② 2차적 자료(직접측량 자료를 이용하여 2차적으로 정보생성) : 지도로부터 추출한 DEM

27. ② 28. ② 29. ② 30. ③ 31. ④ 32. ④

33. 지적정보를 절대적 위치정보, 속성정보, 도형정보로 구분할 때 절대적 위치정보에 해당하는 것은?

① 경계점좌표　② 토지의 소재
③ 지번　　　　④ 대지권비율

[해설] 경계점좌표는 도형정보로 구분할 때 절대적 위치정보이다.

34. 데이터베이스의 구축과정 중 파일의 위치, 색인(Index) 방법과 같은 물리적 구조를 설계하는 단계는?

① 데이터베이스 정의 단계
② 데이터베이스 생성 계획을 수립하는 단계
③ 데이터베이스를 관리하고 조작하는 단계
④ 데이터베이스를 저장하는 방법에 대해 정의하는 단계

[해설] 파일의 위치, 색인(index)방법 등은 데이터를 저장하는 방법과 같은 물리적 구조를 설계하는 단계이다.

35. 토지정보시스템의 정보 획득 과정 중에서 복잡한 현실세계를 이해할 수 있도록 해주는 작업으로 기하학적 객체를 생생하게 묘사하는 과정은?

① 자료의 입력　② 자료의 출력
③ 자료의 모델링　④ 자료의 변환

[해설] [자료의 모델링]
데이터 모델을 이용하여 필요한 자료를 추출하고 앞으로의 현상을 예측하거나 현실세계를 이해할 수 있도록 객체를 생생하게 묘사하는 과정

36. 표면모델링에 대한 설명 중 틀린 것은?

① 수집되는 데이터의 특성과 표현방법에 따라 완전한 표면과 불완전한 표면으로 구분된다.
② 불완전한 표면은 격자의 x, y좌표가 알려져 있고 z좌표 값만 입력하면 된다.
③ 선형으로 나타나는 불완전한 표면의 대표적인 것은 등고선 또는 등치선이다.
④ 완전한 표면은 관심대상지역이 분할되어 있고 각각의 분할된 구역에 다양한 z값을 가지고 있다.

[해설] [표면모델링]
① 수집되는 데이터의 특성과 표현방법에 따라 완전한 표면과 불완전한 표면으로 구분된다.
② 불완전한 표면은 격자의 x, y좌표가 알려져 있고 z좌표값만 입력하면 된다.
③ 선형으로 나타나는 불완전한 표면의 대표적인 것은 등고선 또는 등치선이다.
④ 완전한 표면은 관심대상지역이 분할되어 있고 각각의 분할된 구역에 다양한 x, y값을 가지고 있다.

37. 스캐너에 의한 반자동 입력방식의 작업과정을 순서대로 나열한 것은?

① 준비 - 래스터데이터 취득 - 벡터화 및 도형인식 - 편집 - 출력 및 저장
② 준비 - 벡터화 및 도형인식 - 편집 - 래스터데이터 취득 - 출력 및 저장
③ 준비 - 편집 - 벡터화 및 도형인식 - 래스터데이터 취득 - 출력 및 저장
④ 준비 - 편집 - 래스터데이터 취득 - 벡터화 및 도형인식 - 출력 및 저장

[해설] [스캐너를 이용한 반자동 입력방식의 작업과정]
준비 - 래스터데이터 취득 - 벡터화 및 도형인식 - 편집 - 출력 및 저장

38. 기존의 종이도면을 직접 벡터데이터로 입력할 수 있는 작업으로 헤드업방법이라고도 하는 것은?

① 스캐닝　　　② 디지타이징
③ key-in　　　④ CAD작업

[해설] [디지타이징(Digitizing)]
① 디지타이저를 이용하여 종이지도나 영상자료로부터 객체정보를 추출하고 수치화하여 입력하는 방법
② 입력시 바로 벡터형식의 자료 저장이 가능하여 벡터화 변환 불필요
③ 벡터형식으로 직접 입력하므로 작업자의 숙련도에 따라 효율성 좌우

정답　33. ①　34. ④　35. ③　36. ④　37. ①　38. ②

39. 수치지적도에서 인접필지와의 경계선이 작업 오류로 인하여 하나 이상일 경우 원하지 않는 필지가 생기는 오류를 무엇이라 하는가?

① Undershoot ② Overshoot
③ Dangle ④ Sliver polygon

해설 [디지타이징에 의한 오차유형]
① Sliver polygon : 필지를 표현할 때 필지가 아닌데도 조그만 조각이 생겨 필지로 인식하게 되는 경우
② Overshoot : 어느 선분까지 그려야하는데 그 선분을 지나치는 경우
③ Undershoot : 어느 선분까지 그려야하는데 그 선분에 미치지 못한 경우

40. 데이터 취득 시 다중분광영상을 영상처리를 통하여 래스터데이터로서 결과를 얻는 방법은?

① 원격탐사 ② GPS 측량
③ 항공사진측량 ④ 디지타이저

해설 다중분광영상이란 MSS(Multi Spectral Scanner)에 의해 촬영된 영상으로 원격탐사 위성 센서를 이용한 자료취득방식이다.

41. 기존의 지적도면 전산화에 적용한 방법으로 맞는 것은?

① 디지타이징 방식 ② 조사·측량 방식
③ 자동벡터화 방식 ④ 원격탐측방식

해설 기존의 지적도면 전산화에 적용한 방법에는 벡터자료로는 디지타이징, 래스터자료로는 스캐닝방식이 적용된다.

42. 공간정보에서 지도투영법의 분류에 속하지 않는 것은?

① 등거투영법 ② 등시투영법
③ 등적투영법 ④ 등각투영법

해설 지도투영법에는 등거, 등적, 등각투영법이다.

43. 토지정보시스템의 자료를 입력할 때 필지의 공간데이터로 취급하는 것은?

① 필지의 소유자 ② 필지의 지번정보
③ 필지의 소재지 ④ 필지의 경계점 좌표

해설 필지의 소유자, 지번정보, 소재지 등은 속성정보이고, 필지의 경계점 좌표는 공간정보이다.

44. 현재 우리나라 수치지도의 기준이 되는 타원체는 무엇인가?

① Bessel 타원체 ② WGS84 타원체
③ GRS80 타원체 ④ Heyford 타원체

해설 우리나라의 측지기준으로는 타원체는 GRS80, 좌표계는 ITRF를 사용한다. 또한 GPS측량에서 이용하는 좌표계는 WGS84이다.

45. 토지정보체계의 도형정보 자료 취득방법 중 거리가 먼 것은?

① 지상측량에 의한 경우
② 원격탐측에 의한 경우
③ 관계기관의 통보에 의한 경우
④ GPS측량에 의한 경우

해설 [직접측량에 의한 도형정보 자료취득방법]
① 지상측량에 의한 경우
② 원격탐측에 의한 경우
③ GPS측량에 의한 경우

46. 전산화 관련 자료의 구조 중 하나의 조직 안에서 다수의 사용자들이 공통으로 자료를 사용할 수 있도록 통합 저장되어 있는 운영 자료의 집합을 무엇이라고 하는가?

① Database ② Geocode
③ DMS ④ Expert System

해설 [데이터베이스]
• 자료기반 또는 자료기초라고도 함
• 지도로부터 추출한 도형 및 영상정보와 문헌, 조사, 각종 대장 또는 통계자료로부터 추출한 속성정보 포함

정답 39.④ 40.① 41.① 42.② 43.④ 44.③ 45.③ 46.①

• GIS에서 가장 핵심적인 요소로 구축, 유지, 관리에 가장 많은 시간과 노력, 비용이 소요되는 부분

47. 데이터베이스의 조직과 구조에 대해 전반적으로 기술한 것을 의미하는 것은?

① 스키마(schema) ② 관계
③ 속성 ④ 메소드(Method)

해설 [스키마(schema)]
① 데이터베이스의 논리적 정의, 데이터 구조와 제약조건에 관한 명세를 기술한 것
② 컴파일되어 데이터 사전에 저장됨
③ 스키마의 종류 : 외부스키마, 개념스키마, 내부스키마

48. 데이터 처리 대상물이 2개의 유사한 색조나 색깔을 가지고 있는 경우 소프트웨어적으로 구별하기 어려워서 발생되는 오류는?

① 불분명한 경계
② 주기와 대상물의 혼동
③ 방향의 혼동
④ 선의 단절

해설 불분명한 경계는 데이터 처리시 대상물이 두 개의 유사한 색조나 색깔을 가지고 있으므로 소프트웨어적으로 구별이 어려워 짐

49. 속성자료 입력 시 발생할 수 있는 가장 일반적인 오차는?

① 도면인식 오차
② 입력자 착오 오차
③ 자동입력 오차
④ 통계처리 오차

해설 속성자료는 컴퓨터 키보드에 의하여 입력되므로 입력자의 착오로 인한 오차가 발생할 확률이 가장 높다. 이를 방지하기 위해 입력한 자료를 출력하여 원자료와 비교하는 검토작업이 요구된다.

50. 다음 중 원격탐사를 통해 수집된 위성영상자료의 전자파 소음을 제거하고 오류를 바로 잡아 올바른 좌표정보와 좌표체계정보 등을 이미지 데이터에 교정하여 저장함으로써 자료를 순화시키는 과정은?

① 전처리과정 ② 강조처리
③ 주제별 분석 ④ 후처리과정

해설 전처리에 해당하는 위성영상의 처리과정은 방사보정과 기하보정이다.
[위성영상의 처리순서]
① 전처리 : 방사보정(복사보정), 기하보정
② 변환처리 : 영상강조, 영상압축
③ 분류처리 : 영상분류(감독분류, 무감독분류), 영역분할 및 매칭

51. 데이터 취득 시 기선측정을 위한 후처리상대측위 방법과 미지점의 3차원좌표를 실시간으로 구하는 RTK 측량방법이 사용되는 것은?

① 원격탐사 ② 항공사진측량
③ 토탈스테이션 ④ GPS측량

해설 GPS는 위성을 이용한 위치결정방식으로 정확한 위치를 알고 있는 위성에서 발사한 전파를 수신하여 관측점까지의 소요시간을 관측함으로 지상의 관측점의 위치를 알게 되는 측위시스템이다.

52. 토지정보체계의 데이터 모델 생성과 관련된 개체(entity)와 객체(object)에 대한 설명이 틀린 것은?

① 개체는 서로 다른 개체들과의 관계성을 가지고 구성된다.
② 개체는 데이터 모델을 이용하여 정량적인 정보를 갖게 된다.
③ 객체는 컴퓨터에 입력된 이후 개체로 불린다.
④ 객체는 도형과 속성정보 이외에도 위상정보를 갖게 된다.

해설 개체는 컴퓨터에 입력된 이후 객체로 불린다.
[객체(Object)]
① 속성 자료에 의해 표현되는 현상을 일컫는다.
② 객체 지향 프로그래밍에서 자료나 절차를 구성하는 기본 요소이다.

③ 작성, 조작 및 수정을 위하여 단일 요소로 취급되는 문자·치수·선·원 또는 다각선과 같은 하나 이상의 기본체·도면요소라고도 한다.
④ 실세계 실체를 표현하는 공간 데이터베이스의 점·선 또는 다각형 실체. 용어 Feature와 Object는 종종 동의적으로 사용된다.

53. 토지정보체계에서 사용하는 기준좌표계의 장점으로 틀린 것은?

① 공간데이터 수집을 분산적으로 할 수 있다.
② 각 부서의 독립적인 추진으로 활용되는 특징을 갖는다.
③ 공간데이트 입력을 분산적으로 할 수 있다.
④ 도면상의 면적에 대한 정량적 기준이 같게 된다.

해설 토지정보체계에서 사용하는 기준표표계는 위치, 방향, 거리, 면적 등에 동일한 기준으로 적용되어야 한다.

54. 다음 중 공간정보의 편집에서 분리되어 있는 객체를 하나로 합치는 작업은?

① 트림(trim)   ② 복제
③ 익스텐드(extend)   ④ 병합

해설 ① 병합 : 이미 순서가 매겨진 여러 개의 파일을 모아서 같은 순서로 된 1개의 파일로 만드는 것
② 트림 : 연장부을 잘라내는 명령
③ 익스텐드 : 객체를 연장시켜주는 명령
④ 복제 : 사용하고 있는 자료를 다른 저장매체에 별도로 복사하여 보관하는 것

55. 현재 사용 중인 토지대장 데이터베이스 관리시스템은?

① RDBMS(Relational DBMS)
② Access Database
③ C-ISAM
④ Infor Database

해설 현재 사용중인 토지대장 데이터베이스 관리시스템은 RDBMS(관계형 데이터베이스 관리시스템)이다.

56. 기존 종이지적도면을 스캐닝 방식으로 입력할 경우, 격자영상에 생긴 잡음(noise)을 제거하는 단계는?

① 위상정립 단계   ② 세선화(thinning) 단계
③ 필터링 단계   ④ 스캐닝 단계

해설 [필터링 단계(Filtering)]
① 실세계에서 세밀한 지리적 변화를 제거하는 과정
② 스캐닝에서 발생하는 불필요한 기호를 제거하거나, 임의로 생긴 선분이나 끊어진 선분을 잇는 과정

57. 데이터베이스 관리 시스템의 필수 기능에 포함되지 않는 것은?

① 정의   ② 설계
③ 조작   ④ 제어

해설 [데이터베이스 관리시스템의 필수기능]
① 정의기능 : 데이터의 유형과 구조에 대한 정의, 이용방식, 제약조건 등 데이터베이스의 저장에 대한 내용을 명시하는 기능
② 조작기능 : 사용자의 요구에 따라 검색, 갱신, 삽입, 삭제 등을 지원하는 기능
③ 제어기능 : 데이터베이스의 내용에 대해 무결성, 보안 및 권한 검사 등 정확성과 안전성을 유지할 수 있는 기능

58. 항공사진을 활용한 토지정보 수집에 대한 설명으로 옳지 않은 것은?

① 항공사진은 사진 판독을 통하여 지질도, 토지 이용도 등의 각종 주제도 제작 시 자료로 이용한다.
② 항공사진을 스캐닝하여 공간데이터에 대한 보조적 자료로 활용한다.
③ 해석 도화기의 결과 데이터는 GIS 공간 데이터로 쉽게 활용된다.
④ 항공사진은 세부적인 정보를 얻을 수 있는 소축척의 정보 획득에 적합하다.

해설 항공사진측량을 통해서는 세부적인 정보를 얻을 수 없으므로 사진측량 후에 현지조사를 병행한다.

59. 우리나라 지적도에서 사용하는 평면직각좌표계의 경우 중앙경선에서의 축척계수는?

① 0.9996　　② 0.9999
③ 1.0000　　④ 1.5000

해설 [우리나라에서 대축척 지도제작에 사용되는 투영법]
① TM 투영으로 등각횡원통투영방법을 이용한다.
② 가우스-크뤼거도법을 사용하며 표준형 Mercator 투영에서 지구를 90° 회전시켜 중앙자오선이 원기둥면에 접하도록 하는 투영
③ 동경 124°~132° 범위를 북위 38°상에서 경도 2°씩 4등분하여 4개 구역으로 구분
④ 128°를 기준으로 동쪽으로 매 2°씩 이동하면서 중앙자오선 정함
⑤ 중앙자오선에서의 축척계수는 1이며, 중앙자오선 이외 지역에서의 축척계수는 1보다 크다.

60. 지적도형정보 수집을 위한 측량이 아닌 것은?

① 측지측량　　② 항공사진측량
③ GPS측량　　④ 수치지적측량

해설 측지측량은 지구의 곡률을 고려한 넓은 지역을 대상으로 수행하는 측량으로 지적도형정보 수집을 위한 측량과는 거리가 멀다.

61. 지적속성정보의 수집은 주로 신규자료와 변경 자료를 대상으로 한다. 이러한 속성정보를 수집하는 방법에 해당되지 않는 것은?

① 토지소유자에 의한 전산 입력
② 담당공무원의 직권
③ 관계기관의 통보
④ 민원신청

해설 [지적속성정보의 수집방법]
① 현지조사에 의한 방법
② 민원공무원의 직권에 의한 방법
③ 민원신청에 의한 방법
④ 관계기관의 통보에 의한 방법

62. 수치지도를 생성하고자 할 때 기존의 도면이 존재할 경우 다음 중 가장 용이한 방법은?

① GPS를 이용한 측량
② 항공사진촬영에 의한 해석도화
③ 스캐닝 후 스크린 디지타이징
④ 인공위성영상을 이용한 수치사진측량 기법

해설 기존의 도면이 존재할 경우 수치지도를 생성하는 경우 스캐닝한 후 디지타이징하는 것이 가장 용이하다.

63. 다음 측량방법 중 얻어지는 성과가 수치나 전산데이터가 아닌 것은?

① 수치사진측량　　② 토털스테이션측량
③ 평판측량　　　　④ LiDAR 측량

해설 평판측량은 도해측량방법으로 현장에서 방향과 지물까지의 거리를 직접 측량하여 현황도를 작성하는 측량

64. 지표면을 3차원적으로 표현할 수 있는 수치표고자료의 유형은?

① DEM 또는 TIN　　② JPG 또는 GIF
③ SHF 또는 DBF　　④ RFM 또는 GUM

해설 DEM은 래스터, TIN은 벡터형의 3차원 수치표고자료

65. 토지정보시스템에 입력되는 도형자료를 구축하고자 할 경우 지상측량에 의한 자료취득 방식은?

① 스캐닝
② 디지타이징
③ 원격탐사
④ COGO(Coordinate Geometry)

해설 COGO(COordinate GeOmetry) : 좌표기하, 코고
① 측량계산과 토목설계에서 좌표·위치·면적·방향 등을 구하거나 도면을 전개할 수 있도록 구성된 프로그램
(Coordinate Geometry Program)

② 1950년대에 MIT에서 시초로 사용하였다. 토지의 분할 및 분배, 도로 및 시설물에 관한 설계에 필요한 측량, 토목 엔지니어링에 필요한 기능을 제공하는 기하좌표의 입력과 관리 체계

66. 다음 데이터베이스 관계대수 연산자 중 관계연산자 유형이 아닌 것은?

① SELECT
② UNION
③ PROJECT
④ JOIN

해설 [관계대수 연산자]
① SELECT : 테이블의 지정된 열에 있는 자료항목들을 추출
② PROJECT : 테이블의 지정된 행에 있는 자료항목들을 추출
③ JOIN(RELATIONAL JOIN) : 테이블의 공통 행에 있는 값에 기초하여 두 테이블을 연결

67. 4개의 타일(tile)로 분할된 지적도 레이어를 하나의 레이어로 편집하기 위해서는 다음의 어떤 기능을 이용하여야 하는가?

① Map join
② Map overlay
③ Map filtering
④ Map loading

해설 [Map Join과 Append]
① 스프리트(하나의 레이어를 여러 개로 나누는 과정)와 반대되는 개념
② 여러 개의 레이어를 하나의 레이어로 합치는 과정

68. 디지타이징이나 스캐닝에 의해 도형정보파일을 생성할 경우 발생할 수 있는 오차에 대한 설명으로 틀린 것은?

① 도곽의 신축이 있는 도면의 경우 부분적인 오차만 발생하므로 정확한 독취 자료를 얻을 수 있다.
② 입력도면이 평탄하지 않은 경우 오차 발생을 유발한다.
③ 디지타이저에 의한 도면 독취 시 작업자의 숙련도에 따라 오차가 발생할 수 있다.
④ 스캐너로 읽은 래스터 자료를 벡터 자료로 변환할 때, 오차가 발생한다.

해설 도곽의 신축이 있는 도면의 경우 도면전체에 오차가 발생하므로 정확한 독취 자료를 얻을 수 없다.

69. 다음 자료들 중에서 지형, 지세 등 표면표현 및 등고선, 3차원 표현 등 표면모델링에 이용되는 것은?

① Coverage
② Layer
③ TIN
④ Image

해설 [불규칙삼각망(TIN, Triangulation Irregular Network)]
① 불규칙하게 배치되어 있는 지형점으로부터 삼각망을 생성하여 삼각형 내의 표고를 삼각평면으로부터 보간하는 방법
② 벡터로 표현된 3차원 모형
③ 경사가 급한 지역의 표현에 유용
④ 기복의 변화가 작은 지역은 측점수를 적게 함으로 자료량이 조절 용이

70. 수치표고데이터를 취득하고자 한다. 다음 중 DEM 보간법의 종류와 보간방식의 설명이 틀린 것은?

① Bilinear : 거리값으로 가중치를 적용한 보간법
② Inverse weighted distance : 거리값의 역으로 가중치를 적용한 보간법
③ Inverse weighted distance : 거리의 제곱값에 역으로 가중치를 적용한 보간법
④ Nearest neighbor : 가장 가까운 거리에 있는 표고값으로 대체하는 보간법

해설 [Bilinear Interpolation(공일차 내삽법)]
• 사방에 인접한 4개의 영상소까지의 거리에 대한 가중평균 값을 택하는 방법
• 여러 영상소로 구성되는 출력으로 부드러운 영상을 취득하나 새로운 영상소로 제작되어 데이터 변질 우려

71. 토지정보시스템의 도형정보 구성요소인 점·선·면에 대한 설명으로 옳지 않은 것은?

① 점은 x, y좌표를 이용하여 공간위치를 나타낸다.
② 선은 속성데이터와 링크할 수 없다.
③ 면은 일정한 영역에 대한 면적을 가질 수 있다.
④ 선은 도로, 하천, 경계 등 시작점과 끝점을 표시하는 형태로 구성된다.

정답 66. ② 67. ① 68. ① 69. ③ 70. ① 71. ②

해설 점, 선, 면은 벡터데이터의 구성요소이며 속성데이터와 링크되어 다양한 분석에 활용될 수 있다.

72. 속성데이터에서 동영상은 다음 어느 유형의 자료로 처리되어 관리될 수 있는가?

① 숫자형　　② 문자형
③ 날짜형　　④ 이진형

해설 [이진형]
① 숫자형, 문자형, 날짜형 등 모든 형태의 파일로 기록
② 실제 데이터를 DB에 저장하는 경우도 존재하지만 링크만 하고 파일은 특정한 폴더에 체계적으로 모아두는 경우도 있음
③ 영상자료파일과 문서자료파일 등 다양한 종류의 파일을 링크하여 기록할 수 있음

73. 데이터 웨어하우스(Data Warehouse)의 설명으로 가장 적절한 것은?

① 제품의 생산을 위한 프로세스를 전산화해서 부품 조달에서 생산계획, 납품, 재고관리 등을 효율적으로 처리할 수 있는 공급망 관리 솔루션을 말한다.
② 기간 업무시스템에서 추출되어 새로이 생성된 데이터베이스로서 의사결정지원 시스템을 지원하는 주체적, 통합적, 시간적 데이터의 집합체를 말한다.
③ 데이터 수집이나 보고를 위해 작성된 각종 양식, 보고서 관리, 문서 보관 등 여러 형태의 문서 관리를 수행한다.
④ 대량의 데이터로부터 각종 기법 등을 이용하여 숨겨져 있는 데이터 간의 상호관련성, 패턴, 경향 등의 유용한 정보를 추출하여 의사결정에 적용한다.

해설 [데이터 웨어하우스(Data Warehouse)]
① 사용자의 의사 결정에 도움을 주기 위하여, 다양한 운영 시스템에서 추출, 변환, 통합되고 요약된 데이터베이스
② 1980년대 중반 IBM이 자사 하드웨어를 판매하기 위해 처음으로 도입
③ 원시 데이터 계층, 데이터 웨어하우스 계층, 클라이언트 계층으로 구성되며 데이터의 추출, 저장, 조회 등의 활동

74. 다음 중 래스터구조에 비하여 벡터 구조가 갖는 장점으로 옳지 않은 것은?

① 데이터 모델(Data Model)의 표준화
② 데이터 내용(Data Contents)의 표준화
③ 데이터 제공(Data Supply)의 표준화
④ 위치 참조(Location Reference)의 표준화

해설 데이터 제공(Data Supply)의 표준화는 래스터구조의 장점으로 래스터는 격자데이터의 위치에 그 값을 표현하여 데이터를 제공한다.

75. 공간자료의 입력방법인 스캐닝에 대한 설명으로 옳지 않은 것은?

① 스캐너를 이용하여 정보를 신속하게 입력시킬 수 있다.
② 스캐너는 광학주사기 등을 이용하여 레이저 광선을 도면에 주사하여 반사되는 값에 수치값을 부여하여 데이터의 영상자료를 만드는 것이다.
③ 스캐너 영상자료는 소프트웨어를 이용하여 벡터라이징을 통해 수치지도로 제작된다.
④ 스캐닝은 문자나 그래픽 심벌과 같은 부수적 정보를 많이 포함한 도면을 입력하는데 적합하다.

해설 [스캐닝 작업의 특징]
① 복잡한 도면을 입력할 경우 시간이 단축된다.
② 이미지상에서 삭제, 수정할 수 있어 능률적이다.
③ 특정 주제만을 선택하여 입력할 수는 없다.
④ 손상된 도면의 경우 스캐닝에 의한 인식이 원활하지 못하다.
⑤ 래스터를 벡터, 문자, 기호로 변환하는 후처리작업이 뒤따른다.

76. 기어구동식 자동제도기의 정도 변화 범위로 맞는 것은?

① 0.01mm 이내　　② 0.02mm 이내
③ 0.03mm 이내　　④ 0.05mm 이내

해설 기어구동식 자동제도기의 정도변화범위는 0.02mm 이내이다.

77. 다음 중 2개 또는 더 많은 레이어들에 대하여 불린(boolean)의 OR 연산자를 적용하여 합병하는 방법으로 기준이 되는 레이어의 모든 특징이 결과 레이어에 포함되는 중첩분석방법은?

① Intersect   ② Union
③ Identity   ④ Clip

해설 [공간연산방법]
① Intersect : Boolean 연산의 AND연산과 유사한 것으로 두 개의 구역이 연산이 될 때 교차되는 구역에 포함되는 입력 구역만이 남게 됨
② Union : Boolean 연산에서의 OR과 유사한 개념으로 공간 연산 후 연산에 참여한 모든 데이터들이 결과파일에 나타남
③ Identity : 두 개의 커버리지를 차집합으로 중첩하는 기능을 수행
④ Clip : 정해진 모양으로 자료층상의 특정 영역의 데이터를 잘라내는 기능

78. 벡터데이터의 특징이 아닌 것은?

① 래스터데이터에 비해 데이터가 압축되고 검색이 빠르다.
② 각기 다른 위상구조로 중첩기능을 수행하기 어렵다.
③ 격자 간격에 의존하여 면으로 표현된다.
④ 자료의 갱신과 유지관리가 편리하다.

해설 격자 간격에 의존하여 면으로 표현되는 데이터방식은 래스터데이터의 특징이다.

79. 벡터자료의 특징에 대한 설명으로 옳지 않은 것은?

① 지도와 비슷하고 시각적 효과가 높으며 실세계의 묘사가 가능하다.
② 고해상력을 지원하므로 상세하게 표현되며 높은 공간적 정확성을 제공한다.
③ 벡터데이터 모델은 저장 공간을 많이 차지하므로 저장에 많은 용량을 차지한다.
④ 위상에 관한 정보가 제공되므로 관망분석과 같은 다양한 공간분석이 가능하다.

해설 [벡터자료의 특징]
① 현상적 자료구조의 표현이 용이하고 효율적 축약
② 뛰어난 위상관계 구축과 위치와 속성의 일반화 가능
③ 3차원 분석 및 확대 축소시의 정보의 손실 없음
④ 자료구조는 복잡하고 고가의 장비 필요

80. 벡터자료의 구조에 대한 설명으로 옳지 않은 것은?

① 벡터자료모형은 다각형(Polygon, Area), 선(Line, Arc), 점(Point) 등으로 표현한다.
② 벡터자료구조는 축척과는 전혀 관계가 없다.
③ 객체의 지리적 위치를 크기와 방향으로 나타내는 것을 말한다.
④ 기호, 도형, 문자 등에 대한 의미로 인식할 수 있는 형태를 말한다.

해설 벡터자료 구조는 3차원 분석 및 확대 축소시의 정보의 손실이 없어 축척과 밀접한 관련성을 보인다.

81. 스파게티(Spaghetti) 모형에 대한 설명이 옳지 않은 것은?

① 하나의 점이 X, Y좌표를 기본으로 하고 있어 다른 모형에 비하여 구조가 복잡하고 이해하기 어렵다.
② 데이터 파일을 이용한 지도를 인쇄하는 단순 작업의 경우에 효율적인 도구로 사용되었다.
③ 상호연관성에 관한 정보가 없어 인접한 객체들의 특징과 관련성, 연결성을 파악하기 힘들었다.
④ 객체들 간에 정보를 갖지 못하고 국수 가락처럼 좌표들이 길게 연결되어 있는 구조를 말한다.

해설 [스파게티 모형의 특징]
① 공간자료를 점, 선, 면을 단순한 좌표목록으로 저장하며 위상관계를 정의하지 않음
② 상호연결성이 결여된 점과 선의 집합체
③ 수작업으로 디지타이징된 지도자료가 대표적인 예
④ 인접하고 있는 다각형을 나타내기 위해 경계하는 선은 두 번씩 저장
⑤ 모든 면사상이 일련의 독립된 좌표집합으로 저장되므로 자료저장공간 많이 차지
⑥ 객체들 간의 공간관계가 설정되지 않아 공간분석에 비효율적

정답 77. ② 78. ③ 79. ③ 80. ② 81. ①

82. 스파게티(Spaghetti) 모형에 대한 설명으로 옳지 않은 것은?

① 자료구조가 단순하여 파일의 용량이 작다.
② 하나의 점(X, Y좌표)을 기본으로 하고 있어 구조가 간단하므로 이해하기 쉽다.
③ 객체들 간의 공간 관계에 대한 정보가 입력되므로 공간분석에 효율적이다.
④ 상호 연관성에 관한 정보가 없어 인접한 객체들의 특징과 관련성을 파악하기 힘들다.

해설 스파게티 모형은 객체들 간의 공간관계가 설정되지 않아 공간분석에 비효율적이다.

83. 위상(Topology)모형에 대한 설명으로 틀린 것은?

① 위상구조가 구축되면 선과 선들이 교차하는 지점에 노드가 자동적으로 형성되는 것이다.
② 토폴로지모형의 가장 큰 장점은 관계된 점의 좌표를 사용하지 않고 공간분석이 가능하다는 것이다.
③ 폴리곤의 구조는 형상(Shape)과 인접성(Neighborhood), 계급성(Hierarchy)의 3가지 특성을 지닌다.
④ 공간과 연결된 정보의 검색을 위한 모든 질의는 위상 테이블을 이용하므로 처리속도가 느리다.

해설 공간과 연결된 정보의 검색을 위한 모든 질의는 위상 테이블을 이용하므로 빠르게 처리할 수 있다.

84. 벡터데이터의 특징에 대한 설명으로 틀린 것은?

① 벡터데이터구조는 복잡하며 래스터데이터구조보다 관리하기가 어렵다.
② 벡터데이터구조는 저장 공간을 적게 차지하며 저장능력이 뛰어나다.
③ 중첩 및 공간분석 기능을 수행하는 경우 공간연산이 상대적으로 어렵고 시간이 많이 소요된다.
④ 데이터구조가 단순하고 레이어의 중첩이나 분석이 편리하다.

해설 데이터구조가 단순하고 레이어의 중첩이나 분석이 편리한 것은 래스터데이터의 특징이다.

[벡터자료의 특징]
① 현상적 자료구조의 표현이 용이하고 효율적 축약
② 뛰어난 위상관계 구축과 위치와 속성의 일반화 가능
③ 3차원 분석 및 확대 축소시의 정보의 손실 없음
④ 자료구조는 복잡하고 고가의 장비 필요

85. 래스터데이터와 벡터데이터에 대한 설명으로 틀린 것은?

① 래스터데이터는 구조가 단순하고 레이어의 중첩이나 분석이 편리하다.
② 래스터데이터의 압축방법은 Transit Code, Run-length Code, Lot Code, Quadtree 방법이 있다.
③ 벡터데이터의 단점은 구조가 복잡하며 관리하기가 어렵고 초기 비용이 많이 소요된다.
④ 벡터자료구조(Vector Data Structure)는 기호, 도형, 문자 등으로 크기와 방향으로 나타내는 것을 의미한다.

해설 [래스터자료의 압축방식]
① 행렬방식 : run-length code
② 체인코드방식 : chain code
③ 블록코드방식 : block code
④ 사지수형방식 : quadtree
⑤ R-tree 방식

86. 래스터데이터의 자료압축방법에 해당되지 않는 것은?

① Chain Code
② Block Code
③ Structure Code
④ Run-length Code

해설 [래스터자료의 압축방식]
① 행렬방식 : run-length code
② 체인코드방식 : chain code
③ 블록코드방식 : block code
④ 사지수형방식 : quadtree
⑤ R-tree 방식

87. 래스터자료의 장점에 대한 설명으로 틀린 것은?

① 압축된 자료구조를 제공하지 못하며 그래픽 자료의 양이 방대하다.
② 공간분석이 용이하며 자료구조가 단순하고 명료하다.
③ 격자의 크기와 형태가 동일한 까닭에 시뮬레이션이 용이하다.
④ 원격탐사자료와의 연계처리가 용이하다.

[해설] 압축된 자료구조를 제공하지 못하며 그래픽 자료의 양이 방대한 것은 래스터데이터의 단점이다.
[래스터 자료의 특징]
① 다양한 공간적 편의가 격자형태로 나타나며, 자료의 조작과정이 용이하다.
② 격자의 크기 조절로 자료용량의 조절이 가능하다.
③ 래스터자료는 주로 네모난 형태를 가지기 때문에 벡터자료에 비해 미관상 매끄럽지 못하다.
④ 벡터의 자료구조에 비해 단순하며 쉽게 자료를 생성할 수 있다.
⑤ 스캐닝한 자료가 이에 해당하며, 위상구조로 표현하기 힘들다.

88. 래스터자료의 단점에 대한 설명으로 틀린 것은?

① 작은 격자를 사용할 때에는 자료의 양이 많아 효율적이지 못하다.
② 단위별로 위상형태가 동일하며 레이어의 중첩과 분석이 편리하다.
③ 좌표변환과 투영변환에 시간이 많이 소요된다.
④ 격자의 크기를 늘리면 자료의 양은 줄일 수 있으나 상대적으로 정보의 손실을 초래한다.

[해설] 단위별로 위상형태가 동일하며 레이어의 중첩과 분석이 편리한 것은 래스터데이터의 장점이다.

89. 래스터데이터의 단점으로 볼 수 없는 것은?

① 해상도를 높이면 자료의 양이 크게 늘어난다.
② 자료의 이동, 삭제, 입력 등 편집이 어렵다.
③ 위상구조를 부여하지 못하므로 공간적 관계를 다루는 분석이 불가능하다.
④ 중첩기능을 수행하기가 불편하다.

[해설] 중첩기능을 수행하기가 편리한 것은 래스터데이터의 장점이다.

90. 벡터데이터의 기본 요소와 거리가 먼 것은?

① 면   ② 높이
③ 점   ④ 선

[해설] 래스터데이터는 그리드, 화소, 셀 등으로 구성되며 벡터데이터는 점, 선, 면을 이용하여 표현한다.

91. 공간자료에 대한 설명으로 옳지 않은 것은?

① 공간자료는 일반적으로 도형자료와 속성자료로 구분한다.
② 도형자료는 점, 선, 면의 형태로 구성된다.
③ 도형자료에는 통계자료, 보고서, 범례 등이 포함된다.
④ 속성자료는 일반적으로 문자나 숫자로 구성되어 있다.

[해설] 속성정보는 토지의 상태나 특성들을 문자나 숫자형태로 나타낸 자료로 대장, 보고서 등이 이에 속한다.

92. 도해지적에서 지적도 접합이 불일치하게 나타나는 원인에 해당되지 않는 것은?

① 다양한 원점의 사용   ② 수치측량의 실시
③ 도면축척의 다양성   ④ 지적도면의 관리부실

[해설] [연속도면의 제작편집에 있어 도곽선 불일치의 원인]
① 다원화된 원점의 사용
② 지적도면의 관리부실
③ 지적도면의 재작성시의 부정확
④ 도면의 신축(축척의 다양성)

93. 래스터 데이터의 일반적인 자료압축방법이 아닌 것은?

① Chain Code   ② Structure Code
③ Block Code   ④ Run-Length Code

해설 [래스터자료의 압축방식]
① Run-length code(연속분할부호) : 각 행에 대해 왼쪽에서 오른쪽으로 시작 셀과 끝 셀을 표시
② Chain code(체인코드방식) : 영역의 경계는 그 시작점과 방향에 대한 단위벡터로 표시
③ Block code(블록코드방식) : 영역을 다양한 크기의 정사각형 블록으로 표시
④ Quadtree(사지수형) : 영역을 단계적으로 4분원으로 분할하여 표시

94. 격자구조를 벡터구조로 변환 시 격자영상에 생긴 잡음(noise)을 제거하고 외각선을 연속적으로 이어주는 영상처리 과정을 무엇이라고 하는가?

① Conversioning ② Noising
③ Filtering ④ Thinning

해설 [벡터화를 위한 전처리 단계]
① Filtering : 격자영상에서 생긴 noise를 제거하고, 외곽선이 연속적이지 않은 외곽선에 대해 연속적으로 이어주는 영상처리 단계
② Thinning : 하나의 패턴을 가늘고 긴 선과 같은 표현으로 세선화하는 것

95. 다음 중 벡터 자료구조의 기본적인 단위에 해당되지 않는 것은?

① 픽셀 ② 점
③ 선 ④ 면

해설 벡터자료는 지리적 위치를 x, y 좌표로 표현하며, 자료의 구조는 점, 선, 면으로 구성된다. 래스터데이터는 그리드와 셀 등의 화소로 구성된다.

96. 자동 벡터화에 대한 설명으로 틀린 것은?

① 래스터자료를 소프트웨어에 의해 벡터화하는 것이다.
② 경우에 따라 수동 디지타이징보다 결과가 나쁠 수 있다.
③ 자동 벡터화 후에 처리결과를 확인할 필요가 있다.
④ 위상구조화 작업도 신속하게 이루어진다.

해설 자동 벡터화를 실시한 후에 처리결과 확인을 위해 별도의 위상구조화작업을 하여야 한다.

97. 공간데이터 처리 시 위상구조로 가능한 공간관계의 분석내용에 해당하지 않는 것은?

① 연결성 ② 포함성
③ 인접성 ④ 차별성

해설 위상구조(Topology)는 도형자료의 공간관계를 정의하며, 입력자료의 위치를 좌표값으로 인식하여 각각의 자료정보를 상대 위치로 저장하며, 선의 방향, 특성들 간의 관계, 연결성, 인접성 등을 정의

98. 지도와 지형에 관한 정보에서 사용되는 형식(Data Format) 중 AutoCAD의 제작자에 의해 제안된 ASCII형태의 그래픽 자료 파일 형식은?

① DIME ② DXF
③ IGES ④ ISIF

해설 [DXF(Drawing eXchange Format)]
미국의 Autodesk사에서 제작한 ASCII 형태의 그래픽 자료파일 형식으로 AutoCAD자료와의 호환을 위해 개발한 형식

99. 래스터데이터의 특징으로 틀린 것은?

① 점, 선, 영역으로 표현한다.
② 구현이 용이하고 파일구조가 단순한 편이다.
③ 정밀도는 격자의 크기에 의존한다.
④ 면(화소, 셀)으로 구성된다.

해설 벡터자료는 지리적 위치를 x, y 좌표로 표현하며, 자료의 구조는 점, 선, 면으로 구성된다. 래스터데이터는 그리드와 셀 등의 화소로 구성된다.

100. 래스터데이터에 관한 설명으로 옳은 것은?

① 객체의 형상을 다소 일반화시키므로 공간적인 부정확성과 분류의 부정확성을 가지고 있다.
② 데이터의 구조가 복잡하지만 데이터 용량이 작다.
③ 셀 수를 줄이면 공간해상도를 높일 수 있다.
④ 원격탐사자료와의 연계가 어렵다.

해설 [래스터데이터에 관한 사항]
① 데이터의 구조가 간단하며 데이터의 용량이 비교적 크다.
② 셀 수를 많게 하면 공간해상도를 높일 수 있다.
③ 원격탐사자료와의 연계가 용이하다.

101. 도형정보와 속성정보의 통합 공간분석 기법 중 연결성 분석과 거리가 먼 것은?

① 분류(Classification)   ② 관망(Network)
③ 근접성(Proximity)   ④ 연속성(Contiguity)

해설 [위상구조의 특징]
① 인접성 : 분석 공간상에서 특정 객체나 어떤 객체들의 군집의 주변에 무엇이 어떻게 위치하는가에 대한 분석을 의미
② 연결성 : 공간상의 두 개체간 접촉의 유무에 의해 결정되며, 두 점이 선분으로 연결되는가에 대한 분석 또는 면간의 접합의 유무로 측정
③ 방향성 : 객체간의 거리를 측정함으로써 객체간의 최소 거리를 조건으로 하는 측정기법
④ 포함성 : 객체간 면적과 위치를 판단하여 영역의 포함관계를 측정

102. 벡터데이터의 구조에 대한 설명으로 틀린 것은?

① 점은 하나의 좌표로 구성된다.
② 선은 순서가 있는 여러 개의 점으로 구성된다.
③ 면은 선에 의해 포위된다.
④ 점·선·면의 형태를 이용한 지리적 객체는 4차원의 지도형태이다.

해설 점·선·면의 형태를 이용한 지리적 객체는 2차원이나 3차원의 지도형태이다.

103. 토지정보에 있어 위상관계를 나타내는 용어로 옳은 것은?

① Topology   ② Polygon
③ Object   ④ Chain

해설 [Topology]
위상관계를 나타내며 데이터를 사용하지 않고도 인접성 분석 및 연결성 분석과 같은 공간분석이 가능하다.

104. 래스터데이터에 대한 설명으로 틀린 것은?

① 일정한 격자모양의 셀이 데이터의 위치와 값을 표현한다.
② 해상력을 높이면 자료의 크기가 커진다.
③ 격자의 크기를 확대할 경우 상대적으로 정보의 손실을 초래한다.
④ 네트워크와 연계 구현이 용이하여 좌표변환이 편리하다.

해설 래스터데이터로 네트워크와 연계구현은 어렵고, 좌표변환시에도 많은 시간이 소요된다.

105. 위상구조(topology)에 대한 설명으로 옳은 것은?

① 위상구조는 래스터자료에는 없는 것이다.
② 속성정보의 구축에 사용되는 것이다.
③ 위상구조는 스파게티구조를 중첩시킨 것이다.
④ 위상구조는 스파게티구조를 압축시킨 것이다.

해설 위상구조는 벡터데이터의 장점이다.

106. 다음 중 래스터 구조에 비하여 벡터 구조가 갖는 장점으로 옳지 않은 것은?

① 복잡한 현실세계의 묘사가 가능하다.
② 위상에 관한 정보가 제공된다.
③ 지도를 확대하여도 형상이 변하지 않는다.
④ 시뮬레이션이 용이하다.

해설 시뮬레이션이 용이한 것은 래스터 구조의 특징이다.
[벡터데이터의 장점]
① 복잡한 현실세계의 묘사 가능

정답 100. ① 101. ① 102. ④ 103. ① 104. ④ 105. ① 106. ④

② 압축된 자료구조를 제공하므로 데이터 용량의 축소 용이
③ 위상에 관한 정보가 제공되므로 관망분석과 같은 다양한 공간분석 가능
④ 그래픽의 정확도가 높고 그래픽과 관련된 속성정보의 추출, 일반화, 갱신 등이 용이

107. 관망형(network) 데이터베이스 모형에 대한 설명으로 옳지 않은 것은?

① 하나의 객체는 여러 개의 부모 레코드와 자식 레코드를 가질 수 있다.
② 일정 객체에 대하여 모든 상위 계급의 데이터를 검색하지 않고도 관련된 데이터의 검색이 가능하다.
③ 표현하고자 하는 자료가 단순한 계급적 구성을 가지는 경우 계급형과 관망형의 차이는 크게 찾아보기 어렵다.
④ 다른 데이터베이스 모형에 비하여 자료 구조가 가장 단순하여 정보의 저장 및 관리가 쉽다.

해설 [관망형 데이터베이스 모델의 특징]
① 하나의 객체는 여러 개의 부모 레코드와 자식 레코드를 가질 수 있다.
② 일정 객체에 대하여 모든 상위 계급의 데이터를 검색하지 않고도 관련된 데이터의 검색이 가능하다.
③ 표현하고자 하는 자료가 단순한 계급적 구성을 가지는 경우 계급형과 관망형의 차이는 크게 찾아보기 어렵다.
④ 계급형에 비하여 저장에 있어서 중복성은 적은 편이나 상대적으로 보다 많은 연결성에 관한 정보가 저장되어야 한다.

108. 계급형(Hierarchical) 데이터베이스 모델에 관한 설명으로 틀린 것은?

① 이해와 갱신이 용이하다.
② 각각의 객체는 여러 개의 부모 레코드를 갖는다.
③ 모든 레코드는 일대일(1:1) 혹은 일 대 다수(1:n)의 관계를 갖는다.
④ 키필드가 아닌 필드에서는 검색이 불가능하다.

해설 [계급형 데이터베이스 모델의 특징]
① 최초로 구현된 데이터 모델로 트리구조나 조직표와 같은 계층적으로 배열

② 하나의 부모에 여러개의 자식을 갖는다.(일대일 혹은 일대다수의 관계)
③ 키필드가 아닌 필드에서는 검색이 불가능

109. 래스터데이터의 구성 요소가 아닌 것은?

① 그리드(grid) ② 점(point)
③ 화소(pixel) ④ 셀(cell)

해설 벡터자료는 지리적 위치를 x, y 좌표로 표현하며, 자료의 구조는 점, 선, 면으로 구성된다. 래스터데이터는 그리드와 셀 등의 화소로 구성된다.

110. 도형정보의 자료구조에 관한 설명으로 옳지 않은 것은?

① 벡터구조는 그래픽의 정확도가 높다.
② 벡터구조는 자료구조가 복잡하다.
③ 격자구조는 그래픽 자료의 양이 적다.
④ 격자구조는 자료구조가 단순하다.

해설 격자구조(래스터데이터)는 일반적으로 위상관계를 표시하지 않으며 벡터구조에 비하여 정확도가 낮고 그래픽 자료의 양이 많다.

111. 점, 선, 면 등의 객체들 간의 공간관계가 설정되지 못한 채 일련의 좌표에 의한 그래픽 형태로 저장되는 구조로 공간분석에는 비효율적이지만 자료구조가 매우 간단하여 수치지도를 제작하고 갱신하는 경우에 효율적인 자료구조는?

① 래스터(raster)구조 ② 스파게티(spaghetti)구조
③ 위상(topology)구조 ④ 체인코드(chain codes)구조

해설 [스파게티 모형의 특징]
① 공간자료를 점, 선, 면을 단순한 좌표목록으로 저장하며 위상관계를 정의하지 않음
② 상호연결성이 결여된 점과 선의 집합체
③ 수작업으로 디지타이징된 지도자료가 대표적인 예
④ 인접하고 있는 다각형을 나타내기 위해 경계하는 선은 두 번씩 저장
⑤ 모든 면사상이 일련의 독립된 좌표집합으로 저장되므로 자료저장공간 많이 차지

⑥ 객체들 간의 공간관계가 설정되지 않아 공간분석에 비효율적

112. 다음 중 래스터 데이터의 저장형식에 해당하지 않는 것은?

① BMP ② JPG
③ TIFF ④ DXF

해설 [래스터 형식의 자료]
pcx, jpg, bmp, Geotiff, IMG, ERM, MrSID, DEM 등
[벡터 데이터 형식의 종류]
Shape 파일형식, Coverage 파일형식, CAD 파일형식, DLG 파일형식, VPF 파일형식, TIGER 파일형식

113. 다음 중 대표적인 벡터 자료 파일 형식이 아닌 것은?

① Coverage파일 포맷 ② CAD파일 포맷
③ Shape파일 포맷 ④ TIFF파일 포맷

해설 BMP, JPG, TIFF 등은 래스터 포맷의 자료형식이다.
[벡터 데이터 형식의 종류]
Shape 파일형식, Coverage 파일형식, CAD 파일형식, DLG 파일형식, VPF 파일형식, TIGER 파일형식

114. 토지정보체계에서 차원이 다른 공간객체는?

① 체인(chain) ② 링크(link)
③ 아크(arc) ④ 노드(node)

해설 노드는 점유형으로 0차원, 체인, 링크, 아크 등은 선유형으로 1차원 공간객체
[공간객체의 종류]
① 점(point) : 0차원 공간객체
② 선(line) : 1차원 공간객체
③ 면(polygon, area) : 2차원 공간객체

115. 다음을 run length코드 방식으로 표현하면 어떻게 되는가?

A	A	A	B
B	B	B	B
B	C	C	A
A	A	B	B

① 3A6B2C3A2B
② 1A2B2A1B1C2A1B1C3B1A1B
③ 1B3A4B1A2C3B2A
④ 2B1A1B1A1B1C1B1A1B1C2A2B1A

해설 [run length 코드방식의 표현]
각 행마다 왼쪽에서 오른쪽으로 진행하면서 처음 시작하는 셀과 끝나는 셀까지 동일한 수치값을 갖는 셀들을 묶어 압축시키는 방식

116. 도형자료의 위상 관계에서 관심 대상의 좌측과 우측에 어떤 사상이 있는지를 정의하는 것은?

① 인접성(adjacency) ② 연결성(connectivity)
③ 근접성(proximity) ④ 계급성(hierarchy)

해설 [위상구조의 특징]
① 인접성 : 분석 공간에서 특정 객체나 어떤 객체들의 군집의 주변에 무엇이 어떻게 위치하는가에 대한 분석을 의미
② 연결성 : 공간상의 두 개체간 접촉의 유무에 의해 결정되며, 두 점이 선분으로 연결되는가에 대한 분석 또는 면간의 접합의 유무로 측정
③ 방향성 : 객체간의 거리를 측정함으로써 객체간의 최소 거리를 조건으로 하는 측정기법
④ 포함성 : 객체간 면적과 위치를 판단하여 영역의 포함관계를 측정

117. 다음의 설명 중에서 토지정보시스템의 객체(object)에 대한 설명으로 틀린 것은?

① 수치를 이용한 정량화된 지리정보의 표현
② 개체(entity)가 컴퓨터에 입력되면 객체라고 표현
③ 도로나 가옥과 같이 공간상에 존재하는 모든 지리정보를 생성하는 기본단위
④ 도형정보, 속성정보, 위상정보의 소유

정답 112. ④ 113. ④ 114. ④ 115. ① 116. ① 117. ③

해설 [객체(Object)]
① 속성 자료에 의해 표현되는 현상을 일컫는다.
② 객체 지향 프로그래밍에서 자료나 절차를 구성하는 기본 요소이다.
③ 작성, 조작 및 수정을 위하여 단일 요소로 취급되는 문자·치수·선·원 또는 다각선과 같은 하나 이상의 기본체·도면요소라고도 한다.
④ 실세계 실체를 표현하는 공간 데이터베이스의 점·선 또는 다각형 실체. 용어 Feature와 Object는 종종 동의적으로 사용된다.

118. 다음 중 기존 공간 사상의 위치, 모양, 방향 등에 기초하여 공간 형상의 둘레에 특정한 폭을 가진 구역을 구축하는 공간분석 기법은?

① Buffer
② Classification
③ Dissolve
④ Interpolation

해설 ① Buffer : 공간 형상의 둘레에 특정한 폭을 가진 구역을 구축하는 것
② Classification : 유사한 공간 객체들끼리 분류하고 그룹화하여 표현할 대상을 조직
③ Dissolve : 지도의 개체간 불필요한 경계를 지우고자 할 때에 주로 사용되는 기능
④ Interpolation : 미지점 주위에 존재하는 이미 알려진 속성값을 이용하여 미지점의 속성값을 추정하는 방식

119. 벡터 구조와 래스터 구조 간의 자료 변환에 관한 설명으로 옳은 것은?

① 벡터로의 변환이 래스터로의 변환보다 기술적인 난이도가 높다.
② 동일한 데이터 사용 시 알고리즘이 달라도 결과물은 항상 일정하다.
③ 벡터 데이터와 래스터 데이터를 서로 중첩시키는 것은 불가능하다.
④ 래스터 데이터에서 벡터 데이터로 변환 시 결과물의 품질이 항상 향상된다.

해설 ① 동일한 데이터 사용시 알고리즘이 다르면 결과물도 다르게 나타날 수 있다.
② 벡터데이터와 래스터데이터간의 중첩도 가능하다.
③ 래스터데이터에서 벡터데이터로 변환시 결과물의 품질이 저하될 수 있다.

120. 데이터베이스의 구조 중 트리(Tree) 형태의 구조로 행정구역을 나타내는 레이어 등에 효율적으로 적용될 수 있는 것은?

① 평면성
② 계급형
③ 관망형
④ 관계형

해설 [데이터베이스관리시스템(DBMS)의 모델]
① 계층형 : 최초로 구현된 데이터 모델로 트리구조나 조직표와 같은 계층적으로 배열
② 네트워크형(관망형) : data들은 다른 파일의 하나 이상의 data들과 연계되어 있으며 이를 연관시키기 위해 지시자 활용
③ 관계형 : 2차원 테이블 형태로 저장되며 한 테이블은 다수의 열로 구성되고, 각 열은 정해진 범위의 값이 저장되는 형태

121. 다음 중 래스터 자료 포맷에 해당하지 않는 것은?

① BSQ(Band SeQuential)
② BIA(Band Inerleaved by Area)
③ BIL(Band Inerleaved by Line)
④ BIP(Band Inerleaved by Pixel)

해설 [래스터자료 포맷 방법]
① BIL(Band Interleaved by Line) : 1라인에 1밴드 스펙트럼 값을 나열한 것을 밴드순으로 정렬하고, 그것을 전체 라인에 대해 반복한 자료저장방식
② BSQ(Band SeQuential) : 각 밴드의 2차원 화상 자료를 밴드순으로 정렬한 자료저장방식
③ BIP(Band Interleaved by Pixel) : 1라인 중의 1화소 스펙트럼 값을 나열한 것을 그 라인의 전화소에 대해 정렬하고, 그것을 전 라인에 대해 반복하여 정렬한 자료저장방식

정답 118. ① 119. ① 120. ② 121. ②

122. 현실 세계의 객체 및 객체와 관련되는 모든 형상의 점, 선, 면을 이용하여 마치 지도상에 나타나는 것과 같이 표현되는 자료는?

① 벡터 자료 ② 래스터 자료
③ 속성 자료 ④ 단위 자료

해설 [벡터자료의 특징]
- 현상적 자료구조의 표현이 용이하고 효율적 축약
- 뛰어난 위상관계 구축과 위치와 속성의 일반화 가능
- 3차원 분석 및 확대 축소시의 정보의 손실 없음
- 자료구조는 복잡하고 고가의 장비 필요

123. 한 픽셀에 대해 8bit를 사용하면 몇 가지 서로 다른 값을 표현할 수 있는가?

① 8가지 ② 64가지
③ 128가지 ④ 256가지

해설 GIS자료의 영상에서 각 픽셀의 밝기 값을 256단계로 표현할 경우 8비트의 데이터량이 필요하다.
이진배열에서 8비트의 의미는 $2^8 = 256$이다.

124. 데이터베이스 구축에서 현지조사 및 현장보완 측량 결과를 이용하여 이미 입력된 공간데이터를 수정하는 것은?

① 정위치편집
② 구조화편집
③ 속성데이터의 입력 및 수정
④ 검수

해설 ① 구조화편집 : 데이터 간의 지리적 상관관계를 파악하기 위하여 정위치 편집된 지형, 지물을 기하학적 형태로 구성하는 작업
② 정위치편집 : 지리조사 및 현지측량에서 얻어진 자료를 이용하여 도화 데이터 또는 지도입력 데이터를 수정 및 보완하는 작업

125. 지도 형상이 일정한 격자구조로 정의되는 특성 정보로 옳은 것은?

① 상대적 위치정보 ② 위상정보
③ 영상정보 ④ 속성정보

해설 지도형상이 일정한 격자구조(래스터 데이터)로 정의되는 특성 정보는 영상정보이다.

126. 노랑머리를 가진 새가 서식하는 특정한 식생이 있는지를 파악하기 위해서는 어떤 중첩기법을 써야 하는가?

① 점과 폴리곤 ② 선과 선
③ 선과 폴리곤 ④ 폴리곤과 폴리곤

해설 노랑머리를 가진 새는 점(point)으로, 새가 서식하는 특정 식생은 폴리곤(polygon)으로 표현되므로 점과 폴리곤의 중첩으로 분석이 가능하다.

127. 다음 중 레이어의 중첩에 대한 설명으로 옳지 않은 것은?

① 일정한 정보만을 처리하기 때문에 정보가 단순하다.
② 레이어별로 필요한 정보를 추출해낼 수 있다.
③ 새로운 가설이나 이론 및 시뮬레이션을 통해 정보를 추출하는 모델링 작업을 수행할 수 있다.
④ 형상들의 공간관계를 파악할 수 있으며 특정지점의 주변 환경에 대한 정보를 얻는 경우에도 사용할 수 있다.

해설 [레이어 중첩의 특징]
① 하나의 레이어에 각각의 객체와 다른 레이어의 객체들 사이에 관계를 찾아내는 작업
② 레이어별로 필요한 정보를 추출해 낼 수 있다.
③ 새로운 가설이나 이론 및 시뮬레이션을 통해 정보를 추출하는 모델링 작업을 수행할 수 있다.
④ 형상들의 공간관계를 파악할 수 있으며 특정지점의 주변 환경에 대한 정보를 얻은 경우에도 사용할 수 있다.

정답 122. ① 123. ④ 124. ① 125. ③ 126. ① 127. ①

128. 실세계를 일정 크기의 최소 지도화 단위인 셀로 분할하고 각 셀에 속성값을 입력하고 저장하여 연산하는 자료구조는 무엇인가?

① 래스터(raster)
② 벡터(vector)
③ 커버리지(coverage)
④ 토폴로지(topology)

해설 래스터(raster)는 실세계를 일정 크기의 최소 지도화 단위인 셀로 분할하고 각 셀에 속성값을 입력하고 저장하여 연산하는 자료구조이다.

129. 다음 중 벡터자료의 저장 방식인 스파게티(Spaghetti) 모형에 대한 설명으로 옳지 않은 것은?

① 스파게티모형에서 각각의 선은 X·Y좌표로 기록된다.
② 객체간의 상호 연관성에 관한 정보가 저장된다.
③ 데이터 파일을 이용한 지도를 인쇄하는 단순 작업에는 효율적인 도구로 사용되었다.
④ 인접한 다각형 간의 공통의 경계는 반드시 두 번 기록되어야 한다.

해설 스파게티 모형은 완전한 위상관계가 정립되지 않아 공간분석에 용이하지 않다.

130. 다음 중 특정 공간데이터를 중심으로 일정한 거리 또는 영역을 설정하여 분석하는 공간분석 방법은?

① 버퍼분석
② 네트워크분석
③ 중첩분석
④ TIN 분석

해설 버퍼분석은 특정 공간데이터를 중심으로 일정한 거리 또는 영역을 설정하여 분석하는 방법이다.

131. 다음 중 서로 다른 체계들 간의 자료 공유를 위한 공간 자료교환 표준으로 대표적인 것은?

① CEN/TC 287
② SDTS
③ DX-90
④ Z39-50

해설 SDTS는 지리정보시스템을 구성함에 있어 각종 응용시스템들 사이에서 지리정보를 공유하기 위한 목적으로 개발된 공통데이터교환포맷을 말한다.

132. 크기가 다른 정사각형을 이용하며, 공간을 4개의 동일한 면적으로 분할하는 작업을 하나의 속성값이 존재할 때까지 반복하는 래스터 자료 압축방법은?

① 런렝스코드(Run-length code) 기법
② 체인코드(Chain code) 기법
③ 블록코드(Block code) 기법
④ 사지수형(Quadtree) 기법

해설 [래스터자료의 압축방식]
① Run-length code(연속분할부호) : 각 행에 대해 왼쪽에서 오른쪽으로 시작 셀과 끝 셀을 표시
② Chain code(체인코드방식) : 영역의 경계는 그 시작점과 방향에 대한 단위벡터로 표시
③ Block code(블록코드방식) : 영역을 다양한 크기의 정사각형 블록으로 표시
④ Quadtree(사지수형) : 영역을 단계적으로 4분원으로 분할하여 표시

133. 다음 중 벡터구조에 비하여 격자구조가 갖는 장점이 아닌 것은?

① 네트워크 분석에 효과적이다.
② 자료의 중첩에 대한 조작이 용이하다.
③ 자료구조가 간단하다.
④ 원격탐사 자료와의 연계처리가 용이하다.

해설 격자구조(래스터데이터)는 일반적으로 위상관계를 표시하지 않으므로 네트워크 분석에는 활용이 어려우며 벡터구조에 비하여 정확도가 낮고 그래픽 자료의 양이 많다.

134. 래스터데이터와 벡터데이터에 대한 설명으로 틀린 것은?

① 래스터데이터의 정밀도는 격자간격에 의하여 결정된다.
② 벡터데이터의 자료구조는 래스터데이터보다 복잡하다.
③ 벡터데이터의 자료입력에는 스캐너가 주로 이용된다.
④ 래스터데이터의 도형표현은 면(화소, 셀)으로 표현된다.

정답 128. ① 129. ② 130. ① 131. ② 132. ④ 133. ① 134. ③

해설 벡터데이터의 자료입력에는 디지타이저, 래스터데이터의 자료입력에는 스캐너가 주로 이용된다.

135. 다음 중 공개된 상업용 소프트웨어와 자료구조의 연결이 잘못된 것은?

① AutoCAD – DXF
② ArcView – SHP/SHX/DBF
③ MicorStation – IFS
④ MapInfo – MID/MIF

해설 [상업용 소프트웨어와 자료구조]
① AutoCAD – DWG/DXF
② ArcView – SHP/SHX/DBF
③ MicroStation – ISFF
④ MapInfo – MID/MIF

136. 다음 중 점, 선, 면으로 표현된 객체들 간의 공간관계를 설정하여 각 객체들 간의 인접성, 연결성, 포함성 등에 관한 정보를 파악하기 쉬우며, 다양한 공간분석을 효율적으로 수행할 수 있는 자료구조는?

① 스파게티(spaghetti) 구조
② 래스터(raster) 구조
③ 위상(topology) 구조
④ 그리드(grid) 구조

해설 위상구조(Topology)는 도형자료의 공간관계를 정의하며, 입력자료의 위치를 좌표값으로 인식하여 각각의 자료정보를 상대위치로 저장하며, 선의 방향, 특성들 간의 관계, 연결성, 인접성 등을 정의한다.

137. 래스터데이터에 관한 설명으로 옳은 것은?

① 객체의 형상을 다소 일반화시키므로 공간적인 부정확성과 분류의 부정확성을 가지고 있다.
② 데이터의 구조가 복잡하지만 데이터 용량이 작다.
③ 셀 수를 줄이면 공간해상도를 높일 수 있다.
④ 원격탐사자료와의 연계가 어렵다.

해설 [래스터데이터에 관한 사항]
① 데이터의 구조가 간단하며 데이터의 용량이 비교적 크다.
② 셀 수를 많게 하면 공간해상도를 높일 수 있다.
③ 원격탐사자료와의 연계가 용이하다.

138. 다음 중 격자구조의 압축방법에 해당하지 않는 것은?

① Run-length code
② Block code
③ Chain code
④ Spaghetti code

해설 [래스터자료(격자구조)의 압축방법]
① 행렬방식 : run-length code
② 체인코드방식 : chain code
③ 블록코드방식 : block code
④ 사지수형방식 : quadtree
⑤ R-tree 방식

CHAPTER 03 데이터베이스의 관리

1 데이터베이스의 개요

(1) 데이터베이스의 개념
① 서로 관련있는 데이터들을 효율적으로 관리하기 위해 수집된 데이터의 집합
② 각 데이터들은 상호 유기적인 관계에 의해 구성
③ 하나의 조직 안에서 다수의 사용자들이 공동으로 사용하도록 통합 및 저장되어 있는 운용자료의 집합

(2) 데이터베이스의 특징

장점	단점
① 자료를 한곳에 저장	① 관련 전문가가 필요
② 자료가 표준화되고 구조적으로 저장	② 초기 구축비용과 유지관리비용이 고가
③ 서로 원천이 다른 데이터끼리 서로 연결되어 사용	③ 제공되는 정보의 비용이 고가
④ 자료의 검색과 정보의 추출 용이	④ 사용자는 데이터베이스의 구축을 위해 정해진 자료의 효율과 구성을 갖추어야 함
⑤ 다수의 이용자 동시에 공유하고 사용	⑤ 자료의 분실이나 망실에 대비한 보안조치 필요
⑥ 다양한 응용프로그램에서 서로 다른 목적으로 편집되고 저장된 데이터 사용	
⑦ 자료의 효율적 관리 및 중복 방지	

(3) 데이터베이스의 모델
① **평면파일구조** : 모든 기록들이 같은 자료항목을 가지며 검색자에 의해 정해지는 자료항목에 따라 순차적으로 배열
② **계층형 구조** : 여러 자료 항목이 하나의 기록에 포함되고, 파일 내의 각각의 기록은 각기 다른 파일 내의 상위 계층의 기록과 연관을 갖는 구조
③ **망형 구조** : 다른 파일 내에 있는 기록에 접근하는 경로가 다양하며 하나 이상의 기록들과 연계되기 위해 지시자가 활용되는 구조

④ 관계형 구조 : 자료 항목들은 테이블로 저장되어 테이블 내에 있는 각각의 사상은 반복되는 영역이 없는 하나의 자료항목 구조를 갖는 형식

2 데이터베이스의 발달과정

- 1960년대에는 인덱스 순차접근방법(ISAM: Index Sequential Access Method)과 가상기억 공간 접근방법(VSAM: Virtual Storage Access Method)등과 같은 파일 시스템 기술이 발달하였다.
- 1970년대에는 계층적 데이터베이스 모델과 네트워크 데이터베이스 모델을 지원하는 DBMS이 등장하게 되었다.
- 1970년대에는 SQL, SEQUEL, QUEL과 같이 사용하기 쉬운 관계형 데이터베이스 질의 언어들이 개발되었다.
- 1980년대에 들어오면서 관계형 DBMS의 사용이 데이터베이스 시스템에서 주축을 이루게 되면서, Oracle, Informix, SQL 등 상용시스템이 출현하였으며, 관계형 데이터베이스관리시스템은 재고관리, 급여, 재무 등과 같은 업무처리에 본격적으로 응용되었다.
- 1990년대에는 관계형과 객체 지향형 데이터베이스 시스템이 병존하여 사용되고 있을 정도로 객체-관계형 데이터베이스 시스템의 개발이 이루어지고 있다.

3 파일처리방식

(1) 파일처리방식의 개념
① 파일은 기본적으로 유사한 성질이나 관계를 갖는 자료의 집합
② 데이터 파일은 Record, Field, Key로 구성

(2) 파일처리방식의 구성
① Record(기록) : 하나의 주제에 관한 자료를 저장하며 행이라고도 하며 여러개의 필드로 구성
② Field(필드) : 레코드를 구성하는 각각의 항목을 의미하며 열이라고도 함
③ Key(키) : 파일에서 정보를 추출할 때 쓰이는 필드를 의미하며 검색자로서의 개념

(3) 파일처리방식의 특징
① 파일처리방식은 GIS에서 필요한 자료를 추출하기 위해 각각의 파일에 대하여 많은 양의 중복작업을 초래
② 자료를 수정할 때 해당자료를 필요로 하는 각각의 응용프로그램에서 수행해야 함
③ 관련 데이터를 여러 응용프로그램에서 사용할 때 동시에 개별적으로 작업을 수행해야 하므로 전반적인 제어 기능이 불가능

4 데이터베이스관리시스템(DBMS)방식

(1) DBMS방식의 개념
① 자료의 저장, 조작, 검색, 변화를 처리하는 소프트웨어를 사용하는 컴퓨터프로그램
② 정보의 저장과 관리와 같은 정보관리를 목적으로 하는 프로그램
③ 파일처리방식의 단점을 보완하기 위해 도입
④ 자료의 중복을 최소화하여 검색시간을 단축시키며 작업의 효율성을 향상시킴

(2) 스키마
스키마는 데이터베이스 시스템의 기본적인 구성요소로 데이터의 구조와 제약조건에 대한 명세를 기술한 것으로 데이터베이스를 정의한 것
① 외부스키마 : 사용자나 응용프로그래머가 접근할 수 있는 데이터베이스를 정의한 것으로 서브스키마라고도 함
② 개념스키마 : 범 기관적 입장에서 본 데이터베이스를 정의한 것으로 모든 응용에 대한 전체적인 통합된 데이터 구조로 단순한 스키마라고도 함
③ 내부스키마 : 물리적 저장장치의 관점에서 본 전체 데이터베이스의 명세를 말하며, 개념스키마의 물리적 저장 구조에 대한 정의를 기술한 것

(3) DBMS방식의 필수기능
① 정의(definition) : 데이터의 유형과 구조에 대한 정의, 이용방식, 제약조건 등 데이터베이스의 저장에 대한 내용을 명시하는 기능
② 조작(manipulation) : 사용자의 요구에 따라 검색, 갱신, 삽입, 삭제 등을 지원하는 기능으로 체계적으로 처리하기 위해 사용자와 DBMS 사이의 인터페이스를 위한 수단을 제공하는 기능
③ 제어(control) : 데이터베이스의 내용에 대해 무결성, 보안 및 권한 검사, 병행 수행제어 등 정확성과 안전성을 유지하기 위한 기능

(4) 데이터 언어
① 데이터정의어(DDL) : 데이터의 구조를 정의하며 새로운 테이블을 만들도록, 기존의 테이블을 변경, 삭제하는 등 데이터의 정의
 - CREATE : 새로운 테이블 생성
 - ALTER : 기존의 테이블 변경
 - DROP : 기존의 테이블 삭제
 - RENAME : 테이블의 이름 변경
 - TURNCATE : 테이블 잘라내기

② **데이터조작어(DML)** : 데이터를 조회하거나 변경하며 새로운 데이터를 삽입, 변경, 삭제하는 등 데이터의 조작
- INSERT : 새로운 데이터 삽입
- UPDATE : 기존의 데이터 변경
- DELETE : 기존의 데이터 삭제

③ **데이터제어어(DCL)** : 데이터베이스 사용자에게 부여된 권한을 정의하며 데이터 접근권한을 다루는 역할
- GRANT : 권한 부여
- REVOKE : 권한 제거

5 DBMS의 형식

(1) 계층형(hierarchical DBMS)
① 최초로 구현된 데이터 모델로 트리구조나 조직표와 같은 계층적으로 배열
② 각 레코드 타입은 하나의 부모 레코드 타입을 가짐
③ **트리구조** : 계층형 모델에서 가장 위의 계급을 루트(root)라 하며 루트를 제외한 모든 레코드는 부모레코드와 자식레코드를 가짐
④ 하나의 기록형태에 여러 자료항목이 있고, 파일 내 각각의 기록들은 파일 내에 있는 상위단계의 기록과 연계되어 있음
⑤ 모든 레코드는 1:1 혹은 1:n의 관계
⑥ 키필드가 아닌 필드에서는 검색 불가능

(2) 네트워크형(network DBMS)
① 계층형의 단점을 보완하여 파일 사이에 다양한 연결이 존재
② 기록들은 다른 파일의 하나 이상의 기록들과 연계되어 있고, 연계를 위해 지시자 활용
③ 하나 또는 그 이상의 자식레코드가 부모레코드를 가짐
④ 계층형에 비해 데이터 표현력이 강하지만 자료구조가 복잡한 단점

(3) 관계형(relational DBMS)
① 2차원 테이블 형태로 저장
② 한 테이블은 다수의 열로 구성되고 각 열에 정해진 범위의 값이 저장됨
③ 각 레코드는 기본키(primeay key)로 구분되고 하나 이상의 열로 구성
④ 모델의 구조가 단순하고 시스템 설계 용이
⑤ 데이터의 독립성이 높고 높은 수준의 데이터 조작언어를 사용
⑥ SQL과 같은 표준질의어를 사용하여 복잡한 질의를 간단하게 표현

(4) 객체지향형(objet oriented DBMS, OO-DBMS)
① 관계형 모델에 객체의 개념을 사용하여 실세계를 표현하는 구조
② 모든 것을 클래스(class)와 객체(object)로 표현
③ 객체의 구성관계가 복잡하나 parent/child의 형태로 명백한 구조
④ OO-DBMS의 특징
- 특정 객체간에는 데이터와 그 조작방법을 공유할 수 있음
- 복잡한 데이터(객체)를 쉽게 모델링할 수 있음
- 특정 객체간에는 데이터와 그 조작방법을 공유할 수 있음
- 객체 클래스의 일반화, 그룹화, 집단화 가능하고 복합객체를 생성할 수 있음

(5) 객체관계형(objet relational DBMS, OR-DBMS)
① 관계형 DBMS에 객체지향의 개념을 통합한 구조로 관계형 데이터 모델이 갖고 있는 한계성을 보완
② 멀티미디어의 빠른 확산과 인터넷의 발전을 통해 보다 손쉽게 복잡한 데이터 유형을 데이터베이스가 관리하도록 함
③ 넓은 공간의 영역내에서 분할된 작은 지역에 접근하여 검색할 수 있기 때문에 검색이 신속하고 용이하게 이루어 데이터 모델링과 관리적인 측면에서는 RDBMS이 수행하는 모든 기능 수행 가능
④ UniSQL Oracle 등이 대표적인 모델

6 Metadata의 기본요소

- **개요 및 자료소개(Identification)** : 수록된 데이터의 제목, 개발자, 데이터의 지리적 영역 및 내용, 다른 이용자의 이용 가능성, 가능할 경우 데이터의 획득방법 등을 정한 규칙이 포함된다.
- **데이터 질(Data Quality)에 대한 정보** : Data Set의 위치정확도, 속성정확도, 완전성, 일관성, 정보 출처, 데이터 생성방법이 포함된다.
- **공간정보 구성** : 공간정보의 코드화(encoding)에 이용된 데이터 모형(래스터나 벡터 모형 등), 공간위치의 표시방법에 대한 정보가 포함된다.
- **공간참조를 위한 정보** : 사용된 지도투영법의 이름, 파라메타, 격자 좌표체계 및 좌표 기법에 대한 정보 등이 포함된다.
- **형상·속성정보(Entity & Atribute Information)** : 수록된 지리정보(도로, 가옥, 대기 등) 및 수록 방식에 대한 정보가 포함된다.
- **정보획득방법** : 정보의 획득 장소 및 획득형태, 정보의 가격에 대한 정보가 포함된다.
- **참조정보(Metadata Reference)** : 메타데이터의 작성자 및 완성일시에 대한 정보가 포함된다.

7 Metadata의 역할 및 특징

(1) Metadata의 역할 및 필요성
- 메타데이터는 취득하려는 자료가 사용목적에 적합한 품질의 데이터인지를 확인할 수 있는 정보가 제공되어야 한다.
- 다양한 자료에 대한 접근의 용이성을 최대화하기 위해서는 참조된 모든 자료의 특성을 표현할 수 있는 메타데이터의 체계가 필요하다.

(2) Metadata의 특징
- 데이터의 기본 체계를 유지하게 함으로써 일정한 시간이 지나도 일관성 있는 데이터를 이용자에게 제공할 수 있다.
- 데이터를 목록화(Indexing)하기 때문에 사용하기에 편리한 정보를 제공한다.
- 정보공유의 극대화를 도모하며 데이터의 원활한 교환을 지원하기 위한 틀을 제공한다.
- 데이터베이스 구축과정에 대한 정보를 관리하는 내부 메타데이터와 구축한 데이터 베이스를 외부에 공개하는 외부 메타데이터로 구분할 수 있다.
- 메타데이터가 최근에 들어와 점점 더 중요한 공간 데이터에 대한 목록을 체계적이고 표준화된 방식으로 제공함으로 데이터의 공유화를 촉진시킨다.
- 대용량의 공간 데이터를 구축하는데 비용과 시간을 절감할 수 있다.

8 우리나라의 Metadata

우리나라의 Metadata는 국가지리정보체계 사업의 GIS 기술개발사업 등 다양한 부문에 적용되고 있으며 1995년 12월 우리나라의 NGIS 데이터 교환 표준으로서 SDTS가 채택되고 1996년 5월에 국가 기본도 및 공통 데이터 교환 포맷 표준안을 확정하여 국가 표준으로 제정하였다.

(1) 한국전산원 Metadata의 표준안

구분	섹션
식별정보	자료를 고유하게 식별하고 자료의 공간적, 시간적 범위와 보안성의 제약사항을 포함한다.
자료품질정보	자료에 대한 일반적인 평가정보를 포함한다.
연혁정보	자료의 사용현황, 원시자료 제작과정 등에 대한 정보를 포함한다.
공간자료표현정보	자료의 공간적 표현에 대한 정보를 포함한다.
기준계정보	자료에 적용되는 공간과 시간 기준계에 대한 정보를 포함한다.
대상물목록정보	대상물 기능, 대상물 속성, 대상물 관계, 대상물 유형들에 대한 설명과 정의를 포함한다.
자료배포정보	자료 구입에 관한 정보를 포함한다.
대상물목록정보	대상물 기능, 대상물 속성, 대상물 관계, 대상물 유형들에 대한 설명과 정의를 포함한다.
자료배포정보	자료 구입에 관한 정보를 포함한다.
메타데이터 참조정보	메타데이터 정보의 현황과 책임담당자 정보를 포함한다.

(2) 국토지리정보원의 수치지형도 메타데이터 표준안

현재 운영 중인 74건의 GIS표준 중, 국가산업표준(KS)은 기술표준원 웹사이트에서 유료로 제공되고 있어서 사용자들에게 널리 확산시키는데 제약이 있으며, GIS분야 국가산업표준(KS) 규격 중 11번 KSXISO19110 지리정보(지형지물목록방법)와 16번 KSXISO19115 지리정보(메타데이터)가 있다.

국토지리정보원 메타데이터 표준안은 8개의 주요장과 3개의 종속장으로 모두 11개의 장으로 구성되었다.

9 외국의 Metadata

(1) 미국 FGDC Metadata

- 미국의 국가차원의 GIS 구축사업은 1994년부터 국가공간 정보기반(NSDI : National Spatial Data Infrastructure)으로 시작되었다.
- 미국의 연방지리데이터위원회(FGDC : Federal Geographic Data Committee)는 1995년 1월부터 해당 연방 기관들이 새로운 지형공간정보를 생산할 때 FGDC 조직의 9가지 주제별 소위원회로 구성되었다.
- 각 소위원회는 유통기구, 표준화, 메타데이터, 기본지리정보의 4가지로 구성되었다.
- 표준화 작업분과의 표준화 작업규칙(Standards Directives)에 따라 각 소위원회별 표준분과에서 메타데이터에 관한 용어의 정의와 활용에 있어 표준을 제시하여 사용상의 통일성을 기하기 위하여 제정하였다.

(2) 호주의 Metadata

미국의 메타데이터의 핵심사항만을 사용함으로써 메타데이터의 구성이 미국과 유럽에 비하여 간단한 편이다.

(3) 유럽공동체의 Metadata

EC(European Communities) 산하의 표준화위원회 기술분과위원회에서 1995년 6월에 작성되어 유럽 여러 국가에서 제작되는 지리정보의 특성을 고려하여 설계됨으로써 미국에 비해 다소 규범적인 특성이 있다.

(4) CEN/TC 287 Metadata 표준

주요항목들이 순차적으로 구성되어 있으며 메타데이터를 구축하는 경우 관련 수치지도 제작, 유지관리, 유통, 활용 등을 고려한다.

- CEN/TC 287 표준에서 메타데이터 표준은 CEN 287009의 표준안 형태로 존재하며, 주요 항목들이 순차적으로 구성되어 있다.
- 메타데이터 표준에 의하여 메타데이터를 구축하는 경우 관련 수치지도 제작, 유지관리, 유통, 활용의 제반 과정을 고려한다.
- 메타데이터의 표준은 구축 시점, 주체, Format방식의 선정, 유지관리, 유통 측면까지 고려한다.
- 메타데이터는 구축된 메타데이터의 검색, 정보 제공 등의 기능은 수치지도를 사용자에게 제공하는 방식으로서 유통기구의 설립 및 이를 통한 메타데이터 활용이 가능하도록 해야 한다.
- 메타데이터의 표준항목은 데이터집합 연혁, 데이터집합의 개요, 데이터집합의 품질 요소, 공간참조체계, 공간범위, 데이터정의, 분류, 행정 및 연락정보, 메타데이터 참조, 메타데이터 언어로 구성되었다.

(5) ISO/TC211 Metadata

표준관련 국제연합체로서 산하의 지리정보 관련 기술학회는 1996년 초안을 발표하였으며, 1998년에 버전 4.4가 발표되었다.

⑩ 공간데이터교환표준(SDTS)

- SDTS(Spatial Data Transfer Standard)는 자료를 교환하기 위한 포맷보단 광범위한 자료의 호환을 위한 규약으로서 자료에 관한 정보를 서로 전달하기 위한 언어이다.
- 표준이란 서로 다른 사용자들 간의 호환을 가능하게 하는데 필요한 방법, 규칙, 서비스들에 대한 명세를 말한다.
- 표준화란 합의에 의해 표준을 도출하는데 필요한 활동 및 절차를 말한다.
- 표준체계는 표준화의 장으로서 사용자들이 표준을 개발하고 이와 관련해서 충분한 토의를 거쳐 합의를 모을 수 있는 기회들을 제공하며, 표준을 검증하는 등의 표준화업무 및 절차들이 일어나는 조직(Structure, System)을 말한다.

(1) SDTS의 구성

- 공간 데이터 교환의 개념적, 논리적인 규약에 관한 내용으로 실세계를 공간현상과 공간 객체 모델로 구분하고, 데이터의 질적 수준에 대한 규약과 논리적 교환포맷의 구조와 SDTS 교환 데이터 집합들에 대한 기술로 구성되었다.

- 공간형상, 속성에 대한 정의를 제공하는 모델로, SDTS의 데이터 내용으로 공간 형상들과 속성값들의 표준용어에 대한 리스트를 제공한다.
- SDTS 전환과 관련된 공간 데이터 용어와 속성 용어에 알맞은 데이터 사전의 사용이 가능하다.
- 일반적인 데이터 표준교환으로 ISO/ANSI 8211를 사용하고 있으며, 논리적 규약을 구체적인 물리적 수준으로 전환 가능하도록 하는 규약들이다.
- 논리적 모듈은 파일이라는 물리적 형태를 가지며 모듈 레코드 또한 레코드라는 구체적 형태로 저장된다.
- 정보시스템 데이터 교환 표준을 구체적으로 사용 가능하도록 규정하고 설계한 프로파일을 제공한다.

(2) SDTS의 현황

- 1993년 공간 데이터 교환 표준으로 제정된 미국의 경우 국가 기본도인 수치지도(1:24,000, 1:100,000, 1:2,000,00)는 자료형식을 SDTS 형식으로 변환하여 인터넷으로 제공되고 있다.
- 오스트레일리아와 뉴질랜드에서도 국가의 GIS 교환표준으로 채택하였다.
- 우리나라에서도 1995년 12월 국가지리정보체계 주요 사업에 공간데이터 교환포맷으로는 SDTS를 원칙으로 하고 있다.
- 국방부문은 DIGEST, 해도부문은 DX-90을 사용하도록 하고 있다.

(3) 국내 GIS 표준체계

- GIS표준체계는 NGIS추진체계 산하 표준화 분과위원회를 중심으로 여러 부처의 참여에 의해 운영한다.
- GIS표준 제·개정 관리기구로 기술표준위원회(KS표준)와 한국정보통신기술협회(TTA표준)가 있다.
- 표준화분과위원회는 표준개발자가 표준안을 제출하면 이를 검토·심의하여 기술표준원이나 TTA에 상정하며 국가 GIS 표준화분과 운영지침(2008)에 의한 역할이 표준관련 의사결정 및 조정을 한다.
- 2008년 현재 기술표준원이 간사를 맡고 국토연구원과 한국전자통신연구원에서 실무지원반을 22개 기관이 표준화분과위원회 위원으로 활동하고 있다.

CHAPTER 03 데이터베이스의 관리

01. 사용자가 데이터베이스에 접근하여 데이터를 처리할 수 있도록 하는 것으로 데이터의 검색, 삽입, 삭제 및 갱신 등과 같은 조작을 하는데 사용되는 데이터 언어는?

① DDL(Data Definition Language)
② DML(Data Manipulation Language)
③ DCL(Data Control Language)
④ DLL(Data Link Language)

해설 [데이터조작어(DML: Data manipulation Language)]
① 사용자로 하여금 적절한 데이터 모델에 근거하여 데이터를 처리하도록 하는 도구로 사용자(응용프로그램)와 DBMS 간의 인터페이스 제공
② 데이터의 연산은 데이터의 검색, 삽입, 삭제, 변경 등을 의미
③ INSERT(삽입), UPDATE(업데이트), DELETE(삭제), SELECT(검색결과 취득)

02. 다음 중 계층형(hierarchical), 네트워크형(network), 관계형(relational) 데이터베이스 모델간의 가장 큰 차이점은 무엇인가?

① 데이터의 물리적 구조
② 관계의 표현방식
③ 속성자료의 표현방법
④ 데이터 모델의 구축환경

해설 데이터베이스 관계의 표현방식에 따라 계층형, 네트워크형, 관계형 구조를 구분한다.

03. 데이터베이스 구축과정에서 검수에 대한 설명으로 옳은 것은?

① 검수란 최종 성과에 대해 실시하는 것이다.
② 검수는 데이터베이스 구축과정에서 단계별로 실시한다.
③ 출력검수는 화면출력에 대해 검수하는 것이다.
④ 검수방법 중에서 컴퓨터에 의해 자동 처리되는 프로그램 검수가 가장 우수하다.

해설 데이터베이스 구축과정에서 컴퓨터에 의해 자동처리되는 프로그램 검수보다 작업자의 육안에 의한 검수가 더 정확하다.

04. 파일처리방식과 비교하여 데이터베이스 관리시스템(DBMS) 구축의 장점으로 옳은 것은?

① 하드웨어 및 소프트웨어의 초기 비용이 저렴하다.
② 시스템의 부가적인 복잡성이 완전히 제거된다.
③ 집중화된 통제에 따른 위험이 완전히 제거된다.
④ 자료의 중복을 방지하고 일관성을 유지할 수 있다.

해설 DBMS는 데이터의 중복성이 발생되지 않으며 일관성을 유지할 수 있어 자료의 검색과 정보추출이 신속하고 용이하다.
[DBMS의 특징]
① 다양한 응용프로그램에서 서로 다른 목적으로 편집되고 저장 가능
② 자료의 검색과 정보추출이 신속하고 용이
③ 원천이 다른 데이터도 하나의 데이터베이스 내에서 연계
④ 자료가 표준화되고 구조적으로 저장되어 자료의 집중이 가능

정답 01. ② 02. ② 03. ② 04. ④

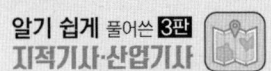

05. DBMS의 기능 중 하나의 데이터베이스 형태로 여러 사용자들이 요구하는 대로 데이터를 기술해줄 수 있도록 데이터를 조작하는 기능은 무엇인가?

① 저장기능 ② 정의기능
③ 제어기능 ④ 조작기능

해설 [DBMS의 필수기능]
① **정의기능** : 다양한 응용프로그램과 데이터베이스가 서로 인터페이스할 수 있는 방법을 제공
② **조작기능** : 사용자 요구에 대한 체계적인 연산을 지원하는 도구를 통해 구현
③ **제어기능** : 공용목적으로 관리되는 데이터베이스 내용에 대해 항상 정확성과 안전성을 유지

06. 다음 중 토지정보시스템(LIS)의 질의어(query language)에 대한 설명으로 옳지 않은 것은?

① SQL은 비절차 언어이다.
② 질의어란 사용자가 필요한 정보를 데이터베이스에서 추출하는데 사용되는 언어를 말한다.
③ 질의를 위하여 사용자가 데이터베이스의 구조를 알아야 하는 언어를 과정 질의어라 한다.
④ 계급형(hierarchical)과 관계형(relational) 데이터베이스 모형은 사용하는 질의를 위해 데이터베이스의 구조를 알아야 한다.

해설 [SQL(Structured Query Language) : 구조화 질의 언어]
• 데이터 베이스를 사용할 때 데이터베이스에 접근할 수 있는 데이터베이스 하부 언어
• 데이터 정의어(DDL)와 데이터 조작어(DML)를 포함한 데이터베이스용 질의언어(query language)의 일종
• 단순한 질의 기능뿐만 아니라 완전한 데이터 정의 기능과 조작 기능을 갖추고 있음
• 영어 문장과 비슷한 구문을 갖고 있으므로 초보자들도 비교적 쉽게 사용

07. 데이터베이스 관리시스템(DBMS; Database Management System)에 대한 설명으로 틀린 것은?

① 물리적인 시스템으로 데이터베이스를 생성·관리·제공하는 집합이다.
② 데이터의 효율적이고 편리한 방법을 사용자에게 제공할 수 있다.
③ 데이터를 안정적으로 관리하고 효율적인 검색 및 데이터베이스의 질의 언어를 지원한다.
④ 객체지향 관리시스템은 SQL과 같은 표준적인 질의 언어를 적용시킨다.

해설 객체지향 DBMS는 프로그래밍 언어를 데이터베이스 시스템에 적용시킨 것이며 SQL과 같은 표준적인 질의 언어를 데이터베이스에 적용시킨 것은 관계형 DBMS이다.

08. 데이터베이스 관리시스템의 장점으로 틀린 것은?

① 자료구조의 단순성
② 데이터의 독립성
③ 데이터 중복 저장의 감소
④ 데이터의 보안 보장

해설 데이터베이스관리시스템의 자료구조와 시스템이 복잡한 것은 단점이다.

09. 데이터베이스방식의 단점에 대한 설명으로 틀린 것은?

① 초기의 구축비용과 유지 관리 비용이 높다.
② 자료의 손상이나 분실을 위해서는 보안 조치가 필요하다는 것이다.
③ 자료의 검색과 정보 추출을 신속하고 편리하게 사용할 수 있다.
④ 제공되는 정보의 가격이 비싸다.

해설 [DBMS의 단점]
① 시스템 도입 및 운영비용의 증대
② 응용프로그램의 복잡화
③ 시스템의 취약성 등

정답 05. ② 06. ④ 07. ④ 08. ① 09. ③

10. 데이터베이스의 일반적인 모형과 거리가 먼 것은?

① 입체형(soild)
② 계급형(hierarchical)
③ 관망형(network)
④ 관계형(relational)

해설 [데이터베이스관리시스템(DBMS)의 모델]
① 계층형 : 최초로 구현된 데이터 모델로 트리구조나 조직표와 같은 계층적으로 배열
② 네트워크형(관망형) : data들은 다른 파일의 하나 이상의 data들과 연계되어 있으며 이를 연관시키기 위해 지시자 활용
③ 관계형 : 2차원 테이블 형태로 저장되며 한 테이블은 다수의 열로 구성되고, 각 열은 정해진 범위의 값이 저장되는 형태

11. 관계형 데이터베이스관리체계의 특징에 대한 설명으로 틀린 것은?

① 모든 데이터를 테이블의 형태로 나타낸다.
② 정의언어(DDL)와 데이터 조작언어(DML)가 있다.
③ SQL과 같은 표준적인 질의 언어를 사용한다.
④ 구조가 복잡하여 이해하기 불편하고 조직적인 측면에서 비논리적이다.

해설 [관계형 데이터베이스]
① 영역들이 갖는 계층구조를 제거하여 시스템의 유연성을 높이기 위해서 만들어진 구조
② 데이터의 무결성, 보안, 권한 록킹 등 이전의 응용분야에서 처리해야 했던 많은 기능 등 지원
③ 상이한 정보간 검색, 결합, 비교, 자료가감 등 용이

12. 객체지향형 데이터베이스관리체계의 특징에 대한 설명으로 틀린 것은?

① 데이터베이스의 관리와 수정이 불편하며 단순한 형태의 데이터만을 저장할 수 있다.
② 관계형 데이터 모델의 단점을 보완할 수 있는 새로운 데이터 모델이다.
③ 객체지향형 데이터 모델은 CAD와 GIS 등의 분야에서 DB를 구축할 때 주로 사용된다.
④ 클래스의 주요한 특성은 계승 또는 상속성(Inheritance)의 구조를 가지고 있다는 점이다.

해설 [객체지향형 데이터베이스관리시스템(OO-DBMS)의 특징]
① 객체로서의 모델링과 데이터 생성을 지원하는 DBMS
② 관계형 DBMS의 보완으로 공간객체의 다양한 내외부 관계를 다룸
③ 복잡한 객체로 구성된 현실세계 재현에 효과적
④ 객체 CLASS의 복합화, 일반화, 집단화 가능
⑤ 자료뿐만 아니라 자료의 구성을 위한 방법론도 저장이 가능하다.

13. 객체-관계형 데이터베이스의 관리체계(ORDBMS)의 특징에 대한 설명으로 틀린 것은?

① Internet의 발전으로 복합 데이터 유형을 편리하게 관리하는 기술개발에 역점을 두고 있다.
② 관계형 DBMS와 객체지향형 DBMS가 가지고 있는 특성을 추가한 모델이다.
③ 검색이 신속하고 용이하게 이루어질 수 있다.
④ 관계형 DBMS에서 사용하는 표준 질의어인 SQL을 사용할 수 없는 게 단점이다.

해설 SQL은 관계형 데이터 베이스를 조작하는 범용 언어로 비과정 질의어의 대표적인 예이다.

14. 객체지향형데이터베이스 관리체계(OODBMS)의 특징으로 옳지 않은 것은?

① 데이터베이스의 관리와 수정이 불편하며 단순한 형태의 데이터만을 저장할 수 있다.
② 관계형 데이터 모델의 단점을 보완할 수 있는 것으로 등장하였다.
③ 객체지향형프로그래밍 언어를 데이터베이스시스템에 적용시킨 것이다.
④ 특정 객체 간에는 데이터와 그 조작 방법을 공유할 수 있다.

해설 [객체지향형 데이터베이스관리시스템(OO-DBMS)]
관계형 데이터베이스의 관리와 수정이 불편하며 단순한 형태의 데이터만을 저장할 수 있는 단점을 보완하여 공간객체의 다양한 내외부 관계를 규정하고, 복잡한 객체로 구성된 현실세계 재현에 효과적인 데이터베이스관리방식

15. DBMS 모형 중 기본키를 통한 데이터간의 관계를 표현하는 모형은?

① 계층형 ② 네트워크형
③ 객체지향형 ④ 관계형

해설 관계형 데이터베이스는 각 개체가 서로 관련성이 없으며 각 개체는 각 레코드를 대표하는 기본키를 통해 관계를 가진다.

16. SQL 언어의 데이터 조작어(DML)로 옳은 것은?

① UPDATE ② CREATE
③ ALTER ④ DROP

해설 [데이터조작어(DML: Data manipulation Language)]
① DML의 개념 : 사용자로 하여금 적절한 데이터 모델에 근거하여 데이터를 처리하도록 하는 도구
② INSERT(삽입), UPDATE(업데이트), DELETE(삭제), SELECT(검색결과 취득)

17. 다음 중 관계형 DBMS의 질의어는?

① SQL ② DLL
③ DLG ④ COGO

해설 SQL은 관계형 데이터 베이스를 조작하는 범용 언어로 비과정 질의어의 대표적인 예이다.

18. SQL(Structured Queuy Language)에 대한 설명으로 옳지 않은 것은?

① 영어와 같은 일반 언어와 구조가 유사하여 배우고 이해하기가 용이한 편이다.
② 자료 조회 시 다중의 뷰(view)를 제공한다.
③ 광범위하게 사용되는 과정 질의어(procedural query language)의 대표적인 예이다.
④ 컴퓨터 시스템간의 이식성이 용이하다.

해설 [SQL(Structured Query Language) : 구조화 질의 언어]
• 데이터 베이스를 사용할 때 데이터베이스에 접근할 수 있는 데이터베이스 하부 언어

• 데이터 정의어(DDL)와 데이터 조작어(DML)를 포함한 데이터베이스용 질의언어(query language)의 일종
• 단순한 질의 기능뿐만 아니라 완전한 데이터 정의 기능과 조작 기능을 갖추고 있음
• 영어 문장과 비슷한 구문을 갖고 있으므로 초보자들도 비교적 쉽게 사용

19. 다음 중 표준 데이터베이스 질의언어인 SQL의 데이터 정의어에 해당하지 않는 것은?

① DROP ② ALTER
③ CREATE ④ INSERT

해설 [데이터 정의어(DDL, Data Definition Language)]
① DDL의 개념 : 새로운 테이블을 작성하거나, 기존 테이블을 변경·삭제하여 데이터를 정의하는 역할
② CREATE(생성), ALTER(변경), DROP(삭제), RENAME(이름 변경), TURNCATE(잘라냄)

[데이터 조작어(DML: Data manipulation Language)]
① DML의 개념 : 사용자로 하여금 적절한 데이터 모델에 근거하여 데이터를 처리하도록 하는 도구
② INSERT(삽입), UPDATE(업데이트), DELETE(삭제), SELECT(검색결과 취득)

20. 다음 중 데이터베이스 관리 시스템(DBMS)의 기본기능과 거리가 먼 것은?

① 정의기능 ② 분석기능
③ 제어기능 ④ 조작기능

해설 [데이터베이스 관리시스템의 필수기능]
① **정의기능** : 데이터의 유형과 구조에 대한 정의, 이용방식, 제약조건 등 데이터베이스의 저장에 대한 내용을 명시하는 기능
② **조작기능** : 사용자의 요구에 따라 검색, 갱신, 삽입, 삭제 등을 지원하는 기능
③ **제어기능** : 데이터베이스의 내용에 대해 무결성, 보안 및 권한 검사 등 정확성과 안전성을 유지할 수 있는 기능

정답 15. ④ 16. ① 17. ① 18. ③ 19. ④ 20. ②

21. 파일처리시스템에 비해 데이터베이스관리시스템(DBMS)이 갖는 장점이 아닌 것은?

① 중앙 제어 가능 ② 시스템의 간단성
③ 데이터의 중복 제거 ④ 데이터 공유 가능

해설 DBMS는 다양한 응용프로그램에서 서로 다른 목적으로 편집되고 저장되므로 시스템이 복잡하다.
[DBMS의 특징]
① 다양한 응용프로그램에서 서로 다른 목적으로 편집되고 저장 가능
② 자료의 검색과 정보추출이 신속하고 용이
③ 원천이 다른 데이터도 하나의 데이터베이스 내에서 연계
④ 자료가 표준화되고 구조적으로 저장되어 자료의 집중이 가능

22. 관계형 데이터베이스에 대한 설명으로 옳은 것은?

① 트리(Tree) 형태의 계층 구조로 데이터들을 구성한다.
② 정의된 데이터 테이블의 갱신이 어려운 편이다.
③ 데이터를 2차원의 테이블 형태로 저장한다.
④ 필요한 정보를 추출하기 위한 질의 형태에 많은 제한을 받는다.

해설 [데이터베이스관리시스템(DBMS)의 모델]
① 계층형 : 최초로 구현된 데이터 모델로 트리구조나 조직표와 같은 계층적으로 배열
② 네트워크형(관망형) : data들은 다른 파일의 하나 이상의 data들과 연계되어 있으며 이를 연관시키기 위해 지시자 활용
③ 관계형 : 2차원 테이블 형태로 저장되며 한 테이블은 다수의 열로 구성되고, 각 열은 정해진 범위의 값이 저장되는 형태

23. 아래와 같은 특징을 갖는 논리적인 데이터베이스 모델은?

• 다른 모델과 달리 각 개체는 각 레코드(record)를 대표하는 기본키(primary key)를 갖는다.
• 다른 모델에 비하여 관련 데이터 필드가 존재하는 한 필요한 정보를 추출하기 위한 질 형태에 제한이 없다.
• 데이터의 갱신이 용이하고 융통성을 증대시킨다.

① 계층형 모델 ② 네트워크형 모델
③ 관계형 모델 ④ 객체지향형 모델

해설 [관계형 데이터베이스]
① 영역들이 갖는 계층구조를 제거하여 시스템의 유연성을 높이기 위해서 만들어진 구조
② 데이터의 무결성, 보안, 권한 록킹 등 이전의 응용분야에서 처리해야 했던 많은 기능 등 지원
③ 상이한 정보간 검색, 결합, 비교, 자료가감 등 용이

24. 데이터베이스의 스키마를 정의하거나 수정하는데 사용하는 데이터 언어는?

① DDL ② DBL
③ DML ④ DCL

해설 [데이터 정의어(DDL, Data Definition Language)]
① DDL의 개념 : 새로운 테이블을 작성하거나, 기존 테이블을 변경·삭제하여 데이터를 정의하는 역할
② CREATE(생성), ALTER(변경), DROP(삭제), RENAME(이름변경), TURNCATE(잘라냄)

25. 데이터베이스 관리용으로 사용되는 소프트웨어는?

① Oracle ② ERDAS Imagine
③ SPSS ④ ArcGIS

해설 ① Oracle : 데이터베이스관리용 S/W
② ERDAS Imagine : 공간분석용 S/W
③ SPSS : 통계분석용 S/W
④ ArcGIS : 공간분석용 S/W

26. 거의 모든 주요 DBMS에서 채택하고 있는 표준 데이터베이스 질의어는?

① COBOL ② DIGEST
③ SQL ④ DELPHI

해설 SQL은 관계데이터언어 중 표준으로 제정된 언어이다. 관계대수와 관계 해석을 기초로 한 선언적 형태의 고급 데이터 언어라고 할 수 있다.

정답 21. ② 22. ③ 23. ③ 24. ① 25. ① 26. ③

27. 자료의 표준화에 대한 설명으로 옳지 않은 것은?

① 다양한 자료를 공유함으로써 중복 처리되는 비용을 절감할 수 있다.
② 다양한 자료에 대한 접근이 용이하기 때문에 자료를 쉽게 갱신할 수 있다.
③ 사용자가 자신의 용도에 따라 자료를 평가할 수 있는 자료의 질에 관한 정보가 제공된다.
④ 서로 다른 체계 사이에서 수치적인 공간 자료가 갖는 원래의 내용이 변형되어 전달된다.

해설) 자료의 표준화는 서로 다른 체계 사이에서 수치적인 공간 자료가 갖는 원래의 내용으로 전달된다.

28. 사용자로 하여금 데이터베이스에 접근하여 데이터를 처리할 수 있도록 검색, 삽입, 삭제, 갱신 등의 역할을 하는 데이터 언어는?

① DDL ② DML
③ DCL ④ DNL

해설) [데이터조작어(DML: Data manipulation Language)]
① 사용자로 하여금 적절한 데이터 모델에 근거하여 데이터를 처리하도록 하는 도구로 사용자(응용프로그램)와 DBMS 간의 인터페이스 제공
② 데이터의 연산은 데이터의 검색, 삽입, 삭제, 변경 등을 의미
③ INSERT(삽입), UPDATE(업데이트), DELETE(삭제), SELECT(검색결과 취득)

29. 관계형 데이터베이스모델(Relational Database Model)의 기본 구조 요소와 거리가 먼 것은?

① 소트(Sort) ② 속성(Attribute)
③ 행(Record) ④ 테이블(Table)

해설) 관계형 데이터베이스모델(Relational Database Model)의 기본 구조 요소는 속성(Attribute), 행(Record), 테이블(Table)이다.

30. DBMS의 "정의" 기능에 대한 설명이 아닌 것은?

① 데이터의 물리적 구조를 명세한다.
② 데이터베이스의 논리적 구조와 그 특성을 데이터 모델에 따라 명세한다.
③ 데이터베이스를 공용하는 사용자의 요구에 따라 체계적으로 접근하고 조작할 수 있다.
④ 데이터의 논리적 구조와 물리적 구조 사이의 변환이 가능하도록 한다.

해설) 데이터베이스를 공용하는 사용자의 요구에 따라 체계적으로 접근하고 조작하는 것은 조작기능이다.
[DBMS의 필수기능]
① 정의기능 : 다양한 응용프로그램과 데이터베이스가 서로 인터페이스할 수 있는 방법을 제공
② 조작기능 : 사용자 요구에 대한 체계적인 연산을 지원하는 도구를 통해 구현
③ 제어기능 : 공용목적으로 관리되는 데이터베이스 내용에 대해 항상 정확성과 안전성을 유지

31. 데이터베이스에서 자료가 실제로 저장되는 방법을 기술한 물리적인 데이터의 구조를 무엇이라 하는가?

① 개념스키마 ② 내부스키마
③ 외부스키마 ④ 논리스키마

해설) [스키마(schema)의 종류]
① 개념스키마 : 데이터 전체의 구조를 정의
② 내부스키마 : 데이터의 구조와 형식을 구체적으로 정의
③ 외부스키마 : 이용자가 취급하는 데이터의 구조를 정의
④ 논리스키마

32. 데이터베이스 관리시스템(DBMS)의 단점이 아닌 것은?

① 시스템 구성이 복잡
② 데이터의 중복성 발생
③ 통제의 집중화에 따른 위험 증대
④ 초기 구축비용과 유지비용이 고가

해설) DBMS는 데이터의 중복성이 발생되지 않으며 자료의 검색과 정보추출이 신속하고 용이하다.

[DBMS의 특징]
① 다양한 응용프로그램에서 서로 다른 목적으로 편집되고 저장 가능
② 자료의 검색과 정보추출이 신속하고 용이
③ 원천이 다른 데이터도 하나의 데이터베이스 내에서 연계
④ 자료가 표준화되고 구조적으로 저장되어 자료의 집중이 가능

33. 자료 간의 공통 필드에 의해 논리적인 인계를 구축함으로써 효율적으로 자료를 관리할 수 있게 하며 관련된 데이터 필드가 존재하는 한 정보검색을 위한 질의 형태에 제한이 없는 장점을 지닌 데이터 모델은?

① 계층형 데이터 모델
② 관계형 데이터 모델
③ 네트워크형 데이터 모델
④ 객체지향형 데이터 모델

해설 [관계형 데이터베이스]
① 영역들이 갖는 계층구조를 제거하여 시스템의 유연성을 높이기 위해서 만들어진 구조
② 데이터의 무결성, 보안, 권한 록킹 등 이전의 응용분야에서 처리해야 했던 많은 기능 등 지원
③ 상이한 정보간 검색, 결합, 비교, 자료가감 등 용이

34. 데이터베이스에서 데이터의 표준 유형을 분류할 때 기능 측면의 분류에 해당하지 않는 것은?

① 데이터 표준
② 프로세스 표준
③ 기술 표준
④ 메타데이터 표준

해설 ① 데이터의 표준 유형을 기능측면으로 분류하면 데이터 표준, 프로세스 표준, 기술표준으로 분류할 수 있다.
② 메타데이터는 실제 데이터는 아니지만 데이터베이스, 레이어, 속성, 공간형상 등과 관련된 데이터의 내용, 품질, 조건 및 특징 등을 저장한 데이터로서 데이터에 관한 데이터로 데이터의 이력을 말한다.

35. 관계형 데이터베이스를 위한 산업표준으로 대표적으로 사용되고 있는 언어는?

① 쿼리어(SQL)
② 조작어(DML)
③ 제어어(DCL)
④ 검색어(CQL)

해설 SQL은 관계형 데이터 베이스를 조작하는 범용 언어로 비과정 질의어의 대표적인 예이다.

36. 운영체제(O/S)의 종류가 아닌 것은?

① Unix
② GEOS
③ Windows 7
④ OGC

해설 [OGC(OpenGIS Consortium)]
① 1994년 8월 설립된 GIS관련 기관과 업체를 중심으로 하는 비영리 단체
② 상호운영 가능한 지리정보 처리기술규약의 공동개발

37. 다음 중 OGC(Open GIS Consortium)에 관한 설명으로 옳지 않은 것은?

① OGIS(Open Geodata Interoperability Specification)를 개발하고 추진하는데 필요한 합의된 절차를 정립할 목적으로 설립되었다.
② 지리정보를 활용하고 관련 응용분야를 주요업무로 하는 공공기관 및 민간기관들로 구성된 컨소시움이다.
③ IOS/TC211의 활동이 시작되기 이전에 미국의 표준화 기구를 중심으로 추진된 지리정보표준화 기구이다.
④ 지리정보와 관련된 여러 처리방식에 대하여 개방형 시스템적인 접근을 시도하였다.

해설 ① OGC는 1994년 8월 설립된 GIS관련 기관과 업체를 중심으로 하는 비영리 단체
② CEN/TC287은 ISO/TC 211 활동이 시작하기 이전에 유럽의 표준화기구를 중심으로 추진된 유럽의 지리정보 표준화기구

정답 33. ② 34. ④ 35. ① 36. ④ 37. ③

38. STUDENT 테이블에 어떤 학과(DEPT)들이 있는지 검색하고 결과의 중복을 제거하는 SQL은?

① SELECT DEPT FROM STUDENT;
② SELECT ALL DEPT FROM STUDENT;
③ SELECT *FROM STUDENT WHERE DISTINCT DEPT;
④ SELECT DISTINCT DEPT FROM STUDENT;

해설 SQL 질의문 : SELECT (선택컬럼) FROM (테이블) WHERE (조건)
① 선택컬럼 : DISTINCT DEPT
② 테이블 : STUDENT

39. 데이터베이스에서 VIEW를 삭제할 때 사용하는 명령은?

① DELETE ② UPDATE
③ KILL   ④ DROP

해설 [SQL(Structured Query Language)의 데이터 조작언어(DML)]
① INSERT INTO : 행 데이터 또는 테이블 데이터의 삽입
② UPDATE~SET : 표 업데이트
③ DELETE FROM : 테이블에서 특정 행 삭제
④ SELECT~FROM~WHERE : 테이블 데이터의 검색 결과 집합의 취득

[SQL(Structured Query Language)의 데이터 정의언어(DDL)]
① CREATE : 데이터베이스 개체(테이블, 인덱스, 제약조건 등)의 정의
② DROP : 데이터베이스 개체 삭제
③ ALTER : 데이터베이스 개체 정의 변경

40. 다음 중 데이터베이스의 도형자료에 해당하는 것은?

① 선   ② 도면
③ 통계자료 ④ 토지대장

해설 도형자료는 그래픽적인 형상으로 표현되는 자료이며, 지도의 특정한 지도요소를 설명하기 위해 점, 선, 면 등의 기호를 사용한다.

41. GIS 데이터의 표준화 유형에 해당되지 않는 것은?

① 위치참조의 표준화
② 데이터 모델의 표준화
③ 데이터 제공의 표준화
④ 데이터 내용의 표준화

해설 [데이터 표준화 유형]
① 내적요소 : 데이터 모델, 데이터 내용, 데이터 교환, 메타데이터 표준
② 외적요소 : 데이터 수집, 데이터 품질, 위치참조 표준

42. GIS 데이터의 표준화 유형에 해당되지 않는 것은?

① Data Content의 표준화
② Data Model의 표준화
③ Data Institute의 표준화
④ Location Reference의 표준화

해설 [데이터 표준화 유형]
데이터 모델(Data Model), 데이터 내용(Data Content), 데이터 수집(Data Collection), 위치참조(Location Reference), 데이터 질(Quality), 메타데이터(Metadata), 데이터 교환(Data Exchange)의 표준화로 7가지 유형으로 분류

43. 우리나라의 메타데이터에 대한 설명으로 옳지 않은 것은?

① 1996년에 국가 기본도 및 공통 데이터 교환 포맷 표준안을 확정하여 국가 표준으로 제정하였다.
② NGIS에서 수행하고 있는 표준화 내용은 기본모델연구, 정보구축표준화, 정보유통표준화, 정보 활용 표준화, 관련기술표준화이다.
③ 우리나라의 메타데이터는 지적정보체계에서만 사용하고 있다.
④ 1995년 12월 우리나라의 NGIS 데이터 교환 표준으로서 SDTS가 채택되었다.

해설 메타데이터(meta data)란 실제 데이터는 아니지만 데이터베이스, 레이어, 속성, 공간형상 등과 관련된 데이터의 내용, 품질, 조건 및 특징 등을 저장한 데이터로서 데이터에 관한 데이터로 데이터의 이력을 말하며, 지형공간정보체계와 지적정보체계 모두에서 사용되고 있다.

44. 메타데이터의 기본요소에 해당되지 않는 것은?

① 자료소개 ② 데이터 질의 정보
③ 데이터의 교환 ④ 형상·속성 정보

해설 [메타데이터의 기본요소]
1) 개요 및 자료소개 : 데이터 명칭, 개발자, 지리적 영역 및 내용 등
2) 자료품질 : 위치 및 속성의 정확도, 완전성, 일관성 등
3) 자료의 구성 : 자료의 코드화에 이용된 데이터 모형(벡터나 래스터) 등
4) 공간참조를 위한 정보 : 사용된 지도 투영법, 변수, 좌표계 등
5) 형상 및 속성정보 : 지리정보와 수록 방식
6) 정보획득 방법 : 관련된 기관, 획득형태, 정보의 가격 등
7) 참조정보 : 작성자, 일시 등

45. 1992년에 승인된 대표적인 GIS 데이터 교환의 표준화에 대한 설명으로 옳은 것은?

① SPPS ② SDTS
③ NGIS ④ MIST

해설 [공간정보교환표준 SDTS(Spatial Data Transfer Standard)]
지리정보시스템을 구성함에 있어 각종 응용시스템들 사이에서 지리정보를 공유하기 위한 목적으로 개발된 공통데이터교환포맷

46. 우리나라 국가지리정보체계의 공간데이터 교환포맷의 원칙으로 맞는 것은?

① PBLIS ② KLIS
③ NGIS ④ SDTS

해설 우리나라는 1995년 12월 국가지리정보체계 사업에 공간데이터 교환포맷으로 SDTS를 원칙으로 하고 있다.

47. 메타데이터 특징에 대한 설명으로 틀린 것은?

① 데이터가 목록화(Indexing)되어 있다.
② 데이터의 교환을 원활히 지원하기 위한 틀을 제공한다.
③ 공간 데이터를 구축하는 데 시간과 비용이 많이 소요된다.
④ 내부 메타데이터와 외부 메타데이터로 구분한다.

해설 메타데이터(meta data)란 데이터베이스, 레이어, 속성, 공간형상 등과 관련된 데이터의 내용, 품질, 조건 및 특징 등을 저장한 데이터로서 공간 데이터를 구축하는 데 비용과 시간을 절감할 수 있다.

48. 국제표준화기구인 ISO의 지리정보표준화 관련 위원회는?

① ISO/TC 211 ② CEN/TC 287
③ OGIS ④ NGIS

해설 ① CEN/TC 287 : ISO/TC 211 활동이 시작하기 이전에 유럽의 표준화기구를 중심으로 추진된 유럽의 지리정보 표준화기구
② ISO/TC 211 : 국제표준화 기구 ISO의 지리정보표준화 관련 위원회
③ OGC(OpenGIS Consortium) : 1994년 8월 설립된 GIS관련 기관과 업체를 중심으로 하는 비영리 단체

49. 데이터에 대한 정보로서 데이터의 내용, 품질, 조건 및 기타 특성에 대한 정보를 포함하는 정보의 이력서라 할 수 있는 것은?

① 데이터베이스(Database) ② 라이브러리(Library)
③ 메타데이터(Metadata) ④ 인덱스(Index)

해설 [메타데이터(metadata)]
실제 데이터는 아니지만 데이터베이스, 레이어, 속성, 공간형상 등과 관련된 데이터의 내용, 품질, 조건 및 특징 등을 저장한 데이터로서 데이터에 관한 데이터로 데이터의 이력을 말한다.

정답 44. ③ 45. ② 46. ④ 47. ③ 48. ① 49. ③

50. 메타데이터의 역할을 가장 옳게 설명한 것은?

① 이질적인 자료 간의 결합을 촉진한다.
② 데이터의 기본 체계를 유지하여 일관성 있는 데이터를 제공한다.
③ 자료에 대한 접근현황을 실시간으로 보여준다.
④ 자료의 다양한 공간 분석 기준을 제시해 준다.

해설 메타데이터는 데이터의 기본 체계를 유지하여 일관성 있는 데이터를 제공한다.

51. 공간상에 알려진 표고값이나 속성값을 이용하여 표고나 속성값이 알려지지 않은 지점에 대한 값을 추정하는 것을 무엇이라 하는가?

① 일반화
② 동형화
③ 공간보간
④ 지역분석

해설 [공간보간(Spatial Interpolation)]
① 지형에 대한 정보를 숫자로 표현하기 위해 현실세계에 대한 연속된 값들이 필요한데, 이를 위해 공간보간이 이용
② 특정 지점에 대한 높이, 오염정도와 같이 알고있는 지점들의 값을 이용하여 모르는 지점의 공간값을 계산하는 방법

52. 공간자료교환의 표준(SDTS)에 대한 설명으로 틀린 것은?

① NGIS의 데이터 교환 표준으로 제정되었다.
② 모든 종류의 공간자료들을 호환 가능하도록 하기 위한 내용을 기술하고 있다.
③ 국방 분야의 지리정보 데이터 교환 표준으로서 미국과 주요 나토 국가들이 채택하여 사용하고 있다.
④ 위상구조정보로서 순서(Order), 연결성(Connectivity), 인접성(Adjacency)정보를 규정하고 있다.

해설 국방 분야의 지리정보 데이터 교환 표준은 DIGEST이다.

53. 다음의 위상정보 중 하나의 지점에서 또 다른 지점으로부터의 이동시 경로 선정이나 자원의 배분 등과 가장 밀접한 것은?

① 연결성(Connectivity)
② 계급성(Hierarchy or Containment)
③ 인접성(Neighborhood Adjacency)
④ 중첩성(Over Lay)

해설 [위상구조의 특징]
① **인접성** : 분석 공간상에서 특정 객체나 어떤 객체들의 군집의 주변에 무엇이 어떻게 위치하는가에 대한 분석을 의미
② **연결성** : 공간상의 두 개체간 접촉의 유무에 의해 결정되며, 두 점이 선분으로 연결되는가에 대한 분석 또는 면간의 접합의 유무로 측정
③ **방향성** : 객체간의 거리를 측정함으로써 객체간의 최소 거리를 조건으로 하는 측정기법
④ **포함성** : 객체간 면적과 위치를 판단하여 영역의 포함관계를 측정

54. 토지정보시스템의 원활한 자료 교환을 위한 표준화의 범위에 해당하지 않는 것은?

① 데이터 질의 표준화
② 위치좌표의 표준화
③ 데이터 가격의 표준화
④ 메타데이터의 표준화

해설 [데이터 표준화 유형]
① **내적요소** : 데이터 모델, 데이터 내용, 데이터 교환, 메타데이터 표준
② **외적요소** : 데이터 수집, 데이터 품질, 위치참조 표준

55. 메타데이터의 특징으로 틀린 것은?

① 대용량의 데이터를 구축하는 시간과 비용을 절감할 수 있다.
② 공간정보 유통의 효율성을 제고한다.
③ 시간이 지남에 따라 데이터의 기본 체계를 변경하여 변화된 데이터를 실시간으로 사용자에게 제공한다.
④ 데이터의 공유화를 촉진시킨다.

해설 데이터의 기본 체계를 유지하게 함으로써 일정한 시간이 지나도 일관성 있는 데이터를 이용자에게 제공할 수 있다.

56. 불규칙삼각망(TIN)에 관한 설명으로 틀린 것은?

① DEM과는 달리 추출된 표본 지점들은 x, y, z값을 갖고 있다.
② 벡터데이터모델로 위상구조를 가지고 있다.
③ 표고를 가지고 있는 많은 점들을 연결하면 유일한 모양의 삼각망이 형성된다.
④ 표본점으로부터 삼각형의 네트워크를 생성하는 방법으로 가장 널리 사용되는 방법은 델로니 삼각법이다.

해설 [불규칙삼각망(TIN, Triangulation Irregular Network)]
① 불규칙하게 배치되어 있는 지형점으로부터 삼각망을 생성하여 삼각형 내의 표고를 삼각평면으로부터 보간하는 방법
② 벡터로 표현된 3차원 모형
③ 경사가 급한 지역의 표현에 유용
④ 기복의 변화가 작은 지역은 측점수를 적게 함으로 자료량이 조절 용이

57. 지형도와 지적도를 중첩할 때 도면과 도면이 불연속되는 부분을 수정하는데 이용될 수 있는 참고자료로 가장 좋은 것은?

① DEM   ② LIDAR 영상
③ 저해상도 위성영상   ④ 정사사진영상

해설 1:5,000 축척의 항공사진 정사영상 자료가 보기 중에서 가장 대축척의 정확도 높은 영상자료이다.

58. SDTS(Spatial Data Transfer Standard)를 통한 데이터 변환에 있어 최소 단위의 체적으로 표현되는 3차원 객체의 정의는?

① GT-ring   ② Voxel
③ 2D-Manifold   ④ Chain

해설 [복셀(Voxel, Volume Pixel)]
① 픽셀은 2차원 평면에서 한 점을 정의하므로 x와 y좌표가 필요하지만 복셀은 x, y, z값이 필요
② 3차원 공간에서 한 점을 정의하는 그래픽 정보의 단위

59. 서로 다른 레이어 간에 존재하는 동일한 객체의 크기와 형태가 동일하게 되도록 보정하는 방식은?

① 동형화(conflation)
② 경계 부합(edge matching)
③ 좌표삭감(line coordinate thinning)
④ 타일링(tiling)

해설 [동형화(conflation)]
서로 다른 레이어 간에 존재하는 동일한 객체의 크기와 형태가 동일하게 되도록 보정하는 방식

60. 공간자료의 일반화 과정에서 고려하여야 할 사항으로 옳지 않은 것은?

① 지도사용 목적에 부합
② 데이터 저장 용량의 증대
③ 공간 및 속성자료의 정확도 유지
④ 공간자료의 복잡성 감소

해설 [공간자료의 일반화 과정에서 고려해야할 사항]
① 지도사용 목적에 부합
② 공간 및 속성자료의 정확성 유지
③ 공간자료의 복잡성 감소

61. DEM(수치표고모형)과 TIN(불규칙삼각망) 모델을 선택할 때 고려해야 되는 기준이 아닌 것은?

① 지형의 특성   ② 데이터의 수명
③ 특정한 응용의 필요성   ④ 데이터 획득 방법

해설 DEM(수치표고모형)과 TIN(불규칙삼각망) 모델을 선택할 때 일반적으로 지형의 특성, 특정한 응용의 필요성, 데이터 획득 방법을 고려해야 하며, 데이터의 수명은 고려하지 않는다.

62. 다음 중 지도데이터의 표준화를 위하여 미국의 국가위원회에서 분류한 1차원의 공간 객체에 해당하지 않는 것은?

① 선(Line)   ② 면적(Area)
③ 스트링(String)   ④ 아크(Arc)

정답 56. ③ 57. ④ 58. ② 59. ① 60. ② 61. ② 62. ②

해설 [공간객체의 종류]
① 점(point) : 0차원 공간객체
② 선(line) : 1차원 공간객체
③ 면(polygon, area) : 2차원 공간객체

63. 위상구조에 사용되는 것이 아닌 것은?

① 밴드 ② 노드
③ 체인 ④ 링크

해설 [위상구조(Topology)]
① 점, 선, 면들의 공간 형상들의 공간 관계(spatial relationship)를 말한다.
② 다양한 공간형상들간의 공간 관계 정보를 인접성, 연속성, 영역성 등으로 구성
③ 공간 분석을 위해서는 필수적으로 위상구조가 정립되어야 한다.

[위상모델을 통해 가능한 공간분석]
영역성분석(중첩분석), 인접성분석, 연결성분석 등

64. 다음 중 보간법(Interpolation)과 관계가 먼 것은?

① 선형식(Linear Function)
② 다항식의 회귀분석
③ 푸리에(Fourier)급수
④ 변환오차식

해설 보간법은 분석에 입력되는 자료내에서 조사되지 않는 지점의 값을 추정하는 방법으로 수치지도의 등고선 레이어를 이용하여 DEM을 생성하는 경우 보간법에 의해 데이터를 처리하여 원하는 모델을 구한다.
[보간법(interpolation)의 종류]
선형보간법, 다항식의 회귀분석, 퓨리에 급수 등

65. 공간 데이터의 질을 평가하는 기준과 거리가 먼 것은?

① 데이터의 경제성 ② 위치 정확성
③ 속성 정확성 ④ 논리적 일관성

해설 [공간데이터의 품질 요소]
① 정보의 완전성
② 논리적 일관성
③ 위치 정확성
④ 시간 정확성
⑤ 주제 정확성

66. 다음 중 메타데이터(Metadata)에 대한 설명으로 가장 거리가 먼 것은?

① 취득하려는 자료가 사용목적에 적합한 품질의 데이터인지를 확인할 수 있는 정보가 제공되어야 한다.
② 데이터의 원활한 교환을 지원하기 위한 틀을 제공함으로써 데이터의 공유를 극대화 할 수 있다.
③ 자료에 대한 내용, 품질, 사용조건 등을 기술한다.
④ 정확한 정보를 유지하기 위한 수정 및 갱신이 불가능하다.

해설 메타데이터는 정확한 정보유지를 위해 수정 및 갱신이 가능하다.
[메타데이터(metadata)]
실제 데이터는 아니지만 데이터베이스, 레이어, 속성, 공간형상 등과 관련된 데이터의 내용, 품질, 조건 및 특징 등을 저장한 데이터로서 데이터에 관한 데이터로 데이터의 이력을 말한다.

67. 데이터의 표준화를 위해서 선행되어야 할 요건이 아닌 것은?

① 원격탐사 ② 대상물의 표현
③ 자료의 질에 대한 분류 ④ 형상의 분류

해설 [데이터 표준화를 위해 선행되어야 할 요건]
① 대상물의 표현
② 자료의 질에 대한 분류
③ 형상의 분류

68. 공간보간법에서 지형의 기복이 심하지 않은 표면을 생성하는 데 적합한 방법은?

① 국지적 보간법
② 전역적 보간법
③ 정밀 보간법
④ Spline 보간법

해설 ① **국지적 보간법** : 대상 지역 전체를 작은 도면이나 구획으로 분할하여, 세분화된 구역별로 부합되는 함수를 추출
② **전역적 보간법** : 모든 기준점을 하나의 연속적인 함수로 표현하여 지형의 기복이 심하지 않은 표면을 생성하는데 적합한 보간법
③ **Spline 보간법** : 여러 개의 데이터를 하나의 추정함수로 표현하는 것이 아니라, 주어진 데이터의 각 구간마다 추정함수를 구하는 방법

CHAPTER 04 국토정보의 관리

1 국토정보의 이해

국토정보란 국토와 관련된 모든 정보를 말하며 공간정보와 그 외의 정보를 포함한 포괄적인 개념을 뜻한다. 공간정보란 지상·지하·수상·수중 등 공간상에 존재하는 자연적 또는 인공적인 객체에 대한 위치정보 및 이와 관련된 공간적 인지 및 의사결정에 필요한 정보를 말한다.

2 우리나라 정보화 사업

(1) 행정전산화 사업
- **행정전산화 사업** : 1978년~1987년
- **근거** : 전산망 보급 확장과 이용촉진에 관한 법률(1987)
- **목표** : 작은 정부 구현, 선진 경제사회 실현을 목적으로 하였다.
- **5대 기간전산망 사업 추진** : 행정전산망, 금융전산망, 교육연구전산망, 국방망, 공안망 등이다.

(2) 국가기관전산망사업
- 1단계 사업 마무리 : 1987년~1991년
- 국가기관전산망조정위원회(1983)에서 기본방향과 원칙을 결정하였다.
- 1단계 주요사업 마무리(1991) : 행정전산망(1,479억), 금융전산망(185억), 교육·연구전산망(452억) 등이다.
- 주민등록, 토지, 금융 등의 자료가 DB화되어 전산망을 통하여 서비스를 제공한다.
- "정보화 촉진 기본계획"이나 "Cyber Korea 21" 사업의 밑바탕이 된다.

(3) 초고속정보통신망사업
- 초고속정보통신사업 기간 : 1995년~2005년
- 국가기관전산망조정위원회(1983)에서 기본방향과 원칙을 결정하였다.
- 정부와 공공기관의 정보통신망 고도화를 목표로 추진하였다.

- 전국 144개 지역에 약 2만km의 최첨단 광케이블을 구축하였다.
- 32,000여 공공기관의 정보화를 촉진하였다.
- 초고속 인터넷 및 고품질 인터넷(ATM-MPLS) 전국망을 구축하였다.

(4) 전자정부사업

- 1995년 정보화촉진기본법 제정 이후 추진하였다.
- 2001년 전자정부특별위원회 설치 후 본격 시작하였다.
- 2005년까지 문서의 생산부터 보존까지 전 과정을 전자화, 국가 주요대장의 데이터 베이스 구축 완료, 2006년까지 디지털 행정 구현이다.
- 2005년까지 시·도 종합정보시스템을 구축하고 중앙과 지방을 One-Stop으로 연계된 지방분권시대 전자지방정부 조기 완성, 전자민원서비스 실현이다.
- 복지포털, 고용/취업, 식품/의약품, 국가안전관리, 수출입기반의 물류종합서비스, 전자무역서비스망 및 사이버 정부정보공개센터 등 설치 운영이다.

③ 지적공부의 전산화

우리나라는 도해 지적도면을 매우 오랜 기간 동안 사용하였으나 현재 종합토지정보시스템 구축을 위해 추진되어온 사업은 완성단계에 있으므로 각 분야별 활용방안과 사용상의 한계점을 분석하고 효율적인 방법으로 활용하여야 할 것이다.

(1) 지적전산화의 목적

지적공부를 체계적이고 과학적인 토지 관련 정책 자료와 지적행정의 실현으로 실시간 자료 확보 및 지적통계와 정책정보의 정확성 제고 및 온라인에 의한 신속성을 확보하여 다목적지적에 활용할 수 있도록 한다.

(2) 대장의 전산화

1986년 5월 12일 "전산망보급확장과이용에관한법률"의 공포에 따라 국가기관전산망 형태가 확실해 짐으로써 보류되었던 토지기록전산 온라인의 계획을 본격적으로 추진하게 되었다.

(3) 도면의 전산화

1995년 5월에 확정된 국가지리정보체계(NGIS) 구축계획의 일환으로 지적도와 임야도에 등록된 34백만 필지의 토지를 1996년부터 전산으로 입력하여 도면 D/B를 구축하였으며 기존에 구축된 대장 D/B와 연계하여 PBLIS를 구축하기 위한 전산화 사업을 단계적으로 추진하였다.

4 한국토지정보체계(KLIS)

한국토지정보체계(KLIS : Korea Land Information System)는 구 행정자치부의 PBLIS와 구 건설교통부의 LMIS 토지 관련 행정 업무로 구성된 시스템이다.

(1) 개발목적

대장데이터와 도면데이터를 전산화하여 다양한 토지관련 정보를 제공함으로써 대국민 서비스 강화에 목적을 두고 있다.

(2) 추진배경

PBLIS 사업추진 목적은 지적도와 토지대장의 정보를 기반으로 지적행정업무 수행과 관련부처에 정책정보 및 일반사용자에게 토지 관련 정보를 제공하는 것이다.

(3) KLIS의 구성

데이터의 연계성을 유지하며 변동자료를 실시간으로 수정하여 필요한 정보를 제공하는 시스템으로 지적공부관리시스템, 지적측량성과작성시스템, Database 변환시스템, 연속/편집도관리시스템, 토지민원발급시스템, 도로명 및 건물번호관리시스템, 토지행정지원 시스템, 민원발급관리시스템, 용도지역지구관리시스템, 도시정보계획검색시스템이다.

(4) KLIS의 기대효과

- 민원처리 기간의 단축 및 민원서류의 전국 온라인 서비스 제공이 가능하다.
- 정보인프라 조성으로 정보산업의 기술 향상 및 초고속통신망의 활용도가 높다.
- 지적정보의 전산화로 각 부서간의 활용으로 업무효율을 극대화할 수 있다.
- 탈세, 위법 또는 불법 토지거래 및 거래자의 철저한 관리로 토지거래질서를 확립할 수 있다.

5 부동산정보관리센터 구축

(1) 부동산정보관리센터 구축 목적

- 주택시장안정 종합대책('03.10.29)을 효과적으로 지원코자 행정자치부에 부동산정보관리센터를 구축하였다.
- 국민에게 정확한 부동산정보를 제공하는 정부 포털서비스체계이다.

(2) 부동산정보관리센터의 기능

- 부동산 관련 복합 통계 생산, 백분위별 부동산 보유현황 등이다.

- 실거래가, 거래동향 등 부동산 관련 자료에 대하여 인터넷을 통한 대국민서비스이다.
- 종합부동산세제 지원, 개인별·세대별 종합부동산세액 및 통계산출 등이다.

(3) 부동산정보관리센터 추진 연혁
- 2003. 2 : 부동산보유세제 개편 및 부동산 관련 자료 통합관리체계 구축
- 2004.12 : 부동산정보관리시스템 구축(1단계) 사업 완료
- 2005.12 : 부동산정보관리센터 설치 및 시스템 구축(2단계) 사업 완료
- 2006.11 : 부동산정보관리전담기구의 운영 등에 관한 규정 제정
- 2008. 2 : 국토해양부 조직 통합(건설교통부+행정안전부), 국토정보센터 설치
- 2008. 6 : 부동산정보관리시스템 통합 서비스 실시
- 2009. 5 : 국토교통부 직제 개정, 국토공간정보센터 설치

6 온나라 부동산 포털

(1) 온나라 부동산 포털 구축 목적
- 국토정보에 대한 국민의 알권리 충족 및 편익을 위하여 온나라 부동산 포털을 구축하였다.
- 부동산 관련 정보를 인터넷을 통하여 실시간으로 제공한다.

(2) 온나라 부동산 포털 기능
- 부동산 개발정보, 3차원부동산정보 서비스 제공이다.
- 토지이용계획, 개별공시지가, 토지, 부동산관련 정보 검색이 가능하다.
- 내토지 찾기, 실거래가, 부동산 관련 통계 및 정책정보 등이다.

(3) 온나라 부동산 포털 추진 연혁
- 2007. 6 ~ 2008. 6 : 필지중심 온나라 부동산 포털 서비스 개시
- 2008. 7 ~ 2009. 5 : 부동산 서비스통합(행정자치부+국토교통부), 3차원 부동산 서비스
- 2009. 8 ~ 2010. 6 : 온나라지도 및 통계고도화, 사용자 맞춤 서비스

7 국토정보시스템

(1) 국토정보시스템 구축 목적

2008. 3. 부처 통합으로 인하여 중복되어 운영하던 부동산 관련시스템 통합(지적정보, 부동산관리, 지적도면통합, 본부시스템, 구토지대장시스템)을 목적으로 하고 있다.

(2) 국토정보시스템의 기능

- 본부 및 지방자치단체 모든 지적, 부동산 관련행정업무 처리이다.
- 통계자료 생성, 사업자 관리 등이다.
- 자료정비 및 인력관리의 효율적 사용이다.
- 지적 및 부동산 관련 DB(13억 건) 유지 관리, 정보제공 등이다.

(3) 국토정보시스템 추진 연혁

- 2008 : 시스템 통합을 위한 IPS 추진
- 2009. 3. : 통합 사업계획 수립
- 2009. 3. ~ 2010. 4. : 통합사업 수행(2010. 5. 7. 전국 정상운영)

8 지리정보유통망

(1) 지리정보유통망 구축 목적

- 지형도, 수치지도, 임상도, 식생도 등 GIS정보를 인터넷으로 실시간 제공하기 위하여 구축·운영한다.
- 9개 지역별 통합관리소와 통합센터(광주)운영을 목적으로 구축하였다.

(2) 지리정보유통망 기능

- **통합센터** : 지리정보 메타 데이터, 토양도, 임상도, 지질도, 식생도 등 제공이다.
- **통합관리소** : 지역별 수치지형도 및 도로망도, 행정구역경계도 등 제공이다.
- **국토지리정보원** : 수치지형도(V1.0) 및 기본지리정보 제공이다.

(3) 지리정보유통망 추진 연혁

- 2001 ~ 2003 : 지리정보유통 8개 지역 통합관리소 설치(지리원, 서울, 인천 등)
- 2004 ~ 2005 : 신좌표계검색, 웹진, 토지종합정보망 서비스 개시

- 2006 ~ 2007 : 맞춤형 지리정보서비스 및 고객관리 서비스 제공(유통절차 간소화, 지리 검색용 메타데이터 구축)
- 2008 ~ : 저작권보호를 위한 보안기술(DRM) 적용, 뉴스레터 제공

9 정부민원포털 민원24(G4C)

(1) 정부민원포털 민원24의 사업 목적
- G4C사업(Government for Citizen)은 국민지향적 민원혁신사업을 지칭하는 정부의 정보화프로젝트로서, 주민등록, 부동산, 자동차, 기업, 세금 등 5대 민원에 대해 중앙 행정기관간 정보 공동이용 시스템을 구축하고 전자정부 포털사이트를 갖추고 있다.
- 국민 누구나 행정기관 방문 없이 집, 사무실 등 어디서든, 24시간 365일 인터넷으로 필요한 민원을 안내받고, 신청하고, 발급·열람할 수 있는 서비스를 제공한다.

(2) 제공 서비스
- **민원안내** : 법률에서 규정하고 있는 모든 민원에 대해 처리기관, 처리기한, 수수료, 구비서류, 연락처 등을 안내하는 서비스(전입신고 등 5,000여종)
- **인터넷 열람민원** : 필요 민원을 신청하여 화면상으로 열람할 수 있는 서비스(개별주택, 가격확인원 등 22여종)
- **인터넷 발급민원** : 필요 민원을 화면으로 열람할 수 있으며, 프린터로 출력할 수 있는 서비스(주민등록초본 등 1,208여종)
- **생활민원 일괄서비스** : 일상생활 중에 발생하는 다수의 생활 민원을 인터넷 상에서 한 번에 처리할 수 있도록 묶음으로 제공하는 서비스(이사민원 등 20여종)
- **어디서나 민원** : 인터넷, 방문, 전화 접수 등 다양한 민원 접수 방법을 이용하여 민원을 신청하고, 가까운 공공기관을 방문하여 편리하게 민원을 처리할 수 있는 서비스(대학교졸업증명 등 290여종)

10 부동산 행정정보 일원화

(1) 부동산 행정정보 일원화 사업 목적
국가 부동산 공부(지적, 건축물, 가격 등) 18종을 1종의 종합공부로 구축하여, 대국민 서비스 및 관련기관에 정확한 정보를 제공함으로써, 부동산 행정 공신력을 제고하고 국민의 재산권을 보호하고자 한다.

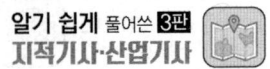

(2) 부동산 행정정보 일원화 사업

부동산 행정정보란, 국토교통부(자치단체)/대법원(등기소) 2개 부처가 5개 법률, 4개 정보시스템에 분산관리하고 있는 18종 공부를 말하며, 관련법으로 공간정보의 구축 및 관리 등에 관한 법률, 토지이용규제기본법, 부동산 가격공시 및 감정평가에 관한 법률, 건축법, 부동산 등기법(부동산 공적장부 18종)

- **지적(7종)** : 토지/임야대장, 공유지연명부, 대지권등록부, 지적도/임야도, 경계점 좌표등록부
- **건축물대장(4종)** : 총괄표제부, 일반건축물, 집합표제부, 집합전유부
- **토지(1종)** : 토지이용계획확인서
- **가격(3종)** : 개별공시지가확인서, 개별주택가격확인서, 공동주택가격확인서
- **부동산등기부등본(3종)** : 토지, 건물, 집합건물

⑪ 지적재조사 행정시스템

국민 참여형 지적정보시스템(PPLIS)을 구축하여 개방과 공유를 통한 민·관 협력적 의사결정 지원체계 마련으로 토지소유자에게 실시계획 공람, 경계결정, 조정금 징수·지급 등 일련의 정보를 실시간 열람할 수 있도록 공개 서비스

※ PPLIS(Public Participation Land Information System): 지적재조사사업을 이행관계자의 자발적 참여를 통한 공공분야 의사결정에 접목한 국민 참여형 지적정보시스템

⑫ 국가공간정보유통시스템

공공과 민간이 다함께 참여할 수 있도록 서비스를 확대 개편하여 공간정보 관련산업 활성화와 권역별 분산운영되었던 유통망을 하나로 통합하여 단일 운영 공간정보 관련 시스템들 간의 공유와 신개념 서비스 창출을 위한 공동 플랫폼 확산(Oper-API)

※ 국가공간정보유통시스템(National Spatial Information Clearinghouse): 연속도, 주제도, POI, 개인지도, 지적도 등 국가공간정보시스템의 메타데이터, 공간데이터, 유통이력, 사용자, 연계정보, 결재정보를 통하여 사용자와 공유하는 시스템

CHAPTER 04 국토정보의 관리

01. 한국토지정보시스템(KLIS)에 대한 설명으로 옳은 것은? (단, 중앙행정부서의 명칭은 해당 시스템의 개발 당시 명칭을 기준으로 한다.)

① 건설교통부의 토지관리정보시스템과 행정자치부의 필지중심토지정보시스템을 통합한 시스템이다.
② 건설교통부의 토지관리정보시스템과 행정자치부의 시·군·구 지적행정시스템을 통합한 시스템이다.
③ 행정자치부의 시·군·구 지적행정시스템과 필지중심 토지정보시스템을 통합한 시스템이다.
④ 건설교통부의 토지관리정보시스템과 개별공시지가 관리시스템을 통합한 시스템이다.

해설 [한국토지정보시스템(KLIS)]
국가적인 정보화사업을 효율적으로 추진하기 위하여 행정안전부의 PBLIS와 국토교통부의 LMIS를 하나의 시스템으로 통합하여 전산정보의 공공활용과 행정의 효율성을 제고하기 위해 추진되고 있는 정보화산업

02. 한국토지정보시스템에 대한 설명으로 옳은 것은?

① 2004년 1월부터 KLIS 사업추진단을 구성하여 개발에 착수하였다.
② 한국토지정보시스템은 PBLIS와 LMIS를 통합하여 새로 구축한 시스템이다.
③ 한국토지정보시스템은 National Geographic Information System의 약자로 NGIS라 한다.
④ 한국토지정보시스템은 기본시스템으로 지적공부관리시스템과 지적측량성과작성시스템으로만 구성되어 있다.

해설 [한국토지정보시스템(KLIS)]
① 개요 : 토지에 관련된 모든 분야에 활용할 수 있는 기본시스템
② 활용범위 : 지적공부관리시스템, 지적측량 성과작성시스템, 연속/편집도 관리시스템, 토지민원발급시스템, 도로명 및 건물번호관리시스템, 토지행정지원시스템, 민원발급관리시스템, 용도지역지구관리시스템 등

03. 지적전산화의 목적에 대한 설명으로 틀린 것은?

① 체계적이고 과학적인 토지관리
② 지적민원을 신속하고 정확하게 처리
③ 지적서고의 확장에 따른 비용을 확대
④ 전국적으로 획일적인 시스템의 활용

해설 [지적전산화의 목적]
① 토지정보의 수요에 대한 신속한 정보 제공
② 공공계획의 수립에 필요한 정보 제공
③ 토지 투기의 예방
④ 행정자료구축과 행정업무에 이용
⑤ 다른 정보자료 등과의 연계
⑥ 민원인에 대한 신속한 대처

04. 지적도면 전산화의 필요성에 대한 설명으로 틀린 것은?

① 국가와 지방자치단체 간의 연계활용이 불가능하다.
② 지적정보의 지속적인 Update와 유지 관리가 편리하다.
③ 토지 관련 모든 분야에 핵심정보의 제공이 가능하다.
④ 토지정책 결정에 필요한 자료를 신속·정확하게 제공할 수 있다.

해설 지적정보는 국가지리정보시스템(NGIS)과 연계·통합할 수 있으며 국가와 지방자치단체 간의 연계활용으로 정책적으로 편리하게 제공할 수 있다.

정답 01. ① 02. ② 03. ③ 04. ①

05. 한국토지정보체계의 지적측량성과작성시스템에서 생성할 수 있는 파일이 아닌 것은?

① 도형데이터 추출파일 ② 측량관측파일
③ 토지이동정리파일 ④ 세부측량계산파일

해설 [KLIS 측량성과 작성시스템 파일 확장자]
- 측량준비도 추출파일 (*.cif, cadastral information file)
- 일필지속성정보파일 (*.sebu, 세부측량을 영어로 표현)
- 측량관측파일 (*.svy, survey)
- 측량계산파일 (*.ksp, kcsc survey project)
- 세부측량계산파일 (*.ser, survey evidence relation file)
- 측량성과파일 (*.jsg, 성과의 작성을 영어로 표현, 성과(sg), 작성(js))
- 토지이동정리(측량결과)파일 (*.dat, data)
- 측량성과검사요청서 파일 (*.sif)
- 측량성과검사결과 파일 (*.Srf)
- 정보이용승인신청서 파일 (*.iuf, information use)

06. 한국토지정보체계의 토지민원발급시스템에 대한 설명으로 틀린 것은?

① 지역적 한계를 극복하고 전국을 네트워크로 연결하여 열람 및 발급이 가능하다.
② 시·군·구 또는 읍면동 사무소에서 즉시 지적공부의 열람 및 발급이 가능하다.
③ 토지민원발급시스템은 지적공사의 지사에서도 열람 및 발급이 가능하다.
④ 개별공시지가 확인서 및 지적기준점 확인원의 발급이 가능하다.

해설 [토지민원발급시스템]
① 개요 : 지적민원/토지민원 서류를 발급/관리하기 위한 시스템
② 이용분야 : 지적(임야)도 등본, 지적공부 등본, 경계점좌표등록부, 지적기준점확인원, 토지이용계획 확인서, 개별공시지가확인서의 6종류 문서 발급과 토지·임야(폐쇄)등본, 대지권등록부 발급시스템의 연계를 통한 통합서비스화면에서 One-stop으로 처리

07. 한국토지정보체계의 기대효과로 볼 수 없는 것은?

① 다양하고 입체적인 토지정보를 제공
② 민원처리 기간의 단축 및 전국 온라인 서비스 제공
③ 각 부서 간의 공동 활용으로 업무효율을 극대화
④ 데이터 품질의 유지 및 관리가 곤란

해설 데이터 품질의 유지 및 관리가 편리하고 실시간으로 제공할 수 있다.

08. 우리나라 지적공부 전산화가 최초로 시작된 시기는?

① 1960년대 ② 1970년대
③ 1980년대 ④ 1990년대

해설 1976년 토지기록전산화 사업을 필두로 지적공부의 전산화 사업이 시작되었다.

09. 토지기록전산화의 추진을 위한 준비 단계의 내용으로 옳은 것은?

① 지적도·임야도의 카드화
② 토지소유자 주민등록번호 등재 정리
③ 면적을 평단위로 환산 등록
④ 조사·위성측량을 통한 새로운 데이터 취득

해설 토지기록전산화의 추진을 위한 준비는 토지소유자의 조사에서 시작하였으며 이를 위해 주민등록번호 등재 정리를 시행하였다.

10. 각종 행정 업무의 무인 자동화를 위해 가판대와 같이 공공시설, 거리 등에 설치하여 대중들이 쉽게 사용할 수 있도록 설치한 컴퓨터로 무인자동단말기를 가리키는 용어는?

① Touch Screen ② Kiosk
③ PDA ④ PMP

해설 [키오스크(KIOSK)]
① 정부기관이나 지방자치단체, 은행, 백화점, 전시장 등 공공장소에 설치된 무인 정보단말기

정답 05. ① 06. ③ 07. ④ 08. ② 09. ② 10. ②

② 동적 교통정보 및 대중교통정보, 경로 안내, 요금 카드 배포, 예약 업무, 각종 전화번호 및 주소 안내 정보제공, 행정절차나 상품정보, 시설물의 이용방법 등을 제공함.
③ 터치스크린과 사운드, 그래픽, 통신카드 등 첨단 멀티미디어 기기를 활용하여 음성서비스, 동영상 구현 등 이용자에게 효율적인 정보를 제공하는 무인 종합정보안내시스템.

11. 한국토지정보시스템(KLIS)운영의 구성과 거리가 먼 것은?

① 지적공부의 정리 및 관리
② 지적측량성과 검사 지원
③ 지적기준점의 정리 및 관리
④ 지형도면의 정리 및 관리

해설 한국토지정보시스템(KLIS)은 토지에 관련된 모든 분야에 활용할 수 있는 기본시스템으로 지형도면을 정리하거나 관리하지 않는다.

12. 지적업무전산화를 목표로 지적법을 전면 개정하여 대장의 속성에서 필지별 고유번호, 지목, 사유, 소유권변동원인 등을 최초로 코드화한 시기로 옳은 것은?

① 1950. 12. 1
② 1975. 12. 31
③ 1995. 1. 5
④ 2001. 1. 27

해설 지적업무전산화를 목표로 지적법을 전면 개정하여 대장의 속성에서 최초로 코드화시킨 시기는 1975년 12월 31일이다.

13. 일반지도와 비교하여 수치지도(Digital Map)의 장점이 아닌 것은?

① 축척이나 투영법의 변환이 용이하다.
② 초기 투자비용이 저렴하다.
③ 시스템 구축 후에는 제작 기간이 적게 소요된다.
④ 다른 수치지도와의 통합 출력이 용이하다.

해설 일반지도와 비교하여 수치지도(Digital Map)는 초기 투자비용이 많이 든다.

14. 지적전산화의 목적으로 틀린 것은?

① 전산화를 통한 중앙통제권 강화
② 토지정보의 다목적 활용
③ 토지소유현황의 신속한 파악
④ 지적 관련 민원의 신속한 처리

해설 [지적전산화의 목적]
① 토지정보의 수요에 대한 신속한 정보 제공
② 공공계획의 수립에 필요한 정보 제공
③ 토지 투기의 예방
④ 행정자료구축과 행정업무에 이용
⑤ 다른 정보자료 등과의 연계
⑥ 민원인에 대한 신속한 대처

15. 지적도면의 전산화에 대한 설명으로 틀린 것은?

① 다양한 축척으로 인한 지적도면 상호 간의 차이로 인해 지적도면 전산화를 추진하게 되었다.
② 재측량에 의한 방법보다 시간·비용이 절감된다.
③ 기존의 지적도면이 안고 있는 문제점이 해소된다.
④ 지적도면의 신축에 의한 원형 보관 및 관리의 어려움이 해소된다.

해설 지적도면의 전산화는 기존 도면을 토대로 전산화가 진행되므로 기존의 지적도면이 안고 있는 문제점은 해소되지 않는다.

16. 우리나라가 사용하고 있는 지적공부관리시스템 중 가장 최신 시스템은?

① PBLIS
② KLIS
③ LMIS
④ EIS

해설 [토지정보시스템의 개발순서]
토지종합정보망(LMIS) - 필지중심토지정보시스템(PBLIS) - 한국토지정보시스템(KLIS)

17. 토지대장 전산화를 위하여 실시한 준비 사항이 아닌 것은?

① 지적법령의 정비
② 토지, 임야대장의 카드화
③ 면적 표시의 평단위 통일
④ 소유권 주체의 고유번호 코드화

해설 면적 표시의 단위는 제곱미터로 통일한다.

18. 토지기록전산화의 정책적, 관리적 기대효과 중 관리적 기대효과에 해당하지 않는 것은?

① 건전한 토지거래 질서 확립
② 토지정보관리의 과학화
③ 주민편익위주의 민원처리
④ 지방행정전산화 기반 조성

해설 건전한 토지거래질서의 확립은 정책적 관점에서의 기대효과이다.
[토지기록전산화의 정책적 기대효과]
• 토지종착정보의 공동이용
• 건전한 토지거래질서의 확립
• 국토의 효율적 이용관리

19. 한국토지정보시스템(KLIS)의 시스템 구현방향은 어떤 구조로 개발하였는가?

① 1계층(Tier) 구조
② 2계층(Tier) 구조
③ 3계층(Tier) 구조
④ 독립형(Tier) 구조

해설 [한국형토지정보시스템(KLIS)의 시스템 구현방향]
통합시스템 아키텍쳐는 3계층 클라이언트 서버(3-Tiered Clint Server)를 기본으로 함

20. 다음 중 지적도면을 전산화함에 있어 정비하여야 할 사항과 가장 거리가 먼 것은?

① 도면번호 정비
② 도곽선 정비
③ 소유자 정비
④ 경계 정비

해설 [지적도면 정비대상]
도면번호 정비, 색인도 정비, 도면의 도곽선 정비, 행정구역선의 정비, 경계 등의 정비

21. 토지·임야대장 전산화를 위한 기반 조성내역이 아닌 것은?

① 토지·임야대장 카드화
② 소유자 주민등록번호의 등재정리
③ 면적단위의 미터법 환산정리
④ 원시자료 취득을 위한 재측량

해설 [토지기록전산화의 기반조성]
① 대장의 서식을 부책식에서 카드식으로 개정
② 면적단위를 척관법에 의한 평(坪)과 보(步)에서 미터법에 의한 평방미터로 개정
③ 소유권 주체의 고유번호화
④ 지목·토지이동연혁·소유권 변동연혁 등의 코드화 및 업무의 표준화
⑤ 수치지적부(현 경계점좌표등록부)의 도입

22. 필지중심토지정보시스템(PBLIS)의 구성에 해당하지 않는 것은?

① 지적공부관리시스템
② 지적측량성과시스템
③ 부동산등기관리시스템
④ 지적측량시스템

해설 [필지중심토지정보체계(PBLIS)의 구성]
지적공부관리시스템, 지적측량시스템, 지적측량성과작성시스템

23. 지적공부를 전산으로 등록·관리할 수 있도록 서로 유기적으로 연계된 도형 및 속성자료의 데이터베이스가 탑재된 시스템을 무엇이라 하는가?

① 지적행정시스템
② 지적고도화시스템
③ 필지정보시스템
④ 지적전산정보시스템

해설 지적공부를 전산으로 등록·관리할 수 있도록 서로 유기적으로 연계된 도형 및 속성자료의 데이터베이스가 탑재된 시스템은 지적전산정보시스템이다.

정답 17. ③ 18. ① 19. ③ 20. ③ 21. ④ 22. ③ 23. ④

24. 지적전산업무의 처리, 지적전산프로그램의 관리 등 지적전산시스템의 관리·운영 등에 필요한 사항을 정하는 자는?

① 교육부장관 ② 행정안전부장관
③ 국토교통부장관 ④ 산업통상자원부장관

해설 지적전산업무의 처리, 지적전산프로그램의 관리 등 지적전산시스템의 관리·운영 등에 필요한 사항은 국토교통부장관이 정한다.

25. 필지중심토지정보시스템(PBLIS)에 관한 설명으로 틀린 것은?

① 수치지형도를 도형데이터의 기반으로 하여 구축한 토지정보시스템이다.
② 지적공부관리, 지적측량, 지적측량성과작성시스템으로 구성되어 있다.
③ PBLIS와 LMIS를 통합하여 제공하는 시스템이 한국토지정보시스템(KLIS)이다.
④ 다른 시스템과의 정보 공유로 통합된 토지 관련 민원서비스를 제공할 수 있다.

해설 [PBLIS(필지중심토지정보시스템)]
① 지적도, 토지대장의 통합관리시스템 구축으로 지자체의 지적업무효율화와 토지정책, 도시계획 등의 다양한 정책분야에 기초공간자료의 제공목적으로 개발
② 대장정보와 도형정보를 통합한 일필지정보를 기반으로 토지의 모든 정보를 다루는 시스템
③ 각종 지적행정업무 수행과 관련부처 및 타기관에 제공할 정책정보를 생산하는 시스템

26. 지적도와 시·군·구 대장 정보를 기반으로 하는 지적행정시스템과의 연계를 통해 각종 지적 업무를 수행하기 위한 목적으로 과거 행정자치부에 의해 만들어진 정보시스템은?

① 필지중심토지정보시스템 ② 지리정보시스템
③ 도시계획정보시스템 ④ 시설물관리시스템

해설 [PBLIS(필지중심토지정보시스템)]
지적도와 시·군·구 대장 정보를 기반으로 하는 지적행정시스템과의 연계를 통해 각종 지적 업무를 수행하기 위한 목적으로 과거 행정자치부에 의해 만들어진 정보시스템이다.

27. 필지중심토지정보시스템의 구성 체계 중 주로 시·군·구 행정종합정보화시스템과 연계를 통한 통합데이터베이스를 구축하여 지적업무의 효율성과 정확도 향상 및 지적정보의 응용·가공으로 신속한 정책정보를 제공하는 시스템은?

① 지적공부관리시스템 ② 토지행정시스템
③ 지적측량시스템 ④ 지적측량성과작성시스템

해설 [필지중심토지정보체계(PBLIS)의 구성]
① **지적공부관리시스템** : 사용자권한관리, 지적측량검사업무, 토지이동관리, 지적일반업무관리, 창구민원업무, 토지기록자료조회 및 출력, 지적통계관리, 정책정보관리 등 160여 종의 업무 제공
② **지적측량시스템** : 지적삼각측량, 지적삼각보조점측량, 지적도근점측량, 세부측량 등 170여종의 업무 제공
③ **지적측량성과작성시스템** : 지적측량을 위한 준비도 작성과 성과도의 입력 등으로 지적측량업무를 지원하며, 측량성과를 데이터베이스로 저장하여, 지적업무의 효율성 제고

28. 다음 중 과거 필지중심토지정보체계(PBLIS)의 개발 목적으로 옳지 않은 것은?

① 행정처리 단계 축소 및 비용 절감
② 지적정보 및 부가정보의 효율적 통합 관리
③ 지적재조사 사업의 기반 확보
④ 대장과 도면정보 시스템의 분리 운영

해설 [PBLIS(필지중심토지정보시스템)]
① 지적도, 토지대장의 통합관리시스템 구축으로 지자체의 지적업무효율화와 토지정책, 도시계획 등의 다양한 정책분야에 기초공간자료의 제공목적으로 개발
② 대장정보와 도형정보를 통합한 일필지정보를 기반으로 토지의 모든 정보를 다루는 시스템
③ 각종 지적행정업무 수행과 관련부처 및 타기관에 제공할 정책정보를 생산하는 시스템

29. 과거 건설교통부의 토지 관련 업무와 행정자치부의 지적관련 업무가 분리되어 처리됨에 따라 발생되었던 자료의 이중 관리 및 정확성 문제 등을 해결하기 위하여 구축된 통합정보시스템은?

① 토지종합정보망 ② 한국토지정보시스템
③ 필지중심토지정보체계 ④ 시군구행정종합정보시스템

정답 24. ③ 25. ① 26. ① 27. ① 28. ④ 29. ②

해설 [KLIS(한국토지정보시스템)]
① 국가적인 정보화사업을 효율적으로 추진하기 위해 PBLIS와 LMIS를 하나의 시스템으로 통합
② 전산정보의 공공활용과 행정의 효율성 제고를 위해 행정안전부와 국토교통부가 공동주관으로 추진하고 있는 정보화사업

30. 토지종합정보망 소프트웨어 구성에 관한 설명으로 틀린 것은?

① DB서버–응용서버–클라이언트로 구성
② 미들웨어는 자료제공자와 도면생성자로 구분
③ 미들웨어는 클라이언트에 탑재
④ 자바(Java)로 구현하여 IT-플랫폼에 관계없이 운영 가능

해설 미들웨어는 클라이언트와 연결해주는 상호 운용성을 위한 소프트웨어를 말한다.
[미들웨어의 개발]
① LMIS(코바 미들웨어) : 고딕엔진 및 PBLIS 기능의 추가에 따른 기능
② PBLIS(고딕용 프로바이더) : 기존 ArcSDE 및 ZEUS 엔진과 상호 자료교환
③ 시군구(엔테라 미들웨어) : 시군구행정종합 정보시스템과 KLIS간 정보공유를 위한 미들웨어 연계

31. 지적 관계 전산시스템을 나타내는 용어의 표기가 틀린 것은?

① 토지관리정보체계 – LIMS
② 한국토지정보시스템 – KLIS
③ 필지중심토지정보시스템 – PBLIS
④ 지리정보시스템 – GIS

해설 [지적관계 전산시스템의 용어의 표기]
토지관리정보체계(LMIS) – 필지중심토지정보시스템(PBLIS) – 한국토지정보시스템(KLIS) – 지리정보시스템(GIS)

32. 지적 행정에 웹 LIS를 도입함에 따른 기대효과로 거리가 먼 것은?

① 업무의 중앙 집중·통제 강화
② 정보와 자원의 공유 가능
③ 중복된 업무 배제
④ 시간과 거리에 의한 업무 제약 배제

해설 [지적 행정에 웹 LIS를 도입함에 따른 기대효과]
토지 관련 정보를 데이터베이스화하여 토지 관련 정보 서비스를 제공하는 시스템으로 각종 민원 업무를 제공과 정책 정보 관리 등에 활용한다.

33. 지적도와 시·군·구 대장 정보를 기반으로 하는 지적행정시스템의 연계를 통해 각종 지적업무를 수행할 수 있도록 만들어진 정보시스템은?

① 필지중심토지정보시스템 ② 지리정보시스템
③ 도시계획정보시스템   ④ 시설물관리시스템

해설 [PBLIS(필지중심토지정보시스템)]
① 지적도, 토지대장의 통합관리시스템 구축으로 지자체의 지적업무효율화와 토지정책, 도시계획 등의 다양한 정책분야에 기초공간자료의 제공목적으로 개발
② 대장정보와 도형정보를 통합한 일필지정보를 기반으로 토지의 모든 정보를 다루는 시스템
③ 각종 지적행정업무 수행과 관련부처 및 타기관에 제공할 정책정보를 생산하는 시스템

34. 지적행정시스템의 개발목표와 거리가 먼 것은?

① 지적전산처리 절차의 개선
② 업무편리성 및 행정효율성 제고
③ 궁극적으로 유관기관과의 시스템분리
④ 부동산 종합정보 관리체계의 기반구축

해설 지적행정시스템은 분산되어 있는 유관기관과의 데이터를 통합하여 국토공간정보를 종합적으로 관리하며, 지적정보의 공동 활용확대, 지적전산처리 절차의 개선, 관련기관과의 연계기반 구축을 위해 개발되었다.

35. 다음 중 한국토지정보시스템의 약자로 옳은 것은?

① LMIS   ② KMIS
③ KLIS   ④ PBLIS

해설 [KLIS(한국토지정보시스템)]
① 국가적인 정보화사업을 효율적으로 추진하기 위해 PBLIS와 LMIS를 하나의 시스템으로 통합

② 전산정보의 공공활용과 행정의 효율성 제고를 위해 행정안전부와 국토교통부가 공동주관으로 추진하고 있는 정보화사업

36. 토지정보시스템 구축에 있어 지적도와 지형도를 중첩할 때 비연속도면을 수정하는데 가장 효율적인 자료는?

① 정사항공사진 ② TIN 모형
③ 수치표고모델 ④ 토지이용 현황도

해설 [정사항공영상]
① 지도의 지형적 특성과 사진의 특성을 모두 지님
② GIS에서 필요한 정보의 취득이나 현재의 GIS 데이터 갱신과 유지에 대한 참조 이미지의 역할 가능

37. 토지관리정보시스템(LMIS) 관리데이터가 아닌 것은?

① 공시지가 자료 ② 연속지적도
③ 지적기준점   ④ 용도지역지구

해설 [토지관리정보시스템(LMIS)의 자료]
1. 공간도형자료
   ① 지적도 : 개별, 연속, 편집 지적도
   ② 지형도 : 도로, 건물, 철도 등 지형지물
   ③ 용도지역 지구의 자료
2. 속성자료 : 토지관리업무에서 생산, 활용, 관리하는 대장 및 조서자료와 관련 법률자료

38. 다음 중 1필지를 중심으로 한 토지정보시스템을 구축하고자 할 때 시스템의 구성요건으로 옳지 않은 것은?

① 파일처리방식을 이용하여 데이터 관리를 설계한다.
② 확장성을 고려하여 설계한다.
③ 전국적으로 통일된 좌표계를 사용한다.
④ 개방적 구조를 고려하여 설계한다.

해설 1필지를 중심으로 한 토지정보시스템은 파일처리방식을 이용하는 것이 아니라 확장성, 통일된 좌표계 사용, 개방적 구조의 데이터베이스관리시스템을 이용하여 데이터 관리를 설계한다.

05 CHAPTER 종합정보시스템

1 국가지리정보체계(NGIS)

국가지리정보체계(NGIS : National Geographic Information System)는 지리정보를 생산·관리하는 국가기관, 지방자치단체 및 정부투자기관이 구축·관리하는 지리정보체계를 말한다.

(1) NGIS에 관한 기본계획

국가지리정보체계의 구축 및 활용을 촉진하기 위하여 5년 단위로 국가지리정보체계 기본계획의 내용은 국가지리정보체계의 구축 및 활용의 촉진을 위한 기본방향의 설정, 구축 및 관리, 기술의 연구·개발, 전문 인력의 양성, 유통에 관한 투자계획 및 재원조달, 지리정보체계의 표준화 및 관련된 산업의 육성이다.

(2) NGIS 위원회 구성

① NGIS위원회의 구성은 위원장 1인을 포함하여 30인 이내의 위원으로 구성하며 위원장은 국토교통부장관이 되며 위원의 임기는 2년으로 한다.
② NGIS위원회의 운영에서 위원장은 위원회를 대표하고 위원회의 업무를 총괄하며 회의를 소집하고 의장이 된다.
③ 위원회의 심의 사항은 기본계획의 수립 및 변경, 시행계획의 수립 및 집행실적의 평가, 기본지리정보의 선정, 지리정보의 유통과 보호에 관한 주요 사항, 국가지리정보체계의 구축·관리 및 활용에 관한 주요 정책의 조정에 관한 사항, 기타 지리정보체계와 관련된 사항으로서 위원장이 부의하는 사항이다.
④ NGIS 분과위원회의 구성에서 각 분과위원회는 위원장 1인을 포함한 20인 이내의 위원으로 구성 각 분과위원회의 위원장은 관계중앙행정기관의 장과의 협의 및 위원회의 심의를 거쳐 위원회의 위원장이 임명한다.

(3) NGIS의 추진 경위

① 1차 NGIS 구축 과정은 국토공간정보를 종합적으로 관리하기 위해 1995년 5월 "국가 지리정보체계 구축 기본계획(1995~2000)"을 수립하여 범 정부차원에서 GIS구축사업을 활발히 추진하였다.
② 2차 NGIS 구축과정은 지리정보구축분야 부분에서 국가기준점 정비, 수치지도 및 국가기본도 수정, 해양기본지리정보사업을 추진하였다.

③ 3차 NGIS 구축과정은 NGIS의 분과에서도 지금까지 독자적으로 추진하였던 사업과 지방자치단체 및 공공단체에서 자체적으로 추진되었던 사업을 국가정보화사업과의 연계 및 지자체행정정보 등과 연계하여 발전시켰다.
④ 3차 NGIS 중점추진과제는 사이버국토 구축으로 U-City와 U-국토를 담는 사이버공간을 확보하고 3D GIS를 이용하여 현실공간의 디지털 구축화 실현이다.

(4) 1차 NGIS 사업(1995~2000)
① 기본계획 : 국토정보화의 기반조성
② 지리정보구축 : 지형도, 지적도 전산화, 토지이용현황도 등 주제도 구축
③ 응용시스템 구축 : 지하시설물도 구축 추진
④ 표준화 : 국가기본도, 주제도, 지하시설물도 등 구축에 필요한 표준, 지리정보교환, 유통관련 표준 제정
⑤ 기술개발 : 맵핑기술, DB Tool, GIS S/W 기술개발
⑥ 인력양성 : 정보화근로사업을 통한 인력 양성, 오프라인 GIS 교육 실시
⑦ 유통 : 국가지리정보유통망시범사업 추진
⑧ 지원연구 : NGIS 사업의 원활한 추진을 위한 연구과제 수행

(5) 2차 NGIS 사업(2001~2005)
① 기본계획 : 국가공간정보기반을 확충하여 디지털 국토 실현
② 지리정보구축 : 도로, 하천, 건물, 문화재 부문의 기본지리정보 구축
③ 응용시스템 구축 : 토지이용, 지하, 환경, 농림, 해양 등 GIS 활용체계 구축
④ 표준화 : 기본지리정보, 지리정보구축, 유통, 응용시스템의 표준제정
⑤ 기술개발 : 3차원 GIS, 고정밀 위성영상처리 등 기술개발
⑥ 인력양성 : 온, 오프라인 GIS 교육실시, 교육교재 및 실습프로그램 개발
⑦ 유통 : 국가지리정보유통망 구축
⑧ 지원연구 : 국가 GIS 현안과제 및 중장기 정책지원과제 수행

(6) 3차 NGIS 사업(2006~2010)
① 기본계획 : 유비쿼터스 국토실현을 위한 기반조성
② 지리정보구축 : 국가, 해양기본도, 국가기준점, 공간영상 등 구축
③ 응용시스템 구축 : 3차원 국토공간정보, UPIS, KOPSS, 건물통합 등 활용체계 구축
④ 표준화 : 지리정보표준화, GIS 국가표준체계확립
⑤ 기술개발 : 지능형 국토정보기술 혁신사업을 통한 원천기술 개발
⑥ 인력양성 : 온, 오프라인 GIS 교육실시, 교육교재 및 실습프로그램 업데이트
⑦ 유통 : 국가지리정보유통망 기능 개선 및 유지관리사업 추진
⑧ 지원연구 : 국가 GIS 현안과제 및 변화된 정책환경지원을 위한 지정과제 수행

2 다목적지적제도

- 토지과세를 위한 세지적에서 시작하여 토지소유권보호를 목적으로 한 법지적으로 발달
- 토지정보를 필지단위로 종합적으로 등록, 갱신하여 지속적으로 유지·관리
- 토지 관련정보를 다양하게 제공하는 종합토지정보시스템이라고 정의

(1) 다목적지적의 특징

- 다목적지적은 토지가격정보뿐만이 아니라 다양한 일필지의 정보를 기록·보관·유지·관리하고 제공하기 위한 시스템
- 다목적지적의 구성은 토지에 관한 종합적인 정보를 필지별로 지속적으로 지원하게 되는 토지정보체계로 각 나라의 사정에 따라 다양하게 구성
- 기본적인 토지표시사항과 권리관계를 바탕으로 건물, 식생, 토양의 성질, 지하시설물, 지가와 입목 등 필요한 정보 등록 및 관리

(2) 다목적지적의 구성 요소

- **5대 구성요소** : 측지기본망, 기본도, 지적중첩도, 필지식별번호, 토지자료파일
- **3대 구성요소** : 측지기본망, 기본도, 지적도

① 측지기준망(Geodetic Reference Network) : 토지의 경계선과 측지측량이나 토지 관련 자료와 지형간에 상관관계를 맺어줄 수 있어야 하며 지적측량에 이용되는 측지기준망은 서로 관련 있는 전국단위로 기준점들이 통합되어야 한다.
② 기본도(base map) : 측지기준망을 기초로 하여 작성된 지형도로서 지도작성에 필요한 기본적인 정보를 일정한 축척의 도면에 등록한 것으로 변동사항을 정리하여 최신화(update)하여 기본도면으로 활용
③ 지적도 : 지적측량 결과로 작성되므로 측지기준망 및 기본도와 연계하여 활용할 수 있어야 하며 지적도에는 일필지 표시사항(Parcel Identifier)이 매필지마다 부여되며 모든 관련서류와 연관을 갖게 됨으로 각 항목들을 컴퓨터로 색인될 수 있도록 파일화하여 검색
④ 필지식별번호(Unique Parcel Identification Number) : 각 필지의 등록사항의 저장과 수정 등을 용이하게 처리할 수 있는 가변성이 없는 고유번호
⑤ 토지자료파일(Land data File) : 토지에 관한 정보의 검색이나 다른 데이터 파일에 보관되어 있는 정보를 서로 연결하기 위한 목적으로 만들어진 필지식별 번호가 포함된 토지데이터파일

(3) 다목적지적제도의 완성 조건

- 토지등록 정보의 종류에 있어서는 용도의 편의성, 관리의 능률성을 감안하여 재편
- 건축물, 지하시설물, 토양, 산림, 도로 등의 관리체제가 지적제도의 모형으로 완비
- 전산화가 구축되어야 함

(4) 다목적지적의 활용

- 토지의 소유권 파악
- 기본적인 일필지 단위에 대한 위치 정보와 속성 정보 유지 관리
- 토지이용에 대한 정보 작성
- 홍수 재해 예상 지역의 조사로 예방조치와 비상복구 활동
- 상·하수도, 가스, 전기, 전화 등의 지하시설물에 관련된 도면제작 시스템을 사용

3 중첩(Overlay)

각각의 자료집단이 주어진 기본도를 기초로 좌표계의 통일이 되면 둘 또는 그 이상의 자료관측에 대하여 분석하는 기법

(1) 중첩(Overlay) 기능의 발달

- 1781년 뉴욕타운에서 벌어진 미국 독립전쟁에서 뉴욕타운 지도 위에 군대의 이동 경로를 하나의 레이어로 중첩시키는 것이 최초
- 1854년 영국의 Snow 교수는 런던의 중심부 지역을 대상으로 하여 콜레라로 인해 사망한 사람들의 위치를 지도화하고 콜레라의 근원지로서 오염된 우물의 위치를 지도화한 후 중첩시키는 일종의 공간분석 기법 적용

(2) 중첩(Overlay)의 유형

일반적으로 중첩 기능은 폴리곤과 폴리곤으로 표현되는 대상물들을 위주로 수행되지만 경우에 따라서는 점과 폴리곤(point-in-polygon)이나 선과 폴리곤(line-in-polygon) 형태로 이루어지는 수도 있다. 중첩에 대한 전통적인 접근은 폴리곤으로 표현된 하나의 레이어에 또 다른 레이어의 폴리곤을 중첩시키는 것이다.

(3) 중첩(Overlay) 기능

- 래스터 데이터 구조를 기본으로 하는 경우에는 데이터 압축방법을 사용하여 동일 속성을 갖는 지역의 데이터를 효율적으로 압축하여 저장할 수 있으며 데이터 구조에서 행과 열에 의하여 표시되는 공간상의 위치는 동일한 그리드 셀 크기를 사용하는 만큼 파일 내에서 그리드의 위치를 손쉽게 결정할 수 있다.
- 벡터 데이터의 경우 중첩 과정이 이루어지면 폴리곤과 관련된 속성값은 별개의 테이블에 저장되며 중첩과 함께 2개의 Layer가 합쳐짐에 따라 많은 수의 다양한 형태의 폴리곤이 형성되며 중첩이 속성만을 대상으로 하는 경우 도형자료와 속성자료가 별개로 저장된 DataBase 구조의 이점 때문에 상대적으로 유리하다.

(4) 중첩의 특징

- 각각 서로 다른 자료를 취득하여 합성하는 것으로 다량의 정보를 종합할 수 있다.
- 다량의 정보 중에서도 각각 Layer를 달리하고 있으므로 Layer 별로 자료를 제공할 수 있다.

- 자료가 최신화되면 Layer별로 처리할 수 있으므로 자료의 관리가 편리하다.
- 사용자의 입장에서도 필요한 자료만을 제공받을 수 있어 편리한 입장이다.

4 지적전산화의 목적

토지 관련 정책 자료를 다목적으로 활용하여 체계적이고 과학적인 지적 사무와 지적 행정의 실현을 위해 전국적으로 통일된 시스템을 활용, 최신의 자료를 확보함으로써 지적 통계와 정책정보의 정확성 제고 및 전국적인 등본·열람을 가능하게 하여 민원인의 편의를 증진하고 지적정보화의 기초를 확립하는 데 목적을 두고 있다.

5 지적사무전산처리의 운영

지적사무전산처리는 지적공부에 등록된 사항을 전산정보처리조직으로 관리·운영하는 방법과 처리절차에 관하여 필요한 사항의 규정을 목적으로 하고 있다. 1990년 12월 31일 개정 지적법에서 최초로 지적공부의 등록사항을 전산정보처리조직에 의하여 처리할 경우 전산등록파일을 지적공부로 개정하여 광역시·도의 지적전산본부에 보관·관리하도록 하였다.

6 전산정보관리조직

① 국토정보센터는 1996년 5월 7일 국토정보센터운영규정을 제정하여 전산정보자료의 효율적인 관리 및 운영을 목적으로 하고 있다.
② 지적정보센터는 2001년 1월 26일 제10차 지적법 전문 개정 시에 1995년부터 전국 토지관련자료의 효율적인 관리, 운영을 위하여 구축한 지적정보센터의 설치규정을 마련하였다.

7 지적전산시스템의 운영

(1) 지적전산시스템의 운영방법

지적전산업무의 처리, 지적전산프로그램의 관리 등 지적전산시스템의 관리, 운영 등에 관하여 필요한 사항은 국토교통부장관이 정한다.

(2) 지적전산 단말기의 설치

국토정보센터자료를 온라인으로 제공받고자 하는 국가 및 지방자치단체의 장은 국토교통부장관에게 단말기설치 승인 신청을 하여야 한다.

(3) 지적전산프로그램

지적사무에 사용하는 프로그램, 자료 등의 등록 및 변경은 국토교통부장관이 등록·관리하여야 하며 지적부서가 아닌 곳에 설치하고자 할 때에는 지적전산자료책임관의 승인을 얻어야 하고 프로그램, 자료 등의 버전관리를 하여야 한다.

8 지적전산시스템 관리

(1) 사용자

국토정보센터 단말기 사용자의 등록, 전산정보처리조직 담당자의 등록, 사용자 번호 및 비밀번호, 사용자의 권한구분을 하여야 한다.

(2) 지적전산자료 관리

국토정보센터자료의 정확성을 유지하기 위하여 지적전산자료의 관리, 복구, 정비, 자료가 일치하여야 한다.

(3) 지적전산자료 정리

지적소관청은 토지이동정리에 따른 지적공부정리와 도시개발사업 등의 신고, 지번변경 등 지적전산자료를 정리하여야 한다.

(4) 지적전산자료의 이용

신청할 수 있는 지적전산자료는 필요한 최소한의 범위에 한하며 지적공부의 형식으로 복제하거나 지적전산조직의 지적공부 자체의 제공을 요구하는 내용의 신청은 할 수 없다.

(5) 지적전산자료의 마감 및 통계

지적소관청은 지적공부등록현황과 일일마감 처리결과를 대조 확인하고 지적통계의 증감을 매월 분석하며 지적통계의 증감은 토지이동 종목별, 지목별 변동사항을 지난 월과 상호 대비하여야 한다.

9 토지정보의 이용

토지정보의 광범위한 이용을 위해서는 토지정보시스템이 필요하고 다목적지적은 토지에 관련된 토지거래, 토지평가, 지적관리, 기타 분야의 모든 정보를 토지의 등록단위인 일필지를 기초로 하여 직접 관리하는 방법으로 구성된다.

10 연속지적도

연속지적도라 함은 지적측량을 하지 아니하고 전산화된 지적도 및 임야도 파일을 이용하여, 도면상 경계점들을 연결하여 작성한 도면으로 측량에 활용할 수 없는 도면을 말한다.

(1) 연속지적도 파일명
① 리, 동간 동일 축척 내 접합, 축척 간 접합, 원점 간 접합, 행정구역 간 접합
② 연속지적도 파일명
　㉠ 연속지적도의 파일명은 한국토지정보시스템 또는 연속지적 품질개선 구축 지침에 의함.
　㉡ 연속지적도면의 행정구역이 동일한 리·동 단위 파일명은 11자리(시·도 2, 시·군·구 3, 읍·면 3, 리·동 2)+수치(S), 도해(D)로 구성
　㉢ 연속지적도면의 행정구역별 읍·면 단위의 파일명은 10자리(시·도 2, 시·군·구 3, 읍·면 3, 공백2)로 구성
　㉣ 연속지적도면의 행정구역별 시·군·구 단위의 파일명은 10자리(시·도 2, 시·군·구 3, 공백5)로 구성

(2) 연속지적도 작업 순서
① 작업준비, 사업대상 지역 분석, 준비파일작성, 도면 오류 대상 선정, 연속지적도 미 정리 필지 정비
② 연속지적도 품질개선
　㉠ 동일행정구역내 축척별 연속지적도 정비
　㉡ 동일행정구역내 측량 원점 간 연속지적도 정비
　㉢ 행정구역간 연속지적도 정비

(3) 연속지적도 품질개선

1) 품질개선 일반원칙
① 도곽을 기준으로 도로, 구거, 하천, 지구계선 등 분리되어 있는 블록 형태의 필지를 기준으로 정비
② 사유지 필지경계를 우선하여 정비, 소면적 필지경계를 우선하여 정비
③ 도곽선 주위의 성필된 필지경계를 우선하여 정비
④ 직선선형요소(도로, 구거, 하천, 지구계선 등)들은 가급적 직선으로 형상을 유지

2) 동일행정구역내 축척 간 정비
① 대축척의 필지경계선을 기준으로 정비
② 대축척의 필지로 등록 전환될 때 필지의 형태와 면적의 변화가 최소화될 수 있도록 접합
③ 정비가 난해한 경우, 접합오류기록부에 등재하고 그 내용을 사업수행조직 또는 지적소관청과 협의를 통해 정비하며 필지상에 지적선 불일치 및 속성오류 정보를 입력하고 작업한다.

3) 행정구역 간 정비
① 행정구역간 인접하는 지역의 축척이 서로 상이한 경우에는 대축척의 필지경계선을 기준으로 정비
② 행정구역간 인접하는 지역의 행정경계선을 정비할 경우 정비가 완료된 행정구역 단위 데이터를 국토교통부의 행정구역경계와 대비하여 사용 및 불일치를 최소화한다.
③ 행정구역간 인접하는 지역의 축척이 서로 동일한 경우에는 중수를 취하여 정비하는 것을 원칙

4) 동일행정구역내 측량원점 간 정비
① 행정구역(읍·면, 리·동)이 같고 측량원점이 다른 경우에는 통일원점을 기준으로 정비처리
② 기타 원점이 혼재하는 지역의 경우 통일원점으로 변환처리한 후 정비처리하는 것을 원칙
③ 기타 원점의 통일원점 변환은 대상지역에 대해 기준점 활용영역별, 좌표변환 방법별 검증을 통해 도출된 최적방법에 의한 변환을 원칙(단, 기준점에 의한 변환이 불합리한 경우에는 지구계 경계의 형태에 의하여 변환)

11 지적재조사사업

(1) 지적재조사에 관한 특별법 제정
① 지적재조사에 따른 이해관계 조정 및 투명성 확보를 위한 정보공개 등 법적근거 마련 필요
② 토지소유자 합의·동의 원칙으로 법안 작성
  ㉠ 국토교통부장관은 사업의 기본방향, 시행기간 및 규모, 비용의 집행·배분계획 등을 포함한 기본계획을 수립
  ㉡ 지적소관청은 실시계획을 수립하여 시·도지사에게 토지소유자 동의(2/3)를 받아 사업지구 지정을 신청
  ㉢ 개인의 권리보호를 위한 소유자 동의, 토지소유자협의회 구성, 경계결정에 대한 이의신청 등 절차 규정
  ㉣ 경계확정으로 지적공부상 면적이 증감된 경우에 필지별 증감내역을 기준으로 조정금을 산정하여 징수·지급
  ㉤ 조정금의 산정·지급·징수, 경계결정 및 이의신청 심의를 위해 지적재조사위원회와 경계결정위원회 설치

(2) 사업의 기본방향

① 그간의 시범사업 등 추진 현황을 감안하여 지적불부합지 해소와 디지털화 추진
② 사회갈등 유발과 재정적 부담을 최소화하는 방안으로 2030년까지 중장기적으로 추진
③ 현실적으로 실현가능한 프로그램을 통해 단계적·점진적으로 추진

(3) 중점 추진과제

1) 도시개발사업 등에 의한 지적확정측량

① 도시개발사업 등에 의해 매년 실시되는 지적확정측량에 의해 점진적으로 디지털화 추진
② 신규 개발지역은 세계측지계에 의해 직접측량, 기존 디지털 지역은 세계측지계 기준으로 전환하여 사용
③ 사업시행자가 부담하므로 별도의 예산계상 불요
④ 전국 5.6%는 디지털화 완료, 연평균 10만 필의 확정측량으로 2030년 전국 13% 디지털화 가능

2) 지적불부합지 정리

① 경계분쟁 및 민원이 유발되고 있는 집단적 지적불부합지역은 지적재조사를 거쳐 디지털화 추진
② 국토교통부가 기본계획을 수립하고 지적소관청이 실시계획을 수립
③ 전국 14.8%(554만 필지, 6,130㎢)
④ 지적재조사특별법 제정에 따라 지구지정, 주민협의회, 경계결정, 조정금 산정 등을 통한 사업추진

(4) 세계측지계 기준의 디지털화 추진

1) 현 동경측지계 기준의 지적좌표계를 세계측지계 기준으로 디지털화

① 국토교통부가 기본계획을 수립하고 지적소관청(시장·군수·구청장)이 실시계획을 수립
② 지적의 정확도가 유지되고 있는 지역으로 전국의 72%
③ 지구계 측량실시 후 변환계수 이용, 일부 확인측량을 통해 세계측지계 기준으로 디지털화 추진

(5) 기타사항

① 신기술 개발, 선진 해외사례 분석, 비용절감 및 갈등조정 등을 위한 연구개발 추진
② 국민 공감대 형성을 위한 온라인 및 오프라인 대국민 홍보 실시
③ 행정정보 일원화, 지목현실화 등 지적제도 개선을 병행 추진

(6) 지적재조사에 따른 기대효과

1) 스마트, 토지정보 이용

종이도면과 장부에 의존하지 않고, 실제 공간속에서 토지의 정보 이용이 가능하고 언제 어디에서나 활용이 가능한 유비쿼터스 시스템이 구축되어 주위 공간 정보는 물론 실제 현지의 상황을 그대로 표현할 수 있어 현지를 방문하지 않아도 리얼한 이용·활용이 가능하다.

2) 다양한 토지정보를 하나로

부동산 정보 일원화 시스템 구축으로 여러 관청 여러 부서를 찾아가야 하는 불편을 없애고 18종의 토지정보를 단 하나의 정보로 이용할 수 있어 국민의 소중한 시간과 불편, 그리고 경제 부담을 확 줄이게 된다.

3) 정확한 토지정보로 갈등과 분쟁 해소

그동안 아날로그 지적제도로 인하여 이웃과 토지경계분쟁이 지속되어 서로 갈등하고 분쟁으로 인하여 경제적 손실과 불편하였던 생활이 사라지게 된다.

4) 토지가치가 상승

지적재조사는 단순히 아날로그 지적을 디지털로 전환하는 것뿐 아니라 지하·지표·지상을 포괄적으로 하는 공간정보를 구축하고, 특히 현재의 불규칙한 토지 모양을 효율적 토지이용에 적합하도록 경계를 조정하여 토지의 가치를 매우 높여준다.

5) 국가 품격 상승

일제 강점기에 실시된 토지조사사업으로 아직도 일본인 명의로 남아있는 토지가 10만여 필지에 달하고 일본식 표기가 기록되어 있는 공적장부를 종식시키고 우리나라 고유의 토지정보를 새롭게 정착할 수 있으며, 또한 지적재조사사업으로 인하여 국가의 영토가 확장되는 효과와 함께 다시 한 번 IT강국으로서의 국가 품격을 높일 수 있다.

6) 지능형 공간정보 서비스 실현

전국 토지에 관한 지형·지적정보와 토지이용 현황에 대한 전수조사와 일제조사가 정확히 이루어지기 때문에 국토의 공간활용 상태에 관한 정확하고 다양한 정보를 생산, 관리, 유통할 수 있어 보다 편리하고 효율적인 국토활용이 가능하게 된다.

(7) 지적재조사측량

① 지적재조사측량이란 지적재조사사업을 시행하기 위하여 지정·고시된 사업지구에서 실시하는 측량을 말하며 위성기준점, 통합기준점 및 지적기준점을 기준으로 Network-RTK, 단일기준국 RTK, 정지측위(Static) 위성측량으로 지적재조사측량을 하여야 한다. 그러나 위성측량 시 상공장애가 있거나 위성신호를 수신할 수 없을 경우에는 토털스테이션측량으로 할 수 있다.

② 지적재조사측량 대행자는 측량계획 수립, 임시경계점표지 설치, 일필지 경계점의 측정, 측량성과의 계산 및 점검, 측량성과의 작성, 면적의 산정 순서대로 측량을 수행한다.

③ 규정에 따른 측량방법과 측정시간, 측량성과 인정범위

[규정에 따른 측량방법과 측정시간]

구분	GPS에 의한 지적측량 규정, 지적확정측량 규정			지적재조사측량 규정		
기준점 측량방법	- 지적삼각(보조)점은 정지측량 - 지적도근점은 정지측량 및 Network-RTK			- 지적기준점 종류별 관측방법 미규정 - 정지측량으로 한정		
기준점 관측시간 (정지측량)	삼각	삼각보조	도근점	거리	측정시간	수신간격
	10km 미만	5km 미만	2km 미만	10km 초과	2시간 이상	30초 이하
	60분 이상	30분 이상	10분 이상	10km 미만	1시간 이상	
	30초 이하	30초 이하	15초 이하			
기준점 관측시간 (network-RTK)	거리	측정시간	수신간격	규정 없음		
	5km 이내	60초 이상	5초 이내			
	2km 이내	30초 이상	5초 이내			

[측량성과 인정범위]

GPS에 의한 지적측량 규정, 지적확정측량 규정 (지적측량 시행규칙에서 정함)	지적재조사측량 규정
1. 지적삼각점 : 0.20미터 2. 지적삼각보조점 : 0.25미터 3. 지적도근점 　가. 경계점좌표등록부 시행지역 : 0.15미터 　나. 그 밖의 지역 : 0.25미터	1. 지적기준점 : 0.03미터

CHAPTER 05 종합정보시스템

01. 다목적지적제도의 5대 구성요소에 해당되지 않는 것은?

① Geodetic Reference Network
② Base Map
③ Cadastral Overlay Map
④ Land Information Data

해설 [다목적지적의 구성요소]
① 3대 구성요소 : 측지기적망(Geodetic Reference Network), 기본도(Base Map), 지적중첩도(Cadastral Overlay)
② 5대 구성요소 : 측지기준망, 기본도, 지적중첩, 필지식별번호(Unique Parcel Identification Number), 토지자료파일(Land data File)

02. 다음 중 다목적 지적제도의 3대 구성 요소에 해당하지 않는 것은?

① 측지기준망   ② 기본도
③ 중첩도   ④ 토지소유자

해설 [다목적지적의 구성요소]
① 3대 구성요소 : 측지기준망, 기본도, 중첩도
② 5대 구성요소 : 측지기준망, 기본도, 중첩도, 필지식별번호, 토지자료파일

03. 발전단계에 따른 지적제도 중 토지정보체계의 기초가 되는 것은?

① 과세지적   ② 법지적
③ 소유지적   ④ 다목적지적

해설 [다목적지적]
① 종합지적, 유사지적, 경제지적, 통합지적이라고도 함
② 일필지를 단위로 토지관련정보를 종합적으로 등록하는 제도
③ 토지에 대한 평가, 과세, 거래, 이용계획, 지하시설과 공공시설물 및 토지통계 등에 관한 정보를 공동으로 활용하기 위한 지적제도

04. 베이스맵을 만들고 각 레이어 별로 분류도를 만들었다. 이들을 중첩했을 때 산사태로 가장 큰 피해가 예상되는 지역은?

강수량 적음	경사급함	경	인구밀도낮음	1 2
		사		8 3
		완		7 4
강수량 많음		만	인구밀도높음	6 5

① 지역7   ② 지역6
③ 지역5   ④ 지역4

해설 산사태의 피해가 예상되는 곳은 강수량이 많고, 경사가 급하며, 인구밀도가 높은 곳이므로 지역6에 해당한다.

05. 도면의 중첩에 대한 특징으로 맞지 않는 것은?

① 일정한 정보만을 정리하므로 신속하며 정보가 단순하다.
② Layer별로 자료를 제공할 수 있다.
③ 자료의 관리가 편리하다.
④ 필요한 자료만을 제공받을 수 있다.

해설 [레이어 중첩의 특징]
① 하나의 레이어에 각각의 객체와 다른 레이어의 객체들 사이에 관계를 찾아내는 작업
② 레이어별로 필요한 정보를 추출해 낼 수 있다.
③ 새로운 가설이나 이론 및 시뮬레이션을 통해 정보를 추출하는 모델링 작업을 수행할 수 있다.
④ 형상들의 공간관계를 파악할 수 있으며 특정지점의 주변 환경에 대한 정보를 얻은 경우에도 사용할 수 있다.

정답 01. ④ 02. ④ 03. ④ 04. ④ 05. ①

06. 중첩의 유형에 해당되지 않는 것은?

① 점과 폴리곤의 중첩
② 선과 점의 중첩
③ 폴리곤과 폴리곤의 중첩
④ 선과 폴리곤의 중첩

해설 중첩분석의 일반적인 형태는 폴리곤과의 중첩이다. 예를 들면, 점과 폴리곤, 선과 폴리곤, 폴리곤과 폴리곤 등

07. 국가지리정보체계(NGIS) 구축 사업의 주요 추진전략이 아닌 것은?

① 범국가적 차원의 강력지원
② 국가공간정보기반의 확충 및 유통체계의 정비
③ 공급 주체인 국가 중심의 서비스 극대화
④ 국가와 민간시스템과의 업무 간 상호 협력체계 강화

해설 [국가지리정보체계(NGIS) 구축사업의 주요 추진전략]
① 범국가적 차원의 강력 지원
② 국가공간정보기반의 확충 및 유통체계의 정비
③ 국가와 민간시스템과의 업무간 상호 협력체계 강화
④ 국가정책 및 행정, 공공분야에서의 활용

08. 제1차 국가지리정보시스템 구축사업 중 주제도전산화사업이 아닌 것은?

① 도로망도   ② 도시계획도
③ 지형지번도   ④ 지적도

해설 [제1차 국가지리정보시스템 구축사업 중 지리정보분과]
① 지형도 수치화 사업
② 6대 주제도 전산화사업
 국토이용 계획도, 토지이용현황도, 지형지번도, 행정구역도, 도로망도, 도시계획도
③ 7대 지하시설물 수치화 사업
 상수도, 하수도, 가스, 통신, 전력, 송유관, 난방열관

09. 제2차 NGIS(국가GIS)사업에서의 주요 추진 전략에 해당하지 않는 것은?

① 기본지리정보 구축
② 지리정보 유통체계 구축
③ 지리정보의 통합
④ GIS 전문인력 양성

해설 [제2차 NGIS(국가GIS)사업에서의 주요 추진 전략]
지리정보 유통체계 구축, GIS 전문 인력 양성, 지리정보구축 분야 부문에서 국가기준점 정비, 수치지도 및 국가기본도 수정, 해양 기본지리정보사업을 추진

10. PBLIS와 NGIS의 연계로 인한 장점으로 가장 거리가 먼 것은?

① 지적측량과 일반측량의 업무 통합에 따른 효율적 증대
② 토지의 효율적인 이용 증진과 체계적 국토개발
③ 토지 관련 자료의 원활한 교류와 공동 활용
④ 유사한 정보시스템의 개발로 인한 중복 투자 방지

해설 ① PBLIS와 NGIS의 연계는 국토공간정보를 종합적으로 관리하기 위해 범 정부차원에서 GIS구축사업으로 지적행정과의 자료 공유에 따른 효율적 구축을 추진하였다.
② PBLIS와 NGIS를 연계하더라도 지적측량과 일반측량의 업무통합이 이뤄지지는 않는다.

11. 국가공간정보에 관한 법령에 의한 국가공간정보위원회의 분과위원회가 아닌 것은?

① 기본공간정보 분과위원회
② 공간객체등록번호 분과위원회
③ 공간정보융합서비스 분과위원회
④ 공간정보통신 분과위원회

해설 [국가공간정보위원회의 분과위원회]
① 총괄조정 분과위원회
② 표준화·기술기준 분과위원회
③ 산업진흥 분과위원회
④ 측량 및 수로조사 분과위원회
⑤ 기본공간정보 분과위원회
⑥ 공간정보참조체계 분과위원회
⑦ 공간정보 융합서비스 분과위원회

정답 06. ④ 07. ③ 08. ④ 09. ③ 10. ① 11. ④

12. 국가공간정보센터에서 수행하는 업무로 옳지 않은 것은?

① 공간정보의 수집·가공 및 제공
② 토지 및 건물 등기부 수집·가공 및 제공
③ 지적공부의 관리 및 활용
④ 부동산관련자료의 조사·평가 및 이용

해설 [국가공간정보센터의 수행업무]
① 공간정보의 수집·가공 및 제공
② 지적공부의 관리 및 활용
③ 부동산과세에 필요한 부동산관련자료 등의 수집·가공 및 제공

13. 국가지리정보체계(NGIS) 추진위원회의 심의 사항이 아닌 것은?

① 기본계획의 수립 및 변경
② 기본지리정보의 선정
③ 지리정보의 유통과 보호에 관한 주요 사항
④ 추진실적의 관리 및 감독

해설 [국가지리정보체계(NGIS) 추진위원회의 심의·의결사항]
① 기본계획의 수립 및 변경, 시행계획의 수립
② 기본지리정보의 선정
③ 지리정보의 유통과 보호에 관한 주요사항
④ 국가GIS 구축·관리 및 활용에 관한 주요정책의 조정

14. 토지정보를 제공하는 국토정보센터가 처음 구축된 연도는?

① 1987년 ② 1990년
③ 1994년 ④ 2001년

해설 국토정보센터는 부동산보유실태와 거래내역을 일목요연하게 파악할 수 있도록 지적전산자료와 지가전산자료를 전산망으로 통합하여 1994년에 구축되었다.

15. GIS의 자료 분석 과정 중 도형자료와 속성자료가 구축된 레이어 간의 정보를 합성하거나 수학적 변환기능을 이용하여 정보를 통합하는 분석방법은?

① 중첩분석 ② 표면분석
③ 합성분석 ④ 검색분석

해설 [중첩분석(Overlay)]
하나의 레이어에 다른 레이어를 포개어 두 레이어에 나타난 형상들 간의 관계를 분석하는 것
- 면사상중첩(폴리곤 간), 면사상과 선사상의 중첩(선과 폴리곤), 면사상과 점사상의 중첩(점과 폴리곤)

16. 일선 시·군·구에서 사용하는 지적행정시스템의 통합업무관리에서 지적공부 오기정정 메뉴가 아닌 것은?

① 토지/임야 기본 정정   ② 토지/임야 연혁 정정
③ 집합건물 소유권 정정 ④ 대지권 등록부 정정

해설 [지적행정시스템의 지적공부 오기 정정메뉴]
① 토지/임야 기본 정정
② 토지/임야 연혁 정정
③ 집합건물소유권 정정

17. 지적도면을 전산화하고자 하는 경우 정비하여야 할 대상 정보가 아닌 것은?

① 색인도   ② 도곽선
③ 필지경계 ④ 지번색인표

해설 [지적도면 전산화 전환시 정비대상]
경계, 색인도, 도곽선 및 수치, 도면번호, 행정구역선 등

18. 다음 중 평면직각좌표계의 이점이 아닌 것은?

① 평판측량, 항공사진측량 등 많은 측량작업과 호환성이 좋다.
② 평면직각좌표로부터 거리, 수평각, 면적을 계산하기 편리하다.
③ 관측값으로부터 평면직각좌표를 계산하기 편리하다.
④ 지도 구면상에 표시하기가 쉽다.

해설 [평면직각좌표계의 특징]
① 평판측량, 항공사진측량 등 많은 측량작업과 호환성이 좋다.
② 평면직각좌표로부터 거리, 수평각, 면적을 계산하기 편리하다.

③ 관측값으로부터 평면직각좌표를 계산하기 편리하다.
④ 지도 구면상에 표시하기가 어렵다.

19. 다음 중 연속도면이 제작 편집에 있어 도곽선 불일치의 원인에 해당하지 않는 것은?

① 통일된 원점의 사용
② 도면축척의 다양성
③ 지적도면의 관리 부실
④ 지적도면 재작성의 부정확

> [해설] [연속도면의 제작편집에 있어 도곽선 불일치의 원인]
> ① 다원화된 원점의 사용
> ② 지적도면의 관리부실
> ③ 지적도면의 재작성시의 부정확
> ④ 도면의 신축

20. 다음 중 토지소유권에 대한 정보를 검색하고자 하는 경우 식별자로 사용하기에 가장 적절한 것은?

① 주소
② 성명
③ 주민등록번호
④ 생년월일

> [해설] 토지소유권에 대한 정보를 검색하고자 하는 경우 주민등록번호를 이용하는 것이 가장 적절하다.

21. GPS 측량의 장·단점으로 옳지 않은 것은?

① 직접적인 관찰이 불가능한 지점 간의 측량이 가능하다.
② 기후에 좌우되지 않으나 야간측량은 불가능하다.
③ 위성에 의한 전파를 이용한 방식이므로 건물 사이, 수중, 숲속에서의 측량은 불가능하다.
④ 고정밀도 측위를 위해서는 별도로 기준국을 필요로 한다.

> [해설] GPS는 기후에 좌우되지 않으며 야간에도 측량이 가능하다.

22. 다음 중 다목적지적의 3대 구성요소에 해당되지 않는 것은?

① 층별권원도
② 측지기준망
③ 기본도
④ 지적중첩도

> [해설] [다목적지적의 구성요소]
> ① 3대 구성요소 : 측지기준망, 기본도, 중첩도
> ② 5대 구성요소 : 측지기준망, 기본도, 중첩도, 필지식별번호, 토지자료파일

23. 지적전산정보시스템의 사용자권한 등록파일에 등록하는 사용자의 권한 구분으로 틀린 것은?

① 사용자의 신규 등록
② 법인의 등록번호 업무관리
③ 개별공시지가 변동의 관리
④ 토지등급 및 기준 수확량 등급 변동의 관리

> [해설] [지적전산정보시스템에서 사용자권한 등록파일에 등록하는 사용자의 권한]
> ① 사용자의 신규등록, 사용자등록의 변경 및 삭제
> ② 법인이 아닌 사단·재단등록번호의 업무관리 및 직권수정
> ③ 개별공시지가 변동의 관리
> ④ 지적전산코드의 입력·수정 및 삭제
> ⑤ 지적전산코드 및 자료의 조회
> ⑥ 지적통계의 관리 및 토지관련정책정보의 관리
> ⑦ 토지이동신청의 접수 및 토지이동의 정리
> ⑧ 토지소유자변경의 관리
> ⑨ 토지등급 및 기준수확량등급변동의 관리
> ⑩ 지적공부의 열람 및 등본발급의 관리
> ⑪ 일반지적업무의 관리 및 일일마감관리
> ⑫ 지적전산자료의 정비 및 개인별토지소유현황의 조회
> ⑬ 비밀번호의 변경

24. 다음은 토지기록전산화 사업과 관련된 설명으로 틀린 것은?

① 시·군·구 온라인화
② 지적도와 임야도의 구조화
③ 자료의 무결성
④ 업무 처리 절차의 표준화

정답 19. ① 20. ③ 21. ② 22. ① 23. ② 24. ②

해설 토지기록전산화(토지대장 및 임야대장)는 지적업무의 능률성을 도모하기 위해 1982년에 토지기록 전산입력 자료작성지침에 의하여 시군구는 전국 필지에 대한 원시자료를 작성하고 전산화 입력작업을 시작하였다.

25. 기준좌표계의 장점이라고 볼 수 없는 것은?

① 자료의 수집과 정리를 분산적으로 할 수 있다.
② 전 세계적으로 이해할 수 있는 표현 방법이다.
③ 공간데이터의 입력을 분산적으로 할 수 있다.
④ 거리와 면적에 대한 기준이 분산된다.

해설 토지정보체계에서 사용하는 기준좌표계는 위치, 방향, 거리, 면적 등에 동일한 기준으로 적용되어야 한다.

26. 다음 중 '사용자권한 등록관리청'이 사용자권한 등록파일에 등록하여야 하는 사항에 해당하지 않는 것은?

① 사용자의 비밀번호   ② 사용자의 사용자번호
③ 사용자의 이름   ④ 사용자의 소속

해설 [지적정보관리체계 담당자등록]
신청을 받은 사용자권한 등록관리청은 신청내용을 심사하여 사용자권한등록파일에 사용자의 이름과 권한, 사용자번호 및 비밀번호를 등록하여야 한다.

27. 지적전산자료를 전산매체로 제공하는 경우의 수수료 기준은?

① 1필지당 20원   ② 1필지당 30원
③ 1필지당 50원   ④ 1필지당 100원

해설 [지적전산자료의 사용료]
① 인쇄물로 제공하는 때 : 1필지당 30원의 수수료
② 자기디스크 등 전산매체로 제공하는 때 : 1필지당 20원의 수수료

28. 지적부서가 아닌 부서에 지적전산프로그램 설치를 승인하고자 하는 경우 사용자권한등록으로 활용할 수 있는 업무가 아닌 것은?

① 지적도의 등록사항 조회   ② 대지권등록부 조회
③ 토지이동연혁 조회   ④ 일필지기본사항 조회

해설 지적부서가 아닌 부서에 대장전산프로그램 설치를 승인하고자 할 때에는 다음에 해당하는 업무로만 활용할 수 있도록 하되 사용자권한등록 등의 제한조치를 취하여야 한다.
① 일필지기본사항 조회
② 대지권등록부 조회
③ 공유지연명부 조회
④ 토지이동연혁 조회
⑤ 소유권변동연혁 조회
⑥ 집합건물소유권연혁 조회

29. 지적부서가 아닌 부서에 지적전산프로그램을 설치하고자 하는 경우 누구의 승인을 받아야 하는가?

① 국토교통부장관
② 지적전산자료관리책임관
③ 광역시 및 도지사
④ 자치단체의 장

해설 지적전산 프로그램을 지적부서가 아닌 부서에 설치하고자 하는 경우 지적전산자료 관리책임관의 승인을 얻어야 하며, 지적전산자료 관리책임관은 매월 1회 이상 대장전산자료의 이용실태를 확인하여야 한다.

30. 지적전산자료관리책임관은 지적전산자료의 이용실태를 확인하여야 한다. 옳은 것은?

① 매월 1회 이상   ② 매년 2회 이상
③ 매분기 1회 이상 ④ 매년 1회 이상

해설 지적전산자료 관리책임관은 매월 1회 이상 대장전산자료의 이용실태를 확인하여야 한다. 이 경우 승인된 업무외의 이용이나 대장전산자료의 외부공개 사실이 확인된 때에는 사용자권한을 취소하는 등의 필요한 조치를 하여야 한다.

정답 25. ④ 26. ④ 27. ① 28. ① 29. ② 30. ①

31. 수작업처리현황의 전산입력이 완료된 때에, 전산처리결과를 출력하여 지적전산자료관리 책임관에게 이상유무의 확인을 받는 사항에 해당하지 않는 것은?

① 등본 미 발급 및 열람현황
② 토지이동 일일정리현황
③ 토지이동 미정리 내역
④ 토지이동 정리결과

해설 등본 미 발급 및 열람현황은 지적전산자료관리 책임관에게 이상유무의 확인을 받을 필요는 없다.

32. 지적전산정보시스템에서 사용자권한 등록파일에 등록하는 사용자 번호 및 비밀번호에 관한 사항으로 옳지 않은 것은?

① 사용자의 비밀번호는 변경할 수 없다.
② 한 번 부여된 사용자번호는 변경할 수 없다.
③ 사용자번호는 사용자권한 등록관리청별로 일련번호를 부여하여야 한다.
④ 사용자권한 등록관리청은 사용자번호를 보관할 수 있다.

해설 [사용자권한 등록파일에 등록하는 사용자의 비밀번호 설정 기준]
① 비밀번호는 6자리부터 16자리까지의 범위에서 사용자가 정하여 사용한다.
② 비밀번호는 다른 사람에게 누설하여서는 아니된다.
③ 누설되거나 누설될 우려가 있는 때에는 즉시 이를 변경하여야 한다.

33. 다음 중 사용자권한 등록파일에 등록하는 사용자의 권한에 해당하지 않는 것은?

① 지적전산코드의 입력·수정 및 삭제
② 토지등급 및 기준수확량 등급 변동의 관리
③ 개별공시지가의 변동 관리
④ 기업별 토지소유현황의 조회

해설 [지적전산정보시스템에서 사용자권한 등록파일에 등록하는 사용자의 권한]
① 사용자의 신규등록, 사용자등록의 변경 및 삭제
② 법인이 아닌 사단·재단등록번호의 업무관리 및 직권수정

③ 개별공시지가 변동의 관리
④ 지적전산코드의 입력·수정 및 삭제
⑤ 지적전산코드 및 자료의 조회
⑥ 지적통계의 관리 및 토지관련정책정보의 관리
⑦ 토지이동신청의 접수 및 토지이동의 정리
⑧ 토지소유자변경의 관리
⑨ 토지등급 및 기준수확량등급변동의 관리
⑩ 지적공부의 열람 및 등본발급의 관리
⑪ 일반지적업무의 관리 및 일일마감관리
⑫ 지적전산자료의 정비 및 개인별토지소유현황의 조회
⑬ 비밀번호의 변경

34. 지적소관청이 처리할 수 없는 오류사항을 정비한 후 정비내역의 보존기간으로 맞는 것은?

① 영구   ② 3년
③ 5년   ④ 10년

해설 [지적전산자료의 정비]
① 지적소관청은 정비내역을 3년간 보존하여야 한다.
② 지적소관청은 지적전산자료에 오류가 발생한 때에는 지체 없이 정비하여야 하고, 지적소관청이 처리할 수 없는 오류는 국토교통부장관에게 보고하여야 한다.
③ 보고를 받은 국토교통부장관은 오류가 정비될 수 있도록 필요한 조치를 하여야 한다.

35. 지적공부정리신청이 전산으로 접수된 신청서를 검토하여야 할 사항에 해당되지 않는 것은?

① 신청사항과 지적전산자료의 일치 여부
② 각종 코드의 적정 여부
③ 지적측량성과자료의 적정 여부
④ 토지의 지번과 지목의 일치 여부

해설 [지적공부정리신청서의 검토사항]
① 신청사항과 지적전산자료의 일치여부
② 첨부된 서류의 적정여부
③ 지적측량성과자료의 적정 여부
④ 그 밖에 지적공부정리를 하기 위하여 필요한 사항

정답 31. ① 32. ① 33. ④ 34. ② 35. ④

36. 토지의 고유번호를 붙이는 데 고유번호의 구성으로 옳은 것은?

① 10자리 ② 15자리
③ 19자리 ④ 21자리

해설 [행정구역코드의 자리구성]
① 행정구역코드 10자리(시·도 2, 시·군·구 3, 읍·면·동 3, 리 2)
② 대장구분 1자리, 본번 4자리, 부번 4자리를 합한 19자리로 구성

37. 토지의 고유번호에서 행정구역 코드의 자리 구성이 옳지 않은 것은?

① 시·도 - 2자리 ② 리 - 2자리
③ 읍·면·동 - 2자리 ④ 시·군·구 - 3자리

해설 [행정구역코드의 자리구성]
① 행정구역코드 10자리(시·도 2, 시·군·구 3, 읍·면·동 3, 리 2)
② 대장구분 1자리, 본번 4자리, 부번 4자리를 합한 19자리로 구성

38. 행정구역의 명칭이 변경된 경우 지적소관청은 국토교통부장관에게 행정구역변경일 며칠 전까지 변경요청을 하여야 하는가?

① 20일 전 ② 30일 전
③ 10일 전 ④ 60일 전

해설 [지적사무전산처리규정 제26조(행정구역코드의 변경)]
① 행정구역의 명칭이 변경된 때에는 소관청은 시·도지사를 경유하여 국토교통부장관에게 행정구역변경일 10일 전까지 행정구역의 코드변경을 요청하여야 한다.
② 제1항의 규정에 의한 행정구역의 코드변경 요청을 받은 국토교통부장관은 지체없이 행정구역코드를 변경하고, 그 변경 내용을 관련기관에 통지하여야 한다.

39. 지적도 전산화 작업의 목적으로 옳지 않은 것은?

① 지적도의 대량 생산 및 배포
② 대민서비스의 질적 수준 향상
③ 정확한 지적측량자료의 이용
④ 지적도 원형보관 관리의 어려움 해소

해설 지적사무와 지적행정의 실현을 위해 전국적으로 통일된 시스템을 활용. 최신의 자료를 확보함으로써 지적통계와 정책정보의 정확성 제고 및 전국적인 등본·열람을 가능하게 하여 민원인의 편의를 증진하고 지적정보화의 기초를 확립하는 데 목적을 두고 있다.

40. 토지 고유번호의 코드 구성 기준이 옳은 것은?

① 행정구역코드 9자리, 대장구분 2자리, 본번 4자리, 부번 4자리, 합계 19자리로 구성
② 행정구역코드 9자리, 대장구분 1자리, 본번 4자리, 부번 5자리, 합계 19자리로 구성
③ 행정구역코드 10자리, 대장구분 1자리, 본번 4자리, 부번 4자리, 합계 19자리로 구성
④ 행정구역코드 10자리, 대장구분 1자리, 본번 3자리, 부번 5자리, 합계 19자리로 구성

해설 [행정구역코드의 자리구성]
① 행정구역코드 10자리(시·도 2, 시·군·구 3, 읍·면·동 3, 리 2)
② 대장구분 1자리, 본번 4자리, 부번 4자리를 합한 19자리로 구성

41. 지적전산자료를 이용 또는 활용하고자 하는 경우 관계중앙행정기관의 장의 심사를 거친 후 승인을 얻어야 하는데 승인권자에 해당되지 않는 것은?

① 국토교통부장관 ② 시·도지사
③ 지적소관청 ④ 행정안전부장관

해설 [지적전산자료의 이용에 관한 사항]
① 시·군·구단위의 지적전산자료를 이용하고자 하는 자는 지적소관청의 승인을 얻어야 한다.
② 시·도단위의 지적전산자료를 이용하고자 하는 자는 시·도지사 또는 지적소관청의 승인을 얻어야 한다.

정답 36. ③ 37. ③ 38. ③ 39. ① 40. ③ 41. ④

③ 전국단위의 지적전산자료를 이용하고자 하는 자는 국토교통부장관, 시·도지사 또는 지적소관청의 승인을 얻어야 한다.

42. 토지정보시스템 구성요소로 거리가 먼 것은?

① 하드웨어 ② 기후자원
③ 인적자원 ④ 소프트웨어

해설 [토지정보시스템의 구성요소]
LIS의 구성요소로는 하드웨어, 소프트웨어, 데이터, 인력 등이며 3대요소이면 하드웨어, 소프트웨어, 데이터를 들 수 있다.

43. 필지식별자(Parcel Identifier)에 대한 설명 중 틀린 것은?

① 각 필지의 등록사항의 저장, 검색, 수정 등을 처리하는 데 이용한다.
② 필지별 대장의 등록사항과 도면의 등록사항을 연결시킨다.
③ 지적도에 등록된 모든 필지에 부여하여 개별화한다.
④ 경우에 따라서 변경이 가능하다.

해설 [필지식별자(필지식별번호)]
① 단일필지 식별번호 또는 부동산식별자 또는 단일식별 참조번호 등의 여러 가지로 표현하나 의미는 비슷함
② 매 필지의 등록사항을 저장, 검색, 수정 등을 편리하게 처리할 수 있어야 함
③ 영구히 불변하는 필지의 고유번호라 하며, 토지필지와 연관된 표준참조번호라 함

44. 지적정보전산화에 있어 속성정보를 구축하는 방법 중 가장 거리가 먼 것은?

① 민원인이 직접 조사하는 경우
② 관련기관의 통보에 의한 경우
③ 민원신청에 의한 경우
④ 담당공무원이 직권 등록한 경우

해설 속성정보는 민원인이 직접조사하는 것이 아니라 지적담당 공무원이 조사하여 구축하는 것을 말한다.

45. 1970년대에 우리나라 정부가 지정한 지적전산화 업무의 최초 시범지역은?

① 대구 ② 대전
③ 서울 ④ 부산

해설 1970년대에 우리나라 정부가 지정한 지적전산화 업무의 최초 시범지역은 대전이다.

46. 과거 지적재조사 사업의 추진방향이 아닌 것은?

① 지목의 단순화
② 축척구분의 단순화
③ 지적도와 임야도의 통합
④ 토지대장과 임야대장의 통합

해설 ① 지적재조사사업
지적공부의 등록사항을 조사·측량하여 기존의 지적공부를 디지털에 의한 새로운 지적공부로 대체함과 동시에 지적공부의 등록사항이 토지의 실제현황과 일치하지 않는 경우 이를 바로 잡기 위해 실시하는 국가사업
② 지적재조사사업의 추진방향
축척의 단순화, 지적도와 임야도의 통합, 토지대장과 임야대장의 통합

47. 시·도지사는 시·도의 대장전산자료를 시·군·구의 대장 전산자료와 항상 일치하도록 하기 위하여 언제를 기준으로 시·군·구의 지적전산자료를 시·도의 지적전산정보시스템에 반영하여야 하는가?

① 매년 말 ② 매반기 말
③ 매분기 말 ④ 매월 말

해설 시·도지사는 시·도의 대장전산자료를 시·군·구의 대장 전산자료와 항상 일치하도록 하기 위하여 매년 말을 기준으로 시·군·구의 지적전산자료를 시·도의 지적전산정보시스템에 반영한다.

정답 42. ② 43. ④ 44. ① 45. ② 46. ② 47. ①

48. 지적전산자료를 활용한 정보화사업에 포함되지 않는 것은?

① 임야대장의 전산화 업무
② 수치지도와 지적도면의 중첩 분석 결과 저장 업무
③ 토지대장의 전산화 업무
④ 정보처리시스템을 통한 지적도의 기록·저장 업무

[해설] 일반적으로 수치지도와 지적도면의 중첩 분석을 수행할 수 있으나 정보화 사업에는 포함되지 않는다.

49. 사용자권한 등록파일에 등록하는 사용자의 비밀번호 설정 기준으로 옳은 것은?

① 영문을 포함하여 3자리부터 12자리까지의 범위에서 사용자가 정하여 사용한다.
② 4자리부터 12자리까지의 범위에서 사용자가 정하여 사용한다.
③ 영문을 포함하여 5자리부터 16자리까지의 범위에서 사용자가 정하여 사용한다.
④ 6자리부터 16자리까지의 범위에서 사용자가 정하여 사용한다.

[해설] [사용자권한 등록파일에 등록하는 사용자의 비밀번호 설정기준]
① 비밀번호는 6자리부터 16자리까지의 범위에서 사용자가 정하여 사용한다.
② 비밀번호는 다른 사람에게 누설하여서는 아니된다.
③ 누설되거나 누설될 우려가 있는 때에는 즉시 이를 변경하여야 한다.

50. 대장전산자료의 정비 및 지적전산자료의 복구에 관한 설명으로 틀린 것은?

① 지적소관청은 대장전산자료에 오류가 발생한 때에는 지체없이 정비하여야 한다.
② 지적소관청은 대장전산자료의 오류 정비내역을 2년간 보존하여야 한다.
③ 지적공부가 등록된 전산자료가 멸실된 경우 지적공부 정리 결의서에 의해 복구할 수 있다.
④ 지적전산자료의 복구는 복제 및 변동된 지적전산자료에 의해 복구할 수 있다.

[해설] [지적전산자료의 정비]
① 지적소관청은 정비내역을 3년간 보존하여야 한다.
② 지적소관청은 지적전산자료에 오류가 발생한 때에는 지체없이 정비하여야 하고, 지적소관청이 처리할 수 없는 오류는 국토교통부장관에게 보고하여야 한다.

51. 3차원 지적정보를 구축할 때, 지상의 건축물의 권리관계등록과 가장 밀접한 관련성을 가지는 도형정보는?

① 수치지도 ② 토지피복도
③ 토지이용계획도 ④ 층별권원도

[해설] [층별권원도의 특징]
① 층별권원 규정을 위해 건물의 일부에 대한 권리의 보증을 위해 제작한 층별 도면
② 건물 일부에 대한 권리의 보증이며 건물 측량도의 일종
③ 층별권원 규정을 위해 층별도를 작성
④ 층별도에는 층별구조가 개략적으로 표시되고 벽은 단면도와 그 벽의 권리소속이 표현되어 있음

52. 지적공부의 효율적인 관리 및 활용을 위하여 지적정보전담 관리기구를 설치·운영하는 자는?

① 행정안전부장관 ② 국토지리정보원장
③ 한국국토정보공사장 ④ 국토교통부장관

[해설] [공간정보의 구축 및 관리 등에 관한 법률 제70조(지적정보 전담 관리기구의 설치)]
① 국토교통부장관은 지적공부의 효율적인 관리 및 활용을 위하여 지적정보 전담관리기구를 설치·운영한다.
② 지적정보전담 관리기구의 설치·운영에 관한 세부사항은 대통령령으로 정한다.

53. 지적업무의 정보화를 목표로 1977년부터 시작된 사전 기반조성 작업이 아닌 것은?

① 토지·임야대장 부책화
② 소유자 주민등록번호 등재 정리
③ 지적 법령 정비
④ 토지소유자의 유형별 구분 및 고유번호

정답 48. ② 49. ④ 50. ② 51. ④ 52. ④ 53. ①

해설 [지적업무정보화(지적전산화)의 사전기반조성작업(1977년 시행)]
① 대장의 서식을 부책식에서 카드식으로 개정
② 면적단위를 척관법에서 평이나 보에서 ㎡로 개정
③ 소유권 주체의 고유번호화
④ 지목, 토지이동연혁, 소유권변동연혁 등의 코드화 및 업무의 표준화
⑤ 수치지적부(현 경계점좌표등록부)의 도입

54. 지적전산자료의 이용에 관한 설명으로 옳은 것은?

① 시·군·구 단위의 지적전산자료를 이용하고자 하는 자는 지적소관청 또는 도지사의 승인을 얻어야 한다.
② 시·도 단위의 지적전산자료를 이용하고자 하는 자는 시·도지사 또는 행정안전부장관의 승인을 얻어야 한다.
③ 전국 단위의 지적전산자료를 이용하고자 하는 자는 국토교통부장관, 시·도지사 또는 지적소관청의 승인을 얻어야 한다.
④ 심사 및 승인을 거쳐 지적전산자료를 이용하는 모든 자는 사용료를 면제한다.

해설 [공간정보의 구축 및 관리 등에 관한 법률 제76조(지적전산자료의 이용 등)]
지적전산자료를 이용하거나 활용하려는 자는 국토교통부장관, 시·도지사 또는 지적소관청에 신청하여야 한다.
1. 전국 단위의 지적전산자료: 국토교통부장관, 시·도지사 또는 지적소관청
2. 시·도 단위의 지적전산자료: 시·도지사 또는 지적소관청
3. 시·군·구(자치구가 아닌 구를 포함한다) 단위의 지적전산자료: 지적소관청

55. 도시개발사업에 따른 지구계 분할시 지구계 구분코드 입력사항으로 알맞은 것은?

① 지구 내 0, 지구 외 2
② 지구 내 0, 지구 외 1
③ 지구 내 1, 지구 외 0
④ 지구 내 2, 지구 외 0

해설 도시개발사업에 따른 지구계 분할시 지구계 구분코드는 지구 내 0, 지구외 1로 입력한다.

56. 토지정보체계에 있어 기반이 되는 것으로 가장 알맞은 것은?

① 필지 ② 지번
③ 지목 ④ 소유자

해설 ① 필지 : 토지의 등록단위로 토지정보체계에 있어 기반이 되는 것
② 지번 : 필지에 부여하여 지적공부에 등록한 번호
③ 지목 : 토지의 주된 용도에 따라 토지의 종류를 구분하여 지적공부에 등록한 것

57. 지적공부의 등록사항 중에서 토지소유자에 관한 사항에 잘못이 있어 등록사항을 정정하는 경우 확인 자료에 해당되지 않는 것은?

① 등기필증
② 등기완료통지서
③ 토지대장 및 매매계약서
④ 등기관서에서 제공한 등기전산 정보자료

해설 [공간정보의 구축 및 관리 등에 관한 법률 제84조(등록사항의 정정)]
정정사항이 토지소유자에 관한 사항인 경우 등기필증, 등기완료통지서, 등기사항증명서 또는 등기관서에서 제공한 등기전산정보자료에 따라 정정하여야 한다.

58. 다음 중 지적정보센터자료가 아닌 것은?

① 시설물관리전산자료
② 지적전산자료
③ 주민등록전산자료
④ 개별공시지가전산자료

해설 [지적정보센터의 토지관련 자료]
① 지적전산자료
② 위성기준점관측자료
③ 공시지가전산자료
④ 주민등록전산자료

정답 54. ③ 55. ② 56. ① 57. ③ 58. ①

PART 4

제 4 과목
지 적 학

01 지적의 개념

02 지적제도의 발달

03 지적제도의 변천사

04 토지등록제도

05 지적재조사

CHAPTER 01 지적의 개념

1 지적의 기본이론

(1) 지적의 어원

언어	학자	어원
그리스어	Blonheim(프)	'Katastichon'에서 유래된 공책(notebook)으로 파악
라틴어	J. G. McEntyre(미)	'Capitastrum'에서 유래된 인두세등록부(Head Tax Register)로 파악
통설	\- 그리스어인 Katastichon으로 해석함 　즉 Kata(위에서 아래) + stikhon(부과) → Katastikhon(조세등록) → Katastichon \- 우리나라 1895년 칙령 제53호로 공포된 내부관제에 "판적국에서 지적사무를 본다"가 최초 용어 사용례	

(2) 지적제도의 필요성

① **국가적 측면** : 효율적인 국토관리를 통한 국가의 존립수단
② **개인적 측면** : 사유재산권의 보장수단
③ **사회적 측면** : 필지에 대한 소유권의 물리적 범위를 공시하여 거래의 안전과 신속하게 사회의 혼란을 방지하여 사회안정의 수단

(3) 기원

① 토지과세를 목적으로 하는 측량의 시작과 길이측정 근거에서 기원을 찾을 수 있다.
② 토지기록이 존재하고 있었다는 이집트학자들의 주장이 입증한다.
③ 나일강 하류의 대홍수에 따른 경계복원 측량기록이 있다.
④ 메나무덤(Tomb of Menna)의 고분벽화에 줄자를 이용하는 측량모습과 유프라테스, 티그리스 강 하류의 수메르 지방에서 점토판 발굴로 토지도면 기록들을 찾을 수 있다.

(4) 지적의 발생설

발생설	내용
과세설	국가가 과세를 목적으로 토지에 대한 각종 현상을 기록·관리하는 수단으로부터 출발했다고 보는 설
치수설	국가가 토지를 농업생산수단으로 이용하기 위해서 관개시설 등을 측량하고 기록·유지·관리하는 데서 비롯되었다고 보는 설
지배설	국가가 토지를 다스리기 위한 통치수단으로 토지에 대한 각종 현황을 관리하는 데서 출발한다고 보는 설
침략설	국가가 영토확장 또는 침략상 우위를 확보하기 위해 상대국의 토지현황을 미리 조사·분석 연구하는데서 비롯되었다는 설

(5) 정의

① **사전적 의미** : 지적은 토지에 관한 여러 가지 사항, 곧 토지의 위치, 형질, 소유관계, 면적, 지목, 지번, 경계 등을 등록하여 놓은 기록 및 그 소유관계를 밝히는 제도, 세금부과를 위해 사용되는 부동산의 소유, 가격, 수량에 대한 공적인 등록, 부동산의 과세목록 및 평가의 기준

② **원영희 교수** : 국토의 전반에 걸쳐 일정한 사항을 국가 또는 국가의 위임을 받은 기관이 등록하여 이를 국가 또는 국가가 지정하는 기관에 비치하는 기록으로써 토지의 위치·형태·용도·면적 및 소유관계를 공시하는 제도

③ **미국 J.G.M.Entyre** : 조세를 부과하기 위한 부동산의 양과 가치 및 소유권의 공적인 등록

④ **네덜란드 Henssen** : 모든 부동산에 관한 데이터를 체계적으로 정리·등록하는 제도

⑤ **영국 S.R.Simpson** : 과세의 기초자료를 제공하기 위하여 한나라의 부동산에 대한 수량과 소유권 및 가격을 등록하는 제도

⑥ **국제측량사연맹(FIG)** : 통상적으로 토지에 대한 권리(Rights), 제한사항(Restrictions) 및 의무사항(Responsibilities) 등 이해관계에 대한 기록을 포함한 필지중심의 현대적인 토지정보시스템

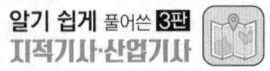

② 지적의 기본요소

(1) 분류

1) 발전과정(설치목적)에 의한 분류 : 세지적, 법지적, 다목적 지적

구분	세지적	법지적	다목적 지적
목적	토지조세부과	토지소유권보호	토지의 다목적정보관리
기본개념	면적본위	위치본위	자료의 자동화·종합화
특징	① 최초의 지적 ② 과세표준을 위한 지목과 면적 파악	① 소유권보호·안전성 ② 토지분쟁 감소 ③ 토지시장 활성화 ④ 개선된 양도절차 ⑤ 신용도 제고 ⑥ 토지개혁용이	① 모든 정보는 토지기록과 관련됨 ② 토지정보의 효율적 이용 ③ 토지관리의 접근방법제공

2) 측량방법(경계표시방법)에 의한 분류 : 도해지적, 수치지적

구분	내용
도해지적	토지의 경계점을 도해적으로 측정하여 지적도·임야도에 등록하고 토지경계의 효력을 도면에 등록된 경계에만 의존하는 지적제도를 말한다.
수치지적	토지의 경계점을 도해적으로 표시하지 않고 수학적인 좌표로서 표시하는 지적제도를 말하며 도해지적보다 훨씬 정밀하게 경계를 표시할 수 있다.

3) 등록방법(등록대상)에 의한 분류 : 2차원지적, 3차원지적

구분	내용
2차원지적	토지의 고저에는 관계없이 수평면상의 투영만을 가상하여 그 경계를 등록하는 제도로서 평면지적이라고 하며, 선과 면으로 구성된다.
3차원지적	토지이용도가 다양한 현대에 필요한 제도로서 입체지적이라고 하며, 토지의 지표·지하·공중에 형성되는 선·면·높이로 구성된다.

4) 등록성질에 따른 분류 : 소극적 지적, 적극적 지적

구분	내용
소극적 지적	소극적 지적은 토지를 지적 공부에 등록하는 것을 의무화 하지 않고 다만 당사자가 신고할 때 그 신고된 사항만을 등록하는 것을 말한다.
적극적 지적	적극적 지적은 국가가 토지등록의 의무를 가지며, 당사자의 신고가 있을 때는 물론이고 신고가 없어도 국가가 자진하여 등록사항을 추적 조사하여 등록하는 것을 말한다.

(2) 기본이념 및 구성요소

기본이념	3대 기본이념	지적국정주의 : 국가의 공신력에 의거 국가의 고유 권한, 창설당시 채택
		지적형식주의 : 지적공부에 등록 · 공시해야만 효력발생, 토지행정업무의 기초
		지적공개주의 : 국민에게 널리 공개, 정당성, 경계복원측량, 토지정책의 기초
	5대 기본이념	지적국정주의, 지적형식주의, 지적공개주의
		실질적 심사주의(사실심사주의) : 소관청이 사실관계를 심사 · 등록함, 측량검사
		직권등록주의(적극적등록주의) : 소관청이 강제적으로 등록 · 공시
구성 요소	3대 구성요소	원영희 교수 : 토지(Land), 등록(Registration), 공부(Records)
		Henssen교수 : 소유자, 권리, 필지
	5대 구성요소 (다목적지적)	측지기본망, 기본도, 지적중첩도, 필지식별번호, 토지자료파일

※ 토지등록주체는 국가(소관청), 등록객체는 통치권이 미치는 모든 영토, 토지

3 지적의 기능

(1) 기능과 역할

① 일반적 기능 : 사회적 기능, 법률적 기능, 행정적 기능으로 구분
② 실질적 기능(역할) : 토지등기, 감정평가, 토지과세, 토지거래, 토지이용계획, 주소 표기의 기초가 되며 각종 토지정보에 제공

기능	주요내용
토지등기의 기초	지적공부에 등록된 사항으로 토지등기부를 창설한다. (선 등록, 후 등기원칙을 채택하고 있다.)
토지이용계획의 기초	지적공부에 등록된 사항을 기준으로 각종 토지이용계획을 수립한다.
토지과세의 기초	지적공부에 등록된 사항을 기준으로 토지에 대해 제세를 부과한다.
토지평가의 기초	지적공부에 등록된 사항을 기준으로 토지에 대한 평가를 실시한다.
토지거래의 기준	지적공부에 등록된 사항을 기준으로 토지에 대한 거래를 실시한다.
각종 토지정보의 제공	국토통계, 도시행정, 건축행정, 농림행정, 산림행정, 국공유재산관리행정 등에 필요한 기초정보를 제공한다.
주소표기의 기준	지적공부에 등록된 토지의 소재와 지번을 기준으로 주소를 설정한다.

(2) 특징
① **안정성** : 소유권 등록체계의 근본, 불가침 영역
② **간편성** : 등록은 단순한 형태, 절차는 명확하고 확실
③ **정확성** : 지적제도의 효과적 운영
④ **신속성** : 정당화 및 체계적이기 위한 등록절차의 신속성 필요
⑤ **저렴성** : 소유권 등록을 위한 별도의 권원조사가 필요 없다.
⑥ **적합성** : 현재와 미래에 발생할 상황이 적합하여야 비용·인력·기술에 유용하다.
⑦ **등록의 완전성** : 등록은 모든 토지에 완전하여야 한다.

(3) 토지등록의 효력
① **구속력** : 행정행위가 법정요건을 갖추어야 효력이 발생
② **공정력** : 토지등록에 하자가 있더라도 적법성이 추정되는 효력
③ **확정력** : 유효하게 등록된 사항에 대해서는 상대방이나 이해관계인이 그 효력을 함부로 다툴 수 없다는 효력
④ **강제력** : 행정청이 직권으로 조사측량을 실시하고 지적공부에 등록하여야 하며 자력으로 집행할 수 있는 강력한 효력, 자력집행력

CHAPTER 01 지적의 개념

01. 다음 중 우리나라 지적제도에 채택하고 있는 것은?

① 소극적 등록제도
② 적극적 등록제도
③ 유사등록제도
④ 3차원 등록제도

해설 [우리나라에서 채택하고 있는 지적제도]
법지적, 2차원 지적, 적극적 지적, 도해지적, 좌표지적

02. 국가의 재원을 확보하기 위한 지적제도로서 면적본위 지적제도라고도 하는 것은?

① 과세지적
② 법지적
③ 다목적지적
④ 경제지적

해설 [세지적]
① 토지에 대한 조세부과시 그 세액을 결정함이 가장 큰 목적인 지적제도로 일명 과세지적
② 국가 재정세입의 대부분을 토지세에 의존하던 농경시대에 개발된 최초의 지적제도
③ 각 필지에 대한 세액을 정확하게 산정하기 위하여 면적단위로 운영되는 지적제도

03. 경계의 표시방법에 따른 지적제도의 분류가 옳은 것은?

① 세지적, 법지적, 다목적지적
② 2차원지적, 3차원지적
③ 수평지적, 입체지적
④ 도해지적, 수치지적

해설 [경계의 표시방법에 따른 지적제도의 분류]
① 도해지적 : 토지의 각 필지 경계점을 측량하여 일정한 축척으로 그림으로 묘화하는 것으로 정밀도가 낮은 지역에 적합
② 수치지적 : 토지의 각 필지 경계점을 수학적인 평면직각 종횡선수치(x,y)의 형태로 표시하여 정밀한 경계 등록 가능

04. 토지의 등록대상에 따른 지적제도의 분류에 해당하지 않는 것은?

① 2차원 지적
② 3차원 지적
③ 수치 지적
④ 입체 지적

해설 [토지의 등록대상에 따른 지적제도의 분류]
① 2차원 지적(평면지적) : 토지의 고저와 관계없이 수평면 상의 투영만을 가정하여 각 필지의 경계를 등록·공시하는 제도
② 3차원 지적(입체지적) : 선과 면으로 구성되어 있는 2차원 지적에 높이를 추가한 것
③ 4차원 지적 : 지표, 지상건축물, 지하시설물 등을 효율적으로 등록·공시하거나 관리·지원할 수 있고, 등록사항의 변경내용을 정확하게 유지·관리할 수 있는 다목적 지적제도

05. "지적은 과세의 기초자료를 제공하기 위하여 한 나라의 부동산의 규모와 가치 및 소유권을 등록하는 제도이다."라고 정의한 학자는?

① S. R. Simpson
② Henssen, J. L. G
③ A. Toffler
④ G. Mc Entyre

해설 [지적을 정의한 학자의 견해]
① Simpson : 과세의 기초로 제공하기 위하여 한 국가 내의 부동산의 면적이나 소유권 및 그 가격을 등록하는 공부
② McEntyre : 토지에 대한 법률상 용어로서 세부과를 위한 부동산의 수량, 가치 및 소유권의 공정등록

정답 01. ② 02. ① 03. ④ 04. ③ 05. ①

③ Henssen : 지적은 특정한 국가나 지역 내에 있는 재산을 지적측량에 의해 체계적으로 정리해 놓은 공부

해설 [지적제도의 발전단계]
과세지적(세지적) – 소유지적(법지적) – 다목적지적(종합지적)

06. 수치지적과 도해지적에 관한 설명으로 틀린 것은?

① 수치지적은 비교적 비용이 저렴하고 고도의 기술을 요구하지 않는다.
② 수치지적은 도해지적보다 정밀하게 경계를 표시할 수 있다.
③ 도해지적은 대상 필지의 형태를 시각적으로 용이하게 파악할 수 있다.
④ 도해지적은 토지의 경계를 도면에 일정한 축척의 그림으로 그리는 것이다.

해설 도해지적은 비교적 비용이 저렴하고 고도의 기술을 요구하지 않는다.

07. 지적제도의 발전 단계별 특징이 옳지 않은 것은?

① 세지적 – 생산량
② 법지적 – 경계
③ 법지적 – 물권
④ 다목적지적 – 지형지물

해설 [지적제도의 발전단계별 특징]
① 세지적 : 과세지적, 농경사회부터 발전, 면적과 토지등급 중시
② 법지적 : 소유지적, 과세, 토지거래의 안전, 토지소유권의 보호, 경계 중시
③ 다목적지적 : 종합지적, 경계지적, 과세, 토지거래의 안전, 토지소유권의 보호, 토지이용의 효율화를 위한 다양한 정보제공 등

08. 지적제도의 발달과정이 옳은 것은?

① 소유지적 → 과세지적 → 다목적지적
② 과세지적 → 소유지적 → 다목적지적
③ 소유지적 → 다목적지적 → 과세지적
④ 과세지적 → 다목적지적 → 소유지적

09. 법지적 제도와 거리가 가장 먼 것은?

① 정밀한 대축척 지적도 작성
② 토지의 사용, 수익, 처분권 인정
③ 토지의 상품화
④ 토지자원의 배분

해설 토지자원의 배분은 다목적지적과 관련이 있다.
[법지적]
① 세지적에서 진일보한 지적제도
② 토지과세 및 토지거래의 안전, 토지소유권보호 등이 주요 목적
③ 일명 소유지적이라고도 하며 법지적하에서는 위치의 정확도를 중시

10. 지적공부를 직접 열람하거나 등본을 교부하는 것과 가장 관계가 깊은 것은?

① 지적국정주의
② 직권등록주의
③ 지적형식주의
④ 지적공개주의

해설 [지적 공개주의]
지적공부에 등록된 사항을 토지소유자나 일반 국민에게 신속·정확하게 공개하여 정당하게 이용할 수 있도록 한다.

11. 우리나라에서 적용하는 지적의 원리가 아닌 것은?

① 적극적 등록주의
② 형식적 심사주의
③ 지적공개주의
④ 지적국정주의

해설 우리나라에서 적용하는 지적의 원리로는 적극적 등록주의, 공개주의, 국정주의 등이 있으며, 등기제도의 심사방법에는 형식적 심사주의로 한다.

정답 06. ① 07. ④ 08. ② 09. ④ 10. ④ 11. ②

12. 토지거래의 안전을 보장하기 위하여 권리관계를 보다 상세하게 기록하며 소유권의 한계설정과 경계복원의 가능성을 강조하는 지적공부 중 최고의 정밀도를 요구하는 것은?

① 세지적 ② 법지적
③ 다목적지적 ④ 토지정보시스템

해설 [법지적]
① 세지적에서 진일보한 지적제도
② 토지과세 및 토지거래의 안전, 토지소유권보호 등이 주요 목적
③ 일명 소유지적이라고도 하며 법지적하에서는 위치의 정확도를 중시
④ 경계가 명확해야 하므로 법지적의 확립을 위해 정밀한 지적측량이 요구됨

13. 조세징수를 제도화하고 공평성을 도모하기 위해 시작된 지적조사로, 근대 지적의 효시로 평가되는 것은?

① 둠스데이지적 ② 밀라노지적
③ 니더작센지적 ④ 나폴레옹지적

해설 [나폴레옹 지적]
① 근대적 세지적의 완성과 소유권제도의 확립을 위한 지적제도 성립의 전환점으로 평가
② 나폴레옹 1세가 1808~1850년까지 프랑스 전국토를 대상으로 공평한 과세와 소유권 분쟁해결을 위해 실시

14. 토지에 대한 세를 부과함에 있어 과세자료로 이용하기 위한 목적의 지적제도는?

① 세지적 ② 법지적
③ 경제지적 ④ 다목적지적

해설 [세지적]
① 토지에 대한 조세부과시 그 세액을 결정함이 가장 큰 목적인 지적제도로 일명 과세지적
② 국가 재정세입의 대부분을 토지세에 의존하던 농경시대에 개발된 최초의 지적제도
③ 각 필지에 대한 세액을 정확하게 산정하기 위하여 면적단위로 운영되는 지적제도

15. 지적측량의 특성상 법령의 기준에 따라 측정하는 측량을 무엇이라 하는가?

① 직권측량 ② 일반측량
③ 기속측량 ④ 강제측량

해설 [기속측량(羈束測量)]
① 토지의 표시사항에 해당하는 토지의 소재, 지번, 지목, 면적, 경계와 소유자 등의 토지에 관한 정보를 수집하여 등록·공시를 할 수 있는 측량
② 법률의 범위 내에서 국가가 시행하는 행정행위에 속하는 것

16. 토지소유권 보호가 주요 목적이며, 토지거래의 안전을 보장하기 위해 만들어진 지적제도로서 토지의 평가보다 소유권의 한계설정과 경계복원의 가능성을 중요시하는 것은?

① 세지적 ② 법지적
③ 유사지적 ④ 경제지적

해설 [법지적]
① 세지적에서 진일보한 지적제도
② 토지과세 및 토지거래의 안전, 토지소유권보호 등이 주요 목적
③ 일명 소유지적이라고도 하며 법지적하에서는 위치의 정확도를 중시
④ 경계가 명확해야 하므로 법지적의 확립을 위해 정밀한 지적측량이 요구됨

17. 토지등록의 원리 중 공시(公示)의 원칙과 관련 있는 것은?

① 국정주의 ② 물적 편성주의
③ 형식주의 ④ 공개주의

해설 [지적 공개주의]
지적공부에 등록된 사항을 토지소유자나 일반 국민에게 신속·정확하게 공개하여 정당하게 이용할 수 있도록 한다.

정답 12. ② 13. ④ 14. ① 15. ③ 16. ② 17. ④

18. 다음 중 지적형식주의와 가장 관계있는 사항은?

① 등록의 원칙
② 특정화의 원칙
③ 인적 편성의 원칙
④ 공시의 원칙

해설 [토지등록의 원칙]
① 공신의 원칙 : 선의의 거래자를 보호하여 진실로 등기 내용과 같은 권리관계가 존재한 것처럼 법률효과를 인정하려는 법률 원칙
② 공시의 원칙 : 지적공부를 직접 열람 및 등본과 지적공부에 등록된 경계를 지상에 복원하며 지적공부에 등록된 사항과 현장이 불일치할 경우 변경하여 등록하는 형식을 갖추고 있다.
③ 등록의 원칙 : 토지에 관한 모든 표시사항을 지적공부에 등록하여야 하고 토지의 이동이 발생하면 그 변동사항을 정리 등록해야 한다는 원칙
④ 신청의 원칙 : 국가나 공공단체에 대하여 어떤 사항을 희망하거나 청구하는 의사표시를 말하며 행정 주체라 할 수 있는 소관청의 일방적 의사에 따라 결정되므로 신청은 지적정리를 위한 행정행위의 효력을 발생하는 원칙

19. 토지정보시스템(LIS)은 다음 중 어느 지적에 해당하는가?

① 과세지적
② 법지적
③ 다목적지적
④ 경계지적

해설 [다목적지적]
① 종합지적, 유사지적, 경제지적, 통합지적이라고도 함
② 일필지를 단위로 토지관련정보를 종합적으로 등록하는 제도
③ 토지에 대한 평가, 과세, 거래, 이용계획, 지하시설물과 공공시설물 및 토지통계 등에 관한 정보를 공동으로 활용하기 위한 지적제도

20. 다음 중 지적업무의 전산화 이유와 거리가 먼 것은?

① 민원처리의 신속화
② 국토 기본도의 정확한 작성
③ 자료의 효율적 관리
④ 지적공부 관리의 기계화

해설 [지적업무전산화의 목적]
① 민원처리의 신속화
② 자료의 효율적 관리
③ 지적공부관리의 기계화
④ 토지과세자료의 정확화
⑤ 토지정보의 수요에 대한 신속한 정보제공
⑥ 공공계획의 수립에 필요한 정보제공
⑦ 다른 자료들과의 연계

21. 지적제도에 대한 설명으로 가장 거리가 먼 것은?

① 효율적인 토지관리와 소유권 보호를 목적으로 한다.
② 국가의 행·재정적 필요에 의한 제도이다.
③ 토지에 대한 물리적 현황의 등록·공시제도이다.
④ 소유권 이외의 권리를 보호하기 위한 제도이다.

해설 소유권이나 소유권 이외의 권리를 보호하기 위한 제도는 등기제도이다.

22. 지적의 구성요소를 외부요소와 내부요소로 구분할 때 내부요소에 속하지 않는 것은?

① 지적공부
② 지형
③ 토지
④ 경계설정

해설 [지적의 구성요소]
① 외부요소 : 지리적 요소, 법률적 요소, 사회, 정치, 경제적 요소
② 내부요소 : 토지, 경계설정과 측량, 등록, 지적공부

23. "지적은 특정한 국가나 지역 내에 있는 재산을 지적측량에 의해서 체계적으로 정리해 놓은 공부이다."라고 지적을 정의한 학자는?

① S. R. Simpson
② J. L. Henssen
③ A. Toffler
④ J. C. McEntyre

해설 [지적을 정의한 학자의 견해]
① Simpson : 과세의 기초로 제공하기 위하여 한 국가 내의 부동산의 면적이나 소유권 및 그 가격을 등록하는 공부

② McEntyre : 토지에 대한 법률상 용어로서 세부과를 위한 부동산의 수량, 가치 및 소유권의 공정등록
③ Henssen : 지적은 특정한 국가나 지역 내에 있는 재산을 지적측량에 의해 체계적으로 정리해 놓은 공부

24. 다음 중 지적의 형식주의에 대한 설명으로 옳은 것은?

① 국가의 통치권이 미치는 모든 영토를 필지 단위로 구획하여, 지적공부에 등록·공시하여야만 배타적인 소유권이 인정된다.
② 지적공부에 등록된 사항을 일반 국민에게 공개하여 이용할 수 있도록 하여야 한다.
③ 지적공부에 새로이 등록하거나 변경된 사항은 사실 관계의 부합 여부를 심사하여 등록하여야 한다.
④ 지적공부에 등록할 사항은 국가의 공권력에 의하여 국가만이 결정할 수 있다.

해설 [지적형식주의]
① 지적공부에 등록하는 법적인 형식을 갖추어야만 비로소 토지로서의 거래단위가 될 수 있다는 원리
② 지적등록주의라고도 함

25. 지적의 구성요소 중 외부요소에 해당되지 않는 것은?

① 환경적 요소   ② 법률적 요소
③ 사회적 요소   ④ 지리적 요소

해설 [지적의 구성요소]
① 외부요소 : 지리적 요소, 법률적 요소, 사회, 정치, 경제적 요소
② 내부요소 : 토지, 경계설정과 측량, 등록, 지적공부

26. 지적의 등록방법 중 토지의 고저에 관계없이 수평면 상의 투영면만을 가상하여 각 필지의 경계를 지적공부에 등록하는 것은?

① 2차원 지적   ② 3차원 지적
③ 1차원 지적   ④ 입체 지적

해설 [지적의 등록방법별 분류]
① 2차원 지적 : 토지의 고저에 관계없이 수평면상의 투영만을 가상하여 각 필지의 경계를 등록·공시하는 제도로 평면지적이라 함
② 3차원 지적 : 선과 면으로 구성된 2차원 지적에 높이를 추가하는 것으로 입체지적이라 함
③ 4차원 지적 : 지표, 지상건축물, 지하시설물 등을 효율적으로 등록·공시하거나 관리·지원할 수 있고, 등록사항의 변경내용을 정확하게 유지·관리할 수 있는 다목적지적제도

27. 지적형식주의와 관계있는 토지등록의 원리는?

① 등록의 원칙   ② 특정화의 원칙
③ 공시의 원칙   ④ 신청의 원칙

해설 [지적형식주의]
① 지적공부에 등록하는 법적인 형식을 갖추어야만 비로소 토지로서의 거래단위가 될 수 있다는 원리
② 지적등록주의라고도 함

28. 도해지적에 대한 설명으로 옳은 것은?

① 지적의 자동화가 용이하다.
② 지적의 정보화가 용이하다.
③ 측량성과의 정확성이 높다.
④ 위치나 형태를 파악하기 쉽다.

해설 [경계의 표시방법에 따른 지적제도의 분류]
① 도해지적 : 토지의 각 필지 경계점을 측량하여 일정한 축척으로 그림으로 묘화하는 것으로 정밀도가 낮은 지역에 적합
② 수치지적 : 토지의 각 필지 경계점을 수학적인 평면직각 종횡선수치(x,y)의 형태로 표시하여 정밀한 경계 등록 가능

29. 지적의 3요소와 가장 거리가 먼 것은?

① 토지   ② 등록
③ 공부   ④ 등기

해설 지적의 3요소는 토지, 등록, 공부이다.

30. 지적의 어원을 'katastikhon', 'capitastrum'에서 찾고 있는 견해의 주요 쟁점이 되는 의미는?

① 토지측량 ② 지형도
③ 지적공부 ④ 세금부과

해설 [지적의 어원]
① 라틴어인 Capitastrum, Cadastrum에서 유래(과세부과의 의미)
② 그리스어인 Katastikhon에서 유래(과세부과의 의미)
③ Cadastre 세금부과 및 측량을 의미함

31. 다음 중 다목적지적의 구성요소로 보기 어려운 것은?

① 필지식별번호 ② 기본도
③ 지적도 ④ 지형도

해설 [다목적지적의 구성요소]
① 3대 구성요소 : 측지기준망, 기본도, 중첩도
② 5대 구성요소 : 측지기준망, 기본도, 중첩도, 필지식별번호, 토지자료파일

32. 다음 중 지적측량에 따른 민사책임에 해당되는 것은?

① 지적측량과정에서 과실로 토지 내 수목제거
② 중과실로 지적측량에 잘못을 범한 때
③ 지적측량부의 타목적에 이용
④ 경계표의 손괴, 이동 및 제거

해설 지적측량과정에서 과실로 토지내 수목제거를 한 경우나 타인의 토지내에서 시설물의 파손 등 재산상의 피해를 입힌 경우, 민사책임에 해당한다.

33. 3차원 지적에 해당되지 않는 것은?

① 평면지적 ② 입체지적
③ 지표공간 ④ 지중공간

해설 [3차원 지적]
① 토지의 이용이 다양화됨에 따라 토지의 경계, 지목, 지표의 물리적 현황, 지상과 지하에 설치된 시설물 등을 수치의 형태로 등록공시·관리를 지원하는 제도
② 입체지적이라고도 함

34. 다음 중 지적의 기본이념으로만 열거된 것은?

① 국정주의, 형식주의, 공개주의
② 국정주의, 형식적심사주의, 직권등록주의
③ 등록임의주의, 형식적심사주의, 공개주의
④ 형식주의, 민정주의, 직권등록주의

해설 [지적의 기본이념]
지적의 기본이념은 지적국정주의, 지적공개주의, 지적형식주의, 실질적 심사주의, 직권등록주의가 있다.

35. 징발된 토지의 소유권은 누구에게 있는가?

① 국가 ② 국방부
③ 지방자치단체 ④ 토지소유자

해설 지적공부에 등록하는 주체는 국가(지적소관청)이고, 징발된 토지소유권의 주체는 토지소유자이다.

36. 물권 설정 측면에서 지적의 3요소로 볼 수 없는 것은?

① 토지 ② 등록
③ 공부 ④ 국가

해설 물권 설정 측면에서 지적의 3요소는 토지, 등록, 공부이다.

37. 다음 지적의 기능 중 거리가 먼 것은?

① 도시 및 국토계획의 원천
② 토지감정평가의 기초
③ 토지기록의 법적효력과 공시
④ 지리적 요소의 결정

해설 [지적의 기능]
① 토지등기의 기초(선등록 후등기)
② 토지평가의 기초(선등록 후평가)
③ 토지과세의 기초(선등록 후과세)
④ 토지거래의 기초(선등록 후거래)
⑤ 토지이용계획의 기초(선등록 후계획)
⑥ 주소표기의 기초(선등록 후설정)

정답 30. ④ 31. ④ 32. ① 33. ① 34. ① 35. ④ 36. ④ 37. ④

38. 지적의 역할에 해당하지 않는 것은?

① 토지평가의 자료 ② 토지정보의 관리
③ 토지소유권의 보호 ④ 부동산의 적정한 가격형성

해설 [지적의 기능 및 역할]
① 일반적 기능 : 사회적 기능, 법률적 기능, 행정적 기능으로 구분
② 실질적 기능(역할) : 토지등기, 감정평가, 토지과세, 토지거래, 토지이용계획, 주소표기의 기초가 되며 각종 토지정보에 제공

39. 다음 중 근대적 세지적의 완성과 소유권제도의 확립을 위한 지적제도 성립의 전환점으로 평가되는 역사적인 사건은?

① 윌리엄 1세의 영국 둠즈데이 측량 시행
② 나폴레옹 1세의 프랑스 토지관리법 시행
③ 솔리만 1세의 오스만제국 토지법 시행
④ 디오클레시안 황제의 로마제국 토지 측량 시행

해설 [나폴레옹 지적]
① 근대적 세지적의 완성과 소유권제도의 확립을 위한 지적제도 성립의 전환점으로 평가
② 나폴레옹 1세가 1808~1850년까지 프랑스 전국토를 대상으로 공평한 과세와 소유권 분쟁해결위해 실시

40. 토지의 표시사항은 지적공부에 등록, 공시하여야만 효력이 인정된다는 토지등록의 원칙은?

① 형식주의 ② 신청주의
③ 공신주의 ④ 직권주의

해설 [지적형식주의]
① 지적공부에 등록하는 법적인 형식을 갖추어야만 토지로서의 거래단위가 될 수 있다는 원리
② 지적등록주의라고도 함

41. 다음 중 토지소유권 보호를 목적으로 하는 지적제도의 유형으로 옳은 것은?

① 경제지적 ② 법지적
③ 세지적 ④ 다목적지적

해설 [법지적]
① 세지적에서 진일보한 지적제도
② 토지과세 및 토지거래의 안전, 토지소유권보호 등이 주요 목적
③ 일명 소유지적이라고도 하며 법지적하에서는 위치의 정확도를 중시

42. 지적공개주의를 실현하는 방법에 해당하지 않은 것은?

① 지적공부에 등록된 사항을 실지에 복원하여 등록된 결정사항을 파악하는 방법
② 지적공부에 등록된 사항과 실지상황이 불일치할 경우 실지상황에 따라 변경 등록하는 방법
③ 지적공부를 직접 열람하거나 등본에 의하여 외부에서 알 수 있도록 하는 방법
④ 등록사항에 대하여 소유자의 신청이 없는 경우 국가가 직권으로 이를 조사 또는 측량하여 결정하는 방법

해설 [직권등록주의]
등록사항에 대하여 소유자의 신청이 없는 경우 국가가 직권으로 이를 조사 또는 측량하여 결정하는 방법

43. 지적의 발생설을 토지측량과 밀접하게 관련지어 이해할 수 있는 이론은?

① 과세설 ② 치수설
③ 지배설 ④ 역사설

해설 [지적발생설의 종류]
① 과세설 : 세금징수의 목적에서 출발
② 치수설 : 농지측량(토지측량) 및 치수에서 출발
③ 통치설 : 통치적 수단에서 출발
④ 침략설 : 영토확장과 침략상 우위의 목적

44. 지적의 발생설 중 영토의 보존과 통치수단이라는 두 관점에 대한 이론은?

① 지배설 ② 치수설
③ 침략설 ④ 과세설

정답 38. ④ 39. ② 40. ① 41. ② 42. ④ 43. ② 44. ①

해설 [지적발생설의 종류]
① 과세설 : 세금징수의 목적에서 출발
② 치수설 : 농지측량(토지측량) 및 치수에서 출발
③ 통치설(지배설) : 통치적 수단에서 출발
④ 침략설 : 영토확장과 침략상 우위의 목적

45. 토지등록과 그 공시내용의 법률적 효력으로 볼 수 없는 것은?

① 행정처분의 구속력
② 토지등록의 공정력
③ 토지등록의 확정력
④ 공신의 원칙 인정력

해설 [토지등록의 효력]
행정처분의 구속력, 토지등록의 공정력, 토지등록의 확정력, 토지등록의 강제력

46. 다목적 지적의 구성요건에 해당하지 않는 것은?

① 측지기준망
② 기본도
③ 지적도
④ 측량계산부

해설 [다목적지적의 구성요소]
① 3대 구성요소 : 측지기준망, 기본도, 중첩도
② 5대 구성요소 : 측지기준망, 기본도, 중첩도, 필지식별번호, 토지자료파일

47. 지적형식주의를 채택하고 있는 지적제도에 있어서 토지표시사항의 등록에 대한 효력적 근거가 되는 것은?

① 지적공부
② 등기부
③ 토지이동결의서
④ 측량성과도

해설 [지적형식주의]
① 지적공부에 등록하는 법적인 형식을 갖추어야만 비로소 토지로서의 거래단위가 될 수 있다는 원리
② 지적등록주의라고도 함

48. 다음 중 도해지적에 대한 설명으로 옳지 않은 것은?

① 경계를 표시하는 방법에 따른 분류에 해당한다.
② 토지경계의 효력을 도면에 등록된 경계에만 의존한다.
③ 토지경계가 지상보다 도상에 명백히 나타나 있어 경계 분쟁의 소지가 적은 지역에 적합하다.
④ 토지 형상에서 경계선이 비교적 직선이며 굴곡점이 적고 면적이 넓어 정밀도를 높이기 위한 경우에 적합하다.

해설 ① 도해지적 : 토지의 각 필지 경계점을 측량하여 일정한 축척으로 그림으로 묘화하는 것으로 정밀도가 낮은 지역에 적합
② 수치지적 : 토지의 각 필지 경계점을 수학적인 평면직각 종횡선수치(x,y)의 형태로 표시하여 정밀한 경계 등록 가능

49. 근대 유럽 지적제도의 효시를 이루는데 공헌한 국가는?

① 독일
② 네덜란드
③ 스위스
④ 프랑스

해설 [나폴레옹 지적]
① 근대적 세지적의 완성과 소유권제도의 확립을 위한 지적제도 성립의 전환점으로 평가
② 나폴레옹 1세가 1808~1850년까지 프랑스 전국토를 대상으로 공평한 과세와 소유권 분쟁해결위해 실시

50. 지적을 다음과 같이 정의한 학자는?

"토지의 일필지에 대한 크기(size)와 본질(nature), 이용상태(state) 및 법률관계(legal situation) 등을 상세히 기록하여 별개의 재산권으로 행사할 수 있도록 지적측량에 의하여 대장과 대축척 지적도에 개별적으로 표시하여 체계적으로 정리한 것이다."

① 헨센(Henssen)
② 데일(Dale)
③ 심프슨(Simpson)
④ 맥로린(McLaughlin)

해설 [지적을 정의한 학자의 견해]
① Simpson : 과세의 기초로 제공하기 위하여 한 국가 내의 부동산의 면적이나 소유권 및 그 가격을 등록하는 공부
② McEntyre : 토지에 대한 법률상 용어로서 세부과를 위한 부동산의 수량, 가치 및 소유권의 공정등록

③ Henssen : 지적은 특정한 국가나 지역 내에 있는 재산을 지적측량에 의해 체계적으로 정리해 놓은 공부

51. 지적국정주의에 대한 설명으로 옳지 않은 것은?

① 모든 토지를 지적공부에 등록해야 하는 적극적 등록주의를 택하고 있다.
② 지적공부에 등록된 사항을 토지소유자나 일반 국민에게 신속·정확하게 공개하여 정당하게 이용할 수 있도록 한다.
③ 지적공부의 등록사항 결정방법과 운영방법에 통일성을 기하여야 한다.
④ 토지에 이동사항이 있을 경우 신청이 없더라도 이를 직권으로 조사·정리할 수 있다.

해설 [지적 공개주의]
지적공부에 등록된 사항을 토지소유자나 일반 국민에게 신속·정확하게 공개하여 정당하게 이용할 수 있도록 한다.

52. 지적국정주의는 토지표시사항의 결정권한은 국가만이 가진다는 이념으로 그 취지와 가장 거리가 먼 것은?

① 처분성　　　② 통일성
③ 획일성　　　④ 일관성

해설 [지적 국정주의]
① 토지표시사항의 결정권한을 국가만이 가진다는 이념
② 지적국정주의를 채택하는 주된 이유는 통일성, 일관성, 획일성을 확보하기 위함

53. 다음 중 근세 유럽 지적제도의 효시로서, 근대적 지적 제도가 가장 빨리 도입된 나라는?

① 네덜란드　　　② 독일
③ 스위스　　　　④ 프랑스

해설 프랑스는 1808~1850년 나폴레옹의 영토 확장과 더불어 유럽 전역에 영향을 끼치게 되었으며 세계 최초라 할 수 있다.

54. 다음 중 지적제도의 특성으로 가장 거리가 먼 것은?

① 지역성　　　② 안전성
③ 정확성　　　④ 저렴성

해설 [지적제도의 특성]
안전성, 간편성, 정확성, 신속성, 저렴성, 적합성, 등록의 완전성

55. 모든 토지를 지적공부에 등록하고 등록된 토지표시사항을 항상 실제와 일치하도록 유지하는 지적제도의 원칙은?

① 적극적 등록주의　　② 형식적 심사주의
③ 당사자 신청주의　　④ 소극적 등록주의

해설 ① 적극적 등록주의 : 토지등록은 일필지의 개념으로 법적인 권리보장이 인증되고 정부에 의해 그러한 합법성과 효력이 발생
② 소극적 등록주의 : 기본적으로 거래와 그에 관한 거래증서의 변경기록을 수행하는 것이며, 일필지의 소유권이 거래되면서 발생되는 거래증서를 변경 등록하는 것

56. 지적제도의 기능 및 역할로 옳지 않은 것은?

① 토지등기의 기초　　② 토지에 대한 과세의 기준
③ 토지거래의 기준　　④ 토지소유제한의 기준

해설 [지적의 기능 및 역할]
① 일반적 기능: 사회적 기능, 법률적 기능, 행정적 기능으로 구분
② 실질적 기능(역할): 토지등기, 감정평가, 토지과세, 토지거래, 토지이용계획, 주소표기의 기초가 되며 각종 토지정보에 제공

57. 지적의 발생설에 해당하지 않는 것은?

① 치수설　　　② 상징설
③ 지배설　　　④ 과세설

해설 [지적발생설의 종류]
① 과세설 : 세금징수의 목적에서 출발
② 치수설 : 농지측량(토지측량) 및 치수에서 출발

③ 통치설 : 통치적 수단에서 출발
④ 침략설 : 영토확장과 침략상 우위의 목적

58. 우리나라의 지적에 수치지적이 시행되기 시작한 연대는?

① 1950년　　② 1976년
③ 1980년　　④ 1986년

해설 ① 지적법 제정(1950년)
② 지적법 1차개정(1961년) : 지적공부 비치기관을 세무서에서 서울시 또는 시군으로 개정
③ 지적법 2차개정(1975년) : 지적법의 입법목적을 규정, 경계점좌표로 등록하기 위한 수치지적부 도입

59. 지적의 원리 중 지적활동의 정확도를 설명한 것으로 옳지 않은 것은?

① 토지현황조사의 정확성 - 일필지 조사
② 기록과 도면의 정확성 - 측량의 정확도
③ 서비스의 정확성 - 기술의 정확도
④ 관리·운영의 정확성 - 지적조직의 업무분화 정확도

해설 [현대지적의 원리]
① 공기능의 원리 : 지적은 국가가 국토에 대한 상황을 다수의 이익을 추구하기 위하여 기록·공시하는 국가의 공공업무
② 민주성의 원리 : 제도의 운영주체와 객체가 내적인 면에서 행정의 인간화가 이루어지고 외적인 면에서 주민의 뜻이 반영되는 지적행정
③ 능률성의 원리 : 실무활동의 능률성은 토지현상을 조사하여 지적공부를 만드는 과정에서의 능률을 의미
④ 정확성의 원리 : 토지현황조사, 기록과 도면, 관리와 운영으로 보았을 때, 토지현황조사에 있어 조사되는 지적정보의 정확성을 의미

60. 다음 중 지적형식주의에 관한 설명으로 옳은 것은?

① 토지소유권은 부동산등기부에 등기된 바에 따른다.
② 토지대장은 카드형식으로만 작성된다.
③ 지적공부의 열람은 누구나 할 수 있다.
④ 모든 토지는 지적공부에 등록해야 한다.

해설 [지적등록주의]
① 지적공부에 등록하는 법적인 형식을 갖추어야만 토지로서의 거래단위가 될 수 있다는 원리
② 지적형식주의라고도 함

61. 다음 중 지적의 일반적 기능 및 역할로 옳지 않은 것은?

① 토지의 물리적 현황을 등록한 토지대장은 등기부를 정리하기 위한 보조적 기능을 한다.
② 지적공부에 등록된 정보는 토지평가의 기초자료로 활용된다.
③ 지적공부에 등록된 정보는 토지거래의 기초자료로 활용된다.
④ 토지정보를 필요로 하는 분야에 종합 정보원으로서의 기능을 한다.

해설 [현대 지적의 기능]
토지등록의 법적효력과 공시, 도시 및 국토계획의 원천, 지방행정의 자료, 토지감정평가의 기초, 토지유통의 매개체, 토지관리의 지침 등이 있다.

62. 지적공개주의의 의미로 가장 적합한 것은?

① 지적공부에 등록하여 국가 통제 하에 두는 것이다.
② 토지소유자, 이해관계자에게 정당하게 활용되도록 하는 것이다.
③ 지적관계 공무원에게 공개하는 것이다.
④ 지적공부를 외국인에게 공개하여 과세자료를 제공하는 것이다.

해설 [지적 공개주의]
지적공부에 등록된 사항을 토지소유자나 일반 국민에게 신속·정확하게 공개하여 정당하게 이용할 수 있도록 한다.

63. 다음 중 국토에 대한 자원목록을 조직적으로 작성한 토지기록이자 토지대장인 둠즈데이북(Domesday Book)을 작성하였던 나라는?

① 이탈리아 ② 프랑스
③ 덴마크   ④ 영국

해설 [영국의 둠즈데이북(Domesday Book)]
① 1066년에 잉글랜드를 정복한 후 1085~1086년 동안 조사하여 양피지 2권에 라틴어로 작성한 토지조사부
② 노르만 출신 윌리엄 1세가 정복한 전 영국의 자원목록으로 국토를 조직적으로 작성한 토지기록
③ 영국에서 사용되어왔던 과세장부

정답 63. ④

02 CHAPTER 지적제도의 발달

1 우리나라의 지적제도

(1) 고대국가
① 고조선시대 정전제(井田制)는 균형 있는 촌락의 설치와 토지분급 및 수확량을 파악하는 것을 목적으로 시행하였으며 단기고사의 기자조선 제1세 때 백성들에게 농사일을 독려하였으며 납세의 의무를 알게 하여 소득의 1/9을 세금으로 하였다고 기록을 전하고 있다.
② 부여는 행정구역제도로서 수도를 중심으로 영토를 사방으로 토지구획방법으로 사출도를 시행하였다.

(2) 삼국시대

구분	고구려	백제	신라
길이단위	척(尺)	척(尺)	척(尺)
면적단위	경무법(경묘법)	두락제, 결부제	결부제
토지도면	봉역도, 요동성총도	능역도	
지적공부	도부	도적	장적
측량방식	구장산술	구장산술	구장산술
측량실무	산학박사	산학박사, 화사, 산사	산학박사

(3) 구장산술(九章算術)
① 의의 : 구장산술은 특히 관리들이 실무적인 일을 처리하는데 부딪치는 여러 가지 문제들을 포함하여 수학지식을 집대성 정리한 책, 토지측량방식으로 적용
② 구성 : 방전, 속미, 쇠분, 소광, 상공, 균륜, 영부족, 방정, 구고장과 같이 모두 9장으로 구성
③ 방법 : 지형을 당시 측량술로 측량하기 쉬운 형태로 구별하여 측량하는 방법
④ 특징 : 백제의 경우 화사(畵師)가 회화적으로 지도나 지적도 등을 만듦.
⑤ 전의 형태 : 방전(정사각형), 직전(직사각형), 구고전(직각삼각형), 규전(이등변삼각형), 제전(사다리꼴), 원전(원), 호전(부채꼴), 환전(고리모양)

(4) 통일신라
① 길이단위 : 척(尺)단위를 사용
② 면적단위 : 결부제, 경묘법
③ 토지장부 : 신라장적
④ 측량방식 : 구장산술(방전, 직전, 구고전, 규전, 제전, 원전, 호전, 환전)
⑤ 토지담당(부서, 조직) : 품주, 창부, 산학박사
⑥ 토지제도 : 토지국유제 원칙(공전지급)
⑦ 통일신라 토지제도의 특징
　㉠ 정전제도의 실시를 통하여 국가가 농민에게 토지 지급
　㉡ 과거부터 농민의 보유경작지에 대하여 법적으로 인정하거나 황폐지를 급전형식으로 줌
　㉢ 농민들에게 급전형식으로 준 토지에 대하여 강제적 경작의무 부과

(5) 고려시대
① 길이단위 : 척(尺)단위를 사용하였으며 양전척, 수등이척, 지척
② 면적단위 : 결부제, 경묘법
③ 토지장부 : 전적(田籍), 전안, 양전장적, 양전도장, 도전장, 도전정
④ 측량방식 : 구장산술(방전, 직전, 구고전, 규전, 제전, 원전, 호전, 환전)
⑤ 토지담당(부서, 조직) : 고려전기-호부, 고려후기-판도사, 지방-향리담당
⑥ 토지제도 : 양전(양전사), 전시과제도, 공전, 사전구분
⑦ 과전법 : 고려태조 왕건의 집권과 동시에 토지 국유제를 확립하여 국가재정의 기초를 확고히 하고 안정시키기 위하여 전제개혁을 시도한 것이다. 고려의 토지제도 중에서 가장 중요한 위치를 차지한 것이 과전이었다.
⑧ 공전과 사전 : 고려 말 사전개혁과 토지의 국유를 원칙으로 한 공전제도를 세움과 동시에 당시의 국내정세 등에 비추어 사전의 매매, 증여, 상속 등의 권리도 공인하도록 하였다.
　㉠ 공전 : 수조권의 귀속에 따라 국가가 직접 조를 받는 토지. 둔전, 마전, 원전, 진부전, 빙부전, 수릉군전, 목장토 등
　㉡ 사전 : 수조권이 귀족, 관리, 기타기관에 속한 토지. 과전, 직전, 공신전, 공수전, 장전, 부당전, 급주전, 군전, 별사전, 공해전, 사전, 학전 등

(6) 조선시대
① 길이단위 : 척(尺)단위를 사용하였으며 양전척, 주척기준, 영조척
② 면적단위 : 결부제, 일자오결제, 망척제
③ 토지장부 : 양안, 전안, 성책, 양안등서책, 전답타량안
④ 측량방식 : 구장산술(원전, 호전, 환전은 없어짐)
⑤ 토지담당(부서, 조직) : 한성부-5부, 호조-판적사, 지방-양전사, 임시-전제상정소
⑥ 토지제도 : 양전, 입안, 문기, 과전법, 양전개정론

(7) 기타 주요 토지제도

① 문기 : 토지 및 가옥을 매수, 매도할 때 작성하는 매매계약서. 권원증서
② 입안 : 등기권리증, 토지매매를 증명하는 제도. 명의변경절차 입안받지 않은 문기 (백문매매)
③ 양안 : 양전에 의해 작성된 토지대장으로 전세징수의 기본 장부. 전안, 도행장 등으로 불린다. 전답의 소재지, 형상, 등급, 면적, 소유자 등을 기록

[양안(量案)의 기재내용]

자호(지번)	양전할 때 각 표지에 천자문의 순서로 번호를 매기는 것(1자호 내에는 5결이 들어 있으며 자호내의 각필지에는 고유의 번호가 있다. 이는 현재의 지번)
양전방향	양전의 방향은 南犯, 北犯 등 동서남북으로 표시
토지등급	토지의 비옥도에 따라 전분 6등, 풍흉에 따라 년분 9등으로 분류
지형척수	토지의 실제거리를 양전척으로 측량하여 기재(인조 때는 양전척에서 갑술척으로)
결부수	면적을 표시한 것
사표	토지의 위치를 동서남북으로 나타낸 것
진기	경작여부를 밝힌 것
주	토지소유자의 표시(양반은 직함, 품계, 본인성명, 노비의 이름을 기재. 평민은 직역과 성명. 천민은 천역(賤役)의 명칭과 이름)

④ 사표(사표도) : 토지의 위치를 동서남북의 경계로 표시한 것이며 필지의 경계를 명확하게 하기 위하여 토지의 표시사항 및 소유자관계를 기재한 양안성격의 토지등록 도면
⑤ 궁장토 : 궁장토는 조선시대 초기에는 없었으나 임진왜란 이후 설치, 대군, 공주, 왕자, 옹주, 군주, 국왕사친, 세자사친, 후궁 등의 왕실과 궁가에 속하는 명례궁, 어의궁, 용동궁, 수진궁 등의 토지를 궁방전이라 함. 궁방전에 내수사 토지를 포함하여 일사칠궁의 토지를 궁장토 또는 사궁장토라 함.
⑥ 역둔토 : 갑오개혁이후 역토와 둔토를 총칭하는 말. 궁내부 관리 당시의 역둔토에는 역토, 둔토, 목장, 제언, 답, 죽전, 제전, 송전, 노전, 초평, 시장, 봉대기지, 공해기지 등이었으나 탁지부로 이관한 후 궁장토, 능, 원, 묘 등의 국유지를 포함한 모든 토지를 총칭하여 역둔토라 하였다.

(8) 양전제도(양전사업)

1) 의의

① 오늘날의 지적측량을 말하며 그 기원은 상고시대부터 유래
② 신라시대부터 고려 시대 중기까지 경묘법(경무법)을 채택
③ 토지실면적과 수확량을 파악하는 토지측량제도
④ 토지조사사업 시행 이전까지 실시된 지적제도의 근원

2) 특징

① 20년마다 한 번씩 양전실시, 결과를 양안에 기록
② 3부 작성하여 호조, 본도, 본읍에 각각 보관

③ 균전사를 파견하여 감독·수령
④ 실무자의 위법사례 적발하여 처리
⑤ 고려시대에는 경묘와 결부제 사용
⑥ 수등이척의 도입(3등급으로 분류, 지척 사용)
⑦ 조선세종, 전제상정소 설치(전분6등제, 연분9등법 실시)
⑧ 조선시대 결부법 중심으로 결·부·속·파·척으로 기준
⑨ 양안을 전안, 양안, 도행장이라고도 함
⑩ 구한말 양전사업은 토지제도의 근대화를 시도한 것

3) 양전개정론

① 정약용의 주장, 「목민심서」를 통하여 양전법 개정을 위한 새로운 양전 방안은 정(井)전제의 시행을 전제로 한 방량법과 어린도법의 시행을 주장, 일자오결법이나 사표의 부정확성 시정 위함, 결부제 폐지, 경무(경묘)법 개혁주장
② 서유구의 주장, 결부제폐지, 경무법주장, 어린도 주장, 구고삼각법, 양전수법십오제, 전문관사 설치 주장
③ 이기의 주장, 수등이척제의 개선으로 망척제 주장, 전지의 형태와 관계없이 그물형태의 정방향 모양으로 면적계산

[양전개정론자의 비교]

구분	정약용	서유구	이기	유길준
양전방안	① 결부제폐지 : 경무법으로 개혁 ② 양전법안 개정		수등이척제 개선 망척제를 주장	전통제의 주장
저서	목민심서	의상경계책	해학유서	서유견문
특징	어린도 작성 정전제 강조 전을 정방향으로 구분	어린도 작성 구고삼각법에 의한 양전 수법십오제 마련	도면의 필요성 강조 정방형의 눈들을 가진 그물을 사용	양전 후 지권을 발행 리 단위 지적도작성

(9) 조세제도

① **정전제(丁田制)** : 국가가 일반 백성에게 정전을 나누어 주고 그들로 하여금 모든 부역과 전조를 국가에 바치게 하는 제도
② **결부법** : 신라 때부터 조선 초기까지 사용한 논, 밭의 면적표시. 당초에는 수확량을 나타냈으나 그 후 토지면적으로 변화, 결부에 따라 세액을 정함.
③ **경묘법(경무법)** : 원래 중국의 전지의 면적단위법이며 실적 표준의 단위법, 농지의 광협을 통해서 그 면적을 파악하고 객관성을 지니는 방법이며, 경무에 따라 과세하므로 매경의 세금은 경중이 다르고, 따라서 세총은 비록 해마다 일정치 않으나 국가는 전국의 농지를 실수대로 정확히 파악할 수 있는 방법이다. 정약용, 서유구가 주장. 결부법에 대립, 사방6척尺→보步, 100보→무畝, 100무→경頃, 무畝, 보步를 단위로 고정된 면적을 표시

④ 두락제 : 백제시대에 사용한 토지의 측량면적산정기준으로 정한 제도이며 전답에 뿌리는 씨앗의 수량으로 면적을 표시
⑤ 수등이척제 : 고려말기에 농부의 손가락(지)를 기준으로 전품을 상, 중, 하 3등급으로 나누어 척수의 길이를 다르게 하여 면적을 계산하던 제도
⑥ 일자오결제(一字五結制度) : 천자문 1자의 부여를 위한 결수의 구성, 양안의 토지표시는 양전의 순서에 따라 1필지마다 천자문의 자번호를 부여, 천자문의 1자(字)는 폐경전, 기결전을 막론하고 5결이 되면 부여함, 1결의 크기는 1등전의 경우 사방 1만 척으로 하였음.

2 외국의 지적제도

(1) 프랑스
① 토지에 대한 공평한 과세와 소유권에 관한 분쟁을 해결하기 위하여 1850년 지적제도 창설
② 세금 부과를 목적으로 하였으며 도해적인 방법으로 실시
③ 나폴레옹 지적은 근대적 지적제도의 효시로서 둠즈데이북 등과 세지적의 근거로 제시

(2) 독일
① 독일의 지목은 8개의 대분류와 64개의 소분류로 구분되는데 건물 및 대지의 대분류 아래에 11종의 소분류 지목으로 구성
② 독일의 지적공부는 부동산지적도와 부동산지적부로 구성, 부동산지적부는 소유자별로 토지등록카드, 지번별 색인목록부, 성명별 목록부로 구성

(3) 네덜란드
① 창설 당시부터 지적과 등기가 통합되어 운영되며, 소극적 등록주의를 채택
② 지적 및 토지등기청에서 지적업무 전담 운영, 수수료 체계 운영

(4) 일본
① 1887년 지권제도를 폐지하고 토지대장제도를 신설
② 1951년에 국토조사사업을 제정하고 국토청 주관으로 국토조사에 착수
③ 1960년 부동산등기법이 개정되어 등기제도와 지적제도가 통합
④ 지적행정조직은 중앙에는 법무성에서 지적업무를 관장하며, 지방에는 지방법무국 산하의 지국과 출장소에서 관장, 토지가옥조사사의 측량 및 조사 성과를 기준으로 조사도가 작성
⑤ 부동산등기법에 의한 지도를 비치하지 못한 출장소에서는 명치 시대에 작성된 자한도(字限圖)를 공도로 하여 활용

⑥ 지적도 축척은 도시지역은 1/250, 1/500, 농촌지역은 1/500, 1/1,000, 임야지역은 1/1,000, 1/2,500, 1/5,000이다.

(5) 대만

① 대만정부 수립 후 1930년 제정하여 대륙에서 시행하던 토지법을 적용하여 지적과 등기를 일원화, 지적행정조직은 중앙은 내정부 지정국에서 담당
② 대만성은 별도의 지적행정조직을 갖고 있으며 현·시정부의 지적업무는 지정과에서 담당
③ 향(鄉), 진(鎮), 구(區) 단위에 지정 사무소를 설치하여 지적업무 담당
④ 지적공부는 토지등기부, 건축물등기부, 지적도로 구성
⑤ 대만의 지적재조사사업은 내정부(內政府)에서 담당하고, 사업집행의 주관기관은 내정부 지정사이고, 처리기관은 시·도 지정처, 집행기관은 시·도 지정처 토지측량대대가 담당
⑥ 지적도 중측사업(재조사사업)에 소요되는 경비 중 인력은 각 관할 성, 시정부에서 부담
⑦ 지적도의 축척은 지적재조사를 통해 도시지역은 1/500, 농지 및 임야지역은 1/1,000, 고산지역은 1/2,000로 전환

3 지적제도와 등기제도

① 토지등록의 절차는 등기와는 달리 등록 기관의 직권 범위가 대단히 넓어 소유자의 신고 또는 신청 의무의 게으름의 경우나 지번의 변경, 또는 축척변경 등 소유자의 신고 또는 신청에 일임할 수 없는 사항에 관해서는 등록기관의 직권에 의하여 등록한다.
② 지적제도와 등기제도를 일원화하여 운영하는 국가는 독일, 네덜란드, 일본, 대만 등이 있다.

구분	지적제도	토지등기제도
목적	토지에 대한 물권이 미치는 경계와 면적 등 물리적 현황을 지적공부에 등록공시하는 제도로서 국토교통부의 주관 하에 시·도 및 지적소관청인 시·군·구에서 관리담당하고 있다.	물권의 공시에 관한 제도로서 국가공무원인 등기공무원이 등기부라고 불리우는 공적장부에 부동산의 표시 또는 일정한 권리관계를 기재하는 것을 말한다.
모법	지적법(1950.12.01.) 측량·수로조사 및 지적에 관한 법률(2009.06) 공간정보의 구축 및 지원에 관한 법률(2015.06)	부동산등기법(1960.01.01)
기능	효율적인 토지 관리와 소유권 보호목적 토지에 대한 사실관계공시	부동산물권의 공시수단 및 권리변동의 효력발생요건으로 거래의 안전을 위한 공시제도 토지에 대한 법적권리(개인의 권리 보호) 관계의 공시
기본이념	지적국정주의, 지적형식주의, 지적공개주의, 실질적심사주의, 직권등록주의(적극적등록주의)	형식적심사주의(성립요건주의), 당사자신청주의, 소극적등록주의
등록방법	직권등록주의, 단독신청주의, 대위신청	당사자신청주의, 공동신청주의

구분	지적제도	토지등기제도
심사방법	실질적 심사주의	형식적 심사주의
공신력	인정	불인정(추정력, 확정력)
공부	지적공부	부동산등기부
편성방법	물질편성주의(1필1카드) 리·동별지번순	연대적, 물적편성주의(1필3카드) 리·동별지번순
처리방법	신고의 의무, 직권조사처리	신청주의(신청에 한해서 등기)
신청방법	단독신청주의	공동신청주의
등록사항	대장 : 고유번호, 토지소재, 지번, 지목, 면적, 소유자, 성명 또는 명칭, 등록번호, 주소, 등급, 기준수확량, 용도지역 등 도면 : 토지소재, 지번, 지목, 경계 등	표제부 : 토지소재, 지번, 지목, 면적 등 갑구 : 소유권에 관한 사항 을구 : 소유권이외의 권리사항
기타	지적측량실시	절차적 요식행위 요구

CHAPTER 02 지적제도의 발달

01. 신라시대의 토지측량에 사용된 구장산술의 방전장 내용이 아닌 것은?

① 직전(直田) ② 파전(把田)
③ 규전(圭田) ④ 사전(邪田)

> 해설 [신라의 구장산술의 토지형태]
> 방전(方田, 정사각형), 직전(直田, 직사각형), 구고전(句股田, 직각삼각형), 규전(圭田, 이등변삼각형), 제전(梯田, 사다리꼴), 원전(圓田, 원), 호전(弧田, 호), 환전(環田, 고리모양)

02. 조선시대의 양전법에서 구분한 직각삼각형 형태의 토지를 무엇이라 하는가?

① 방전   ② 제전
③ 구고전 ④ 규전

> 해설 [조선시대의 전(田)의 형태]
> ① 방전(方田) : 정사각형의 토지
> ② 직전(直田) : 직사각형의 토지
> ③ 구고전(句股田) : 직각삼각형의 토지
> ④ 규전(圭田) : 이등변삼각형의 토지
> ⑤ 제전(梯田) : 사다리꼴의 토지

03. 조선시대에 정약용의 양전개정론과 관계가 없는 것은?

① 어린도법 ② 경무법
③ 망척제   ④ 방량법

> 해설 [망척제]
> ① 이기의 저서 해학유서에서 소개
> ② 장방형의 눈을 가진 그물눈금을 사용하여 면적을 산출하는 방법

04. 매 20년마다 양전을 실시하여 작성토록 경국대전에 나타난 것은?

① 양안(量案)   ② 입안(立案)
③ 양전대장(量田臺帳) ④ 문권(文券)

> 해설 경국대전에는 20년마다 한 번씩 양전(측량)을 실시하여 새로이 양안(대장)을 작성하도록 규정하였다.

05. 지적과 등기에 관한 설명이 틀린 것은?

① 지적공부는 필지별 토지의 특성을 기록한 공적 장부다.
② 등기부의 표제부는 지적공부의 기록을 토대로 작성된다.
③ 등기부 갑구의 정보는 지적공부 작성의 토대가 된다.
④ 등기부 을구의 내용은 지적공부 작성의 토대가 된다.

> 해설 등기부 을구에는 소유권 외의 권리에 관한 사항을 기록하고 있으므로 지적공부의 작성과는 무관하다.

06. 조선시대의 문기(文記)에 관한 설명이 틀린 것은?

① 오늘날의 부동산 매매계약서와 같은 것이다.
② 당사자, 증인, 그리고 집필인이 작성하였다.
③ 문기는 입안을 청구하는 경우는 물론 소송의 유일한 증거로 제출되었다.
④ 상속, 증여, 임대차의 경우는 작성하지 않았다.

> 해설 ① 문기 : 토지, 가옥, 노비와 기타 재산의 소유, 매매, 양도, 차용에 대해 서면으로 작성한 매매계약서
> ② 백문매매(白文賣買) : 문기의 일종으로 입안을 받지 않는 매매계약서

정답 01. ② 02. ③ 03. ③ 04. ① 05. ④ 06. ④

07. 자한도(字限圖)에 대한 설명으로 옳은 것은?

① 고려시대에 작성된 지적도이다.
② 대만의 구지적도이다.
③ 조선시대에 작성된 지적도이다.
④ 일본의 구지적도이다.

해설 [자한도(字限圖)]
① 고대 일본의 지적도
② 지목을 채색에 의해 분류하고 각 필지의 구획, 지번, 반별을 기입

08. 다음 중 지적제도와 등기제도를 처음부터 일원화하여 운영한 국가는?

① 독일   ② 네덜란드
③ 일본   ④ 대만

해설 지적과 등기를 일원화된 체계로 운영하는 국가는 네덜란드, 일본, 대만, 터키, 인도네시아 등이며, 이중 처음으로 일원화하여 운영한 국가는 네덜란드이다.

09. 고구려의 토지면적 측정에 관한 사항으로 틀린 것은?

① 구고장은 측량에 따른 계산에 관한 문제를 다루었다.
② 면적의 단위로 '정, 단, 무, 보'를 사용하였다.
③ 방전장은 주로 논이나 밭의 넓이를 계산하였다.
④ 토지의 면적 단위는 경무법을 사용하였다.

해설 [고구려의 지적관련제도]
① 지적관련부서로는 중앙에 주부라는 직책을 두어 전부에 관한 사항 관장
② 토지측량의 단위로는 경무법 사용
③ 구장산술에 의해 면적측량법 이용
④ 토지장부로는 봉역도, 요동성총도

10. 우리나라의 지적제도와 등기제도의 비교가 틀린 것은?

① 지적은 토지에 대한 사실관계를 공시하고, 등기는 법적 권리관계를 공시한다.
② 지적과 등기는 모두 실질적 심사주의를 기본 이념으로 한다.
③ 지적은 공신력을 인정하지만 등기는 공신력을 인정하지 않고 확정력만을 인정하고 있다.
④ 신청방법으로 지적은 단독신청주의를, 등기는 공동신청주의를 채택하고 있다.

해설 우리나라의 지적제도는 실질적 심사주의, 등기제도는 형식적 심사주의를 채택하고 있다.

11. 입안을 받지 않은 매매계약서를 무엇이라 하였는가?

① 결연매매   ② 지세명기
③ 휴도   ④ 백문매매

해설 ① 문기 : 상속 및 증여 소송 등의 문서로 권리변동의 효력을 발생하며 확정적 효력을 가지며 권리자임을 증명하는 권원증서
② 백문매매(白文賣買) : 문기의 일종으로 입안을 받지 않는 매매계약서

12. 독일의 지적제도에 관한 설명으로 틀린 것은?

① 연방정부는 내무부에서 측량관련 업무를 담당하고 있으나 주정부에 대한 통제가 미비한 상태로 운영되고 있다.
② 각 주마다 주 측량사무소와 지적 사무소를 설치하여 운영하고 있다.
③ 등기제도와 지적제도는 행정부에서 통합하여 운영하고 있다.
④ 지적 관련 법령으로 민법, 지적법, 토지측량법, 지적 및 측량법, 부동산등기법 등으로 각 주마다 다르다.

해설 [독일의 지적제도]
① 지적제도는 행정부에서, 등기제도는 사법부에서 관리운영하는 2원체제로 운영
② 지적도에는 도로의 명칭과 건물번호, 가로등, 가로수 등을 등록하고 있으나 지번은 등록되고 지목의 표시는 하지 않고 있음

정답 07. ④ 08. ② 09. ② 10. ② 11. ④ 12. ③

13. 고구려시대에 작성된 평면도로서 도로, 하천, 건축물 등이 그려진 도면이며 우리나라에 실물로 현존하는 도시 평면도로서 가장 오래된 것은?

① 요동성총도   ② 방위도
③ 지안도   ④ 어린도

해설 [요동성총도]
요동성의 지형과 성시(城市)의 구조와 시설, 도로, 성벽과 그 시설, 건축물, 산, 하천, 도로 등이 그려져 있고, 적·청·보라·백색 등의 색상을 사용한 우리나라에서 실존한 가장 오래된 도시 평면도로서 회화적으로 표현하였다.

14. 다음 중 백제시대에 측량을 전담하였던 직책은?

① 산학박사(山學博士)   ② 급전도감(給田都監)
③ 주부(主簿)   ④ 풍백(風伯)

해설 [삼국시대의 지적제도]

구분	고구려	백제	신라
길이단위	척		
면적단위	경무법	두락제, 결부제	결부제
토지장부	봉역도, 요동성총도	도적	장적
측량방식	구장산술		
부서조직	주부, 사자	내두좌평, 산학박사, 화사, 산사	조부, 산학박사
토지제도	토지국유제		

15. 신라시대의 토지측량에 사용된 구장산술의 내용에 따르면, 직각삼각형 형태로 된 토지를 무엇이라 하였는가?

① 방전   ② 직전
③ 규전   ④ 구고전

해설 [신라의 구장산술의 토지형태]
방전(方田, 정사각형), 직전(直田, 직사각형), 구고전(句股田, 직각삼각형), 규전(圭田, 이등변삼각형), 제전(梯田, 사다리꼴), 원전(圓田, 원), 호전(弧田, 호), 환전(環田, 고리모양)

16. 고구려에서 토지측량단위로 면적계산에 사용한 제도는?

① 결부법   ② 두락제
③ 경무법   ④ 정전제

해설 [각 시대별 토지의 단위]
① 고구려 : 경무법   ② 백제 : 두락제, 결부제
③ 신라 : 결부제   ④ 고려 : 수등이척제
⑤ 조선 : 수등이척제

17. 대만에서 지적재조사를 의미하는 것은?

① 국토조사   ② 지적도 중축
③ 지도작제   ④ 토지가옥조사

해설 대만은 1975년부터 지적재조사사업을 실시하였는데 이를 지적도 증축사업이라는 명칭으로 시작하였다.

18. 우리나라에서 자호제도가 처음 사용된 시기는?

① 고려   ② 백제
③ 신라   ④ 조선

해설 고려시대에 토지대장은 양전도장, 양전장적, 전적 등 다양한 명칭으로 호칭되었으며 과전법의 실시와 함께 자호제도가 창설되어 정단위로 자호를 붙여 대장에 기록하였다.

19. 지적에 관련된 행정조직으로 중앙에 주부(主簿)라는 직책을 두어 전부(田簿)에 관한 사항을 관장하게 하고 토지측량 단위로 경무법(경묘법)을 사용한 국가는?

① 백제   ② 신라
③ 고구려 ④ 고려

해설 [고구려의 지적관련제도]
① 지적관련부서로는 중앙에 주부라는 직책을 두어 전부에 관한 사항 관장
② 토지측량의 단위로는 경무법 사용
③ 구장산술에 의해 면적측량법 이용
④ 토지장부로는 봉역도, 요동성총도

정답 13. ① 14. ① 15. ④ 16. ③ 17. ② 18. ① 19. ③

20. 조선시대의 토지제도에 대한 설명 중 옳지 않은 것은?

① 사표(四標)는 토지의 위치로서 동·서·남·북의 경계를 표시한 것이다.
② 조선시대의 양전은 원칙적으로 20년마다 한 번씩 실시하여 새로이 양안을 작성하게 되어 있다.
③ 양안의 내용 중 시주(時主)는 토지의 소유자이고 시작(時作)은 소작인을 나타낸다.
④ 조선시대의 지번설정제도에는 부번제도가 없었다.

> 해설 조선시대의 자번호는 양안에 기재한 자번호를 그대로 사용하고 변경하지 않는 것을 원칙으로 하였으며 양전 후 새로 개간된 토지는 인접지의 자번호에 지번(枝番)을 붙였으니 조선시대에 부번(附番)제도가 실시되었다.

21. 오늘날 지적과 유사한 토지에 관하여 기록한 장부가 아닌 것은?

① 도적(圖籍)   ② 판적(版籍)
③ 장적(帳籍)   ④ 전적(田籍)

> 해설 도적(圖籍)은 백제시대 장부이고 장적(帳籍)은 신라시대 장부이며 전적(田籍)은 고려시대의 장부이다.

22. 다음 중 근대적 지적제도가 가장 빨리 시작된 나라는?

① 프랑스   ② 독일
③ 일본   ④ 대만

> 해설 [나폴레옹 지적]
> ① 근대적 세지적의 완성과 소유권제도의 확립을 위한 지적제도 성립의 전환점으로 평가
> ② 나폴레옹 1세가 1808~1850년까지 프랑스 전국토를 대상으로 공평한 과세와 소유권 분쟁해결위해 실시

23. 대한제국시대에 문란한 토지제도를 바로잡기 위하여 시행한 제도와 관계가 없는 것은?

① 지계(地契)제도   ② 입안(立案)제도
③ 가계(家契)제도   ④ 토지증명제도

> 해설 대한제국시대 문란한 토지제도를 바로 잡기 위해 소유권이전을 국가가 통제할 수 있는 입안을 대체할 수 있는 지계제도를 채택한 제도로 지권(地券), 지계제도, 가계제도, 토지증명제도를 들 수 있다.

24. 일본의 지적 관련 제도와 거리가 먼 것은?

① 법무성   ② 부동산등기법
③ 부동산등기부   ④ 지가공시법

> 해설 [일본의 지적관련제도]
> ① 일필지 이동조사는 법무성에서 조사하고, 국토조사는 국토교통성이 담당하여 법률과 조직이 이원화됨
> ② 지적에 관한 사항은 부동산등기법에서 규정
> ③ 부동산등기부는 토지대장의 역할과 토지의 권리관계의 공시 역할 모두 담당

25. 고려시대에 토지업무를 담당하던 기관과 관리에 관한 설명으로 틀린 것은?

① 정치도감은 전지를 개량하기 위하여 설치된 임시관청이었다.
② 토지측량업무는 이조에서 관장하였으며 이를 관리하는 사람을 양인·전민계정사(田民計定使)라 하였다.
③ 찰리변위도감은 전국의 토지 분급에 따른 공부 등에 관한 불법을 규찰하는 기구였다.
④ 급전도감은 고려 초 전시과를 시행할 때 전지 분급과 이에 따른 토지측량을 담당하는 기관이었다.

> 해설 [고려시대 지적관련부서]
> ① **중앙** : 고려전기는 상서성의 호부 담당, 고려후기는 첨의부에서 호부 담당
> ② **지방** : 지방 군현에 사창, 창정, 부창정, 향리 등이 양전업무 담당, 측량실무는 향리가 담당
> ③ **특별관서(임시부서)** : 급전도감, 방고감전별감, 찰리변위도감, 정치도감, 절급도감

26. 통일신라시대의 신라장적에 기록된 지목과 관계없는 것은?

① 전   ② 수전
③ 답   ④ 마전

정답 20. ④ 21. ② 22. ① 23. ② 24. ④ 25. ② 26. ②

해설 [신라의 장적문서]
① 8세기~9세기 초에 작성된 문서
② 통일신라의 세금징수, 부역징발을 목적으로 작성된 문서
③ 지적공부 중 토지대장의 성격을 갖는 가장 오래된 문서

27. 지적과 등기를 일원화된 조직의 행정업무로 처리하지 않은 국가는?

① 독일 ② 네덜란드
③ 일본 ④ 대만

해설 지적과 등기를 일원화된 체계로 운영하는 국가는 네덜란드, 일본, 대만, 터키, 인도네시아 등이다.

28. 다음 중 현재의 토지대장과 같은 것은?

① 문기(文記) ② 양안(量案)
③ 사표(四標) ④ 입안(立案)

해설 [양안(量案)]
① 양안은 고려~조선시대 양전에 의해 작성된 토지장부로 오늘날의 토지대장에 해당
② 국가가 양전을 통하여 조세부과의 대상이 되는 토지와 납세자를 파악하고 그 결과로 작성된 장부

29. 정전제(井田制)를 주장한 학자가 아닌 것은?

① 한백겸(韓百謙) ② 서명응(徐命膺)
③ 이기(李沂) ④ 세키야(關野貞)

해설 한백겸, 이익, 세키야(關野 貞), 서명응, 정약용 등이 정전제(井田制)를 주장하였다. 반면 이기는 해학유서에서 수등이척제의 개선방안으로 전지의 형태와 관계없이 그물형태의 정방형으로 면적을 계산할 수 있는 망척제를 주장하였다.

30. 경국대전에서 매 20년마다 토지를 개량하여 작성했던 양안의 역할은?

① 가옥규모 파악 ② 세금징수
③ 상시소유자 변경등재 ④ 토지거래

해설 [양안(量案)]
① 양안은 고려~조선시대 양전에 의해 작성된 토지장부로 오늘날의 토지대장에 해당
② 국가가 양전을 통하여 조세부과의 대상이 되는 토지와 납세자를 파악하고 그 결과로 작성된 장부

31. 다음 중 조선시대의 경국대전에 명시된 토지등록제도는?

① 공전제도 ② 사전제도
③ 정전제도 ④ 양전제도

해설 [양전제도]
① 고려·조선 시대 토지의 실제경작 상황을 파악하기 위해 실시한 토지측량 제도
② 모든 토지를 6등급으로 구분(정전, 속전, 강등전, 강속전, 가경전, 화전)
③ 20년마다 한 번씩 양전을 실시, 그 결과를 양안에 기록하며, 양전을 할 때는 균전사를 파견하여 감독
④ 호조, 본도, 본읍에 보관

32. 현존하는 지적기록 중 가장 오래된 것은?

① 신라장적 ② 매향비
③ 경국대전 ④ 해학유서

해설 [신라의 장적문서]
① 8세기~9세기 초에 작성된 문서
② 통일신라의 세금징수, 부역징발을 목적으로 작성된 문서
③ 지적공부 중 토지대장의 성격을 갖는 가장 오래된 문서

33. 조선 초기에 현직 관리에게만 수조지(收租地)를 분급한 토지제도는?

① 직전법 ② 과전법
③ 녹읍전 ④ 세습전

해설 [직전법(職田法)]
① 조선시대 전기 현직 관리에게만 수조지(收租地)를 분급한 토지제도
② 과전(科田)은 경기도 내의 토지에 한하여 지급하였기에 관리 수의 증가와 과전의 세습, 토지의 한정으로 인한 한계

34. 유길준의 저서 "지제의"에서 현대의 지적도와 유사한 전통도(田統圖)에 관하여 주장한 내용이 옳지 않은 것은?

① 전국의 토지를 정확하게 파악하여 가경면적과 과세면적을 확보할 것으로 보인다.
② 전 국토를 리(里) 단위로 작성한 도면이다.
③ 10통(統)을 1면(面), 1구(區), 1군(郡), 1진(鎭), 1주(州)로 조직하고 전제(田制)를 관장하도록 하였다.
④ 도면 제작에 경위선의 개념과 계통적 과정을 도입하는 과학적인 방법을 제시하였다.

해설 도면제작에 경선과 위선의 개념과 계통적 과정을 도입하는 과학적 방법을 제시한 것은 휴도이다.

35. 고려시대의 토지제도에 관한 설명으로 옳지 않은 것은?

① 고려 말에는 전제가 극도로 문란해져서 이에 대한 개혁으로 과전법을 실시하게 되었다.
② 입안제도를 실시하였다.
③ 당나라의 토지제도를 모방하였다.
④ "도행"이나 "작"이라는 토지장부가 있었다.

해설 [입안(立案)]
① 조선시대에 실시한 제도로 오늘날의 등기부와 유사
② 토지매매시 관청에서 증명한 공적 소유권 증서
③ 소유자확인 및 토지매매를 증명하는 제도

36. 우리나라의 지적제도와 등기제도에 대한 설명으로 옳지 않은 것은?

① 지적과 등기 모두 형식주의를 기본이념으로 한다.
② 지적은 토지에 대한 사실관계를 공시하고 등기는 토지에 대한 권리관계를 공시한다.
③ 지적과 등기 모두 실질적 심사주의를 원칙으로 한다.
④ 지적은 공신력을 인정하고 등기는 공신력을 인정하지 않는다.

해설 우리나라의 지적제도는 실질적 심사주의, 등기제도는 형식적 심사주의를 채택하고 있다.

37. 고려말기 토지대장의 편제를 인적편성주의에서 물적편성주의로 바꾸게 된 주요 제도는?

① 자호(字號)제도   ② 결부(結負)제도
③ 전시과(田柴科)제도   ④ 일자오결(一字五結)제도

해설 [자호(字號)제도]
① 고려말기 토지대장의 편제를 인적편성주의에서 물적편성주의로 바꾸게 된 주요 제도
② 과전법의 실시와 함께 자호제도가 창설되어 정단위로 자호를 붙여 대장에 기록하였다.

38. 조선시대의 속대전(續大典)에 따르면 양안(量案)에서 토지의 위치로서 동, 서, 남, 북의 경계를 표시한 것을 무엇이라고 하였는가?

① 자번호   ② 사주(四柱)
③ 사표(四標)   ④ 주명(主名)

해설 [사표(四標)]
① 고려 및 조선시대의 양안(지금의 토지대장)에 수록된 사항으로 토지의 경계를 표시한 것
② 동, 서, 남, 북의 인접지에 대한 지목, 자호, 주명(소유자)를 표시
③ 양안에 기록하거나 도면을 작성하여 놓은 것

39. 의상경계책(疑上經界策)을 통하여 양전법이 방량법과 어린도법으로 개정되어야 한다고 주장한 조선시대 학자는?

① 서유구   ② 정약용
③ 이기   ④ 유길준

해설 [양전 개정론자의 (저서) 및 개정론]
① 이익(균전론) : 영업전, 제도
② 정약용(목민심서, 경세유표) : 정전제, 방량법, 어린도법
③ 서유구(의상경계책) : 어린도법, 방량법
④ 이기(해학유서, 전제망언) : 결부제보완, 망척제
⑤ 유길준(서유견문) : 지제의, 전통도 실시

정답 34. ④ 35. ② 36. ③ 37. ① 38. ③ 39. ①

40. 고려시대에 양전을 담당한 중앙기구로서의 특별관서가 아닌 것은?

① 급전도감　② 정치도감
③ 절급도감　④ 사출도감

해설 [고려시대 특별관서]
급전도감, 방고감전별감, 찰리변위도감, 화자거집전민추고도감, 절급도감, 정치도감 등

41. 다음 중 정약용과 서유구가 주장한 양전개정론의 내용이 아닌 것은?

① 경무법 시행　② 결부제 폐지
③ 어린도법 시행　④ 수등이척제 개선

해설 [양전 개정론자의 (저서) 및 개정론]
① 정약용(목민심서, 경세유표) : 정전제, 방량법, 어린도법
② 서유구(의상경계책) : 어린도법, 방량법

42. 부동산의 증명제도에 대한 설명으로 틀린 것은?

① 근대적 등기제도에 해당한다.
② 일본인이 우리나라에서 제한거리를 넘어서도 토지를 소유할 수 있는 근거가 되었다.
③ 증명은 구한국에서 일제초기에 이르는 부동산등기의 일종이다.
④ 소유권에 한하여 그 계약 내용을 인증해 주는 제도였다.

해설 [부동산 증명제도]
소유권 및 소유권 이외의 권리의 내용을 인증해 주는 제도

43. 조선시대의 토지대장인 양안에 대한 설명으로 옳지 않은 것은?

① 전적이라고도 하였다.
② 양안의 명칭은 시대, 사용처, 보관기간에 따라 달랐다.
③ 양안은 호조, 본도, 본읍에서 보관하게 되어 있었다.
④ 경국대전에 토지매매 후 100일 이내에 작성한다고 규정되어 있다.

해설 [양안(量案)]
① 양안은 고려~조선시대 양전에 의해 작성된 토지장부로 오늘날의 토지대장에 해당
② 국가가 양전을 통하여 조세부과의 대상이 되는 토지와 납세자를 파악하고 그 결과로 작성된 장부

44. 양안에 토지를 표시함에 있어 양전의 순서에 따라 1필지마다 천자문(千字文)의 자(字) 번호를 부여하였던 제도는?

① 수등이척제　② 결부법
③ 일자오결제　④ 집결제

해설 고려 말 공양왕 때 전제개혁에 따라 과전법이 실시되면서 함께 지번제도가 창설되어 정(丁)단위로 자호를 붙여 대장에 기록했으며 지번은 이 정(丁)을 기준으로 정(丁) 내에 있는 모든 토지를 천자문(千字文)의 자순에 의해 천자정(天字丁)에서부터 야자정(也字丁)까지 지번을 부여하여 1천정에 이르게 했다. 이 제도는 조선시대 일자오결제도의 기초가 되었다.

45. 조선시대 양안에서 소유자의 변동이 있을 경우 소유자의 등재시기로 맞는 것은?

① 입안을 받을 때 등재한다.
② 양안을 새로 작성할 때 등재한다.
③ 소유자의 변동과 동시에 등재한다.
④ 임의적인 시기에 등재한다.

해설 [양안(量案)]
① 양안은 고려~조선시대 양전에 의해 작성된 토지장부로 오늘날의 토지대장에 해당
② 국가가 양전을 통하여 조세부과의 대상이 되는 토지와 납세자를 파악하고 그 결과로 작성된 장부
③ 소유자의 변동이 있을 경우 소유자의 등재시기는 입안을 받을 때 등재

46. 행정구역제도로 국도를 중심으로 영토를 사방으로 구획하는 사출도란 토지구획방법을 시행하였던 나라는?

① 고구려　② 부여
③ 백제　④ 조선

정답 40. ④　41. ④　42. ④　43. ④　44. ③　45. ①　46. ②

해설 [사출도]
① 부여의 행정구역제도
② 국도를 중심으로 영토를 사방으로 구획하는 토지구획방법

47. 공훈의 차등에 따라 공신들에게 일정한 면적의 토지를 나누어 준 것으로, 고려시대 토지제도 정비의 효시가 된 것은?

① 관료전　　　② 공신전
③ 역분전　　　④ 정전

해설 [역분전]
① 고려 개국에 공을 세운 조신 및 군사에게 토지 지급
② 지급기준은 왕실에 대한 충성도를 기준으로 하였으므로 공훈전에 가까움

48. 다음 중 조선시대 토지제도인 양전법에서 규정한 전형(田形 : 토지의 모양) 5가지에 해당되지 않는 것은?

① 방전(方田)　　　② 원전(圓田)
③ 직전(直田)　　　④ 규전(圭田)

해설 [조선시대의 전(田)의 형태]
① 방전(方田) : 정사각형의 토지
② 직전(直田) : 직사각형의 토지
③ 구고전(句股田) : 직각삼각형의 토지
④ 규전(圭田) : 이등변삼각형의 토지
⑤ 제전(梯田) : 사다리꼴의 토지

49. 고려시대 토지를 기록하는 대장에 해당되지 않는 것은?

① 도전장　　　② 양전도장
③ 도전정　　　④ 구양안

해설 [시대별 양안의 명칭]
① 고려시대 : 도전장, 양전장적, 양전도장, 도전정, 전적, 전안
② 조선시대 : 양안등서책, 전답안, 성책, 양명등서차, 전답결대장, 전답결타량, 전답타량안, 전답양안, 전답행심, 양전도행장

50. 조선시대에 정약용이 주장한 양전개정론의 내용에 해당하지 않는 것은?

① 방량법과 어린도법　　　② 정전제
③ 경무법　　　　　　　　④ 망척제

해설 [망척제]
① 이기의 저서 해학유서에서 소개
② 장방형의 눈을 가진 그물눈금을 사용하여 면적을 산출하는 방법

51. 조선시대 경국대전 호전(戶典)에 의한 양전은 몇 년마다 실시하였는가?

① 5년　　　② 10년
③ 15년　　④ 20년

해설 [양전제도]
① 고려·조선 시대 토지의 실제경작 상황을 파악하기 위해 실시한 토지측량 제도
② 모든 토지를 6등급으로 구분(정전, 속전, 강등전, 강속전, 가경전, 화전)
③ 20년마다 한 번씩 양전을 실시, 그 결과를 양안에 기록하며, 양전을 할 때는 균전사를 파견하여 감독
④ 호조, 본도, 본읍에 보관

52. 각 시대별 지적제도의 연결이 옳지 않은 것은?

① 고려 – 수등이척제
② 조선 – 수등이척제
③ 구한말 – 지계아문(地契衙門)
④ 고구려 – 두락제(斗落制)

해설 [각 시대별 토지의 단위]
① 고구려 : 경무법
② 백제 : 두락제, 결부제
③ 신라 : 결부제
④ 고려 : 수등이척제
⑤ 조선 : 수등이척제

53. 고조선시대에 균형 있는 촌락의 설치와 토지분급 및 수확량의 파악을 위해 시행된 것은?

① 정전제(井田制)　② 결부제(結負制)
③ 두락제(斗落制)　④ 경무법(頃畝法)

해설 [고조선시대의 지적제도]
① 토지제도로는 균형있는 촌락의 설치와 토지분급 및 수확량 파악을 위해 정전제(井田制) 시행
② 풍백의 지휘를 받아 봉가가 지적을 담당하였고, 측량실무는 오경박사가 시행

54. 다음 중 역토(驛土)에 대한 설명으로 옳지 않은 것은?

① 역토는 주로 군수비용을 충당하기 위한 토지이다.
② 역토의 수입은 국고수입으로 하였다.
③ 역토는 역참에 부속된 토지의 명칭이다.
④ 조선시대 초기에 역토에는 관둔전, 공수전 등이 있다.

해설 [역토(驛土)]
① 역참(관리의 공무에 필요한 숙박의 제공)에 부속된 토지
② 역토의 종류로는 관둔전, 공수전, 장전, 부장전, 마위전 등이 있음
③ 역토는 타인에게 양도, 매매, 전대할 수 없고, 수입은 국고수입으로 함

55. 역둔토실지조사를 실시할 경우 조사 내용에 해당되지 않는 것은?

① 지번·지목　② 면적·사표
③ 등급 및 결정소작료　④ 경계 및 조사자 성명

해설 [역둔토실지조사의 조사내용]
지번, 지목, 면적, 사표, 등급, 지적, 소작인의 주소, 성명 또는 명칭, 소작연월일 및 대부료 등

56. 수등이척제에 대한 개선으로 망척제를 주장한 학자는?

① 이기　② 정약용
③ 정약전　④ 서유구

해설 [망척제]
① 이기의 저서 해학유서에서 소개
② 장방형의 눈을 가진 그물눈금을 사용하여 면적을 산출하는 방법

57. 다음 중 일자오결제에 대한 설명이 옳지 않은 것은?

① 양전의 순서에 따라 1필지마다 천자문의 자번호를 부여하였다.
② 천자문의 각 자내(字內)에 다시 제일(第一), 제이(第二), 제삼(第三) 등의 번호를 붙였다.
③ 천자문의 1자는 기경전의 경우만 5결이 되면 부여하고 폐경전에는 부여하지 않는다.
④ 숙종 35년 '해서양전사업'에서는 일자오결의 양전 방식이 실시되었으나 폐단이 있었다.

해설 [일자오결제]
① 양안에 토지를 표시함에 있어 양전의 순서에 따라 1필지마다 천자문의 자번호를 부여하는 제도
② 천자문의 1자는 폐경전, 기경전을 막론하고 5결이 되면 부여함
③ 1결의 크기는 1등전의 경우 사방 1만척으로 하였음

58. 토지가옥의 매매계약이 성립하기 위하여 매수인과 매도인 쌍방의 합의 외에 대가의 수수 목적물의 인도 시에 서면으로 작성한 계약서는?

① 문기　② 입안
③ 전안　④ 양전

해설 ① 문기(文記) : 토지, 가옥, 노비와 기타 재산의 소유, 매매, 양도, 차용에 대해 서면으로 작성한 매매계약서
② 양안(量案) : 고려시대부터 사용된 토지장부로서 오늘날의 지적공부로 토지대장과 지적도의 내용을 수록
③ 사표(四標) : 토지의 위치로서 동·서·남·북의 경계를 표시한 것
③ 입안(立案) : 토지매매시 관청에서 증명한 공적 소유권 증서, 소유자확인 및 토지매매를 증명하는 제도

59. 양전의 순서에 따라 1필지마다 천자문의 자번호(字番號)를 부여하였던 제도는?

① 수등이척제　② 일자오결제
③ 지번지역제　④ 동적이척제

해설 [일자오결제]
　자번호(字番號)는 양전의 순서에 의하여 1필지마다 천자문의 자번호를 부여하였으며 폐경전(廢耕田), 기경전(起耕田)을 막론하고 5결(結)이 되면 천자문(千字文)의 일자를 부여한 것

60. 오늘날의 토지대장과 같은 조선시대의 토지등록 장부는?

① 양안(量案)　② 입안(立案)
③ 문기(文記)　④ 지권(地券)

해설 [양안(量案)]
① 양안은 고려~조선시대 양전에 의해 작성된 토지장부로 오늘날의 토지대장에 해당
② 국가가 양전을 통하여 조세부과의 대상이 되는 토지와 납세자를 파악하고 그 결과로 작성된 장부

61. 조선시대에 양전개정론(量田改正論)을 주장하지 아니한 사람은?

① 정약용　② 서유구
③ 이기　　④ 김정호

해설 [양전 개정론자의 (저서) 및 개정론]
① 이익(균전론) : 영업전, 제도
② 정약용(목민심서, 경세유표) : 정전제, 방량법, 어린도법
③ 서유구(의상경계책) : 어린도법, 방량법
④ 이기(해학유서, 전제망언) : 결부제보완, 망척제
⑤ 유길준(서유견문) : 지제의, 전통도 실시

62. 결부제에 대한 설명으로 옳은 것은?

① 1척은 10파　② 100파는 1속
③ 100속은 1부　④ 100부는 1결

해설 [결부제]
① 농지의 비옥도에 따라 수확량으로 세액을 파악하는 주관적인 지세부과 방법
② 1결 = 100부, 1부 = 10속, 1속 = 10파, 1파 = 곡식 한줌

63. 다음 중 경국대전에 근거하여 토지를 매매할 때 소유권 이전에 관하여 관에서 증명한 소유권증서와 같은 문서는?

① 양안(量案)　② 입안(立案)
③ 명문(明文)　④ 문기(文記)

해설 [입안(立案)]
① 조선시대에 실시한 제도로 오늘날의 등기부와 유사
② 토지매매시 관청에서 증명한 공적 소유권 증서
③ 소유자확인 및 토지매매를 증명하는 제도

64. 다음 중 오늘날의 토지대장과 유사한 것이 아닌 것은?

① 도전장(都田帳)　② 문기(文記)
③ 양안(量案)　　　④ 타량성책(打量成冊)

해설 [문기(文記)]
조선시대에 토지 및 가옥을 매수 또는 매도할 때 작성한 매매계약서를 말하며 명문문권이라고도 함

65. 다음 중 지적도에 건물이 등록되어 있는 국가는?

① 한국　② 일본
③ 독일　④ 대만

해설 독일의 지적도에는 도로의 명칭과 건물번호, 가로등, 가로수 등을 등록하고 있으며 지번은 등록되고 지목의 표시는 하지 않고 있음을 알 수 있다.

66. 일반적으로 지적제도와 부동산 등기제도의 발달과정을 볼 때 연대적 또는 업무절차상으로의 선후관계는?

① 두 제도가 같다.　② 등기제도가 먼저이다.
③ 지적제도가 먼저이다.　④ 불분명하다.

정답 59. ② 60. ① 61. ④ 62. ④ 63. ② 64. ② 65. ③ 66. ③

해설 ① 발달과정을 비교하면 지적제도는 1950년에 지적법 제정, 등기제도는 1960년에 부동산등기법을 제정
② 선등록 후등기의 절차를 유지하므로 지적제도가 등기제도보다 우선함

67. 우리나라의 토지등록제도에 대하여 가장 잘 표현한 것은?

① 선 등기, 후 이전의 원칙
② 선 등기, 후 등록의 원칙
③ 선 이전, 후 등록의 원칙
④ 선 등록, 후 등기의 원칙

해설 우리나라의 토지등록제도는 선등록 후등기의 원칙을 채택하고 있다.

정답 67. ④

03 지적제도의 변천사

1 토지조사사업 이전

(1) 구한말(대한제국시대) 조직, 기구

① **내부(판적국)** : 1985년(고종32년) 탁지아문을 개칭한 것으로 국가재정 전반을 담당, 1895년 3월 26일(고종32년) 칙령 제53호로 공포된 「내부관제」 판적국의 지적과에서 지적에 관한 사항을 관장하도록 규정, 지적이란 단어가 처음 등장

② **양지아문** : 1898년 7월 설치한 구한말의 관리관청, 양전사무관장, 현대 지적의 틀, 미국인 측량기사 거렴을 초빙해 측량기술을 교육, 전국적으로 양전 시작

③ **지계아문** : 1901년 10월 지계발급위한 지계아문 설립, 국가부동산에 대한 관리체계 확립, 양무감리(지계감리)를 두어 「대한제국전답관계」 지계발급

> 💡 **가계(제도)** : 가옥의 소유에 대한 관의 인증제도
> ① 충남·강원도 일부에서 시행하였으나 토지조사의 미비와 인식의 부족으로 중지됨.
> ② 지계제도보다 10년 앞서 시행되었으며 매매 등으로 가옥을 양도할 때에 발급
> ③ 1906년부터 1910년까지 5년 동안 「초지기록증명규칙」에 의거 토지가옥증명대장에 기재하여 증시함으로써 실질심사주의 채택
>
> 💡 **지계(제도)** : 전, 답의 소유에 대한 관의 인증으로 본질적으로 입안이 근대화된 것.
> ① 충남·강원도 일부에서 시행되었으나 백성들의 인식부족으로 중지됨.
> ② 토지의 측량과 관계의 발급기관은 지계아문에서 시행됨.
> ③ 외국인 토지소유를 금지하는 조항을 삽입함.

④ **탁지부(양지국)** : 1904년 4월 19일 탁지부 양지국관제가 공포, 양지국은 지계아문의 양전기능과 기구만을 계승하여 상설기구로 설치

⑤ **대구시가지 토지측량에 관한 타합사항(1907.5.16.)** : 지적공부에 등록하는 기본적인 토지소재, 지번, 지목, 경계 등의 조사, 결정에 관한 사항을 규정한 최초의 규정(지적법의 효시)

⑥ **삼림법(1908.1.21.)** : 소유자가 측량 비용을 부담하여 지적 및 면적의 약도를 첨부하여 농상공부 대신에게 신고(임야측량)

⑦ 임시토지조사국 : 1910년 3월 토지조사국 설치, 1910년 8월 토지조사법 공포, 1910년 9월 조선총독부 임시토지조사국 설치, 토지조사담당

(2) 기구, 법령 설치 변천과정

① 1895년 4월 – 내부 판적국에 지적과 설치, 지적용어 처음 등장
② 1898년 7월 – 양지아문 설치, 미국인 크럼 측량교육과 양전사업 착수, 한성부지도 작성
③ 1901년 10월 – 지계아문 설치
④ 1904년 4월 – 탁지부 양지국 양지과, 대구, 평양, 전주에 측량강습소 설치
⑤ 1907년 5월 – 대구시가지토지측량에 관한 타합사항
⑥ 1908년 1월 – 삼림법제정, 임야약도 임야측량실시
⑦ 1910년 3월 – 토지조사국 설치, 대구, 평양, 전주, 함흥에 출장소 설치
⑧ 1910년 8월 – 토지조사법 제정, 1910년 9월, 토지조사사업추진(1910~1918), 지적도, 대장작성
⑨ 1912년 8월 – 토지조사령 제정, 임야조사사업추진(1916~1924), 임야도, 임야대장 작성
⑩ 1914년 3월 – 지세령 제정
⑪ 1918년 5월 – 조선임야조사령 제정
⑫ 1943년 3월 – 조선지세령 제정
⑬ 1950년 12월 – 지적법 제정

2 토지조사사업 이후

(1) 토지조사사업과 임야조사사업

구분	토지조사사업	임야조사사업
목적	• 토지등기, 지적제도에 대한 체계적인 증명제도 및 조세수입 • 조선총독부의 소유지 확보, 일본인 토지점유의 합법화 등의 통치기반을 목적으로 실시된 사업	• 애매모호한 권리관계로 분쟁이 심한 임야의 소유권을 법적으로 확정하기 위한 것 • 토지조사와 함께 전토(田土)에 대한 지적제도를 확립
근거법령	• 토지조사법(1910.08.23. 법률 제7호) • 토지조사령(1912.08.13. 제령 제2호)	조선임야조사령(1918.05.01. 제령제5호)
조사기간	1910~1918년(8년 10개월)	1916~1924년(8년)
조사측량기관	임시토지조사국	부와 면
사정권자	임시토지조사국장	도지사(권업과 또는 산림과)
재결기관	고등토지조사위원회	임야심사위원회(1919~1935)
대상지역토지	• 전국의 평야부의 토지 • 낙산임야	• 토지조사에서 제외된 임야 • 산림 내 개재지(토지)

구분	토지조사사업	임야조사사업
조사내용	• 토지소유권조사 • 토지가격 조사, 등급으로 구분 • 지형, 지모조사	• 토지소유권조사 • 토지가격 • 지형, 지모조사
도면축척	1/600, 1/1200, 1/2400	1/3000, 1/6000
지형측량	지형도 925매 (1/50000, 1/25000, 1/10000)등	
기초측량	기선측량, 삼각측량, 도근측량, 수준측량	
검조장	5개소(청진, 인천, 원산, 목포, 진남포)	

💡 **토지조사사업 결과**

1. 토지조사사업을 통해 우리나라에서도 근대적 토지소유제도가 확립
2. 절지소유권을 확정하고 지세부과 원칙을 설정해 새로운 지세제도를 확립
3. 경지면적의 증가는 당연히 지세부담에 있어서 편차를 가져옴.
4. 토지대장에 기술하여 토지소유권을 확정하는 등기제도를 도입
5. 토지조사사업결과 새로운 행정조직의 관할구역이 분명해졌다.

(2) 토지조사사업 관련 주요내용

① **결수연명부** : 개별적인 납세자와 납세액을 국가가 파악하기 위해 징세대장을 작성한 것, 부·군·면에 비치. 토지의 소재, 자호, 지목, 면적, 결수, 줄자, 소유자주소, 성명 등을 기재, 토지신고서와 대조되었을 뿐만 아니라 토지대장이 작성될 때까지 비교·대조를 위한 장부로 활용

② **산토지대장** : 간주지적도에 등록하는 토지에 관한 대장은 별도로 작성하여 별책토지 대장, 을호토지대장, 산토지대장이라 하였다. 면적의 단위는 30평 단위

③ **간주지적도** : 산림지대에 포함되어 있는 토지에 대하여 별도로 지적도를 작성하기가 어려워 임야대장 규칙에 따라 비치된 임야도내에 토지를 지목만 바꿔서 등록하여 지적도로 간주한 것

④ **민유산야약도(민유임야약도)** : 「삼림법」에 의해서 민유산야측량기간(1908.01.21~1911.01.20) 사이에 소유자의 자비로 측량에 의해서 작성된 지도. 채색되어 있고, 범례와 등고선이 그려져 있다. 임야지의 소재, 면적, 소유자주소, 성명날인, 축척 및 사표, 측량연월일, 측량자 성명날인, 방위 및 범례 등 기재

⑤ **지압조사(地押調査)** : 무신고이동지를 발견하기 위하여 실시하는 토지검사로서 토지 검사의 일종, 신고와 신청을 전제로 하지 않는다는 점이 특징

⑥ **일필지조사** : 일필지조사는 준비조사와 도근측량에 뒤이어 일필지 측량과 아울러 시행하여 1916년 11월에 모두 완료, 구분은 지주(토지소유자)의 조사, 강계 및 지역의 조사, 지목의 조사, 지번의 조사, 증명 및 등기 필지의 조사 등이 있다.

⑦ **사정의 효력** : 사정은 30일간 공시하고 불복하는 자는 60일 이내 고등토지조사위원회에 재결을 요청. 이때 사정 사항에 불복하여 재결을 받은 때의 효력발생은 사정일로 소급. 토지의 소유자는 자연인 또는 법인이나 이와 유사한 법령상 또는 관습상의 명의로서 서원이나 종중 등을 인정하였고, 토지의 강계는 지적도에 등록

된 토지의 경계선인 강계선이 대상이었고 지역선에 대하여는 사정하지 않았기 때문에 이는 이의 신청의 대상이 되지 않았다.
⑧ **분쟁의 원인** : 토지소속의 불분명, 역둔토 등의 정리 미비, 토지소유권 증명의 미비, 미간지 등이 주가 되었으며, 분쟁지의 조사방법은 외업조사, 내업조사, 위원회의 심사 등 3가지로 구분하여 실시
⑨ **강계선(疆界線)·지역선(地域線)·경계선(境界線)**
  ⊙ **강계선(토지)** : 사정선, 토지조사당시 확정된 소유자가 다른 토지간의 사정된 경계선
  ⓒ **지역선** : 토지조사당시 소유자는 같으나 지목이 다른 관계 등으로 지적정리 상 별필로 하여야 하는 토지간의 경계선과 토지조사 시행지와 토지조사 말 시행지와의 지계선
  ⓒ **경계선(임야)** : 토지의 강계선과 지역선을 합쳐서 경계선이라 한다.

(3) 지적측량 수행조직

지적측량 수행기관	내용
국가직영사정 : 임시토지조사국장	토지조사사업추진 토지조사법(1910.08.24.), 토지조사령(1912.08.13.)
국가직영 사정 : 도지사 측량 : 부윤, 면장	임야조사사업추진 토지조사령(1912.08.13.), 조선임야조사령(1918.05.01.)
지정지적측량사제도 (1923.07~1938.01)	지적측량자의 지정에 관한 건 지정측량자의 수는 1도 1인 운영(기업자측량제도)
재단법인역둔토협회 (1931.06~1938.05)	역둔토에 대한 토지이동측량전담
재단법인조선지적협회 (1938.01~1945.08)	1938.01.17 조선총독부인가 재단법인 조선지적협회 기부행위 최초로 전국지적측량업무전담
국가직영(재무국)	해방기로서 조선지적협회 휴면 상태
재단법인대한지적협회(1949.04)	조선지적협회에서 명칭변경
재단법인 대한지적공사 (1977.07.01)	대한지적협회에서 명칭변경
특수법인 대한지적공사 지적측량업자(2004.01.01)	지적법 제41조의 9에 의거설립
특수법인 한국국토정보공사 지적측량업자(2015.06.04)	공간정보3법 개정관련 공사명칭 변경, 국가공간정보 기본법 제12조에 의거설립

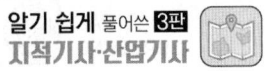

3 현 지적제도

(1) 지적불부합

① 지적불부합지 정리지침에서 불부합지란 「지적공부상의 등록사항(경계, 면적, 위치)이 실제상황과 일치하지 않는 10필지 이상의 집단적인 지역을 말한다」라고 정의한다.
② 발생원인 : 토지·임야조사사업의 역사적 배경과 세지적에서의 출발, 측량상의 문제점 등 도해지적의 한계에 따라 발생
③ 불부합지 유형

중복형	• 일필지의 일부가 중복 등록되는 경우 • 측량당시 기 등록된 인접 토지의 경계선 확인이 불충분하여 발생
공백형	경계가 마주한 토지가 지적도상에는 떨어져 있는 것처럼 공백부가 발생한 경우
편위형	도근점의 위치부정확 또는 현황측량 방식에 의한 집단지 이동의 경우에 발생하는 유형으로 측판점의 위치 결정 오류에 의한 경우가 대부분
불규칙형	일정한 방향으로 밀리거나 중복되지 않고 산발적으로 오류가 발생한 경우
위치오류형	1필의 토지가 형상과 면적은 일치하나 지적공부와 지상의 위치가 다른 곳에 위치한 유형, 주로 세부측량시 도근점이나 기지경계선에서 멀리 떨어진 산림속의 경작지, 산답(山畓) 등에서 많이 발생
기타 지형변동형, 면적오류형, 접합오류형 등	

(2) 지적재조사

① 지적재조사사업은 현대적인 측량방법에 의하여 재 측량을 실시하고 새로운 지적공부인 지적도와 지적대장을 재작성하는 사업
② 지적재조사는 지적의 목적별 요소를 현재보다 개량·확장함으로써 지적의 범위를 넓혀 효율적인 토지관리 체제로 발전시키려는 노력을 의미
③ 지적재조사측량이란 「지적재조사에 관한 특별법」에 따른 지적재조사사업에 따라 토지의 표시를 새로 정하기 위하여 실시하는 지적측량을 말한다. 또한 지적공부의 등록사항을 조사·측량하여 기존의 지적공부를 디지털에 의한 새로운 지적공부로 대체함과 동시에 지적공부의 등록사항이 토지의 실제현황과 일치하지 아니하는 경우 이를 바로 잡기 위하여 실시하는 국가사업을 말한다.

(3) 현대지적

1) 현대지적의 원리

공기능성의 원리	지적은 국가가 국토에 대한 상황을 국민다수의 이익을 추구하기 위하여 기록, 공시하는 국가의 공공업무이며 고유사무이다. 지적국정주의, 지적공개주의
민주성의 원리	국가가 지적활동의 주체로서 업무를 추진하지만 최후의 목표는 국민의 욕구 충족에 기인하려는 특성을 가진다는 것이다. 주민참여, 행정책임
능률성의 원리	지적은 토지에 대한 인간 활동을 효율화하기 위한 것을 전제로 하며 기술적 측면의 효율성이 포함된다. 능률성, 과학화, 합리화
정확성의 원리	지적은 세수원으로 각종 정책의 기초자료로서 신속·정확한 현황유지를 생명으로 하고 있다. 지적불부합과 상반

2) 현대지적의 성격

역사성과 영구성	지적은 세지적, 법지적, 다목적지적 순으로 이어졌으며 지적의 등록사항이 인간의 뜻에 따라 가변적이기는 하지만 일단 정해진 기록은 영구히 존속된다.
반복적 민원성	지적업무는 대체로 지적공부의 열람과 등본, 지적공부의 소유권득실변경, 토지이용계획 확인원의 발급, 토지이동의 신청접수 및 정리, 등록사항정정 신청 및 정리 등 민원업무가 주종을 이루며 지속되는 반복성을 가진다.
전문성과 기술성	토지에 관한 인간의 필요정보를 정확하게 제한된 지면에 기록하고 도화하는 과정은 전문성을 띠고, 지적이 지적측량을 기초로 함은 기술성을 요하게 된다.
서비스성과 윤리성	지적민원의 증가현상에 따른 서비스성 및 토지의 중요성과 함께 공공정책으로서 큰 비중을 갖는 만큼 윤리성이 요구된다.
정보원	토지에 관한 중요성은 국가, 사회, 개인에 관계없이 더욱 증대되고 있으며 토지활동의 수행에 따르는 기초 자료로서 지적공부가 이용된다.

3) 현대지적의 기능(역할)

토지등록의 법적효력과 공시, 토지 및 국토계획의 원천, 지방행정의 자료, 토지감정평가의 기초, 토지유통의 매개체, 토지관리의 지침

CHAPTER 03 지적제도의 변천사

01. 구한국 정부에서 문란한 토지제도를 바로잡기 위하여 시행하였던 근대적 토지제도의 과도기적 제도는?

① 입안제도 ② 양안제도
③ 지권제도 ④ 등기제도

해설 [지권제도]
1901년 지계아문을 설치하고 각도에 지계감리를 두어 "대한제국 전답관계"라는 지계를 발급하고 전, 답 소유에 대한 관청의 공적증명의 기능

02. 대한제국시대에 부동산 거래질서가 문란하여 토지소유권 이전을 국가가 통제할 수 있도록 입안 대신 채택한 것은?

① 양안제도 ② 문기제도
③ 지계제도 ④ 가계제도

해설 대한제국시대 문란한 토지제도를 바로잡기 위해 소유권이전을 국가가 통제할 수 있는 입안을 대체할 수 있는 지계제도를 채택한 제도로 지권(地券), 지계제도, 가계제도, 토지증명제도를 들 수 있다.

03. 우리나라에서 '지적'이라는 용어를 처음으로 사용한 것은?

① 내부관제(1895.3.26)
② 탁지부관제(1897.5.19)
③ 양지아문직원급처무규정(1898.7.6)
④ 지계아문직원급처무규정(1901.10.20)

해설 고종 32년(1895년) 3월 26일 칙령 제53호로 내부관제를 공포하고 동령 제8조 판적국의 사무 제2항에 "판적국은 호구적(戶口籍)과 지적(地積)에 관한 사항"을 관장하도록 규정하여 내부관제의 판적국에서 지적에 관한 사항을 담당하도록 하였다.

04. 다음 중 광무양전(光武量田)에 대한 설명으로 옳지 않은 것은?

① 등급별 결부산출(結負産出) 등의 개선은 있었으나 면적은 척수(尺數)로 표시하지 않았다.
② 양무위원을 두는 외에 조사위원을 두었다.
③ 정확한 측량을 위하여 외국인 기사를 고용하였다.
④ 양안의 기재는 전답(田畓)의 도형(圖形)을 기입하게 되었다.

해설 [광무양전사업]
① 1898년부터 대한제국 정부가 전국의 토지를 대상으로 실시한 근대적 토지조사사업
② 광무양전의 양안에는 각 변의 척수를 기입하고 전체 실적으로 표시함으로 필지당 토지면적을 확정

05. 우리나라 지적관련 법령의 변천과정을 옳게 나열한 것은?

① 토지조사령	② 조선임야조사령
③ 토지조사법	④ 조선지세령
⑤ 지적법	⑥ 지세령

① ④ → ② → ① → ③ → ⑥ → ⑤
② ③ → ⑥ → ① → ④ → ② → ⑤
③ ④ → ② → ⑥ → ③ → ② → ⑤
④ ③ → ① → ⑥ → ② → ④ → ⑤

해설 토지조사법(1910.08.24) → 토지조사령(1912.8.13) → 지세령(1914.3.16) → 조선임야조사령(1918.5.1) → 조선지세령(1943.3.31) → 지적법(195.12.1)의 순서로 변천

정답 01. ③ 02. ③ 03. ① 04. ① 05. ④

06. 조선지세령에 관한 내용으로 틀린 것은?

① 1943년에 공포되어 시행되었다.
② 전문 7장과 부칙을 포함한 95개 조문으로 되어 있다.
③ 토지대장, 지적도, 임야대장에 관한 모든 규칙을 통합하였다.
④ 우리나라 세금의 대부분인 지세에 관한 사항을 규정하는 것이 주목적이었다.

해설 [조선지세령]
① 1943년 3월 31일 공포
② 토지대장규칙을 흡수하였으나 임야대장규칙을 흡수하지 못하여 조선임야대장규칙으로 독립
③ 일제 강점기 지세는 국세이며, 임야세는 지방세이므로 이원적으로 규정할 필요성 때문

07. 다음 중 구한말에 운영된 지적업무 부서의 설치 순서가 옳은 것은?

① 탁지부 양지국 → 탁지부 양지과 → 양지아문 → 지계아문
② 양지아문 → 탁지부 양지국 → 탁지부 양지과 → 지계아문
③ 양지아문 → 지계아문 → 탁지부 양지국 → 탁지부 양지과
④ 지계아문 → 양지아문 → 탁지부 양지국 → 탁지부 양지과

해설 [구한말 지적업무 부서의 설치순서]
내부 판적국 지적과(1895년 3월) → 양지아문(1898년 7월) → 지계아문(1901년 10월) → 탁지부 양지국(1904년 4월) → 대구시가지 토지측량에 관한 타합사항(1907년 5월) → 임시 토지조사국(1910년 9월)

08. 다음 중 토지조사사업에서의 사정 결과를 바탕으로 작성한 토지대장을 기초로 등기부가 작성되어 최초로 전국에 등기령을 시행하게 된 시기는?

① 1910년   ② 1918년
③ 1924년   ④ 1930년

해설 [대한제국의 토지증명제도]
① 입안제도 : 1892년까지 실시
② 지계제도 : 1893~1905
③ 토지가옥 증명제도 : 1906~1910
④ 등기제도 : 1918년 이후

09. 토지조사사업 당시 별필(別筆)로 하였던 경우가 아닌 것은?

① 분쟁지로서 명확한 경계나 권리 한계가 불분명한 것
② 도로, 하천, 구거 등에 의하여 자연으로 구획된 것
③ 전당권 설정의 증명이 있는 경우 그 증명마다 별필로 취급한 것
④ 조선총독부가 지정한 개인 소유의 공공 토지

해설 [토지조사사업의 토지사정 당시 별필지로 하는 경우]
① 도로, 하천, 구거, 제방, 성곽 등에 의하여 자연적으로 구획을 이룬 것
② 특히 면적이 광대한 것
③ 심히 형상이 만곡하거나 협장한 것
④ 지방 기타의 상황이 현저히 상이한 것
⑤ 지반의 고저가 심하게 차이가 있는 것
⑥ 시가지로서 연와병, 석원 기타 영구적 건축물로서 구획된 지역
⑦ 분쟁에 걸린 것
⑧ 조선총독부가 지정한 공공단체의 소유에 속한 공용 또는 공공의 용에 공하는 토지
⑨ 잡종지 중의 염전 및 광천지로서 그 구역이 명확한 것
⑩ 전당권설정의 증명이 있는 것은 그 증명마다 별필로 취급할 것
⑪ 소유권 증명을 거친 것은 그 증명번호마다 별필로 할 것

10. 대한제국시대에 삼림법에 의거하여 작성한 민유산야약도에 대한 설명이 틀린 것은?

① 최초로 임야측량이 실시되었다는 점에서 중요한 의미가 있다.
② 민유임야측량은 조직과 계획 없이 개인별로 시행되었고 일정한 수수료도 없었다.
③ 토지등급을 상세하게 정리하여 세금을 공평하게 징수할 수 있도록 작성된 도면이다.
④ 민유산야약도의 경우에는 지번을 기재하지 않았다.

해설 [민유산야약도]
① 면적과 약도를 첨부하여 농공상부대신에게 기간 내에 제출하지 않으면 국유지로 처리함
② 민유산야(임야)도면에 기재된 내용은 임야의 소재·면적·소유자·축척·사표·측량연월일·방위·측량자 성명과 날인되었으며 범례와 등고선이 그려져 있고 채색되어 있고 지번이 없는 것이 특징

11. 토지조사사업에 따른 지적제도의 확립에 대한 설명이 틀린 것은?

① 토지의 일필지에 대한 위치 및 현상과 경계를 측정하여 지적도에 등록하였다.
② 토지의 경계와 소유권을 고등토지조사위원회에서 사정하였다.
③ 측량성과에 의거 토지의 소재, 지번, 지목, 소유권 등을 조사하여 토지대장에 등록하였다.
④ 사정은 강력한 행정처분을 확정하는 원시취득의 효력이 있었다.

해설

구분	토지조사사업	임야조사사업
측량기관	임시토지조사국	부(府), 면(面)
사정기관	임시토지조사국장	도지사
재결기관	고등토지조사위원회	임야심사위원회

12. 다음 중 현대 지적의 성격과 거리가 먼 것은?

① 역사성과 영구성 ② 전문성과 기술성
③ 가변성과 비밀성 ④ 서비스성과 윤리성

해설 [현대 지적의 성격]
① 역사성, 영구성, 전문성, 기술성, 서비스성, 윤리성이 필요
② 가변성이 있어서는 안 되며 비밀성보다는 공개성이 필요

13. 지세징수를 위하여 이동정리를 끝낸 토지대장 중 민유과세지만을 뽑아서 각 면마다 소유자별로 연기(連記)한 후 이것을 합계한 장부는?

① 지세명기장 ② 결수연명부
③ 토지대장 ④ 을호 토지대장

해설 [지세명기장]
① 1878년에 작성한 장부로 지세를 징수하는 토지를 납세의무자별로 등록한 것
② 이동정리가 완료된 토지대장 중에서 민유과세지만을 뽑아 각 면마다 소유자별로 기록

14. 임야조사사업의 목적에 해당하지 않는 것은?

① 소유권을 법적으로 확정
② 임야정책 및 산업기사건설의 기초자료 제공
③ 지세부담의 균형 조정
④ 지방재정의 기초 확립

해설 [임야조사사업의 목적]
① 국민생활 및 일반경제 거래상 부동산 표시에 필요한 지번의 창설
② 임야의 위치 및 형상을 도면에 묘화하여 경계의 명확화
③ 소유권의 법적 확정
④ 전 국토에 대한 지적제도 확립
⑤ 각종 임야 정책의 기초자료 제공

15. 토지조사사업 당시의 사정사항은?

① 소유자와 강계 ② 지번과 지목
③ 지번과 소유자 ④ 지번과 면적

해설 [토지조사사업의 사정(査定)]
① 임시토지조사국은 지방토지조사위원회에 자문하여 토지소유자와 그 강계를 사정
② 임시토지조사국장은 사정을 하는 때에는 30일간 이를 공시
③ 사정에 불복하는 자는 공시기간 만료 후 60일내에 고등토지조사위원회에 제기하여 재결받을 수 있음.

16. 토지조사부(土地調査簿)에 대한 설명으로 맞는 것은?

① 입안과 양안을 통합한 장부이다.
② 토지소유권의 사정원부로 사용된 장부이다.
③ 별책토지대장으로 사용된 장부이다.
④ 결수연명부로 사용된 장부이다.

해설 [토지조사부(土地調査簿)와 지적도]
① 토지조사부는 토지의 구역마다 지번·가지번·지목·지적·신고 또는 통지연월일, 소유자의 주소·이름 또는 명칭을 등록한 것
② 지적도는 토지 구역의 위치·지목·지주를 달리하는 토지와 토지와의 강계선, 동일지주의 소유에 속한 일필지와 일필지의 한계 및 조사 시행지와 미시행지인 도로·구거·산야 등과의 지계를 표지하는 지역선을 묘화한 것

17. 토지조사 당시에 시행 지역에서 멀리 떨어진 산림 지대의 토지를 임야도에 그 지목만을 수정하여 등록한 것을 무엇이라 하는가?

① 간주지적도 ② 간주임야도
③ 별책지적도 ④ 산지적도

해설 [간주지적도]
① 토지조사지역 밖인 산림지대에도 전·답·대 등 과세지가 있더라도 그 지목만을 수정하여 임야도에 그냥 존치하도록 하되, 그에 대한 대장은 일반적인 토지대장과는 별도로 작성하여 지적도로 간주하는 임야도
② 별책토지대장, 을호토지대장, 산토지대장으로도 부름

18. 지압(地押)조사에 대한 설명으로 옳은 것은?

① 신고 및 신청에 의하여 실시하는 토지조사이다.
② 무신고 이동지를 발견하기 위하여 실시하는 토지검사이다.
③ 토지의 이동 측량 성과를 검사하는 성과검사측량이다.
④ 분쟁지의 경계와 소유자를 확정하는 토지조사이다.

해설 [토지검사와 지압조사]
① 토지검사 : 이동 신고·신청의 확인을 말함
② 지압조사 : 무신고 이동지의 발견을 말함
③ 일반적으로 토지검사는 토지검사와 지압조사 양자를 말함

19. 우리나라 토지조사사업 당시 조사측량기관은?

① 부(府)와 면(面) ② 임야조사위원회
③ 임시토지조사국 ④ 토지조사위원회

해설

구분	토지조사사업	임야조사사업
측량기관	임시토지조사국	부(府), 면(面)
사정기관	임시토지조사국장	도지사
재결기관	고등토지조사위원회	임야심사위원회

20. 간주지적도에 등록하는 토지대장의 명칭이 아닌 것은?

① 산 토지대장 ② 을호 토지대장
③ 민유 토지대장 ④ 별책 토지대장

해설 [간주지적도]
① 토지조사지역 밖인 산림지대에도 전·답·대 등 과세지가 있더라도 그 지목만을 수정하여 임야도에 그냥 존치하도록 하되, 그에 대한 대장은 일반적인 토지대장과는 별도로 작성하여 지적도로 간주하는 임야도
② 별책토지대장, 을호토지대장, 산토지대장으로도 부름

21. 간주지적도에 대한 설명으로 틀린 것은?

① 산간벽지나 도서지방에서 임야도를 지적도로 간주하여 등록하였다.
② 간주지적도에 등록된 지목은 전만 등록하였다.
③ 간주지적도에 등록된 토지의 대장은 토지대장과는 별도로 작성하였다.
④ 간주지적도에 등록된 토지대장은 별책토지대장·을호토지대장·산토지대장이라 불렀다.

해설 [간주지적도]
① 지적도로 간주하는 임야도를 간주지적도라 함
② 조선지세령에 "조선총독이 지정하는 지역에서는 임야로서 지적도로 간주한다"라고 규정
③ 육지에서 멀리 떨어진 도서지역, 토지조사구역에서 멀리 떨어진 산간벽지(약200간) 등 지정
④ 전, 답, 대 등 과세지가 있을 경우 이를 지적도에 등록하지 아니하고 임야도에 존치
⑤ 임야도에 녹색 1호선으로 구역 표시
⑥ 별책토지대장, 산토지대장, 을호토지대장이라 하며 간주지적도에 대한 대장은 일반토지대장과 달리 별도의 대장으로 작성

22. 1909년 2월 대한측량총관회를 설립한 사람은?

① 유길준 ② 정약용
③ 구마타 ④ 이기

해설 1909년 2월 유길준은 대한측량총관회를 설립하고, 검사부와 교육부를 두어 기술을 검정하여 합격자에게는 검열증(檢閱證)을 지급한 것이 한국최초의 측량자격증 제도라 할 수 있다.

23. 토지조사사업 초기의 임야도 표기방식에 대한 설명으로 틀린 것은?

① 임야 내 미등록 도로는 양홍색으로 표시한다.
② 임야경계와 토지소재, 지번, 지목을 등록하였다.
③ 모든 국유임야는 1/6,000 지형도를 임야도로 간주하여 적용하였다.
④ 임야도 크기는 남북 1척 3촌 2리(40cm), 동서 1척 6촌 5리(50cm)이다.

해설 임야도를 작성할 당시 토지의 위치와 용도 등에 의한 정밀도가 높은 시가지 지역은 축척을 1/3,000으로 하고 정밀도가 낮아도 되는 지역은 1/6,000으로 하였지만 우리나라 대부분의 임야도는 1/6,000으로 작성되었다.

24. 1898년 양전사업을 담당하기 위하여 최초로 설치된 기관은?

① 양지아문(量地衙門)
② 지계아문(地契衙門)
③ 양지과(量地課)
④ 임시토지조사국(臨時土地調査局)

해설 [대한제국의 토지제도 발전과정]
① 1895 : 내부판적국(호구적, 지적에 관한 사항)
② 1898 : 양지아문(양전사업을 담당하기 위하여 설치된 기관)
③ 1901 : 지계아문(토지대장에 의한 토지소유권자의 확인에 의해 지계발행)
④ 1904 : 탁지부의 양지국(지계아문의 양전기능과 기구만을 계승하여 상설기구로 설치)
⑤ 1905 : 탁지부 사세국 양지과(토지조사의 경험을 얻을 목적으로 측량 실시)

25. 양지아문(量地衙門)을 폐지하고 지계아문(地契衙門)에 그 사무를 관장시킨 것은 어느 때인가?

① 1901년
② 1801년
③ 1701년
④ 1601년

해설 [대한제국의 토지제도 발전과정]
① 1895 : 내부판적국(호구적, 지적에 관한 사항)
② 1898 : 양지아문(양전사업을 담당하기 위하여 설치된 기관)
③ 1901 : 지계아문(토지대장에 의한 토지소유권자의 확인에 의해 지계발행)
④ 1904 : 탁지부의 양지국(지계아문의 양전기능과 기구만을 계승하여 상설기구로 설치)
⑤ 1905 : 탁지부 사세국 양지과(토지조사의 경험을 얻을 목적으로 측량 실시)

26. 지적측량사 규정에 국가공무원으로서 그 소속 관서의 지적측량 사무에 종사하는 자로 정의하며, 내무부를 비롯하여 각 시, 도와 시, 군, 구에 근무하는 지적직 공무원은 물론 철도청, 문화재관리국 등 국가기관에서 근무하는 공무원도 포함되었던 지적측량사는?

① 대행측량사
② 상치측량사
③ 감정측량사
④ 지정측량사

해설 지적측량사는 상치측량사와 대행측량사(代行測量士)로 구분할 수 있는데 상치측량사란 국가공무원으로서 소속관서의 지적측량사무에 종사하는 자를 말한다. 대행측량사는 국가나 대한지적협회로부터 업무의 촉탁을 받지 아니하고도 측량업무를 처리할 수 있다.

27. 토지조사사업 당시의 지목 중 면세지에 해당하지 않는 것은?

① 사사지
② 분묘지
③ 철도용지
④ 수도선로

해설 [토지조사사업 당시 지목의 구분(18개 지목)]

구분	용도
과세대상(6)	전, 답, 대, 지소, 임야, 잡종지
비과세대상 (7, 개인소유 불인정)	도로, 하천, 구거, 제방, 성첩, 철도선로, 수도선로
면제대상 (5, 공공용지)	사사지, 분묘지, 공원지, 철도용지, 수도용지

28. 다음 중 토지조사사업 당시의 비과세 지목이 아닌 것은?

① 성첩
② 하천
③ 잡종지
④ 제방

정답 23. ③ 24. ① 25. ① 26. ② 27. ④ 28. ③

해설 [토지조사사업 당시 지목의 구분(18개 지목)]

구분	용도
과세대상(6)	전, 답, 대, 지소, 임야, 잡종지
비과세대상 (7, 개인소유 불인정)	도로, 하천, 구거, 제방, 성첩, 철도선로, 수도선로
면제대상 (5, 공공용지)	사사지, 분묘지, 공원지, 철도용지, 수도용지

29. 지적불부합지가 주는 영향이 아닌 것은?

① 토지에 대한 권리행사에 지장을 초래한다.
② 행정적으로 지적행정의 불신을 초래한다.
③ 정확한 토지이용계획을 수립할 수 있게 한다.
④ 공공사업의 수행에 지장을 준다.

해설 [지적불부합지가 주는 영향]
① 토지에 대한 권리행사에 지장을 초래한다.
② 행정적으로 지적행정의 불신을 초래한다.
③ 토지의 표시사항의 확인의 곤란을 초래한다.
④ 공공사업의 수행에 지장을 준다.

30. 토지조사사업 당시 토지의 사정권자는?

① 고등토지조사위원회   ② 임시토지조사국장
③ 도지사   ④ 토지조사국

해설

구분	토지조사사업	임야조사사업
측량기관	임시토지조사국	부(府), 면(面)
사정기관	임시토지조사국장	도지사
재결기관	고등토지조사위원회	임야심사위원회

31. 지압조사(地押調査)에 대한 설명으로 가장 적합한 것은?

① 지목변경의 신청이 있을 때에 그를 확인하고자 지적소관청이 현지조사를 시행하는 것이다.
② 토지소유자를 입회시키는 일체의 토지검사이다.
③ 도면에 의하여 측량 성과를 확인하는 토지검사이다.
④ 신고가 없는 이동지를 조사·발견할 목적으로 국가가 자진하여 현지조사를 하는 것이다.

해설 [토지검사와 지압조사]
① 토지검사 : 이동 신고·신청의 확인을 말함
② 지압조사 : 무신고 이동지의 발견을 말함
③ 일반적으로 토지검사는 토지검사와 지압조사 양자를 말함

32. 조선총독이 지정한 지역에서 지적도와 같게 취급된 임야도로, 기존의 지적도에는 등록이 불가능하여 임야도에 등록된 상태로 두고 지목만 수정하여 임야도를 지적도로 간주한 것은?

① 산지적도   ② 간주지적도
③ 간주임야도   ④ 별책지적도

해설 [간주지적도]
① 지적도로 간주하는 임야도를 간주지적도라 함
② 조선지세령에 "조선총독이 지정하는 지역에서는 임야도서 지적도로 간주한다"라고 규정
③ 육지에서 멀리 떨어진 도서지역, 토지조사구역에서 멀리 떨어진 산간벽지(약200간) 등 지정

33. 우리나라 임야조사사업 당시의 재결기관으로 옳은 것은?

① 고등토지조사위원회   ② 세부측량검사위원회
③ 임야심사위원회   ④ 도지사

해설

구분	토지조사사업	임야조사사업
측량기관	임시토지조사국	부(府), 면(面)
사정기관	임시토지조사국장	도지사
재결기관	고등토지조사위원회	임야심사위원회

34. 토지조사사업의 주요 내용에 해당되지 않는 것은?

① 토지소유권 조사   ② 토지가격 조사
③ 지형·지모 조사   ④ 역둔토 조사

해설 [토지조사사업의 내용]
① 토지소유권 조사 : 전국의 토지에 대한 토지소유자 및 강계를 조사·사정함으로 토지분쟁을 해결하고 토지조사부, 토지대장, 지적도를 작성
② 토지가격 조사 : 과세의 공표를 기하기 위하여 시가지의 경우 토지의 시가를 조사
③ 지형·지모 조사 : 자연적, 인위적으로 형성된 지물과 지형지모의 조사 실시

정답 29. ③ 30. ② 31. ④ 32. ② 33. ③ 34. ④

35. 지적불부합지로 인해 야기될 수 있는 사회적 문제점으로 보기 어려운 것은?

① 빈번한 토지분쟁
② 주민의 권리 행사 지장
③ 토지거래 질서의 문란
④ 확정측량의 불가피한 급속 진행

해설 [지적불부합지가 주는 영향]
① 토지에 대한 권리행사에 지장을 초래한다.
② 행정적으로 지적행정의 불신을 초래한다.
③ 토지의 표시사항의 확인의 곤란을 초래한다.
④ 공공사업의 수행에 지장을 준다.

36. 토지조사사업 당시 면적이 10평 이하인 협소한 토지의 면적측정 방법으로 옳은 것은?

① 푸라니미터법
② 계적기법
③ 전자면적측정기법
④ 삼사법

해설 [토지조사사업 당시 면적측정방법]
① 면적산정은 계적기를 사용하는 것을 원칙으로 함
② 소면적인 토지는 삼사법(三斜法)을 선택하였으며 10평 이하로 면적이 협소한 것은 삼사법 사용

37. 양전의 결과에 의하여 민간인의 사적 토지 소유권을 증명해주는 지계를 발행하기 위해 1901년에 설립된 것으로, 탁지부에 소속된 지적사무를 관장하는 독립된 외청 형태의 중앙행정기관은?

① 양지아문(量地衙門)
② 지계아문(地契衙門)
③ 양지과(量地課)
④ 통감부(統監府)

해설 [지계아문(地契衙門)]
① 1901년 소유권 보호 및 토지의 통제를 효율적으로 하기 위하여 지계아문을 설치
② 양안에 따라 오늘날의 등기권리증과 비슷한 지계를 발행하여 현대식 부동산등기제도를 처음으로 시행

38. 1910년 대한제국의 탁지부에서 근대적인 지적제도를 창설하기 위하여 전 국토에 대한 토지조사사업을 추진할 목적으로 제정 공포한 것은?

① 토지조사법
② 토지조사령
③ 지세령
④ 토지측량규칙

해설 [토지조사법 제정]
1910년 1월 대한제국 임시재산정리국의 지시에 의거 수립한 계획안을 기초로 3월 탁지부에 토지조사국을 신설하는 토지조사국 관제를 반포하고 8월 23일 토지조사법을 제정하였다.

39. 토지조사사업 당시 도로, 하천, 구거, 제방, 성첩, 철도선로, 수도선로를 조사 대상에서 제외한 주된 이유는?

① 측량 작업의 난이
② 소유자의 확인 불명
③ 경계선 구분 불가능
④ 경제적 가치의 희소

해설 ① 토지조사사업의 조사대상은 예산, 인원 등 경제적 가치가 있는 것에 한하여 실시
② 도로, 하천, 구거, 제방, 성첩, 철도선로, 수도선로는 지목만 조사하고 지번을 붙이지 않았다.

40. 토지조사사업 당시 지역선의 대상이 아닌 것은?

① 소유자가 다른 토지 간의 사정된 경계선
② 소유자가 같은 토지의 구획선
③ 토지조사 시행지와 미시행지와의 지계선
④ 소유자를 알 수 없는 토지와의 구획선

해설 [토지조사사업 당시의 지역선의 대상]
① 소유자가 같은 토지와의 구획선
② 소유자가 다른 토지간의 사정된 강계선
③ 토지조사시행지와 미시행지와의 지계선
④ 소유자를 알 수 없는 토지와의 구획선

41. 지적재조사사업의 목적과 거리가 먼 것은?

① 지적불부합지의 해소
② 능률적인 지적관리체제 개선
③ 경계복원능력의 향상
④ 토지거래질서의 확립

해설 [지적재조사사업의 목적]
① 지적불부합지의 해소
② 능률적인 지적관리체제 개선
③ 경계복원능력의 향상
④ 지적관리를 현대화하기 위한 수단
⑤ 지적공부의 정확도 및 지적에 포함되는 요소들의 확장

42. 탁지부 양지국에 관한 설명으로 틀린 것은?

① 1904년 탁지부 양지국관제가 공포되면서 상설 기구로 설치되었다.
② 공문 서류의 편찬 및 조사에 관한 사항을 담당하였다.
③ 관습조사(慣習調査) 사항을 담당하였다.
④ 토지측량에 관한 사항을 담당하였다.

해설 [양지국]
1904년 4월 19일 탁지부 양지국 관제(量地局 官制)가 공포되면서 양지국은 지계아문의 양전 기능과 기구를 계승하여 상설기구로 설치되었다. 토지관습조사는 조선총독부에서 실시하였다.

43. 토지조사사업에 대한 설명으로 틀린 것은?

① 조사대상은 전국 평야부의 토지 및 낙산임야이다.
② 도면축척은 1:1200, 1:2400, 1:3000이었다.
③ 조사측량기관은 임시 토지조사국이었다.
④ 사정권자는 임시 토지조사국장이었다.

해설 토지조사사업당시 지적도의 축척은 시가지 1:600, 평지 1:1,200, 산지 1:2,400이다.

44. 토지조사사업의 특징으로 틀린 것은?

① 근대적 토지제도가 확립되었다.
② 사업의 조사, 준비, 홍보에 철저를 기하였다.
③ 역둔토 등을 사유화하여 토지소유권을 인정하였다.
④ 도로, 하천, 구거 등을 토지조사사업에서 제외하였다.

해설 [토지조사사업의 특징]
① 1910~1918년까지 일제가 한국의 식민지체제 수립을 위한 기초작업으로 시행한 대규모 토지조사사업
② 일본자본의 토지점유에 적합한 토지소유의 증명제도 확립
③ 은결 등을 찾아내어 지세수입을 증대시킴으로 식민통치를 위한 재정자금 확보
④ 역둔토를 국유화하여 조선총독부의 소유로 개편하기 위한 목적

45. 다음 중 토지조사사업 당시의 재결기관으로 옳은 것은?

① 지방토지조사위원회   ② 임시토지조사국장
③ 고등토지조사위원회   ④ 도지사

해설

구분	토지조사사업	임야조사사업
측량기관	임시토지조사국	부(府), 면(面)
사정기관	임시토지조사국장	도지사
재결기관	고등토지조사위원회	임야심사위원회

46. 토지조사사업 당시 토지의 사정이 의미하는 것은?

① 소유자와 강계를 확정하는 행정처분이다.
② 소유자와 지목을 확정하는 행정처분이다.
③ 경계와 면적으로 확정하는 것이다.
④ 지번, 지목, 면적으로 확정하는 것이다.

해설 [토지조사사업 당시 사정(査定)의 의미]
① 토지조사부 및 지적도에 의하여 토지소유자 및 강계를 확정하는 행정처분
② 지적도에 등록된 강계선이 대상이며 지역선은 사정하지 않음

47. 사정(査定)에 관한 설명으로 틀린 것은?

① 토지의 사정은 소유자와 그 강계를 확정하는 행정처분이다.
② 토지의 사정은 행정관청인 임시토지조사국장에게 전속된 권한이었다.
③ 사정된 토지의 경계는 강계선이라 하였다.
④ 모든 토지의 등록지는 임시토지조사국장이 소유자와 강계를 사정하였다.

해설 [토지조사사업 당시 사정의 확정]
① 사정이란 토지조사부와 지적도에 의하여 토지의 소유자 및 강계를 확정하는 행정처분
② 사정은 이전의 권리와 무관한 창설적, 확정적 효력이 있음
③ 사정은 원시취득의 효력을 가지며 재결시 효력발생일을 사정일로 소급

48. 토지조사사업 당시 일필지조사 사항의 업무가 아닌 것은?

① 지주의 조사 ② 지목의 조사
③ 분쟁지의 조사 ④ 지번의 조사

해설 [토지조사사업 당시의 일필지조사의 업무]
토지조사사업 당시의 일필지조사는 지주, 강계, 지역, 지목, 지번, 등기 및 등기필지 등의 조사 업무를 수행

49. 현대지적의 일반적 기능이 아닌 것은?

① 사회적 기능 ② 경제적 기능
③ 법률적 기능 ④ 행정적 기능

해설 [지적의 기능 및 역할]
① 일반적 기능: 사회적 기능, 법률적 기능, 행정적 기능으로 구분
② 실질적 기능(역할): 토지등기, 감정평가, 토지과세, 토지거래, 토지이용계획, 주소표기의 기초가 되며 각종 토지정보에 제공

50. 토지조사사업 당시 소유자는 같으나 지목이 상이하여 별필(別筆)로 해야 하는 토지들의 경계선과 소유자를 알 수 없는 토지와의 구획선을 무엇이라 하는가?

① 강계선(彊界線) ② 경계선(境界線)
③ 지역선(地域線) ④ 지세선(地勢線)

해설 [지역선]
① 토지조사사업 당시 소유자는 같으나 지목이 다른 관계로 별필의 토지경계선과 소유자를 알 수 없는 토지와의 구획선, 토지조사 시행지와 미시행지와의 경계선을 말함
② 토지조사 시행지와 미시행지와의 경계선은 별도로 지계선이라 함

51. 우리나라 토지조사사업 당시 사정의 확정에 대한 설명으로 틀린 것은?

① 사정의 효력은 법률적인 결정보다 상위에 있었다.
② 사정은 토지의 소유자 및 경계를 확정하는 행정처분이다.
③ 사정의 확정에 의한 토지소유권은 절대적으로 확립된 것이었다.
④ 토지조사 이전의 모든 사항은 연계된 것으로 보아야 한다.

해설 [토지조사사업 당시 사정의 확정]
① 사정이란 토지조사부와 지적도에 의하여 토지의 소유자 및 강계를 확정하는 행정처분
② 사정은 이전의 권리와 무관한 창설적, 확정적 효력이 있음
③ 사정은 원시취득의 효력을 가지며 재결시 효력발생일을 사정일로 소급

52. 우리나라 토지조사사업의 시행목적과 거리가 먼 것은?

① 토지의 가격조사 ② 토지소유권 조사
③ 토지의 지질조사 ④ 토지의 외모조사

해설 [토지조사사업의 내용(시행목적)]
① 소유권조사 : 토지소유자 및 강계를 조사, 사정하여 토지조사부, 토지대장, 지적도 작성
② 가격조사 : 시가지의 경우 토지의 시가 조사, 시가지 이외의 지역은 대지의 임대가격 조사, 전, 답 등은 지가 조사
③ 외모조사 : 국토 전체에 대한 자연적, 인위적 지물과 고저를 표시한 지형도 작성

정답 47. ④ 48. ③ 49. ② 50. ③ 51. ④ 52. ③

53. 토지조사사업당시 사정 사항에 불복하여 재결을 받은 때의 효력 발생일은?

① 재결 신청일　　② 사정일
③ 재결 접수일　　④ 사정 후 30일

해설　① 토지조사사업시 소유자를 사정하여 토지대장에 등록한 소유권의 취득 효력은 원시취득에 해당
　　　② 재결받은 때의 효력 발생일은 사정일로 소급하여 발생

54. 토지조사사업에서 측량에 관계되는 사항을 구분한 7가지 항목에 해당하지 않은 것은?

① 삼각측량　　② 천문측량
③ 지형측량　　④ 이동지측량

해설　[토지조사사업 당시의 업무]
　　　① 소유권 및 지가조사 : 준비조사, 일필지조사, 분쟁지조사, 지위등급조사, 장부조제, 지방토지조사위원회, 고등토지조사위원회, 사정, 이동지 정리
　　　② 측량 : 삼각측량, 도근측량, 세부측량, 면적계산, 지적도작성, 이동지측량, 지형측량

55. 토지조사사업의 사정에 불복하는 자는 공시기간 만료 후 최대 며칠 이내에 고등토지조사위원회에 재결을 신청하여야 하는가?

① 10일　　② 30일
③ 60일　　④ 90일

해설　[토지조사사업의 사정(査定)]
　　　① 임시토지조사국은 지방토지조사위원회에 자문하여 토지소유자와 그 강계를 사정
　　　② 임시토지조사국장은 사정을 하는 때에는 30일간 이를 공시
　　　③ 사정에 불복하는 자는 공시기간 만료 후 60일내에 고등토지조사위원회에 제기하여 재결받을 수 있음

56. 임야조사사업 당시 임야대장에 등록된 정(町), 단(段), 무(畝), 보(步)의 면적을 평으로 환산한 것으로 값이 틀린 것은?

① 1정(町)=3,000평　　② 1단(段)=300평
③ 1무(畝)=30평　　④ 1보(步)=3평

해설　[면적의 단위]
　　　• 1평(坪) = 6척×6척 = 1간×1간
　　　• 1합(合)(홉) = 1/10평(坪)
　　　• 1보(步) = 1평(坪) = 10홉
　　　• 1무(畝)(묘) = 30평(平)
　　　• 1단(段) = 300평(平) = 10무(畝)
　　　• 1정(町) = 3000평(平) = 100무(畝) = 10단(段)

57. 우리나라에서 지적이라는 용어가 법률상 처음 등장한 것은?

① 1895년 내부관제
② 1898년 양지아문 직원급 처무규정
③ 1901년 지계아문 직원급 처무규정
④ 1910년 토지조사법

해설　고종 32년(1895년) 3월 26일 칙령 제53호로 내부관제를 공포하고 동령 제8조 판적국의 사무 제2항에 "판적국은 호구적(戶口籍)과 지적(地積)에 관한 사항"을 관장하도록 규정하여 내부관제의 판적국에서 지적에 관한 사항을 담당하도록 하였다.

58. 토지조사사업 당시 분쟁의 원인에 해당되지 않은 것은?

① 미개간지　　② 토지소속의 불분명
③ 역둔토의 정리 미비　　④ 토지점유권 증명의 미비

해설　[분쟁지 조사의 개요 및 원인]
　　　① 불분명한 국유지와 미정리된 역둔토와 궁장토, 소유권이 불확실한 미개간지를 정리하기 위한 조사
　　　② 토지소속의 불분명
　　　③ 토지소유권 증명의 미비
　　　④ 세제의 불균일

59. 토지조사사업당시 일필지측량의 결과로 작성한 도부(개황도)의 축척에 해당되지 않은 것은?

① 1/600　　② 1/1,200
③ 1/2,400　　④ 1/3,000

해설　개황도는 토지조사사업의 일필지조사를 마친 후 그 강계 및 지역을 보측하여 개략적인 현황을 그리고 각종 조사사항을 기재하여 장부조제의 참고자료 또는 세부측량의 안내자료로 활용한 것으로 1/600, 1/1,200, 1/2,400 등이 있다.

정답　53. ②　54. ②　55. ③　56. ④　57. ①　58. ④　59. ④

60. 다음 중 대한제국시대에 3편(片)으로 발급한 관계(官契)를 보존하는 기관(사람)에 해당하지 않는 것은?

① 본아문 ② 소유자
③ 지방관청 ④ 지주총대

해설) 관계는 관에서 발급한 문서를 말하며 지주총대는 토지조사의 취지를 알리고 지주 또는 이해관계인에게 그 행할 바를 설명하는 등 사업의 진행상 관민의 편리를 도모하도록 힘쓰는 사람을 말한다. 토지조사에 관하여 공정하고 사사로운 행위가 있어서는 안 되며 강계와 실지조사, 신고서류의 취합, 강계표를 세우는 보조역할을 하였다.

61. 지주총대의 사무에 해당되지 않는 것은?

① 동리의 경계 및 일필지조사의 안내
② 신고서류 취급 처리
③ 소유자 및 경계 사정
④ 경계표에 기재된 성명 및 지목 등의 조사

해설) [지주총대의 사무]
① 동리의 경계 및 일필지조사의 안내
② 신고서류 취급처리
③ 경계표에 기재된 성명 및 지목 등의 조사

62. 다음 지적불부합지의 유형 중 아래의 설명에 해당하는 것은?

> 지적도근점의 위치가 부정확하거나 지적도근점의 사용이 어려운 지역에서 현황측량 방식으로 대단위지역의 이동측량을 할 경우에 일필지의 단위면적에는 큰 차이가 없으나 토지경계선이 인접한 토지를 침범해 있는 형태이다.

① 중복형 ② 편위형
③ 공백형 ④ 불규칙형

해설) [지적불부합의 유형]
① 중복형: 기존 등록된 경계선의 충분한 확인없이 측량했을 때 주로 발생
② 공백형: 도상경계는 인접해 있으나 현장에서는 공간의 형상이 생기는 유형으로 도선의 배열이 상이한 경우에 발생
③ 편위형: 현형법을 이용하여 이동측량했을 때, 측판점의 위치오류로 인해 발생

④ 불규칙형: 불부합의 형태가 일정하지 않고 산발적으로 발생한 형태로 위치파악, 원인분석이 어려움
⑤ 위치오류형: 등록된 토지의 형상과 면적은 현지와 일치하나 지상의 위치가 전혀 다른 위치에 있는 유형
⑥ 경계이외의 불부합: 지적공부의 표시사항 오류, 대장과 등기부간의 오류 등

63. 다음의 설명에서 (   )에 들어갈 알맞은 명칭은?

> 지역선은 토지조사사업 당시 소유자는 같으나 지목이 다른 관계로 별필의 토지경계선과, 소유자를 알 수 없는 토지와의 구획선, 토지조사 시행지와 미시행지와의 경계선을 말하나, 토지조사 시행지와 미시행지와의 경계선은 별도로 (   )이라고도 불렸다.

① 지계선 ② 강계선
③ 지구선 ④ 구역선

해설) 강계선(사정선)은 토지의 소유자가 다른 경우를 말하며 지역선은 소유자가 같은 토지와의 구획선 또는 소유자를 알 수 없는 토지와의 구획선을 말한다.
① 강계선: 사정선, 토지조사사업당시의 소유자가 다른 연접된 토지간의 사정된 경계선
② 지역선: 토지조사사업당시의 소유자가 같고 지목이 다른 경우의 연접된 토지 경계선
③ 경계선: 임야조사사업당시에는 강계선, 지역선 모두 경계선의 개념으로 불리었다.

64. 토지조사사업에서 지목은 모두 몇 종류로 구분하였는가?

① 15종 ② 18종
③ 21종 ④ 24종

해설) [토지조사사업 당시의 지목(18개)]
전, 답, 대, 지소, 임야, 잡종지, 사지, 분묘지, 공원지, 철도용지, 수도용지, 도로, 하천, 구거, 제방, 성첩, 철도선로, 수도선로
① 과세지: 전, 답, 대, 지소, 임야, 잡종지
② 면세지: 사사지, 분묘지, 공원지, 철도용지, 수도용지
③ 비과세지: 도로, 하천, 구거, 제방, 성첩, 철도선로, 수도선로

65. 다음 중 토지조사사업 당시 일반적으로 지번을 부여하지 않았던 지목에 해당하는 것은?

① 성첩 　　② 공원지
③ 지소 　　④ 분묘지

해설 ① 토지조사사업의 조사대상은 예산, 인원 등 경제적 가치가 있는 것에 한하여 실시
　　② 도로, 하천, 구거, 제방, 성첩, 철도선로, 수도선로는 지목만 조사하고 지번을 붙이지 않았다.

66. 양지아문에서 양전사업에 종사하는 실무진에 해당되지 않는 것은?

① 양무감리 　　② 양무위원
③ 조사위원 　　④ 총재관

해설 [양지아문의 양전사업 종사 실무진]
　　① 본부 : 총재관, 부총재관, 기사원, 서기, 구원, 사령, 방직
　　② 실무진 : 양무감리, 양무위원, 조사위원
　　③ 기술진 : 수기사, 기수보, 학원

67. 토지조사사업 당시 토지의 사정된 경계선과 임야조사사업 당시 임야의 사정선을 표현한 명칭이 모두 옳은 것은?

① 토지조사사업 – 경계, 임야조사사업 – 강계
② 토지조사사업 – 강계, 임야조사사업 – 경계
③ 토지조사사업 – 경계, 임야조사사업 – 지계
④ 토지조사사업 – 강계, 임야조사사업 – 강계

해설 토지조사사업 당시의 사정선은 강계, 임야조사사업 당시의 사정선은 경계라 부름

68. 지적공부를 토지대장 등록지와 임야대장 등록지로 구분하여 비치하고 있는 이유는?

① 토지이용 정책 　　② 정도(精度)의 구분
③ 조사사업 근거의 상이 　　④ 지번(地番)의 번잡성 해소

해설 토지대장, 임야대장은 토지조사사업, 임야조사사업 등 조사사업별로 구분한다.

69. 현대 지적의 원리로 가장 거리가 먼 것은?

① 공기능성 　　② 문화성
③ 정확성 　　④ 능률성

해설 [현대 지적의 원리]
　　공기능의 원리, 민주성의 원리, 능률성의 원리, 정확성의 원리

70. 다음 중 현대 지적의 특성만으로 연결된 것이 아닌 것은?

① 역사성–영구성 　　② 전문성–기술성
③ 서비스성–윤리성 　　④ 일시적 민원성–개별성

해설 [현대 지적의 성격]
　　역사성과 영구성, 반복적 민원성, 전문성과 기술성, 서비스성과 윤리성, 정보원

71. 다음 중 지적제도의 특성으로 가장 거리가 먼 것은?

① 안전성 　　② 간편성
③ 정확성 　　④ 유사성

해설 [지적제도의 특성]
　　안전성, 간편성, 정확성, 저렴성, 적합성, 등록의 완전성 등으로 측량기술 개발은 과세지적, 법지적, 다목적 지적의 모두를 포함

72. 토지조사사업 당시 분쟁지 조사를 하였던 분쟁의 원인으로 가장 거리가 먼 것은?

① 토지 소속의 불명확 　　② 권리증명의 불분명
③ 역둔토 정리의 미비 　　④ 지적측량의 미숙

해설 [분쟁의 원인]
　　① 불분명한 국유지와 민유지
　　② 미정리된 역둔토와 궁장토
　　③ 소유권이 불확실한 미개간지를 정리하기 위한 조사
　　④ 토지소속의 불분명
　　⑤ 토지소유권 증명의 미비
　　⑥ 세제의 불균일
　　⑦ 제언의 모경

정답 65. ① 66. ④ 67. ② 68. ③ 69. ② 70. ④ 71. ④ 72. ④

73. 다음 중 토지조사사업에서 사정(査定)하였던 사항은?

① 토지소유자   ② 지번
③ 지목   ④ 면적

> 해설 [사정(査定)]
> ① 토지조사부 및 지적도에 의하여 토지소유자 및 강계를 확정하는 행정처분
> ② 지적도에 등록된 강계선이 대상이며 지역선은 사정하지 않음

74. 궁장토 관리조직의 변천과정으로 옳은 것은?

① 제실제도국 → 제실재정회의 → 임시재산정리국 → 제실재산정리국
② 제실재정회의 → 제실제도국 → 제실재산정리국 → 임시재산정리국
③ 제실제도국 → 임시재산정리국 → 제실재산정리국 → 제실재정회의
④ 임시재산정리국 → 제실재정회의 → 제실제도국 → 제실재산정리국

> 해설 [궁장토 관리조직의 변천과정]
> 제실재정회의 → 제실제도국 → 제실재산정리국 → 임시재산정리국

75. 지적측량 대행법인의 명칭으로 사용되었거나 현재 사용되고 있는 명칭이 아닌 것은?

① 조선지적협회   ② 대한지적협회
③ 대한지적공사   ④ 대한측량협회

> 해설 [지적측량 대행법인의 변천과정]
> 조선지적협회 – 대한지적협회 – 대한지적공사 – 한국국토정보공사

76. 토지조사사업 당시 험조장의 위치를 선정할 때 고려사항이 아닌 것은?

① 유수 및 풍향   ② 해저의 깊이
③ 선착장의 편리성 ④ 조류의 속도

> 해설 [험조장의 위치선정시 고려사항]
> ① 유수 및 풍향
> ② 해저의 깊이
> ③ 조류의 속도

77. 지적업무가 재무부에서 내무부로 이관되었던 년도로 옳은 것은?

① 1950년   ② 1960년
③ 1962년   ④ 1975년

> 해설 1910년 : 토지조사사업
> 1948년 : 재무부 시세국 설치
> 1962년 : 지적업무가 재무부에서 내무부로 이관되었다.

04 CHAPTER 토지등록제도

1 토지등록제도

(1) 토지등록의 개념
① **토지의 등록** : 국가기관인 지적소관청이 토지등록사항의 공시를 위해 토지에 관한 공부를 비치하고 이를 토지소유자나 기타 이해관계인에게 필요한 정보를 제공하기 위한 행정행위
② **실정법상의 토지의 등록** : 지적관리만을 의미하고 사법부에서의 토지공시인 토지등기를 포함하지 않으나 국제적으로 토지등록의 개념은 지적과 등기를 통합한 포괄적인 개념

(2) 토지등록의 제 원칙
① **등록의 원칙** : 토지에 관한 모든 표시사항을 지적공부에 반드시 등록해야 하며 토지의 이동이 생기면 지적공부에 변동 사항을 정리 등록해야 한다는 원칙, 적극적등록주의와 법지적을 채택하는 나라에서 적용
② **신청의 원칙** : 토지의 등록은 토지소유자의 신청을 전제로 처리하는 원칙, 신청이 없을 때에는 직권으로 조사·측량하여 처리
③ **특정화의 원칙** : 권리객체로서의 모든 토지는 반드시 특정적이고 단순하며 명확한 방법에 의하여 인식할 수 있도록 개별화하여야 한다는 원칙
④ **국정주의 및 직권주의** : 국정주의는 지적공부의 등록사항인 토지소재, 지번, 지목, 경계 또는 좌표와 면적 등은 국가의 공권력에 의하여 국가만이 이를 결정할 수 있는 권한을 가진다는 원칙이며 직권주의는 국가기관인 소관청이 강제적으로 지적공부에 등록 공시하여야 한다는 원칙이다.
⑤ **공시의 원칙(공개주의), 공신의 원칙**

공시의 원칙 (공개주의)	• 토지등록의 법적지위에 있어서 토지이동이나 물권의 변동은 반드시 외부에 알려야 한다는 원칙 • 토지소유자는 물론 이해관계자 및 기타 누구나 이용하고 활용할 수 있게 한다는 것 • 지적공부의 열람, 경계복원, 등록사항 불일치변경 등록
공신의 원칙	• 물권변동에 관한 공신의 원칙. 선의의 거래자를 보호하여 진실로 등기내용과 같은 권리관계가 존재한 것처럼 법률효과를 인정하려는 법률원칙을 말한다. • 거래의 안전 확보. 공시방법을 신뢰해서 거래한 선의의 제3자를 보호한다는 원칙

(3) 토지등록의 유형

① **날인증서등록제도** : 양도날인증서 사본을 공적기관에 보관하고 이렇게 등록된 문서는 소유권을 주장할 수 있는 우선권을 부여하는 제도
② **권원등록제도** : 공적기관에서 보존되는 특정한 사람에게 귀속된 명확히 한정된 단위의 토지에 대한 권리와 그러한 권리들이 존속되는 한계에 대한 등록제도
③ **소극적 등록제도** : 기본적으로 일필지의 소유권이 거래되면서 발생하는 거래증서를 변경 등록하는 제도, 사유재산양도증서의 작성과 거래증서의 작성으로 구분
④ **적극적 등록제도** : 토지의 등록은 일필지의 개념으로 법적 권리보장이 인증되고 국가에 의해 그러한 합법성과 효력이 발생함에 원칙을 두며 지적공부에 등록되지 않는 토지는 어떠한 권리도 인정받을 수 없다. 등록은 강제적이고 의무적이다. 공적 지적측량이 시행되어야 토지등기가 가능하다는 기본원칙
⑤ **토렌스시스템(거울, 커튼, 보험이론)**
 ㉠ 토렌스시스템은 적극적등록제도의 발전된 형태로서 오스트레일리아의 Robert Torrens경에 의하여 창안
 ㉡ 토지의 권원을 등록함으로서 토지등록의 완전성을 추구하고 선의의 제3자를 완벽 보호하는 것을 목표
 ㉢ 법률적으로 토지의 권리를 확인하는 대신 토지의 권원(title)을 등록하는 제도

> 💡 **토렌스시스템의 3대 기본원칙**
> 런던 왕립등기소장 T.B.Ruoff씨가 주장하여 캐나다의 Magwood씨가 구체화한 기본 이론이다.
>
> 1. **거울이론(mirror principle)**
>   ① 소유권에 관한 현재의 법적 상태는 오직 등기부에 의해서만 완벽하게 보여 진다는 원리
>   ② 토지권리증서의 등록은 토지거래의 사실을 완벽하게 반영하는 거울과 같다는 이론
>   ③ 소유권증서와 관련된 모든 현재의 사실이 소유권의 원본에 확실히 반영된다는 원칙
> 2. **커튼이론(curtain principle)**
>   ① 소유권의 법적 상태와 관련한 확실성을 보장하기 위하여 현재의 등기부에 등기된 사항만 논의되어야 한다는 이론
>   ② 현재의 소유권증서는 완전한 것이며 이전의 증서나 왕실증여를 추적할 필요가 없다는 것
>   ③ 토렌스제도에 의해 권리증명서가 발급되면 당해 토지에 대한 이전의 모든 이해관계는 무효가 되며 현재의 소유권을 되돌아볼 필요가 없다는 것
> 3. **보험이론(insurance principle)**
>   ① 권원증명서에 등기된 모든 정보는 정부에 의하여 보장된다는 원리
>   ② 토지등록이 토지의 권리를 아주 정확하게 반영한 것이나 인간의 과실로 인하여 착오가 발생하는 경우에 피해를 입은 사람은 누구나 피해보상에 관한 한 법률적으로 선의의 제3자와 동등한 입장에 놓여야만 된다는 이론. 금전적 보상을 위한 이론이며 손실된 토지의 복구를 의미하는 것은 아니다.

(4) 토지등록의 방법

① **분산등록제도** : 토지의 매매가 이루어지거나 소유자가 토지의 등록을 요구할 경우 필요시에 토지를 공부에 분산등록·공시하는 제도(미국, 호주, 캐나다, 중국 등에서 채택)
② **일괄등록제도** : 일정지역내의 모든 토지를 일시에 체계적으로 조사·측량하여 공부에 일괄등록·공시하는 제도(한국, 일본, 말레이시아, 독일, 스위스, 덴마크, 네덜란드 등에서 채택)

(5) 토지등록부의 편성 및 형식

1) 토지등록부(토지대장)의 편성

물적편성주의	• 개별 토지를 중심으로 토지등록부를 편성하는 제도, 1토지에 1등록부를 둔다. • 지번 순으로 등록, 한국이 해당
인적편성주의	• 개별 토지소유자를 중심으로 편성하며 동일소유자에 속하는 모든 토지를 당해 소유자의 대장에 기록한다. • 네덜란드에서 사용
연대적편성주의	• 신청순서에 따라 대장 작성, 특별한 기준없이 신청순서에 따라 순차적으로 등록부를 작성한다. • 프랑스의 등기부와 미국의 recording system이 이에 속함.
물적·인적 편성주의	• 토지를 원칙으로 소유자를 보완하여 작성, 물적편성주의를 기본으로 하여 운영하되 인적편성주의 요소를 가미한 방식 • 스위스, 독일의 경우 둘 이상의 토지를 하나의 용지에 기록하고 있다.

2) 토지등록부(토지대장)의 형식

장부식대장	한정된 크기로 제작된 부기원장과 같은 대장에 등록순서대로 수기방법에 의해 기록, 연대적편성주의를 채택하는 경우 주로 사용
편철식대장	장부식의 불편함을 개선한 방식, 물적편성주의에서 채택한 경우 사용
편철식바인더	카드식대장을 보완한 방식, 이용이 쉽고 편리, 영국, 독일, 한국에서 사용
카드식대장	대장을 카드화하여 편철식대장을 보완한 방식, 우리나라의 경우 현재 전산파일로 등록되어 사용하지 않음.

2 토지등록사항

(1) 토지등록 및 지적의 구성내용

① **등록주체** : 토지를 등록하는 소관청, 국가기관으로서의 시장·군수·구청장, 지적국정주의
② **등록객체** : 통치권이 미치는 모든 영토, 한반도와 그 부속도서, 직권등록주의(등록강제주의)
③ **등록공부** : 토지의 물리적 현황과 법적 권리관계 등을 등록 공시하는 국가장부인 지적공부, 지적공개주의
④ **등록사항** : 토지표시에 관한 기본정보, 소유권에 관한 정보, 토지이용에 관한 정보, 토지가격에 관한 정보, 토지거래에 관한 정보, 지적형식주의
⑤ **등록방법** : 토지등록사항을 지적공부에 등록, 토지이동조사와 지적측량에 의함, 실질적심사주의(사실심사주의)

(2) 지적도면의 유형

1) 고립형지적도(island map)
고립형지적도는 도로, 구거, 하천 등 지형·지물에 의한 블록별로 작성한 지적도면을 말한다. 토지를 지적공부에 필요시마다 분산하여 등록하는 분산등록제도를 채택하는 지역에서 적용. 지적도에 도곽의 개념이 없고 인접지역과 연속하지 않기 때문에 도면의 접합이 불가능하다.

2) 연속형지적도(serial map)
연속형지적도는 도곽별로 도면을 작성하여 인접 도면과의 접합이 가능하도록 작성된 지적도면을 말한다. 모든 토지를 체계적이고 획일적으로 조사·측량하여 등록하는 일괄등록제도(Systematic System)를 채택하고 있는 한국, 일본, 대만 등의 국가에서 적용한다.

(3) 일필지

1) 일필지(Parcel)의 개념
① 필지는 법적으로 물권이 미치는 권리의 객체로서 토지의 등록단위, 소유단위, 이용단위
② 소유자와 용도가 동일하고 지반이 연속되어 하나의 지번이 부여되는 토지의 기본단위
③ 소유권의 단위인 동시에 경영의 단위
④ 토지에 대한 물권의 효력이 미치는 범위를 정하고 거래단위로서 개별화, 특정화시키기 위하여 인위적으로 구획한 법적 등록단위
⑤ 지적측량에 의하여 일정한 직선으로 연결한 폐합다각형으로 지적(임야)도 위에 나타남

2) 일필지의 정의
1필지는 "지적공부에 등록하는 토지의 법률적인 단위구역"으로서 "법적인 토지등록단위", 폐합다각형으로 규정되며 지번, 지목, 경계 및 면적 등의 사항이 정해진다.

3) 일필지의 성립요건
지번부여 지역, 소유자, 지목의 동일, 지반의 연속, 소유권 이외의 권리 지적공부의 축척 및 등기여부가 같아야 한다.

(4) 지번의 주요사항
① **지번의 특성** : 특정성, 동질성, 종속성, 불가분성, 연속성
② **지번의 역할** : 장소의 기준, 물권표시의 기준, 공간계획의 기준
③ **지번의 기능** : 토지의 특정화, 토지의 개별화, 토지의 고정화, 토지의 식별위치의 확인
④ **지번부여지역** : 지번을 부여하는 단위지역으로서 동·리 또는 이에 준하는 지역(도서지역) 기번지역(제정지적법) → 지번지역(2차 개정) → 지번설정지역(7차 개정) → 지번부여지역(현재)

⑤ 지번의 설정 및 부여방법

진행방향	사행식	불규칙형
	기우식	도로중심형, 홀수·짝수, 교호식, 도로명주소방식
	단지식	단지에 지번부여, 블록식, 구획정리
설정단위 (부여단위)	지역단위법	전체를 대상으로 순차적 부여
	도엽단위법	도엽단위로 세분하여 순차적으로 부여
	단지단위법	단지단위로 세분하여 단지순서에 따라 부여
기번위치 (지번부여위치)	북동기번법	북동쪽에서 남서쪽으로
	북서기번법	북서쪽에서 남동쪽으로, 우리나라방식
분수식		본번을 분자 부번을 분모로, 독일, 오스트리아, 핀란드 등
기번식		분할 후의 지번을 분할 전의 지번에 a,b,c,1,2,3 등으로 부여
자유식		기존지번 사용하지 않고 최종 지번의 다음 지번 사용 방식. 스위스, 네덜란드, 호주, 이란 등

(5) 지목의 설정원칙 및 분류

1) 지목의 정의

토지의 주된 용도에 따라 토지의 종류를 구분하여 지적공부에 등록한 것을 말한다. 우리나라에서는 토지의 주된 용도에 따라 지목을 정하는 용도지목을 사용하고 있다.

2) 양입지(量入地)

다른 지목에 병합하여 조사할 토지를 말하는 것으로 주된 지목(본지)의 토지의 편익을 위하여 설치된 도로·하천·구거 등(통로·수로)의 부지와, 주된 지목의 토지에 접속되거나 둘러싸인 다른 지목의 협소한 토지는 주된 토지에 편입하여 일필지로 할 수 있다. 다만 지목이 대인 경우와 종된 토지의 면적이 주된 토지의 면적의 10%를 초과하거나 330㎡를 초과하는 경우에는 별개의 필지로 확정한다.

1필 1지목의 원칙	1필지에 1개의 지목만을 설정한다는 원칙
주지목추종의 원칙	작은 면적의 도로, 구거 등은 지목의 주된 토지의 사용목적 또는 용도에 따라 설정한다는 원칙
등록선후의 원칙	도로, 철도, 하천, 제방, 구거, 수도용지 등의 지목이 서로 중복되는 때에는 먼저 등록된 토지의 사용 목적에 따라 설정한다는 원칙
용도경중의 원칙	도로, 철도, 하천, 제방, 구거, 수도용지 등의 지목이 서로 중복되는 때에는 중요한 토지의 사용목적 또는 용도에 따라 지목을 설정한다는 원칙
일시변경불변의 원칙	다른 지목에 해당되는 용도로 변경시킬 목적이 아닌 일시적인 용도의 변경이 있는 경우, 등록전환 내지 지목변경을 할 수 없다는 원칙
사용목적추종의 원칙	도시개발사업 등의 공사가 준공된 토지는 그 사용목적에 따라 지목을 설정한다는 원칙

3) 지목의 분류

지형지목	토지에 관한 지표면의 형태, 토지의 고저, 수륙의 분포상태 등의 분류
토성지목	토지의 성질, 지질, 토질의 종류에 따른 분류
용도지목	토지의 용도, 사용목적에 따른 분류, 우리나라의 지목설정
단식지목	1필지에 1개 용도의 지목 설정
복식지목	1필지에 2개 이상의 기준에 따라 지목 설정

(6) 경계의 종류 및 원칙

1) 경계의 특성
① 한 지역과 다른 지역을 구분하는 외적표시이고 토지의 소유권 등 사법상 권리의 범위를 표시하는 구획선이다.
② 지적측량에 의하여 지번별로 구획하여 지적도면에 등록한 선 또는 좌표의 연결
③ 경계의 특징은 위치와 거리만 있고 면적과 넓이는 없다.
④ 필지별로 경계점간을 직선으로 연결하여 지적공부에 등록한 선을 말한다.

2) 경계의 종류
① **경계의 특성에 따른 분류** : 일반경계(자연적인 지형, 지물), 고정경계(지적측량과 토지조사), 보증경계(확정측량, 행정처분이 완료된 경계)
② **법률적 효력에 따른 분류** : 물리적경계(자연적, 인공적경계), 법률적경계(민법상, 형법상, 지적법상의 경계로 구분)

3) 경계결정의 원칙
① **축척종대의 원칙** : 동일한 경계가 축척이 다른 도면에 각각 등록되어 있는 때에는 대축척을 따른다는 원칙
② **경계불가분의 원칙** : 토지의 경계는 유일무이한 것으로 인접토지에 공통으로 작용하여 분리할 수 없다는 원칙

4) 경계의 설정기준
① 토지 고저가 없는 경우는 그 지물 또는 구조물의 중앙
② 토지 고저가 있는 경우는 그 지물 또는 구조물의 하단부
③ 토지가 해면 또는 수면에 접하는 경우는 최대 만조위 또는 최대 만수위선
④ 도로, 구거 등의 토지에 절토된 부분이 있는 경우는 그 경사면의 상단부
⑤ 공유수면매립지의 토지 중 제방 등을 토지에 편입하여 등록하는 경우는 바깥쪽 어깨부분

5) 현지경계 설정방법(점유설, 평분설, 보완설)
   ① **점유설** : 지적공부에 의한 경계복원이 불가능한 경우 지상경계 결정에서 가장 중요한 원칙으로 삼아야 할 것이다. 현 경계, 실제경계
   ② **평분설** : 경계가 불명확하고 점유상태까지 확정할 수 없을 경우 분쟁지를 물리적으로 평분하여 배분하는 것이 합리적이라 할 수 있다.
   ③ **보완설** : 점유설과 평분설의 자료를 보완하여 공평하고 적당한 방법에서 지적공부에 등록된 경계를 활용하여 보완해야 할 것이다.

CHAPTER 04 토지등록제도

01. 토지등록에 대한 설명으로 가장 거리가 먼 것은?

① 토지 거래를 안전하고 신속하게 해 준다.
② 지적소관청이 토지등록사항을 공적장부에 기록 공시하는 행정행위이다.
③ 국가가 공적장부에 기록된 토지의 이동 및 수정사항을 규제하는 법률적 행위이다.
④ 토지의 공개념을 실현하는 데에 활용될 수 있다.

해설 토지의 이동은 토지소유자의 신청에 의하여 소관청이 결정하는 행정적 행위라고 볼 수 있으며 토지 등록의 목적에는 토지의 현황 파악, 토지의 수량 조사, 토지의 권리 상태 공시 등이 있다.

02. 다음 중 토지등록제도의 장점으로 보기 어려운 것은?

① 사인간의 토지거래에 있어서 용이성과 경비절감을 기할 수 있다.
② 토지에 대한 장기신용에 의한 안전성을 확보할 수 있다.
③ 지적과 등기에 공신력이 인정되고, 측량성과의 정확도가 향상될 수 있다.
④ 토지분쟁의 해결을 위한 개인의 경비측면이나, 시간적 절감을 가져오고 소송사건이 감소될 수 있다.

해설 토지등록의 공신력이나 정확도는 토지등록제도의 유형에 따라 달라지며 등록제도로 인해 지적과 등기의 공신력이 인정되는 것은 아니며 측량성과의 정확도를 보장하지도 않는다.

03. 다음 중 일반적인 지목의 설정원칙에 해당하지 않는 것은?

① 일시변경불변의 원칙   ② 지목변경불변의 원칙
③ 사용목적추종의 원칙   ④ 주지목추종의 원칙

해설 [지목의 설정 원칙]
① 일필일지목의 원칙 : 일필지의 토지에는 1개의 지목만을 설정
② 주지목추정의 원칙 : 주된 토지의 사용목적 또는 용도에 따라 지목 설정
③ 등록선후의 원칙 : 지목이 서로 중복될 경우 먼저 등록된 토지의 사용목적, 용도에 따라 지목 설정
④ 용도경중의 원칙 : 지목이 중복될 경우 중요한 토지의 사용목적, 용도에 따라 지목 설정
⑤ 일시변경불변의 원칙 : 임시적이고 일시적인 용도의 변경이 있는 경우 등록전환을 하거나 지목변경 불가
⑥ 사용목적추종의 원칙 : 도시계획사업 등의 완료로 인해 조성된 토지는 사용목적에 따라 지목 설정

04. 우리나라의 현행 지번 설정에 대한 원칙으로 틀린 것은?

① 북서기번의 원칙
② 아라비아숫자 지번의 원칙
③ 부번(副番)의 원칙
④ 종서(從書)의 원칙

해설 [지번부여의 기준]
① 지번은 지적소관청이 지번부여지역별로 차례대로 부여
② 지번은 북서에서 남동으로 순차적으로 부여
③ 분할 후의 필지 중 1필지의 지번은 분할 전의 지번으로 하고, 나머지 필지의 지번은 본번의 최종부번 다음 순번으로 부번을 부여
④ 합병 대상 지번 중 선순위의 지번을 그 지번으로 하되, 본번으로 된 지번이 있을 때에는 본번 중 선순위의 지번을 합병 후의 지번으로 함
⑤ 신규등록·등록전환의 경우 지번부여지역에서 인접토지의 본번에 부번을 붙여서 지번 부여

정답 01. ③ 02. ③ 03. ② 04. ④

05. 토지 대장의 편성 방법 중 리코딩시스템(Recording system)은 다음 중 어디에 해당하는가?

① 물적 편성주의 ② 연대적 편성주의
③ 인적 편성주의 ④ 면적별 편성주의

해설 [연대적 편성주의]
① 특별한 기준없이 신청순서에 의해 지적공부를 편성하는 방법
② 공부편성방법으로 가장 유효한 권리증서의 등록제도
③ 단순히 토지처분에 관한 증서의 내용을 기록하며 뒷날 증거로 하는 것에 불과
④ 그 자체만으로는 공시기능 발휘 못함
⑤ 프랑스, 미국의 일부 주에서 실시하는 리코딩시스템이 이에 해당

06. 개개의 토지소유자를 중심으로 토지등록부를 편성하는 방법은?

① 물적 편성주의 ② 연대적 편성주의
③ 인적 편성주의 ④ 인적·물적 편성주의

해설 [지적공부의 편성방법]
① 연대적 편성주의 : 당사자의 신청순서에 따라 차례대로 지적공부를 편성하는 방법
② 인적 편성주의 : 소유자를 중심으로 편성하는 방법
③ 물적 편성주의 : 개개의 토지를 중심으로 등록부를 편성하는 방법

07. 다음 중 개별 토지를 중심으로 등록부를 편성하는 토지 대장의 편성 방법은?

① 물적 편성주의 ② 인적 편성주의
③ 연대적 편성주의 ④ 물적·인적 편성주의

해설 [물적 편성주의]
① 개개의 토지를 중심으로 지적공부를 편성하는 방법으로 각국에서 가장 많이 사용되는 합리적인 제도로 평가
② 토지대장과 같이 지번순에 따라 등록되고 분할되더라도 본번과 관련하여 편철
③ 소유자의 변동이 있을 경우 이를 계속 수정하여 관리하는 방식

08. 우리나라 현행 토지대장의 특성으로 거리가 먼 것은?

① 물권객체의 공시기능을 갖는다.
② 물적편성주의를 채택하고 있다.
③ 등록내용은 법률적 효력을 갖지는 않는다.
④ 전산파일로도 등록·처리한다.

해설 우리나라 현행 토지대장의 등록내용은 법률적 효력을 갖는다.

09. 다음 중 지목이 임야에 해당하지 않는 것은?

① 죽림지 ② 암석지
③ 자갈땅 ④ 갈대밭

해설 [공간정보의 구축 및 관리 등에 관한 법률 시행령 제58조(지목의 구분)]
① 임야 : 산림 및 원야(原野)를 이루고 있는 수림지(樹林地)·죽림지·암석지·자갈땅·모래땅·습지·황무지 등의 토지
② 간석지는 지적공부에 등록되지 않으므로 지목을 설정할 수 없다.

10. 일필지에 대한 설명이 틀린 것은?

① 물권이 미치는 범위를 지정하는 구획이다.
② 하나의 지번이 붙는 토지의 등록단위이다.
③ 폐합 다각형으로 나타난다.
④ 자연현상으로써의 지형학적 단위이다.

해설 [일필지에 대한 특성]
① 토지의 소유권이 미치는 범위와 한계를 지정하는 구획
② 지형지물에 의한 경계가 아닌 토지소유권의 구분에 의해 인위적으로 구획된 것
③ 도면에서는 경계점을 직선으로 연결한 선, 경계점좌표등록부에서는 경계점의 좌표로 연결로 표시되며 폐합된 다각형으로 구획
④ 대장에서는 하나의 지번에 의거하여 작성된 1장의 대장에 의해 필지로 구분

정답 05. ② 06. ③ 07. ① 08. ③ 09. ④ 10. ④

11. 다음 중 1필지의 성립요건에 해당되지 않은 것은?

① 지번설정지역이 같을 것　② 지목이 같을 것
③ 소유자가 같을 것　　　　④ 기등기된 토지일 것

> 해설 **[일필지의 성립요건]**
> ① 지번부여지역, 축척, 소유자 동일
> ② 지번이 연속
> ③ 등기여부 일치

12. 지목의 부호 표시가 각각 '유'와 '장'인 것은?

① 유원지, 공장용지　　② 유원지, 공원용지
③ 유지, 공장용지　　　④ 유지, 목장용지

> 해설 **[지목의 부호표기 중에 차문자 표기]**
> 주차장(차), 공장용지(장), 하천(천), 유원지(원)

13. 양입지에 대한 설명으로 틀린 것은?

① 주된 용도의 토지에 접속되거나 주된 용도의 토지로 둘러싸인 다른 용도로 사용되고 있는 토지는 양입지로 할 수 있다.
② 종된 용도의 토지면적이 주된 용도의 토지면적의 33%를 초과하는 경우에는 양입지로 할 수 있다.
③ 주된 용도의 토지의 편의를 위하여 설치된 도로·구거부지는 양입지로 할 수 있다.
④ 주된 용도의 토지에 편입되어 1필지로 확정되는 종된 토지를 양입지라고 한다.

> 해설 **[주된 용도의 토지에 편입할 수 없는 토지(양입의 제한)]**
> ① 종된 용도의 토지의 지목이 "대"인 경우
> ② 주된 용도의 토지면적의 10%를 초과하는 경우
> ③ 종된 용도의 토지면적이 330㎡를 초과하는 경우

14. 토지의 지번, 지목, 경계 및 면적을 등록하는 주체는?

① 지적소관청　　② 등기소
③ 토지 소유자　　④ 지적직 공무원

> 해설 **[등록의 주체]**
> 토지의 표시사항인 토지의 소재·지번·지목·면적·경계 또는 좌표 등을 조사·측량하여 지적공부에 등록하는 주체는 국가(지적소관청)이다.

15. 경계불가분의 원칙에 대한 설명으로 옳은 것은?

① 토지의 경계는 인접 토지에 공동으로 작용한다.
② 토지의 경계는 작은 말뚝으로 표시한다.
③ 토지의 경계는 1필지에만 전속한다.
④ 토지의 경계를 결정할 때에는 측량을 하여야 한다.

> 해설 **[경계불가분의 원칙]**
> ① 경계는 유일무이한 것으로 이를 분리할 수 없다는 원칙
> ② 토지의 경계는 같은 토지에 2개 이상의 경계가 있을 수 없고 양필지 사이에 공통으로 작용한다.

16. 지번의 역할 및 기능으로 거리가 먼 것은?

① 토지의 필지별 개별화　② 토지 위치의 추측
③ 토지의 특정성 보장　　④ 토지 용도의 식별

> 해설 토지이용의 식별(구분)은 지번의 역학이나 기능으로 볼 수 있다.
> **[지번의 역할]**
> ① 토지의 필지별 개별화
> ② 토지 위치의 추정
> ③ 토지의 특정성 보장
> ④ 물권 객체로서의 단위

17. 다음 중 일반적으로 지번을 부여하는 방법이 아닌 것은?

① 분수식　　② 기번식
③ 자유부번식　　④ 문장식

> 해설 **[지번의 진행방향에 따른 부번방식]**
> ① **사행식** : 농촌지역의 필지와 같이 배열이 불규칙한 지역에서 지번을 부여하는 가장 대표적인 방식으로 뱀이 기어가는 모습과 같다는 뜻이며 우리나라 지번의 대부분이 이 방식으로 부여되었다.

정답　11. ④　12. ③　13. ②　14. ①　15. ①　16. ④　17. ④

② 기우식 : 도로를 중심으로 한쪽은 홀수(奇數)로 그 반대는 짝수(偶數)로 지번을 부여하는 방법으로 경지정리 및 구획정리지구의 지번부여방식으로 많이 사용되고 있다.
③ 단지식 : 매 단지마다 하나의 본번(本番)을 부여하고 단지 내 다른 필지들은 본번에 부번(副番)을 부여하는 방법으로 Block식이라고도 한다.

18. 일필지에 대한 설명으로 옳지 않은 것은?

① 지형·지물에 의한 지리학적 등록 단위이다.
② 하나의 지번을 붙이는 토지등록 단위이다.
③ 물권이 미치는 법적인 토지등록 단위이다.
④ 굴곡점을 직선으로 연결한 폐합 다각형으로 구성된다.

해설 [일필지에 대한 특성]
① 토지의 소유권이 미치는 범위와 한계를 지정하는 구획
② 지형지물에 의한 경계가 아닌 토지소유권의 구분에 의해 인위적으로 구획된 것
③ 도면에서는 경계점을 직선으로 연결한 선, 경계점좌표등록부에서는 경계점의 좌표로 연결로 표시되며 폐합된 다각형으로 구획
④ 대장에서는 하나의 지번에 의거하여 작성된 1장의 대장에 의해 필지로 구분

19. 토지의 경계가 도로, 벽, 담장, 울타리, 도랑, 개천, 해안선 등으로 이루어진 경우를 의미하며 영국 토지거래법 등에서 사례를 찾아 볼 수 있는 경계의 유형은?

① 고정경계   ② 일반경계
③ 보증경계   ④ 인정경계

해설 [경계의 구분]
① 보증경계 : 지적측량사에 의해 정밀지적측량이 행해지고 지적관리청의 사정에 의해 행정처리가 완료되어 측정된 토지경계
② 고정경계 : 특정토지에 대한 경계점의 지상에 석주, 철주, 말뚝 등 경계표지를 설치하거나 이를 정확하게 측량하여 지적 등록·관리하는 경계
③ 일반경계 : 특정토지에 대한 소유권이 오랜 기간동안 존속하였기에 담장, 울타리, 도로 등 자연적·인위적 형태의 지형지물을 필지별 경계로 인식하는 것

20. 지목의 설정에서 우리나라가 채택하지 않는 원칙은?

① 지목법정주의   ② 복식지목주의
③ 주지목추종주의   ④ 일필일지목주의

해설 [지목의 설정 원칙]
① 일필일지목의 원칙 : 일필지의 토지에는 1개의 지목만을 설정
② 주지목추종의 원칙 : 주된 토지의 사용목적 또는 용도에 따라 지목 설정
③ 등록선후의 원칙 : 지목이 서로 중복될 경우 먼저 등록된 토지의 사용목적, 용도에 따라 지목 설정
④ 용도경중의 원칙 : 지목이 중복될 경우 중요한 토지의 사용목적, 용도에 따라 지목 설정
⑤ 일시변경불변의 원칙 : 임시적이고 일시적인 용도의 변경이 있는 경우 등록전환을 하거나 지목변경 불가
⑥ 사용목적추종의 원칙 : 도시계획사업 등의 완료로 인해 조성된 토지는 사용목적에 따라 지목 설정

21. 토지의 성질, 즉 지질이나 토질에 따라 지목을 분류하는 것은?

① 단식 지목   ② 토성 지목
③ 용도 지목   ④ 지형 지목

해설 [토지 현황에 의한 지목의 분류]
① 지형지목 : 지표면의 형태, 토지의 고저, 수륙의 분포 상태 등 토지의 모양에 따라 지목 결정
② 토성지목 : 토지의 성질인 지층이나 암석, 토양의 종류 등에 따라 지목 결정
③ 용도지목 : 토지의 주된 사용목적에 따라 지목 결정

22. 아래의 설명에 해당하는 토지등록의 유형은?

• 모든 토지는 지적공부에 등록하여야 한다.
• 지적공부에 등록되지 않은 토지는 어떠한 권리도 인정될 수 없다.

① 적극적 등록제도   ② 실질적 심사제도
③ 권원등록제도   ④ 날인증서등록제도

해설 ① 적극적 등록주의 : 토지등록은 일필지의 개념으로 법적인 권리보장이 인증되고 정부에 의해 그러한 합법성과 효력이 발생

② 소극적 등록주의 : 기본적으로 거래와 그에 관한 거래증서의 변경기록을 수행하는 것이며, 일필지의 소유권이 거래되면서 발생되는 거래증서를 변경 등록하는 것
③ 날인증서등록제도 : 토지의 이익에 미치는 문서의 공적등기를 보전하는 등록
④ 권원등록제도 : 공적기관에서 보존되는 특정한 사람에게 귀속된 명확히 한정된 단위의 토지에 대한 권리와 그러한 권리들이 존속되는 한계에 대한 권위있는 등록

23. 우리나라의 현행 지목설정 기준은?

① 토성지목　　② 용도지목
③ 지형지목　　④ 자연지목

해설 [용도지목]
① 토지의 주된 사용목적(용도)에 따라 지목을 결정하는 방법
② 우리나라에서 지목을 결정할 때 사용되는 방법

24. 동일한 경계가 축척이 다른 두 도면에 각각 등록된 경우 경계결정에서 적용할 수 있는 원칙은?

① 일필일목의 원칙　　② 축척종대의 원칙
③ 경계불가분의 원칙　④ 주지목추종의 원칙

해설 [경계결정의 원칙]
① 축척종대의 원칙 : 축척이 큰 것에 등록된 경계를 따름
② 경계불가분의 원칙 : 경계는 유일무이한 것으로 이를 분리할 수 없다는 원칙
③ 등록선후의 원칙 : 등록시기가 빠른 토지의 경계를 따른다는 원칙
④ 경계국정주의 : 지적공부에 등록하는 경계는 국가가 조사·측량하여 결정한다는 원칙

25. 토지의 등록을 위하여 토지를 필지별로 개별화하고 특정화시키는 역할을 하는 토지표시 사항은?

① 토지소재　　② 지번
③ 지목　　　　④ 좌표

해설 [지번의 기능]
① 필지를 구별하는 개별성과 특정성의 기능

② 거주지, 주소표기의 기준으로 이용
③ 위치파악의 기준
④ 각종 토지관련 정보시스템에서 검색키로서의 기능
⑤ 물권의 객체의 구분
⑥ 등록공시의 단위

26. 초기의 지적도에 대한 설명으로 틀린 것은?

① 지적도에는 토지 경계와 지번, 지목이 등록되었다.
② 지적도 도곽 내의 산림에는 등고선을 표시하여 표고에 의한 지형구별이 용이하도록 하였다.
③ 토지분할의 경우에는 지적도 정리 시 신강계선을 흑색으로 정리하였으나 그 후 양홍색으로 변경하였다.
④ 조사지역 외의 토지에 대해서는 이용현황에 따라 활자로 산(山), 해(海), 호(湖), 도(道), 천(川), 구(溝) 등으로 표기하였다.

해설 [초기의 지적도]
① 임시토지조사국 개국 당시는 주로 작업방법의 연구, 기구와 기계의 선정 및 작업원의 교육 준비 업무와 함께 사업계획용 지도 및 각종 도표 등을 집성(輯成)하였다.
② 우리나라에 1/1,200 지적도를 근간으로 하여 부분적으로 1/600, 1/2,400의 현대적인 지적도가 완성되었다. 지적도의 도곽은 남북으로 1척1촌(33.33cm), 동서는 1척3촌7분5리(41.67cm)로 특별히 제작된 도곽정규라는 기구를 사용하였다.
③ 초기의 지적도에는 지적도 도곽내의 산림에는 등고선을 표시하여 구별이 용이하도록 하였고, 토지분할의 경우에는 지적도 정리시 신강계선을 양홍선으로 정리하였으나 그 후에는 흑색으로 변경하였다.

27. 경계결정 시 경계불가분의 원칙이 적용되는 이유로 틀린 것은?

① 실지 경계 구조물의 소유권을 인정하지 않는다.
② 필지 간 경계는 1개만 존재한다.
③ 경계는 인접 토지에 공동으로 작용한다.
④ 경계는 폭이 없는 기하학적인 선의 의미와 동일하다.

해설 [경계불가분의 원칙]
① 경계는 유일무이한 것으로 이를 분리할 수 없다는 원칙
② 토지의 경계는 같은 토지에 2개 이상의 경계가 있을 수 없고 양필지 사이에 공통으로 작용한다.

28. 지역선에 대한 설명이 아닌 것은?

① 소유자가 동일한 토지와의 구획선
② 소유자를 알 수 없는 토지와의 구획선
③ 임야조사사업 당시의 사정선
④ 조사지와 비조사지의 지계선

해설 [지역선]
① 토지조사사업 당시 소유자는 같으나 지목이 다른 관계로 별필의 토지경계선과 소유자를 알 수 없는 토지와의 구획선, 토지조사 시행지와 미시행지와의 경계선을 말함
② 토지조사 시행지와 미시행지와의 경계선은 별도로 지계선이라 함

29. 우리나라 토지대장과 같이 지번 순서에 따라 등록되고 분할되더라도 본번과 관련하여 편철하고 소유자의 변동이 있을 때에 이를 계속 수정하여 관리하는 토지등록부 편성방법은?

① 인적 편성주의
② 연대적 편성주의
③ 물적 편성주의
④ 인적·물적 편성주의

해설 [물적 편성주의]
① 개개의 토지를 중심으로 지적공부를 편성하는 방법으로 각국에서 가장 많이 사용되는 합리적인 제도로 평가
② 토지대장과 같이 지번순에 따라 등록되고 분할되더라도 본번과 관련하여 편철
③ 소유자의 변동이 있을 경우 이를 계속 수정하여 관리하는 방식
④ 토지이용, 관리, 개발 측면에 편리
⑤ 권리주체인 소유자별 파악이 곤란한 단점

30. 우리나라에서 토지를 토지대장에 등록하는 절차상 순서로 옳은 것은?

① 지목별순으로 한다.
② 소유자명의 "가, 나, 다" 순으로 한다.
③ 지번순으로 한다.
④ 토지 등급순으로 한다.

해설 현행 지적공부의 작성은 물적 편성주의이므로 지적공부에 등록은 지번순으로 이루어진다.

31. 현재의 등록사항만 논의되어야 한다는 의미로서 현행 권리증명서에 기재된 권리가 실제의 권리관계와 일치하여야 한다는 토렌스시스템의 기본이론은?

① 거울이론
② 보험이론
③ 지가이론
④ 커튼이론

해설 [토렌스 시스템의 기본이론]
① 거울이론 : 토지권리증서의 등록은 토지의 거래사실을 완벽하게 반영하는 거울과 같다는 입장의 이론
② 커튼이론 : 토지등록업무가 커튼 뒤에 놓인 공정성과 신빙성에 대하여 관여할 필요도 없고 관여해서도 안되는 매입신청자를 위한 유일한 정보의 이론
③ 보험이론 : 인위적 과실로 인해 토지등록에 착오가 발생한 경우 피해를 본 사람은 피해보상에 대해 법률적으로 선의의 제3자와 동일한 동등한 입장이 되어야 한다는 이론

32. 지번의 결번(缺番)이 되는 원인이 아닌 것은?

① 토지조사 당시 지번 누락으로 인한 결번
② 토지의 등록전환으로 인한 결번
③ 토지의 경계 정정으로 인한 결번
④ 토지의 합병으로 인한 결번

해설 결번이란 지번부여지역을 대상으로 순차적으로 지번을 부여한 이후에 행정구역의 변경, 도시개발사업의 시행, 토지구획정리사업, 경지정리사업, 지번변경, 축척변경, 등록전환, 합병 등의 사유로 인하여 지적공부에 발생되는 등록되지 않은 지번을 말한다.

33. 다음 중 권원등록제도(Registration of Title)에 대한 설명으로 옳은 것은?

① 토지의 이익에 영향을 미치는 문서의 공적 등기를 보전하는 제도이다.
② 보험회사의 토지중개 거래제도이다.
③ 소유권 등록 이후에 이루어지는 거래의 유효성에 대하여 정부가 책임을 지는 제도이다.
④ 토지소유권의 공시보호제도이다.

[해설] **[권원등록제도(Registration of Title)]**
① 공적기관에서 보존되는 특정한 사람에게 귀속된 명확히 한정된 단위의 토지에 대한 권리를 등록한 이후에 이루어지는 거래의 유효성에 대해 정부가 책임을 진다는 제도이다.
② 날인증서등록제도의 결점을 보완한 것으로 정부가 보증하는 안전성과 문서에 의한 양도증서 작성으로 확고한 안전성을 부여한다.
③ 소유자 이외의 다른 사람이 보유하는 일필지에 미치는 특정한 이익이 있으며, 이러한 확인사항을 위하여 토지표시부, 소유권 및 저당권과 기타권리로 구분한다.

34. 현행 임야대장에 토지를 등록하는 순서로 가장 옳은 것은?

① 지번 순으로 한다.
② 면적이 큰 순으로 한다.
③ 소유자 성(姓)의 가, 나, 다 순으로 한다.
④ 공간정보의 구축 및 관리 등에 관한 법률에 규정된 지목의 순으로 한다.

[해설] 현행 지적공부의 작성은 물적편성주의이므로 지적공부에 등록은 지번순으로 이루어진다.

35. 토지대장의 편성방법 중 현행 우리나라에서 채택하고 있는 방법은?

① 연대적 편성주의   ② 물적 편성주의
③ 인적 편성주의   ④ 물적·인적 편성주의

[해설] 현행 지적공부의 작성은 물적 편성주의이므로 지적공부에 등록은 지번순으로 이루어진다.

36. 다음 중 적극적 등록제도에 대한 설명으로 옳지 않은 것은?

① 토지등록상의 문제로 인한 피해로부터 선의의 제3자를 보호하기 위한 제도는 마련되어 있지 않다.
② 지적공부에 등록되지 아니한 토지는 어떠한 권리도 인정받지 못한다.
③ 적극적 등록제도의 발달된 형태로 토렌스시스템(Torrens System)이 유명하다.
④ 등록은 일필지의 개념으로 법적 권리가 인정된다.

[해설] ① **적극적 등록주의** : 토지등록은 일필지의 개념으로 법적인 권리보장이 인증되고 정부에 의해 그러한 합법성과 효력이 발생
② **소극적 등록주의** : 기본적으로 거래와 그에 관한 거래증서의 변경기록을 수행하는 것이며, 일필지의 소유권이 거래되면서 발생되는 거래증서를 변경 등록하는 것

37. 다음 중 지목의 결정에 있어서 비슷한 규모의 도로와 철로가 교차하는 지점의 지목설정으로 가장 관련이 있는 것은?

① 주지목추종의 원칙
② 용도경중의 원칙
③ 일필일목의 원칙
④ 등록선후의 원칙

[해설] **[지목의 설정 원칙]**
① **일필일지목의 원칙** : 일필지의 토지에는 1개의 지목만을 설정
② **주지목추정의 원칙** : 주된 토지의 사용목적 또는 용도에 따라 지목 설정
③ **등록선후의 원칙** : 지목이 서로 중복될 경우 먼저 등록된 토지의 사용목적, 용도에 따라 지목 설정
④ **용도경중의 원칙** : 지목이 중복될 경우 중요한 토지의 사용목적, 용도에 따라 지목 설정
⑤ **일시변경불변의 원칙** : 임시적이고 일시적인 용도의 변경이 있는 경우 등록전환을 하거나 지목변경 불가
⑥ **사용목적추종의 원칙** : 도시계획사업 등의 완료로 인해 조성된 토지는 사용목적에 따라 지목 설정

38. 다음 중 아래와 관련된 일필지의 경계설정 기준에 관한 설명에 해당하는 것은?

• 점유자는 소유의 의사로 선의, 평온 및 공연하게 점유한 것으로 추정한다. (우리나라 민법)
• 경계쟁의의 경우에 있어서 정당한 경계가 알려지지 않을 때에는 점유상태로서 경계의 표준으로 한다. (독일 민법)

① 경계가 불분명하고 점유상태를 확정할 수 없을 때에는 분쟁지를 물리적으로 평분하여 쌍방의 토지에 소유시킨다.
② 현재 소유자가 각자 점유하고 있는 지역이 명확한 1개의 선으로 구분되어 있을 때에는 이선을 경계로 한다.

③ 새로이 결정하는 경계가 다른 확실한 자료와 비교하여 공평, 합당하지 못할 때에는 상당한 보완을 한다.
④ 점유형태를 확인할 수 없을 때에는 먼저 등록한 소유자에게 소유시킨다.

해설 [일필지 경계설정기준의 점유설]
토지소유권의 경계는 불명확하지만 현재 소유자가 각자 점유하는 지역의 명확한 선으로 구분되어 있을 때에는 1개의 선을 소유자의 경계로 하여야 한다.

39. 다음 중 토렌스시스템의 기본이론인 거울이론에 대한 설명으로 옳은 것은?

① 토지권리증서의 등록은 토지의 거래 사실을 완벽하게 반영한다.
② 토지등록부는 매입신청자를 위한 유일한 정보의 기초이다.
③ 선의의 제3자는 토지의 권리자와 동등한 입장에 놓여야 한다.
④ 토지권리에 대한 사실심사시 권리의 진실성에 직접 관여하여야 한다.

해설 [토렌스 시스템의 기본이론]
① 거울이론 : 토지권리증서의 등록은 토지의 거래사실을 완벽하게 반영하는 거울과 같다는 입장의 이론
② 커튼이론 : 토지등록업무가 커튼 뒤에 놓인 공정성과 신빙성에 대하여 관여할 필요도 없고 관여해서도 안되는 매입신청자를 위한 유일한 정보의 이론
③ 보험이론 : 인위적 과실로 인해 토지등록에 착오가 발생한 경우 피해를 본 사람은 피해보상에 대해 법률적으로 선의의 제3자와 동일한 동등한 입장이 되어야 한다는 이론

40. 지적공부에 대한 설명으로 옳은 것은?

① 토지대장은 국가가 작성하여 비치하는 공적 장부를 말한다.
② 지적공부 중 대장에 해당되는 것은 토지대장 임야대장만을 말한다.
③ 지적공부 중 도면에 해당되는 것은 지적도, 임야도, 도시계획도를 말한다.
④ 경계점좌표등록부는 지적공부에 해당하지 않는다.

해설 [지적공부에 관한 사항]
① 토지대장은 국가가 작성하여 비치하는 공적장부를 말한다.
② 지적공부 중 대장에 해당되는 것은 토지대장, 임야대장, 공유지연명부, 대지권등록부 등을 말한다.
③ 지적공부중 도면에 해당되는 것은 지적도, 임야도를 말한다.
④ 경계점좌표등록부는 좌표를 표시한 지적공부에 해당한다.

41. 다음 설명 중 틀린 것은?

① 공유지연명부는 지적공부에 포함되지 않는다.
② 지적공부에 등록하는 면적단위는 $[m^2]$이다.
③ 지적공부는 소관청의 영구보존 문서이다.
④ 임야도의 축척에는 1/3,000, 1/6,000 두 가지가 있다.

해설 [지적공부의 종류]
① 대장 : 토지대장, 임야대장, 공유지연명부, 대지권등록부, 경계점좌표등록부
② 도면 : 지적도, 임야도

42. "지적도에 등록된 경계와 임야도에 등록된 경계가 서로 다른 때에는 축척 1/1,200인 지적도에 등록된 경계에 따라 축척 1/6,000인 임야도의 경계를 정정하여야 한다."라는 기준은 어느 원칙에 따른 것인가?

① 경계불가분의 법칙
② 등록선후의 원칙
③ 용도경중의 원칙
④ 축척종대의 원칙

해설 [축척종대의 원칙]
동일한 경계가 축척이 서로 다른 도면에 등록되어 있을 때 축척이 큰 도면에 따른다는 원칙으로 도해지적에서만 존재하는 원칙

43. 지상경계를 결정하기 곤란한 경우에 경계 결정의 방법에 대한 일반적인 원칙(이론)이 아닌 것은?

① 지배설
② 점유설
③ 평분설
④ 보완설

정답 38. ② 39. ① 40. ① 41. ① 42. ④ 43. ①

해설 [경계설정설의 종류]
① 점유설 : 토지소유권의 경계는 불명하지만 양지의 소유자가 점유하는 지역의 명확한 선으로 구분되어 있을 때에는 이 1개의 선을 소유자의 경계로 하여야 한다.
② 평분설 : 경계가 불명하고 점유상태까지 확정할 수 없는 경우 분쟁지를 물리적으로 평분하여 쌍방토지에 소속시켜야 한다.
③ 보완설 : 현 점유선에 의하거나 또는 평분하여 경계를 결정하고자 할 경우 그 새로 결정되는 경계가 이미 조사된 신빙할 만한 다른 자료와 일치하지 않을 경우 이 자료를 감안하여 공평하고도 그 적당한 방법에 따라 그 경계를 보완하여야 할 것이다.

44. 토지멸실에 의한 등록말소에 속하는 것은?
① 토지합병에 따른 말소
② 등록전환에 따른 말소
③ 등록변경에 따른 말소
④ 바다로 된 토지의 말소

해설 [공간정보의 구축 및 관리 등에 관한 법률 시행령 제68조(바다로 된 토지의 등록말소 및 회복)]
① 토지소유자가 등록말소 신청을 하지 아니하면 지적소관청이 직권으로 그 지적공부의 등록사항을 말소하여야 한다.
② 지적소관청은 회복등록을 하려면 그 지적측량성과 및 등록말소 당시의 지적공부 등 관계 자료에 따라야 한다.
③ 지적공부의 등록사항을 말소하거나 회복등록하였을 때에는 그 정리 결과를 토지소유자 및 해당 공유수면의 관리청에 통지하여야 한다.

45. 지번설정에서 사행식 방법이 가장 적합한 지역은?
① 택지조성지역
② 경지정리지역
③ 도로변의 주택지역
④ 지형이 불규칙한 농경지

해설 [사행식에 의한 지번부여방법의 특징]
① 필지의 배열이 불규칙한 지역에서 진행순서에 따라 지번 부여(농촌지역에 적합)
② 진행방향에 따라 지번을 순차적으로 연속 부여
③ 상하좌우로 볼 때 어느 방향에서는 지번이 뛰어넘는 단점이 있음

46. "토지의 등록사항을 토지소유자는 물론 이해관계자 및 기타 누구나 이용할 수 있도록 외부에서 인식하고 활용할 수 있도록 한다."가 설명하고 있는 원칙은?
① 공신(公信)의 원칙
② 공시(公示)의 원칙
③ 인도(引渡)의 원칙
④ 공증(公證)의 원칙

해설 [토지등록의 원칙]
① 공신의 원칙 : 선의의 거래자를 보호하여 진실로 등기 내용과 같은 권리관계가 존재한 것처럼 법률효과를 인정하려는 법률 원칙
② 공시의 원칙 : 지적공부를 직접 열람 및 등본과 지적공부에 등록된 경계를 지상에 복원하며 지적공부에 등록된 사항과 현장이 불일치할 경우 변경하여 등록하는 형식을 갖추고 있다.

47. 지번을 부여하는 단위지역으로 가장 옳은 것은?
① 자연부락은 모두 지번부여지역이다.
② 읍, 면은 모두 지번부여지역으로 한다.
③ 동, 리 및 이에 준할만한 지역은 지번부여지역으로 한다.
④ 자연부락 단위로 한다.

해설 [공간정보의 구축 및 관리 등에 관한 법률 제2조(정의)]
지번부여지역 : 지번을 부여하는 단위지역으로서 동·리 또는 이에 준하는 지역

48. 지번의 부여 단위에 따른 분류 중 해당 지번설정지역의 면적이 비교적 넓고 지적도의 매수가 많을 때 흔히 채택하는 방법은?
① 지역단위법
② 도엽단위법
③ 단지단위법
④ 기우단위법

해설 [부여단위에 따른 분류]
① 지역단위법 : 지번부여지역 전체를 대상으로 순차적으로 지번을 부여하는 방식으로 면적이 넓지 않은 지역에 적합
② 도엽단위법 : 도엽의 순서에 따라 지번을 부여하는 방식으로 면적이 넓은 경우나 지적도면의 장수가 많은 지역에 적합
③ 단지단위법 : 단지단위를 기준으로 지번을 순차적으로 부여하는 방식으로 토지의 검색, 색출을 용이하게 하려는 목적에 적합

정답 44. ④ 45. ④ 46. ② 47. ③ 48. ②

49. "토지등록이 토지의 권리를 아주 정확하게 반영하나 인간의 과실로 착오가 발생하는 경우에 피해보상에 관한한 법률적으로 선의의 제3자와 동등한 입장에 놓여야만 된다."는 토렌스시스템의 기본이론은?

① 공개이론 ② 커튼이론
③ 거울이론 ④ 보험이론

해설 [토렌스 시스템의 기본이론]
① 거울이론 : 토지권리증서의 등록은 토지의 거래사실을 완벽하게 반영하는 거울과 같다는 입장의 이론
② 커튼이론 : 토지등록업무가 커튼 뒤에 놓인 공정성과 신빙성에 대하여 관여할 필요도 없고 관여해서도 안되는 매입신청자를 위한 유일한 정보의 이론
③ 보험이론 : 인위적 과실로 인해 토지등록에 착오가 발생한 경우 피해를 본 사람은 피해보상에 대해 법률적으로 선의의 제3자와 동일한 동등한 입장이 되어야 한다는 이론

50. 토지에 대한 물권을 설정하기 위하여 지적제도가 담당해야 할 가장 중요한 역할은 무엇인가?

① 소유권사정 ② 필지의 획정
③ 지번의 설정 ④ 면적의 측정

해설 필지는 법적으로 물권이 미치는 권리의 객체로서 토지의 등록단위, 소유단위, 이용단위이다.

51. 토지의 표시사항 중 면적을 결정하기 위하여 먼저 결정되어야 할 사항은?

① 토지소재 ② 지번
③ 지목 ④ 경계

해설 면적을 결정하기 위하여 좌표와 경계가 먼저 결정되어야 한다.

52. 경계에 대한 토지 경계불가분의 원칙에 대한 설명이다. 맞는 것은?

① 경계의 중앙을 뜻한다.
② 경계점의 직선을 말한다.
③ 넓이는 없고 위치만 존재한다는 의미이다.
④ 설치자의 소속에 대한 것이다.

해설 [경계불가분의 원칙]
① 경계는 유일무이한 것으로 이를 분리할 수 없다는 원칙
② 토지의 경계는 같은 토지에 2개 이상의 경계가 있을 수 없고 양필지 사이에 공통으로 작용한다.

53. 우리나라 지목의 구분 및 결정 기준은?

① 토지의 주된 사용목적 ② 토지의 모양
③ 토양의 성질 ④ 토지의 크기

해설 [용도지목]
① 토지의 주된 사용목적(용도)에 따라 지목을 결정하는 방법
② 우리나라에서 지목을 결정할 때 사용되는 방법

54. 다음의 토지 표시사항 중 지목의 역할과 가장 관계가 적은 것은?

① 토지 형질변경의 규제
② 사용 현황의 표상(表象)
③ 구획정리지의 토지용도 유지
④ 사용 목적의 추측

해설 [지목의 역할]
① 사용현황의 표상
② 구획정리지의 토지용도 유지
③ 사용목적의 추측

55. 다음 중 도곽선의 역할로 가장 거리가 먼 것은?

① 기초점 전개의 기준
② 지적 원점 결정의 기준
③ 도면 신축량 측정의 기준
④ 인접 도면과 접합의 기준

해설 [도곽선의 역할]
① 지적기준점을 전개할 때의 기준
② 방위의 표시(도북방향)
③ 인접도면과의 접합기준

정답 49. ④ 50. ② 51. ④ 52. ③ 53. ① 54. ① 55. ②

④ 도곽의 신축량 측정할 때의 기준
⑤ 측량결과도와 실지의 부합여부 확인의 기준

56. 다음 중 축척이 다른 2개의 도면에 동일한 필지의 경계가 각각 등록되어 있을 때 토지의 경계를 결정하는 원칙으로 옳은 것은?

① 토지소유자에게 유리한 쪽에 따른다.
② 축척이 작은 것에 따른다.
③ 축척이 큰 것에 따른다.
④ 축척의 평균치에 따른다.

해설 [경계결정의 원칙]
① 축척종대의 원칙 : 축척이 큰 것에 등록된 경계를 따름
② 경계불가분의 원칙 : 경계는 유일무이한 것으로 이를 분리할 수 없다는 원칙
③ 등록선후의 원칙 : 등록시기가 빠른 토지의 경계를 따른다는 원칙
④ 경계국정주의 : 지적공부에 등록하는 경계는 국가가 조사·측량하여 결정한다는 원칙

57. 토지등록제도에 있어서 권리의 객체로서 모든 토지를 반드시 특정적이면서도 단순하고 명확한 방법에 의하여 인식될 수 있도록 개별화함을 의미하는 토지등록 원칙은?

① 공신의 원칙   ② 특정화의 원칙
③ 신청의 원칙   ④ 등록의 원칙

해설 [특정화의 원칙]
토지등록제도에서 권리의 객체로 모든 토지는 특정적이면서 단순하고 명확한 방법에 의하여 인식될 수 있도록 개별화하는 것을 특정화의 원칙이라 한다.

58. 공유지연명부의 등록사항이 아닌 것은?

① 지목   ② 토지의 고유번호
③ 소유권 지분   ④ 소유자의 주민등록번호

해설 [공유지연명부의 등록사항]
토지소재, 지번, 성명, 주소, 주민등록번호, 소유권지분, 고유번호, 필지별대장의 장번호

59. 지번의 부여 방법 중 진행방향에 따른 분류가 아닌 것은?

① 절충식   ② 오결식
③ 사행식   ④ 기우식

해설 [지번의 진행방향에 따른 부번방식]
① 사행식 : 농촌지역의 필지와 같이 배열이 불규칙한 지역에서 지번을 부여하는 가장 대표적인 방식으로 뱀이 기어가는 모습과 같다는 뜻이며 우리나라 지번의 대부분이 이 방식으로 부여되었다.
② 기우식 : 도로를 중심으로 한쪽은 홀수(奇數)로 그 반대는 짝수(偶數)로 지번을 부여하는 방법으로 경지정리 및 구획정리지구의 지번부여방식으로 많이 사용되고 있다.
③ 단지식 : 매 단지마다 하나의 본번(本番)을 부여하고 단지 내 다른 필지들은 본번에 부번(副番)을 부여하는 방법으로 Block식이라고도 한다.

60. 1980년대 이후 현재 지번부여 원칙으로 옳은 것은?

① 북서에서 남동으로 순차적으로 부여
② 남서에서 북동으로 순차적으로 부여
③ 북동에서 남서로 순차적으로 부여
④ 남동에서 북서로 순차적으로 부여

해설 1980년대 이후 지번부여 방법은 북동에서 남동방향으로 부여하던 방법을 수정하여 북서에서 남동방향으로 순차적으로 지번을 부여하도록 개정하였다.

61. 지적공부정리를 위한 토지이동의 신청을 하는 경우, 측량을 요하지 않는 토지이동은?

① 등록전환   ② 면적정정
③ 경계정정   ④ 합병

해설 합병에 따른 경계, 좌표, 면적의 정정은 따로 지적측량을 하지 않는다.

62. 지목부호는 다음 중 어느 공부에 표기하는가?

① 토지대장   ② 지적도
③ 임야대장   ④ 경계점좌표등록부

해설 ◁ 지목의 부호는 지적도, 임야도에 등록하며, 토지대장, 임야대장에 표기하는 지목은 지목의 명칭을 그대로 표기한다.

② 적극적 등록주의의 발달된 형태
③ 3대이론 : 거울이론, 커튼이론, 보험이론

63. 경계불가분의 원칙이 뜻하는 것으로 옳은 것은?

① 토지조사당시의 사정은 말소가 불가능하다.
② 먼저 조사한 선을 그 경계선으로 한다.
③ 경계선은 면적이 큰 것을 위주로 한다.
④ 인접지와 경계선은 공통이다.

해설 ◁ [경계불가분의 원칙]
① 경계는 유일무이한 것으로 이를 분리할 수 없다는 원칙
② 토지의 경계는 같은 토지에 2개 이상의 경계가 있을 수 없고 양필지 사이에 공통으로 작용한다.

66. 다음 중 토렌스시스템(Torrens System)이 창안한 국가는?

① 영국   ② 프랑스
③ 네덜란드   ④ 오스트레일리아

해설 ◁ [토렌스 시스템]
① 근본목적 : 법률적으로 토지의 권리를 확인하는 대신 토지의 권원을 등록하는 행위로 토지의 소유권을 명확히 하고 토지거래에 따른 변동사항과 정리를 용이하게 하여 권리증서의 발행을 손쉽게 행함
② 오스트레일리아의 Richard Robert Torrens에 의하여 창안
③ 3대이론 : 거울이론, 커튼이론, 보험이론

64. 다음 중 1단지마다 하나의 본번을 부여하고 단지 내 필지마다 부번을 부여하는 방법으로, 토지구획 및 농지개량사업시행지역 등의 지번설정에 적합한 것은?

① 선별식   ② 사행식
③ 단지식   ④ 기우식

해설 ◁ [단지식 지번설정]
① 1단지마다 하나의 본번을 부여하고 단지내 필지마다 부번을 부여하는 방법
② 토지구획 및 농지개량사업 시행지역 등의 지번설정에 적합한 방식

67. 토지의 이익에 영향을 미치는 문서의 공적 등기를 보전하는 것을 주된 목적으로 하는 등록제도는?

① 날인증서 등록제도   ② 권원 등록제도
③ 적극적 등록제도   ④ 소극적 등록제도

해설 ◁ [날인증서등록제도]
① 토지의 이익에 영향을 미치는 문서의 공적등기를 보전하는 등록
② 등록된 문서가 등록되지 않은 문서 또는 뒤늦게 등록된 서류보다 우선권을 가짐
③ 문서가 본질적으로는 소유권을 입증하지는 못함
④ 독립된 거래에 대한 기록에 지나지 않음

[권원등록제도]
공적기관에서 보존되는 특정한 사람에게 귀속된 명확히 한정된 단위의 토지에 대한 권리와 그러한 권리들이 존속되는 한계에 대한 권위있는 등록

65. 다음 중 토지의 권원을 명확히 하고 토지거래에 따른 변동사항의 정리를 용이하게 하여 권리증서의 발행을 손쉽게 하고자 창안된 토지등록제도는?

① 날인등록제도   ② 소극적등록제도
③ 토렌스시스템   ④ 토지정보시스템

해설 ◁ [토렌스 시스템]
① 근본목적 : 법률적으로 토지의 권리를 확인하는 대신 토지의 권원을 등록하는 행위로 토지의 소유권을 명확히 하고 토지거래에 따른 변동사항과 정리를 용이하게 하여 권리증서의 발행을 손쉽게 행함

68. 일필지에 하나의 지번을 붙이는 이유로서 적합하지 않은 것은?

① 토지의 개별화   ② 토지의 독립화
③ 물권객체 표시   ④ 제한물권 설정

해설 [지번의 기능]
① 필지를 구별하는 개별성과 특정성의 기능
② 거주지, 주소표기의 기준으로 이용
③ 위치파악의 기준
④ 각종 토지관련 정보시스템에서 검색키로서의 기능
⑤ 물권의 객체의 구분
⑥ 등록공시의 단위

② 자유식 부번제도 : 새로이 지번을 붙여야 할 필지의 지번을 필지가 위치해 있는 블록이나 구역내 미사용 지번으로 부여하는 방식
③ 기번식 부번제도 : 모지번에 기초하여 문자나 기호색인을 사용하여 표기하는 방식
④ 평행식 지번제도 : 단식은 본번만, 복식은 부번까지 붙이는 방식

69. 아래의 설명에 해당하는 지번부여제도는?

> 인접 지번 또는 지번의 자릿수와 함께 본번의 번호로 구성되어 지번의 발생근거를 쉽게 파악할 수 있으며 사정 지번이 본번지로 편철 보존될 수 있다. 지번의 이동내역 연혁을 파악하기 용이하나, 여러 차례 분할될 경우 반복 정리로 인하여 지번의 배열이 복잡하다.

① 분수식(分數式) 지번부여제도
② 자유식 지번부여제도
③ 기번식(岐番式) 지번부여제도
④ 블록식 지번부여제도

해설 [부번부여제도]
① 분수식 부번제도 : 원지번을 분모로 하고 분자에 구역 내의 사용되지 않는 다음 지번을 부여하여 표기하는 방식
② 자유식 부번제도 : 새로이 지번을 붙여야 할 필지의 지번을 필지가 위치해 있는 블록이나 구역내 미사용 지번으로 부여하는 방식
③ 기번식 부번제도 : 모지번에 기초하여 문자나 기호색인을 사용하여 표기하는 방식
④ 평행식 지번제도 : 단식은 본번만, 복식은 부번까지 붙이는 방식

70. 스위스, 네덜란드에서 채택하고 있는 지번 표기의 유형으로 지번의 완전한 변경 내용을 알 수 있는 보조장부의 보존이 필요한 것은?

① 순차식 지번제도   ② 자유식 지번제도
③ 분수식 지번제도   ④ 복합식 지번제도

해설 [부번부여제도]
① 분수식 부번제도 : 원지번을 분모로 하고 분자에 구역 내의 사용되지 않는 다음 지번을 부여하여 표기하는 방식

71. 지목 중 전과 답의 결정은 무엇을 기준으로 하는가?

① 주변지형   ② 경작방법
③ 작물의 이용가치 ④ 경작위치, 방향

해설 전과 답의 결정에는 작물의 경작방법에 따라 물의 이용으로 구분된다.

72. 지표면의 형태, 지형의 고저, 수륙의 분포상태 등 땅에 생긴 모양에 따라 결정하는 지목은?

① 토성지목   ② 지형지목
③ 용도지목   ④ 복식지목

해설 [토지 현황에 의한 지목의 분류]
① 지형지목 : 지표면의 형태, 토지의 고저, 수륙의 분포 상태 등 토지의 모양에 따라 지목 결정
② 토성지목 : 토지의 성질인 지층이나 암석, 토양의 종류 등에 따라 지목 결정
③ 용도지목 : 토지의 주된 사용목적에 따라 지목 결정

73. 우리나라의 지목 결정 원칙과 거리가 먼 것은?

① 용도경중의 원칙   ② 1필1지목의 원칙
③ 주지목 추종의 원칙 ④ 지형지목의 원칙

해설 [지목의 설정 원칙]
① 1필 1지목의 원칙
② 주지목 추종의 원칙
③ 사용목적 추종의 원칙
④ 일시변경 불변의 원칙
⑤ 용도경중의 원칙
⑥ 등록선후의 원칙

정답 69. ③ 70. ② 71. ② 72. ② 73. ④

74. 대부분의 일반 농촌지역에서 주로 사용되며, 토지의 배열이 불규칙한 경우 인접해 있는 필지로 진행방향에 따라 연속적으로 지번을 부여하는 방식은?

① 사행식(蛇行式)   ② 기우식(奇偶式)
③ 교호식(交互式)   ④ 단지식(團地式)

해설 [사행식 지번설정]
① 필지의 배열이 불규칙한 경우에 적합한 방식
② 주로 농촌지역에 이용되며, 우리나라에서 가장 많이 사용하는 방법
③ 사행식으로 지번을 부여할 경우 지번이 일정하지 않고 상하, 좌우로 분산되는 단점

75. 다음 지번의 진행방향에 따른 분류 중 도로를 중심으로 한 쪽은 홀수로, 반대쪽은 짝수로 지번을 부여하는 방법은?

① 기우식   ② 사행식
③ 단지식   ④ 혼합식

해설 [기우식 지번설정]
① 도로를 중심으로 왼쪽은 홀수, 오른쪽은 짝수로 지번을 부여하는 방법
② 주로 시가지에서 사용

76. 1필지로 정할 수 있는 기준에 해당하지 않는 것은?

① 지번부여지역 안의 토지로 소유자가 동일한 토지
② 지번부여지역 안의 토지로 용도가 동일한 토지
③ 지번부여지역 안의 토지로 지가가 동일한 토지
④ 지번부여지역 안의 토지로 지반이 연속된 토지

해설 [1필지로 정할 수 있는 기준]
① 지번부여지역의 동일
② 토지소유자 동일
③ 용도의 동일
④ 지반이 연속

77. 토지등록부의 편성방법 중 연대적 편성주의에 대한 설명으로 옳은 것은?

① 토지의 등록에 있어 개개의 토지를 중심으로 토지등록부를 편성하는 것으로 우리나라도 이 제도를 따르고 있다.
② 토지소유자별로 토지를 등록하여 동일 소유자에 속하는 모든 토지는 당해 소유권자의 대장에 기록하는 방식이다.
③ 어떠한 특별한 기준을 두지 않고 당사자의 신청 순서에 따라 순차적으로 기록해가는 것으로 레코딩시스템이 이에 속한다.
④ 토지대장에 있어서 소유자별 토지등록카드와 지번별 목록, 성명별 목록을 동시에 등록하는 방식이다.

해설 [연대적 편성주의]
① 특별한 기준없이 신청순서에 의해 지적공부를 편성하는 방법
② 공부편성방법으로 가장 유효한 권리증서의 등록제도
③ 단순히 토지처분에 관한 증서의 내용을 기록하며 뒷날 증거로 하는 것에 불과
④ 그 자체만으로는 공시기능 발휘 못함
⑤ 프랑스, 미국의 일부 주에서 실시하는 리코딩시스템이 이에 해당

78. 지적에서 토지의 경계라고 할 때 무엇을 의미하는가?

① 지상(地上)의 경계를 의미한다.
② 도면상(圖面上)의 경계를 의미한다.
③ 소유자가 다른 토지 사이의 경계를 의미한다.
④ 지목이 같은 토지 사이의 경계를 의미한다.

해설 [토지경계의 개념]
① 토지의 경계는 한 지역과 다른 지역을 구분하는 외적표시
② 토지의 소유권 등 사법상의 권리의 범위를 표시하는 구획선
③ 지적에서 토지의 경계는 도상경계를 의미

79. 다음 지목 중 잡종지에서 분리된 지목에 해당하는 것은?

① 지소   ② 유지
③ 염전   ④ 공원

정답 74. ① 75. ① 76. ③ 77. ③ 78. ② 79. ③

해설 [잡종지]
① 갈대밭, 실외에 물건을 쌓아두는 곳, 돌을 캐내는 곳, 흙을 파내는 곳, 야외시장, 비행장, 공동우물
② 1943년 조선지세령에 의하여 잡종지에서 분리되어 신설된 지목 : 염전, 광천지

80. 다음 중 적극적 토지등록제도의 기본원칙이라고 할 수 없는 것은?

① 토지등록은 국가공권력에 의해 성립된다.
② 토지에 대한 권리는 등록에 의해서만 인정된다.
③ 등록내용의 유효성은 법률적으로 보장된다.
④ 토지등록은 형식심사에 의해 이루어진다.

해설 [적극적 등록주의]
① 등록은 강제적이고 의무적임
② 공부에 등록되지 않은 토지는 어떠한 권리도 인정되지 않음
③ 지적측량이 실시되어야만 등기를 허락
④ 토지등록의 효력이 국가에 의해 보장
⑤ 실질적 심사주의를 채택

81. 경계의 결정 원칙 중 경계불가분의 원칙과 관련이 없는 것은?

① 토지의 경계는 인접 토지에 공통으로 작용한다.
② 토지의 경계는 유일무이하다.
③ 경계선은 위치와 길이만 있고 너비가 없다.
④ 축척이 큰 도면의 경계를 따른다.

해설 [경계결정의 원칙]
① 축척종대의 원칙 : 축척이 큰 것에 등록된 경계를 따름
② 경계불가분의 원칙 : 경계는 유일무이한 것으로 이를 분리할 수 없다는 원칙
③ 등록선후의 원칙 : 등록시기가 빠른 토지의 경계를 따른다는 원칙
④ 경계국정주의 : 지적공부에 등록하는 경계는 국가가 조사·측량하여 결정한다는 원칙

82. 다음 중 토렌스시스템에 대한 설명으로 옳은 것은?

① 미국의 토렌스 지방에서 처음 시행되었다.
② 실질적 심사에 의한 권원조사를 하지만 공신력은 없다.
③ 기본이론으로 거울이론, 커튼이론, 보험이론이 있다.
④ 피해자가 발생하여도 국가가 보상할 책임이 없다.

해설 [토렌스 시스템]
① 근본목적 : 법률적으로 토지의 권리를 확인하는 대신 토지의 권원을 등록하는 행위로 토지의 소유권을 명확히 하고 토지거래에 따른 변동사항과 정리를 용이하게 하여 권리증서의 발행을 손쉽게 행함
② 적극적 등록주의의 발달된 형태
③ 3대이론 : 거울이론, 커튼이론, 보험이론

83. 토지를 등록하는 지적공부를 크게 토지대장 등록지와 임야대장 등록지로 구분하고 있는 직접적인 원인은?

① 조사사업별 구분   ② 토지지목별 구분
③ 과세세목별 구분   ④ 도면축척별 구분

해설 토지대장, 임야대장은 토지조사사업, 임야조사사업 등 조사사업별로 구분한다.

84. 다음 중 지적도와 임야도의 등록사항이 아닌 것은?

① 면적   ② 지번
③ 경계   ④ 지목

해설 면적은 토지대장과 임야대장에만 등록되며 지적도와 임야도에는 등록되지 않는다.

85. 토지등록의 제 원칙과 관계가 없는 것은?

① 형식적 심사의 원칙   ② 특정화의 원칙
③ 신청의 원칙   ④ 공시의 원칙

해설 [토지등록의 제 원칙]
등록의 원칙, 신청의 원칙, 특정화의 원칙, 공시의 원칙, 공신의 원칙, 국정주의 및 직권주의

정답 80. ④ 81. ④ 82. ③ 83. ① 84. ① 85. ①

86. 다음 중 일반적인 토지대장 편성방법이 아닌 것은?

① 조사적 편성주의 ② 인적 편성주의
③ 물적 편성주의 ④ 연대적 편성주의

해설 [토지등록의 편성방법]
물적 편성주의, 인적 편성주의, 연대적 편성주의, 인적·물적 편성주의

87. 다음 중 경계점좌표등록부를 비치하는 지역의 측량시행에 대한 가장 특징적인 토지표시 사항은?

① 지목 ② 지번
③ 좌표 ④ 면적

해설 경계점좌표등록부 기재사항은 토지의 소재, 지번, 좌표, 토지의 고유번호, 지적도면의 번호, 장번호, 부호 및 부호도이며, 이중 측량시행에 대한 가장 특징적인 토지표시사항은 좌표이다.

88. 다음 중 경계점좌표등록부를 작성하여야 할 곳은?

① 국토의 계획 및 이용에 관한 법률상의 도시지역
② 임야도시행지구
③ 도시개발사업의 지적확정측량으로 한 지역
④ 측판측량방법으로 한 농지구획정리지구

해설 도시개발사업을 지적확정측량으로 한 지역과 축척변경을 실시하여 경계점을 좌표로 등록한 지역에는 반드시 경계점좌표등록부를 비치하여야 한다.

89. 1필지의 설명 중 옳지 않은 것은?

① 1필의 토지 ② 1지번의 토지
③ 자연적인 토지 단위 ④ 법적인 토지 단위

해설 필지란 대통령령으로 정하는 바에 따라 구획되는 토지의 등록단위를 말하며 1필지는 법적으로 물권이 미치는 권리의 객체로서 1필지는 토지의 등록단위, 소유단위, 이용단위가 된다.

90. 적극적 지적제도의 설명 중 틀린 것은?

① 등록된 권원의 효력을 국가에서 보장한다.
② 포지티브 시스템(positive system)이라 한다.
③ 토지등록사항에 대한 사실심사권이 인정되지 않는다.
④ 대만이나 스위스에서도 이 개념을 채택하고 있다.

해설 ① 적극적 지적제도 : 토지등록은 일필지의 개념으로 법적인 권리보장이 인증되고 정부에 의해 그러한 합법성과 효력이 발생
② 소극적 지적제도 : 기본적으로 거래와 그에 관한 거래증서의 변경기록을 수행하는 것이며, 일필지의 소유권이 거래되면서 발생되는 거래증서를 변경 등록하는 것

91. 우리나라 현행 지적공부의 기능이라고 할 수 없는 것은?

① 도시계획의 기초
② 토지유통의 매체
③ 용지보상의 근거
④ 소유권 변동의 공시

해설 소유권 변동의 공시는 등기의 기능이다.
[현행 지적공부의 기능]
① 도시계획의 기초
② 토지유통의 매체
③ 용지보상의 근거

92. 경계점 표지의 특성이 아닌 것은?

① 영구성 ② 안전성
③ 유동성 ④ 명확성

해설 [경계점 표지의 특성]
영구성, 안전성, 명확성, 부동성

93. 다음 중 진행 방향에 따른 지번부여방법의 분류에 해당하는 것은?

① 자유식　　② 분수식
③ 사행식　　④ 도엽단위식

해설 [지번의 부번진행방법]
① 진행방향에 따른 분류 : 사행식, 기우식, 절충식, 단지식
② 부여단위에 따른 분류 : 지역단위법, 도엽단위법, 단지단위법
③ 기번위치에 따른 분류 : 북서기번법, 북동기번법

05 CHAPTER 지적재조사

1 지적재조사사업의 의의

(1) 개요
토지조사사업 당시의 오차와 도면의 신축 그리고 각종 오류 발생 원인으로 인해 지적제도 유지 자체가 힘들어지는 상황에까지 이르게 되었다. 이러한 문제점을 해결하고 KLIS를 구축하여 다목적으로 지적을 이용하기 위한 지적재조사의 필요성이 강조되고 있으며 지적재조사는 지적제도정비를 위한 가장 이상적인 방법으로 평가되고 있다.

(2) 지적재조사에 관한 특별법의 목적
이 법은 토지의 실제 현황과 일치하지 아니하는 지적공부(地籍公簿)의 등록사항을 바로잡고 종이에 구현된 지적을 디지털 지적으로 전환함으로써 국토를 효율적으로 관리함과 아울러 국민의 재산권 보호에 기여함을 목적으로 한다.

(3) 지적재조사의 필요성
① 전국토를 동일한 좌표계로 측량하여 지적불부합 해결
② 수치적 방법으로 재조사하여 국민적 요구에 부응하고 도해지적의 문제점 해결
③ 토지 관련정보의 종합관리와 계획의 용이성 제공
④ 부처 간 분산 관리되고 있는 기준점의 통일로 업무능률 향상
⑤ 도면의 신축 등으로 인한 문제점 해결

2 지적불부합지의 관리

(1) 지적불부합지의 의의
지적불부합이란 지적공부에 등록된 사항과 실제가 부합되지 못하는 지역을 말하며 그 한계는 지적세부측량에서 도상에 영향을 미치는 축척별 오차의 범위를 초과하는 것을 말한다. 지적불부합의 폐단은 사회적으로 토지분쟁 야기, 토지거래질서 문란, 권리행사의 지장 초래, 권리실체 인정의 부실을 초래하여 행정적으로는 지적행정의 불신 초래, 증명발급의 곤란 등 많은 문제점을 드러내고 있다.

(2) 발생 원인

발생원인	내용
측량에 의한 불부합	① 잦은 토지이동으로 인해 발생된 오류 ② 측량기준점, 즉 통일원점, 구소삼각원점 등의 통일성 결여 ③ 6.25 전쟁으로 망실된 지적삼각점의 복구과정에서 발생하는 오류 ④ 지적복구, 재작성 과정에서 발생하는 제도 오차 ⑤ 세부측량에서 오차누적과 측량업무의 소홀로 인해 결정 과정에서 생긴 오류
지적도면에 의한 불부합	① 지적도면의 축척의 다양성 ② 지적도 관리 부실로 인한 도면의 신축 및 훼손 ③ 지적도 재작성 과정에서 오는 제도오차의 영향 ④ 신, 축도시 발생하는 개인 오차 ⑤ 세분화에 따른 대축척 지적도 미비

(3) 지적불부합지의 유형

유형	특징
중복형	① 원점지역의 접촉지역에서 많이 발생 ② 기존 등록된 경계선의 충분한 확인 없이 측량했을 때 발생 ③ 발견이 쉽지 않다. ④ 도상경계에는 이상이 없으나 현장에서 지상경계가 중복되는 형상이다.
공백형	① 도상경계는 인접해 있으나 현장에서는 공간의 형상이 생기는 유형 ② 도선의 배열이 상이한 경우에 많이 발생 ③ 리·동 등 행정구역의 경계가 인접하는 지역에서 많이 발생 ④ 측량상의 오류로 인해서도 발생
편위형	① 현형법을 이용하여 이동측량을 했을 때 많이 발생 ② 국지적인 현형을 이용하여 결정하는 과정에서 측판점의 위치 오류로 인해 발생한 것이 많다. ③ 정정을 위한 행정처리가 복잡하다.
불규칙형	① 불부합의 형태가 일정하지 않고 산발적으로 발생한 형태 ② 경계의 위치 파악과 원인 분석이 어려운 경우가 많다. ③ 토지조사 사업 당시 발생한 오차가 누적된 것이 많다.
위치오류형	① 등록된 토지의 형상과 면적은 현지와 일치하나 지상의 위치가 전혀 다른 위치에 있는 유형을 말한다. ② 산림 속의 경작지에서 많이 발생한다. ③ 위치정정만 하면 되고 정정과정이 쉽다.
경계 이외의 불부합	① 지적공부의 표시사항 오류 ② 대장과 등기부 간의 오류 ③ 지적공부의 정리 시에 발생하는 오류 ④ 불부합의 원인 중 가장 미비한 부분을 차지한다.

(4) 지적불부합의 해결 방안

해결 방안	내용
부분적인 해결 방안	① 축척변경사업의 확대 시행 ② 도시재개발사업 ③ 구획정리사업 시행 ④ 현황 위주로 확정하여 청산하는 방법
전면적인 해결 방안	① 지적불부합지 정리를 위한 임시조치법의 제정 ② 수치지적제도 완성 ③ 지적재조사를 통한 전면적 개편

3 지적재조사측량의 개요

(1) 목적
이 규정은 「지적재조사에 관한 특별법」 제11조 및 같은 법 시행규칙 제5조에서 국토교통부 장관에게 위임한 사항과 그 시행에 필요한 세부적인 절차를 정함을 목적으로 한다.

(2) 용어정의

지적측량수행자	지적재조사사업의 측량·조사 등을 대행하는 자
지적위성측량	GNSS 측량기를 사용하여 실시하는 지적측량
정지측량	GNSS수신기를 관측지점에 일정시간동안 고정하여 연속적으로 GNSS위성데이터를 취득한 후 기선해석 및 조정계산을 수행하는 측량방법
다중기준국 실시간이동측량	3점 이상의 위성기준점을 이용하여 산출한 보정정보와 이동국이 수신한 GNSS 반송파 위상신호를 실시간 기선해석을 통해 이동국의 위치를 결정하는 측량
단일기준국 실시간이동측량	기지점(통합기준점 및 지적기준점)에 설치한 GNSS 측량기로부터 수신된 보정정보와 이동국이 수신한 GNSS 반송파 위상신호를 실시간 기선해석을 통해 이동국의 위치를 결정하는 측량
토털스테이션 측량	기지점(통합기준점 및 지적기준점)에 설치한 토털스테이션에 의하여 기지점과 경계점 간의 수평각, 연직각 및 거리를 측정하여 소구점의 위치를 결정하는 측량
세션	세션이란 당해 측량을 위하여 일정한 관측간격을 두고 GNSS측량기를 동시에 설치하여 지적위성측량을 실시하는 작업 단위
기선해석	2대 이상의 고정된 측량기 사이의 3차원 기선벡터(ΔX, ΔY, ΔZ)를 결정하는 것
라이넥스	GNSS관측데이터의 저장과 교환에 사용되는 세계 표준의 GNSS 데이터 자료형식

(3) 측량방법

① 「지적재조사에 관한 특별법 시행규칙」(이하 "규칙"이라 한다) 제5조에 따라 지적기준점 및 경계점을 측량하는 경우 다음 각 호의 방법에 의한다.
　1. 정지측량
　2. 다중기준국실시간이동측량
　3. 단일기준국실시간이동측량
　4. 토털스테이션측량

② 지적측량수행자는 제1항에 따라 측량하는 경우 사전에 특별시장 · 광역시장 · 도지사 · 특별자치도지사 · 특별자치시장 및 「지방자치법」 제175조에 따른 대도시로서 구를 둔 시의 시장(이하 "시 · 도지사"라 한다) 또는 지적소관청과 협의하여야 한다.

(4) 지적위성측량의 기준

관측기준	동시수신 위성수	정지측량	4개 이상
		이동측량	5개 이상
	최저고도각	원칙	15° 기준
		예외	30°까지 (상공시야 확보가 어려울시)
	관측중지	• PDOP 3 이상, 수평정밀도 ±3cm(수직정밀도 ±5cm) 이상 • 위성수신기 초기화시간 3회 이상 · 3분 초과시	
	다시 측정	• 보정정보 지연시간 5초 초과 • 세션 간 측량성과 오차 ±5cm 초과 • 측정상태를 수시로 확인, 이상 발견시	
	• 측정 중 특이사항은 지적위성측량 관측기록부에 기재 • 위성수신기 환경설정은 위성수신기 제조사에서 제공하는 측량장비별 매뉴얼에 따른다.		
관측시 주의사항	• 10m 이내 자동차 접근 피할 것 • 20m 이상 떨어진 곳에서 발전기 사용 • 통신장치(무전기, 휴대전화 등) 사용금지		

측량기기 성능기준

[위성수신기]

구분	정밀도	수신주파수	비고
정지측량	$\pm(5mm \pm 1ppm \cdot D)$	L_1, L_2	D : 기선거리(km)
이동측량	$\pm(10mm \pm 1ppm \cdot D)$		

[T/S측량]

각도 측정부		거리 측정부		비고
수평각	정밀도	측정거리	정밀도	
1초 이하	±2초 이하	6km	$\pm(5mm \pm 2ppm \cdot D)$	D : 기선거리(km)

4 지적재조사측량의 시행순서

지적측량수행자는 다음의 순서대로 지적재조사측량을 시행하여야 한다. 다만, 시·도지사 또는 지적소관청과 협의한 경우에는 그러하지 아니한다.

측량계획 수립 → 지적기준점 측량 → 임시경계점 표지 설치 → 경계점의 측정 → 측량성과의 계산 및 점검 → 측량성과의 작성 → 면적의 산정

(1) 측량계획의 수립

지적측량대행업자는 다음을 조사·검토하여 지적재조사측량수행계획서를 지적소관청에 제출해야 한다.
① 토지소재
② 면적
③ 장비
④ 인원
⑤ 작업여건
⑥ 측량기간
⑦ 측량방법

(2) 지적기준점 측량

1) 정지측량

① 일정별 위성의 궤도정보에 따라 수신가능한 위성들의 궤도와 밀도를 분석하여 관측일정표와 관측망도를 작성
② 관측망도에서 순차적인 세션을 결정하고 기지점과 관측점에 위성수신기를 동시에 설치하여 세션단위로 측정
③ 관측성과의 기선벡터 점검을 위하여 다른 세션에 속하는 관측망과 1번 이상이 중복되게 측정 실시

기점과의 거리	측정시간	데이터 수신간격
5km 이상	60분 이상	30초 이하
5km 미만	30분 이상	

2) 이동측량(지적도근점측량)

① 단일기준국 실시간이동측량의 경우 기준국을 제외한 3점 이상(표고산출 시 4점 이상)의 기지점을 관측하여 GNSS측량기에서 제공하는 프로그램을 이용하여 수평, 수직성분의 오차 보정량을 소구점성과에 반영
② 1, 2회 관측성과가 연결교차 범위 내일 때 1회 관측성과 기준으로 측량성과 작성

구 분	측정횟수(세션)	관측간격	측정시간	데이터 수신간격
다중기준국 실시간이동측량	2회	60분 이상	고정해를 얻고 나서 60초 이상	1초
단일기준국 실시간이동측량	기준국을 달리 하여 2회			

※ 단일기준국실시간이동측량 시 기준국은 통합기준점 또는 정지측량에 의한 지적기준점을 사용하며, 기지점과의 거리는 5km 이내

(3) 지적재조사 지구의 내·외 경계측량

① 지적재조사지구의 경계는 지적재조사지구 지정고시에 따라 지정된 지적재조사지구 외곽필지의 바깥쪽 경계로
② 지적재조사지구 내외를 지나는 도로·구거 하천 제방 등 국·공유지의 경우 지적재조사지구 지정고시 도면에 의한 경계를 기준(국·공유지에 인접한 필지의 바깥쪽 경계를 서로 연결)으로 사업시행자가 직권분할하여 지적재조사지구 내외 경계 결정
③ 지적재조사지구 경계와 인접지역 기지경계선 부합여부 확인
④ 지적재조사지구 지정 이전 측량방법으로 현지 경계 복원 후, 그 경계점 표지를 세계측지계 기준으로 현지측량 통해 확정

(4) 경계점표지의 설치

① 제11조제1항제1호(다툼이 없을 경우) 담장·구조물 등 뚜렷한 지형지물에 경계점 위치를 표시하여 사용할 수 있다.
② 제11조에 따라 설치한 임시경계점의 위치와 법 제18조에 의해 최종 확정된 경계점의 위치가 다른 경우에는 토지소유자 등을 입회시켜 새로운 경계점표지를 설치하여야 한다.

5 측량성과의 검사

(1) 성과검사기준

① 측량성과 검사대상은 지적기준점, 사업지구의 내·외 경계점, 경계점으로 한다.
② 지적재조사측량 성과검사는 측량에 사용한 기지점과 신설점, 신설점 상호간의 실측거리에 의하여 비교한다.

[검사성과와의 연결오차 허용 기준]

지적기준점	±0.03미터
경계점	±0.07미터

③ 지적기준점측량 성과검사는 시·도지사가 하며 경계점측량 성과검사는 지적소관청이 지적재조사지구 특성에 맞는 표본을 추출하여 검사한다.
④ 지적재조사측량을 지적소관청이 시행한 경우의 측량성과 검사는 시·도지사가 하여야 한다.

(2) 검사방법

측량성과 검사자는 관측데이터 파일(RINEX 포함)과 측량장비의 원시데이터 파일을 비교하여 다음 각 호의 사항을 분석하여야 한다.
① 위성의 배치 및 동시 수신 위성수의 적정성
② 위성수신기 제원과 안테나 높이 입력의 적정성
③ PDOP 및 수평·수직정밀도 허용범위 초과 여부
④ 측량장비별 관측환경 설정 및 측정시간의 적정성

[현지측량 검사원칙]

구분	데이터 수신간격	측정시간
정지측량	30초 이하	10분 이상
이동측량	1초	고정해를 유지한 상태로 10초 이상
※ 토털스테이션측량을 하는 경우 수평각은 방향관측법으로 하며 수평거리는 1회 이상		

(3) 검사항목

① 상공장애도 조사의 적정성
② 측량 방법의 적정성
③ 측량성과 계산 및 점검의 적정성
④ 면적산정의 적정성
⑤ 측량성과 작성의 적정성
⑥ 지적기준점 선점 및 표지설치의 적정성
⑦ 지적기준점설치 망 구성의 적정성
⑧ 임시경계점표지 및 경계점표지 설치의 적정성
⑨ 지적재조사지구의 내·외 경계의 적정성

CHAPTER 05 지적재조사

01. 지적재조사사업의 목적과 거리가 먼 것은?

① 지적불부합지 문제 해소
② 토지의 경계복원능력 향상
③ 지하시설물 관리체계 개선
④ 능률적인 지적관리체제 개선

해설 [지적재조사사업의 목적]
① 지적불부합지의 해소
② 도해지적의 한계극복
③ 지적제도의 현대화
④ 능률적인 지적관리체제로의 개선
⑤ 토지정보의 종합관리와 이용
⑥ 토지의 경계복원력 향상
⑦ 도상관리에서 지상관리 원칙으로 전환

02. 지적재조사사업으로 기대되는 효과와 거리가 먼 것은?

① 지적불부합지 문제 해소
② 토지의 경계복원력 향상
③ 국가재정 확충
④ 능률적인 지적관리체제로 개선

해설 지적재조사사업으로 인해 전국토를 동일한 좌표계로 측량하여 지적불부합지역을 해소하고, 도해지적의 문제점을 해결하므로 부처간 분산관리되고 있는 기준점의 통일로 업무능률의 향상을 기대할 수 있으나 국가재정확충하는 내용과는 거리가 멀다.

03. 지적재조사의 필요성으로 가장 거리가 먼 것은?

① 국민의 재산권 보호
② 부동산중개업무의 원활
③ 지적불부합지 문제 해소
④ 토지의 경계복원능력 향상

해설 지적재조사사업은 부동산 중개업무를 원활하게 하기 위한 도구로 국한되는 사업이 아니다.

04. 지적재조사사업의 필요성 및 목적이 아닌 것은?

① 토지의 경계복원능력을 향상시키기 위함이다.
② 지적불부합지 과다 문제를 해소하기 위함이다.
③ 지적관리 인력의 확충과 기구의 규모 확장을 위함이다.
④ 능률적인 지적관리체계로의 개선을 위함이다.

해설 지적재조사사업을 원활하게 수행하기 위해 지적관리 인력의 확충과 기구의 규모확장이 필요하지는 않으므로 이를 위해 사업을 수행하는 것은 아니다.

05. 지적재조사사업이 필요한 이유로 가장 거리가 먼 것은?

① NGIS 구축
② 지적도면의 노후화
③ 지적불부합지의 과다
④ 통일원점의 본원적 문제

해설 NGIS는 국가의 지리정보관련정책을 종합하고 체계화하기 위해 1995년부터 시행한 5년단위의 국가계획으로 지적재조사사업의 필요성으로 볼 수는 없다.

06. 지적재조사측량에 대한 설명으로 옳은 것은?

① 위성측량은 위성기준점, 통합기준점, 삼각점 또는 지적기준점을 기준으로 한다.
② 정지측위 위성측량의 경우 데이터 수신간격은 10초 이하로, 측정시간은 5분 이상으로 한다.
③ RTK 위성측량 시 위치정밀도저하율(PDOP)이 5 이상인 경우 관측을 중지한다.
④ 필지별 면적은 경계점좌표에 따른 좌표면적계산법으로 산정하고 0.01제곱미터 단위로 결정한다.

정답 01. ③ 02. ③ 03. ② 04. ③ 05. ① 06. ①

해설 [지적재조사측량의 기준]
① 위성측량은 위성기준점, 통합기준점, 삼각점 또는 지적기준점을 기준으로 한다.
② 정지측위 위성측량의 경우 데이터 수신간격은 30초 이하로, 측정시간은 기점과의 거리가 5km이상인 경우 60분 이상, 5km 미만인 경우 30분 이상으로 한다.
③ RTK 위성측량 시 위치정밀도저하율(PDOP)이 3 이상인 경우 관측을 중지한다.
④ 필지별 면적은 경계점좌표에 따른 좌표면적계산법으로 산정하고 0.01제곱미터 단위로 산출하여 0.1제곱미터 단위로 결정한다.

07. 지적재조사측량규정 상 정지측위 위성측량의 주의사항으로 옳지 않은 것은?

① 위성의 최저고도각은 15°를 기준으로 한다.
② 발전기를 사용하는 경우에는 각종 통신장치를 안테나로부터 20미터 이상 떨어진 곳에서 사용해야 한다.
③ GPS 측정 중 수신기 표시장치 등을 통하여 측정상태를 수시로 확인할 필요가 없다.
④ 동시 수신 위성수는 4개 이상이어야 한다.

해설 GPS 측정 중 수신기 표시장치 등을 통하여 측정상태를 수시로 확인하고 이상발생시에는 다시 측정하여야 한다.

08. 지적재조사측량규정 상 네트워크 RTK 위성측량으로 일필지의 경계점을 측량하는 경우 이에 대한 설명으로 옳지 않은 것은?

① 측정횟수(세션)는 2회 이상으로 하며, 관측간격은 60분 이상으로 실시한다.
② 1, 2회의 관측치가 경계점 연결오차 범위 이내일 때에는 그 평균치를 기준으로 측량성과를 작성한다.
③ 측정시간은 고정해를 얻고 나서 15초 이상으로 하며, 데이터 수신간격은 1초로 한다.
④ 단일기준국 RTK 기지점과의 거리는 5km 이내로 한다.

해설 1, 2회의 관측치가 경계점 연결오차 범위 이내일 때에는 1회 관측성과를 기준으로 측량성과를 작성한다.

09. 지적재조사측량을 수행함에 있어 일필지의 경계점을 RTK 위성측량으로 할 때, 다음 중 수신환경과 관련된 내용으로 옳은 것은?

① 동시 수신 위성수는 4개 이상이어야 한다.
② 위성의 최저고도각은 10°를 기준으로 한다.
③ PDOP가 2 이상인 경우 또는 정밀도가 수평·수직 1cm 이상인 경우 관측을 중지한다.
④ 위성수신기 초기화 시간이 3회 이상 3분을 초과할 경우 관측을 중지한다.

해설 ① 동시 수신 위성수는 정지측량의 경우 4개 이상, RTK의 경우 5개 이상이어야 한다.
② 위성의 최저고도각은 15°를 기준으로 한다.
③ PDOP가 3 이상인 경우 또는 정밀도가 수평 정밀도 ±3cm, 수직정밀도 ±5cm 이상인 경우 관측을 중지한다.
④ 위성수신기 초기화 시간이 3회 이상 3분을 초과할 경우 관측을 중지한다.

10. GPS에 의한 지적측량을 시행함에 있어 기선벡터의 산출(기선해석)과 관련된 내용으로 옳지 않은 것은?

① 기선해석의 방법은 세션별로 실시하되 단일기선해석방법에 의한다.
② GPS위성의 위치는 기지점과 소구점간의 거리가 50km를 초과하는 경우에는 방송궤도력에 의하고 기타는 정밀궤도력에 의한다.
③ 2주파 관측데이터를 이용하여 처리할 경우에는 전리층 보정을 한다.
④ 기선해석시 사용되는 단위는 m단위로 하고 계산은 소수점 이하 셋째자리까지 한다.

해설 GPS위성의 위치는 기지점과 소구점간의 거리가 50km를 초과하는 경우에는 정밀궤도력에 의하고 기타는 방송궤도력에 의한다.

정답 07. ③ 08. ② 09. ④ 10. ②

11. 지적재조사측량을 수행함에 있어 일필지의 경계점에 대한 현지 검사측량의 내용으로 옳지 않은 것은?

① 위성신호를 수신할 수 없거나 통신장애 등으로 위성측량을 할 수 없을 경우에는 토털스테이션 측량방법으로 검사할 수 있다.
② 토털스테이션으로 측정할 경우 수평각은 방향관측법으로 하며, 수평거리는 1회 이상으로 한다.
③ 정지측위 위성측량으로 할 경우 데이터 수신간격은 60초 이하로 하며 측정시간은 10분 이하로 한다.
④ RTK 위성측량으로 측정할 경우 데이터 수신간격은 1초 단위로 하며 측정시간은 고정해를 유지한 상태로 10초 이상으로 한다.

해설 정지측위 위성측량으로 할 경우 데이터 수신간격은 30초 이하로 하며 측정시간은 10분 이상으로 한다.

12. 다음 중 지적재조사측량의 시행 순서로 옳은 것은?

① 측량계획 수립 → 일필지 경계점의 측정 → 임시경계점표지 설치 → 측량성과의 계산 및 점검 → 면적의 산정 → 측량성과의 작성 → 면적의 산정
② 측량계획 수립 → 일필지 경계점의 측정 → 측량성과의 계산 및 점검 → 임시경계점표지 설치 → 측량성과의 작성 → 면적의 산정
③ 측량계획 수립 → 임시경계점표지 설치 → 일필지 경계점의 측정 → 측량성과의 계산 및 점검 → 면적의 산정 → 측량성과의 작성
④ 측량계획 수립 → 임시경계점표지 설치 → 일필지 경계점의 측정 → 측량성과의 계산 및 점검 → 측량성과의 작성 → 면적의 산정

해설 [지적재조사측량의 시행 순서]
측량계획 수립 → 임시경계점표지 설치 → 일필지 경계점의 측정 → 측량성과의 계산 및 점검 → 측량성과의 작성 → 면적의 산정

5 PART

제 5 과목
지적관계법규

01 공간정보법 총칙
02 공간정보법 토지의 등록
03 공간정보법 지적공부
04 공간정보법 토지이동신청 및 지적정리
05 공간정보법 보칙 및 벌칙
06 공간정보법 시행규칙
07 부동산등기법
08 국토의 계획 및 이용에 관한 법률
09 지적재조사에 관한 특별법
10 도로명주소법

CHAPTER 01 공간정보법 총칙

1 법률의 내용 및 목적

법률의 내용	법률의 목적
① 측량 및 수로조사의 기준 및 절차를 규정 ② 지적공부, 부동산종합공부의 작성 및 관리에 관한 사항규정	① 국토의 효율적 관리 ② 해상교통의 안전 ③ 국민의 소유권보호에 기여

2 용어의 정의

(1) 지적측량
① 토지를 지적공부에 등록하거나 지적공부에 등록된 경계점을 지상에 복원하기 위하여 필지의 경계 또는 좌표와 면적을 정하는 측량
② 지적확정측량 및 지적재조사측량을 포함

(2) 지적확정측량
도시개발 등의 사업이 끝나 토지의 표시를 새로 정하기 위하여 실시하는 지적측량

(3) 측량기준점
측량의 정확도를 확보하고 효율성을 높이기 위하여 특정 지점을 측량기준에 따라 측정하고 좌표 등으로 표시하여 측량 시에 기준으로 사용되는 점

(4) 지적소관청
지적공부를 관리하는 특별자치시장, 시장(제주특별자치도 설치 및 국제자유도시 조성을 위한 특별법에 따른 행정시의 시장을 포함하며, 자치구가 아닌 구를 두는 시의 시장은 제외)·군수 또는 구청장(자치구가 아닌 구의 구청장을 포함)

(5) 지적공부
① 토지대장, 임야대장, 공유지연명부, 대지권등록부, 지적도, 임야도 및 경계점좌표등록부 등
② 지적측량 등을 통하여 조사된 토지의 표시와 해당 토지의 소유자 등을 기록한 대장 및 도면(정보처리시스템을 통하여 기록·저장된 것을 포함)

(6) 부동산종합공부
토지의 표시와 소유자에 관한 사항, 건축물의 표시와 소유자에 관한 사항, 토지의 이용 및 규제에 관한 사항, 부동산의 가격에 관한 사항 등 부동산에 관한 종합정보를 정보관리체계를 통하여 기록·저장한 것

(7) 토지의 표시
지적공부에 토지의 소재·지번·지목·면적·경계 또는 좌표를 등록한 것
① **지번** : 필지에 부여하여 지적공부에 등록한 번호
② **지목** : 토지의 주된 용도에 따라 토지의 종류를 구분하여 지적공부에 등록한 것
③ **경계** : 필지별로 경계점들을 직선으로 연결하여 지적공부에 등록한 선
④ **면적** : 지적공부에 등록한 필지의 수평면상의 넓이

(8) 필지
구획되는 토지의 등록단위

(9) 지번부여지역
지번을 부여하는 단위지역으로서 동·리 또는 이에 준하는 지역

(10) 경계점
필지를 구획하는 선의 굴곡점으로서 지적도나 임야도에 도해 형태로 등록하거나 경계점좌표등록부에 좌표 형태로 등록하는 점

(11) 토지의 이동
토지의 표시를 새로 정하거나 변경 또는 말소하는 것
① **신규등록** : 새로 조성된 토지와 지적공부에 등록되어 있지 아니한 토지를 지적공부에 등록하는 것
② **등록전환** : 임야대장 및 임야도에 등록된 토지를 토지대장 및 지적도에 옮겨 등록하는 것
③ **분할** : 지적공부에 등록된 1필지를 2필지 이상으로 나누어 등록하는 것
④ **합병** : 지적공부에 등록된 2필지 이상을 1필지로 합하여 등록하는 것
⑤ **지목변경** : 지적공부에 등록된 지목을 다른 지목으로 바꾸어 등록하는 것
⑥ **축척변경** : 지적도에 등록된 경계점의 정밀도를 높이기 위하여 작은 축척을 큰 축척으로 변경하여 등록하는 것

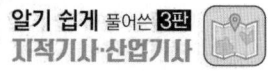

③ 1필지로 정할 수 있는 기준

1필지로 정할 수 있는 경우	1필지로 정할 수 없는 경우
1. 지번부여지역의 토지로서 소유자와 용도가 같고 지반이 연속된 토지 2. 주된 용도의 토지에 편입하여 1필지로 할 수 있는 경우 　① 주된 용도의 토지의 편의를 위하여 설치된 도로·구거 등의 부지 　② 주된 용도의 토지에 접속되거나 주된 용도의 토지로 둘러싸인 토지로서 다른 용도로 사용되고 있는 토지	1. 종된 용도의 토지의 지목(地目)이 "대"(垈)인 경우 2. 종된 용도의 토지 면적이 주된 용도의 토지 면적의 10퍼센트를 초과 3. 종된 용도의 토지 면적이 주된 용도의 토지 면적의 330㎡를 초과하는 경우

④ 측량의 기준

(1) 측량기본계획의 수립 : 5년마다 수립
① 측량에 관한 기본 구상 및 추진 전략
② 측량의 국내외 환경 분석 및 기술연구
③ 측량산업 및 기술인력 육성방안
④ 그 밖에 측량발전을 위하여 필요한 사항

(2) 측량기준
① 위치는 세계측지계에 따라 지리학적 경위도와 높이로 표시
② 측량원점은 경위도원점으로 함(예외, 제주도, 울릉도, 독도에 대해서는 국토교통부장관이 따라 정하여 고시하는 원점 사용)
③ 지점 : 경기도 수원시 영통구 월드컵로 92(국토지리정보원에 있는 대한민국경위도원점 금속표의 십자선표지)
④ 경도 : 동경 127도 03분 14.8913초
⑤ 위도 : 북위 37도 16분 33.359초

(3) 측량기준점
① 국가기준점 : 국토교통부장관 및 해양수산부장관이 전 국토를 대상으로 주요지점마다 정한 측량의 기본이 되는 측량기준점
② 공공기준점 : 공공측량시행자가 공공측량을 정확하고 효율적으로 시행하기 위하여 국가기준점을 기준으로 하여 따로 정하는 측량
③ 지적기준점 : 특별시장, 광역시장, 특별자치시장, 도지사 또는 특별자치도지사나 지적소관청이 지적측량을 정확하고 효율적으로 시행하기 위하여 국가기준점을 기준으로 하여 따로 정하는 측량

(4) 측량기준점표지의 설치 및 관리
① 측량기준점을 정하는 자는 측량기준점표지를 설치, 관리할 의무
② 측량기준점표를 설치한 자는 그 종류와 설치장소를 국토교통부장관, 관계 시·도지사, 시장, 군수 또는 구청장 및 측량기준점표지를 설치한 부지의 소유자 또는 점유자에게 통지(통지시 측량성과도 함께 통지)

(5) 측량기준점표지의 보호
① 측량기준점표지를 이전 파손하거나 그 효용을 해치는 행위를 한 자는 2년 이하의 징역 또는 2천만원 이하의 벌금
② 측량기준점표지를 파손하거나 효용을 해칠 우려가 있는 경우 그 기준점표지를 설치한 자에게 이전신청(측량기준점표지의 이전에 드는 비용은 신청인이 부담, 단 측량기준점표지 중 국가기준점표지의 이전에 드는 비용은 설치자가 부담)

CHAPTER 01 공간정보법 총칙

01. 다음 중 공간정보의 구축 및 관리 등에 관한 법률의 목적으로 옳지 않은 것은?

① 국토의 효율적 관리
② 국민의 소유권 보호에 기여
③ 해상교통의 안전에 기여
④ 국토의 계획 및 이용에 기여

해설 [공간정보의 구축 및 관리 등에 관한 법률 제1조(목적)]
이 법은 측량 및 수로조사의 기준 및 절차와 지적공부(地籍公簿)·부동산종합공부(不動産綜合公簿)의 작성 및 관리 등에 관한 사항을 규정함으로써 국토의 효율적 관리와 해상교통의 안전 및 국민의 소유권 보호에 기여함을 목적으로 한다.

02. 다음 중 지적공부에 해당하지 않는 것은?

① 대지권등록부　② 공유지연명부
③ 일람도　　　　④ 경계점좌표등록부

해설 [공간정보의 구축 및 관리 등에 관한 법률 제2조(정의)]
"지적공부"란 토지대장, 임야대장, 공유지연명부, 대지권등록부, 지적도, 임야도 및 경계점좌표등록부 등 지적측량 등을 통하여 조사된 토지의 표시와 해당 토지의 소유자 등을 기록한 대장 및 도면을 말한다.

03. 다음 중 지적 관련 법령상 용어에 대한 설명이 옳은 것은?

① 지적소관청이란 지적공부를 관리하는 시장을 말하며 자치구가 아닌 구를 두는 시의 시장 또한 포함한다.
② 면적이란 지적공부에 등록한 필지의 지표면상의 넓이를 말한다.
③ 일반측량이란 기본측량, 공공측량, 지적측량 및 수로측량을 말한다.
④ 지목변경이란 지적공부에 등록된 지목을 다른 지목으로 바꾸어 등록하는 것을 말한다.

해설 [공간정보의 구축 및 관리 등에 관한 법률 제2조(정의)]
① 지적소관청 : 지적공부를 관리하는 특별자치시장, 시장·군수 또는 구청장을 말한다.
② 면적 : 지적공부에 등록한 필지의 지표면상의 넓이를 말한다.
③ 일반측량 : 기본측량, 공공측량, 지적측량 및 수로측량 이외의 측량을 말한다.
④ 지목변경 : 지적공부에 등록된 지목을 다른 지목으로 바꾸어 등록하는 것을 말한다.

04. 공간정보의 구축 및 관리 등에 관한 법률상 "토지의 표시"의 정의가 아래와 같을 때 (　)에 들어갈 내용으로 옳지 않은 것은?

> "토지의 표시"란 지적공부에 토지의 (　　)을(를) 등록한 것을 말한다.

① 지번　② 지목
③ 지가　④ 면적

해설 [공간정보의 구축 및 관리 등에 관한 법률 제2조(정의)]
"토지의 표시"란 지적공부에 토지의 소재·지번(地番)·지목(地目)·면적·경계 또는 좌표를 등록한 것을 말한다.

05. 공간정보의 구축 및 관리 등에 관한 법률에서 규정된 용어로 정의에 관한 설명으로 틀린 것은?

① "경계점"이란 경계점좌표등록부에 등록하는 필지를 구획하는 선의 굴곡점을 말한다.
② "면적"이란 지적공부에 등록한 필지의 수평면상 넓이를 말한다.

정답　01. ④　02. ③　03. ④　04. ③

③ "지번"이란 필지에 부여하여 지적공부에 등록한 번호를 말한다.
④ "지목변경"이란 지적공부에 등록된 지목을 다른 지목으로 바꾸어 등록하는 것을 말한다.

> **해설** [공간정보의 구축 및 관리 등에 관한 법률 제2조(정의)]
> 경계점 : 필지를 구획하는 선의 굴곡점으로서 지적도나 임야도에 도해(圖解) 형태로 등록하거나 경계점좌표등록부에 좌표 형태로 등록하는 점을 말한다.

06. 다음 중 공간정보의 구축 및 관리 등에 관한 법률에 따른 '경계'에 대한 정의로 옳은 것은?

① 토지 위에 설치된 담장
② 필지별로 경계점간을 직선으로 연결하여 지적공부에 등록한 선
③ 주요 지형·지물에 의하여 구획된 지표상의 경계
④ 전·답 등에 구획된 둑

> **해설** [공간정보의 구축 및 관리 등에 관한 법률 제2조(정의)]
> ① 경계 : 필지별로 경계점간을 직선으로 연결하여 지적공부에 등록한 선
> ② 경계점 : 필지를 구획하는 선의 굴곡점으로서 지적도나 임야도에 도해형태로 등록하거나 경계점좌표등록부에 좌표 형태로 등록하는 점

07. 다음 중 용어의 정의가 틀린 것은?

① "경계"란 필지별로 경계점들을 직선으로 연결하여 지적공부에 등록한 선을 말한다.
② "지번부여지역"이란 지번을 부여하는 단위지역으로서 동·리 또는 이에 준하는 지역을 말한다.
③ "토지의 이동(異動)"이란 임야대장 및 임야도에 등록된 토지를 토지대장 및 지적도에 옮겨 등록하는 것을 말한다.
④ "축척변경"이란 지적도에 등록된 경계점의 정밀도를 높이기 위하여 작은 축척을 큰 축척으로 변경하여 등록하는 것을 말한다.

> **해설** [공간정보의 구축 및 관리 등에 관한 법률 제2조(정의)]
> "토지의 이동(異動)"이란 토지의 표시를 새로 정하거나 변경 또는 말소하는 것을 말한다.

08. 공간정보의 구축 및 관리 등에 관한 법률상 토지의 이동으로 볼 수 없는 것은?

① 토지대장에 등록된 소유권변경
② 지적공부에 등록된 지목변경
③ 지적도에 등록된 경계변경
④ 경계점좌표등록부에 등록된 좌표변경

> **해설** [공간정보의 구축 및 관리 등에 관한 법률 제2조(정의)]
> "토지의 이동(異動)"이란 토지의 표시(지적공부에 토지의 소재·지번·지목·면적·경계 또는 좌표를 등록한 것)를 새로 정하거나 변경 또는 말소하는 것을 말한다.

09. 다음 중 지번부여지역의 정의로 옳은 것은?

① 지번을 부여하는 단위지역으로서 동·리 또는 이에 준하는 지역
② 지번을 부여하는 단위지역으로서 읍·면 또는 이에 준하는 지역
③ 지번을 부여하는 단위지역으로서 시·군 또는 이에 준하는 지역
④ 지번을 부여하는 단위지역으로서 시·도 또는 이에 준하는 지역

> **해설** [공간정보의 구축 및 관리 등에 관한 법률 제2조(정의)]
> 지번부여지역 : 지번을 부여하는 단위지역으로서 동·리 또는 이에 준하는 지역

10. 지적공부에 등록하는 지목의 설정기준으로 옳은 것은?

① 토지의 토성 분포
② 토지의 지형 지세
③ 토지의 공시 지가
④ 토지의 주된 용도

> **해설** ① 필지 : 토지의 등록단위로 토지정보체계에 있어 기반이 되는 것
> ② 지번 : 필지에 부여하여 지적공부에 등록한 번호

정답 05. ① 06. ② 07. ③ 08. ① 09. ① 10. ④

③ 지목 : 토지의 주된 용도에 따라 토지의 종류를 구분하여 지적공부에 등록한 것

11. 다음 중 새로 조성된 토지와 지적공부에 등록되어 있지 아니한 토지를 지적공부에 등록하는 것을 무엇이라고 하는가?

① 등록전환 ② 신규등록
③ 지목변경 ④ 축척변경

해설 [공간정보의 구축 및 관리 등에 관한 법률 제2조(정의)]
① 등록전환 : 임야대장 및 임야도에 등록된 토지를 토지대장 및 지적도에 옮겨 등록하는 것
② 신규등록 : 새로 조성된 토지와 지적공부에 등록되어 있지 아니한 토지를 지적공부에 등록하는 것
③ 지목변경 : 지적공부에 등록된 지목을 다른 지목으로 바꾸어 등록하는 것
④ 축척변경 : 지적도에 등록된 경계점의 정밀도를 높이기 위하여 작은 축척을 큰 축척으로 변경하여 등록하는 것

12. 등록전환에 대한 설명으로 옳은 것은?

① 미등록된 토지를 토지대장에 등록하는 것
② 임야대장에 등록된 토지를 토지대장으로 옮겨 등록하는 것
③ 축척 1200분의 1을 축척 600분의 1로 바꾸어 등록하는 것
④ 지적도에 등록된 토지가 형질변경으로 인하여 다른 지목으로 변경되는 것

해설 [공간정보의 구축 및 관리 등에 관한 법률 제2조(정의)]
등록전환 : 임야대장 및 임야도에 등록된 토지를 토지대장 및 지적도에 옮겨 등록하는 것

13. 다음 축척변경에 대한 설명 중 옳지 않은 것은?

① 축척변경은 지적도에 등록된 경계점의 정밀도를 높이기 위해 시행한다.
② 지적도의 작은 축척을 큰 축척으로 변경하는 것을 말한다.
③ 축척변경에 관한 사항을 심의·의결하기 위하여 지적소관청에 축척변경위원회를 둔다.
④ 임야도의 축척을 지적도 축척으로 바꾸는 것을 말한다.

해설 [공간정보의 구축 및 관리 등에 관한 법률 제2조(정의)]
축척변경 : 지적도에 등록된 경계점의 정밀도를 높이기 위하여 작은 축척을 큰 축척으로 변경하고 등록하는 것

14. 축척변경의 목적으로 적합한 것은?

① 등록전환 ② 정밀도제고
③ 행정구역변경 ④ 소유권보호

해설 [공간정보의 구축 및 관리 등에 관한 법률 제2조(정의)]
축척변경 : 지적도에 등록된 경계점의 정밀도를 높이기 위하여 작은 축척을 큰 축척으로 변경하는 등록하는 것

15. 다음 중 1필지를 정함에 있어 주된 용도의 토지에 편입하여 1필지로 할 수 없는 종된 용도의 토지의 지목은?

① 대 ② 전
③ 구거 ④ 도로

해설 [공간정보의 구축 및 관리 등에 관한 법률 시행령 제5조(1필지로 정할 수 있는 기준)]
① 지번부여지역의 토지로서 소유자와 용도가 같고 지반이 연속된 토지는 1필지로 할 수 있다.
② 제1항에도 불구하고 다음 각 호의 어느 하나에 해당하는 토지는 주된 용도의 토지에 편입하여 1필지로 할 수 있다. 다만, 종된 용도의 토지의 지목(地目)이 "대"(垈)인 경우와 종된 용도의 토지 면적이 주된 용도의 토지 면적의 10퍼센트를 초과하거나 330제곱미터를 초과하는 경우에는 그러하지 아니하다.
1. 주된 용도의 토지의 편의를 위하여 설치된 도로·구거(溝渠: 도랑) 등의 부지
2. 주된 용도의 토지에 접속되거나 주된 용도의 토지로 둘러싸인 토지로서 다른 용도로 사용되고 있는 토지

16. 주된 용도의 토지에 편입하여 1필지로 할 수 있는 경우는?

① 주된 용도의 토지의 편의를 위하여 설치된 구거 부지
② 종된 용도의 토지의 지목이 "대"인 경우
③ 주된 용도의 토지면적의 10%를 초과하는 종된 토지
④ 종된 용도의 토지면적이 330m²를 초과한 경우

해설 [주된 용도의 토지에 편입할 수 없는 토지(양입의 제한)]
① 종된 용도의 토지의 지목이 "대"인 경우
② 주된 용도의 토지면적의 10%를 초과하는 경우
③ 종된 용도의 토지면적이 330㎡를 초과하는 경우

17. 다음 중 1필지로 정할 수 있는 기준으로 옳지 않은 것은?

① 연속된 지반　　② 동일한 소유자
③ 동일한 용도　　④ 동일한 토지등급

해설 [일필지의 성립요건]
① 지번부여지역, 축척, 소유자 동일
② 지반이 연속
③ 등기여부 일치

18. 다음 중 1필지로 정할 수 있는 기준으로 옳은 것은?

① 종된 용도의 토지의 지목(地目)이 "대(垈)"인 경우
② 종된 용도의 토지 면적이 330제곱미터를 초과하는 경우
③ 지번부여지역의 토지로서 소유자와 용도가 같고 지반이 연속된 토지
④ 종된 용도의 토지 면적이 주된 용도의 토지 면적의 10퍼센트를 초과하는 경우

해설 [주된 용도의 토지에 편입할 수 없는 토지(양입의 제한)]
① 종된 용도의 토지의 지목이 "대"인 경우
② 주된 용도의 토지면적의 10%를 초과하는 경우
③ 종된 용도의 토지면적이 330㎡를 초과하는 경우

19. 1필지로 정할 수 있는 기준 중 주된 용도의 토지에 편입하지 않고 다른 필지로 할 수 있는 토지면적의 기준으로 옳은 것은?

① 135㎡를 초과한 때　　② 220㎡를 초과한 때
③ 250㎡를 초과한 때　　④ 330㎡를 초과한 때

해설 종된 용도의 지목이 대인 경우에 해당하므로 1필지로 할 수 없다.

20. 과수원으로 이용되고 있는 1000㎡ 면적의 토지에 지목이 대(垈)인 30㎡ 면적의 토지가 포함되어 있을 경우 필지의 결정방법으로 옳은 것은? (단, 토지의 소유자는 동일하다.)

① 종된 용도의 토지 면적이 주된 용도의 토지면적의 10% 미만이므로 전체를 1필지로 한다.
② 종된 용도의 토지의 지목이 대(垈)이므로 1필지로 할 수 없다.
③ 지목이 대(垈)인 토지의 지가가 더 높으므로 전체를 1필지로 한다.
④ 1필지로 하거나 필지를 달리하여도 무방하다.

해설 종된 용도의 지목이 대인 경우에 해당하므로 1필지로 할 수 없다.
[주된 용도의 토지에 편입할 수 없는 토지(양입의 제한)]
① 종된 용도의 토지의 지목이 "대"인 경우
② 주된 용도의 토지면적의 10%를 초과하는 경우
③ 종된 용도의 토지면적이 330㎡를 초과하는 경우

CHAPTER 02 공간정보법 토지의 등록

1 토지의 조사·등록

① 토지의 등록이란 국가가 법률이 정하는 바에 따라 모든 필지를 필지마다 토지표시사항인 지번·지목·면적·경계 또는 좌표와 면적을 결정하여 지적공부에 등록하는 것이다.
② 국토교통부장관은 모든 토지에 대하여 필지별로 소재·지번·지목·면적·경계 또는 좌표 등을 조사·측량하여 지적공부에 등록하여야 한다.
③ 지적공부에 등록하는 지번·지목·면적·경계 또는 좌표는 토지의 이동이 있을 때 토지소유자(법인이 아닌 사단이나 재단은 그 대표자나 관리인)의 신청을 받아 지적소관청이 결정한다.
④ 토지의 이동에 따른 신청이 없을 경우 지적소관청이 직권으로 조사·측량하여 결정할 수 있다.

2 지상경계

(1) 의의
① 각 필지의 경계점들을 직선으로 연결하여 등록한 선
② 합병을 제외한 경우 외에는 반드시 지적측량에 의해 지적공부에 등록된 경우
③ 필지와 필지를 구분해주는 공적으로 인정된 선(지적공부에 1필지의 토지가 등록되었다면 그 토지에 대한 소유권의 범위가 확정)
④ 우리나라 : 도상경계(도면에 등록된 경계), 실제의 경계와 구분

(2) 경계에 관한 일반원칙
① **축척종대의 원칙** : 동일한 경계가 축척이 다른 도면에 각각 등록되어 있는 때에는 원칙적으로 축척이 많은 도면에 의함
  ㉠ 동일한 토지가 지적도와 임야도에 동시 등록된 경우 : 지적도
  ㉡ 지적도와 경계점좌표등록부에 동시 등록된 토지 : 경계점좌표등록부에 의해 경계 정함
② **경계불가분의 원칙** : 토지의 경계는 필지와 필지 사이에 하나밖에 없고 양 필지에 공통으로 작용

③ 경계직선의 원칙 : 실제 토지의 형상이 구불구불한 곡선의 형태일지라도 지적에서 경계는 각 경계점을 직선으로 연결하여 표시
④ 경계국정주의 원칙 : 경계의 결정은 오직 지적국정주의 이념에 의하여 국가기관만이 할 수 있음

(3) 경계의 설정기준

① 연접되는 토지 간에 높낮이 차이가 없는 경우 : 그 구조물 등의 중앙
② 연접되는 토지 간에 높낮이 차이가 있는 경우 : 그 구조물 등의 하단부
③ 도로·구거 등의 토지에 절토된 부분이 있는 경우 : 그 경사면의 상단부
④ 토지가 해면 또는 수면에 접하는 경우 : 최대만조위 또는 최대만수위가 되는 선
⑤ 공유수면매립지 중 제방 등을 편입하여 등록하는 경우 : 바깥쪽 어깨 부분

(4) 지상경계점등록부 등록사항

① 토지의 소재
② 지번
③ 경계점 좌표(경계점좌표등록부 시행지역에 한정)
④ 경계점위치 설명도
⑤ 경계점의 사진파일

3 지번의 부여

(1) 의의

필지에 대한 지리적 위치의 고정성과 개별성을 보장하기 위하여 동·리를 단위로 필지마다 아라비아숫자를 순차적으로 토지에 붙이는 번호

(2) 지번의 구성 및 표기방법

1) 지번의 구성

① 1,2,3,4 등의 형태로 표시되는 본번과 -1,-2,-3 등의 형태로 구성되는 부번
② 본번과 부번 사이에 '-'표시로 연결. '-'표시는 '의'라고 읽음

2) 지번의 표기방법

① 아라비아숫자로 표기
② 임야대장 임야도에 등록하는 토지의 지번은 숫자 앞에 '산'
* 임야에 '산'을 붙이는 것이 아니라 임야대장 및 임야도에 등록된 토지는 숫자 앞에 '산'

(3) 지번의 부여기준

1) 원칙
지적소관청이 부여/북서기번법(북서쪽 → 남동쪽에서 끝나도록 순차적으로 지번부여)

2) 신규등록 및 등록전환
① 원칙 : 그 지번부여지역에서 인접토지의 **본번에 부번을 붙여** 지번부여
② 예외 : 지번부여지역의 **최종 본번의 다음 순번부터 본번으로** 하여 순차적으로 지번부여

3) 분할
① 원칙 : 분할 후의 필지 중 1필지의 지번은 분할 전의 지번으로 하고 나머지 필지의 지번은 본번의 최종 부번 다음 순번으로 부번을 부여
② 예외 : 분할되는 필지에 주거 사무실 등의 건축물이 있는 필지에 대해서는 분할 전의 지번을 우선하여 부여(건물이 있는 토지는 지번이 바뀌지 않음)

4) 합병
① 원칙 : 합병대상 지번 중 선순위의 지번을 그 지번으로 하되 본번으로 된 지번이 있을 때에는 본번 중 선순위의 지번을 합병 후의 지번
② 예외 : 토지소유가가 합병 전 필지에 주거용 또는 사무실 등의 건축물이 있어 그 건축물등이 위치한 지번을 합병후의 지번으로 소유자가 신청하는 때에는 그 지번을 합병후의 지번으로 부여

5) 지적확정측량을 실시한 지역의 지번부여방법
① 원칙 : 도시개발사업이 완료됨에 따라 지적확정측량을 실시한 지역의 각 필지에 지번을 새로 부여하는 경우에는 다음의 지번을 제외한 본번으로 부여
② 예외 : 지적확정측량지역에서 부여할 수 있는 종전 지번의 수가 새로 부여할 지번의 수보다 적을 때에는 블록 단위로 하나의 본번을 부여한 후 필지별로 부번을 부여하거나, 그 지번부여지역의 최종 본번 다음 순번부터 본번으로 하여 차례로 지번을 부여할 수 있음

(4) 결번

1) 의의
지번부여지역인 리·동 단위로 순차적으로 연속하여 지번이 부여되어야 하나, 지번이 여러 가지 사유로 인하여 그 지번순서대로 지적공부에 등록되지 아니한 번호가 생기는 경우

2) 발생사유
① 행정구역의 변경으로 지번부여지역 내 일부가 다른 지번부여지역으로 편입된 경우
② 도시개발사업·경지정리 등으로 종전지번이 폐쇄 또는 말소된 경우

③ 지번변경으로 결번이 발생한 경우
④ 합병에 의거 지번이 말소된 경우
⑤ 등록전환에 의거 임야대장 등록지의 지번이 말소된 경우
⑥ 바다로 된 토지의 등록말소
⑦ 기타 착오로 인하여 결번이 발생한 경우

3) 결번대장

지적소관청은 지번에 결번이 생긴 때에는 지체없이 그 사유를 결번대장에 적어 영구히 보존

(5) 지번의 부여방법

① 지적소관청은 지적공부에 등록된 지번을 변경할 필요가 있다고 인정하면 시·도지사나 대도시 시장의 승인을 받아 지번부여지역의 전부 또는 일부에 대하여 지번을 새로 부여할 수 있다.
② 지번은 북서에서 남동으로 순차적으로 부여하되 종목별 부여방법은 아래와 같다.

4 지목의 종류와 설정방법

(1) 지목의 종류 및 표기

① 지목은 토지의 주된 용도에 따라 토지의 종류를 28종으로 구분하여 지적공부에 등록한다.
② 대장에는 지목의 명칭을 전부 표기하여야 하고 도면에는 부호로 표시한다.

연번	지목	부호	연번	지목	부호	연번	지목	부호	연번	지목	부호
1	전	전	8	대	대	15	철도용지	철	22	공원	공
2	답	답	9	공장용지	장	16	제방	제	23	체육용지	체
3	과수원	과	10	학교용지	학	17	하천	천	24	유원지	원
4	목장용지	목	11	주차장	차	18	구거	구	25	종교용지	종
5	임야	임	12	주유소용지	주	19	유지	유	26	사적지	사
6	광천지	광	13	창고용지	창	20	양어장	양	27	묘지	묘
7	염전	염	14	도로	도	21	수도용지	수	28	잡종지	잡

※ 주차장(차), 공장용지(장), 하천(천), 유원지(원)는 두 번째 글자를 부호로 표시

(2) 지목의 설정 원칙

① 1필1목의 원칙 : 하나의 필지에 하나의 지목만을 설정
② 주지목추종의 원칙 : 1필지의 토지가 여러 용도로 사용되거나 주된 사용목적과 종속관계에 있을 때에는 주된 사용목적에 따라 지목을 설정

③ **영속성의 원칙(일시변경불가의 원칙)** : 지목은 영속적인 사용목적에 의하여 설정, 임시적이고 일시적인 다른 용도에 사용되는 경우에는 지목을 변경하여서는 안됨
④ **사용목적추종의 원칙** : 도시개발사업, 택지개발사업, 산업단지조성사업 등의 개발지역에서는 당해 공사 준공 시 미리 그 사용목적에 따라 지목을 설정

(3) 지목의 구분

지목의 종류	내용
전	물을 상시적으로 이용하지 않고 곡물·원예작물(과수류제외)·약초·뽕나무·닥나무·묘목·관상수 등의 식물을 주로 재배하는 토지와 식용으로 죽순을 재배하는 토지
답	물을 상시적으로 직접 이용하여 벼·연·미나리·왕골 등의 식물을 주로 재배하는 토지
과수원	사과·배·밤·호두·귤나무 등 과수류를 집단적으로 재배하는 토지와 이에 접속된 저장고 등 부속시설물의 부지(과수원 내 주거용 건축물부지 : 대)
목장용지	1) 축산업 및 낙농업을 하기 위하여 초지를 조성한 토지 2) 축산법에 따른 가축을 사육하는 축사 등의 부지와 이에 접속된 부속시설물의 부지
임야	산림 및 원야를 이루고 있는 수림지·죽림지·암석지·자갈땅·모래땅·습지·황무지 등의 토지
광천지	지하에서 온수·약수·석유류 등이 용출되는 용출구와 그 유지에 사용되는 부지. 다만 온수·약수·석유류 등을 일정한 장소로 운송하는 송수관·송유관 및 저장시설의 부지는 제외
염전	바닷물을 끌어들여 소금을 채취하기 위하여 조성된 토지와 이에 접속된 제염장 등 부속시설물의 부지. 다만 천일제염방식으로 하지 않고 동력으로 바닷물을 끌어들여 소금을 제조하는 공장시설물의 부지는 제외
대	영구적 건축물 중 주거·사무실·점포와 박물관·극장·미술관 등 문화시설과 이에 접속된 정원 및 부속시설물의 부지
공장용지	1) 제조업을 하고 있는 공장시설의 부지 2) 산업집적활성화 및 공장설립에 관한 법률 등 관계법령에 따른 공장부지 조성공사가 준공된 토지 3) 공장 내의 의료시설 등의 부속시설물의 부지
학교용지	학교의 교사와 이에 접속된 체육장 등 부속시설물의 부지
주차장	1) 자동차 등의 주차에 필요한 독립적인 시설물을 갖춘 부지 2) 주차전용건축물 및 이에 접속된 부속시설물의 부지
주유소용지	1) 석유·석유제품 또는 액화석유가스 등의 판매를 위하여 일정한 설비를 갖춘 시설물의 부지 2) 저유소 및 원유저장소의 부지와 이에 접속된 부속시설물의 부지
창고용지	물건 등을 보관하거나 저장하기 위하여 독립적으로 설치된 보관시설물의 부지와 이에 접속된 부속시설물의 부지
도로	1) 일반 공중의 교통 운수를 위하여 보행이나 차량운행에 필요한 일정한 설비 또는 형태를 갖추어 이용되는 토지 2) 도로법 등 관계법령에 의하여 도로로 개설된 토지, 고속도로안의 휴게소부지, 2필지 이상에 진입하는 통로로 이용되는 토지
철도용지	교통운수를 위하여 일정한 궤도 등의 설비와 형태를 갖추어 이용되는 토지와 이에 접속된 역사·차고·발전시설 및 공작창 등 부속시설물의 부지

지목의 종류	내용
제방	조수·자연유수·모래·바람 등을 막기 위하여 설치된 방조제·방수제·방사제·방파제 등의 부지
하천	자연의 유수가 있거나 있을 것으로 예상되는 토지
구거	용수 또는 배수를 위하여 일정한 형태를 갖춘 인공적인 수로, 둑 및 그 부속시설물의 부지와 자연의 유수가 있거나 있을 것으로 예상되는 소규모 수로부지
유지	물이 고이거나 상시적으로 물을 저장하고 있는 댐·저수지·소류지·호수·연못 등의 토지와 연·왕골 등이 자생하는 배수가 잘 되지 아니하는 토지
양어장	육상에 인공으로 조성된 수산생물의 번식 또는 양식을 위한 시설을 갖춘 부지와 이에 접속된 부속시설물의 부지
수도용지	물을 정수하여 공급하기 위한 취수·저수·도수·정수·송수 및 배수시설의 부지 및 이에 접속된 부속시설물의 부지
공원	일반 공중의 보건휴양 및 정서생활에 이용하기 위한 시설을 갖춘 토지로서 국토의 계획 및 이용에 관한 법률에 따라 공원 또는 녹지로 결정·고시된 토지
체육용지	국민의 건강증진 등을 위한 체육활동에 적합한 시설과 형태를 갖춘 종합운동장 실내체육관·야구장·골프장·스키장·승마장·경륜장 등 체육시설의 토지와 이에 접속된 부속시설물의 부지. 다만 체육시설로서의 영속성과 독립성이 미흡한 정구장·골프연습장·실내수영장 및 체육도장·유수를 이용한 요트장 및 카누장, 산림 안의 야영장 등의 토지는 제외
유원지	일반공중의 위락·휴양 등에 적합한 시설물을 종합적으로 갖춘 수영장·유선장·낚시터·어린이놀이터·동물원·식물원·민속촌·경마장 등의 토지와 이에 접속된 부속시설물의 부지
종교용지	일반 공중의 종교의식을 위하여 예배·법요·설교·제사 등을 하기 위한 교회·사찰·향교 등의 부지와 이에 접속된 부속시설물의 부지
사적지	문화재로 지정된 역사적인 유물 고적 기념물 등을 보존할 목적으로 구획된 토지
묘지	1) 사람의 신체나 유골이 매장된 토지 2) 도시공원 및 녹지 등에 관한 법률에 따른 묘지공원으로 결정·고시된 토지 3) 장사 등에 관한 법률의 규정에 의한 봉안시설과 이에 접속된 부속시설물의 부지
잡종지	1) 갈대밭, 실외에 물건을 쌓아두는 곳, 돌을 캐내는 곳, 흙을 파내는 곳, 야외시장, 비행장, 공동우물 2) 영구적 건축물 중 변전소, 송신소, 수신소, 송유시설, 도축장, 자동차운전학원, 쓰레기 및 오물처리장 등의 부지 3) 다른 지목에 속하지 아니하는 토지

(4) 지목의 표기방법

① 토지대장, 임야대장에는 한글로 정식명칭과 전산입력을 위한 코드번호 등록
② 지적도 임야도에는 지목은 머리글자를 딴 부호로 표시. 다만 하천 → 천, 유원지 → 원, 공장용지 → 장, 주차장 → 차로 표기(2음절로 표기)
③ 공유지연명부, 대지권등록부, 경계점좌표등록부에는 지목을 등록하지 아니함

5 면적

(1) 의의 : 지적공부에 등록한 필지의 수평면상의 넓이

(2) 면적의 단위 : 종래에는 척관법이었으나 미터법, 미터로 환산하는 경우 1평은 약 3.3058㎡

(3) 면적의 결정방법

1) 등록자리수

   토지대장이나 임야대장에 등록하는 면적은 ㎡를 단위로 하여 자연수만을 등록
   단, 축척이 1/600인 지역과 경계점좌표등록부를 시행하는 지역의 면적은 ㎡ 이하 한 자리까지 구하여 등록

2) 면적결정방법

분	축척	등록단위	단수 처리
지적도	1/500 1/600 (분모가 100단위)	0.1㎡	① 0.05㎡초과(<) : 올린다 ② 0.05㎡미만(>) : 버린다 ③ 0.05㎡인 경우(=): • 홀수-올린다 　　　　　　　　　　• 짝수, 0-버린다
	1/1,000 1/1,200 1/2,400 1/3,000 1/6,000	1㎡	① 0.5㎡초과(<) : 올린다 ② 0.5㎡미만(>) : 버린다 ③ 0.5㎡인 경우(=): • 홀수-올린다 　　　　　　　　　　• 짝수, 0-버린다
임야도	1/3,000 1/6,000 (분모가 1,000단위)		

(4) 토지이동에 따른 면적결정방법

① 신규등록, 등록전환, 분할, 경계정정, 축척변경에 의한 면적결정 : 새로이 지적측량
② 합병으로 인한 면적결정 : 별도의 측량을 하지 않고, 합병전의 각필지 면적을 합산
③ 면적오차배분
　㉠ 등록전환에 의한 면적오차 : 임야대장의 면적과 등록전환될 면적의 차이가 허용범위 이내일 경우 등록전환될 면적을 등록전환면적으로 결정하며 허용범위를 초과하는 경우에는 임야대장 임야도의 면적 경계를 지적소관청이 직권으로 결정
　㉡ 분할에 따른 토지면적결정 : 분할 전후의 면적차이가 허용범위 이내인 경우 그 오차를 분할 후의 각필지의 면적에 따라 나누고, 허용범위를 초과하는 경우에는 지적공부상의 면적 또는 경계를 정정

(5) 면적측정의 대상

① 지적공부를 복구하는 경우
② 신규등록, 등록전환, 축척변경
③ 토지를 분할하는 경우
④ 도시개발사업 등으로 새로이 경계 면적을 확정하는 경우(지적확정측량지역)
⑤ 경계복원측량 및 지적현황측량 등에 의한 면적측량을 필요로 하는 경우

(6) 측량계산의 단수처리

① 5를 초과하는 경우 올리고, 5 미만인 경우 버림
② 5인 경우 구하고자 하는 끝자리의 숫자가 0 또는 짝수인 때에는 버리고, 홀수인 때는 올림

(7) 축척과 거리 및 면적과의 관계

$$\text{축척 } M = \frac{\text{도상거리}}{\text{실제거리}} = \sqrt{\frac{\text{도상면적}}{\text{실제면적}}}$$

CHAPTER 02 공간정보법 토지의 등록

01. 지적공부에 등록하는 경계(境界)의 결정권자는 누구인가?

① 행정안전부장관 ② 국토교통부장관
③ 지적소관청 ④ 시·도지사

해설 [공간정보의 구축 및 관리 등에 관한 법률 제64조(토지의 조사·등록 등)]
① 국토교통부장관은 모든 토지에 대하여 필지별로 소재·지번·지목·면적·경계 또는 좌표 등을 조사·측량하여 지적공부에 등록하여야 한다.
② 지적공부에 등록하는 지번·지목·면적·경계 또는 좌표는 토지의 이동이 있을 때 토지소유자의 신청을 받아 지적소관청이 결정한다. 다만, 신청이 없으면 지적소관청이 직권으로 조사·측량하여 결정할 수 있다.
③ 제2항 단서에 따른 조사·측량의 절차 등에 필요한 사항은 국토교통부령으로 정한다.

02. 지상경계를 새로이 결정하고자 하는 경우, 그 기준으로 옳지 않은 것은?

① 연접되는 토지 간에 높낮이 차이가 없는 경우에는 그 구조물 등의 중앙
② 도로·구거 등의 토지에 절토된 부분이 있는 경우에는 그 경사면의 상단부
③ 토지가 해면 또는 수면에 접하는 경우에는 최대만조위 또는 최대만수위가 되는 선
④ 공유수면매립지의 토지 중 제방 등을 토지에 편입하여 등록하는 경우에는 안쪽 어깨부분

해설 [공간정보의 구축 및 관리 등에 관한 법률 시행령 제55조(지상경계의 결정 등)]
① 지상경계를 새로 결정하는 경우
 - 연접되는 토지 간에 높낮이 차이가 없는 경우 : 그 구조물 등의 중앙
 - 연접되는 토지 간에 높낮이 차이가 있는 경우: 그 구조물 등의 하단부
 - 도로·구거 등의 토지에 절토(切土)된 부분이 있는 경우: 그 경사면의 상단부
 - 토지가 해면 또는 수면에 접하는 경우: 최대만조위 또는 최대만수위가 되는 선
 - 공유수면매립지의 토지 중 제방 등을 토지에 편입하여 등록하는 경우: 바깥쪽 어깨부분
② 지상 경계의 구획을 형성하는 구조물 등의 소유자가 다른 경우에는 그 소유권에 따라 지상 경계를 결정

03. 분할에 따른 지상 경계가 지상건축물에 걸리게 결정할 수 있는 경우가 아닌 것은?

① 법원의 확정판결이 있는 경우
② 관계법령에 따라 인·허가 등을 받아 토지를 분할하려는 경우
③ 도시개발사업 등의 사업시행자가 사업지구의 경계를 결정하기 위하여 토지를 분할하려는 경우
④ 국토의 계획 및 이용에 관한 법률에 따른 도시·군관리계획 결정고시와 지형도면 고시가 된 지역의 도시·군관리계획선에 따라 토지를 분할하려는 경우

해설 [공간정보의 구축 및 관리 등에 관한 법률 시행령 제55조(지상경계의 결정기준 등)]
분할에 따른 지상 경계는 지상건축물을 걸리게 결정해서는 안되지만 다음 각 호의 어느 하나에 해당하는 경우에는 그러하지 아니하다.
1. 법원의 확정판결이 있는 경우
2. 법 제87조제1호에 해당하는 토지를 분할하는 경우(공공사업 등에 따라 학교용지 등으로 되는 토지)
3. 제3항제1호 또는 제3호에 따라 토지를 분할하는 경우(도시개발사업 등의 사업시행자가 사업지구의 경계를 결정하기 위한 토지)

정답 01. ③ 02. ④ 03. ②

04. 다음 설명 중 틀린 것은?

① 국토교통부장관은 모든 토지에 대하여 필지별로 소재·지번·지목·면적·경계 또는 좌표 등을 조사·측량하여 지적공부에 등록하여야 한다.
② 지적공부에 등록하는 지번·지목·면적·경계 또는 좌표는 토지의 이동이 있을 때 토지소유자(법인이 아닌 사단이나 재단의 경우에는 그 대표자나 관리인)의 신청을 받아 지적소관청이 결정한다.
③ 토지의 소재와 지번은 토지대장과 임야대장에 공통적으로 등록되는 사항이다.
④ 지적소관청은 지적공부에 등록된 지번을 변경할 필요가 있다고 인정하면 국토교통부장관의 승인을 받아 지번부여지역의 전부 또는 일부에 대하여 지번을 새로 부여할 수 있다.

해설 [공간정보의 구축 및 관리 등에 관한 법률 제66조(지번의 부여 등)]
① 지번은 지적소관청이 지번부여지역별로 차례대로 부여한다.
② 지적소관청은 지적공부에 등록된 지번을 변경할 필요가 있다고 인정하면 시·도지사나 대도시 시장의 승인을 받아 지번부여지역의 전부 또는 일부에 대하여 지번을 새로 부여할 수 있다.
③ 제1항과 제2항에 따른 지번의 부여방법 및 부여절차 등에 필요한 사항은 대통령령으로 정한다.

05. 지번의 구성 및 부여방법에 대한 설명이 옳은 것은?

① 합병의 경우에는 합병 대상 지번 중 가장 후순위의 지번을 그 지번으로 부여한다.
② 임야도에 등록하는 토지의 지번은 숫자 앞에 '임'자를 붙인다.
③ 지번은 본번과 부번으로 구성하되, 본번과 부번 사이는 '-'표시로 연결한다.
④ 지번은 북동에서 남서로 순차적으로 부여한다.

해설 [지번부여의 기준]
① 지번은 지적소관청이 지번부여지역별로 차례대로 부여
② 지번은 북서에서 남동으로 순차적으로 부여
③ 분할 후의 필지 중 1필지의 지번은 분할 전의 지번으로 하고, 나머지 필지의 지번은 본번의 최종부번 다음 순번으로 부번을 부여
④ 합병 대상 지번 중 선순위의 지번을 그 지번으로 하되, 본번으로 된 지번이 있을 때에는 본번 중 선순위의 지번을 합병 후의 지번으로 함
⑤ 신규등록·등록전환의 경우 지번부여지역에서 인접토지의 본번에 부번을 붙여서 지번 부여

06. 지적소관청이 지적공부에 등록된 지번을 변경할 필요가 있다고 인정하여 지번을 새로 부여하는 경우 누구의 승인을 받아야 하는가?

① 대통령
② 행정안전부장관
③ 시·도지사
④ 한국국토정보공사장

해설 [공간정보의 구축 및 관리 등에 관한 법률 제66조(지번의 부여 등)]
① 지번은 지적소관청이 지번부여지역별로 차례대로 부여한다.
② 지적소관청은 지적공부에 등록된 지번을 변경할 필요가 있다고 인정하면 시·도지사나 대도시 시장의 승인을 받아 지번부여지역의 전부 또는 일부에 대하여 지번을 새로 부여할 수 있다.
③ 제1항과 제2항에 따른 지번의 부여방법 및 부여절차 등에 필요한 사항은 대통령령으로 정한다.

07. 도시개발사업 등이 완료됨에 따라 지적확정측량을 실시한 지역의 각 필지에 지번을 새로 부여하는 방법과 다르게 지번을 부여하는 경우는?

① 토지를 합병할 때
② 지번부여지역의 지번을 변경할 때
③ 행정구역 개편에 따라 새로 지번을 부여할 때
④ 축척변경 시행지역의 필지에 지번을 부여할 때

해설 [공간정보의 구축 및 관리 등에 관한 법률 시행령 제56조(지목의 구성 및 부여방법 등)]
1. 분할의 경우에는 분할 후의 필지 중 1필지의 지번은 분할 전의 지번으로 하고, 나머지 필지의 지번은 본번의 최종부번 다음 순번으로 부번을 부여할 것.
2. 합병의 경우에는 합병 대상 지번 중 선순위의 지번을 그 지번으로 하되, 본번으로 된 지번이 있을 때에는 본번 중 선순위의 지번을 합병 후의 지번으로 할 것.

정답 04. ④   05. ③   06. ③   07. ①

3. 지적확정측량을 실시한 지역의 각 필지에 지번을 새로 부여하는 경우에는 다음 각 목의 지번을 제외한 본번으로 부여할 것
   가. 지번부여지역의 지번을 변경할 때
   나. 행정구역 개편에 따라 새로 지번을 부여할 때
   다. 축척변경 시행지역의 필지에 지번을 부여할 때

08. 지번이 46-1, 48, 49-1, 61인 토지를 합병하는 경우, 합병 후의 지번으로 옳은 것은?(단, 필지에 건축물이 위치한 경우는 고려하지 않는다.)

① 46-1 ② 48
③ 49-1 ④ 61

해설 ① 합병이 이루어진 경우 합병대상 지번 중 선순위의 지번을 그 지번으로 함
② 본번으로 된 지번이 있을 때는 본번 중 선순위의 지번을 합병 후의 지번으로 함

09. 다음 중 지번을 순차적으로 부여하여야 하는 방향 기준으로 옳은 것은?

① 북동 → 남서 ② 북서 → 남동
③ 남동 → 북서 ④ 남서 → 북동

해설 [지번부여의 기준]
① 지번은 지적소관청이 지번부여지역별로 차례대로 부여
② 지번은 북서에서 남동으로 순차적으로 부여

10. 지번 "275-3"을 지적 관련 법규의 내용에 맞게 읽은 것은?

① 275의 3 ② 275에 3번지
③ 275 다시 ④ 275번지 3호

해설 [지번의 구성]
① 지번은 아라비아 숫자로 표시하되 임야대장 및 임야도에 등록하는 토지의 지번은 숫자 앞에 "산"자를 붙인다.
② 지번은 본번과 부번으로 구성하되, 본번과 부번 사이에 "-"표시로 연결한다. 이 경우 "-"표시는 "의"라고 읽는다.

11. 토지의 지번이 결번되는 사유에 해당되지 않는 것은?

① 토지의 분할 ② 지번의 변경
③ 행정구역의 변경 ④ 도시개발사업의 시행

해설 [공간정보의 구축 및 관리 등에 관한 법률 시행규칙 제63조(결번대장의 비치)]
토지의 지번이 결번되는 사유에는 행정구역의 변경, 도시개발사업의 시행, 지번변경, 축척변경, 지번정정 등이 있다.

결번이 발생하는 경우	결번이 발생하지 않는 경우
지번변경, 행정구역변경, 도시개발사업, 축척변경, 지번정정, 등록전환 및 합병, 해면성 말소	신규등록, 분할, 지목변경

12. 도시개발사업 등이 준공되기 전에 사업시행자가 지번부여신청을 할 경우 지적소관청은 무엇을 기준으로 지번을 부여하여야 하는가?

① 측량준비도 ② 지번별 조서
③ 사업계획도 ④ 확정측량 결과도

해설 [공간정보의 구축 및 관리 등에 관한 법률 시행규칙 제61조(도시개발사업 등 준공 전 지번 부여)]
지적소관청은 도시개발사업 등이 준공되기 전에 지번을 부여하는 때에는 사업계획도에 따르되, 도시개발사업 등이 완료됨에 따라 지적확정측량을 실시한 지역 안의 각 필지에 지번을 새로이 부여하여야 한다.

13. 행정구역의 변경, 도시개발사업의 시행, 지번변경, 축척변경, 지번정정 등의 사유로 지번에 결번이 생긴 때의 지적소관청의 결번 처리 방법으로 옳은 것은?

① 결번된 지번은 새로이 토지이동이 발생하면 지번을 부여한다.
② 지체 없이 그 사유를 결번대장에 적어 영구히 보존한다.
③ 결번된 지번은 토지대장에서 말소하고 토지대장을 폐기한다.
④ 행정구역의 변경으로 결번된 지번은 새로이 지번을 부여할 경우에 지번을 부여한다.

정답 08. ② 09. ② 10. ① 11. ① 12. ③ 13. ②

해설 [공간정보의 구축 및 관리 등에 관한 법률 시행규칙 제63조 (결번대장의 비치)]
지적소관청은 행정구역의 변경, 도시개발사업의 시행, 지번변경, 축척변경, 지번정정 등의 사유로 지번에 결번이 생긴 때에는 지체 없이 그 사유를 결번대장에 적어 영구히 보존하여야 한다.

14. 현행 우리나라의 지목은 총 몇 개의 종류로 구분하여 정하는가?

① 24개 ② 26개
③ 28개 ④ 30개

해설 [지목의 종류(총 28개)]
전, 답, 과수원, 목장용지, 임야, 광천지, 염전, 대, 공장용지, 학교용지, 주차장, 주유소용지, 창고용지, 도로, 철도용지, 제방, 하천, 구거, 유지, 양어장, 수도용지, 공원, 체육용지, 유원지, 종교용지, 사적지, 묘지, 잡종지

15. 지목의 결정에 대한 설명으로 옳지 않은 것은?

① 지목의 결정 자체는 행정 처분이다.
② 지목의 결정은 지적소관청에서 한다.
③ 지목은 토지의 주된 용도에 따라 결정한다.
④ 지목은 토지 소유자의 신청이 있어야만 결정한다.

해설 지적공부에 등록하는 지번·지목·면적·경계 또는 좌표는 토지의 이동이 있을 때 토지소유자의 신청을 받아 지적소관청이 결정한다.
신청이 없는 경우 지적소관청이 직권으로 조사·측량하여 결정할 수 있다.

16. 다음 중 지목에 관한 해설을 바르게 한 것은?

① 온천수의 송수관 부지는 광천지로 한다.
② 밤나무를 집단적으로 재배하는 토지는 과수원으로 한다.
③ 원상회복을 조건으로 토취장을 허가한 토지는 잡종지로 한다.
④ 국토의 계획 및 이용에 관한 법률에 따라 결정·고시된 녹지는 임야로 한다.

해설 ① 온천수의 송수관 부지는 광천지로 보지 않는다.
③ 원상회복을 조건으로 토취장을 허가한 토지는 잡종지로 보지 않는다.
④ 국토의 계획 및 이용에 관한 법률에 따라 결정·고시된 녹지는 공원이다.

17. 공간정보의 구축 및 관리 등에 관한 법률에 따른 지목의 종류가 아닌 것은?

① 양어장 ② 철도용지
③ 수도선로 ④ 창고용지

해설 [토지조사사업 당시의 지목(총 18개)]
전, 답, 대, 지소, 임야, 잡종지, 사지, 분묘지, 공원지, 철도용지, 수도용지, 도로, 하천, 구거, 제방, 성첩, 철도선로, 수도선로
[현행 법률에 따른 지목의 종류(총 28개)]
전, 답, 과수원, 목장용지, 임야, 광천지, 염전, 대, 공장용지, 학교용지, 주차장, 주유소용지, 창고용지, 도로, 철도용지, 제방, 하천, 구거, 유지, 양어장, 수도용지, 공원, 체육용지, 유원지, 종교용지, 사적지, 묘지, 잡종지

18. 토지의 지목을 구분하는 경우 "임야"에 대한 설명 중 (   ) 안에 해당하지 않는 것은?

> 산림 및 원야(原野)를 이루고 있는 (   ) 등의 토지

① 수림지(樹林地) ② 죽림지
③ 간석지 ④ 모래땅

해설 [공간정보의 구축 및 관리 등에 관한 법률 시행령 제58조(지목의 구분)]
① 임야 : 산림 및 원야(原野)를 이루고 있는 수림지(樹林地)·죽림지·암석지·자갈땅·모래땅·습지·황무지 등의 토지
② 간석지는 지적공부에 등록되지 않으므로 지목을 설정할 수 없다.

정답 14. ③ 15. ④ 16. ② 17. ③ 18. ③

19. 다음 중 지목의 구분이 옳지 않은 것은?

① 고속도로의 휴게소 부지는 '도로'로 한다.
② 국토의 계획 및 이용에 관한 법률 등 관계 법령에 따른 택지조성공사가 준공된 토지는 '대'로 한다.
③ 온수·약수·석유류를 일정한 장소로 운송하는 송수관·송유관 및 지정시설의 부지는 '광천지'로 한다.
④ 제조업을 하고 있는 공장시설물의 부지는 '공장용지'로 한다.

해설 [공간정보의 구축 및 관리 등에 관한 법률 시행령 제58조(지목의 구분)]
[광천지]
① 지하에서 온수·약수·석유류 등이 용출되는 용출구(湧出口)와 그 유지(維持)에 사용되는 부지.
② 다만, 온수·약수·석유류 등을 일정한 장소로 운송하는 송수관·송유관 및 저장시설의 부지는 제외한다.

20. 다음 중 지목을 체육용지로 할 수 없는 것은?

① 야구장　　② 스키장
③ 실내체육관　④ 실내수영장

해설 [공간정보의 구축 및 관리 등에 관한 법률 시행령 제58조(지목의 구분)]
체육용지 : 국민의 건강증진 등을 위한 체육활동에 적합한 시설과 형태를 갖춘 종합운동장·실내체육관·야구장·골프장·스키장·승마장·경륜장 등 체육시설의 토지와 이에 접속된 부속시설물의 부지. 다만, 체육시설로서의 영속성과 독립성이 미흡한 정구장·골프연습장·실내수영장 및 체육도장, 유수(流水)를 이용한 요트장 및 카누장, 산림 안의 야영장 등의 토지는 제외한다.

21. 다음 중 지목을 "도로"로 볼 수 없는 것은?

① 고속도로의 휴게소 부지
② 2필지 이상에 진입하는 통로로 이동되는 토지
③ 도로법 등 관계법령에 의하여 도로를 개설된 토지
④ 아파트, 공장 등 단일 용도의 일정한 단지 안에 설치된 통로

해설 [도로]
① 일반공중의 교통운수를 위하여 보행이나 차량운행에 필요한 일정한 설비 또는 형태를 갖추어 이용되는 토지
② 〈도로법〉 등 관계법령에 따라 도로로 개설된 토지
③ 고속도로의 휴게소 부지
④ 2필지 이상에 진입하는 통로로 이용되는 토지
⑤ 다만, 아파트, 공장 등 단일 용도의 일정한 단지 안에 설치된 통로 등은 제외

22. 지목의 설정이 바르게 연결된 것은?

① 염전 : 동력에 의한 제조공장시설의 부지
② 도로 : 1필지 이상에 진입하는 통로로 이용되는 토지
③ 공원 : 도시공원 및 녹지 등에 관한 법률에 따라 묘지공원으로 결정·고시된 토지
④ 유지(溜池) : 연·왕골 등이 자생하는 배수가 잘 되지 아니하는 토지

해설 [공간정보의 구축 및 관리 등에 관한 법률 시행령 제58조(지목의 구분)]
① 염전 : 바닷물을 끌어들여 소금을 채취하기 위하여 조성된 토지와 이에 접속된 제염장(製鹽場) 등 부속시설물의 부지. 다만, 천일제염 방식으로 하지 아니하고 동력으로 바닷물을 끌어들여 소금을 제조하는 공장시설물의 부지는 제외한다.
② 도로 : 아파트·공장 등 단일 용도의 일정한 단지 안에 설치된 통로 등은 제외한다.
③ 공원 : 일반 공중의 보건·휴양 및 정서생활에 이용하기 위한 시설을 갖춘 토지로서「국토의 계획 및 이용에 관한 법률」에 따라 공원 또는 녹지로 결정·고시된 토지
④ 유지(溜池) : 물이 고이거나 상시적으로 물을 저장하고 있는 댐·저수지·소류지(沼溜地)·호수·연못 등의 토지와 연·왕골 등이 자생하는 배수가 잘 되지 아니하는 토지

23. 다음 중 지목을 잡종지로 하여야 하는 것으로만 나열된 것은?

① 공동우물, 수영장　② 비행장, 야외시장
③ 정수시설, 토취장　④ 화장장, 골프장

해설 [공간정보의 구축 및 관리 등에 관한 법률 시행령 제58조(지목의 구분) 잡종지]
다음 각 목의 토지. 다만, 원상회복을 조건으로 돌을 캐내는 곳 또는 흙을 파내는 곳으로 허가된 토지는 제외한다.

가. 갈대밭, 실외에 물건을 쌓아두는 곳, 돌을 캐내는 곳, 흙을 파내는 곳, 야외시장, 비행장, 공동우물
나. 영구적 건축물 중 변전소, 송신소, 수신소, 송유시설, 도축장, 자동차운전학원, 쓰레기 및 오물처리장 등의 부지
다. 다른 지목에 속하지 않는 토지

24. 지목을 지적도면에 등록하는 때 표기하는 지목 부호가 옳지 않은 것은?

① 주차장 → 차   ② 공장용지 → 장
③ 유원지 → 원   ④ 주유소용지 → 유

해설 [지목의 부호표기 중에 차문자표기]
주차장(차), 공장용지(장), 하천(천), 유원지(원)

25. 지목을 부호로 표기하는 지적공부로만 짝지어진 것은?

① 지적도, 임야도   ② 임야대장, 지적도
③ 토지대장, 임야대장   ④ 지적도, 경계점좌표등록부

해설 지목을 부호로 표기하는 지적공부는 지적도, 임야도이다.

26. 지적도 및 임야도에 등록하는 지목의 부호가 모두 옳은 것은?

① 하천-하, 제방-방, 구거-구, 공원-공
② 하천-하, 제방-제, 구거-구, 공원-원
③ 하천-천, 제방-제, 구거-구, 공원-원
④ 하천-천, 제방-제, 구거-구, 공원-공

해설 지목을 지적도에 등록할 경우 하나의 문자로 압축하여 표기하도록 하며, 일반적으로 맨 앞의 문자(두문자, 24)와 두 번째 문자(차문자, 4)로 표기하며 두 번째 문자로 표기되는 지목은 주차장(차), 공장용지(장), 하천(천), 유원지(원) 등이 있다.

27. 지적도에 기재하는 지목부호 "유"와 "장"은 어떤 지목인가?

① 유원지와 목장용지   ② 유원지와 공장용지
③ 유지와 공장용지   ④ 유지와 목장용지

해설 유지의 경우 "유", 공장용지의 경우 "장"으로 표기한다.
[지목의 부호표기 중에 차문자표기]
주차장(차), 공장용지(장), 하천(천), 유원지(원)

28. 지적 관련 법령에 따른 지목설정의 원칙이 아닌 것은?

① 임시적 변경 불변의 원칙
② 1필1지목의 원칙
③ 주지목추종의 원칙
④ 자연지목의 원칙

해설 [지목의 설정 원칙]
① 일필일지목의 원칙 : 일필지의 토지에는 1개의 지목만을 설정
② 주지목추종의 원칙 : 주된 토지의 사용목적 또는 용도에 따라 지목 설정
③ 등록선후의 원칙 : 지목이 서로 중복될 경우 먼저 등록된 토지의 사용목적, 용도에 따라 지목 설정
④ 용도경중의 원칙 : 지목이 중복될 경우 중요한 토지의 사용목적, 용도에 따라 지목 설정
⑤ 일시변경불변의 원칙 : 임시적이고 일시적인 용도의 변경이 있는 경우 등록전환을 하거나 지목변경 불가
⑥ 사용목적추종의 원칙 : 도시계획사업 등의 완료로 인해 조성된 토지는 사용목적에 따라 지목 설정

29. 다음 중 면적의 최소 등록단위가 다른 하나는? (단, 경계점좌표등록부에 등록하는 지역의 경우는 고려하지 않는다.)

① 1/600   ② 1/1,000
③ 1/2,400   ④ 1/6,000

해설 대축척일수록 면적의 최소등록단위가 작아지며 1:600 축척인 경우 면적은 최소 0.1㎡로, 나머지 축척은 1㎡로 등록한다.

30. 다음 중 지적도의 축척이 1,200분의 1이고 토지의 면적이 제곱미터 미만의 끝수가 있는 경우 면적 결정 방법으로 옳지 않은 것은?

① 제곱미터 미만의 끝수가 0.5제곱미터 미만인 때에는 버린다.
② 제곱미터 미만의 끝수가 0.5제곱미터를 초과하는 때에는 올린다.
③ 1필지의 면적이 1제곱미터 미만인 때에는 1제곱미터로 한다.
④ 제곱미터 미만의 끝수가 0.5제곱미터인 때에는 구하고자 하는 끝자리의 숫자가 홀수이면 버리고 0 또는 짝수이면 올린다.

해설 [공간정보의 구축 및 관리 등에 관한 법률 시행령 제60조(면적의 결정 및 측량계산의 끝수처리)]
① 지적도의 축척이 600분의 1인 지역과 경계점좌표등록부에 등록하는 지역의 토지 면적은 제곱미터 이하 한 자리 단위로 함
② 0.1제곱미터 미만의 끝수가 있는 경우 0.05제곱미터 미만일 때에는 버리고 0.05제곱미터를 초과할 때에는 올림
③ 0.05제곱미터일 때에는 구하려는 끝자리의 숫자가 0 또는 짝수이면 버리고 홀수이면 올림
④ 1필지의 면적이 0.1제곱미터 미만일 때에는 0.1제곱미터로 함

31. 지적도의 축척이 1/600인 지역에서 지적도에 등록할 1필지의 면적을 측정한 값이 0.45㎡일 때, 토지대장에 등록할 면적은?

① 0.4㎡ ② 0.5㎡
③ 0.6㎡ ④ 1㎡

해설 [공간정보의 구축 및 관리 등에 관한 법률 시행령 제60조(면적의 결정 및 측량계산의 끝수처리)]
0.1제곱미터 미만의 끝수가 있는 경우로 0.05제곱미터이며 끝자리의 숫자가 짝수 4이므로 버려서 0.4㎡로 결정한다.

32. 경계점좌표등록부 시행지역의 토지 면적을 측정한 결과가 330.550㎡이었을 때 면적의 결정으로 옳은 것은?

① 330㎡ ② 330.5㎡
③ 330.6㎡ ④ 331㎡

해설 [공간정보의 구축 및 관리 등에 관한 법률 시행령 제60조(면적의 결정 및 측량계산의 끝수처리)]
0.1제곱미터 미만의 끝수가 있는 경우로 0.05제곱미터이며 끝자리의 숫자가 홀수 5이므로 올려서 330.6㎡로 결정한다.

정답 30. ④ 31. ① 32. ③

CHAPTER 03 공간정보법 지적공부

1 지적공부의 보존 등

(1) 지적공부 반출
① 지적소관청이 지적공부를 그 시·군·구의 청사 밖으로 반출하려는 경우에는 시·도지사 또는 대도시 시장의 승인을 받아야 한다.
② 해당 청사 밖으로 지적공부를 반출할 수 없는 경우
 - 천재지변이나 그밖에 이에 준하는 재난을 피하기 위하여 필요한 경우
 - 관할 시·도지사 또는 대도시 시장의 승인을 받은 경우

(2) 지적서고의 구조
① 골조는 철근콘크리트 이상의 강질로 할 것
② 바닥과 벽은 2중으로 하고 영구적인 방수설비를 할 것
③ 창문과 출입문은 2중으로 하되, 바깥쪽 문은 반드시 철제로 하고 안쪽 문은 곤충·쥐 등의 침입을 막을 수 있도록 철망 등을 설치할 것
④ 온도 및 습도 자동조절장치를 설치하고, 연중 평균온도는 섭씨 20±5도를, 연중 평균습도는 65±5퍼센트를 유지할 것
⑤ 전기시설을 설치하는 때에는 단독퓨즈를 설치하고 소화장비를 갖춰둘 것
⑥ 열과 습도의 영향을 받지 아니하도록 내부공간을 넓게 하고 천장을 높게 설치할 것
⑦ 지적공부 보관상자는 벽으로부터 15센티미터 이상 띄워야 하며, 높이 10센티미터 이상의 깔판 위에 올려놓아야 한다.

(3) 지적공부의 보존
① 지적소관청은 해당 청사에 지적서고를 설치하고 그 곳에 지적공부(정보처리시스템을 통하여 기록·저장한 경우 제외)를 영구히 보존하여야 한다.

② 지적공부를 정보처리시스템을 통하여 기록·저장한 경우 관할 시·도지사, 시장·군수 또는 구청장은 그 지적공부를 지적정보관리체계에 영구히 보존하여야 한다.
③ 국토교통부장관은 보존하여야 하는 지적공부가 멸실되거나 훼손될 경우를 대비하여 지적공부를 복제하여 관리하는 정보관리체계를 구축하여야 한다.

2 지적공부의 등록사항과 도면의 종류

(1) 지적공부의 등록사항

구분	토지표시사항	소유권에 관한 사항	기타사항
토지임야대장	토지의 소재 지번 지목 면적 토지이동의 사유	변동일자 변동원인 성명 주소 주민등록번호	고유번호 도면번호 장번호 축척 용도지역
공유지연명부	토지의 소재 지번	변동일자 변동원인 주민등록번호 성명, 주소 지분	고유번호 장번호
대지권등록부	토지의 소재 지번	변동일자 변동원인 주민등록번호 성명, 주소 대지권의 지분 소유권의 지분	고유번호 장번호 건물의 명칭 전유부분의 건물의 표시
경계점좌표등록부	토지의 소재 지번		고유번호 도면번호 장번호 부호 및 부호도
지적임야도	토지의 소재 지번 지목 경계 경계점간 거리		

[지적공부의 등록사항 정리]

구분	토지임야대장	공유지연명부	대지권등록부	경계점좌표등록부	지적도임야도
고유번호	O	O	O	O	X
소재	O	O	O	O	O
지번	O	O	O	O	O
지목	O	X	X	X	O
면적	O	X	X	X	X
경계	X	X	X	X	O
좌표	X	X	X	O	X
소유자	O	O	O	X	X

(2) 지적도면의 종류

지적도의 축척	임야도의 축척
1/500, 1/600, 1/1000, 1/1200, 1/2400, 1/3000, 1/6000	1/3000, 1/6000

❸ 지적공부의 복구

① 지적소관청(지적공부를 정보처리시스템을 통하여 기록·저장한 경우에는 시·도지사, 시장·군수 또는 구청장)은 지적공부의 전부 또는 일부가 멸실되거나 훼손된 경우에는 지체 없이 이를 복구하여야 한다.
② 지적소관청은 복구자료의 조사 또는 복구측량 등이 완료되어 지적공부를 복구하려는 경우에는 복구하려는 토지의 표시 등을 시·군·구 게시판 및 인터넷 홈페이지에 15일 이상 게시하여야 한다.

토지표시사항의 복구자료	소유권표시사항의 복구자료
• 지적공부등본 • 측량결과도 • 토지이동정리결의서 • 지적공부의 등록내용을 증명하는 서류 • 복제된 지적공부	• 부동산등기부 등본 등 등기사실을 증명하는 서류 • 법원의 확정 판결서 정본 또는 사본

❹ 지적전산자료의 이용

① 지적공부에 관한 전산자료를 이용하거나 활용하려는 자는 관계 중앙행정기관장의 심사를 받아 국토교통부장관, 시·도지사 또는 지적소관청의 승인을 받아야 한다.
② 지적전산자료를 이용 또는 활용하고자 하는 자는 인쇄물로 제공받을 경우 1필지당 각 인쇄물 30원, 전산매체 20원의 수수료를 납부하여야 한다.

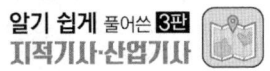

[구역 단위별 승인권자]

구역단위	승인권자
전국단위	국토교통부장관, 시·도지사 또는 지적소관청
시·도단위	시·도지사 또는 지적소관청
시·군·구단위	지적소관청

[중앙행정기관의 장과 심의 내용]

구분	내용
중앙행정기관의 장이 심사할 사항	• 신청 내용의 타당성, 적합성 및 공익성 • 개인의 사생활 침해 여부 • 자료의 목적 외 사용 방지 및 안전관리대책
심사를 받지 않아도 되는 경우	중앙행정기관의 장, 그 소속기관의 장 또는 지방자치단체의 장이 승인을 신청하는 경우
승인 및 심사를 받지 않아도 되는 경우	• 토지소유자가 자기 토지에 대한 지적전산자료를 신청하는 경우 • 토지소유자가 사망하여 그 상속인이 피상속인의 토지에 대한 지적전산자료를 신청하는 경우

5 부동산종합공부의 관리 및 운영

① 지적소관청은 부동산의 효율적 이용과 부동산과 관련된 정보의 종합적 관리·운영을 위하여 부동산종합공부를 관리·운영한다.
② 지적소관청은 부동산종합공부를 영구히 보존하여야 하며, 부동산종합공부의 멸실 또는 훼손에 대비하여 이를 별도로 복제하여 관리하는 정보관리체계를 구축하여야 한다.
③ 부동산종합공부를 열람하거나 부동산종합공부 기록사항의 전부 또는 일부에 관한 증명서를 발급받으려는 자는 지적소관청이나 읍·면·동의 장에게 신청할 수 있다.

[부동산종합공부 등록사항]

부동산등록공부	부동산종합공부등록사항
지적공부	토지의 표시와 소유자에 관한 사항
건축물대장	건축물의 표시와 소유자에 관한 사항(토지에 건축물이 있는 경우)
토지이용계획확인서	토지의 이용 및 규제에 관한 사항
개별공시지가, 개별주택가격 및 공동주택가격	부동산의 가격에 관한 사항
등기사항증명서	부동산의 권리에 관한 사항

CHAPTER 03 공간정보법 지적공부

01. 다음 중 지적공부를 청사 밖으로 반출할 수 없는 경우는?

① 지적측량검사를 위하여 필요한 경우
② 천재지변을 피하기 위하여 필요한 경우
③ 관할 시·도지사의 승인을 받은 경우
④ 화재로 지적공부의 소실 우려가 있는 경우

해설 [공간정보의 구축 및 관리 등에 관한 법률 제69조(지적공부의 보존 등)]
해당 청사 밖으로 지적공부를 반출할 수 있는 경우
1. 천재지변이나 그 밖에 이에 준하는 재난을 피하기 위하여 필요한 경우
2. 관할 시·도지사 또는 대도시 시장의 승인을 받은 경우

02. 지적서고의 설치기준이 틀린 것은?

① 지적공부 등록 필지 수가 10만 필지 이하인 때에 지적서고의 기준면적은 80m²이다.
② 창문과 출입문은 2중으로 하되, 안쪽문은 철제로, 바깥쪽 문은 철망 등을 설치할 것
③ 바닥과 벽은 2중으로 하고, 영구적인 방수설비를 할 것
④ 전기시설을 설치하는 때에는 단독퓨즈를 설치하고, 소화장비를 갖춰둘 것

해설 [공간정보의 구축 및 관리 등에 관한 법률 시행규칙 제65조(지적서고의 설치기준 등)]
1. 골조는 철근콘크리트 이상의 강질로 할 것
2. 지적서고의 면적은 별표 7의 기준면적에 따를 것
3. 바닥과 벽은 2중으로 하고 영구적인 방수설비를 할 것
4. 창문과 출입문은 2중으로 하되, 바깥쪽 문은 반드시 철제로 하고 안쪽 문은 곤충·쥐 등의 침입을 막을 수 있도록 철망 등을 설치할 것
5. 온도 및 습도 자동조절장치를 설치하고, 연중 평균온도는 섭씨 20±5도를, 연중평균습도는 65±5퍼센트를 유지할 것
6. 전기시설을 설치하는 때에는 단독퓨즈를 설치하고 소화장비를 갖춰 둘 것
7. 열과 습도의 영향을 받지 아니하도록 내부공간을 넓게 하고 천장을 높게 설치할 것

03. 지적서고의 설치 및 관리 기준에 관한 설명으로 옳지 않은 것은?

① 연중평균습도는 65±5%를 유지하도록 한다.
② 전기시설을 설치하는 때에는 이중퓨즈를 설치한다.
③ 지적공부 보관상자는 벽으로부터 15cm 이상 띄워야 한다.
④ 지적 관계 서류와 함께 지적측량장비를 보관할 수 있다.

해설 지적서고에 전기시설을 설치하는 때에는 단독퓨즈를 설치하고 소화장비를 갖춰 두어야 한다.

04. (1)과 (2)에 들어갈 수치가 모두 옳은 것은?

지적공부 보관상자는 벽으로부터 (1) 이상 띄워야 하며, 높이 (2) 이상의 깔판 위에 올려놓아야 한다.

① 10cm, 10cm   ② 10cm, 15cm
③ 15cm, 10cm   ④ 15cm, 15cm

해설 지적공부 보관상자는 벽으로부터 (15cm) 이상 띄워야 하며, 높이 (10cm) 이상의 깔판 위에 올려놓아야 한다.

정답 01. ① 02. ② 03. ② 04. ③

05. 다음 중 지적서고의 연중 평균온도 및 연중 평균습도에 대한 기준으로 옳은 것은?

① 섭씨 20±5도, 60±5퍼센트
② 섭씨 25±5도, 65±5퍼센트
③ 섭씨 20±5도, 65±5퍼센트
④ 섭씨 25±5도, 60±5퍼센트

해설 [공간정보의 구축 및 관리 등에 관한 법률 시행규칙 제65조(지적서고의 설치기준 등)]
온도 및 습도 자동조절장치를 설치하고, 연중 평균온도는 섭씨 20±5도를, 연중평균습도는 65±5퍼센트를 유지할 것

06. 다음 중 지적공부의 효율적인 관리 및 활용을 위하여 지적정보 전담 관리기구를 설치·운영하는 자는?

① 행정안전부장관 ② 국토지리정보원장
③ 국가정보원장 ④ 국토교통부장관

해설 [공간정보의 구축 및 관리 등에 관한 법률 제70조(지적정보 전담 관리기구의 설치)]
① 국토교통부장관은 지적공부의 효율적인 관리 및 활용을 위하여 지적정보 전담관리기구를 설치·운영한다.
② 국토교통부장관은 지적공부를 과세나 부동산정책자료 등으로 활용하기 위하여 주민등록전산자료, 가족관계등록전산자료, 부동산등기전산자료 또는 공시지가전산자료 등을 관리하는 기관에 그 자료를 요청할 수 있으며 요청을 받은 관리기관의 장은 특별한 사정이 없으면 그 요청을 따라야 한다.
③ 제1항에 따른 지적정보 전담 관리기구의 설치·운영에 관한 세부사항은 대통령령으로 정한다.

07. 사용자권한 등록관리청에 해당하지 않는 것은?

① 국토교통부장관 ② 지적소관청
③ 시·도지사 ④ 한국국토정보공사장

해설 [공간정보의 구축 및 관리 등에 관한 법률 시행규칙 제76조(지적정보관리체계 담당자의 등록 등)]
국토교통부장관, 시·도지사 및 지적소관청은 지적공부정리 등을 지적정보관리체계로 처리하는 담당자를 사용자권한 등록파일에 등록하여 관리하여야 한다.

08. 지적공부의 등록사항 중 모든 지적공부에 공통으로 등록되는 사항으로 맞는 것은?

① 지목 ② 지분
③ 토지소유자 ④ 지번

해설 토지의 소재와 지번은 모든 지적공부에 등록된다.

09. 다음 중 토지대장에 등록하여야 하는 사항이 아닌 것은?

① 지목 ② 지번
③ 경계 ④ 토지의 소재

해설 [공간정보의 구축 및 관리 등에 관한 법률 제71조(토지대장 등의 등록사항)]
① 경계는 지적도, 임야도에만 등록되며,
② 토지대장에는 토지의 소재, 지번, 지목, 면적, 소유자의 성명 또는 명칭, 주소 및 주민등록번호, 그 밖에 국토교통부령으로 정하는 사항을 등록한다.

10. 1필지의 토지 소유자가 몇 명 이상인 경우 공유지연명부를 작성·비치하여야 하는가?

① 1명 ② 2명
③ 3명 ④ 4명

해설 [공유지연명부]
① 토지소유자가 2인 이상인 때에는 공유지연명부에 다음의 사항을 등록한다.
② 등록사항 : 토지의 소재, 지번, 소유권 지분, 소유자의 성명, 명칭, 주소, 주민등록번호, 토지의 고유번호, 장번호, 소유자 변경의 날과 그 원인

11. 지적공부에 등록된 토지의 소유자가 단독에서 2인 이상으로 변경될 경우 소유자에 관한 사항을 정리해야 할 지적공부는?

① 지적도와 임야도 ② 지적도와 토지대장
③ 임야도와 임야대장 ④ 토지대장과 공유지연명부

해설 [공간정보의 구축 및 관리 등에 관한 법률 제71조(토지대장 등의 등록사항)]
소유자가 둘 이상이면 공유지 연명부에 등록하여야 한다.

정답 05. ③ 06. ④ 07. ④ 08. ④ 09. ③ 10. ② 11. ④

12. 다음 중 공유지연명부의 등록사항으로 틀린 것은?

① 토지의 소재　② 지번
③ 소유권 지분　④ 대지권 비율

해설 [공유지연명부의 등록사항]
토지소재, 지번, 성명, 주소, 주민등록번호, 소유권지분, 고유번호, 필지별대장의 장번호

13. 토지대장에 등록하는 토지가 〈부동산등기법〉에 따라 대지권 등기가 되어 있는 경우 대지권 등록부에 등록하여야 할 사항에 해당하지 않는 것은?

① 토지의 소재　② 지번
③ 대지권 비율　④ 도곽선 수치

해설 [공간정보의 구축 및 관리 등에 관한 법률 제71조(토지대장 등의 기록사항)]
대지권 등록부의 기재사항 : 토지의 소재, 지번, 대지권 비율, 소유자의 성명 또는 명칭, 주소 및 주민등록번호, 그 밖에 국토교통부령으로 정하는 사항

14. 다음 중 지적도의 등록사항이 아닌 것은?

① 주요 지형표시　② 삼각점의 위치
③ 건축물의 위치　④ 지적도면의 색인도

해설 [공간정보의 구축 및 관리 등에 관한 법률 시행규칙 제69조(지적도면 등의 등록사항 등)]
1. 지적도면의 색인도(인접도면의 연결 순서를 표시하기 위하여 기재한 도표와 번호를 말한다)
2. 지적도면의 제명 및 축척
3. 도곽선(圖廓線)과 그 수치
4. 좌표에 의하여 계산된 경계점 간의 거리(경계점좌표등록부를 갖춰 두는 지역으로 한정한다)
5. 삼각점 및 지적기준점의 위치
6. 건축물 및 구조물 등의 위치
7. 그 밖에 국토교통부장관이 정하는 사항

15. 경계점좌표등록부의 등록사항이 아닌 것은?

① 경계　② 부호도
③ 지적도면의 번호　④ 토지의 고유번호

해설 [공간정보의 구축 및 관리 등에 관한 법률 제73조(경계점좌표등록부의 등록사항), 시행규칙 제71조(경계점좌표등록부의 등록사항 등)]
토지의 소재, 지번, 좌표, 토지의 고유번호, 지적도면의 번호, 장번호, 부호 및 부호도

16. 다음 중 지적도·임야도·경계점좌표등록부에 공통으로 등록되는 사항으로만 나열된 것은?

① 토지의 소재, 지목　② 토지의 소재, 지번
③ 도면의 제명, 경계　④ 지적도면의 번호, 지목

해설 토지의 소재와 지번은 모든 지적공부에 등록된다.

17. 지적도면별 사용 축척의 연결이 옳지 않은 것은?

① 지적도 : 1/500, 1/2400, 1/6000
② 임야도 : 1/2400, 1/6000
③ 지적도 : 1/600, 1/1000, 1/1200
④ 임야도 : 1/3000, 1/6000

해설 [지적도의 축척]
① 지적도 : 1/500, 1/600, 1/1,000, 1/1,200, 1/2,400, 1/3,000, 1/6,000
② 임야도 : 1/3,000, 1/6,000

18. 다음 중 일람도의 등재사항에 해당하지 않는 것은?

① 도곽선과 그 수치　② 도면의 제명 및 축척
③ 토지의 지번 및 면적　④ 주요 지형·지물의 표시

해설 [일람도의 등재사항]
① 지번부여지역의 경계 및 인접지역의 행정구역명칭
② 도면의 제명 및 축척
③ 도곽선과 그 수치
④ 도면번호
⑤ 도로, 철도, 하천, 구거, 유지, 취락 등 주요 지형, 지물의 표시

정답　12. ④　13. ④　14. ①　15. ①　16. ②　17. ②　18. ③

19. 다음 중 일람도를 작성하는 축척 기준으로 옳은 것은? (단, 도면의 장수가 많아서 1장에 작성할 수 없는 경우는 고려하지 않는다.)

① 도면축척의 2분의 1
② 도면축척의 5분의 1
③ 도면축척의 10분의 1
④ 도면축척의 20분의 1

해설 [일람도의 작성 기준]
① 일람도의 축척은 그 도면축척의 1/10로 함
② 도면의 장수가 많아 1장에 작성할 수 없는 경우 축척을 줄여서 작성할 수 있음
③ 도면의 장수가 4장 미만인 경우 일람도의 작성을 하지 않을 수 있음

20. 지번과 지목 제도에 대한 설명으로 틀린 것은?

① 지번 및 지목을 제도하는 경우 지번 다음에 지목을 제도한다.
② 부동산종합공부시스템이나 레터링으로 작성하는 경우에는 굴림체로 할 수 있다.
③ 중앙에 제도하기 곤란할 때에는 가로쓰기가 되도록 도면을 제도할 수 있다.
④ 지번의 글자 간격은 글자크기의 1/4 정도, 지번과 지목의 글자간격은 글자크기의 1/2 정도 띄워 제도한다.

해설 [지번과 지목의 제도]
부동산종합공부시스템이나 레터링으로 작성하는 경우에는 고딕체로 할 수 있다.

21. 다음 중 일람도를 제도하는 경우 붉은색 0.2mm 폭의 2선으로 제도하여야 하는 것은?

① 지방도로
② 수도용지 중 선로
③ 하천·구거
④ 철도용지

해설 [일람도의 제도 기준]
• 도곽선은 0.1밀리미터의 폭
• 도면번호는 3밀리미터의 크기
• 인접 동·리 명칭은 4밀리미터
• 지방도로 이상은 검은색 0.2밀리미터 폭의 2선, 그 밖의 도로는 0.1밀리미터 폭으로 제도

• 철도용지는 붉은색 0.2밀리미터 폭의 2선으로 제도
• 수도용지 중 선로는 남색 0.1밀리미터 폭의 2선으로 제도
• 하천, 구거, 유지는 남색 0.1밀리미터의 폭으로 제도하고 내부를 남색으로 엷게 채색
• 취락지, 건물 등은 0.1밀리미터 폭으로 제도하고 내부를 검은색으로 엷게 채색

22. 경계점좌표등록부의 등록사항이 아닌 것은?

① 토지소유자
② 부호 및 부호도
③ 토지의 소재
④ 토지의 고유번호

해설 [경계점좌표등록부 등록사항]
① 일반적인 기재사항 : 토지의 소재, 지번, 좌표
② 국토교통부령이 정하는 사항 : 토지의 고유번호, 도면번호, 필지별 경계점좌표등록부의 장번호, 부호 및 부호도

23. 다음 중 지적공부의 복구 사유에 해당하는 것은?

① 축척변경을 한 때
② 지목변경을 한 때
③ 도시계획사업을 완료한 때
④ 지적공부의 일부가 훼손된 때

해설 [공간정보의 구축 및 관리 등에 관한 법률 제74조(지적공부의 복구)]
지적소관청은 지적공부의 일부 또는 전부가 멸실·훼손된 때에는 대통령령이 정하는 바에 의하여 지체없이 복구하여야 한다.

24. 공간정보의 구축 및 관리 등에 관한 법률상 지적공부의 복구 자료가 아닌 것은?

① 측량 결과도
② 토지이동정리 결의서
③ 토지이용계획 확인서
④ 법원의 확정판결서 정본 또는 사본

정답 19. ③ 20. ② 21. ④ 22. ① 23. ④ 24. ③

해설 [공간정보의 구축 및 관리 등에 관한 법률 시행규칙 제72조(지적공부의 복구자료)]
1. 지적공부의 등본
2. 측량 결과도
3. 토지이동정리 결의서
4. 토지(건물)등기사항증명서 등 등기사실을 증명하는 서류
5. 지적소관청이 작성하거나 발행한 지적공부의 등록내용을 증명하는 서류
6. 복제된 지적공부
7. 법원의 확정판결서 정본 또는 사본

25. 공간정보의 구축 및 관리 등에 관한 법령상 지적공부의 복구자료이면서 신규 등록 신청 시 첨부하여야 할 공통적인 서류에 해당하는 것은?

① 측량결과도
② 토지이동정리결의서
③ 법원의 확정판결서 정본 또는 사본
④ 부동산등기부등본 등 등기사실을 증명하는 서류

해설 [신규등록시 제출서류]
1. 법원의 확정판결서 정본 또는 사본
2. 공유수면매립법에 의한 준공인가필증 사본
3. 도시지역 안의 토지를 그 지방자치단체의 명의로 등록하는 때에는 기획재정부장관과 협의한 문서의 사본
4. 그 밖에 소유권을 증명할 수 있는 서류의 사본

26. 지적공부의 복구에 대한 설명으로 틀린 것은?

① 지적소관청은 지적공부의 전부 또는 일부가 멸실되거나 훼손된 경우에는 국토교통부령으로 정하는 바에 따라 지체 없이 이를 복구하여야 한다.
② 지적소관청이 지적공부를 복구할 때에는 멸실·훼손 당시의 지적공부와 가장 부합된다고 인정되는 관계 자료에 따라 토지의 표시에 관한 사항을 복구하여야 한다.
③ 지적공부를 복구할 때 소유자에 관한 사항은 부동산 등기부나 법원의 확정판결에 따라 복구하여야 한다.
④ 지적공부의 복구에 관한 관계 자료 및 복구절차 등에 관하여 필요한 사항은 국토교통부령으로 정한다.

해설 [공간정보의 구축 및 관리 등에 관한 법률 제74조(지적공부의 복구)]
지적소관청은 지적공부의 전부 또는 일부가 멸실되거나 훼손된 경우에는 대통령령으로 정하는 바에 따라 지체 없이 이를 복구하여야 한다.

27. 지적공부의 복구절차 등에 관한 내용이 옳은 것은?

① 복구측량을 한 결과 복구 자료와 부합하지 아니한 때에는 토지소유자 및 이해관계인의 동의를 받아 경계 또는 면적 등을 조정할 수 있다.
② 복구측량을 한 결과 복구 자료와 부합하지 아니한 때에는 지적소관청의 직권으로 경계 또는 면적 등을 조정한다.
③ 지적공부를 복구하려는 경우 지적측량업자가 복구 자료를 조사하여 지적복구 자료조사서를 작성하여야 한다.
④ 복구 자료의 조사 또는 복구측량 등이 완료되어 지적공부를 복구하려는 경우에는 복구하려는 토지의 표시 등을 시·군·구 게시판 및 인터넷 홈페이지에 30일 이상 게시하여야 한다.

해설 [공간정보의 구축 및 관리 등에 관한 법률 시행규칙 제73조(지적공부의 복구절차 등)]
① 복구측량을 한 결과가 복구자료와 부합하지 아니하는 때에는 토지소유자 및 이해관계인의 동의를 받아 경계 또는 면적 등을 조정할 수 있다.
② 복구측량을 한 결과가 복구자료와 부합하지 아니하는 때에는 토지소유자 및 이해관계인의 동의를 받아 경계 또는 면적 등을 조정한다.
③ 지적공부를 복구하려는 경우 지적소관청은 복구자료를 조사하여 지적복구자료 조사서를 작성하여야 한다.
④ 복구자료의 조사 또는 복구측량 등이 완료되어 지적공부를 복구하려는 경우에는 복구하려는 토지의 표시 등을 시·도 게시판 및 인터넷 홈페이지에 15일 이상 게시하여야 한다.

정답 25. ③ 26. ① 27. ①

28. 지적공부를 복구하려는 경우 토지의 표시 등을 시·군·구 게시판 및 인터넷 홈페이지에 게시하도록 한다. 이때 이의가 있는 자가 이의신청을 할 수 있는 기간은?

① 게시기간(15일 이상) 내
② 게시기간(20일 이상) 내
③ 게시기간 종료 후 15일 이내
④ 게시기간 종료 후 20일 이내

해설 [공간정보의 구축 및 관리 등에 관한 법률 시행규칙 제73조(지적공부의 복구절차 등)]
복구자료의 조사 또는 복구측량 등이 완료되어 지적공부를 복구하려는 경우에는 복구하려는 토지의 표시 등을 시·군·구 게시판 및 인터넷 홈페이지에 15일 이상 게시하여야 한다.

29. 지적전산자료를 인쇄물로 제공할 경우 1필지당 수수료로 옳은 것은?

① 10원
② 20원
③ 30원
④ 40원

해설 [지적전산자료의 사용료]
① 전산매체로 제공하는 때 : 1필지당 20원
② 인쇄물로 제공하는 때 : 1필지당 30원

30. 시·군·구(자치구가 아닌 구를 포함한다) 단위의 지적전산자료를 이용하거나 활용하려는 자는 누구의 승인을 받아야 하는가?

① 지적소관청
② 시·도지사
③ 행정안전부장관
④ 국토교통부장관

해설 [공간정보의 구축 및 관리 등에 관한 법률 제76조(지적전산자료의 이용 등)]
지적전산자료를 이용하거나 활용하려는 자는 국토교통부장관, 시·도지사 또는 지적소관청에 신청하여야 한다.
1. 전국 단위의 지적전산자료: 국토교통부장관, 시·도지사 또는 지적소관청
2. 시·도 단위의 지적전산자료: 시·도지사 또는 지적소관청
3. 시·군·구(자치구가 아닌 구를 포함한다) 단위의 지적전산자료: 지적소관청

31. 지적전산자료를 이용·활용하고자 하는 자의 심사신청을 받은 관계 중앙행정기관의 장이 심사하여야 할 사항에 해당하지 않는 것은?

① 신청내용의 타당성
② 신청내용의 적합성
③ 신청내용의 공익성
④ 신청내용의 비용성

해설 [공간정보의 구축 및 관리 등에 관한 법률 시행령 제62조(지적전산자료의 이용 등)]
심사 신청을 받은 관계 중앙행정기관의 장은 다음 각 호의 사항을 심사한 후 그 결과를 신청인에게 통지하여야 한다.
1. 신청 내용의 타당성, 적합성 및 공익성
2. 개인의 사생활 침해 여부
3. 자료의 목적 외 사용 방지 및 안전관리대책

32. 지적전산자료의 이용에 대한 심사 신청을 받은 관계 중앙행정기관의 장이 심사하여야 할 사항이 아닌 것은?

① 신청 내용의 타당성
② 개인의 사생활 침해 여부
③ 소유권 침해 여부
④ 자료의 목적 외 사용 방지 및 안전관리대책

해설 [공간정보의 구축 및 관리 등에 관한 법률 시행령 제62조(지적전산자료의 이용 등)]
심사 신청을 받은 관계 중앙행정기관의 장은 다음 각 호의 사항을 심사한 후 그 결과를 신청인에게 통지하여야 한다.
1. 신청 내용의 타당성, 적합성 및 공익성
2. 개인의 사생활 침해 여부
3. 자료의 목적 외 사용 방지 및 안전관리대책

33. 다음 중 지적전산자료의 이용 및 활용에 대한 설명으로 옳지 않은 것은?

① 지적전산자료를 이용 또는 활용하려는 자는 관계 중앙행정기관장에게 신청서를 제출하여 심사를 신청하여야 한다.
② 중앙행정기관의 장이 지적전산자료의 이용 또는 활용에 관한 승인을 신청하는 경우 심사결과를 제출하지 아니할 수 있다.
③ 지적전산자료를 인쇄물로 제공하는 경우 1필지당 20원을 납부한다.
④ 국가나 지방자치단체가 지적전산자료를 이용 또는 활용하는 경우 사용료를 면제한다.

정답 28. ① 29. ③ 30. ① 31. ④ 32. ③ 33. ③

해설 [지적전산자료의 사용료]
① 전산매체로 제공하는 때 : 1필지당 20원
② 인쇄물로 제공하는 때 : 1필지당 30원

34. 사용자권한 등록파일에 등록하는 사용자번호 및 비밀번호에 대한 설명으로 틀린 것은?

① 사용자번호는 사용자권한 등록관리청별로 일련번호로 부여하여야 하며, 수시로 사용자번호는 변경하며 관리하여야 한다.
② 사용자권한 등록관리청은 사용자가 다른 사용자권한 등록관리청으로 소속이 변경되어지거나 퇴직 등을 한 경우에는 사용자번호를 따로 관리하여 사용자의 책임을 명백히 할 수 있도록 하여야 한다.
③ 사용자의 비밀번호는 6자리부터 16자리까지의 범위에서 사용자가 정하여 사용한다.
④ 사용자의 비밀번호는 다른 사람에게 누설하여서는 아니 되며, 사용자는 비밀번호가 누설되거나 누설될 우려가 있는 때에는 즉시 이를 변경하여야 한다.

해설 [사용자번호]
사용자권한 등록관리청별로 일련번호로 부여하여야 하며, 한번 부여된 사용자번호는 변경할 수 없다.

35. 다음 중 사용자권한 등록관리청에 해당하지 않는 것은?

① 지적소관청 ② 시·도지사
③ 국토교통부장관 ④ 국토지리정보원장

해설 [공간정보의 구축 및 관리 등에 관한 법률 시행규칙 제76조 (지적정보관리체계 담당자의 등록 등)]
국토교통부장관, 시·도지사 및 지적소관청은 지적공부정리 등을 지적정보관리체계로 처리하는 담당자를 사용자권한 등록파일에 등록하여 관리하여야 한다.

정답 34. ① 35. ④

CHAPTER 04 공간정보법 토지이동신청 및 지적정리

1 토지이동 신청

(1) 토지이동 및 기한
① "토지의 이동"이란 토지의 표시를 새로 정하거나 변경 또는 말소하는 것으로 원칙적으로 토지소유자가 신청하여야 하나, 대위신청이나, 지적소관청 직권으로도 가능하다.
② 토지이동의 신청 기한은 토지이동사유 발생일로부터 60일 이내이다. 다만 바다로 된 토지의 등록말소는 지적공부 등록말소의 통지를 받은 날부터 90일 이내이다.

(2) 신규등록 신청
① 신규등록은 토지이동에 포함되나 등기촉탁의 대상은 아니다.
② 소유자는 지적소관청이 조사하여 등록하며, 소유자변동일자는 공유수면 매립준공일자를 기준으로 한다.
③ 신청서류
- 신규등록 사유를 기재한 신청서
- 소유권을 확인하는 법원의 확정판결서 정본 또는 사본
- 공유수면매립법에 의한 준공인가필증 사본
- 도시지역안의 토지를 그 지방자치단체의 명의로 등록하는 때에는 기획재정부장관과 협의한 문서의 사본 등

(3) 등록전환 신청
① 소유자는 임야대장의 소유자를 토지대장에 옮겨 등록한다.
② 등록전환대상은 산지관리법, 건축법 등 관계 법령에 따른 토지의 형질변경 또는 건축물의 사용승인 등으로 인하여 지목을 변경하여야 할 토지이다.
③ 지목변경 없이 등록전환이 가능한 경우
- 대부분의 토지가 등록전환되어 나머지 토지를 임야도에 계속 존치하는 것이 불합리한 경우
- 임야도에 등록된 토지가 사실상 형질변경되었으나 지목변경을 할 수 없는 경우
- 도시계획선에 따라 토지를 분할하는 경우
④ 인허가 준공의 경우 등록전환과 동시에 지목변경하여야 한다.

(4) 분할신청

① 지적공부에 등록된 1필지가 형질변경 등으로 용도가 다르게 된 경우에는 지목변경 신청과 분할신청을 함께하여야 한다.
② 소유권이전, 매매 등을 위하여 필요한 경우, 토지이용상 불합리한 지상경계를 시정하기 위한 경우에도 분할신청이 가능하다.
③ 분할토지의 면적은 분할 측량에 의하여 새로이 측정하여 분할 전 면적에 증·감이 없도록 결정한다.

(5) 합병신청

"합병"이란 지적공부에 등록된 2필지 이상을 1필지로 합하여 등록하는 것을 말한다.

구분	내용
합병신청이 가능한 경우	• 지번부여지역, 지목 또는 소유자가 서로 같은 경우 • 소유권, 지상권, 전세권, 임차권의 등기 및 승역지에 대한 지역권의 등기, 등기원인 및 그 연월일과 접수번호가 같은 저당권 외의 등기가 없는 경우 • 그 외 합병신청이 불가능한 경우가 아닌 경우
합병신청이 불가능한 경우	• 지번부여지역, 지목 또는 소유자가 서로 다른 경우 • 소유권, 지상권, 전세권, 임차권의 등기 및 승역지에 대한 지역권의 등기, 등기원인 및 그 연월일과 접수번호가 같은 저당권 외의 등기가 있는 경우 • 지적도 및 임야도의 축척이 서로 다른 경우 • 지반이 연속되지 아니한 경우 • 등기된 토지와 등기되지 아니한 토지인 경우 • 각 필지의 지목은 같으나 일부 토지의 용도가 다르게 되어 분할대상 토지인 경우(합병 신청과 동시에 토지의 용도에 따라 분할 신청을 하는 경우는 제외) • 소유자별 공유지분이 다르거나 소유자의 주소가 서로 다른 경우 • 구획정리, 경지정리 또는 축척변경을 시행하고 있는 지역의 토지와 그 지역 밖의 토지인 경우

(6) 바다로 된 토지의 등록말소

① 지적소관청은 지적공부에 등록된 토지가 지형의 변화 등으로 바다로 된 경우로서 원상으로 회복될 수 없거나 다른 지목의 토지로 될 가능성이 없는 경우에는 지적공부에 등록된 토지소유자에게 지적공부의 등록말소 신청을 하도록 통지하여야 한다.
② 지적소관청은 토지소유자가 통지를 받은 날부터 90일 이내에 등록말소 신청을 하지 아니하면 등록을 말소한다.
③ 지적소관청은 말소한 토지가 지형의 변화 등으로 다시 토지가 된 경우에는 회복 등록을 할 수 있다.

2 축척변경

(1) 축척변경위원회의 심의·의결

① 축척변경에 관한 사항을 심의·의결하기 위하여 지적소관청에 축척변경위원회를 둔다.
② 축척변경위원회의 심의·의결 사항
- 축척변경 시행계획에 관한 사항
- 지번별 m²당 금액의 결정과 청산금의 산정에 관한 사항
- 청산금의 이의신청에 관한 사항
- 그 밖에 축척변경과 관련하여 지적소관청이 회의에 부치는 사항

[축척변경위원회 구성 및 운영]

구분	내용
위원	• 5명 이상 10명 이하(위원의 2분의 1 이상을 토지소유자로 함)
위원장	• 위원 중에서 지적소관청이 지명
위원위촉	아래 사람 중에서 지적소관청이 위촉 • 해당 축척변경 시행지역의 토지소유자로서 지역 사정에 정통한 사람 • 지적에 관하여 전문지식을 가진 사람
개의·의결	• 위원장을 포함한 재적위원 과반수의 출석으로 개의하고 출석위원 과반수의 찬성으로 의결

(2) 청산금의 산정

① 지적소관청은 축척변경에 관한 측량을 한 결과 측량 전에 비하여 면적의 증감이 있는 경우에는 그 증감면적에 대하여 청산을 하여야 하되 아래에 해당하는 경우에는 제외한다.
- 필지별 증감면적이 $A = 0.0262M\sqrt{F}$에 따른 허용범위 이내인 경우 (축척변경위원회의 의결이 있는 경우 제외)
- 토지소유자 전원이 청산하지 아니하기로 합의하여 서면으로 제출한 경우

② 청산을 할 때에는 축척변경위원회의 의결을 거쳐 지번별로 m²당 금액을 정하여야 하며, 지적소관청은 시행공고일 현재를 기준으로 그 축척변경 시행지역의 토지에 대하여 지번별 m²당 금액을 미리 조사하여 축척변경위원회에 제출하여야 한다.

③ 청산금은 축척변경 지번별 조서의 필지별 증감면적에 결정된 지번별 m²당 금액을 곱하여 산정한다.

④ 지적소관청은 청산금을 산정하였을 때에는 청산금 조서를 작성하고, 청산금이 결정되었다는 뜻을 15일 이상 공고하여 일반인이 열람할 수 있게 하여야 한다.

⑤ 청산금을 산정한 결과 증가된 면적에 대한 청산금의 합계와 감소된 면적에 대한 청산금의 합계에 차액이 생긴 경우 초과액은 그 지방자치단체의 수입으로 하고, 부족액은 그 지방자치단체가 부담한다.

3 등록사항의 정정

① 토지소유자는 지적공부의 등록사항에 잘못이 있음을 발견하면 지적소관청에 그 정정을 신청할 수 있다.
② 지적소관청은 지적공부의 등록사항에 잘못이 있음을 발견하면 직권으로 조사·측량하여 정정할 수 있다.

[등록사항 정정제출 서류]

구분	제출서류
인접 토지의 경계가 변경되는 경우	• 인접 토지소유자의 승낙서 • 인접 토지소유자가 승낙하지 아니하는 경우에는 이에 대항할 수 있는 확정판결서정본
토지소유자가 변경되는 경우	• 등기필증, 등기완료통지서 • 등기사항증명서 또는 등기관서에서 제공한 등기전산정보자료
미등기 토지의 토지소유자의 성명 또는 명칭, 주민등록번호, 주소 등에 관한 사항의 정정을 신청한 경우로 그 등록사항이 명백히 잘못된 경우	가족관계 기록사항에 관한 증명서에 따라 정정

4 행정구역의 명칭변경

① 행정구역의 명칭이 변경되었으면 지적공부에 등록된 토지의 소재는 새로운 행정 구역의 명칭으로 변경된 것으로 본다.
② 지번부여지역의 일부가 행정구역의 개편으로 다른 지번부여지역에 속하게 되었으면 지적소관청은 새로 속하게 된 지번부여지역의 지번을 부여하여야 한다.

5 도시개발사업 등의 토지이동

(1) 도시개발사업 등의 신고 대상

① 도시개발법에 따른 도시개발사업, 농어촌정비법에 따른 농어촌정비사업
② 주택법에 따른 주택건설사업
③ 택지개발촉진법에 따른 택지개발사업
④ 산업입지 및 개발에 관한 법률에 따른 산업단지개발사업
⑤ 도시 및 주거환경정비법에 따른 정비사업
⑥ 지역 개발 및 지원에 관한 법률에 따른 지역개발사업
⑦ 체육시설의 설치·이용에 관한 법률에 따른 체육시설 설치를 위한 토지개발사업

⑧ 관광진흥법에 따른 관광단지 개발사업
⑨ 공유수면 관리 및 매립에 관한 법률에 따른 매립사업
⑩ 항만법 및 신항만건설촉진법에 따른 항만개발사업
⑪ 공공주택건설 등에 관한 특별법에 따른 공공주택지구조성사업
⑫ 물류시설의 개발 및 운영에 관한 법률 및 경제자유구역의 지정 및 운영에 관한 특별법에 따른 개발사업
⑬ 철도건설법에 따른 고속철도, 일반철도 및 광역철도 건설사업
⑭ 도로법에 따른 고속국도 및 일반국도 건설사업
⑮ 그 밖에 국토교통부장관이 고시하는 요건에 해당하는 토지개발사업

(2) 도시개발사업 등의 토지이동 신청

① 도시개발사업 등과 관련하여 토지의 이동이 필요한 경우에는 해당 사업의 시행자가 지적소관청에 토지의 이동을 신청하여야 한다.
② 도시개발사업 등에 따른 토지의 이동은 토지의 형질변경 등의 공사가 준공된 때에 이루어진 것으로 본다.
③ 도시개발사업 등의 착수·변경 또는 완료 사실의 신고는 그 사유가 발생한 날부터 15일 이내에 하여야 한다.

[사업의 착수(시행)·변경·완료 신고서류]

신고서류	제출서류
사업의 착수(시행)·변경·완료 신고서류	• 사업인가서 • 사업계획도
사업의 완료신고서류	• 확정될 토지의 지번별 조서 및 종전 토지의 지번별 조서 • 환지처분과 같은 효력이 있는 고시된 환지계획서 • 환지를 수반하지 아니하는 사업인 경우에는 사업의 완료를 증명하는 서류

6 신청의 대위

(1) 토지소유자 대신 신청할 수 있는 경우

① 공공사업 등에 따라 학교용지·도로·철도용지·제방·하천·구거·유지·수도용지 등의 지목으로 되는 토지인 경우: 해당 사업의 시행자
② 국가나 지방자치단체가 취득하는 토지인 경우: 해당 토지를 관리하는 행정기관의 장 또는 지방자치단체의 장
③ 주택법에 따른 공동주택의 부지인 경우: 집합건물의 소유 및 관리에 관한 법률에 따른 관리인(관리인이 없는 경우에는 공유자가 선임한 대표자) 또는 해당 사업의 시행자
④ 민법 제404조에 따른 채권자

(2) 등록사항정정 대상토지는 토지소유자 대신 신청할 수 없다.

7 토지소유자의 정리

① 지적공부에 등록된 토지소유자의 변경사항은 등기관서에서 등기한 것을 증명하는 등기필증, 등기완료통지서, 등기사항증명서 또는 등기관서에서 제공한 등기전산정보자료에 따라 정리한다.
② 신규등록하는 토지의 소유자는 지적소관청이 직접 조사하여 등록한다.
③ 지적소관청 소속 공무원이 지적공부와 부동산등기부의 부합여부를 확인하기 위하여 등기부를 열람하거나, 등기사항증명서의 발급을 신청하거나, 등기전산정보자료의 제공을 요청하는 경우 그 수수료는 무료로 한다.

8 등기촉탁

① 등기촉탁이란 토지의 이동이나 변경 등이 있을 경우 토지소유자가 등기를 신청하지 않고 지적소관청이 소유자를 대신하여 관할 등기소에 등기를 신청하는 것이다.
② 등기촉탁 대상은 토지이동(신규등록을 제외)이 있거나, 바다로 되어 토지가 말소된 경우, 축척변경, 등록사항정정, 지번부여지역의 일부가 변경된 경우 등이다.
③ 축척변경에 의한 등기 촉탁 시의 이해관계 있는 제3자의 승낙에 갈음되는 것은 관할축척변경위원회의 의결서 정본이다.

CHAPTER 04 공간정보법 토지이동신청 및 지적정리

01. 도시계획구역의 토지를 그 지방자치단체의 명의로 등록할 경우 기획재정부장관과 협의한 문서의 사본이 필요한 토지이동신청으로 옳은 것은?

① 신규등록신청 ② 축척변경신청
③ 토지분할신청 ④ 등록전환신청

해설 [공간정보의 구축 및 관리 등에 관한 법률 시행규칙 제81조(신규등록 신청)]
1. 법원의 확정판결서 정본 또는 사본
2. 「공유수면 관리 및 매립에 관한 법률」에 따른 준공검사확인증 사본
3. 도시계획구역의 토지를 그 지방자치단체의 명의로 등록하는 때에는 기획재정부장관과 협의한 문서의 사본
4. 그 밖에 소유권을 증명할 수 있는 서류의 사본

02. 토지소유자가 신규등록을 신청할 때에 신규등록사유를 적은 신청서에 첨부하여야 하는 서류에 해당하지 않는 것은?

① 법원의 확정판결서 정본 또는 사본
② 공유수면 관리 및 매립에 관한 법률에 따른 준공검사확인증 사본
③ 소유권을 증명할 수 있는 서류의 사본
④ 사업인가서와 지번별 조서

해설 [공간정보의 구축 및 관리 등에 관한 법률 시행령 제81조(신규등록 신청)]
1. 법원의 확정판결서 정본 또는 사본
2. 「공유수면 관리 및 매립에 관한 법률」에 따른 준공검사확인증 사본
3. 법률 제6389호 지적법개정법률 부칙 제5조에 따라 도시계획구역의 토지를 그 지방자치단체의 명의로 등록하는 때에는 기획재정부장관과 협의한 문서의 사본
4. 그 밖에 소유권을 증명할 수 있는 서류의 사본

03. 토지의 이동 사항 중 신청기간이 다른 하나는?

① 등록전환신청 ② 지목변경신청
③ 신규등록신청 ④ 바다로 된 토지의 등록말소신청

해설 ① 등록전환, 지목변경, 신규등록 : 사유발생일로부터 60일이내 지적소관청에 신청
② 바다로 된 토지의 등록말소 : 말소통지를 받은 날로부터 90일 이내에 말소신청

04. 지목변경 없이 등록전환을 신청할 수 없는 경우는?

① 관계 법령에 따른 토지의 형질변경 또는 건축물의 사용 승인으로 인하여 지목변경이 수반되는 경우
② 대부분의 토지가 등록전환되어 나머지 토지를 임야도에 계속 존치하는 것이 불합리한 경우
③ 임야도에 등록된 토지가 사실상 형질변경되었으나 지목변경을 할 수 없는 경우
④ 도시·군 관리계획선에 따라 토지를 분할하는 경우

해설 관계법령(산지관리법, 건축법 등)에 따른 토지의 형질변경 또는 건축물의 사용승인 등으로 인하여 지목을 변경하여야 할 토지는 등록전환시 지목변경을 수반한다.
[공간정보의 구축 및 관리 등에 관한 법률 시행령 제64조(지목변경 없이 등록전환을 신청할 수 있는 경우)]
1. 대부분의 토지가 등록전환되어 나머지 토지를 임야도에 계속 존치하는 것이 불합리한 경우
2. 임야도에 등록된 토지가 사실상 형질변경되었으나 지목변경을 할 수 없는 경우
3. 도시·군관리계획선에 따라 토지를 분할하는 경우

05. 1필지의 일부가 형질변경 등으로 용도가 변경되어 토지소유자가 소관청에 분할을 신청하는 경우 함께 제출할 신청서로서 옳은 것은?

① 신규등록 신청서 ② 지목변경 신청서
③ 토지합병 신청서 ④ 용도전용 신청서

정답 01. ① 02. ④ 03. ④ 04. ①

해설 [공간정보의 구축 및 관리 등에 관한 법률 시행령 제65조]
필지의 일부가 형질변경 등으로 용도가 변경되어 분할을 신청할 때에는 제67조 제2항에 따른 지목변경 신청서를 함께 제출하여야 한다.

06. 공간정보의 구축 및 관리 등에 관한 법률에 따라 토지이용상 불합리한 지상 경계를 시정하기 위해 토지이동 신청을 할 수 있는 경우로 옳은 것은?

① 분할 신청
② 등록전환 신청
③ 지목변경 신청
④ 등록사항정정 신청

해설 [공간정보의 구축 및 관리 등에 관한 법률 시행령 제65조 (토지소유자가 지적소관청에 토지의 분할을 신청할 수 있는 경우)]
1. 소유권이전, 매매 등을 위하여 필요한 경우
2. 토지이용상 불합리한 지상 경계를 시정하기 위한 경우
3. 관계 법령에 따라 토지분할이 포함된 개발행위허가 등을 받은 경우

07. 토지소유자는 "주택법"에 따른 공동주택의 부지, 도로, 제방, 하천, 구거, 유지, 그 밖에 대통령령으로 정하는 토지로서 합병하여야 할 토지가 있으면 그 사유가 발생한 날로부터 최대 얼마 이내에 지적소관청에 합병을 신청하여야 하는가?

① 30일
② 50일
③ 60일
④ 90일

해설 [공간정보의 구축 및 관리 등에 관한 법률 제80조(합병 신청)]
토지소유자는 「주택법」에 따른 공동주택의 부지, 도로, 제방, 하천, 구거, 유지, 그 밖에 대통령령으로 정하는 토지로서 합병하여야 할 토지가 있으면 그 사유가 발생한 날부터 60일 이내에 지적소관청에 합병을 신청하여야 한다.

08. 토지의 합병에 관한 내용으로 틀린 것은?

① 토지의 합병도 토지의 이동이다.
② 토지소유자는 합병하여야 할 토지가 있으면 그 사유가 발생한 날부터 30일 이내에 지적소관청에 신청하여야 한다.
③ 합병하려는 토지의 지번부여지역, 지목 또는 소유자가 서로 다른 경우 합병 신청을 할 수 없다.
④ 합병하려는 토지의 지적도 및 임야도의 축척이 서로 다른 경우 합병 신청을 할 수 없다.

해설 [공간정보의 구축 및 관리 등에 관한 법률 제80조(합병 신청)]
토지소유자는 「주택법」에 따른 공동주택의 부지, 도로, 제방, 하천, 구거, 유지, 그 밖에 대통령령으로 정하는 토지로서 합병하여야 할 토지가 있으면 그 사유가 발생한 날부터 60일 이내에 지적소관청에 합병을 신청하여야 한다.

09. 토지소유자는 토지를 합병하려면 대통령령으로 정하는 바에 따라 지적소관청에 합병을 신청하여야 한다. 다음 중 토지의 합병을 신청할 수 있는 조건이 아닌 것은?

① 합병하려는 토지의 지번부여지역이 같은 경우
② 합병하려는 토지의 지목이 같은 경우
③ 합병하려는 토지의 소유자가 서로 같은 경우
④ 합병하려는 토지의 지적도의 축척이 서로 다른 경우

해설 [공간정보의 구축 및 관리 등에 관한 법률 시행령 제66조(합병신청)]
- 합병이 불가능한 경우 -
1. 합병하려는 토지의 지적도 및 임야도의 축척이 서로 다른 경우
2. 합병하려는 각 필지의 지반이 연속되지 아니한 경우
3. 합병하려는 토지가 등기된 토지와 등기되지 아니한 토지인 경우
4. 합병하려는 각 필지의 지목은 같으나 일부 토지의 용도가 다르게 되어 법 제79조제2항에 따른 분할대상 토지인 경우. 다만, 합병 신청과 동시에 토지의 용도에 따라 분할 신청을 하는 경우는 제외한다.
5. 합병하려는 토지의 소유별 공유지분이 다른 경우
6. 합병하려는 토지가 구획정리, 경지정리 또는 축척변경을 시행하고 있는 지역의 토지와 그 지역 밖의 토지인 경우
7. 합병하려는 토지 소유자의 주소가 서로 다른 경우. 다만, 제1항에 따른 신청을 접수받은 지적소관청이 「전자정부법」 제36조제1항에 따른 행정정보의 공동이용을 통하여 다음 각 목의 사항을 확인(신청인이 주민등록표 초본 확인에 동의하지 않는 경우에는 해당 자료를 첨부하도록 하여 확인)한 결과 토지소유자가 동일인임을 확인할 수 있는 경우는 제외한다.
가. 토지등기사항증명서
나. 법인등기사항증명서(신청인이 법인인 경우만 해당한다)
다. 주민등록표 초본(신청인이 개인인 경우만 해당한다)

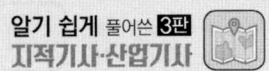

10. 다음 중 토지의 합병을 신청할 수 있는 경우는?

① 합병하려는 토지의 지적도 및 임야도의 축척이 서로 다른 경우
② 합병하려는 토지가 등기된 토지와 등기되지 아니한 토지인 경우
③ 합병하려는 토지의 소유자별 공유지분이 다르거나 소유자의 주소가 서로 다른 경우
④ 합병하려는 각 필지의 지목은 같으나 일부 토지의 용도가 다르게 되어 합병신청과 동시에 토지의 용도에 따라 분할 신청을 하는 경우

해설 [공간정보의 구축 및 관리 등에 관한 법률 시행령 제66조(합병 신청)]
- 토지의 합병을 신청할 수 없는 경우 -
1. 합병하려는 토지의 지적도 및 임야도의 축척이 서로 다른 경우
2. 합병하려는 각 필지의 지반이 연속되지 아니한 경우
3. 합병하려는 토지가 등기된 토지와 등기되지 아니한 토지인 경우
4. 합병하려는 각 필지의 지목은 같으나 일부 토지의 용도가 다르게 되어 법 제79조제2항에 따른 분할대상 토지인 경우. 다만, 합병 신청과 동시에 토지의 용도에 따라 분할 신청을 하는 경우는 제외한다.
5. 합병하려는 토지의 소유자별 공유지분이 다른 경우
6. 합병하려는 토지가 구획정리, 경지정리 또는 축척변경을 시행하고 있는 지역의 토지와 그 지역 밖의 토지인 경우
7. 합병하려는 토지 소유자의 주소가 서로 다른 경우. 다만, 제1항에 따른 신청을 접수받은 지적소관청이 「전자정부법」 제36조제1항에 따른 행정정보의 공동이용을 통하여 다음 각 목의 사항을 확인(신청인이 주민등록표 초본 확인에 동의하지 않는 경우에는 해당 자료를 첨부하도록 하여 확인)한 결과 토지 소유자가 동일인임을 확인할 수 있는 경우는 제외한다.
  가. 토지등기사항증명서
  나. 법인등기사항증명서(신청인이 법인인 경우만 해당한다)
  다. 주민등록표 초본(신청인이 개인인 경우만 해당한다)

11. 토지소유자는 지목변경을 할 토지가 있으면 대통령령이 정하는 바에 따라 며칠 이내에 지적소관청에 지목변경을 신청해야 하는가?

① 60일 ② 90일
③ 120일 ④ 150일

해설 [공간정보의 구축 및 관리 등에 관한 법률 제81조(지목변경 신청)]
토지소유자는 지목변경을 할 토지가 있으면 대통령령으로 정하는 바에 따라 그 사유가 발생한 날부터 60일 이내에 지적소관청에 지목변경을 신청하여야 한다.

12. 지적공부에 등록된 토지가 지형의 변화로 바다로 된 경우, 토지소유자는 지적소관청으로부터 등록말소 신청을 하도록 통지를 받은 날부터 최대 며칠 이내에 등록말소 신청을 하여야 하는가?

① 10일 이내 ② 30일 이내
③ 60일 이내 ④ 90일 이내

해설 [공간정보의 구축 및 관리 등에 관한 법률 제82조(바다로 된 토지의 등록말소 신청)]
지적소관청은 토지가 바다로 된 경우 토지소유자가 통지를 받은 날부터 90일 이내에 등록말소 신청을 하지 아니하면 대통령령으로 정하는 바에 따라 등록을 말소한다.

13. 지목변경에 관한 설명으로 옳지 않은 것은?

① 건축물의 용도가 변경된 경우에 지목변경을 할 수 있다.
② 토지의 형질변경 등의 공사가 준공된 경우에 지목변경을 할 수 있다.
③ 토지이용상 불합리한 지상경계를 시정하기 위한 경우에 지목변경을 할 수 있다.
④ 지목변경의 사유가 발생한 날부터 60일 이내에 지적소관청에 신청하여야 한다.

해설 토지이용상 불합리한 지상경계를 시정하기 위한 경우에는 분할을 신청하여야 한다.
[공간정보의 구축 및 관리 등에 관한 법률 제81조(지목변경 신청)]
토지소유자는 지목변경을 할 토지가 있으면 대통령령으로 정하는 바에 따라 그 사유가 발생한 날부터 60일 이내에 지적소관청에 지목변경을 신청하여야 한다.

14. 다음 중 토지소유자가 지목변경을 신청할 때에 첨부하여 지적소관청에 제출하여야 하는 서류에 해당하지 않는 것은?

① 과세사실을 증명하는 납세증명서의 사본
② 토지 또는 건축물의 용도가 변경되었음을 증명하는 서류의 사본
③ 관계법령에 따라 토지의 형질변경 공사가 준공되었음을 증명하는 서류의 사본
④ 국유지·공유지의 경우 용도 폐지되었거나 사실상 공공용으로 사용되고 있지 아니함을 증명하는 서류의 사본

정답 10. ④ 11. ① 12. ④ 13. ③ 14. ①

> **해설** [공간정보의 구축 및 관리 등에 관한 법률 시행규칙 제84조(지목변경의 신청)]
> ① 관계법령에 따라 토지의 형질변경 등의 공사가 준공되었음을 증명하는 서류의 사본
> ② 국유지·공유지의 경우에는 용도폐지되었거나 사실상 공공용으로 사용되고 있지 아니함을 증명하는 서류의 사본
> ③ 토지 또는 건축물의 용도가 변경되었음을 증명하는 서류의 사본

15. 지적공부의 등록을 말소시켜야 하는 경우는?

① 홍수로 인하여 하천이 범람하여 토지가 매몰된 경우
② 토지가 지형의 변화 등으로 바다로 된 경우로서 원상회복이 불가능한 경우
③ 토지에 형질변경의 사유가 생길 경우
④ 대규모 화재로 건물이 전소한 경우

> **해설** [바다로 된 토지의 등록말소]
> 지적공부에 등록된 토지가 지형의 변화 등으로 바다로 된 경우로서 원상으로 회복할 수 없거나, 다른 지목의 토지로 될 가능성이 없을 때 지적공부의 등록을 말소하는 것

16. 지적소관청이 축척변경을 할 때 축척변경 승인 신청서에 첨부하는 서류가 아닌 것은?

① 축척변경의 사유
② 지번등 명세
③ 토지대장 사본
④ 토지소유자의 동의서

> **해설** [공간정보의 구축 및 관리 등에 관한 법률 시행령 제70조(축척변경 승인신청)]
> 1. 축척변경사유
> 2. 지번등 명세
> 3. 토지소유자의 동의서
> 4. 축척변경위원회의 의결서 사본
> 5. 그 밖에 축척변경승인을 위해 시·도지사 또는 대도시 시장이 필요하다고 인정하는 서류

17. 바다로 된 토지의 등록말소 및 회복에 대한 설명으로 틀린 것은?

① 등록말소 및 회복에 관한 사항은 토지소유자의 동의 없이는 불가능하다.
② 지적소관청은 회복등록을 하려면 그 지적측량성과 및 등록말소 당시의 지적공부 등 관계자료에 따라야 한다.
③ 토지소유자가 등록말소 신청을 하지 아니하면 지적소관청이 직권으로 그 지적공부의 등록사항을 말소하여야 한다.
④ 지적공부의 등록사항을 말소하거나 회복 등록하였을 때에는 그 정리 결과를 토지소유자 및 해당 공유수면의 관리청에 통지하여야 한다.

> **해설** [공간정보의 구축 및 관리 등에 관한 법률 제82조(바다로 된 토지의 등록말소 신청)]
> 지적소관청은 토지가 바다로 된 경우 토지소유자가 통지를 받은 날부터 90일 이내에 등록말소 신청을 하지 아니하면 대통령령으로 정하는 바에 따라 등록을 말소한다.

18. 다음 중 축척변경에 관한 설명의 ( ) 안에 적합한 것은?

> 지적소관청은 축척변경을 하려면 축척변경 시행지역의 토지소유자 ( ) 이상의 동의를 받아 축척변경위원회의 의결을 거친 후 시·도지사 또는 대도시 시장의 승인을 받아야 한다.

① 4분의 1   ② 3분의 1
③ 3분의 2   ④ 2분의 1

> **해설** [공간정보의 구축 및 관리 등에 관한 법률 제83조(축척변경)]
> 지적소관청은 축척변경을 하려면 축척변경시행지역의 토지소유자 (2/3) 이상의 동의를 받아 축척변경위원회의 의결을 거친 후 시·도지사 또는 대도시 시장의 승인을 받아야 한다.

19. 축척변경시행공고에 관한 사항에 해당되지 않는 것은?

① 축척변경의 시행지역
② 축척변경의 시행에 관한 세부계획
③ 축척변경의 시행에 관한 사업시행자
④ 축척변경의 시행에 따른 청산방법

정답 15. ② 16. ③ 17. ① 18. ③ 19. ③

해설 [축척변경시행의 공고내용]
① 축척변경의 목적, 시행지역 및 시행기간
② 축척변경의 시행에 관한 세부계획
③ 축척변경의 시행에 따른 청산방법
④ 축척변경의 시행에 따른 토지소유자 등의 협조에 관한 사항

20. 지적소관청이 청산금을 산정한 결과 증가된 면적에 대한 청산금의 합계와 감소된 면적에 대한 청산금의 합계에 차액이 생긴 경우 처리방법으로 옳은 것은?

① 초과액은 토지소유자의 수입으로 하고 부족액은 토지소유자가 부담한다.
② 초과액은 토지소유자의 수입으로 하고 부족액은 그 지방자치단체가 부담한다.
③ 초과액은 그 지방자치단체의 수입으로 하고 부족액은 토지소유자가 부담한다.
④ 초과액은 그 지방자치단체의 수입으로 하고 부족액은 그 지방자치단체가 부담한다.

해설 [공간정보의 구축 및 관리 등에 관한 법률 시행령 제75조(청산금의 산정)]
청산금을 산정한 결과 증가된 면적에 대한 청산금의 합계와 감소된 면적에 대한 청산금의 합계에 차액이 생긴 경우 초과액은 그 지방자치단체의 수입으로 하고, 부족액은 그 지방자치단체가 부담한다.

21. 축척 변경에 따른 청산금의 산정 및 납부고지 등에 관한 설명이 틀린 것은?

① 청산금을 산정한 결과 차액이 생긴 경우 초과액은 그 지방자치 단체의 수입으로 한다.
② 지적 소관청은 청산금의 수령통지를 한 날부터 6개월 이내에 청산금을 지급하여야 한다.
③ 납부고지를 받은 날부터 3개월 이내에 청산금을 지적소관청에 내야 한다.
④ 청산금은 필지별 등록면적에 제곱미터당 금액을 곱하여 산출한다.

해설 [공간정보의 구축 및 관리 등에 관한 법률 시행령 제75조(청산금의 산정)]
청산금은 축척변경 지번별 조서의 필지별 증감면적에 따라 결정된 지번별 제곱미터당 금액을 곱하여 산정한다.

22. 축척변경에 따른 청산금 산출 시 지적소관청은 언제를 기준으로 그 축척변경 시행지역의 토지에 대한 지번별 제곱미터당 금액을 미리 조사하여야 하는가?

① 형질변경 조서작성 완료일 현재
② 축척변경 시행공고일 현재
③ 축척변경 측량완료일 현재
④ 경계점표지 설치일 현재

해설 [공간정보의 구축 및 관리 등에 관한 법률 시행령 제75조(청산금의 산정)]
지적소관청은 시행공고일 현재를 기준으로 그 축척변경 시행지역의 토지에 대하여 지번별 제곱미터당 금액을 미리 조사하여 축척변경위원회에 제출하여야 한다.

23. 다음 중 축척변경에 따른 청산금 산정에 대한 설명이 옳지 않은 것은?

① 지적소관청은 축척변경에 관한 측량을 한 결과 측량 전에 비하여 면적의 증감이 있는 경우에는 그 증감면적에 대하여 청산을 하여야 한다.
② 토지소유자 전원이 청산하지 아니하기로 합의하여 서면을 제출한 경우에도 지적소관청은 축척변경에 따른 증감면적에 대하여 청산을 하여야 한다.
③ 지적소관청이 축척변경에 따른 증감면적에 대하여 청산하는 경우 축척변경위원회의 의결을 거쳐 지번별 제곱미터당 금액을 정하여야 한다.
④ 지적소관청은 청산금을 산정하였을 때에는 청산금조서를 작성하고, 청산금이 결정되었다는 뜻을 15일 이상 공고하여 일반인이 열람할 수 있게 하여야 한다.

해설 [공간정보의 구축 및 관리 등에 관한 법률 시행령 제75조(청산금의 산정)]
축척변경에 따른 증감면적에 대하여 청산하지 않는 경우
1. 필지별 증감면적이 허용범위 이내인 경우(축척변경위원회의 의결이 있는 경우는 제외)
2. 토지소유자 전원이 청산하지 아니하기로 합의하여 서면으로 제출한 경우

정답 20. ④ 21. ④ 22. ② 23. ②

24. 축척변경에 따른 청산금 납부고지 또는 수령토지 시기는?

① 축척변경확정공고한 날부터 30일 이내
② 축척변경승인 때부터 30일 이내
③ 청산금의 결정을 공고한 날부터 20일 이내
④ 청산금의 이의신청이 있는 날부터 20일 이내

해설 [공간정보의 구축 및 관리 등에 관한 법률 시행령 제76조(청산금의 납부고지 등)]
① 지적소관청은 청산금의 결정을 공고한 날부터 20일 이내에 토지소유자에게 청산금의 납부고지 또는 수령통지를 하여야 한다.
② 제1항에 따른 납부고지를 받은 자는 그 고지를 받은 날부터 6개월 이내에 청산금을 지적소관청에 내야 한다.
③ 지적소관청은 수령통지를 한 날부터 6개월 이내에 청산금을 지급하여야 한다.
④ 지적소관청은 청산금을 지급받을 자가 행방불명 등으로 받을 수 없거나 받기를 거부할 때에는 그 청산금을 공탁할 수 있다.
⑤ 지적소관청은 청산금을 내야 하는 자가 기간 내에 청산금에 관한 이의신청을 하지 아니하고 기간 내에 청산금을 내지 아니하면 「지방행정제재·부과금의 징수 등에 관한 법률」에 따라 징수할 수 있다.

25. 축척변경 시행에 따른 청산금의 납부 및 교부에 관한 설명으로 옳지 않은 것은?

① 지적소관청은 청산금의 결정을 공고한 날부터 20일 이내에 토지소유자에게 납부고지 또는 수령통지를 해야 한다.
② 납부고지를 받은 자는 고지를 받은 날부터 3개월 이내에 청산금을 축척변경위원회에 납부해야 한다.
③ 청산금에 관한 이의 신청은 납부고지 또는 수령통지를 받은 날부터 1개월 이내에 지적소관청에 할 수 있다.
④ 지적소관청은 청산금을 지급받을 자가 행방불명 등으로 받을 수 없거나 받기를 거부할 때에는 그 청산금을 공탁할 수 있다.

해설 [공간정보의 구축 및 관리 등에 관한 법률 시행령 제76조(청산금의 납부고지 등)]
① 지적소관청은 청산금의 결정을 공고한 날부터 20일 이내에 토지소유자에게 청산금의 납부고지 또는 수령통지를 하여야 한다.
② 제1항에 따른 납부고지를 받은 자는 그 고지를 받은 날부터 6개월 이내에 청산금을 지적소관청에 내야 한다.
③ 지적소관청은 수령통지를 한 날부터 6개월 이내에 청산금을 지급하여야 한다.
④ 지적소관청은 청산금을 지급받을 자가 행방불명 등으로 받을 수 없거나 받기를 거부할 때에는 그 청산금을 공탁할 수 있다.
⑤ 지적소관청은 청산금을 내야 하는 자가 기간 내에 청산금에 관한 이의신청을 하지 아니하고 기간 내에 청산금을 내지 아니하면 「지방행정제재·부과금의 징수 등에 관한 법률」에 따라 징수할 수 있다.

26. 축척 변경 시 면적 증감에 따른 청산에 관한 설명 중 틀린 것은?

① 청산금은 축척변경위원회에서 결정한다.
② 청산금 납부고지는 축척변경위원회에서 한다.
③ 청산금은 납부고지를 받은 날부터 3개월 이내에 납부하여야 한다.
④ 면적 증감에 따른 청산금 차액은 지방자치단체 수입 또는 부담으로 한다.

해설 [공간정보의 구축 및 관리 등에 관한 법률 시행령 제76조(청산금의 납부고지 등)]
① 지적소관청은 청산금의 결정을 공고한 날부터 20일 이내에 토지소유자에게 청산금의 납부고지 또는 수령통지를 하여야 한다.
② 납부고지를 받은 자는 그 고지를 받은 날부터 6개월 이내에 청산금을 지적소관청에 내야 한다.
③ 지적소관청은 제1항에 따른 수령통지를 한 날부터 6개월 이내에 청산금을 지급하여야 한다.
④ 지적소관청은 청산금을 지급받을 자가 행방불명 등으로 받을 수 없거나 받기를 거부할 때에는 그 청산금을 공탁할 수 있다.
⑤ 지적소관청은 청산금을 내야 하는 자가 제77조제1항에 따른 기간 내에 청산금에 관한 이의신청을 하지 아니하고 제2항에 따른 기간 내에 청산금을 내지 아니하면 「지방행정제재·부과금의 징수 등에 관한 법률」에 따라 징수할 수 있다.

정답 24. ③ 25. ② 26. ②

27. 다음 중 축척변경에 관한 측량에 따른 청산금의 산정에 대한 설명으로 옳지 않은 것은?

① 지적소관청은 축척변경에 관한 측량을 한 결과 측량 전에 비하여 면적의 증감이 있는 경우에는 그 증감면적에 대하여 청산을 하여야 한다.
② 청산을 할 때에는 축척변경위원회의 의결을 거쳐 지번별로 제곱미터당 금액을 정하여야 한다.
③ 청산금은 축척변경 지번별 조서의 필지별 증감면적에 지번별 제곱미터당 금액을 곱하여 산정한다.
④ 지적소관청은 청산금을 지급받을 자가 청산금을 받기를 거부할 때에는 그 청산금을 공탁할 수 없다.

해설 [공간정보의 구축 및 관리 등에 관한 법률 시행령 제75조(청산금의 신청), 제76조(청산금의 납부고지 등)]
지적소관청은 청산금을 지급받을 자가 행방불명 등으로 받을 수 없거나 받기를 거부할 때에는 그 청산금을 공탁할 수 있다.

28. 축척변경에 대한 설명으로 틀린 것은?

① 지적소관청이 축척변경의 확정공고를 하였을 때에는 지체 없이 축척변경에 따라 확정된 사항을 지적공부에 등록하여야 한다.
② 수령통지된 청산금에 관하여 이의가 있는 자는 수령통지를 받은 날부터 3개월 이내에 지적소관청에 이의신청을 할 수 있다.
③ 축척변경의 확정공고에 따라 해당 사항을 지적공부에 등록하는 때에 지적도는 확정측량결과도 또는 경계점 좌표에 따른다.
④ 축척변경위원회는 5명 이상 10명 이하의 위원으로 구성하되, 위원의 1/2 이상을 토지소유자로 하여야 한다.

해설 [공간정보의 구축 및 관리 등에 관한 법률 시행령 제76조(청산금의 납부고지 등)]
① 지적소관청은 청산금의 결정을 공고한 날부터 20일 이내에 토지소유자에게 청산금의 납부고지 또는 수령통지를 하여야 한다.
② 제1항에 따른 납부고지를 받은 자는 그 고지를 받은 날부터 6개월 이내에 청산금을 지적소관청에 내야 한다.
③ 지적소관청은 수령통지를 한 날부터 6개월 이내에 청산금을 지급하여야 한다.
④ 지적소관청은 청산금을 지급받을 자가 행방불명 등으로 받을 수 없거나 받기를 거부할 때에는 그 청산금을 공탁할 수 있다.
⑤ 지적소관청은 청산금을 내야 하는 자가 기간 내에 청산금에 관한 이의신청을 하지 아니하고 기간 내에 청산금을 내지 아니하면 「지방행정제재·부과금의 징수 등에 관한 법률」에 따라 징수할 수 있다.

29. 축척변경 시행지역의 토지는 어떤 때에 토지의 이동이 있는 것으로 보는가?

① 청산금 산출일
② 청산금 납부일
③ 축척변경 승인공고일
④ 축척변경 확정공고일

해설 [공간정보의 구축 및 관리 등에 관한 법률 시행령 제78조(축척변경의 확정공고)]
① 청산금의 납부 및 지급이 완료되었을 때에는 지적소관청은 지체 없이 축척변경의 확정공고를 하여야 한다.
② 지적소관청은 제1항에 따른 확정공고를 하였을 때에는 지체 없이 축척변경에 따라 확정된 사항을 지적공부에 등록하여야 한다.
③ 축척변경 시행지역의 토지는 제1항에 따른 확정공고일에 토지의 이동이 있는 것으로 본다.

30. 축척변경에 대한 확정공고의 시기로 옳은 것은?

① 공사완료시
② 청산금의 납부 및 지급의 완료시
③ 축척변경 등기촉탁 완료시
④ 청산금 징수 공고시

해설 [공간정보의 구축 및 관리 등에 관한 법률 시행령 제78조(축척변경의 확정공고)]
① 청산금의 납부 및 지급이 완료되었을 때에는 지적소관청은 지체 없이 축척변경의 확정공고를 하여야 한다.
② 지적소관청은 제1항에 따른 확정공고를 하였을 때에는 지체 없이 축척변경에 따라 확정된 사항을 지적공부에 등록하여야 한다.
③ 축척변경 시행지역의 토지는 제1항에 따른 확정공고일에 토지의 이동이 있는 것으로 본다.

31. 다음 축척변경위원회의 설명 중 ( ) 안에 적합한 것은?

> 축척변경위원회는 ( )의 위원으로 구성하되, 위원의 2분의 1 이상을 토지소유자로 하여야 한다.

① 5명 이상 10명 이하
② 10명 이상 15명 이하
③ 15명 이상 25명 이하
④ 25명 이상 30명 이하

해설 [공간정보의 구축 및 관리 등에 관한 법률 시행령 제79조(축척변경위원회의 구성 등)]
축척변경위원회는 (5명 이상 10명 이하)의 위원으로 구성하되, 위원의 2분의 1 이상을 토지소유자로 하여야 한다.

32. 축척변경위원회의 심의 사항이 아닌 것은?

① 축척변경 시행계획에 관한 사항
② 지번별 m²당 가격의 결정에 관한 사항
③ 청산금의 이의신청에 관한 사항
④ 도시개발사업에 관한 사항

해설 [공간정보의 구축 및 관리 등에 관한 법률 시행령 제80조(축척변경위원회의 기능)]
1. 축척변경 시행계획에 관한 사항
2. 지번별 제곱미터당 금액의 결정과 청산금의 산정에 관한 사항
3. 청산금의 이의신청에 관한 사항
4. 그 밖에 축척변경과 관련하여 지적소관청이 회의에 부치는 사항

33. 공간정보의 구축 및 관리 등에 관한 법률상 지적공부 등록사항의 정정에 대한 내용으로 틀린 것은?

① 등록사항의 정정이 토지소유자에 관한 사항일 경우 지적공부 등본에 의하여야 한다.
② 토지소유자는 지적공부의 등록사항에 잘못이 있음을 발견하면 지적소관청에 그 정정을 신청할 수 있다.
③ 지적소관청은 지적공부의 등록사항에 잘못이 있음을 발견하면 대통령령으로 정하는 바에 따라 직권으로 조사·측량하여 정정할 수 있다.
④ 등록사항의 정정으로 인접 토지의 경계가 변경되는 경우 그 정정은 인접토지소유자의 승낙서가 제출되어야 한다(토지소유자가 승낙하지 아니하는 경우는 이에 대항할 수 있는 확정판결서 정본을 제출한다).

해설 [공간정보의 구축 및 관리 등에 관한 법률 제84조(등록사항의 정정)]
지적소관청이 등록사항을 정정할 때 그 정정사항이 토지소유자에 관한 사항인 경우에는 등기필증, 등기완료통지서, 등기사항증명서 또는 등기관서에서 제공한 등기전산정보자료에 따라 정정하여야 한다.

34. 다음 등록사항의 정정에 대한 설명 중 ( ) 안에 해당하지 않는 것은?

> 지적소관청이 제1항 또는 제2항에 따라 등록사항을 정정할 때 그 정정사항이 토지소유자에 관한 사항인 경우에는 ( ) 또는 등기관서에서 제공한 등기전산정보자료에 따라 정정하여야 한다.

① 등기부등본
② 등기필증
③ 등기완료통지서
④ 등기사항증명서

해설 [공간정보의 구축 및 관리 등에 관한 법률 제84조(등록사항의 정정)]
지적소관청이 제1항 또는 제2항에 따라 등록사항을 정정할 때 그 정정사항이 토지소유자에 관한 사항인 경우에는 (등기필증, 등기완료통지서, 등기사항증명서) 또는 등기관서에서 제공한 등기전산정보자료에 따라 정정하여야 한다. 다만, 제1항에 따라 미등기 토지에 대하여 토지소유자의 성명 또는 명칭, 주민등록번호, 주소 등에 관한 사항의 정정을 신청한 경우로서 그 등록사항이 명백히 잘못된 경우에는 가족관계 기록사항에 관한 증명서에 따라 정정하여야 한다.

35. 지적공부의 정리 시 붉은색으로 정리하여야 할 사항이 아닌 것은?

① 도곽선
② 경계
③ 말소선
④ 도곽선 수치

해설 [지적업무 처리규정 제18조(측량준비파일의 작성)]
측량준비파일을 작성하고자 하는 때에는 지적기준점 및 그 번호와 좌표는 검은색으로, 도곽선 및 그 수치와 지적기준점 간 거리는 붉은색으로, 그 외는 검은색으로 작성한다.

정답 31. ① 32. ④ 33. ① 34. ① 35. ②

36. 지적소관청이 직권으로 지적공부에 등록된 사항을 정정할 수 없는 경우는?

① 지적측량성과와 다르게 정리된 경우
② 토지이동정리 결의서의 내용과 다르게 정리된 경우
③ 지적공부의 작성 또는 재작성 당시 잘못 정리된 경우
④ 지적도에 등록된 필지가 면적의 증감이 있으며 경계 위치가 잘못된 경우

해설 [공간정보의 구축 및 관리 등에 관한 법률 시행령 제82조(등록사항의 직권정정 등)]
1. 토지이동정리 결의서의 내용과 다르게 정리된 경우
2. 지적도 및 임야도에 등록된 필지가 면적의 증감 없이 경계의 위치만 잘못된 경우
3. 1필지가 각각 다른 지적도나 임야도에 등록되어 있는 경우로서 지적공부에 등록된 면적과 측량한 실제면적은 일치하지만 지적도나 임야도에 등록된 경계가 서로 접합되지 않아 지적도나 임야도에 등록된 경계를 지상의 경계에 맞추어 정정하여야 하는 토지가 발견된 경우
4. 지적공부의 작성 또는 재작성 당시 잘못 정리된 경우
5. 지적측량성과와 다르게 정리된 경우
6. 법 제29조 제10항에 따라 지적공부의 등록사항을 정정하여야 하는 경우
7. 지적공부의 등록사항이 잘못 입력된 경우
8. 「부동산등기법」 제37조 제2항에 따른 통지가 있는 경우(지적소관청의 착오로 잘못 합병한 경우만 해당한다)
9. 면적 환산이 잘못된 경우

37. 다음 중 지적측량을 정지시킬 수 있는 사유에 해당하는 것은?

① 소유권 이전, 매매 등을 위하여 필요한 경우
② 토지이용상 불합리한 지상경계를 시정하기 위한 경우
③ 도시개발사업 등의 사업시행자가 사업지구의 경계를 결정하기 위하여 토지를 분할하려는 경우
④ 지적공부의 등록사항 중 경계와 면적 등 측량을 수반하는 토지의 표시가 잘못된 경우

해설 [공간정보의 구축 및 관리 등에 관한 법률 시행령 제82조(등록사항의 직권정정 등)]
1. 토지이동정리 결의서의 내용과 다르게 정리된 경우
2. 지적도 및 임야도에 등록된 필지가 면적의 증감 없이 경계의 위치만 잘못된 경우
3. 1필지가 각각 다른 지적도나 임야도에 등록되어 있는 경우로서 지적공부에 등록된 면적과 측량한 실제면적은 일치하지만 지적도나 임야도에 등록된 경계가 서로 접합되지 않아 지적도나 임야도에 등록된 경계를 지상의 경계에 맞추어 정정하여야 하는 토지가 발견된 경우
4. 지적공부의 작성 또는 재작성 당시 잘못 정리된 경우
5. 지적측량성과와 다르게 정리된 경우
6. 법 제29조 제10항에 따라 지적공부의 등록사항을 정정하여야 하는 경우
7. 지적공부의 등록사항이 잘못 입력된 경우
8. 「부동산등기법」 제37조 제2항에 따른 통지가 있는 경우(지적소관청의 착오로 잘못 합병한 경우만 해당한다)
9. 면적 환산이 잘못된 경우

38. 토지소유자가 지적공부의 등록사항에 잘못이 있음을 발견하여 정정을 신청할 때, 경계 또는 면적의 변경을 가져오는 경우 정정사유를 적은 신청서에 첨부해야 하는 서류는?

① 토지대장등본   ② 등기전산정보자료
③ 축척변경 지번별 조서   ④ 등록사항 정정 측량성과도

해설 법 제84조 및 시행규칙 제93조 경계 또는 면적의 변경을 가져오는 경우 등록사항 정정 측량성과도를 첨부 제출하여야 한다.

39. 토지소유자가 지적공부의 등록사항에 대한 정정을 신청할 때 등록사항 정정 측량성과도의 첨부가 필요한 경우는?

① 분할 신청   ② 등록전환 신청
③ 지목변경 신청   ④ 경계 또는 면적의 변경 신청

해설 [공간정보의 구축 및 관리 등에 관한 법률 제84조]
지적공부의 등록사항에 대한 정정을 신청할 때 정정사유를 적은 신청서에 첨부 제출하는 서류
1. 경계 또는 면적의 변경을 가져오는 경우 : 등록사항 정정 측량성과도
2. 그 밖의 등록사항을 정정하는 경우 : 변경사항을 확인할 수 있는 서류

정답 36. ④ 37. ④ 38. ④ 39. ④

40. 도시개발사업 등으로 인한 토지의 이동은 언제를 기준으로 그 토지의 이동이 이루어진 것으로 보는가?

① 토지의 형질변경 등의 공사가 준공된 때
② 토지의 형질변경 등의 공사를 착공한 때
③ 토지의 형질변경 등의 공사를 허가한 때
④ 토지의 형질변경 등의 공사가 중지된 때

해설 [공간정보의 구축 및 관리 등에 관한 법률 제86조(도시개발사업 등 시행지역의 토지이동 신청에 관한 특례)]
도시개발법에 따른 도시개발사업으로 인한 토지의 이동시기는 형질변경 등의 공사가 준공된 때이다.

41. 도시개발사업 등 시행지역의 토지이동 신청에 관한 특례와 관련하여, 대통령령으로 정하는 토지개발사업에 해당하지 않는 것은?

① 농업생산기반시설 정비사업법에 따른 농지기반사업
② 택지개발촉진법에 따른 택지개발사업
③ 산업입지 및 개발에 관한 법률에 따른 산업단지개발사업
④ 도시 및 주거환경정비법에 따른 정비사업

해설 [공간정보의 구축 및 관리 등에 관한 법률 시행령 제83조(토지개발사업 등의 범위 및 신고)]
1. 「주택법」에 따른 주택건설사업
2. 「택지개발촉진법」에 따른 택지개발사업
3. 「산업입지 및 개발에 관한 법률」에 따른 산업단지개발사업
4. 「도시 및 주거환경정비법」에 따른 정비사업
5. 「지역 개발 및 지원에 관한 법률」에 따른 지역개발사업
6. 「체육시설의 설치·이용에 관한 법률」에 따른 체육시설 설치를 위한 토지개발사업
7. 「관광진흥법」에 따른 관광단지 개발사업
8. 「공유수면 관리 및 매립에 관한 법률」에 따른 매립사업
9. 「항만법」 및 「신항만건설촉진법」에 따른 항만개발사업
10. 「공공주택 특별법」에 따른 공공주택지구조성사업
11. 「물류시설의 개발 및 운영에 관한 법률」 및 「경제자유구역의 지정 및 운영에 관한 특별법」에 따른 개발사업
12. 「철도건설법」에 따른 고속철도, 일반철도 및 광역철도 건설사업
13. 「도로법」에 따른 고속국도 및 일반국도 건설사업
14. 제1호부터 제13호까지의 사업과 유사한 경우로서 국토교통부장관이 고시하는 요건에 해당하는 토지개발사업

42. 도시개발사업 등의 신고에 관한 설명 중 옳지 않은 것은?

① 시행자는 사업의 착수·변경 및 완료사실을 지적소관청에 신고하여야 한다.
② 사업의 착수신고는 그 신고사유가 발생한 날로부터 15일 이내에 하여야 한다.
③ 사업의 완료신고는 그 신고사유가 발생한 날로부터 30일 이내에 하여야 한다.
④ 사업의 착수신고서에는 반드시 사업계획도가 첨부되어야 한다.

해설 도시개발사업의 착수·변경 또는 완료 사실의 신고는 그 사유가 발생한 날부터 15일 이내에 하여야 한다.

43. 도시개발사업 등의 완료 신고가 있는 때의 처리사항으로 틀린 것은?

① 첨부서류인 종전토지의 지번별조서와 면적측정부 및 환지계획서의 부합여부를 확인하여야 한다.
② 완료신고에 대한 서류의 확인이 완료된 때에는 확정될 토지의 지번별조서에 의하여 토지대장을 작성하여야 한다.
③ 완료신고에 대한 서류의 확인이 완료된 때에는 토지대장에 등록하는 소유자의 성명 또는 명칭과 등록번호 및 주소는 환지계획서에 의하여야 한다.
④ 첨부서류인 측량결과도 또는 경계점좌표와 새로이 작성된 지적도와의 부합여부를 확인하여야 한다.

해설 [도시개발사업 등의 완료신고가 있는 때의 처리사항]
① 확정될 토지의 지번별조서와 면적측정부 및 환지계획서의 부합여부
② 종전토지의 지번별조서와 지적공부등록사항 및 환지계획서의 부합여부
③ 측량결과도 또는 경계점좌표와 새로 작성된 지적도와의 부합여부
④ 종전토지 소유명의인 동일여부 및 종전토지 등기부에 소유권등기 이외의 다른 등기사항이 없는지 여부

정답 40. ① 41. ① 42. ③ 43. ①

44. 주택법에 따른 주택건설사업의 시행자가 파산 등의 이유로 토지의 이동 신청을 할 수 없을 때에는 누가 이를 신청할 수 있는가?

① 주택의 시공을 보증한 자 또는 입주예정자
② 해당 토지를 관리하는 지방자치 단체의 장
③ 공유자가 선임한 대표자
④ 채권자

해설〉 법 제86조 및 시행령 제83조 제4항 주택법에 따른 주택건설사업의 시행자가 파산 등의 이유로 토지의 이동 신청을 할 수 없을 때에는 주택의 시공을 보증한 자 또는 입주예정자가 토지이동을 신청할 수 있다.

45. 다음 중 토지소유자를 대신하여 토지의 이동 신청을 할 수 없는 자는? (단, 등록사항 정정대상 토지는 제외한다.)

① 행정안전부 차관
② 민법 제404조의 규정에 의한 채권자
③ 국가 또는 지방자치단체가 취득하는 토지의 경우에는 그 토지를 관리하는 지방자치단체의 장
④ 공공사업 등으로 인해 학교, 도로, 철도, 제방, 하천, 구거, 유지, 수도용지 등의 지목으로 되는 토지의 경우에 그 사업시행자

해설〉 [공간정보의 구축 및 관리 등에 관한 법률 제87조(신청의 대위)]
① 사업시행자 : 공공사업 등으로 인하여 학교용지, 도로, 철도용지, 제방, 하천, 구거, 유지, 수도용지 등의 지목으로 되는 토지의 경우에는 그 사업시행자
② 국가기관 또는 지방자치단체장 : 국가, 지방자치단체가 취득하는 토지의 경우에는 그 토지를 관리하는 국가기관 또는 지방자치단체의 장
③ 관리인 또는 사업시행자 : 주택법에 의한 주택의 부지의 경우에는 〈집합건물의 소유 및 관리에 관한 법률〉에 의한 관리인 또는 사업시행자
④ 민법 제404조의 규정에 의한 채권자 : 채권자는 자신의 채권을 보전하기 위하여 채무자의 권리를 행사할 수 있음

46. 사업시행자가 토지이동에 관하여 대위신청을 할 수 있는 토지의 지목이 아닌 것은?

① 수도용지, 학교용지   ② 철도용지, 하천
③ 과수원, 유원지   ④ 유지, 제방

해설〉 [공간정보의 구축 및 관리 등에 관한 법률 제87조(신청의 대위)]
① 사업시행자 : 공공사업 등으로 인하여 학교용지, 도로, 철도용지, 제방, 하천, 구거, 유지, 수도용지 등의 지목으로 되는 토지의 경우에는 그 사업시행자
② 국가기관 또는 지방자치단체장 : 국가, 지방자치단체가 취득하는 토지의 경우에는 그 토지를 관리하는 국가기관 또는 지방자치단체의 장
③ 관리인 또는 사업시행자 : 주택법에 의한 주택의 부지의 경우에는 〈집합건물의 소유 및 관리에 관한 법률〉에 의한 관리인 또는 사업시행자
④ 민법 제404조의 규정에 의한 채권자 : 채권자는 자신의 채권을 보전하기 위하여 채무자의 권리를 행사할 수 있음

47. 지적소관청이 등록사항을 정정할 때 토지소유자에 관한 사항은 다음 중 무엇에 의하여 정정하여야 하는가?

① 등기필증
② 지적공부등본
③ 법원의 확정판결서
④ 지적공부정리결의서

해설〉 법 제88조 지적공부에 등록된 토지소유자의 변경사항은 등기관서에서 등기한 것을 증명하는 등기필증, 등기완료통지서, 등기사항증명서 또는 등기관서에서 제공한 등기전산정보자료에 따라 정리한다.

48. 신규등록하는 토지의 소유자에 관한 사항을 지적공부에 등록하는 방법으로 옳은 것은?

① 등기부등본에 의하여 등록
② 지적소관청의 조사에 의하여 등록
③ 법원의 최초판결에 의하여 등록
④ 토지소유자의 신고에 의하여 등록

정답 44. ① 45. ① 46. ③ 47. ① 48. ②

해설 [공간정보의 구축 및 관리 등에 관한 법률 제88조(토지소유자의 정리)]
지적공부에 등록된 토지소유자의 변경사항은 등기관서에서 등기한 것을 증명하는 등기필증, 등기완료통지서, 등기사항증명서 또는 등기관서에서 제공한 등기전산정보자료에 따라 정리한다. 다만, 신규등록하는 토지의 소유자는 지적소관청이 직접 조사하여 등록한다.

49. 공유수면 매립준공에 의하여 신규 등록하는 경우 대장에 등록하여야 할 소유권 변동일자는?

① 등기접수일자 ② 신규등록 신청일자
③ 소유자 정리결의일자 ④ 공유수면 매립준공일자

해설 [지적업무처리규정 제83조(소유자 정리)]
공유수면관리 및 매립에 관한 법률에 따른 준공검사확인증 등 소유권 취득에 관한 증빙서류를 검토 조사하여 등록하되, 변동일자는 준공일자로 한다.

50. 토지이동을 수반하지 않고 토지대장을 정리하는 경우는?

① 소유권변경정리 ② 토지분할정리
③ 토지합병정리 ④ 등록전환정리

해설 [토지의 이동]
① 토지의 이동이란 토지의 표시를 새로이 정하거나 변경 또는 말소하는 것
② 토지이동의 종류 : 신규등록, 등록전환, 분할, 합병, 지목변경, 축척변경, 도시개발사업 등의 신고
③ 토지소유권자의 변경, 토지소유자의 주소변경, 토지의 등급의 변경은 토지의 이동에 해당하지 아니한다.

51. 지적소관청이 토지의 이동에 따라 지적공부를 정리해야 할 경우 작성하는 행정서류는?

① 손실보상합의 결정서
② 결번대장정리 조사서
③ 토지이동정리 결의서
④ 지적측량적부 의결서

해설 [공간정보의 구축 및 관리 등에 관한 법률 시행령 제84조(지적공부의 정리 등)]
① 지적소관청이 토지의 이동이 있는 경우에는 토지이동정리 결의서를 작성하여야 하고,
② 토지소유자의 변동 등에 따라 지적공부를 정리하려는 경우에는 소유자정리 결의서를 작성하여야 한다.

52. 지적소관청에서 토지표시 변경에 따라 등기관서에 등기를 촉탁하는 경우 등기촉탁 대상이 아닌 것은?

① 축척을 변경하는 경우
② 신규로 토지를 등록하는 경우
③ 등록사항을 직권으로 정정하는 경우
④ 행정구역 변경에 따라 지번을 변경하는 경우

해설 [공간정보의 구축 및 관리 등에 관한 법률 제89조(등기촉탁)]
신규등록 당시는 등기부가 존재하지 않으므로 등기촉탁의 대상에서 제외된다.

53. 지적소관청이 해당 토지소유자에게 지적정리 등의 통지를 하여야 하는 경우가 아닌 것은?

① 지적소관청이 지적공부를 복구하는 경우
② 지적소관청이 지번부여지역의 전부 또는 일부에 대하여 지번을 새로 부여한 경우
③ 지적소관청이 측량성과를 검사하는 경우
④ 지적소관청이 직권으로 조사, 측량하여 지적공부의 등록사항을 결정하는 경우

해설 ① 지적공부등록, 지번변경, 말소, 직권정정, 행정구역변경, 도시개발사업 등 지적공부정리, 신청대위, 등기촉탁에 따라 지적소관청이 지적공부에 등록하거나 지적공부를 복구 또는 말소하거나 등기촉탁을 하였으면 해당 토지소유자에게 통지하여야 한다.
② 지적소관청이 측량성과를 검사하는 경우는 지적정리 등의 통지 대상이 아니다.

정답 49. ④ 50. ① 51. ③ 52. ② 53. ③

CHAPTER 05 공간정보법 보칙 및 벌칙

1 측량기기의 성능검사

① 측량업자가 측량기기(데오도라이트), 레벨, 거리측정기, 토털스테이션, GPS 수신기의 성능을 3년마다 검사받아야 한다.
② 성능검사(신규 성능검사는 제외한다)는 성능검사 유효기간 만료일 2개월 전부터 유효기간 만료일까지의 기간에 받아야 한다.
③ 국토교통부장관 또는 시·도지사는 판매대행업자의 지정취소, 측량업의 등록취소, 성능검사대행자의 등록취소 처분을 하려는 경우에는 청문을 하여야 한다.

2 토지 등의 출입

① 측량을 하거나, 측량기준점을 설치하거나, 토지의 이동을 조사하는 자는 그 측량 또는 조사 등에 필요한 경우에는 타인의 토지·건물·공유수면 등에 출입하거나 일시 사용할 수 있으며, 필요한 경우에는 나무, 흙, 돌, 그 밖의 장애물을 변경하거나 제거할 수 있다.
② 타인의 토지 등에 출입하려는 자는 관할 특별자치시장, 특별자치도지사, 시장·군수 또는 구청장의 허가를 받아야 하며, 출입하려는 날의 3일 전까지 해당 토지 등의 소유자·점유자 또는 관리인에게 그 일시와 장소를 통지하여야 한다.
③ 행정청인 자는 허가를 받지 아니하고 타인의 토지 등에 출입할 수 있다.
④ 타인의 토지 등을 일시 사용하거나 장애물을 변경 또는 제거하려는 자는 그 소유자, 점유자 또는 관리인의 동의를 받아야 한다.
⑤ 손실보상에 관하여는 손실을 보상할 자와 손실을 받은 자가 협의하여야 하며, 협의가 성립되지 아니하거나 협의를 할 수 없는 경우에는 관할 토지수용위원회에 재결을 신청할 수 있다.
⑥ 수용 또는 사용에 따른 손실보상에 관하여는 공익사업을 위한 토지 등의 취득 및 보상에 관한 법률을 적용한다.

3 벌칙

벌칙	대상 행위
3년 이하 징역 또는 3천만원 이하 벌금	• 측량업자로서 속임수, 위력(威力) 그 밖의 방법으로 측량업 또는 수로사업과 관련된 입찰의 공정성을 해친 자
2년 이하 징역 또는 2천만원 이하 벌금	• 측량기준점표지를 이전 또는 파손하거나 그 효용을 해치는 행위를 한 자 • 고의로 측량성과를 사실과 다르게 한 자 • 법을 위반하여 측량성과를 국외로 반출한 자 • 성능검사를 부정하게 한 성능검사대행자 • 측량업의 등록을 하지 아니하거나 거짓이나 그 밖의 부정한 방법으로 등록을 하고 업을 한 자 • 성능검사대행자의 등록을 하지 아니하거나 거짓이나 그 밖의 부정한 방법으로 성능검사대행자의 등록을 하고 성능검사업무를 한 자
1년 이하 징역 또는 1천만원 이하 벌금	• 무단으로 측량성과 또는 측량기록을 복제한 자 • 심사를 받지 아니하고 지도 등을 간행하여 판매하거나 배포한 자 • 측량기술자가 아님에도 불구하고 측량을 한 자 • 업무상 알게 된 비밀을 누설한 측량기술자 • 둘 이상의 측량업자에게 소속된 측량기술자 • 다른 사람에게 측량업등록증 또는 측량업등록수첩을 빌려주거나 자기의 성명 또는 상호를 사용하여 측량업무를 하게 한 자 • 다른 사람의 측량업등록증 또는 측량업등록수첩을 빌려서 사용하거나 다른 사람의 성명 또는 상호를 사용하여 측량업무를 한 자 • 다른 사람의 성능검사 대행자 등록증을 빌려서 사용하거나 다른 사람의 성명 또는 상호를 사용하여 성능검사 대행업무를 수행한 자 • 지적측량수수료 외의 대가를 받은 지적측량기술자 • 거짓으로 토지이동 신청을 한 자 • 다른 사람에게 자기의 성능검사 대행자 등록증을 빌려주거나 자기의 성명 또는 상호를 사용하여 성능검사 대행업무를 수행하게 한 자

4 수수료 등

① 지적측량을 의뢰하는 자는 지적측량수행자에게 지적측량수수료를 내야 한다.
② 지적측량수수료는 국토교통부장관이 매년 12월 말일까지 고시하여야 한다.
③ 지적공부의 열람 및 등본 발급 신청자가 국가, 지방자치단체 또는 지적측량수행자인 경우와 부동산종합공부의 열람 및 부동산종합증명서 발급 신청자가 국가 또는 지방자치단체인 경우는 수수료를 면제할 수 있다.

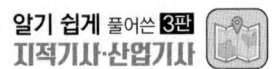

부과금액	대상 행위
300만원 이하 과태료	• 정당한 사유 없이 측량을 방해한 자 • 고시된 측량성과에 어긋나는 측량성과를 사용한 자 • 기본측량성과에 어긋나는 측량성과를 사용한 경우 • 거짓으로 측량기술자 또는 수로기술자의 신고를 한 자 • 측량업 등록사항의 변경신고를 하지 아니한 자 • 측량업자 또는 수로사업자의 지위 승계 신고를 하지 아니한 자 • 측량업 또는 수로사업의 휴업·폐업 등의 신고를 하지 아니하거나 거짓으로 신고한 자 • 본인, 배우자 또는 직계 존속·비속이 소유한 토지에 대한 지적측량을 한 자 • 측량기기에 대한 성능검사를 받지 아니하거나 부정한 방법으로 성능검사를 받은 자 • 성능검사대행자의 등록사항 변경을 신고하지 아니한 자 • 성능검사대행업무의 폐업신고를 하지 아니한 자 • 보고를 하지 아니하거나 거짓으로 보고를 한 자 • 조사를 거부·방해 또는 기피한 자 • 토지 등에의 출입 등을 방해하거나 거부한 자

과태료는 국토교통부장관, 시·도지사, 지적소관청이 부과·징수한다.

CHAPTER 05 공간정보법 보칙 및 벌칙

01. 측량기준점을 설치하거나 토지의 이동을 조사하는 자가 타인의 토지 등에 출입하는 것에 대한 내용으로 틀린 것은?

① 해 뜨기 전이나 해가 진 후에는 그 토지 등의 점유자의 승낙 없이 택지나 담장·울타리로 둘러싸인 타인의 토지에 출입할 수 없다.
② 토지 등의 점유자는 정당한 사유 없이 출입 행위를 방해하거나 거부하지 못한다.
③ 출입 행위를 하려는 자는 그 권한을 표시하는 증표와 허가증을 지니고 관계인에게 이를 내보여야 한다.
④ 증표와 허가증의 발급권자는 국토교통부장관이다.

해설 [공간정보의 구축 및 관리 등에 관한 법률 제101조(토지등에의 출입 등)]
타인의 토지 등에 출입하려는 자는 관할 특별자치시장, 특별자치도지사, 시장·군수 또는 구청장의 허가를 받아야 하며, 출입하려는 날의 3일 전까지 해당 토지 등의 소유자·점유자 또는 관리인에게 그 일시와 장소를 통지하여야 한다. 다만, 행정청인 자는 허가를 받지 아니하고 타인의 토지 등에 출입할 수 있다.

02. 측량업자가 보유한 측량기기의 성능검사주기 기준이 옳은 것은? (단, 한국국토정보공사의 경우는 고려하지 않는다.)

① 레벨 : 2년
② 토털스테이션 : 3년
③ 지피에스(GPS)수신기 : 5년
④ 트랜싯(데오드라이트) : 2년

해설 [공간정보의 구축 및 관리 등에 관한 법률 시행령 제97조(성과검사의 대상 및 주기 등)]
① 트랜싯(데오드라이트), 레벨, 거리측정기, 토털 스테이션, 지피에스(GPS) 수신기, 금속관로 탐지기 : 3년

② 성능검사 주기는 최초의 성능검사를 받아야 하는 날의 다음날부터 기산하고, 이후에는 검사유효기간 만료일 전 31일 이내에 성능검사를 받아야 한다.

03. 지적측량업의 등록을 취소하고자 하는 때에 청문을 실시하는 자는?

① 지적소관청   ② 시·도지사
③ 행정안전부장관   ④ 국무총리

해설 [공간정보의 구축 및 관리 등에 관한 법률 제100조(청문)]
국토교통부장관 또는 시·도지사는 다음 각호에 해당하는 처분을 하려는 경우에는 청문을 하여야 한다.
1. 판매대행업자의 지정취소
2. 측량업의 등록취소
3. 수로사업의 등록취소
4. 성능검사대행자의 등록취소

04. 지적측량 및 토지 이동 조사를 위해 타인의 토지에 출입하거나 일시 사용하는 경우에 대한 설명으로 틀린 것은?

① 타인의 토지에 출입하려는 자는 관할 특별자치시장, 특별자치도지사, 시장·군수 또는 구청장의 허가를 받아야 한다.
② 타인의 토지를 출입하는 자는 소유자·점유자 또는 관리인의 동의 없이 장애물을 변경 또는 제거할 수 있다.
③ 토지의 점유자는 정당한 사유 없이 지적측량 및 토지 이동 조사에 필요한 행위를 방해하거나 거부하지 못한다.
④ 지적측량 및 토지이동 조사에 필요한 행위를 하려는 자는 그 권한을 표시하는 증표와 허가증을 지니고 관계인에게 내보여야 한다.

해설 [공간정보의 구축 및 관리 등에 관한 법률 제101조(토지등에의 출입 등)]
타인의 토지 등을 일시 사용하거나 장애물을 변경 또는 제거

정답 01. ④ 02. ② 03. ② 04. ②

하려는 자는 그 소유자 · 점유자 또는 관리인의 동의를 받아야 한다. 다만, 소유자 · 점유자 또는 관리인의 동의를 받을 수 없는 경우 행정청인 자는 관할 특별자치시장, 특별자치도지사, 시장 · 군수 또는 구청장에게 그 사실을 통지하여야 하며, 행정청이 아닌 자는 미리 관할 특별자치시장, 특별자치도지사, 시장 · 군수 또는 구청장의 허가를 받아야 한다.

05. 토지 등의 출입 등에 따른 손실보상에 관하여 손실을 보상할 자와 손실을 받은 자의 협의가 성립되지 않거나 협의를 할 수 없는 경우 재결을 신청할 수 있는 곳은?

① 지적소관청
② 중앙지적위원회
③ 지방지적위원회
④ 관할 토지수용위원회

해설 [공간정보의 구축 및 관리 등에 관한 법률 제102조(토지 등의 출입 등에 따른 손실보상)]
① 제101조제1항에 따른 행위로 손실을 받은 자가 있으면 그 행위를 한 자는 그 손실을 보상하여야 한다.
② 제1항에 따른 손실보상에 관하여는 손실을 보상할 자와 손실을 받은 자가 협의하여야 한다.
③ 손실을 보상할 자 또는 손실을 받은 자는 제2항에 따른 협의가 성립되지 아니하거나 협의를 할 수 없는 경우에는 관할 토지수용위원회에 재결(裁決)을 신청할 수 있다.
④ 관할 토지수용위원회의 재결에 관하여는 「공익사업을 위한 토지 등의 취득 및 보상에 관한 법률」 제84조부터 제88조까지의 규정을 준용한다.

06. 토지이동을 조사한 자가 측량 또는 조사 등에 필요하여 토지 등에 출입하거나 일시 사용함으로 인해 손실을 받은 자가 있는 경우의 손실배상에 대한 설명이 틀린 것은?

① 손실을 받은 자가 있으며 그 행위를 한 자는 그 손실을 보상하여야 한다.
② 손실보상에 관하여는 손실을 보상할 자와 손실을 받은 자가 협의하여야 한다.
③ 손실을 보상할 자 또는 손실을 받은 자는 손실보상에 관한 협의가 성립되지 아니하는 경우 관할 토지수용위원회의 재결을 신청할 수 있다.
④ 재결에 불복하는 자는 재결서 정본을 송달 받은 날부터 3월 이내에 중앙토지수용위원회에 이의를 신청할 수 있다.

해설 [공간정보의 구축 및 관리 등에 관한 법률 시행령 제102조(손실보상)]
재결에 불복하는 자는 재결서 정본(正本)을 송달받은 날부터 30일 이내에 중앙토지수용위원회에 이의를 신청할 수 있다. 이 경우 그 이의신청은 해당 지방토지수용위원회를 거쳐야 한다.

07. 다음 중 공익사업을 위한 토지 등의 취득 및 보상에 관한 법률을 적용하여야 하는 경우는?

① 국토교통부장관이 기본측량을 실시하기 위하여 필요하다고 인정하여 토지를 사용함에 따른 손실보상에 관한 경우
② 지적소관청이 측량을 방해하는 장애물을 제거하는 경우
③ 축척변경위원회가 축척변경에 따른 청산금을 산정하는 경우
④ 지적측량수행자가 측량성과를 검사하기 위하여 타인의 토지에 출입하는 경우

해설 [공간정보의 구축 및 관리 등에 관한 법률 제103조(토지의 수용 또는 사용)]
① 국토교통부장관 및 해양수산부장관은 기본측량을 실시하기 위하여 필요하다고 인정하는 경우에는 토지, 건물, 나무, 그 밖의 공작물을 수용하거나 사용할 수 있다.
② 제1항에 따른 수용 또는 사용 및 이에 따른 손실보상에 관하여는 「공익사업을 위한 토지 등의 취득 및 보상에 관한 법률」을 적용한다.

08. 지적소관청을 직접 방문하여 1필지를 기준으로 토지대장 또는 임야대장에 대한 열람신청을 하거나 등본발급신청을 할 경우 납부해야 하는 수수료는?

① 열람 : 200원, 등본발급 : 300원
② 열람 : 300원, 등본발급 : 500원
③ 열람 : 500원, 등본발급 : 700원
④ 열람 : 700원, 등본발급 : 1000원

해설 [지적공부 등본 및 열람 수수료]
① 토지대장, 임야대장, 경계점좌표등록부 열람 : 300원, 교부 : 500원(1필지)
② 지적도, 임야도 열람 : 400원, 교부 : 700원(1장)

정답 05. ④ 06. ④ 07. ① 08. ②

09. 지적측량수수료를 결정하여 고시하는 자는?

① 기획재정부장관 ② 국토교통부장관
③ 행정안전부장관 ④ 한국국토정보공사장

> **해설** [공간정보의 구축 및 관리 등에 관한 법률 제106조(수수료 등)]
> ① 지적측량을 의뢰하는 자는 국토교통부령으로 정하는 바에 따라 지적측량수행자에게 지적측량수수료를 내야 한다.
> ② 지적측량수수료는 국토교통부장관이 매년 12월 말일까지 고시하여야 한다.
> ③ 직권으로 조사·측량하여 지적공부를 정리한 경우에는 그 조사·측량에 들어간 비용을 토지소유자로부터 징수한다.

10. 지적 측량수수료에 관한 설명으로 틀린 것은?

① 국토교통부장관이 고시하는 표준품셈 중 지적측량품에 지적기술자의 정부노임단가를 적용하여 산정한다.
② 지적측량 종목별 세부 산정 기준은 국토교통부장관이 정한다.
③ 지적소관청이 직권으로 조사·측량하여 지적공부를 정리한 경우, 조사·측량에 들어간 비용을 면제한다.
④ 지적측량수수료는 국토교통부장관이 매년 12월 말일까지 고시하여야 한다.

> **해설** [공간정보의 구축 및 관리 등에 관한 법률 제106조(수수료 등)]
> ① 지적측량을 의뢰하는 자는 국토교통부령으로 정하는 바에 따라 지적측량수행자에게 지적측량수수료를 내야 한다.
> ② 지적측량수수료는 국토교통부장관이 매년 12월 말일까지 고시하여야 한다.
> ③ 직권으로 조사·측량하여 지적공부를 정리한 경우에는 그 조사·측량에 들어간 비용을 토지소유자로부터 징수한다.

11. 다음 중 수수료를 납부해야 하는 경우로 옳지 않은 것은?

① 지적공부의 등본 발급을 신청할 때
② 지적전산자료의 이용을 신청할 때
③ 지적측량을 의뢰할 때
④ 측량을 위한 타인 토지 출입 허가증 발급을 신청할 때

> **해설** [공간정보의 구축 및 관리 등에 관한 법률 제106조(수수료 등)]
> 측량을 위한 타인 토지 출입 허가증 발급을 신청할 때에는 별도의 수수료를 납부하지 않는다.

12. 측량업자가 속임수, 위력, 그 밖의 방법으로 측량업과 관련된 입찰의 공정성을 해친 자에 대한 벌칙 기준은?

① 300만 원 이하의 과태료
② 1년 이하의 징역 또는 1천만 원 이하의 벌금
③ 2년 이하의 징역 또는 2천만 원 이하의 벌금
④ 3년 이하의 징역 또는 3천만 원 이하의 벌금

> **해설** [공간정보의 구축 및 관리 등에 관한 법률 제107조(벌칙)]
> 측량업자나 수로사업자로서 속임수, 위력(威力), 그 밖의 방법으로 측량업 또는 수로사업과 관련된 입찰의 공정성을 해친 자 : 3년 이하의 징역 또는 3천만원 이하의 벌금

13. 고의로 지적측량성과를 사실과 다르게 한 자에 대한 벌칙 기준이 옳은 것은?

① 300만 원 이하의 과태료
② 1년 이하의 징역 또는 1000만 원 이하의 벌금
③ 2년 이하의 징역 또는 2000만 원 이하의 벌금
④ 3년 이하의 징역 또는 3000만 원 이하의 벌금

> **해설** [공간정보의 구축 및 관리 등에 관한 법률 제108조(벌칙) 2년 이하의 징역이나 2000만 원 이하의 벌금 적용기준]
> 1. 측량기준점표지를 이전 또는 파손하거나 그 효용을 해치는 행위를 한 자
> 2. 고의로 측량성과 또는 수로조사성과를 사실과 다르게 한 자
> 3. 측량성과를 국외로 반출한 자
> 4. 측량업의 등록을 하지 아니하거나 거짓이나 그 밖의 부정한 방법으로 측량업의 등록을 하고 측량업을 한 자
> 5. 수로사업의 등록을 하지 아니하거나 거짓이나 그 밖의 부정한 방법으로 수로사업의 등록을 하고 수로사업을 한 자
> 6. 성능검사를 부정하게 한 성능검사대행자
> 7. 성능검사대행자의 등록을 하지 아니하거나 거짓이나 그 밖의 부정한 방법으로 성능검사대행자의 등록을 하고 성능검사업무를 한 자

정답 09. ② 10. ③ 11. ④ 12. ④ 13. ③

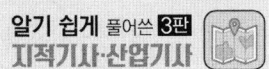

14. 다음 중 2년 이하의 징역이나 2000만 원 이하의 벌금에 처하는 벌칙 기준을 적용받는 경우는?

① 지적기술자가 아님에도 불구하고 지적측량을 한 자
② 지적측량업자로서 속임수로 관련 사업 입찰의 공정성을 해친 자
③ 지적측량업의 등록을 하지 않고 지적측량업을 한 자
④ 정당한 사유 없이 지적측량업무를 방해한 자

해설 [공간정보의 구축 및 관리 등에 관한 법률 제107~109조(벌칙), 제110조(양벌규정), 제111조(과태료)]
① 측량기술자가 아님에도 불구하고 측량을 한 자 : 1년 이하의 징역 또는 1천만원 이하의 벌금
정당한 사유없이 측량을 방해한 자 : 300만원 이하의 과태료
② 지적측량업자로서 속임수로 관련 사업 입찰의 공정성을 해친 자 : 3년 이하의 징역 또는 3천만원 이하의 벌금
③ 지적측량업의 등록을 하지 아니하고 측량업을 한 자 : 2년 이하의 징역 또는 2천만원 이하의 벌금
④ 정당한 사유없이 측량을 방해한 자 : 300만원 이하의 과태료를 부과

15. 지적기준점 표지를 파손한 자에 대한 벌칙 기준이 옳은 것은?

① 100만 원 이상 300만 원 이하의 과태료
② 1년 이하의 징역 또는 1,000만 원 이하의 벌금
③ 2년 이하의 징역 또는 2,000만 원 이하의 벌금
④ 3년 이하의 징역 또는 3,000만 원 이하의 벌금

해설 [공간정보의 구축 및 관리 등에 관한 법률 제108조(벌칙)]
고의로 측량성과 또는 수로조사성과를 사실과 다르게 한 자 : 2년 이하의 징역 또는 2천만원 이하의 벌금

16. 지적측량업의 영업 정지대상이 되는 위반행위가 아닌 것은?

① 고의 또는 과실로 측량을 부정확하게 한 경우
② 정당한 사유 없이 측량업의 등록을 한 날부터 계속하여 1년 이상 휴업한 경우
③ 지적측량업자가 법에서 규정한 업무 범위를 위반하여 지적측량을 한 경우
④ 거짓이나 그 밖의 부정한 방법으로 지적측량업의 등록을 한 경우

해설 거짓이나 그 밖의 부정한 방법으로 지적측량업의 등록을 한 자는 2년 이하의 징역 또는 2,000만 원 이하의 벌금에 처한다.
[공간정보의 구축 및 관리 등에 관한 법률 제52조(측량업의 등록취소 등) 측량업의 정지사항]
① 고의 또는 과실로 측량을 부정확하게 한 경우
② 정당한 사유 없이 측량업의 등록을 한 날부터 1년 이내에 영업을 시작하지 아니하거나 계속하여 1년 이상 휴업한 경우
③ 측량업 등록사항의 변경신고를 하지 아니한 경우
④ 지적측량업자가 업무 범위를 위반하여 지적측량을 한 경우
⑤ 보험가입 등 필요한 조치를 하지 아니한 경우
⑥ 지적측량업자가 지적측량수수료를 같은 조 제3항에 따라 고시한 금액보다 과다 또는 과소하게 받은 경우
⑦ 다른 행정기관이 관계 법령에 따라 등록취소 또는 영업정지를 요구한 경우

17. 다음 중 1년 이하의 징역 또는 1천만 원 이하의 벌금에 처하는 경우는?

① 고의로 측량성과를 다르게 한 자
② 본인 또는 배우자가 소유한 토지에 대한 지적측량을 한 자
③ 지적측량수수료 외의 대가를 받은 지적측량기술자
④ 속임수로 지적측량업과 관련된 입찰의 공정성을 해친 자

해설 [공간정보의 구축 및 관리 등에 관한 법률 제107~109조(벌칙), 제110조(양벌규정), 제111조(과태료)]
① 고의로 측량성과 또는 수로조사성과를 사실과 다르게 한 자 : 2년 이하의 징역 또는 2천만원 이하의 벌금
② 직계존속·비속이 소유한 토지에 대한 지적측량을 한 자 : 300만원 이하의 과태료(양벌규정에 적용되지 않음)
③ 지적측량수수료 외의 대가를 받은 지적측량기술자 : 1년 이하의 징역 또는 1천만원 이하의 벌금
④ 측량업자나 수로사업자로서 속임수, 위력(威力), 그 밖의 방법으로 측량업 또는 수로사업과 관련된 입찰의 공정성을 해친 자 : 3년 이하의 징역 또는 3천만원 이하의 벌금

18. 거짓으로 분할신청을 한 경우 벌칙기준이 옳은 것은?

① 300만 원 이하의 과태료
② 1년 이하의 징역 또는 1,000만 원 이하의 벌금
③ 2년 이하의 징역 또는 2,000만 원 이하의 벌금
④ 3년 이하의 징역 또는 3,000만 원 이하의 벌금

정답 14. ③ 15. ③ 16. ④ 17. ③ 18. ②

[해설] [공간정보의 구축 및 관리 등에 관한 법률 제107~109조(벌칙), 제110조(양벌규정), 제111조(과태료)]
거짓으로 분할신청을 한 경우 1년 이하의 징역 또는 1,000만원 이하의 벌금에 처한다.

19. 공간정보의 구축 및 관리 등에 관한 법률상 양벌규정의 해당 행위가 아닌 것은? (단, 법인 또는 개인이 그 위반행위를 방지하기 위하여 해당 업무에 관하여 상당한 주의와 감독을 게을리 하지 아니한 경우는 고려하지 않는다.)

① 고의로 측량성과 또는 수로조사 성과를 사실과 다르게 한 자
② 둘 이상의 측량업자에게 소속된 측량기술자 또는 수로기술자
③ 직계 존속·비속이 소유자 토지에 대한 지적측량을 한 자
④ 측량업자나 수로사업자로서 속임수, 위력(威力), 그 밖의 방법으로 측량업 또는 수로사업과 관련된 입찰의 공정성을 해친 자

[해설] [공간정보의 구축 및 관리 등에 관한 법률 제107~109조(벌칙), 제110조(양벌규정), 제111조(과태료)]
① 고의로 측량성과 또는 수로조사성과를 사실과 다르게 한 자 : 2년 이하의 징역 또는 2천만원 이하의 벌금
② 둘 이상의 측량업자에게 소속된 측량기술자 또는 수로기술자 : 1년 이하의 징역 또는 1천만원 이하의 벌금
③ 직계존속·비속이 소유한 토지에 대한 지적측량을 한 자 : 300만원 이하의 과태료(양벌규정에 적용되지 않음)
④ 측량업자나 수로사업자로서 속임수, 위력(威力), 그 밖의 방법으로 측량업 또는 수로사업과 관련된 입찰의 공정성을 해친 자 : 3년 이하의 징역 또는 3천만원 이하의 벌금

20. 공간정보의 구축 및 관리 등에 관한 법률에서 300만 원 이하의 과태료의 대상이 아닌 것은?

① 고시된 측량성과에 어긋나는 측량성과를 사용한 자
② 수로조사를 하지 아니한 자
③ 정당한 사유 없이 측량을 방해한 자
④ 고의로 측량성과를 사실과 다르게 한 자

[해설] [공간정보의 구축 및 관리 등에 관한 법률 제107~109조(벌칙), 제110조(양벌규정), 제111조(과태료)]

고의로 측량성과 또는 수로조사성과를 사실과 다르게 한 자 : 2년 이하의 징역 또는 2천만원 이하의 벌금

21. 다음 중 300만 원 이하의 과태료 부과 대상인 자는?

① 무단으로 측량성과 또는 측량기록을 복제한 자
② 심사를 받지 아니하고 지도 등을 간행하여 판매하거나 배포한 자
③ 정당한 사유 없이 측량을 방해한 자
④ 측량기술자가 아님에도 불구하고 측량을 한 자

[해설] [공간정보의 구축 및 관리 등에 관한 법률 제107조(벌금)~제111조(과태료)]
① 무단으로 측량성과 또는 측량기록을 복제한 자 : 1년 이하의 징역 또는 1000만원 이하의 벌금
② 심사를 받지 아니하고 지도 등을 간행하여 판매하거나 배포한 자 : 1년 이하의 징역 또는 1000만원 이하의 벌금
③ 정당한 사유없이 측량을 방해한 자 : 300만원 이하의 과태료를 부과
④ 측량기술자가 아님에도 불구하고 측량을 한 자 : 1년 이하의 징역 또는 1000만원 이하의 벌금

CHAPTER 06 공간정보법 시행규칙

1 지적기준점성과표 기록·관리 사항

지적삼각점성과표	지적삼각보조점성과 및 지적도근점성과표
• 지적삼각점의 명칭과 기준 원점명 • 좌표 및 표고 • 경도 및 위도(필요한 경우) • 자오선수차 • 시준점의 명칭, 방위각 및 거리 • 소재지와 측량연월일 • 그 밖의 참고사항	• 번호 및 위치의 약도 • 좌표와 직각좌표계 원점명 • 경도와 위도, 표고(필요한 경우) • 소재지와 측량연월일 • 도선등급 및 도선명 • 표지의 재질, 도면번호, 설치기관 • 조사연월일, 조사자의 직위·성명 및 조사 내용

2 지적위원회

(1) 지적위원회 구성 및 의결사항

지적위원회는 중앙지적위원회와 지방지적위원회가 있으며, 중앙지적위원회는 국토교통부에, 지방지적위원회는 시·도에 설치한다.

[지적위원회 심의·의결사항]

중앙지적위원회	지방지적위원회
• 지적 관련 정책 개발 및 업무 개선 등에 관한 사항 • 지적측량기술의 연구·개발 및 보급에 관한 사항 • 지적측량 적부심사에 대한 재심사 • 측량기술자 중 지적분야 측량기술자의 양성에 관한 사항 • 지적기술자의 업무정지 처분 및 징계요구에 관한 사항	• 지적측량 • 적부심사 • 청구사항

[지적위원회의 구성]

구분	중앙지적위원회	지방지적위원회
위원	5명 이상 10명 이하(위원장 1명과 부위원장 1명 포함)	5명 이상 10명 이하(위원장 1명과 부위원장 1명 포함)
위원장	지적업무 담당 국장(국토교통부)	지적업무 담당 국장(시·도)
부위원장	지적업무 담당 과장(국토교통부)	지적업무 담당 과장(시·도)
위원 임명·위촉	지적에 관한 학식과 경험이 풍부한 사람 중에서 국토교통부장관이 임명하거나 위촉	지적에 관한 학식과 경험이 풍부한 사람 중에서 시장·도지사가 임명하거나 위촉
위원임기	2년(위원장 및 부위원장 제외)	2년(위원장 및 부위원장 제외)
간사	• 국토교통부의 지적업무 담당 공무원 중에서 국토교통부장관이 임명 • 회의준비, 회의록작성 및 회의결과에 따른 업무 등 중앙지적위원회의 서무를 담당	• 시·도의 지적업무 담당 공무원 중에서 시장·도지사가 임명 • 회의준비, 회의록작성 및 회의결과에 따른 업무 등 지방지적위원회의 서무를 담당

(2) 지적측량 적부심사 청구

① 토지소유자, 이해관계인 또는 지적측량수행자는 지적측량성과에 대하여 다툼이 있는 경우 관할 시·도지사를 거쳐 지방지적위원회에 지적측량 적부심사를 청구

② 시·도지사는 30일 이내에 다음 사항을 조사하여 지방지적위원회에 회부
  • 다툼이 되는 지적측량의 경위 및 그 성과
  • 해당 토지에 대한 토지이동 및 소유권 변동 연혁
  • 해당 토지 주변의 측량기준점, 경계, 주요 구조물 등 현황 실측도

③ 지방지적위원회는 그 심사청구를 회부 받은 날부터 60일 이내에 심의·의결(부득이한 경우에는 그 심의기간을 해당 지적위원회의 의결을 거쳐 30일 이내에서 한 번만 연장가능)

④ 지방지적위원회는 지적측량 적부심사를 의결하였으면 위원장과 참석위원 전원이 서명 및 날인한 지적측량 적부심사 의결서를 작성하여 시·도지사에게 송부

⑤ 시·도지사는 의결서를 받은 날부터 7일 이내에 지적측량 적부심사 청구인 및 이해관계인에게 그 의결서를 통지

⑥ 지방지적위원회의 의결에 불복하는 경우 의결서를 통지 받은 날부터 90일 이내에 국토교통부장관을 거쳐 중앙지적위원회에 재심사 청구 가능

[지적기술자의 업무정지 개별기준]

행정처분	위반사항
2년 2년	• 신의와 성실로써 공정하게 지적측량을 하지 아니한 경우 ① 지적측량수행자 소속 지적기술자가 영업정지기간 중에 이를 알고도 지적측량업무를 행한 경우 ② 지적측량수행자 소속 지적기술자가 업무범위를 위반하여 지적측량을 한 경우
2년 1년6개월 1년	• 고의 또는 중과실로 지적측량을 잘못하여 다른 사람에게 손해를 입힌 경우 ① 다른 사람에게 손해를 입혀 금고 이상의 형을 선고받고 그 형이 확정된 경우 ② 다른 사람에게 손해를 입혀 벌금 이하의 형을 선고받고 그 형이 확정된 경우 ③ 그밖에 고의 또는 중대한 과실로 지적측량을 잘못하여 다른 사람에게 손해를 입힌 경우
1년	근무처 및 경력 등의 신고 또는 변경신고를 거짓으로 한 경우
1년	다른 사람에게 측량기술경력증을 빌려 주거나 자기의 성명을 사용하여 측량업무를 수행하게 한 경우
3개월	지적기술자가 정당한 사유 없이 지적측량 신청을 거부한 경우

3 지적측량업 및 지적측량업자

(1) 지적측량업의 등록

지적측량업은 특별시장·광역시장·특별자치시장 또는 도지사에게 등록한다.

[지적측량업 등록·신청시 첨부 서류]

구분	첨부서류
기술인력증명서류	• 보유하고 있는 측량기술자의 명단 • 보유인력에 대한 측량기술 경력증명서(발급일부터 1개월 이내의 것으로 한정)
장비증명서류	• 보유하고 있는 장비의 명세서 • 보유 장비의 성능검사서 사본 • 소유권 또는 사용권을 보유한 사실을 증명할 수 있는 서류

[지적측량업의 등록기준]

기술인력	장비
특급기술자 1명 또는 고급기술자 2명 이상 • 중급기술자 2명 이상 • 초급기술자 1명 이상 • 지적 분야의 초급기능사 1명 이상	• 토털 스테이션 1대 이상 • 출력장치 1대 이상 ① 해상도: 2400DPI×1200DPI ② 출력범위: 600밀리미터×1060밀리미터 이상

[지적측량업자]

구분	내용
지적측량업자의 업무범위	• 경계점좌표등록부가 있는 지역에서의 지적측량 • 「지적재조사에 관한 특별법」에 따른 사업지구에서 실시하는 지적재조사측량 • 도시개발사업 등이 끝남에 따라 하는 지적확정측량 • 지적전산자료를 활용한 정보화사업
지적측량업자의 지위승계	• 지적측량업자가 그 사업을 양도하거나 사망한 경우 또는 법인인 측량업자의 합병이 있는 경우에는 그 사업의 양수인·상속인 또는 합병 후 존속하는 법인이나 합병에 따라 설립된 법인은 종전의 측량업자의 지위를 승계한다. • 측량업자의 지위를 승계한 자는 그 승계사유가 발생한 날부터 30일 이내에 시·도지사에게 신고하여야 한다.
지적측량업 등록의결격사유	• 피성년후견인 또는 피한정후견인 • 국가보안법 또는 형법의 관련규정을 위반하여 금고 이상의 실형을 선고받고 그 집행이 끝나거나(집행이 끝난 것으로 보는 경우 포함) 집행이 면제된 날부터 2년이 지나지 아니한 자 • 측량업의 등록이 취소된 후 2년이 지나지 아니한 자 • 임원 중에 위의 어느 하나에 해당하는 자가 있는 법인
지적측량수행자 성실의무	• 지적측량수행자(소속 지적기술자 포함)는 신의와 성실로써 공정하게 지적측량을 하여야 하며, 정당한 사유 없이 지적측량 신청을 거부하여서는 아니된다. • 「지적측량수행자는 본인, 배우자 또는 직계 존속·비속이 소유한 토지에 대한 지적 측량을 하여서는 아니된다. • 지적측량 수수료 외에는 어떠한 명목으로도 그 업무와 관련된 대가를 받으면 안된다.

(2) 손해배상책임의 보장

① 지적측량수행자가 타인의 의뢰에 의하여 지적측량을 함에 있어서 고의 또는 과실로 지적측량을 부실하게 함으로써 지적측량의뢰인이나 제3자에게 재산상의 손해를 발생하게 한 때에는 지적측량수행자는 그 손해를 배상할 책임이 있다.

② 지적측량수행자는 손해배상책임을 보장하기 위하여 보증보험에 가입하여야 한다.

구분	지적측량업자	한국국토정보공사
보장기간	10년	10년
보증금액	1억 원 이상	20억 원 이상

[지적측량업자의 보증보험 가입기한]

구분	보증보험가입기한
보증보험에 가입하는 경우	지적측량업 등록증을 발급받은 날부터 10일 이내
다른 보증보험으로 변경하는 경우	이미 가입한 보험의 효력이 있는 기간 중
보증보험기간의 만료로 인하여 다시 보증보험에 가입하려는 경우	보증기간만료일까지
보험금으로 손해배상을 하였을 경우	지체 없이 재가입

CHAPTER 06 공간정보법 시행규칙

01. 다음 중 지적기준점에 해당하지 않는 것은?

① 지적삼각점   ② 지적도근점
③ 지적삼각보조점   ④ 지적위성기준점

해설 [공간정보의 구축 및 관리 등에 관한 법률 시행령 제8조(측량기준점의 구분)]
측량기준점은 다음과 같이 구분한다.
1. 국가기준점 : 우주측지기준점, 위성기준점, 수준점, 중력점, 통합기준점, 삼각점, 지자기점, 수로기준점, 영해기준점
2. 공공기준점 : 공공삼각점, 공공수준점
3. 지적기준점 : 지적삼각점, 지적삼각보조점, 지적도근점

02. 지적소관청이 정확한 지적측량을 시행하기 위하여 국가기준점을 기준으로 정하는 측량기준점은?

① 공공기준점   ② 수로기준점
③ 지적기준점   ④ 위성기준점

해설 [지적기준점]
특별시장·광역시장·도지사 또는 특별자치도지사나 지적소관청이 지적측량을 정확하고 효율적으로 시행하기 위하여 국가기준점을 기준으로 하여 따로 정하는 측량기준점

03. 지적소관청이 관리하는 지적기준점표지가 멸실되거나 훼손되었을 때에는 누가 이를 다시 설치하거나 보수하여야 하는가?

① 국토지리정보원장   ② 지적소관청
③ 시·도지사   ④ 국토교통부장관

해설 [지적측량 시행규칙 제2조(지적기준점표지의 설치·관리 등)]
1. 지적소관청은 연 1회 이상 지적기준점표지의 이상 유무를 조사하여야 한다. 이 경우 멸실되거나 훼손된 지적기준점표지를 계속 보존할 필요가 없을 때에는 폐기할 수 있다.
2. 지적소관청이 관리하는 지적기준점표지가 멸실되거나 훼손되었을 때에는 지적소관청은 다시 설치하거나 보수하여야 한다.

04. 면적을 측정하는 경우 도곽선의 길이에 최소 얼마 이상의 신축이 있을 경우 이를 보정하여야 하는가?

① 0.4mm   ② 0.5mm
③ 0.8mm   ④ 1.0mm

해설 [지적측량 시행규칙 제20조(면적측정의 방법 등)]
면적을 측정하는 경우 도곽선의 길이에 0.5mm 이상의 신축이 있을 때에는 이를 보정하여야 한다.

05. 지적삼각점성과표의 기록·관리 사항이 아닌 것은?

① 좌표 및 표고   ② 연직선 편차
③ 경도 및 위도   ④ 방위각 및 거리

해설 [지적기준점성과표의 기록 및 관리]

지적삼각점측량	지적삼각보조점측량
1. 지적삼각점의 명칭과 기준 원점명	1. 번호 및 위치의 약도
2. 좌표 및 표고	2. 좌표와 직각좌표계 원점명
3. 경도 및 위도	3. 경도와 위도
4. 자오선수차	4. 표고
5. 시준점의 명칭, 방위각 및 거리	5. 소재지와 측량연월일
6. 소재지와 측량연월일	6. 도선등급 및 도선명
7. 그 밖의 참고사항	7. 표지의 재질
	8. 도면번호
	9. 설치기관
	10. 조사연월일, 조사자 직위 성명 등

정답 01. ④ 02. ③ 03. ② 04. ② 05. ②

06. 다음 중 지적측량을 실시하여야 하는 경우가 아닌 것은?

① 토지를 합병하는 경우로서 필요한 경우
② 토지를 등록 전환하는 경우로서 필요한 경우
③ 지적공부를 복구하는 경우로서 필요한 경우
④ 바다로 된 토지의 등록을 말소하는 경우로서 필요한 경우

해설 [공간정보의 구축 및 관리 등에 관한 법률 제23조(지적측량의 실시 등)]
토지를 합병하는 경우, 합병으로 인해 불필요한 경계와 좌표를 말소하면 되므로 별도의 지적측량이 요구되지 않는다.

07. ㉠과 ㉡에 들어갈 내용이 모두 옳은 것은?

> 경계점좌표등록부를 갖춰 두는 지역에 있는 각 필지의 경계점을 측정할 때, 각 필지의 경계점 측점번호는 (㉠)부터 (㉡)으로 경계를 따라 일련번호를 부여한다.

① ㉠ 왼쪽 위에서 ㉡ 오른쪽
② ㉠ 왼쪽 아래에서 ㉡ 오른쪽
③ ㉠ 오른쪽 위에서 ㉡ 왼쪽
④ ㉠ 오른쪽 아래에서 ㉡ 왼쪽

해설 경계점좌표등록부를 갖춰 두는 지역에 있는 각 필지의 경계점을 측정할 때, 각 필지의 경계점 측점번호는 (왼쪽 위에서)부터 (오른쪽)으로 경계를 따라 일련번호를 부여한다.

08. 지적측량의 측량기간과 측량검사기간으로 옳은 것은? (단, 지적기준점을 설치하여 측량 또는 측량검사를 하는 경우는 고려하지 않는다.)

① 측량기간 15일, 측량검사기간 10일
② 측량기간 10일, 측량검사기간 7일
③ 측량기간 7일, 측량검사기간 5일
④ 측량기간 5일, 측량검사기간 4일

해설 ① 지적측량의 측량기간은 5일로 하며, 측량검사기간은 4일로 한다.
② 지적기준점을 설치하여 측량 또는 측량검사를 하는 경우 지적기준점이 15점 이하인 경우에는 4일, 15점을 초과하는 경우에는 15점을 초과하는 4점마다 1일을 가산하도록 하고 있다.
③ 문제의 조건은 지적기준점 19점을 설치이므로 15점에 4일, 초과 4점에 대하여 1일을 가산하므로 측량기간은 5일이 된다.

09. 지적소관청으로부터 측량성과에 대한 검사를 받지 않아도 되는 것만을 옳게 나열한 것은?

① 지적기준점측량, 분할측량
② 지적공부복구측량, 축척변경측량
③ 경계복원측량, 지적현황측량
④ 신규등록측량, 등록전환측량

해설 [공간정보의 구축 및 관리 등에 관한 법률 제25조(지적측량성과의 검사)]
지적공부를 정리하지 아니하는 경계복원측량, 지적현황측량은 지적소관청으로부터 측량성과에 대한 검사를 받지 않는다.

10. 합병에 따른 경계·좌표 또는 면적은 따로 지적측량을 하지 아니하고 별도의 구분에 따라 결정한다. 다음 중 합병 후 필지의 면적 결정방법으로 옳은 것은?

① 소관청의 직권으로 결정한다.
② 면적은 삼사법으로 계산한다.
③ 합병한 후에는 새로이 측량하여 면적을 결정한다.
④ 합병 전 각 필지의 면적을 합산하여 결정한다.

해설 합병의 경우에는 합병 전의 각 필지의 면적을 합산하여 면적을 결정한다.

11. 토지의 이동에 따른 면적 결정방법으로 옳지 않은 것은?

① 합병 후 필지의 면적은 개별적인 측정을 통하여 결정한다.
② 합병 후 필지의 경계는 합병 전 각 필지의 경계 중 합병으로 필요 없게 된 부분을 말소하여 결정한다.
③ 합병 후 필지의 좌표는 합병 전 각 필지의 좌표 및 합병으로 필요 없게 된 부분을 말소하여 결정한다.
④ 등록전환이나 분할에 따른 면적을 정할 때 오차가 발생하는 경우 그 오차의 허용 범위 및 처리방법 등에 필요한 사항은 대통령령으로 정한다.

해설 [공간정보의 구축 및 관리 등에 관한 법률 제26조(토지의 이동에 따른 면적 등의 결정방법)]
① 합병에 따른 경계·좌표 또는 면적은 따로 지적측량을 하지 아니하고 다음 각 호의 구분에 따라 결정한다.
1. 합병 후 필지의 경계 또는 좌표: 합병 전 각 필지의 경계 또는 좌표 중 합병으로 필요 없게 된 부분을 말소하여 결정
2. 합병 후 필지의 면적: 합병 전 각 필지의 면적을 합산하여 결정
② 등록전환이나 분할에 따른 면적을 정할 때 오차가 발생하는 경우 그 오차의 허용 범위 및 처리방법 등에 필요한 사항은 대통령령으로 정한다.

12. 다음 중 국토교통부에 중앙지적위원회를 두는 이유로 옳은 것은?

① 토지등록업무의 개선을 위하여
② 지적측량에 대한 적부심사 청구사항을 심의·의결하기 위하여
③ 지적기술자의 양성 방안을 마련하기 위하여
④ 지적기술자의 징계 및 지적측량업을 체계적으로 관리하기 위하여

해설 제28조(지적위원회) ① 다음 각 호의 사항을 심의·의결하기 위하여 국토교통부에 중앙지적위원회를 둔다.
1. 지적 관련 정책 개발 및 업무 개선 등에 관한 사항
2. 지적측량기술의 연구·개발 및 보급에 관한 사항
3. 지적측량 적부심사(適否審査)에 대한 재심사(再審査)
4. 측량기술자 중 지적분야 측량기술자의 양성에 관한 사항
5. 지적기술자의 업무정지 처분 및 징계요구에 관한 사항
② 지적측량에 대한 적부심사 청구사항을 심의·의결하기 위하여 특별시·광역시·특별자치시·도 또는 특별자치도에 지방지적위원회를 둔다.
③ 중앙지적위원회와 지방지적위원회의 위원 구성 및 운영에 필요한 사항은 대통령령으로 정한다.
④ 중앙지적위원회와 지방지적위원회의 위원 중 공무원이 아닌 사람은 「형법」의 규정을 적용할 때에는 공무원으로 본다.

13. 중앙지적위원회의 심의·의결사항이 아닌 것은?

① 지적측량기술의 연구·개발 및 보급에 관한 사항
② 지적 관련 정책 개발 및 업무 개선 등에 관한 사항
③ 지적소관청이 회부하는 청산금의 이의신청에 관한 사항
④ 지적기술자의 업무정지 처분 및 징계요구에 관한 사항

해설 [공간정보의 구축 및 관리 등에 관한 법률 제28조(지적위원회)]
1. 지적 관련 정책 개발 및 업무 개선 등에 관한 사항
2. 지적측량기술의 연구·개발 및 보급에 관한 사항
3. 지적측량 적부심사(適否審査)에 대한 재심사(再審査)
4. 측량기술자 중 지적분야 측량기술자의 양성에 관한 사항
5. 지적기술자의 업무정지 처분 및 징계요구에 관한 사항

14. 지적위원회에 대한 설명으로 틀린 것은?

① 지적위원회는 중앙지적위원회와 지방지적위원회가 있다.
② 지방지적위원회는 지적측량 적부심사청구를 회부받은 날부터 60일 이내에 심의·의결하여야 한다.
③ 지방지적위원회의 위원장 및 부위원장을 제외한 위원의 임기는 2년으로 한다.
④ 중앙지적위원회의 위원장은 국토교통부의 지적업무 담당과장이 되고, 부위원장은 위원 중에서 임명한다.

해설 [공간정보의 구축 및 관리 등에 관한 법률 시행령 제20조(중앙지적위원회의 구성 등)]
① 중앙지적위원회의 위원은 5명 이상 10명 이하로 구성(위원장, 부위원장 포함)
② 위원장은 국토교통부 지적업무담당국장, 부위원장은 담당과장
③ 위원의 임기는 2년(위원장, 부위원장 제외)으로 하고 국토교통부장관이 임명

15. 중앙지적위원회의 설명으로 옳은 것은?

① 중앙지적위원회 위원장은 국토교통부 지적업무 담당 국장이다.
② 중앙지적위원회 위원수는 5명 이상 20명 이하이다.
③ 중앙지적위원회는 위원장 1명과 부위원장 2명을 포함하여야 한다.
④ 중앙지적위원회의 위원을 위촉할 수 있는 자는 중앙지적위원회 위원장이다.

정답 12. ② 13. ③ 14. ④ 15. ①

해설 [공간정보의 구축 및 관리 등에 관한 법률 시행령 제20조(중앙지적위원회의 구성 등)]
① 중앙지적위원회는 위원장 1명과 부위원장 1명을 포함하여 5명 이상 10명 이하의 위원으로 구성한다.
② 위원장은 국토교통부의 지적업무 담당 국장이, 부위원장은 국토교통부의 지적업무 담당 과장이 된다.
③ 위원은 지적에 관한 학식과 경험이 풍부한 사람 중에서 국토교통부장관이 임명하거나 위촉한다.
④ 위원장 및 부위원장을 제외한 위원의 임기는 2년으로 한다.
⑤ 중앙지적위원회의 간사는 국토교통부의 지적업무 담당 공무원 중에서 국토교통부장관이 임명하며, 회의 준비, 회의록 작성 및 회의 결과에 따른 업무 등 중앙지적위원회의 서무를 담당한다.
⑥ 중앙지적위원회의 위원에게는 예산의 범위에서 출석수당과 여비, 그 밖의 실비를 지급할 수 있다.

16. 다음 중 중앙지적위원회에 대한 설명으로 옳지 않은 것은?

① 위원장 및 부위원장을 포함한 임원의 임기는 2년이다.
② 위원장은 국토교통부의 지적업무 담당국장이 된다.
③ 위원은 지적에 관한 학식과 경험이 풍부한 사람 중에서 국토교통부장관이 임명하거나 위촉한다.
④ 위원장 1명과 부위원장 1명을 포함하여 5명 이상 10명 이하의 위원으로 구성한다.

해설 [공간정보의 구축 및 관리 등에 관한 법률 시행령 제20조(중앙지적위원회의 구성 등)]
중앙지적위원회의 위원의 임기는 위원장 및 부위원장을 제외하고 2년이다.

17. 다음 중 중앙지적위원회의 위원을 임명하거나 위촉하는 자는?

① 한국국토정보공사장   ② 행정안전부장관
③ 국토지리정보원장   ④ 국토교통부장관

해설 [공간정보의 구축 및 관리 등에 관한 법률 시행령 제20조(중앙지적위원회의 구성 등)]
① 중앙지적위원회는 위원장 1명과 부위원장 1명을 포함하여 5명 이상 10명 이하의 위원으로 구성한다.
② 위원장은 국토교통부의 지적업무 담당 국장이, 부위원장은 국토교통부의 지적업무 담당 과장이 된다.
③ 위원은 지적에 관한 학식과 경험이 풍부한 사람 중에서 국토교통부장관이 임명하거나 위촉한다.
④ 위원장 및 부위원장을 제외한 위원의 임기는 2년으로 한다.
⑤ 중앙지적위원회의 간사는 국토교통부의 지적업무 담당 공무원 중에서 국토교통부장관이 임명하며, 회의 준비, 회의록 작성 및 회의 결과에 따른 업무 등 중앙지적위원회의 서무를 담당한다.
⑥ 중앙지적위원회의 위원에게는 예산의 범위에서 출석수당과 여비, 그 밖의 실비를 지급할 수 있다.

18. 지적측량 적부심사청구를 받은 시·도지사가 지방지적위원회에 회부하기 전에 조사하여야 하는 사항이 아닌 것은?

① 다툼이 되는 지적측량의 경위 및 그 성과
② 청구 대상 토지의 공시지가 변동사항
③ 해당 토지에 대한 토지이동 연혁
④ 해당 토지 주변의 경계, 현황 실측도

해설 [공간정보의 구축 및 관리 등에 관한 법률 제29조(지적측량의 적부심사 등)]
지적측량 적부심사청구를 받은 시·도지사는 30일 이내에 다음 각 호의 사항을 조사하여 지방지적위원회에 회부하여야 한다.
1. 다툼이 되는 지적측량의 경위 및 그 성과
2. 해당 토지에 대한 토지이동 및 소유권 변동 연혁
3. 해당 토지 주변의 측량기준점, 경계, 주요 구조물 등 현황 실측도

19. 지적측량의 적부심사 등에 관한 설명으로 옳은 것은?

① 지적측량 적부심사청구를 받은 시·도지사는 조사 결과를 15일 이내에 지방지적위원회에 회부하여야 한다.
② 지적측량 적부심사청구를 회부받은 지방지적위원회는 그 심사청구를 회부받은 날부터 60일 이내에 심의·의결하여야 한다.
③ 지방지적위원회의 의결에 불복하는 자는 60일 이내에 중앙지적위원회에 재심사를 청구할 수 있다.
④ 시·도지사는 의결서를 받은 날부터 15일 이내에 지적측량 적부심사 청구인에게 그 의결서를 통지하여야 한다.

해설 [공간정보의 구축 및 관리 등에 관한 법률 제29조(지적측량의 적부심사 등)]
① 30일 이내, ③ 90일 이내, ④ 7일 이내

20. 다음 중 지적측량업의 등록기준으로 옳지 않은 것은?

① 토탈스테이션 1대 이상   ② 출력장치 1대 이상
③ 초급기술자 2명 이상   ④ 고급기술자 2명 이상

해설 [지적측량업 등록기준]
① 특급기술자 1명 또는 고급기술자 2명 이상
② 중급기술자 2명 이상
③ 초급기술자 1명 이상
④ 지적분야의 초급기능사 1명 이상
⑤ 장비
• 토털스테이션 1대 이상
• 자동제도장치 1대 이상

21. 공간정보의 구축 및 관리 등에 관한 법률상 측량기술자의 의무에 해당하지 않는 것은?

① 측량기술자는 신의와 성실로써 공정하게 측량을 하여야 한다.
② 측량기술자는 정당한 사유 없이 그 업무상 알게 된 비밀을 누설하여서는 아니 된다.
③ 측량기술자는 둘 이상의 측량업자에게 소속되어야 한다.
④ 측량기술자는 정당한 사유 없이 측량을 거부하여서는 아니 된다.

해설 [공간정보의 구축 및 관리 등에 관한 법률 제41조(측량기술자의 의무)]
① 측량기술자는 신의와 성실로써 공정하게 측량을 하여야 하며, 정당한 사유 없이 측량을 거부하여서는 아니 된다.
② 측량기술자는 정당한 사유 없이 그 업무상 알게 된 비밀을 누설하여서는 아니 된다.
③ 측량기술자는 둘 이상의 측량업자에게 소속될 수 없다.
④ 측량기술자는 다른 사람에게 측량기술경력증을 빌려 주거나 자기의 성명을 사용하여 측량업무를 수행하게 하여서는 아니 된다.

22. 측량업의 등록을 하려는 자가 신청서에 첨부하여 제출하여야 할 서류가 아닌 것은?

① 보유하고 있는 측량기술자의 명단
② 보유한 인력에 대한 측량기술 경력증명서
③ 보유하고 있는 장비의 명세서
④ 등기부등본

해설 [지적업무처리규정 제15조(지적측량업의 등록 등)]
지적측량업의 등록을 하려는 자는 보유하고 있는 측량기술자의 명단, 보유인력에 대한 측량기술 경력증명서, 보유장비의 명세서, 장비의 성능검사서 사본, 장비의 소유권 또는 사용권을 보유한 사실을 증명할 수 있는 서류 등을 시·도지사에게 제출하여야 한다.

23. 지적측량업자의 업무 범위가 아닌 것은?

① 경계점좌표등록부가 있는 지역에서의 지적측량
② 도시개발사업 등이 끝남에 따라 하는 지적확정측량
③ 도해지역의 분할 측량 결과에 대한 지적성과검사측량
④ 「지적재조사에 관한 특별법」에 따른 지적재조사지구에서 실시하는 지적재조사측량

해설 [공간정보의 구축 및 관리 등에 관한 법률 제45조(지적측량업자의 업무 범위)]
① 경계점좌표등록부가 있는 지역에서의 지적측량
② 「지적재조사에 관한 특별법」에 따른 지적재조사지구에서 실시하는 지적재조사측량
③ 도시개발사업 등이 끝남에 따라 하는 지적확정측량

24. 다음 중 지적측량업 등록의 결격사유에 해당되지 않는 것은?

① 피성년후견인 또는 피한정후견인
② 국가보안법 또는 형법의 관련규정을 위반하여 금고 이상의 실형을 선고받고 그 집행이 끝나거나 집행이 면제된 날부터 2년이 지나지 아니한 자
③ 지적측량업의 등록이 취소된 후 2년이 지나지 아니한 자
④ 파산자로서 복권되지 아니한 자

> **해설** [공간정보의 구축 및 관리 등에 관한 법률 제47조(측량업 등록의 결격 사유)]
> 다음 각 호의 어느 하나에 해당하는 자는 측량업의 등록을 할 수 없다.
> 1. 피성년후견인 또는 피한정후견인
> 2. 이 법이나 국가보안법, 형법의 규정을 위반하여 금고 이상의 실형을 선고받고 그 집행이 끝나거나 집행이 면제된 날부터 2년이 지나지 아니한 자
> 3. 이 법이나 국가보안법, 형법의 규정을 위반하여 금고 이상의 형의 집행유예를 선고받고 그 집행유예기간 중에 있는 자
> 4. 측량업의 등록이 취소된 후 2년이 지나지 아니한 자
> 5. 임원 중에 제1호부터 제4호까지의 어느 하나에 해당하는 자가 있는 법인

25. 공간정보의 구축 및 관리 등에 관한 법률상 지적측량수행자의 성실의무 등에 관한 내용으로 틀린 것은?

① 지적측량수행자는 신의와 성실로써 공정하게 지적측량을 하여야 한다.
② 지적측량수행자는 정당한 사유 없이 지적측량 신청을 거부하여서는 아니 된다.
③ 지적측량수행자는 본인, 배우자가 아닌 직계 존속·비속이 소유한 토지에 대해서는 지적측량이 가능하다.
④ 지적측량수행자는 제106조 제2항에 따른 지적측량수수료 외에는 어떠한 명목으로도 그 업무와 관련된 대가를 받으면 아니 된다.

> **해설** [공간정보의 구축 및 관리 등에 관한 법률 제50조(지적측량수행자의 성실의무 등)]
> ① 지적측량수행자(소속 지적기술자를 포함한다. 이하 이 조에서 같다)는 신의와 성실로써 공정하게 지적측량을 하여야 하며, 정당한 사유 없이 지적측량 신청을 거부하여서는 아니 된다.
> ② 지적측량수행자는 본인, 배우자 또는 직계 존속·비속이 소유한 토지에 대한 지적측량을 하여서는 아니 된다.
> ③ 지적측량수행자는 제106조 제2항에 따른 지적측량수수료 외에는 어떠한 명목으로도 그 업무와 관련된 대가를 받으면 아니 된다.

26. 지적측량수행자가 지적측량을 함에 있어서 고의 또는 과실로 인한 손해배상책임을 보장하기 위하여 보증보험에 가입하여야 하는 보증금액 기준이 맞는 것은? (단, 지적측량업자의 경우 보장기간이 10년 이상이다.)

① 지적측량업자 : 1억 원 이상
② 지적측량업자 : 5억 원 이상
③ 한국국토정보공사 : 10억 원 이상
④ 한국국토정보공사 : 30억 원 이상

> **해설** [공간정보의 구축 및 관리 등에 관한 법률 시행령 제41조(손해배상책임의 보장)]
> 1. 지적측량업자: 보장기간 10년 이상 및 보증금액 1억원 이상
> 2. 「국가공간정보 기본법」 제12조에 따라 설립된 한국국토정보공사(이하 "한국국토정보공사"라 한다): 보증금액 20억 원 이상

27. 지적측량수행자가 과실로 지적측량을 부실하게 하여 지적측량의뢰인에게 재산상의 손해를 발생하게 한 경우, 지적측량의뢰인이 손해배상으로 보험금을 지급받기 위해 보험회사에 첨부하여 제출하는 서류가 아닌 것은?

① 지적측량의뢰인과 지적 측량수행자 간의 손해배상합의서
② 지적측량의뢰인과 지적 측량수행자 간의 화해조서
③ 지적위원회에서 손해 사실에 대하여 결정한 서류
④ 확정된 법원의 판결문 사본 또는 이에 준하는 효력이 있는 서류

> **해설** [공간정보의 구축 및 관리 등에 관한 법률 시행령 제43조(보험금 등의 지급 등)]
> ① 지적측량의뢰인은 법 제51조제1항에 따른 손해배상으로 보험금·보증금 또는 공제금을 지급받으려면 다음 각 호의 어느 하나에 해당하는 서류를 첨부하여 보험회사 또는 공간정보산업협회에 손해배상금 지급을 청구하여야 한다.
> 1. 지적측량의뢰인과 지적측량수행자 간의 손해배상합의서 또는 화해조서
> 2. 확정된 법원의 판결문 사본
> 3. 제1호 또는 제2호에 준하는 효력이 있는 서류

정답 25. ③ 26. ① 27. ③

28. 지적측량업의 등록취소 및 영업정지에 관한 설명으로 옳지 않은 것은?

① 거짓 그 밖의 부정한 방법으로 지적측량업을 등록한 경우 등록을 취소하여야 한다.
② 타인에게 자기의 등록증을 대여해 준 경우 등록취소사유가 된다.
③ 영업정지기간 중에 지적측량업을 영위한 경우 등록취소가 아닌 재차의 영업정지 명령이 내려질 수 있다.
④ 지적측량업자가 법 규정에 의한 지적측량수수료보다 과소하게 받은 경우도 등록 취소 또는 영업정지처분의 대상이 된다.

해설 [공간정보의 구축 및 관리 등에 관한 법률 제52조(측량업의 등록취소 등)]
영업정지기간 중에 지적측량업을 영위한 경우 등록이 취소된다.

CHAPTER 07 부동산등기법

❶ 개요

(1) 용어의 정의
① 등기부 : 전산정보처리조직에 의하여 입력·처리된 등기정보자료를 대법원규칙으로 정하는 바에 따라 편성한 것
② 등기부부본자료 : 등기부와 동일한 내용으로 보조기억장치에 기록된 자료
③ 등기기록 : 1필의 토지 또는 1개의 건물에 관한 등기정보자료
④ 등기필정보 : 등기부에 새로운 권리자가 기록되는 경우에 그 권리자를 확인하기 위하여 등기관이 작성한 정보

(2) 등기할 수 있는 권리
등기는 부동산의 표시와 소유권, 지상권, 지역권, 전세권, 저당권, 권리질권, 채권담보권, 임차권에 해당하는 권리의 보존, 이전, 설정, 변경, 처분의 제한 또는 소멸에 대하여 한다.

❷ 관할등기소와 등기사무

(1) 관할등기소
① 등기사무는 부동산의 소재지를 관할하는 지방법원, 그 지원 또는 등기소에서 담당한다.
② 부동산이 여러 등기소의 관할구역에 걸쳐 있을 때에는 각 등기소를 관할하는 상급법원의 장이 관할 등기소를 지정한다.

(2) 등기사무의 처리
① 등기사무는 등기소에 근무하는 법원서기관·등기사무관·등기주사 또는 등기주사보 중에서 지방법원장(등기소의 사무를 지원장이 관장하는 경우에는 지원장)이 지정하는 자가 처리한다.
② 등기관은 접수번호의 순서에 따라 등기사무를 처리하여야 한다.

3 등기부와 등기신청

등기부는 토지등기부와 건물등기부로 구분되며, 등기부는 영구히 보존하여야 한다.

(1) 등기신청

① 등기는 당사자의 신청 또는 관공서의 촉탁에 따라 한다.
② 등기신청 정보의 내용
- 부동산의 표시(소재와 지번, 면적)에 관한 사항
- 신청인의 성명(또는 명칭), 주소(또는 사무소 소재지) 및 주민등록번호(또는 부동산등기용등록번호)
- 신청인이 법인인 경우에는 그 대표자의 성명과 주소
- 대리인에 의하여 등기를 신청하는 경우에는 그 성명과 주소
- 등기원인과 그 연월일, 등기의 목적, 등기필정보
- 등기소의 표시, 신청연월일

③ 법인 아닌 사단이나 재단이 신청인인 경우에는 그 대표자나 관리인의 성명, 주소 및 주민등록번호를 신청정보의 내용으로 등기소에 제공하여야 한다.

(2) 등기신청인

① 등기는 등기권리자와 등기의무자가 공동으로 신청한다.
② 등기를 단독으로 신청하는 경우

유형	단독등기신청인
소유권보존등기 또는 소유권보존등기의 말소등기	등기명의인으로 될 자 또는 등기명의인
상속, 법인의 합병, 포괄승계에 따른 등기	등기권리자
등기권리자가 단독으로 신청	승소한 등기권리자 또는 등기의무자
부동산표시의 변경이나 경정등기	소유권의 등기명의인
등기명의인표시의 변경이나 경정등기	해당 권리의 등기명의인
신탁재산에 속하는 부동산의 신탁등기	수탁자
수탁자가 타인에게 신탁재산에 대해 신탁을 설정하는 경우	새로운 신탁의 수탁자

(3) 변경등기의 신청

① 토지의 분할, 합병이 있는 경우와 등기사항에 변경이 있는 경우에는 그 토지 소유권의 등기명의인은 그 사실이 있는 때부터 1개월 이내에 그 등기를 신청하여야 한다.
② 이때에는 그 변경을 증명하는 토지대장 정보나 임야대장 정보를 첨부정보로서 등기소에 제공하여야 한다.

(4) 등기의 경정

① 등기관이 등기를 마친 후 그 등기에 착오나 빠진 부분이 있음을 발견하였을 때에는 지체 없이 그 사실을 등기권리자와 등기의무자에게 알려야 하고, 등기권리자와 등기의무자가 없는 경우에는 등기명의인에게 알려야 한다.

② 등기관이 등기의 착오나 빠진 부분이 등기관의 잘못으로 인한 것임을 발견한 경우에는 지체 없이 그 등기를 직권으로 경정하여야 한다. 다만, 등기상 이해관계 있는 제3자가 있는 경우에는 제3자의 승낙이 있어야 한다.

(5) 합병등기

① 소유권·지상권·전세권·임차권 및 승역지(편익제공지)에 하는 지역권의 등기 외의 권리에 관한 등기가 있는 토지에 대하여는 합필의 등기를 할 수 없다.
② 모든 토지에 대하여 등기원인 및 그 연월일과 접수번호가 동일한 저당권에 관한 등기가 있는 경우에는 합병등기를 할 수 있다.

[표제부 등기사항]

구분	등기사항
토지표제부	표시번호, 접수연월일, 소재와 지번, 지목, 면적, 등기원인
건물표제부	• 표시번호, 접수연월일 • 소재, 지번 및 건물번호(구분건물인 경우 1동의 표제부에는 소재와 지번, 건물명칭 및 번호를 전유부분의 표제부에는 건물번호) • 건물의 종류, 구조와 면적. 부속건물이 있는 경우에는 부속건물의 종류, 구조와 면적·등기원인, 도면의 번호 • 구분건물인 경우 1동의 표제부에는 대지권의 목적인 토지의 표시사항을 전유부분의 표제부에는 대지권의 표시에 관한 사항

4 권리에 관한 등기

① 등기관이 갑구 또는 을구의 권리에 관한 등기를 할 때 갑구에는 소유권에 관한 사항, 을구에는 소유권 외의 권리에 관한 사항을 기록하여야 한다.
② 갑구 및 을구에 등록한 등기사항은 순위번호·등기목적·접수연월일 및 접수번호·등기 인 및 그 연월일·권리자(성명 또는 명칭, 주민등록번호 또는 부동산등기용등록 번호와 주소 또는 사무소 소재지) 등으로 동일하다.
③ 법인 아닌 사단이나 재단 명의의 등기를 할 때에는 그 대표자나 관리인의 성명, 주소 및 주민등록번호를 함께 기록하여야 한다.

[부동산등기용등록번호 부여절차]

부여대상	부여절차
국가·지방자치단체·국제기관 및 외국정부	국토교통부장관이 지정·고시
주민등록번호가 없는 재외국민	대법원 소재지 관할 등기소의 등기관이 부여
법인	주된사무소(회사의 경우는 본점, 외국법인의 경우는 국내에 최초로 설치등기를 한 영업소나 사무소)소재지 관할등기소의 등기관이 부여
법인 아닌 사단이나 재단 및 국내에 영업소나 사무소의 설치 등기를 하지 아니한 외국법인	시장, 군수, 구청장이 부여
외국인	체류지(국내에 체류지가 없는 경우에는 대법원 소재지에 체류지가 있는 것으로 본다)를 관할하는 지방출입국·외국인관서의 장이 부여

④ 등기관이 토지의 경우에는 지적소관청에, 건물의 경우에는 건축물대장 소관청에 지체 없이 등기사실을 알려야 하는 경우
- 소유권의 보존 또는 이전
- 소유권의 등기명의인표시의 변경 또는 경정
- 소유권의 변경 또는 경정
- 소유권의 말소 또는 말소회복

⑤ 미등기의 토지 또는 건물에 관한 소유권보존등기를 신청할 수 있는 경우
- 토지대장, 임야대장 또는 건축물대장에 최초의 소유자로 등록되어 있는 자 또는 그 상속인, 그 밖의 포괄승계인
- 확정판결에 의하여 자기의 소유권을 증명하는 자
- 수용으로 인하여 소유권을 취득하였음을 증명하는 자
- 특별자치도지사, 시장, 군수 또는 구청장(자치구의 구청장)의 확인에 의하여 자기의 소유권을 증명하는 자(건물의 경우로 한정)

CHAPTER 07 부동산등기법

01. 부동산등기법에 따른 용어의 정의가 틀린 것은?

① "등기부"란 전산정보처리조직에 의하여 입력·처리된 등기정보자료를 대법원규칙으로 정하는 바에 따라 편성한 것을 말한다.
② "등기부부본자료"란 등기부의 멸실 방지를 위하여 전산으로 출력하여 별도의 장소에 보관한 자료를 말한다.
③ "등기기록"이란 1필지의 토지 또는 1개의 건물에 관한 등기정보자료를 말한다.
④ "등기필정보"란 등기부에 새로운 권리자가 기록되는 경우에 그 권리자를 확인하기 위하여 등기관이 작성한 정보를 말한다.

> 해설 [부동산등기법 제2조(정의)]
> "등기부부본자료"(登記簿副本資料)란 등기부와 동일한 내용으로 보조기억장치에 기록된 자료를 말한다.

02. 다음 중 등기의 효력이 발생하는 시기는?

① 등기필증을 교부한 때
② 등기신청서를 접수한 때
③ 관련기관에 등기필통지를 한 때
④ 등기사항을 등기부에 기재한 때

> 해설 [부동산등기법 제6조(등기신청의 접수시기 및 등기의 효력발생시기)]
> ① 등기신청은 대법원규칙으로 정하는 등기신청정보가 전산정보처리조직에 저장된 때 접수된 것으로 본다.
> ② 제11조제1항에 따른 등기관이 등기를 마친 경우 그 등기는 접수한 때부터 효력을 발생한다.

03. 다음 중 등기할 수 있는 권리가 아닌 것은?

① 저당권   ② 권리질권
③ 임차권   ④ 유치권

> 해설 [등기할 수 있는 권리]
> 소유권, 지상권, 지역권, 전세권, 저당권, 권리질권, 채권담보권, 임차권

04. 부동산등기법상 등기할 수 없는 권리만으로 연결된 것은?

① 소유권 - 지역권   ② 지상권 - 전세권
③ 유치권 - 점유권   ④ 저당권 - 임차권

> 해설 [등기할 수 없는 권리]
> 점유권, 유치권, 동산질권, 분묘기지권, 특수지역권

05. 다음 중 관할등기소의 정의로 옳은 것은?

① 매도인의 소재지를 관할하는 지방법원, 그 지원(支院) 또는 등기소
② 부동산의 소재지를 관할하는 지방법원, 그 지원(支院) 또는 등기소
③ 소유자의 소재지를 관할하는 지방법원, 그 지원(支院) 또는 등기소
④ 상급법원의 장이 위임하는 등기소

> 해설 [부동산등기법 제7조(관할등기소)]
> ① 관할등기소 : 부동산의 소재지를 관할하는 지방법원, 그 지원(支院) 또는 등기소
> ② 부동산이 여러 등기소의 관할구역에 걸쳐 있을 때에는 대법원규칙으로 정하는 바에 따라 각 등기소를 관할하는 상급법원의 장이 관할 등기소를 지정한다.

정답 01. ②   02. ②   03. ④   04. ③   05. ②

06. 부동산등기법령상 토지가 멸실된 경우, 그 토지 소유권의 등기명의인이 등기를 신청하여야 하는 기간은?

① 그 사실이 있는 때부터 14일 이내
② 그 사실이 있는 때부터 15일 이내
③ 그 사실이 있는 때부터 1개월 이내
④ 그 사실이 있는 때부터 3개월 이내

해설 [부동산등기법 제39조(멸실등기의 신청)]
토지가 멸실된 경우에는 그 토지 소유권의 등기명의인은 그 사실이 있는 때부터 1개월 이내에 그 등기를 신청하여야 한다.

07. 토지등기부와 토지대장과의 관계를 바르게 설명한 것은?

① 토지등기부의 표제부에는 토지대장의 토지표시사항을 기재한다.
② 토지등기부의 을구에는 토지대장상의 소유자를 기재한다.
③ 토지등기부의 갑구에 표시되는 소유권 이외의 권리관계도 토지대장에 기재한다.
④ 토지대장상의 개별공시지가 사항은 토지등기부의 표제부에 기재한다.

해설 [부동산등기법 제15조(물적 편성주의)]
등기기록에는 부동산의 표시에 관한 사항을 기록하는 표제부와 소유권에 관한 사항을 기록하는 갑구(甲區) 및 소유권 외의 권리에 관한 사항을 기록하는 을구(乙區)를 둔다.

08. 부동산 등기 법령상 등기기록의 갑구(甲區)에 기록하여야 할 사항은?

① 부동산의 소재지
② 소유권에 관한 사항
③ 소유권 이외의 권리에 관한 사항
④ 토지의 지목, 지번, 면적에 관한 사항

해설 ① 등기부 표제부에 기록될 사항 : 표시번호, 접수, 소재, 지번, 지목, 면적, 등기원인 및 기타사항
② 갑구 : 소유권에 관한 사항
③ 을구 : 소유권 이외의 권리에 관한 사항

09. 부동산등기법령상 등기부에 관한 설명으로 옳지 않은 것은?

① 등기부는 영구히 보존하여야 한다.
② 공동인명부와 도면은 영구히 보존하여야 한다.
③ 등기부는 토지등기부와 건물등기부로 구분한다.
④ 등기부란 전산정보처리조직에 의하여 입력·처리된 등기정보자료를 대법원규칙으로 정하는 바에 따라 편성한 것을 말한다.

해설 [부동산등기법 제14조(등기부의 종류 등)]
① 등기부는 토지등기부(土地登記簿)와 건물등기부(建物登記簿)로 구분한다.
② 등기부는 영구(永久)히 보존하여야 한다.
③ 등기부는 대법원규칙으로 정하는 장소에 보관·관리하여야 하며, 전쟁·천재지변이나 그 밖에 이에 준하는 사태를 피하기 위한 경우 외에는 그 장소 밖으로 옮기지 못한다.
④ 등기부의 부속서류는 전쟁·천재지변이나 그 밖에 이에 준하는 사태를 피하기 위한 경우 외에는 등기소 밖으로 옮기지 못한다. 다만, 신청서나 그 밖의 부속서류에 대하여는 법원의 명령 또는 촉탁(囑託)이 있거나 법관이 발부한 영장에 의하여 압수하는 경우에는 그러하지 아니하다.

10. 다음 중 승소한 등기권리자 또는 등기의무자가 단독으로 신청하는 등기는?

① 소유권보존등기
② 교환에 의한 등기
③ 판결에 의한 등기
④ 신탁재산에 속하는 부동산의 신탁등기

해설 [부동산등기법 제23조(등기신청인)]
① 등기는 법률에 다른 규정이 없는 경우에는 등기권리자(登記權利者)와 등기의무자(登記義務者)가 공동으로 신청한다.
② 소유권보존등기(所有權保存登記) 또는 소유권보존등기의 말소등기(抹消登記)는 등기명의인으로 될 자 또는 등기명의인이 단독으로 신청한다.
③ 상속, 법인의 합병, 그 밖에 대법원규칙으로 정하는 포괄승계에 따른 등기는 등기권리자가 단독으로 신청한다.
④ 판결에 의한 등기는 승소한 등기권리자 또는 등기의무자가 단독으로 신청한다.
⑤ 부동산표시의 변경이나 경정(更正)의 등기는 소유권의 등기명의인이 단독으로 신청한다.

⑥ 등기명의인표시의 변경이나 경정의 등기는 해당 권리의 등기명의인이 단독으로 신청한다.
⑦ 신탁재산에 속하는 부동산의 신탁등기는 수탁자(受託者)가 단독으로 신청한다.
⑧ 수탁자가 「신탁법」 제3조제5항에 따라 타인에게 신탁재산에 대하여 신탁을 설정하는 경우 해당 신탁재산에 속하는 부동산에 관한 권리이전등기에 대하여는 새로운 신탁의 수탁자를 등기권리자로 하고 원래 신탁의 수탁자를 등기의무자로 한다. 이 경우 해당 신탁재산에 속하는 부동산의 신탁등기는 제7항에 따라 새로운 신탁의 수탁자가 단독으로 신청한다.

11. 다음 중 등기의무자가 아닌 등기권리자만이 단독으로 등기신청을 할 수 있는 것은?

① 전세등기
② 상속에 의한 등기
③ 등기명의인의 표시의 변경 등기
④ 미등기부동산의 소유권보존등기

해설 [부동산등기법 제23조(등기신청인)]
상속, 법인의 합병, 그 밖에 대법원규칙으로 정하는 포괄승계에 따른 등기는 등기권리자가 단독으로 신청한다.

12. 다음 중 등기명의인이 될 수 없는 것은?

① 서초구
② ○○주식회사
③ 권리능력 없는 사단 ○○종중 △△공파
④ 재단법인 ○○학원에서 운영하는 △△고등학교

해설 [부동산등기법 제26조(법인 아닌 사단 등의 등기신청)]
① 종중(宗中), 문중(門中), 그 밖에 대표자나 관리인이 있는 법인 아닌 사단(社團)이나 재단(財團)에 속하는 부동산의 등기에 관하여는 그 사단이나 재단을 등기권리자 또는 등기의무자로 한다.
② 제1항의 등기는 그 사단이나 재단의 명의로 그 대표자나 관리인이 신청한다.

13. 이미 완료된 등기에 대해 등기절차상에 착오 또는 유루(遺漏)가 발생하여 원시적으로 등기사항과 실제사항과의 불일치가 발생되었을 때 이를 시정하기 위해 행하여지는 등기는?

① 부기등기
② 경정등기
③ 회복등기
④ 기입등기

해설 [부동산등기법 제23조(경정등기)]
종중(宗中), 등기관이 등기의 착오나 빠진 부분이 등기관의 잘못으로 인한 것임을 발견한 경우에는 지체 없이 그 등기를 직권으로 경정하여야 한다.

14. 등기관이 토지 등기기록의 표제부에 기록하여야 할 사항이 아닌 것은?

① 지목
② 면적
③ 좌표
④ 등기원인

해설 ① 등기부 표제부에 기록될 사항 : 표시번호, 접수, 소재, 지번, 지목, 면적, 등기원인 및 기타사항
② 갑구 : 소유권에 관한 사항
③ 을구 : 소유권 이외의 권리에 관한 사항

15. 부동산등기법상 토지의 분할, 멸실, 면적의 증감 또는 지목의 변경이 있어 그 등기를 신청하는 경우 등기신청서에 첨부하여야 하는 것은?

① 이해관계인의 승낙서
② 토지대장등본이나 임야대장등본
③ 지적도나 임야도
④ 멸실 및 증감 확인서

해설 부동산등기법상 토지의 분할, 멸실, 면적의 증감 또는 지목의 변경이 있어 그 등기를 신청하는 경우 등기신청서에 첨부하여야 하는 경우 등기신청서에 토지대장등본이나 임야대장등본을 첨부하여야 한다.

정답 11. ② 12. ④ 13. ② 14. ③ 15. ②

16. 부동산등기법상 합필의 등기를 할 수 있는 것은?

① 소유권 등기가 있는 토지
② 승역지에 하는 지역권의 등기가 있는 토지
③ 전세권등기가 있는 토지
④ 모든 토지에 대하여 등기원인 및 그 연월일과 접수번호가 동일한 저당권에 관한 등기가 있는 경우

해설 [부동산등기법 제37조(합필 등기)]
모든 토지에 대하여 등기원인 및 그 연월일과 접수번호가 동일한 저당권에 관한 등기가 있는 경우에는 합필 등기가 가능하다.

17. 부동산등기법의 부동산 등기용 등록번호의 부여절차가 틀린 것은?

① 국가·지방자치단체·국제기관 및 외국정부의 등록번호는 기획재정부장관이 지정·고시한다.
② 주민등록번호가 없는 재외국민의 등록번호는 대법원 소재지 관할 등기소의 등기관이 부여한다.
③ 법인의 등록번호는 주된 사무소 소재지 관할 등기소의 등기관이 부여한다.
④ 법인 아닌 사단이나 재단의 등록번호는 시장, 군수 또는 구청장이 부여한다.

해설 [부동산등기법 제49조(등록번호의 부여절차)]
국가·지방자치단체·국제기관 및 외국정부의 등록번호는 국토교통부장관이 지정·고시한다.

18. 등기의 말소를 신청하는 경우 그 말소에 대하여 등기상 이해관계가 있는 제3자가 있을 때 필요한 것은?

① 제3자의 승낙   ② 시장의 서면
③ 공동담보목록원부   ④ 가등기 명의인의 승낙

해설 [부동산등기법 제57조(이해관계 있는 제3자가 있는 등기의 말소)]
등기의 말소를 신청하는 경우에 그 말소에 대하여 등기상 이해관계 있는 제3자가 있을 때에는 제3자의 승낙이 있어야 한다.

19. 등기관리 등기를 한 후 지체없이 그 사실을 지적소관청 또는 건축물대장 소관청에 통지하여야 하는 것이 아닌 것은?

① 소유권의 보존등기
② 부동산 표시의 변경등기
③ 소유권의 말소회복등기
④ 소유권의 등기명의인 표시의 변경등기

해설 [부동산등기법 제62조(소유권변경 사실의 통지)]
① 소유권의 보존 또는 이전
② 소유권의 등기명의인 표시의 변경 또는 경정
③ 소유권의 변경 또는 경정
④ 소유권의 말소 또는 말소회복

20. 다음 중 등기관이 토지소유권의 이전등기를 한 경우 지체없이 그 사실을 누구에게 알려야 하는가?

① 이해관계인   ② 지적소관청
③ 관할 등기소   ④ 행정안전부장관

해설 [부동산등기법 제62조(소유권변경 사실의 통지)]
등기관이 다음 각 호의 등기를 하였을 때에는 지체 없이 그 사실을 토지의 경우에는 지적소관청에, 건물의 경우에는 건축물대장 소관청에 각각 알려야 한다.

21. 다음 중 등기관이 토지에 관한 등기를 하였을 때 지적소관청에 지체 없이 그 사실을 알려야 하는 대상에 해당하지 않은 것은?

① 소유권의 보존 또는 이전
② 소유권의 등록 또는 등록정정
③ 소유권의 변경 또는 경정
④ 소유권의 말소 또는 말소회복

해설 [부동산등기법 제62조(소유권변경 사실의 통지)]
등기관이 다음 각 호의 등기를 하였을 때에는 지체 없이 그 사실을 토지의 경우에는 지적소관청에, 건물의 경우에는 건축물대장 소관청에 각각 알려야 한다.
1. 소유권의 보존 또는 이전
2. 소유권의 등기명의인 표시의 변경 또는 경정
3. 소유권의 변경 또는 경정
4. 소유권의 말소 또는 말소회복

정답 16. ④ 17. ① 18. ① 19. ② 20. ② 21. ②

22. 부동산등기법상 미등기의 토지에 관한 소유권 보존등기를 신청할 수 없는 자는?

① 토지대장에 최초의 소유자로 등록되어 있는 자
② 확정판결에 의하여 자기의 소유권을 증명하는 자
③ 수용(收用)으로 인하여 소유권을 취득하였음을 증명하는 자
④ 특별자치도지사, 시장, 군수 또는 구청장의 확인에 의하여 토지의 자기 소유권을 증명하는 자

해설 [부동산등기법 제65조(소유권보존등기의 신청인)]
1. 토지대장, 임야대장 또는 건축물대장에 최초의 소유자로 등록되어 있는 자 또는 그 상속인, 그 밖의 포괄승계인
2. 확정판결에 의하여 자기의 소유권을 증명하는 자
3. 수용(收用)으로 인하여 소유권을 취득하였음을 증명하는 자
4. 특별자치도지사, 시장, 군수 또는 구청장(자치구의 구청장을 말한다)의 확인에 의하여 자기의 소유권을 증명하는 자(건물의 경우로 한정한다)

23. 다음 중 등기신청서에 채권액과 채무자를 기재하여야 하는 설정등기는?

① 지상권　　② 지역권
③ 전세권　　④ 저당권

해설 [부동산등기법 제75조(저당권의 등기사항)]
1. 채권액, 채무자의 성명 또는 명칭과 주소 또는 사무소 소재지, 변제기
2. 이자 및 그 발생기·지급시기, 원본 또는 이자의 지급장소
3. 채무불이행으로 인한 손해배상에 관한 약정, 「민법」 제358조 단서의 약정, 채권의 조건

24. 부동산등기법의 수용으로 인한 등기에 관한 내용이다. (　) 안에 들어갈 내용으로 옳은 것은?

> 수용으로 인한 소유권이전등기를 하는 경우 그 부동산의 등기기록 중 소유권, 소유권 외의 권리, 그 밖의 처분제한에 관한 등기가 있으면 그 등기를 직권으로 말소하여야 한다. 다만, 그 부동산을 위하여 존재하는 (　)의 등기 또는 토지수용위원회의 재결(裁決)로서 존속(存續)이 인정된 권리의 등기는 그러하지 아니하다.

① 소유권　　② 지역권
③ 지상권　　④ 저당권

해설 [부동산등기법 제99조(수용으로 인한 등기)]
수용으로 인한 소유권이전등기를 하는 경우 그 부동산의 등기기록 중 소유권, 소유권 외의 권리, 그 밖의 처분제한에 관한 등기가 있으면 그 등기를 직권으로 말소하여야 한다. 다만, 그 부동산을 위하여 존재하는 (지역권)의 등기 또는 토지수용위원회의 재결(裁決)로서 존속(存續)이 인정된 권리의 등기는 그러하지 아니하다.

정답 22. ④ 23. ④ 24. ②

CHAPTER 08 국토의 계획 및 이용에 관한 법률

1 법률의 제정 목적

국토의 이용·개발과 보전을 위한 계획의 수립 및 집행 등에 필요한 사항을 정하여 공공복리를 증진시키고 국민의 삶의 질을 향상시키는 것이 법의 목적

2 용어의 정의

① **도시·군기본계획** : 특별시·광역시·특별자치시·특별자치도·시 또는 군의 관할구역 및 생활권에 대하여 기본적인 공간구조와 장기발전방향을 제시하는 종합계획으로서 도시·군관리계획 수립의 지침이 되는 계획
② **도시·군관리계획** : 특별시·광역시·특별자치시·특별자치도·시 또는 군의 개발·정비 및 보전을 위하여 수립하는 토지 이용, 교통, 환경, 경관, 안전, 산업, 정보통신, 보건, 복지, 안보, 문화 등에 관한 아래의 계획을 말한다.
   - 용도지역·용도지구의 지정 또는 변경에 관한 계획
   - 개발제한구역, 도시자연공원구역, 시가화조정구역, 수산자원보호구역의 지정 또는 변경에 관한 계획
   - 기반시설의 설치·정비 또는 개량에 관한 계획
   - 도시개발사업이나 정비사업에 관한 계획
   - 지구단위계획구역의 지정 또는 변경에 관한 계획과 지구단위계획
   - 도시혁신구역의 지정 또는 변경에 관한 계획과 도시혁신계획
   - 복합용도구역의 지정 또는 변경에 관한 계획과 복합용도계획
   - 도시·군계획시설입체복합구역의 지정 또는 변경에 관한 계획
③ **지구단위계획** : 도시·군계획 수립 대상지역의 일부에 대하여 토지 이용을 합리화하고 그 기능을 증진시키며 미관을 개선하고 양호한 환경을 확보하며, 그 지역을 체계적·계획적으로 관리하기 위하여 수립하는 도시·군관리계획
④ **기반시설**이란 아래 시설을 말한다.
   - 도로·철도·항만·공항·주차장 등 교통시설
   - 광장·공원·녹지 등 공간시설
   - 유통업무설비, 수도·전기·가스공급설비, 방송·통신시설, 공동구 등 유통·공급시설
   - 학교·운동장·공공청사·문화시설 및 공공필요성이 인정되는 체육시설 등 공공·문화 체육시설
   - 하천·유수지·방화설비 등 방재시설

- 장사시설 등 보건위생시설
- 하수도, 폐기물처리 및 재활용시설, 빗물저장 및 이용시설 등 환경기초시설

⑤ **공동구** : 전기·가스·수도 등의 공급설비, 통신시설, 하수도시설 등 지하매설물을 공동 수용함으로써 미관의 개선, 도로구조의 보전 및 교통의 원활한 소통을 위하여 지하에 설치하는 시설물

⑥ **도시·군계획시설사업** : 도시·군계획시설을 설치·정비 또는 개량하는 사업을 말한다.

⑦ **도시·군계획사업** : 도시·군관리계획을 시행하기 위한 아래의 사업
- 도시·군계획시설사업 및 도시개발법에 따른 도시개발사업
- 도시 및 주거환경정비법에 따른 정비사업

⑧ **공공시설** : 도로·공원·철도·수도 등 공공용 시설

⑨ **용도지역** : 토지의 이용 및 건축물의 용도, 건폐율, 용적률, 높이 등을 제한함으로써 토지를 경제적·효율적으로 이용하고 공공복리의 증진을 도모하기 위하여 서로 중복되지 아니하게 도시·군관리계획으로 결정하는 지역

⑩ **용도지구** : 토지의 이용 및 건축물의 용도·건폐율·용적률·높이 등에 대한 용도지역의 제한을 강화하거나 완화하여 적용함으로써 용도지역의 기능을 증진시키고 경관·안전 등을 도모하기 위하여 도시·군관리계획으로 결정하는 지역

⑪ **용도구역** : 토지의 이용 및 건축물의 용도·건폐율·용적률·높이 등에 대한 용도지역 및 용도지구의 제한을 강화하거나 완화하여 따로 정함으로써 시가지의 무질서한 확산방지, 계획적이고 단계적인 토지이용의 도모, 혁신적이고 복합적인 토지활용의 촉진, 토지이용의 종합적 조정·관리 등을 위하여 도시·군관리계획으로 결정하는 지역

3 광역도시계획

① 국토교통부장관 또는 도지사는 둘 이상의 특별시·광역시·특별자치시·특별자치도·시 또는 군의 공간구조 및 기능을 상호 연계시키고 환경을 보전하며 광역시설을 체계적으로 정비하기 위하여 필요한 경우 아래와 같이 지정할 수 있다.

구분	지정권자
광역계획권이 둘 이상의 특별시·광역시·특별자치시·도 또는 특별자치도("시·도")의 관할 구역에 걸쳐 있는 경우	국토교통부장관
광역계획권이 도의 관할 구역에 속하여 있는 경우	도지사

② 국토교통부장관, 시·도지사, 시장 또는 군수는 아래 구분에 따라 광역도시계획을 수립하여야 한다.

구분	수립권자
광역계획권이 같은 도의 관할 구역에 속하여 있는 경우	관할 시장 또는 군수공동
광역계획권이 둘 이상의 시·도의 관할 구역에 걸쳐 있는 경우	관할 시·도지사공동
광역계획권을 지정한 날부터 3년이 지날 때까지 관할 시장 또는 군수로부터 광역도시계획의 승인 신청이 없는 경우	관할시·도지사
국가계획과 관련된 광역도시계획의 수립이 필요한 경우나 광역계획권을 지정한 날부터 3년이 지날 때까지 관할 시·도지사로부터 광역도시계획의 승인 신청이 없는 경우	국토교통부장관

4 도시·군관리계획

① 특별시장·광역시장·특별자치시장·특별자치도지사·시장 또는 군수는 관할 구역에 대하여 도시·군관리계획을 입안하여야 하며, 도시·군관리계획은 광역도시계획과 도시·군기본계획에 부합되어야 한다.
② 도시·군관리계획을 입안할 때에는 도시·군관리계획도서(계획도와 계획조서)와 이를 보조하는 계획설명서(기초조사결과·재원조달방안 및 경관계획 등)를 작성하여야 한다.
③ 계획도는 축척 1천분의 1 또는 축척 5천분의 1(지형도가 간행되어 있지 아니한 경우에는 축척 2만 5천분의 1)의 지형도(수치지형도 포함)에 도시·군관리계획사항을 명시한 도면으로 작성하여야 한다.
④ 국토교통부장관이나 시·도지사는 도시·군관리계획을 결정하면 법령으로 정하는 바에 따라 그 결정을 고시하여야 하며, 특별시장·광역시장·특별자치시장·특별자치도지사·시장 또는 군수는 결정이 고시되면 지적이 표시된 지형도에 도시·군관리계획에 관한 사항을 자세히 밝힌 도면을 작성하고 승인·고시하여야 한다.
⑤ 도시·군관리계획 결정의 효력은 지형도면을 고시한 날부터 발생한다.

5 용도지역

① 국토교통부장관, 시·도지사 또는 대도시 시장은 용도지역의 지정 또는 변경을 도시·군관리계획으로 결정한다.

용도지역		정의
도시지역	주거지역	거주의 안녕과 건전한 생활환경의 보호를 위하여 필요한 지역
	상업지역	상업이나 그 밖의 업무의 편익을 증진하기 위하여 필요한 지역
	공업지역	공업의 편익을 증진하기 위하여 필요한 지역
	녹지지역	자연환경·농지 및 산림의 보호, 보건위생, 보안과 도시의 무질서한 확산을 방지하기 위하여 녹지의 보전이 필요한 지역
관리지역	보전관리지역	자연환경 보호, 산림 보호, 수질오염 방지, 녹지공간 확보 및 생태계 보전 등을 위하여 보전이 필요하나, 주변 용도지역과의 관계 등을 고려할 때 자연환경보전 지역으로 지정하여 관리하기가 곤란한 지역
	생산관리지역	농업·임업·어업 생산 등을 위하여 관리가 필요하나, 주변 용도지역과의 관계 등을 고려할 때 농림지역으로 지정하여 관리하기가 곤란한 지역
	계획관리지역	도시지역으로의 편입이 예상되는 지역이나 자연환경을 고려하여 제한적인 이용·개발을 하려는 지역으로서 계획적·체계적인 관리가 필요한 지역
농림지역		도시지역에 속하지 아니하는 농업진흥지역 또는 보전산지 등으로서 농림업을 진흥시키고 산림을 보전하기 위하여 필요한 지역
자연환경보전지역		자연환경·수자원·해안·생태계·상수원 및 국가유산의 보전과 수산자원의 보호·육성 등을 위하여 필요한 지역

② 국토교통부장관, 시·도지사 또는 대도시 시장은 도시·군관리계획으로 주거지역·상업지역·공업지역 및 녹지지역을 다음과 같이 다시 세분하여 지정하거나 변경할 수 있다.

용도지역	세분류	정의	
주거 지역	전용주거지역	양호한 주거환경을 보호하기 위하여 필요한 지역	
		제1종	단독주택 중심의 양호한 주거환경을 보호하기 위하여 필요한 지역
		제2종	공동주택 중심의 양호한 주거환경을 보호하기 위하여 필요한 지역
	일반주거지역	편리한 주거환경을 조성하기 위하여 필요한 지역	
		제1종	저층주택을 중심으로 편리한 주거환경을 조성하기 위하여 필요한 지역
		제2종	중층주택을 중심으로 편리한 주거환경을 조성하기 위하여 필요한 지역
		제3종	중고층주택을 중심으로 편리한 주거환경을 조성하기 위하여 필요한 지역
	준주거지역	주거기능을 위주로 이를 지원하는 일부 상업기능 및 업무기능을 보완하기 위하여 필요한 지역	
상업 지역	중심상업지역	도심·부도심의 상업기능 및 업무기능의 확충을 위하여 필요한 지역	
	일반상업지역	일반적인 상업기능 및 업무기능을 담당하게 하기 위하여 필요한 지역	
	근린상업지역	근린지역에서의 일용품 및 서비스의 공급을 위하여 필요한 지역	
	유통상업지역	도시내 및 지역간 유통기능의 증진을 위하여 필요한 지역	
공업 지역	전용공업지역	주로 중화학공업, 공해성 공업 등을 수용하기 위하여 필요한 지역	
	일반공업지역	환경을 저해하지 아니하는 공업의 배치를 위하여 필요한 지역	
	준공업지역	경공업 그 밖의 공업을 수용하되, 주거기능·상업기능 및 업무기능의 보완이 필요한 지역	
녹지 지역	보전녹지지역	도시의 자연환경·경관·산림 및 녹지공간을 보전할 필요가 있는 지역	
	생산녹지지역	주로 농업적 생산을 위하여 개발을 유보할 필요가 있는 지역	
	자연녹지지역	도시의 녹지공간의 확보, 도시확산의 방지, 장래 도시용지의 공급 등을 위하여 보전할 필요가 있는 지역으로서 불가피한 경우에 한하여 제한적인 개발이 허용되는 지역	

6 용도지구

① 국토교통부장관, 시·도지사 또는 대도시 시장은 용도지구의 지정 또는 변경을 도시·군관리계획으로 결정한다.
② 국토교통부장관, 시·도지사 또는 대도시 시장은 필요하다고 인정되면 용도지구를 다음과 같이 도시·군관리계획결정으로 다시 세분하여 지정하거나 변경할 수 있다.

용도지구	용도지구의 세분 및 정의	
경관지구	경관을 보호·형성하기 위하여 필요한 지구	
	자연경관지구	산지·구릉지 등 자연경관의 보호 또는 도시의 자연풍치를 유지하기 위하여 필요한 지구
	수변경관지구	지역내 주요 수계의 수변 자연경관을 보호·유지하기 위하여 필요한 지구
	시가지경관지구	주거지역의 양호한 환경조성과 시가지의 도시경관을 보호하기 위하여 필요한 지구
고도지구	쾌적한 환경조성 및 토지의 효율적 이용을 위하여 건축물 높이의 최저한도 또는 최고한도를 규제할 필요가 있는 지구	
	최고고도지구	환경과 경관을 보호하고 과밀을 방지하기 위하여 건축물 높이의 최고한도를 정할 필요가 있는 지구
	최저고도지구	토지이용을 고도화하고 경관을 보호하기 위하여 건축물 높이의 최저한도를 정할 필요가 있는 지구
방재지구	풍수해, 산사태, 지반의 붕괴, 그 밖의 재해를 예방하기 위하여 필요한 지구	
	시가지방재지구	건축물·인구가 밀집되어 있는 지역으로서 시설개선 등을 통하여 재해예방이 필요한 지구
	자연방재지구	토지의 이용도가 낮은 해안변, 하천변, 급경사지 주변 등의 지역으로서 건축 제한 등을 통하여 재해 예방이 필요한 지구
보호지구	국가유산, 중요 시설물 및 문화적·생태적으로 보존가치가 큰 지역의 보호와 보존을 위하여 필요한 지구	
	역사문화환경 보호지구	국가유산·전통사찰 등 역사·문화적으로 보존가치가 큰 시설 및 지역의 보호와 보존을 위하여 필요한 지구
	중요시설물 보호지구	국방상 또는 안보상 중요한 시설물의 보호와 보존을 위하여 필요한 지구
	생태계 보호지구	야생동식물서식처 등 생태적으로 보존가치가 큰 지역의 보호와 보존을 위하여 필요한 지구
취락지구	녹지지역·관리지역·농림지역·자연환경보전지역·개발제한구역 또는 도시자연공원구역의 취락을 정비하기 위한 지구	
	자연취락지구	녹지지역·관리지역·농림지역 또는 자연환경보전지역안의 취락을 정비하기 위하여 필요한 지구
	집단취락지구	개발제한구역안의 취락을 정비하기 위하여 필요한 지구

용도지구		용도지구의 세분 및 정의
개발진흥지구		주거기능·상업기능·공업기능·유통물류기능·관광기능·휴양기능 등을 집중적으로 개발·정비할 필요가 있는 지구
	주거 개발진흥지구	주거기능을 중심으로 개발·정비할 필요가 있는 지구
	산업·유통 개발진흥지구	공업기능 및 유통·물류기능을 중심으로 개발·정비할 필요가 있는 지구
	관광·휴양 개발진흥지구	관광·휴양기능을 중심으로 개발·정비할 필요가 있는 지구
	복합 개발진흥지구	주거기능, 공업기능, 유통·물류기능 및 관광·휴양기능 중 둘 이상의 기능을 중심으로 개발·정비할 필요가 있는 지구
	특정 개발진흥지구	주거기능, 공업기능, 유통·물류기능 및 관광·휴양기능 외의 기능을 중심으로 특정한 목적을 위하여 개발·정비할 필요가 있는 지구
방화지구		화재의 위험을 예방하기 위하여 필요한 지구
특정용도 제한지구		주거기능보호나 청소년보호 등의 목적으로 청소년유해시설 등 특정시설의 입지를 제한할 필요가 있는 지구

7 개발행위허가

개발행위를 하려는 자는 특별시장·광역시장·특별자치시장·특별자치도지사·시장 또는 군수의 허가를 받아야 한다(도시·군계획사업에 의한 행위는 제외).

허가대상	내용
건축물의 건축	「건축법」에 따른 건축물의 건축
공작물의 설치	인공을 가하여 제작한 시설물의 설치
토지의 형질변경	절토·성토·정지·포장 등의 방법으로 토지의 형상을 변경하는 행위와 공유수면의 매립(경작을 위한 토지의 형질변경 제외)
토석의 채취	흙·모래·자갈·바위 등의 토석을 채취하는 행위(토지의 형질변경을 목적으로 하는 것은 제외)
토지분할	다음의 어느 하나에 해당하는 토지의 분할(건축물 있는 대지 분할은 제외) 1. 녹지지역·관리지역·농림지역 및 자연환경보전지역 안에서 관계법령에 따른 허가·인가 등을 받지 아니하고 행하는 토지의 분할 2. 「건축법」에 따른 분할제한면적 미만으로의 토지의 분할 3. 관계 법령에 의한 허가·인가 등을 받지 아니하고 행하는 너비 5미터 이하로의 토지의 분할
물건을 쌓아놓는 행위	녹지지역·관리지역 또는 자연환경보전지역 안에서 건축물의 울타리 안(적법한 절차에 의하여 조성된 대지)에 위치하지 아니한 토지에 물건을 1월 이상 쌓아놓는 행위

8 용도지역의 건폐율과 용적률

용도지역에서 건폐율의 최대한도는 관할 구역의 면적과 인구 규모, 용도지역의 특성 등을 고려하여 다음의 범위에서 특별시·광역시·특별자치시·특별자치도·시 또는 군의 조례로 정하며, 세분된 용도지역에서의 건폐율에 관한 기준은 대통령령으로 따로 정한다.

용도지역				건폐율	용적률
도시지역	주거지역	전용주거지역	제1종	50% 이하	50% 이상 100% 이하
			제2종	50% 이하	100% 이상 150% 이하
		일반주거지역	제1종	60% 이하	100% 이상 200% 이하
			제2종	60% 이하	150% 이상 250% 이하
			제3종	50% 이하	200% 이상 300% 이하
		준주거지역		70% 이하	200% 이상 500% 이하
	상업지역	중심상업지역		90% 이하	400% 이상 1,500% 이하
		일반상업지역		80% 이하	300% 이상 1,300% 이하
		근린상업지역		70% 이하	200% 이상 900% 이하
		유통상업지역		80% 이하	200% 이상 1,100% 이하
	공업지역	전용공업지역		70% 이하	150% 이상 300% 이하
		일반공업지역		70% 이하	50% 이상 100% 이하
		준공업지역		70% 이하	200% 이상 350% 이하
	녹지지역	보전녹지지역		20% 이하	200% 이상 400% 이하
		생산녹지지역		20% 이하	50% 이상 80% 이하
		자연녹지지역		20% 이하	50% 이상 100% 이하
관리지역		보전관리지역		20% 이하	50% 이상 80% 이하
		생산관리지역		20% 이하	50% 이상 80% 이하
		계획관리지역		40% 이하	50% 이상 100% 이하
농림지역				20% 이하	50% 이상 80% 이하
자연환경보전지역				20% 이하	50% 이상 80% 이하

CHAPTER 08 국토의 계획 및 이용에 관한 법률

01. 국토의 계획 및 이용에 관한 법률의 목적으로 가장 옳은 것은?

① 공공복리의 증진과 국민의 삶의 질 향상
② 환경보전 및 중앙집권체제의 강화
③ 국토 및 해양의 이용 질서 확립
④ 고도의 경제 성장 유지

해설 [국토의 계획 및 이용에 관한 법률 제1조(목적)]
이 법은 국토의 이용·개발과 보전을 위한 계획의 수립 및 집행 등에 필요한 사항을 정하여 공공복리를 증진시키고 국민의 삶의 질을 향상시키는 것을 목적으로 한다.

02. 국토의 계획 및 이용에 관한 법률상 용도지역의 지정목적으로 옳은 것은?

① 산업과 인구의 과대한 도시 집중을 방지하여 기반시설의 설치에 필요한 용지 확보
② 도시기능을 증진시키고 미관·경관·안전 등을 도모
③ 시가지의 무질서한 확산 방지로 계획적·단계적인 토지 이용의 도모
④ 토지의 이용 및 건축물의 용도, 건폐율, 용적률, 높이 등을 제한함으로써 토지의 경제적·효율적 이용 도모

해설 [국토의 계획 및 이용에 관한 법률 제2조(정의)]
① "용도구역"이란 토지의 이용 및 건축물의 용도·건폐율·용적률·높이 등에 대한 용도지역 및 용도지구의 제한을 강화하거나 완화하여 따로 정함으로써 시가지의 무질서한 확산방지, 계획적이고 단계적인 토지이용의 도모, 혁신적이고 복합적인 토지활용의 촉진, 토지이용의 종합적 조정·관리 등을 위하여 도시·군관리계획으로 결정하는 지역을 말한다.
② "용도지역"이란 토지의 이용 및 건축물의 용도, 건폐율, 용적률, 높이 등을 제한함으로써 토지를 경제적·효율적으로 이용하고 공공복리의 증진을 도모하기 위하여 서로 중복되지 아니하게 도시·군관리계획으로 결정하는 지역을 말한다.

03. 국토의 계획 및 이용에 관한 법률에 따른 도시·군관리 계획에 포함되지 않는 것은?

① 용도지역·용도지구의 지정 또는 변경에 관한 계획
② 기반시설의 설치·정비 또는 개량에 관한 계획
③ 지구단위계획구역의 지정 또는 변경에 관한 계획과 지구단위계획
④ 지적불부합지역의 지적재조사에 관한 계획

해설 [국토의 계획 및 이용에 관한 법률 제2조(정의)]
"도시·군관리계획"이란 특별시·광역시·특별자치시·특별자치도·시 또는 군의 개발·정비 및 보전을 위하여 수립하는 토지 이용, 교통, 환경, 경관, 안전, 산업, 정보통신, 보건, 복지, 안보, 문화 등에 관한 다음 각 목의 계획을 말한다.
가. 용도지역·용도지구의 지정 또는 변경에 관한 계획
나. 개발제한구역, 도시자연공원구역, 시가화조정구역(市街化調整區域), 수산자원보호구역의 지정 또는 변경에 관한 계획
다. 기반시설의 설치·정비 또는 개량에 관한 계획
라. 도시개발사업이나 정비사업에 관한 계획
마. 지구단위계획구역의 지정 또는 변경에 관한 계획과 지구단위계획
바. 삭제 〈2024. 2. 6.〉
사. 도시혁신구역의 지정 또는 변경에 관한 계획과 도시혁신계획
아. 복합용도구역의 지정 또는 변경에 관한 계획과 복합용도계획
자. 도시·군계획시설입체복합구역의 지정 또는 변경에 관한 계획

04. 특별시·광역시·특별자치시·특별자치도·시 또는 군의 개발·정비 및 보전을 위하여 수립하는 도시·군관리계획에 포함되지 않는 것은?

① 도시개발사업이나 정비사업에 관한 계획
② 기반시설의 설치·정비 또는 개량에 관한 계획
③ 용도지역·용도지구의 지정 또는 변경에 관한 계획
④ 기본적인 공간구조와 장기발전방향을 제시하는 종합계획

정답 01. ① 02. ④ 03. ④ 04. ④

> **해설** [국토의 계획 및 이용에 관한 법률 제2조(정의)]
> – 도시·군관리계획에 포함되는 사항
> 1. 용도지역·용도지구의 지정 또는 변경에 관한 계획
> 2. 개발제한구역, 도시자연공원구역, 시가화조정구역, 수산자원보호구역의 지정 또는 변경에 관한 계획
> 3. 기반시설의 설치·정비 또는 개량에 관한 계획
> 4. 도시개발사업이나 정비사업에 관한 계획
> 5. 지구단위계획구역의 지정 또는 변경에 관한 계획과 지구단위계획
> 6. 삭제 〈2024. 2. 6.〉
> 7. 도시혁신구역의 지정 또는 변경에 관한 계획과 도시혁신계획
> 8. 복합용도구역의 지정 또는 변경에 관한 계획과 복합용도계획
> 9. 도시·군계획시설입체복합구역의 지정 또는 변경에 관한 계획

05. 국토의 계획 및 이용에 관한 법률에 따른 용어의 정의가 옳지 않은 것은?

① "용도구역"이란 토지의 이용 및 건축물의 용도, 건폐율, 용적률, 높이 등에 대한 용도지역 및 용도지구의 제한을 강화하거나 완화하여 따로 정함으로써 시가지의 무질서한 확산방지, 계획적이고 단계적인 토지이용의 도모, 혁신적이고 복합적인 토지활용의 촉진, 토지이용의 종합적 조정·관리 등을 위하여 도시관리계획으로 결정하는 지역을 말한다.

② "용도지역"이란 토지의 이용 및 건축물의 용도, 건폐율, 용적률, 높이 등에 대한 제한을 강화 또는 완화하여 적용함으로써 용도지역의 기능을 증진시키고 미관·경관·안전 등을 도모하기 위하여 도시관리계획으로 결정하는 지역을 말한다.

③ "도시계획사업"이란 도시관리계획을 시행하기 위한 도시계획시설사업, 「도시개발법」에 따른 도시개발사업, 「도시 및 주거환경정비법」에 따른 정비사업을 말한다.

④ "개발밀도관리구역"이란 개발로 인하여 기반시설이 부족할 것이 예상되나 기반시설을 설치하기 곤란한 지역을 대상으로 건폐율이나 용적률을 강화하여 적용하기 위하여 지정하는 구역을 말한다.

> **해설** [국토의 계획 및 이용에 관한 법률 제2조(정의)]
> ① "용도구역"이란 토지의 이용 및 건축물의 용도·건폐율·용적률·높이 등에 대한 용도지역 및 용도지구의 제한을 강화하거나 완화하여 따로 정함으로써 시가지의 무질서한 확산방지, 계획적이고 단계적인 토지이용의 도모, 혁신적이고 복합적인 토지활용의 촉진, 토지이용의 종합적 조정·관리 등을 위하여 도시·군관리계획으로 결정하는 지역을 말한다.
> ② "용도지역"이란 토지의 이용 및 건축물의 용도, 건폐율, 용적률, 높이 등을 제한함으로써 토지를 경제적·효율적으로 이용하고 공공복리의 증진을 도모하기 위하여 서로 중복되지 아니하게 도시·군관리계획으로 결정하는 지역을 말한다.

06. 국토의 계획 및 이용에 관한 법률상 도로에 해당되지 않는 것은?

① 지방도 ② 일반도로
③ 지하도로 ④ 자전거전용도로

> **해설** [도로의 구분]
> ① 국토의 계획 및 이용에 관한 법률 : 일반도로, 자동차 전용도로, 보행자 전용도로, 자전거 전용도로, 고가도로, 지하도로
> ② 도로법 : 고속국도, 일반국도, 특별시도·광역시도, 지방도, 시도, 군도, 구도
> ③ 규모별 구분 : 광로, 대로, 중로, 소로(도로 폭원에 따라)
> ④ 기능별 구분 : 주간선도로, 보조간선도로, 집산도로, 국지도로, 특수도로

07. 다음 중 국토의 계획 및 이용에 관한 법률에 따른 기반시설의 종류에 해당하지 않는 것은?

① 환경기초시설 ② 보건위생시설
③ 공공·문화체육시설 ④ 물류·유통정비시설

> **해설** [국토의 계획 및 이용에 관한 법률 제2조(정의) – 기반시설의 종류]
> 1. 도로·철도·항만·공항·주차장 등 교통시설
> 2. 광장·공원·녹지 등 공간시설
> 3. 유통업무설비, 수도·전기·가스공급설비, 방송·통신시설, 공동구 등 유통·공급시설
> 4. 학교·운동장·공공청사·문화시설·체육시설 등 공공·문화체육시설
> 5. 하천·유수지·방화설비 등 방재시설
> 6. 장사시설 등 보건위생시설
> 7. 하수도, 폐기물처리 및 재활용시설, 빗물저장 및 이용시설 등 환경기초시설

정답 05. ② 06. ① 07. ④

08. 국토의 계획 및 이용에 관한 법률에 따른 국토의 용도 구분 4가지에 해당하지 않는 것은?

① 보존지역
② 관리지역
③ 도시지역
④ 농림지역

해설 [국토의 계획 및 이용에 관한 법률 제7조(용도지역별 관리 의무)]
1. 도시지역 : 이 법 또는 관계 법률에서 정하는 바에 따라 그 지역이 체계적이고 효율적으로 개발·정비·보전될 수 있도록 미리 계획을 수립하고 그 계획을 시행하여야 한다.
2. 관리지역 : 이 법 또는 관계 법률에서 정하는 바에 따라 필요한 보전조치를 취하고 개발이 필요한 지역에 대하여는 계획적인 이용과 개발을 도모하여야 한다.
3. 농림지역 : 이 법 또는 관계 법률에서 정하는 바에 따라 농림업의 진흥과 산림의 보전·육성에 필요한 조사와 대책을 마련하여야 한다.
4. 자연환경보전지역 : 이 법 또는 관계 법률에서 정하는 바에 따라 환경오염 방지, 자연환경·수질·수자원·해안·생태계 및 문화재의 보전과 국가유산의 보호·육성을 위하여 필요한 조사와 대책을 마련하여야 한다.

09. 광역도시계획에 관한 설명으로 틀린 것은?

① 인접한 둘 이상의 특별시·광역시·특별자치시·특별자치도·시 또는 군의 관할 구역 전부 또는 일부를 광역계획권으로 지정할 수 있다.
② 광역계획권의 지정은 국토교통부장관만이 할 수 있다.
③ 국토교통부장관은 시·도지사가 요청하는 경우 관할 시·도지사와 공동으로 광역도시계획을 수립할 수 있다.
④ 광역도시계획에는 경관계획에 관한 사항이 포함되어야 한다.

해설 [국토의 계획 및 이용에 관한 법률 제2조(정의)]
"광역도시계획"이란 광역계획권의 장기발전방향을 제시하는 계획을 말한다.
[국토의 계획 및 이용에 관한 법률 제10조(광역계획권의 지정)]
국토교통부장관 또는 도지사는 둘 이상의 특별시·광역시·특별자치시·특별자치도·시 또는 군의 공간구조 및 기능을 상호 연계시키고 환경을 보전하며 광역시설을 체계적으로 정비하기 위하여 필요한 경우에는 관할 구역 전부 또는 일부를 대통령령으로 정하는 바에 따라 광역계획권으로 지정할 수 있다.

1. 광역계획권이 둘 이상의 특별시·광역시·특별자치시·도 또는 특별자치도의 관할 구역에 걸쳐 있는 경우 : 국토교통부장관이 지정
2. 광역계획권이 도의 관할 구역에 속하여 있는 경우 : 도지사가 지정

10. 국토의 계획 및 이용에 관한 법률상 광역계획권을 지정한 날부터 3년이 지날 때까지 관할시장 또는 군수로부터 광역도시계획의 승인 신청이 없는 경우 광역도시계획의 수립권자는?

① 관할 도지사
② 국토교통부장관
③ 국무총리
④ 대통령

해설 [국토의 계획 및 이용에 관한 법률 제11조(광역도시계획의 수립권자)]
광역계획권 지정 후 3년이 지날 때까지 시장 또는 군수로부터 승인신청이 없는 경우 도지사가 수립한다.

11. 다음 중 도시·군관리계획의 입안권자가 아닌 자는?

① 특별시장
② 광역시장
③ 군수
④ 구청장

해설 [도시·군 관리계획의 입안권자]
도시·군관리계획은 특별시장, 광역시장, 특별자치시장, 특별자치도지사, 시장 또는 군수가 관할구역에 대하여 입안하여야 한다.

12. 도시관리계획 결정으로 도시자연공원구역을 지정하는 자는?

① 시장·군수
② 시·도지사
③ 국토교통부장관
④ 국립공원관리공단 이사장

해설 [국토의 계획 및 이용에 관한 법률 제38조의 2(도시자연공원구역의 지정)]
시·도지사 또는 대도시 시장은 도시의 자연환경 및 경관을 보호하고 도시민에게 건전한 여가·휴식공간을 제공하기 위하여 도시지역 안에서 식생(植生)이 양호한 산지(山地)의 개발을 제한할 필요가 있다고 인정하면 도시자연공원구역의 지정 또는 변경을 도시·군관리계획으로 결정할 수 있다.

정답 08. ① 09. ② 10. ① 11. ④ 12. ②

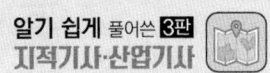

13. 국토의 계획 및 이용에 관한 법률상 도시·군관리계획의 결정은 언제를 기준으로 그 효력이 발생하는가?

① 도시·군관리계획의 지형도면을 고시한 날부터
② 도시·군관리계획의 지형도면고시가 된 날의 다음 날
③ 도시·군관리계획의 지형도면고시가 된 날부터 3일 후
④ 도시·군관리계획의 지형도면고시가 된 날부터 5일 후

해설 [국토의 계획 및 이용에 관한 법률 제31조(도시·군관리계획 결정의 효력)]
도시·군관리계획 결정의 효력은 제32조제4항에 따라 지형도면을 고시한 날부터 발생한다.

14. 국토의 계획 및 이용에 관한 법령에 따른 용도 지역의 구분 및 세분을 지정한 것으로 옳지 않은 것은?

① 도시지역 : 주거지역, 상업지역, 공업지역, 녹지지역
② 공업지역 : 전용공업지역, 일반공업지역, 준공업지역
③ 관리지역 : 보전관리지역, 생산관리지역, 자연환경보전지역
④ 녹지지역 : 보전녹지지역, 생산녹지지역, 자연녹지지역

해설 [용도지역의 종류]
① 도시지역 : 주거지역, 상업지역, 공업지역, 녹지지역
② 공업지역 : 전용공업지역, 일반공업지역, 준공업지역
③ 관리지역 : 보전관리지역, 생산관리지역, 계획관리지역
④ 녹지지역 : 보전녹지지역, 생산녹지지역, 자연녹지지역

15. 국토의 계획 및 이용에 관한 법령상 중층주택을 중심으로 편리한 주거환경을 조성하기 위하여 필요할 때 지정하는 용도지역은?

① 제1종 전용주거지역
② 제2종 전용주거지역
③ 제1종 일반주거지역
④ 제2종 일반주거지역

해설 [주거지역의 구분]
① 제1종 전용주거지역 : 단독주택 중심의 양호한 주거, 환경보호를 위한 지역
② 제2종 전용주거지역 : 공동주택 중심의 양호한 주거, 환경보호를 위한 지역
③ 제1종 일반주거지역 : 저층주택 중심의 편리한 주거, 환경보호를 위한 지역
④ 제2종 일반주거지역 : 중층주택 중심의 편리한 주거, 환경보호를 위한 지역
⑤ 제3종 일반주거지역 : 중·고층주택 중심의 편리한 주거, 환경보호를 위한 지역

16. 다음 중 국토의 계획 및 이용에 관한 법률에 따른 용도지역에 대한 설명으로 옳지 않은 것은?

① 도시지역은 인구와 산업이 밀집되어 있거나 밀집이 예상되어 그 지역에 대하여 체계적인 개발·정비·관리·보전 등이 필요한 지역을 말한다.
② 관리지역은 도시지역의 인구와 산업을 수용하기 위하여 도시지역에 준하여 체계적으로 관리하거나 농림업의 진흥, 자연환경 또는 산림의 보전을 위하여 농림지역 또는 자연환경보전지역에 준하여 관리할 필요가 있는 지역을 말한다.
③ 농림지역은 도시지역에 속하지 아니하는「농지법」에 따른 농업진흥지역 또는「산지관리법」에 따른 보전산지 등으로서 농림업을 진흥시키고 산림을 보전하기 위하여 필요한 지역을 말한다.
④ 자연녹지보전지역은 자연환경·수자원·생태계·상수원 및 문화재의 보전과 수산자원의 보호·육성 등을 위하여 필요한 지역을 말한다.

해설 [국토의 계획 및 이용에 관한 법률 제6조(국토의 용도 구분)]
1. 도시지역 : 인구와 산업이 밀집되어 있거나 밀집이 예상되어 그 지역에 대하여 체계적인 개발·정비·관리·보전 등이 필요한 지역
2. 관리지역 : 도시지역의 인구와 산업을 수용하기 위하여 도시지역에 준하여 체계적으로 관리하거나 농림업의 진흥, 자연환경 또는 산림의 보전을 위하여 농림지역 또는 자연환경보전지역에 준하여 관리할 필요가 있는 지역
3. 농림지역 : 도시지역에 속하지 아니하는「농지법」에 따른 농업진흥지역 또는「산지관리법」에 따른 보전산지 등으로서 농림업을 진흥시키고 산림을 보전하기 위하여 필요한 지역
4. 자연환경보전지역 : 자연환경·수자원·해안·생태계·상수원 및 국가유산의 보전과 수산자원의 보호·육성 등을 위하여 필요한 지역

정답 13. ① 14. ③ 15. ④ 16. ④

17. 주거기능 보호나 청소년 보호 등의 목적으로 청소년 유해시설 등 특정시설의 입지를 제한할 필요가 있는 경우에 지정하는 용도지구는?

① 개발진흥지구 ② 특정용도제한지구
③ 복합용도지구 ④ 보존지구

해설 [국토의 계획 및 이용에 관한 법률 제37조(용도지역의 지정)]
① 개발진흥지구 : 주거기능·상업기능·공업기능·유통물류기능·관광기능·휴양기능 등을 집중적으로 개발·정비할 필요가 있는 지구
② 특정용도제한지구 : 주거 및 교육 환경 보호나 청소년 보호 등의 목적으로 오염물질 배출시설, 청소년 유해시설 등 특정시설의 입지를 제한할 필요가 있는 지구
③ 복합용도지구 : 지역의 토지이용 상황, 개발 수요 및 주변여건 등을 고려하여 효율적이고 복합적인 토지이용을 도모하기 위하여 특정시설의 입지를 완화할 필요가 있는 지구
④ 보호지구 : 국가유산, 중요 시설물(항만, 공항 등 대통령령으로 정하는 시설물을 말한다) 및 문화적·생태적으로 보존가치가 큰 지역의 보호와 보존을 위하여 필요한 지구

18. 다음 지역지구 중 경관지구의 세분화로서 틀린 것은?

① 자연경관지구 ② 수변경관지구
③ 문화경관지구 ④ 시가지경관지구

해설 [경관지구]
① 자연경관지구 : 산지, 구릉지 등 자연경관 보호, 도시의 자연풍치를 유지하기 위하여 필요한 지구
② 수변경관지구 : 지역내 주요수계의 수변자연경관을 보호유지하기 위해 필요한 지구
③ 시가지경관지구 : 주거지역의 양호한 환경조성과 시가지의 도시경관을 보호하기 위하여 필요한 지구

19. 다음 중 쾌적한 환경을 조성하고 토지의 효율적인 이용을 위하여 도시관리계획으로 건축물 높이의 최저한도 또는 최고한도를 규제하기 위해 설정하는 용도지구는?

① 경관지구 ② 방화지구
③ 취락지구 ④ 고도지구

해설 [국토의 계획 및 이용에 관한 법률 제37조(용도지역의 지정)]
• 경관지구 : 경관의 보전·관리 및 형성을 위하여 필요한 지구
• 방화지구 : 화재의 위험을 예방하기 위하여 필요한 지구
• 취락지구 : 녹지지역·관리지역·농림지역·자연환경보전지역·개발제한구역 또는 도시자연공원구역의 취락을 정비하기 위한 지구

20. 도시지역과 그 주변지역의 무질서한 시가화를 방지하고 계획적·단계적인 개발을 도모하기 위하여 일정 기간 동안 시가화를 유보할 목적으로 지정하는 것은?

① 지구단위계획구역 ② 시가화조정구역
③ 개발제한구역 ④ 보존지구

해설 [법 제39조] 시·도지사는 직접 또는 관계 행정기관의 장의 요청을 받아 도시지역과 그 주변지역의 무질서한 시가화를 방지하고 계획적·단계적인 개발을 도모하기 위하여 일정기간 동안 시가화를 유보할 목적으로 시가화조정구역을 지정한다.

21. 국토의 계획 및 이용에 관한 법률에 따른 용도구역에 해당하지 않는 것은?

① 개발제한구역 ② 도시자연공원구역
③ 개발유도관리구역 ④ 시가화조정구역

해설 [국토의 계획 및 이용에 관한 법률에 따른 용도구역]
개발제한구역, 도시자연공원구역, 시가화조정구역, 수산자원보호구역 등이 있다.

22. 국토의 계획 및 이용에 관한 법률에 따른 용도지구에 대한 설명으로 옳지 않은 것은?

① 경관지구 : 경관을 보호·형성하기 위하여 필요한 지구
② 보호지구 : 국가유산, 중요 시설물 및 문화적·생태적으로 보존가치가 큰 지역의 보호와 보존을 위하여 필요한 지구
③ 방재지구 : 화재 위험을 예방하기 위하여 필요한 지구
④ 고도지구 : 쾌적한 환경 조성 및 토지의 효율적 이용을 위하여 건축물 높이의 최저한도 또는 최고한도를 규제할 필요가 있는 지구

해설 [국토의 계획 및 이용에 관한 법률 제37조(용도지역의 지정)]
- 방재지구 : 풍수해, 산사태, 지반의 붕괴, 그 밖의 재해를 예방하기 위하여 필요한 지구
- 방화지구 : 화재의 위험을 예방하기 위하여 필요한 지구

23. 국토의 계획 및 이용에 관한 법률에서 용도지구의 지정에 관한 설명으로 틀린 것은?
① 고도지구 : 쾌적한 환경 조성 및 토지의 효율적 이용을 위하여 건축물 높이의 최고한도를 규제할 필요가 있는 지구
② 경관지구 : 경관을 보호·형성하기 위하여 필요한 지구
③ 시설보호지구 : 문화재, 중요 시설물의 보호와 보존을 위하여 필요한 지구
④ 방재지구 : 풍수해, 산사태, 지반의 붕괴, 그 밖에 재해를 예방하기 위하여 필요한 지구

해설 [국토의 계획 및 이용에 관한 법률 제37조(용도지역의 지정)]
1. 보호지구: 국가유산, 중요 시설물(항만, 공항 등 대통령령으로 정하는 시설물을 말한다) 및 문화적·생태적으로 보존가치가 큰 지역의 보호와 보존을 위하여 필요한 지구

24. 국토의 계획 및 이용에 관한 법률상 광역계획권을 지정한 날부터 3년이 지날 때까지 관할시장 또는 군수로부터 광역도시계획의 승인신청이 없는 경우 광역도시계획의 수립권자는?
① 관할도지사　② 국토교통부장관
③ 국무총리　　④ 대통령

해설 [국토의 계획 및 이용에 관한 법률 제11조(광역도시계획의 수립권자)]
광역계획권 지정 후 3년이 지날 때까지 시장 또는 군수로부터 승인신청이 없는 경우 도지사가 수립한다.

25. 다음 중 국토의 계획 및 이용에 관한 법률상 원칙적으로 공동구를 관리하여야 하는 자는?
① 국토교통부장관　② 행정안전부장관
③ 특별시장　　　　④ 구청장

해설 [국토의 계획 및 이용에 관한 법률 제44조의 2(공동구의 관리·운영 등)]
① 공동구는 특별시장·광역시장·특별자치시장·특별자치도지사·시장 또는 군수가 관리한다. 다만, 공동구의 효율적인 관리·운영을 위하여 필요하다고 인정하는 경우에는 대통령령으로 정하는 기관에 그 관리·운영을 위탁할 수 있다.
② 공동구관리자는 5년마다 해당 공동구의 안전 및 유지관리계획을 대통령령으로 정하는 바에 따라 수립·시행하여야 한다.
③ 공동구관리자는 대통령령으로 정하는 바에 따라 1년에 1회 이상 공동구의 안전점검을 실시하여야 하며, 안전점검 결과 이상이 있다고 인정되는 때에는 지체 없이 정밀안전진단·보수·보강 등 필요한 조치를 하여야 한다.
④ 공동구관리자는 공동구의 설치·관리에 관한 주요 사항의 심의 또는 자문을 하게 하기 위하여 공동구협의회를 둘 수 있다. 이 경우 공동구협의회의 구성·운영 등에 필요한 사항은 대통령령으로 정한다.
⑤ 국토교통부장관은 공동구의 관리에 필요한 사항을 정할 수 있다.

26. 국토의 계획 및 이용에 관한 법령상 개발행위 허가를 받아야 할 사항은?
① 사도법에 의한 사도개설 허가를 받아 분할하는 경우
② 토지의 일부가 도시·군계획시설로 지적고시된 경우
③ 토지의 일부를 공공용지 또는 공용지로 하고자 하는 경우
④ 토지의 형질변경을 목적으로 하지 않는 흙·모래·자갈·바위 등의 토석을 채취하는 행위

해설 [국토의 계획 및 이용에 관한 법률 제56조(개발행위의 허가)]
1. 건축물의 건축 또는 공작물의 설치
2. 토지의 형질 변경(경작을 위한 경우로서 대통령령으로 정하는 토지의 형질 변경은 제외)
3. 토석의 채취
4. 토지 분할(건축물이 있는 대지의 분할은 제외한다)
5. 녹지지역·관리지역 또는 자연환경보전지역에 물건을 1개월 이상 쌓아놓는 행위

27. 국토의 계획 및 이용에 관한 법률 시행령상 개발행위허가기준에 따른 분할제한면적 미만으로 토지 분할하는 경우에 해당하지 않는 것은?

① 사설도로를 개설하기 위한 분할
② 녹지지역 안에서의 기존 묘지의 분할
③ 사도법에 의한 사도개설허가를 받아서 하는 분할
④ 사설도로로 사용되고 있는 토지 중 도로로서의 용도가 폐지되는 부분을 인접토지와 합병하기 위하여 하는 분할

해설 [국토의 계획 및 이용에 관한 법률 시행령 제53조(허가를 받지 아니하여도 되는 경미한 행위)]
 – 허가받지 않고 토지분할 할 수 있는 경우
 가. 「사도법」에 의한 사도개설허가를 받은 토지의 분할
 나. 토지의 일부를 국유지 또는 공유지로 하거나 공공시설로 사용하기 위한 토지의 분할
 다. 행정재산 중 용도폐지되는 부분의 분할 또는 일반재산을 매각·교환 또는 양여하기 위한 분할
 라. 토지의 일부가 도시·군계획시설로 지형도면고시가 된 당해 토지의 분할
 마. 너비 5미터 이하로 이미 분할된 토지의 「건축법」 제57조 제1항에 따른 분할제한면적 이상으로의 분할

28. 용도지역 안에서 건폐율의 최대한도를 20% 이하 규정하고 있는 지역에 해당되지 않는 것은?

① 녹지지역
② 보전관리지역
③ 계획관리지역
④ 자연환경보전지역

해설 [용도지역별 건폐율]
 ① 도시지역 : 주거지역 70%, 상업지역 90%, 공업지역 70%, 녹지지역 20%
 ② 관리지역 : 보전관리지역 20%, 생산관리지역 20%, 계획관리지역 40%
 ③ 농림지역 20%, 자연환경보전지역 20%

29. 국토의 계획 및 이용에 관한 법률상 토지거래계약의 허가를 받지 않아도 되는 토지의 면적 기준으로 옳지 않은 것은? (단, 국토교통부장관 또는 시·도지사가 허가구역을 지정할 당시 당해 지역에서의 거래실태 등에 비추어 타당하지 아니하다고 인정하여 당해 기준면적의 10퍼센트 이상 300퍼센트 이하의 범위에 따라 정하여 공고한 경우는 고려하지 않는다.)

① 주거지역 : 180제곱미터 이하
② 상업지역 : 200제곱미터 이하
③ 녹지지역 : 300제곱미터 이하
④ 공업지역 : 660제곱미터 이하

해설 [토지거래의 허가를 받지 않아도 되는 토지의 기준면적]
 ① 도시지역
  주거지역 : 180㎡, 상업지역 : 200㎡, 공업지역 : 660㎡, 녹지지역 : 100㎡, 지역지정이 없는 곳 : 90㎡
 ② 도시지역 외의 지역
  농지 : 500㎡, 임야 : 1,000㎡, 기타 : 250㎡

30. 국토의 계획 및 이용에 관한 법률에서 허가를 받지 않고 공동구를 점용하거나 사용했을 때 과태료를 부과할 수 있는 자는?

① 국토교통부장관
② 행정안전부장관
③ 산업통상자원부장관
④ 특별시장

해설 [국토의 계획 및 이용에 관한 법률 제144조(과태료)]
 허가를 받지 않고 공동구를 점용하거나 사용했을 경우 특별시장, 광역시장이 과태료를 부과한다.

정답 27. ③ 28. ③ 29. ③ 30. ④

CHAPTER 09 지적재조사에 관한 특별법

제1편 지적재조사에 관한 특별법

제1절 총칙

1 목적

이 법은 토지의 실제 현황과 일치하지 아니하는 지적공부(地籍公簿)의 등록사항을 바로 잡고 종이에 구현된 지적(地籍)을 디지털 지적으로 전환함으로써 국토를 효율적으로 관리함과 아울러 국민의 재산권 보호에 기여함을 목적으로 한다.

2 정의

1. "지적공부"란 토지대장, 임야대장, 공유지연명부, 대지권등록부, 지적도, 임야도 및 경계점좌표등록부 등 지적측량 등을 통하여 조사된 토지의 표시와 해당 토지의 소유자 등을 기록한 대장 및 도면(정보처리시스템을 통하여 기록·저장된 것을 포함한다)을 말한다.
2. "지적재조사사업"이란 지적공부의 등록사항을 조사·측량하여 기존의 지적공부를 디지털에 의한 새로운 지적공부로 대체함과 동시에 지적공부의 등록사항이 토지의 실제 현황과 일치하지 아니하는 경우 이를 바로 잡기 위하여 실시하는 국가사업을 말한다.
3. "지적재조사지구"란 지적재조사사업을 시행하기 위하여 지정·고시된 지구를 말한다.
4. "토지현황조사"란 지적재조사사업을 시행하기 위하여 필지별로 소유자, 지번, 지목, 면적, 경계 또는 좌표, 지상건축물 및 지하건축물의 위치, 개별공시지가 등을 조사하는 것을 말한다.
5. "지적소관청"이란 지적공부를 관리하는 특별자치시장, 시장·군수 또는 구청장을 말한다.

제2절 기본계획의 수립

1 기본계획 수립

1. 지적재조사사업에 관한 기본방향
2. 지적재조사사업의 시행기간 및 규모
3. 지적재조사사업비의 연도별 집행계획
4. 지적재조사사업비의 특별시·광역시·도·특별자치도·특별자치시 및 「지방자치법」에 따른 대도시로서 구(區)를 둔 시별 배분 계획
5. 지적재조사사업에 필요한 인력의 확보에 관한 계획
6. 그 밖에 지적재조사사업의 효율적 시행을 위하여 필요한 사항으로서 대통령령으로 정하는 사항

2 시·도종합계획의 수립

1. 지적재조사지구 지정의 세부기준
2. 지적재조사사업의 연도별·지적소관청별 사업량
3. 지적재조사사업비의 연도별 추산액
4. 지적재조사사업비의 지적소관청별 배분 계획
5. 지적재조사사업에 필요한 인력의 확보에 관한 계획
6. 지적재조사사업의 교육과 홍보에 관한 사항
7. 그 밖에 시·도의 지적재조사사업을 위하여 필요한 사항

3 지적재조사사업의 시행자

① 지적재조사사업은 지적소관청이 시행한다.
② 지적소관청은 지적재조사사업의 측량·조사 등을 책임수행기관에 위탁할 수 있다.
③ 지적소관청이 지적재조사사업의 측량·조사 등을 책임수행기관에 위탁한 때에는 대통령령으로 정하는 바에 따라 이를 고시하여야 한다.
④ 제5조의2에 따른 책임수행기관은 제2항에 따라 위탁받은 업무의 일부를 대통령령으로 정하는 바에 따라 「공간정보의 구축 및 관리 등에 관한 법률」 제44조제1항제2호에 따른 지적측량업의 등록을 한 자에게 대행하게 할 수 있다.

4 책임수행기관의 지정

① 국토교통부장관은 지적재조사사업의 측량·조사 등의 업무를 전문적으로 수행하는 책임수행기관을 지정할 수 있다.
② 국토교통부장관은 지정된 책임수행기관이 거짓 또는 부정한 방법으로 지정을 받거나 업무를 게을리 하는 등 대통령령으로 정하는 사유가 있는 때에는 그 지정을 취소할 수 있다.

③ 국토교통부장관은 책임수행기관을 지정·지정취소할 때에는 대통령령으로 정하는 바에 따라 이를 고시하여야 한다.
④ 그 밖에 책임수행기관의 지정·지정취소 및 운영 등에 필요한 사항은 대통령령으로 정한다.

5 지적재조사지구의 지정

① 지적소관청은 실시계획을 수립하여 시·도지사에게 지적재조사지구 지정 신청을 하여야 한다.
② 지적소관청이 시·도지사에게 지적재조사지구 지정을 신청하고자 할 때에는 다음 각 호의 사항을 고려하여 지적재조사예정지구 토지소유자 총수의 3분의 2 이상과 토지면적 3분의 2 이상에 해당하는 토지소유자의 동의를 받아야 한다.
  1. 지적공부의 등록사항과 토지의 실제 현황이 다른 정도가 심하여 주민의 불편이 많은 지역인지 여부
  2. 사업시행이 용이한지 여부
  3. 사업시행의 효과 여부
③ 지적소관청은 지적재조사예정지구에 토지소유자협의회가 구성되어 있고 토지소유자 총수의 4분의 3 이상의 동의가 있는 지구에 대하여는 우선하여 지적재조사지구로 지정을 신청할 수 있다.
④ 시·도지사는 지적재조사지구를 지정할 때에는 대통령령으로 정하는 바에 따라 시·도 지적재조사위원회의 심의를 거쳐야 한다.
⑤ 지적재조사지구를 변경할 때에도 적용한다. 다만, 대통령령으로 정하는 경미한 사항을 변경할 때에는 제외한다.
⑥ 동의자 수의 산정방법, 동의절차, 그 밖에 필요한 사항은 대통령령으로 정한다.

제3절 지적측량

1 토지현황조사

① 지적소관청은 실시계획을 수립한 때에는 지적재조사예정지구임이 지적공부에 등록된 토지를 대상으로 토지현황조사를 하여야 하며, 토지현황조사는 지적재조사측량과 병행하여 실시할 수 있다.
② 토지현황조사를 할 때에는 소유자, 지번, 지목, 경계 또는 좌표, 지상건축물 및 지하건축물의 위치, 개별공시지가 등을 기재한 토지현황조사서를 작성하여야 한다.
③ 토지현황조사에 따른 조사 범위·대상·항목과 토지현황조사서 기재·작성 방법에 관련된 사항은 국토교통부령으로 정한다.

② 지적재조사측량

① 지적재조사측량은 「공간정보의 구축 및 관리 등에 관한 법률」에 따른 지적측량으로 한다. 이 경우 성과의 검사에 관련된 사항은 「공간정보의 구축 및 관리 등에 관한 법률」을 준용한다.
② 지적재조사측량은 「공간정보의 구축 및 관리 등에 관한 법률」의 측량기준으로 한다.
③ 지적재조사측량의 방법과 절차 등은 국토교통부령으로 정한다.

③ 경계복원측량 및 지적공부정리의 정지

① 지적재조사지구 지정고시가 있으면 해당 지적재조사지구 내의 토지에 대해서는 사업완료 공고 전까지 다음 각 호의 행위를 할 수 없다.
  1. 「공간정보의 구축 및 관리 등에 관한 법률」에 따라 경계점을 지상에 복원하기 위하여 하는 지적측량
  2. 「공간정보의 구축 및 관리 등에 관한 법률」에 따른 지적공부의 정리
② 다음 각 호의 어느 하나에 해당하는 경우에는 경계복원측량 또는 지적공부정리를 할 수 있다.
  1. 지적재조사사업의 시행을 위하여 경계복원측량을 하는 경우
  2. 법원의 판결 또는 결정에 따라 경계복원측량 또는 지적공부정리를 하는 경우
  3. 토지소유자의 신청에 따라 시·군·구 지적재조사위원회가 경계복원측량 또는 지적공부정리가 필요하다고 결정하는 경우

④ 토지소유자협의회

① 지적재조사예정지구 또는 지적재조사지구의 토지소유자 총수의 2분의 1 이상과 토지면적 2분의 1 이상에 해당하는 토지소유자의 동의를 받아 토지소유자협의회를 구성할 수 있다.
② 토지소유자협의회는 위원장을 포함한 5명 이상 20명 이하의 위원으로 구성한다. 토지소유자협의회의 위원은 그 지적재조사예정지구에 있는 토지의 소유자이어야 하며, 위원장은 위원 중에서 호선한다.
③ 토지소유자협의회의 기능은 다음 각 호와 같다.
  1. 지적소관청에 대한 지적재조사지구의 신청
  2. 토지현황조사에 대한 참관
  3. 임시경계점표지 및 경계점표지의 설치에 대한 참관
  4. 조정금 산정기준에 대한 의견 제출 및 감정평가액으로 조정금을 산정하는 경우 「감정평가 및 감정평가사에 관한 법률」에 따른 감정평가법인등(이하 "감정평가법인등"이라 한다) 1인의 추천
  5. 경계결정위원회 위원의 추천
④ 동의자 수의 산정방법 및 동의절차, 토지소유자협의회의 구성 및 운영, 그 밖에 필요한 사항은 대통령령으로 정한다.

제4절 경계의 확정

1 경계설정의 기준

① 지적소관청은 다음 각 호의 순위로 지적재조사를 위한 경계를 설정하여야 한다.
  1. 지상경계에 대하여 다툼이 없는 경우 토지소유자가 점유하는 토지의 현실경계
  2. 지상경계에 대하여 다툼이 있는 경우 등록할 때의 측량기록을 조사한 경계
  3. 지방관습에 의한 경계
② 지적소관청은 지적재조사를 위한 경계설정을 하는 것이 불합리하다고 인정하는 경우에는 토지소유자들이 합의한 경계를 기준으로 지적재조사를 위한 경계를 설정할 수 있다.
③ 지적소관청은 지적재조사를 위한 경계를 설정할 때에는 「도로법」, 「하천법」 등 관계 법령에 따라 고시되어 설치된 공공용지의 경계가 변경되지 아니하도록 하여야 한다. 다만, 해당 토지소유자들 간에 합의한 경우에는 그러하지 아니하다.

2 경계의 결정

① 지적재조사에 따른 경계결정은 경계결정위원회의 의결을 거쳐 결정한다.
② 지적소관청은 경계에 관한 결정을 신청하고자 할 때에는 지적확정예정조서에 토지소유자나 이해관계인의 의견을 첨부하여 경계결정위원회에 제출하여야 한다.
③ 신청을 받은 경계결정위원회는 지적확정예정조서를 제출받은 날부터 30일 이내에 경계에 관한 결정을 하고 이를 지적소관청에 통지하여야 한다. 이 기간 안에 경계에 관한 결정을 할 수 없는 부득이한 사유가 있을 때에는 경계결정위원회는 의결을 거쳐 30일의 범위에서 그 기간을 연장할 수 있다.
④ 토지소유자나 이해관계인은 경계결정위원회에 참석하여 의견을 진술할 수 있다. 경계결정위원회는 토지소유자나 이해관계인이 의견진술을 신청하는 경우에는 특별한 사정이 없으면 이에 따라야 한다.
⑤ 경계결정위원회는 경계에 관한 결정을 하기에 앞서 토지소유자들로 하여금 경계에 관한 합의를 하도록 권고할 수 있다.
⑥ 지적소관청은 경계결정위원회로부터 경계에 관한 결정을 통지받았을 때에는 지체 없이 이를 토지소유자나 이해관계인에게 통지하여야 한다. 이 경우 기간 안에 이의신청이 없으면 경계결정위원회의 결정대로 경계가 확정된다는 취지를 명시하여야 한다.

3 경계경정에 대한 이의신청

① 경계에 관한 결정을 통지받은 토지소유자나 이해관계인이 이에 대하여 불복하는 경우에는 통지를 받은 날부터 60일 이내에 지적소관청에 이의신청을 할 수 있다.
② 이의신청을 하고자 하는 토지소유자나 이해관계인은 지적소관청에 이의신청서를 제출하여야 한다. 이 경우 이의신청서에는 증빙서류를 첨부하여야 한다.

③ 지적소관청은 이의신청서가 접수된 날부터 14일 이내에 이의신청서에 의견서를 첨부하여 경계결정위원회에 송부하여야 한다.
④ 이의신청서를 송부받은 경계결정위원회는 이의신청서를 송부받은 날부터 30일 이내에 이의신청에 대한 결정을 하여야 한다. 다만, 부득이한 경우에는 30일의 범위에서 처리기간을 연장할 수 있다.
⑤ 경계결정위원회는 이의신청에 대한 결정을 하였을 때에는 그 내용을 지적소관청에 통지하여야 하며, 지적소관청은 결정내용을 통지받은 날부터 7일 이내에 결정서를 작성하여 이의신청인에게는 그 정본을, 그 밖의 토지소유자나 이해관계인에게는 그 부본을 송달하여야 한다. 이 경우 토지소유자는 결정서를 송부받은 날부터 60일 이내에 경계결정위원회의 결정에 대하여 행정심판이나 행정소송을 통하여 불복할 지 여부를 지적소관청에 알려야 한다.

4 경계의 확정

① 지적재조사사업에 따른 경계는 다음 각 호의 시기에 확정된다.
  1. 이의신청 기간에 이의를 신청하지 아니하였을 때
  2. 이의신청에 대한 결정에 대하여 60일 이내에 불복의사를 표명하지 아니하였을 때
  3. 경계에 관한 결정이나 이의신청에 대한 결정에 불복하여 행정소송을 제기한 경우에는 그 판결이 확정되었을 때
② 경계가 확정되었을 때에는 지적소관청은 지체 없이 경계점표지를 설치하여야 하며, 국토교통부령으로 정하는 바에 따라 지상경계점등록부를 작성하고 관리하여야 한다. 이 경우 확정된 경계가 설정된 경계와 동일할 때에는 임시경계점표지를 경계점표지로 본다.
③ 누구든지 경계점표지를 이전 또는 파손하거나 그 효용을 해치는 행위를 하여서는 아니 된다.

제5절 조정금 산정

1 조정금의 산정

① 지적소관청은 경계 확정으로 지적공부상의 면적이 증감된 경우에는 필지별 면적 증감내역을 기준으로 조정금을 산정하여 징수하거나 지급한다.
② 국가 또는 지방자치단체 소유의 국유지·공유지 행정재산의 조정금은 징수하거나 지급하지 아니한다.
③ 조정금은 경계가 확정된 시점을 기준으로 감정평가법인등 2인(토지소유자협의회가 추천한 감정평가법인등이 있는 경우에는 해당 감정평가법인등 1인을 포함한다. 다만, 추천이 없는 경우에는 지적소관청이 추천한다)이 평가한 감정평가액을 산술 평균하여 산정한다. 다만, 토지소유자협의회가 요청하는 경우에는 제30조에 따른 시·군·구 지적재조사위원회의 심의를 거쳐 「부동산 가격공시에 관한 법률」에 따른 개별공시지가로 산정할 수 있다.
④ 지적소관청은 조정금을 산정하고자 할 때에는 시·군·구 지적재조사위원회의 심의를 거쳐야 한다.
⑤ 규정된 것 외에 조정금의 산정에 필요한 사항은 대통령령으로 정한다.

2 조정금에 관한 이의신청

① 수령통지 또는 납부고지된 조정금에 이의가 있는 토지소유자는 수령통지 또는 납부고지를 받은 날부터 60일 이내에 지적소관청에 이의신청을 할 수 있다.
② 지적소관청은 제1항에 따라 이의신청이 제기된 조정금이 감정평가법인등의 감정평가액으로 산정된 조정금인 경우에는 해당 조정금 산정에 참여하지 아니한 감정평가법인등 2인에게 재평가를 의뢰하여 조정금을 다시 산정하여야 한다.
③ 지적소관청은 이의신청을 받은 날부터 45일 이내에 제30조에 따른 시·군·구 지적재조사위원회의 심의·의결을 거쳐 이의신청에 대한 결과를 신청인에게 서면으로 알려야 한다.

3 조정금의 소멸시효

조정금을 받을 권리나 징수할 권리는 5년간 행사하지 아니하면 시효의 완성으로 소멸한다.

제6절 새로운 지적공부의 작성

1 사업완료 공고 및 공람

① 지적소관청은 지적재조사지구에 있는 모든 토지에 대하여 경계 확정이 있었을 때에는 지체 없이 대통령령으로 정하는 바에 따라 사업완료 공고를 하고 관계 서류를 일반인이 공람하게 하여야 한다.
② 경계결정위원회의 결정에 불복하여 경계가 확정되지 아니한 토지가 있는 경우 그 면적이 지적재조사지구 전체 토지면적의 10분의 1 이하이거나, 토지소유자의 수가 지적재조사지구 전체 토지소유자 수의 10분의 1 이하인 경우에는 제1항에도 불구하고 사업완료 공고를 할 수 있다.

2 새로운 지적공부의 작성

① 지적소관청은 사업완료 공고가 있었을 때에는 기존의 지적공부를 폐쇄하고 새로운 지적공부를 작성하여야 한다. 이 경우 그 토지는 사업완료 공고일에 토지의 이동이 있은 것으로 본다.
② 새로이 작성하는 지적공부에는 다음 각 호의 사항을 등록하여야 한다.
 1. 토지의 소재
 2. 지번
 3. 지목

4. 면적
5. 경계점좌표
6. 소유자의 성명 또는 명칭, 주소 및 주민등록번호(국가, 지방자치단체, 법인, 법인 아닌 사단이나 재단 및 외국인의 경우에는 「부동산등기법」에 따라 부여된 등록번호를 말한다. 이하 같다)
7. 소유권지분
8. 대지권비율
9. 지상건축물 및 지하건축물의 위치
10. 그 밖에 국토교통부령으로 정하는 사항

③ 경계가 확정되지 아니하고 사업완료 공고가 된 토지에 대하여는 대통령령으로 정하는 바에 따라 "경계미확정 토지"라고 기재하고 지적공부를 정리할 수 있으며, 경계가 확정될 때까지 지적측량을 정지시킬 수 있다.

③ 중앙지적재조사위원회

① 지적재조사사업에 관한 주요 정책을 심의·의결하기 위하여 국토교통부장관 소속으로 중앙지적재조사위원회를 둔다.
② 중앙위원회는 다음 각 호의 사항을 심의·의결한다.
   1. 기본계획의 수립 및 변경
   2. 관계 법령의 제정·개정 및 제도의 개선에 관한 사항
   3. 그 밖에 지적재조사사업에 필요하여 중앙위원회의 위원장이 회의에 부치는 사항
③ 중앙위원회는 위원장 및 부위원장 각 1명을 포함한 15명 이상 20명 이하의 위원으로 구성한다.
④ 중앙위원회의 위원장은 국토교통부장관이 되며, 부위원장은 위원 중에서 위원장이 지명한다.
⑤ 중앙위원회의 위원은 다음 각 호의 어느 하나에 해당하는 사람 중에서 위원장이 임명 또는 위촉한다.
   1. 기획재정부·법무부·행정안전부 또는 국토교통부의 1급부터 3급까지 상당의 공무원 또는 고위공무원단에 속하는 공무원
   2. 판사·검사 또는 변호사
   3. 법학이나 지적 또는 측량 분야의 교수로 재직하고 있거나 있었던 사람
   4. 그 밖에 지적재조사사업에 관하여 전문성을 갖춘 사람
⑥ 중앙위원회의 위원 중 공무원이 아닌 위원의 임기는 2년으로 한다.
⑦ 중앙위원회는 재적위원 과반수의 출석과 출석위원 과반수의 찬성으로 의결한다.
⑧ 그 밖에 중앙위원회의 조직 및 운영 등에 관하여 필요한 사항은 대통령령으로 정한다.

④ 임대료 등의 증감청구

① 지적재조사사업으로 인하여 임차권 등의 목적인 토지나 지역권에 관한 승역지(承役地)의 이용이 증진되거나 방해됨으로써 종전의 임대료·지료, 그 밖의 사용료 등이 불합리하게 되었을 때에는 당사자는 계약조건에도 불구하고 장래에 대하여 그 증감을 청구할 수 있다.
② 당사자는 그 권리를 포기하거나 계약을 해지하여 그 의무를 면할 수 있다.

5 토지등에의 출입

① 지적소관청은 지적재조사사업을 위하여 필요한 경우에는 소속 공무원 또는 책임수행기관으로 하여금 타인의 토지·건물·공유수면 등에 출입하거나 이를 일시 사용하게 할 수 있으며, 특히 필요한 경우에는 나무·흙·돌, 그 밖의 장애물을 변경하거나 제거하게 할 수 있다.
② 지적소관청은 제1항에 따라 소속 공무원 또는 책임수행기관으로 하여금 타인의 토지 등에 출입하게 하거나 이를 일시 사용하게 하거나 장애물 등을 변경 또는 제거하게 하려는 때에는 출입 등을 하려는 날의 3일 전까지 해당 토지 등의 소유자·점유자 또는 관리인에게 그 일시와 장소를 통지하여야 한다.
③ 해 뜨기 전이나 해가 진 후에는 그 토지 등의 점유자의 승낙 없이 택지나 담장 또는 울타리로 둘러싸인 타인의 토지 등에 출입할 수 없다.
④ 토지 등의 점유자는 정당한 사유 없이 제1항에 따른 행위를 방해하거나 거부하지 못한다.
⑤ 제1항에 따른 행위를 하려는 자는 그 권한을 표시하는 증표와 허가증을 지니고 이를 관계인에게 내보여야 한다.
⑥ 지적소관청은 손실을 입은 자가 있으면 이를 보상하여야 한다.
⑦ 손실보상에 관하여는 지적소관청과 손실을 입은 자가 협의하여야 한다.
⑧ 지적소관청 또는 손실을 입은 자는 협의가 성립되지 아니하거나 협의를 할 수 없는 경우에는 「공익사업을 위한 토지 등의 취득 및 보상에 관한 법률」에 따른 관할 토지수용위원회에 재결을 신청할 수 있다.
⑨ 관할 토지수용위원회의 재결에 관하여는 「공익사업을 위한 토지 등의 취득 및 보상에 관한 법률」규정을 준용한다.

6 서류의 열람

① 토지소유자나 이해관계인은 지적재조사사업에 관한 서류를 열람할 수 있으며, 지적소관청은 정당한 사유가 없으면 이를 거부하여서는 아니 된다.
② 토지소유자나 이해관계인은 지적소관청에 자기의 비용으로 지적재조사사업에 관한 서류의 사본 교부를 청구할 수 있다.
③ 국토교통부장관은 토지소유자나 이해관계인이 지적재조사사업과 관련한 정보를 인터넷 등을 통하여 실시간 열람할 수 있도록 공개시스템을 구축·운영하여야 한다.
④ 제3항에 따른 시스템의 구축 및 운영에 필요한 사항은 대통령령으로 정한다.

7 벌칙

① 지적재조사사업을 위한 지적측량을 고의로 진실에 반하게 측량하거나 지적재조사사업 성과를 거짓으로 등록을 한 자는 2년 이하의 징역 또는 2천만원 이하의 벌금에 처한다.
② 지적재조사사업 중에 알게 된 타인의 비밀을 누설하거나 사용한 자는 1년 이하의 징역 또는 1천만원 이하의 벌금에 처한다.

8 양벌규정

법인의 대표자나 법인 또는 개인의 대리인, 사용인, 그 밖의 종업원이 그 법인 또는 개인의 업무에 관하여 위반행위를 하면 그 행위자를 벌하는 외에 그 법인 또는 개인에게도 해당 조문의 벌금형을 과(科)한다. 다만, 법인 또는 개인이 그 위반행위를 방지하기 위하여 해당 업무에 관하여 상당한 주의와 감독을 게을리하지 아니한 경우에는 그러하지 아니하다.

9 과태료

① 다음 각 호의 어느 하나에 해당하는 자에게는 300만원 이하의 과태료를 부과한다.
   1. 임시경계점표지 또는 경계점표지를 이전 또는 파손하거나 그 효용을 해치는 행위를 한 자
   2. 지적재조사사업을 정당한 이유 없이 방해한 자
② 과태료는 대통령령으로 정하는 바에 따라 국토교통부장관, 시·도지사 또는 지적소관청이 부과·징수한다.

제2편 지적재조사에 관한 특별법 시행령

1 기본계획의 수립

① 「지적재조사에 관한 특별법」 "대통령령으로 정하는 사항"이란 다음 각 호의 사항을 말한다.
   1. 디지털 지적(地籍)의 운영·관리에 필요한 표준의 제정 및 그 활용
   2. 지적재조사사업의 효율적 추진을 위하여 필요한 교육 및 연구·개발
   3. 그 밖에 국토교통부장관이 지적재조사사업에 관한 기본계획의 수립에 필요하다고 인정하는 사항
② 국토교통부장관은 기본계획 수립을 위하여 관계 중앙행정기관의 장에게 필요한 자료제출을 요청할 수 있다. 이 경우 자료제출을 요청받은 관계 중앙행정기관의 장은 특별한 사정이 없으면 요청에 따라야 한다.

2 기본계획의 경미한 변경

"대통령령으로 정하는 경미한 사항"이란 다음 각 호의 어느 하나에 해당하는 사항을 말한다.
1. 다음 각 목의 요건을 모두 충족하는 토지로서 기본계획에 반영된 전체 지적재조사사업 대상 토지의 증감
   가. 필지의 100분의 20 이내의 증감
   나. 면적의 100분의 20 이내의 증감
2. 지적재조사사업 총사업비의 처음 계획 대비 100분의 20 이내의 증감

❸ 시·도종합계획의 경미한 변경

"대통령령으로 정하는 경미한 사항"이란 다음 각 호의 어느 하나에 해당하는 사항을 말한다.
1. 다음 각 목의 요건을 모두 충족하는 토지로서 법 제4조의2 제1항에 따른 시·도종합계획에 반영된 전체 지적재조사사업 대상 토지의 증감
   가. 필지의 100분의 20 이내의 증감
   나. 면적의 100분의 20 이내의 증감
2. 시·도종합계획에 반영된 지적재조사사업 총사업비의 처음 계획 대비 100분의 20 이내의 증감

❹ 측량·조사 위탁에 관한 고시

① 지적소관청은 책임수행기관에 지적재조사사업의 측량·조사 등을 위탁한 때에는 다음 각 호의 사항을 공보에 고시해야 한다.
   1. 책임수행기관의 명칭
   2. 지적재조사지구의 명칭
   3. 지적재조사지구의 위치 및 면적
   4. 책임수행기관에 위탁할 측량·조사에 관한 사항
② 지적소관청은 토지소유자와 책임수행기관에 각 호의 사항을 통지해야 한다.
③ 책임수행기관은 제1항에 따라 위탁받은 지적재조사사업의 측량·조사 등의 업무 중 다음 각 호의 업무를 「공간정보의 구축 및 관리 등에 관한 법률」에 따라 지적측량업의 등록을 한 자에게 대행하게 할 수 있다.
   1. 토지현황조사 및 토지현황조사서 작성
   2. 지적재조사측량 중 경계점 측량 및 필지별 면적산정
   3. 임시경계점표지 설치
   4. 경계점표지 설치
④ 책임수행기관은 각 호의 업무를 대행하게 한 경우에는 지적소관청에 대행업무를 수행하는 자의 성명과 소재지를 알려야 한다.
⑤ 대행을 위한 계약의 체결방법·절차 등에 관하여 필요한 사항은 국토교통부장관이 정하여 고시한다.

❺ 실시계획의 수립

① "대통령령으로 정하는 사항"이란 다음 각 호의 사항을 말한다.
   1. 지적재조사지구의 현황
   2. 지적재조사사업의 시행에 관한 세부계획
   3. 지적재조사측량에 관한 시행계획
   4. 지적재조사사업의 시행에 따른 홍보

5. 그 밖에 지적소관청이 법 제6조 제1항에 따른 지적재조사사업에 관한 실시계획의 수립에 필요하다고 인정하는 사항

② 지적소관청은 실시계획을 수립할 때에는 시·도종합계획과 연계되도록 하여야 한다.

6 지적재조사지구의 지정

① 법 제7조 제1항에 따른 지적재조사지구 지정 신청을 받은 특별시장·광역시장·도지사·특별자치도지사·특별자치시장 및 「지방자치법」에 따른 대도시로서 구를 둔 시의 시장은 15일 이내에 그 신청을 시·도 지적재조사위원회에 회부해야 한다.
② 지적재조사지구 지정 신청을 회부받은 시·도 위원회는 그 신청을 회부받은 날부터 30일 이내에 지적재조사지구의 지정 여부에 대하여 심의·의결해야 한다. 다만, 사실 확인이 필요한 경우 등 불가피한 사유가 있을 때에는 그 심의기간을 해당 시·도 위원회의 의결을 거쳐 15일의 범위에서 그 기간을 한 차례만 연장할 수 있다.
③ 시·도 위원회는 지적재조사지구 지정 신청에 대하여 의결을 하였을 때에는 의결서를 작성하여 지체 없이 시·도지사에게 송부해야 한다.
④ 시·도지사는 제3항에 따라 의결서를 받은 날부터 7일 이내에 법 제8조에 따라 지적재조사지구를 지정·고시하거나, 지적재조사지구를 지정하지 않는다는 결정을 하고, 그 사실을 지적소관청에 통지해야 한다.
⑤ 규정은 지적재조사지구를 변경할 때에도 적용한다.

7 지적재조사지구의 경미한 변경

"대통령령으로 정하는 경미한 사항"이란 다음 각 호의 어느 하나에 해당하는 사항을 말한다.
1. 지적재조사지구 명칭의 변경
2. 1년 이내의 범위에서의 지적재조사사업기간의 조정
3. 다음 각 목의 요건을 모두 충족하는 지적재조사사업 대상 토지의 증감
   가. 필지의 100분의 20 이내의 증감
   나. 면적의 100분의 20 이내의 증감

8 토지소유자협의회의 구성

① 토지소유자협의회를 구성할 때 토지소유자 수 및 동의자 수 산정은 기준에 따른다.
② 토지소유자가 협의회 구성에 동의하거나 그 동의를 철회하려는 경우에는 국토교통부령으로 정하는 협의회구성동의서 또는 동의철회서에 본인임을 확인한 후 서명 또는 날인하여 지적소관청에 제출하여야 한다.
③ 협의회의 위원장은 협의회를 대표하고, 협의회의 업무를 총괄한다.
④ 협의회의 회의는 재적위원 과반수의 출석으로 개의(開議)하고, 출석위원 과반수의 찬성으로 의결한다.
⑤ 규정한 사항 외에 협의회의 운영 등에 필요한 사항은 협의회의 의결을 거쳐 위원장이 정한다.

9 지적확정예정조서의 작성

지적소관청은 지적확정예정조서에 다음 각 호의 사항을 포함하여야 한다.
1. 토지의 소재지
2. 종전 토지의 지번, 지목 및 면적
3. 산정된 토지의 지번, 지목 및 면적
4. 토지소유자의 성명 또는 명칭 및 주소
5. 그 밖에 국토교통부장관이 지적확정예정조서 작성에 필요하다고 인정하여 고시하는 사항

제3편 지적재조사에 관한 특별법 시행규칙

1 책임수행기관 지정

① 「지적재조사에 관한 특별법 시행령」에 따른 지정신청서는 별지 제1호서식의 지적재조사사업 책임수행기관 지정 신청서에 따른다.
② 국토교통부장관은 지정신청서를 받은 때에는 「전자정부법」에 따른 행정정보의 공동이용을 통하여 법인 등기사항 증명서를 확인해야 한다. 다만, 신청인이 해당 서류의 확인에 동의하지 않은 경우에는 해당 서류를 첨부하도록 해야 한다.
③ 국토교통부장관은 「지적재조사에 관한 특별법」에 따라 책임수행기관을 지정한 때에는 지적재조사사업 책임수행기관 지정서를 발급해야 한다.

2 토지현황조사

① 토지현황조사는 지적재조사지구의 필지별로 다음 각 호의 사항에 대하여 조사한다.
   1. 토지에 관한 사항
   2. 건축물에 관한 사항
   3. 토지이용계획에 관한 사항
   4. 토지이용 현황 및 건축물 현황
   5. 지하시설물(지하구조물) 등에 관한 사항
   6. 그 밖에 국토교통부장관이 토지현황조사와 관련하여 필요하다고 인정하는 사항
② 토지현황조사는 사전조사와 현지조사로 구분하여 실시하며, 현지조사는 법 제9조제1항에 따른 지적재조사를 위한 지적측량과 함께 할 수 있다.
③ 토지현황조사서는 별지 서식에 따른다.
④ 규정한 사항 외에 토지현황조사서 작성에 필요한 사항은 국토교통부장관이 정하여 고시한다.

3 지적재조사측량

① 지적재조사측량은 지적기준점을 정하기 위한 기초측량과 일필지의 경계와 면적을 정하는 세부측량으로 구분한다.
② 기초측량과 세부측량은 「공간정보의 구축 및 관리에 관한 법률 시행령」에 따른 국가기준점 및 지적기준점을 기준으로 측정하여야 한다.
③ 기초측량은 위성측량 및 토털 스테이션측량의 방법으로 한다.
④ 세부측량은 위성측량, 토털 스테이션측량 및 항공사진측량 등의 방법으로 한다.
⑤ 규정한 사항 외에 지적재조사측량의 기준, 방법 및 절차 등에 관하여 필요한 사항은 국토교통부장관이 정하여 고시한다.

4 지적재조사측량성과검사의 방법

① 지적재조사사업의 측량·조사 등을 위탁받은 책임수행기관은 지적재조사측량성과의 검사에 필요한 자료를 지적소관청에 제출하여야 한다.
② 지적소관청은 위성측량, 토털 스테이션측량 및 항공사진측량 방법 등으로 지적재조사측량성과의 정확성을 검사하여야 한다.
③ 지적소관청은 인력 및 장비 부족 등의 부득이한 사유로 지적재조사측량성과의 정확성에 대한 검사를 할 수 없는 경우에는 특별시장·광역시장·도지사·특별자치도지사·특별자치시장 및 「지방자치법」에 따른 대도시로서 구를 둔 시의 시장에게 그 검사를 요청할 수 있다. 이 경우 시·도지사는 검사를 하였을 때에는 그 결과를 지적소관청에 통지하여야 한다.
④ 지적소관청은 기초측량성과의 검사에 필요한 자료를 시·도지사에게 송부하고, 그 정확성에 대한 검사를 요청하여야 한다.
⑤ 제4항에 따라 검사를 요청받은 시·도지사는 기초측량성과의 정확성에 대한 검사를 수행하고, 그 결과를 지적소관청에 통지해야 한다. 다만, 사업기간 단축 등을 위해 필요한 경우에는 기초측량성과의 정확성에 대한 검사업무를 지적소관청으로 하여금 수행하게 할 수 있다.

5 지적재조사측량성과의 결정

지적재조사측량성과와 지적재조사측량성과에 대한 검사의 연결교차가 다음 각 호의 범위 이내일 때에는 해당 지적재조사측량성과를 최종 측량성과로 결정한다.
 1. 지적기준점: ± 0.03미터
 2. 경계점: ± 0.07미터

⑥ 새로운 지적공부의 등록사항

① "국토교통부령으로 정하는 사항"이란 다음 각 호의 사항을 말한다.
  1. 토지의 고유번호
  2. 토지의 이동 사유
  3. 토지소유자가 변경된 날과 그 원인
  4. 개별공시지가, 개별주택가격, 공동주택가격 및 부동산 실거래가격과 그 기준일
  5. 필지별 공유지 연명부의 장 번호
  6. 전유(專有) 부분의 건물 표시
  7. 건물의 명칭
  8. 집합건물별 대지권등록부의 장 번호
  9. 좌표에 의하여 계산된 경계점 사이의 거리
  10. 지적기준점의 위치
  11. 필지별 경계점좌표의 부호 및 부호도
  12. 「토지이용규제 기본법」에 따른 토지이용과 관련된 지역·지구 등의 지정에 관한 사항
  13. 건축물의 표시와 건축물 현황도에 관한 사항
  14. 구분지상권에 관한 사항
  15. 도로명주소
  16. 그 밖에 새로운 지적공부의 등록과 관련하여 국토교통부장관이 필요하다고 인정하는 사항

② 새로 작성하는 지적공부는 토지, 토지·건물 및 집합건물로 각각 구분하여 작성하며, 해당 지적공부는 각각 별지 제9호서식의 부동산 종합공부(토지), 별지 제10호서식의 부동산 종합공부(토지, 건물) 및 별지 제11호서식의 부동산 종합공부(집합건물)에 따른다.

CHAPTER 09 지적재조사에 관한 특별법

01. 지적재조사 경계설정의 기준으로 옳은 것은?

① 지방관습에 의한 경계로 설정한다.
② 지상경계에 대하여 다툼이 있는 경우 토지소유자가 점유하는 토지의 현실경계로 설정한다.
③ 지상경계에 대하여 다툼이 없는 경우 등록할 때의 측량기록을 조사한 경계로 설정한다.
④ 관계 법령에 따라 고시되어 설치된 공공용지의 경계는 현실경계에 따라 변경한다.

> 해설 [지적재조사에 관한 특별법 제14조(경계설정의 기준)]
> 지적소관청은 다음의 순위로 지적재조사를 위한 경계를 설정하여야 한다.
> ㉠ 지상경계에 대하여 다툼이 없는 경우 토지소유자가 점유하는 토지의 현실경계
> ㉡ 지상경계에 대하여 다툼이 있는 경우 등록할 때의 측량기록을 조사한 경계
> ㉢ 지방관습에 의한 경계

02. 다음 중 지적재조사 사업의 목적으로 가장 거리가 먼 것은?

① 지적불부합지 문제 해소
② 토지의 경계복원능력 향상
③ 지하시설물 관리체계 개선
④ 능률적인 지적관리체제 개선

> 해설 [지적재조사에 관한 특별법 제1조(목적)]
> 이 법은 토지의 실제 현황과 일치하지 아니하는 지적공부(地籍公簿)의 등록사항을 바로 잡고 종이에 구현된 지적(地籍)을 디지털 지적으로 전환함으로써 국토를 효율적으로 관리함과 아울러 국민의 재산권 보호에 기여함을 목적으로 한다.

03. 지적재조사 사업의 필요성 및 목적이 아닌 것은?

① 토지의 경계복원능력을 향상시키기 위함이다.
② 지적불부합지 과다 문제를 해소하기 위함이다.
③ 지적관리 인력의 확충과 기구의 규모 확장을 위함이다.
④ 능률적인 지적관리체제로의 개선을 위함이다.

> 해설 지적재조사 사업의 목적은 도해지적의 한계를 극복하고 불부합지의 근원적 해소 및 디지털화 추진방안이며 도상 관리에서 지상 관리원칙으로 전환하며 경계복원 능력 향상 및 지적제도의 현대화 사업이 목적이다.

04. 지적재조사 사업이 필요한 이유로 가장 거리가 먼 것은?

① NGIS 구축
② 지적도면의 노후화
③ 지적불부합지의 과다
④ 통일원점의 본원적 문제

> 해설 NGIS는 국토교통부를 중심으로 각 부처가 협조하여 추진하는 지리정보체계구축사업이다.

05. 다음 중 지적재조사의 효과로 볼 수 없는 것은?

① 지적과 등기의 책임 부서를 명백히 밝힐 수 있다.
② 국토개발과 토지이용의 정확한 자료 제공
③ 행정구역의 합리적 조정을 위한 기초자료
④ 토지소유권의 공시에 대한 국민의 신뢰확보

> 해설 [지적재조사의 효과]
> ㉠ 국토개발과 토지이용의 정확한 자료 제공
> ㉡ 미등록지의 정리 및 정확한 과세자료의 획득
> ㉢ 현실에 부합되는 지목, 경계, 지번제도 확립
> ㉣ 지적전산화 작업의 성공적인 기반조성
> ㉤ 행정구역의 합리적 조정을 위한 기초자료
> ㉥ 토지소유권의 공시에 대한 국민의 신뢰

정답 01. ① 02. ③ 03. ③ 04. ① 05. ①

06. 지적재조사 사업에 관한 사항을 규정하고 있는 것은?

① 1950년 제정 지적법
② 1975년 제1차 전문개정지적법
③ 2001년 제2차 전문개정지적법
④ 2003년 일부 개정 지적법

> 해설 2003년 12월 31일 법률 제7036호로 일부 개정된 지적법 제3조의 2 "국가는 토지의 효율적인 관리를 위하여 지적재조사 사업을 시행할 수 있다."라고 규정하고 있다.

07. 지적측량업자의 업무 범위가 아닌 것은?

① 경계점좌표등록부가 있는 지역에서의 지적측량
② 도시개발사업 등이 끝남에 따라 하는 지적확정측량
③ 지적재조사에 관한 특별법에 따른 지적재조사 사업에 따라 실시하는 지적확정측량
④ 도해지역의 분할측량 결과에 대한 지적성과검사측량

> 해설 지적측량업자의 업무 범위는 경계점좌표등록부가 있는 지역에서의 지적측량, 「지적재조사에 관한 특별법」에 따른 사업지구에서 실시하는 지적재조사측량, 도시개발사업 등이 끝남에 따라 하는 지적확정측량과 지적 전산자료를 활용한 정보화 사업을 할 수 있다.

08. 지적공부에 대한 설명으로 틀린 것은?

① 지적공부는 대장과 도면으로 분류한다.
② 2001년 지적법개정 시 공유지연명부와 대지권등록부를 지적공부로 규정
③ 2001년 지적법개정 시 지적재조사 사업에 관한 규정 신설
④ 2001년 지적법개정 시 수치지적부를 경계점좌표등록부로 용어 변경

> 해설 2003년 지적법개정 시 국회의 법안심사 과정에서 지적재조사 사업의 필요성이 대두되어 사업 시행의 법적 근거가 마련되었다.

09. 지적재조사에 관한 특별법령상 지적재조사 사업을 위한 지적측량을 고의로 진실에 반하게 측량하거나 지적재조사 사업 성과를 거짓으로 등록한 자에게 처하는 벌칙으로 옳은 것은?

① 300만 원 이하의 벌금
② 500만 원 이하의 벌금
③ 1년 이하의 징역 또는 1천만 원 이하의 벌금
④ 2년 이하의 징역 또는 2천만 원 이하의 벌금

> 해설 [지적재조사에 관한 특별법 제43조(벌칙)]
> ① 지적재조사사업을 위한 지적측량을 고의로 진실에 반하게 측량하거나 지적재조사사업 성과를 거짓으로 등록을 한 자는 2년 이하의 징역 또는 2천만원 이하의 벌금에 처한다.
> ② 지적재조사사업 중에 알게 된 타인의 비밀을 누설하거나 사용한 자는 1년 이하의 징역 또는 1천만원 이하의 벌금에 처한다.

10. 지적재조사에 관한 특별법령상 지적소관청이 사업지구지정 고시를 한 날부터 일필지조사 및 지적재조사측량을 시행하여야 하는 기간은?

① 6개월 이내　　② 1년 이내
③ 2년 이내　　　④ 3년 이내

> 해설 [지적재조사에 관한 특별법 제9조(지적재조사지구 지정의 효력상실 등)]
> ① 지적소관청은 지적재조사지구 지정고시를 한 날부터 2년 내에 토지현황조사 및 지적재조사를 위한 지적측량(이하 "지적재조사측량"이라 한다)을 시행하여야 한다.
> ② 제1항의 기간 내에 토지현황조사 및 지적재조사측량을 시행하지 아니할 때에는 그 기간의 만료로 지적재조사지구의 지정은 효력이 상실된다.
> ③ 시·도지사는 제2항에 따라 지적재조사지구 지정의 효력이 상실되었을 때에는 이를 시·도 공보에 고시하고 국토교통부장관에게 보고하여야 한다.

11. 지적재조사에 관한 특별법령상 조정금을 받을 권리나 징수할 권리를 몇 년간 행사하지 아니하면 시효의 완성으로 소멸하는가?

① 1년　　② 2년
③ 3년　　④ 5년

[해설] [지적재조사에 관한 특별법 제22조(조정금의 소멸시효)]
조정금의 소멸시효는 조정금을 받을 권리나 징수할 권리는 5년간 행사하지 아니하면 시효의 완성으로 소멸한다.

12. 지적재조사에 관한 특별법령상 지적재조사지구의 경미한 변경에 해당하지 않는 것은?

① 지적재조사지구 명칭의 변경
② 면적의 100분의 20 이내의 증감
③ 필지의 100분의 30 이내의 증감
④ 1년 이내의 범위에서의 지적재조사사업기간의 조정

[해설] [지적재조사에 관한 특별법 시행령 제8조(지적재조사지구의 경미한 변경)]
1. 지적재조사지구 명칭의 변경
2. 1년 이내의 범위에서의 지적재조사사업기간의 조정
3. 다음 각 목의 요건을 모두 충족하는 지적재조사사업 대상 토지의 증감
  가. 필지의 100분의 20 이내의 증감
  나. 면적의 100분의 20 이내의 증감

13. 지적소관청이 지적재조사지구 지정을 신청하고자 할 때 주민에게 실시계획을 공람해야 하는 기간은?

① 7일 이상   ② 15일 이상
③ 20일 이상   ④ 30일 이상

[해설] [지적재조사에 관한 특별법 제6조(실시계획의 수립)]
② 지적소관청은 실시계획 수립내용을 30일 이상 주민에게 공람하여야 한다. 이 경우 지적소관청은 공람기간 내에 실시계획에 포함된 필지 토지소유자와 이해관계인에게 실시계획 수립내용을 서면으로 통보한 후 주민설명회를 개최하여야 한다.

14. 지적재조사측량에 따른 경계설정 기준으로 옳은 것은?

① 지상경계에 대하여 다툼이 있는 경우 현재의 지적공부상 경계
② 지상경계에 대하여 다툼이 없는 경우 등록할 때의 측량기록을 조사한 경계
③ 지상경계에 대하여 다툼이 있는 경우 토지소유자가 점유하는 토지의 현실경계
④ 지상경계에 대하여 다툼이 없는 경우 토지소유자가 점유하는 토지의 현실경계

[해설] [지적재조사에 관한 특별법 제14조(경계설정의 기준)]
지적소관청은 다음의 순위로 지적재조사를 위한 경계를 설정하여야 한다.
㉠ 지상경계에 대하여 다툼이 없는 경우 토지소유자가 점유하는 토지의 현실경계
㉡ 지상경계에 대하여 다툼이 있는 경우

15. 지적재조사에 관한 특별법상 조정금의 산정에 관한 내용으로 옳지 않은 것은?

① 조정금은 경계가 확정된 시점을 기준으로 감정평가액으로 산정한다.
② 국가 또는 지방자치단체 소유의 국유지·공유지 행정재산의 조정금은 징수하거나 지급하지 아니한다.
③ 토지소유자가 요청하는 경우 시·군·구 지적재조사위원회의 심의를 거쳐 개별공시지가로 조정금을 산정할 수 있다.
④ 지적소관청은 경계 확정으로 지적공부상의 면적이 증감된 경우에는 필지별 면적 증감내역을 기준으로 조정금을 산정하여 징수하거나 지급한다.

[해설] [지적재조사에 관한 특별법 제20조(조정금의 산정)]
① 지적소관청은 경계 확정으로 지적공부상의 면적이 증감된 경우에는 필지별 면적 증감내역을 기준으로 조정금을 산정하여 징수하거나 지급한다. 이 경우 1인의 토지소유자가 다수 필지의 토지를 소유한 경우에는 해당 토지소유자가 소유한 토지의 필지별 조정금 증감내역을 합산하여 징수하거나 지급한다.
② 국가 또는 지방자치단체 소유의 국유지·공유지 행정재산의 조정금은 징수하거나 지급하지 아니한다.
③ 조정금은 경계가 확정된 시점을 기준으로 감정평가법인등 2인(토지소유자협의회가 추천한 감정평가법인등이 있는 경우에는 해당 감정평가법인등 1인을 포함한다. 다만, 추천이 없는 경우에는 지적소관청이 추천한다)이 평가한 감정평가액을 산술 평균하여 산정한다. 다만, 토지소유자협의회가 요청하는 경우에는 제30조에 따른 시·군·구 지적재조사위원회의 심의를 거쳐「부동산 가격공시에 관한 법률」에 따른 개별공시지가로 산정할 수 있다.
④ 지적소관청은 조정금을 산정하고자 할 때에는 시·군·구 지적재조사위원회의 심의를 거쳐야 한다.
⑤ 규정된 것 외에 조정금의 산정에 필요한 사항은 대통령령으로 정한다.

16. 아래의 조정금에 관한 이의신청에 관한 내용 중 ( ) 안에 들어갈 알맞은 일자는?

- 수령통지 또는 납부 고지된 조정금에 이의가 있는 토지소유자는 수령통지 또는 납부 고지를 받은 날부터 (㉠) 이내에 지적소관청에 이의신청할 수 있다.
- 지적소관청은 이의신청을 받은 날부터 (㉡) 이내에 시·군·구 지적재조사위원회의 심의·의결을 거쳐 이의신청에 관한 결과를 신청인에게 서면으로 알려야 한다.

① ㉠ : 30일, ㉡ : 30일
② ㉠ : 30일, ㉡ : 60일
③ ㉠ : 60일, ㉡ : 45일
④ ㉠ : 60일, ㉡ : 60일

해설 [지적재조사에 관한 특별법 제21조2(조정금에 관한 이의신청)]
① 수령통지 또는 납부고지된 조정금에 이의가 있는 토지소유자는 수령통지 또는 납부고지를 받은 날부터 60일 이내에 지적소관청에 이의신청을 할 수 있다.
③ 지적소관청은 이의신청을 받은 날부터 45일 이내에 시·군·구 지적재조사위원회의 심의·의결을 거쳐 이의신청에 대한 결과를 신청인에게 서면으로 알려야 한다.

17. 3차원 토지정보체계 구축을 위한 측량기술의 설명으로 옳지 않은 것은?

① 위성측량기술 - 광역지역에 대한 반복적인 시계열 3차원 자료 구축에 유리하다.
② 항공사진측량기술 - 균질한 정확도와 원하는 축척의 수치지도 제작에 유리하다.
③ GNSS 측량기술 - 기존의 평판이나 트랜싯 측량보다 정확도가 떨어져 지적재조사 사업에 불리하다.
④ 모바일매핑시스템 - LIDAR, GPS, INS 등을 탑재하여 도로시설물의 3차원 정보구축에 유리하다.

해설 GNSS 측량기술은 정확도가 높아 지적기준점측량은 물론 지적재조사 사업, 지적확정측량 등에 많이 사용하고 있다.

18. 「지적재조사에 관한 특별법 시행규칙」상 지적재조사측량 중 기초측량의 시행방법에 해당하는 것은?

① 음향측심기측량 및 중력측량의 방법
② 평판측량 및 지자기측량의 방법
③ 수준측량 및 기압계측량의 방법
④ 위성측량 및 토털스테이션측량의 방법

해설 [지적재조사에 관한 특별법 시행규칙 제5조(지적재조사측량)]
① 지적재조사측량은 지적기준점을 정하기 위한 기초측량과 일필지의 경계와 면적을 정하는 세부측량으로 구분한다.
② 기초측량과 세부측량은 국가기준점 및 지적기준점을 기준으로 측량하여야 한다.
③ 기초측량은 위성측량 및 토털 스테이션측량의 방법으로 한다.
④ 세부측량은 위성측량, 토털 스테이션측량 및 항공사진측량 등의 방법으로 한다.
⑤ 지적재조사측량의 기준, 방법 및 절차 등에 관하여 필요한 사항은 국토교통부장관이 정하여 고시한다.

19. 「지적재조사에 관한 특별법 시행규칙」상 지적재조사 측량성과 결정을 위한 지적재조사 측량성과와 지적재조사 측량성과에 대한 검사의 연결교차 범위를 옳게 짝지은 것은?

	지적기준점	경계점
①	±0.03m 이내	±0.07m 이내
②	±0.05m 이내	±0.10m 이내
③	±0.03m 이내	±0.15m 이내
④	±0.05m 이내	±0.15m 이내

해설 [지적재조사에 관한 특별법 시행규칙 제7조(지적재조사 측량성과의 결정)]
① 지적재조사 측량성과와 지적재조사 측량성과에 대한 검사의 연결교차가 다음의 범위 이내일 때에는 해당 지적재조사 측량성과를 최종 측량성과로 결정한다.
- 지적기준점: ± 0.03m
- 경계점: ± 0.07m

20. 지적재조사측량에 따른 경계 확정으로 지적공부상의 면적이 증감된 경우 징수하거나 지급해야 할 금액은?

① 조정금 ② 청산금
③ 감정평가금 ④ 손실보상금

해설 [지적재조사에 관한 특별법 제20조(조정금의 산정)]
① 지적소관청은 경계 확정으로 지적공부상의 면적이 증감된 경우에는 필지별 면적 증감내역을 기준으로 조정금을 산정하여 징수하거나 지급한다. 이 경우 1인의 토지소유자가 다수 필지의 토지를 소유한 경우에는 해당 토지소유자가 소유한 토지의 필지별 조정금 증감내역을 합산하여 징수하거나 지급한다.
② 제1항에도 불구하고 국가 또는 지방자치단체 소유의 국유지·공유지 행정재산의 조정금은 징수하거나 지급하지 아니한다.

21. 지적확정예정조서 작성시 포함하는 사항으로 옳은 것은?

① 토지의 경계점간 거리
② 중앙위원회 위원의 성명과 주소
③ 측량에 사용한 지적기준점의 명칭
④ 토지소유자의 성명 또는 명칭 및 주소

해설 [지적재조사에 관한 특별법 시행령 제11조(지적확정예정조서의 작성)]
지적소관청은 지적확정예정조서에 다음 각 호의 사항을 포함하여야 한다.
1. 토지의 소재지
2. 종전 토지의 지번, 지목 및 면적
3. 산정된 토지의 지번, 지목 및 면적
4. 토지소유자의 성명 또는 명칭 및 주소
5. 그 밖에 국토교통부장관이 지적확정예정조서 작성에 필요하다고 인정하여 고시하는 사항

22. 지적측량업자의 업무범위에 해당하지 않는 것은?

① 경계점좌표등록부가 있는 지역에서의 지적측량
② 도시개발사업 등이 끝남에 따라 하는 지적확정측량
③ 「지적재조사에 관한 특별법」에 따른 사업지구에서 실시하는 지적재조사측량
④ 도해세부측량지역의 등록전환측량에 대한 성과검사측량

해설 [공간정보의 구축 및 관리 등에 관한 법률 제45조(지적측량업자의 업무 범위)]
① 경계점좌표등록부가 있는 지역에서의 지적측량
② 「지적재조사에 관한 특별법」에 따른 지적재조사지구에서 실시하는 지적재조사측량
③ 도시개발사업 등이 끝남에 따라 하는 지적확정측량

23. 다음 지적재조사사업에 관한 설명으로 옳은 것은?

① 지적재조사사업은 지적소관청이 시행한다.
② 지적소관청은 지적재조사사업에 관한 기본계획을 수립하여야 한다.
③ 지적재조사사업에 관한 주요정책을 심의·의결하기 위하여 지적소관청 소속으로 중앙지적조사위원회를 둔다.
④ 시·군·구의 지적재조사사업에 관한 주요정책을 심의·의결하기 위하여 국토교통부장관소속으로 시·군·구 지적재조사위원회를 둘 수 있다.

해설 [지적재조사사업]
① 지적재조사사업은 지적소관청이 시행한다.
② **국토교통부장관**은 지적재조사사업에 관한 기본계획을 수립하여야 한다.
③ 지적재조사사업에 관한 주요정책을 심의의결하기 위하여 **국토교통부장관** 소속으로 중앙지적조사위원회를 둔다.
④ 시·군·구의 지적재조사사업에 관한 주요정책을 심의·의결하기 위하여 **지적소관청** 소속으로 시·군·구 지적재조사위원회를 둘 수 있다.

24. 다음 중 지적측량업의 업무 내용으로 옳은 것은?

① 도해지역에서의 지적측량
② 지적재조사 사업에 따라 실시하는 기준점측량
③ 지적재조사지구에서 실시하는 지적재조사측량
④ 도시개발사업 등이 완료됨에 따라 실시하는 지적도근점 측량

해설 [공간정보의 구축 및 관리 등에 관한 법률 제45조(지적측량업자의 업무 범위)]
[지적측량업의 업무 내용]
① 경계점좌표등록부가 비치된 지역에서의 지적측량
② 지적재조사지구에서 실시하는 지적재조사측량
③ 도시개발사업 등이 끝남에 따라 하는 지적확정측량

정답 20. ① 21. ④ 22. ④ 23. ① 24. ③

25. 지적재조사사업에 관한 기본계획 수립 시 포함하여야 하는 사항으로 옳지 않은 것은?

① 지적재조사사업의 시행기간
② 지적재조사사업에 관한 기본방향
③ 지적재조사업의 시·군별 배분계획
④ 지적재조사사업에 필요한 인력 확보계획

해설 [지적재조사에 관한 특별법 제4조(기본계획의 수립)]
① 국토교통부장관은 지적재조사사업을 효율적으로 시행하기 위하여 다음 사항을 포함한 지적재조사사업에 관한 기본계획을 수립해야 한다.
  1. 지적재조사사업에 관한 기본방향
  2. 지적재조사사업의 시행기간 및 규모
  3. 지적재조사사업비의 연도별 집행계획
  4. 지적재조사사업비의 특별시·광역시·도·특별자치도·특별자치시 및 「지방자치법」에 따른 대도시로서 구를 둔 시별 배분 계획
  5. 지적재조사사업에 필요한 인력의 확보에 관한 계획
  6. 그 밖에 지적재조사사업의 효율적 시행을 위하여 필요한 사항으로서 대통령령으로 정하는 사항

26. 지적재조사사업에 따른 경계확정시기로 옳지 않은 것은?

① 이의신청 기간에 이의를 신청하지 아니하였을 때
② 경계결정위원회의 의결을 거쳐 결정되었을 때
③ 이의신청에 대한 결정에 대하여 30일 이내에 불복의사를 표명하지 아니하였을 때
④ 이의신청에 대한 결정에 불복하여 행정소송을 제기한 경우 그 판결이 확정되었을 때

해설 [지적재조사에 관한 특별법 제18조(경계의 확정)]
지적재조사사업에 따른 경계는 다음 각 호의 시기에 확정된다.
  1. 이의신청 기간에 이의를 신청하지 아니하였을 때
  2. 이의신청에 대한 결정에 대하여 **60일 이내에** 불복의사를 표명하지 아니하였을 때
  3. 경계에 관한 결정이나 이의신청에 대한 결정에 불복하여 행정소송을 제기한 경우에는 그 판결이 확정되었을 때

27. 지적재조사사업 시스템의 구축과 관련한 내용으로 옳지 않은 것은?

① 공개시스템으로 구축한다.
② 토지현황조사, 새로운 지적공부 및 등기촉탁, 건축물 위치 및 건물 표시 등의 정보를 시스템에 입력한다.
③ 토지소유자 등이 지적재조사사업과 관련한 정보를 인터넷 등을 통하여 실시간 열람할 수 있도록 구축한다.
④ 취득된 필지경계 정보의 안정적인 관리를 위하여 관련 행정정보와의 연계활용이 발생하지 않도록 보안시스템으로 구축한다.

해설 [지적재조사에 관한 특별법 제38조(서류의 열람 등)]
국토교통부장관은 토지소유자나 이해관계인이 지적재조사사업과 관련한 정보를 인터넷 등을 통하여 실시간 열람할 수 있도록 공개시스템을 구축·운영하여야 한다.
[지적재조사에 관한 특별법 시행령 제27조(공개시스템의 구축 운영 등)]
국토교통부장관은 제1항에 따른 공개시스템을 행정정보의 공동이용과 연계하거나 정보의 공동활용체계를 구축할 수 있다.

28. 지적재조사사업을 하고자 하는 목적으로 가장 적합한 것은?

① 정확한 과세부과   ② 행정구역의 조정
③ 합리적인 토지개발   ④ 효율적인 토지관리

해설 [지적재조사에 관한 특별법 제1조(목적)]
이 법은 토지의 실제 현황과 일치하지 아니하는 지적공부(地籍公簿)의 등록사항을 바로 잡고 종이에 구현된 지적(地籍)을 디지털 지적으로 전환함으로써 **국토를 효율적으로 관리함**과 아울러 국민의 재산권 보호에 기여함을 목적으로 한다.

정답 25. ③ 26. ③ 27. ④ 28. ④

29. 지적재조사지구의 지정에 관한 내용 중 ( ) 안에 들어갈 알맞은 용어는?

> 지적소관청이 시·도지사에게 지적재조사지구 지정을 신청하고자 할 때에는 지적재조사예정지구 토지소유자(국유지·공유지의 경우에는 그 재산관리청을 말한다) 총수의 (㉠) 이상과 토지면적 (㉡) 이상에 해당하는 토지소유자의 동의를 받아야 한다.

① ㉠ : 3분의 1, ㉡ : 3분의 1
② ㉠ : 3분의 1, ㉡ : 3분의 2
③ ㉠ : 3분의 2, ㉡ : 3분의 2
④ ㉠ : 2분의 1, ㉡ : 2분의 1

해설 [지적재조사에 관한 특별법 제7조(지적재조사지구의 지정)]
지적소관청이 시·도지사에게 지적재조사지구 지정을 신청하고자 할 때에는 다음 각 호의 사항을 고려하여 지적재조사예정지구 토지소유자(국유지·공유지의 경우에는 그 재산관리청을 말한다) 총수의 (3분의 2) 이상과 토지면적 (3분의 2) 이상에 해당하는 토지소유자의 동의를 받아야 한다.

30. 지적재조사지구의 지정에 관한 내용 중 ( ) 안에 들어갈 알맞은 용어는?

> 지적소관청은 지적재조사예정지구에 제13조에 따른 토지소유자협의회가 구성되어 있고 토지소유자 총수의 ( ) 이상의 동의가 있는 지구에 대하여는 우선하여 지적재조사지구로 지정을 신청할 수 있다.

① 3분의 2
② 4분의 3
③ 5분의 4
④ 10분의 9

해설 [지적재조사에 관한 특별법 제7조(지적재조사지구의 지정)]
지적소관청은 지적재조사예정지구에 제13조에 따른 토지소유자협의회가 구성되어 있고 토지소유자 총수의 (4분의 3) 이상의 동의가 있는 지구에 대하여는 우선하여 지적재조사지구로 지정을 신청할 수 있다.

정답 29. ③ 30. ②

CHAPTER 10 도로명주소법

제1편 도로명주소법

1 목적

이 법은 도로명주소, 국가기초구역, 국가지점번호 및 사물주소의 표기·사용·관리·활용 등에 관한 사항을 규정함으로써 국민의 생활안전과 편의를 도모하고 관련 산업의 지원을 통하여 국가경쟁력 강화에 이바지함을 목적으로 한다.

2 정의

1. "도로"란 다음 각 목의 어느 하나에 해당하는 것을 말한다.
   가. 「도로법」 제2조 제1호에 따른 도로(도로의 부속물은 제외한다)
   나. 그 밖에 차량 등 이동수단이나 사람이 통행할 수 있는 통로로서 대통령령으로 정하는 것
2. "도로구간"이란 도로명을 부여하기 위하여 설정하는 도로의 시작지점과 끝지점 사이를 말한다.
3. "도로명"이란 도로구간마다 부여된 이름을 말한다.
4. "기초번호"란 도로구간에 행정안전부령으로 정하는 간격마다 부여된 번호를 말한다.
5. "건물번호"란 다음 각 목의 어느 하나에 해당하는 건축물 또는 구조물마다 부여된 번호(둘 이상의 건물 등이 하나의 집단을 형성하고 있는 경우로서 대통령령으로 정하는 경우에는 그 건물 등의 전체에 부여된 번호를 말한다)를 말한다.
   가. 「건축법」에 따른 건축물
   나. 현실적으로 30일 이상 거주하거나 정착하여 활동하는 데 이용되는 인공구조물 및 자연적으로 형성된 구조물
6. "상세주소"란 건물 등 내부의 독립된 거주·활동 구역을 구분하기 위하여 부여된 동(棟)번호, 층수 또는 호(號)수를 말한다.
7. "도로명주소"란 도로명, 건물번호 및 상세주소로 표기하는 주소를 말한다.
8. "국가기초구역"이란 도로명주소를 기반으로 국토를 읍·면·동의 면적보다 작게 경계를 정하여 나눈 구역을 말한다.
9. "국가지점번호"란 국토 및 이와 인접한 해양을 격자형으로 일정하게 구획한 지점마다 부여된 번호를 말한다.

10. "사물주소"란 도로명과 기초번호를 활용하여 건물 등에 해당하지 아니하는 시설물의 위치를 특정하는 정보를 말한다.
11. "주소정보"란 기초번호, 도로명주소, 국가기초구역, 국가지점번호 및 사물주소에 관한 정보를 말한다.
12. "주소정보시설"이란 도로명판, 기초번호판, 건물번호판, 국가지점번호판, 사물주소판 및 주소정보안내판을 말한다.

❸ 주소정보 활용 기본계획 등의 수립·시행

① 행정안전부장관은 주소정보를 활용하여 국민의 생활안전과 편의를 높이고 관련 산업을 활성화하기 위하여 주소정보 활용 기본계획을 5년마다 수립·시행하여야 한다.
② 기본계획에는 다음 각 호의 사항이 포함되어야 한다.
   1. 주소정보 관련 국가 정책의 기본 방향
   2. 주소정보의 구축 및 정비 방안
   3. 주소정보를 기반으로 하는 관련 산업의 지원 방안
   4. 주소정보 활용 활성화를 위한 재원 조달 방안
   5. 그 밖에 주소정보 활용 활성화에 관한 사항으로서 대통령령으로 정하는 사항
③ 행정안전부장관은 기본계획을 수립하거나 변경하려는 경우에는 미리 관계 중앙행정기관의 장과 협의하여야 한다.
④ 행정안전부장관은 기본계획을 수립하거나 변경하려는 경우에는 미리 특별시장·광역시장·특별자치시장·도지사 및 특별자치도지사의 의견을 들어야 한다.
⑤ 행정안전부장관은 기본계획을 수립하거나 변경하면 관계 중앙행정기관의 장 및 시·도지사에게 그 내용을 통보하여야 한다.
⑥ 시·도지사는 기본계획에 따라 특별시·광역시·특별자치시·도 및 특별자치도의 연도별 주소정보 활용 집행계획을 수립·시행하여야 한다.
⑦ 특별시장·광역시장·도지사는 집행계획을 수립하거나 변경하려는 경우에는 미리 시장·군수·구청장의 의견을 들어야 한다.
⑧ 시·도지사는 집행계획을 수립하거나 변경하면 행정안전부장관 및 시장·군수·구청장에게 그 내용을 통보하여야 한다.

❹ 기초조사

① 행정안전부장관, 시·도지사 및 시장·군수·구청장은 기초번호, 도로명주소, 국가기초구역, 국가지점번호 및 사물주소의 부여·설정·관리 등을 위하여 도로 및 건물 등의 위치에 관한 기초조사를 할 수 있다.
② 「도로법」에 따른 도로관리청은 도로구역을 결정·변경 또는 폐지한 경우 그 사실을 따라 행정안전부장관, 시·도지사 또는 시장·군수·구청장에게 통보하여야 한다.

5 도로명 등의 변경 및 폐지

① 행정안전부장관, 시·도지사 및 시장·군수·구청장은 신청을 받거나 요청을 받은 경우, 그 밖에 도로명주소 관리를 위하여 필요하다고 인정하는 경우에는 해당 도로에 대하여 도로구간, 도로명 및 기초번호를 변경하거나 폐지할 수 있다.

② 사용하고 있는 도로명의 변경이 필요한 자는 해당 도로명을 주소로 사용하는 자로서 대통령령으로 정하는 자의 5분의 1 이상의 서면 동의를 받아 행정안전부장관, 시·도지사 또는 시장·군수·구청장에게 도로명 변경을 신청할 수 있다. 다만, 해당 도로명이 고시된 날부터 3년이 지나지 아니한 경우 등 대통령령으로 정하는 경우에는 도로명 변경을 신청할 수 없다.

③ 도로의 도로구간, 도로명 또는 기초번호의 변경 요인이 발생한 것을 확인한 시·도지사는 행정안전부장관에게, 도로의 도로구간, 도로명 또는 기초번호의 변경 요인이 발생한 것을 확인한 시장·군수·구청장은 특별시장, 광역시장 또는 도지사에게 각각 도로명의 변경을 요청하여야 한다. 이 경우 도로의 도로구간, 도로명 또는 기초번호의 변경 요인이 발생한 것을 확인한 시장·군수·구청장은 그 사실을 특별시장, 광역시장 또는 도지사에게 통보하여야 한다.

④ 행정안전부장관, 시·도지사 또는 시장·군수·구청장은 도로구간, 도로명 및 기초번호를 변경하려면 대통령령으로 정하는 바에 따라 해당 지역주민과 지방자치단체의 장의 의견을 수렴하고 해당 주소정보위원회의 심의를 거친 후 해당 도로명주소사용자 과반수의 서면 동의를 받아야 한다. 다만, 다음 각 호의 어느 하나에 해당하는 경우에는 해당 호의 절차의 전부 또는 일부를 생략할 수 있다.

1. 대통령령으로 정하는 경미한 사항을 변경하려는 경우: 해당 지역주민의 의견 수렴, 해당 주소정보위원회의 심의, 도로명주소사용자의 과반수 서면 동의
2. 해당 도로명주소사용자의 5분의 4 이상이 서면으로 동의하여 도로명 변경을 신청하는 경우로서 건물등의 명칭과 유사한 명칭으로 도로명 변경을 신청하는 경우 등 대통령령으로 정하는 경우가 아닌 경우: 해당 주소정보위원회의 심의와 도로명주소사용자의 과반수 서면 동의

⑤ 행정안전부장관, 시·도지사 또는 시장·군수·구청장은 도로구간, 도로명 및 기초번호를 변경하거나 폐지하는 경우에는 그 사실을 고시하고, 해당 도로명주소사용자 중 도로명주소가 변경되는 자에게 고지하며, 공공기관 중 대통령령으로 정하는 공공기관의 장에게 통보하여야 한다.

⑥ 도로구간, 도로명 및 기초번호의 변경 및 폐지에 관한 기준과 절차 등에 관하여 필요한 사항은 대통령령으로 정한다.

6 명예도로명

① 특별자치시장, 특별자치도지사 및 시장·군수·구청장은 도로명이 부여된 도로구간의 전부 또는 일부에 대하여 기업 유치 또는 국제교류를 목적으로 하는 도로명을 추가적으로 부여할 수 있다.

② 특별자치시장, 특별자치도지사 및 시장·군수·구청장은 명예도로명을 안내하기 위한 시설물을 설치할 수 있다. 다만, 주소정보시설에는 명예도로명을 표기할 수 없다.

③ 명예도로명의 부여 기준과 절차 및 안내 시설물의 설치 등에 필요한 사항은 대통령령으로 정한다.

7 건물번호의 변경

① 건물 등의 소유자는 다음 각 호의 어느 하나에 해당하는 경우에는 특별자치시장, 특별자치도지사 또는 시장·군수·구청장에게 건물번호 변경을 신청할 수 있다. 다만, 건물번호 변경을 신청하여야 한다.
  1. 건물 등의 증축·개축 등으로 건물번호 변경이 필요한 경우
  2. 그 밖에 주소 사용의 편의를 위하여 건물번호 변경이 필요한 경우(도로명 변경이 수반되는 경우를 포함한다)
② 건물번호 변경을 신청하는 경우에 해당 건물 등의 소유자가 둘 이상인 경우에는 소유자 과반수의 서면 동의를 받아야 한다.
③ 건물 등의 소유자 또는 점유자는 거주·활동의 종료 등으로 인하여 건물번호를 사용할 필요가 없어진 경우에는 특별자치시장, 특별자치도지사 또는 시장·군수·구청장에게 건물번호 폐지를 신청하여야 한다. 다만, 해당 건물 등에 대한 건축물대장이 말소된 경우에는 그러하지 아니하다.
④ 특별자치시장, 특별자치도지사 및 시장·군수·구청장은 도로명주소 관리를 위하여 필요한 경우에는 신청이 없는 경우에도 직권으로 건물번호를 변경하거나 폐지할 수 있다.
⑤ 특별자치시장, 특별자치도지사 및 시장·군수·구청장은 건물번호를 변경하거나 폐지하는 경우에는 그 사실을 고시하고, 건물 등의 소유자·점유자 및 임차인에게 고지하며, 공공기관 중 대통령령으로 정하는 공공기관의 장에게 통보하여야 한다.
⑥ 건물번호의 변경과 폐지의 기준·절차·방법 및 그 밖에 필요한 사항은 대통령령으로 정한다.

8 상세주소의 부여

① 「주택법」에 따른 공동주택이 아닌 건물 등 및 세대구분형 공동주택의 소유자는 해당 건물 등을 구분하여 임대하고 있거나 임대하려는 경우 또는 임차인이 상세주소의 부여 또는 변경을 요청하는 경우에는 특별자치시장, 특별자치도지사 또는 시장·군수·구청장에게 상세주소의 부여 또는 변경을 신청할 수 있다.
② 「주택법」에 따른 공동주택이 아닌 건물등 및 세대구분형 공동주택의 임차인은 다음 각 호의 어느 하나에 해당하는 경우에는 특별자치시장, 특별자치도지사 또는 시장·군수·구청장에게 상세주소의 부여 또는 변경을 신청할 수 있다.
  1. 건물 등의 소유자에게 상세주소의 부여 또는 변경을 요청한 경우로서 요청한 날부터 14일이 지났음에도 불구하고 소유자가 특별자치시장, 특별자치도지사 또는 시장·군수·구청장에게 상세주소의 부여 또는 변경을 신청하지 아니한 경우
  2. 건물 등의 소유자가 임차인이 직접 특별자치시장, 특별자치도지사 또는 시장·군수·구청장에게 상세주소 부여 또는 변경을 신청하는 것에 동의한 경우
③ 특별자치시장, 특별자치도지사 및 시장·군수·구청장은 도로명주소 사용의 편의를 위하여 필요한 경우에는 신청이 없는 경우에도 해당 건물 등의 소유자 및 임차인의 의견 수렴 및 이의신청 등의 절차를 거쳐 상세주소를 부여하거나 변경할 수 있다.

④ 「주택법」에 따른 공동주택이 아닌 건물 등 및 세대구분형 공동주택의 소유자는 해당 건물 등을 더 이상 임대하지 아니하는 등 상세주소를 사용하지 아니하게 된 경우에는 특별자치시장, 특별자치도지사 또는 시장·군수·구청장에게 그 상세주소의 변경 또는 폐지를 신청할 수 있다.
⑤ 특별자치시장, 특별자치도지사 및 시장·군수·구청장은 상세주소를 부여·변경 또는 폐지하는 경우에는 해당 건물 등의 소유자 및 임차인에게 고지하여야 한다.
⑥ 상세주소 부여·변경·폐지의 기준, 절차 및 그 밖에 필요한 사항은 대통령령으로 정한다.

9 행정구역이 결정되지 아니한 지역의 도로명주소 부여

① 행정구역이 결정되지 아니한 지역의 도로명주소가 필요한 자는 다음 각 호의 구분에 따라 행정안전부장관 또는 특별시장·광역시장·도지사에게 도로명, 건물번호 또는 상세주소의 부여를 신청할 수 있다.
  1. 시·도가 결정되지 아니한 경우: 행정안전부장관
  2. 시·군·자치구가 결정되지 아니한 경우: 특별시장, 광역시장 또는 도지사
② 도로명, 건물번호 또는 상세주소의 부여에 관하여는 제7조 제5항부터 제7항까지, 제11조 제3항·제4항, 제13조, 제14조 제5항·제6항 및 제15조 제1항·제3항을 준용한다.

10 주소정보활용지원센터

① 행정안전부장관 및 시·도지사는 주소정보의 관리·활용과 관련 산업의 진흥을 지원하기 위하여 행정안전부 및 시·도에 주소정보활용지원센터를 설치·운영할 수 있다.
② 주소정보활용지원센터의 운영, 업무 범위 및 그 밖에 필요한 사항은 대통령령으로 정한다.

11 벌칙 및 과태료

① 자료 또는 정보를 사용·제공 또는 누설한 자는 5년 이하의 징역 또는 5천만원 이하의 벌금에 처한다.
② 공개가 제한되는 정보가 포함된 주소정보기본도 및 주소정보안내도를 국외로 반출한 자는 2년 이하의 징역 또는 2천만원 이하의 벌금에 처한다.
③ 정당한 사유 없이 주소정보시설의 조사, 설치, 교체 또는 철거 업무의 집행을 거부하거나 방해한 자에게는 100만원 이하의 과태료를 부과한다.
④ 훼손되거나 없어진 건물번호판을 재교부받거나 직접 제작하여 다시 설치하지 아니한 자에게는 50만원 이하의 과태료를 부과한다.
⑤ 과태료는 대통령령으로 정하는 바에 따라 특별자치시장, 특별자치도지사 및 시장·군수·구청장이 부과·징수한다.

제2편 도로명주소법 시행령

1 정의

1. "예비도로명"이란 도로명을 새로 부여하려거나 기존의 도로명을 변경하려는 경우에 임시로 정하는 도로명을 말한다.
2. "유사도로명"이란 특정 도로명을 다른 도로명의 일부로 사용하는 경우 특정 도로명과 다른 도로명 모두를 말한다.
3. "동일도로명"이란 도로구간이 서로 연결되어 있으면서 그 이름이 같은 도로명을 말한다.
4. "종속구간"이란 다음 각 목의 어느 하나에 해당하는 구간으로서 별도로 도로구간으로 설정하지 않고 그 구간에 접해 있는 주된 도로구간에 포함시킨 구간을 말한다.
   - 가. 막다른 구간
   - 나. 2개의 도로를 연결하는 구간

2 도로의 유형 및 통로의 종류

① 「도로명주소법」에 따른 도로는 유형별로 다음 각 호와 같이 구분한다.
  1. 지상도로: 주변 지대(地帶)와 높낮이가 비슷한 도로(입체도로가 지상도로의 일부에 연속되는 경우를 포함한다)로서 다음 각 목의 도로
     - 가. 「도로교통법」에 따른 고속도로(이하 "고속도로"라 한다)
     - 나. 그 밖의 도로
        1) 대로: 도로의 폭이 40미터 이상이거나 왕복 8차로 이상인 도로
        2) 로: 도로의 폭이 12미터 이상 40미터 미만이거나 왕복 2차로 이상 8차로 미만인 도로
        3) 길: 대로와 로 외의 도로
  2. 입체도로: 공중 또는 지하에 설치된 다음 각 목의 도로 및 통로(지상도로에 포함되는 입체도로는 제외한다)
     - 가. 고가도로: 공중에 설치된 도로 및 통로
     - 나. 지하도로: 지하에 설치된 도로 및 통로
  3. 내부도로: 건축물 또는 구조물의 내부에 설치된 다음 각 목의 도로 및 통로
     - 가. 건축물 또는 구조물(이하 "건물 등"이라 한다)의 내부에 설치된 도로 및 통로
     - 나. 건물 등이 아닌 구조물의 내부에 설치된 도로 및 통로

② "대통령령으로 정하는 것"이란 다음 각 호의 도로 등을 말한다.
  1. 「건축법」에 따른 도로
  2. 「도로교통법」에 따른 도로
  3. 「도시공원 및 녹지 등에 관한 법률」에 따른 도시공원 안 통로
  4. 「민법」의 주위토지통행권의 대상인 통로 및 주위통행권의 대상인 토지
  5. 「산림문화·휴양에 관한 법률」에 따른 숲길

6. 둘 이상의 건물 등이 하나의 집단을 형성하고 있는 경우로서 각 호에 해당하는 경우 그 안의 통행을 위한 통로
7. 건물 등 또는 건물 등이 아닌 구조물의 내부에서 사람이나 그 밖의 이동수단이 통행하는 통로
8. 그 밖에 행정안전부장관이 주소정보의 부여 및 관리를 위하여 필요하다고 인정하여 고시하는 통로

❸ 주소정보활용 기본계획의 수립·시행

① "대통령령으로 정하는 사항"이란 다음 각 호의 사항을 말한다.
  1. 주소정보시설의 설치 및 유지·관리에 관한 사항
  2. 주소정보활용지원센터의 운영에 관한 사항
  3. 주소정보의 활용·홍보 및 교육에 관한 사항
  4. 그 밖에 행정안전부장관이 필요하다고 인정하는 사항
② 중앙행정기관의 장은 기본계획안에 대한 협의를 요청받은 경우 요청받은 날부터 20일 이내에 기본계획안에 대한 의견을 행정안전부장관에게 제출해야 한다.

❹ 도로명주소의 구성 및 표기방법

① 도로명주소는 다음 각 호의 사항을 같은 호의 순서에 따라 구성 및 표기한다.
  1. 특별시·광역시·특별자치시·도 및 특별자치도의 이름
  2. 시(행정시 포함)·군·구의 이름
  3. 행정구(자치구가 아닌 구를 말한다)·읍·면의 이름
  4. 도로명
  5. 건물번호
  6. 상세주소
  7. 참고항목 : 도로명주소의 끝부분에 괄호를 하고 그 괄호 안에 다음 각 목의 구분에 따른 사항을 표기할 수 있다.
    가. 특별시·광역시·특별자치시 및 시의 동(洞) 지역에 있는 건물 등으로서 공동주택이 아닌 건물 등: 법정동(法定洞)의 이름
    나. 특별시·광역시·특별자치시 및 시의 동 지역에 있는 공동주택: 법정동의 이름과 건축물대장에 적혀 있는 공동주택의 이름. 이 경우 법정동의 이름과 공동주택의 이름 사이에는 쉼표를 넣어 표기한다.
    다. 읍·면 지역에 있는 공동주택: 건축물대장에 적혀 있는 공동주택의 이름
② 행정구역이 결정되지 않은 지역의 도로명주소 표기방법은 다음 각 호에서 정하는 바에 따른다.
  1. 시·도가 결정되지 않은 경우에는 다음 각 목의 사항을 같은 목의 순서에 따라 표기할 것
    가. 중앙주소정보위원회의 심의를 거쳐 행정안전부장관이 정하여 고시하는 사업지역의 명칭
    나. 규정에 따른 사항

2. 시·군·구가 결정되지 않은 경우에는 다음 각 목의 사항을 같은 목의 순서에 따라 표기할 것
   가. 제1항 제1호의 사항
   나. 시·도주소정보위원회(이하 "시·도주소정보위원회"라 한다)의 심의를 거쳐 특별시장, 광역시장 또는 도지사가 정하여 고시하는 사업지역의 명칭
   다. 규정에 따른 사항

5 주소정보기본도의 작성

① 주소정보기본도는 행정안전부장관이 정하는 전산처리장치에 따라 전산화된 도면으로 작성·관리되어야 한다.
② 작성·관리되는 주소정보기본도에는 다음 각 호의 사항이 포함되어야 한다.
   1. 행정구역의 이름 및 경계
   2. 도로구간, 도로명 및 도로의 실제 폭(터널 및 교량을 포함한다)
   3. 기초간격과 기초번호
   4. 필지 경계 및 지번
   5. 건물 등과 건물번호, 건물군, 동번호·층수·호수 등 상세주소, 출입구 및 실내 이동경로 등
   6. 국가기초구역, 국가기초구역번호, 국가기초구역 경계, 행정 읍·면·동 및 행정 통·리
   7. 통계구역·우편구역 등 다른 법률에 따라 공표하는 각종 구역에 관한 사항
   8. 국가지점번호 격자, 국가지점번호 및 국가지점번호 고시지역
   9. 사물주소 부여 시설물의 위치, 사물번호기준점 및 사물번호
   10. 주소정보시설에 관한 사항
   11. 철도, 호수, 하천, 공원 및 다리의 위치 등에 관한 사항
   12. 그 밖에 주소정보기본도의 품질 향상 및 주소정보의 효율적 관리·안내를 위하여 행정안전부장관이 필요하다고 인정하는 사항
③ 주소정보기본도의 작성 및 관리 등에 필요한 사항은 행정안전부장관이 정한다.

6 중앙주소정보위원회의 구성

① 중앙주소정보위원회는 위원장 1명과 부위원장 1명을 포함하여 10명 이상 20명 이하의 위원으로 구성한다.
② 위원장과 부위원장은 위원 중에서 호선(互選)하며, 그 임기는 2년으로 한다.
③ 위원회의 위원은 다음 각 호의 사람이 된다.
   1. 행정안전부에서 주소정보 관련 업무를 관장하는 고위공무원단에 속하는 공무원 중에서 행정안전부장관이 임명하는 공무원
   2. 주소정보에 관한 학식과 경험이 풍부한 사람 중에서 성별을 고려하여 행정안전부장관이 위촉하는 사람
   3. 다음 각 목의 중앙행정기관의 고위공무원단에 속하는 공무원 중에서 소속 기관의 장이 지명하는 사람

가. 기획재정부
나. 과학기술정보통신부
다. 문화체육관광부
라. 국토교통부
마. 경찰청
바. 소방청
사. 그 밖에 주소정보 업무와 관련하여 행정안전부장관이 정하는 중앙행정기관

7 중앙주소정보위원회의 회의

① 위원장은 위원회의 회의를 소집하고, 그 의장이 된다.
② 위원회의 회의는 재적위원 과반수의 출석으로 개의(開議)하고, 출석위원 과반수의 찬성으로 의결한다.
③ 위원장은 상정된 안건을 논의하기 위하여 필요한 경우에는 안건과 관련된 관계 행정기관·공공단체나 그 밖의 기관·단체의 장 또는 민간 전문가를 회의에 출석시켜 의견을 들을 수 있다.

제3편 도로명주소법 시행규칙

1 정의

1. "주된구간"이란 하나의 도로구간에서 종속구간을 제외한 도로구간을 말한다.
2. "도로명관할구역"이란 「도로명주소법 시행령」에 따른 행정구역을 말한다. 다만, 행정구역이 결정되지 않은 지역에서는 사업지역의 명칭을 말한다.
3. "건물 등 관할구역"이란 행정구역을 말한다. 다만, 행정구역이 결정되지 않은 지역에서는 사업지역의 명칭을 말한다.

2 기초번호의 부여간격

1. 「도로교통법」에 따른 고속도로 : 2킬로미터
2. 건물번호의 가지번호가 두 자리 숫자 이상으로 부여될 수 있는 길 또는 해당 도로구간에서 분기되는 도로구간이 없고, 가지번호를 이용한 건물번호를 부여하기 곤란한 길 : 10미터
3. 가지번호를 이용하여 건물번호를 부여하기 곤란한 종속구간 : 10미터 이하의 일정한 간격
4. 내부도로 : 20미터 또는 도로명주소 및 사물주소의 부여 개수를 고려하여 정하는 간격

③ 도로명 부여의 세부기준

1. 숫자나 방위를 붙이려는 경우에는 다음 각 목의 어느 하나에 해당하는 방식으로 도로명을 부여할 것
   가. 기초번호방식: 길의 시작지점이 분기되는 도로구간의 도로명, 길이 분기되는 지점의 기초번호와 '번길'을 차례로 붙여서 도로명을 부여할 것
   나. 일련번호방식: 길의 시작지점이 분기되는 도로구간의 도로명, 길이 분기되는 지점의 일련번호(도로구간에 일정한 간격 없이 순차적으로 부여하는 번호를 말한다)와 '길'을 차례로 붙여서 도로명을 부여할 것
   다. 복합명사방식: 주된 명사에 방위 등을 붙여 도로명을 부여할 것
2. 도로구간만 변경된 경우에는 기존의 도로명을 계속 사용할 것
3. 도로명에 숫자를 사용하는 경우 숫자는 한 번만 사용하도록 할 것
4. 도로명은 한글로 표기할 것(숫자와 온점을 포함할 수 있다)
5. 도로명의 로마자 표기는 문화체육관광부장관이 정하여 고시하는 「국어의 로마자 표기법」을 따를 것
6. 도로의 유형을 안내하는 경우 다음 각 목과 같이 표기할 것
   가. 대로(大路): Blvd
   나. 로(路): St
   다. 길(街): Rd

④ 둘 이상의 시·군·구 또는 시·도에 걸쳐 있는 도로명 등의 설정·부여 세부기준

1. 시·군·구의 경계가 두 번 이상 교차하는 경우: 교차하는 구역의 중간 지점에 가까운 도로구간과 행정구역 경계의 교차점을 기준으로 설정할 것
2. 도로를 따라 시·군·구의 행정구역 경계가 나누어진 경우: 낮은 기초번호의 부여가 예상되는 도로구간과 행정구역 경계의 교차점을 기준으로 설정할 것
3. 두 개의 주된구간을 연결하는 종속구간에 시·군·구 행정구역 경계가 있는 경우: 해당 행정구역의 경계를 기준으로 설정할 것
4. 도로구간, 기초번호 및 도로명을 설정·부여하는 경우에는 다음 각 호의 사항을 도로구간 구분의 기준으로 한다.
   가. 하천, 강, 바다, 다리, 그 밖의 자연적 또는 인공적 지형지물
   나. 고속도로 및 자동차전용도로의 나들목
   다. 특별시·광역시·도의 행정구역 경계

5 건물번호 및 상세주소의 표기방법

① 건물번호는 숫자로 표기하며, 건물 등이 지하에 있는 경우에는 건물번호 앞에 '지하'를 붙여서 표기한다.
② 건물번호는 '번'으로 읽되, 필요하면 가지번호를 붙일 수 있고, 주된 번호와 가지번호 사이는 '-' 표시로 연결한다. 가지번호를 붙이면 '-' 표시는 '의'로 읽고, 가지번호 뒤에 '번'을 붙여 읽는다.
③ 상세주소는 도로명주소대장에 등록된 동번호, 층수 또는 호수를 우선하여 표기하되, 도로명주소대장에 등록되지 않은 건물 등의 경우에는 건축물대장에 등록된 동번호, 층수 또는 호수를 표기한다.
④ 상세주소에서 층수를 생략하는 경우에는 '동', '호'의 표기를 생략하고 동번호와 호수 사이를 '-'로 연결하여 표기할 수 있다. 이 경우 '-'를 읽지 않고 '동'과 '호'가 표기된 것으로 보고 읽는다.
⑤ 건물번호와 상세주소를 구분하기 위하여 건물번호와 상세주소 사이에 쉼표를 넣어 표기한다.

6 도로명주소대장의 작성 방법

① 총괄대장은 하나의 도로구간을 단위로 하여 도로구간마다 작성하고, 해당 도로구간에 종속구간이 있는 경우 그 종속구간은 주된구간의 총괄대장에 포함하여 작성해야 한다.
② 개별대장은 하나의 건물번호를 단위로 하여 건물번호마다 작성해야 한다.
③ 시장 등은 총괄대장을 먼저 작성하고, 작성한 총괄대장을 근거로 개별대장을 작성해야 한다.
④ 총괄대장의 고유번호는 행정안전부장관이 부여·관리하고, 개별대장의 고유번호는 시장등이 부여·관리한다.
⑤ 시장 등은 관할구역에 주된구간이 없고 종속구간만 있어 총괄대장을 작성할 수 없는 경우에는 주된구간을 관할하는 시장 등이 작성한 총괄대장을 근거로 개별대장을 작성해야 한다. 이 경우 해당 주된구간의 총괄대장을 작성·관리하는 시장 등에게 그 종속구간이 주된구간의 총괄대장에 포함되도록 요청해야 한다.
⑥ 요청을 받은 시장 등은 주된구간의 총괄대장에 종속구간에 관한 사항을 기록한 후 그 결과를 요청한 시장등에게 통보해야 한다.
⑦ 주된구간에 대한 총괄대장의 작성·관리 주체에 대하여 이견이 있는 경우에는 다음 각 호의 자가 결정한다.
   1. 해당 주된구간 및 종속구간이 동일한 특별시·광역시 또는 도의 관할구역에 속하는 경우: 관할 특별시장·광역시장 또는 도지사
   2. 해당 주된구간 및 종속구간이 각각 다른 시·도의 관할구역에 속하는 경우: 행정안전부장관
⑧ 도로명주소대장을 말소하는 경우에는 도로명주소대장 앞면의 제목 오른쪽에 빨간색 글씨로 '폐지'라고 기재해야 한다.
⑨ 시장 등은 도로명주소대장을 말소한 경우에는 도로명주소 폐지대장에 해당 내용을 작성해야 한다.

7 도로명주소대장 등본의 발급 및 열람

① 도로명주소대장 등본을 발급받으려거나 열람하려면 도로명주소대장 등본발급·열람 신청서를 시장등에게 제출해야 한다.
② 시장 등은 신청인에게 등본을 발급하거나 열람할 수 있도록 해야 한다. 이 경우 신청한 도로명주소대장이 말소된 경우에는 신청인이 그 말소 사실을 확인할 수 있도록 '폐지'라고 기재하여 등본을 발급하거나 열람할 수 있도록 해야 한다.
③ 신청인은 다음 각 호에 따른 수수료를 납부해야 한다. 다만, 국가 또는 지방자치단체가 등본의 발급 또는 열람을 신청하는 경우에는 그 수수료를 무료로 할 수 있다.
　1. 등본을 발급받으려는 경우: 1건당 500원. 이 경우 출력물이 1건당 20장을 초과하면 장당 50원을 가산한다.
　2. 등본을 열람하려는 경우: 1건당 300원
④ 시장 등은 정보통신망을 통하여 등본을 발급받거나 열람하는 경우에는 수수료를 무료로 할 수 있다.

CHAPTER 10 도로명주소법

01. 도로명주소법상 "주소정보시설"에 해당하지 않는 것은?

① 도로명판 ② 건물번호판
③ 지역번호판 ④ 주소정보안내판

해설 [도로명주소법 제2조(정의)]
"주소정보시설"이란 도로명판, 기초번호판, 건물번호판, 국가지점번호판, 사물주소판 및 주소정보안내판을 말한다.

02. 지번주소체계와 도로명주소체계에 대한 설명으로 가장 거리가 먼 것은?

① 지번주소는 토지중심으로 구성된다.
② 도로명주소는 주소(건물번호)를 표시하는 것을 주목적으로 한다.
③ 대부분 OECD 국가들이 지번주소체계를 채택하고 있다.
④ 지번주소는 토지표시와 주소를 함께 사용함으로써 재산권 보호가 용이하다.

해설 대부분 OECD 국가들은 도로명주소체계를 채택하여 사용하고 있다.

03. 다음 중 도로명주소법의 제정목적으로 가장 타당한 것은?

① 공공복리 증진
② 건전한 도시발전의 도모
③ 국민의 생활안전과 국가경쟁력 강화
④ 국토의 효율적 관리 및 국민의 소유권 보호

해설 [도로명주소법 제1조(목적)]
이 법은 도로명주소, 국가기초구역, 국가지점번호 및 사물주소의 표기·사용·관리·활용 등에 관한 사항을 규정함으로써 국민의 생활안전과 편의를 도모하고 관련 산업의 지원을 통하여 국가경쟁력 강화에 이바지함을 목적으로 한다.

04. 도로명주소법상 용어의 정의로 옳지 않은 것은?

① 상세주소란 도로명, 건물번호 및 상세주소(상세주소가 있는 경우만 해당한다)로 표기하는 주소를 말한다.
② 도로구간이란 도로명을 부여하기 위하여 설정하는 도로의 시작지점과 끝지점 사이를 말한다.
③ 기초번호란 도로구간에 행정안전부령으로 정하는 간격마다 부여된 번호를 말한다.
④ 국가기초구역이란 도로명주소를 기반으로 국토를 읍·면·동의 면적보다 작게 경계를 정하여 나눈 구역을 말한다.

해설 [도로명주소법 제2조(정의)]
① 상세주소 : 건물 등 내부의 독립된 거주·활동 구역을 구분하기 위하여 부여된 동(棟)번호, 층수 또는 호(號)수를 말한다.
② 도로명주소 : 도로명, 건물번호 및 상세주소(상세주소가 있는 경우만 해당한다)로 표기하는 주소를 말한다.

05. 도로명주소법상 용어의 정의로 옳지 않은 것은?

① 사물주소란 도로명과 기초번호를 활용하여 건물등에 해당하지 아니하는 시설물의 위치를 특정하는 정보를 말한다.
② 주소정보란 기초번호, 도로명주소, 국가기초구역, 국가지점번호 및 사물주소에 관한 정보를 말한다.
③ 국가지점번호란 도로구간에 행정안전부령으로 정하는 간격마다 부여된 번호를 말한다.
④ 주소정보시설이란 도로명판, 기초번호판, 건물번호판, 국가지점번호판, 사물주소판 및 주소정보안내판을 말한다.

해설 [도로명주소법 제2조(정의)]
① 기초번호 : 도로구간에 행정안전부령으로 정하는 간격마다 부여된 번호를 말한다.
② 국가지점번호 : 국토 및 이와 인접한 해양을 격자형으로 일정하게 구획한 지점마다 부여된 번호를 말한다.

정답 01. ③ 02. ③ 03. ③ 04. ① 05. ③

06. 도로명 등의 변경 및 폐지를 함에 있어 결정·변경권자가 아닌 자는?

① 시장
② 시·도지사
③ 국토교통부장관
④ 행정안전부장관

해설 [도로명주소법 제8조(도로명 등의 변경 및 폐지)]
행정안전부장관, 시·도지사 및 시장·군수·구청장은 신청을 받거나 요청을 받은 경우, 그 밖에 도로명주소 관리를 위하여 필요하다고 인정하는 경우에는 해당 도로에 대하여 도로구간, 도로명 및 기초번호를 변경하거나 폐지할 수 있다.

07. 도로명주소법상 상세주소 신청에 관한 설명 중에 옳지 않은 것은?

① 상세주소를 신청할 수 있는 신청인은 건물 등의 소유자이다.
② 건물 등을 무상으로 사용·수익하는 임차인은 건물 등의 소유자 동의 없이도 상세주소를 신청할 수 있다.
③ 시장 등은 상세주소 부여 신청을 받은 경우에는 그 신청을 받은 날부터 14일 이내에 상세주소를 부여하여야 한다.
④ 건물 등의 소유자는 건물 등을 더 이상 임대하지 않는 등 부여받은 상세주소를 사용하지 아니하게 된 경우에는 상세주소의 폐지를 신청할 수 있다.

해설 [도로명주소법 제14조(상세주소의 부여 등)]
1. 건물 등의 소유자에게 상세주소의 부여 또는 변경을 요청한 경우로서 요청한 날부터 14일이 지났음에도 불구하고 소유자가 특별자치시장, 특별자치도지사 또는 시장·군수·구청장에게 상세주소의 부여 또는 변경을 신청하지 아니한 경우
2. 건물 등의 소유자가 임차인이 직접 특별자치시장, 특별자치도지사 또는 시장·군수·구청장에게 상세주소 부여 또는 변경을 신청하는 것에 동의한 경우

08. 개정된 도로명주소법에서 사용하고 있는 도로명의 변경이 필요한 경우 도로명주소사용자 중 어느 정도의 서면동의를 받아 행정안전부장관, 시·도지사, 시장·군수·구청장에게 도로명 변경을 신청할 수 있는가?

① 1/3
② 1/4
③ 1/5
④ 1/10

해설 [도로명주소법 제8조(도로명 등의 변경 및 폐지)]
사용하고 있는 도로명의 변경이 필요한 자는 해당 도로명을 주소로 사용하는 자로서 대통령령으로 정하는 자(이하 이 조에서 "도로명주소사용자"라 한다)의 5분의 1 이상의 서면 동의를 받아 행정안전부장관, 시·도지사 또는 시장·군수·구청장에게 도로명 변경을 신청할 수 있다. 다만, 해당 도로명이 고시된 날부터 3년이 지나지 아니한 경우 등 대통령령으로 정하는 경우에는 도로명 변경을 신청할 수 없다.

09. 특별자치시장, 특별자치도지사 및 시장·군수·구청장은 도로명이 부여된 도로구간의 전부 또는 일부에 대하여 기업 유치 또는 국제교류를 목적으로 하는 도로명을 추가적으로 부여할 수 있는데 이를 일컫는 도로명은 무엇인가?

① 기업도로명
② 국제도로명
③ 명예도로명
④ 지역도로명

해설 [도로명주소법 제10조(명예도로명)]
① 특별자치시장, 특별자치도지사 및 시장·군수·구청장은 도로명이 부여된 도로구간의 전부 또는 일부에 대하여 기업 유치 또는 국제교류를 목적으로 하는 도로명(이하 "명예도로명"이라 한다)을 추가적으로 부여할 수 있다.
② 특별자치시장, 특별자치도지사 및 시장·군수·구청장은 명예도로명을 안내하기 위한 시설물을 설치할 수 있다. 다만, 주소정보시설에는 명예도로명을 표기할 수 없다.

10. 건물 등의 소유자는 특별자치시장, 특별자치도지사 또는 시장·군수·구청장에게 건물번호 변경을 신청할 수 있는데 다음 중 건물번호 변경을 신청할 수 없는 경우는 무엇인가?

① 건물 등의 소유자는 증축·개축 등으로 건물번호 변경이 필요한 경우 건물번호 변경을 신청할 수 있다.
② 건물번호의 변경신청이 없는 경우에는 직권으로 건물번호를 변경하거나 폐지할 수 있다.
③ 건물번호 변경을 신청하는 경우 해당 건물 등의 소유자가 둘 이상인 경우에는 소유자 전원의 서면동의를 받아야 한다.
④ 건물 등의 소유자 또는 점유자는 거주·활동의 종료 등으로 인하여 건물번호를 사용할 필요가 없어진 경우 건물번호 폐지를 신청하여야 한다.

해설 [도로명주소법 제12조(건물번호의 변경 등)]
건물번호 변경을 신청하는 경우 해당 건물 등의 소유자가 둘 이상인 경우에는 소유자 과반수의 서면동의를 받아야 한다.

11. 아래의 도로명주소법의 기초조사에 관한 내용 중 ( ) 안에 들어갈 알맞은 용어를 고르면?

> 행정안전부장관, 시·도지사 및 시장·군수·구청장은 기초번호, ( ), 국가기초구역, 국가지점번호 및 ( )의 부여·설정·관리 등을 위하여 도로 및 건물등의 위치에 관한 기초조사를 할 수 있다.

① 도로명주소, 건물주소
② 지역도로명, 행정주소
③ 도로명주소, 사물주소
④ 지역도로명, 사물주소

해설 [도로명주소법 제6조(기초조사 등)]
행정안전부장관, 시·도지사 및 시장·군수·구청장은 기초번호, 도로명주소, 국가기초구역, 국가지점번호 및 사물주소의 부여·설정·관리 등을 위하여 도로 및 건물등의 위치에 관한 기초조사를 할 수 있다.

12. 도로명주소 정보활용 기본계획의 수립 및 시행에 관하여 기본계획에 포함되는 사항으로 볼 수 없는 것은?

① 주소정보 관련 국가정책의 기본방향
② 주소정보의 구축 및 정비방안
③ 주소정보를 기반으로 하는 관련산업의 지원방안
④ 주소정보 활용 활성화에 관한 사항으로서 행정안전부장관이 정하는 사항

해설 [도로명주소법 제5조(주소정보활용 기본계획 등의 수립·시행)]
① 행정안전부장관은 주소정보를 활용하여 국민의 생활안전과 편의를 높이고 관련 산업을 활성화하기 위하여 주소정보 활용 기본계획을 5년마다 수립·시행하여야 한다.
② 기본계획에는 다음 각 호의 사항이 포함되어야 한다.
 1. 주소정보 관련 국가 정책의 기본 방향
 2. 주소정보의 구축 및 정비 방안
 3. 주소정보를 기반으로 하는 관련 산업의 지원 방안
 4. 주소정보 활용 활성화를 위한 재원 조달 방안
 5. 그 밖에 주소정보 활용 활성화에 관한 사항으로서 대통령령으로 정하는 사항

13. 시·도의 행정구역이 결정되지 아니한 지역의 도로명, 건물번호 또는 상세주소의 부여는 누구에게 신청해야 하는가?

① 시·도지사
② 행정안전부장관
③ 국토교통부장관
④ 한국도로공사사장

해설 [도로명주소법 제16조(행정구역이 결정되지 아니한 지역의 도로명주소 부여)]
① 행정구역이 결정되지 아니한 지역의 도로명주소가 필요한 자는 다음 각 호의 구분에 따라 행정안전부장관 또는 특별시장·광역시장·도지사에게 도로명, 건물번호 또는 상세주소의 부여를 신청할 수 있다.
 1. 시·도가 결정되지 아니한 경우: 행정안전부장관
 2. 시·군·자치구가 결정되지 아니한 경우: 특별시장, 광역시장 또는 도지사

14. 정당한 사유 없이 주소정보시설의 조사, 설치, 교체 또는 철거 업무의 집행을 거부하거나 방해한 자에게 부과되는 과태료로 맞는 것은?

① 50만원
② 100만원
③ 200만원
④ 300만원

해설 [도로명주소법 제35조(과태료)]
정당한 사유 없이 주소정보시설의 조사, 설치, 교체 또는 철거 업무의 집행을 거부하거나 방해한 자에게는 100만원 이하의 과태료를 부과한다.

15. 행정안전부, 시·도 및 시·군·자치구의 소속 공무원 또는 공무원이었던 자는 제공받은 자료 또는 그에 따른 정보를 이 법에서 정한 목적 외의 다른 용도로 사용하거나 다른 사람 또는 기관에 제공하거나 누설하는 경우에 해당하는 벌칙으로 옳은 것은?

① 300만원 이하의 과태료
② 1년 이하의 징역 또는 1000만원 이하의 벌금
③ 3년 이하의 징역 또는 3000만원 이하의 벌금
④ 5년 이하의 징역 또는 5000만원 이하의 벌금

해설 [도로명주소법 제34조(벌칙)]
행정안전부, 시·도 및 시·군·자치구의 소속 공무원 또는 공무원이었던 자는 제공받은 자료 또는 그에 따른 정보를 이 법에서 정한 목적 외의 다른 용도로 사용하거나 다른 사람 또는 기관에 제공하거나 누설하는 경우 5년 이하의 징역 또는 5천만원 이하의 벌금에 처한다.

정답 11. ③ 12. ④ 13. ② 14. ② 15. ④

16. 공개가 제한되는 정보가 포함된 주소정보기본도 및 주소정보안내도를 국외로 반출한 자에게 해당하는 벌칙으로 옳은 것은?

① 300만원 이하의 과태료
② 1년 이하의 징역 또는 1000만원 이하의 벌금
③ 2년 이하의 징역 또는 2000만원 이하의 벌금
④ 3년 이하의 징역 또는 3000만원 이하의 벌금

해설 [도로명주소법 제34조(벌칙)]
공개가 제한되는 정보가 포함된 주소정보기본도 및 주소정보안내도를 국외로 반출한 자는 2년 이하의 징역 또는 2천만원 이하의 벌금에 처한다.

17. 행정안전부장관 및 시·도지사는 주소정보의 관리·활용과 관련 산업의 진흥을 지원하기 위하여 행정안전부 및 시·도에 설치·운영할 수 있는 기관은 무엇인가?

① 주소정보활용지원센터
② 주소정보위원회
③ 주소관리위원회
④ 주소정보시설

해설 [도로명주소법 제28조(주소정보활용지원센터)]
① 행정안전부장관 및 시·도지사는 주소정보의 관리·활용과 관련 산업의 진흥을 지원하기 위하여 행정안전부 및 시·도에 주소정보활용지원센터를 설치·운영할 수 있다.
② 주소정보활용지원센터의 운영, 업무 범위 및 그 밖에 필요한 사항은 대통령령으로 정한다.

18. 도로명주소법 시행령상 용어의 정의로 옳지 않은 것은?

① 예비도로명 : 도로명을 새로 부여하려거나 기존의 도로명을 변경하려는 경우에 임시로 정하는 도로명을 말한다.
② 유사도로명 : 특정 도로명을 다른 도로명의 일부로 사용하는 경우 특정 도로명과 다른 도로명 모두를 말한다.
③ 동일도로명 : 도로구간이 서로 연결되어 있으면서 그 이름이 같은 도로명을 말한다.
④ 종속구간 : 별도로 도로구간으로 설정하여 그 구간에 접해 있는 주된 도로구간에 포함시킨 구간을 말한다.

해설 [도로명주소법 시행령 제2조(주소정보활용지원센터)]
"종속구간"이란 다음 각 목의 어느 하나에 해당하는 구간으로서 별도로 도로구간으로 설정하지 않고 그 구간에 접해 있는 주된 도로구간에 포함시킨 구간을 말한다.
가. 막다른 구간
나. 2개의 도로를 연결하는 구간

19. 도로명주소법에서 규정하는 지상도로는 주변지대와 높낮이가 비슷한 도로를 의미하는데 지상도로 중 고속도로 이외의 도로의 구분 기준으로 옳은 것은?

① 대로, 로, 길
② 대로, 중로, 소로
③ 특별시도, 국도, 지방도
④ 시도, 구도, 군도

해설 [도로명주소법 시행령 제3조(도로의 유형 및 통로의 종류)]
1. 지상도로: 주변 지대(地帶)와 높낮이가 비슷한 도로(입체도로가 지상도로의 일부에 연속되는 경우를 포함한다)
가. 「도로교통법」에 따른 고속도로
나. 그 밖의 도로
 1) 대로 : 도로의 폭이 40미터 이상이거나 왕복 8차로 이상인 도로
 2) 로 : 도로의 폭이 12미터 이상 40미터 미만이거나 왕복 2차로 이상 8차로 미만인 도로
 3) 길 : 대로와 로 외의 도로

20. 도로명주소법의 주소정보활용 기본계획의 수립·시행에서 대통령령으로 정하는 사항으로 옳지 않은 것은?

① 주소정보시설의 설치 및 유지·관리에 관한 사항
② 주소정보활용지원센터의 운영에 관한 사항
③ 주소정보의 활용·홍보 및 교육에 관한 사항
④ 그 밖에 중앙행정기관의 장이 필요하다고 인정하는 사항

해설 [도로명주소법 시행령 제5조(주소정보 활용 기본계획의 수립·시행)]
1. 주소정보시설의 설치 및 유지·관리에 관한 사항
2. 주소정보활용지원센터의 운영에 관한 사항
3. 주소정보의 활용·홍보 및 교육에 관한 사항
4. 그 밖에 행정안전부장관이 필요하다고 인정하는 사항

21. 도로명주소법에 따라 시설물의 설치자 또는 관리자의 신청에 따라 사물주소를 부여할 수 있는 시설물로 볼 수 없는 것은?

① 육교 및 철도 등에 설치된 횡단시설
② 옥외 대피 시설
③ 버스 및 택시 정류장
④ 주차장

정답 16. ③ 17. ① 18. ④ 19. ① 20. ④

해설 [도로명주소법 제24조(사물주소)]
1. 육교 및 철도 등 옥외시설에 설치된 승강기
2. 옥외 대피 시설
3. 버스 및 택시 정류장
4. 주차장
5. 그 밖에 행정안전부장관이 위치 안내가 필요하다고 인정하여 고시하는 시설물

22. 주소정보기본도의 작성에 포함되는 사항으로 볼 수 없는 것은?

① 행정구역의 이름 및 경계
② 도로구간, 도로명 및 도로의 실제 폭(터널 제외)
③ 건물의 간격과 건물의 주소
④ 필지 경계 및 지번

해설 [도로명주소법 시행령 제44조(주소정보기본도의 작성)]
1. 행정구역의 이름 및 경계
2. 도로구간, 도로명 및 도로의 실제 폭(터널 및 교량을 포함한다)
3. 기초간격과 기초번호
4. 필지 경계 및 지번
5. 건물 등과 건물번호, 건물군, 동번호·층수·호수 등 상세주소, 출입구 및 실내 이동경로 등
6. 국가기초구역, 국가기초구역번호, 국가기초구역 경계, 행정 읍·면·동 및 행정 통·리
7. 통계구역·우편구역 등 다른 법률에 따라 공표하는 각종 구역에 관한 사항
8. 국가지점번호 격자, 국가지점번호 및 국가지점번호 고시지역
9. 사물주소 부여 시설물의 위치, 사물번호기준점 및 사물번호
10. 주소정보시설에 관한 사항
11. 철도, 호수, 하천, 공원 및 다리의 위치 등에 관한 사항
12. 그 밖에 주소정보기본도의 품질 향상 및 주소정보의 효율적 관리·안내를 위하여 행정안전부장관이 필요하다고 인정하는 사항

23. 중앙주소정보위원회의 구성으로 옳지 않은 것은?

① 위원장 1명과 부위원장 2명을 포함하여 10명 이상 20명 이하의 위원으로 구성한다.
② 위원장과 부위원장은 위원 중에서 호선(互選)하며, 그 임기는 2년으로 한다.
③ 위원회의 위원은 행정안전부에서 주소정보 관련 업무를 관장하는 고위공무원단에 속하는 공무원 중에서 행정안전부장관이 임명하는 공무원으로 한다.
④ 위원회의 위원은 주소정보에 관한 학식과 경험이 풍부한 사람 중에서 성별을 고려하여 행정안전부장관이 위촉하는 사람으로 한다.

해설 [도로명주소법 시행령 제57조(중앙주소정보위원회의 구성)]
① 법 제29조 제1항에 따른 중앙주소정보위원회(이하 "위원회"라 한다)는 위원장 1명과 부위원장 1명을 포함하여 10명 이상 20명 이하의 위원으로 구성한다.
② 위원장과 부위원장은 위원 중에서 호선(互選)하며, 그 임기는 2년으로 한다.
③ 위원회의 위원은 다음 각 호의 사람이 된다.
1. 행정안전부에서 주소정보 관련 업무를 관장하는 고위공무원단에 속하는 공무원 중에서 행정안전부장관이 임명하는 공무원
2. 주소정보에 관한 학식과 경험이 풍부한 사람 중에서 성별을 고려하여 행정안전부장관이 위촉하는 사람
3. 중앙행정기관의 고위공무원단에 속하는 공무원 중에서 소속 기관의 장이 지명하는 사람

24. 중앙주소정보위원회의 회의와 운영에 관한 다음 내용 중 옳지 않은 것은?

① 위원장은 위원회의 회의를 소집하고, 그 의장이 된다.
② 위원회의 회의는 재적위원 과반수의 출석으로 개의(開議)하고, 출석위원 2/3의 찬성으로 의결한다.
③ 위원장은 상정된 안건을 논의하기 위하여 필요한 경우에는 안건과 관련된 관계 행정기관·공공단체나 그 밖의 기관·단체의 장 또는 민간 전문가를 회의에 출석시켜 의견을 들을 수 있다.
④ 위원회의 구성·운영 등에 필요한 사항은 위원회의 의결을 거쳐 위원장이 정한다.

해설 [도로명주소법 시행령 제61조(회의)]
① 위원장은 위원회의 회의를 소집하고, 그 의장이 된다.
② 위원회의 회의는 재적위원 과반수의 출석으로 개의(開議)하고, 출석위원 과반수의 찬성으로 의결한다.
③ 위원장은 상정된 안건을 논의하기 위하여 필요한 경우에는 안건과 관련된 관계 행정기관·공공단체나 그 밖의 기관·단체의 장 또는 민간 전문가를 회의에 출석시켜 의견을 들을 수 있다.

정답 21. ① 22. ② 23. ① 24. ②

25. 도로명주소법 시행규칙상 기초번호의 부여간격으로 옳지 않은 것은?

① 행정안전부령으로 정하는 간격: 20미터
② 고속도로: 1킬로미터
③ 가지번호를 이용한 건물번호를 부여하기 곤란한 길: 10미터
④ 가지번호를 이용하여 건물번호를 부여하기 곤란한 종속도로: 10미터

> [해설] [도로명주소법 시행규칙 제3조(기초번호의 부여간격)]
> ① 행정안전부령으로 정하는 간격: 20미터
> ② 고속도로: 2킬로미터
> ③ 가지번호를 이용한 건물번호를 부여하기 곤란한 길: 10미터
> ④ 가지번호를 이용하여 건물번호를 부여하기 곤란한 종속도로: 10미터

26. 도로명 부여의 세부기준으로 옳지 않은 것은?

① 기초번호방식: 길의 시작지점이 분기되는 도로구간의 도로명, 길이 분기되는 지점의 기초번호와 '번길'을 차례로 붙여서 도로명을 부여할 것
② 일련번호방식: 길의 시작지점이 분기되는 도로구간의 도로명, 길이 분기되는 지점의 일련번호(도로구간에 일정한 간격 없이 순차적으로 부여하는 번호를 말한다)와 '길'을 차례로 붙여서 도로명을 부여할 것
③ 복합명사방식: 주된 명사에 방위 등을 붙여 도로명을 부여할 것
④ 도로구간만 변경된 경우에는 기존의 도로명을 계속해서 사용하지 못한다.

> [해설] [도로명주소법 시행규칙 제6조(도로명 부여의 세부기준)]
> ① 기초번호방식: 길의 시작지점이 분기되는 도로구간의 도로명, 길이 분기되는 지점의 기초번호와 '번길'을 차례로 붙여서 도로명을 부여할 것
> ② 일련번호방식: 길의 시작지점이 분기되는 도로구간의 도로명, 길이 분기되는 지점의 일련번호(도로구간에 일정한 간격 없이 순차적으로 부여하는 번호를 말한다)와 '길'을 차례로 붙여서 도로명을 부여할 것
> ③ 도로구간만 변경된 경우에는 기존의 도로명을 계속 사용할 것
> ④ 복합명사방식: 주된 명사에 방위 등을 붙여 도로명을 부여할 것
> ⑤ 도로명에 숫자를 사용하는 경우 숫자는 한 번만 사용하도록 할 것
> ⑥ 도로명은 한글로 표기할 것(숫자와 온점을 포함할 수 있다)

27. 둘 이상의 시·군·구 또는 시·도에 걸쳐 있는 도로에 시·군·구의 행정구역을 경계로 도로구간을 설정하려는 경우 그 세부기준으로 옳지 않은 것은?

① 시·군·구의 경계가 두 번 이상 교차하는 경우: 교차하는 구역의 중간 지점에 가까운 도로구간과 행정구역 경계의 교차점을 기준으로 설정할 것
② 도로를 따라 시·군·구의 행정구역 경계가 나누어진 경우: 낮은 기초번호의 부여가 예상되는 도로구간과 행정구역 경계의 교차점을 기준으로 설정할 것
③ 두 개의 주된 구간을 연결하는 종속구간에 시·군·구 행정구역 경계가 있는 경우: 해당 행정구역의 경계를 기준으로 설정할 것
④ 도로구간, 기초번호 및 도로명을 설정·부여하는 경우 고속도로는 요금소를 도로구간의 구분의 기분으로 설정할 것

> [해설] [도로명주소법 시행규칙 제7조(둘 이상의 시·군·구 또는 시·도에 걸쳐 있는 도로명 등의 설정·부여 세부기준)]
> ① 시·군·구의 경계가 두 번 이상 교차하는 경우: 교차하는 구역의 중간 지점에 가까운 도로구간과 행정구역 경계의 교차점을 기준으로 설정할 것
> ② 도로를 따라 시·군·구의 행정구역 경계가 나누어진 경우: 낮은 기초번호의 부여가 예상되는 도로구간과 행정구역 경계의 교차점을 기준으로 설정할 것
> ③ 두 개의 주된구간을 연결하는 종속구간에 시·군·구 행정구역 경계가 있는 경우: 해당 행정구역의 경계를 기준으로 설정할 것
> ④ 도로구간, 기초번호 및 도로명을 설정·부여하는 경우에는 다음 각 호의 사항을 도로구간 구분의 기준으로 한다.
>   1. 하천, 강, 바다, 다리, 그 밖의 자연적 또는 인공적 지형지물
>   2. 고속도로 및 자동차전용도로의 나들목
>   3. 특별시·광역시·도의 행정구역 경계

정답 25. ② 26. ④ 27. ④

28. 건물번호 및 상세주소의 표기방법으로 옳지 않은 것은?

① 건물번호는 숫자로 표기하며, 건물 등이 지하에 있는 경우에는 건물번호 앞에 '하'를 붙여서 표기한다.
② 건물번호는 '번'으로 읽되, 필요하면 가지번호를 붙일 수 있고, 주된 번호와 가지번호 사이는 '-' 표시로 연결한다. 가지번호를 붙이면 '-' 표시는 '의'로 읽고, 가지번호 뒤에 '번'을 붙여 읽는다.
③ 상세주소는 도로명주소대장에 등록된 동번호, 층수 또는 호수를 우선하여 표기하되, 도로명주소대장에 등록되지 않은 건물 등의 경우에는 건축물대장에 등록된 동번호, 층수 또는 호수를 표기한다.
④ 건물번호와 상세주소를 구분하기 위하여 건물번호와 상세주소 사이에 쉼표를 넣어 표기한다.

해설 [도로명주소법 시행규칙 제21조(건물번호 및 상세주소의 표기 방법)]

① 건물번호는 숫자로 표기하며, 건물 등이 지하에 있는 경우에는 건물번호 앞에 '지하'를 붙여서 표기한다.
② 건물번호는 '번'으로 읽되, 필요하면 가지번호를 붙일 수 있고, 주된 번호와 가지번호 사이는 '-' 표시로 연결한다. 가지번호를 붙이면 '-' 표시는 '의'로 읽고, 가지번호 뒤에 '번'을 붙여 읽는다.
③ 상세주소는 도로명주소대장에 등록된 동번호, 층수 또는 호수를 우선하여 표기하되, 도로명주소대장에 등록되지 않은 건물 등의 경우에는 건축물대장에 등록된 동번호, 층수 또는 호수를 표기한다.
④ 상세주소에서 층수를 생략하는 경우에는 '동', '호'의 표기를 생략하고 동번호와 호수 사이를 '-'로 연결하여 표기할 수 있다. 이 경우 '-'를 읽지 않고 '동'과 '호'가 표기된 것으로 보고 읽는다.
⑤ 건물번호와 상세주소를 구분하기 위하여 건물번호와 상세주소 사이에 쉼표를 넣어 표기한다.

29. 도로명주소대장의 작성 방법으로 옳지 않은 것은?

① 총괄대장은 하나의 도로구간을 단위로 하여 도로구간마다 작성하고, 해당 도로구간에 종속구간이 있는 경우 그 종속구간은 주된구간의 총괄대장에 포함하여 작성해야 한다.
② 개별대장은 하나의 건물번호를 단위로 하여 건물번호마다 작성해야 한다.
③ 시장 등은 개별대장을 먼저 작성하고, 작성한 개별대장을 근거로 총괄대장을 작성해야 한다.
④ 총괄대장의 고유번호는 행정안전부장관이 부여·관리하고, 개별대장의 고유번호는 시장 등이 부여·관리한다.

해설 [도로명주소법 시행규칙 제31조(도로명주소대장의 작성 방법)]

① 총괄대장은 하나의 도로구간을 단위로 하여 도로구간마다 작성하고, 해당 도로구간에 종속구간이 있는 경우 그 종속구간은 주된구간의 총괄대장에 포함하여 작성해야 한다.
② 개별대장은 하나의 건물번호를 단위로 하여 건물번호마다 작성해야 한다.
③ 시장 등은 총괄대장을 먼저 작성하고, 작성한 총괄대장을 근거로 개별대장을 작성해야 한다.
④ 총괄대장의 고유번호는 행정안전부장관이 부여·관리하고, 개별대장의 고유번호는 시장 등이 부여·관리한다.
⑤ 시장 등은 관할구역에 주된구간이 없고 종속구간만 있어 총괄대장을 작성할 수 없는 경우에는 주된구간을 관할하는 시장 등이 작성한 총괄대장을 근거로 개별대장을 작성해야 한다. 이 경우 해당 주된구간의 총괄대장을 작성·관리하는 시장 등에게 그 종속구간이 주된구간의 총괄대장에 포함되도록 요청해야 한다.
⑥ 제5항에 따른 요청을 받은 시장 등은 주된구간의 총괄대장에 종속구간에 관한 사항을 기록한 후 그 결과를 요청한 시장 등에게 통보해야 한다.

30. 도로명주소대장의 등본의 발급 및 열람을 받으려는 경우 수수료에 대한 사항 중 옳지 않은 것은?

① 국가 또는 지방자치단체가 등본의 발급 또는 열람을 신청하는 경우: 무료
② 등본을 발급받으려는 경우: 1건당 500원
③ 등본을 발급받으려는 경우: 20장을 초과하면 장당 50원을 가산
④ 등본을 열람하려는 경우: 1건당 100원

해설 [도로명주소법 시행규칙 제35조(도로명주소대장 등본의 발급 및 열람)]

신청인은 다음 각 호에 따른 수수료를 납부해야 한다. 다만, 국가 또는 지방자치단체가 등본의 발급 또는 열람을 신청하는 경우에는 그 수수료를 무료로 할 수 있다.
1. 등본을 발급받으려는 경우: 1건당 500원. 이 경우 출력물이 1건당 20장을 초과하면 장당 50원을 가산한다.
2. 등본을 열람하려는 경우: 1건당 300원

6 PART

부록

과년도 기출문제

01 2020년 지적기사 1회, 2회

02 2020년 지적기사 3회

03 2020년 지적기사 4회

04 2021년 지적기사 1회

05 2021년 지적기사 2회

06 2021년도 지적기사 3회

07 2022년 지적기사 1회

08 2022년 지적기사 2회

CHAPTER 01 2020년도 지적기사 1,2회

1과목 지적측량

01. 중부원점지역에 설치된 지적삼각점의 경위도좌표에 해당되는 것은?

① 북위 37° 43′ 23″ 동경 129° 58′ 53″
② 북위 36° 56′ 18″ 동경 128° 34′ 35″
③ 북위 35° 32′ 36″ 동경 125° 24′ 36″
④ 북위 34° 23′ 14″ 동경 125° 21′ 46″

해설 [우리나라의 직각좌표원점]

명칭	투영원점의 위치	적용지역
서부좌표계	북위 38°, 동경 125°	동경 124~126°
중부좌표계	북위 38°, 동경 127°	동경 126~128°
동부좌표계	북위 38°, 동경 129°	동경 128~130°
동해좌표계	북위 38°, 동경 131°	동경 130~132°

02. 다음 중 경위의측량방법과 평판측량방법으로 세부측량을 할 때 측량 준비 파일 작성에 공통적으로 포함되는 사항이 아닌 것은?

① 도곽선과 그 수치
② 행정구역선과 그 명칭
③ 측량대상 토지의 지번 및 지목
④ 인근 토지의 경계점의 좌표 및 경계선

해설 [세부측량의 거리 및 위치 표현의 차이점]
① 평판측량방법 : 측정점의 위치, 측량기하적 및 지상에서 측정한 거리
② 경위의 측량방법 : 측정점의 위치(측량계산부의 좌표를 전개하여 기재), 지상에서 측정한 거리 및 방위각

03. 경위의 측량방법에 따른 세부측량의 기준으로 옳은 것은?

① 거리측정단위는 0.01cm로 한다.
② 경계점의 점간거리는 1회 측정한다.
③ 관측은 30초독 이상의 경위의를 사용한다.
④ 수평각의 관측은 1대회의 방향관측법이나 2배각의 배각법에 따른다.

해설 [경위의 측량방법에 의한 세부측량의 관측 및 계산]
① 거리측정단위는 1cm로 한다.
② 경계점의 점간거리는 2회 측정한다.
③ 관측은 20초독 이상의 경위의를 사용한다.
④ 수평각의 관측은 1대회의 방향관측법이나 2배각의 배각법에 따른다.

04. 수평각 측정에 있어서 측점에 편심이 있었을 때 측정한 측각오차에 관한 설명 중 옳지 않은 것은?

① 측각오차는 편심량과 편심방향에 관계가 있다.
② 측각오차의 크기는 보통 측점거리에 비례한다.
③ 편심방향이 시준방향에 직각인 경우에 측각오차가 가장 크다.
④ 시준방향과 편심방향이 같을 때에는 측각오차가 거의 없다.

해설 수평각관측시 편심이 있을 경우 측각오차의 크기는 편심거리에 비례하고 측점거리에는 반비례하게 된다.

05. 평판측량방법으로 조준의를 사용하여 경사거리를 측정한 결과가 아래와 같은 경우 수평거리가 옳은 것은? (단, 경사거리는 74.3m, 경사분획은 6.5이다.)

① 72.3m ② 74.1m
③ 81.1m ④ 82.3m

해설: $D : l = 100 : \sqrt{100^2 + n^2}$ 에서

$D : 74.3 = 100 : \sqrt{100^2 + 6.5^2}$ 이므로

$$D = \frac{74.3 \times 100}{\sqrt{100^2 + 6.5^2}} = 74.1m$$

06. 각을 측정할 때 발생할 수 있는 오차에 해당되지 않는 것은?

① 정오차 ② 과대오차
③ 우연오차 ④ 확률중등오차

해설: [오차의 성질에 따른 분류]
① 정오차(누적오차, 누차) : 오차가 일어나는 원인이 명백하고, 일정한 조건 밑에서는 일정한 크기와 방향으로 발생하는 오차, 그 원인이 조사되면 오차량을 계산하여 제거할 수 있는 오차
② 부정오차(우연오차, 상차) : 일어나는 원인이 불분명하거나 원인을 안다 하여도 직접 처리하는 방법이 불확실하고 예견할 수 없으며 관측값에 어느 정도의 영향을 주고 있는지를 알 수 없는 성질의 불규칙한 오차, 아무리 주의해도 피할 수 없고 또 계산으로 제거할 수 없으므로 통계학(최소제곱법)적으로 소거하는 방법을 사용
③ 착오(과대오차) : 관측자 기술의 미숙, 심리상태의 혼란, 부주의, 착각에 의한 눈금 오독, 기장오기 등으로 발생

07. 토털스테이션을 이용한 작업의 장점으로 가장 거리가 먼 것은?

① 각과 거리를 동시에 측정할 수 있다.
② 전자기록 장치를 사용할 수 있어 작업효율이 높다.
③ 날씨나 장애물의 영향을 받지 않아 항상 작업이 가능하다.
④ 측정에 있어 사용자에 따른 눈금읽기 오차로 인한 실수를 피할 수 있다.

해설: 토털스테이션을 이용한 작업은 광학적인 관측이므로 목표점의 시준이 가능해야 하므로 날씨나 장애물의 영향을 받는다.

08. 전파기 또는 광파기측량방법에 따라 다각망도선법으로 지적삼각보조점측량을 할 때 기지점과 교점을 포함하여 1도선의 점의 수는 몇 점 이하로 하여야 하는가?

① 5점 이하 ② 10점 이하
③ 15점 이하 ④ 20점 이하

해설: [다각망도선법에 의한 지적삼각측보조점측량의 기준]
① 3점 이상의 기지점으로 포함한 결합다각방식에 의한다.
② 1도선의 거리는 4km 이하로 한다.
③ 1도선의 점의 수는 기지점과 교점 포함하여 5점 이하로 한다.
④ 1도선은 기지점과 교점, 교점과 교점 간의 거리이다.

09. 지적도근점측량에서 변장거리가 200m, 측점에서 5cm 오차가 있었다면 측각치의 오차는?

① 22″ ② 32″
③ 42″ ④ 52″

해설: 거리오차와 측각오차의 정밀도는 다음 식으로 정리된다.

$$\frac{\Delta h}{D} = \frac{\theta}{\rho(1라디안)}$$

$$\theta = \frac{\Delta h}{D} \times \rho = \frac{0.05m}{200m} \times 206,265″ ≒ 52″$$

10. 30m의 줄자로 120m의 거리를 4구간으로 나누어 측정하였다. 구간마다 ±5mm의 우연오차가 발생하였다면, 전 구간에서 발생할 우연오차는?

① ±5mm ② ±10mm
③ ±15mm ④ ±20mm

해설: 정오차는 횟수에 비례하고, 우연오차는 횟수의 제곱근에 비례하므로
① 관측횟수는 120/30=4회
② 전구간에 발생할 우연오차
$= \pm 5mm \times \sqrt{4} = \pm 10mm$

11. 전자면적측정기에 의한 면적측정 기준에 대한 설명으로 옳은 것은?

① 측정면적은 1만분의 1제곱미터까지 계산하여 10분의 1제곱미터 단위로 정한다.
② 측정면적은 1천분의 1제곱미터까지 계산하여 10분의 1제곱미터 단위로 정한다.
③ 측정면적은 1천분의 1제곱미터까지 계산하여 100분의 1제곱미터 단위로 정한다.
④ 측정면적은 1만분의 1제곱미터까지 계산하여 100분의 1제곱미터 단위로 정한다.

정답 06. ④ 07. ③ 08. ① 09. ④ 10. ② 11. ②

해설 [좌표면적계산법]
① 도곽에 0.2밀리미터 이상의 신축이 있을 경우 보정하여야 한다.
② 경위의측량으로 세부측량을 시행한 지역의 면적측정방법이다.
③ 산출면적은 1,000분의 1제곱미터까지 계산하여 10분의 1제곱미터 단위로 정한다.

12. 시·도지사가 지적삼각성과를 관리할 때 지적삼각점성과표에 기록·관리하여야 하는 사항이 아닌 것은?

① 자오선수차
② 좌표 및 표고
③ 소재지와 측량연월일
④ 번호 및 위치의 약도

해설 [지적기준점성과표의 기록 및 관리]

지적삼각점측량	지적삼각보조점측량
1. 지적삼각점의 명칭과 기준 원점명	1. 번호 및 위치의 약도
2. 좌표 및 표고	2. 좌표 및 직각좌표계 원점명
3. 경도 및 위도	3. 경도와 위도(필요한 경우로 한정)
4. 자오선수차	4. 표고(필요한 경우로 한정)
5. 시준점의 명칭, 방위각 및 거리	5. 소재지와 측량연월일
6. 소재지와 측량연월일	6. 도선등급 및 도선명
7. 그 밖의 참고사항	7. 표지의 재질
	8. 도면번호
	9. 설치기관
	10. 조사연월일, 조사자 직위 성명 등

13. 지적도근점측량에서 측각오차를 배부할 때 소수점 아래의 단수처리 방법은?

① 모두 올린다.
② 모두 버린다.
③ 4사 5입법에 의한다.
④ 5사 5입법에 의한다.

해설 [오사오입 법칙]
면적산정시 산출면적과 결정면적 사이의 관계를 구하고자 하는 끝자리의 다음 숫자가 5 초과할 때 올림, 5 미만인 경우 버림으로 계산하는 방식

14. 표준자보다 5cm 긴 50m의 줄자를 이용하여 정방형 토지의 면적을 측정한 결과 40000㎡이었다면, 이 토지의 정확한 면적은?

① 39920㎡
② 39980㎡
③ 40080㎡
④ 40100㎡

해설 늘어나 있는 줄자로 관측한 값의 실제값은 +로, 수축된 줄자는 반대로 -로 적용한다.

$\frac{dA}{A} = 2 \times \frac{dl}{l}$에서

$dA = 2 \times \frac{dl}{l} \times A = 2 \times \frac{0.05}{50} \times 40000 = 80m^2$

$A_0 = A + dA = 40000 + 80 = 40080m^2$

15. 지적삼각점의 선점에 대한 설명으로 옳지 않은 것은?

① 사용이 편리하고 발견이 쉬운 장소가 좋다.
② 측량 지역의 특정 장소에 밀집하여 배치하도록 한다.
③ 지반이 견고하고, 가급적 시준선상에 장애물이 없도록 한다.
④ 후속 측량에 편리하고 영구적으로 보존할 수 있는 위치이어야 한다.

해설 지적삼각점의 선점시 측량지역에 대하여 등밀도로 배점하도록 한다.

16. 지적삼각보조점 측량에서 지적삼각보조점을 구성할 수 있는 형태로 옳은 것은?

① 교회망 또는 교점다각망
② 사각망 또는 교점다각망
③ 삼각쇄망 또는 교점다각망
④ 유심다각망 또는 교점다각망

해설 [지적삼각보조점 측량]
① 지적삼각보조점 측량을 하는 때 필요한 경우에는 미리 지적삼각보조점표지를 설치해야 한다.
② 지적삼각보조점은 측량지역별로 설치순서에 따라 일련번호를 부여하되, 영구표지를 설치하는 경우에는 시군·구별로 일련번호를 부여한다. 이 경우 지적삼각보조점의 일련번호 앞에 "보"자를 붙인다.
③ 지적삼각보조점은 **교회망 또는 교점다각망**으로 구성해야 한다.

17. 배각법으로 지적도근점측량을 실시한 결과 횡선오차(f_y)가 +0.16m, 횡선차($\triangle y$)의 절대치의 합계가 396.28m 일 때, 4cm를 배분할 횡선차는?

① 75.36m ② 86.95m
③ 99.07m ④ 105.30m

해설 4cm의 횡선차는 횡선오차의 1/4에 해당하므로 횡선차 절대치의 합계에 대한 1/4을 구하면 된다.

$$4cm를 배분할 횡선차 = \frac{396.28m}{4} = 99.07m$$

18. 30m 표준자보다 20mm가 짧은 스틸테이프를 사용하여 두 점의 거리를 측정한 결과 1.5km일 때, 두 점의 실제 거리는?

① 1486m ② 1490m
③ 1494m ④ 1499m

해설 늘어나 있는 줄자로 관측한 값의 실제값은 +로, 수축된 줄자는 반대로 -로 적용한다.

$$L_0 = L \pm C_0 \quad \therefore C_0 = \pm \frac{\triangle l}{l} L$$

$$C_0 = \frac{0.020}{30} \times 1500m = 1m$$

$$L_0 = 1500 - 1 = 1499m$$

19. 지적도의 축척이 600분의 1 지역에서 산출면적이 327.55㎡일 때 결정면적은?

① 327㎡ ② 327.5㎡
③ 327.6㎡ ④ 328㎡

해설 [공간정보의 구축 및 관리 등에 관한 법률 시행령 제60조(면적의 결정 및 측량계산의 끝수처리)]
① 지적도의 축척이 600분의 1인 지역과 경계점좌표등록부에 등록하는 지역의 토지 면적은 ㎡ 이하 한 자리 단위로 등록
② 0.1㎡ 미만의 끝수가 있는 경우 0.05㎡ 미만일 때에는 버리고, 0.05㎡를 초과할 때에는 올림
③ 0.05㎡일 때에는 구하려는 끝자리의 숫자가 0 또는 짝수이면 버리고 홀수이면 올림
④ 1필지의 면적이 0.1㎡ 미만일 때에는 0.1㎡로 함

20. 다음 그림에서 전제장 $l(\overline{PA} = \overline{PB})$의 길이 (㉠)와 전제면적(㉡)으로 옳은 것은?(단, θ=82°21′50″, L=5m이다.)

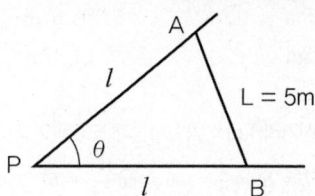

① ㉠: 3.364m, ㉡: 9.74㎡
② ㉠: 3.797m, ㉡: 7.14㎡
③ ㉠: 3.894m, ㉡: 18.82㎡
④ ㉠: 3.988m, ㉡: 14.29㎡

해설 ① 전제장

$$\frac{L/2}{l} = \sin\frac{\theta}{2} \text{ 이므로}$$

$$l = \frac{L/2}{\sin\frac{\theta}{2}} = \frac{5/2}{\sin\frac{82°21′50″}{2}} = 3.797m$$

② 전제면적

$$A = \frac{1}{2} \times L \times l \times \cos\frac{\theta}{2}$$

$$= \frac{1}{2} \times 5 \times 3.797 \times \cos\frac{82°21′50″}{2}$$

$$= 7.144m^2$$

2과목 응용측량

21. 노선측량의 완화곡선에서 클로소이드에 대한 설명으로 옳지 않은 것은?

① 클로소이드는 곡률이 곡선의 길이에 비례한다.
② 모든 클로소이드는 닮은꼴이다.
③ 종단곡선 설치에 가장 효과적이다.
④ 클로소이드의 요소에는 길이의 단위를 갖는 것과 단위가 없는 것이 있다.

해설 클로소이드는 도로에 설치하는 완화곡선으로 곡률이 곡선의 길이에 비례하는 나선형의 곡선이다.

22. 반지름 100m의 단곡선을 설치하기 위하여 교각 I를 관측하였더니 60°이었다. 곡선시점과 교점(I, P)간의 거리는?

① 45.25m ② 55.57m
③ 57.74m ④ 81.37m

해설 접선거리(T.L) : 곡선시점과 교점과의 거리
$$T.L = R\tan\frac{I}{2} = 100 \times \tan\frac{60°}{2} = 57.74m$$

23. 수준측량에서 중간시가 많을 경우 가장 편리한 야장기입법은?

① 승강식 ② 고차식
③ 기고식 ④ 하강식

해설 [수준측량 야장기입법]
① 고차식 : 중간점없이 이기점 전시와 후시로만 관측된 야장으로 가장 간단하다.
② 승강식 : 완전한 검사로 정밀측량에 적당하나, 중간점이 많으면 계산이 복잡하고 시간과 비용이 많이 든다.
③ 기고식 : 중간점이 많을 경우 편리하나 완전한 검산을 할 수 없는 단점에도 가장 많이 사용되는 방법이다.

24. GPS에 이용되는 WGS84 좌표계는 다음 중 어디에 해당하는가?

① 경위도좌표계 ② 극좌표계
③ 평면직교 좌표계 ④ 지심좌표계

해설 GPS측량에서 이용하는 좌표계는 WGS84이며, 이는 지구의 질량중심을 원점으로 하는 3차원 평면직교좌표계이다.

25. 교각 I = 60°, 곡선반지름 R = 150m인 노선인 기점에서 교점 (I. P.)까지의 추가거리가 210.60m일 때 시단현의 편각은? (단, 중심말뚝은 40m 마다 설치하는 것으로 가정한다.)

① 0° 45′ 50″ ② 3° 03′ 59″
③ 6° 16′ 20″ ④ 6° 52′ 32″

해설 중심말뚝의 간격이 20m이므로 시단현의 길이는 곡선시점에서 다음 말뚝까지의 거리를 의미한다.

$$T.L = R\tan\frac{I}{2} = 150 \times \tan\frac{60°}{2} = 86.60m$$

곡선시점(B.C)의 위치 = 시점 ~ 교점까지의 거리 - T.L
= 210.60 - 86.60 = 124.00m

시단현(l_1)의 길이 = 곡선시점인 124.00m 보다 큰 40의 배수인 160m에서 곡선 시점까지의 거리를 뺀 값이다.
= 160 - 124.00 = 36.00m

시단현 편각 (δ) = $\frac{l_1}{2R} \times \rho = \frac{36}{2 \times 150} \times \frac{180°}{\pi}$
= 6° 52′ 32″

26. 그림과 같이 2개의 산꼭대기가 서로 만나는 곳으로 좋은 교통로가 되는 고개 부분을 무엇이라고 하는가?

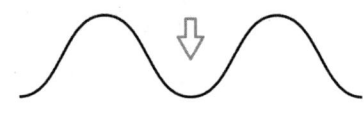

① 안부 ② 요지
③ 능선 ④ 경사변환점

해설 등고선에서 안부(鞍部)는 고개라고도 하며 능선과 곡선의 교차점 凸形 등고선군과 凹形 등고선군이 마주보는 곳을 말한다.

27. 터널측량에 대한 설명으로 틀린 것은?

① 터널 내 측량은 주로 굴착방향과 표고를 결정하기 위하여 실시한다.
② 터널 내·외 연결 측량은 지상측량의 좌표와 지하측량의 좌표를 연결하기 위하여 실시한다.
③ 터널 외 측량은 주로 굴착을 위한 기준점 설치를 목적으로 한다.
④ 세부측량은 터널의 단면 변형과 변위관리를 위해 시공 후 실시한다.

해설 ④ 터널의 단면변형과 변위관리를 위한 측량은 세부측량이 아닌 유지관리 측량으로 시공후에 실시한다.

정답 22. ③ 23. ③ 24. ④ 25. ④ 26. ① 27. ④

28. 정밀도저하율(DOP)의 종류에 대한 설명으로 틀린 것은?

① GDOP: 기하학적 정밀도저하율
② HDOP: 시간 정밀도저하율
③ RDOP: 상대 정밀도저하율
④ PDOP: 위치 정밀도저하율

해설 [DOP(Dilution of Precision), 정밀도 저하율]
① 위성의 배치에 따른 정밀도 저하율을 의미한다.
② 높은 DOP는 위성의 기하학적 배치 상태가 나쁘다는 것을 의미한다.
③ 수신기를 가운데 두고 4개의 위성이 정사면체를 이룰 때, 즉 최대 체적일 때 GDOP, PDOP 등이 최소가 된다.
④ HDOP는 수평위치 정밀도 저하율을 의미한다.

29. 축척 1:50000 지도상에서 도상거리가 8cm인 두 점 사이의 실제거리는?

① 1.6km   ② 4km
③ 8km   ④ 16km

해설 축척은 실제거리에 대한 도상거리를 의미하므로
$M = \dfrac{1}{m} = \dfrac{l}{L}$ 에서
$L = m \times l = 50000 \times 8cm = 400,000cm = 4km$

30. 항공사진의 특수 3점 중 기복변위의 중심점이 되는 것은?

① 연직점   ② 주점
③ 등각점   ④ 표정점

해설 기복변위 : 대상물에 기복이 있을 경우에 사진면에서 연직점을 중심으로 방사상의 변위가 생기는데 이를 기복변위라 한다.
$\Delta r = \dfrac{h}{H}r$ (여기서 h는 비고, H는 촬영고도,
Δr은 기복변위량, r은 연직점으로부터의 상점까지의 거리)

31. 완화곡선의 성질에 대한 설명으로 옳은 것은?

① 완화곡선의 반지름은 종점에서 무한대가 된다.
② 완화곡선은 원곡선이 연속되는 경우에 설치되는 것으로 원곡선과 원곡선 사이에 설치하는 곡선이다.
③ 완화곡선의 접선은 종점에서 직선에 접한다.
④ 완화곡선의 종점에 있는 캔트는 원곡선의 캔트와 같게 된다.

해설 [완화곡선의 성질]
① 완화곡선의 반지름은 시점에서 무한대, 종점에서는 원곡선의 반지름이 된다.
② 완화곡선은 직선과 원곡선 사이에 설치하여 운전자의 충격을 완화시켜주는 곡선이다.
③ 완화곡선의 접선은 시점에서 직선에, 종점에서 원곡선에 접한다.
④ 완화곡선의 종점에 있는 캔트는 원곡선의 캔트와 같게 된다.

32. GNSS 측량 시 이중 주파수 관측을 통해 실질적으로 소거할 수 있는 오차는?

① 다중경로 오차   ② 전리층 굴절 오차
③ 대류권 굴절 오차   ④ 위성궤도 오차

해설 L_1과 L_2의 2중 주파수 수신기를 사용하게 되면 전리층 오차를 제거할 수 있다.

33. A, B 두 지점간 지반고의 차를 구하기 위하여 왕복 관측한 결과, 그림과 같은 관측값을 얻었다. 지반고 차의 최확값은?

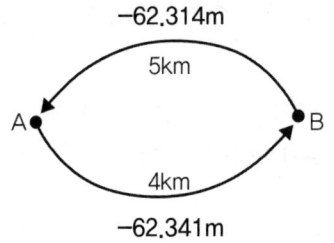

① 62.326m   ② 62.329m
③ 62.334m   ④ 62.341m

해설 경중률은 노선의 거리에 반비례한다.
$$P_1 : P_2 = \frac{1}{5} : \frac{1}{4} = 4 : 5$$
$$최확값(h) = \frac{P_1 \times h_1 + P_2 \times h_2}{P_1 + P_2}$$
$$= 61.3 + \frac{4 \times 14 + 5 \times 41}{4+5} \times 10^{-3}$$
$$= 61.329m$$

34. 수준측량의 오차 중 우연오차에 해당되는 것은?

① 지구의 곡률에 의한 오차
② 빛의 굴절에 의한 오차
③ 표척의 눈금이 표준(검정)길이와 달라 발생하는 오차
④ 순간적인 레벨 시준축 변위에 의한 읽음 오차

해설 순간적인 레벨 시준축 변위에 의한 읽음 오차는 오차의 원인을 알 수 없으므로 우연오차에 해당한다.

35. 수치사진 측량의 영상정합(image matching)방법에 해당되지 않는 것은?

① 형상기준 정합   ② 미분연산자 정합
③ 영역기준 정합   ④ 관계형 정합

해설 [영상정합방법의 종류]
① 영역기준정합 : 기준영역의 밝기를 기준으로 매칭 대상영상의 동일구역을 일정한 범위 내에서 이동시키면서 밝기 값 비교
② 형상기준정합 : 원영상으로부터 점, 경계선, 지역 등의 형상을 추출한 후, cost function을 이용하여 유사성 관측
③ 관계형정합 : 영상에 나타나는 특징들을 선이나 영역 등의 부호적 표현을 이용하여 묘사

36. 지형측량에서 산지의 형상, 토지의 기복 등을 나타내기 위한 지형의 표시방법이 아닌 것은?

① 등고선법   ② 방사법
③ 음영법   ④ 영선법

해설 지형의 표시법에는 자연적 도법(음영법, 영선법)과 부호적 도법(점고법, 채색법, 등고선법) 등이 있으며, 방사법은 평판측량의 관측법이다.

37. 위성을 이용한 원격탐사의 일반적인 특징에 대한 설명으로 옳지 않은 것은?

① 넓은 지역을 짧은 시간에 관측할 수 있다.
② 육안으로 식별되지 않는 대상도 측정할 수 있다.
③ 어떤 대상이든 원하는 시간에 쉽게 관측할 수 있다.
④ 관측 시야각이 작아 취득한 영상은 정사투영에 가깝다.

해설 위성을 이용한 원격탐사는 회전주기가 일정하므로 주기적인 반복관측이 가능하나 원하는 시간에 원하는 장소를 방문할 수는 없는 주기성을 갖고 있다.

38. 표고가 동일한 A, B 두 지점에서 지구중심방향으로 깊이 1000m인 수직터널을 각각 굴착하였다. 지표에서 150m 떨어진 두 점간의 수평거리와 지하 1000m 깊이의 두 점간 수평거리의 차이는? (단, 지구의 반지름은 6370km이다.)

① 2cm   ② 4cm
③ 6cm   ④ 8cm

해설 지구중심방향으로 깊이 1000m인 수직터널상의 거리를 수평거리로 환산하므로 표고보정량을 구하면
$$c = \frac{LH}{R} = \frac{1km \times 150m}{6370km} = 0.02m = 2cm$$

39. 초점거리 15cm, 사진의 크기 23cm×23cm, 축척 1:20000, 촬영기준면으로부터 종중복 60%가 되도록 수립된 촬영계획을 촬영종기선장을 유지하며 종중복도를 50%로 변경하였을 때, 비행고도의 변화량은?

① 333m   ② 420m
③ 550m   ④ 600m

해설 ① 종중복도 60%에서의 비행고도
$$M = \frac{1}{m} = \frac{f}{H}에서$$
$$H = mf = 20,000 \times 0.15m = 3,000m$$
② 종중복도 60%에서의 촬영종기선길이
$$B = ma(1-p) = 20,000 \times 0.23 \times (1-0.6)$$
$$= 1,840m$$
③ 종중복도 50%에서의 축척
$$B = ma(1-p)에서$$
$$m = \frac{B}{a(1-p)} = \frac{1,840}{0.23 \times (1-0.5)} = 16,000$$

정답 34. ④ 35. ② 36. ② 37. ③ 38. ① 39. ④

④ 종중복도 50%에서의 비행고도
$H = mf = 16,000 \times 0.15m = 2,400m$
⑤ 비행고도의 변화량
$\Delta H = 3,000 - 2,400 = 600m$

40. 등고선을 이용하여 결정하는 지성선(地性線)과 거리가 먼 것은?

① 삼각망 기선 ② 최대 경사선
③ 계곡선 ④ 능선

해설 [지성선(地性線) : topographical line)]
① 능선(능선, 분수선) : 정상을 향하여 가장 높은 점을 연결한 선으로 빗물이 이것을 경계로 흐르게 되므로 분수선이라고도 한다.
② 곡선(합수선, 계곡선) : 가장 낮은 점을 연결한 선으로 계곡선이라고도 한다.
③ 경사변환선 : 동일 방향의 경사면에서 경사의 크기가 다른 두면의 교선을 경사 변환선이라 한다.
④ 최대 경사선 : 지표의 임의의 한 점에 있어서 그 경사가 최대로 되는 방향을 표시한 선을 말하며 등고선에 직각으로 교차한다.

3과목 토지정보체계론

41. 국가지리정보체계의 추진과정에 관한 내용으로 틀린 것은?

① 1995년부터 2000년까지 제1차 국가 GIS 사업수행
② 2006년부터 2010년에는 제2차 국가 GIS 기본 계획 수립
③ 제1차 국가 GIS 사업에서는 지형도, 공통주제도, 지하시설물도의 DB 구축 추진
④ 제2차 국가 GIS 사업에서는 국가공간정보기반 확충을 통한 디지털 국토 실현 추진

해설 [NGIS 추진과정]
① 1단계(1995~2000, GIS 기반조성단계) : 지형도, 주제도, 지하시설물도 DB구축 추진
② 2단계(2001~2005, GIS 활용확산단계) : 국가공간정보기반 확충을 통한 디지털 국토실현 추진
③ 3단계(2006~2010, GIS 정착단계) : 고도의 GIS 활용단계

42. 벡터데이터의 구성요소에 대한 설명으로 틀린 것은?

① 점 사상은 차원은 없으나 심볼을 사용하여 지도나 컴퓨터상에 표현되는 객체이다.
② 지표상의 면사상 실체는 축척에 따라 면 또는 점사상으로 표현이 가능하다.
③ 선사상은 연속적으로 선을 묘사하는 다수의 X, Y좌표 집합으로 아크, 체인, 스트링 등의 다양한 용어로 표현된다.
④ 선과 선을 가지고 추적할 수 있는 선형 네트워크를 형성하기 위해서 자료구조에 포인터의 삽입이 불필요하다.

해설 선과 선을 가지고 추적할 수 있는 선형 네트워크를 형성하기 위해서 자료구조에 포인터의 삽입이 필요하다.

43. 필지중심토지정보시스템(PBLIS)의 업무 및 시스템 개발 내용으로 옳지 않은 것은?

① 지적측량업무 ② 지적공부관리업무
③ 지적소유권관리업무 ④ 지적측량성과작성업무

해설 [PBLIS(필지중심토지정보시스템)]
① 지적도, 토지대장의 통합관리시스템 구축으로 지자체의 지적업무효율화와 토지정책, 도시계획 등의 다양한 정책분야에 기초공간자료의 제공목적으로 개발
② 대장정보와 도형정보를 통합한 일필정보를 기반으로 토지의 모든 정보를 다루는 시스템
③ 각종 지적행정업무 수행과 관련부처 및 타기관에 제공할 정책정보를 생산하는 시스템
④ 지적공부관리시스템, 지적측량시스템, 지적측량성과작성시스템으로 구성

44. 지적소관청이 부동산종합공부에 공통으로 등록하여야 하는 사항으로 옳지 않은 것은?

① 소재지 ② 관련지번
③ 건축물 명칭 ④ 토지이동 사유

해설 "부동산종합공부"란 토지의 표시와 소유자에 관한 사항, 건축물의 표시와 소유자에 관한 사항, 토지의 이용 및 규제에 관한 사항, 부동산의 가격에 관한 사항 등 부동산에 관한 종합정보를 정보관리체계를 통하여 기록·저장한 것으로 토지이동사유를 기재하지는 않는다.

정답 40. ① 41. ② 42. ④ 43. ③ 44. ④

45. 지적재조사사업의 목적으로 옳지 않은 것은?

① 지적불부합지 문제 해소
② 토지의 경계복원능력 향상
③ 지하시설물 관리체계 개선
④ 능률적인 지적관리체제 개선

해설 [지적재조사사업의 목적]
① 지적불부합지의 해소
② 능률적인 지적관리체계 개선
③ 경계복원능력의 향상
④ 지적관리를 현대화하기 위한 수단
⑤ 지적공부의 정확도 및 지적에 포함되는 요소들의 확장

46. 지적 데이터베이스 설계 시 면적필드의 변수로 사용하는 것은?

① Text
② Char
③ Integer
④ Floating

해설 면적 필드의 변수는 부동 소수점(Floating Point)의 형태로 사용된다.

47. 벡터자료의 특징에 대한 설명이 아닌 것은?

① 위상 구조를 가질 수 있다.
② 확대·축소하여도 선이 매끄럽다.
③ 자료의 표준화를 위해 geoTIFF가 개발되었다.
④ 객체의 크기와 방향성에 대한 정보를 가지고 있다.

해설 geoTIFF는 래스터자료이고, 지리정보를 공유하기 위해 개발된 자료표준은 SDTS 포맷을 들 수 있다.

48. 한국토지정보시스템(KLIS)에 대한 설명으로 옳은 것은?

① PBLIS와 LIS를 통합하여 구축한 것이다.
② 지하시설물 관리를 중심으로 구축한 것이다.
③ 토지관련 정보를 공동 활용하기 위해 구축한 것이다.
④ 과거 행정안전부에서 독자적으로 구축한 시스템이다.

해설 [KLIS(한국토지정보시스템)]
① PBLIS와 LMIS를 통합하여 구축한 것이다.
② 토지 관리를 중심으로 구축한 것이다.
③ 토지관련 정보를 공동 활용하기 위해 구축한 것이다.
④ 과거 행정자치부와 건설교통부가 공동주관으로 추진하고 있는 정보화사업이다.

49. 필지중심토지정보시스템의 데이터베이스 설계에 대한 설명으로 옳지 않은 것은?

① 데이터베이스 설계는 기본 틀과 데이터의 관계를 논리적으로 연결해주는 역할을 한다.
② 사용자 요구사항과 분야별 응용성, 다양한 데이터간의 관계성 등을 고려하여 설계하여야 한다.
③ 데이터베이스 구조는 자료의 중복을 배제하고 자료의 공유 및 일관성을 유지할 수 있어야 한다.
④ 지적도면의 도곽은 필지경계가 수치화될 경우 의미가 없어서 도곽의 개념을 적용하지 않았다.

해설 필지중심토지정보시스템(PBLIS)의 데이터베이스 설계에서 지적도면은 국가차원에서 수치지도 작성규칙을 제정하여 표준화된 대축척도면을 사용하여야 하므로 도곽의 개념을 포함하고 있다.

50. 두 개 또는 더 많은 레이어들에 대하여 불린(boolean)의 OR 연산자를 적용하여 합병하는 방법으로, 기준이 되는 레이어의 모든 특징이 결과 레이어에 포함되는 중첩분석 방법은?

① Clip
② Union
③ Identity
④ Intersection

해설 [공간연산방법]
① Intersect : Boolean 연산의 AND연산과 유사한 것으로 두 개의 구역이 연산이 될 때 교차되는 구역에 포함되는 입력구역만이 남게 됨
② Union : Boolean 연산에서의 OR과 유사한 개념으로 공간연산 후 연산에 참여한 모든 데이터들이 결과파일에 나타남
③ Identity : 두 개의 커버리지를 차집합으로 중첩하는 기능을 수행
④ Clip : 정해진 모양으로 자료층상의 특정 영역의 데이터를 잘라내는 기능

51. 데이터베이스의 구축에 따른 장점으로 옳지 않은 것은?

① 자료의 중복을 방지할 수 있다.
② 통제의 분산화를 이룰 수 있다.
③ 자료의 효율적인 관리가 가능하다.
④ 같은 자료에 동시 접근이 가능하다.

해설 DBMS는 데이터의 통제가 목적이 아니며 자료의 효율적인 관리로 검색과 정보추출이 신속하고 용이하게 관리하는 시스템이다.
[DBMS의 특징]
① 다양한 응용프로그램에서 서로 다른 목적으로 편집되고 저장 가능
② 자료의 검색과 정보추출이 신속하고 용이
③ 원천이 다른 데이터도 하나의 데이터베이스 내에서 연계
④ 자료가 표준화되고 구조적으로 저장되어 자료의 집중이 가능

52. 다음 그림의 경계선을 체인코드방법으로 올바르게 표기한 것은?

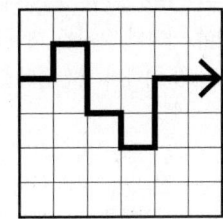 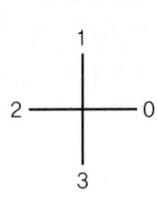

① 0, 1, 0, 3, 3, 0, 3, 0, 1, 1, 0, 0
② 0, 1, 0, 3^2, 0, 3, 0, 1^2, 0^2
③ ABACCACABBAA
④ $ABAC^2ACAB^2A^2$

해설 체인코드방식(Chain code)의 영역의 경계는 그 시작점과 방향에 대한 단위벡터로 동은 0, 북은 1, 서는 2, 남은 3으로 표시하며 방향이 2칸 이상일 경우 제곱으로 표시한다.
0, 1, 0, 3^2, 0, 3, 0, 1^2, 0^2

53. 디지타이징에서 발생하는 오류가 아닌 것은?

① 방향의 혼동
② 오버슈트(overshoot)
③ 언더슈트(undershoot)
④ 슬리버 폴리곤(sliver polygon)

해설 [벡터데이터 입력 및 편집과정에서 발생하는 오차]
오버슈트, 언더슈트, 오버랩, 슬리버 폴리곤, 스파이크, 댕글

54. 규칙적인 격자(cell)에 의하여 형상을 묘사하는 자료 구조는?

① 벡터 자료 구조
② 속성 자료 구조
③ 필지 자료 구조
④ 래스터 자료 구조

해설 래스터 자료구조는 동일한 크기의 셀의 격자에 의하여 공간형상을 표현하며 벡터자료구조에 비해 자료구조가 단순하고, 중첩에 대한 조작 및 분석의 수행이 용이하다.

55. 토지 관련 정보시스템의 구축 순서를 올바르게 나열한 것은?

① 지적행정시스템 → 필지중심토지정보시스템(PBLIS) → 토지관리정보체계(LMIS) → 한국토지정보시스템(KLIS)
② 필지중심토지정보시스템(PBLIS) → 토지관리정보체계(LMIS) → 한국토지정보시스템(KLIS) → 지적행정시스템
③ 토지관리정보체계(LMIS) → 지적행정시스템 → 필지중심토지정보시스템(PBLIS) → 한국토지정보시스템(KLIS)
④ 한국토지정보시스템(KLIS) → 토지관리정보체계(LMIS) → 지적행정시스템 → 필지중심토지정보시스템

해설 [토지정보시스템의 개발순서]
지적행정시스템 - 필지중심토지정보시스템(PBLIS) - 토지종합정보망(LMIS) - 한국토지정보시스템(KLIS) - 부동산종합공부시스템

56. 위상 자료 구조를 만드는 과정에 해당하는 것은?

① 스캐닝
② 디지타이징
③ 구조화 편집
④ 정위치 편집

해설 [구조화 편집]
데이터 간의 지리적 상관관계를 파악하기 위하여 정위치 편집된 지형, 지물을 기하학적 형태로 구성하는 작업을 말한다.

57. 전산화 관련 자료의 구조 중 하나의 조직 안에서 다수의 사용자들이 공통으로 자료를 사용할 수 있도록 통합 저장되어 있는 운영자료의 집합을 무엇이라고 하는가?

① DMS
② Geocode
③ Database
④ Expert System

해설 [데이터베이스]
- 자료기반 또는 자료기초라고도 함
- 지도로부터 추출한 도형 및 영상정보와 문헌, 조사, 각종 대장 또는 통계자료로부터 추출한 속성정보 포함

58. 필지중심토지정보시스템에서 도형정보와 속성정보를 연계하기 위하여 사용되는 가변성이 없는 고유번호는?

① 객체식별번호
② 단일식별번호
③ 유일식별번호
④ 필지식별번호

해설 [필지식별번호]
① 각 필지별 등록사항의 조직적인 저장과 수정을 용이하게 각 정보를 인식, 선정, 식별, 조정하는 가변성이 없는 토지의 고유번호
② 지적도의 등록사항과 도면의 등록사항을 연결시켜 자료파일의 검색 등 색인번호의 역할
③ 토지평가, 토지의 과세, 토지의 거래, 토지이용계획 등에서 활용

59. SQL 언어 중 데이터조작어(DML)에 해당하지 않는 것은?

① DROP
② INSERT
③ DELETE
④ UPDATE

해설
- SQL(Structured Query Language)의 데이터 조작언어(DML)
  ① INSERT INTO : 행 데이터 또는 테이블 데이터의 삽입
  ② UPDATE~SET : 표 업데이트
  ③ DELETE FROM : 테이블에서 특정 행 삭제
  ④ SELECT~FROM~WHERE : 테이블 데이터의 검색 결과 집합의 취득
- SQL(Structured Query Language)의 데이터 정의언어(DDL)
  ① CREATE : 데이터베이스 개체(테이블, 인덱스, 제약조건 등)의 정의
  ② DROP : 데이터베이스 개체 삭제
  ③ ALTER : 데이터베이스 개체 정의 변경

60. 토지대장의 데이터베이스 관리시스템은?

① C-ISAM
② Infor Database
③ Access Database
④ RDBMS(Relational DBMS)

해설 토지대장은 토지의 소재, 지번, 지목, 면적, 소유권 등을 표(테이블)로 만들어 관리하므로 데이터 구조는 테이블의 열과 행의 집합을 말하는 릴레이션(relation)으로 표현되는 관계형 데이터모델(RDBMS)로 관리한다.

4과목 지적학

61. 임야조사사업에 대한 설명으로 옳지 않은 것은?

① 토지조사사업에 제외된 임야를 대상으로 하였다.
② 1916년 시험 조사로부터 1924년까지 시행하였다.
③ 임야 내에 개재된 임야 이외의 토지를 대상으로 하였다.
④ 농경지 사이에 있는 5만평 이하의 낙산임야를 대상으로 하였다.

해설 토지조사사업 조사대상은 전국 평야부의 토지 및 농경지 사이에 있는 5만평 이하의 낙산임야를 대상으로 하였다.

62. 초기의 지적도에 대한 설명으로 틀린 것은?

① 지적도에는 토지 경계와 지번, 지목이 등록되었다.
② 지적도 도곽 내의 산림에는 등고선을 표시하여 표고에 의한 지형구별이 용이하도록 하였다.
③ 토지분할의 경우에는 지적도 정리 시 신강계선을 흑백으로 정리하였으나 그 후 양홍색으로 변경하였다.
④ 조사지역 외의 토지에 대해서는 이용현황에 따라 활자로 산(山), 해(海), 도(道), 천(川), 구(溝) 등으로 표기하였다.

정답 57. ③ 58. ④ 59. ① 60. ④ 61. ④ 62. ③

해설 [초기의 지적도]
① 임시토지조사국 개국 당시는 주로 작업방법의 연구, 기구와 기계의 선정 및 작업원의 교육 준비 업무와 함께 사업계획용 지도 및 각종 도표 등을 집성(輯成)하였다.
② 우리나라에 1/1,200 지적도를 근간으로 하여 부분적으로 1/600, 1/2,400의 현대적인 지적도가 완성되었다. 지적도의 도곽은 남북으로 1척1촌(33.33cm), 동서는 1척3촌7분5리(41.67cm)로 특별히 제작된 도곽정규라는 기구를 사용하였다.
③ 초기의 지적도에는 지적도 도곽내의 산림에는 등고선을 표시하여 구별이 용이하도록 하였고, 토지분할의 경우에는 지적도 정리시 신강계선을 양홍선으로 정리하였으나 그 후에는 흑색으로 변경하였다.

63. 토지조사사업의 특징으로 틀린 것은?

① 근대적 토지제도가 확립되었다.
② 사업의 조사, 준비, 홍보에 철저를 기하였다.
③ 역둔토 등을 사유화하여 토지소유권을 인정하였다.
④ 도로, 하천, 구거 등을 토지조사사업에서 제외하였다.

해설 [토지조사사업의 특징]
① 1910~1918년까지 일제가 한국의 식민지체제 수립을 위한 기초작업으로 시행한 대규모 토지조사사업
② 일본자본의 토지점유에 적합한 토지소유의 증명제도 확립
③ 은결 등을 찾아내어 지세수입을 증대시킴으로 식민통치를 위한 재정자금 확보
④ **역둔토를 국유화**하여 조선총독부의 소유로 개편하기 위한 목적

64. 토지조사사업 초기의 임야도 표시방식에 대한 설명으로 틀린 것은?

① 임야 내 미등록 도로는 양홍색으로 표시하였다.
② 임야 경계와 토지 소재, 지번, 지목을 등록하였다.
③ 모든 국유 임야는 1/6000 지형도를 임야도로 간주하여 적용하였다.
④ 임야도의 크기는 남북 1척 3촌 2리(40cm), 동서 1척 6촌 5리(50cm)이었다.

해설 [간주지적도]
① 지적도로 간주하는 임야도를 간주지적도라 함
② 조선지세령에 "조선총독이 지정하는 지역에서는 임야도로서 지적도로 간주한다"라고 규정
③ 육지에서 멀리 떨어진 도서지역, 토지조사구역에서 멀리 떨어진 산간벽지(약200간) 등 지정
④ 전, 답, 대 등 과세지가 있을 경우 이를 지적도에 등록하지 아니하고 임야도에 존치
⑤ 임야도에 녹색 1호선으로 구역 표시
⑥ 별책토지대장, 산토지대장, 을호토지대장이라 하며 간주지적도에 대한 대장은 일반토지대장과 달리 별도의 대장으로 작성

65. 지적의 기능 및 역할로 옳지 않은 것은?

① 재산권의 보호
② 토지관리에 기여
③ 공정과세의 기초 자료
④ 쾌적한 생활환경 조성

해설 [지적의 기능과 역할]
① 일반적 기능 : 사회적 기능, 법률적 기능, 행정적 기능
② 실질적 기능 : 토지등기, 감정평가, 토지과세, 토지거래, 토지이용계획, 주소 표기의 기초가 되며 각종 토지정보의 제공

66. 지목 '임야'의 명칭이 변천된 과정으로 옳은 것은?

① 산림산야 → 산림임야 → 임야
② 산림원야 → 산림산야 → 임야
③ 산림임야 → 산림산야 → 임야
④ 산림산야 → 산림원야 → 임야

해설 임야의 명칭 변천과정은 산림원야 – 삼림산야 – 임야 등으로 변경되었다.

67. 지적공부의 효력으로 옳지 않은 것은?

① 공적인 기록이다.
② 등록 정보에 대한 공시력이 있다.
③ 토지에 대한 사실관계의 등록이다.
④ 등록된 정보는 모두 공신력이 있다.

해설 현대지적의 기능으로는 토지등록의 법적효력과 공시, 도시 및 국토계획의 원천, 지방행정의 자료, 토지감정평가의 기초, 토지유통의 매개체, 토지관리의 지침 등이 있으나 등록된 모든 정보가 공신력이 있는 것은 아니다.
[지적공부의 일반적 효력(법률행위에 의한 효력)]
① 창설적 효력 : 신규등록이란 새로이 조성된 토지 및 등록이 누락되어 있는 토지를 지적공부에 등록하는 것

② 대항적 효력 : 토지의 소재, 지번, 지목, 면적, 경계, 좌표 등 지적공부에 등록된 토지의 표시사항은 제3자에게 대항할 수 있다는 것
③ 형성적 효력 : 분할이나 합병 등에 의해 새로운 권리가 형성된다는 것
④ 공증적 효력 : 지적공부에 등록되는 사항, 예를 들면 토지의 표시사항, 소유자에 관한 사항 등을 공증하는 것

68. 지목설정에 대한 설명으로 옳지 않은 것은?

① 지목설정은 토지소유자의 신청이 있어야만 한다.
② 지목은 주된 사용목적 또는 용도에 따라 설정한다.
③ 지목은 하나의 필지에 하나의 지목만을 설정하여야 한다.
④ 지목설정은 행정기관인 지적소관청에서만 할 수 있다.

해설 지목설정은 토지소유자의 신청 유무에 의해서가 아니라 행정기관인 지적소관청에서만 할 수 있다.
[지목의 설정 원칙]
① 일필일지목의 원칙 : 일필지의 토지에는 1개의 지목만을 설정
② 주지목추정의 원칙 : 주된 토지의 사용목적 또는 용도에 따라 지목 설정
③ 등록선후의 원칙 : 지목이 서로 중복될 경우 먼저 등록된 토지의 사용목적, 용도에 따라 지목 설정
④ 용도경중의 원칙 : 지목이 중복될 경우 중요한 토지의 사용목적, 용도에 따라 지목 설정
⑤ 일시변경불변의 원칙 : 임시적이고 일시적인 용도의 변경이 있는 경우 등록전환을 하거나 지목변경 불가
⑥ 사용목적추종의 원칙 : 도시계획사업 등의 완료로 인해 조성된 토지는 사용목적에 따라 지목 설정

69. 각 도에 지적측량사를 두어 광대지 측량업무를 대행함으로써 사실상의 지적측량 일부 대행제도가 시작된 시기는?

① 1910년 ② 1918년
③ 1923년 ④ 1938년

해설 1923년부터 각 도에 1명 정도의 지정측량사를 두어 광대지의 측량 업무를 대행함으로써 사실상의 지적측량 일부 대행제도가 시작되었다.
① 1898년 : 양지아문 설치, 미국인 크롬 측량교육과 양전사업착수
② 1910년 : 토지조사국 설치, 토지조사사업추진, 지적도, 대장 작성
③ 1918년 : 조선임야조사령 제정

70. 토지등록의 법적 지위에 있어서 토지의 이동은 외부에 알려야 한다는 일반원칙은?

① 공시의 원칙 ② 공신의 원칙
③ 신고의 원칙 ④ 형식의 원칙

해설 [토지등록의 원칙]
① 공신의 원칙 : 선의의 거래자를 보호하여 진실로 등기 내용과 같은 권리관계가 존재한 것처럼 법률효과를 인정하려는 법률 원칙
② 공시의 원칙 : 지적공부를 직접 열람 및 등본과 지적공부에 등록된 경계를 지상에 복원하며 지적공부에 등록된 사항과 현장이 불일치할 경우 변경하여 등록하는 형식을 갖추고 있다.
③ 등록의 원칙 : 토지에 관한 모든 표시사항을 지적공부에 등록하여야 하고 토지의 이동이 발생하면 그 변동사항을 정리 등록해야 한다는 원칙
④ 신청의 원칙 : 국가나 공공단체에 대하여 어떤 사항을 희망하거나 청구하는 의사표시를 말하며 행정 주체라 할 수 있는 소관청의 일방적 의사에 따라 결정되므로 신청은 지적정리를 위한 행정행위의 효력을 발생하는 원칙

71. 우리나라의 지적제도와 등기제도에 대한 내용이 모두 옳은 것은?

구분	지적제도	등기제도
㉠ 편제방법	물적 편성주의	인적 편성주의
㉡ 심사방법	형식적 심사주의	실질적 심사주의
㉢ 공신력	불인정	인정
㉣ 토지제도의 기능	토지에 대한 물리적 현황의 등록공시	토지에 대한 법적 권리관계의 공시

① ㉠ ② ㉡
③ ㉢ ④ ㉣

해설 [우리나라의 지적제도와 등기제도]

구분	지적제도	등기제도
㉠ 편제방법	물적 편성주의	물적 편성주의
㉡ 심사방법	실질적 심사주의	형식적 심사주의
㉢ 공신력	인정	불인정(확정력만 인정)
㉣ 토지제도의 기능	토지에 대한 물리적 현황의 등록공시	토지에 대한 법적 권리관계의 공시

72. 토지 경계선의 위치가 가장 정확하여야 하는 것은?

① 법지적   ② 세지적
③ 경제지적   ④ 유사지적

해설 [지적제도의 발전단계별 특징]
① 세지적 : 과세지적, 농경사회부터 발전, 면적과 토지등급 중시
② 법지적 : 소유지적, 과세, 토지거래의 안전, 토지소유권의 보호, 경계 중시
③ 다목적지적 : 종합지적, 경계지적, 과세, 토지거래의 안전, 토지소유권의 보호, 토지이용의 효율화를 위한 다양한 정보제공 등

73. 토렌스시스템의 기본이론인 거울이론에 대한 설명으로 옳은 것은?

① 토지등록부는 매입신청자를 위한 유일한 정보의 기초이다.
② 토지권리증서의 등록은 토지의 거래 사실을 완벽하게 반영한다.
③ 선의의 제3자는 토지의 권리자와 동등한 입장에 놓여야 한다.
④ 토지권리에 대한 사실심사 시 권리의 진실성에 직접 관여하여야 한다.

해설 [토렌스 시스템의 기본이론]
① 거울이론 : 토지권리증서의 등록은 토지의 거래사실을 완벽하게 반영하는 거울과 같다는 입장의 이론
② 커튼이론 : 토지등록업무가 커튼 뒤에 놓인 공정성과 신빙성에 대하여 관여할 필요도 없고 관여해서도 안되는 매입신청자를 위한 유일한 정보의 이론
③ 보험이론 : 인위적 과실로 인해 토지등록에 착오가 발생한 경우 피해를 본 사람은 피해보상에 대해 법률적으로 선의의 제3자와 동일한 동등한 입장이 되어야 한다는 이론

74. 노비의 이름을 빌려 부동산을 처분하기 위해 작성한 문서로 옳은 것은?

① 패지   ② 불망기
③ 전세문기   ④ 매려약관부 문기

해설 사문기 : 조선시대 관청의 증명을 받지 않고 토지매매 당사자 간 임의로 작성한 문기
① 패지 : 노비의 이름을 빌려 부동산 처분을 하기 위하여 작성한 문서
② 불망기 : 구문기가 없는 부동산을 매도하는 경우에 매도주가 구문기가 없는 사유를 증명하기 위해 작성한 문서로 신문기에 첨부하여 매수인에게 교부하는 것
③ 전세문기 : 임대차의 일종으로 경성 내의 가옥에 한하여 실시되는 관습으로 가옥의 소유주는 대차 때 차주(세입자)로부터 일정한 금액을 받고 일정한 기간동안 그 가옥을 차주의 거주에 제공하며 가옥의 명도와 함께 그 금액을 차주에게 환부(還付)하는 것
④ 매려약관부 문기 : 매도한 주인이 다시 매수할 경우 기간을 정하여 기간 내 또는 그 기간 만료 때까지의 기간으로 기간이 정해지지 않은 것은 매도인이 그 부동산을 다시 매수할 수 있는 금전상의 여유가 생길 때까지 기다린다는 의미를 기재한 것

75. 거래안전의 도모 및 배타적 소유권 보호와 관련 있는 것은?

① 공개주의   ② 국정주의
③ 증거주의   ④ 형식주의

해설 [지적 공개주의]
토지등록의 법적 지위에서 토지이동이나 물권의 변동은 반드시 외부에 알려야 한다는 이념으로 소유권, 기타 물권에 대하여도 제3자로부터 보호를 받고 배타적인 소유권의 인정을 받으려면 공시하여야 한다는 것으로 공시의 원칙이라고도 한다.

76. 토지조사사업 당시 재결기관으로 옳은 것은?

① 부와 면   ② 임시토지조사국
③ 임야심사위원회   ④ 고등토지조사위원회

해설

구분	토지조사사업	임야조사사업
측량기관	임시토지조사국	부(府), 면(面)
사정기관	임시토지조사국장	도지사
재결기관	고등토지조사위원회	임야심사위원회

정답 72. ① 73. ② 74. ① 75. ① 76. ④

77. 지적측량 대행제도를 운영하고 있지 않는 국가는?

① 독일　　　　② 스위스
③ 프랑스　　　④ 네덜란드

해설 ① 국가직영체제를 실시한 국가 : 네덜란드, 대만, 미얀마(버마), 인도네시아
② 일부대행체제로 실시한 국가 : 프랑스, 독일, 스위스
③ 완전대행체제를 실시한 국가 : 한국, 일본

78. 다음 중 지적 관련 법령의 변천 순서로 옳은 것은?

① 토지조사령 → 조선임야조사령 → 지세령 → 조선지세령 → 지적법
② 토지조사령 → 지세령 → 조선임야조사령 → 조선지세령 → 지적법
③ 토지조사령 → 조선임야조사령 → 조선지세령 → 지세령 → 지적법
④ 토지조사령 → 조선지세령 → 조선임야조사령 → 지세령 → 지적법

해설 토지조사법(1910) → 토지조사령(1912) → 지세령(1914) → 조선임야조사령(1918) → 조선지세령(1943) → 지적법(1950)

79. 토지소유권 권리의 특성 중 틀린 것은?

① 단일성　　　② 완전성
③ 탄력성　　　④ 항구성

해설 지적제도 중 토지소유권의 권리의 특성으로 탄력성, 혼일성, 항구성, 완전성 등이 있다.
혼일성이란 여러 권능이 단순히 결합되어 있는 것이 아니고 모든 권능의 원천이 되는 포괄적인 권리를 의미한다.

80. 조선시대에 정약용의 양전개정론과 관계가 없는 것은?

① 경무법　　　② 망척제
③ 방량법　　　④ 어린도법

해설 [양전 개정론자의 (저서) 및 개정론]
① 이익 (균전론) : 영업전, 제도
② 정약용 (목민심서, 경세유표) : 정전제, 방량법, 어린도법
③ 서유구 (의상경계책) : 어린도법, 방량법
④ 이기 (해학유서, 전제망언) : 결부제보완, 망척제
⑤ 유길준 (서유견문) : 지제의, 전통도 실시

5과목　지적관계법규

81. 부동산등기법상 등기할 수 없는 권리만으로 연결된 것은?

① 유치권 - 점유권
② 소유권 - 지역권
③ 지상권 - 전세권
④ 저당권 - 임차권

해설 [등기할 수 있는 권리]
소유권, 지상권, 지역권, 전세권, 저당권, 권리질권, 채권담보권, 임차권
[등기할 수 없는 권리]
점유권, 유치권, 동산질권, 분묘기지권, 특수지역권

82. 도시개발사업 등이 준공되기 전에 사업시행자가 지번부여 신청을 하는 경우 처리방법으로 옳은 것은?

① 지번을 부여할 수 없다.
② 지번을 부여할 수 있다.
③ 가지번을 부여할 수 있다.
④ 행정안전부장관의 승인을 받아 지번을 부여할 수 있다.

해설 [공간정보의 구축 및 관리 등에 관한 법률 시행규칙 제61조(도시개발사업 등 준공 전 지번 부여)]
지적소관청은 도시개발사업 등이 준공되기 전에 지번을 부여하는 때에는 **사업계획도에 따르되**, 도시개발사업 등이 완료됨에 따라 지적확정측량을 실시한 지역 안의 각 필지에 지번을 새로이 부여하여야 한다.

83. 공간정보의 구축 및 관리 등에 관한 법률상 토지의 등록에 관한 설명으로 틀린 것은?

① 토지의 소재와 지번은 토지대장과 임야대장에 공통적으로 등록되는 사항이다.
② 국토교통부장관은 모든 토지에 대하여 필지별로 소재·지번·지목·면적·경계 또는 좌표 등을 조사·측량하여 지적공부에 등록하여야 한다.
③ 지적공부에 등록하는 지번·지목·면적·경계 또는 좌표는 토지의 이동이 있을 때 토지소유자(법인이 아닌 사단이나 재단의 경우에는 그 대표자나 관리인)의 신청을 받아 지적소관청이 결정한다.
④ 지적소관청은 지적공부에 등록된 지번을 변경할 필요가 있다고 인정하면 국토교통부장관의 승인을 받아 지번부여지역의 전부 또는 일부에 대하여 지번을 새로 부여할 수 있다.

해설 [공간정보의 구축 및 관리 등에 관한 법률 제66조(지번의 부여 등)]
  ① 지번은 지적소관청이 지번부여지역별로 차례대로 부여한다.
  ② 지적소관청은 지적공부에 등록된 지번을 변경할 필요가 있다고 인정하면 시·도지사나 대도시 시장의 승인을 받아 지번부여지역의 전부 또는 일부에 대하여 지번을 새로 부여할 수 있다.
  ③ 제1항과 제2항에 따른 지번의 부여방법 및 부여절차 등에 필요한 사항은 대통령령으로 정한다.

84. 국토의 계획 및 이용에 관한 법률에 따른 국토의 용도 구분 4가지에 해당하지 않는 것은?

① 관리지역
② 농림지역
③ 도시지역
④ 보존지역

해설 [국토의 계획 및 이용에 관한 법률 제6조(국토의 용도 구분)]
  1. 도시지역 : 인구와 산업이 밀집되어 있거나 밀집이 예상되어 그 지역에 대하여 체계적인 개발·정비·관리·보전 등이 필요한 지역
  2. 관리지역 : 도시지역의 인구와 산업을 수용하기 위하여 도시지역에 준하여 체계적으로 관리하거나 농림업의 진흥, 자연환경 또는 산림의 보전을 위하여 농림지역 또는 자연환경보전지역에 준하여 관리할 필요가 있는 지역
  3. 농림지역 : 도시지역에 속하지 아니하는 「농지법」에 따른 농업진흥지역 또는 「산지관리법」에 따른 보전산지 등으로서 농림업을 진흥시키고 산림을 보전하기 위하여 필요한 지역
  4. 자연환경보전지역 : 자연환경·수자원·해안·생태계·상수원 및 문화재의 보전과 수산자원의 보호·육성 등을 위하여 필요한 지역

85. 다음 중 관할등기소의 정의로 옳은 것은?

① 상급법원의 장이 위임하는 등기소
② 매도인의 소재지를 관할하는 지방법원, 그 지원(支院) 또는 등기소
③ 부동산의 소재지를 관할하는 지방법원, 그 지원(支院) 또는 등기소
④ 소유자의 소재지를 관할하는 지방법원, 그 지원(支院) 또는 등기소

해설 [부동산등기법 제7조(관할등기소)]
  ① 관할등기소 : 부동산의 소재지를 관할하는 지방법원, 그 지원(支院) 또는 등기소
  ② 부동산이 여러 등기소의 관할구역에 걸쳐 있을 때에는 대법원규칙으로 정하는 바에 따라 각 등기소를 관할하는 상급법원의 장이 관할 등기소를 지정한다.

86. 축척변경에 대한 내용으로 틀린 것은? (단, 예외의 경우는 고려하지 않는다.)

① 작은 축척을 큰 축척으로 변경하여 등록하는 것을 말한다.
② 임야도 축척에서 지적도 축척으로 옮겨 등록하는 것을 의미한다.
③ 축척변경위원회는 청산금의 이의신청에 관한 사항을 심의·의결한다.
④ 축척변경을 시행하고자 할 경우에는 시·도지사의 승인을 받아서 시행한다.

해설 [공간정보의 구축 및 관리 등에 관한 법률 제2조(정의)]
  ① 축척변경 : 지적도에 등록된 경계점이 정밀도를 높이기 위하여 작은 축척을 큰 축척으로 변경하여 등록하는 것
  ② 등록전환 : 임야대장 및 임야도에 등록된 토지를 토지대장 및 지적도에 옮겨 등록하는 것

87. 국토의 계획 및 이용에 관한 법률에 따른 용도지구가 아닌 것은?

① 경관지구
② 고도지구
③ 문화지구
④ 보호지구

해설 [국토의 계획 및 이용에 관한 법률 제37조(용도지역의 지정)]
경관지구, 고도지구, 방화지구, 방재지구, 보호지구, 취락지구, 개발진흥지구, 특정용도제한지구, 복합용도지구, 그 밖에 대통령령으로 정하는 지구

88. 지적기준점표지의 설치·관리 등에 관한 내용으로 옳지 않은 것은?

① 지적도근점표지의 점간거리는 평균 50미터 이상 300미터 이하로 한다.
② 지적삼각보조점표지의 점간거리는 평균 1킬로미터 이상 3킬로미터 이하로 한다.
③ 지적도근점표지의 점간거리는 다각망도선법(多角網道線法)에 따르는 경우에는 평균 1킬로미터 이하로 한다.
④ 지적삼각보조점표지의 점간거리는 다각망도선법(多角網道線法)에 따르는 경우에는 평균 0.5킬로미터 이상 1킬로미터 이하로 한다.

해설 [지적기준점의 점간거리]
① 지적삼각점 : 2~5km 이상
② 지적삼각보조점 : 1~3km, 다각망도선법 : 0.5~1km 이하
③ 지적도근점 : 50~300m, 다각망도선법 : 500m 이하

89. 공간정보의 구축 및 관리에 관한 법률상 벌칙규정으로서 1년 이하의 징역 또는 1천만원 이하의 벌금에 해당되는 자는?

① 측량성과를 국외로 반출한 자
② 무단으로 측량성과 또는 측량기록을 복제한 자
③ 본인, 배우자 또는 직계 존속·비속이 소유한 토지에 대한 지적측량을 한 자
④ 측량업자가 속임수, 위력, 그 밖의 방법으로 측량업과 관련된 입찰의 공정성을 해친 자

해설 [공간정보의 구축 및 관리 등에 관한 법률 제107~109조(벌칙), 제110조(양벌규정), 제111조(과태료)]
① 측량성과를 국외로 반출한 자 : 2년 이하의 징역 또는 2천만원 이하의 벌금
② 무단으로 측량성과 또는 측량기록을 복제한 자 : 1년 이하의 징역 또는 1000만원 이하의 벌금
③ 본인, 배우자 또는 직계 존속·비속이 소유한 토지에 대한 지적측량을 한 자 : 300만원 이하의 과태료(양벌규정에 적용되지 않음)

④ 측량업자나 수로사업자로서 속임수, 위력(威力), 그 밖의 방법으로 측량업 또는 수로사업과 관련된 입찰의 공정성을 해친 자 : 3년 이하의 징역 또는 3천만원 이하의 벌금

90. 지상경계점등록부의 등록사항이 아닌 것은?

① 경계점의 사진 파일
② 경계점 위치 설명도
③ 토지의 소재와 지번
④ 경계점 등록자의 정보

해설 [지상경계점좌표등록부 등록사항]
① 토지의 소재 및 지번
② 경계점 좌표(경계점좌표등록부 시행지역에 한정)
③ 경계점 위치 설명도
④ 공부상 지목과 실제 토지이용 지목
⑤ 경계점의 사진 파일
⑥ 경계점표지의 종류 및 경계점 위치

91. 공간정보의 구축 및 관리 등에 관한 법령상 청산금의 납부고지 및 이의신청 기준으로 틀린 것은?

① 지적소관청은 수령통지를 한 날부터 6개월 이내에 청산금을 지급하여야 한다.
② 납부고지를 받은 자는 그 고지를 받은 날부터 6개월 이내에 청산금을 지적소관청에 내야 한다.
③ 지적소관청은 청산금의 결정을 공고한 날부터 1개월 이내에 토지소유자에게 청산금의 납부고지 또는 수령통지를 하여야 한다.
④ 납부고지되거나 수령통지된 청산금에 관하여 이의가 있는 자는 납부고지 또는 수령통지를 받은 날부터 1개월 이내에 지적소관청에 이의신청을 할 수 있다.

해설 [공간정보의 구축 및 관리 등에 관한 법률 시행령 제76조(청산금의 납부고지 등)]
① 지적소관청은 청산금의 결정을 공고한 날부터 20일 이내에 토지소유자에게 청산금의 납부고지 또는 수령통지를 하여야 한다.
② 제1항에 따른 납부고지를 받은 자는 그 고지를 받은 날부터 6개월 이내에 청산금을 지적소관청에 내야 한다.
③ 지적소관청은 수령통지를 한 날부터 6개월 이내에 청산금을 지급하여야 한다.
④ 지적소관청은 청산금을 지급받을 자가 행방불명 등으로 받을 수 없거나 받기를 거부할 때에는 그 청산금을 공탁할 수 있다.

정답 88. ③ 89. ② 90. ④ 91. ③

⑤ 지적소관청은 청산금을 내야 하는 자가 기간 내에 청산금에 관한 이의신청을 하지 아니하고 기간 내에 청산금을 내지 아니하면 지방세 체납처분의 예에 따라 징수할 수 있다.

92. 지적소관청이 토지의 이동현황을 직권으로 조사·측량하여 토지의 지번·지목·면적·경계 또는 좌표를 결정하고자 하는 때에 토지이동현황조사계획 수립 기준으로 옳은 것은?

① 시·도별로 수립한다.
② 시·군·구별로 수립한다.
③ 한국국토정보공사의 지사별로 수립한다.
④ 측량수행자가 수립하여 지적소관청에 보고한다.

해설 토지이동현황 조사계획은 시·군·구별로 수립하되, 부득이한 사유가 있는 때에는 읍·면·동별로 수립할 수 있다.

93. 축척변경 시행지역의 토지소유자가 5명 이하인 경우, 토지소유자 중 위원으로 위촉하여야 하는 기준은?

① 0명
② 무작위 선정
③ 토지소유자 전원
④ 토지소유자 대표 1명

해설 [공간정보의 구축 및 관리 등에 관한 법률 시행령 제79조(축척변경위원회의 구성 등)]
① 축척변경위원회는 5명 이상 10명 이하의 위원으로 구성하되, 위원의 2분의 1 이상을 토지소유자로 하여야 한다. 이 경우 그 축척변경 시행지역의 토지소유자가 5명 이하일 때에는 토지소유자 전원을 위원으로 위촉하여야 한다.
② 위원장은 위원 중에서 지적소관청이 지명한다.

94. 공간정보의 구축 및 관리 등에 관한 법률상 용어의 정의로 틀린 것은?

① "면적"이란 지적공부에 등록한 필지의 수평면상 넓이를 말한다.
② "지적소관청"이란 지적공부를 관리하는 특별자치시장, 시장·군수 또는 구청장을 말한다.
③ "필지"란 토지의 주된 용도에 따라 토지의 종류를 구분하여 지적공부에 등록한 것을 말한다.
④ "토지의 표시"란 지적공부에 토지의 소재·지번(地番)·지목(地目)·면적·경계 또는 좌표를 등록한 것을 말한다.

해설 [공간정보의 구축 및 관리 등에 관한 법률 제2조(정의)]
필지 : 대통령령으로 정하는 바에 따라 구획되는 토지의 등록단위를 말한다.

95. 공간정보의 구축 및 관리 등에 관한 법률상 지적측량수수료에 관한 설명으로 틀린 것은?

① 지적측량 종목별 세부 산정기준은 국토교통부장관이 정한다.
② 지적측량수수료는 국토교통부장관이 매년 12월 말일까지 고시하여야 한다.
③ 국토교통부장관이 고시하는 표준품셈 중 지적측량품에 지적기술자의 정부노임단가를 적용하여 산정한다.
④ 지적소관청이 직권으로 조사·측량하여 지적공부를 정리한 경우, 조사·측량에 들어간 비용을 면제한다.

해설 [공간정보의 구축 및 관리 등에 관한 법률 제106조(수수료 등)]
지적소관청이 직권으로 조사·측량하여 지적공부를 정리한 경우에는 그 조사·측량에 들어간 비용을 토지소유자로부터 징수한다.

96. 경위의 측량방법에 따른 세부측량의 관측 및 계산에 관한 기준으로 옳지 않은 것은?

① 도선법 또는 방사법에 따른다.
② 미리 각 경계점에 표지를 설치한다.
③ 관측은 20초독 이상의 경위의를 사용한다.
④ 연직각의 관측은 교차가 30초 이내인 때에 그 평균치를 연직각으로 하되, 초단위로 독정한다.

해설 [경위의 측량방법에 의한 세부측량의 관측 및 계산]
① 경계점표지의 설치 : 미리 각 경계에 표지를 설치하여야 함
② 관측방법 : 도선법 또는 방사법에 의함
③ 관측시 사용장비 : 20초독 이상의 경위의 사용
④ 수평각관측 : 1대회의 방향관측법이나 2배각의 배각법에 의함
⑤ 연직각관측 : 정반으로 1회 관측하여 그 교차가 5분 이내일 경우 평균치를 연직각으로 하며 분단위로 독정

정답 92. ② 93. ③ 94. ③ 95. ④ 96. ④

97. 측량기하적에 대한 내용으로 틀린 것은?

① 측량대상토지의 점유현황선은 검은색 점선으로 표시한다.
② 측량결과의 파일 형식은 표준화된 공통포맷을 지원할 수 있어야 한다.
③ 측정점의 표시에서 측량자는 붉은색 짧은 십자선(+)으로 표시한다.
④ 측량대상토지에 지상구조물 등이 있는 경우와 새로이 설정하는 경계에 지상건물 등이 걸리는 경우에는 그 위치현황을 표시하여야 한다.

해설 [지적업무처리규정 제27조(측량기하적)]
측량대상토지의 점유현황선은 **붉은색** 점선으로 표시한다.

98. 등기관이 토지 등기기록의 표제부에 기록하여야 하는 사항으로 옳지 않은 것은?

① 이해 관계자 ② 지목과 면적
③ 등기원인   ④ 소재와 지번

해설 ① 등기부 표제부에 기록될 사항 : 표시번호, 접수, 소재, 지번, 지목, 면적, 등기원인 및 기타사항
② 갑구 : 소유권에 관한 사항
③ 을구 : 소유권 이외의 권리에 관한 사항

99. 다음 중 2년 이하의 징역 또는 2천만원 이하의 벌금에 처하는 벌칙 기준을 적용받는 자는?

① 정당한 사유 없이 측량을 방해한 자
② 측량기술자가 아님에도 불구하고 측량을 한 자
③ 측량업의 등록을 하지 아니하고 측량업을 한 자
④ 측량업자로서 속임수로 측량업과 관련된 입찰의 공정성을 해친 자

해설 [공간정보의 구축 및 관리 등에 관한 법률 제107~109조(벌칙), 제110조(양벌규정), 제111조(과태료)]
① 정당한 사유없이 측량을 방해한 자 : 300만원 이하의 과태료
② 측량기술자가 아님에도 불구하고 측량을 한 자 : 1년 이하의 징역 또는 1천만원 이하의 벌금
③ 측량업의 등록을 하지 아니하고 측량업을 한 자 : 2년 이하의 징역 또는 2천만원 이하의 벌금
④ 측량업자로서 속임수로 측량업과 관련된 입찰의 공정성을 해친 자 : 3년 이하의 징역 또는 3천만원 이하의 벌금

100. 지목을 '대'로 구분할 수 없는 것은?

① 목장용지 내 주거용 건축물의 부지
② 영구적 건축물 중 변전소 시설의 부지
③ 과수원에 접속된 주거용 건축물의 부지
④ 국토의 계획 및 이용에 관한 법률 등 관계 법령에 따른 택지조성공사가 준공된 토지

해설 [공간정보의 구축 및 관리 등에 관한 법률 시행령 제58조(지목의 구분)]
가. 영구적 건축물 중 주거·사무실·점포와 박물관·극장·미술관 등 문화시설과 이에 접속된 정원 및 부속시설물의 부지
나. 「국토의 계획 및 이용에 관한 법률」 등 관계 법령에 따른 택지조성공사가 준공된 토지

정답 97. ① 98. ① 99. ③ 100. ②

CHAPTER 02 2020년도 지적기사 3회

1과목 지적측량

01. 지적삼각망조정시 국소조정이라고도 하며 수평각관측부의 출발차 또는 폐색차를 조정하는 것을 무엇이라고 하는가?

① 변규약   ② 도형조건
③ 삼각규약   ④ 측점조건

해설 [지적삼각망조정의 조건]
관측시의 출발차와 폐색차의 조정은 국소규약(측점조건)이며, 삼각형 내각의 관측치와 180°와의 차의 조정은 삼각규약, 관측치와 기지내각과의 차의 조정은 망규약, 하나의 기지변과 평균각으로 다른 기지변까지의 계산된 거리와의 차의 조정은 변규약에 해당된다.

02. 경계의 제도방법 기준으로 옳지 않은 것은?

① 경계는 0.1mm 폭의 선으로 제도한다.
② 경계점좌표등록부 등록지역의 도면에 등록할 경계점간 거리는 붉은색으로 제도한다.
③ 경계점좌표등록부 등록지역의 도면에 등록할 경계점간 거리는 1.0mm~1.5mm 크기의 아라비아숫자로 제도한다.
④ 지적기준점이 매설된 토지를 분할하는 경우 그 토지가 작아서 제도하기 곤란한 때에는 그 도면의 여백에 그 축척의 10배로 확대하여 제도할 수 있다.

해설 [지적업무 처리규정 제41조(경계의 제도)]
① 경계는 0.1밀리미터 폭의 선으로 제도한다.
② 1필지의 경계가 도곽선에 걸쳐 등록되어 있으면 도곽선 밖의 여백에 경계를 제도하거나, 도곽선을 기준으로 다른 도면에 나머지 경계를 제도한다. 이 경우 다른 도면에 경계를 제도할 때에는 지번 및 지목은 붉은색으로 표시한다.
③ 경계점좌표등록부 등록지역의 도면(경계점 간 거리등록을 하지 아니한 도면을 제외한다)에 등록할 경계점 간 거리는 검은색의 1.0~1.5밀리미터 크기의 아라비아숫자로 제도한다. 다만, 경계점 간 거리가 짧거나 경계가 원을 이루는 경우에는 거리를 등록하지 아니할 수 있다.
④ 지적기준점 등이 매설된 토지를 분할할 경우 그 토지가 작아서 제도하기가 곤란한 때에는 그 도면의 여백에 그 축척의 10배로 확대하여 제도할 수 있다.

03. 잔차를 v, 관측횟수를 n이라고 할 때 최확치의 확률오차는?

① $\sqrt{\dfrac{[vv]}{n-1}}$ ② $\sqrt{\dfrac{[vv]}{n(n-1)}}$

③ $\pm 0.6745\sqrt{\dfrac{[vv]}{n-1}}$ ④ $\pm 0.6745\sqrt{\dfrac{[vv]}{n(n-1)}}$

해설 [평균제곱근오차 및 확률오차]

항목	동일 경중률	상이한 경중률
최확값	$MPV = \dfrac{\sum L}{n}$	$MPV = \dfrac{\sum(w \times L)}{\sum w}$
표준편차 (개별관측의 평균제곱근오차)	$\sigma = \pm\sqrt{\dfrac{\sum \nu^2}{n-1}}$	$\sigma = \pm\sqrt{\dfrac{\sum(w\nu^2)}{n-1}}$
표준오차 (최확값의 평균제곱근오차)	$\sigma_s = \pm\sqrt{\dfrac{\sum \nu^2}{n(n-1)}}$	$\sigma_s = \pm\sqrt{\dfrac{\sum(w\nu^2)}{\sum w(n-1)}}$
최확값의 확률오차	$\gamma_s = \pm 0.6745\sigma_s$ $= \pm 0.6745\sqrt{\dfrac{\sum \nu^2}{n(n-1)}}$	$\gamma_s = \pm 0.6745\sigma_s$ $= \pm 0.6745\sqrt{\dfrac{\sum(w\nu^2)}{\sum w(n-1)}}$

정답 01. ④ 02. ② 03. ④

04. 60m의 Steel tape로 540m의 거리를 측정했다. 이 때 60m의 거리를 잴 때마다 ±5mm의 평균제곱근 오차가 있었다면 전장 측정치의 평균제곱근 오차는?

① ±5mm ② ±10mm
③ ±15mm ④ ±20mm

해설 ▶ 평균제곱근오차는 부정오차이고, 부정오차는 관측횟수의 제곱근에 비례하고, 횟수는 관측길이를 줄자의 길이로 나누어 계산하면

$$\sum \sigma = \pm \sigma \sqrt{n} = \pm 5 \sqrt{\frac{540}{60}} = \pm 15mm$$

05. 지적측량의 방법 중 세부측량의 방법으로 옳지 않은 것은?

① 평판측량방법 ② 경위의측량방법
③ 전파기측량방법 ④ 전자평판측량방법

해설 ▶ [세부측량의 장비 및 방법]
① 과거 : 평판측량방법, 전자평판측량방법
② 지적재조사사업이 완료된 지역 : 경위측량방법, 항공사진측량방법, 위성측량

06. A, B 두 점의 좌표가 아래와 같을 때 A, B 사이의 거리를 구하면?

- A점의 좌표 (−100.25m, 0.00m)
- B점의 좌표 (0.00m, −200.18m)

① 99.93m ② 121.33m
③ 182.66m ④ 223.88m

해설 ▶ 좌표가 주어질 때 거리는 피타고라스 식으로 계산한다.
$$\overline{AB} = \sqrt{(X_B - X_A)^2 + (Y_B - Y_A)^2}$$
$$= \sqrt{(0-(-100.25))^2 + (-200.18-0)^2}$$
$$= 223.88m$$

07. 지적측량성과와 검사성과의 연결교차의 허용범위 기준으로 옳지 않은 것은?

① 지적삼각점 : 0.20m 이내
② 지적삼각보조점 : 0.20m 이내
③ 지적도근점(경계점좌표등록부 시행지역) : 0.15m 이내
④ 경계점(경계점좌표등록부 시행지역) : 0.10m 이내

해설 ▶ [경계점좌표등록부 시행지역의 측량성과와 검사성과의 연결교차]
① 지적삼각점측량 : 0.20m 이내
② 지적삼각보조점측량 : 0.25m 이내
③ 지적도근점측량 : 0.15m 이내, 그 밖의 지역 : 0.25m 이내
④ 세부측량(경계점) : 0.10m 이내, 그 밖의 지역 : $\frac{3}{10}M$mm 이내

08. 다각망도선법의 망형태에 따른 최소조건식의 설명으로 옳지 않은 것은?

① Y망의 최소조건식 수는 3개이지만 조건식 수는 2개만 충족시키면 된다.
② X망의 최소조건식 수는 4개이지만 조건식 수는 3개만 충족시키면 된다.
③ A망의 최소조건식 수는 5개이지만 조건식 수는 4개만 충족시키면 된다.
④ 복합망은 어느 조건식을 사용하던지 최소조건식 수만 충족시키면 된다.

해설 ▶ [다각망도선법의 망형태에 따른 최소조건식]
① X, Y형은 3개의 기지점에 근거하여 교점 1개를 평균하고, A, H형은 교점 2개를 평균하는 것이다.
② Y망의 최소조건식 수는 3개이지만 조건식 수는 2개만 충족시키면 된다.
③ X망의 최소조건식 수는 4개이지만 조건식 수는 3개만 충족시키면 된다.
④ A망의 최소조건식 수는 4개이지만 조건식 수는 3개만 충족시키면 된다.
⑤ 복합망은 어느 조건식을 사용하던지 최소조건식 수만 충족시키면 된다.

정답 04. ③ 05. ③ 06. ④ 07. ② 08. ③

09. 지적삼각점 사이의 거리를 광파기로 5회 측정한 결과 245.45m 일 때 허용교차는?

① 0.2cm
② 0.1cm
③ 0.002cm
④ 0.001cm

해설) 지적삼각점측량시 점간거리는 5회 측정하여 그 측정치의 최대치와 이 평균치의 1/10만 이하일 경우 그 평균치를 측정거리로 하고, 원점에 투영된 평면거리에 따라 계산한다.

허용교차 = $\frac{245.45m}{100,000}$ = 0.2cm

10. 경위의측량방법으로 세부측량을 할 때 측량준비 파일에 포함하여 작성하여야 하는 사항에 해당하지 않는 것은?

① 경계점간 계산거리
② 인근 토지의 경계와 경계점의 좌표
③ 측량대상 토지의 경계와 경계점의 좌표
④ 지적기준점 및 그 번호와 지적기준점의 좌표

해설) [경위의측량방법으로 세부측량을 할 때 측량준비파일에 포함하여 작성하여야 할 사항]
① 측량대상토지의 경계와 경계점의 좌표 및 부호도·지번·지목
② 인근 토지의 경계와 경계점의 좌표 및 부호도·지번·지목
③ 행정구역선과 그 명칭
④ 지적기준점 및 그 번호와 지적기준점간의 방위각 및 그 거리
⑤ 경계점간 계산거리
⑥ 도곽선과 그 수치
⑦ 그밖에 국토교통부장관이 정하는 사항

11. 그림과 같은 사각망에서 Σa = 360°00′32″이고, (($a_1 + a_2$) − ($a_5 + a_6$)) = − 4″일 때 a_6에 배분할 조정량은?

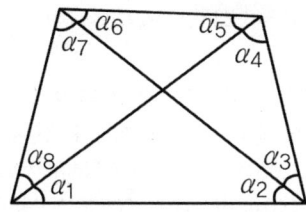

① −3″
② −5″
③ +3″
④ +5″

해설) ① 사각망의 모든 각의 합이 32″초과하므로 오차를 8등분하여 일괄적으로 −4″씩 보정해야 한다.
② 각조건에서 $\epsilon = (a_1 + a_2) - (a_5 + a_6) = -4″$이므로 오차를 4등분하여 a_1, a_2에는 +1″, a_5, a_6에는 −1″를 조정해야 한다.
그러므로 a_6는 −5″를 조정한다.

12. 다음 중 지적도근점측량을 반드시 시행하여야 하는 지역은?

① 토지분할지역
② 대단위 합병지역
③ 축척변경시행지역
④ 소규모등록전환지역

해설) [지적도근점측량을 반드시 실시하여야 하는 경우]
① 도시개발사업 등으로 인하여 지적확정측량을 하는 경우
② 국토의 계획 및 이용에 관한 법률에 의한 도시지역 및 준도시지역에서 세부측량을 하는 경우
③ 측량지역의 면적이 당해 지적도 1장에 해당하는 면적 이상인 경우
④ 세부측량의 시행상 특히 필요한 경우
⑤ 축척변경 시행지역

13. 100m+4.96mm의 정수를 표시한 권척을 사용하여 500m를 측정하였을 경우 바른 길이는?

① 500.000m
② 500.025m
③ 500.043m
④ 500.050m

해설) 늘어나 있는 줄자로 관측한 값의 실제값은 +로, 수축된 줄자는 반대로 −로 적용한다.

$L_0 = L \pm C_0$ ∵ $C_0 = \pm \frac{L}{l} \times \Delta l$

$C_0 = \frac{500}{100} \times 4.96mm = 24.8mm = +0.025m$

$L_0 = 500 + 0.025 = 500.025m$

14. 좌표면적계산법에 따른 면적측정을 하는 경우 면적을 정하는 단위기준으로 옳은 것은?

① 10분의 1제곱미터 단위로 정한다.
② 100분의 1제곱미터 단위로 정한다.
③ 1000분의 1제곱미터 단위로 정한다.
④ 10000분의 1제곱미터 단위로 정한다.

정답 09. ① 10. ④ 11. ② 12. ③ 13. ② 14. ①

해설 [좌표면적계산법]
① 도곽에 0.2밀리미터 이상의 신축이 있을 경우 보정하여야 한다.
② 경위의측량으로 세부측량을 시행한 지역의 면적측정방법이다.
③ 산출면적은 1,000분의 1제곱미터까지 계산하여 10분의 1제곱미터 단위로 정한다.

15. 지적삼각보조점의 관측 및 계산방법으로 옳은 것은?

① 진수의 계산은 6자리 이상으로 한다.
② 1측회의 폐색공차는 ±30초 이내여야 한다.
③ 삼각형 내각관측의 합과 180도와의 차는 ±40초 이내여야 한다.
④ 수평각 관측의 윤곽도는 0도, 60도, 120도의 방향관측법에 의한다.

해설 [경위의측량방법과 교회법에 따른 지적삼각보조점의 관측 및 계산]
① 1방향각 : 40초 이내
② 1측회의 폐색 : ±40초 이내
③ 삼각형내각관측치의 합과 180도와의 차 : ±50초 이내
④ 기지각과의 차 : ±50초 이내
⑤ 진수의 계산은 6자리 이상으로 한다.

16. 다음 그림과 같은 정삼각형 ABC의 내접원의 반지름(r)은? (단, AB = 10m)

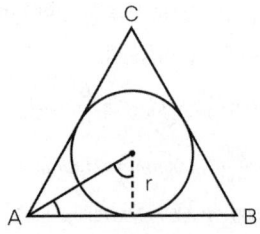

① 약 1.6m ② 약 2.9m
③ 약 3.5m ④ 약 4.1m

해설 $s = \frac{a+b+c}{2}, R = \sqrt{\frac{(s-a)(s-b)(s-c)}{s}}$ 에서

$s = \frac{10+10+10}{2} = 15m$

$R = \sqrt{\frac{(15-10)(15-10)(15-10)}{15}} ≒ 2.9m$

17. 경계점좌표등록부를 갖춰 두는 지역에 있는 각 필지의 경계점을 측정할 때 좌표를 산출하는 방법이 아닌 것은?

① 교회법   ② 도선법
③ 방사법   ④ 지거법

해설 경계점좌표등록부를 갖춰 두는 지역에 있는 각 필지의 경계점을 측정할 때에는 교회법, 도선법, 방사법, 또는 원호법에 따라 좌표를 산출하여야 하며 지거법은 터널 내의 곡선설치에 쓰이는 측량방법이다.

18. 세부측량을 실시한 경우 지적소관청이 지적측량성과검사시 검사항목이 아닌 것은?

① 기지점사용의 적정여부
② 지적기준점설치망 구성의 적정여부
③ 측량준비도 및 측량결과도 작성의 적정여부
④ 경계점간 계산거리(도상거리)와 실측거리의 부합여부

해설 [세부측량시 검사항목]
① 기지점사용의 적정여부
② 측량준비도 및 측량결과도 작성의 적정여부
③ 기지점과 지상경계와의 부합여부
④ 경계점간 계산거리(도상거리)와 실측거리의 부합여부
⑤ 면적측정의 정확여부
⑥ 관계법령의 분할제한 등의 저촉여부

19. 경기도에 위치한 2등삼각점의 종선좌표(X)가 -3156.78m, 횡선좌표(Y)가 +2314.65m일 때, 이를 지적측량에서 사용하고 있는 좌표로 환산한 값으로 옳은 것은?

① X=496843.22m, Y=202314.65m
② X=196843.22m, Y=502314.65m
③ X=503156.78m, Y=197685.35m
④ X=-546843.22m, Y=197685.35m

해설 지적측량의 경우에는 가우스상사이중투영법에 의하여 표시하며, 직각좌표계의 투영원점의 수치를 X(N) = 500,000m, Y(E) = 200,000m를 가산하여 적용하며 제주도의 경우는 X(N) = 550,000m, Y(E) = 200,000m를 가산하여 적용한다.
$X = -3156.78 + 500000 = 496843.22m$,
$Y = 2314.65 + 200000 = 202314.65m$

20. 지적도근점측량을 배각법에 따르는 경우 연결오차의 배분방법으로 옳은 것은?

① 각 측선의 측선장에 비례하여 배분한다.
② 각 측선의 측선장에 반비례하여 배분한다.
③ 각 측선의 종횡선차 길이에 비례하여 배분한다.
④ 각 측선의 종횡선차 길이에 반비례하여 배분한다.

해설 [지적도근점측량에서 종선 및 횡선차의 배분]
① 배각법 : 각 측선의 종선차 또는 횡선차 길이에 비례하여 배분
② 방위각법 : 각 측선장에 비례하여 배분

2과목 응용측량

21. GNSS측량에서 사이클슬립(cycle slip)의 주된 원인은?

① 높은 위성의 고도
② 높은 신호강도
③ 낮은 신호잡음
④ 지형·지물에 의한 신호단절

해설 [사이클 슬립의 원인]
① GPS 안테나 주위의 지형, 지물에 의한 신호 단절
② 높은 신호 잡음
③ 낮은 신호 강도(Signal strength)
④ 낮은 위성의 고도각
⑤ 사이클 슬립은 이동측량에서 많이 발생

22. GPS위성의 신호에 대한 설명 중 틀린 것은?

① L_1반송파에는 C/A코드와 P코드가 포함되어 있다.
② L_2반송파에는 C/A코드만 포함되어 있다.
③ L_1반송파가 L_2반송파보다 높은 주파수를 가지고 있다.
④ 위성에서 송신되는 신호는 대기의 상태에 따라 전파의 속도가 달라지는 것을 보정하기 위하여 파장이 다른 2가지의 전파를 동시에 수신한다.

해설

반송파 신호	코드 신호	용도
L_1파 (1,575.42MHz)	C/A 코드 : 위성궤도정보를 PRN 코드로 암호화한 코드	민간용
	P 코드 : 위성궤도정보를 PRN 코드로 암호화한 코드(10.23MHz)	군사용
	항법 메시지 : 시각정보, 궤도정보 및 타위성의 궤도 정보	민간용
L_2파 (1,227.60MHz)	P코드(10.23MHz)	군사용
	항법 메시지	민간용

23. 터널측량시 터널입구를 결정하기 위하여 측점 A, B, C, D 순으로 트래버스 측량한 결과가 아래와 같을 때 AD간의 거리는?

[측량결과]
측선 AB : 거리 30m, 방위각 40°
측선 BC : 거리 35m, 방위각 120°
측선 CD : 거리 40m, 방위각 210°

① 40.45m ② 40.54m
③ 41.45m ④ 41.54m

해설 ① $\sum 위거 = AB\cos\theta_{AB} + BC\cos\theta_{BC} + CD\cos\theta_{CD}$
$= 30 \times \cos40° + 35 \times \cos120° + 40 \times \cos210°$
$= -29.160m$
② $\sum 경거 = AB\sin\theta_{AB} + BC\sin\theta_{BC} + CD\sin\theta_{CD}$
$= 30 \times \sin40° + 35 \times \sin120° + 40 \times \sin210°$
$= 29.595m$
③ $AD = \sqrt{\sum 위거^2 + \sum 경거^2}$
$= \sqrt{(-29.160)^2 + (29.595)^2}$
$= 41.54m$

24. 단곡선에서 반지름 R=300m, 교각 I=60°일 때, 곡선길이(C.L)는?

① 310.10m ② 315.44m
③ 314.16m ④ 311.55m

해설 곡선의 길이 $C.L = \frac{\pi}{180°}RI = \frac{\pi}{180°} \times 300m \times 60°$
$= 314.16m$

정답 20. ③ 21. ④ 22. ② 23. ④ 24. ③

25. GNSS측량에서 구조적 요인에 의한 오차에 해당하지 않는 것은?

① 전리층 오차
② 대류층 오차
③ SA(Selective availability) 오차
④ 위성궤도오차 및 시계오차

해설 [GPS측량의 구조적 원인에 의한 오차(단독측위의 정확도에 영향을 미치는 요소)]
① 위성시계오차
② 위성궤도오차, 위성의 배치
③ 전리층과 대류권의 전파지연에 의한 오차
④ 전파적 잡음, 다중경로 오차

26. 축척 1:50000 지형도에서 등고선 간격을 20m로 할 때 도상에서 표시될 수 있는 최소간격을 0.45mm로 할 경우 등고선으로 표현할 수 있는 최대경사각은?

① 40.1°
② 41.6°
③ 44.6°
④ 46.1°

해설 경사각(i)을 구하면 $\tan i = \dfrac{높이차}{수평거리}$ 이므로

수평거리 = $0.45mm \times 50,000 = 22,500mm = 22.5m$

$i = \tan^{-1} \dfrac{20}{22.5} = 41.6°$

27. 수준측량에서 전시와 후시거리를 같게 취하는 가장 큰 이유는?

① 시준축과 기포관축이 평행이 아니므로 생기는 오차의 제거를 위해
② 표척에 있을 수 있는 눈금오차의 제거를 위해
③ 표척이 연직이 아닐 때의 오차 제거를 위해
④ 관측을 편하게 하기 위해

해설 [전시와 후시거리를 같게 함으로써 제거되는 오차]
① 기계오차(시준축 오차) : 레벨조정의 불안정
② 구차(지구곡률오차)와 기차(대기굴절오차)

28. 사진의 주점이나 표정점 등 제점의 위치를 인접한 사진에 옮기는 작업은?

① 점이사
② 표정
③ 투영
④ 정합

해설 점이사는 사진상의 주점이나 표정점 등 각 점의 위치를 인접한 다른 사진상에 옮기는 작업으로 점이사기를 이용하는 경우와 측점을 이용하는 경우가 있다.

29. 편각법으로 원곡선을 설치할 때 기점으로부터 교점까지의 거리=123.45m, 교각(I)=40°20′, 곡선반지름(R)=100m일 때 시단현의 길이는? (단, 중심말뚝의 간격은 20m이다.)

① 4.15m
② 6.72m
③ 13.28m
④ 14.18m

해설 도로의 기점에서 곡선시점까지의 거리는 노선의 시점에서 기점까지의 거리에서 접선길이(T.L)를 빼면 얻을 수 있다.
즉, 곡선시점까지의 거리 = 기점까지의 거리 - 접선길이

$T.L = R\tan\dfrac{I}{2} = 100 \times \tan\dfrac{40°20′}{2} = 36.73m$

곡선시점(B.C)의 위치 = $123.45 - 36.73 = 86.72m$ 이고
시단현의 길이는 곡선시점의 위치 86.72m 보다 큰 20의 배수인 100m에서 86.72m를 뺀 13.28m이다.

30. 항공삼각측량에서 기본단위가 사진으로, 블록내의 각 사진상의 관측된 기준점, 접합점의 사진좌표를 이용하여 최소제곱법으로 사진의 외부표정요소 및 접합점의 최확값을 결정하는 방법은?

① 다항식법
② 독립모델법
③ 광속조정법
④ 그루버법

해설 • 광속조정법
① 상좌표를 사진좌표로 변환시킨 후 사진좌표로부터 직접 절대좌표를 구하는 방법
② 투영중심으로부터 사진상에 있는 상점과 대상점에 대하여 공간상에서 일직선을 이루게 되는 공선조건을 이용
• 사진기준점 측량방법
① 광속조정법 : 사진 기준
② 독립모형조정법 : 모델(모형) 기준
③ 다항식법, 스트립조정법 : 스트립 기준

31. 갑, 을 2인이 두 점간의 수준측량을 하여 고저차를 구하였더니 다음과 같았다면 최확값은?

> 갑 : 25.56±0.029m, 을 : 25.52±0.012m

① 25.516m ② 25.526m
③ 25.537m ④ 25.548m

해설 경중률은 평균제곱근오차의 제곱에 반비례한다.

$$P_갑 : P_을 = \frac{1}{0.029^2} : \frac{1}{0.012^2}$$

$$최확값 = \frac{P_갑 l_갑 + P_을 l_을}{P_갑 + P_을}$$

$$= \frac{25.56 \times \frac{1}{0.029^2} + 25.52 \times \frac{1}{0.012^2}}{\frac{1}{0.029^2} + \frac{1}{0.012^2}} = 25.526m$$

32. 지형의 표시방법 중 자연적 도법에 해당되는 것은?

① 영선법 ② 점고법
③ 채색법 ④ 등고선법

해설 [지형표시방법]
① 자연도법 : 영선법(우모법, 게바법), 음영선
② 부호도법 : 등고선법, 점고법, 채색법(단채법)

33. 노선측량에서 일반적으로 종단면도에 기입되는 항목이 아닌 것은?

① 관측점간 수평거리 ② 절토 및 성토량
③ 계획선의 경사 ④ 관측점의 지반고

해설 [노선측량 종단면도의 표기사항]
① 측점의 위치
② 측점간의 수평거리
③ 각 측점의 누가거리
④ 측점의 지반고 및 계획고
⑤ 지반고와 계획고의 차이, 즉 성토고와 절토고
⑥ 계획선의 경사
⑦ 평면곡선의 설치위치

34. 항공사진측량에서 동일한 지역을 사진의 크기와 촬영고도는 같게 하고, 카메라를 달리하여 촬영하였을 때, 1장의 사진에서 나타나는 초광각 카메라에 의한 촬영면적은 광각카메라에 의한 촬영면적의 몇 배인가? (단, 초광각 카메라 초점거리=88mm, 광각카메라 초점거리=150mm)

① 약 2배 ② 약 3배
③ 약 4배 ④ 약 5배

해설 $A_초 : A_광 = (ma)^2 : (ma)^2 = \left(\frac{H}{f}a\right)^2 : \left(\frac{H}{f}a\right)^2$

$= \left(\frac{H}{88}a\right)^2 : \left(\frac{H}{150}a\right)^2 ≒ 3:1$

35. 수준측량의 야장기입법 중에서 완전한 검산을 계산으로 할 수 있으며 높은 정도를 필요로 하는 측량에 적합하나 중간점이 많을 경우 계산이 복잡하고 시간이 많이 소요되는 단점을 갖고 있는 것은?

① 고차식 ② 기고식
③ 승강식 ④ 종단식

해설 [수준측량 야장기입법]
① 고차식 : 중간점없이 이기점 전시와 후시로만 관측된 야장으로 가장 간단하다.
② 승강식 : 완전한 검사로 정밀측량에 적당하나, 중간점이 많으면 계산이 복잡하고 시간과 비용이 많이 든다.
③ 기고식 : 중간점이 많을 경우 편리하나 완전한 검산을 할 수 없는 단점에도 가장 많이 사용되는 방법이다.

36. 완화곡선의 성질에 대한 설명으로 옳지 않은 것은?

① 곡선의 반지름은 완화곡선의 시점에서 무한대, 종점에서 원곡선의 반지름이 된다.
② 완화곡선의 접선은 시점에서 원호에, 종점에서 직선에 접한다.
③ 완화곡선에 연한 곡선반지름의 감소율은 캔트의 증가율과 같다.
④ 완화곡선의 종점에 있는 캔트는 원곡선의 캔트와 같다.

해설 [완화곡선의 성질]
① 완화곡선의 반지름은 시점에서 무한대, 종점에서는 원곡선의 반지름과 같다.
② 완화곡선의 접선은 시점에서는 직선에, 종점에서는 원호에 접한다.
③ 완화곡선의 곡선반경 감소율은 캔트의 증가율과 같다.
④ 완화곡선의 편경사의 크기는 곡선의 반경에 반비례하고 설계속도에 비례한다.

37. 터널 내 수준측량의 특징에 대한 설명으로 옳은 것은?

① 지상에서의 수준측량방법과 장비 모두 동일하다.
② 관측점의 위치는 바닥레일의 중심점을 이용한다.
③ 이동식 답판을 주로 이용해야 안정성이 있다.
④ 수준측량을 위한 관측점은 천정에 설치되는 경우가 많다.

해설 수준측량을 위한 관측점은 천정에 설치되는 경우가 많다.

38. 항공사진을 실체시할 때 생기는 과고감에 영향을 미치는 인자가 아닌 것은?

① 사진의 크기
② 카메라의 초점거리
③ 기선고도비
④ 입체시할 경우 눈의 위치

해설 [과고감]
① 입체사진에서 높이감이 수평감보다 크게 나타나는 정도를 의미하며, 산과 건물의 높이가 실제보다 과장되어 보이는 현상
② 과고감은 기선고도비에 비례한다.
$$\frac{B}{H} = \frac{ma(1-p)}{mf} = \frac{a(1-p)}{f}$$
③ 과고감은 기선의 길이, 축척의 분모수, 눈의 위치에 비례, 초점거리, 촬영고도에 반비례한다.

39. 다음 중 지형측량의 지성선에 해당되지 않는 것은?

① 합수선
② 능선(분수선)
③ 경사변환선
④ 주곡선

해설 [지성선(地性線 : topographical line)]
① 능선(능선, 분수선) : 정상을 향하여 가장 높은 점을 연결한 선으로 빗물이 이것을 경계로 흐르게 되므로 분수선이라고도 한다.
② 곡선(합수선, 계곡선) : 가장 낮은 점을 연결한 선으로 계곡선이라고도 한다.
③ 경사변환선 : 동일 방향의 경사면에서 경사의 크기가 다른 두 면의 교선을 경사 변환선이라 한다.
④ 최대 경사선 : 지표의 임의의 한 점에 있어서 그 경사가 최대로 되는 방향을 표시한 선을 말하며 등고선에 직각으로 교차한다.

40. 등고선의 성질을 설명한 것으로 틀린 것은?

① 등고선은 등경사지에서 등간격으로 나타난다.
② 등고선은 도면 내·외에서 반드시 폐합하는 폐곡선이다.
③ 등고선은 절벽이나 동굴에서는 교차할 수 있다.
④ 등고선은 급경사지에서는 간격이 넓고 완경사지에서는 좁다.

해설 등고선은 급경사지에서는 간격이 좁고, 완경사지에서는 넓다.

3과목 토지정보체계론

41. 관계형 DBMS에서 자료를 만들고 조회할 수 있는 도구로서 처음 개발된 것으로, DBMS를 제어하고 DBMS와 대화할 수 있는 관계형 데이터베이스의 표준질의언어는?

① SQL
② ADT
③ HTML
④ COBOL

해설 [SQL(Structured Query Language) : 구조화 질의 언어]
• 데이터 베이스를 사용할 때 데이터베이스에 접근할 수 있는 데이터베이스 하부 언어
• 데이터 정의어(DDL)와 데이터 조작어(DML)를 포함한 데이터베이스용 질의언어(query language)의 일종
• 단순한 질의 기능뿐만 아니라 완전한 데이터 정의 기능과 조작 기능을 갖추고 있음
• 영어 문장과 비슷한 구문을 갖고 있으므로 초보자들도 비교적 쉽게 사용

정답 37. ④ 38. ① 39. ④ 40. ④ 41. ①

42. 아래와 같이 주어진 수식이 의미하는 좌표변환은? (λ:축척변경, (x₀, y₀):원점의 변위량, θ:회전변환, (x', y'):보정된 자료, (x, y):보정전 좌표)

$$\begin{bmatrix} x' \\ y' \end{bmatrix} = \lambda \begin{bmatrix} \cos\theta & -\sin\theta \\ \sin\theta & \cos\theta \end{bmatrix} \begin{bmatrix} x \\ y \end{bmatrix} + \begin{bmatrix} x_0 \\ y_0 \end{bmatrix}$$

① 투영변환
② 등각사상변환
③ 어파인(Affine)변환
④ 의사어파인(Pseudo Affine)변환

해설 등각사상변환은 회전변환, 원점의 이동, 축척변경을 수행한다.
[내부표정을 위한 좌표변환식]
① 선형등각사상변환
$X = ax - by + x_0$, $Y = bx + ay + y_0$
② 부등각사상변환(affine변환)
$X = a_1x + a_2y + x_0$, $Y = b_1x + b_2y + y_0$
③ 의사부등각사상변환
$X = a_1x + a_2y + a_3xy + x_0$, $Y = b_1x + b_2y + b_3xy + y_0$

43. 지적분야에서 토지정보시스템 구축목적으로 옳은 것은?
① 세계좌표계로의 변환에 대비
② 지적삼각점의 관리부실 개선
③ 지적불부합에 의한 분쟁 해결
④ 토지관련정보의 효율적 이용 및 관리

해설 토지정보시스템의 구축목적으로는 토지관련정보의 효율적 이용 및 관리이며 그밖에 지적재조사의 기반 확보, 다목적 지적정보체계 구축, 지적 관련 민원의 신속·정확한 처리 등을 들 수 있다.

44. 데이터 취득시 항공사진측량에서 중복촬영 사진의 도화유형에 속하지 않는 것은?
① 기계도화기
② 디지타이저
③ 해석식도화기
④ 수치사진측량시스템

해설 [디지타이저(Digitizer)]
① 도면자료를 수치화하는 장치로 디지타이저를 이용하여 주제의 형태를 수동으로 입력하는 방법이 주로 사용
② 디지타이저에 의해 입력을 할 때 바로 벡터형식의 자료 저장 가능
③ 벡터화 변환이 불필요하나 작업자의 숙련도에 따라 효율성 좌우

45. 데이터베이스시스템의 구성요소에 해당하지 않는 것은?
① 사용자
② 운영체계
③ 하드웨어
④ 데이터베이스관리시스템

해설 [데이터베이스시스템의 구성요소]
① 4대요소 : 하드웨어, 소프트웨어, 데이터(자료), 조직과 인력 등
② 3대요소 : 하드웨어, 소프트웨어, 데이터

46. 한국토지정보시스템 구축에 따른 기대효과로 옳지 않은 것은?
① 업무능률성 향상
② 데이터 무결성 확보
③ 지적도 DB활용 확보
④ 1계층으로 시스템 확장성

해설 한국토지정보시스템의 아키텍쳐는 3계층 클라이언트 서버(3계층 시스템)를 기본으로 한다.
[웹기반의 토지정보시스템의 기대효과]
① 업무처리의 신속성
② 정보의 공유
③ 업무별 분산처리 실현
④ 시간과 거리에 대한 제약을 받지 않음

47. 지적도면을 전산화함에 있어 정비하여야 할 사항과 가장 거리가 먼 것은?
① 경계 정비
② 도곽선 정비
③ 소유자 정비
④ 도면번호 정비

해설 [지적도면 정비대상]
도면번호 정비, 색인도 정비, 도면의 도곽선 정비, 행정구역선의 정비, 경계 등의 정비

48. 벡터데이터에 비하여 래스터데이터가 갖는 특징으로 옳지 않은 것은?

① 자료구조가 단순하다.
② 위상구조의 표현에 적합하다.
③ 중첩연산을 용이하게 구현할 수 있다.
④ 원격탐사자료와의 연계처리가 용이하다.

해설 [벡터자료의 특징]
· 현상적 자료구조의 표현이 용이하고 효율적 축약
· 뛰어난 위상관계 구축과 위치와 속성의 일반화 가능
· 3차원 분석 및 확대 축소시의 정보의 손실 없음
· 자료구조는 복잡하고 고가의 장비 필요

49. 지반보강을 할 필요가 있는 사질토에 위치한 대지를 검색하여 공간정보데이터 중첩분석을 통해 얻어지는 결과로 옳은 것은?

 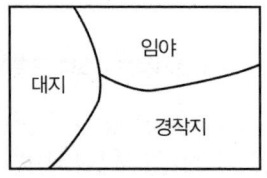

토질주제도   토지이용지주제도

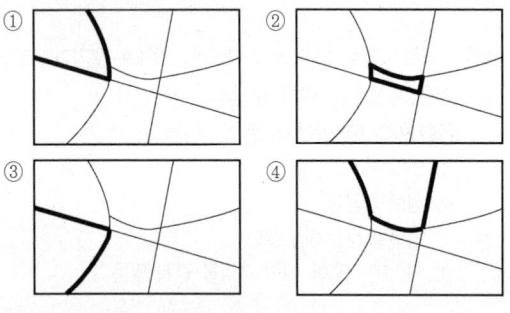

해설 중첩분석(Overlay)은 하나의 레이어에 다른 레이어를 포개어 두 레이어에 나타난 형상들 간의 관계를 분석하는 것으로 주제도의 교집합에 해당하는 부분을 선택하면 된다.

50. 경위의측량방법으로 세부측량을 하고자 할 때 측량준비파일의 작성에 있어 지적기준점간 거리 및 방위각의 작성표시 색으로 옳은 것은?

① 검은색   ② 노란색
③ 붉은색   ④ 파란색

해설 [지적업무 처리규정 제18조(측량준비파일의 작성)]
① 평판측량방법 또는 전자평판측량방법으로 세부측량을 하고자 할 때에는 측량준비파일을 작성하여야 하며, 부득이한 경우 측량준비도면을 연필로 작성할 수 있다.
② 측량준비파일을 작성하고자 하는 때에는 지적기준점 및 그 번호와 좌표는 검은색으로, 도곽선 및 그 수치와 지적기준점 간 거리는 붉은색으로, 그 외는 검은색으로 작성한다.

51. 다음의 지적도 종류 중 지형과의 부합도가 가장 높은 도면은?

① 건물지적도   ② 개별지적도
③ 연속지적도   ④ 편집지적도

해설 편집지적도는 다른 지적도에 비하여 지형과의 부합도가 가장 높은 도면이다.

52. GIS 구축시 좌표계의 선정이 중요한 공간데이터에 대한 설명으로 틀린 것은?

① 수집한 데이터의 좌표계가 무엇인지 파악하여 투영정의해야 한다.
② 투영정의 한 후에는 최종구축할 좌표계로 투영변환해야 한다.
③ 각기 다른 좌표계로 투영변환할 때에는 변환인자가 필요하다.
④ 우리나라의 경우 X, Y좌표에 대한 가산수치는 모두 +500000m, -200000m이므로 확인하지 않아도 된다.

해설 지적측량의 경우에는 가우스상사이중투영법에 의하여 표시하며, 직각좌표계의 투영원점의 수치를 X(N) = 500,000m, Y(E) = 200,000m를 가산하여 적용하며 제주도의 경우는 X(N) = 550,000m, Y(E) = 200,000m를 가산하여 적용한다.

정답 48. ② 49. ① 50. ③ 51. ④ 52. ④

53. 아래 내용에서 ( ) 안에 들어갈 내용으로 알맞은 것은?

> 지적소관청이 지번변경, 행정구역변경, 구획정리, 경지정리, 축척변경, 토지개발사업을 하고자 하는 때에는 ( )을 생성하여야 한다.

① 도곽파일
② 복제파일
③ 임시파일
④ 토지이동파일

해설 지적소관청이 지번변경, 행정구역변경, 구획정리, 경지정리, 축척변경, 토지개발사업을 하고자 하는 때에는 (임시파일)을 생성하여야 한다.

54. 항공사진을 활용한 토지정보수집에 대한 설명으로 옳지 않은 것은?

① 항공사진을 스캐닝하여 공간데이터에 대한 보조적 자료로 활용한다.
② 항공사진은 세부적인 정보를 얻을 수 있는 소축척의 정보 획득에 적합하다.
③ 항공사진은 사진판독을 통하여 지질도, 토지이용도 등의 각종 주제도 제작시 자료로 이용한다.
④ 변동사항이 광역적이지 않을 경우 간단히 최근의 항공사진과 비교함으로서 공간데이터를 최신정보로 수정할 수 있다.

해설 항공사진측량을 통해서는 세부적인 정보를 얻을 수 없으므로 사진측량후에 현지조사를 병행한다.

55. 속성정보로 보기 어려운 것은?

① 임야도의 등록사항인 경계
② 경계점좌표등록부의 등록사항인 지번
③ 공유지연명부의 등록사항인 토지의 소재
④ 대지권등록부의 등록사항의 대지권 비율

해설 속성정보는 토지의 상태나 특성들을 문자나 숫자형태로 나타낸 자료로 대장, 보고서 등이 이에 속한다.

56. PBLIS 구축의 직접적인 기대효과가 아닌 것은?

① 지적정보의 효율적 관리
② 지적정보활용의 극대화
③ 지적재조사사업의 비용절감
④ 지적행정업무의 획기적인 개선

해설 PBLIS 구축의 기대효과와 지적재조사사업의 비용절감과는 무관하다.
[PBLIS(필지중심토지정보시스템)]
① 필지중심토지정보시스템은 토지 관련 정보를 전산화하여 공간적, 기능적, 분석기능이 다양하고 매우 유용한 체계로 활용할 수 있다.
② 활용범위는 국토이용, 토지 관리, 지적정보관리, 토지에 대한 법률적 자료관리 등에 필요한 일반적인 대장과 도면자료의 연계활용, 지가산정, 이용능력평가, 토지이용현황 확인 등에 대한 공간적, 시간적인 기록과 보존 및 기능적 분석을 위하여 활용될 수 있다.
③ 지적공부관리시스템은 속성정보와 공간정보를 유기적으로 통합하여 상호 데이터의 연계성을 유지하며 변동자료를 실시간으로 수정하여 국민과 관련 기관에 필요한 정보를 제공하는 시스템이다.

57. 공간정보의 형태에 대한 설명 중 틀린 것은?

① 영역은 선에 의해 폐합된 형태로서 범위를 갖는다.
② 선은 점이 연결되어 만들어지는 2차원의 공간객체이다.
③ 점은 위치좌표계의 단 하나의 쌍으로 표현되는 대상이다.
④ 표면은 공간적 대상물의 범주로 간주되며 연속적인 자료의 표현이다.

해설 노드는 점유형으로 0차원, 체인, 링크, 아크 등은 선유형으로 1차원 공간객체이다.

58. 한국토지정보시스템의 개발배경에 대한 설명으로 옳지 않은 것은?

① 필지중심토지정보시스템은 지적도를 기본도로 하였으며, 토지종합정보망은 지형도를 기본도로 하였다.
② 한국토지정보시스템은 구 행정자치부의 필지중심토지정보시스템과 구 건설교통부의 토지종합정보망을 통합하여 개발한 시스템이다.
③ 기존 전산화사업을 통해 구축된 데이터의 중복을 방지하고 데이터간 이질감을 방지하기 위해 필지중심토지정보시스템과 토지종합정보망을 연계 통합하였다.
④ 한국토지정보시스템은 구 행정자치부가 담당하는 다양한 지적관련 업무와 함께 구 건설교통부가 담당하는 토지행정 업무 지원기능 및 공간자료 관리기능을 제공한다.

해설 토지종합정보망(LMIS; Land Management Information System)은 건설교통부가 지리정보시스템을 핵심기술로 시·군·구에서 생산·관리하는 공간자료와 속성자료를 통합구축·관리하여 자료의 일관성과 정확성을 확보하고 이를 공유하여 업무의 효율성을 획기적으로 개선하였다.

59. 지적전산자료의 이용에 대한 심사신청을 받은 관계 중앙행정기관의 장이 심사하는 사항에 해당하지 않는 것은?

① 개인의 사생활 침해 여부
② 신청내용의 타당성, 적합성 및 공익성
③ 자료의 이용에 따른 사용료 납부 방법
④ 자료의 목적 외 사용방지 및 안전관리대책

해설 [공간정보의 구축 및 관리 등에 관한 법률 시행령 제62조(지적전산자료의 이용 등)]
심사 신청을 받은 관계 중앙행정기관의 장은 다음 각 호의 사항을 심사한 후 그 결과를 신청인에게 통지하여야 한다.
  1. 신청 내용의 타당성, 적합성 및 공익성
  2. 개인의 사생활 침해 여부
  3. 자료의 목적 외 사용 방지 및 안전관리대책

60. 토지정보시스템에 있어 객체(Object)와 관련이 먼 것은?

① 도로나 시설물 등도 해당된다.
② 공간정보를 근간으로 구성된다.
③ 정보의 생성, 저장, 관리기능 일체를 의미한다.
④ 공간상에 존재하는 일정 사물이나 특정 현상을 발생시키는 존재이다.

해설 정보의 생성, 저장, 관리기능 일체를 의미하는 것은 정보관리시스템이다.
[객체(Object)]
① 속성 자료에 의해 표현되는 현상을 일컫는다.
② 객체 지향 프로그래밍에서 자료나 절차를 구성하는 기본 요소이다.
③ 작성, 조작 및 수정을 위하여 단일 요소로 취급되는 문자·치수·선·원 또는 다각선과 같은 하나 이상의 기본체·도면요소라고도 한다.
④ 실세계 실체를 표현하는 공간 데이터베이스의 점·선 또는 다각형 실체. 용어 Feature와 Object는 종종 동의적으로 사용된다.

4과목 지적학

61. 다음 중 지번의 특성에 해당하지 않는 것은?

① 연속성 ② 종속성
③ 특정성 ④ 형평성

해설 지번의 특성은 특정성, 동질성, 종속성, 불가분성, 연속성이 있어야 한다.

62. 신라의 토지측량에 사용된 구장산술의 방전장의 내용에 속하지 않는 토지형태는?

① 양전 ② 직전
③ 환전 ④ 구고전

해설 양전제도는 고려·조선 시대 토지의 실제경작 상황을 파악하기 위해 실시한 토지측량 제도이다.

정답 58. ① 59. ③ 60. ③ 61. ④ 62. ①

[신라의 구장산술의 토지형태]
방전(方田, 정사각형), 직전(直田, 직사각형), 구고전(句股田, 직각삼각형), 규전(圭田, 이등변삼각형), 제전(梯田, 사다리꼴), 원전(圓田, 원), 호전(弧田, 호), 환전(環田, 고리모양)

63. 지적공부에 등록하는 면적에 관한 내용으로 틀린 것은?

① 국가만이 결정한다.
② 1제곱미터 단위로만 등록한다.
③ 계산은 오사오입법에 의한다.
④ 지적측량에 의하여 결정한다.

해설 │ 지적공부에 등록하는 면적의 단위는 제곱미터로 하며, 지적도의 축척이 600분의 1인 지역과 경계점좌표등록부에 등록하는 지역의 토지면적은 제곱미터 이하 한 자리 단위로 한다.

64. 독일의 지적제도에 관한 설명으로 틀린 것은?

① 등기제도와 지적제도는 행정부에서 통합하여 운영하고 있다.
② 각 주마다 주측량사무소와 지적사무소를 설치하여 운영하고 있다.
③ 연방정부는 내무부에서 측량관련 업무를 담당하고 있으나 주정부에 대한 통제가 미비한 상태로 운영되고 있다.
④ 지적관련법령으로 민법, 지적법, 토지측량법, 지적 및 측량법, 부동산등기법 등으로 각주마다 다르다.

해설 │ [독일의 지적제도]
① 지적제도는 행정부에서, 등기제도는 사법부에서 관리운영하는 2원체제로 운영
② 지적도에는 도로의 명칭과 건물번호, 가로등, 가로수 등을 등록하고 있으나 지번은 등록되고 지목의 표시는 하지 않고 있음

65. 토지조사사업에 대한 설명으로 틀린 것은?

① 토지조사사업은 일제가 식민지정책의 일환으로 실시하였다.
② 토지조사사업의 내용은 토지소유권 조사, 토지가격조사, 지형지모조사가 있다.
③ 토지조사사업은 사법적인 성격을 갖고 업무를 수행하였으며 연속성과 통일성이 있도록 하였다.
④ 축척 2만5천분의 1 지형도를 작성하기 위해 축척 3천분의 1과 6천분의 1을 사용하여 세부측량을 함께 실시하였다.

해설 │ [토지조사사업의 지형지모조사]
토지의 지형지모 조사는 지형을 측량하여 지상에 존재하는 모든 물체의 고저맥락 관계를 지도상에 표시한 것으로서, 그 축척은 전국에 걸쳐 1/50,000으로 하고, 다시 부제(府制) 시행지와 이에 준하는 지방 33개소는 1/10,000, 기타 도읍 부근 13개소는 1/25,000의 축척을 사용하여 지형도를 작성하였다. 또한 금강산·경주·부여와 개성에 대해서는 별도로 사용의 편의를 꾀하여 특수지형도를 제작하였다.

66. 현대 지적의 기능을 일반적 기능과 실제적 기능으로 구분하였을 때, 지적의 일반적 기능이 아닌 것은?

① 법률적 기능　　② 사회적 기능
③ 유통적 기능　　④ 행정적 기능

해설 │ 유통적 기능은 지적의 일반적 기능으로 볼 수 없다.
[지적의 일반적 기능]
① 사회적 기능
② 법률적 기능 : 사법적 기능, 공법적 기능
③ 행정적 기능

67. 입안을 받지 않은 매매계약서를 무엇이라 하였는가?

① 휴도　　　　② 결연매매
③ 백문매매　　④ 지세명기

해설 │ ① 휴도 : 도면제작에 경선과 위선의 개념과 계통적 과정을 도입하는 과학적인 방법을 제시한 것
② 백문매매 : 문기의 일종으로 입안을 받지 않는 매매계약서
③ 지세명기 : 지세징수를 위해 이동정리를 끝낸 토지대장 중 민유과세지만을 뽑아 각 면마다 소유자별로 성명을 기록하여 비치한 문서

68. 조선시대의 영전법은 토지의 등급에 따라 상등전·중등전·하등전의 척도를 다르게 하는 수등이척제(隨等異尺制)를 사용하였는데 이에 대한 설명으로 옳은 것은?

① 상등전은 농부수의 20지(指)
② 상등전은 농부수의 25지(指)
③ 중등전은 농부수의 20지(指)
④ 중등전은 농부수의 30지(指)

해설 수등이척제는 상등전의 척도는 농부수(農夫手)의 20지(指), 중등전은 농부수의 25지(指), 하등전은 30지(指)로 등급에 따라 타량하였다.

69. 적극적 등록제도와 관련된 내용으로 틀린 것은?

① 토지등록의 효력은 정부에 의해 보장된다.
② 지적공부에 등록된 토지만이 권리가 인정된다.
③ 토렌스시스템은 적극적 등록제도의 발전된 형태이다.
④ 적극적 등록제도를 채택한 국가는 영국, 프랑스, 네덜란드이다.

해설 [소극적 등록제도]
① 소극적 등록(Negative System)제도는 기본적으로 거래와 그에 관한 거래증서의 변경기록을 수행하는 제도이다.
② 네덜란드, 영국, 프랑스, 이탈리아, 미국의 일부 주 및 캐나다 등에서 채택하고 있다.

70. 관계(官契)에 대한 설명으로 옳은 것은?

① 민유지만 조사하여 관계를 발급하였다.
② 외국인에게도 토지소유권을 인정하였다.
③ 관계발급의 신청은 소유자의 의무사항은 아니다.
④ 발급대상은 산천, 전답, 천택(川澤), 가사(家舍) 등 모든 부동산이었다.

해설 [가계제도와 지계제도]
① 관계는 3편으로 되어 있으며 제1편은 본아문, 제2편은 소유자, 제3편은 지방관청에 보존한다.
② 지계제도에서 전답을 매매하는 경우는 관계(官契)를 받아야 한다.
③ 가계와 지계 제도는 대도시에서는 외국인 거주자가 발생하면서 외국인이 토지소유권을 취득한 경우 종래의 입안제도 보완이 필요한 제도이다.
④ 지계는 본질에서 입안과 같은 것으로 근대화된 것이다.
⑤ 가계제도는 지계제도보다 10년 앞서 시행되었다.
⑥ 발급대상은 산천, 전답, 천택(川澤), 가사(家舍) 등 모든 부동산이었다.

71. 지적에서 지번의 부번진행방법 중 옳지 않은 것은?

① 고저식(高低式) ② 기우식(寄寓式)
③ 사행식(蛇行埴) ④ 절충식(折衷植)

해설 [지번의 부번진행방법]
① 진행방향에 따른 분류 : 사행식, 기우식, 절충식, 단지식
② 부여단위에 따른 분류 : 지역단위법, 도엽단위법, 단지단위법
③ 기번위치에 따른 분류 : 북서기번법, 북동기번법

72. 필지별 지번의 부번방식이 아닌 것은?

① 기번식 ② 문자식
③ 분수식 ④ 자유식

해설 도로의 중심선을 기준으로 좌측은 홀수, 우측은 짝수로 부번하는 방식을 기우식이라 하며 문자식이라는 부번방식은 존재하지 않는다.

73. 토지조사부(土地調査簿)에 대한 설명으로 옳은 것은?

① 결수연명부로 사용된 장부이다.
② 입안과 양안을 통합한 장부이다.
③ 별책토지대장으로 사용된 장부이다.
④ 토지소유권의 사정원부로 사용된 장부이다.

해설 토지조사부는 토지소유권의 사정원부로 사용된 장부이다.
[토지조사부(土地調査簿)와 지적도]
① 토지조사부는 토지의 구역마다 지번·가지번·지목·지적·신고 또는 통지연월일, 소유자의 주소·이름 또는 명칭을 등록한 것
② 지적도는 토지 구역의 위치·지목·지주를 달리하는 토지와 토지와의 강계선, 동일지주의 소유에 속한 일필지와 일필지의 한계 및 조사 시행지와 미시행지인 도로·구거·산야 등과의 지계를 표지하는 지역선을 묘화한 것

74. 토지조사사업 당시 사정에 대한 재결기관은?

① 도지사 ② 임시토지조사국장
③ 고등토지조사위원회 ④ 지방토지조사위원회

해설

구분	토지조사사업	임야조사사업
측량기관	임시토지조사국	부(府), 면(面)
사정기관	임시토지조사국장	도지사
재결기관	고등토지조사위원회	임야심사위원회

75. 지적법의 3대 이념으로 옳은 것은?

① 지적공부주의   ② 직권등록주의
③ 지적형식주의   ④ 실질적 심사주의

해설 [지적법의 3대 이념]
① 국정주의 : 국가의 공권력에 의거 국가기관의 장인 시장·군수·구청장만이 토지에 대한 소재·지번·지목·경계 또는 좌표와 면적 등을 결정할 수 있는 권한을 가진다는 이념
② 형식주의(등록주의) : 토지에 대한 물리적 현황과 권리관계 등을 외부에서 인식할 수 있도록 일정한 법정의 형식을 갖추어 국가기관에서 비치하고 있는 지적공부에 등록하여야만 효력을 인정할 수 있다는 이념
③ 공개주의 : 지적공부에 등록된 사항은 소유자 또는 이해관계인 등 일반 국민에게 널리 공개하여 정당하게 이용할 수 있게 하여야 한다는 이념

76. 필지의 성립요건으로 볼 수 없는 것은?

① 경계의 결정
② 정확한 측량성과
③ 지번 및 지목의 설정
④ 지표면을 인위적으로 구획한 폐쇄된 공간

해설 [필지의 성립요건]
① 지표면을 인위적으로 구획한 폐쇄된 공간
② 지번 및 지목의 설정
③ 경계의 결정

77. 토지조사사업 당시 험조장의 위치를 선정할 때 고려사항이 아닌 것은?

① 조류의 속도   ② 해저의 깊이
③ 유수 및 풍향   ④ 선착장의 편리성

해설 [험조장의 위치선정시 고려사항]
① 유수 및 풍향
② 해저의 깊이
③ 조류의 속도

78. 토지표시사항은 지적공부에 등록하여야만 효력이 발생한다는 이념은?

① 공개주의   ② 국정주의
③ 직권주의   ④ 형식주의

해설 [지적형식주의]
① 지적공부에 등록하는 법적인 형식을 갖추어야만 토지로서의 거래단위가 될 수 있다는 원리
② 국가의 통치권이 미치는 모든 영토를 필지단위로 구획하여 지적공부에 등록·공시하여야만 배타적인 소유권이 인정된다.

79. 다음 중 지적형식주의와 가장 관계있는 사항은?

① 공시의 원칙   ② 등록의 원칙
③ 특정화의 원칙   ④ 인적편성의 원칙

해설 [지적형식주의]
① 지적공부에 등록하는 법적인 형식을 갖추어야만 비로소 토지로서의 거래단위가 될 수 있다는 원리
② 지적등록주의라고도 한다.

80. 현존하는 지적기록 중 가장 오래된 것은?

① 매향비   ② 경국대전
③ 신라장적   ④ 해학유서

해설 ① 매향비 : 고려말~조선초, 내세에 미륵불의 세계에 태어날 것을 염원하면서 향을 묻고 세우는 비
② 경국대전 : 조선 시대에 나라를 다스리는 기준이 된 최고의 법전
③ 신라장적 : 8세기~9세기 초에 작성된 문서로 통일신라의 세금징수목적으로 작성된 문서이며, 지적공부 중 토지대장의 성격을 갖는 가장 오래된 문서
④ 해학유서 : 조선 말기의 학자이자 애국계몽운동가인 이기의 시문집

정답 75. ③ 76. ② 77. ④ 78. ④ 79. ② 80. ③

5과목 지적관계법규

81. 좌표면적계산법으로 면적측정을 하는 경우 산출면적은 얼마까지 계산하는가?

① $\frac{1}{10}m^2$ ② $\frac{1}{100}m^2$
③ $\frac{1}{1000}m^2$ ④ $\frac{1}{10000}m^2$

해설 [좌표에 의한 면적측정방법]
① 대상지역 : 경위의 측량방법으로 세부측량을 실시한 지역
② 필지별 면적측정 : 경계점 좌표에 따를 것
③ 산출면적 : 산출면적은 1/1,000㎡까지 계산하여 1/10㎡ 단위로 정함

82. 공간정보의 구축 및 관리 등에 관한 법률에 따른 용어의 정의가 틀린 것은?

① "지번"이란 필지에 부여하여 지적공부에 등록한 번호를 말한다.
② "등록전환"이란 지적도에 등록된 경계점의 정밀도를 높이는 것을 말한다.
③ "토지의 이동"이란 토지의 표시를 새로 정하거나 변경 또는 말소하는 것을 말한다.
④ "지목변경"이란 지적공부에 등록된 지목을 다른 지목으로 바꾸어 등록하는 것을 말한다.

해설 [공간정보의 구축 및 관리 등에 관한 법률 제2조(정의)]
등록전환 : 임야대장 및 임야도에 등록된 토지를 토지대장 및 지적도에 옮겨 등록하는 것을 말한다.

83. 사용자권한 등록파일에 등록하는 사용자번호 및 비밀번호에 대한 설명으로 틀린 것은?

① 사용자의 비밀번호는 6자리부터 16자리까지의 범위에서 사용자가 정하여 사용한다.
② 사용자번호는 사용자권한 등록관리청별로 일련번호로 부여하여야 하며, 수시로 사용자번호를 변경하며 관리하여야 한다.
③ 사용자의 비밀번호는 다른 사람에게 누설하여서는 아니되며, 사용자는 비밀번호가 누설되거나 누설될 우려가 있는 때에는 즉시 이를 변경하여야 한다.
④ 사용자권한 등록관리청은 사용자가 다른 사용자권한 등록관리청으로 소속이 변경되거나 퇴직 등을 한 경우에는 사용자번호를 따로 관리하여 사용자의 책임을 명백히 할 수 있도록 하여야 한다.

해설 [사용자권한 등록파일에 등록하는 사용자의 비밀번호 설정기준]
① 비밀번호는 6자리부터 16자리까지의 범위에서 사용자가 정하여 사용한다.
② 비밀번호는 다른 사람에게 누설하여서는 아니된다.
③ 누설되거나 누설될 우려가 있는 때에는 즉시 이를 변경하여야 한다.

84. 지목을 '도로'로 구분할 수 있는 토지가 아닌 것은?

① 고속도로의 휴게소 부지
② 1필지에 진입하는 통로로 이용되는 토지
③ 〈도로법〉 등 관계법령에 따라 도로로 개설된 토지
④ 일반 공중의 교통 운수를 위해 차량운행에 필요한 설비를 갖추어 이용되는 토지

해설 [도로]
① 일반공중의 교통운수를 위하여 보행이나 차량운행에 필요한 일정한 설비 또는 형태를 갖추어 이용되는 토지
② 〈도로법〉 등 관계법령에 따라 도로로 개설된 토지
③ 고속도로의 휴게소 부지
④ 2필지 이상에 진입하는 통로로 이용되는 토지
⑤ 다만, 아파트, 공장 등 단일 용도의 일정한 단지 안에 설치된 통로 등은 제외

85. 축척변경에 따른 청산금을 산출한 결과, 증가된 면적에 대한 청산금의 합계와 감소된 면적에 대한 청산금의 합계에 차액이 생긴 경우 부족액의 부담권자는?

① 국토교통부 ② 토지소유자
③ 지방자치단체 ④ 한국국토정보공사

정답 81. ③ 82. ② 83. ② 84. ② 85. ③

해설 [공간정보의 구축 및 관리 등에 관한 법률 시행령 제75조(청산금의 산정)]
청산금을 산정한 결과 증가된 면적에 대한 청산금의 합계와 감소된 면적에 대한 청산금의 합계에 차액이 생긴 경우 초과액은 그 지방자치단체의 수입으로 하고, 부족액은 그 지방자치단체가 부담한다.

86. 이미 완료된 등기에 대해 등기 절차상에 착오 또는 유루(流漏)가 발생하여 원시적으로 등기사항과 실체사항과의 불일치가 발생되었을 때 이를 시정하기 위해 행하여지는 등기는?

① 경정등기　　② 기입등기
③ 부기등기　　④ 회복등기

해설 [등기의 종류]
① 부기등기 : 독립된 순위번호를 갖지 않고 기존의 등기에 부기번호를 붙여서 행하여지는 등기
② 경정등기 : 등기의 일부에 착오 또는 유루가 있을 때 그것을 시정하기 위하여 하는 등기
③ 회복등기 : 등기부의 전부 또는 일부가 멸실되었다가 회복 절차에 따라 회복시키는 등기
④ 기입등기 : 새로운 등기원인에 기하여 특정한 사항을 등기부에 새롭게 기입하는 등기

87. 측량기하적에 대한 설명으로 틀린 것은?

① 측정점의 방향선 길이는 측정점을 중심으로 약 2센티미터로 표시한다.
② 평판점 측정점 및 방위표정에 사용한 기지점 등에는 방향선을 긋고 실측한 거리를 기재한다.
③ 평판점은 측량자의 경우 직경 1.5밀리미터 이상 3밀리미터 이하의 검은색 원으로 표시한다.
④ 평판점의 결정 및 방위표정에 사용한 기지점은 측량자의 경우 직경 1밀리미터와 2밀리미터의 2중원으로 표시한다.

해설 [지적측량 시행규칙 제24조(측량기하적)]
1. 평판점·측정점 및 방위표정에 사용한 기지점 등에는 방향선을 긋고 실측한 거리를 기재한다. 이 경우 측정점의 방향선 길이는 측정점을 중심으로 약 1센티미터로 표시한다. 다만, 전자측량시스템에 따라 작성할 경우 필지선이 복잡한 때는 방향선과 측정거리를 생략할 수 있다.
2. 평판점은 측량자는 직경 1.5밀리미터 이상 3밀리미터 이하의 검은색 원으로 표시하고, 검사자는 1변의 길이가 2밀리미터 이상 4밀리미터 이하의 삼각형으로 표시한다. 이 경우 평판점 옆에 평판이동순서에 따라 不₁, 不₂―――으로 표시한다.
3. 평판점의 결정 및 방위표정에 사용한 기지점은 측량자는 직경 1밀리미터와 2밀리미터의 2중원으로 표시하고, 검사자는 1변의 길이가 2밀리미터와 3밀리미터의 2중 삼각형으로 표시한다.
4. 평판점과 기지점 사이의 도상거리와 실측거리를 방향선상에 다음과 같이 기재한다.

(측량자)	(검사자)
(도상거리)	△(도상거리)
실측거리	△실측거리

88. 지적재조사사업에 따른 경계확정시기로 옳지 않은 것은?

① 이의신청 기간에 이의를 신청하지 아니하였을 때
② 경계결정위원회의 의결을 거쳐 결정되었을 때
③ 이의신청에 대한 결정에 대하여 30일 이내에 불복의사를 표명하지 아니하였을 때
④ 이의신청에 대한 결정에 불복하여 행정소송을 제기한 경우 그 판결이 확정되었을 때

해설 [지적재조사에 관한 특별법 제18조(경계의 확정)]
지적재조사사업에 따른 경계는 다음 각 호의 시기에 확정된다.
1. 이의신청 기간에 이의를 신청하지 아니하였을 때
2. 이의신청에 대한 결정에 대하여 60일 이내에 불복의사를 표명하지 아니하였을 때
3. 경계에 관한 결정이나 이의신청에 대한 결정에 불복하여 행정소송을 제기한 경우에는 그 판결이 확정되었을 때

89. 공간정보의 구축 및 관리 등에 관한 법률에서 규정한 지적측량수행자의 성실의무 등에 관한 내용으로 옳지 않은 것은?

① 지적측량수행자는 업무상 알게 된 비밀을 누설하여서는 아니된다.
② 지적측량수행자는 지적측량수수료 외에는 어떠한 명목으로도 그 업무와 관련된 대가를 받으면 아니된다.
③ 지적측량수행자는 본인, 배우자 또는 직계존속, 비속이 소유한 토지에 대한 지적측량을 하여서는 아니된다.
④ 지적측량수행자는 신의와 성실로서 공정하게 지적측량을 하여야 하며, 정당한 사유없이 지적측량 신청을 거부하여서는 아니된다.

해설 [공간정보의 구축 및 관리 등에 관한 법률 제50조(지적측량수행자의 성실의무 등)]
① 지적측량수행자(소속 지적기술자를 포함한다. 이하 이 조에서 같다)는 신의와 성실로써 공정하게 지적측량을 하여야 하며, 정당한 사유 없이 지적측량 신청을 거부하여서는 아니 된다.
② 지적측량수행자는 본인, 배우자 또는 직계 존속·비속이 소유한 토지에 대한 지적측량을 하여서는 아니 된다.
③ 지적측량수행자는 제106조 제2항에 따른 지적측량수수료 외에는 어떠한 명목으로도 그 업무와 관련된 대가를 받으면 아니 된다.

90. 다음 중 2년 이하의 징역 또는 2천만원 이하의 벌금에 해당하는 자는?

① 거짓으로 축척변경 신청을 한 자
② 고의로 측량성과를 사실과 다르게 한 자
③ 속임수로 측량업과 관련된 입찰의 공정성을 해친 자
④ 심사를 받지 아니하고 지도 등을 간행하여 판매하거나 배포한 자

해설 [공간정보의 구축 및 관리 등에 관한 법률 제107~109조(벌칙), 제110조(양벌규정), 제111조(과태료)]
① 거짓으로 축척변경 신청을 한 자 : 1년 이하의 징역 또는 1천만원 이하의 벌금
② 고의로 측량성과 또는 수로조사성과를 사실과 다르게 한 자 : 2년 이하의 징역 또는 2천만원 이하의 벌금
③ 속임수, 위력(威力), 그 밖의 방법으로 입찰의 공정성을 해친 자 : 3년 이하의 징역 또는 3천만원 이하의 벌금
④ 심사를 받지 아니하고 지도 등을 간행하여 판매하거나 배포한 자 : 1년 이하의 징역 또는 1000만원 이하의 벌금

91. 국토의 계획 및 이용에 관한 법률상의 용도지역 중 행위제한시 자연공원법, 수도법 또는 문화재보호법의 규정이 적용되는 지역은?

① 녹지지역
② 계획관리지역
③ 보전관리지역
④ 자연환경보전지역

해설 [국토의 계획 및 이용에 관한 법률 제8조(다른 법률에 따른 토지 이용에 관한 구역 등의 지정 제한 등)]
농림지역이나 자연환경보전지역에서 다음 각 목의 구역 등을 지정하는 경우
가. 제1호 각 목의 어느 하나에 해당하는 구역 등
나. 「자연공원법」 제4조에 따른 자연공원
다. 「자연환경보전법」 제34조 제1항 제1호에 따른 생태·자연도 1등급 권역
라. 「독도 등 도서지역의 생태계보전에 관한 특별법」 제4조에 따른 특정도서
마. 「문화재보호법」 제25조 및 제27조에 따른 명승 및 천연기념물과 그 보호구역
바. 「해양생태계의 보전 및 관리에 관한 법률」 제12조 제1항 제1호에 따른 해양생태도 1등급 권역

92. 토지의 표시 변경에 관한 등기를 할 필요가 있는 경우에는 지적소관청은 지체없이 관할등기관서에 그 등기를 촉탁하여야 하는데, 다음 중 등기촉탁이 가능하지 않은 것은?

① 등록전환
② 신규등록
③ 지번변경
④ 축척변경

해설 [공간정보의 구축 및 관리 등에 관한 법률 제89조(등기촉탁)]
신규등록 당시는 등기부가 존재하지 않으므로 등기촉탁의 대상이 되지 않는다.

93. 수수료를 현금으로만 내야 하는 사항으로 옳은 것은?

① 측량성과 사본발급 신청 수수료
② 지적기준점성과의 열람 및 등본 수수료
③ 성능검사대행자가 하는 성능검사 수수료
④ 측량성과의 국외반출허가 신청 수수료

해설 성능검사대행자가 하는 성능검사 수수료는 현금으로 내야 한다.

94. 공간정보의 구축 및 관리 등에 관한 법률상 지목의 명칭으로 옳은 것은?

① 소지, 염전, 도로용지, 광천지
② 사적지, 광천지, 운동장, 유원지
③ 주차장용지, 잡종지, 양어장, 임야
④ 공장용지, 창고용지, 목장용지, 주유소용지

해설 소지→유지, 도로용지→도로, 운동장→학교용지, 주차장용지→주차장
[28개 지목]
전, 답, 과수원, 목장용지, 임야, 광천지, 염전, 대, 공장용지, 학교용지, 주차장, 주유소용지, 창고용지, 도로, 철도용지, 제방, 하천, 구거, 유지, 양어장, 수도용지, 공원, 체육용지, 유원지, 종교용지, 사적지, 묘지, 잡종지

95. 시·도별 지적삼각점의 명칭이 잘못된 것은?

① 충청북도 : 충청
② 서울특별시 : 서울
③ 부산광역시 : 부산
④ 제주특별자치도 : 제주

해설 지적삼각점 명칭은 측량지역의 시·도 명칭 중 두 글자를 선택하고, 서울특별시·광역시·도 단위로 일련번호를 붙여서 정한다.
충청북도의 지적삼각점의 명칭은 충북이다.

96. 공간정보의 구축 및 관리 등에 관한 법률상 1필지로 정할 수 있는 기준에 해당하지 않는 것은?

① 지반이 연속된 토지
② 토지의 용도가 동일
③ 토지의 소유자가 동일
④ 동일한 지적측량방법에 의한 토지

해설 [1필지로 정할 수 있는 기준]
① 지번부여지역의 동일
② 토지소유자 동일
③ 용도의 동일
④ 지반이 연속

97. 거짓으로 분할 신청을 한 경우 벌칙 기준으로 옳은 것은?

① 300만원 이하의 과태료
② 1년 이하의 징역 또는 1천만원 이하의 벌금
③ 2년 이하의 징역 또는 2천만원 이하의 벌금
④ 3년 이하의 징역 또는 3천만원 이하의 벌금

해설 [공간정보의 구축 및 관리 등에 관한 법률 제109조(벌칙) : 1년 이하의 징역이나 1000만원 이하의 벌금]
거짓으로 신규등록, 등록전환, 분할, 합병, 지목변경, 등록말소, 축척변경, 등록사항의 정정 신청을 한 자

98. 등기관이 토지에 관한 등기를 하였을 때 지적소관청에 지체없이 그 사실을 알려야 하는 대상에 해당하지 않는 것은?

① 소유권의 변경 또는 경정
② 소유권의 보존 또는 이전
③ 소유권의 등록 또는 등록정정
④ 소유권의 말소 또는 말소회복

해설 [부동산등기법 제62조(소유권변경 사실의 통지)]
등기관이 다음 각 호의 등기를 하였을 때에는 지체 없이 그 사실을 토지의 경우에는 지적소관청에, 건물의 경우에는 건축물대장 소관청에 각각 알려야 한다.
1. 소유권의 보존 또는 이전
2. 소유권의 등기명의인 표시의 변경 또는 경정
3. 소유권의 변경 또는 경정
4. 소유권의 말소 또는 말소회복

99. 국토의 계획 및 이용에 관한 법률상 공동구관리자로 옳은 것은?

① 구청장   ② 특별시장
③ 국토교통부장관   ④ 행정안전부장관

해설 [국토의 계획 및 이용에 관한 법률 제144조(과태료)]
허가를 받지 않고 공동구를 점용하거나 사용했을 경우 특별시장, 광역시장이 과태료를 부과한다.

정답 94. ④ 95. ① 96. ④ 97. ② 98. ③ 99. ②

100. 사업시행자가 지적소관청에 토지이동에 대한 신청을 할 수 없는 사업은?

① 도시개발사업 ② 주택건설사업
③ 축척변경사업 ④ 산업단지개발사업

해설 [공간정보의 구축 및 관리 등에 관한 법률 제83조(축척변경)]
① 축척변경에 관한 사항을 심의·의결하기 위하여 지적소관청에 축척변경위원회를 둔다.
② 지적소관청은 지적도가 다음 각 호의 어느 하나에 해당하는 경우에는 토지소유자의 신청 또는 지적소관청의 직권으로 일정한 지역을 정하여 그 지역의 축척을 변경할 수 있다.
  1. 잦은 토지의 이동으로 1필지의 규모가 작아서 소축척으로는 지적측량성과의 결정이나 토지의 이동에 따른 정리를 하기가 곤란한 경우
  2. 하나의 지번부여지역에 서로 다른 축척의 지적도가 있는 경우
  3. 그 밖에 지적공부를 관리하기 위하여 필요하다고 인정되는 경우

CHAPTER 03 2020년도 지적기사 4회

1과목 지적측량

01. 광파거리측량기의 프리즘 정수와 관련하여 보정하는 사항은?

① 경사보정 ② 기상보정
③ 영점보정 ④ 투영보정

해설 EDM의 영점보정이란 측점에 설치한 기계의 중심과 관측하는 측점간을 일치시키도록 하는 프리즘 정수를 조정하는 것을 의미한다.

02. 경계점좌표등록부 시행지역에서 지적도근점의 측량성과와 검사성과의 연결교차 기준은?

① 0.15m 이내 ② 0.20m 이내
③ 0.25m 이내 ④ 0.30m 이내

해설 [경계점좌표등록부 시행지역의 측량성과와 검사성과의 연결교차]
① 지적삼각점측량 : 0.20m 이내
② 지적삼각보조점측량 : 0.25m 이내
③ 지적도근점측량 : 0.15m 이내, 그 밖의 지역 : 0.25m 이내
④ 세부측량(경계점) : 0.10m 이내, 그 밖의 지역 : $\frac{3}{10}M$mm 이내

03. 축척 1200분의 1 지역에서 도곽선의 신축량이 +2.0mm일 때 도곽의 신축에 따른 면적보정계수는?

① 0.99328 ② 0.99224
③ 0.98929 ④ 0.98844

해설 1/1,200 지적도의 도상길이는 333.33mm×416.67mm이고,
보정계수(Z) = $\frac{X \times Y}{\Delta X \times \Delta Y} = \frac{333.33 \times 416.67}{(333.33+2) \times (416.67+2)}$
= 0.98929

04. 세부측량 중 벳셀법에 의한 방식은 어디에 해당하는가?

① 방사법 ② 전방교회법
③ 측방교회법 ④ 후방교회법

해설 [후방교회법의 3점문제]
① 레만법 : 신속, 정확, 경험이 필요
② 벳셀법 : 경험 불필요, 시간 많이 소요
③ 투사지법 : 가장 간단하며, 현장에서 사용

05. 도선법과 다각망도선법에 따른 지적도근점의 각도 관측에서 도선별 폐색오차의 허용범위 기준으로 틀린 것은? (단, n은 폐색변을 포함한 변의 수를 말한다.)

① 방위각법에 따르는 경우 : 1등도선 ±$\sqrt{n}$ 분 이내
② 방위각법에 따르는 경우 : 2등도선 ±2$\sqrt{n}$ 분 이내
③ 배각법에 따르는 경우 : 1등도선 ±20$\sqrt{n}$ 초 이내
④ 배각법에 따르는 경우 : 2등도선 ±30$\sqrt{n}$ 초 이내

해설 [지적도근점 측량시 도선법의 폐색오차]

구분	배각법	방위각법
1등도선	±20$\sqrt{n}$초 이내	±$\sqrt{n}$분 이내
2등도선	±30$\sqrt{n}$초 이내	±1.5$\sqrt{n}$분 이내

정답 01. ③ 02. ① 03. ③ 04. ④ 05. ②

06. 평판측량방법에 따른 세부측량을 방사법으로 하는 경우 1방향의 도상길이는 몇 cm 이하로 하여야 하는가?

① 3cm ② 5cm
③ 8cm ④ 10cm

> [해설] 평판측량을 방사법으로 하는 경우 측선장은 도상길이 10cm로 한다. 광파조준의를 사용하는 경우 30cm 이하로 할 수 있다.

07. 평판측량방법에 따른 세부측량을 교회법으로 할 때 방향각의 교각은?

① 30° 이상 150° 이하로 한다.
② 20° 이상 130° 이하로 한다.
③ 30° 이상 120° 이하로 한다.
④ 50° 이상 130° 이하로 한다.

> [해설] [평판측량방법에 따른 세부측량을 교회법으로 하는 경우의 기준 및 방법]
> ① 전방교회법 또는 측방교회법에 따른다.
> ② 방향각의 교각을 30° 이상 150° 이하로 한다.
> ③ 광파조준의를 사용하는 경우 방향선의 도상길이는 최대 30cm 이하로 한다.
> ④ 측량결과 시오삼각형이 생긴 경우 내접원의 지름이 1mm 이하인 때에는 그 중심을 점의 위치로 한다.

08. 우리나라 토지조사사업 당시 대삼각본점 측량의 방법으로 틀린 것은?

① 전국 13개소에 기선을 설치하였다.
② 관측은 기선망에서 12대회의 방향관측을 실시하였다.
③ 대삼각점은 평균점간거리 30km로 23개의 삼각망으로 구분하였다.
④ 대삼각점은 위도 20′, 경도 15′의 방안 내에 10점이 배치되도록 하였다.

> [해설] [대삼각본점 측량]
> ① 우리나라의 대삼각본점 측량에서 평균 점간거리 30km로 23개의 삼각망으로 구분하였다.
> ② 우리나라의 대삼각망 변장의 길이는 평균 약 30km이며 총 점수는 400점이다.
> ③ 대삼각점은 위도 15′, 경도 20′의 방안 내에 1점이 배치되도록 하였다.

09. 지적삼각보조점측량을 다각망도선법에 의하여 시행하는 경우에 대한 설명으로 옳은 것은?

① 1도선의 거리는 4km 이하로 한다.
② 4점 이상의 기지점을 포함한 결합다각방식에 따른다.
③ 1도선의 점의 수는 기지점과 교점을 제외하고 5점 이하로 한다.
④ 1도선의 점의 수는 기지점과 교점을 포함하고 6점 이하로 한다.

> [해설] [다각망도선법에 의한 지적삼각보조점측량의 기준]
> ① 3점 이상의 기지점으로 포함한 결합다각방식에 의한다.
> ② 1도선의 거리는 4km 이하로 한다.
> ③ 1도선의 점의 수는 기지점과 교점 포함하여 5점 이하로 한다.

10. 지적삼각보조점의 각 점에서 같은 정도로 측정하여 생기는 각 도오차의 소거방법으로 옳은 것은? (단, 2방향 교회에 의하고, 각 내각의 합계와 180도와의 차가 ±40초 이내인 경우)

① 변장에 비례하여 배분한다.
② 각의 크기에 비례하여 배분한다.
③ 각의 크기에 역비례하여 배분한다.
④ 삼각형의 각 내각에 고르게 배분한다.

> [해설] 지형상 부득이하여 2방향의 교회에 의하여 결정하고자 하는 때에는 각 내각을 관측하여 각 내각의 관측값 합계와 180도와의 차가 ±40초 이내일 때에는 이를 각 내각에 고르게 배분하여 사용할 수 있다.

11. 고초원점의 평면직각종횡선수치는 얼마인가?

① X=0m, Y=0m
② X=10000m, Y=30000m
③ X=500000m, Y=200000m
④ X=550000m, Y=200000m

> [해설] [구소삼각원점]
> ① 조본원점, 고초원점, 율곡원점, 현창원점, 소라원점의 평면직각종횡선수치의 단위는 미터

정답 06. ④ 07. ① 08. ④ 09. ① 10. ④ 11. ①

② 망산원점, 계양원점, 가리원점, 등경원점, 구암원점, 금산원점의 평면직각종횡선수치의 단위는 간(間)
③ 각각의 원점에 대한 평면직각종횡선수치는 0으로 한다.

12. 지적삼각점측량에서 A점의 종선좌표가 1000m, 횡선좌표가 2000m, AB간의 평면거리가 3210.987m, AB간의 방위각이 333°33′33.3″일 때의 B점의 횡선좌표는?

① 496.789m ② 570.237m
③ 798.466m ④ 1322.123m

해설 종선좌표$(X_B) = X_A + l \times \cos\theta$
$= 1,000 + 3,210.987 \times \cos 333°33′33.3″$
$= 3,875.10m$
횡선좌표$(Y_B) = Y_A + l \times \sin\theta$
$= 2,000 + 3,210.987 \times \sin 333°33′33.3″$
$= 570.237m$

13. 경위의 측량방법에 따른 세부측량에서 연직각의 관측은 정반으로 1회 관측하여 그 교차가 얼마 이내일 때에 그 평균치를 연직각으로 하는가?

① 2분 이내 ② 3분 이내
③ 4분 이내 ④ 5분 이내

해설 [경위의 측량방법에 의한 세부측량]
① 관측은 20초독 이상의 경위의를 사용한다.
② 수평각의 관측은 1대회의 방향관측법이나 2배각의 배각법에 의한다.
③ 연직각의 관측은 정반으로 1회 관측하여 그 교차가 5분 이내인 때에는 그 평균치로 하되, 분단위로 독정한다.

14. 지적삼각점측량에 대한 설명으로 옳지 않은 것은?

① 지적삼각점표지는 관측 후에 설치한다.
② 삼각형의 각 내각은 30도 이상 120도 이하로 한다.
③ 지적삼각점의 일련번호는 측량지역이 소재하고 있는 시·도 단위로 부여한다.
④ 지적삼각점의 명칭은 측량지역이 소재하고 있는 시·도의 명칭 중 두 글자를 선택한다.

해설 [지적삼각점측량 방법의 기준]
① 미리 지적삼각점표지를 설치하여야 한다.
② 삼각형의 각 내각은 30도 이상 120도 이하로 한다.
③ 지적삼각점표지의 점간거리는 평균 2km 이상 5km 이하로 한다.
④ 지적삼각점의 일련번호는 측량지역이 소재하고 있는 시·도 단위로 부여한다.
⑤ 지적삼각점의 명칭은 측량지역이 소재하고 있는 시·도의 명칭 중 두 글자를 선택한다.

15. 다음 중 지적삼각점성과를 관리하는 자는?

① 지적소관청 ② 시·도지사
③ 국토교통부장관 ④ 행정안전부장관

해설 지적삼각점성과는 시·도지사가 관리한다.

16. 교회법에서 삼각형의 3내각을 같은 정도로 측정하였을 때에 그 합계 180°와의 차에 대한 배부는?

① 각의 크기에 비례하여 배부한다.
② 3등분하여 각각에 1/3씩 배부한다.
③ 각의 크기에 역비례하여 배부한다.
④ 대변의 크기에 비례하여 배부한다.

해설 교회법에서 삼각형의 3내각을 같은 정도로 측정하였을 때에 그 합계 180°와의 차에 대한 배부는 허용오차 범위안에 들어오면 3등분하여 각각에 1/3씩 배부한다.

17. 축척 1000분의 1로 평판측량을 할 때 제도의 허용오차 q=0.2mm 이내로 하려면 지적도근점을 중심으로 반경 몇 cm 이내에 있도록 평판을 설치하여야 하는가?

① 6cm ② 10cm
③ 15cm ④ 20cm

해설 구심오차(e)
$e = \dfrac{qM}{2}$ 에서 $e = \dfrac{0.2mm \times 1000}{2} = 100mm = 10cm$

18. 지적삼각점측량시 두 지점의 기지점에서 소구점까지 평면거리가 각각 4700m, 3900m일 때, 두 기지점에서 소구점의 표고를 계산한 교차는 얼마 이하이어야 하는가?

① 0.46m ② 0.47m
③ 0.48m ④ 0.50m

해설 2개의 기지점에서 소구점의 표고를 계산한 결과 그 교차가 $0.05m+0.05(S_1+S_2)m$ 이하일 때에는 그 평균치를 표고로 한다.
교차 $= 0.05m + 0.05(4.7+3.9) = 0.48m$

19. 지적도의 제도방법으로 틀린 것은?

① 도면의 윗방향은 항상 북쪽이 되어야 한다.
② 경계선은 경계점과 경계점 사이를 직선으로 연결한다.
③ 등록전환할 때에는 지적도의 그 지번 및 지목을 말소한다.
④ 말소된 경계를 다시 등록할 때에는 말소정리 이전의 자료로 원상회복 정리한다.

해설 ① 등록전환은 임야대장 및 임야도에 등록된 토지를 토지대장 및 지적도에 옮겨 등록하는 행정처분으로 축척이 1/3,000 또는 1/6,000인 임야도에 등록된 토지를 축척 1/600 또는 1/1,200의 지적도에 옮겨 등록하는 것을 말한다.
② 등록전환측량은 임야대장 및 임야도의 등록사항은 말소하여야 한다.

20. 수평각을 관측하는 경우 망원경을 정반으로 하여 측정하는 가장 큰 목적은?

① 망원경이 회전되기 때문에
② 관측오차를 발견하기 위하여
③ 외심오차를 발견하기 위하여
④ 기계조정에 의한 오차를 소거하기 위하여

해설 수평각의 관측시 윤곽도를 달리하여 망원경을 정반으로 관측하는 이유는 측각장비의 기계조정에 의한 오차를 제거하기 위함이다.

2과목 응용측량

21. 축척 1:50000 지형도에서 길이가 6.58cm인 두 점 A, B의 길이가 항공사진 촬영한 사진에서 23.03cm이었다면 항공사진의 촬영고도는? (단, 사진기의 초점거리는 21cm이다.)

① 2000m ② 2500m
③ 3000m ④ 3500m

해설 AB거리 $= 0.0658m \times 50000 = 3290m$ 이고 사진축척은
$M = \dfrac{1}{m} = \dfrac{f}{H} = \dfrac{l}{L}$ 이므로
$M = \dfrac{1}{m} = \dfrac{0.21m}{H} = \dfrac{0.2303m}{3290m}$ 에서
$H = \dfrac{0.21m}{0.2303m} \times 3290m = 3000m$

22. 등고선의 성질에 대한 설명으로 틀린 것은?

① 등고선의 최대경사선과 직교한다.
② 동일 등고선 상에 있는 모든 점은 높이가 같다.
③ 등고선은 절벽이나 동굴의 지형을 제외하고는 교차하지 않는다.
④ 등고선은 폭포와 같이 도면 내외 어느 곳에서도 폐합되지 않는 경우가 있다.

해설 등고선은 도면의 안 또는 밖에서 반드시 폐합된다.

23. 다음 중 수동적 센서 방식이 아닌 것은?

① 사진방식 ② 선주사방식
③ Laser방식 ④ Vidicon방식

해설 수동적 센서는 대상물에서 반사되는 전자기파를 수집하는 장치이며, 능동식 센서는 대상물에 전자기파를 발사한 후 반사되는 전자기파를 수집하는 장치이다. 대표적인 능동적 센서로는 Laser, Radar 등이 있다.

정답 18. ③ 19. ③ 20. ④ 21. ③ 22. ④ 23. ③

24. 초점거리 210mm, 사진크기 18cm×18cm인 카메라로 평지를 촬영한 항공사진 입체모델의 주점기선장이 60mm라면 종중복도는?

① 56%   ② 61%
③ 67%   ④ 72%

해설 주점기선길이는 겹치지 않은 길이이고 종중복도는 사진의 전체 길이에 대한 겹친 길이의 비율이므로
$b_0 = a\left(1 - \dfrac{p}{100}\right)$ 에서
$p = \left(1 - \dfrac{b_0}{a}\right) \times 100 = \left(1 - \dfrac{6}{18}\right) \times 100 = 67\%$

25. 단곡선 설치에 있어서 접선과 현이 이루는 각을 이용하여 곡선을 설치하는 방법은?

① 편각설치법   ② 지거설치법
③ 중앙종거법   ④ 현편거법

해설 [단곡선 설치방법의 비교]
① 편각법 : 철도, 도로 등에 널리 이용되며 Transit로는 편각을 tape로 거리를 측정하면서 곡선을 설치하는 방법으로 토털스테이션이 없던 시절에는 가장 좋은 결과를 얻을 수 있는 방법
② 중앙종거법 : 기설곡선의 검사 또는 조정에 편리하나 중심말뚝의 간격을 20m마다 설치할 수 없는 것이 결점
③ 접선편거와 현편거법 : 줄자만으로 설치할 수 있는 방법으로 지방도로 등에 많이 사용되나 정밀도는 떨어짐
④ 장현에 대한 종거와 횡거법 : 반경이 짧은 곡선은 이 방법에 의하여 설치
⑤ 접선에 대한 지거법 : 산림지대에서 편각법을 쓰며 벌목량이 많아지는 경우에 사용

26. 축척 1:5000의 지형측량에서 위치의 허용오차를 도상 ±0.5mm, 실제 관측높이의 허용오차를 ±1.0m로 하는 경우에 토지의 경사가 25°인 지형에서 발생할 수 있는 등고선의 최대오차는?

① ±2.51m   ② ±2.17m
③ ±2.04m   ④ ±1.83m

해설 ① 등고선 오차(dl)
$dl = 5,000 \times 0.0005m = 2.5m$
② 등고선 오차(dl')
$\tan 25° = \dfrac{dh}{dl'} = \dfrac{1.0}{dl'}$ 에서
$dl' = \dfrac{1.0}{\tan 25°} = 2.145m$
∴ 등고선오차 $= dl + dl' = 2.5 + 2.145 = 4.645m$
③ 표고의 최대오차(dh)
$\tan 25° = \dfrac{dh}{dl} = \dfrac{dh}{4.645}$ 에서
$dh = \tan 25° \times 4.645 ≒ ±2.17m$

27. 그림과 같이 측점 A의 밑에 기계를 세워 천장에 설치된 측점 A, B를 관측하였을 때 두 점의 높이차(H)는?

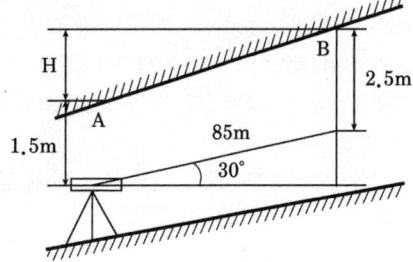

① 42.5m   ② 43.5m
③ 45.5m   ④ 46.5m

해설 $\Delta H = $ 스타프 읽음값의 차이 + 경사거리 × sin 경사각
$\Delta H = (2.5 - 1.5) + 85 \times \sin 30° = 43.5m$

28. GNSS측량에서 위도, 경도, 고도, 시간에 대한 차분해(differential solution)를 얻기 위해 필요한 최소위성의 수는?

① 2   ② 4
③ 6   ④ 8

해설 GNSS 측량에서 위도, 경도, 고도, 시간에 대한 4가지 부분의 차분해가 요구되므로 최소 4개의 위성이 필요하다.

29. 수준기의 감도가 20″인 레벨(Level)을 사용하여 40m 떨어진 표척을 시준할 때 발생할 수 있는 시준오차는?

① ±0.5mm ② ±3.9mm
③ ±5.2mm ④ ±7.5mm

해설 [기포관의 감도(θ'')]
기포가 1눈금 움직일 때 수준기축이 경사되는 각도를 감도(感度)라 한다. 즉, 기포관의 1눈금(2mm)이 곡률중심에 끼는 각도를 말하며 곡률반경으로 표시하기도 한다.
$L = Dn\theta''$, $180° = \pi Rad$,
$L = 40m \times 20'' \times \dfrac{1}{206,265''} = 0.00388m ≒ 3.9mm$

30. 지하시설물측량에 대한 설명으로 옳은 것은?

① 전자기유도법 - 고가이고 판독기술이 요구된다.
② 지하레이더탐사법 - 비금속 탐지가 가능하다.
③ 음파탐사법 - 지중에 있는 강자성체의 이상자기를 조사하는 방법이다.
④ 전기탐사법 - 문화유적지 조사, 지중금속체 탐지에는 부적합하다.

해설 [지하시설물 탐사의 종류]
① 지중레이더측량기법(GPR) : 전자파의 반사특성을 이용하여 지하시설물을 측량하는 방법
② 지중레이더탐사법 : 지표로부터 매설된 금속관로 및 케이블관측과 탐침을 이용하여 관로나 비금속관로를 관측할 수 있는 방법
③ 음파탐측법 : 비금속지하시설물에 이용하는 방법으로 물이 흐르는 관내부에 음파신호를 보내면 관내부에 음파가 발생하는데 이때 수신기를 이용하여 발생한 음파를 측량하는 기법

31. 수준측량에서 n회 기계를 설치하여 높이를 측정할 때 1회기계 설치에 따른 표준오차가 $\hat{\sigma_r}$이면 전체 높이에 대한 오차는?

① $n\hat{\sigma_r}$
② $\dfrac{\sqrt{n}}{\hat{\sigma_r}}$
③ $\hat{\sigma_r}$
④ $\sqrt{n}\hat{\sigma_r}$

해설 표준오차는 조정환산값(최확값)의 정밀도를 나타내는데 사용하는 우연오차로 우연오차는 측정횟수의 제곱근에 비례한다.

32. 노선측량의 작업단계를 A~E와 같이 나눌 때, 일반적인 작업 순서로 옳은 것은?

A : 실시설계측량   B : 계획조사측량
C : 노선선정   D : 용지 및 공사측량
E : 세부측량

① A - C - D - E - B
② C - C - B - D - E
③ C - A - D - B - E
④ C - B - A - E - D

해설 [노선측량의 순서]
① 노선선정
② 계획조사측량 : 지형도작성, 비교노선선정, 종·횡단면도 작성, 개략노선 결정
③ 실시설계측량 : 지형도작성, 중심선선정, 중심선설치, 다각측량, 고저측량
④ 세부측량 : 구조물의 장소에 대해 평면도와 종단면도 작성
⑤ 공사측량 : 노선측량의 점검 목적으로 공사 이후에 수행하는 측량

33. 현장에서 수준측량을 정확하게 수행하기 위해서 고려해야할 사항이 아닌 것은?

① 전시와 후시의 거리를 가능한 동일하게 한다.
② 기포가 중앙에 있을 때 읽는다.
③ 표척이 연직으로 세워졌는지 확인한다.
④ 레벨의 설치 횟수는 홀수회로 끝나도록 한다.

해설 수준점간의 편도관측의 측점수는 짝수로 하는 것이 좋다.
[수준측량시 유의사항]
① 왕복측량을 원칙으로 한다.
② 왕복시 노선은 다르게 한다.
③ 전시와 후시의 거리를 동일하게 한다.
④ 이기점이 홀수가 되도록 한다.
⑤ 수준점간의 편도관측의 측점수는 짝수가 되도록 한다. (눈금오차 소거를 위해)

34. 설치되어 있는 기준점만으로 세부측량을 실시하기에 부족할 경우 설치되어 있는 기준점을 기준으로 지형측량에 필요한 새로운 측점을 관측하여 결정된 기준점은?

① 도근점　　　　② 경사변환점
③ 등각점　　　　④ 이점

해설　기설의 기준점만으로 세부측량을 실시하기에 부족할 경우 기설기준점을 기준으로 지형측량에 필요한 새로운 측점을 관측하여 결정된 기준점은 도근점이다.

35. 터널의 시점(P)과 종점(Q)의 좌표를 P(1200, 800, 75), Q(1600, 600, 100)로 하여 터널을 굴진할 경우 경사각은? (단, 좌표단위 : m)

① 2°11′59″　　　② 2°13′19″
③ 3°11′59″　　　④ 3°13′19″

해설　경사각(θ)을 구하면 $\tan\theta = \dfrac{높이차}{수평거리}$ 이므로

수평거리 $= \sqrt{(\Delta X)^2 + (\Delta Y)^2}$
$= \sqrt{(1600-1200)^2 + (600-800)^2} = 447.21m$

$\theta = \tan^{-1}\left(\dfrac{100-75}{447.21}\right) = 3°11′59″$

36. GPS에서 이용되는 좌표계는?

① WGS84　　　　② Bessel
③ JGD2000　　　④ ITRF2000

해설　우리나라의 측지기준으로는 타원체는 GRS80, 좌표계는 ITRF를, GPS는 WGS84타원체를 채택하고 있다.

37. 축척 1:50000의 지형도에서 A의 표고가 235m, B의 표고가 563m일 때 두 점 A, B 사이 주곡선 간격의 등고선 수는?

① 13　　　　② 15
③ 17　　　　④ 18

해설　축척 1:50,000 지형도의 주곡선 간격은 20m이므로 235m보다 크고, 563m보다 작은 20의 배수를 찾으면 240, 260, 280, 300, 320, 340, 360, 380, 400, 420, 440, 460, 480, 500, 520, 540, 560m로 모두 17개 주곡선이 삽입된다.

$\dfrac{560-240}{20} + 1 = 17$

38. 완화곡선의 성질에 대한 설명으로 틀린 것은?

① 곡선의 반지름은 시점에서 원곡선의 반지름이 되고 종점에서는 무한대이다.
② 완화곡선의 접선은 시점에서 직선, 종점에서 원호에 접한다.
③ 완화곡선에 연한 곡선반지름의 감소율은 캔트의 증가율과 동률로 된다.
④ 중점에 있는 캔트는 원곡선의 캔트와 같게 된다.

해설　[완화곡선의 성질]
① 완화곡선의 반지름은 시점에서 무한대, 종점에서는 원곡선의 반지름과 같다.
② 완화곡선의 접선은 시점에서는 직선에, 종점에서는 원호에 접한다.
③ 완화곡선의 곡선반경 감소율은 캔트의 증가율과 같다.
④ 완화곡선의 편경사의 크기는 곡선의 반경에 반비례하고 설계속도에 비례한다.

39. 동서(종방향) 45km, 남북(횡방향) 25km인 직사각형의 토지를 종중복도 60%, 횡중복도 30%, 초점거리 150mm, 촬영고도 3000m, 사진크기 23cm×23cm로 촬영하였을 경우에 필요한 입체모델수는?

① 100　　　　② 125
③ 150　　　　④ 200

해설　모델수 계산에서 중요한 것은 소수점 처리로 반올림하는 것이 아니라 올림으로 계산함에 유의한다.
① 종모델수

$D = \dfrac{S_1}{B} = \dfrac{S_1}{ma(1-p)} = \dfrac{45,000m}{\dfrac{3000}{0.15} \times 0.23m \times (1-0.6)}$

$= 24.46 = 25$

② 촬영경로수

$$D_1 = \frac{S_2}{C} = \frac{S_2}{ma(1-q)} = \frac{25,000m}{\frac{3000}{0.15} \times 0.23m \times (1-0.3)}$$

$$= 7.76 = 8$$

③ 총모델수

∴ 모델수 = 종모델수 × 촬영경로수 = 25 × 8 = 200

40. 곡선의 반지름이 250m, 교각 80°20′의 원곡선을 설치하려고 한다. 시단현에 대한 편각이 2°10′이라면 시단현의 길이는?

① 16.29m   ② 17.29m
③ 17.45m   ④ 18.91m

해설 시단현의 편각$(\delta_1) = \frac{l_1}{2R} \times \rho = \frac{l_1}{2 \times 250} \times \frac{180°}{\pi} = 2°10′$ 이므로

시단현의 길이$(l_1) = \frac{2°10′}{180°} \times 2 \times 250 \times \pi = 18.91m$

3과목 토지정보체계론

41. 토지정보시스템의 발전과정에 대한 설명으로 옳지 않은 것은?

① 1950년대 미국 워싱턴 대학에서 연구를 시작하여 1960년대 캐나다의 자원관리를 목적으로 CGIS(Canadian GIS)가 개발되어 각국에 보급되었다.
② 1970년대에는 GIS전문회사가 출현되어 토지나 공공시설의 관리를 목적으로 시범적인 개발계획을 수행하였다.
③ 1980년대에는 개발도상국의 GIS도입과 구축이 활발히 진행되면서 위상정보의 구축과 관계형 데이터베이스의 기술 발전 및 워크스테이션 도입으로 활성화되었다.
④ 1990년대에는 Network 기술의 발달로 중앙집중형에서 지역분산형 데이터베이스의 구축으로 변환되어 경제적인 공간데이터베이스의 구축과 운용이 가능하게 되었다.

해설 모두 옳은 설명이므로 모두 정답이다.

42. 한국토지정보시스템 운영기관의 장이 데이터를 백업해야 하는 주기는?

① 일 1회   ② 주 1회
③ 월 1회   ④ 연 1회

해설 [한국토지정보시스템 운영규정 제19조(백업 및 복구)]
① 한국토지정보시스템 운영기관의 장은 데이터베이스의 장애 및 복구를 위하여 월 1회 백업을 수행하여야 하며, 백업된 자료는 별도의 저장장치에 저장하여 전산실 외의 장소에 소산하여 보관한다.
② 한국토지정보시스템 운영기관의 장은 자료가 멸실 훼손된 때에는 지체 없이 자료를 복구하여야 하고, 복구된 자료를 국토교통부장관에게 제출하여야 한다.

43. SDTS(Spatial Data Transfer Standard)를 통한 데이터변환에 있어 최소 단위의 체적으로 표현되는 3차원 객체의 정의는?

① Chain   ② Voxel
③ GT-ring ④ 2D-Manifold

해설 [복셀(Voxel, Volume Pixel)]
① 픽셀은 2차원 평면에서 한 점을 정의하므로 x와 y좌표가 필요하지만 복셀은 x, y, z값이 필요
② 3차원 공간에서 한 점을 정의하는 그래픽 정보의 단위

44. 국토교통부장관이 시·군·구 자료를 취합하여 지적통계를 작성하는 주기로 옳은 것은?

① 매일   ② 매주
③ 매월   ④ 매년

해설 지적소관청에서는 지적통계를 작성하기 위한 일일마감, 월마감, 연마감을 하여야 하며, 국토교통부장관은 매년 시·군·구 자료를 취합하여 지적통계를 작성한다.

45. 토지정보체계의 특징으로 옳지 않은 것은?

① 편리한 자료 검색
② 전문화에 따른 호환성 배제
③ 변동자료의 신속·정확한 처리
④ 토지권리에 대한 분석과 정보제공

해설 [토지정보체계의 특징]
① 일필지의 이동정리에 따른 정확한 자료가 저장되고 검색이 편리하다.
② 지적도의 경계점좌표를 수치로 등록함으로써 각종 계획업무에 활용할 수 있다.
③ 토지이용계획 및 토지관련 정책자료 등 다목적으로 활용이 가능하며 공공계획에 유용하게 사용된다.
④ 개인 또는 법인의 토지소유 현황자료는 토지관리에 대한 분석과 정보제공의 기초가 된다.
⑤ 지적공부의 열람·등본의 발급업무 및 토지이동, 소유권변동, 공시지가 등 변동자료를 신속하고 정확하게 처리할 수 있다.
⑥ 지적전산화는 지방행정 관련 통계자료가 가능하고 지적의 일필지 지번부여지역이 다른 토지등록부와 일치되지 않을 경우가 있으므로 모든 필지는 강제등록한다.

46. 사용자권한 등록관리청이 지적정보관리체계 사용자권한 등록 신청 내용을 심사하여 사용자권한 등록 신청내용을 심사하여 사용자권한 등록파일에 등록하여야 하는 사항을 모두 나열한 것은?

① 사용자의 소속 및 권한과 비밀번호
② 사용자의 이름 및 권한과 사용자번호
③ 사용자의 이름 및 권한과 사용자번호 및 비밀번호
④ 사용자의 소속 및 권한과 사용자번호 및 비밀번호

해설 [지적정보관리체계 담당자등록]
신청을 받은 사용자권한 등록관리청은 신청내용을 심사하여 사용자권한등록파일에 **사용자의 이름과 권한, 사용자번호 및 비밀번호**를 등록하여야 한다.

47. 도형자료의 입력방법에 대한 설명으로 옳지 않은 것은?

① 수치형태의 자료입력방법은 키보드를 이용한다.
② 항공사진에 의한 도면자료 입력은 디지타이저를 이용한다.
③ 스캐너에 의한 방법은 별도의 자료변환 작업을 필요로 한다.
④ 도형자료 입력은 수치형태의 자료입력과 도형형태의 자료입력이 있다.

해설 항공사진에 의한 도면자료 입력은 영상을 스캐닝하여야 하므로 스캐너를 이용한다.

48. 벡터자료를 래스터자료로 자료변환하는 것은?

① 섹션화   ② 필터링
③ 벡터라이징   ④ 래스터라이징

해설 벡터데이터를 래스터데이터로 변환하는 작업은 래스터라이징이라 하며, Transit Code, Run-Length Code, Lot Code, Quadtree 기법은 래스터데이터의 압축기법이다.

49. 데이터베이스에서 속성자료의 형태에 대한 설명으로 옳지 않은 것은?

① 법규집, 일반보고서 등의 자료를 말한다.
② 통계자료, 관측자료, 범례 등의 형태로 구성되어 있다.
③ 선 또는 다각형과 입체의 형태로 표현되는 자료이다.
④ 지리적 객체와 관련된 정보와 문자 형식으로 구성되어 있다.

해설 선 또는 다각형과 입체의 형태로 표현되는 자료는 벡터데이터로 공간자료의 형태이다.

50. 한국토지정보시스템에 대한 설명으로 옳은 것은?

① PBLIS와 LMIS를 통합하여 새로 구축한 시스템이다.
② 지하시설물관리를 중심으로 각 지자체에서 구축한 것이다.
③ 한국토지정보시스템은 National Geographic Information System의 약자로 NGIS라 한다.
④ 한국토지정보시스템은 지적공부관리시스템과 지적측량성과 시스템으로 구성되어 있다.

해설 [KLIS(한국토지정보시스템)]
① 국가적인 정보화사업을 효율적으로 추진하기 위해 PBLIS와 LMIS를 하나의 시스템으로 통합
② 전산정보의 공공활용과 행정의 효율성 제고를 위해 행정안전부와 국토교통부가 공동주관으로 추진하고 있는 정보화사업

51. 한국토지정보시스템에서 사용할 수 있는 GIS엔진이 아닌 것은?

① Java   ② Zeus
③ Gothic   ④ ArcSDE

해설 [한국토지정보시스템 미들웨어의 개발]
① LMIS(코바 미들웨어) : 고딕엔진 및 PBLIS 기능의 추가에 따른 기능
② PBLIS(고딕용 프로바이더) : 기존 ArcSDE 및 ZEUS 엔진과 상호 자료교환
③ 시군구(엔테라 미들웨어) : 시군구행정종합 정보시스템과 KLIS간 정보공유를 위한 미들웨어 연계

52. 래스터자료의 중첩분석에서 A xor B의 결과로 옳은 것은? (단, 그림에서 음영 셀은 참값을 의미한다.)

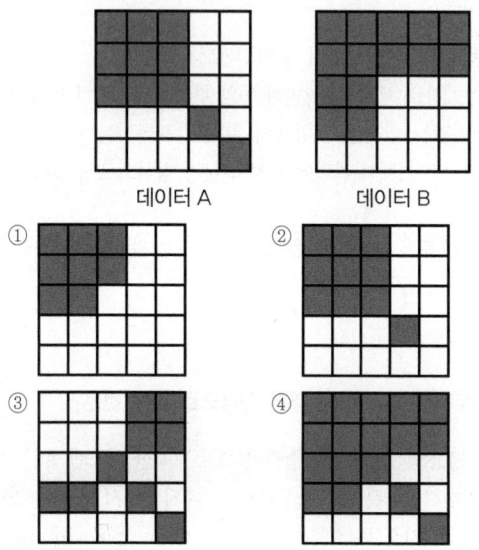

해설 XOR은 'exclusive OR' 배타적 논리합을 의미한다. 2개의 피연산자가 다른 불리언 값(Boolean value)을 취할 때만 결과가 불리언 값 1이 되는 이항 불리언 연산

53. 제2차 NGIS(국가GIS)사업의 주요 추진전략에 해당하지 않는 것은?
① 지리정보의 통합
② 기본지리정보 구축
③ GIS전문인력 양성
④ 지리정보 유통체계 구축

해설 2차 NGIS사업은 지리정보의 통합보다는 공간정보의 확충과 유통체계의 정비에 있다.
[2차 NGIS사업의 추진전략]
① 국가공간정보기반 확충 및 유통체계 정비
② 범 국가차원의 강력한 지원
③ 상호협력체계 강화
④ 국민중심의 서비스 극대화

54. 벡터자료의 저장모형 중 위상(Topology)모형에 대한 설명으로 옳지 않은 것은?
① 좌표데이터만을 사용할 때보다 다양한 공간분석이 가능하다.
② 공간객체간의 위상정보를 저장하는데 보편적으로 사용되는 방식이다.
③ 인접한 폴리곤 간의 공통경계는 각 폴리곤에 대하여 반드시 두 번 기록되어야 한다.
④ 다각형의 형상(shape), 인접성(neighborhood), 계급성(hierarchy)을 묘사할 수 있는 정보를 제공한다.

해설 위상모형(Topology)에서 인접한 폴리곤 간의 공통 경계는 각각의 폴리곤에 대하여 공통경계를 공유하므로 한번만 기록하게 된다.

55. 지적정보관리체계로 처리하는 지적공부정리 등의 사용자권한 등록파일을 등록할 때의 사용자 비밀번호 설정기준으로 옳은 것은?
① 4자리부터 12자리까지의 범위에서 사용자가 정하여 사용한다.
② 6자리부터 16자리까지의 범위에서 사용자가 정하여 사용한다.
③ 영문을 포함하여 3자리부터 12자리까지의 범위에서 사용자가 정하여 사용한다.
④ 영문을 포함하여 5자리부터 16자리까지의 범위에서 사용자가 정하여 사용한다.

해설 [사용자권한 등록파일에 등록하는 사용자의 비밀번호 설정기준]
① 비밀번호는 6자리부터 16자리까지의 범위에서 사용자가 정하여 사용한다.
② 비밀번호는 다른 사람에게 누설하여서는 아니된다.
③ 누설되거나 누설될 우려가 있는 때에는 즉시 이를 변경하여야 한다.

정답 52. ③ 53. ① 54. ③ 55. ②

56. 지적재조사사업 시스템의 구축과 관련한 내용으로 옳지 않은 것은?

① 공개시스템으로 구축한다.
② 토지현황조사, 새로운 지적공부 및 등기촉탁, 건축물 위치 및 건물 표시 등의 정보를 시스템에 입력한다.
③ 토지소유자 등이 지적재조사사업과 관련한 정보를 인터넷 등을 통하여 실시간 열람할 수 있도록 구축한다.
④ 취득된 필지경계 정보의 안정적인 관리를 위하여 관련 행정정보와의 연계활용이 발생하지 않도록 보안시스템으로 구축한다.

해설 [지적재조사에 관한 특별법 제38조(서류의 열람 등)]
국토교통부장관은 토지소유자나 이해관계인이 지적재조사사업과 관련한 정보를 인터넷 등을 통하여 실시간 열람할 수 있도록 공개시스템을 구축·운영하여야 한다.
[지적재조사에 관한 특별법 시행령 제27조(공개시스템의 구축 운영 등)]
국토교통부장관은 제1항에 따른 공개시스템을 행정정보의 공동이용과 연계하거나 정보의 공동활용체계를 구축할 수 있다.

57. 다음 중 SQL과 같은 표준 질의어를 사용하여 복잡한 질의를 간단하게 표현할 수 있게 하는 데이터베이스 모형은?

① 관계형(relational)
② 계층형(hierarchical)
③ 네트워크형(network)
④ 객체지향형(object-oriented)

해설 SQL은 관계형 데이터베이스를 조작하는 범용 언어로 비과정 질의어의 대표적인 예이다.
[데이터베이스관리시스템(DBMS)의 모델]
① 계층형 : 최초로 구현된 데이터 모델로 트리구조나 조직표와 같은 계층적으로 배열
② 네트워크형(망형) : data들은 다른 파일의 하나 이상의 data들과 연계되어 있으며 이를 연관시키기 위해 지시자 활용
③ 관계형 : 2차원 테이블 형태로 저장되며 한 테이블은 다수의 열로 구성되고, 각 열은 정해진 범위의 값이 저장되는 형태

58. 두 개 이상의 커버리지 오버레이로 인해 폴리곤의 경계에 생기는 작은 영역을 일컫는 것은?

① 슬리버(Sliver)
② 스파이크(Spike)
③ 오버슈트(Overshoot)
④ 언더슈트(Undershoot)

해설 [디지타이징에 의한 오차유형]
① Sliver polygon : 필지를 표현할 때 필지가 아닌데도 조그만 조각이 생겨 필지로 인식하게 되는 경우
② Overshoot : 어느 선분까지 그려야하는데 그 선분을 지나치는 경우
③ Undershoot : 어느 선분까지 그려야하는데 그 선분에 미치지 못한 경우
④ 레이블 입력오류 : 지번 등이 다르게 기입되는 경우 또는 없거나 2개가 존재하는 경우
⑤ 인접지역 불일치 : 작업자가 영역을 나누어 작업할 경우 접합지역에서 서로 어긋나는 경우

59. 토지정보시스템의 구성요소에 해당하지 않는 것은?

① 인적자원
② 처리시간
③ 소프트웨어
④ 공간데이터베이스

해설 토지정보시스템의 구성요소로는 하드웨어, 소프트웨어, 데이터, 인력 및 조직 등이며 3대요소이면 하드웨어, 소프트웨어, 데이터를 들 수 있다.

60. 지적업무처리규정상 다음 내용의 ( ) 안에 들어갈 말로 알맞은 것은?

지적소관청이 지번변경, 행정구역변경, 구획정리, 경지정리, 축척변경, 토지개발사업을 하고자 할 때에는 ( )을 생성하여야 한다.

① 도곽파일
② 복제파일
③ 임시파일
④ 토지이동파일

해설 지적소관청이 지번변경, 행정구역변경, 구획정리, 경지정리, 축척변경, 토지개발사업을 하고자 하는 때에는 (임시파일)을 생성하여야 한다.

4과목 지적학

61. 지적공부에 등록하는 경계에 있어 경계불가분의 원칙이 적용되는 가장 큰 이유는?

① 면적의 크기에 따르기 때문이다.
② 경계의 중앙선택원칙 때문이다.
③ 설치자의 소속으로 결정하기 때문이다.
④ 경계선은 길이와 위치만 존재하기 때문이다.

해설 [경계불가분의 원칙]
① 경계는 유일무이한 것으로 이를 분리할 수 없다는 원칙
② 토지의 경계는 같은 토지에 2개 이상의 경계가 있을 수 없고 양필지 사이에 공통으로 작용한다.

62. 토지표시사항 등록의 심사원칙은?

① 대행심사 ② 서류심사
③ 실질심사 ④ 형식심사

해설 지적공부는 토지표시사항을 등록함으로써 효력을 나타내는 근거자료가 되며, 실질적 심사주의는 사실관계 부합 여부를 심사하여 지적공부에 등록한다는 이념이다.

63. 임야조사사업 당시의 사정(査定)기관으로 옳은 것은?

① 도지사 ② 읍·면장
③ 임야조사위원회 ④ 임야토지조사국장

해설

구분	토지조사사업	임야조사사업
측량기관	임시토지조사국	부(府), 면(面)
사정기관	임시토지조사국장	도지사
재결기관	고등토지조사위원회	임야심사위원회

64. 수등이척제에 대한 개선으로 망척제를 주장한 학자는?

① 이기 ② 서유구
③ 정약용 ④ 정약전

해설 [양전 개정론자의 (저서) 및 개정론]
① 이익(균전론) : 영업전, 제도
② 정약용(목민심서, 경세유표) : 정전제, 방량법, 어린도법
③ 서유구(의상경계책) : 어린도법, 방량법
④ 이기(해학유서, 전제망언) : 결부제보완, 망척제
⑤ 유길준(서유견문) : 지제의, 전통도 실시

65. 토지소유권 보장제도의 변천과정으로 옳은 것은?

① 지계제도 → 증명제도 → 입안제도
② 입안제도 → 지계제도 → 증명제도
③ 증명제도 → 입안제도 → 지계제도
④ 지계제도 → 입안제도 → 증명제도

해설 [토지소유권 보장제도의 변천과정]
입안제도(고려, 조선시대) → 지계제도(조선시대말기) → 증명제도(1905년 이후)이며 전체적으로는 입안, 지계, 증명, 조선부동산등기령, 조선부동산증명령, 등기령, 부동산등기법 등이다.

66. 지적공개주의를 실현하는 방법에 해당하지 않는 것은?

① 지적공부를 직접 열람하거나 등본에 의하여 외부에서 알 수 있도록 하는 방법
② 지적공부에 등록된 사항을 실지에 복원하여 등록된 결정사항을 파악하는 방법
③ 지적공부에 등록된 사항과 실지상황이 불일치할 경우 실지 상황에 따라 변경등록하는 방법
④ 등록사항에 대하여 소유자의 신청이 없는 경우 국가가 직권으로 이를 조사 또는 측량하여 결정하는 방법

해설 [직권등록주의]
등록사항에 대하여 소유자의 신청이 없는 경우 국가가 직권으로 이를 조사 또는 측량하여 결정하는 방법

67. 지적제도와 등기제도가 통합된 넓은 의미의 지적제도에서의 3요소이며, 네덜란드의 J.L.G.Henssen이 구분한 지적의 3요소로만 나열된 것은?

① 소유자, 권리, 필지 ② 측량, 필지, 지적파일
③ 필지, 측량, 지적공부 ④ 권리, 지적도, 토지대장

정답 61. ④ 62. ③ 63. ① 64. ① 65. ② 66. ④ 67. ①

해설 헨센(Henssen, J. L. G.) 교수는 "지적은 특정한 국가나 일정한 지역 안에 있는 일필지에 대한 법률관계(Legal Situation)에 대하여 별개의 재산권으로 행사할 수 있도록 대장과 대축척 지적도에 개별적으로 표시하여 체계적으로 정리한다."라고 정의하며 지적의 3요소로 소유자, 권리, 필지를 제시하였다.

68. 토지조사사업 당시의 재결기관(裁決機關)으로 옳은 것은?

① 도지사
② 부와 면
③ 임시토지조사국장
④ 고등토지조사위원회

해설

구분	토지조사사업	임야조사사업
측량기관	임시토지조사국	부(府), 면(面)
사정기관	임시토지조사국장	도지사
재결기관	고등토지조사위원회	임야심사위원회

69. 고려시대에 양전을 담당한 중앙기구로서의 특별관서가 아닌 것은?

① 급전도감
② 사출도감
③ 절급도감
④ 정치도감

해설 [고려시대 특별관서]
급전도감, 방고감전별감, 찰리변위도감, 화자거집전민추고도감, 절급도감, 정치도감 등

70. 토지의 매매 및 소유자의 등록요구에 의하여 필요한 경우 토지를 지적공부에 등록하는 방법은?

① 권원등록제도
② 분산등록제도
③ 수복등록제도
④ 일괄등록제도

해설 [지적공부의 등록제도]
① **분산등록제도** : 국가 또는 지방정부에 의해 토지의 등록이 필요한 경우 또는 토지의 소유권이 새로 확정되거나 토지개발과 거래 등으로 소유자가 토지의 등록을 신청할 경우 그때 그때 토지를 조사측량하여 토지관련정보를 산발적으로 지적공부에 등록하여 공시하는 제도
② **일괄등록제도** : 국가 또는 지방정부의 필요에 의하여 일정한 지역 내의 모든 토지를 일시에 체계적으로 조사측량하여 토지관련정보를 일괄적으로 지적공부에 등록하여 공시하는 제도

71. 다음 중 토지정보시스템(LIS)에 해당하는 지적은?

① 법지적
② 과세지적
③ 경계지적
④ 다목적지적

해설 [다목적지적]
① 종합지적, 유사지적, 경제지적, 통합지적이라고도 함
② 일필지를 단위로 토지관련정보를 종합적으로 등록하는 제도
③ 토지에 대한 평가, 과세, 거래, 이용계획, 지하시설물과 공공시설물 및 토지통계 등에 관한 정보를 공동으로 활용하기 위한 지적제도

72. 다음 지적불부합지의 유형 중 아래의 설명에 해당하는 것은?

> 지적도근점의 위치가 부정확하거나 지적도근점의 사용이 어려운 지역에서 현황측량 방식으로 대단위지역의 이동측량을 할 경우에 일필지의 단위면적에는 큰 차이가 없으나 토지경계선이 인접한 토지를 침범해 있는 형태다.

① 공백형
② 중복형
③ 편위형
④ 불규칙형

해설 [지적불부합의 유형]
① **중복형** : 기존 등록된 경계선의 충분한 확인없이 측량했을 때 주로 발생
② **공백형** : 도상경계는 인접해 있으나 현장에서는 공간의 형상이 생기는 유형으로 도선의 배열이 상이한 경우에 발생
③ **편위형** : 현형법을 이용하여 이동측량했을 때, 측판점의 위치오류로 인해 발생
④ **불규칙형** : 불부합의 형태가 일정하지 않고 산발적으로 발생한 형태로 위치파악, 원인분석이 어려움
⑤ **위치오류형** : 등록된 토지의 형상과 면적은 현지와 일치하나 지상의 위치가 전혀 다른 위치에 있는 유형
⑥ **경계이외의 불부합** : 지적공부의 표시사항 오류, 대장과 등기부간의 오류 등

73. 다음 중 양안에 기재된 사항에 해당하지 않는 것은?

① 신구 토지 소유자
② 토지 소재, 지번, 면적
③ 측량순서, 토지등급
④ 토지모양(지형), 사표(四標)

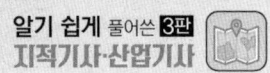

해설 [양안(量案)의 기재사항]
① 고려시대 : 지목, 전형(토지의 형태), 토지소유자, 양전방향, 사표, 결수, 총결수
② 조선시대 : 논밭의 소재지, 지목, 면적, 자호, 전형, 토지소유자, 양전방향, 사표, 장광척, 등급, 결수, 결작 여부 등

74. 토지등록방법인 인적편성주의에 대한 설명으로 옳은 것은?

① 개개의 토지를 중심으로 등록부를 편성하는 방식이다.
② 당사자의 신청순서에 따라 순차적으로 등록편성하는 방식이다.
③ 동일 소유자에게 속하는 모든 토지를 당해 소유자의 대장에 기록하는 방식이다.
④ 2개 이상의 토지를 하나의 등기용지인 공동용지를 사용하여 등록하는 방식이다.

해설 인적 편성주의는 개개의 토지소유자를 중심으로 해서 편성하는 방식이다.

75. 지방토지조사위원회에 대한 설명으로 옳지 않은 것은?

① 각 도에 설치하였다.
② 토지사정의 자문기관이었다.
③ 위원장은 조선총독부 정무총감이 맡았다.
④ 위원장 1명과 상임위원 5명으로 구성되었다.

해설 [지방토지조사위원회]
① 지방토지조사위원회는 토지조사령의 규정에 의하여 설치된 기관으로 토지조사국장의 토지사정에 있어서 매 필지의 소유자 및 강계의 조사에 관해 자문하는 기관이다.
② 지방토지조사위원회는 각 도에 설치되었으며 위원장 1인, 상임위원 5인, 모두 6인으로 구성하였고 필요할 때에는 정원 외에 3인 이내의 임시위원을 두었다.
③ **위원장은 도장관이 당연직으로 겸임**하고 상임위원(5명) 중에서 3명은 도참여관(道參與官) 및 도부장급(道部長級)으로 하고 2명은 도 내의 명망 있는 자 중에서 조선총독이 직접 임명하였다.
④ 위원회의 운영은 위원장을 포함하여 정원의 1/2 이상 출석으로 개회하고, 출석위원의 1/2 이상으로 의결하였으며 가부동수일 때는 위원장이 결정권을 행사하였다.
⑤ 지방토지조사위원회는 1913년 10월 평안북도 신의주 및 의주 시가지의 자문이 최초로 개회하였으며 1917년 함경북도 명천군의 자문에 관한 건이 마지막이었다.

76. 지적의 요건에 해당하지 않는 것은?

① 경제성 ② 공개성
③ 안전성 ④ 정확성

해설 [지적의 요건(지적제도의 특성)]
영국에서 소유권 등기를 만드는 데 주도적 역할을 한 브릭데일(C.F. Brickdale)경은 소유권 등록에 있어서 연결되는 6가지의 특징으로 안전성, 간편성, 정확성, 신속성, 저렴성(경제성), 적합성을 들었으며 Dowson과 Sheppard는 여기에 등록의 완전성을 추가하고 있다.

77. 임야조사사업의 특징에 대한 설명으로 옳지 않은 것은?

① 토지조사사업에 비해 적은 인원으로 업무를 수행하였다.
② 토지조사사업을 시행하면서 축적된 기술을 이용하여 사업을 완성하였다.
③ 면적이 넓어 토지조사사업에 비해 많은 예산을 투입하여 사업을 완성하였다.
④ 임야는 토지에 비하여 경제적 가치가 낮아 정확도가 낮은 소축척을 사용하였다.

해설 임야조사사업은 토지조사사업에 비해 토지의 경제적 가치가 낮아 적은 예산으로 사업을 완성하였으리라 생각하지만 실질적으로는 더 많은 경비가 소요되었다. 답안은 ③번이지만 문제오류이다.
[임야조사사업의 특징]
① 임야조사사업은 토지조사사업에 소요되는 경비보다 더 많은 경비가 필요하였다.
② 임야는 경제적 가치가 적어 전, 답, 대 등에 개재하는 작은 면적은 부수적으로 조사하였다.
③ 원칙적으로 토지조사를 시행하지 않은 임야를 조사하는 것이 목적이었다.
④ 관계법령을 정정하여 실시하면서 일반토지에 대한 지적도의 확립이 완성되었다.

78. 현대지적의 일반적 기능이 아닌 것은?

① 사회적 기능 ② 경제적 기능
③ 법률적 기능 ④ 행정적 기능

정답 74. ③ 75. ③ 76. ② 77. ③ 78. ②

해설 [지적의 일반적 기능]
① 사회적 기능
② 법률적 기능 : 사법적 기능, 공법적 기능
③ 행정적 기능

79. 의상경계책(擬上經界策)을 주장한 양전개혁론자는?
① 이기
② 김성규
③ 서유구
④ 정약용

해설 [양전 개정론자의 (저서) 및 개정론]
① 이익 (균전론) : 영업전, 제도
② 정약용 (목민심서, 경세유표) : 정전제, 방량법, 어린도법
③ 서유구 (의상경계책) : 어린도법, 방량법
④ 이기 (해학유서, 전제망언) : 결부제보완, 망척제
⑤ 유길준 (서유견문) : 지제의, 전통도 실시

80. 다음 중 현존하는 우리나라의 가장 오래된 지적자료는?
① 경자양안
② 광무양안
③ 신라장적
④ 결수연명부

해설 [신라장적]
8세기~9세기 초에 작성된 문서로 통일신라의 세금징수목적으로 작성된 문서이며, 지적공부 중 토지대장의 성격을 갖는 가장 오래된 문서

5과목 지적관계법규

81. 측량기준점의 설치를 위해 토지 등의 출입 등에 따라 손실이 발생하였을 때, 손실을 보상할 자와 손실을 받은 자의 협의가 성립되지 아니한 경우 재결을 신청할 수 있는 곳은?
① 시·도지사
② 중앙지적위원회
③ 행정안전부장관
④ 관할 토지수용위원회

해설 [공간정보의 구축 및 관리 등에 관한 법률 제102조(토지 등의 출입 등에 따른 손실보상)]
손실을 보상할 자 또는 손실을 받은 자는 제2항에 따른 협의가 성립되지 아니하거나 협의를 할 수 없는 경우에는 관할 토지수용위원회에 재결(裁決)을 신청할 수 있다.

82. 공간정보의 구축 및 관리 등에 관한 법령상 잡종지로 지목을 설정할 수 없는 것은?
① 야외시장
② 돌을 캐내는 곳
③ 자동차운전학원의 부지
④ 원상회복을 조건으로 흙을 파내는 곳으로 허가된 토지

해설 [공간정보의 구축 및 관리 등에 관한 법률 시행령 제58조(지목의 구분) 잡종지]
다음 각 목의 토지. 다만, 원상회복을 조건으로 돌을 캐내는 곳 또는 흙을 파내는 곳으로 허가된 토지는 제외한다.
가. 갈대밭, 실외에 물건을 쌓아두는 곳, 돌을 캐내는 곳, 흙을 파내는 곳, 야외시장, 비행장, 공동우물
나. 영구적 건축물 중 변전소, 송신소, 수신소, 송유시설, 도축장, 자동차운전학원, 쓰레기 및 오물처리장 등의 부지
다. 다른 지목에 속하지 않는 토지

83. 주된 용도의 토지에 편입하여 1필지로 할 수 있는 종된 토지로 옳은 것은?
① 주된 지목의 토지면적이 1148m²인 토지로 종된 지목의 토지면적이 116m²인 토지
② 주된 지목의 토지면적이 2230m²인 토지로 종된 지목의 토지면적이 231m²인 토지
③ 주된 지목의 토지면적이 3125m²인 토지로 종된 지목의 토지면적이 228m²인 토지
④ 주된 지목의 토지면적이 3350m²인 토지로 종된 지목의 토지면적이 332m²인 토지

해설 [주된 용도의 토지에 편입할 수 없는 토지(양입의 제한)]
① 종된 용도의 토지의 지목이 "대"인 경우
② 주된 용도의 토지면적의 10%를 초과하는 경우
③ 종된 용도의 토지면적이 330㎡를 초과하는 경우

정답 79. ③　80. ③　81. ④　82. ④　83. ③

84. 토지대장의 등록사항에 해당하지 않는 것은?

① 면적
② 지번
③ 대지권 비율
④ 토지의 소재

해설 [공간정보의 구축 및 관리 등에 관한 법률 제71조(토지대장 등의 등록사항)]
① 경계는 지적도, 임야도에만 등록되며,
② 토지대장에는 토지의 소재, 지번, 지목, 면적, 소유자의 성명 또는 명칭, 주소 및 주민등록번호, 그 밖에 국토교통부령으로 정하는 사항을 등록한다.

85. 성능검사대행자의 등록을 취소하여야 하는 경우가 아닌 것은?

① 거짓이나 부정한 방법으로 성능검사를 한 경우
② 업무정지기간 중에 계속하여 성능검사대행 업무를 한 경우
③ 다른 행정기관이 관계법령에 따라 등록취소 또는 업무정지를 요구한 경우
④ 다른 사람에게 자기의 성명 또는 상호를 사용하여 성능검사 대행업무를 수행하게 한 경우

해설 다른 행정기관이 관계 법령에 따라 업무정지를 요구한 경우는 1차위반시 3개월 업무정지, 2차위반시 6개월 업무정지, 3차위반시 등록취소의 행정처분한다. (공간정보의 구축 및 관리 등에 관한 법률 시행규칙 별표11)
[공간정보의 구축 및 관리 등에 관한 법률 제96조(성능검사대행자의 등록취소 등)]
1. 등록취소
  ① 거짓이나 그 밖의 부정한 방법으로 등록을 한 경우
  ② 거짓이나 부정한 방법으로 성능검사를 한 경우
  ③ 다른 사람에게 자기의 성능검사대행자등록증을 빌려주거나 자기의 성명 또는 상호를 사용하여 성능검사 대행업무를 수행하게 한 경우
  ④ 업무정지기간 중에 계속하여 성능검사대행업무를 한 경우
2. 업무정지
  ① 등록기준에 미달하게 된 경우. 다만, 일시적으로 등록기준에 미달하는 등 대통령령으로 정하는 경우는 제외한다.
  ② 등록사항 변경신고를 하지 아니한 경우
  ③ 정당한 사유 없이 성능검사를 거부하거나 기피한 경우
  ④ 다른 행정기관이 관계 법령에 따라 등록취소 또는 업무정지를 요구한 경우

86. 공간정보의 구축 및 관리 등에 관한 법령에 따른 성능검사대행자의 등록기준으로 옳은 것은?

① 기술인력 중 기술인과 기능사는 상호 대체할 수 있다.
② 기술인력에 해당하는 사람은 상시 근무하는 사람이 아니어도 된다.
③ 외국인이 측량기기 성능검사대행자 등록을 신청하는 경우 영업소를 설치하지 않아도 된다.
④ 일반성능검사 대행자와 금속관로탐지기 성능검사 대행자를 중복해서 신청하는 경우에는 기술인력을 50% 감면할 수 있다.

해설 [공간정보의 구축 및 관리 등에 관한 법률 시행령 별표11 (성능검사대행자의 등록기준)]
1. 콜리미터 시설의 설치 장소는 진동 등의 영향으로부터 성능 측정에 지장이 없는 장소여야 한다.
2. 기술인력 중 1명은 측량기술자이어야 한다.
3. 기술인력에 해당하는 사람은 상시 근무하는 사람이어야 한다.
4. 상위 등급의 기술인력으로 하위 등급의 기술인력을 대체할 수 있다. 다만, 기술인력 중 기술인과 기능사는 상호 대체할 수 없다.
5. 일반성능검사대행자와 관로 탐지기 성능검사대행자를 중복해서 신청하는 경우에는 기술인력을 50퍼센트 감면할 수 있다.
6. 외국인이 측량기기성능검사대행자 등록을 신청하는 경우에는 「상법」 제614조에 따라 영업소를 설치하고 등기하여야 한다.
7. 기술인력에 해당하는 사람 또는 임원이 외국인인 경우에는 「출입국관리법 시행령」 별표 1에 따른 주재·기업투자 또는 무역경영의 체류자격을 갖춘 사람이어야 한다.

87. 임야도 작성시 구계(區界)와 동계(洞界)가 겹치는 경우 제도하는 방법은?

① 구계만 그린다.
② 동계만 그린다.
③ 필지 경계만 그린다.
④ 구계와 동계를 겹쳐 그린다.

해설 ① 행정구역선이 2종 이상 겹치는 경우 최상위 행정구역선만 제도
② 구계와 동계가 겹치는 경우 구계만 작도

정답 84. ③ 85. ③ 86. ④ 87. ①

88. 도시·군기본계획에 포함되어야 할 사항으로 옳은 것은?

① 도시개발사업이나 정비사업의 계획에 관한 사항
② 지구단위계획구역의 지정 또는 변경에 관한 사항
③ 공간구조, 생활권의 설정 및 인구의 배분에 관한 사항
④ 도시자연공원구역의 지정 또는 변경계획에 관한 사항

해설 [국토의 계획 및 이용에 관한 법률 제2조(정의)]
"도시·군기본계획"이란 특별시·광역시·특별자치시·특별자치도·시 또는 군의 관할 구역에 대하여 기본적인 공간구조와 장기발전방향을 제시하는 종합계획으로서 도시·군관리계획 수립의 지침이 되는 계획을 말한다.

89. 합병하고자 하는 4필지의 지번이 99-1, 100-10, 222, 325인 경우 지번의 결정방법으로 옳은 것은? (단, 토지소유자가 별도의 신청을 하는 경우는 고려하지 않는다.)

① 222로 한다.   ② 325로 한다.
③ 99-1로 한다.   ④ 100-10으로 한다.

해설 ① 합병이 이루어진 경우 합병대상 지번 중 선순위의 지번을 그 지번으로 함
② 본번으로 된 지번이 있을 때는 본번 중 선순위의 지번을 합병 후의 지번으로 함

90. 지적재조사사업을 하고자 하는 목적으로 가장 적합한 것은?

① 정확한 과세부과   ② 행정구역의 조정
③ 합리적인 토지개발   ④ 효율적인 토지관리

해설 [지적재조사에 관한 특별법 제1조(목적)]
이 법은 토지의 실제 현황과 일치하지 아니하는 지적공부(地籍公簿)의 등록사항을 바로 잡고 종이에 구현된 지적(地籍)을 디지털 지적으로 전환함으로써 국토를 효율적으로 관리함과 아울러 국민의 재산권 보호에 기여함을 목적으로 한다.

91. 공간정보의 구축 및 관리 등에 관한 법률에 따른 용어의 정의로 틀린 것은?

① "지번"이란 필지에 부여하여 지적공부에 등록한 번호를 말한다.
② "경계"란 필지별로 경계점들을 직선으로 연결하여 지적공부에 등록한 선을 말한다.
③ "지목"이란 토지의 주된 용도에 따라 토지의 종류를 구분하여 지적공부에 등록한 것을 말한다.
④ "등록전환"이란 토지대장 및 지적도에 등록된 토지를 임야대장 및 임야도에 옮겨 등록하는 것을 말한다.

해설 [공간정보의 구축 및 관리 등에 관한 법률 제2조(정의)]
등록전환 : 임야대장 및 임야도에 등록된 토지를 토지대장 및 지적도에 옮겨 등록하는 것을 말한다.

92. 특별시·광역시·특별자치시·특별자치도·시 또는 군의 개발·정비 및 보전을 위하여 수립하는 도시·군관리계획에 포함되지 않는 것은?

① 도시개발사업이나 정비사업에 관한 계획
② 기반시설의 설치·정비 또는 개량에 관한 계획
③ 기본적인 공간구조와 장기발전방향을 제시하는 종합계획
④ 용도지역·용도지구의 지정 또는 변경에 관한 계획

해설 [국토의 계획 및 이용에 관한 법률 제2조(정의)]
- 도시·군 관리계획의 내용
가. 용도지역·용도지구의 지정 또는 변경에 관한 계획
나. 개발제한구역, 도시자연공원구역, 시가화조정구역, 수산자원보호구역의 지정 또는 변경에 관한 계획
다. 기반시설의 설치·정비 또는 개량에 관한 계획
라. 도시개발사업이나 정비사업에 관한 계획
마. 지구단위계획구역의 지정 또는 변경에 관한 계획과 지구단위계획
바. 삭제 〈2024. 2. 6.〉
사. 도시혁신구역의 지정 또는 변경에 관한 계획과 도시혁신계획
아. 복합용도구역의 지정 또는 변경에 관한 계획과 복합용도계획
자. 도시·군계획시설입체복합구역의 지정 또는 변경에 관한 계획

93. 토지이동으로 볼 수 있는 것은?

① 경계의 정정   ② 소유권의 변경
③ 지상권의 변경   ④ 소유자의 주소변경

해설 "토지의 이동(異動)"이란 토지의 표시를 새로 정하거나 변경 또는 말소하는 것으로 신규등록, 등록전환, 분할, 합병, 지목변경, 축척변경 등으로 경계의 정정이 이에 해당한다.

정답 88. ③ 89. ① 90. ④ 91. ④ 92. ③ 93. ①

94. 지적소관청이 토지의 표시변경에 관한 등기를 촉탁하는 사유가 아닌 것은?

① 신규등록
② 축척변경
③ 등록사항의 정정
④ 지번변경에 따른 지번의 부여

해설 [공간정보의 구축 및 관리 등에 관한 법률 제89조(등기촉탁)]
신규등록 당시는 등기부가 존재하지 않으므로 등기촉탁의 대상이 되지 않는다.

95. 지적삼각점성과표에 기록·관리하여야 하는 사항 중 필요한 경우로 한정하여 기재하는 것은?

① 자오선수차
② 경도 및 위도
③ 좌표 및 표고
④ 시준점의 명칭

해설 [지적기준점성과의 기록 및 관리]

지적삼각점측량	지적삼각보조점측량
1. 지적삼각점의 명칭과 기준 원점명	1. 번호 및 위치의 약도
2. 좌표 및 표고	2. 좌표와 직각좌표계 원점명
3. 경도 및 위도	3. 경도와 위도(필요한 경우로 한정)
4. 자오선수차	4. 표고(필요한 경우로 한정)
5. 시준점의 명칭, 방위각 및 거리	5. 소재지와 측량연월일
6. 소재지와 측량연월일	6. 도선등급 및 도선명
7. 그 밖의 참고사항	7. 표지의 재질
	8. 도면번호
	9. 설치기관
	10. 조사연월일, 조사자 직위 성명 등

96. 등기관이 토지소유권의 이전등기를 한 경우 지체없이 그 사실을 누구에게 알려야 하는가?

① 이해관계인
② 지적소관청
③ 관할 등기소
④ 행정안전부장관

해설 [부동산등기법 제62조(소유권변경 사실의 통지)]
등기관이 다음 각 호의 등기를 하였을 때에는 지체 없이 그 사실을 토지의 경우에는 **지적소관청**에, 건물의 경우에는 건축물대장 소관청에 각각 알려야 한다.

97. 지적업무처리규정에서 사용하는 용어의 뜻에 대한 내용으로 틀린 것은?

① "지적측량파일"이란 측량준비파일, 측량현형파일 및 측량성과파일을 말한다.
② "토털스테이션"이란 경위의측량방법에 따른 기초측량 및 세부측량에 사용되는 장비를 말한다.
③ "측량부"란 기초측량 또는 세부측량성과를 결정하기 위하여 사용한 관측부·계산부 등 이에 수반되는 기록을 말한다.
④ 기초측량에서의 "기지점"이란 지적기준점 또는 지적도면상 필지를 구획하는 선의 경계점과 상호부합되는 지상의 경계점을 말한다.

해설 [지적업무처리규정 제3조(정의)]
① "지적측량파일"이란 측량준비파일, 측량현형파일 및 측량성과파일을 말한다.
② "측량준비파일"이란 부동산종합공부시스템에서 지적측량 업무를 수행하기 위하여 도면 및 대장속성 정보를 추출한 파일을 말한다.
③ "측량현형파일"이란 전자평판측량 및 위성측량방법으로 관측한 데이터 및 지적측량에 필요한 각종 정보가 들어있는 파일을 말한다.
④ "측량성과파일"이란 전자평판측량 및 위성측량방법으로 관측 후 지적측량정보를 처리할 수 있는 시스템에 따라 작성된 측량결과도파일과 토지이동정리를 위한 지번, 지목 및 경계점의 좌표가 포함된 파일을 말한다.

98. 부동산등기법상 등기부에 관한 설명으로 옳지 않은 것은?

① 등기부는 영구히 보존하여야 한다.
② 공동인명부와 도면은 영구히 보존하여야 한다.
③ 등기부는 토지등기부와 건물등기부로 구분한다.
④ 등기부란 전산정보처리조직에 의하여 입력·처리된 등기정보자료를 대법원규칙으로 정하는 바에 따라 편성한 것을 말한다.

해설 [부동산등기법 제14조(등기부의 종류 등)]
① 등기부는 토지등기부(土地登記簿)와 건물등기부(建物登記簿)로 구분한다.
② 등기부는 영구(永久)히 보존하여야 한다.
③ 등기부는 대법원규칙으로 정하는 장소에 보관·관리하여야 하며, 전쟁·천재지변이나 그 밖에 이에 준하는 사태를 피하기 위한 경우 외에는 그 장소 밖으로 옮기지 못한다.

④ 등기부의 부속서류는 전쟁·천재지변이나 그 밖에 이에 준하는 사태를 피하기 위한 경우 외에는 등기소 밖으로 옮기지 못한다. 다만, 신청서나 그 밖의 부속서류에 대하여는 법원의 명령 또는 촉탁(囑託)이 있거나 법관이 발부한 영장에 의하여 압수하는 경우에는 그러하지 아니하다.

99. 지적공부에 등록된 지번을 변경하여 새로이 부여할 경우 승인을 받아야 하는 자로 옳은 것은?

① 행정안전부 장관
② 군수·구청장
③ 중앙지적위원회 위원장
④ 특별시장·광역시장·도지사

해설 [공간정보의 구축 및 관리 등에 관한 법률 시행령 제57조(지번변경의 승인신청 등)]
지적소관청은 지번을 변경하려면 지번변경 사유를 적은 승인신청서에 지번변경 대상지역의 지번·지목·면적·소유자에 대한 상세한 내용을 기재하여 **시·도지사 또는 대도시 시장에게 제출**해야 한다. 이 경우 시·도지사 또는 대도시 시장은 행정정보의 공동이용을 통하여 지번변경 대상지역의 지적도 및 임야도를 확인해야 한다.

100. 60일 이내에 토지의 이동신청을 하지 않아도 되는 것은?

① 경계정정 신청
② 신규등록 신청
③ 지목변경 신청
④ 형질변경에 따른 분할신청

해설 경계정정에 대한 토지의 이동은 신청사항이 아니다.
[공간정보의 구축 및 관리 등에 관한 법률 제77, 78, 79, 81조]
토지소유자는 신규등록, 등록전환, 토지분할, 지목변경, 신청할 토지가 있으면 사유가 발생한 날부터 60일 이내에 지적소관청에 신청하여야 한다.

정답 99. ④ 100. ①

CHAPTER 04 2021년도 지적기사 1회

1과목 　　　　지적측량

01. 오차의 성질에 관한 설명으로 옳지 않은 것은?

① 정오차는 측정횟수에 비례하여 증가한다.
② 부정오차는 일정한 크기와 방향으로 나타난다.
③ 우연오차는 상차라고도 하며, 측정횟수의 제곱근에 비례한다.
④ 1회 측정 후 우연오차를 b라 하면, n회 측정의 우연오차는 $b\sqrt{N}$ 이다.

해설 [부정오차(우연오차)]
① 일어나는 원인이 불분명하거나 원인을 안다 하여도 직접 처리하는 방법이 불확실하고 예견할 수 없음
② 관측값에 어느 정도의 영향을 주고 있는지를 알 수 없는 성질의 불규칙한 오차
③ 아무리 주의해도 피할 수 없고 또 계산으로 제거할 수 없으므로 통계학(최소제곱법)적으로 소거하는 방법을 사용

02. 점 P에서 점 A를 지나며 방위각이 β인 직선까지의 수선장(d)을 구하는 식으로 옳은 것은?

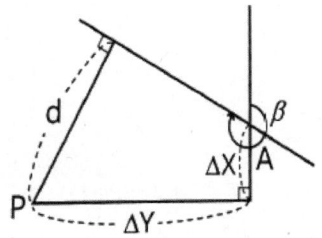

① d = ΔX cosβ − ΔY sinβ
② d = ΔY cosβ − ΔX sinβ
③ d = ΔX sinβ − ΔY cosβ
④ d = ΔY sinβ − ΔX cosβ

해설 수선의 길이
$E = \Delta y \cdot \cos\alpha - \Delta x \cdot \sin\alpha$
$= (Y_2 - Y_1) \times \cos\alpha - (X_2 - X_1) \times \sin\alpha$

03. 광파기측량방법과 도선법에 따른 지적도근점 간의 수평거리를 2회 측정한 결과가 각각 149.95m, 150.05m 이었을 때 결정거리는?

① 149.90m　　② 150.00m
③ 150.10m　　④ 재측정

해설
① 2회 측정한 평균 $= \dfrac{149.95 + 150.05}{2} = 150.00m$
② 2회 측정값의 교차 $= 150.05 - 149.95 = 0.10m$
③ 2회 측정값의 허용교차
$= \dfrac{149.95 + 150.05}{2} \times \dfrac{1}{3000} = 0.05m$
④ 점간거리의 측정은 2회측정하여 그 측정치의 교차가 평균치의 3,000분의 1 허용교차의 범위를 벗어나므로 재측정한다.

04. A, B 기지점으로부터 소구점의 표고를 계산하고자 A, B 각 지점에서 소구점까지 평면거리를 관측한 결과 1km, 2km 이었다. 이 때 두 기지점으로부터 구한 소구점의 표고에 대한 교차한계는?

① 0.1m　　② 0.2m
③ 0.3m　　④ 0.4m

해설 2개의 기지점에서 소구점의 표고를 계산한 결과 그 교차가 $0.05m + 0.05(S_1 + S_2)m$ 이하일 때에는 그 평균치를 표고로 한다.
교차한계 $= 0.05m + 0.05(1+2) = 0.20m$

정답 01. ②　02. ②　03. ④　04. ②

05. 경위의측량방법과 다각망도선법에 따른 지적도근점의 관측에서 시가지 지역, 축척변경지역 및 경계점좌표등록부 시행 지역의 수평각 관측방법은?

① 교회법 ② 배각법
③ 방위각법 ④ 방향각법

해설 경위의측량방법과 다각망도선법에 따른 지적도근점의 관측에서 시가지 지역, 축척변경지역 및 경계점좌표등록부 시행지역의 수평각 관측방법은 배각법에 의한다.

06. 축척이 1200분의 1인 지역 토지의 면적을 전자면적측정기로 2회 측정한 결과가 각각 138232m^2, 138347m^2 이었을 때 처리방법으로 옳은 것은? (단, 측정한 면적의 교차가 허용면적 이하인 경우)

① 재측량하여야 한다.
② 평균치를 측정면적으로 한다.
③ 작은 면적을 측정면적으로 한다.
④ 큰 면적을 측정면적으로 한다.

해설 ① 교차 = 138,347 − 138,232 = 115m^2
② 평균 = $\frac{138,347+138,232}{2}$ = 138,289m^2
③ 허용범위 $A = 0.023^2 M\sqrt{F}$
   = $0.023^2 \times 1,200 \times \sqrt{138,289}$ = 236m^2
④ 교차가 허용범위 이내이므로 평균치를 측정면적으로 한다.

07. 지적도근점측량에 의하여 계산된 연결오차가 허용범위 이내인 경우 연결오차의 배분방법이 옳은 것은? (단, 방위각법에 의하는 경우를 기준으로 한다.)

① 각 측선장에 비례하여 배분한다.
② 각 방위각의 크기에 비례하여 배분한다.
③ 각 측선장의 반수에 비례하여 배분한다.
④ 각 측선의 종횡선차 길이에 비례하여 배분한다.

해설 [방위각법에 의한 도근측량의 각오차 배부]
방위각법에 의한 종횡선차의 배부는 측선장에 비례하여 배분한다.

08. 삼각형의 각 변의 길이가 각각 30m, 40m, 50m일 때 이 삼각형의 면적은?

① 600m^2 ② 756m^2
③ 1000m^2 ④ 1200m^2

해설 세 변의 길이가 주어져있으므로 헤론의 공식에 의해 삼각형의 면적을 산정한다.
$S = \frac{a+b+c}{2} = \frac{30+40+50}{2} = 60$
$A = \sqrt{S(S-a)(S-b)(S-c)}$
 $= \sqrt{60(60-30)(60-40)(60-50)} = 600m^2$

09. 경위의측량방법에 따른 지적삼각점의 관측 및 계산에 대한 기준으로 옳은 것은?

① 1측회의 폐색 공차는 ±40초 이내로 한다.
② 관측은 20초독 이상의 경위의를 사용한다.
③ 1방향각의 수평각 공차는 30초 이내로 한다.
④ 삼각형의 각 내각은 30° 이상 150° 이하로 한다.

해설 [경위의측량방법에 따른 지적삼각점의 관측 및 계산]
① 1측회의 폐색 공차는 ±30초 이내로 한다.
② 관측은 10초독 이상의 경위의를 사용한다.
③ 1방향각의 수평각 공차는 30초 이내로 한다.
④ 삼각형의 내각은 30° 이상 120° 이하로 한다.

10. 지적삼각점측량의 시행에 있어 내각을 n회 측정하였을 경우, 경중률(weight)의 부여 방법은?

① n ② n^2
③ 1/n ④ n(n−1)

해설 ① 경중률은 관측횟수에 비례한다.
② 경중률은 노선거리에 반비례한다.
③ 경중률은 평균제곱근오차의 제곱에 반비례한다.

11. 지적측량에서의 직각좌표는 어떤 투영법으로 표시함을 기준으로 하는가? (단, 세계측지계에 따르지 아니하는 지적측량의 경우)

① 벳셀법
② 가우스법
③ 가우스쿠르거법
④ 가우스상사이중투영법

> 해설 지적측량의 경우에는 가우스상사이중투영법에 의하여 표시하며, 직각좌표계의 투영원점의 수치를 X(N) = 500,000m, Y(E) = 200,000m를 가산하여 적용하며 제주도의 경우는 X(N) = 550,000m, Y(E) = 200,000m를 가산하여 적용한다.

12. 평판측량에서 발생할 수 있는 오차가 아닌 것은?

① 시준오차
② 연결오차
③ 외심오차
④ 정준오차

> 해설 [평판측량에서 발생할 수 있는 오차]
> ① 측량기계오차 : 외심오차, 자침오차
> ② 평판의 설치오차 : 정준오차, 표정오차, 구심오차, 시준오차

13. 지적삼각보조점의 수평각을 관측하는 방법에 대한 기준으로 옳은 것은?

① 도선법에 따른다.
② 2대회의 방향관측법에 따른다.
③ 3대회의 방향관측법에 따른다.
④ 관측 지역에 따라 방위각법과 배각법을 혼용한다.

> 해설 경위의측량방법과 교회법에 의해 지적삼각보조점측량을 실시할 경우 관측은 20초독 이상의 경위의를 사용하며, 수평각관측의 2대회 방향관측법에 의하므로 2대회의 윤곽도는 0°, 90°이다.

14. 지구를 평면으로 가정할 때 정도 $1/10^6$에서 거리오차는? (단, 지구의 곡률반경은 6370km이다.)

① 1.2cm
② 2.2cm
③ 3.2cm
④ 4.2cm

> 해설 거리의 허용정밀도는 $\frac{d-D}{D} \le \frac{1}{1,000,000}$ 이고 거리오차는
> $d - D = \frac{1}{12}\left(\frac{D^3}{R^2}\right)$ 이므로
> $D = \sqrt{\frac{12 \times 6,370^2}{1,000,000}} ≒ 22\,km$ 에서
> 거리오차는 허용정밀도에 D를 곱한 값이므로
> 거리오차 $d - D = \frac{22km}{1,000,000} = 2.2cm$

15. 전파기 또는 광파기측량방법에 따라 다각망도선법으로 지적삼각보조점측량을 할 때의 기준으로 틀린 것은?

① 1도선의 거리는 4km 이하로 한다.
② 삼각형의 각 내각은 30도 이상 150도 이하로 한다.
③ 3점 이상의 기지점을 포함한 결합다각방식에 따른다.
④ 1도선의 점의 수는 기지점과 교점을 포함하여 5점 이하로 한다.

> 해설 [다각망도선법에 의한 지적삼각보조점측량의 기준]
> ① 1도선(기지점과 교점간 또는 교점과 교점간)의 거리는 4km 이하로 한다.
> ② 삼각형의 내각은 30° 이상 120° 이하로 한다.
> ③ 3점 이상의 기지점으로 포함한 결합다각방식에 의한다.
> ④ 1도선의 점의 수는 기지점과 교점을 포함하여 5점 이하로 한다.

16. 지적삼각점측량에서 점표가 기울어진 상단을 시준 관측하고 편심거리(ℓ)를 측정한 결과 시준선에서 직각 방향으로 1.6m이었다. 이로 인한 각도오차(θ)는? (단, 삼각점 간 거리(S)는 3km이다.)

① 0′ 34″
② 1′ 34″
③ 1′ 50″
④ 2′ 50″

> 해설 거리 정밀도와 각 정밀도가 같다면
> $\frac{d\ell}{\ell} = \frac{d\alpha}{\rho}$ 에서
> $d\alpha = \frac{d\ell}{\ell} \times \rho = \frac{1.6}{3000} \times \frac{180°}{\pi} = 0°1'50''$

정답 11. ④ 12. ② 13. ② 14. ② 15. ② 16. ③

17. 반지름 11km 이내의 면적을 기준으로 평면측량을 시행한다면 이 측량의 정밀도는?

① 1/5000
② 1/10000
③ 1/500000
④ 1/1000000

해설 거리의 허용정밀도는 $\frac{d-D}{D} = \frac{1}{12}\left(\frac{D^2}{R^2}\right)$이므로

$$\frac{d-D}{D} = \frac{1}{12} \times \frac{22^2}{6370^2} ≒ \frac{1}{1000000}$$

18. 토지의 이동에 따른 도면의 제도 방법 기준이 틀린 것은?

① 이동 전 지번 및 지목을 말소하고 새로 설정된 지번 및 지목을 가로쓰기로 제도한다.
② 지적공부에 등록된 토지가 바다가 된 때에는 경계, 지번 및 지목을 말소한다.
③ 도곽선에 걸쳐 있는 필지를 분할하는 경우 그 도곽선 밖에 필지의 경계, 지번 및 지목을 제도한다.
④ 합병할 때에는 합병되는 필지 사이의 경계, 지번 및 지목을 말소한 후 새로 부여하는 지번과 지목을 제도한다.

해설 [지적업무 처리규정 제41조(경계의 제도)]
① 경계는 0.1밀리미터 폭의 선으로 제도한다.
② 1필지의 경계가 도곽선에 걸쳐 등록되어 있으면 도곽선 밖의 여백에 경계를 제도하거나, 도곽선을 기준으로 다른 도면에 나머지 경계를 제도한다. 이 경우 다른 도면에 경계를 제도할 때에는 지번 및 지목은 붉은색으로 표시한다.
③ 경계점좌표등록부 등록지역의 도면(경계점 간 거리등록을 하지 아니한 도면을 제외한다)에 등록할 경계점 간 거리는 검은색의 1.0~1.5밀리미터 크기의 아라비아숫자로 제도한다. 다만, 경계점 간 거리가 짧거나 경계가 원을 이루는 경우에는 거리를 등록하지 아니할 수 있다.
④ 지적기준점 등이 매설된 토지를 분할할 경우 그 토지가 작아서 제도하기가 곤란한 때에는 그 도면의 여백에 그 축척의 10배로 확대하여 제도할 수 있다.

19. 지적확정측량 결과도 작성 시 포함하여야 할 사항으로 틀린 것은?

① 경계점 간 계산거리 및 실측거리
② 확정 경계선에 지상구조물 등이 걸리는 경우에는 그 위치현황
③ 지적기준점 및 그 번호와 지적기준점 간 방위각 및 거리
④ 확정된 필지의 경계(경계점좌표를 전개하여 연결한 선) 및 면적

해설 [지적확장측량 결과도 작성시 포함하여야 할 사항]
① 지적확정측량결과도의 제명·축척 및 색인도
② 확정된 필지의 경계·지번 및 지목
③ 경계점간 계산거리 및 실측거리
④ 지적기준점 및 그 번호와 지적기준점간 방위각 및 거리
⑤ 행정구역선과 그 명칭
⑥ 도곽선과 그 수치, 경계에 지상건물 등이 걸리는 경우에는 그 위치현황
⑦ 측량 및 검사연월일, 측량자 및 검사자의 성명·소속·자격등급 등

20. 다음 중 구면삼각법을 평면삼각법으로 간주하여 계산할 때 적용하는 이론은?

① 가우스(Gauss) 정리
② 르장드르(Legendre) 정리
③ 뫼스니에(Measnier) 정리
④ 가우스쿠르거(Gauss-Kruger) 정리

해설 [르장드르의 정리]
구면삼각형에서 구과량을 고려하는 경우 구과량을 오차로 간주하고 각각의 각에 오차의 1/3만큼씩을 빼주어 평면삼각형으로 간주하여 간편하게 변의 길이를 구하는 방식

2과목 응용측량

21. 그림에서 삼각형의 BC와 병행한 XY로 면적을 m:n=1:4의 비율로 분할하고자 한다. AB = 75m일 때 AX의 거리는?

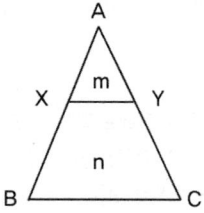

① 15.0m ② 18.8m
③ 33.5m ④ 37.5m

해설 1변에 평행한 직선으로 분할하는 경우 △ABC와 △AXY는 닮은꼴이므로 다음과 같은 관계식이 적용된다.

$$\frac{\triangle AXY}{\triangle ABC} = \left(\frac{XY}{BC}\right)^2 = \left(\frac{AX}{AB}\right)^2 = \left(\frac{AY}{AC}\right)^2 = \frac{m}{m+n}$$

$$\therefore \overline{AX} = \overline{AB}\sqrt{\frac{m}{m+n}} = 75\sqrt{\frac{1}{1+4}} = 33.5m$$

22. 회전주기가 일정한 위성을 이용한 원격탐사의 특징에 대한 설명으로 옳지 않은 것은?

① 탐사된 자료가 즉시 이용될 수 있으며, 재해 및 환경문제 해결에 편리하다.
② 관측이 좁은 시야각으로 행하여지므로 얻어진 영상은 정사투영에 가깝다.
③ 회전주기가 일정하므로 원하는 지점 및 시기에 관측하기가 쉽다.
④ 짧은 시간 내에 넓은 지역을 동시에 측정할 수 있으며 반복측정이 가능하다.

해설 회전주기가 일정하므로 주기적인 반복관측이 가능하나 원하는 지점 및 시기에 관측은 어렵다.
[원격탐사의 특징]
① 수치화된 관측자료를 통한 저장과 분석이 용이
② 단기간 내에 넓은 지역 동시 관측 가능
③ 회전주기가 일정하므로 주기적인 반복관측이 가능
④ 관측이 좁은 시야각으로 얻어진 영상은 정사투영에 가깝다.
⑤ 탐사된 자료가 즉시 이용될 수 있으며 재해, 환경문제 해결에 편리하다.

23. 지성선 상의 중요점의 위치에 표고를 측정하여, 이 점들을 기준으로 등고선을 삽입하는 등고선 측정방법은?

① 좌표점법 ② 종단점법
③ 횡단점법 ④ 직접법

해설 [등고선의 삽입법]
① 방안법(좌표점고법) : 방안의 각 교점의 표고를 측정하고 그 결과로 등고선을 삽입하는 방법으로 지형이 복잡한 경우에 적합
② 종단점법 : 지성선 위에 여러 측선에 대하여 거리와 표고를 측정하여 등고선을 삽입하는 방법으로 소축척의 산지 등에 적합
③ 횡단점법 : 노선측량에서 횡단측량의 결과를 이용하여 각 단면에 등고선을 삽입할 경우에 사용되는 방법

24. 비행고도 3000m인 항공기에서 초점거리 150mm인 카메라로 촬영한 실제거리 50m 교량의 수직사진에서의 길이는?

① 1.0mm ② 1.5mm
③ 2.0mm ④ 2.5mm

해설 사진의 축척 $M = \frac{1}{m} = \frac{f}{H} = \frac{0.15m}{3,000m} = \frac{1}{20,000}$ 에서

$M = \frac{도상거리}{실제거리} = \frac{1}{20,000}$ 이므로

도상거리 $= \frac{50m}{20,000} = 0.0025m = 2.5mm$

25. 지형도에 의한 댐의 저수량 측정에 사용할 수 있는 방법으로 적당한 것은?

① 영선법 ② 채색법
③ 음영법 ④ 등고선법

해설 등고선법은 지형도에 의한 댐의 저수량 측정에 사용하는 방법으로 등고선의 면적을 구적하고 각주공식에 의해 저수량, 토공량을 산정할 수 있다.

26. 원심력의 변화를 곡선의 길이에 따라 점진적으로 반영하도록 직선부와 곡선부 사이에 삽입하는 곡선은?

① 횡단곡선 ② 완화곡선
③ 반향곡선 ④ 복심곡선

해설 [완화곡선]
① 원심력의 변화를 곡선의 길이에 따라 점진적으로 반영하도록 직선부와 곡선부 사이에 삽입하는 곡선
② 완화곡선의 종류 : 클로소이드곡선(고속도로), 램니스케이트 곡선(시가지철도), 3차포물선(일반철도), sine 체감곡선(고속철도)

27. 지형도 작성 시 활용하는 지형 표시 방법과 거리가 먼 것은?

① 방사법 ② 영선법
③ 채색법 ④ 점고법

해설 [지형표시방법]
① 자연도법 : 영선법(우모법, 게바법), 음영선
② 부호도법 : 등고선법, 점고법, 채색법(단채법)

28. 노선측량에서 단곡선의 설치방법 중 접선과 현이 이루는 각을 이용하여 곡선을 설치하는 방법은?

① 편각법 ② 중앙 종거법
③ 장현 지거법 ④ 좌표에 의한 설치법

해설 [단곡선 설치방법의 비교]
① 편각법 : 철도, 도로 등에 널리 이용되며 Transit로는 편각을 tape로 거리를 측정하면서 곡선을 설치하는 방법으로 토탈스테이션이 없던 시절에는 가장 좋은 결과를 얻을 수 있는 방법
② 중앙종거법 : 기설곡선의 검사 또는 조정에 편리하나 중심 말뚝의 간격을 20m마다 설치할 수 없는 것이 결점
③ 절선편거와 현편거법 : 줄자만으로 설치할 수 있는 방법으로 지방도로 등에 많이 사용되나 정밀도는 떨어짐
④ 장현에 대한 종거와 횡거법 : 반경이 짧은 곡선은 이 방법에 의하여 설치
⑤ 절선에 대한 지거법 : 산림지대에서 편각법을 쓰며 벌목량이 많아지는 경우에 사용

29. 항공삼각측량(aerial triangulation) 방법에 대한 설명으로 옳은 것은?

① 다항식조정법(polynomial method)은 가장 최근에 제안된 방법이다.
② 독립모델조정법(independent model triangulation)은 공선조건식을 사용한다.
③ 광속조정법(bundle adjustment method)은 공면조건식을 이용한다.
④ 광속조정법(bundle adjustment method)은 사진좌표를 기본 단위로 사용한다.

해설 [항공삼각측량방법과 기준]
① 광속조정법(bundle adjustment method)은 가장 최근에 제안된 방법이다.
② 독립모델조정법(independent model triangulation)은 공면조건식을 사용한다.
③ 광속조정법(bundle adjustment method)은 공선조건식을 이용한다.
④ 광속조정법 : 사진 기준
　독립모형조정법 : 모델(모형) 기준, 다항식법
　스트립조정법 : 스트립 기준이다.

30. GNSS의 구성요소에 해당되지 않는 것은?

① 위성에 대한 우주 부분
② 지상 관제소에서의 제어 부분
③ 경영 활동을 위한 영업부분
④ 측량용 수신기에 대한 사용자 부분

해설 [GPS의 주요구성요소]
① 우주부문(Space Segment)
　연속적 다중위치 결정체계, 55°의 궤도경사각, 위도 60°의 6궤도, 2만km 고도와 12시간주기로 운행
② 제어부문(Control Segment)
　궤도와 시각 결정을 위한 위성의 추적, 전리층 및 대류층의 주기적 모형화, 위성시간의 동일화, 위성자료 전송
③ 사용자부문(User Segment)
　위성으로부터 보내진 전파를 수신해 원하는 위치 또는 두 점 사이의 거리 계산

정답 26. ② 27. ① 28. ① 29. ④ 30. ③

31. 곡선의 종류 중 원곡선 두 개가 접속점에서 각각 다른 방향으로 굽어진 형태의 곡선으로 주로 계곡부에 이용되는 것은?

① 단곡선　　② 복선곡선
③ 완화곡선　④ 반향곡선

> [해설] [복합곡선(Compound Curve)의 종류]
> ① 복심곡선 : 반경이 다른 2개의 원곡선이 1개의 공통접선을 같은 방향에서 연결하는 곡선
> ② 반향곡선 : 반경이 다른 2개의 원곡선이 1개의 공통접선의 서로 반대쪽에 있는 곡선중심을 연결하는 곡선
> ③ 배향곡선 : 반향곡선을 연속시켜 머리핀 같은 형태의 곡선으로 된 것으로 머리핀곡선이라고도 함

32. 직접수준측량에서 2km를 왕복하는데 오차가 ±4mm 발생하였다면 이와 같은 정밀도로 하여 4.5km를 왕복했을 때의 오차는?

① ±5.0mm　② ±5.5mm
③ ±6.0mm　④ ±6.5mm

> [해설] $E_s = \pm E\sqrt{S}$, 여기서 S : 왕복거리
> 4km에 대한 오차 $E_s = \pm E\sqrt{4} = \pm 4mm$에서
> $E = \dfrac{\pm 4mm}{\sqrt{4}} = \pm 2mm$
> 9km에 대한 오차
> $E_s = \pm E\sqrt{4} = \pm 2mm \times \sqrt{9} = \pm 6mm$

33. 터널 내에서 천정에 고정점 A, B를 관측한 결과가 그림과 같을 때 두 지점간의 고저차는? (단, a=1.15m, S=25.30m, b=1.75m, α=30°)

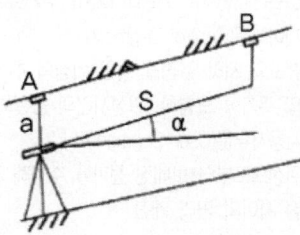

① 11.50m　② 13.25m
③ 20.76m　④ 22.51m

> [해설] 고저차 ΔH= 스타프읽음값의 차이 + 경사거리 × sin 경사각에서
> $\Delta H = (1.75 - 1.15) + 25.30 \times \sin 30° = 13.25 m$

34. GNSS의 오차 중 반송파가 지상의 수신기를 향하여 직접 송신되지 못하고 주변의 다른 장애물에 반사된 후 수신기에 수신될 때 생기는 오차는?

① 수신기오차
② 위성의 궤도오차
③ 대기조건에 의한 오차
④ 다중 전파경로에 의한 오차

> [해설] [Multipath(다중경로)]
> 도심지와 같이 장애물이 많은 경우 높은 건물 등에 전파가 굴절되어 전파 송신이 지연되거나 단절되는 현상

35. GNSS에서 의사거리 결정에 영향을 주는 오차의 원인으로 거리가 먼 것은?

① 대기굴절에 의한 오차
② 위성의 시계오차
③ 수신 위치의 기온 변화에 의한 오차
④ 위성의 기하학적 위치에 따른 오차

> [해설] [의사거리(Pseudo Range)]
> ① 인공위성과 지상수신기 사이의 거리측정값이다.
> ② 의사거리에 영향을 주는 오차로는 대기굴절에 의한 오차, 위성시계의 오차, 위성의 기하학적 위치에 따른 오차, 위성궤도의 오차, 전리층, 대류권의 굴절오차 등이 있다.

36. 수준측량에서 굴절오차와 관측거리의 관계를 설명한 것으로 옳은 것은?

① 거리의 제곱에 비례한다.
② 거리의 제곱에 반비례한다.
③ 거리의 제곱근에 비례한다.
④ 거리의 제곱근에 반비례한다.

정답 31. ④　32. ③　33. ②　34. ④　35. ③　36. ①

해설 굴절오차(기차 $h = -\frac{kS^2}{2R}$)에서 (k: 굴절계수, R: 지구의 반지름, S: 수평선까지의 거리) 거리의 제곱에 비례한다.

37. 지상거리 500m인 두 개의 수직터널에 의하여 깊이 700m의 터널 내외를 연결하는 경우에 두 수직터널의 지상거리와 터널 내 연결점의 거리 차는? (단, 지구반지름 R=6370km이다.)

① 4.5m
② 5.5m
③ 4.5cm
④ 5.5cm

해설 평균해수면에 대한 오차 $C_h = -\frac{H}{R}L$

오차를 보정한 후의 수평거리는 $L_0 = L - \frac{H}{R}L$

여기서, R : 지구반경, H : 높이, L_0 : 기준면상의 거리
지표상의 측정거리를 조건으로 주어주고 수갱간의 거리를 구하므로 수직터널간 오차

$= -\frac{700}{6,370,000} \times 500 = 0.055m = 5.5cm$

38. 초점거리 100mm인 카메라로 촬영한 축척 1:5000 수직사진에 사진크기 23cm×23cm, 종중복도 60%인 경우에 기선고도비는?

① 0.61
② 0.92
③ 1.09
④ 0.25

해설 기선고도비는 기선을 고도로 나눈 값이고, 초점거리와 축척으로부터 고도를, 중복값으로부터 기선의 길이를 구한다.
분자, 분모에 축척(m)을 약분하여 적용하면 계산이 간단해 진다.

기선고도비 $\left(\frac{B}{H}\right) = \frac{ma(1-p)}{mf} = \frac{a(1-p)}{f} = \frac{0.23 \times (1-0.6)}{0.10}$
$= 0.92$

39. 곡선반지름 R=80m, 곡선길이 L=20m일 때 클로소이드의 매개변수 A의 값은?

① 40m
② 60m
③ 100m
④ 160m

해설 $A^2 = R \times L$ 에서
$A = \sqrt{RL} = \sqrt{80m \times 20m} = 40m$

40. A점의 표고가 100.56m이고, A와 B점의 지표에 세운 표척의 관측값이 각각 a=+5.5m, b=+2.3m라 할 때 B점의 표고는?

① 97.36m
② 101.46m
③ 103.76m
④ 108.36m

해설 $H_B = H_A +$ 후시 $-$ 전시 $= 100.56 + 5.5 - 2.3 = 103.76m$

3과목 토지정보체계론

41. 스파게티(Spaghetti) 모형에 대한 설명으로 옳지 않은 것은?

① 자료구조가 단순하여 파일의 용량이 작다.
② 하나의 점(X, Y좌표)을 기본으로 하고 있어 구조가 간단하므로 이해하기 쉽다.
③ 객체들 간의 공간 관계에 대한 정보가 입력되므로 공간분석에 효율적이다.
④ 상호 연관성에 관한 정보가 없어 인접한 객체들의 특징과 관련성을 파악하기 힘들다.

해설 [스파게티 모형의 특징]
① 공간자료를 점, 선, 면을 단순한 좌표목록으로 저장하며 위상관계를 정의하지 않음
② 상호연결성이 결여된 점과 선의 집합체
③ 수작업으로 디지타이징된 지도자료가 대표적인 예
④ 인접하고 있는 다각형을 나타내기 위해 경계하는 선은 두 번씩 저장
⑤ 모든 면사상이 일련의 독립된 좌표집합으로 저장되므로 자료저장공간 많이 차지
⑥ 객체들 간의 공간관계가 설정되지 않아 공간분석에 비효율적

정답 37. ④ 38. ② 39. ① 40. ③ 41. ③

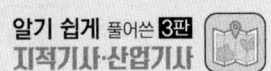

42. 데이터 품질 측정의 구성요소에 해당하지 않는 것은? (단, KS X ISO 19157:2013을 기준으로 한다.)

① 설명
② 이름
③ 정의
④ 완전성

해설 [KS X ISO 19157 지리정보 : 데이터품질표준 문서]
① 품질구성요소 : 완전성, 논리적 일관성, 위치정확도, 주제정확도, 시간적 품질, 유용성 요소
② 품질측정 : 측정식별자, 이름, 요소이름, 기본측정, 정의, 설명
③ 품질평가 : 직접평가, 간접평가, 종합과 유도

43. 지적공부의 효율적인 관리 및 활용을 위하여 지적정보 전담 관리기구를 설치·운영하는 자는?

① 국토교통부장관
② 행정안전부장관
③ 국토지리정보원장
④ 한국국토정보공사장

해설 [공간정보의 구축 및 관리 등에 관한 법률 제70조(지적정보 전담 관리기구의 설치)]
① 국토교통부장관은 지적공부의 효율적인 관리 및 활용을 위하여 지적정보 전담관리기구를 설치·운영한다.
② 지적정보전담 관리기구의 설치·운영에 관한 세부사항은 대통령령으로 정한다.

44. 토지 고유번호의 코드 구성 기준으로 옳은 것은?

① 행정구역코드 9자리, 대장구분 2자리, 본번 4자리, 부번 4자리, 합계 19자리로 구성
② 행정구역코드 9자리, 대장구분 1자리, 본번 4자리, 부번 5자리, 합계 19자리로 구성
③ 행정구역코드 10자리, 대장구분 1자리, 본번 4자리, 부번 4자리, 합계 19자리로 구성
④ 행정구역코드 10자리, 대장구분 1자리, 본번 3자리, 부번 5자리, 합계 19자리로 구성

해설 [행정구역코드의 자리구성]
① 행정구역코드 10자리(시·도 2, 시·군·구 3, 읍·면·동 3, 리 2)
② 대장구분 1자리, 본번 4자리, 부번 4자리를 합한 19자리로 구성

45. 국토교통부장관이 지적공부에 관한 전산자료를 갱신하여야 하는 기간의 기준으로 옳은 것은?

① 수시
② 매 월
③ 매 분기
④ 매 년

해설 [지적공부에 관한 전산자료의 관리에 관한 내용]
① 지적공부에 관한 전산자료가 최신 정보에 맞도록 수시로 갱신하여야 한다.
② 국토교통부장관은 지적전산자료에 오류가 있다고 판단되는 경우에는 지적소관청에 자료의 수정·보완을 요청할 수 있다.
③ 지적소관청은 요청 받은 자료의 수정·보완 내용을 확인하여 지체 없이 바로잡은 후 국토교통부장관에게 그 결과를 보고하여야 한다.
④ 국토교통부장관은 표준지공시지가 및 개별공시지가에 관한 지가전산자료를 개별공시지가가 확정된 후 3개월 이내에 정리하여야 한다.

46. 데이터에 대한 정보로서 데이터의 내용, 품질, 조건 및 기타 특성에 대한 정보를 포함하는 정보의 이력서라 할 수 있는 것은?

① 인덱스(Index)
② 라이브러리(Library)
③ 메타데이터(Metadata)
④ 데이터베이스(Database)

해설 [메타데이터(metadata)]
실제 데이터는 아니지만 데이터베이스, 레이어, 속성, 공간형상 등과 관련된 데이터의 내용, 품질, 조건 및 특징 등을 저장한 데이터로서 데이터에 관한 데이터로 데이터의 이력을 말한다.

47. DBMS의 "정의" 기능에 대한 설명이 아닌 것은?

① 데이터의 물리적 구조를 명세한다.
② 데이터의 논리적 구조와 물리적 구조 사이의 변환이 가능하도록 한다.
③ 데이터베이스의 논리적 구조와 그 특성을 데이터 모델에 따라 명세한다.
④ 데이터베이스를 공용하는 사용자의 요구에 따라 체계적으로 접근하고 조작할 수 있다.

정답 42. ④ 43. ① 44. ③ 45. ① 46. ③ 47. ④

해설 데이터베이스를 공용하는 사용자의 요구에 따라 체계적으로 접근하고 조작할 수 있도록 하는 것은 "조작" 기능에 관한 내용이다.

48. 국가지리정보체계사업(NGIS)의 단계별 주요 목표에 대한 설명으로 옳은 것은?

① 제1차 사업은 1995년 시작되었으며, 수치지도의 표준화 활용방안을 주요 목표로 설정하였다.
② 제2차 사업은 2001년 시작되었으며, 지적도 전산화 구축을 주요 목표로 하였다.
③ 제3차 사업은 2006년부터 시작되었으며, 수치지도의 작성을 주요 목표로 하였다.
④ 제4차 사업은 2010년부터 시작되었으며, 언제·어디서나·누구나 자유롭게 활용할 수 있는 그린(Green)공간정보 구축을 목표로 하였다.

해설 [NGIS 사업의 계획기간 및 목표]
① 1차 NGIS 사업 : 1996년~2000년, 공간정보 DB구축 기반조성 목표
② 2차 NGIS 사업 : 2001년~2005년, 국가공간정보 기관을 확충하여 디지털국토 실현 목표
③ 3차 NGIS 사업 : 2006년~2010년, 유비쿼터스 세상을 향한 지능형 사이버국토 구축 목표
④ 4차 NGIS 사업 : 2010년~2012년, 녹색성장을 위한 그린정보사회실현 목표
⑤ 5차 NGIS 사업 : 2013년~2017년, 공간정보산업의 질적 도약 목표

49. 필지중심토지정보시스템 중 지적소관청에 일반적으로 많이 사용하는 시스템은?

① 지적측량시스템 ② 지적행정시스템
③ 지적공부관리시스템 ④ 지적측량성과작성시스템

해설 [필지중심토지정보체계(PBLIS)의 구성]
① 지적공부관리시스템 : 사용자권한관리, 지적측량검사업무, 토지이동관리, 지적일반업무관리, 창구민원업무, 토지기록자료조회 및 출력, 지적통계관리, 정책정보관리 등 160여 종의 업무 제공
② 지적측량시스템 : 지적삼각측량, 지적삼각보조점측량, 지적도근점측량, 세부측량 등 170여종의 업무 제공

③ 지적측량성과작성시스템 : 지적측량을 위한 준비도 작성과 성과도의 입력 등으로 지적측량업무를 지원하며, 측량성과를 데이터베이스로 저장하여, 지적업무의 효율성 제고

50. 다음 NGIS의 데이터 교환 표준 포맷은?

① MOSS ② DX-90
③ TIGER ④ SDTS

해설 ① MOSS : 환경규제에 따른 유해물질 관리의 표준
② DX-90 : NGIS의 수로(해도)관련부분의 데이터 표준
③ TIGER : 미국 통계청의 국세 조사를 위한 정보 체계
④ SDTS : 지리정보시스템을 구성함에 있어 각종 응용시스템들 사이에서 지리정보를 공유하기 위한 목적으로 개발된 공통데이타교환포맷을 말한다.

51. 스캐닝 방식을 이용하여 지적전산 파일을 생성할 경우, 선명한 영상을 얻기 위한 방법으로 옳지 않은 것은?

① 해상도를 최대한 낮게 한다.
② 원본 형상의 보존 상태를 양호하게 한다.
③ 하프톤 방식의 스캐닝 시에는 되도록 속도를 느리게 한다.
④ 크기가 큰 영상은 영역을 세분하여 차례로 스캐닝한다.

해설 선명한 영상을 얻기 위해서는 해상도를 최대한 높여야 한다.

52. 레스터데이터 구조에 비하여 벡터데이터 구조가 갖는 장점으로 옳지 않은 것은?

① 자료구조가 단순하다.
② 위상자료구조를 가질 수 있다.
③ 복잡한 현실세계에 대한 세밀한 묘사를 할 수 있다.
④ 세밀한 묘사에 비해 데이터 용량이 상대적으로 작다.

해설 [벡터자료의 특징]
① 현상적 자료구조의 표현이 용이하고 효율적 축약
② 뛰어난 위상관계 구축과 위치와 속성의 일반화 가능
③ 3차원 분석 및 확대 축소시의 정보의 손실 없음
④ 자료구조는 복잡하고 고가의 장비 필요

53. 공간정확도를 확인하기 위해서는 샘플링이 필요하다. 모집단에 대한 기존지식을 활용하여 모집단을 몇 개의 소집단으로 구분하고, 각 소집단 내에서 랜덤(random)추출하는 방법으로 구성요소들이 전체로써 모집단의 구성요소들보다 더욱 동질적으로 될 수 있도록 추출하는 방법은?

① 계통샘플링(systematic sampling)
② 단순무작위샘플링(simple random sampling)
③ 층화무작위샘플링(stratified random sampling)
④ 층화계통비정렬샘플링(stratified systematic unaligned sampling)

해설 ◁ 층화무작위 샘플링 : 모집단을 보다 동질적인 몇 개의 층으로 나누고(층화), 각 층으로부터 단순무작위 표본추출(무작위 샘플링)을 하는 방법

54. 다음 중 데이터 표준화의 내용에 해당하지 않는 것은?

① 데이터 교환의 표준화   ② 데이터 분석의 표준화
③ 데이터 품질의 표준화   ④ 데이터 위치참조의 표준화

해설 ◁ [GIS 데이터의 표준화 유형]
데이터 모델(Data Model), 데이터 내용(Data Content), 데이터 수집(Data Collection), 위치참조(Location Reference), 데이터 품질(Quality), 메타데이터(Metadata), 데이터교환(Data Exchange)의 표준화로 7가지유형으로 분류한다.

55. 사용자가 데이터베이스에 접근하여 데이터를 처리할 수 있도록 하는 것으로 데이터의 검색, 삽입, 삭제 및 갱신 등과 같은 조작을 하는데 사용되는 데이터 언어는?

① DLL(Data Link Language)
② DCL(Data Control Language)
③ DDL(Data Definition Language)
④ DML(Data Manipulation Language)

해설 ◁ [데이터조작어(DML: Data manipulation Language)]
① 사용자로 하여금 적절한 데이터 모델에 근거하여 데이터를 처리하도록 하는 도구로 사용자(응용프로그램)와 DBMS 간의 인터페이스 제공
② 데이터의 연산은 데이터의 검색, 삽입, 삭제, 변경 등을 의미
③ INSERT(삽입), UPDATE(업데이트), DELETE(삭제), SELECT(검색결과 취득)

56. 스캐너를 활용한 공간자료 구축과정에 대한 설명으로 옳지 않은 것은?

① 손상된 도면을 입력하기 어렵고 벡터화가 불완전한 부분들의 인식·점검이 필요하며 래스터 및 벡터자료 편집용 소프트웨어가 필요하다.
② 스캐너의 정밀도에 따라 이미지 자료의 변형이 발생하며 벡터라이징 과정에서 자료를 선택적으로 분리하기 어렵다는 단점이 있다.
③ 스캐너 장비는 평판 스캐너와 원통형 스캐너가 있으며 일반적으로 평판 스캐너가 성능이 우수하여 더 많이 활용된다.
④ 파장이 적어질수록 래스터의 수가 늘어나서 스캐닝의 결과로서 생성되는 데이터의 양이 늘어난다는 단점이 있다.

해설 ◁ 드럼이 회전함에 따라(Y 방향) 감지기가 수평방향으로 움직이며(X 방향) 반사되는 수치값을 기록하지만 일반적으로 원통형 스캐너가 많이 사용되며 성능도 좋다.

57. 속성자료 입력 시 발생할 수 있는 가장 일반적인 오차는?

① 도면인식 오차   ② 자동입력 오차
③ 통계처리 오차   ④ 입력자 착오 오차

해설 ◁ 속성자료는 컴퓨터 키보드에 의하여 입력되므로 입력자의 착오로 인한 오차가 발생할 확률이 가장 높다. 이를 방지하기 위해 입력한 자료를 출력하여 원자료와 비교하는 검토작업이 요구된다.

58. OGC(Open GIS Consortium 또는 Open Geodata Consortium)에 대한 설명으로 틀린 것은?

① 지리정보를 객체지향적으로 정의하기 위한 명세서라 할 수 있다.
② 지리정보와 관련된 여러 처리방식에 대하여 개방형 시스템적인 접근을 시도하였다.
③ 지리정보를 활용하고 관련 응용분야를 주요 업무로 하고 있는 공공기관 및 민간기관으로 구성된 컨소시엄이다.

④ OGIS(Open GIS)를 개발하고 추진하는데 필요한 합의된 절차를 정립할 목적으로 비영리의 협회형태로 설립되었다.

해설 [OGC(OpenGIS Consortium)]
① 서로 다른 기종 사이에 공간데이터의 분산처리를 위한 상호운용에 관한 표준을 개발하려는 것
② 새로운 GIS 환경에서 상호 운용성을 도모하기 위해 결성된 표준화 규약
③ 개발보급을 위한 corba, java, OLE/COM, ODBC 분산환경에 대한 규약의 정의
④ 개방형, 분산처리, 컴포넌트 프레임워크에 기초한 정보기술과 처리기술의 융합과 분산된 지리정보데이터 처리와 관련된 산업계 공동개발을 촉진하기 위한 산업체 포럼 제공

59. 다음 중 래스터데이터의 자료압축 방법이 아닌 것은?

① 블록코드(block code) 방법
② 체인코드(chain code) 방법
③ 트랜스코드(trans code) 방법
④ 런렝스코드(run-length code) 방법

해설 [래스터자료의 압축방식]
① Run-length code(연속분할부호) : 각 행에 대해 왼쪽에서 오른쪽으로 시작 셀과 끝 셀을 표시
② Chain code(체인코드방식) : 영역의 경계는 그 시작점과 방향에 대한 단위벡터로 표시
③ Block code(블록코드방식) : 영역을 다양한 크기의 정사각형 블록으로 표시
④ Quadtree(사지수형) : 영역을 단계적으로 4분원으로 분할하여 표시

60. 다음 중 LIS/GIS의 기능적 요소에 해당하지 않는 것은?

① 데이터 생산
② 데이터 입력
③ 데이터 처리
④ 데이터 해석

해설 [LIS/GIS의 기능적 요소]
데이터의 입력, 데이터의 처리, 데이터의 해석, 데이터의 출력

4과목 지적학

61. 지압(地押)조사에 대한 설명으로 옳은 것은?

① 신고, 신청에 의하여 실시하는 토지조사이다.
② 토지의 이동 측량 성과를 검사하는 성과검사이다.
③ 분쟁지의 경계와 소유자를 확정하는 토지조사이다.
④ 무신고 이동지를 발견하기 위하여 실시하는 토지검사이다.

해설 [지압조사(地押調査)]
무신고 이동지를 발견하기 위하여 실시하는 토지검사

62. 토지조사사업에 대한 설명으로 틀린 것은?

① 사정권자는 임시 토지조사국장이었다.
② 조사측량기관은 임시 토지조사국이었다.
③ 도면축척은 1/1200, 1/2400, 1/3000 이었다.
④ 조사대상은 전국 평야부의 토지 및 낙산임야이다.

해설 토지조사사업의 지적도의 축척은 시가지(1/600), 평야지(1/1,200), 산간지(1/2,400)이다.

63. 다음 중 지적의 요건으로 볼 수 없는 것은?

① 안전성
② 정확성
③ 창조성
④ 효율성

해설 [지적의 요건(지적제도의 특성)]
영국에서 소유권 등기를 만드는 데 주도적 역할을 한 브릭데일(C.F. Brickdale)경은 소유권 등록에 있어서 연결되는 6가지의 특징으로 안전성, 간편성, 정확성, 신속성, 저렴성(경제성), 적합성을 들었으며 Dowson과 Sheppard는 여기에 등록의 완전성을 추가하고 있다.

64. 우리나라 지적제도의 기본이념에 해당하는 것은?

① 지적민정주의
② 인적편성주의
③ 지적형식주의
④ 지적비밀주의

해설 [우리나라 지적제도의 기본이념]
① 지적은 국가의 모든 영토에 대한 물리적 현황과 법적권리관계 등을 등록·공시하는 제도이다.
② 5대 기본이념 : 지적국정주의, 지적형식주의, 지적공개주의, 실질적심사주의, 직권등록주의
③ 일반적으로 지적국정주의, 지적형식주의, 지적공개주의를 지적의 3대 기본이념이라 한다.

65. 다음 지적재조사사업에 관한 설명으로 옳은 것은?

① 지적재조사사업은 지적소관청이 시행한다.
② 지적소관청은 지적재조사사업에 관한 기본 계획을 수립하여야 한다.
③ 지적재조사사업에 관한 주요 정책을 심의·의결하기 위하여 지적소관청 소속으로 중앙지적재조사위원회를 둔다.
④ 시·군·구의 지적재조사사업에 관한 주요 정책을 심의·의결하기 위하여 국토교통부장관 소속으로 시·군·구 지적재조사위원회를 둘 수 있다.

해설 [지적재조사사업]
① 지적재조사사업은 지적소관청이 시행한다.
② 국토교통부장관은 지적재조사사업에 관한 기본계획을 수립하여야 한다.
③ 지적재조사사업에 관한 주요정책을 심의·의결하기 위하여 국토교통부장관 소속으로 중앙지적조사위원회를 둔다.
④ 시·군·구의 지적재조사사업에 관한 주요정책을 심의·의결하기 위하여 지적소관청 소속으로 시·군·구 지적재조사위원회를 둘 수 있다.

66. 다음 중 지적제도와 등기제도를 처음부터 일원화하여 운영한 국가는?

① 대만　　　　② 독일
③ 일본　　　　④ 네덜란드

해설 지적과 등기를 일원화된 체계로 운영하는 국가는 네덜란드, 일본, 대만, 터키, 인도네시아 등이며, 이중 처음으로 일원화하여 운영한 국가는 네덜란드이다.

67. 입안제도(立案制度)에 대한 설명으로 옳지 않은 것은?

① 입안은 매수인의 소재관(所在官)에게 제출하였다.
② 토지매매 후 100일 이내에 하는 명의변경 절차이다.
③ 입안 받지 못한 문기는 효력을 인정받지 못하였다.
④ 조선시대에 토지거래를 관(官)에 신고하고 증명을 받는 것이다.

해설 [입안(立案)제도]
① 매매계약이 성립되면 매매문기와 구문기를 첨부하여 매도인의 소재관에 제출한다.
② 조선시대에 실시한 제도로 오늘날의 등기부와 유사
③ 토지매매시 관청에서 증명한 공적 소유권 증서
④ 소유자확인 및 토지매매를 증명하는 제도

68. 다음 중 지적의 개념 연결이 잘못된 것은?

① 법지적 – 소유지적　　② 세지적 – 과세지적
③ 수치지적 – 입체지적　　④ 다목적지적 – 정보지적

해설 [수치지적(Numerical Cadastre)]
① 필지의 경계점을 그림으로 묘화하지 않고 수학적인 평면직각종횡선수치의 형태로 표시하는 것으로서 도면지적보다 정밀하게 경계를 등록할 수 있다.
② 통일원점을 기준으로 평면직각종횡선수치의 형태로 각 점을 좌표(X, Y)로 등록 공시하는 지적제도이다.
③ 2차원 평면지적이다.

69. 다음 경계 중 정밀지적측량이 수행되고 지적소관청으로부터 사정의 행정처리가 완료된 것은?

① 고정경계　　② 보증경계
③ 일반경계　　④ 특정경계

해설 [경계의 구분]
① 보증경계 : 지적측량사에 의해 정밀지적측량이 행해지고 지적관리청의 사정에 의해 행정처리가 완료되어 측정된 토지경계
② 고정경계 : 특정토지에 대한 경계점의 지상에 석주, 철주, 말뚝 등 경계표지를 설치하거나 이를 정확하게 측량하여 지적 등록관리하는 경계

정답　65. ①　66. ④　67. ①　68. ③　69. ②

③ 일반경계 : 특정토지에 대한 소유권이 오랜 기간 동안 존속하였기에 담장, 울타리, 도로 등 자연적·인위적 형태의 지형지물을 필지별 경계로 인식하는 것

④ 정전제 : 정전제는 토지를 정(井)자 모양으로 구획하는 제도로 백성들에게 세금을 부과하는데 명확히 하기 위해 동일하게 구획한 토지에서 수확량에 따라 1/10씩 세금을 징수하기 위한 제도

70. 토지의 이익에 영향을 미치는 문서의 공적등기를 보전하는 것을 주된 목적으로 하는 등록제도는?

① 권원 등록제도
② 소극적 등록제도
③ 적극적 등록제도
④ 날인증서 등록제도

해설 [날인증서등록제도]
① 토지의 이익에 영향을 미치는 문서의 공적등기를 보전하는 등록
② 등록된 문서가 등록되지 않은 문서 또는 뒤늦게 등록된 서류보다 우선권을 가짐
③ 문서가 본질적으로는 소유권을 입증하지는 못함
④ 독립된 거래에 대한 기록에 지나지 않음

[권원등록제도]
공적기관에서 보존되는 특정한 사람에게 귀속된 명확히 한정된 단위의 토지에 대한 권리와 그러한 권리들이 존속되는 한계에 대한 권위있는 등록

71. 조선시대 이성계와 그를 지지하는 신진세력들에 의하여 추진된 제도로서, 토지의 국유화에 의한 사전(私田)의 재분배와 수확량의 10분의 5가 일반화되었던 수조율(收租率)을 대폭 경감하여 국고와 경작자 사이에 개재하는 중간착취를 배제하고자 하는 목적으로 시행된 제도는?

① 과전법
② 역분전
③ 전시과
④ 정전제

해설 ① 과전법 : 토지의 국유화에 의한 사전(私田)의 재분배와 수확량의 10분의 5가 일반화되었던 수조율(收租率)을 대폭 경감하여 국고와 경작자 사이에 개재하는 중간착취를 배제하고자 하는 목적으로 시행된 제도
② 역분전 : 고려는 삼국을 통일한 후 토지제도를 정비하기 위해 집권과 동시에 집권적 공전제(公田制)로서의 국유제도를 확립하였으며 역분전(役分田)을 효시로 토지제도를 정비하였다.
③ 전시과 : 고려시대 문무백관으로부터 말단의 부병, 한인에 이르기까지 국가의 관직에 복무하거나 직역을 부담하는 자에게 그들의 지위에 따라 응분의 전토(田土)와 시지(柴地)를 분급하는 제도

72. 다목적 지적제도를 구축하는 이유로 가장 거리가 먼 것은?

① 토지 공개념 도입 용이
② 토지소유현황 파악 용이
③ 정확한 토지 과세정보의 획득
④ 중복업무 방지로 인한 국가 토지행정의 효율성 증대

해설 토지등록은 토지의 이동이 있을 때 토지소유자의 신청에 의하여 소관청이 결정하는 행정적 책임으로 토지의 공개념을 실현하는데 활용될 수 있으며, 이는 다목적 지적제도를 구축하는 이유로 볼 수 없다.

73. 신라시대에 시행한 토지측량 방식으로 토지를 여러 형태로 구분하여 측량하기 쉽도록 하였던 것은?

① 결부제
② 경무법
③ 연산법
④ 구장산술

해설 [신라의 구장산술의 토지형태]
방전(方田, 정사각형), 직전(直田, 직사각형), 구고전(句股田, 직각삼각형), 규전(圭田, 이등변삼각형), 제전(梯田, 사다리꼴), 원전(圓田, 원), 호전(弧田, 호), 환전(環田, 고리모양)

[삼국시대의 지적제도]

구분	고구려	백제	신라
길이단위		척	
면적단위	경무법	두락제, 결부제	결부제
토지장부	봉역도, 요동성총도	도적	장적
측량방식		구장산술	
부서조직	주부, 사자	내두좌평, 화사, 산사	조부, 산학박사
토지제도		토지국유제	

74. 현행 지목 중 차문자(次文字) 표기를 따르지 않는 것은?

① 주차장
② 유원지
③ 공장용지
④ 종교용지

해설) 지목을 지적도에 등록할 경우 하나의 문자로 압축하여 표기하도록 하며, 일반적으로 맨 앞의 문자(두문자, 24)와 두 번째 문자(차문자, 4)로 표기하며 두 번째 문자로 표기되는 지목은 **주차장(차), 공장용지(장), 하천(천), 유원지(원)** 등이 있다.

75. 다음 중 오늘날의 토지대장과 유사한 것이 아닌 것은?

① 문기(文記) ② 양안(量案)
③ 도전장(都田帳) ④ 타량성책(打量成冊)

해설) [문기(文記)]
조선시대에 토지 및 가옥을 매수 또는 매도할 때 작성한 매매계약서를 말하며 명문문권이라고도 한다.

76. 토지조사사업 당시 지번의 부번방식으로 가장 많이 사용된 것은?

① 기우식 ② 단지식
③ 사행식 ④ 절충식

해설) [지번의 진행방향에 따른 부번방식]
① 사행식 : 농촌지역의 필지와 같이 배열이 불규칙한 지역에서 지번을 부여하는 가장 대표적인 방식으로 뱀이 기어가는 모습과 같다는 뜻이며 토지조사사업 당시부터 우리나라 지번의 대부분이 이 방식으로 부여되었다.
② 기우식 : 도로를 중심으로 한쪽은 홀수(奇數)로 그 반대는 짝수(偶數)로 지번을 부여하는 방법으로 경지정리 및 구획정리지구의 지번부여방식으로 많이 사용되고 있다.
③ 단지식 : 매 단지마다 하나의 본번(本番)을 부여하고 단지 내 다른 필지들은 본번에 부번(副番)을 부여하는 방법으로 Block식이라고도 한다.

77. 조선지세령(朝鮮地稅令)에 관한 내용으로 틀린 것은?

① 1943년 공포되어 시행되었다.
② 전문 7장과 부칙을 포함한 95개 조문으로 되어 있었다.
③ 토지대장, 지적도, 임야대장에 관한 모든 규칙을 통합하였다.
④ 우리나라 세금의 대부분인 지세에 관한 사항을 규정하는 것이 주목적이었다.

해설) [조선지세령(朝鮮地稅令)]
① 1943년에 제정·공포되어 조선총독부 시대에 시행되었다.
② 전문 7장과 부칙을 포함한 95개 조문으로 되어 있었다.
③ 지적에 관한 사항과 지세에 관한 사항을 동시에 규정하였다.
④ 우리나라 세금의 대부분인 지세에 관한 사항을 규정하는 것이 주목적이었다.

78. 일반적으로 양안에 기재된 사항에 해당되지 않는 것은?

① 지번, 면적 ② 측량순서, 토지등급
③ 토지형태, 사표(四標) ④ 신구 토지소유자, 토지가격

해설) [양안(量案)의 기재사항]
① 고려시대 : 지목, 전형(토지의 형태), 토지소유자, 양전방향, 사표, 결수, 총결수
② 조선시대 : 논밭의 소재지, 지목, 면적, 자호, 전형, 토지소유자, 양전방향, 사표, 장광척, 등급, 결수, 결작 여부 등

79. 일필지에 대한 내용으로 틀린 것은?

① 자연적으로 형성된 토지단위
② 토지소유권이 미치는 구획단위
③ 토지의 법률적 단위로서 거래단위
④ 국가의 권력으로 결정하는 등록단위

해설) [일필지의 경계설정]
① 일필지의 경계는 지적측량에서 가장 우선적으로 설정하고 지적공부에 등록함으로써 경계에 대한 법적효력이 성립된다.
② 경계의 설정방법은 점을 사용하며 필지경계는 직선의 형태로 이루어진 울타리, 벽, 담, 도로, 하천 등의 가장자리를 따라 설정한다.
③ 일필지를 둘러싸고 있는 담장이나 울타리는 반드시 그 필지 내에 있어야 하고 필지가 황무지나 숲과 접해 있는 곳의 경계는 울타리의 형태에 관계없이 울타리 바깥 가장자리에 있어야 하며 연접한 필지가 동시에 생성되는 경우의 경계는 자연히 그 담장의 중앙에 있게 된다.
④ 일필지가 처음 생성될 때 설치한 항목이나 경계표는 담장이나 울타리의 소유권과 정확한 경계를 표시해주기 때문에 문제가 되지 않는다.

80. 지번의 특성에 해당되지 않는 것은?

① 토지의 식별   ② 토지의 가격화
③ 토지의 특정화   ④ 토지의 위치 추측

> 해설 [지번의 기능(지번의 특성)]
> ① 필지를 구별하는 개별성과 특정성의 기능
> ② 거주지, 주소표기의 기준으로 이용
> ③ 위치파악의 기준
> ④ 각종 토지관련 정보시스템에서 검색키로서의 기능
> ⑤ 물권의 객체의 구분
> ⑥ 등록공시의 단위

5과목 지적관계법규

81. 토지 등의 출입 등에 따른 손실보상에 관하여, 손실을 보상할 자와 손실을 받은 자의 협의가 성립되지 않거나 협의를 할 수 없는 경우 재결을 신청할 수 있는 곳은?

① 지적소관청   ② 중앙지적위원회
③ 지방지적위원회   ④ 관할 토지수용위원회

> 해설 [공간정보의 구축 및 관리 등에 관한 법률 제102조(토지 등의 출입 등에 따른 손실보상)]
> 손실을 보상할 자 또는 손실을 받은 자는 제2항에 따른 협의가 성립되지 아니하거나 협의를 할 수 없는 경우에는 관할 토지수용위원회에 재결(裁決)을 신청할 수 있다.

82. 부동산등기법에 따라 등기할 수 있는 권리가 아닌 것은?

① 소유권   ② 저당권
③ 점유권   ④ 지상권

> 해설 [등기할 수 있는 권리]
> 소유권, 지상권, 지역권, 전세권, 저당권, 권리질권, 채권담보권, 임차권
> [등기할 수 없는 권리]
> 점유권, 유치권, 동산질권, 분묘기지권, 특수지역권

83. 국토의 계획 및 이용에 관한 법률상 용도지역의 지정목적으로 옳은 것은?

① 도시기능을 증진시키고 미관·경관·안전 등을 도모
② 시가지의 무질서한 확산 방지로 계획적·단계적인 토지이용의 도모
③ 산업과 인구의 과대한 도시 집중을 방지하여 기반시설의 설치에 필요한 용지 확보
④ 토지의 이용 및 건축물의 용도, 건폐율, 용적률, 높이 등을 제한함으로써 토지의 경제적·효율적 이용 도모

> 해설 [국토의 계획 및 이용에 관한 법률 제2조(정의)]
> ① "용도구역"이란 토지의 이용 및 건축물의 용도·건폐율·용적률·높이 등에 대한 용도지역 및 용도지구의 제한을 강화하거나 완화하여 따로 정함으로써 시가지의 무질서한 확산방지, 계획적이고 단계적인 토지이용의 도모, 토지이용의 종합적 조정·관리 등을 위하여 도시·군관리계획으로 결정하는 지역을 말한다.
> ② "용도지역"이란 토지의 이용 및 건축물의 용도, 건폐율, 용적률, 높이 등을 제한함으로써 토지를 경제적·효율적으로 이용하고 공공복리의 증진을 도모하기 위하여 서로 중복되지 아니하게 도시·군관리계획으로 결정하는 지역을 말한다.

84. 공간정보의 구축 및 관리 등에 관한 법령상 지목의 구분에 따라, 한강을 이용한 경정장의 지목으로 옳은 것은?

① 하천   ② 유원지
③ 잡종지   ④ 체육용지

> 해설 [공간정보의 구축 및 관리 등에 관한 법률 시행령 제58조(지목의 구분)]
> ① 하천 : 자연의 유수(流水)가 있거나 있을 것으로 예상되는 토지
> ② 유원지 : 일반 공중의 위락·휴양 등에 적합한 시설물을 종합적으로 갖춘 수영장·유선장(遊船場)·낚시터·어린이놀이터·동물원·식물원·민속촌·경마장·야영장 등의 토지와 이에 접속된 부속시설물의 부지. 다만, 이들 시설과의 거리 등으로 보아 독립적인 것으로 인정되는 숙식시설 및 유기장(遊技場)의 부지와 하천·구거 또는 유지[공유(公有)인 것으로 한정한다]로 분류되는 것은 제외한다.

정답 80. ② 81. ④ 82. ③ 83. ④ 84. ①

③ 잡종지 : 다음 각 목의 토지. 다만, 원상회복을 조건으로 돌을 캐내는 곳 또는 흙을 파내는 곳으로 허가된 토지는 제외한다.
  가. 갈대밭, 실외에 물건을 쌓아두는 곳, 돌을 캐내는 곳, 흙을 파내는 곳, 야외시장 및 공동우물
  나. 변전소, 송신소, 수신소 및 송유시설 등의 부지
  다. 여객자동차터미널, 자동차운전학원 및 폐차장 등 자동차와 관련된 독립적인 시설물을 갖춘 부지
  라. 공항시설 및 항만시설 부지
  마. 도축장, 쓰레기처리장 및 오물처리장 등의 부지
  바. 그 밖에 다른 지목에 속하지 않는 토지
④ 체육용지 : 국민의 건강증진 등을 위한 체육활동에 적합한 시설과 형태를 갖춘 종합운동장·실내체육관·야구장·골프장·스키장·승마장·경륜장 등 체육시설의 토지와 이에 접속된 부속시설물의 부지. 다만, 체육시설로서의 영속성과 독립성이 미흡한 정구장·골프연습장·실내수영장 및 체육도장과 유수(流水)를 이용한 요트장 및 카누장 등의 토지는 제외한다.

85. 지적재조사사업에 관한 기본계획 수립 시 포함하여야 하는 사항으로 옳지 않은 것은?

① 지적재조사사업의 시행기간
② 지적재조사사업에 관한 기본방향
③ 지적재조사사업비의 시·군별 배분계획
④ 지적재조사사업에 필요한 인력 확보계획

> **해설** [지적재조사사업에 관한 특별법 제4조(기본계획의 수립)]
> ① 국토교통부장관은 지적재조사사업을 효율적으로 시행하기 위하여 다음 사항을 포함한 지적재조사사업에 관한 기본계획을 수립해야 한다.
>   1. 지적재조사사업에 관한 기본방향
>   2. 지적재조사사업의 시행기간 및 규모
>   3. 지적재조사사업비의 연도별 집행계획
>   4. 지적재조사사업비의 특별시·광역시·도·특별자치도·특별자치시 및 「지방자치법」에 따른 대도시로서 구를 둔 시별 배분 계획
>   5. 지적재조사사업에 필요한 인력의 확보에 관한 계획
>   6. 그 밖에 지적재조사사업의 효율적 시행을 위하여 필요한 사항으로서 대통령령으로 정하는 사항

86. 다음 중 지번을 새로이 부여해야 할 경우가 아닌 것은?

① 등록전환 ② 신규등록
③ 임야분할 ④ 지목변경

> **해설** 지목변경은 지적측량을 수반하지 않아도 되며, 새로이 지번을 부여할 필요도 없다.

87. 토지의 지번이 결번되는 사유에 해당되지 않는 것은?

① 지번의 변경   ② 토지의 분할
③ 행정구역의 변경 ④ 도시개발사업의 시행

> **해설** [공간정보의 구축 및 관리 등에 관한 법률 제2조(정의)]
> "축척변경"은 지적도에 등록된 경계점의 정밀도를 높이기 위하여 작은 축척을 큰 축척으로 변경하여 등록하는 것을 말한다.

88. 공간정보의 구축 및 관리 등에 관한 법률상 1년 이하의 징역 또는 1천만원 이하의 벌금대상으로 옳은 것은?

① 정당한 사유 없이 측량을 방해한 자
② 측량업 등록사항의 변경신고를 하지 아니한 자
③ 무단으로 측량성과 또는 측량기록을 복제한 자
④ 고시된 측량성과에 어긋나는 측량성과를 사용한 자

> **해설** [공간정보의 구축 및 관리 등에 관한 법률 제107~109조(벌칙), 제110조(양벌규정), 제111조(과태료)]
> ① 정당한 사유없이 측량을 방해한 자 : 300만원 이하의 과태료
> ② 측량업 등록사항의 변경신고를 하지 아니한 자 : 측량업의 정지사항
> ③ 무단으로 측량성과 또는 측량기록을 복제한 자 : 1년 이하의 징역 또는 1000만원 이하의 벌금
> ④ 고시된 측량성과에 어긋나는 측량성과를 사용한 자 : 300만원 이하의 과태료 부과

정답 85. ③ 86. ④ 87. ② 88. ③

89. 측량업의 등록취소 및 영업정지에 관한 설명으로 옳지 않은 것은?

① 다른 사람에게 자기의 측량업 등록증을 빌려 준 경우 등록취소 사유가 된다.
② 거짓이나 그 밖의 부정한 방법으로 측량업을 등록한 경우 등록을 취소하여야 한다.
③ 영업정지기간 중에 측량업을 영위한 경우일지라도 등록취소가 아닌 재차의 영업정지 명령이 내려질 수 있다.
④ 지적측량업자가 법 규정에 의한 지적측량수수료보다 과소하게 받은 경우도 등록취소 및 영업정지 처분의 대상이 된다.

해설〉 다른 행정기관이 관계 법령에 따라 업무정지를 요구한 경우는 1차위반시 3개월 업무정지, 2차위반시 6개월 업무정지, 3차위반시 등록취소의 행정처분한다. (공간정보의 구축 및 관리 등에 관한 법률 시행규칙 별표 11)
[공간정보의 구축 및 관리 등에 관한 법률 제96조(성능검사대행자의 등록취소 등)]
1. 등록취소
  ① 거짓이나 그밖의 부정한 방법으로 등록을 한 경우
  ② 거짓이나 부정한 방법으로 성능검사를 한 경우
  ③ 다른 사람에게 자기의 성능검사대행자등록증을 빌려주거나 자기의 성명 또는 상호를 사용하여 성능검사 대행업무를 수행하게 한 경우
  ④ 업무정지기간 중에 계속하여 성능검사대행업무를 한 경우
2. 업무정지
  ① 등록기준에 미달하게 된 경우. 다만, 일시적으로 등록기준에 미달하는 등 대통령령으로 정하는 경우는 제외한다.
  ② 등록사항 변경신고를 하지 아니한 경우
  ③ 정당한 사유 없이 성능검사를 거부하거나 기피한 경우
  ④ 다른 행정기관이 관계 법령에 따라 등록취소 또는 업무정지를 요구한 경우

90. 부동산등기법상 합필의 등기를 할 수 있는 것은?

① 소유권 등기가 있는 토지
② 전세권 등기가 있는 토지
③ 승역지에 하는 지역권의 등기가 있는 토지
④ 합필하려는 모든 토지에 있는 등기원인 및 그 연월일과 접수번호가 상이한 저당권에 관한 등기가 있는 토지

해설〉 [공간정보의 구축 및 관리 등에 관한 법률 제80조(합병신청)]
– 합병신청이 불가한 경우 –
1. 합병하려는 토지의 지번부여지역, 지목 또는 소유자가 서로 다른 경우
2. 합병하려는 토지에 다음 각 목의 등기 외의 등기가 있는 경우
  가. 소유권·지상권·전세권 또는 임차권의 등기
  나. 승역지(承役地)에 대한 지역권의 등기
  다. 합병하려는 토지 전부에 대한 등기원인(登記原因) 및 그 연월일과 접수번호가 같은 저당권의 등기
3. 그 밖에 합병하려는 토지의 지적도 및 임야도의 축척이 서로 다른 경우 등 대통령령으로 정하는 경우

91. 공간정보의 구축 및 관리 등에 관한 법률상 규정된 지목의 종류로 옳지 않은 것은?

① 운동장   ② 유원지
③ 잡종지   ④ 철도용지

해설〉 [지목의 종류]
전, 답, 과수원, 목장용지, 임야, 광천지, 염전, 대, 공장용지, 학교용지, 주차장, 주유소용지, 창고용지, 도로, 철도용지, 제방, 하천, 구거, 유지, 양어장, 수도용지, 공원, 체육용지, 유원지, 종교용지, 사적지, 묘지, 잡종지

92. 다음 중 지적공부에 등록하는 토지의 표시가 아닌 것은?

① 소유자   ② 지번과 지목
③ 토지의 소재   ④ 경계 또는 좌표

해설〉 [토지의 표시]
지적공부에 토지의 소재, 지번, 지목, 면적, 경계 또는 좌표를 등록하는 것

93. 국토의 계획 및 이용에 관한 법률에 따른 도시·군관리계획에 포함되지 않는 것은?

① 지적불부합지역의 지적재조사에 관한 계획
② 기반시설의 설치·정비 또는 개량에 관한 계획
③ 용도지역·용도지구의 지정 또는 변경에 관한 계획
④ 지구단위계획구역의 지정 또는 변경에 관한 계획과 지구단위계획

정답 89. ③ 90. ④ 91. ① 92. ① 93. ①

해설 [국토의 계획 및 이용에 관한 법률 제2조(정의)]
"도시·군관리계획"이란 특별시·광역시·특별자치시·특별자치도·시 또는 군의 개발·정비 및 보전을 위하여 수립하는 토지 이용, 교통, 환경, 경관, 안전, 산업, 정보통신, 보건, 복지, 안보, 문화 등에 관한 다음 각 목의 계획을 말한다.
가. 용도지역·용도지구의 지정 또는 변경에 관한 계획
나. 개발제한구역, 도시자연공원구역, 시가화조정구역(市街化調整區域), 수산자원보호구역의 지정 또는 변경에 관한 계획
다. 기반시설의 설치·정비 또는 개량에 관한 계획
라. 도시개발사업이나 정비사업에 관한 계획
마. 지구단위계획구역의 지정 또는 변경에 관한 계획과 지구단위계획
바. 삭제 〈2024. 2. 6.〉
사. 도시혁신구역의 지정 또는 변경에 관한 계획과 도시혁신계획
아. 복합용도구역의 지정 또는 변경에 관한 계획과 복합용도계획
자. 도시·군계획시설입체복합구역의 지정 또는 변경에 관한 계획

94. 축척변경 시행지역의 토지는 어느 때에 토지의 이동이 있는 것으로 보는가?
① 청산금 산출일
② 청산금 납부일
③ 축척변경 승인공고일
④ 축척변경 확정공고일

해설 [공간정보의 구축 및 관리 등에 관한 법률 제2조(정의)]
"토지의 이동(異動)"이란 토지의 표시를 새로 정하거나 변경 또는 말소하는 것을 말한다.

95. 경위의측량방법으로 세부측량을 한 경우 측량결과도에 적어야 하는 사항이 아닌 것은?
① 방위각
② 측량기하적
③ 지상에서 측정한 거리
④ 측량대상 토지의 점유현황선

해설 측량기하적은 평판측량방법에 의해 세부측량을 한 경우 표시하게 된다.
[측량결과도에 기재할 사항]
1. 측량준비파일의 사항
2. 측정점의 위치
3. 지상에서 측정한 거리 및 방위각
4. 측량대상 토지의 경계점간 실측거리
5. 측량대상 토지의 토지이동 전의 지번과 지목
6. 측량결과도의 제명 및 번호와 지적도의 도면번호
7. 신규등록 또는 등록전환하려는 경계선 및 분할경계선
8. 측량대상 토지의 점유현황선
9. 측량 및 검사의 연월일, 측량자 및 검사자의 성명·소속 및 자격등급

96. 축척변경에 따른 청산금을 산정한 결과 증가된 면적에 대한 청산금의 합계와 감소된 면적에 대한 청산금의 합계에 차액이 생긴 경우 부족액은 누가 부담하는가?
① 지적소관청
② 지방자치단체
③ 국토교통부장관
④ 증가된 면적의 토지소유자

해설 [공간정보의 구축 및 관리 등에 관한 법률 시행령 제75조(청산금의 산정)]
청산금을 산정한 결과 증가된 면적에 대한 청산금의 합계와 감소된 면적에 대한 청산금의 합계에 차액이 생긴 경우 초과액은 그 지방자치단체의 수입으로 하고, 부족액은 그 지방자치단체가 부담한다.

97. 전파기 또는 광파기측량방법에 따른 지적삼각점의 관측과 계산 기준으로 틀린 것은?
① 표준편차가 ±(5mm+5ppm) 이상인 정밀측거기를 사용한다.
② 삼각형의 내각계산은 기지각과의 차가 ±40초 이내이어야 한다.
③ 점간거리는 3회 측정하고, 원점에 투영된 수평거리로 계산하여야 한다.
④ 측정치의 최대치와 최소치의 교차가 평균치의 10만분의 1 이하일 때는 그 평균치를 측정거리로 한다.

해설 [전파기 또는 광파기 측량방법에 따른 지적삼각점의 관측과 계산]
① 전파 또는 광파측거기는 표준편차가 ±(5mm+5ppm) 이상인 정밀측거기를 사용한다.
② 점간거리는 5회 측정하여 그 측정치의 최대치와 이 평균치의 10만분의 1 이하일 때는 그 평균치를 측정거리로 하고 원점에 투영된 수평거리로 계산하여야 한다.
③ 삼각형의 내각은 세변의 평면거리에 의하여 계산하며 기지각과의 차가 ±40초 이내이어야 한다.

정답 94. ④ 95. ② 96. ② 97. ③

98. 지적공부의 '대장'으로만 나열된 것은?

① 토지대장, 임야도
② 대지권등록부, 지적도
③ 공유지연명부, 토지대장
④ 경계점좌표등록부, 일람도

해설 [지적공부의 구분]
① 대장 : 토지대장, 임야대장, 공유지연명부, 대지권등록부, 경계점좌표등록부
② 도면 : 지적도, 임야도, 일람도, 경계점좌표등록부

99. 다음 중 면적의 최소 등록단위가 다른 하나는? (단, 경계점좌표등록부에 등록하는 지역의 경우는 고려하지 않는다.)

① 1/600
② 1/1000
③ 1/2400
④ 1/6000

해설 대축척일수록 면적의 최소등록단위가 작아지며 1:600 축척인 경우 면적은 최소 0.1㎡로, 나머지 축척은 1㎡로 등록한다.

100. 지목변경 및 합병을 하여야 하는 토지가 있을 때 작성하는 현지조사서에 포함되어야 하는 사항에 해당되지 않는 것은?

① 조사자의 의견
② 소유자 변동이력
③ 토지의 이용현황
④ 관계법령의 저촉여부

해설 [지적업무처리규정 제50조(지적공부정리신청의 조사)]
지목변경 및 합병을 하여야 하는 토지가 있을 때와 등록전환에 따라 지목이 바뀔 때에는 다음 각 호의 사항을 확인·조사하여 현지조사서를 작성하여야 한다.
1. 토지의 이용현황
2. 관계법령의 저촉여부
3. 조사자의 의견, 조사연월일 및 조사자 직·성명

CHAPTER 05 2021년도 지적기사 2회

1과목 지적측량

01. 경위의측량방법으로 세부측량을 하였을 때 측량대상 토지의 경계점 간 실측거리와 경계점의 좌표에 따라 계산한 거리의 교차 기준은? (단, L은 실측거리로서 미터단위로 표시한 수치를 말한다.)

① $\frac{3L}{10}$ 센티미터 이내
② $\frac{3L}{100}$ 센티미터 이내
③ $3+\frac{L}{10}$ 센티미터 이내
④ $3+\frac{L}{100}$ 센티미터 이내

해설 경계점간 실측거리와 계산거리의 교차는 $3+\frac{L}{10}$(센티미터) 이내여야 한다.

02. 지적삼각점성과표에 기록·관리하여야 하는 사항이 아닌 것은?

① 번호 및 위치의 약도
② 소재지와 측량연월일
③ 시준점의 명칭, 방위각 및 거리
④ 지적삼각점의 명칭과 기준 원점명

해설 [지적기준점성과표의 기록 및 관리]

지적삼각점측량	지적삼각보조점측량
1. 지적삼각점의 명칭과 기준 원점명	1. 번호 및 위치의 약도
2. 좌표 및 표고	2. 좌표와 직각좌표계 원점명
3. 경도 및 위도	3. 경도와 위도(필요한 경우로 한정)
4. 자오선수차	4. 표고(필요한 경우로 한정)
5. 시준점의 명칭, 방위각 및 거리	5. 소재지와 측량연월일
6. 소재지와 측량연월일	6. 도선등급 및 도선명
7. 그 밖의 참고사항	7. 표지의 재질
	8. 도면번호
	9. 설치기관
	10. 조사연월일, 조사자 직위 성명 등

03. 다각망도선법에 따른 지적도근점측량에 대한 설명으로 옳은 것은?

① 1도선의 점의 수는 최대 40점 이하로 한다.
② 각 도선의 교점은 지적도근점의 번호 앞에 '교점'자를 붙인다.
③ 3점 이상의 기지점을 포함한 결합다각방식에 따른다.
④ 영구표지를 설치하지 않는 경우, 지적도근점의 번호는 시·군·구별로 부여한다.

해설 [다각망도선법에 따른 지적도근점측량]
① 1도선의 점의 수는 20개 이하로 한다.
② 각 도선의 교점은 지적도근점의 번호 앞에 '교'자를 붙인다.
③ 3점 이상의 기지점을 포함한 결합다각방식에 따른다.
④ 영구표지를 설치하는 경우, 시행지역별로 설치순서에 따라 일련번호를 부여한다.(영구표지를 설치하는 경우는 시·군·구별로)

04. 어떤 도선측량에서 변장거리 800m, 측점 8점, △x의 폐합차 7cm, △y의 폐합차 6cm의 결과를 얻었다. 이때 정도를 구하는 올바른 식은?

① $\frac{\sqrt{0.07^2+0.06^2}}{(8-1)800}$
② $\frac{\sqrt{0.07^2+0.06^2}}{800}$
③ $\frac{\sqrt{0.07^2+0.06^2}}{8\times800}$
④ $\frac{\sqrt{0.07^2-0.06^2}}{800}$

해설 도선측량의 정도는 $\frac{폐합오차}{전체측선의 길이}$ 이므로

$\frac{\sqrt{\Delta x^2+\Delta y^2}}{\sum L}=\frac{\sqrt{0.07^2+0.06^2}}{800}$

정답 01. ③ 02. ① 03. ③ 04. ②

05. 다음 중 지적도근점측량에서 지적도근점을 구성하는 도선의 형태에 해당하지 않는 것은?

① 개방도선　　② 결합도선
③ 폐합도선　　④ 다각망도선

해설 [지적도근점측량에서 지적도근점의 구성형태]
결합도선, 폐합도선, 왕복도선, 다각망도선으로 구성

06. 지적삼각측량에서 진북방향각의 계산단위로 옳은 것은?

① 초 아래 1자리　　② 초 아래 2자리
③ 초 아래 3자리　　④ 초 아래 4자리

해설 지적삼각측량에서 진북방향각의 계산단위는 초아래 1자리로 한다.

07. 우리나라 직각좌표계의 원점축척계수로 옳은 것은?

① 0.9996　　② 0.9997
③ 0.9999　　④ 1.0000

해설 우리나라에서 지적도 제작에 사용되는 TM투영의 중앙자오선에서의 축척계수는 1.00000이며, 중앙자오선 이외 지역에서의 축척계수는 1보다 크다.

08. 지적삼각점 간 거리가 2.5km에서 각도 오차가 1′20″가 발생되었다면 위치 오차는?

① 0.3m　　② 0.5m
③ 1.0m　　④ 1.4m

해설 거리오차와 측각오차의 정밀도는 다음 식으로 정리된다.
$\frac{\Delta h}{D} = \frac{\theta}{\rho(1라디안)}$ 에서 $\frac{\Delta h}{2500m} = \frac{1'20''}{\frac{180°}{\pi}}$ 이므로

$\Delta h = \frac{0°1'20'' \times 2500m}{\frac{180°}{\pi}} ≒ 1m$

09. 지적삼각보조점표지의 점간거리 기준으로 옳은 것은? (단, 다각망도선법에 따르는 경우다.)

① 평균 2km 이상 5km 이하
② 평균 1km 이상 3km 이하
③ 평균 0.5km 이상 1km 이하
④ 평균 0.3km 이상 5km 이하

해설 [지적기준점의 점간거리]
① 지적삼각점 : 2~5km 이상
② 지적삼각보조점 : 1~3km, 다각망도선법 : 0.5~1km 이하
③ 지적도근점 : 50~300m, 다각망도선법 : 500m 이하

10. 평판측량방법으로 세부측량을 할 때에 지적도, 임야도에 따라 작성하는 측량 준비 파일에 포함시켜야 할 사항이 아닌 것은?

① 인근 토지의 경계선·지번 및 지목
② 측량대상 토지의 경계선·지번 및 지목
③ 지적기준점 간의 거리, 지적기준점의 좌표
④ 지적기준점 간의 방위각 및 경계점간 계산거리

해설 지상에서 측정한 거리 및 방위각은 경위의 측량방법으로 세부측량할 때 측량준비파일에 포함하여야 할 사항이다.
[경위의측량방법과 평판측량방법으로 세부측량을 할 때 측량준비파일 작성에 공통적으로 포함하는 사항]
① 측량대상토지의 경계선·지번 및 지목
② 인근 토지의 경계선·지번 및 지목
③ 행정구역선과 그 명칭
④ 지적측량기준점 및 그 번호와 지적측량기준점 간의 거리
⑤ 지적측량기준점의 좌표 등

11. 전자기 또는 광파기측량방법에 따라 다각망도선법으로 지적삼각보조점측량을 할 때 기지점과 교점을 포함하여 1도선의 거리는 얼마 이하로 하여야 하는가?

① 20점 이하　　② 10점 이하
③ 15점 이하　　④ 5점 이하

해설 [다각망도선법에 의한 지적삼각측보조점측량의 기준]
① 3점 이상의 기지점으로 포함한 결합다각방식에 의한다.
② 1도선의 거리는 4km 이하로 한다.

③ 1도선의 점의 수는 기지점과 교점 포함하여 5점 이하로 한다.
④ 1도선은 기지점과 교점, 교점과 교점 간의 거리이다.

12. UTM좌표계에 대한 설명으로 옳은 것은?

① 종선좌표의 원점은 위도 38°선이다.
② 중앙자오선에서 멀수록 축척계수는 작아진다.
③ 우리나라는 UTM좌표를 53, 54 종대에 속해 있다.
④ UTM투영은 적도선을 따라 6°간격으로 이루어진다.

해설 [UTM좌표계]
① 종선좌표의 원점은 적도이다.
② 적도를 기준으로 멀어질수록 축척계수는 작아진다.
③ 우리나라는 UTM좌표 51, 52 종대에 속해 있다.
④ UTM투영은 적도선을 따라 6°간격으로 이루어진다.

13. 지적도 및 임야도에 등록하는 도곽선의 용도가 아닌 것은?

① 토지경계의 측정기준
② 도곽신축량의 측정기준
③ 인접도면과의 접합기준
④ 지적측량 기준점 전개시의 기준

해설 [도곽선의 용도]
① 지적기준점을 전개할 때의 기준
② 방위의 표시(도북방향)
③ 인접도면과의 접합기준
④ 도곽의 신축량 측정할 때의 기준
⑤ 측량결과도와 실지의 부합여부 확인의 기준

14. 지적기준점을 19점 설치하여 측량하는 경우 측량기간으로 옳은 것은?

① 4일   ② 5일
③ 6일   ④ 7일

해설 ① 지적측량의 측량기간은 5일로 하며, 측량검사기간은 4일로 한다.
② 지적기준점을 설치하여 측량 또는 측량검사를 하는 경우 지적기준점이 15점 이하인 경우에는 4일, 15점을 초과하는 경우에는 15점을 초과하는 4점마다 1일을 가산하도록 하고 있다.

③ 문제의 조건은 지적기준점 19점을 설치이므로 15점에 4일, 초과 4점에 대하여 1일을 가산하므로 측량기간은 5일이 된다.

15. 데오도라이트의 기계오차 중 수평각 관측 시 고려하지 않아도 되는 것은?

① 기포관 조정   ② 수평축의 조정
③ 십자선 종선의 조정 ④ 망원경 수준기의 조정

해설 [데오도라이트의 수평각 조정]
① 제1조정 : 기포관의 조정
② 제2조정 : 십자종선의 조정
③ 제3조정 : 수평축의 조정
[데오도라이트의 수직각 조정]
① 제4조정 : 십자횡선의 조정
② 제5조정 : 망원경 수준기의 조정
③ 제6조정 : 연직분도원 버니어의 조정

16. 거리측량을 할 때 발생하는 오차 중 우연오차의 원인이 아닌 것은?

① 테이프의 길이가 표준길이와 다를 때
② 온도가 측정 중 시시각각으로 변할 때
③ 눈금의 끝수를 정확히 읽을 수 없을 때
④ 측정 중 장력을 확보하기 곤란할 때

해설 테이프의 길이가 표준길이와 다를 때는 정오차로 횟수에 비례하여 오차가 누적되는 성질을 보인다.

17. 조준의(앨리데이드)가 갖추어야 할 조건으로 틀린 것은?

① 시준판의 눈금은 정확하여야 한다.
② 기포관 축은 자의 밑면과 평행이어야 한다.
③ 시준판은 조준의의 밑면에 직교되어야 한다.
④ 시준판을 세웠을 때 밑면에 평행하여야 한다.

해설 조준의(앨리데이드) 시준판을 세웠을 때 조준의의 밑면에 직교되어야 한다.

18. A점의 좌표가 (1000.00, 1000.00)이고 AP의 방위각이 60°00′00″, AP의 거리가 3000m일 때 P점의 좌표는? (단, 좌표의 단위는 m이다.)

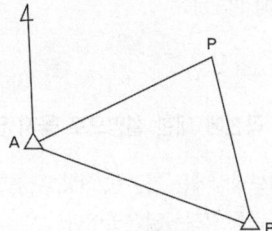

① (1500.00, 1000.00)　② (2476.89, 2611.29)
③ (2500.00, 3598.08)　④ (3611.28, 3611.09)

해설　① $X_P = X_A + \overline{AP} \times \cos\theta = 1000 + 3000 \times \cos 60° = 2500m$
　　② $Y_P = Y_A + \overline{AP} \times \sin\theta = 1000 + 3000 \times \sin 60°$
　　　 $= 3598.08m$

19. α=58°40′50″, AC=64.85m, BD=59.60m인 아래 도형의 면적은?

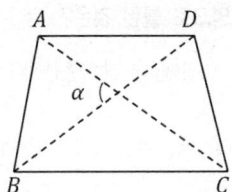

① 1650.9m²　② 1805.4m²
③ 1950.9m²　④ 2005.4m²

해설　$A = \frac{1}{2} AC \times BD \times \sin\alpha$에서
　　$A = \frac{1}{2} \times 64.85 \times 59.60 \times \sin 58°40′50″ = 1650.9m^2$

20. 지적삼각점측량을 할 때 사용하고자 하는 삼각점의 변동 유무를 확인하는 기준은?

① 기지각과의 오차가 ± 30초 이내
② 기지각과의 오차가 ± 40초 이내
③ 기지각과의 오차가 ± 50초 이내
④ 기지각과의 오차가 ± 60초 이내

해설　[지적삼각측량 수평각의 측각공차]
　　① 1방향각 : 30초 이내
　　② 1측회의 폐색 : ±30초 이내
　　③ 삼각형내각관측치의 합과 180도와의 차 : ±30초 이내
　　④ 기지각과의 차 : ±40초 이내

2과목　응용측량

21. 지형도에서 92m 등고선 상의 A점과 118m 등고선 상의 B점 사이에 기울기가 8%로 일정한 도로를 만들었을 때, AB 사이 도로의 실제 경사거리는?

① 347m　② 339m
③ 332m　④ 326m

해설　① 경사(%) = $\frac{H}{D} \times 100(\%)$에서
　　$8(\%) = \frac{118m - 92m}{D} \times 100(\%)$ 이므로
　　$D = \frac{118m - 92m}{8(\%)} \times 100(\%) = 325m$
　　② 경사거리는 피타고라스정리에 의해 산정한다.
　　경사거리 = $\sqrt{D^2 + H^2} = \sqrt{325^2 + 26^2} ≒ 326m$

22. GNSS 측량에서 다중경로오차가 발생할 가능성이 가장 큰 곳은?

① 사막　② 수중
③ 지하　④ 건물 옆

해설　[Multipath(다중경로)]
　　도심지와 같이 장애물이 많은 경우 높은 건물 등에 전파가 굴절되어 전파 송신이 지연되거나 단절되는 현상

23. 궤도간격 1.067m인 철도에서 곡선반지름이 5000m인 곡선궤도를 속도 100km/h로 주행할 경우에 캔트(cant)의 높이는? (단, 중력가속도 g=9.8m/s²)

① 17mm　　② 25mm
③ 31mm　　④ 60mm

해설 캔트 $C = \dfrac{bV^2}{gR}$ 에서

$$C = \dfrac{1.067 \times \left(\dfrac{100}{3.6}\right)^2}{9.8 \times 5000} ≒ 0.017m = 17mm$$

24. 수준 측량시 중간시가 많은 경우 가장 편리한 야장 기입 방법은?

① 기고식　　② 고차식
③ 승강식　　④ 기준면식

해설 [수준측량 야장기입법]
① 고차식 : 중간점없이 이기점 전시와 후시로만 관측된 야장으로 가장 간단하다.
② 승강식 : 완전한 검사로 정밀측량에 적당하나, 중간점이 많으면 계산이 복잡하고 시간과 비용이 많이 든다.
③ 기고식 : 중간점이 많을 경우 편리하나 완전한 검산을 할 수 없는 단점에도 가장 많이 사용되는 방법이다.

25. 회전주기가 일정한 위성을 이용한 원격탐사의 특징으로 틀린 것은?

① 짧은 시간에 넓은 지역을 동시에 측정할 수 있으며 반복측정이 주기적으로 가능하여 대상물의 변화를 감지할 수 있다.
② 다중파장대에 의한 지구표면의 다양한 정보의 취득이 용이하며 관측 자료가 수치로 기록되어 판독에 있어서 자동적인 작업수행이 가능하고 정량화하기 쉽다.
③ 관측이 넓은 시야각으로 행해지므로 얻어진 영상은 중심투영에 가깝다.
④ 탐사된 자료가 즉시 이용될 수 있으며 재해 및 환경문제의 해결에 유용하게 이용될 수 있다.

해설 [원격탐사의 특징]
① 수치화된 관측자료를 통한 저장과 분석이 용이
② 단기간 내에 넓은 지역 동시 관측 가능
③ 회전주기가 일정하므로 주기적인 반복관측이 가능
④ 관측이 좁은 시야각으로 얻어진 영상은 정사투영에 가깝다.
⑤ 탐사된 자료가 즉시 이용될 수 있으며 재해, 환경문제 해결에 편리하다.

26. 클로소이드 곡선에 대한 설명으로 옳지 않은 것은?

① 클로소이드형식에는 기본형, S형, 나선형, 복합형 등이 있다.
② 모든 클로소이드는 닮은꼴이다.
③ 단위 클로소이드의 모든 요소들은 단위가 없다.
④ 매개변수(A)에 의해 클로소이드의 크기가 정해진다.

해설 [클로소이드의 성질]
① 클로소이드는 나선의 일종이다.
② 모든 클로소이드는 닮은꼴(상사성)이다.
③ 단위가 있는 것도 있고 없는 것도 있다.
④ τ는 30°가 적당하다.

27. 수직 터널에 의하여 지상과 지하의 측량을 연결할 때의 수선측량에 대한 설명으로 틀린 것은?

① 깊은 수직 터널에 내리는 추는 50~60kg 정도의 추를 사용할 수 있다.
② 추를 드리울 때, 깊은 수직 터널에서는 보통 피아노선이 이용된다.
③ 수직 터널 밑에는 물이나 기름을 담은 물통을 설치하고 내린 추가 그 물통 속에서 동요하지 않게 한다.
④ 수직 터널 밑에서 수선의 위치를 결정하는 데는 수선이 완전 정지하는 것을 기다린 후 1회 관측값으로 결정한다.

해설 [터널 내외의 연결측량]
① 깊은 수갱은 피아노선이 사용되며 무게는 50~60kg
② 추는 얕은 수갱일 경우 철선, 동선 등이 사용되며, 무게는 5kg 이하
③ 추가 진동하므로 직각방향으로 진동의 위치를 10회 이상 관측하여 평균값으로 정지점 정함
④ 하나의 수갱에서 두 개의 추를 달아 이것에 의하여 연직면을 결정하고 그 방위각을 지상에서 측정하여 지하의 측량에 연결
⑤ 수갱 밑바닥에는 물 또는 기름을 넣은 통을 두어 추의 진동을 감소시킴

정답 23. ①　24. ①　25. ③　26. ③　27. ④

28. 축척 1:25000의 항공사진을 200km/h로 촬영한 경우에 최장 노출시간이 1/100초였다면 사진에서 허용 흔들림량은?

① 0.002mm ② 0.02mm
③ 0.2mm   ④ 2mm

해설 최장노출시간은 셔터의 노출시간으로 촬영을 위해 조리개가 열리고 닫히는 순간의 흔들림량에 비례한다.

최장노출시간 $T_l = \dfrac{\Delta S \cdot m}{V}$ 에서

$\Delta S = \dfrac{T_l \times V}{m} = \dfrac{\dfrac{1}{100} \times \left(\dfrac{180}{3.6}\right)}{25000} = 2 \times 10^{-5} m = 0.02mm$

29. 영상정합의 종류에서 객체의 점, 선, 면의 밝기값 등을 이용하는 정합은?

① 단순 정합   ② 관계형 정합
③ 형상 기준 정합 ④ 영역 기준 정합

해설 [영상정합방법의 종류]
① 영역기준정합 : 기준영역의 밝기를 기준으로 매칭 대상영상의 동일구역을 일정한 범위 내에서 이동시키면서 밝기값 비교
② 형상기준정합 : 원영상으로부터 점, 경계선, 지역 등의 형상을 추출한 후, cost function을 이용하여 유사성 관측
③ 관계형정합 : 영상에 나타나는 특징들을 선이나 영역 등의 부호적 표현을 이용하여 묘사

30. 원곡선의 설치에서 곡선반지름이 150m, 교각 I = 60°인 노선의 기점에서 교점(I. P.)까지의 추가거리가 211.60m일 때 시단현에 의한 편각은? (단, 중심말뚝은 20m 마다 설치하는 것으로 가정한다.)

① 2°6′ 35″   ② 2°51′ 53″
③ 3°44′ 35″ ④ 5°44′ 53″

해설 중심말뚝의 간격이 20m이므로 시단현의 길이는 곡선시점에서 다음 말뚝까지의 거리를 의미한다.

$T.L = R\tan\dfrac{I}{2} = 150 \times \tan\dfrac{60°}{2} = 86.60m$

곡선시점(B.C)의 위치 = 시점 ~ 교점까지의 거리 − T.L = 211.60 − 86.60 = 125.00m
시단현(l_1)의 길이 = 곡선시점인 125.00m 보다 큰 20의 배수인 140m에서 곡선 시점까지의 거리를 뺀 값이다.
= 140 − 125.00 = 15.00m

시단현 편각(δ) = $\dfrac{l_1}{2R} \times \rho = \dfrac{15}{2 \times 150} \times \dfrac{180°}{\pi} = 2°51′53″$

31. 터널 안에서 A점의 좌표가 (1749.0, 1134.0, 126.9), B점의 좌표가 (2419.0, 987.0, 149.4)일 때 A, B점을 연결하는 터널을 굴진하는 경우 이 터널의 경사거리는? (단, 좌표의 단위는 m이다.)

① 685.94m   ② 686.19m
③ 686.31m   ④ 686.57m

해설 $\overline{AB} = \sqrt{(\Delta x)^2 + (\Delta y)^2 + (\Delta z)^2}$ 에서
$\overline{AB} = \sqrt{(2419-1749)^2 + (987-1134)^2 + (149.4-126.9)^2} = 686.31m$

32. 축척 1:50000 지형도에서 주곡선의 간격은?

① 5m   ② 10m
③ 20m   ④ 100m

해설 [축척에 따른 등고선의 간격]

표시법	축척 종류	1/50,000	1/25,000	1/10,000	1/5,000
2호실선	계곡선	100	50	25	25
세실선	주곡선	20	10	5	5
세파선	간곡선	10	5	2.5	2.5
세점선	보조곡선	5	2.5	1.25	1.25

33. A, B 두 개의 수준점에서 P점을 관측한 결과가 표와 같을 때 P점의 최확값은?

구분	관측값	거리
A→P	80.258m	4km
B→P	80.218m	3km

① 80.235m   ② 80.238m
③ 80.240m   ④ 80.258m

해설 경중률은 노선거리에 반비례한다.

$$P_A : P_B = \frac{1}{4} : \frac{1}{3} = 3 : 4$$

최확값 $= \frac{P_A l_A + P_B l_B}{P_A + P_B}$

$= 80.2m + \frac{3 \times 58 + 4 \times 18}{3 + 4} mm = 80.235m$

34. GNSS 측량방법 중 후처리 방식이 아닌 것은?

① Static 방법
② Kinematic 방법
③ Pseudo-Kinematic 방법
④ Real-Time Kinematic 방법

해설 RTK(Real-Time Kinematic)은 실시간 이동측위 방식이다.

35. 원곡선에서 교각(I)이 90°일 때, 외할(E)이 25m라고 하면 곡선반지름은?

① 35.6m
② 46.2m
③ 60.4m
④ 93.7m

해설 교점(I, P)으로부터 원곡선의 중점까지 거리는 외선길이, 외할을 의미하므로

$E = R \times \left(\sec \frac{I}{2} - 1\right)$

sec 함수는 cos 함수의 역수이므로

$R = \frac{E}{\left(\sec \frac{I}{2} - 1\right)} = \frac{25m}{\left(\frac{1}{\cos \frac{90°}{2}} - 1\right)} = 60.4m$

36. 레벨의 시준축이 기포관축과 평행하지 않으므로 인한 오차를 소거하는 방법으로 옳은 것은?

① 후시한 후 곧바로 전시한다.
② 전시와 후시의 거리를 같게 한다.
③ 표척을 정확히 수직으로 세운다.
④ 표척을 시준선의 좌우로 약간 기울인다.

해설 수준측량에서 전후시거리를 같게 하면 시준축오차를 소거할 수 있다. 시준축오차는 망원경의 시준선이 기포관축에 평행이 아닐 때의 오차를 의미하며 전후시 거리를 같게 하므로 소거할 수 있다.

37. GPS를 구성하는 위성의 궤도 주기로 옳은 것은?

① 약 6시간
② 약 12시간
③ 약 18시간
④ 약 24시간

해설 GPS위성은 하루에 약 2번씩 지구 주위를 회전하고 있다.(12시간 주기)

38. 지형의 표시 방법이 아닌 것은?

① 평행선법
② 점고법
③ 등고선법
④ 우모법

해설 [지형표시방법]
① 자연도법 : 영선법(우모법, 게바법), 음영선
② 부호도법 : 등고선법, 점고법, 채색법(단채법)

39. 카메라의 초점거리가 153mm, 촬영 경사각이 4.5°로 평지를 촬영한 항공사진이 있다. 이 사진에서 등각점과 주점의 거리는?

① 5.4mm
② 5.2mm
③ 6.0mm
④ 3.6mm

해설 [등각점과 주점의 거리]

$\overline{mj} = f \times \tan \frac{i}{2} = 153 \times \tan \frac{4.5°}{2} \fallingdotseq 6.0mm$

40. 지물과 지모의 대상으로 짝지어진 것으로 옳은 것은?

① 지물 : 산정, 평야, 구릉, 계곡
② 지모 : 수로, 계곡, 평야, 도로
③ 지물 : 교량, 평야, 수로, 도로
④ 지모 : 산정, 구릉, 계곡, 평야

정답 34. ④ 35. ③ 36. ② 37. ② 38. ① 39. ③ 40. ④

해설 [지형측량]
① 정의 : 지표면상의 자연적, 인공적인 상태를 정확히 측정하여 그 결과를 일정한 축척과 도식으로 도시하는 지형도를 작성
② 지물 : 일정한 축척으로 나타내며 주로 인공적인 형태를 의미함 (도로, 하천, 철도, 시가지, 촌락 등)
③ 지모 : 등고선으로 표시되는 지표의 기복을 의미함 (산정, 구릉, 계곡, 평야, 경사 등)

3과목 토지정보체계론

41. 지적전산자료의 이용 및 활용에 관한 사항으로 틀린 것은?

① 지적공부의 형식으로는 복사할 수 없다.
② 필요한 최소한도 안에서 신청하여야 한다.
③ 지적파일 자체를 제공하라고 신청할 수는 없다.
④ 승인받은 자료의 이용·활용에 관한 사용료는 무료이다.

해설 [지적전산자료의 이용에 관한 사항]
① 시·군·구 단위의 지적전산자료를 이용하고자 하는 자는 지적소관청의 승인을 얻어야 한다.
② 시·도 단위의 지적전산자료를 이용하고자 하는 자는 시·도지사 또는 지적소관청의 승인을 얻어야 한다.
③ 전국단위의 지적전산자료를 이용하고자 하는 자는 국토교통부장관, 시·도지사 또는 지적소관청의 승인을 얻어야 한다.
④ 지적전산자료의 이용 또는 활용에 관한 승인을 받은 자는 국토교통부령으로 정하는 사용료를 내야 한다. 다만, 국가나 지방자치단체에 대해서는 **사용료를 면제한다.**

42. 다음 중 지형 및 공간과 관련된 모든 종류의 공간자료들을 서로 호환이 가능하도록 하기 위하여 만들어진 대표적인 교환표준은?

① SPSS   ② SDTS
③ GIST   ④ NIST

해설 SDTS는 지리정보시스템을 구성함에 있어 각종 응용시스템들 사이에서 지리정보를 공유하기 위한 목적으로 개발된 공통데이타교환포맷을 말한다.

43. 도형정보의 입력 방법 중 디지타이징 방식에 비하여 스캐닝 방식이 갖는 특징으로 옳지 않은 것은?

① 특정 주제만을 선택하여 입력시킬 수 없다.
② 레이어별로 나뉘어져 입력되므로 비용이 저렴하다.
③ 복잡한 도면을 입력할 경우에 작업시간이 단축된다.
④ 손상된 도면의 경우 스캐닝에 의한 인식이 원활하지 못할 수 있다.

해설 [레이어 중첩의 특징]
① 하나의 레이어에 각각의 객체와 다른 레이어의 객체들 사이에 관계를 찾아내는 작업
② 레이어별로 필요한 정보를 추출해 낼 수 있다.
③ 새로운 가설이나 이론 및 시뮬레이션을 통해 정보를 추출하는 모델링 작업을 수행할 수 있다.
④ 형상들의 공간관계를 파악할 수 있으며 특정지점의 주변 환경에 대한 정보를 얻은 경우에도 사용할 수 있다.

44. 시·군·구(자치구가 아닌 구 포함) 단위의 지적공부에 관한 전산자료의 이용 및 활용에 관한 승인권자로 옳은 것은?

① 지적소관청
② 시·도지사 또는 지적소관청
③ 국토교통부장관 또는 시·도지사
④ 국토교통부장관, 시·도지사 또는 지적소관청

해설 [지적전산자료의 이용에 관한 사항]
① 시·군·구단위의 지적전산자료를 이용하고자 하는 자는 **지적소관청의 승인**을 얻어야 한다.
② 시·도단위의 지적전산자료를 이용하고자 하는 자는 시·도지사 또는 지적소관청의 승인을 얻어야 한다.
③ 전국단위의 지적전산자료를 이용하고자 하는 자는 국토교통부장관, 시·도지사 또는 지적소관청의 승인을 얻어야 한다.

45. GIS의 일반적 작업순서로 옳은 것은?

① 실세계 → 데이터수집 → DB구축 → 분석 → 결과도출 → 사용자
② 실세계 → DB구축 → 데이터수집 → 분석 → 결과도출 → 사용자
③ 실세계 → 분석 → DB구축 → 데이터수집 → 결과도출 → 사용자
④ 실세계 → 데이터수집 → 분석 → DB구축 → 결과도출 → 사용자

해설 [GIS의 일반적 작업순서]
실세계 → 데이터수집 → DB구축 → 분석 → 결과도출 → 사용자

46. 토지정보체계에서 차원이 다른 공간객체는?

① 노드   ② 링크
③ 아크   ④ 체인

해설 노드는 점유형으로 0차원, 체인, 링크, 아크 등은 선유형으로 1차원 공간객체
[공간객체의 종류]
① 점(point) : 0차원 공간객체
② 선(line) : 1차원 공간객체
③ 면(polygon, area) : 2차원 공간객체

47. 데이터베이스의 모형 중 트리(Tree) 형태의 구조로 행정구역을 나타내는 레이어 등에 효율적으로 적용될 수 있는 것은?

① 계급형   ② 관계형
③ 관망형   ④ 평면형

해설 [데이터베이스관리시스템(DBMS)의 모델]
① 계급형(계층형) : 최초로 구현된 데이터 모델로 트리구조나 조직표와 같은 계층적으로 배열
② 네트워크형(관망형) : data들은 다른 파일의 하나 이상의 data들과 연계되어 있으며 이를 연관시키기 위해 지시자 활용
③ 관계형 : 2차원 테이블 형태로 저장되며 한 테이블은 다수의 열로 구성되고, 각 열은 정해진 범위의 값이 저장되는 형태

48. 기존 종이지적도면을 스캐닝 방식으로 입력할 경우, 격자영상에 생긴 잡음(noise)을 제거하는 단계는?

① 스캐닝 단계   ② 필터링 단계
③ 위상정립 단계   ④ 세선화(thinning) 단계

해설 [필터링 단계(Filtering)]
① 실세계에서 세밀한 지리적 변화를 제거하는 과정
② 스캐닝에서 발생하는 불필요한 기호를 제거하거나, 임의로 생긴 선분이나 끊어진 선분을 잇는 과정

49. 데이터 처리 시 대상물이 두 개의 유사한 색조나 색깔을 가지고 있는 경우 소프트웨어적으로 구별하기 어려워서 발생되는 오류는?

① 선의 단절   ② 방향의 혼돈
③ 불분명한 경계   ④ 주기와 대상물의 혼돈

해설 불분명한 경계는 데이터 처리시 대상물이 두 개의 유사한 색조나 색깔을 가지고 있으므로 소프트웨어적으로 구별이 어려워 짐

50. 3차원 지적정보를 구축할 때, 지상 건축물의 권리관계 등록과 가장 밀접한 관련성을 가지는 도형정보는?

① 수치지도   ② 층별권원도
③ 토지피복도   ④ 토지이용계획도

해설 [층별권원도의 특징]
① 층별권원 규정을 위해 건물의 일부에 대한 권리의 보증을 위해 제작한 층별 도면
② 건물 일부에 대한 권리의 보증이며 건물 측량도의 일종
③ 층별권원 규정을 위해 층별도를 작성
④ 층별도에는 층별구조가 개략적으로 표시되고 벽은 단면도와 그 벽의 권리소속이 표현되어 있음

정답 45. ① 46. ① 47. ① 48. ② 49. ③ 50. ②

51. 제5차 국가공간정보정책 기본계획의 계획기간으로 옳은 것은?

① 2005년~2010년 ② 2010년~2015년
③ 2013년~2017년 ④ 2014년~2019년

[해설] [NGIS 사업의 계획기간 및 목표]
① 1차 NGIS 사업 : 1996년~2000년, 공간정보 DB구축 기반조성 목표
② 2차 NGIS 사업 : 2001년~2005년, 국가공간정보 기관을 확충하여 디지털국토 실현 목표
③ 3차 NGIS 사업 : 2006년~2010년, 유비쿼터스 세상을 향한 지능형 사이버국토 구축 목표
④ 4차 NGIS 사업 : 2010년~2012년, 녹색성장을 위한 그린정보사회실현 목표
⑤ 5차 NGIS 사업 : 2013년~2017년, 공간정보산업의 질적 도약 목표

52. 지리정보데이터 교환표준은 각 국가마다 상이하다. 세계 각국의 데이터 교환 표준이 서로 잘못 연결된 것은?

① 한국 – GXF
② 미국 – SDTS
③ NATO 국가 – DIGEST
④ 유럽 교통관련 표준 – GDF

[해설] 1995년 12월 우리나라 NGIS 데이터 교환 표준으로 SDTS가 채택되었다.

53. 데이터베이스관리시스템(DBMS)의 주요기능에 대한 설명으로 틀린 것은?

① 데이터를 안정적으로 관리한다.
② 하드디스크에 매체를 저장할 수 있다.
③ 데이터에 대한 효율적인 검색을 지원한다.
④ 각종 데이터베이스의 질의 언어를 지원한다.

[해설] [데이터베이스관리시스템(DBMS)의 주요기능]
① 정의 : 데이터에 대한 형식, 구조, 제약조건들을 명세하는 기능이다.
② 구축 : DBMS가 관리하는 기억 장치에 데이터를 저장하는 기능이다.
③ 조작 : 특정한 데이터를 검색하기 위한 질의, 데이터베이스의 갱신, 보고서 생성 기능 등을 포함한다.
④ 공유 : 여러 사용자와 프로그램이 데이터베이스에 동시에 접근하도록 하는 기능이다.
⑤ 보호 : 하드웨어나 소프트웨어의 오동작 또는 권한이 없는 악의적인 접근으로부터 시스템을 보호한다.
⑥ 유지보수 : 시간이 지남에 따라 변화하는 요구사항을 반영할 수 있도록 하는 기능이다.

54. 지적측량성과작성시스템에서 지적측량접수프로그램을 이용하여 작성된 측량성과 검사요청서 파일 포맷 형식으로 옳은 것은?

① *.jsg ② *.srf
③ *.sif ④ *.cif

[해설] [KLIS 측량성과 작성시스템 파일 확장자]
– 측량준비도 추출파일 (*.cif, cadastral information file)
– 일필지속성정보파일 (*.sebu, 세부측량을 영어로 표현)
– 측량관측파일 (*.svy, survey)
– 측량계산파일 (*.ksp, kcsc survey project)
– 세부측량계산파일 (*.ser, survey evidence relation file)
– 측량성과파일 (*.jsg, 성과의 작성을 영어로 표현, 성과(sg), 작성(js))
– 토지이동정리(측량결과)파일 (*.dat, data)
– 측량성과검사요청서 파일 (*.sif)
– 측량성과검사결과 파일 (*.Srf)
– 정보이용승인신청서 파일 (*.iuf, information use)

55. 다음 중 공간데이터 모델링 과정에 포함되지 않는 것은?

① 개념적 모델링 ② 논리적 모델링
③ 물리적 모델링 ④ 위상적 모델링

[해설] [데이터 모델링 작업 진행 순서]
개념적 모델링 → 논리적 모델링 → 물리적 모델링

56. 다음 중 벡터데이터의 위상 구조에 대한 설명으로 옳지 않은 것은?

① 다양한 공간분석을 가능하게 해주는 구조다.
② 지형·지물들 간의 공간관계를 인식할 수 있다.
③ 데이터의 갱신 시 위상 구조는 신경 쓰지 않아도 된다.
④ 다중연결을 통하여 각 지형·지물은 다른 지형·지물과 연결될 수 있다.

정답 51. ③ 52. ① 53. ② 54. ③ 55. ④ 56. ③

해설 저장된 위상정보는 데이터의 갱신시 위상을 필요로 하는 많은 데이터의 분석이 빠르고 용이하도록 하여야 한다.

57. 다음 중 OGC(Open GIS Consortium)에 관한 설명으로 옳지 않은 것은?

① 지리정보와 관련된 여러 처리방식에 대하여 개방형 시스템적인 접근을 시도하였다.
② 지리정보를 활용하고 관련 응용분야를 주요업무로 하는 공공기관 및 민간기관들로 구성된 컨소시엄이다.
③ ISO/TC211의 활동이 시작되기 이전에 미국의 표준화 기구를 중심으로 추진된 지리정보 표준화 기구이다.
④ OGIS(Open Geodata Interoperability Specification)를 개발하고 추진하는데 필요한 합의된 절차를 정립할 목적으로 설립되었다.

해설 ① OGC는 1994년 8월 설립된 GIS관련 기관과 업체를 중심으로 하는 비영리 단체
② CEN/TC287은 ISO/TC 211 활동이 시작하기 이전에 유럽의 표준화기구를 중심으로 추진된 유럽의 지리정보 표준화기구

58. 시설물관리를 위한 수치지도를 바탕으로 건축, 전기, 설비, 통신, 가스, 도로 등의 위치 정보를 데이터베이스로 구축하고 공간데이터와 연관되는 속성자료를 입력하여 시설물에 대한 유지보수 활동을 효과적으로 지원할 수 있는 체계는 무엇인가?

① FM   ② ITS
③ UGIS   ④ Telematics

해설 [시설물정보체계(FM)]
건축, 전기, 설비, 통신 등 도면 자동화를 통해 구축된 수치지도를 바탕으로 지상 및 지하의 각종 시설물을 시스템 상에 구축하여 시설물에 대한 유지보수 활동을 효과적으로 지원하는 시스템

59. 캐나다의 지적제도와 지적공부 전산화 과정에 대한 설명으로 옳지 않은 것은?

① 캐나다의 국립지리원(Ordnance Survey)은 1971년 설립되었으며 대축척 수치지도를 작성한다.
② 'GeoConnections'은 캐나다 지리정보체계를 인터넷상에서 활용할 수 있도록 하기 위해 개발한 프로그램이다.
③ GEONet은 캐나다와 세계적인 지리와 지구관측 상품과 서비스에 대한 정보를 포함한다.
④ 지리정보관계기관 위원회는 14개의 연방주처와 민간분야 관련 산업 협의회와 학계로 구성된다.

해설 캐나다의 CGIS는 1971년부터 본격적으로 시작한 세계최대의 GIS 데이터베이스이다.

60. 개인이나 기업이 직접 지적소관청을 방문하지 않고, 원하는 시간에 인터넷 상에서 민원을 처리할 수 있도록 개발된 토지정보시스템은?

① GIS   ② PIS
③ OGC   ④ WEB LIS

해설 [Web LIS의 도입효과]
① 업무처리의 신속화
② 정보의 공유
③ 업무별 분산처리의 실현
④ 시간과 거리에 제한이 없음
⑤ 중복된 업무를 처리하지 않을 수 있음

4과목 지적학

61. 다목적 지적제도에서의 토지등록 사항으로 보기 어려운 것은?

① 지하 시설물   ② 지상 건축물
③ 토지의 위치   ④ 당해 토지의 상속권

해설 당해 토지의 상속권를 포함한 법적 관리관계는 등기제도로 공시한다.

정답 57. ③ 58. ① 59. ① 60. ④ 61. ④

62. 토지조사사업 당시 소유자는 같으나 지목이 상이하여 별필(別筆)로 해야 하는 토지들의 경계선과 소유자를 알 수 없는 토지와의 구획선으로 옳은 것은?

① 강계선(彊界線) ② 경계선(境界線)
③ 지세선(地勢線) ④ 지역선(地域線)

해설 ① 강계선(彊界線) : 사정선을 의미한다.
② 경계선(境界線) : 확정된 소유자가 다른 토지 사이에 사정된 경계선
③ 지세선(地勢線) : 지표면이 다수의 평면으로 이루어졌다고 생각할 때, 이 평면들의 교차선을 지성선 또는 지세선이라 한다.
④ 지역선(地域線) : 토지조사사업 당시 소유자는 같으나 지목이 다를 때 구획한 별필의 토지경계선

63. 일필지의 경계설정 방법이 아닌 것은?

① 보완설 ② 분급설
③ 점유설 ④ 평분설

해설 [경계설정설의 종류]
① 점유설 : 토지소유권의 경계는 불명하지만 양지의 소유자가 점유하는 지역의 명확한 선으로 구분되어 있을 때에는 이 1개의 선을 소유자의 경계로 하여야 한다.
② 평분설 : 경계가 불명하고 점유상태까지 확정할 수 없는 경우 분쟁지를 물리적으로 평분하여 쌍방토지에 소속시켜야 한다.
③ 보완설 : 현 점유선에 의하거나 또는 평분하여 경계를 결정하고자 할 경우 그 새로 결정되는 경계가 이미 조사된 신빙할 만한 다른 자료와 일치하지 않을 경우 이 자료를 감안하여 공평하고도 그 적당한 방법에 따라 그 경계를 보완하여야 할 것이다.

64. 지적재조사사업 추진을 위한 구체적인 기본계획이 최초로 수립된 시기는?

① 1992년 ② 1995년
③ 1997년 ④ 2000년

해설 [지적재조사사업의 추진현황]
① 1995년 지적재조사 기본계획 수립
② 2002년 지적분부합지정리 기본계획 수립
③ 2007년 경계정비대상 조사지침 제정
④ 2009년 디지털지적구축 시범사업 추진
⑤ 2011년 지적재조사에 관한 특별법 제정

65. 지적을 아래와 같이 정의한 학자는?

> 지적은 과세의 기초자료를 제공하기 위하여 한 나라의 부동산의 규모와 가치 및 소유권을 등록하는 제도이다.

① A. Toffler ② G. McEntyre
③ S. R. Simpson ④ Henessen, J. L. G.

해설 [지적을 정의한 학자의 견해]
① Simpson : 과세의 기초로 제공하기 위하여 한 국가 내의 부동산의 면적이나 소유권 및 그 가격을 등록하는 공부
② McEntyre : 토지에 대한 법률상 용어로서 세부과를 위한 부동산의 수량, 가치 및 소유권의 공정등록
③ Henssen : 지적은 특정한 국가나 지역 내에 있는 재산을 지적측량에 의해 체계적으로 정리해 놓은 공부

66. 지적제도의 외부요소에 속하지 않는 것은?

① 교육적 요소 ② 법률적 요소
③ 사회적 요소 ④ 지리적 요소

해설 [지적의 구성요소]
① 외부요소 : 지리적 요소, 법률적 요소, 사회, 정치, 경제적 요소
② 내부요소 : 토지, 경계설정과 측량, 등록, 지적공부

67. 지적공부에 원칙적으로 등록할 수 없는 토지는?

① 간석지 ② 해안 빈지
③ 하천 포락지 ④ 해안 방풍림

해설 ① 간석지 : 강을 타고 운반된 미립물질이 해안에 퇴적되어 쌓인 개펄로 공부에 등록되지 않으므로 지목을 설정할 수 없다.
② 해안빈지 : 해안선으로부터 지적공부에 등록된 지역까지의 사이를 일컫는 것으로, 현재는 '바닷가'라는 용어로 표준화되었다.

③ 하천 포락지 : 전, 답이 강물이나 냇물에 씻겨서 무너져 침식되어 수면 밑으로 잠긴 토지
④ 해안방풍림 : 해안의 강풍을 막기 위하여 조성된 숲

68. 임야조사사업에 대한 설명으로 틀린 것은?

① 조사 및 측량기관은 부 또는 면이다.
② 임야조사사업 당시 사정의 대상은 소유자 및 경계이다.
③ 토지조사에서 제외된 임야 등의 토지에 대한 행정처분이다.
④ 사정권자는 지방토지조사위원회의 자문을 받아 당시 토지조사국장이 실시하였다.

해설 임야조사사업의 사정권자는 임야심사위원회의 자문을 받아 당시 도지가가 실시하였다.

구분	토지조사사업	임야조사사업
측량기관	임시토지조사국	부(府), 면(面)
사정기관	임시토지조사국장	도지사
재결기관	고등토지조사위원회	임야심사위원회

69. 토지조사사업 당시 지번의 설정을 생략한 지목은?

① 성첩   ② 임야
③ 지소   ④ 잡종지

해설 [토지조사사업 당시 지목의 구분(18개 지목)]

구분	용도
과세대상(6)	전, 답, 대, 지소, 임야, 잡종지
비과세대상 (7, 개인소유 불인정)	도로, 하천, 구거, 제방, 성첩, 철도선로, 수도선로
면제대상(5, 공공용지)	사사지, 분묘지, 공원지, 철도용지, 수도용지

70. 고구려의 토지 면적 측정에 관한 설명으로 틀린 것은?

① 토지의 면적 단위는 경무법을 사용하였다.
② 면적의 단위로 '정, 단, 무, 보'를 사용하였다.
③ 구고장은 측량에 따른 계산에 관한 문제를 다루었다.
④ 방전장은 주로 논이나 밭의 넓이를 계산하였다.

해설 정, 단, 무, 보는 임야조사사업 당시 사용된 임야대장상의 등록단위이다.

71. 지목의 설정 원칙으로 옳지 않은 것은?

① 용도경중의 원칙   ② 일시변경의 원칙
③ 주지목추종의 원칙   ④ 사용목적추종의 원칙

해설 [지목의 설정 원칙]
① 1필 1목의 원칙
② 주지목 추종의 원칙
③ 사용목적 추종의 원칙
④ 일시변경 불변의 원칙
⑤ 용도경중의 원칙
⑥ 등록선후의 원칙

72. 토지조사사업 당시 재결한 경계의 효력발생 시기는?

① 재결일   ② 재결확정일
③ 재결서 접수일   ④ 사정일에 소급

해설 ① 토지조사사업시 소유자를 사정하여 토지대장에 등록한 소유권의 취득 효력은 원시취득에 해당
② 재결받은 때의 효력 발생일은 사정일로 소급하여 발생

73. 백문매매에 대한 설명으로 옳은 것은?

① 오늘날의 토지대장에 해당한다.
② 입안을 받지 않은 계약서를 말한다.
③ 구문기에서 소유자란이 없는 것을 뜻한다.
④ 조선건국 초기에 성행되었던 토지등기제도의 일종이다.

해설 ① 양안 : 고려~조선시대 양전에 의해 작성된 토지장부로 오늘날의 토지대장에 해당
② 백문매매 : 문기의 일종으로 입안을 받지 않는 매매계약서

74. 지적공부에 대한 설명으로 옳은 것은?

① 토지대장은 국가가 작성하여 비치하는 공적장부를 말한다.
② 경계점좌표등록부는 지적공부에 해당되지 않는다.
③ 지적공부 중 대장에 해당되는 것은 토지대장, 임야대장만을 말한다.
④ 지적공부 중 도면에 해당되는 것은 지적도, 임야도, 도시계획도를 말한다.

해설 [지적공부에 대한 설명]
① 토지대장은 국가가 작성하여 비치하는 공적장부를 말한다.
② 경계점좌표등록부는 지적공부에 해당된다.
③ 지적공부 중 대장에 해당되는 것은 토지대장, 임야대장, 공유지연명부, 대지권등록부, 경계점좌표등록부 등이 있다.
④ 지적공부 중 도면에 해당되는 것은 지적도, 임야도, 일람도 등이 있다.

75. 우리나라 지적제도에 토지대장과 임야대장이 2원적(二元的)으로 있게 된 가장 큰 이유는?

① 측량기술이 보급되지 않았기 때문이다.
② 삼각측량에 시일이 너무 많이 소요되었기 때문이다.
③ 토지나 임야의 소유권 제도가 확립되지 않았기 때문이다.
④ 우리나라의 지적제도가 조사사업별 구분에 의하여 하였기 때문이다.

해설 우리나라 지적제도에 토지대장과 임야대장이 2원적(二元的)으로 있게 된 가장 큰 이유는 우리나라의 지적제도가 토지조사사업, 임야조사사업의 구분에 의하여 하였기 때문이다.

76. 토지등록제도 중 모든 토지를 공부에 강제등록시키는 제도를 취하지 않는 나라는?

① 스위스　　　② 프랑스
③ 네덜란드　　④ 오스트리아

해설 소극적 등록제도는 네덜란드, 영국, 프랑스, 이탈리아, 캐나다 등에서 채택하고 있으며, 이중 모든 토지를 공부에 강제등록시키는 제도를 취하지 않는 나라는 프랑스이다.

77. 다음 중 최초로 부동산(토지) 등기부를 작성할 때 등기 내용을 확인하는 기초 장부로 사용하였던 것은?

① 재결조서　　　② 토지대장
③ 토지조사부　　④ 토지가옥증명부

해설 ① 등기는 토지의 표시에 관하여 등록(토지대장)을 기초로 하고 등록에서 소유자의 표시는 등기를 기초로 한다.

② 미등기 토지의 소유자 표시에 관하여는 등록을 기초로 하는 것은 등록기관의 사실 조사권에 바탕을 두고 등기기관의 형식적 서면심사권밖에 없는 데 기인한다.

78. 지적은 지형, 지질 또는 국유, 민유 등 소유관계에 구애됨이 없이 어떤 객체를 대상으로 하는가?

① 공부　　　② 등록
③ 지물　　　④ 필지

해설 지적은 지형, 지질 또는 국유, 민유 등 소유관계에 구애됨이 없이 필지를 대상으로 한다.

79. 아래 내용이 의미하는 토지등록 제도는?

> 모든 토지는 지적공부에 등록해야 하고 등록 전 토지표시 사항은 항상 실제와 일치하게 유지해야 한다.

① 권원등록제도　　② 소극적 등록제도
③ 적극적 등록제도　④ 날인증서 등록제도

해설 ① 적극적 등록주의 : 토지등록은 일필지의 개념으로 법적인 권리보장이 인증되고 정부에 의해 그러한 합법성과 효력이 발생
② 소극적 등록주의 : 기본적으로 거래와 그에 관한 거래증서의 변경기록을 수행하는 것이며, 일필지의 소유권이 거래되면서 발생되는 거래증서를 변경 등록하는 것

80. 우리나라 토지소유권 보장제도의 변천순서를 올바르게 나열한 것은?

① 입안제도 → 지계제도 → 증명제도
② 입안제도 → 증명제도 → 지계제도
③ 증명제도 → 지계제도 → 입안제도
④ 지계제도 → 증명제도 → 입안제도

해설 [토지소유권 보장제도의 변천과정]
입안제도(고려, 조선시대) → 지계제도(조선시대말기) → 증명제도(1905년 이후)이며 전체적으로는 입안, 지계, 증명, 조선부동산등기령, 조선부동산증명령, 등기령, 부동산등기법 등이다.

정답　75. ④　76. ②　77. ②　78. ④　79. ③　80. ①

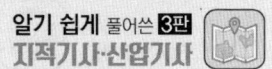

5과목   지적관계법규

81. 공간정보의 구축 및 관리 등에 관한 법률상 양벌규정에 해당행위가 아닌 것은? (단, 법인 또는 개인이 그 위반행위를 방지하기 위하여 해당 업무에 관하여 상당한 주의와 감독을 게을리하지 아니한 경우는 고려하지 않는다.)

① 고의로 측량성과를 사실과 다르게 한 자
② 둘 이상의 측량업자에게 소속된 측량기술자
③ 직계 존속·비속이 소유의 토지에 대한 지적측량을 한 자
④ 측량업자로서 속임수, 위력(威力), 그 밖의 방법으로 측량업과 관련된 입찰의 공정성을 해친 자

해설 [공간정보의 구축 및 관리 등에 관한 법률 제107~109조(벌칙), 제110조(양벌규정), 제111조(과태료)]
① 고의로 측량성과 또는 수로조사성과를 사실과 다르게 한 자 : 2년 이하의 징역 또는 2천만원 이하의 벌금
② 둘 이상의 측량업자에게 소속된 측량기술자 또는 수로기술자 : 1년 이하의 징역 또는 1천만원 이하의 벌금
③ 직계존속·비속이 소유한 토지에 대한 지적측량을 한 자 : 300만원 이하의 과태료(양벌규정에 적용되지 않음)
④ 측량업자나 수로사업자로서 속임수, 위력(威力), 그 밖의 방법으로 측량업 또는 수로사업과 관련된 입찰의 공정성을 해친 자 : 3년 이하의 징역 또는 3천만원 이하의 벌금

82. 성능검사대행자의 등록을 1년 이내의 기간을 정하여 업무정지 처분을 할 수 있는 경우가 아닌 것은?

① 등록사항 변경신고를 하지 아니한 경우
② 정당한 사유 없이 성능검사를 거부하거나 기피한 경우
③ 업무정지기간 중에 계속하여 성능검사대행 업무를 한 경우
④ 다른 행정기관이 관계 법령에 따라 등록취소 또는 업무정지를 요구한 경우

해설 다른 행정기관이 관계 법령에 따라 업무정지를 요구한 경우는 1차위반시 3개월 업무정지, 2차위반시 6개월 업무정지, 3차위반시 등록취소의 행정처분한다. (공간정보의 구축 및 관리 등에 관한 법률 시행규칙 별표 11)
[공간정보의 구축 및 관리 등에 관한 법률 제96조(성능검사대행자의 등록취소 등)]

1. 등록취소
① 거짓이나 그 밖의 부정한 방법으로 등록을 한 경우
② 거짓이나 부정한 방법으로 성능검사를 한 경우
③ 다른 사람에게 자기의 성능검사대행자등록증을 빌려주거나 자기의 성명 또는 상호를 사용하여 성능검사 대행 업무를 수행하게 한 경우
④ 업무정지기간 중에 계속하여 성능검사대행업무를 한 경우

2. 업무정지
① 등록기준에 미달하게 된 경우. 다만, 일시적으로 등록기준에 미달하는 등 대통령령으로 정하는 경우는 제외한다.
② 등록사항 변경신고를 하지 아니한 경우
③ 정당한 사유 없이 성능검사를 거부하거나 기피한 경우
④ 다른 행정기관이 관계 법령에 따라 등록취소 또는 업무정지를 요구한 경우

83. 시장, 군수가 도시·군 관리 계획을 입안하고자 할 때 기초조사 사항이 아닌 것은?

① 재해의 발생현황 및 추이
② 토지이용상황 및 지가 변동 상황
③ 기반시설 및 주거수준의 현황과 전망
④ 기후·지형·자원·생태 등 자연적 여건

해설 [국토의 계획 및 이용에 관한 법률 시행령 제11조(광역도시계획의 수립을 위한 기초조사)]
1. 기후·지형·자원·생태 등 자연적 여건
2. 기반시설 및 주거수준의 현황과 전망
3. 풍수해·지진 그 밖의 재해의 발생현황 및 추이
4. 광역도시계획과 관련된 다른 계획 및 사업의 내용
5. 그 밖에 광역도시계획의 수립에 필요한 사항

84. 다음 중 토지의 이동 신청·신고 기간이 잘못 연결된 것은?

① 등록전환 : 그 사유가 발생한 날부터 60일 이내
② 지목변경 : 그 사유가 발생한 날부터 60일 이내
③ 합병 : 그 사유가 발생한 날부터 60일 이내
④ 도시개발사업 착수 신고 : 그 사유가 발생한 날부터 60일 이내

해설 도시개발사업의 착수·변경 또는 완료 사실의 신고는 그 사유가 발생한 날부터 15일 이내에 하여야 한다.

정답 81. ③ 82. ③ 83. ② 84. ④

85. 공간정보의 구축 및 관리 등에 관한 법률에 따른 지적측량을 수행 시 타인의 토지 등의 출입에 관한 설명으로 옳은 것은?
① 급한 경우에는 소유자에게 통지 없이 출입할 수 있다.
② 토지 등의 점유자는 정당한 사유 없이 업무집행을 거부하지 못한다.
③ 토지 등의 소유자·관리자를 알 수 없을 경우에도 관리인에게 미리 통지 하여야 한다.
④ 타인의 토지 등의 출입 시 권한을 표시하는 허가증을 지니고 있으면 통지없이 출입할 수 있다.

해설 [공간정보의 구축 및 관리 등에 관한 법률 제101조(토지등에의 출입 등)]
타인의 토지 등을 일시 사용하거나 장애물을 변경 또는 제거하려는 자는 그 소유자·점유자 또는 관리인의 동의를 받아야 한다. 다만, 소유자·점유자 또는 관리인의 동의를 받을 수 없는 경우 행정청인 자는 관할 특별자치시장, 특별자치도지사, 시장·군수 또는 구청장에게 그 사실을 통지하여야 하며, 행정청이 아닌 자는 미리 관할 특별자치시장, 특별자치도지사, 시장·군수 또는 구청장의 허가를 받아야 한다.

86. 지적측량수행자가 손해배상책임을 보장하기 위하여 보증보험에 가입하여야 하는 금액으로 옳은 것은?
① 지적측량업자 1억원 이상, 한국국토정보공사 20억원 이상
② 지적측량업자 1억원 이상, 한국국토정보공사 10억원 이상
③ 지적측량업자 2억원 이상, 한국국토정보공사 20억원 이상
④ 지적측량업자 2억원 이상, 한국국토정보공사 10억원 이상

해설 [공간정보의 구축 및 관리 등에 관한 법률 시행령 제41조(손해배상책임의 보장)]
1. 지적측량업자: 보장기간 10년 이상 및 보증금액 1억원 이상
2. 「국가공간정보 기본법」 제12조에 따라 설립된 한국국토정보공사(이하 "한국국토정보공사"라 한다): 보증금액 20억원 이상

87. 도시개발사업 등이 준공되기 전에 사업시행자가 지번부여신청을 할 경우 지적소관청은 무엇을 기준으로 지번을 부여하여야 하는가?
① 측량준비도
② 지번별 조서
③ 사업계획도
④ 확정측량 결과도

해설 [공간정보의 구축 및 관리 등에 관한 법률 시행규칙 제61조(도시개발사업 등 준공 전 지번 부여)]
지적소관청은 도시개발사업 등이 준공되기 전에 지번을 부여하는 때에는 사업계획도에 따르되, 도시개발사업 등이 완료됨에 따라 지적확정측량을 실시한 지역 안의 각 필지에 지번을 새로이 부여하여야 한다.

88. 다음 중 도시·군 관리계획의 입안권자가 아닌 자는?
① 군수
② 구청장
③ 광역시장
④ 특별시장

해설 [도시·군 관리계획의 입안권자]
도시·군관리계획은 특별시장, 광역시장, 특별자치시장, 특별자치도지사, 시장 또는 군수가 관할구역에 대하여 입안하여야 한다.

89. 부동산등기법에 따라 미등기의 토지에 관한 소유권보존등기를 신청할 수 없는 자는?
① 토지대장에 최초의 소유자로 등록되어 있는 자
② 확정판결에 의하여 자기의 소유권을 증명하는 자
③ 수용으로 인하여 소유권을 취득하였음을 증명하는 자
④ 토지에 대하여 지적소관청의 확인에 의하여 자기의 소유권을 증명하는 자

해설 [부동산등기법 제65조(소유권보존등기의 신청인)]
1. 토지대장, 임야대장 또는 건축물대장에 최초의 소유자로 등록되어 있는 자 또는 그 상속인, 그 밖의 포괄승계인
2. 확정판결에 의하여 자기의 소유권을 증명하는 자
3. 수용(收用)으로 인하여 소유권을 취득하였음을 증명하는 자
4. 특별자치도지사, 시장, 군수 또는 구청장(자치구의 구청장을 말한다)의 확인에 의하여 자기의 소유권을 증명하는 자(건물의 경우로 한정한다)

90. 부동산등기법의 수용으로 인한 등기에 관한 내용이다. (　) 안에 들어갈 내용으로 옳은 것은?

> 수용으로 인한 소유권이전등기를 하는 경우 그 부동산의 등기기록 중 소유권, 소유권 외의 권리, 그 밖의 처분제한에 관한 등기가 있으면 그 등기를 직권으로 말소하여야 한다. 다만, 그 부동산을 위하여 존재하는 (　)의 등기 또는 토지수용위원회 재결(裁決)로써 존속(存續)이 인정된 권리의 등기는 그러하지 아니하다.

① 소유권　　② 지역권
③ 지상권　　④ 저당권

해설 [부동산등기법 제99조(수용으로 인한 등기)]
수용으로 인한 소유권이전등기를 하는 경우 그 부동산의 등기기록 중 소유권, 소유권 외의 권리, 그 밖의 처분제한에 관한 등기가 있으면 그 등기를 직권으로 말소하여야 한다. 다만, 그 부동산을 위하여 존재하는 **지역권**의 등기 또는 토지수용위원회의 재결(裁決)로서 존속(存續)이 인정된 권리의 등기는 그러하지 아니하다.

91. 공간정보의 구축 및 관리 등에 관한 법률에서 규정된 용어의 정의로 틀린 것은?

① "경계"란 필지별로 경계점들을 곡선으로 연결하여 지적공부에 등록한 선을 말한다.
② "면적"이란 지적공부에 등록한 필지의 수평면상 넓이를 말한다.
③ "신규등록"이란 새로 조성된 토지와 지적공부에 등록되어 있지 아니한 토지를 지적공부에 등록하는 것을 말한다.
④ "축척변경"이란 지적도에 등록된 경계점의 정밀도를 높이기 위하여 작은 축척을 큰 축척으로 변경하여 등록하는 것을 말한다.

해설 [공간정보의 구축 및 관리 등에 관한 법률 제2조(정의)]
"경계"란 필지별로 경계점들을 직선으로 연결하여 지적공부에 등록한 선을 말한다.

92. 다음 중 지목변경에 해당하는 것은?

① 밭을 집터로 만드는 행위
② 밭의 흙을 파서 논으로 만드는 행위
③ 산을 절토(切土)하여 대(垈)로 만드는 행위
④ 지적공부상의 전(田)을 대(垈)로 변경하는 행위

해설 [공간정보의 구축 및 관리 등에 관한 법률 제2조(정의)]
"지목변경"이란 지적공부에 등록된 지목을 다른 지목으로 바꾸어 등록하는 것을 말한다.

93. 공간정보의 구축 및 관리 등에 관한 법령에 따른 지목에 관한 내용으로 틀린 것은?

① 산림 안에 야영장으로 활용하는 부지는 체육용지로 한다.
② 공장용지를 지적도면에 등록할 때에는 '장'으로 표기한다.
③ 토지의 주된 용도에 따라 토지의 종류를 구분하여 지적공부에 등록한 것을 말한다.
④ 1필지가 둘 이상의 용도로 활용되는 경우에는 주된 용도에 따라 지목을 설정한다.

해설 [공간정보의 구축 및 관리 등에 관한 법률 시행령 제58조(지목의 구분)]
체육용지 : 국민의 건강증진 등을 위한 체육활동에 적합한 시설과 형태를 갖춘 종합운동장·실내체육관·야구장·골프장·스키장·승마장·경륜장 등 체육시설의 토지와 이에 접속된 부속시설물의 부지. 다만, 체육시설로서의 영속성과 독립성이 미흡한 정구장·골프연습장·실내수영장 및 체육도장, 유수(流水)를 이용한 요트장 및 카누장, 산림 안의 야영장 등의 토지는 제외한다.

94. 공간정보의 구축 및 관리 등에 관한 법령상 임야대장에 등록하는 1필지 최소면적 단위는? (단, 지적도의 축척이 600분의 1인 지역과 경계점좌표등록부에 등록하는 지역의 토지 면적은 제외한다.)

① 0.1 제곱미터　　② 1 제곱미터
③ 10 제곱미터　　④ 100 제곱미터

해설 [임야대장에 등록하는 1필지 최소면적의 단위]
임야도의 축척이 6,000분의 1인 지역의 토지 면적은 ㎡ 단위로 하되, 1㎡ 미만의 끝수가 있는 경우 0.5㎡ 미만일 때에는 버리고 0.5㎡를 초과할 때에는 올리며, 0.5㎡일 때에는 구하려는 끝자리의 숫자가 0 또는 짝수이면 버리고 홀수이면 올리되, 1필지의 면적이 1㎡ 미만일 때에는 1㎡로 한다.

95. 경위의 측량방법에 따른 지적삼각점의 관측과 계산 기준으로 틀린 것은?

① 관측은 10초독 이상의 경위의를 사용한다.
② 수평각 관측은 3대회의 방향관측법에 따른다.
③ 수평각의 측각공차에서 1방향각의 공차는 40초 이내로 한다.
④ 수평각의 측각공차에서 1측회의 폐색공차는 ±30초 이내로 한다.

해설 [경위의측량방법에 따른 지적삼각점의 관측과 계산 기준]
① 관측은 10초독 이상의 경위의를 사용한다.
② 수평각 관측은 3대회(윤곽도는 0°, 60°, 120°)의 방향관측법에 따른다.
③ 수평각의 측각공차에서 1방향각의 공차는 30초 이내로 한다.
④ 수평각의 측각공차에서 1측회의 폐색공차는 ±30초 이내로 한다.

96. 도로명주소법상 "도로명주소안내시설"에 해당하지 않는 것은?

① 도로명판   ② 건물번호판
③ 지역번호판   ④ 지역안내판

해설 [도로명주소법 제20조(현지측량방법 등)]
"주소정보시설"이란 도로명판, 기초번호판, 건물번호판, 국가지점번호판, 사물주소판 및 주소정보안내판을 말한다.

97. 지적업무처리규정상 현지측량방법에 대한 내용으로 틀린 것은?

① 지적측량을 완료한 때에는 반드시 측량결과도에 측정점 위치설명도를 작성하여야 한다.
② 전자평판측량에 따른 세부측량은 지적기준점을 기준으로 실시하여야 하며 면적측량은 전산처리 방법에 따른다.
③ 지적측량수행자가 지적공부의 표지에 잘못이 있음을 발견한 때에는 지체없이 지적소관청에 문서로 통보하여야 한다.
④ 지적확정측량지구 안에서 지적측량을 하고자 할 경우에는 종전에 실시한 지적확정측량성과를 참고하여 성과를 결정하여야 한다.

해설 [지적업무처리규정 제2조(정의)]
지적측량을 완료한 때에는 분할 등록될 경계점의 위치 또는 경계복원점의 위치를 지적기준점·담장모서리 및 전신주 등 주위 고정물로부터 거리를 측정하여 지적측량의뢰인 및 이해관계인에게 확인시키고, 측량결과도 여백에 그 거리를 기재하거나 경위의측량방법에 따른 평면직각종횡선좌표 등 측정점의 위치설명도를 지적측량결과도 작성 예시 목록과 같이 작성하여야 한다. 다만, 주위 고정물이 없는 경우와 도로, 구거, 하천 등 연속·집단된 토지 등의 경우에는 작성을 생략할 수 있다.

98. 기존의 경계점좌표등록부를 갖춰 두는 지역의 경계점에 접속하여 경위의 측량방법 등으로 지적확정측량을 하는 경우 동일한 경계점의 측량성과가 서로 다른 경우에는 어떻게 하여야 하는가?

① 경계점의 측량성과 차이가 0.15m 이내이면 확정측량성과에 따른다.
② 경계점의 측량성과 차이가 0.15m 초과이면 확정측량성과에 따른다.
③ 경계점의 측량성과 차이가 0.10m 이내이면 경계점좌표등록부에 따른다.
④ 경계점의 측량성과 차이가 0.10m 초과이면 경계점좌표등록부에 따른다.

해설 [경계점좌표등록부를 갖춰두는 지역에서의 측량방법]
① 각 필지의 경계점을 측정할 때에는 도선법·방사법 또는 교회법을 따라 좌표를 산출하여야 한다.
② 필지의 경계점이 지형·지물에 가로막혀 경위의를 사용할 수 없는 경우에는 간접적인 방법으로 경계점의 좌표를 산출할 수 있다.
③ 기존의 경계점좌표등록부를 갖춰두는 지역의 경계점에 접속하여 경위의측량방법 등으로 지적확정측량을 하는 경우 동일한 경계점의 측량성과가 서로 다를 때에는 경계점좌표등록부에 등록된 좌표를 그 경계점의 좌표로 본다.
④ 각 필지의 경계점 측점번호는 왼쪽 위에서부터 오른쪽으로 경계를 따라 일련번호를 부여한다.

정답 95. ③   96. ③   97. ①   98. ③

⑤ 기존의 경계점좌표등록부를 갖춰 두는 지역의 경계점에 접속하여 지적확정측량을 하는 경우 동일한 경계점의 측량성과의 차이는 0.10m 이내여야 한다.

99. 지적서고의 연중평균습도 기준으로 옳은 것은?

① 20±5퍼센트
② 30±5퍼센트
③ 50±5퍼센트
④ 65±5퍼센트

해설 [공간정보의 구축 및 관리 등에 관한 법률 시행규칙 제65조 (지적서고의 설치기준 등)]

온도 및 습도 자동조절장치를 설치하고, 연중 평균온도는 섭씨 20±5도를, 연중평균습도는 65±5퍼센트를 유지할 것

100. 정당한 사유 없이 지적측량 및 토지이동 조사에 필요한 토지 등에의 출입 등을 방해하거나 거부한 자에 대한 조치로 옳은 것은?

① 300만원의 이하의 과태료
② 1년 이하의 징역 또는 1천만원 이하의 벌금
③ 2년 이하의 징역 또는 2천만원 이하의 벌금
④ 3년 이하의 징역 또는 3천만원 이아의 벌금

해설 [공간정보의 구축 및 관리 등에 관한 법률 제107~109조(벌칙), 제110조(양벌규정), 제111조(과태료)]

① 정당한 사유 없이 지적측량 및 토지이동 조사에 필요한 토지 등에의 출입 등을 방해하거나 거부한 자 : 300만원 이하의 과태료
② 측량기술자가 아님에도 불구하고 측량을 한 자 : 1년 이하의 징역 또는 1천만원 이하의 벌금
③ 측량업의 등록을 하지 아니하고 측량업을 한 자 : 2년 이하의 징역 또는 2천만원 이하의 벌금
④ 측량업자로서 속임수로 측량업과 관련된 입찰의 공정성을 해친 자 : 3년 이하의 징역 또는 3천만원 이하의 벌금

정답 99. ④ 100. ①

CHAPTER 06 2021년도 지적기사 3회

1과목 지적측량

01. 지적도근점측량에서 다각망도선법의 관측방위각 계산식으로 옳은 것은?(단, T_1: 출발기지방위각, $\sum \alpha$: 관측값의 합, n은 폐색변을 포함한 변수)

① $T_1 + \sum \alpha + 180(n-1)$
② $T_1 - \sum \alpha + 180(n-1)$
③ $T_1 + \sum \alpha - 180(n-1)$
④ $T_1 - \sum \alpha + 180(n+1)$

해설 배각법에 의한 지적도근점측량의 측각오차계산식
$e = T_1 + \sum \alpha - 180(n-1)$

02. 지적삼각점측량의 조정계산에서 기지내각에 맞도록 오차를 조정하는 것을 무엇이라 하는가?

① 각조정
② 망조정
③ 삼각조정
④ 측점조정

해설 [지적삼각망조정의 조건]
관측시의 출발차와 폐색차의 조정은 국소규약(측점조건)이며, 삼각형 내각의 관측치와 180°와의 차의 조정은 삼각규약, 관측치와 기지내각과의 차의 조정은 망규약, 하나의 기지변과 평균각으로 다른 기지변까지의 계산된 거리와의 차의 조정은 변규약에 해당된다.

03. 지적도근점 두 점 A, B간의 종·횡선차가 아래와 같을 때 V_a^b는?

종선차 ΔX_a^b=345.67m, 횡선차 ΔY_a^b=-456.78m

① 37°07′00″
② 52°38′24″
③ 52°53′00″
④ 307°07′00″

해설 $V_a^b = \tan^{-1} \dfrac{\Delta Y}{\Delta X}$ 이므로

$V_a^b = \tan^{-1} \dfrac{-456.78}{345.67} = -52°53′00″$ (4상한이므로)

$V_a^b = 360° - 52°53′00″ = 307°07′00″$

04. 지적측량에서 각을 측정할 경우 발생하는 오차가 아닌 것은?

① 착오
② 정오차
③ 과밀오차
④ 부정오차

해설 [지적측량의 각을 측정할 경우 발생하는 오차(오차의 성질에 따른 분류)]
① 정오차(누적오차, 계통오차) : 오차가 일어나는 원인이 명백하고, 일정한 조건 밑에서는 일정한 크기와 방향으로 발생하는 오차, 그 원인이 조사되면 오차량을 계산하여 제거할 수 있는 오차, 특성치, 온도, 처짐, 장력, 경사, 표고 등
② 부정오차(우연오차, 상차) : 일어나는 원인이 불분명 하거나 원인을 안다 하여도 직접 처리하는 방법이 불확실하고 예견할 수 없으며 관측값에 어느 정도의 영향을 주고 있는지를 알 수 없는 성질의 불규칙한 오차, 아무리 주의해도 피할 수 없고 또 계산으로 제거할 수 없으므로 통계학(최소제곱법)적으로 소거하는 방법을 사용
③ 과대오차(착오) : 관측자 기술의 미숙, 심리상태의 혼란, 부주의, 착각에 의한 눈금 오독, 기장오기 등으로 발생

정답 01. ③ 02. ② 03. ④ 04. ③

05. 지적삼각보조점측량의 다각망도선법 Y망에서 1도선의 거리의 합이 3865.75m일 때 연결오차의 허용범위는?

① 0.16m 이하
② 0.19m 이하
③ 0.22m 이하
④ 0.25m 이하

해설 [광파기측량방법, 다각망도선법의 도선별 연결오차]
$(0.05 \times S)$ 미터 이하이며 S는 도선거리/1,000이므로
연결오차 $= 0.05 \times \dfrac{3,865.75}{1,000} = 0.1932875m = 19cm$ 이하

06. 관측값의 표준편차(σ), 경중률(ω)과의 관계로 옳은 것은? (단, n: 관측횟수)

① $\omega = \dfrac{1}{\sigma}$
② $\omega = \dfrac{\sqrt{n}}{\sigma}$
③ $\omega = \dfrac{1}{\sigma^2}$
④ $\omega = \sqrt{\dfrac{n}{\sigma}}$

해설 경중률은 평균제곱근오차의 제곱에 반비례한다. $\omega = \dfrac{1}{\sigma^2}$

07. 좌표면적계산법에 따른 면적측량의 기준으로 옳은 것은?

① 평판측량방법으로 세부측량을 시행한 지역의 면적측정 방법이다.
② 도곽선의 길이에 0.3mm 이상의 신축이 있을 경우 보정하여야 한다.
③ 산출면적은 100분의 1m² 까지 계산하여 10분의 1m² 단위로 정한다.
④ 경위의측량방법으로 세부측량을 한 지역의 필지별 면적측정은 경계점 좌표에 따른다.

해설 [좌표면적계산법]
① 경위의측량으로 세부측량을 시행한 지역의 면적측정방법이다.
② 도곽에 0.2밀리미터 이상의 신축이 있을 경우 보정하여야 한다.
③ 산출면적은 1,000분의 1제곱미터까지 계산하여 10분의 1제곱미터 단위로 정한다.
④ 경위의측량방법으로 세부측량을 한 지역의 필지별 면적측정은 경계점 좌표에 따른다.

08. 대삼각(본점)측량에 관한 설명으로 옳지 않은 것은?

① 전국에 13개소의 기선을 설치하였다.
② 기선망의 수평각은 12대회 각관측법으로 실시하였다.
③ 르장드르(Legendre)정리에 의하여 구과량을 계산하였다.
④ 대삼각점을 평균점간거리 20km의 20개 삼각망으로 구성하였다.

해설 [대삼각본점측량]
① 우리나라의 대삼각본점측량에서 평균 점간거리 30km로 23개의 삼각망으로 구분하였다.
② 우리나라의 대삼각망 변장의 길이는 평균 약 30km이며 총 점수는 400점이다.

09. 지적기준점측량의 절차가 올바르게 나열된 것은?

① 계획의 수립 → 선점 및 조표 → 준비 및 현지답사 → 관측 및 계산과 성과표의 작성
② 계획의 수립 → 준비 및 현지답사 → 선점 및 조표 → 관측 및 계산과 성과표의 작성
③ 준비 및 현지답사 → 계획의 수립 → 선점 및 조표 → 관측 및 계산과 성과표의 작성
④ 준비 및 현지답사 → 선점 및 조표 → 계획의 수립 → 관측 및 계산과 성과표의 작성

해설 [지적측량 시행규칙에 따른 지적기준점측량의 절차]
계획의 수립 → 준비 및 현지답사 → 선점 및 조표 → 관측 및 계산과 성과표의 작성

10. 지적측량시행규칙상 평판측량방법으로 세부측량을 한 경우 측량결과도에 적어야 할 사항이 아닌 것은?

① 신규등록 또는 등록전환하려는 경계선 및 분할경계선
② 측정점의 위치, 측량기하적 및 지상에서 측정한 거리
③ 이동지의 경계선, 지번, 지목, 토지소유자의 등기의 연월일
④ 측량 및 검사의 연월일, 측량자 및 검사자의 성명과 자격 등급

해설 [평판측량으로 세부측량을 할 때 측량결과도에 기재할 사항]
1. 측정점의 위치
2. 측량기하적 및 지상에서 측정한 거리

정답 05. ② 06. ③ 07. ④ 08. ④ 09. ② 10. ③

3. 측량대상 토지의 토지이동 전의 지번과 지목(2개의 붉은 선으로 말소)
4. 측량결과도의 제명 및 번호(연도별로 붙인다)와 도면번호
5. 신규등록 또는 등록전환하려는 경계선 및 분할경계선
6. 측량대상 토지의 점유현황선
7. 측량 및 검사의 연월일
8. 측량자와 검사자의 성명·소속 및 자격등급

11. 지적삼각점측량에서 수평각의 측각공차 기준으로 옳은 것은?

① 1방향각 : 40초 이내
② 1측회의 폐색 : ±30초 이내
③ 기지각과의 차 : ±30초 이내
④ 삼각형 내각관측의 합과 180°와의 차 : ±40초

해설 [지적삼각측량 수평각의 측각공차]
① 1방향각 : 30초 이내
② 1측회의 폐색 : ±30초 이내
③ 기지각과의 차 : ±40초 이내
④ 삼각형내각관측치의 합과 180도와의 차 : ±30초 이내

12. 실선과 허선을 각각 3mm로 연결하고, 허선에 0.3mm의 점 2개로 하는 행정구역선은?

① 국계
② 시·도계
③ 시·군계
④ 동·리계

해설 [지적업무처리규정 제44조(행정구역선의 제도)]
도면에 등록할 행정구역선은 0.4밀리미터 폭으로 다음 각 호와 같이 제도한다. 다만, 동·리의 행정구역선은 0.2밀리미터 폭으로 한다.
1. 국계는 실선 4밀리미터와 허선 3밀리미터로 연결하고 실선 중앙에 실선과 직각으로 교차하는 1밀리미터의 실선을 긋고, 허선에 직경 0.3밀리미터의 점 2개를 제도한다.
2. 시·도계는 실선 4밀리미터와 허선 2밀리미터로 연결하고 실선 중앙에 실선과 직각으로 교차하는 1밀리미터의 실선을 긋고, 허선에 직경 0.3밀리미터의 점 1개를 제도한다.
3. 시·군계는 실선과 허선을 각각 3밀리미터로 연결하고, 허선에 0.3밀리미터의 점 2개를 제도한다.
4. 읍·면·구계는 실선 3밀리미터와 허선 2밀리미터로 연결하고, 허선에 0.3밀리미터의 점 1개를 제도한다.
5. 동·리계는 실선 3밀리미터와 허선 1밀리미터로 연결하여 제도한다.
6. 행정구역선이 2종 이상 겹치는 경우에는 최상급 행정구역선만 제도한다.
7. 행정구역선은 경계에서 약간 띄워서 그 외부에 제도한다.

13. 그림에서 $E_1=20m$, $\theta=150°$일 때 S_1은?

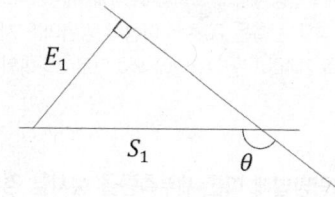

① 10.0m
② 23.1m
③ 34.6m
④ 40.0m

해설 $\sin(180°-\theta) = \dfrac{E_1}{S_1}$ 에서

$S_1 = \dfrac{20m}{\sin(180°-150°)} = 40.0m$

14. 부정오차의 특성으로 옳지 않은 것은?

① 정오차와 유사한 특성을 갖는다.
② 관측과정에서 부분적으로는 상쇄되기도 한다.
③ 최소제곱법의 원리를 사용하여 처리하기도 한다.
④ 원인이 명확하지 않으며, 오차의 크기가 불규칙적이다.

해설 [오차의 성질에 따른 분류]
① 정오차(누적오차, 계통오차) : 오차가 일어나는 원인이 명백하고, 일정한 조건 밑에서는 일정한 크기와 방향으로 발생하는 오차, 그 원인이 조사되면 오차량을 계산하여 제거할 수 있는 오차, 특성치, 온도, 처짐, 장력, 경사, 표고 등
② 부정오차(우연오차, 상차) : 일어나는 원인이 불분명 하거나 원인을 안다 하여도 직접 처리하는 방법이 불확실하고 예견할 수 없으며 관측값에 어느 정도의 영향을 주고 있는지를 알 수 없는 성질의 불규칙한 오차, 아무리 주의해도 피할 수 없고 또 계산으로 제거할 수 없으므로 통계학(최소제곱법)적으로 소거하는 방법을 사용
③ 과대오차(착오) : 관측자 기술의 미숙, 심리상태의 혼란, 부주의, 착각에 의한 눈금 오독, 기장오기 등으로 발생

15. 교회법에 의하여 지적삼각보조점측량을 실시할 경우 수평각 관측의 윤곽도는?

① 0°, 90°
② 0°, 120°
③ 0°, 45°, 90°
④ 0°, 60°, 120°

> 해설 경위의측량방법과 교회법에 의해 지적삼각보조점측량을 실시할 경우 관측은 20초독 이상의 경위의를 사용하며, 수평각관측의 2대회 방향관측법에 의하므로 2대회의 윤곽도는 0°, 90°

16. 경위의측량방법에 따른 세부측량을 실시할 경우, 축척변경 시행지역의 측량결과도는 얼마의 축척으로 작성하여야 하는가? (단, 시·도지사의 승인을 얻는 경우는 고려하지 않는다.)

① 1/500
② 1/1000
③ 1/3000
④ 1/6000

> 해설 ① 평판측량방법에 의한 세부측량에서 측량결과도는 그 토지가 등록된 도면과 동일한 축척으로 작성한다.
> ② 경위의측량방법에 따른 세부측량에서 측량결과도는 축척 500분의 1로 작성한다.

17. 경계점좌표등록부 시행지역에서 지적도근점측량의 성과와 검사성과의 연결교차는 얼마 이내이어야 하는가?

① 0.10m 이내
② 0.15m 이내
③ 0.20m 이내
④ 0.25m 이내

> 해설 [경계점좌표등록부 시행지역의 측량성과와 검사성과의 연결교차]
> ① 지적삼각점측량 : 0.20m 이내
> ② 지적삼각보조점측량 : 0.25m 이내
> ③ 지적도근점측량 : 0.15m 이내, 그밖의 지역 : 0.25m 이내
> ④ 세부측량(경계점) : 0.10m 이내, 그 밖의 지역 : $\frac{3}{10}M$ mm 이내

18. 경위의측량방법에 따른 세부측량을 할 때, 토지의 경계가 곡선인 경우 직선으로 연결하는 곡선의 중앙종거의 길이기준으로 옳은 것은?

① 5cm 이상 10cm 이하
② 10cm 이상 15cm 이하
③ 15cm 이상 20cm 이하
④ 20cm 이상 25cm 이하

> 해설 토지의 경계가 곡선인 경우에는 가급적 현재 상태와 다르게 되지 아니하도록 경계점을 측정하여 연결할 것. 이 경우 직선으로 연결하는 곡선 중앙종거의 길이는 5cm 이상 10cm 이하로 한다.

19. 5km 간격의 지적삼각점간 거리측량을 1/50000의 정밀도로 실시하고자 할 때, 각과 거리의 균형을 위한 각측량의 오차의 한계는?

① 1초
② 4초
③ 10초
④ 15초

> 해설 거리오차와 측각오차의 정밀도는 다음 식으로 정리된다.
> $\frac{\Delta h}{D} = \frac{\theta}{\rho(1라디안)}$ 에서 $\frac{1}{50,000} = \frac{\theta''}{\frac{180°}{\pi} \times 60' \times 60''}$
> $\theta'' = \frac{1}{50,000} \times \frac{180°}{\pi} \times 60' \times 60'' ≒ \pm 4''$

20. 특별소삼각원점의 좌표(종선좌표, 횡선좌표)는?

① (10000m, 30000m)
② (20000m, 30000m)
③ (200000m, 600000m)
④ (500000m, 200000m)

> 해설 특별소삼각점 원점의 종선좌표의 수치는 10,000m, 횡선좌표의 수치는 30,000m이다.

2과목 　　　　　응용측량

21. 터널내 중심선측량시 다보(도벨, dowel)를 설치하는 주된 이유는?

① 중심말뚝간 시통이 잘 되도록 하기 위하여
② 차량 등에 의한 기준점 파손을 막기 위하여
③ 후속작업을 위해 쉽게 제거할 수 있도록 하기 위하여
④ 측량시 쉽게 발견할 수 있도록 하기 위하여

해설 [다보(도벨, Dowel)]
갱내에서의 중심말뚝은 차량 등에 의하여 파괴되지 않도록 견고하게 만들어 주어야 하는데 이를 도벨이라 하며, 노반을 가로×세로 30cm 씩, 깊이 30~40cm 정도 파내어 콘크리트를 넣고 목괴를 묻어 만든다.

22. 다음 중 지질, 토양, 수자원, 삼림조사 등의 판독작업에 가장 적합한 사진은?

① 적외선사진　　② 흑백사진
③ 반사사진　　　④ 위색사진

해설 [필름에 의한 사진측량의 분류]
① 흑백사진 : 지형도 제작에 가장 일반적으로 사용되는 사진
② 적외선 사진 : 지질, 토양, 수자원, 산림조사 판독에 사용
③ 팬인플라사진 : 팬크로사진과 적외선사진의 조합
④ 천연색사진 : 판독용으로 활용
⑤ 위색사진 : 식물의 잎은 적색, 그 외는 청색으로 제작하여 생물 및 식물의 연구조사에 이용

23. 초점거리 210mm의 카메라로 비고가 50m인 구릉지에서 촬영한 사진의 축척이 1:15000이다. 이 사진의 비고에 의한 최대 기복변위량은? (단, 사진의 크기는 23cm×23cm이다.)

① ±0.15mm　　② ±0.26mm
③ ±1.5mm　　　④ ±2.6mm

해설 ① 촬영고도 $H = mf = 15000 \times 0.21 = 3150m$
② 기복변위 최대값 $\Delta r_{max} = \dfrac{h}{H} \times r_{max}$ 에서
$\Delta r_{max} = \dfrac{50m}{3150m} \times \dfrac{\sqrt{2}}{2} \times 23mm ≒ 2.6mm$

24. 그림과 같은 수평면과 45°의 경사를 가진 사면의 길이 AB가 25m이다. 이 사면의 경사를 30°로 완화한다면 사면의 길이 AC는?

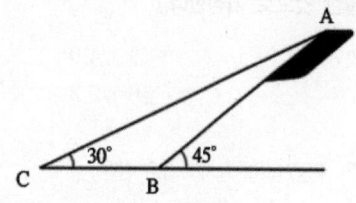

① 32.36m　　② 33.36m
③ 34.36m　　④ 35.36m

해설 두 삼각형의 공통 높이는 $\dfrac{25}{\sqrt{2}}$m(45°인 이등변 직각삼각형의 빗변이 25m이므로) 30°, 60°, 90° 직각삼각형의 길이는 1:$\sqrt{3}$:2이므로 빗변의 길이는 높이의 2배가 된다.
$AC = \dfrac{25}{\sqrt{2}} \times 2 = 35.36m$

25. 종단경사에서 상향기울기 4.5/1000, 하향기울기 35/1000인 두 노선이 반지름 2000m의 원곡선상에서 교차할 때 접선길이 (L)는?

① 49.5m　　② 44.5m
③ 39.5m　　④ 34.5m

해설 [원곡선형태의 종단곡선의 접선길이]
$L = \dfrac{R}{2} \times \left(\dfrac{n}{1,000} - \dfrac{m}{1,000} \right)$
$= \dfrac{2000}{2} \times \left(\dfrac{4.5}{1,000} - \dfrac{-35}{1,000} \right) = 39.5m$

26. 축척 1:10000의 항공사진에서 건물의 시차를 측정하니 상부가 19.33mm, 하부가 16.83mm이었다면 건물의 높이는? (단, 촬영고도=800m, 사진상의 기선길이=68mm)

① 19.4m　　② 29.4m
③ 39.4m　　④ 49.4m

해설 시차차 $\Delta p = \dfrac{h}{H} \times b_0$ 에서
$h = \dfrac{\Delta p}{b_0} \times H = \dfrac{(19.33-16.83)mm}{68mm} \times 800m ≒ 29.4m$

정답 21. ② 22. ① 23. ④ 24. ④ 25. ③ 26. ②

27. 1:25000 지형도상에서 어떤 산정상으로부터 산기슭까지의 수평거리를 측정하니 48mm이었다. 산정상의 표고는 454m, 산기슭의 표고가 12m일 때 이 사면의 경사는?(단, 사면의 경사는 동일한 것으로 가정한다.)

① 1/2.7 ② 1/4.0
③ 1/5.7 ④ 1/9.2

해설 ① 수평거리를 실제거리로 환산
$$M = \frac{1}{m} = \frac{48mm}{실거리} = \frac{1}{25,000}$$
실제거리 = $25,000 \times 48mm = 1,200,00mm = 1,200m$
② 경사의 계산
$$경사(i) = \frac{H}{D} = \frac{454 - 12m}{1,200m} = \frac{442}{1,200} ≒ \frac{1}{2.7}$$

28. 각관측장비를 이용하여 고저각을 관측하고 두 지점간의 수평거리를 알고 있을 때 적용할 수 있는 간접수준측량의 방법은?

① 삼각수준측량 ② 스타디아측량
③ 수직표척에 의한 측량 ④ 수평표척에 의한 측량

해설 [삼각수준측량]
① 각관측장비를 이용하여 고저각을 관측하고 두 지점간의 수평거리를 알고 있을 때 적용할 수 있는 간접수준측량의 방법
② 두 측점 간의 연직각과 수평 거리를 측정하여 삼각법에 의하여 표고차를 구하는 방법

29. 지성선 중에서 빗물이 이것을 따라 좌우로 흐르게 되는 선으로 지표면이 높은 곳의 꼭대기 점을 연결한 선은?

① 합수선(계곡선) ② 경사변환선
③ 분수선(능선) ④ 최대경사선

해설 [지성선(地性線 : topographical line)]
① 능선(능선, 분수선) : 정상을 향하여 가장 높은 점을 연결한 선으로 빗물이 이것을 경계로 흐르게 되므로 분수선이라고도 한다.
② 곡선(합수선, 계곡선) : 가장 낮은 점을 연결한 선으로 계곡선이라고도 한다.
③ 경사변환선 : 동일 방향의 경사면에서 경사의 크기가 다른 두면의 교선을 경사 변환선이라 한다.
④ 최대 경사선 : 지표의 임의의 한 점에 있어서 그 경사가 최대로 되는 방향을 표시한 선을 말하며 등고선에 직각으로 교차한다. 이는 물이 흐르는 방향으로 유하선이라고도 한다.

30. 중력장을 고려한 수직위치에 대한 설명으로 틀린 것은?

① 기하학적 수직위치인 정표고는 직접고저측량에 의하여 두 점간의 비고를 구하려 할 때 중력등포텐셜면의 비평행성을 고려하여야 한다.
② 어느 지점의 수직위치는 일반적으로 지오이드로부터 그 지점에 이르는 연직선의 길이인 정표고로 표시한다.
③ 여러 구간으로 나누어 직접고저측량을 실시할 경우, 고저측량의 비고요소의 합은 정표고의 차와 정확히 일치한다.
④ 직접고저측량을 실시할 경우, 고저측량만으로만 물리적인 의미를 가질 수 없고 중력측량과 결합해야 한다.

해설 여러 구간으로 나누어 직접고저측량을 실시할 경우, 고저측량의 비고요소의 합은 정표고의 차와 정확히 일치하지 않으며 이는 모든 측량에는 오차가 포함되어 있기 때문이다.

31. 표고를 알고 있는 기지점에서 중요한 지성선을 따라 측선을 설치하고, 측선을 따라 여러 점의 표고와 거리를 측정하여 등고선을 측량하는 방법은?

① 방안법 ② 횡단점법
③ 영선법 ④ 종단점법

해설 [등고선의 삽입법]
① 방안법(좌표점법) : 방안의 각 교점의 표고를 측정하고 그 결과로 등고선을 삽입하는 방법으로 지형이 복잡한 경우에 적합
② 종단점법 : 지성선 위에 여러 측선에 대하여 거리와 표고를 측정하여 등고선을 삽입하는 방법으로 소축척의 산지 등에 적합
③ 횡단점법 : 노선측량에서 횡단측량의 결과를 이용하여 각 단면에 등고선을 삽입할 경우에 사용되는 방법

27. ① 28. ① 29. ③ 30. ③ 31. ④

32. 레벨의 중심에서 100m 떨어진 곳에 표척을 세워 1.921m를 관측하고 기포가 5눈금 이동 후에 1.994m를 관측하였다면 이 기포관의 1눈금 이동에 대한 경사각(감도)은?

① 약 40″ ② 약 30″
③ 약 20″ ④ 약 10″

해설 기포관의 감도는 기포가 1눈금 움직일 때 수준기축이 경사되는 각도이다. 즉, 기포관의 1눈금이 곡률중심에 끼는 각도를 말하며 곡률반경으로 표시하기도 한다.

$$L = Dn\theta'',\ 180° = \pi\, Rad,\ \theta'' = \frac{L}{nD} \times \rho''$$

$$\theta'' = \frac{1.994m - 1.921m}{5 \times 100m} \times \frac{180°}{\pi} \times \frac{3,600''}{1°} ≒ 30''$$

33. GPS측량에서 나타나는 오차의 종류 중 현재 영향을 받지 않는 오차는?

① 위성시계오차 ② 위성궤도오차
③ 대기권오차 ④ 선택적가용성(SA)오차

해설 [선택적가용성(SA : Selective Availability) 오차]
① 대부분의 비 군용 GPS 사용자들에게 정밀도를 의도적으로 저하시키는 SA(Selective Availability)를 사용
② 위성의 시계를 떨리게 하여 거리 정밀도를 저하시키는 delta 과정과 항법 메세지의 ephemeris의 정밀도를 떨어뜨리는 epsilon 과정
③ 2000년 5월 1일부로 SA 해제

34. GNSS측량에서 의사거리(pseudo-range)에 대한 설명으로 옳지 않은 것은?

① 인공위성과 지상수신기 사이의 거리측정값이다.
② 대류권과 이온층의 신호지연으로 인한 오차의 영향력이 제거된 관측값이다.
③ 기하학적인 실제거리와 달라 의사거리라 부른다.
④ 인공위성에서 송신되어 수신기로 도착된 신호의 송신시간을 PRN 인식코드로 비교하여 측정한다.

해설 [의사거리(Pseudo Range)]
① 인공위성과 지상수신기 사이의 거리측정값이다.
② 대류권과 이온층의 신호지연으로 인한 오차의 영향력이 포함된 관측값이다.
③ 기하학적인 실제거리와 달라 의사거리라 부른다.
④ 인공위성에서 송신되어 수신기로 도착된 신호의 송신시간을 PRN 인식코드로 비교하여 측정한다.

35. 노선측량에서 노선선정을 할 때 고려사항으로 가장 우선시 되는 것은?

① 교통량 및 경제성 ② 건설비와 측량비
③ 곡선설치의 난이도 ④ 공사시간

해설 노선측량에서 노선선정을 할 때 노선의 목적, 경제성 및 시공기술 등을 고려하여야 하며 특히 교통량 및 경제성을 우선 고려해야 한다.

36. 터널측량의 작업단계 중 지표에 설치된 중심선을 기준으로 하여 터널의 입구에서 굴착을 시작하여 굴착이 진행됨에 따라 터널내의 중심선을 설정하는 작업은?

① 지표설치 ② 지하설치
③ 조사 ④ 예측

해설 [터널측량의 작업순서]
① 계획 및 답사 : 개략적인 계획수립, 현장조사를 통한 터널의 위치 예정
② 예측 : 지표의 중심선을 미리 표시하고 도면상 터널위치 검토
③ 지표설치 : 터널 중심선의 지표에 설치, 갱문의 위치 결정
④ 지하설치 : 갱문에서 굴착진행함에 따라 갱내 중심선을 설정하는 작업

37. 노선측량에서 시공이 완료될 때까지 반드시 보존되어야 할 측점은?

① 교점(I.P) ② 곡선중점(S.P)
③ 곡선시점(B.C) ④ 곡선종점(E.C)

해설 노선측량에서 가장 중요한 요소는 경로가 변경될 때 발생하는 교점을 중심으로 교각과 곡선반지름이며, 교각과 교점의 위치는 시공이 완료될 때까지 반드시 보존되어야 한다.

정답 32. ② 33. ④ 34. ② 35. ① 36. ② 37. ①

38. 삼각형의 세 꼭지점의 좌표가 A(3, 4), B(6, 7), C(7, 1)일 때에 삼각형의 면적은? (단, 좌표의 단위는 m이다.)

① 12.5m² ② 11.5m²
③ 10.5m² ④ 9.5m²

해설 좌표법에 의하여 계산하면 A(3, 4)에서 시작하여 시계방향으로 다시 A로 폐합)

$$\frac{3}{4} \times \frac{6}{7} \times \frac{7}{1} \times \frac{3}{4}$$

$$\sum \searrow = (3\times7)+(6\times1)+(7\times4)=55$$
$$\sum \nearrow = (6\times4)+(7\times7)+(3\times1)=76$$
$$2 \cdot A = \sum \searrow - \sum \nearrow = 55 - 76 = -21$$
$$A = \frac{2 \cdot A}{2} = 10.5 m^2$$

39. 사진의 특수3점은 주점, 등각점, 연직점을 말하는데, 이 특수3점이 일치하는 사진은?

① 수평사진 ② 저각도경사사진
③ 고각도경사사진 ④ 엄밀수직사진

해설 사진의 특수3점이 일치하는 사진은 엄밀수직사진이다.
[사진의 특수3점]
① 주점(principal point) : 렌즈의 중심으로부터 화면에 내린 수선의 자리로 렌즈의 광축과 화면이 교차하는 점
② 연직점(nadir point) : 중심 투영점 0을 지나는 중력선이 사진면과 마주치는 점
③ 등각점(isocenter) : 사진면에 직교되는 광선과 중력선이 이루는 각을 2등분 하는 광선이 사진면에 마주치는 점

40. GNSS 위치결정에서 정확도와 관련된 위성의 상태에 관한 내용으로 옳지 않은 것은?

① 결정좌표의 정확도는 정밀도저하율(DOP)과 단위관측정확도의 곱에 의해 결정된다.
② 3차원 위치는 TDOP(Time DOP)에 의해 정확도가 달라진다.
③ 최적의 위성배치는 한 위성은 관측자의 머리 위에 있고 다른 위성의 배치가 각각 120°를 이룰 때이다.
④ 높은 DOP는 위성의 배치상태가 나쁘다는 것을 의미한다.

해설 TDOP는 시간의 정밀도를 의미하며 3차원 위치에 관한 정확도는 PDOP에 의해 달라진다.

3과목 토지정보체계론

41. 벡터자료구조에 비하여 래스터자료구조가 갖는 장·단점으로 옳지 않은 것은?

① 자료의 구조가 단순하다.
② 그래픽 자료의 양이 방대하다.
③ 여러 레이어의 중첩이 용이하다.
④ 복잡한 자료를 최소한의 공간에 저장시킬 수 있다.

해설 복잡한 자료를 최소한의 공간에 저장시킬 수 있는 것은 벡터자료구조의 장점이다.
[래스터 자료의 구조]
① 격자의 크기보다 작은 객체는 표현할 수 없다.
② 격자의 크기가 작을수록 객체의 형태를 자세히 나타낼 수 있다.
③ 격자의 크기가 작을수록 표현되는 자료는 보다 상세한 반면, 저장용량은 증가한다.
④ 격자의 크기가 커지면 이에 비례하여 자료의 양이 감소한다.

42. 도로, 상하수도, 전기시설 등의 자료를 수치지도화하고 시설물의 속성을 입력하여 데이터베이스를 구축함으로써 시설물 관리활동을 효율적으로 지원하는 시스템은?

① FM(Facility Management)
② LIS(Land Information System)
③ UIS(Urban Information System)
④ CAD(Computer-Aided Drafting)

해설 [시설물정보체계(FM)]
건축, 전기, 설비, 통신 등 도면 자동화를 통해 구축된 수치지도를 바탕으로 지상 및 지하의 각종 시설물을 시스템 상에 구축하여 시설물에 대한 유지보수 활동을 효과적으로 지원하는 시스템

정답 38. ③ 39. ④ 40. ② 41. ④ 42. ①

43. 지방자치단체가 지적공부 및 부동산종합공부정보를 전자적으로 관리·운영하는 시스템은?

① 한국토지정보시스템
② 부동산종합공부시스템
③ 지적행정시스템
④ 국가공간정보시스템

해설 [부동산종합정보시스템]
① 지적, 건축물, 토지이용 등 18종의 부동산 공부를 1종으로 일원화하여 행정혁신과 국민편의 도모
② 부동산 공부(지적, 건축, 가격, 토지, 소유)를 개별적으로 활용하던 수요기관에서 통합된 정보를 단일화 된 전산기반에서 활용할 수 있도록 구축

44. 필지식별번호에 관한 설명으로 틀린 것은?

① 필지에 관련된 모든 자료의 공통적 색인번호의 역할을 한다.
② 필지의 등록사항 변경 및 수정에 따라 변화할 수 있도록 가변성이 있어야 한다.
③ 각 필지의 등록사항의 저장과 수정 등을 용이하게 처리할 수 있는 고유번호를 말한다.
④ 토지관련 정보를 등록하고 있는 각종 대장과 파일간의 정보를 연결하거나 검색하는 기능을 향상시킨다.

해설 [필지식별자(필지식별번호)]
① 각 필지별 등록사항의 조직적인 저장과 수정을 용이하게 각 정보를 인식, 선정, 식별, 조정하는 가변성이 없는 토지의 고유번호
② 지적도의 등록사항과 도면의 등록사항을 연결시켜 자료파일의 검색 등 색인번호의 역할
③ 토지평가, 토지의 과세, 토지의 거래, 토지이용계획 등에서 활용

45. 토지정보체계의 특징에 해당되지 않는 것은?

① 지형도 기반의 지적정보를 대상으로 하는 위치참조체계이다.
② 토지이용계획 및 토지관련 정책자료 등 다목적으로 활용이 가능하다.
③ 토지 1필지의 이동정리에 따른 정확한 자료가 저장되고 검색이 편리하다.
④ 지적도의 경계점 좌표를 수치로 등록함으로써 각종 계획업무에 활용할 수 있다.

해설 토지정보체계는 지적도 기반의 지적정보를 대상으로 하는 위치참조체계이다.

46. 지적도 전산화 작업으로 구축된 도면의 데이터별 레이어 번호로 옳지 않은 것은?

① 지번 : 10
② 지목 : 11
③ 문자정보 : 12
④ 필지경계선 : 1

해설 [데이터별 레이어번호]
필지경계선 : 1, 지번 : 10, 지목 : 11, 문자정보 : 30, 도곽선 : 60

47. 다음 중 평면직각좌표계의 이점이 아닌 것은?

① 지도 구면상에 표시하기가 쉽다.
② 관측값으로부터 평면직각좌표를 계산하기 편리하다.
③ 평판측량, 항공사진측량 등 많은 측량작업과 호환성이 좋다.
④ 평면직각좌표로부터 거리, 수평각, 면적을 계산하기 편리하다.

해설 [평면직각좌표계의 특징]
① 지도 구면상에 표시하기가 어렵다.
② 관측값으로부터 평면직각좌표를 계산하기 편리하다.
③ 평판측량, 항공사진측량 등 많은 측량작업과 호환성이 좋다.
④ 평면직각좌표로부터 거리, 수평각, 면적을 계산하기 편리하다.

48. 토털스테이션과 지적측량 운영프로그램 등이 설치된 컴퓨터를 연결하여 세부측량을 수행함으로써 필지경계 정보를 취득하는 측량방법은?

① GNSS
② 경위의측량
③ 전자평판측량
④ 네트워크 RTK측량

해설 [전자평판측량]
토탈스테이션과 지적측량 운영프로그램 등이 설치된 컴퓨터를 연결하여 세부측량을 수행함으로써 필지 경계 정보를 취득하는 측량 방법

정답 43. ② 44. ② 45. ① 46. ③ 47. ① 48. ③

49. 부동산종합공부시스템이 하부 시스템 중 토지민원발급 시스템에 대한 설명으로 옳지 않은 것은?

① 토지민원발급 시스템은 시·군·구 까지만 민원열람 및 발급이 가능한 상황이다.
② 개별공시지가 확인서의 발급수수료를 관리하고 발급지역 및 발급지역별 사용자를 등록하여 관리할 수 있다.
③ 지적 및 토지관리업무를 통하여 등록 및 민원인에게 실시간으로 제공하는 시스템이다.
④ 시·군·구 토지민원발급 담당자가 수행하는 업무를 토지민원발급 시스템을 이용하여 효율적이고 체계적인 방식으로 처리할 수 있도록 지원하는 시스템이다.

해설 ◁ 토지민원발급시스템은 기존에 소관청에서만 처리하던 업무를 네트워크로 연결하여 KLIS가 설치된 지역이면 전국 어디에서나 가까운 정부기관, 시·군·구 또는 읍·면·동 사무소에서 즉시 민원열람 및 발급이 가능하도록 구성되었다.

50. 지리정보의 특성인 공간적 위상관계에 대한 설명으로 옳지 않은 것은?

① 근접성은 대상물의 주변에 존재하는 대상물과의 관계를 의미한다.
② 연결성은 실제로 연결된 대상물들 사이의 관계를 의미한다.
③ 근접성은 서로 다른 계층에서 서로 다르게 인식될 수 있는 대상물의 관계를 의미한다.
④ 공간적 위상관계의 특성을 바탕으로 조건에 만족하는 지역이나 조건을 검색 및 분석할 수 있다.

해설 ◁ 근접성은 대상물의 가까운 곳에 존재하는 대상물과의 관계를 의미한다.

51. 관계형 데이터베이스관리시스템에서 자료를 만들고 조회할 수 있는 것은?

① ASP
② JAVA
③ Perl
④ SQL

해설 ◁ SQL은 관계형 데이터 베이스를 조작하는 범용 언어로 비과정 질의어의 대표적인 예이다.

52. 벡터지도의 오류 유형 및 이에 대한 설명으로 틀린 것은?

① Overshoot : 어떤 선분까지 그려야 하는데 그 선분을 지나쳐 그려진 경우
② Undershoot : 어떤 선분이 아래에서 위로 그려져야 하는데 수평으로 그려진 경우
③ 레이블입력오류 : 지번 등이 다르게 기입되는 경우 또는 없거나 2개가 존재하는 경우
④ Sliver polygon : 지적필지를 표현할 때 필지가 아닌데도 경계불일치로 조그만 폴리곤이 생겨 필지로 인식되는 오류

해설 ◁ [디지타이징에 의한 오차유형]
① Sliver polygon : 필지를 표현할 때 필지가 아닌데도 조그만 조각이 생겨 필지로 인식하게 되는 경우
② Overshoot : 어느 선분까지 그려야하는데 그 선분을 지나치는 경우
③ Undershoot : 어느 선분까지 그려야하는데 그 선분에 미치지 못한 경우
④ Spike : 교차점에서 두 개의 선분이 만나는 과정에서 엉뚱한 좌표가 입력되어 발생하는 오차

53. 벡터데이터의 특징이 아닌 것은?

① 자료의 갱신과 유지관리가 편리하다.
② 격자간격에 의존하여 면으로 표현된다.
③ 각기 다른 위상구조로 중첩기능을 수행하기 어렵다.
④ 좌표를 이용하여 복잡한 자료를 최소의 공간에 저장할 수 있다.

해설 ◁ 래스터 자료구조는 동일한 크기의 셀의 격자에 의하여 공간형상을 표현하며 벡터자료구조에 비해 자료구조가 단순하고, 중첩에 대한 조작 및 분석의 수행이 용이하다.

정답 49. ① 50. ③ 51. ④ 52. ② 53. ②

54. 다음 GIS작업 흐름도에서 A, B, C 부분에 들어가야 할 내용과 분석방법으로 옳은 것은?

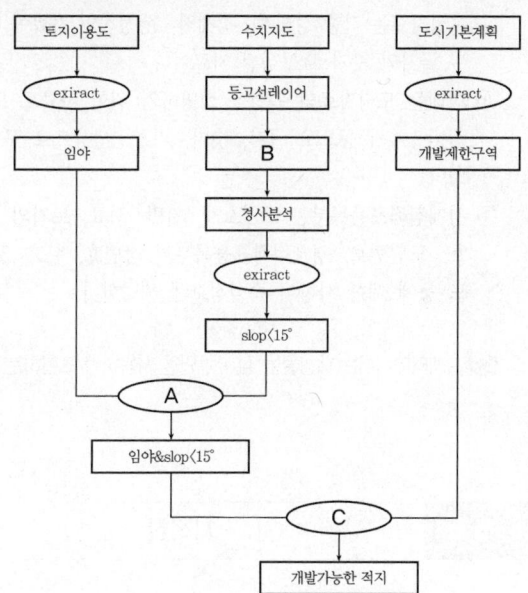

① A : Extract, B : DEM, C : Erase
② A : Extract, B : Buffer polygon, C : Intersect
③ A : Intersect, B : DEM, C : Erase
④ A : Intersect, B : Buffer polygon, C : Extract

해설 ① A : 토지이용도의 임야와 수치지도의 slope〈15°의 교집합에 해당하므로 Intersect로 표시한다.
② B : 수치지도의 등고선레이어에서 경사분석의 수행을 위한 작업이므로 DEM 추출한다.
③ C : 토지이용도의 임야와 수치지도의 slope〈15°의 교집합과 도시기본계획의 개발제한구역 이외의 부분이 개발가능한 부분이므로 개발제한구역을 Erase한다.

55. 다음은 DEM데이터의 DN값이다. A → B방향의 경사도로 옳은 것은? (단, 셀의 크기는 100m×100m이다.)

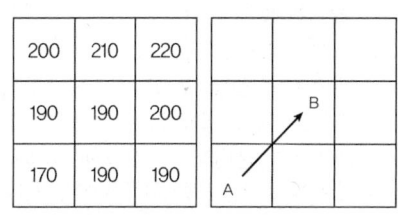

① -14.2%
② -20.0%
③ +14.2%
④ +20.0%

해설 경사 = $\dfrac{H}{D} \times 100$ 에서 H는 A, B높이차이고, D는 수평거리이므로

경사 = $\dfrac{190-170}{\sqrt{100^2+100^2}} \times 100 ≒ 14.2\%$

56. 공간데이터분석에 대한 설명으로 옳지 않은 것은?

① 질의검색이란 사용자가 특정조건을 제시하면 데이터베이스 내에서 주어진 조건을 만족하는 레코드를 찾아내는 기법이다.
② 중첩분석은 도형자료에 적용되는 것으로 하나의 레이어 또는 커버리지 위에 다른 레이어를 올려놓고 비교하고 분석하는 기법이다.
③ 버퍼는 점(Point), 선(Line), 면(Polygon)의 공간객체 중 면(Polygon)에 해당하는 객체에서만 일정한 폭을 가진 구역을 정하는 기법이다.
④ 네트워크 분석은 서로 연관된 일련의 선형형상물로 도로같은 교통망이나 전기, 전화, 하천과 같은 연결성과 경로를 분석하는 기법이다.

해설 버퍼를 생성하는 과정을 버퍼링이라 하며, 버퍼링은 점, 선, 폴리곤 형상 주변에 생성되며 버퍼링한 결과는 모두 폴리곤으로 표현된다.

57. 행정구역의 명칭이 변경된 때에 지적소관청은 시·도지사를 경유하여 국토교통부장관에게 행정구역변경일 며칠 전까지 행정구역의 코드변경을 요청하여야 하는가?

① 5일   ② 10일
③ 20일   ④ 30일

해설 [지적사무전산처리규정 제26조(행정구역코드의 변경)]
① 행정구역의 명칭이 변경된 때에는 소관청은 시·도지사를 경유하여 국토해양부장관에게 행정구역변경일 10일전까지 행정구역의 코드변경을 요청하여야 한다.
② 제1항의 규정에 의한 행정구역의 코드변경 요청을 받은 국토해양부장관은 지체없이 행정구역코드를 변경하고, 그 변경 내용을 관련기관에 통지하여야 한다.

58. 관계형 데이터베이스모델(Relational Database Model)의 기본구조요소 중 옳지 않은 것은?

① 소트(sort)
② 행(record)
③ 테이블(table)
④ 속성(attribute)

해설 [관계형 데이터베이스모델]
① 2개 이상의 데이터베이스 또는 테이블을 연결하기 위해 고유한 식별자를 사용하는 데이터베이스
② 각각의 항목과 그 속성이 다른 모든 항목 및 그의 속성과 연결될 수 있도록 구성된 자료 구조
③ 자료가 다중 연결되어 있어 각각의 다른 필드들과 연결되도록 하는 강력하고 유연성 있는 데이터베이스의 종류
④ 관계형 데이터베이스 모델(Relational Database Model)의 기본 구조요소는 속성(Attribute), 행(Record), 테이블(Table)이다.

59. 파일처리시스템에 비하여 데이터베이스관리시스템(DBMS)이 갖는 특징으로 옳지 않은 것은?

① 시스템의 구성이 단순하여 자료의 손실가능성이 낮다.
② 다른 사용자와 함께 자료호환을 자유롭게 할 수 있어 효율적이다.
③ DBMS에서 제공되는 서비스 기능을 이용하여 새로운 응용프로그램의 개발이 용이하다.
④ 직접적으로 사용자와의 연계를 위한 기능을 제공하여 복잡하고 높은 수준의 분석이 가능하다.

해설 데이터베이스관리시스템은 시스템의 구성이 복잡한 단점이 있다.
[DBMS의 장점]
① 중앙제어기능
② 효율적인 자료 호환
③ 데이터의 독립성
④ 새로운 응용프로그램 개발의 용이성
⑤ 직접적인 사용자 연계
⑥ 다양한 양식의 자료제공

60. 속성자료를 설명한 내용으로 옳지 않은 것은?

① 속성자료는 점, 선, 면적의 형태로 구성되어 있다.
② 속성자료는 각종 정책적·경제적·행정적인 자료에 해당하는 글자와 숫자로 구성된 자료이다.
③ 범례는 도형자료의 속성을 성명하기 위한 자료로 도로명, 심벌, 주기 등으로 글자, 숫자, 기호, 색상으로 구성되어 있다.
④ 경계점좌표등록부는 토지소재, 지번, 좌표, 토지의 고유번호, 도면번호, 경계점좌표등록부의 장번호, 부호 및 부호도 등에 대한 사항이 속성정보에 해당한다.

해설 벡터데이터는 대상물을 점, 선, 면을 사용하여 표현하는 것이다.

4과목　지적학

61. 아래의 설명에 해당하는 토지제도는?

- 신라 말기에 극도로 문란해졌던 토지제도를 바로잡아 국가재정을 확립하고, 민생을 안정시키기 위하여 관리들의 경제적 기반을 마련하도록 고려시대에 창안된 것이다.
- 문무 신하에게 지급된 전토(田土)인데 이는 공훈전적인 성격이 강했다.

① 경무전
② 반전제
③ 역분전
④ 전부전

해설
① 경무전 : 고구려에서 길이는 척 단위를 사용했고 면적 단위는 경무법을 사용하였고 '주부'라는 직책을 두어 전부(田簿)에 관한 사항을 담당하도록 하였다.
② 반전제 : 반전(反田)은 답이 전으로 변경된 것을 말하고, 화전은 산의 진무(榛蕪; 무성한 초목)를 태워 기장, 조 등을 파종한 것이다.
③ 역분전 : 고려 초기 공전제를 지향하는 전제개혁에 착수하여 역분전을 설정하고 고려 창건 당시에 공이 있는 군사들에게 공로를 기준으로 공훈의 차등에 따라 토지를 나누어 준 것으로 토지제도 정비의 효시가 되었다
④ 전부전 : 고구려는 토지의 국유원칙을 전제로 하고 왕명에 의하여 출납을 담당하는 주부(主簿)라는 직책을 두어 전부(田簿)에 관한 사항을 관장하였다.

정답 58. ① 59. ① 60. ① 61. ③

62. 토지조사사업 당시 토지소유자와 강계를 사정하기에 앞서 진행한 절차는?

① 조선총독부의 심의 ② 토지조사부의 심의
③ 중앙토지위원회의 자문 ④ 지방토지위원회의 자문

해설 [토지조사사업의 사정(査定)]
① 임시토지조사국은 토지조사법, 토지조사령 등에 의해 토지조사사업을 시행하고 토지소유자와 경계를 확정하였는데 이를 사정(査定)이라 함
② 임시토지조사국장의 사정은 이전의 권리와 무관한 확정적 효력을 갖는 가장 중요한 업무
③ 사정권자는 임시토지조사국장으로 지방토지조사위원회에 자문하여 토지소유자 및 그 강계를 사정하였다.

63. 다음 중 입안제도(立案制度)에 대한 설명으로 옳지 않은 것은?

① 토지매매계약서이다.
② 관에서 교부하는 형식이었다.
③ 조선 후기에는 백문매매가 성행하였다.
④ 소유권 이전 후 100일 이내에 신청하였다.

해설 문기(文記) : 조선시대에 토지 및 가옥을 매수 또는 매도할 때 작성한 매매계약서
[입안(立案)]
① 경국대전에 매매기한은 토지와 가옥의 매매는 15일 기한으로 하되, 100일 이내에 관청에 보고하고 입안을 받도록 의무사항으로 규정
② 오늘날의 부동산등기 권리증과 같은 것으로 지적에서 소유자를 확인할 수 있는 명의변경절차라 할 수 있으나 소유자의 변동사항을 정리하지 않아 양안으로 확인하는 경향 있음
③ 입안은 전지가사(田地家舍)의 매매에 관한 증명, 한광지의 개간에 관한 인허로 권리의 옹호에 대해 특별히 주의하는 자 또는 종전에 분쟁이 있었던 토지를 사거나 개간하는 자는 입안을 받도록 하였음

64. 지상경계를 결정하기 곤란한 경우에 경계결정의 방법에 대한 일반적인 원칙이 아닌 것은?

① 보완설 ② 점유설
③ 지배설 ④ 평분설

해설 [경계설정설의 종류]
① 점유설 : 토지소유권의 경계는 불명확하지만 양지의 소유자가 점유하는 지역의 명확한 선으로 구분되어 있을 때에는 이 1개의 선을 소유자의 경계로 하여야 한다.
② 평분설 : 경계가 불명확하고 점유상태까지 확정할 수 없는 경우 분쟁지를 물리적으로 평분하여 쌍방토지에 소속시켜야 한다.
③ 보완설 : 현 점유선에 의하거나 또는 평분하여 경계를 결정하고자 할 경우 그 새로 결정되는 경계가 이미 조사된 신빙할 만한 다른 자료와 일치하지 않을 경우 이 자료를 감안하여 공평하고도 그 적당한 방법에 따라 그 경계를 보완하여야 할 것이다.

65. 지적재조사의 목적과 가장 거리가 먼 것은?

① 지적공부의 질적 향상 ② 합리적인 국가경계 향상
③ 토지의 경계복원력 향상 ④ 지적불부합지 문제의 해소

해설 지적재조사사업과 국가경계(국가간의 경계선) 향상과는 무관하다.

66. 토지소유권 권리의 특성이 아닌 것은?

① 탄력성 ② 혼일성
③ 항구성 ④ 불완전성

해설 지적제도 중 토지소유권의 권리의 특성으로 탄력성, 혼일성, 항구성, 완전성 등이 있다.
혼일성이란 여러 권능이 단순히 결합되어 있는 것이 아니고 모든 권능의 원천이 되는 포괄적인 권리를 의미한다.

67. 간주지적도에 등록된 토지는 토지대장과는 별도로 대장을 작성하였다. 다음 중 그 명칭에 해당하지 않는 것은?

① 산토지대장 ② 별책토지대장
③ 임야토지대장 ④ 을호토지대장

해설 [간주지적도]
① 지적도로 간주하는 임야도를 간주지적도라 함
② 별책토지대장, 산토지대장, 을호토지대장이라 하며 간주지적도에 대한 대장은 일반토지대장과 달리 별도의 대장으로 작성

68. 지번설정에서 사행식 방법이 가장 적합한 지역은?

① 경지정리지역
② 택지조성지역
③ 도로변의 주택구획지역
④ 지형이 불규칙한 농경지

해설 [사행식에 의한 지번부여방법의 특징]
① 필지의 배열이 불규칙한 지역에서 진행순서에 따라 지번부여(농촌지역에 적합)
② 진행방향에 따라 지번을 순차적으로 연속 부여
③ 상하좌우로 볼 때 어느 방향에서는 지번이 뛰어넘는 단점이 있음

69. 토렌스 시스템의 기본 이론이 아닌 것은?

① 거울이론
② 보험이론
③ 지가이론
④ 커튼이론

해설 [토렌스 시스템의 기본이론]
① 거울이론 : 토지권리증서의 등록은 토지의 거래사실을 완벽하게 반영하는 거울과 같다는 입장의 이론
② 커튼이론 : 토지등록업무가 커튼 뒤에 놓인 공정성과 신빙성에 대하여 관여할 필요도 없고 관여해서도 안되는 매입 신청자를 위한 유일한 정보의 이론
③ 보험이론 : 인위적 과실로 인해 토지등록에 착오가 발생한 경우 피해를 본 사람은 피해보상에 대해 법률적으로 선의의 제3자와 동일한 동등한 입장이 되어야 한다는 이론

70. 토지조사사업에 따른 지적제도의 확립에 대한 설명으로 틀린 것은?

① 토지의 경계와 소유권은 고등토지조사위원회에서 사정하였다.
② 사정은 강력한 행정처분을 확정하는 원시취득의 효력이 있었다.
③ 토지의 일필지에 대한 위치 및 형상과 경계를 측정하여 지적도에 등록하였다.
④ 측량성과에 의거 토지의 소재, 지번, 지목, 소유권 등을 조사하여 토지대장에 등록하였다.

해설 사정에 대하여 불복이 있는 자는 그 공시일로부터 90일 이내에 고등토지조사위원회에 신립(申立)하여 그 재결(裁決)을 얻었으며 토지의 경계와 소유권은 임시토지조사국장이 사정하였다.

구분	토지조사사업	임야조사사업
측량기관	임시토지조사국	부(府), 면(面)
사정기관	임시토지조사국장	도지사
재결기관	고등토지조사위원회	임야심사위원회

71. 지번에 결번이 생겼을 경우 처리하는 방법은?

① 결번된 토지대장 카드를 삭제한다.
② 결번대장을 비치하여 영구히 보존한다.
③ 결번된 지번을 삭제하고 다른 지번을 설정한다.
④ 신규등록시 결번을 사용하여 결번이 없도록 한다.

해설 [공간정보의 구축 및 관리 등에 관한 법률 시행규칙 제63조 (결번대장의 비치)]
지적소관청은 행정구역의 변경, 도시개발사업의 시행, 지번변경, 축척변경, 지번정정 등의 사유로 지번에 결번이 생긴 때에는 지체 없이 그 사유를 결번대장에 적어 영구히 보존하여야 한다.

72. 우리나라 법정지목을 구분하는 중심적 기본은?

① 토지의 성질
② 토지의 용도
③ 토지의 위치
④ 토지의 지형

해설 [용도지목]
① 토지의 주된 사용목적(용도)에 따라 지목을 결정하는 방법
② 우리나라에서 지목을 결정할 때 사용되는 방법

73. 다음 중 우리나라 지적제도의 원리에 해당하는 것은?

① 성립 요건주의
② 직권 등록주의
③ 소극적 등록주의
④ 형식적 심사주의

해설 [우리나라 지적제도의 원리(기본이념)]
① 지적은 국가의 모든 영토에 대한 물리적 현황과 법적권리 관계 등을 등록·공시하는 제도이다.
② 5대 기본이념 : 지적국정주의, 지적형식주의, 지적공개주의, 실질적심사주의, 직권등록주의
③ 일반적으로 지적국정주의, 지적형식주의, 지적공개주의를 지적의 3대 기본이념이라 한다.

74. 특별한 기준을 두지 않고 당사자의 신청순서에 따라 토지등록부를 편성하는 방법은?
   ① 물적 편성주의   ② 인적 편성주의
   ③ 연대적 편성주의 ④ 인적·물적 편성주의

   해설 [연대적 편성주의]
   ① 특별한 기준없이 신청순서에 의해 지적공부를 편성하는 방법
   ② 공부편성방법으로 가장 유효한 권리증서의 등록제도
   ③ 단순히 토지처분에 관한 증서의 내용을 기록하며 뒷날 증거로 하는 것에 불과
   ④ 그 자체만으로는 공시기능 발휘 못함
   ⑤ 프랑스, 미국의 일부 주에서 실시하는 리코딩시스템이 이에 해당

75. 다음 중 지적공부의 성격이 다른 것은?
   ① 산토지대장   ② 토지조사부
   ③ 별책토지대장 ④ 을호토지대장

   해설 [간주지적도]
   ① 지적도로 간주하는 임야도를 간주지적도라 함
   ② 별책토지대장, 산토지대장, 을호토지대장이라 하며 간주지적도에 대한 대장은 일반토지대장과 달리 별도의 대장으로 작성

76. 1807년에 나폴레옹이 지적법을 발효시키고 대단지 내의 필지에 대한 조사를 위하여 발족된 위원회에서 프랑스 전 국토에 대하여 시행한 세부사업에 해당하지 않는 것은?
   ① 소유자 조사   ② 필지측량 실시
   ③ 필지별 생산량 조사 ④ 축척 1/5000 지형도 작성

   해설 [나폴레옹 지적]
   ① 근대적 세지적의 완성과 소유권제도의 확립을 위한 지적제도 성립의 전환점으로 평가
   ② 나폴레옹 1세가 1808~1850년까지 프랑스 전국토를 대상으로 공평한 과세와 소유권 분쟁해결위해 실시
   ③ 이탈리아 밀라노 지역의 지적도는 각 토지의 생산 능력과 수입 및 소유자와 같은 내용을 체계적으로 기록했으며 1785~1789년에 축척 1/2,000로 제작하였다.

77. 지적의 구성요소 중 외부요소에 해당되지 않는 것은?
   ① 법률적 요소   ② 사회적 요소
   ③ 지리적 요소   ④ 환경적 요소

   해설 [지적의 구성요소]
   ① 외부요소 : 지리적 요소, 법률적 요소, 사회, 정치, 경제적 요소
   ② 내부요소 : 토지, 경계설정과 측량, 등록, 지적공부

78. 다목적 지적의 구성요건에 해당하지 않는 것은?
   ① 기본도   ② 지적도
   ③ 측량계산부 ④ 측지기준망

   해설 [다목적지적의 구성요소]
   ① 3대 구성요소 : 측지기준망, 기본도, 중첩도
   ② 5대 구성요소 : 측지기준망, 기본도, 중첩도, 필지식별번호, 토지자료파일

79. 적극적 등록주의(positive system) 지적제도에 있어서 토지등록방법상 그 내용으로 하지 않는 것은?
   ① 직권주의   ② 실질적 심사
   ③ 형식적 심사 ④ 모든 토지 등록

   해설 [적극적 등록주의]
   ① 등록은 강제적이고 의무적임
   ② 공부에 등록되지 않은 토지는 어떠한 권리도 인정되지 않음
   ③ 지적측량이 실시되어야만 등기를 허락
   ④ 토지등록의 효력이 국가에 의해 보장
   ⑤ 실질적 심사주의를 채택

80. 토지조사사업 당시 일필지조사사항의 업무가 아닌 것은?
   ① 지목의 조사   ② 지번의 조사
   ③ 지주의 조사   ④ 분쟁지의 조사

   해설 [토지조사사업 당시의 일필지조사의 업무]
   토지조사사업 당시의 일필지조사는 지주, 강계, 지역, 지목, 지번, 등기, 및 등기필지 등의 조사 업무를 수행

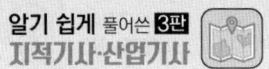

5과목　지적관계법규

81. 지적소관청이 토지의 표시 변경에 관한 등기를 할 필요가 있을 경우 관할 등기관서에 등기촉탁을 하여야 하는 사유에 해당하지 않는 것은?

① 축척변경
② 신규등록
③ 바다로 된 토지의 등록말소
④ 행정구역개편으로 인한 지번변경

해설 신규등록 당시는 등기부가 존재하지 않으므로 등기촉탁의 대상이 되지 않는다.
[공간정보의 구축 및 관리 등에 관한 법률 제89조(등기촉탁)]
① 지적소관청은 토지이동에 따른 사유로 토지의 표시 변경에 관한 등기를 할 필요가 있는 경우에는 지체 없이 관할 등기관서에 그 등기를 촉탁하여야 하며 등기촉탁은 국가가 국가를 위하여 하는 등기로 본다.
② 등기촉탁에 필요한 사항은 국토교통부령으로 정한다.
③ 지적소관청은 지적재조사로 새로이 지적공부를 작성하였을 때에는 지체 없이 관할등기소에 그 등기를 촉탁하여야 하며 그 등기촉탁은 국가가 자기를 위하여 하는 등기로 본다.
④ 토지소유자나 이해관계인은 지적소관청이 등기촉탁을 지연하고 있는 경우에는 직접 등기를 신청할 수 있다.
⑤ 등기에 관하여 필요한 사항은 대법원규칙으로 정한다.
⑥ 지적소관청은 등기관서에 토지표시의 변경에 관한 등기를 촉탁하려는 때에는 토지표시 변경등기촉탁서에 그 취지를 적어야 한다.
⑦ 토지표시의 변경에 관한 등기를 촉탁한 때에는 토지표시 변경 등기촉탁대장에 그 내용을 적어야 한다.

82. 등록전환측량에 대한 설명으로 옳지 않은 것은?

① 토지대장에 등록하는 면적은 임야대장의 면적을 그대로 따른다.
② 등록전환할 일단의 토지가 2필지 이상으로 분할될 경우 1필지로 등록전환후 지목별로 분할하여야 한다.
③ 1필지 전체를 등록전환할 경우에는 임야대장등록사항과 토지대장등록사항의 부합여부를 확인해야 한다.
④ 경계점좌표등록부를 비치하는 지역과 연접되어 있는 토지를 등록전환하려면 경계점좌표등록부에 등록하여야 한다.

해설 ① (지적확정측량)을 하는 경우 필지별 경계점은 지적기준점에 따라 측정하여야 한다.
② 도시개발사업 등으로 (지적확정측량)을 하려는 지역에 임야도를 갖추두는 지역의 토지가 있는 경우에는 등록전환을 하지 아니할 수 있다.

83. 국제기관 및 외국정부의 부동산등기용 등록번호를 지정·고시하는 자는?

① 외교부장관
② 국토교통부장관
③ 행정안전부장관
④ 출입국 외국인정책본부장

해설 [부동산등기법 제49조(등록번호의 부여절차)]
국가·지방자치단체·국제기관 및 외국정부의 등록번호는 국토교통부장관이 지정·고시한다.
[28개 지목]
전, 답, 과수원, 목장용지, 임야, 광천지, 염전, 대, 공장용지, 학교용지, 주차장, 주유소용지, 창고용지, 도로, 철도용지, 제방, 하천, 구거, 유지, 양어장, 수도용지, 공원, 체육용지, 유원지, 종교용지, 사적지, 묘지, 잡종지

84. 도로명주소법에서 사용하는 용어의 정의로 옳지 않은 것은?

① "기초번호"란 도로구간에 행정안전부령으로 정하는 간격마다 부여된 번호를 말한다.
② "상세주소"란 건물 등 내부의 독립된 거주·활동구역을 구분하기 위하여 부여된 동(棟)번호, 층수 또는 호(號)수를 말한다.
③ "도로명주소"란 도로명, 건물번호 및 상세주소(상세주소가 있는 경우만 해당한다)로 표기하는 주소를 말한다.
④ "사물주소"란 도로명과 건물번호를 활용하여 건물 등에 해당하지 아니하는 시설물의 위치를 특정하는 정보를 말한다.

해설 [도로명주소법 제2조(정의)]
① 사물주소 : 도로명과 기초번호를 활용하여 건물등에 해당하지 아니하는 시설물의 위치를 특정하는 정보를 말한다.
② 기초번호 : 도로구간에 행정안전부령으로 정하는 간격마다 부여된 번호를 말한다.

정답　81. ②　82. ①　83. ②　84. ④

85. 공간정보의 구축 및 관리 등에 관한 법령상 국토교통부장관의 권한을 국토지리정보원장에게 위임하는 사항이 아닌 것은?

① 기본측량성과의 정확도 검증 의뢰
② 측량업자의 지위승계신고의 수리
③ 측량업의 휴업·폐업 등의 신고수리
④ 지적측량업자의 등록취소에 대한 청문

> **해설** 측량업자의 등록취소에 대한 청문은 위임하나 지적측량업자의 등록취소에 대한 청문은 제외한다.
> [공간정보의 구축 및 관리 등에 관한 법률 시행령 제103조(권한의 위임)]
> 국토교통부장관은 법 제105조제1항에 따라 다음 각 호의 권한을 국토지리정보원장에게 위임한다.
> 1. 측량의 고시
> 2. 연도별 시행계획의 수립
> 3. 단서에 따른 원점의 고시
> 4. 국가기준점표지(수로기준점표지는 제외한다)의 설치·관리
> 5. 국가기준점표지의 종류와 설치 장소 통지의 접수 등 60개 조항

86. 공간정보의 구축 및 관리 등에 관한 법률에서 규정하고 있는 경계의 의미로 옳은 것은?

① 계곡·능선 등의 자연적 경계
② 토지소유자가 표시한 지상경계
③ 지적도나 임야도에 등록한 경계
④ 지상에 설치한 담장·둑의 인위적인 경계

> **해설** [공간정보의 구축 및 관리 등에 관한 법률 제25조(지적측량성과의 검사)]
> 지적공부를 정리하지 아니하는 경계복원측량, 지적현황측량은 지적소관청으로부터 측량성과에 대한 검사를 받지 않는다.

87. 경계점좌표등록부의 등록사항이 아닌 것은?

① 지목
② 지번
③ 토지의 소재
④ 토지의 고유번호

> **해설** 지목은 토지대장, 임야대장, 지적도, 임야도에 등록되나 경계점좌표등록부에는 등록되지 않는다.
> [경계점좌표등록부의 등록사항]
> 토지소재, 지번, 좌표, 고유번호, 도면번호, 필지별 장번호, 부호도, 직인, 직인날인번호

88. 경위의측량방법에 따른 세부측량에 관한 설명으로 옳은 것은?

① 거리측정단위는 1미터로 한다.
② 농지의 구획정리 시행지역의 측량결과도의 축척을 500분의 1로 한다.
③ 방향관측법인 경우에 수평각의 관측은 1측회의 폐색을 하지 아니할 수 있다.
④ 1방향각 수평각의 측각공차는 60초 이내로 하고, 1회 측정각과 2회 측정각의 평균값에 대한 교차는 30초 이내로 한다.

> **해설** [경위의측량방법에 의한 세부측량의 관측 및 계산]
> ① 거리측정단위는 1cm로 한다.
> ② 농지의 구획정리 시행지역의 측량결과도의 축척을 1000분의 1로 한다.
> ③ 방향관측법인 경우에 수평각의 관측은 1측회의 폐색을 하지 아니할 수 있다.
> ④ 1방향각 수평각의 측각공차는 60초 이내로 하고, 1회 측정각과 2회 측정각의 평균값에 대한 교차는 40초 이내로 한다.

89. 축척변경에 따른 청산금의 납부고지 등에 관한 설명으로 옳은 것은?

① 지적소관청은 청산금의 수령통지를 한날부터 9개월 이내에 청산금을 지급하여야 한다.
② 지적소관청은 청산금의 결정을 공고한 날부터 1개월 이내에 청산금의 수령통지를 하여야 한다.
③ 지적소관청은 청산금의 결정을 공고한 날부터 1개월 이내에 토지소유자에게 납부고지를 하여야 한다.
④ 청산금의 납부고지를 받은 자는 그 고지를 받은 날부터 6개월 이내에 청산금을 지적소관청에 내야 한다.

> **해설** [공간정보의 구축 및 관리 등에 관한 법률 시행령 제76조(청산금의 납부고지 등)]
> ① 지적소관청은 청산금의 결정을 공고한 날부터 20일 이내에 토지소유자에게 청산금의 납부고지 또는 수령통지를 하여야 한다.
> ② 제1항에 따른 납부고지를 받은 자는 그 고지를 받은 날부터 6개월 이내에 청산금을 지적소관청에 내야 한다.

③ 지적소관청은 수령통지를 한 날부터 6개월 이내에 청산금을 지급하여야 한다.
④ 지적소관청은 청산금을 지급받을 자가 행방불명 등으로 받을 수 없거나 받기를 거부할 때에는 그 청산금을 공탁할 수 있다.
⑤ 지적소관청은 청산금을 내야 하는 자가 기간 내에 청산금에 관한 이의신청을 하지 아니하고 기간 내에 청산금을 내지 아니하면 지방세 체납처분의 예에 따라 징수할 수 있다.

90. 지목설정에 관한 설명으로 옳지 않은 것은?

① 종합운동장 부지의 지목은 "체육용지"로 한다.
② 모래땅, 습지, 황무지의 지목은 "잡종지"로 한다.
③ 과수원 내 주거용 건축물 부지의 지목은 "대"로 한다.
④ 축산업 및 낙농업을 하기 위하여 초지를 조성한 토지의 지목은 "목장용지"로 한다.

[해설] [공간정보의 구축 및 관리 등에 관한 법률 시행령 제58조(지목의 분류)]
① 임야 : 산림 및 원야(原野)를 이루고 있는 수림지(樹林地)·죽림지·암석지·자갈땅·모래땅·습지·황무지 등의 토지
② 잡종지 : 다음 각 목의 토지. 다만, 원상회복을 조건으로 돌을 캐내는 곳 또는 흙을 파내는 곳으로 허가된 토지는 제외한다.
　가. 갈대밭, 실외에 물건을 쌓아두는 곳, 돌을 캐내는 곳, 흙을 파내는 곳, 야외시장 및 공동우물
　나. 변전소, 송신소, 수신소 및 송유시설 등의 부지
　다. 여객자동차터미널, 자동차운전학원 및 폐차장 등 자동차와 관련된 독립적인 시설물을 갖춘 부지
　라. 공항시설 및 항만시설 부지
　마. 도축장, 쓰레기처리장 및 오물처리장 등의 부지
　바. 그 밖에 다른 지목에 속하지 않는 토지

91. 밭에 있는 비닐하우스에 채소를 재배하는 토지와 같은 지목을 갖는 것은?

① 소류지
② 죽림지·간석지
③ 식용을 목적으로 죽순을 재배하는 토지
④ 물을 상시적으로 이용하여 미나리를 재배하는 토지

[해설] [공간정보의 구축 및 관리 등에 관한 법률 시행령 제58조(지목의 분류)]
① 임야 : 산림 및 원야(原野)를 이루고 있는 수림지(樹林地)·죽림지·암석지·자갈땅·모래땅·습지·황무지 등의 토지
② 유지 : 물이 고이거나 상시적으로 물을 저장하고 있는 댐·저수지·소류지(沼溜地)·호수·연못 등의 토지와 연·왕골 등이 자생하는 배수가 잘 되지 아니하는 토지
③ 전 : 물을 상시적으로 이용하지 않고 곡물·원예작물(과수류는 제외한다)·약초·뽕나무·닥나무·묘목·관상수 등의 식물을 주로 재배하는 토지와 식용(食用)으로 죽순을 재배하는 토지
④ 답 : 물을 상시적으로 직접 이용하여 벼·연(蓮)·미나리·왕골 등의 식물을 주로 재배하는 토지

92. 광파기측량방법에 따라 다각망도선법으로 지적삼각보조점측량을 할 때의 기준으로 옳은 것은?

① 결합도선에 의하고 부득이 한 때에는 왕복도선에 의할 수 있다.
② 3점 이상의 기지점을 포함한 결합다각방식에 의한다.
③ 1도선의 거리는 3킬로미터 이상 5킬로미터 이하로 한다.
④ 1도선의 점의 수는 기지점과 교점을 제외하고 5점 이하로 한다.

[해설] [다각망도선법에 의한 지적삼각측보조점측량의 기준]
① 3점 이상의 기지점으로 포함한 결합다각방식에 의한다.
③ 1도선의 거리는 4km 이하로 한다.
④ 1도선의 점의 수는 기지점과 교점 포함하여 5점 이하로 한다.

93. 다음 설명의 ( ) 안에 공통으로 들어갈 알맞은 용어는?

> 토지의 이동에 따른 면적 등의 결정방법에서 ( )에 따른 경계좌표 또는 면적은 따로 지적측량을 하지 아니하고 ( ) 후 필지의 경계 또는 좌표와 필지의 면적의 구분에 따라 결정한다.

① 등록전환
② 분할
③ 복원
④ 합병

해설 [공간정보의 구축 및 관리 등에 관한 법률 제26조(토지의 이동에 따른 면적 등의 결정방법)]
① 합병에 따른 경계·좌표 또는 면적은 따로 지적측량을 하지 아니하고 다음 각 호의 구분에 따라 결정한다.
 1. 합병 후 필지의 경계 또는 좌표: 합병 전 각 필지의 경계 또는 좌표 중 합병으로 필요 없게 된 부분을 말소하여 결정
 2. 합병 후 필지의 면적: 합병 전 각 필지의 면적을 합산하여 결정
② 등록전환이나 분할에 따른 면적을 정할 때 오차가 발생하는 경우 그 오차의 허용 범위 및 처리방법 등에 필요한 사항은 대통령령으로 정한다.

94. 공간정보의 구축 및 관리 등에 관한 법률에서 규정한 용어의 정의로 옳지 않은 것은?

① "지번"이란 필지에 부여하여 등기부등본에 등록한 번호를 말한다.
② "필지"란 대통령령으로 정하는 바에 따라 구획되는 토지의 등록단위를 말한다.
③ "지목"이란 토지의 주된 용도에 따라 토지의 종류를 구분하여 지적공부에 등록한 것을 말한다.
④ "지번부여지역"이란 지번을 부여하는 단위지역으로서 동·리 또는 이에 준하는 지역을 말한다.

해설 [공간정보의 구축 및 관리 등에 관한 법률 제2조(정의)]
지번 : 필지에 부여하여 지적공부에 등록한 번호를 말한다.

95. 토지이동을 수반하지 않고 토지대장을 정리하는 경우는?

① 등록전환정리
② 토지분할정리
③ 토지합병정리
④ 소유권변경정리

해설 [토지의 이동]
① 토지의 이동이란 토지의 표시를 새로이 정하거나 변경 또는 말소하는 것
② 토지이동의 종류 : 신규등록, 등록전환, 분할, 합병, 지목변경, 축척변경, 도시개발사업 등의 신고
③ 토지소유권자의 변경, 토지소유자의 주소변경, 토지의 등급의 변경은 토지의 이동에 해당하지 아니한다.

96. 지적측량수행자가 손해배상책임을 보장하기 위하여 보증보험에 가입하여야 하는 금액기준으로 옳은 것은?

① 지적측량업자 : 1억원 이상
② 지적측량업자 : 5천만원 이상
③ 한국국토정보공사 : 5억원 이상
④ 한국국토정보공사 : 10억원 이상

해설 [공간정보의 구축 및 관리 등에 관한 법률 시행령 제41조(손해배상책임의 보장)]
1. 지적측량업자: 보장기간 10년 이상 및 보증금액 1억원 이상
2. 「국가공간정보 기본법」 제12조에 따라 설립된 한국국토정보공사(이하 "한국국토정보공사"라 한다): 보증금액 20억원 이상

97. 공간정보의 구축 및 관리 등에 관한 법률상 축척변경위원회에 대한 설명으로 옳지 않은 것은?

① 위원장은 위원 중에서 지적소관청이 지명한다.
② 축척변경 시행지역의 토지소유자가 5명 이하일 때에는 토지소유자 전원을 위원으로 위촉하여야 한다.
③ 축척변경위원회는 10명 이상 20명 이하의 위원으로 구성하되, 위원의 3분의 1 이상을 토지소유자로 하여야 한다.
④ 위원은 해당 축척변경 시행지역의 토지소유자로서 지역사정에 정통한 사람, 지적에 관하여 전문지식을 가진 사람 중에서 지적소관청이 위촉한다.

해설 [공간정보의 구축 및 관리 등에 관한 법률 시행령 제79조(축척변경위원회의 구성 등)]
① 축척변경위원회는 5명 이상 10명 이하의 위원으로 구성하되, 위원의 2분의 1 이상을 토지소유자로 하여야 한다. 이 경우 그 축척변경 시행지역의 토지소유자가 5명 이하일 때에는 토지소유자 전원을 위원으로 위촉하여야 한다.
② 위원장은 위원 중에서 지적소관청이 지명한다.
③ 위원은 다음 각 호의 사람 중에서 지적소관청이 위촉한다.
 1. 해당 축척변경 시행지역의 토지소유자로서 지역 사정에 정통한 사람
 2. 지적에 관하여 전문지식을 가진 사람
④ 축척변경위원회의 위원에게는 예산의 범위에서 출석수당과 여비, 그 밖의 실비를 지급할 수 있다. 다만, 공무원인 위원이 그 소관 업무와 직접적으로 관련되어 출석하는 경우에는 그러하지 아니하다.

정답 94. ① 95. ④ 96. ① 97. ③

98. 국토의 계획 및 이용에 관한 법률에 따른 기반시설의 종류에 해당하지 않는 것은?

① 환경기초시설
② 보건위생시설
③ 물류·유통정비시설
④ 공공·문화체육시설

> 해설 [국토의 계획 및 이용에 관한 법률 제2조(정의)]
> "기반시설"이란 다음 각 목의 시설로서 대통령령으로 정하는 시설을 말한다.
> 가. 도로·철도·항만·공항·주차장 등 교통시설
> 나. 광장·공원·녹지 등 공간시설
> 다. 유통업무설비, 수도·전기·가스공급설비, 방송·통신시설, 공동구 등 유통·공급시설
> 라. 학교·공공청사·문화시설 및 공공필요성이 인정되는 체육시설 등 공공·문화체육시설
> 마. 하천·유수지(遊水池)·방화설비 등 방재시설
> 바. 장사시설 등 보건위생시설
> 사. 하수도, 폐기물처리 및 재활용시설, 빗물저장 및 이용시설 등 환경기초시설

99. 부동산등기법상 등기부등본의 갑구 또는 을구의 기재사항으로 옳지 않은 것은?

① 지목
② 권리자
③ 등기원인 및 그 연월일
④ 접수연월일 및 접수번호

> 해설 [부동산등기법 제48조(등기사항)]
> ① 등기관이 갑구 또는 을구에 권리에 관한 등기를 할 때에는 다음 각 호의 사항을 기록하여야 한다.
> ② 순위번호, 등기목적, 접수연월일 및 접수번호, 등기원인 및 그 연월일, 권리자

100. 국토의 계획 및 이용에 관한 법률의 목적으로 가장 옳은 것은?

① 고도의 경제성장 유지
② 국토 및 해양의 이용질서 확립
③ 환경보전 및 중앙집권체제의 강화
④ 공공복리의 증진과 국민의 삶의 질 향상

> 해설 [국토의 계획 및 이용에 관한 법률 제1조(목적)]
> 이 법은 국토의 이용·개발과 보전을 위한 계획의 수립 및 집행 등에 필요한 사항을 정하여 공공복리를 증진시키고 국민의 삶의 질을 향상시키는 것을 목적으로 한다.

CHAPTER 07 2022년도 지적기사 1회

1과목 지적측량

01. 두 점 간의 거리가 222m이고, 두 점 간의 방위각이 33° 33′ 33″일 때 횡선차는?

① 122.72m ② 145.26m
③ 185.00m ④ 201.56m

해설 종선차(ΔX) = $l \times \cos\theta$ = $222 \times \cos 33°33'33''$ = $185.00m$
횡선차(ΔY) = $l \times \sin\theta$ = $222 \times \sin 33°33'33''$ = $122.72m$

02. 교회법에 따른 지적삼각보조점의 관측 및 계산 기준으로 옳은 것은?

① 3배각법에 따른다.
② 3대회의 방향관측법에 따른다.
③ 1방향각의 측각공차는 50초 이내로 한다.
④ 관측은 20초독 이상의 경위의를 사용한다.

해설 [경위의측량방법과 교회법에 의해 지적삼각보조점측량을 실시할 경우 관측 및 계산기준]
① 점간거리의 측정은 2회 실시
② 관측은 20초독 이상의 경위의를 사용
③ 수평각관측의 2대회 방향관측법에 의하므로 2대회의 윤곽도는 0°, 90°
④ 수평의 1방향각 측각공차는 60초 이내

03. 경계점좌표등록부를 갖춰 두는 지역에 있는 각 필지의 경계점을 측정할 때에 측점번호의 부여 방법으로 옳은 것은?

① 오른쪽 위에서부터 왼쪽으로 경계를 따라 일련번호를 부여한다.
② 왼쪽 위에서부터 오른쪽으로 경계를 따라 일련번호를 부여한다.
③ 오른쪽 아래에서부터 왼쪽으로 경계를 따라 일련번호를 부여한다.
④ 왼쪽 아래에서부터 오른쪽으로 경계를 따라 일련번호를 부여한다.

해설 [지적측량 시행규칙 제23조(경계점좌표등록부를 갖춰 두는 지역의 측량)]
각 필지의 경계점 측점번호는 왼쪽 위에서부터 오른쪽 경계를 따라 일련번호를 부여한다.

04. 배각법에 의하여 지적도근점측량을 시행할 경우 측각오차 계산식으로 옳은 것은? (단, e는 각오차, T_1은 출발기지방위각, Σa는 관측각의 합, n은 폐색변을 포함한 변수, T_2는 도착기지방위각)

① e = T_1 + Σa - 180(n - 1) + T_2
② e = T_1 + Σa - 180(n - 1) - T_2
③ e = T_1 - Σa - 180(n - 1) + T_2
④ e = T_1 - Σa - 180(n - 1) - T_2

해설 배각법에 의한 지적도근점측량의 측각오차 계산식
$e = T_1 + \sum \alpha - 180(n-1) - T_2$

정답 01. ① 02. ④ 03. ② 04. ②

05. 축척이 서로 다른 도면에 동일 경계선이 등록되어 있는 경우 어느 경계선에 따라야 하는가?

① 평균하여 결정한다.
② 축척이 큰 것에 따른다.
③ 축척이 작은 것에 따른다.
④ 토지소유자 의견에 따라야 한다.

해설 [경계결정의 원칙]
① 축척종대의 원칙 : 축척이 큰 것에 등록된 경계를 따름
② 경계불가분의 원칙 : 경계는 유일무이한 것으로 이를 분리할 수 없다는 원칙
③ 등록선후의 원칙 : 등록시기가 빠른 토지의 경계를 따른다는 원칙
④ 경계국정주의 : 지적공부에 등록하는 경계는 국가가 조사·측량하여 결정한다는 원칙

06. 지적삼각보조점측량을 Y망으로 실시하여, 1도선의 거리의 합계가 1654.15m이었을 때, 연결오차는 최대 얼마 이하로 하여야 하는가?

① 0.03m 이하   ② 0.05m 이하
③ 0.07m 이하   ④ 0.08m 이하

해설 광파기측량방법, 다각망도선법의 도선별 연결오차
$(0.05 \times S)$ 미터 이하이며 S는 도선거리/1,000이므로
연결오차 $= 0.05 \times \dfrac{1,654.15}{1,000} = 0.0827075m$ 이하

07. A, B 두 점의 좌표에 의하여 산출한 AB의 역방위각으로 옳은 것은? (단, $X_A = 356.77m$, $Y_A = 965.44m$, $X_B = 251.32m$, $Y_B = 412.07m$)

① 79° 12′ 40″   ② 100° 47′ 20″
③ 169° 12′ 40″ ④ 349° 47′ 20″

해설 AB의 역방위각은 BA방위각이므로
$$\tan\theta_{BA} = \frac{\Delta Y}{\Delta X} = \frac{Y_A - Y_B}{X_A - X_B} \Rightarrow \theta = \tan^{-1}_{BA}\left(\frac{Y_A - Y_B}{X_A - X_B}\right)$$
$\overline{BA}$의 방위각 $\theta = \tan^{-1}\left(\dfrac{Y_A - Y_B}{X_A - X_B}\right)$

$= \tan^{-1}\left(\dfrac{965.44 - 412.07}{356.77 - 251.32}\right) = 79°12′40″$ (1상한선의 각이므로)

08. 배각법에 따른 지적도근점의 각도관측에서 폐색변을 포함한 변수가 9변일 때 관측방위각의 폐색오차 허용 한계는? (단, 1등도선이다.)

① ±30초 이내   ② ±45초 이내
③ ±60초 이내   ④ ±90초 이내

해설 배각법으로 변 9개로 이루어진 1등도선의 폐색오차 허용범위
$= \pm 20\sqrt{n} = \pm 20\sqrt{9} = \pm 60$초 이내
[지적도근점 측량시 도선법의 폐색오차]

구분	배각법	방위각법
1등도선	±20√n 초 이내	±√n 분 이내
2등도선	±30√n 초 이내	±1.5√n 분 이내

09. 지적삼각점성과를 관리할 때 지적삼각점성과표에 기록·관리하여야 할 사항이 아닌 것은?

① 설치기관   ② 자오선수차
③ 좌표 및 표고 ④ 지적삼각점의 명칭

해설 [지적기준점성과표의 기록 및 관리]

지적삼각점측량	지적삼각보조점측량
1. 지적삼각점의 명칭과 기준 원점명	1. 번호 및 위치의 약도
2. 좌표 및 표고	2. 좌표와 직각좌표계 원점명
3. 경도 및 위도	3. 경도와 위도(필요한 경우로 한정)
4. 자오선수차	4. 표고(필요한 경우로 한정)
5. 시준점의 명칭, 방위각 및 거리	5. 소재지와 측량연월일
6. 소재지와 측량연월일	6. 도선등급 및 도선명
7. 그 밖의 참고사항	7. 표지의 재질
	8. 도면번호
	9. 설치기관
	10. 조사연월일, 조사자 직위 성명 등

정답 05. ② 06. ④ 07. ① 08. ③ 09. ①

10. 지적도근점측량에서 연결오차의 허용범위에 대한 기준으로 틀린 것은? (단, n은 각 측선의 수평거리의 총합계를 100으로 나눈 수)

① 1등도선은 해당 지역 축척분모의 $\frac{1}{100}\sqrt{n}\ cm$ 이하로 한다.

② 2등도선은 해당 지역 축척분모의 $\frac{1.5}{100}\sqrt{n}\ cm$ 이하로 한다.

③ 경계점좌표등록부를 갖춰 두는 지역의 축척분모는 500으로 한다.

④ 하나의 도선에 속하여 있는 지역의 축척이 2 이상일 때에는 소축척의 축척분모에 따른다.

해설 [지적도근점측량에서 연결오차의 허용범위에 대한 기준]
① 1등도선은 해당 지역 축척분모의 $\frac{1}{100}\sqrt{n}\ cm$ 이하로 한다.
② 2등도선은 해당 지역 축척분모의 $\frac{1.5}{100}\sqrt{n}\ cm$ 이하로 한다.
③ 경계점좌표등록부를 비치하는 지역에서 연결오차 허용범위의 축척분모는 500으로 한다.
④ 경계점좌표등록부를 비치하는 지역에서 연결오차 허용범위의 축척 분모는 500으로 하고 축척이 6천분의 1인 지역의 축척 분모는 3천으로 한다. 즉 대축척의 축척 분모에 의한다.

11. 지적측량의 방법으로 옳지 않은 것은?

① 수준측량방법 ② 경위의측량방법
③ 사진측량방법 ④ 위성측량방법

해설 지적측량은 평면위치의 결정이 요구되므로 높이에 관한 측량인 수준측량은 요구되지 않는다.

12. 평판측량에서 "폐합오차/측선길이의 합계"가 나타내는 것은?

① 표준오차 ② RMSE
③ 잔차   ④ 폐합비

해설 폐합비$(R) = \frac{폐합오차}{측선길이의\ 합}$ 이고
폐합오차 $= \sqrt{위거오차^2 + 경거오차^2}$ 로 구한다.

13. 지적삼각점측량에서 수평각의 측각공차에 대한 기준으로 옳은 것은?

① 기지각과의 차는 ±40초 이상
② 삼각형 내각관측의 합과 180도와의 차는 ±40초 이내
③ 1측회의 폐색차는 ±30초 이상
④ 1방향각은 30초 이내

해설 [지적삼각측량 수평각의 측각공차]
① 기지각과의 차 : ±40초 이내
② 삼각형내각관측치의 합과 180도와의 차 : ±30초 이내
③ 1측회의 폐색 : ±30초 이내
④ 1방향각 : 30초 이내

14. 토지를 분할하는 경우, 분할 후 각 필지 면적의 합계와 분할 전 면적과의 오차 허용범위를 구하는 식으로 옳은 것은? (단, A : 오차허용면적, M : 축척분모, F : 원면적)

① $A = 0.023^2 \cdot M\sqrt{F}$ ② $A = 0.026^2 \cdot M\sqrt{F}$
③ $A = 0.023 \cdot M\sqrt{F}$ ④ $A = 0.026 \cdot M\sqrt{F}$

해설 토지를 분할하는 경우의 신구면적오차 $A = 0.026^2 M\sqrt{F}$
(A : 오차허용면적, M : 축척 분모, F : 원면적)

15. 평판측량방법에 따른 세부측량을 교회법으로 하는 경우의 기준으로 옳은 것은?

① 2방향의 교회에 따른다.
② 전방교회법 또는 후방교회법을 사용한다.
③ 방향각의 교각은 30도 이상 120도 이하로 한다.
④ 광파조준의를 사용하는 경우 방향선의 도상길이는 30cm 이하로 할 수 있다.

해설 [평판측량방법에 따른 세부측량을 교회법으로 하는 경우의 기준]
① 3방향의 교회에 따른다.
② 평판측량방법에 따른 세부측량은 교회법, 도선법 및 방사법(放射法)에 따른다.
③ 방향각의 교각은 30도 이상 150도 이하로 한다.
④ 광파조준의를 사용하는 경우 방향선의 도상길이는 30cm 이하로 할 수 있다.

정답 10. ④ 11. ① 12. ④ 13. ④ 14. ② 15. ④

16. 공간정보의 구축 및 관리에 관한 법령에 따른 측량기준(세계측지계)에서 회전타원체의 편평률로 옳은 것은? (단, 분모는 소수 둘째자리까지 표현한다.)

① 294.98분의 1
② 298.26분의 1
③ 299.15분의 1
④ 299.26분의 1

해설 [공간정보의 구축 및 관리 등에 관한 법률 시행령 제7조(세계측지계 등)]
1. 회전타원체의 장반경(張半徑) 및 편평률(扁平率)은 다음 항목과 같을 것
   가. 장반경: 6,378,137미터
   나. 편평률: 298.257222101분의 1
2. 회전타원체의 중심이 지구의 질량중심과 일치할 것
3. 회전타원체의 단축(短軸)이 지구의 자전축과 일치할 것

17. 면적계산에서 두 변이 각각 20m±5cm, 30m±7cm 이었다면, 사각형면적 600m²에 대한 표준편차는?

① ±0.06m²
② ±0.63m²
③ ±1.32m²
④ ±2.05m²

해설 [부정오차의 전파]
① 토지의 면적
$A = a \times b = 20 \times 30 = 600 m^2$
② 사각형 토지면적의 부정오차 전파(면적에 대한 표준편차)
$\sigma_A = \pm \sqrt{(\frac{\partial A}{\partial a})^2 \sigma_a^2 + (\frac{\partial A}{\partial b})^2 \sigma_b^2}$
$= \pm \sqrt{(b)^2 \sigma_a^2 + (a)^2 \sigma_b^2}$
$= \pm \sqrt{(20 \times 0.07)^2 + (30 \times 0.05)^2}$
$= \pm 2.05 m^2$

18. 수평각 관측 시 경위의의 기계오차 소거방법으로 틀린 것은?

① 연직축이 연직되지 않아 발생하는 오차는 망원경의 정·반 관측을 평균한다.
② 시준축과 수평축이 직교하지 않아 발생하는 오차는 망원경의 정·반 관측을 평균한다.
③ 시준선이 기계의 중심을 통과하지 않아 발생하는 오차는 망원경의 정·반 관측을 평균한다.
④ 회전축에 대하여 망원경의 위치가 편심되어 있어 발생하는 오차는 망원경의 정·반 관측을 평균한다.

해설 연직축이 정확히 연직선상에 있지 않아 발생하는 연직축 오차는 관측값을 평균하여도 소거되지 않는다. 다만 시준할 두 점의 고저차가 연직각으로 5° 이하인 경우 큰 오차가 발생하지 않으므로 무시한다.

19. 지적소관청은 지적도면의 관리가 필요한 경우에는 지번부여지역마다 일람도와 지번색인표를 작성하여 갖춰둘 수 있다. 도면이 몇 장 미만일 경우 일람도를 작성하지 아니할 수 있는가?

① 4장
② 5장
③ 6장
④ 7장

해설 [일람도의 작성 기준]
① 일람도의 축척은 그 도면축척의 1/10로 함
② 도면의 장수가 많아 1장에 작성할 수 없는 경우 축척을 줄여서 작성할 수 있음
③ 도면의 장수가 4장 미만인 경우 일람도의 작성을 하지 않을 수 있음

20. 지적삼각점 O점에 기계를 세우고 지적삼각점 A, B점을 시준하여 수평각 ∠AOB를 측정할 경우 측각의 최대오차를 30″까지 하려면 O점에서 편심거리는 최대 얼마까지 허용되는가? (단, AO = BO = 2km이다.)

① 27.1cm 정도
② 28.9cm 정도
③ 29.1cm 정도
④ 30.9cm 정도

해설 $l = r\theta$에서 $\theta = 2000m \times \frac{30″}{206265″} = 0.291m$ 이므로 29.1cm 정도의 편심거리를 허용한다.

2과목 응용측량

21. 도로의 개설을 위하여 편입되는 대상용지와 경계를 정하는 측량으로서 설계가 완료된 이후에 수행할 수 있는 노선측량 단계는?

① 용지 측량
② 다각 측량
③ 공사 측량
④ 조사 측량

해설 [용지측량]
① 용지경계와 용지면적을 산출하여 지가보상 등의 자료로 사용할 목적으로 실시하는 측량
② 횡단면도에 계획단면을 기입하여 용지폭을 정하고 1/500 또는 1/600 축척의 용지 작성

22. 정밀수준측량에서 수준망을 측량한 결과로 환폐합차가 6.0mm이었다면 편도거리는? (단, 허용 환폐합차 = 2mm $\sqrt{S}$, S : 편도관측거리(km))

① 4.0km　　② 6.0km
③ 9.0km　　④ 16.0km

해설 수준망의 환폐합차는 km당 오차이고 거리의 제곱근에 비례하므로 $\sqrt{1km} : \pm 2mm = \sqrt{Skm} : \pm 6mm$에서
$S = \left(\dfrac{6}{2}\right)^2 = 9km$

23. 그림과 같은 등고선에서 AB의 수평거리가 60m 일 때 경사도(incline)로 옳은 것은?

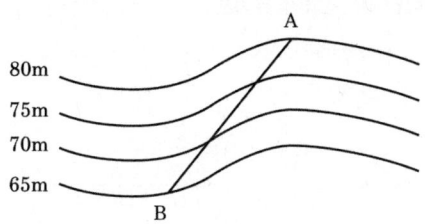

① 10%　　② 15%
③ 20%　　④ 25%

해설 경사도(%) = $\dfrac{높이차}{수평거리} \times 100(\%) = \dfrac{15}{60} \times 100 = 25\%$

24. 노선측량의 곡선 설치에 대한 설명으로 옳지 않은 것은?

① 고속도로의 완화곡선으로 주로 클로소이드 곡선을 설치한다.
② 완화곡선의 곡선 반지름은 시점에서 무한대, 종점에서 원곡선으로 된다.
③ 반향곡선은 2개의 원호가 공통절선의 양측에 있는 곡선이다.
④ 종단곡선으로는 주로 3차 포물선이 사용된다.

해설 완화곡선의 종류에는 클로소이드곡선(고속도로), 램니스케이트곡선(시가지철도), 3차포물선(일반철도), sine 체감곡선(고속철도) 등이 있으며 2차포물선은 종단곡선으로 이용된다.

25. 곡선반지름 R = 2,500m, 캔트(cant) 100mm인 철도 선로를 설계할 때, 적합한 설계속도는? (단, 레일 간격은 1m로 가정한다.)

① 50km/h　　② 60km/h
③ 150km/h　　④ 178km/h

해설 $C = \dfrac{bV^2}{gR}$ (C: 캔트, b: 궤도간격, V: 설계속도, g: 중력가속도, R: 곡선반경)
$V = \sqrt{\dfrac{0.1 \times 9.8 \times 2,500}{1}} = 49.497 m/s$
$V = 178.19 km/h (\Leftarrow 49.497 \times 3.6)$

26. 사이클슬립(cycle slip)이나 멀티패스(multipath)의 오차를 줄일 목적으로 낮은 위성의 고도각을 제한하기도 한다. 일반적으로 제한하는 위성의 고도각 범위로 옳은 것은?

① 10° 이상　　② 15° 이상
③ 30° 이상　　④ 40° 이상

해설 위성의 고도각은 낮을수록 관측이 부정확해지므로 임계고도각을 15° 이상으로 유지한다.

27. 지형도의 난외주기 사항에 「NJ 52-13-17-3 대천」과 같이 표시되어 있을 때, 표시사항 중 경도 180°선에서 동으로 6°마다 붙인 경도구역을 의미하는 숫자는?

① 52　　② 13
③ 17　　④ 3

해설
• 1:50,000 지형도의 도엽번호 : UTM 도엽번호를 기준으로 표시
• N : 북반구 지역
• J : 적도면에서 북위 4°마다 알파벳으로 붙인 위도구역
• 52 : 서경 180°선에서 동으로 6°마다 붙인 경도구역
• 17 : 1:250,000 지세도의 지도번호
• 3 : 1:250,000 지세도를 가로 7등분, 세로 4등분한 1:50,000 지형도의 지도번호

28. 지표에서 거리 1000m 떨어진 A, B지점에서 수직터널에 의하여 터널 내외의 연결측량을 하는 경우에 두 수직터널의 깊이가 지구 중심 방향으로 1500m라 할 때, 두 지점 간의 지표거리와 지하거리의 차이는? (단, 지구를 반지름 R = 6370km의 구로 가정)

① 15cm   ② 24cm
③ 48cm   ④ 52cm

해설 평균해수면 보정값을 구하는 문제는 부호에 유의하여야 하는데 표고 300m에서 관측한 값을 평균해수면상으로 보정하므로 부호는 음수이어야 한다. 지구를 구로 생각할 때 반지름이 큰 상태의 표면과 작은 상태의 표면 거리를 생각해보면 알 수 있다.
① 평균해수면 보정량
$$C_h = -\frac{H}{R}L = -\frac{1,500m}{6,400,000m} \times 1,000m = -0.24m = -24cm$$

29. 해발고도 250m의 평탄한 지역을 사진축척 1:10000으로 촬영한 연직 사진의 촬영고도는? (단, 카메라의 초점거리는 150mm이다.)

① 1500m   ② 1700m
③ 1750m   ④ 1800m

해설 [촬영고도계산]
축척 $M = \frac{1}{m} = \frac{f}{H-h}$ 에서 $H - h = mf$ 이므로
$H = mf + h = 10000 \times 0.15 + 250 = 1750m$

30. 다음 중 원곡선의 종류가 아닌 것은?

① 반향 곡선   ② 단곡선
③ 렘니스케이트 곡선   ④ 복심 곡선

해설 [곡선의 종류]
① 평면곡선(원곡선) : 단곡선, 복합곡선(복심곡선, 반향곡선, 머리핀곡선)
② 완화곡선 : 클로소이드, 렘니스케이트, 3차포물선
③ 수직곡선(종곡선) : 2차포물선, 원곡선

31. 터널이 긴 경우 굴진 공정기간의 단축을 위하여 중간에 수직터널이나 경사터널을 설치하고 본 터널과의 좌표를 일치시키기 위하여 실시하는 측량은?

① 지하수준측량   ② 터널 내 고저측량
③ 터널 내 중심선측량   ④ 터널 내의 연결측량

해설 [터널 내외의 연결측량]
① 깊은 수갱은 피아노선이 사용되며 무게는 50~60kg
② 추는 얕은 수갱일 경우 철선, 동선 등이 사용되며, 무게는 5kg 이하
③ 추가 진동하므로 직각방향으로 진동의 위치를 10회 이상 관측하여 평균값으로 정지점 정함
④ 하나의 수갱에서 두 개의 추를 달아 이것에 의하여 연직면을 결정하고 그 방위각을 지상에서 측정하여 지하의 측량에 연결
⑤ 수갱 밑바닥에는 물 또는 기름을 넣은 통을 두어 추의 진동을 감소시킴

32. 촬영고도 1500m에서 촬영된 항공사진에 나타난 굴뚝 정상의 시차가 17.32mm이고, 굴뚝 밑 부분의 시차는 15.85mm 이었다면 이 굴뚝의 높이는?

① 103.7m   ② 113.3m
③ 123.7m   ④ 127.3m

해설 $h = \frac{H}{P_r + \Delta p} \times \Delta p = \frac{H}{P_r + (P_a - P_r)} \times (P_a - P_r)$ 에서
$h = \frac{1500}{17.32} \times (17.32 - 15.85) = 127.3m$

여기서 H : 촬영고도, Δp : 시차차, P_a : 굴뚝 정상의 시차, P_r : 굴뚝 밑부분 시차

33. 초점거리 210mm, 사진크기 23cm×23cm의 카메라로 촬영한 평탄한 지역의 항공사진 주점기선장이 70mm이었다면 인접사진과의 중복도는?

① 60%   ② 65%
③ 70%   ④ 75%

정답 28. ② 29. ③ 30. ③ 31. ④ 32. ④ 33. ③

해설 주점기선장은 모델에서 처음사진과 다음사진과의 거리를 말한다. 즉 겹치지 않은 순수한 사진 한 장의 길이이므로

종중복도 $p = \dfrac{겹친 부분}{사진의 크기} = \dfrac{23-7}{23} \times 100(\%) ≒ 70\%$

34. 수준측량시 중간점이 많을 경우에 가장 편리한 야장기입법은?

① 고차식 ② 승강식
③ 기고식 ④ 교차식

해설 [수준측량 야장기입법]
① 고차식 : 중간점없이 이기점 전시와 후시로만 관측된 야장으로 가장 간단하다.
② 승강식 : 완전한 검사로 정밀측량에 적당하나, 중간점이 많으면 계산이 복잡하고 시간과 비용이 많이 든다.
③ 기고식 : 중간점이 많을 경우 편리하나 완전한 검산을 할 수 없는 단점에도 가장 많이 사용되는 방법이다.

35. 표척 2개를 사용하여 수준측량할 때 기계의 배치 횟수를 짝수로 하는 주된 이유는?

① 표척의 영점오차를 제거하기 위하여
② 표척수의 안전한 작업을 위하여
③ 작업능률을 높이기 위하여
④ 레벨의 조정이 불완전하기 때문에

해설 수준점간의 편도관측의 측점수는 짝수가 되도록 하는데 이는 표척의 눈금오차(영점오차)를 소거하기 위해서이다.
[수준측량시 유의사항]
① 왕복측량을 원칙으로 한다.
② 왕복시 노선은 다르게 한다.
③ 전시와 후시의 거리를 동일하게 한다.
④ 이기점이 홀수가 되도록 한다.
⑤ 수준점간의 편도관측의 측점수는 짝수가 되도록 한다. (표척의 눈금오차(영점오차)를 소거하기 위해)

36. GNSS 측량을 위하여 어느 곳에서나 같은 시간대에 관측할 수 있어야 하는 위성의 최소 개수는?

① 2개 ② 4개
③ 6개 ④ 8개

해설 미지점의 위치결정에는 X, Y, Z값의 결정에 3개의 위성이 필요하지만, GPS위성은 높은 정확도의 원자시계를 탑재하나 수신기의 시계는 정밀도가 상대적으로 떨어지므로 시간오차항이 추가되므로 총 4대의 위성으로 4개의 미지수를 결정하게 된다.

37. 등고선의 성질에 대한 설명으로 옳은 것은?

① 동굴과 낭떠러지에서는 교차할 수 있다.
② 등고선은 한 도곽 내에서 반드시 폐합한다.
③ 등고선은 경사가 급한 곳에서는 간격이 넓다.
④ 등고선 상에 있는 모든 점은 각각의 다른 고유한 표고 값을 갖는다.

해설 [등고선의 특성]
① 동굴과 낭떠러지에서는 교차할 수 있다.
② 등고선은 한 도곽 내외에서 폐합한다.
③ 등고선은 경사가 급한 곳에서는 간격이 좁다.
④ 동굴이나 절벽은 높이가 다르지만 등고선상에서는 서로 교차하므로 등고선 상에 있는 모든 점이 각각의 다른 고유한 표고 값을 갖는 것은 아니다.

38. 사진의 표정 중 절대표정에 의하여 결정(조정)되는 사항이 아닌 것은?

① 축척 ② 위치
③ 수준면 ④ 초점거리

해설 ① 내부표정 : 사진의 주점과 초점거리 조정, 건판신축, 대기굴절, 지구곡률보정, 렌즈수차 보정
② 상호표정 : 양 투영기에서 나오는 광속이 촬영당시 촬영면에 이루어지는 종시차를 소거하여 목표지형물의 상대위치를 맞추는 작업
③ 절대표정 : 축척의 결정, 수준면의 결정, 위치와 방위의 결정, 표고와 경사의 결정
④ 접합표정 : 모델과 모델의 접합, 스트립과 스트립 접합

정답 34. ③ 35. ① 36. ② 37. ① 38. ④

39. GNSS의 직접적인 활용분야와 가장 거리가 먼 것은?

① 긴급구조 및 방재
② 터널내 중심선 측량
③ 지상측량 및 측지측량기준망 설정
④ 지형공간정보 및 시설물관리

해설 GNSS의 단점으로는 터널, 실내 등과 같이 수신기의 상공이 막혀 있는 경우 전파의 수신이 불가능하다는 것이다.

40. 지형도를 이용하여 작성할 수 있는 자료에 해당되지 않는 것은?

① 종·횡단면도 작성
② 표고에 의한 평균유속 결정
③ 절토 및 성토범위의 결정
④ 등고선에 의한 체적 계산

해설 표고에 의한 평균유속의 결정은 연속방정식에 의해 유량을 계산할 수 있는 자료이다.

3과목 토지정보체계론

41. 다음 위상정보 중 하나의 지점에서 또 다른 지점으로의 이동 시 경로 선정이나 자원의 배분 등과 가장 밀접한 것은?

① 중첩성(Overlay)
② 연결성(Connectivity)
③ 계급성(Hierarchy or Containment)
④ 인접성(Neighborhood or Adjacency)

해설 ① 인접성 : 분석 공간상에서 특정 객체나 어떤 객체들의 군집의 주변에 무엇이 어떻게 위치하는가에 대한 분석을 의미
② 연결성 : 공간상의 두 개체간 접촉의 유무에 의해 결정되며, 두 점이 선분으로 연결되는가에 대한 분석 또는 면간의 접합의 유무로 측정
③ 방향성 : 객체간의 거리를 측정함으로써 객체간의 최소 거리를 조건으로 하는 측정기법
④ 포함성 : 객체간 면적과 위치를 판단하여 영역의 포함관계를 측정

42. 지리현상의 공간적 분석에서 시간 개념을 도입하여, 시간 변화에 따른 공간변화를 이해하기 위한 방법과 가장 밀접한 관련이 있는 것은?

① Temporal GIS
② Embedded SW
③ Target Platform
④ Terminating Node

해설 [Temporal GIS(시공간 GIS)]
① GIS에 구축된 정보의 공간적 변화가 갱신되고 있으나, 인간과 환경의 상호 관련된 지리 현상의 공간적 분석에서 시간의 개념을 도입하여 시간의 변화에 따른 공간 변화를 이해하는 방법
② DBMS 분야를 중심으로 시공간 GIS에 대한 연구가 주목을 받고 있음
③ 시공간 GIS는 지리 현상의 공간적 분석에서 시간의 개념을 도입하여, 시간의 변화에 따른 공간 변화를 이해하기 위한 방법

43. 지방자치단체가 지적공부 및 부동산종합공부 정보를 전자적으로 관리·운영하는 시스템은?

① 국토정보시스템
② 지적행정시스템
③ 국가공간정보시스템
④ 부동산종합공부시스템

해설 [부동산종합정보시스템]
① 지적, 건축물, 토지이용 등 18종의 부동산 공부를 1종으로 일원화하여 행정혁신과 국민편의 도모
② 부동산 공부(지적, 건축, 가격, 토지, 소유)를 개별적으로 활용하던 수요기관에서 통합된 정보를 단일화된 전산기반에서 활용할 수 있도록 구축

44. 데이터베이스관리시스템에 대한 설명으로 옳은 것은?

① 파일시스템보다 도입비용이 저렴하다.
② 데이터베이스관리시스템은 하드웨어의 집합체이다.
③ 내부스키마는 하나의 데이터베이스에 하나만 존재한다.
④ 외부스키마는 자료가 실제로 저장되는 방법을 기술한 것이다.

해설 [데이터베이스관리시스템에 대한 설명]
① 파일시스템보다 도입비용이 많이 든다.
② 데이터베이스관리시스템은 소프트웨어의 집합체이다.

정답 39. ② 40. ② 41. ② 42. ① 43. ④ 44. ③

③ 내부스키마는 하나의 데이터베이스에 하나만 존재한다.
④ 외부스키마는 실세계에 존재하는 데이터들을 어떤 형식, 구조, 배치 화면을 통해 사용자에게 보여줄 것인가를 기술한 것이다.

45. 종이형태의 지적도면을 디지타이저를 이용하여 입력할 경우 자료 형태로 옳은 것은?

① 셀(Cell) 자료
② 메쉬(Mesh) 자료
③ 벡터(Vector) 자료
④ 래스터(Raster) 자료

해설 지적도면을 디지타이저를 이용하여 전산입력하게 되면 벡터자료로 저장된다.

46. 부동산종합공부시스템 전산자료의 오류를 정비할 경우 정비내역은 몇 년간 보존하여야 하는가?

① 1년
② 2년
③ 3년
④ 영구

해설 [지적전산자료의 정비]
① 지적소관청은 정비내역을 3년간 보존하여야 한다.
② 지적소관청은 지적전산자료에 오류가 발생한 때에는 지체 없이 정비하여야 하고, 지적소관청이 처리할 수 없는 오류는 국토교통부장관에게 보고하여야 한다.
③ 보고를 받은 국토교통부장관은 오류가 정비될 수 있도록 필요한 조치를 하여야 한다.

47. 위상관계의 특성과 관계가 없는 것은?

① 단순성
② 연결성
③ 인접성
④ 포함성

해설 위상관계는 공간정보의 각각의 위치의 상관관계에 대한 인접성, 연결성, 포함성을 규정한다.

48. 한국토지정보시스템의 구성내용에 해당되지 않는 것은?

① 건축행정정보 시스템
② 지적공부관리 시스템
③ 데이터베이스 변환 시스템
④ 도로명 및 건물번호관리시스템

해설 [KLIS(한국토지정보시스템)]
① 국가적인 정보화사업을 효율적으로 추진하기 위해 PBLIS와 LMIS를 하나의 시스템으로 통합
② 전산정보의 공공활용과 행정의 효율성 제고를 위해 행정자치부와 건설교통부(현 행정안전부와 국토교통부)가 공동 주관으로 추진하고 있는 정보화사업
③ 지적공부관리시스템, 데이터베이스 변환시스템, 도로명 및 건물번호관리시스템 등으로 구성되어 있다.

49. 다음 용어와 상호 관련이 없는 것끼리 묶은 것은?

① FM - 수치모델
② AM - 도면자동화
③ CAD - 컴퓨터설계
④ LBS - 위치기반정보시스템

해설 [시설물정보체계(FM)]
건축, 전기, 설비, 통신 등 도면 자동화를 통해 구축된 수치지도를 바탕으로 지상 및 지하의 각종 시설물을 시스템 상에 구축하여 시설물에 대한 유지보수 활동을 효과적으로 지원하는 시스템

50. 지적재조사사업 시스템의 구축과 관련한 내용으로 옳지 않은 것은?

① 공개형 시스템으로 구축한다.
② 일필지 조사, 새로운 지적공부 및 등기촉탁, 건축물 위치 및 건물 표시 등의 정보를 시스템에 입력한다.
③ 토지소유자 등이 지적재조사사업과 관련한 정보를 인터넷 등을 통하여 실시간 열람할 수 있도록 구축한다.
④ 취득된 필지경계 정보의 안정적인 관리를 위해 관련 행정정보와의 연계 활용이 발생하지 않도록 보안 시스템으로 구축한다.

해설 [지적재조사에 관한 특별법 제38조(서류의 열람 등)]
① 토지소유자나 이해관계인은 지적재조사사업에 관한 서류를 열람할 수 있으며, 지적소관청은 정당한 사유가 없으면 이를 거부하여서는 아니 된다.
② 토지소유자나 이해관계인은 지적소관청에 자기의 비용으로 지적재조사사업에 관한 서류의 사본 교부를 청구할 수 있다.
③ 국토교통부장관은 토지소유자나 이해관계인이 지적재조사사업과 관련한 정보를 인터넷 등을 통하여 실시간 열람할 수 있도록 공개시스템을 구축·운영하여야 한다.

정답 45. ③ 46. ③ 47. ① 48. ① 49. ① 50. ④

④ 시스템의 구축 및 운영에 필요한 사항은 대통령령으로 정한다.

51. 메타데이터(Metadata)에 대한 설명으로 옳지 않은 것은?

① 자료에 대한 내용, 품질, 사용조건 등을 기술한다.
② 정확한 정보를 유지하기 위한 수정 및 갱신이 불가능하다.
③ 데이터의 원활한 교환을 지원하기 위한 틀을 제공함으로써 데이터의 공유를 극대화 할 수 있다.
④ 취득하려는 자료가 사용목적에 적합한 품질의 데이터인지를 확인할 수 있는 정보가 제공되어야 한다.

> [해설] 메타데이터는 정확한 정보유지를 위해 수정 및 갱신이 가능하다.
> [메타데이터(meta data)]
> 실제 데이터는 아니지만 데이터베이스, 레이어, 속성, 공간형상 등과 관련된 데이터의 내용, 품질, 조건 및 특징 등을 저장한 데이터로서 데이터에 관한 데이터로 데이터의 이력을 말한다.

52. 토지정보체계에 대한 설명으로 틀린 것은?

① 토지정보체계의 토지에 관한 정보를 제공함으로써 토지관리를 지원한다.
② 토지정보체계의 유용성은 토지자료의 유연성과 획일성에 중점을 두고 있다.
③ 토지정보체계는 토지이용계획, 토지 관련 정책자료 등에 다목적으로 활용이 가능하다.
④ 토지정보체계의 운영은 자료의 수집 및 자료의 처리·유지·검색·분석·보급 등도 포함한다.

> [해설] ① 토지정보체계는 토지에 대한 자료를 효율적으로 편리하게 사용할 수 있도록 유용성 측면에서 개발하였으므로 토지자료의 유연성과 획일성은 거리가 멀다.
> ② 법률적, 행정적, 경제적 기초하에 토지에 관한 자료를 체계적으로 수집한 시스템으로 토지 관련 문제의 해결과 토지정책의 의사결정을 지원하는 시스템이다.

53. 래스터 구조에 비하여 벡터 구조가 갖는 장점으로 옳지 않은 것은?

① 데이터의 압축이 용이하다.
② 위상에 관한 정보가 제공된다.
③ 복잡한 현실세계의 묘사가 가능하다.
④ 지도를 확대하여도 형상이 변하지 않는다.

> [해설] 데이터의 압축은 래스터 구조의 특징으로 래스터자료(격자구조)의 압축방법에는 run-length code, 체인코드방식, 블록코드방식, 사지수형방식 등이 있다.

54. 스캐너를 이용하여 지적도면을 전산입력할 경우 발생하는 오차가 아닌 것은?

① 기계적인 오차
② 도면등록 시의 오차
③ 입력도면의 평탄성 오차
④ 벡터자료를 래스터자료로 변환 시의 오차

> [해설] 스캐닝에 의한 도면 제작과정은 기존의 종이도면을 스캐너로 취득하여 래스터데이터로 편집한 후 벡터화하여 도형인식을 처리하고 도면을 위한 보정처리를 하여 처리결과를 출력하므로 벡터자료를 래스터자료로 변환하는 작업인 래스터라이징의 오차는 발생하지 않는다.

55. 전국 단위의 지적전산자료를 이용·활용하는데 따른 승인권자에 해당하는 자는?

① 교육부장관
② 국토교통부장관
③ 국토지리정보원장
④ 한국국토정보공사장

> [해설] [지적전산자료의 이용에 관한 사항]
> ① 시·군·구단위의 지적전산자료를 이용하고자 하는 자는 지적소관청의 승인을 얻어야 한다.
> ② 시·도단위의 지적전산자료를 이용하고자 하는 자는 시·도지사 또는 지적소관청의 승인을 얻어야 한다.
> ③ 전국단위의 지적전산자료를 이용하고자 하는 자는 **국토교통부장관, 시·도지사 또는 지적소관청**의 승인을 얻어야 한다.

정답 51. ② 52. ② 53. ① 54. ④ 55. ②

56. 국가나 지방자치단체가 지적전산자료를 이용하는 경우 사용료의 납부방법으로 옳은 것은?

① 사용료를 면제한다.
② 사용료를 수입증지로 납부한다.
③ 사용료를 수입인지로 납부한다.
④ 규정된 사용료의 절반을 현금으로 납부한다.

해설 [지적전산자료의 이용에 관한 사항]
① 시·군·구단위의 지적전산자료를 이용하고자 하는 자는 지적소관청의 승인을 얻어야 한다.
② 시·도단위의 지적전산자료를 이용하고자 하는 자는 시·도지사 또는 지적소관청의 승인을 얻어야 한다.
③ 전국단위의 지적전산자료를 이용하고자 하는 자는 국토교통부장관, 시·도지사 또는 지적소관청의 승인을 얻어야 한다.
④ 지적전산자료의 이용 또는 활용에 관한 승인을 받은 자는 국토교통부령으로 정하는 사용료를 내야 한다. 다만, 국가나 지방자치단체에 대해서는 사용료를 면제한다.

57. 아래 내용의 ㉠, ㉡에 들어갈 용어가 올바르게 나열된 것은?

> 수치지도는 영어로 digital map으로 일컬어진다. 좀 더 명확한 의미에서는 도형자료만을 수치로 나타낸 것을 (㉠)라 하고, 도형자료와 관련 속성을 함께 지닌 수치지도를 (㉡)라고 칭한다.

① ㉠ : Legend, ㉡ : Layer
② ㉠ : Coverage, ㉡ : Layer
③ ㉠ : Layer, ㉡ : Coverage
④ ㉠ : Legend, ㉡ : Coverage

해설 수치지도는 영어로 digital map으로 일컬어진다. 좀 더 명확한 의미에서는 도형자료만을 수치로 나타낸 것을 (레이어)라 하고, 도형자료와 관련 속성을 함께 지닌 수치지도를 (커버리지)라고 칭한다.
[커버리지(Coverage)]
① 커버리지는 지도를 digital화한 형태의 컴퓨터상의 지도
② GIS커버리지는 토지이용도, 식생도와 같은 하나의 중요한 주제도를 말한다.
③ 레이어 : 수치화된 도형자료만을 나타낸 것
④ 커버리지 : 도형자료와 관련된 속성데이터를 함께 갖는 수치지도

58. 지적업무의 정보화를 목표로 1977년부터 시작된 사전 기반조성 작업이 아닌 것은?

① 지적 법령 정비
② 토지·임야대장 부책화
③ 소유자 주민등록번호 등재 정리
④ 토지소유자의 유형별 구분 및 고유번호 부여

해설 [지적업무정보화(지적전산화)의 사전기반조성작업]
① 대장의 서식을 부책식에서 카드식으로 개정
② 면적단위를 척관법에서 평이나 보에서 ㎡로 개정
③ 소유권 주체의 고유번호화
④ 지목, 토지이동연혁, 소유권변동연혁 등의 코드화 및 업무의 표준화
⑤ 수치지적부(현 경계점좌표등록부)의 도입

59. 디지타이징 입력에 의한 도면의 오류를 수정하는 방법으로 틀린 것은?

① 선의 중복 : 중복된 두 선을 제거함으로써 쉽게 오류를 수정할 수 있다.
② 라벨오류 : 잘못된 라벨을 선택하여 수정하거나 제 위치에 옮겨주면 된다.
③ Undershoot and Overshoot : 두 선이 목표지점을 벗어나거나 못 미치는 오류를 수정하기 위해서는 선분의 길이를 늘려주거나 줄여야 한다.
④ Sliver Polygon : 폴리곤이 겹치지 않게 적절하게 위치를 이동시킴으로써 제거될 수 있는 경우도 있고, 폴리곤을 형성하고 있는 부정확하게 입력된 선분을 만든 버텍스들을 제거함으로써 수정될 수도 있다.

해설 [디지타이징에 의한 오차유형]
① Sliver polygon : 필지를 표현할 때 필지가 아닌데도 조그만 조각이 생겨 필지로 인식하게 되는 경우
② Overshoot : 어느 선분까지 그려야하는데 그 선분을 지나치는 경우
③ Undershoot : 어느 선분까지 그려야하는데 그 선분에 미치지 못한 경우
④ 레이블 입력오류 : 지번 등이 다르게 기입되는 경우 또는 없거나 2개가 존재하는 경우
⑤ 인접지역 불일치 : 작업자가 영역을 나누어 작업할 경우 접합지역에서 서로 어긋나는 경우

60. 데이터 정의어(Data Definition Language) 중에서 이미 설정된 테이블의 정의를 수정하는 명령어는?

① DROP TABLE ② MOVE TABLE
③ ALTER TABLE ④ CHANGE TABLE

해설 [데이터 정의어(DDL, Data Definition Language)]
- DDL의 개념 : 새로운 테이블을 작성하거나, 기존 테이블을 변경·삭제하여 데이터를 정의하는 역할
- CREATE : 새로운 테이블 생성
- ALTER : 기존의 테이블 변경
- DROP : 기존의 테이블 삭제
- RENAME : 테이블의 이름 변경
- TURNCATE : 테이블 잘라냄

4과목 지적학

61. 임야조사사업 당시 도지사가 사정한 임야경계의 구획선을 무엇이라고 하였는가?

① 경계선 ② 묘유선
③ 지세선 ④ 지역선

해설
① 지계선 : 토지조사 시행지와 미시행지와의 경계선
② 경계선 : 확정된 소유자가 다른 토지 사이에 사정된 경계선(도지사가 사정)
③ 지역선 : 토지조사사업 당시 소유자는 같으나 지목이 다를 때 구획한 별필의 토지경계선

62. 경계불가분의 원칙이 의미하는 것으로 옳은 것은?

① 인접지와의 경계선은 공통이다.
② 경계선은 면적이 큰 것을 위주로 한다.
③ 먼저 조사한 선을 그 경계선으로 한다.
④ 토지조사 당시의 사정은 말소가 불가능하다.

해설 [경계불가분의 원칙]
① 경계는 유일무이한 것으로 이를 분리할 수 없다는 원칙
② 토지의 경계는 같은 토지에 2개 이상의 경계가 있을 수 없고 양필지 사이에 공통으로 작용한다.

63. "지적은 특정한 국가나 지역 내에 있는 재산을 지적측량에 의해 체계적으로 정리해 놓은 공부다."라고 정의한 학자는?

① Kaufmann ② S. R. Simpson
③ J. L. G. Henssen ④ J. G. Mc Entyre

해설 [지적을 정의한 학자의 견해]
① Simpson : 과세의 기초로 제공하기 위하여 한 국가 내의 부동산의 면적이나 소유권 및 그 가격을 등록하는 공부
② McEntyre : 토지에 대한 법률상 용어로서 세부과를 위한 부동산의 수량, 가치 및 소유권의 공정등록
③ Henssen : 지적은 특정한 국가나 지역 내에 있는 재산을 지적측량에 의해 체계적으로 정리해 놓은 공부

64. 소극적 등록제도에 대한 설명으로 옳지 않은 것은?

① 권리자체의 등록이다.
② 지적측량과 측량도면이 필요하다.
③ 토지 등록을 의무화하고 있지 않다.
④ 서류의 합법성에 대한 사실조사가 이루어지는 것은 아니다.

해설 ① 적극적 등록주의 : 토지등록은 일필지의 개념으로 법적인 권리보장이 인증되고 정부에 의해 그러한 합법성과 효력이 발생
② 소극적 등록주의 : 기본적으로 거래와 그에 관한 거래증서의 변경기록을 수행하는 것이며, 일필지의 소유권이 거래되면서 발생되는 거래증서를 변경 등록하는 것

65. 경계 복원 측량의 법률적 효력 중 소관청 자신이나 토지소유자 및 이해관계인에게 정당한 변경절차가 없는 한 유효한 행정처분에 복종하도록 하는 것은?

① 구속력 ② 공정력
③ 강제력 ④ 확정력

해설 [토지등록의 법률적 효력]
① 구속력 : 행정처분이 그 내용에 따라 처분 행정 자신이나 행정처분의 상대방 및 관계인을 구속하는 효력
② 공정력 : 토지등록에 있어서의 행정처분이 유효하게 성립하기 위한 요건을 완전히 갖추지 못한 경우에도 절대 무효인 경우를 제외하고 소관청, 감독청, 법원 등 권한있는 기관에 의해 쟁송 또는 직권으로 취소할 때까지 법적으로 제한을 받지 않고 그 효력을 부인할 수 없는 것으로 적법성이 추정됨

정답 60. ③ 61. ① 62. ① 63. ③ 64. ① 65. ①

③ 강제력 : 지적측량이나 토지등록사항에 대하여 사법권과 관계없이 소관청 명의로 집행할 수 있는 강력한 효력을 말함
④ 확정력 : 토지에 등록된 표시사항은 일정한 기간이 경과한 뒤에 등록이 유효하며 이해관계인 및 소관청도 그 효력을 다툴 수 없는 것을 형식적 확정력이라 하며, 소관청도 변경할 수 없는 것을 관습적 확정력이라 함

66. 대한제국 시대에 양전사업을 전담하기 위해 설치한 최초의 독립 기관은?

① 탁지부 ② 양지아문
③ 지계아문 ④ 임시토지조사국

해설 [대한제국의 토지제도 발전과정]
① 1895 : 내부판적국(호구적, 지적에 관한 사항)
② 1898 : 양지아문(양전사업을 담당하기 위하여 설치된 기관)
③ 1901 : 지계아문(토지대장에 의한 토지소유권자의 확인에 의해 지계발행)
④ 1904 : 탁지부의 양지국(지계아문의 양전기능과 기구만을 계승하여 상설기구로 설치)
⑤ 1905 : 탁지부 사세국 양지과(토지조사의 경험을 얻을 목적으로 측량 실시)

67. 토지조사사업 시 일필지측량의 결과로 작성한 도부(개황도)의 축척에 해당되지 않는 것은?

① 1/600 ② 1/1200
③ 1/2400 ④ 1/3000

해설 개황도는 토지조사사업의 일필지조사를 마친 후 그 강계 및 지역을 보측하여 개략적인 현황을 그리고 각종 조사사항을 기재하여 장부조제의 참고자료 또는 세부측량의 안내자료로 활용한 것으로 1/600, 1/1,200, 1/2,400 등이 있다.

68. 지적재조사사업의 목적으로 옳지 않은 것은?

① 경계복원능력의 향상
② 지적불부합지의 해소
③ 토지거래질서의 확립
④ 능률적인 지적관리체제 개선

해설 [지적재조사사업의 목적]
① 지적불부합지의 해소
② 능률적인 지적관리체계 개선
③ 경계복원능력의 향상
④ 지적관리를 현대화하기 위한 수단
⑤ 지적공부의 정확도 및 지적에 포함되는 요소들의 확장

69. 양전법 개정을 위한 새로운 양전방안으로, 정전제의 시행을 전제로 하는 방량법과 어린도법을 주장한 학자는?

① 이기 ② 서유구
③ 정약용 ④ 정약전

해설 [양전 개정론자의 (저서) 및 개정론]
① 이익(균전론) : 영업전, 제도
② 정약용(목민심서, 경세유표) : 정전제, 방량법, 어린도법
③ 서유구(의상경계책) : 어린도법, 방량법
④ 이기(해학유서, 전제망언) : 결부제보완, 망척제
⑤ 유길준(서유견문) : 지제의, 전통도 실시

70. 토지조사 및 임야조사사업 시에 사정 사항으로서 소유자를 사정하였는데, 물권객체로서의 소유자 사정의 본질이라 할 수 있는 것은?

① 소유권의 이전 ② 기존 소유권의 승계
③ 기존 소유권의 확인 ④ 기존 소유권의 공증

해설 토지조사 및 임야조사 사업 당시에 실시한 소유권에 대한 사정은 기존의 소유권을 확인하고 인정하는 절차로 파악할 수 있다.

71. 조선시대의 속대전(續大典)에 따르면 양안(量案)에서 토지의 위치로서 동, 서, 남, 북의 경계를 표시한 것을 무엇이라고 하였는가?

① 자번호 ② 사주(四住)
③ 사표(四標) ④ 주명(主名)

해설 [사표(四標)]
① 고려 및 조선시대의 양안(지금의 토지대장)에 수록된 사항으로 토지의 경계를 표시한 것

② 동, 서, 남, 북의 인접지에 대한 지목, 자호, 주명(소유자)를 표시
③ 양안에 기록하거나 도면을 작성하여 놓은 것

72. 물권의 객체로서 토지를 외부에서 인식할 수 있는 토지등록의 원칙은?

① 공고(公告)의 원칙 ② 공시(公示)의 원칙
③ 공신(公信)의 원칙 ④ 공증(公證)의 원칙

해설 [공시의 원칙]
지적공부를 직접 열람 및 등본과 지적공부에 등록된 경계를 지상에 복원하며 지적공부에 등록된 사항과 현장이 불일치할 경우 변경하여 등록하는 형식을 갖추고 있다.

73. 현대지적의 원리 중 지적행정을 수행함에 있어 국민의사의 우월적 가치가 인정되며, 국민에 대한 충실한 봉사, 국민에 대한 행정책임 등의 확보를 목적으로 하는 것?

① 능률성의 원리 ② 민주성의 원리
③ 정확성의 원리 ④ 공기능성의 원리

해설 [현대 지적의 원리]
① 능률성의 원리 : 기술적 측면의 효율성 그리고 지적활동을 능률화 한다는 것이다.
② 민주성의 원리 : 행정을 수행하면서 인격을 존중하고 국민과의 관계에서 국민 의사의 우월적인 가치가 인정되며 정책 결정에서 국민의 참여, 국민에 대한 봉사, 국민에 대한 행정 책임 등이 확산하는 상태를 말한다.
③ 정확성의 원리 : 지적활동의 정확도는 크게 토지현황조사, 기록과 도면, 관리와 운영의 정확한 정도를 의미한다.
④ 공기능성의 원리 : 지적활동에 대한 정보의 입수는 이권이나 특혜의 대상이 되기 때문에 지적사항을 필요로 하는 모든 이에게 알려야 한다는 것이다.

74. 지적의 역할로서 옳지 않은 것은?

① 공시기능
② 사실관계증명
③ 감정평가 자료
④ 소유권 이외의 권리 확립

해설 지적은 토지에 대한 표시사항을 등록하는 지적공부에 대한 등록사항이며, 소유권과 소유권 이외의 권리 확립에 관련된 사항은 부동산등기에 해당한다.

75. 일본의 지적관련 제도와 거리가 먼 것은?

① 법무성 ② 지가공시법
③ 부동산등기법 ④ 부동산등기부

해설 [일본의 지적관련제도]
① 일필지 이동조사는 법무성에서 조사하고, 국토조사는 국토교통성이 담당하여 법률과 조직이 이원화됨
② 지적에 관한 사항은 부동산등기법에서 규정
③ 부동산등기부는 토지대장의 역할과 토지의 권리관계의 공시 역할 모두 담당

76. 토지의 권리 공시에 치중한 부동산 등기와 같은 형식적 심사를 가능하게 한 지적제도의 특성으로 볼 수 없는 것은?

① 지적공부의 공시
② 지적측량의 대행
③ 토지 표시의 실질 심사
④ 최초 소유자의 사정 및 사실조사

해설 [지적제도의 특성]
안전성, 간편성, 정확성, 저렴성, 적합성, 등록의 완전성 등으로 측량기술 개발은 과세지적, 법지적, 다목적 지적의 모두를 포함

77. 임시토지조사국의 특별 조사기관에서 수행한 업무가 아닌 것은?

① 분쟁지조사 ② 외업특별검사
③ 지지(地誌)자료조사 ④ 증명 및 등기필지조사

해설 [임시토지조사국의 특별 조사기관의 업무]
임시토지조사국의 특별 조사기관에서는 특별세부측도 성적검사, 분쟁지조사, 급여 및 장려(奬勵)제도의 조사, 고원(雇員; 현 서기관)의 고사(考査), 외업특별검사, 지지자료조사 등의 업무를 수행하였다.

78. 대한제국 정부에서 문란한 토지제도를 바로잡기 위하여 시행하였던 근대적 공시제도의 과도기적 제도는?

① 등기제도 ② 양안제도
③ 입안제도 ④ 지권제도

해설 [지계제도(지권제도)]
근대 지적제도가 창설되기 전에 문란한 토지제도를 바로잡기 위하여 대한제국에서 과도기적으로 시행한 제도

79. 다음 중 두문자(頭文字) 표기방식의 지목이 아닌 것은?

① 과수원 ② 사적지
③ 양어장 ④ 유원지

해설 지목을 지적도에 등록할 경우 하나의 문자로 압축하여 표기하도록 하며, 일반적으로 맨 앞의 문자(두문자, 24)와 두 번째 문자(차문자, 4)로 표기하며 두 번째 문자로 표기되는 지목은 **주차장(차), 공장용지(장), 하천(천), 유원지(원)** 등이 있다.

80. 토지조사사업 당시 소유권 조사에서 사정한 사항은?

① 강계, 면적 ② 소유자, 지번
③ 강계, 소유자 ④ 소유자, 면적

해설 [토지조사사업의 내용]
① 소유권조사 : 토지소유자 및 강계를 조사, 사정하여 토지조사부, 토지대장, 지적도 작성
② 가격조사 : 시가지의 경우 토지의 시가 조사, 시가지 이외의 지역은 대지의 임대가격 조사, 전, 답 등은 지가 조사
③ 외모조사 : 국토 전체에 대한 자연적, 인위적 지물과 고저를 표시한 지형도 작성

5과목 지적관계법규

81. 지적재조사사업의 실시계획 수립권자는?

① 시·도지사 ② 지적소관청
③ 국토교통부장관 ④ 한국국토정보공사장

해설 [지적재조사에 관한 특별법 제6조(실시계획의 수립)]
지적소관청은 시·도종합계획을 통지받았을 때에는 다음 각 호의 사항이 포함된 지적재조사사업에 관한 실시계획을 수립하여야 한다.
① 지적재조사사업의 시행자
② 지적재조사지구의 명칭
③ 지적재조사지구의 위치 및 면적
④ 지적재조사사업의 시행시기 및 기간
⑤ 지적재조사사업비의 추산액
⑥ 토지현황조사에 관한 사항
⑦ 그 밖에 지적재조사사업의 시행을 위하여 필요한 사항으로서 대통령령으로 정하는 사항

82. 지적측량을 수반하는 토지이동으로 옳지 않은 것은?

① 분할 ② 등록전환
③ 신규등록 ④ 지목변경

해설 지목변경은 토지의 이동으로 볼 수 없다.
[공간정보의 구축 및 관리 등에 관한 법률 제2조(정의)]
토지의 이동 : 토지의 표시를 새로 정하거나 변경 또는 말소하는 것을 말한다.

83. 중앙지적위원회의 심의·의결사항이 아닌 것은?

① 지적측량기술의 연구·개발 및 보급에 관한 사항
② 지적 관련 정책 개발 및 업무 개선 등에 관한 사항
③ 지적소관청이 회부하는 청산금의 이의신청에 관한 사항
④ 지적기술자의 업무정지 처분 및 징계요구에 관한 사항

해설 [공간정보의 구축 및 관리 등에 관한 법률 제28조(지적위원회)]
1. 지적 관련 정책 개발 및 업무 개선 등에 관한 사항
2. 지적측량기술의 연구·개발 및 보급에 관한 사항
3. 지적측량 적부심사(適否審査)에 대한 재심사(再審査)

정답 78. ④ 79. ④ 80. ③ 81. ② 82. ④ 83. ③

4. 측량기술자 중 지적분야 측량기술자의 양성에 관한 사항
5. 지적기술자의 업무정지 처분 및 징계요구에 관한 사항

84. 도로명주소법령상 국가지점번호 표기 및 국가지점번호판의 표기 대상 시설물에 대한 설명으로 틀린 것은?

① 국가지점번호는 주소정보기본도에 기록하고 관리하여야 한다.
② 국가지점번호는 가로와 세로의 길이가 각각 10m인 격자를 기본단위로 한다.
③ 국가지점번호의 표기대상 시설물은 지면 또는 수면으로부터 50cm 이상 노출되어 이동이 가능한 시설물로 한정한다.
④ 국가지점번호 표기·확인의 방법 및 절차, 국가지점번호판의 설치 절차 및 그 밖에 필요한 사항은 대통령령으로 정한다.

해설 [도로명주소법 시행령 제38조(국가지점번호의 표기 등)]
"철탑, 수문, 방파제 등 대통령령으로 정하는 시설물"이란 지면 또는 수면으로부터 50센티미터 이상 노출되어 고정된 시설물을 말한다. 다만, 설치한 날부터 1년 이내에 철거가 예정된 시설물은 제외한다.

85. 토지표시의 변경등기에 관한 내용으로 틀린 것은?

① 등기명의인에게 등기 신청의무가 있다.
② 합필의 등기와 합병의 등기는 같은 것이다.
③ 토지 등기부의 표제부에 등기된 사항에 변동이 있을 때 하는 등기이다.
④ 신청서에 토지대장 정보나 임야대장 정보를 첨부정보로서 제공하여야 한다.

해설 소유권·지상권·전세권·임차권 및 승역지(편익제공지)에 하는 지역권의 등기 외의 권리에 관한 등기가 있는 토지에 대하여는 합필의 등기를 할 수 없다. 다만, 모든 토지에 대하여 등기원인 및 그 연월일과 접수번호가 동일한 저당권에 관한 등기가 있는 경우에는 등기를 할 수 있다.

86. 국토의 계획 및 이용에 관한 법률에서 도시·군관리계획에 해당하지 않는 것은?

① 도시개발사업이나 정비사업에 관한 계획
② 기반시설의 설치·정비 또는 개량에 관한 계획
③ 기본적인 공간구조와 장기발전방향에 대한 계획
④ 용도지역·용도지구의 지정 또는 변경에 관한 계획

해설 [국토의 계획 및 이용에 관한 법률 제2조(정의)]
도시·군 관리계획의 내용
가. 용도지역·용도지구의 지정 또는 변경에 관한 계획
나. 개발제한구역, 도시자연공원구역, 시가화조정구역, 수산자원보호구역의 지정 또는 변경에 관한 계획
다. 기반시설의 설치·정비 또는 개량에 관한 계획
라. 도시개발사업이나 정비사업에 관한 계획
마. 지구단위계획구역의 지정 또는 변경에 관한 계획과 지구단위계획
바. 삭제 〈2024. 2. 6.〉
사. 도시혁신구역의 지정 또는 변경에 관한 계획과 도시혁신계획
아. 복합용도구역의 지정 또는 변경에 관한 계획과 복합용도계획
자. 도시·군계획시설입체복합구역의 지정 또는 변경에 관한 계획

87. 토지의 이동과 관련하여 세부측량을 실시할 때 면적을 측정하지 않는 경우는?

① 지적공부의 복구·신규등록을 하는 경우
② 등록전환·분할 및 축척변경을 하는 경우
③ 등록된 경계점을 지상에 복원만 하는 경우
④ 면적 및 경계의 등록사항을 정정하는 경우

해설 등록된 경계점을 지상에 복원만 하는 경우는 면적을 측정하지 않는다.

88. 측량업의 등록을 하려는 자가 국토교통부장관 또는 시·도지사에게 제출하여야 할 첨부서류에 해당하지 않는 것은?

① 측량업 사무소의 등기부등본
② 보유하고 있는 장비의 명세서
③ 보유하고 있는 측량기술자의 명단
④ 보유하고 있는 측량기술자의 측량기술 경력증명서

해설 [공간정보의 구축 및 관리 등에 관한 법률 시행령 제35조(측량업의 등록 등)]
측량업의 등록을 하려는 자는 국토교통부령으로 정하는 신청서에 다음 각 호의 서류를 첨부하여 국토교통부장관 또는 시·도지사에게 제출하여야 한다.
1. 별표 8에 따른 기술인력을 갖춘 사실을 증명하기 위한 다음 각 목의 서류
    가. 보유하고 있는 측량기술자의 명단
    나. 가목의 인력에 대한 측량기술 경력증명서
2. 별표 8에 따른 장비를 갖춘 사실을 증명하기 위한 다음 각 목의 서류

정답 84. ③ 85. ② 86. ③ 87. ③ 88. ①

가. 보유하고 있는 장비의 명세서
나. 가목의 장비의 성능검사서 사본
다. 소유권 또는 사용권을 보유한 사실을 증명할 수 있는 서류

89. 지적전산자료를 이용하거나 활용하려는 자로부터 심사 신청을 받은 관계 중앙행정기관의 장이 심사하여야 할 사항에 해당되지 않는 것은?

① 개인의 사생활 침해 여부
② 신청인의 지적전산자료 활용 능력
③ 신청 내용의 타당성, 적합성 및 공익성
④ 자료의 목적 외 사용 방지 및 안전관리대책

해설 [공간정보의 구축 및 관리 등에 관한 법률 시행령 제62조(지적전산자료의 이용 등)]
심사 신청을 받은 관계 중앙행정기관의 장은 다음 각 호의 사항을 심사한 후 그 결과를 신청인에게 통지하여야 한다.
1. 신청 내용의 타당성, 적합성 및 공익성
2. 개인의 사생활 침해 여부
3. 자료의 목적 외 사용 방지 및 안전관리대책

90. 경계에 관한 설명으로 옳은 것은?

① 연접되는 토지 간에 높낮이 차이가 있을 경우 그 지물 또는 구조물의 상단부가 경계설정기준이 된다.
② 도로·구거 등의 토지에 절토된 부분이 있는 경우에는 그 경사면의 상단부가 경계설정의 기준이 된다.
③ 공간정보의 구축 및 관리 등에 관한 법률상 경계란 경계점좌표등록부에 등록된 좌표의 연결을 말한다. 즉, 물리적 경계를 의미한다.
④ 공간정보의 구축 및 관리 등에 관한 법률상 경계란 지적도 또는 임야도에 등록된 경계점 및 굴곡점의 연결을 말한다. 즉, 지표상의 경계를 말한다.

해설 [공간정보의 구축 및 관리 등에 관한 법률 시행령 제55조(지상경계의 결정 등)]
① 연접되는 토지 간에 높낮이 차이가 있을 경우 그 지물 또는 구조물의 하단부가 경계설정기준이 된다.
② 도로·구거 등의 토지에 절토된 부분이 있는 경우에는 그 경사면의 상단부가 경계설정의 기준이 된다.
③ 공간정보의 구축 및 관리 등에 관한 법률상 경계란 필지별 경계점간을 직선 혹은 곡선으로 연결하여 지적공부에 등록한 선을 말한다.

91. 등록전환측량과 분할측량에 대한 설명으로 틀린 것은?

① 토지의 형질변경이 수반되는 등록전환측량은 토목공사 등이 시작되기 전에 실시하여야 한다.
② 합병된 토지를 합병 전의 경계대로 분할하려면 합병 전 각 필지의 면적을 분할 후 각 필지의 면적으로 한다.
③ 분할측량 시에 측량대상토지의 점유현황이 도면에 등록된 경계와 일치하지 않으면 분할 등록될 경계점을 지상에 복원하여야 한다.
④ 1필지의 일부를 등록전환하려면 등록전환으로 인하여 말소하여야 할 필지의 면적은 반드시 임야분할측량결과도에서 측정하여야 한다.

해설 [지적업무처리규정 제22조(등록전환측량)]
① 1필지 전체를 등록전환 할 경우에는 임야대장등록사항과 토지대장등록사항의 부합여부 등을 확인하고 토지의 경계와 이용현황 등을 조사하기 위한 측량을 하여야 한다.
② 등록전환할 일단의 토지가 2필지 이상으로 분할되어야 할 토지의 경우에는 1필지로 등록전환 후 지목별로 분할하여야 한다. 이 경우 등록 전환할 토지의 지목은 임야대장에 등록된 지목으로 설정하되, 분할 및 지목변경은 등록전환과 동시에 정리한다.
③ 경계점좌표등록부를 비치하는 지역과 연접되어 있는 토지를 등록전환하려면 경계점좌표등록부에 등록하여야 한다.
④ 토지대장에 등록하는 면적은 등록전환측량의 결과에 따라야 하며, 임야대장의 면적을 그대로 정리할 수 없다.
⑤ 1필지의 일부를 등록전환하려면 등록전환으로 인하여 말소하여야 할 필지의 면적은 반드시 임야분할측량결과도에서 측정하여야 한다.
⑥ 임야도에 도곽선 또는 도곽선수치가 없거나, 1필지 전체를 등록전환할 경우에만 등록전환으로 인하여 말소해야 할 필지의 임야측량결과도를 등록전환측량결과도에 함께 작성할 수 있다.
⑦ 토지의 형질변경이 수반되는 등록전환측량은 토목공사 등이 완료된 후에 실시하여야 하며, 측량성과를 결정하여야 한다.

92. 측량기준점을 설치하거나 토지의 이동을 조사하는 자가 타인의 토지 등에 출입하는 것에 대한 내용으로 틀린 것은?

① 허가증의 발급권자는 국토교통부장관이다.
② 토지 등의 점유자는 정당한 사유 없이 출입행위를 방해하거나 거부하지 못한다.
③ 출입 행위를 하려는 자는 그 권한을 표시하는 허가증을 지니고 관계인에게 이를 내보여야 한다.
④ 해 뜨기 전이나 해가 진 후에는 그 토지 등의 점유자의 승낙 없이 택지나 담장 또는 울타리로 둘러싸인 타인의 토지에 출입할 수 없다.

해설 [공간정보의 구축 및 관리 등에 관한 법률 제101조(토지등에의 출입 등)]
타인의 토지 등에 출입하려는 자는 관할 특별자치시장, 특별자치도지사, 시장·군수 또는 구청장의 허가를 받아야 하며, 출입하려는 날의 3일 전까지 해당 토지 등의 소유자·점유자 또는 관리인에게 그 일시와 장소를 통지하여야 한다. 다만, 행정청인 자는 허가를 받지 아니하고 타인의 토지 등에 출입할 수 있다.

93. 공간정보의 구축 및 관리 등에 관한 법률상 지적측량 적부심사청구 사안에 대한 시·도지사의 조사사항이 아닌 것은?

① 지적측량 기준점 설치연혁
② 다툼이 되는 지적측량의 경위 및 그 성과
③ 해당 토지에 대한 토이동 및 소유권 변동 연혁
④ 해당 토지 주변의 측량기준점, 경계, 주요 구조물 등 현황 실측도

해설 [공간정보의 구축 및 관리 등에 관한 법률 제29조(지적측량의 적부심사 등)]
지적측량 적부심사청구를 받은 시·도지사는 30일 이내에 다음 각 호의 사항을 조사하여 지방지적위원회에 회부하여야 한다.
1. 다툼이 되는 지적측량의 경위 및 그 성과
2. 해당 토지에 대한 토지이동 및 소유권 변동 연혁
3. 해당 토지 주변의 측량기준점, 경계, 주요 구조물 등 현황 실측도

94. 도로명주소법에서 사용하는 용어 중 아래에서 설명하는 것은?

> 도로명과 기초번호를 활용하여 건물 등에 해당하지 아니하는 시설물의 위치를 특정하는 정보를 말한다.

① 사물주소   ② 상세주소
③ 지번주소   ④ 도로명주소

해설 [도로명주소법 시행령 제2조(정의)]
① 사물주소 : 도로명과 기초번호를 활용하여 건물등에 해당하지 아니하는 시설물의 위치를 특정하는 정보를 말한다.
② 상세주소 : 건물 등 내부의 독립된 거주·활동 구역을 구분하기 위하여 부여된 동(棟)번호, 층수 또는 호(號)수를 말한다.
③ 지번주소 : 도로명주소 이전에 활용되는 주소
④ 도로명주소 : 도로명, 건물번호 및 상세주소(상세주소가 있는 경우만 해당한다)로 표기하는 주소를 말한다.

95. 지적기준점성과의 관리 등에 대한 설명으로 옳은 것은?

① 지적도근점성과는 지적소관청이 관리한다.
② 지적삼각점성과는 지적소관청이 관리한다.
③ 지적삼각보조점성과는 시·도지사가 관리한다.
④ 지적소관청이 지적삼각점을 변경하였을 때에는 그 측량성과를 국토교통부장관에게 통보한다.

해설 [지적측량 시행규칙 제3조(지적기준점성과의 관리 등)]
1. 지적삼각점성과는 특별시장·광역시장·도지사 또는 특별자치도지사가 관리하고, 지적삼각보조점성과 및 지적도근점성과는 지적소관청이 관리할 것
2. 지적소관청이 지적삼각점을 설치하거나 변경하였을 때에는 그 측량성과를 시·도지사에게 통보할 것
3. 지적소관청은 지형·지물 등의 변동으로 인하여 지적삼각점성과가 다르게 된 때에는 지체 없이 그 측량성과를 수정하고 그 내용을 시·도지사에게 통보할 것

96. 공간정보의 구축 및 관리 등에 관한 법률에 따른 지목의 종류가 아닌 것은?

① 양어장   ② 철도용지
③ 수도선로 ④ 창고용지

정답 92. ① 93. ① 94. ① 95. ① 96. ③

해설 [토지조사사업 당시의 지목(18개)]
전, 답, 대, 지소, 임야, 잡종지, 사지, 분묘지, 공원지, 철도용지, 수도용지, 도로, 하천, 구거, 제방, 성첩, 철도선로, 수도선로
[현재 지목의 종류(28개)]
전, 답, 과수원, 목장용지, 임야, 광천지, 염전, 대, 공장용지, 학교용지, 주차장, 주유소용지, 창고용지, 도로, 철도용지, 제방, 하천, 구거, 유지, 양어장, 수도용지, 공원, 체육용지, 유원지, 종교용지, 사적지, 묘지, 잡종지

97. 지적기준점의 제도 방법으로 틀린 것은?

① 2등삼각점은 직경 1mm, 2mm 및 3mm의 3중원으로 제도한다.
② 지적삼각보조점은 직경 3mm의 원으로 제도하고 원안에 십자선을 표시한다.
③ 위성기준점은 직경 2mm 및 3mm의 2중원 안에 십자선을 표시하여 제도한다.
④ 3등삼각점은 직경 1mm 및 2mm의 2중원으로 제도하고 중심원 내부를 검은색으로 엷게 채색한다.

해설 [지적업무처리규정 제43조(지적기준점 등의 제도)]
1. 위성기준점은 직경 2밀리미터 및 3밀리미터의 2중원 안에 십자선을 표시하여 제도한다.
2. 1등 및 2등삼각점은 직경 1밀리미터, 2밀리미터 및 3밀리미터의 3중원으로 제도한다. 이 경우 1등삼각점은 그 중심원 내부를 검은색으로 엷게 채색한다.
3. 3등 및 4등삼각점은 직경 1밀리미터 및 2밀리미터의 2중원으로 제도한다. 이 경우 3등삼각점은 그 중심원 내부를 검은색으로 엷게 채색한다.
4. 지적삼각점 및 지적삼각보조점은 직경 3밀리미터의 원으로 제도한다. 이 경우 지적삼각점은 원안에 십자선을 표시하고, 지적삼각보조점은 원안에 검은색으로 엷게 채색한다.
5. 지적도근점은 직경 2밀리미터의 원으로 다음과 같이 제도한다.
6. 지적기준점의 명칭과 번호는 그 지적기준점의 윗부분에 2밀리미터 이상 3밀리미터 이하 크기의 명조체로 제도한다. 다만, 레터링으로 작성할 경우에는 고딕체로 할 수 있으며 경계에 닿는 경우에는 다른 위치에 제도할 수 있다.

98. 지적재조사에 관한 특별법령상 지상경계점 등록부의 등록사항으로 틀린 것은?

① 토지의 소재, 지번, 지목
② 측량성과결정에 사용된 기준점명
③ 경계점 번호 및 표지종류
④ 경계설정기준 및 경계형태

해설 [지적재조사에 관한 특별법 시행규칙 제10조(지상경계점등록부)]
① 지적소관청이 작성하여 관리하는 지상경계점등록부에는 다음 각 호의 사항이 포함되어야 한다.
② 토지의 소재, 지번, 지목, 작성일, 위치도, 경계점 번호 및 표지종류, 경계설정기준 및 경계형태, 경계위치, 경계점 세부설명 및 관련자료, 작성자의 소속·직급(직위)·성명, 확인자의 직급·성명

99. 토지의 이동 신청 및 지적정리에 관한 설명으로 옳은 것은?

① 토지소유자의 토지의 이동 신청 없이는 지적정리를 할 수 없다.
② 토지의 이동 신청은 사유가 발생한 날부터 60일 이내에 신청하여야 한다.
③ 지적소관청은 토지의 표시에 관한 변경등기가 필요한 경우 그 등기완료의 통지서를 접수한 날부터 10일 이내에 토지소유자에게 지적정리를 통지하여야 한다.
④ 지적소관청은 토지의 표시에 관한 변경등기가 필요하지 아니한 경우 지적공부에 등록한 날부터 7일 이내에 토지소유자에게 지적정리를 통지하여야 한다.

해설 [공간정보의 구축 및 관리 등에 관한 법률 시행령 제85조(지적정리 등의 통지)]
지적소관청이 토지소유자에게 지적정리 등을 통지하여야 하는 시기는 다음 각 호의 구분에 따른다.
① 토지의 표시에 관한 변경등기가 필요한 경우 : 그 등기 완료의 통지서를 접수한 날부터 15일 이내
② 토지의 표시에 관한 변경등기가 필요하지 아니한 경우 : 지적공부에 등록한 날부터 7일 이내

100. 지번 및 지목의 제도에 대한 설명으로 틀린 것은?

① 지번 및 지목을 제도하는 경우 지번 다음에 지목을 제도한다.
② 부동산종합공부시스템이나 레터링으로 작성하는 경우에는 굴림체로 할 수 있다.
③ 필지의 중앙에 제도하기가 곤란한 때에는 가로쓰기가 되도록 도면을 돌려서 제도할 수 있다.
④ 지번의 글자 간격은 글자크기의 1/4 정도, 지번과 지목의 글자 간격은 글자크기의 1/2 정도 띄워서 제도한다.

해설 [지적업무 처리규정 제42조(지번과 지목의 제도)]

① 지번 및 지목은 경계에 닿지 않도록 필지의 중앙에 제도한다. 다만, 1필지의 토지의 형상이 좁고 길어서 필지의 중앙에 제도하기가 곤란한 때에는 가로쓰기가 되도록 도면을 왼쪽 또는 오른쪽으로 돌려서 제도할 수 있다.
② 지번 및 지목을 제도할 때에는 지번 다음에 지목을 제도한다. 이 경우 2밀리미터 이상 3밀리미터 이하 크기의 명조체로 하고, 지번의 글자 간격은 글자크기의 4분의 1 정도, 지번과 지목의 글자 간격은 글자크기의 2분의 1 정도 띄어서 제도한다. 다만, 부동산종합공부시스템이나 **레터링으로 작성할 경우에는 고딕체로 할 수 있다.**
③ 1필지의 면적이 작아서 지번과 지목을 필지의 중앙에 제도할 수 없는 때에는 ㄱ, ㄴ, ㄷ, . . . ㄱ¹, ㄴ¹, ㄷ¹, . . . ㄱ², ㄴ², ㄷ², . . . 등으로 부호를 붙이고, 도곽선 밖에 그 부호·지번 및 지목을 제도한다. 이 경우 부호가 많아서 그 도면의 도곽선 밖에 제도할 수 없는 때에는 별도로 부호도를 작성할 수 있다.
④ 부동산종합공부시스템에 따라 지번 및 지목을 제도할 경우에는 제2항 중 글자의 크기에 대한 규정과 제3항을 적용하지 아니할 수 있다.

CHAPTER 08 2022년도 지적기사 2회

1과목 지적측량

01. 전파기측량방법에 따라 교회법으로 지적삼각보조점측량을 할 때의 기준에 관한 다음 설명 중 ( ) 안에 알맞은 말은?

> 지형상 부득이하여 2방향의 교회에 의하여 결정하고자 하는 때에는 각 내각을 관측하여 각 내각의 관측치의 합계와 180도와의 차가 ( ) 이내일 때에는 이를 각 내각에 고르게 배분하여 사용할 수 있다.

① ±20초　② ±30초
③ ±40초　④ ±50초

해설　① 경위의 측량방법과 전파기 또는 광파기 측량방법에 따라 교회법으로 지적삼각보조점측량을 할 때 3방향의 교회에 따른다.
　② 지형상 부득이하여 2방향의 교회에 의하여 결정하고자 하는 때에는 각 내각을 관측하여 각 내각의 관측치의 합계와 180도와의 차가 ±40″ 이내일 때에는 이를 각 내각에 고르게 배분하여 사용할 수 있다.

02. 수평각 관측에서 망원경의 정위와 반위로 관측을 하는 목적은?

① 눈금오차를 방지하기 위하여
② 연직축 오차를 방지하기 위하여
③ 시준축 오차를 제거하기 위하여
④ 굴절보정 오차를 제거하기 위하여

해설　수평각 관측에서 망원경의 정위와 반위로 관측하는 목적은 시준축 오차를 제거하기 위함이다.

03. 임야도를 갖춰두는 지역의 세부측량에 있어서 지적기준점에 따라 측량하지 아니하고 지적도의 축척으로 측량한 후 그 성과에 따라 임야측량결과도를 작성할 수 있는 경우는?

① 임야도에 도곽선이 없는 경우
② 경계점의 좌표를 구할 수 없는 경우
③ 지적도근점이 설치되어 있지 않은 경우
④ 지적도에 기지점은 없지만 지적도를 갖춰두는 지역에 인접한 경우

해설　[지적측량 시행규칙 제21조(임야도를 갖춰두는 지역의 세부측량)]
임야도를 갖춰 두는 지역의 세부측량은 위성기준점, 통합기준점, 삼각점, 지적삼각점, 지적삼각보조점 및 지적도근점에 따른다. 다만, 다음 각 호의 어느 하나에 해당하는 경우에는 위성기준점, 통합기준점, 삼각점, 지적삼각점, 지적삼각보조점 및 지적도근점에 따라 측량하지 아니하고 지적도의 축척으로 측량한 후 그 성과에 따라 임야측량결과도를 작성할 수 있다
1. 측량대상토지가 지적도를 갖춰 두는 지역에 인접하여 있고 지적도의 기지점이 정확하다고 인정되는 경우
2. 임야도에 도곽선이 없는 경우

04. 다음 그림에서 l의 길이는 얼마인가? (단, L=10m, θ=75°45′26.7″)

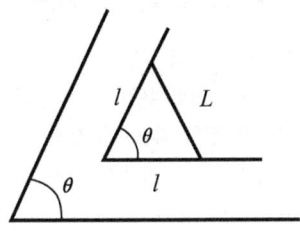

① 4.35m　② 6.29m
③ 8.14m　④ 9.42m

해설 이등변삼각형에서 $L=2l\sin\frac{\theta}{2}$에서

$10 = 2 \times l \times \sin\frac{75°45'26.7''}{2}$ 이므로

$l = \dfrac{10}{2 \times \sin\frac{75°45'26.7''}{2}} = 8.14m$

05. 평판측량방법에 따른 세부측량을 시행하는 경우 기지점을 기준으로 하여 지상경계선과 도상경계선의 부합 여부를 확인하는 방법에 해당하지 않는 것은?

① 현형법
② 중앙종거법
③ 거리비교확인법
④ 도상원호교회법

해설 [지적측량 시행규칙 제18조(세부측량의 기준 및 방법 등)]
경계점은 기지점을 기준으로 하여 지상경계선과 도상경계선의 부합 여부를 현형법(現形法)·도상원호(圖上圓弧)교회법·지상원호(地上圓弧)교회법 또는 거리비교확인법 등으로 확인하여 정할 것

06. 다음 중 잔차를 구하는 식은?

① 잔차 = 관측값 − 참값
② 잔차 = 관측값 − 최확값
③ 잔차 = 기댓값 − 관측값
④ 잔차 = 최확값 − 관측값

해설 잔차는 관측값에서 최확값을 빼서 구한다.
즉, 잔차 = 관측값 − 최확값

07. 다음 중 고대 지적 및 측량사와 가장 거리가 먼 것은?

① 고대 이집트의 나일 강변
② 고대 인도 타지마할 유적
③ 중국 전한(前漢)의 회남자(淮南子)
④ 고대 수메르(Sumer)지방의 점토판

해설 타지마할은 인도의 대표적인 이슬람 건축물로 고대 지적 및 측량사와 가장 거리가 멀다.

08. 지적삼각점의 관측계산에서 자오선 수차의 계산단위 기준은?

① 초 아래 1자리
② 초 아래 2자리
③ 초 아래 3자리
④ 초 아래 4자리

해설 [지적삼각점의 관측계산]
① 각 : 초
② 변의 길이 : cm
③ 진수 : 6자리 이상
④ 좌표 또는 표고 : cm
⑤ 경위도 : 초 아래 3자리
⑥ 자오선 수차 : 초 아래 1자리

09. 지적삼각점을 설치하기 위하여 연직각을 관측한 결과가 최대치는 ±25°42′37″이고, 최소치는 ±25°42′32″일 때 옳은 것은?

① 최대치를 연직각으로 한다.
② 평균치를 연직각으로 한다.
③ 최소치를 연직각으로 한다.
④ 연직각을 다시 관측하여야 한다.

해설 [지적삼각점 설치를 위한 연직각의 관측]
각측점에서 정·반으로 2회 관측허용교차가 30초 이내(5″)인 경우 평균치를 연직각으로 한다.

10. 도곽선의 제도에 대한 설명 중 틀린 것은?

① 도면의 위 방향은 항상 북쪽이 되어야 한다.
② 이미 사용하고 있는 도면의 도곽 크기는 종전에 구획되어 있는 도곽과 그 수치로 한다.
③ 도면에 등록하는 도곽선은 0.1mm의 폭으로 제도한다.
④ 도곽선의 수치는 왼쪽 윗부분과 오른쪽 아랫부분에 제도한다.

해설 [도곽선의 제도]
① 도면에 등록하는 도곽선은 0.1mm의 폭으로 제도
② 도곽선의 수치는 도곽선 왼쪽 아랫부분과 오른쪽 윗부분의 종횡선교차점 바깥쪽에 2mm 크기의 아라비아숫자로 제도

정답 05. ② 06. ② 07. ② 08. ① 09. ② 10. ④

11. 다음 구소삼각지역의 직각좌표계 원점 중 평면직각종횡선 수치의 단위를 간(間)으로 한 원점은?

① 고초원점　　　② 망산원점
③ 율곡원점　　　④ 조본원점

> 해설 [구소삼각원점]
> ① 조본원점, 고초원점, 율곡원점, 현창원점, 소라원점의 평면직각종횡선수치의 단위는 미터
> ② 망산원점, 계양원점, 가리원점, 등경원점, 구암원점, 금산원점의 평면직각종횡선수치의 단위는 간(間)
> ③ 각각의 원점에 대한 평면직각종횡선수치는 0으로 한다.

12. 지적도근점측량의에 대한 내용으로 틀린 것은?

① 1등도선은 가·나·다 순으로, 2등도선은 ㄱ·ㄴ·ㄷ 순으로 표기한다.
② 경위의측량방법에 따라 다각망도선법으로 할 때에는 3점 이상의 기지점을 포함한 결합다각방식에 따른다.
③ 경위의측량방법에 따라 도선법으로 할 때에는 왕복도선에 따르며 지형상 부득이한 경우 개방도선에 따를 수 있다.
④ 경위의측량방법에 따라 도선법으로 하는 때에 1도선의 점의 수는 부득이한 경우는 50점까지로 할 수 있다.

> 해설 [지적기준점의 점간거리]
> ① 지적삼각점 : 2~5km 이상
> ② 지적삼각보조점 : 1~3km, 다각망도선법 : 0.5~1km 이하
> ③ 지적도근점 : 50~300m, 다각망도선법 : 500m 이하

13. 축척이 600분의 1인 지역에서 일필지로 산출된 면적이 10.550m²일 때 결정면적으로 옳은 것은?

① 10m²　　　② 10.5m²
③ 10.6m²　　　④ 11m²

> 해설 축척이 600분의 1인 지역의 토지 면적은 ㎡ 이하 한 자리 단위로 등록하므로 10.6m²가 된다.
> [공간정보의 구축 및 관리 등에 관한 법률 시행령 제60조(면적의 결정 및 측량계산의 끝수처리)]
> ① 지적도의 축척이 600분의 1인 지역과 경계점좌표등록부에 등록하는 지역의 토지 면적은 ㎡ 이하 한 자리 단위로 등록
> ② 0.1㎡ 미만의 끝수가 있는 경우 0.05㎡ 미만일 때에는 버리고, 0.05㎡를 초과할 때에는 올림
> ③ 0.05㎡ 때에는 구하려는 끝자리의 숫자가 0 또는 짝수이면 버리고 홀수이면 올림
> ④ 1필지의 면적이 0.1㎡ 미만일 때에는 0.1㎡로 함

14. 지적삼각점측량의 계산에서 진수는 몇 자리 이상을 사용하는가?

① 6자리 이상　　　② 7자리 이상
③ 8자리 이상　　　④ 9자리 이상

> 해설 [지적삼각측량의 계산 단위]
> ① 각 : 초
> ② 변의 길이 : cm
> ③ 진수 : 6자리 이상
> ④ 좌표 : cm

15. 지적도근점측량에서 측정한 각 측선의 수평거리의 총합계가 1,550m일 때, 연결오차의 허용범위 기준은 얼마인가? (단, 1/600지역과 경계점좌표등록부 시행지역에 걸쳐 있으며, 2등도선이다.)

① 25cm 이하　　　② 29cm 이하
③ 30cm 이하　　　④ 35cm 이하

> 해설 2등도선의 연결오차= $\frac{1.5M}{100}\sqrt{N}\,cm$ 이하이고, M은 축척의 분모, N은 측선의 수평거리의 총합계를 100으로 나눈 값
> 연결오차= $\frac{1.5 \times 500}{100}\sqrt{15.5} = 29cm$ 이하

정답 11. ②　12. ③　13. ③　14. ①　15. ②

16. 지적도근점측량 중 배각법에 의한 도선의 계산순서로 옳게 나열한 것은?

> ㉠ 관측성과 등의 이기
> ㉡ 측각오차 계산
> ㉢ 방위각 계산
> ㉣ 관측각의 합계 계산
> ㉤ 각 관측선의 종·횡선 오차 계산
> ㉥ 각 측점의 좌표 계산

① ㉠ - ㉡ - ㉢ - ㉣ - ㉤ - ㉥
② ㉠ - ㉡ - ㉣ - ㉢ - ㉥ - ㉤
③ ㉠ - ㉣ - ㉡ - ㉢ - ㉤ - ㉥
④ ㉠ - ㉢ - ㉣ - ㉡ - ㉥ - ㉤

해설 [지적도근점측량 중 배각법에 의한 도선의 계산순서]
관측성과 등의 이기 → 관측각의 합계 계산 → 측각오차 계산 → 방위각 계산 → 각 관측선의 종·횡선오차 계산 → 각 측점의 좌표계산

17. 지적확정측량시 그림과 같이 θ=45°, L=10m일 때 우절면적은?

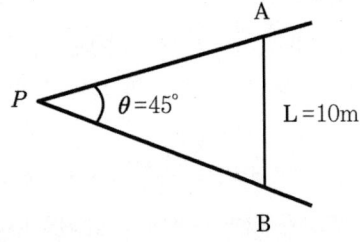

① 27.1m²
② 36.7m²
③ 60.4m²
④ 65.3m²

해설 [우절면적]
$$A = \left(\frac{L}{2}\right)^2 \times \cot\frac{\theta}{2} = \left(\frac{10}{2}\right)^2 \times \cot\frac{45°}{2} = 60.4m^2$$

18. 지적측량에서 사용하는 구소삼각 원점 중 가장 남쪽에 위치한 원점은?

① 가리원점
② 구암원점
③ 망산원점
④ 소라원점

해설 소라원점(북위 35° 39′ 58.199″선과 동경 128° 43′ 36.841″선의 교차점)은 가장 남쪽에 있는 원점이며, 망산원점(북위 37° 43′ 07.06″선과 동경 126° 22′ 24.596″선의 교차점)은 가장 북쪽에 있는 원점이다.

19. 삼각측량에서 경도보정량 10.405″에 대한 설명으로 옳은 것은?

① 1등삼각점 관측방향각의 상수로서 기지삼각점의 경도오차이다.
② 우리나라의 1등이 일본의 2등에 준 성과이므로 정확도 향상을 위해 필요하다.
③ 우리나라의 통일원점과 만주원점의 성과차이로 계산의 수정을 요구한다.
④ 동경원점의 오류수정 사항으로서 기지삼각점 사용시 경도의 수정을 요한다.

해설 1898년 일본 동경원점 설정시 정밀천문측량에 의하여 경·위도 관측을 실시. 그 성과를 고시. 1918년 이를 재측한 바, 당초의 경도에 10.405초의 오류가 있었음을 발견. 그 경도 값에 10.405초 더하여 사용

20. 지적삼각보조점측량에서 연결오차가 0.42m이고, 종선차가 0.22m이었다면 횡선차는?

① 0.21m
② 0.36m
③ 0.42m
④ 0.48m

해설 연결오차 = $\sqrt{종선차^2 + 횡선차^2}$ 이므로
횡선차 = $\sqrt{0.42^2 - 0.22^2} = 0.36m$

2과목 응용측량

21. GNSS에서 에포크(epoch)의 의미로 옳은 것은?

① 신호를 수신하는 데이터 취득 간격
② 위성을 포함하는 대원(great circle)의 평면
③ 안테나와 수신기를 연결하는 케이블
④ 위성들의 위치를 기록한 표

정답 16. ③ 17. ③ 18. ④ 19. ④ 20. ② 21. ①

해설 에포크(epoch)는 GPS 간섭(상대)측위할 때의 자료수신 시간을 말하며 일반적으로 관측데이터 취득간격은 30초 이내로 한다.

22. 촬영고도 1,500m에서 찍은 인접사진에서 주점기선의 길이가 15cm이고, 어느 건물의 시차차가 3mm이었다면 건물의 높이는?

① 10m
② 30m
③ 50m
④ 70m

해설 시차공식 $h = \dfrac{H}{b_0}\Delta P$, 여기서 H:비행고도, b_0:주점기선길이, h:비고

$h = \dfrac{H}{b_0}\Delta P = \dfrac{1,500m}{150mm} \times 3mm = 30m$

23. 두 점간의 고저차를 A, B 두 사람이 정밀하게 측정하여 다음과 같은 결과를 얻었다. 두 점간 고저차의 최확값은?

A : 68.994m±0.008m, B : 69.003m±0.004m

① 69.001m
② 69.998m
③ 69.996m
④ 68.995m

해설 경중률은 평균제곱근오차의 제곱에 반비례한다. 비율계산이므로 0.008 : 0.004 = 2 : 1로 계산해도 상관없다.

$P_A : P_B = \dfrac{1}{0.008^2} : \dfrac{1}{0.004^2} = \dfrac{1}{4} : \dfrac{1}{1} = 1 : 4$

최확값 $= \dfrac{P_A l_A + P_B l_B}{P_A + P_B} = 69 + \dfrac{1 \times (-0.006) + 4 \times 0.003}{1+4}$

$= 69.001\,m$

24. GNSS 측량을 실시할 경우 고도관측의 일차적인 기준으로 옳은 것은?

① NGVD
② 지오이드
③ 평균해수면
④ 기준타원체

해설 GNSS 관측성과로는 지구중심좌표로 경도와 위도, 타원체고이며 고도관측의 일차적인 기준은 기준타원체가 된다.
NGVD는 국가 수준 기준면(National Geodetic Vertical Datum)으로 각 나라마다 수준측량의 기준이 되는 기준면을 그 나라의 국가 수준 기준면이라 한다.

25. 터널의 준공을 위한 변형조사측량에 해당되지 않는 것은?

① 중심측량
② 고저측량
③ 삼각측량
④ 단면측량

해설 삼각측량은 기준점측량으로 터널을 설치하기 전에 실시하는 측량이므로 터널준공을 위한 변형조사측량에 해당되지 않는다.

26. 터널측량을 하여 터널시점(A)과 종점(B)의 좌표와 높이(H)가 다음과 같을 때 터널의 경사도는?

A(1,125.68, 782.46), B(1,546.73, 415.37),
H_A=49.25, H_B=86.39 (단위 : m)

① 3°25′14″
② 3°48′14″
③ 4°08′14″
④ 5°08′14″

해설 경사각(i)를 구하면 $\tan i = \dfrac{높이차}{수평거리}$ 이므로

수평거리
$= \sqrt{(1546.73-1125.68)^2 + (415.37-782.46)^2} = 558.60m$
높이차 $= 86.39 - 49.25 = 37.14m$
$i = \tan^{-1}\left(\dfrac{37.14}{558.60}\right) = 3°48′14″$

27. GPS 위성신호인 L_1과 L_2의 주파수의 크기는?

① L_1=1,274.45MHz, L_2=1,567.62MHz
② L_1=1,367.53MHz, L_2=1,425.30MHz
③ L_1=1,479.23MHz, L_2=1,321.56MHz
④ L_1=1,575.42MHz, L_2=1,227.60MHz

정답 22. ② 23. ④ 24. ④ 25. ③ 26. ② 27. ④

해설 기준주파수=10.23MHz
L₁=1,575.42MHz(=10.23×154),
L₂=1,227.60MHz(=10.23×120)

28. 지성선에 대한 설명으로 옳은 것은?

① 지표면의 다른 종류의 토양간에 만나는 선
② 경작지와 산지가 교차되는 선
③ 지모의 골격을 나타내는 선
④ 수평면과 직교하는 선

해설 [지성선(Topographical Line)]
① 다수의 평면, 즉 요선, 철선, 경사변환선 및 최대경사선으로 이루어졌다고 생각할 때 이 평면의 접합부를 지성선이라 함
② 지모의 골격, 지세를 나타내는 선

29. 지모의 형태를 표시하고 표고의 높이를 쉽게 파악하기 위해 주곡선 5개마다 표시하는 등고선은?

① 계곡선   ② 수애선
③ 간곡선   ④ 조곡선

해설 [등고선의 표시방법]
① 주곡선 : 가는 실선
② 계곡선 : 굵은 실선(주곡선 5개마다 설치)
③ 간곡선 : 파선(주곡선의 1/2에 설치)
④ 조곡선 : 점선(간곡선과 주곡선 사이 1/2에 설치)

30. 수준측량 용어로 이 점의 오차는 다른 점에 영향을 주지 않으며 이 점만의 표고를 관측하기 위한 관측점을 의미하는 것은?

① 기준점   ② 측점
③ 이기점   ④ 중간점

해설 ① 종단수준측량에서 중간점을 많이 사용하는 이유는 중심말뚝의 간격이 20m 내외에도 다양한 지형의 변화가 발생하므로 중심말뚝을 모두 전환점으로 사용할 경우에 중간점을 많이 사용하게 된다.
② 중간점의 오차는 다른 점에 영향을 주지 않으며 이 점만의 표고를 관측하기 위한 관측점이다.

31. 수준측량에서 전시와 후시를 등거리로 하는 것이 좋은 이유로 틀린 것은?

① 지구곡률오차를 소거할 수 있다.
② 레벨 조정불완전에 의한 오차를 없앤다.
③ 시차에 의한 오차를 없앤다.
④ 대기굴절오차를 소거할 수 있다.

해설 수준측량에서 전시와 후시의 거리를 같게 하는 것이 좋은 가장 큰 이유는 레벨의 시준선 오차 소거에 있다.
[전시와 후시거리를 같게 하므로 제거되는 오차]
① 기계오차(시준축 오차) : 레벨조정의 불안정
② 구차(지구곡률오차)와 기차(대기굴절오차)

32. 노선측량에서 완화곡선의 성질을 설명한 것으로 틀린 것은?

① 완화곡선의 종점의 캔트는 원곡선의 캔트와 같다.
② 완화곡선에 연한 곡률반지름의 감소율은 캔트의 증가율과 같다.
③ 완화곡선의 접선은 시점에서는 원호에, 종점에서는 직선에 접한다.
④ 완화곡선의 반지름은 시점에서는 무한대이며, 종점에서는 원곡선의 반지름과 같다.

해설 [완화곡선의 성질]
① 완화곡선의 반지름은 시점에서 무한대, 종점에서는 원곡선의 반지름과 같다.
② 완화곡선의 접선은 시점에서는 직선에, 종점에서는 원호에 접한다.
③ 완화곡선의 곡선반경 감소율은 캔트의 증가율과 같다.
④ 완화곡선의 편경사의 크기는 곡선의 반경에 반비례하고 설계속도에 비례한다.

33. 기복변위와 경사변위를 모두 제거한 사진으로 옳은 것은?

① 엄밀수직사진   ② 엄밀수평사진
③ 정사사진   ④ 사진집성도

해설 기복변위와 경사변위를 모두 제거한 사진은 정사사진이다.

정답 28. ③ 29. ① 30. ④ 31. ③ 32. ③ 33. ③

34. A점의 표고가 125m, B점의 표고가 155m인 등경사 지형에서 A점으로부터 표고가 130m일 때 등고선까지의 거리는? (단, AB거리는 250m이다.)

① 31.67m   ② 41.67m
③ 52.67m   ④ 58.67m

해설 AB는 등경사이므로 두 점의 수평거리와 높이차이의 비례식으로 계산한다.
수평거리 : 높이차 $= D : H = d : h$
$= 250 : (155-125) = d : (130-125)$
$\therefore d = \dfrac{250m \times 5m}{30m} = 41.67m$

35. 노선측량에서 곡선설치에 사용하는 완화곡선에 해당되지 않는 것은?

① 복심곡선   ② 3차포물선
③ 클로소이드곡선   ④ 렘니스케이트곡선

해설 [노선측량에서 곡선설치의 종류]
① 평면곡선 : 단곡선, 복합곡선(복심곡선, 반향곡선, 배향곡선, 머리핀곡선)
② 수직곡선 : 2차포물선, 원곡선
③ 완화곡선 : 클로소이드, 3차포물선, 렘니스케이트곡선

36. 등고선 측정방법 중 지성선 상의 중요한 지점의 위치와 표고를 측정하여, 이 점들을 기준으로 등고선을 삽입하는 방법은?

① 횡단점법   ② 종단점법
③ 좌표점법   ④ 방안법

해설 [등고선의 삽입법]
① 방안법(좌표점법) : 방안의 각 교점의 표고를 측정하고 그 결과로 등고선을 삽입하는 방법으로 지형이 복잡한 경우에 적합
② 종단점법 : 지성선 위에 여러 측선에 대하여 거리와 표고를 측정하여 등고선을 삽입하는 방법으로 소축척의 산지 등에 적합
③ 횡단점법 : 노선측량에서 횡단측량의 결과를 이용하여 각 단면에 등고선을 삽입할 경우에 사용되는 방법

37. 원곡선 설치시 교각이 60°, 반지름이 100m, 곡선시점 B.C = No.5+8m일 때 도로기점에서 곡선종점 E.C까지의 거리는? (단, 중심말뚝간격은 25m이다.)

① 212.72m   ② 220.72m
③ 237.72m   ④ 273.72m

해설 곡선시점 No.5+8m는 측점간 거리가 25m이므로
$B.C = 25 \times 5 + 8 = 133m$
① $CL = \dfrac{\pi}{180°} RI = \dfrac{\pi}{180°} \times 100 \times 60° = 104.72m$
② 곡선종점의 위치
$= B.C + C.L = 133 + 104.72 = 237.72m$

38. 항공사진측량을 고도 1km 상공에서 실거리가 500m인 교량을 촬영하였다면 사진에 나타난 교량의 길이는? (단, 카메라 초점거리는 150mm이다.)

① 5.0cm   ② 7.5cm
③ 13.3cm   ④ 30.0cm

해설 $M = \dfrac{1}{m} = \dfrac{f}{H} = \dfrac{0.15m}{1,000m} = \dfrac{15}{100,000}$
$M = \dfrac{도상거리}{실제거리} = \dfrac{15}{100,000}$
도상거리 $= 500m \times \dfrac{15}{100,000} = 0.075m = 7.5cm$

39. 그림의 AB간에 곡선을 설치하고자 하였으나 교점(P)에 접근할 수 없어 ∠ACD=140°, ∠CDB=90° 및 CD=200m를 관측하였다. C점에서 출발점(B.C)까지의 거리는? (단, 곡선반지름 R은 300m이다.)

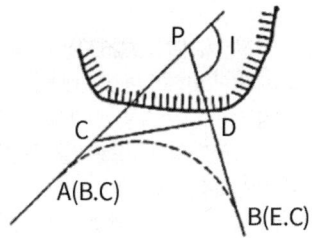

① 643.35m   ② 261.68m
③ 382.27m   ④ 288.66m

정답 34. ② 35. ① 36. ② 37. ③ 38. ② 39. ③

해설) $\overline{BC} = T.L - \overline{CP}$ 이므로

$T.L = R \tan \dfrac{I}{2} = 300 \times \tan \dfrac{130°}{2} = 643.35m$

$\dfrac{200m}{\sin 50°} = \dfrac{\overline{CP}}{\sin 90°}$ 에서 $\overline{CP} = \dfrac{\sin 90°}{\sin 50°} \times 200m = 261.08m$

$\overline{BC} = T.L - \overline{CP} = 643.35 - 261.08 = 382.27m$

40. 항공사진에서 주점(principal point)에 관련된 설명으로 옳은 것은?

① 축척과 표정의 결정에 사용되는 지표상의 한 점이다.
② 동일한 개체가 중복된 인접영상에 나타나는 점을 의미한다.
③ 2장의 입체사진을 겹쳤을 때 중앙에 위치하는 점이다.
④ 마주보는 지표의 대각선이 교차하는 점이다.

해설) [사진의 특수3점]
① 주점(principal point) : 렌즈의 중심으로부터 화면에 내린 수선의 자리로 렌즈의 광축과 화면이 교차하는 점
② 연직점(nadir point) : 중심 투영점 O을 지나는 중력선이 사진면과 마주치는 점
③ 등각점(isocenter) : 사진면에 직교되는 광선과 중력선이 이루는 각을 2등분하는 광선이 사진면에 마주치는 점

3과목 토지정보체계론

41. 행정구역의 명칭이 변경된 때에 지적소관청은 시·도지사를 경유하여 국토교통부장관에게 행정구역변경일 며칠 전까지 행정구역의 코드변경을 요청하여야 하는가?

① 10일 전　　② 20일 전
③ 30일 전　　④ 60일 전

해설) [지적사무전산처리규정 제26조(행정구역코드의 변경)]
① 행정구역의 명칭이 변경된 때에는 소관청은 시·도지사를 경유하여 국토교통부장관에게 행정구역변경일 10일 전까지 행정구역의 코드변경을 요청하여야 한다.
② 제1항의 규정에 의한 행정구역의 코드변경 요청을 받은 국토교통부장관은 지체없이 행정구역코드를 변경하고, 그 변경 내용을 관련기관에 통지하여야 한다.

42. 토지정보시스템의 속성정보가 아닌 것은?

① 일람도 자료　　② 대지권등록부
③ 토지·임야대장　　④ 경계점좌표등록부

해설) [지적정보의 구분]
① 속성정보 : 토지대장, 임야대장, 공유지연명부, 대지권등록부, 지번, 면적, 개별공시지가, 경계점좌표등록부
② 공간정보 : 지적도, 임야도, 일람도, 경계점좌표등록부

43. 벡터데이터와 래스터데이터의 구조에 관한 설명으로 옳지 않은 것은?

① 래스터데이터는 중첩분석이나 모델링이 유리하다.
② 벡터데이터는 자료구조가 단순하여 중첩분석이 쉽다.
③ 벡터데이터는 좌표계를 이용하여 공간정보를 기록한다.
④ 벡터데이터는 점, 선, 면으로 래스터데이터는 격자로 도형을 표현한다.

해설) 래스터데이터는 자료구조가 단순하여 중첩분석이 쉽다.

44. 다음을 Run length 코드 방식으로 표현하면 어떻게 되는가?

A	A	A	B
B	B	B	B
B	C	C	A
A	A	B	B

① 3A6B2C3A2B
② 1B3A4B1A2C3B2A
③ 1A2B2A1B1C2A1B1C3B1A1B
④ 2B1A1B1A1B1C1B1A1B1C2A2B1A

해설) [Run length 코드 방식의 표현]
각 행마다 왼쪽에서 오른쪽으로 진행하면서 처음 시작하는 셀과 끝나는 셀까지 동일한 수치값을 갖는 셀들을 묶어 압축시키는 방식

정답 40. ④　41. ①　42. ①　43. ②　44. ①

45. 지적전산자료의 이용에 관한 설명으로 옳은 것은?

① 심사 및 승인을 거쳐 지적전산자료를 이용하는 모든 자는 사용료를 면제한다.
② 시·군·구 단위의 지적전산자료를 이용하고자 하는 자는 시·도지사 또는 지적소관청의 승인을 얻어야 한다.
③ 시·도 단위의 지적전산자료를 이용하고자 하는 자는 행정안전부장관 또는 시·도지사의 승인을 얻어야 한다.
④ 전국 단위의 지적전산자료를 이용하고자 하는 자는 국토교통부장관, 시·도지사 또는 지적소관청의 승인을 얻어야 한다.

해설 [지적전산자료의 이용에 관한 사항]
① 시·군·구단위의 지적전산자료를 이용하고자 하는 자는 **지적소관청의 승인**을 얻어야 한다.
② 시·도단위의 지적전산자료를 이용하고자 하는 자는 **시·도지사 또는 지적소관청의 승인**을 얻어야 한다.
③ 전국단위의 지적전산자료를 이용하고자 하는 자는 **국토교통부장관, 시·도지사 또는 지적소관청의 승인**을 얻어야 한다.
④ 지적전산자료의 이용 또는 활용에 관한 승인을 받은 자는 국토교통부령으로 정하는 사용료를 내야 한다. 다만, **국가나 지방자치단체에 대해서는 사용료를 면제한다.**

46. 스파게티(Spaghetti) 모형에 대한 설명으로 옳지 않은 것은?

① 데이터 파일을 이용한 지도를 인쇄하는 단순작업의 경우에 효율적인 도구로 사용된다.
② 객체들 간에 정보를 갖지 못하고 국수 가락처럼 좌표들이 길게 연결되어 있는 구조를 말한다.
③ 상호 연관성에 관한 정보가 없어 인접한 객체들의 특징과 관련성, 연결성을 파악하기 어렵다.
④ 하나의 점이 X, Y좌표를 기본으로 하고 있어 다른 모형에 비하여 구조가 복잡하고 이해가 어렵다.

해설 [스파게티 모형의 특징]
① 공간자료를 점, 선, 면을 단순한 좌표목록으로 저장하며 위상관계를 정의하지 않음
② 상호연결성이 결여된 점과 선의 집합체
③ 수작업으로 디지타이징된 지도자료가 대표적인 예
④ 인접하고 있는 다각형을 나타내기 위해 경계하는 선은 두 번씩 저장

⑤ 모든 면사상이 일련의 독립된 좌표집합으로 저장되므로 자료저장공간 많이 차지
⑥ 객체들 간의 공간관계가 설정되지 않아 공간분석에 비효율적

47. 다음 중 지적행정에 웹(Web)기반의 LIS를 도입함으로써 발생하는 효과가 아닌 것은?

① 중복된 업무를 처리하지 않아도 된다.
② 지적 관련 정보와 자원을 공유할 수 있다.
③ 업무의 중앙 집중 및 업무별 중앙 제어가 가능하다.
④ 시간과 거리에 제한을 받지 않고 민원을 처리할 수 있다.

해설 지적행정에 web LIS를 도입하려면 먼저 서버를 구축하여 데이터베이스를 관리하여야 한다.
[Web LIS의 도입효과]
① 업무처리의 신속화
② 정보의 공유
③ 업무별 분산처리의 실현
④ 시간과 거리에 제한이 없음
⑤ 중복된 업무를 처리하지 않을 수 있음

48. 토지정보시스템의 집중형 하드웨어 시스템에 대한 설명으로 틀린 것은?

① 초기 도입비용이 저렴하다.
② 시스템 장애시 전체적인 피해가 발생한다.
③ 시스템 구성의 초기 단계에서 치밀한 계획이 필요하다.
④ 토지정보의 통합 관리로 전체적인 통제 및 유지가 가능하다.

해설 [집중형 하드웨어 시스템의 특징]
① 시스템의 복잡성으로 초기 도입비용과 운영비용이 많이 든다.
② 시스템 장애시 전체적인 피해가 발생한다.
③ 시스템 구성의 초기 단계에서 치밀한 계획이 필요하다.
④ 토지정보의 통합 관리로 전체적인 통제 및 유지가 가능하다.

정답 45. ④ 46. ④ 47. ③ 48. ①

49. 지적도면을 스캐닝한 결과로 나타나는 격자구조에 대한 설명으로 옳은 것은?

① 디지타이징된 자료구조는 격자이다.
② 스캐닝된 격자구조는 선방향을 갖는다.
③ 격자구조의 정확도는 격자의 면적에 비례한다.
④ 격자의 크기가 작을수록 저장되는 자료는 늘어난다.

해설 [지적도면을 스캐닝한 결과로 나타나는 격자구조에 대한 설명]
① 스캐닝된 자료구조는 격자이다.
② 디지타이징된 자료구조는 선방향을 갖는다.
③ 격자구조의 정확도는 격자의 면적의 제곱근에 반비례한다.
④ 격자의 크기가 작을수록 저장되는 자료는 늘어난다.

50. 속성정보를 데이터베이스에 입력하기에 가장 적합한 장비는?

① 스캐너　　② 키보드
③ 플로터　　④ 디지타이저

해설 [자료출력용 하드웨어]
모니터, 플로터, 프린터, 필름제조 등
[자료입력용 하드웨어]
수동방식(디지타이저), 자동방식(스캐너), 각종 측량기기, 기제작된 수치지도, 마우스, 키보드(속성정보 입력) 등

51. 다음 중 KLIS 구축에 따른 시스템의 구성요건으로 옳지 않은 것은?

① 개방적 구조를 고려하여 설계
② 전국적인 통일된 좌표계 사용
③ 시스템의 확장성을 고려하여 설계
④ 파일처리방식의 데이터관리시스템

해설 PBLIS 구축에는 쌍용정보통신에서 응용프로그램을 개발하고, 삼성 SDS에서 시군구 지적행정시스템에 대한 연계시스템 지원을 각각 설계하여 DBMS방식으로 구성하였다.

52. 자료에 대한 내용, 품질, 사용조건 등의 정보를 제공하는 것으로 데이터의 이력서라고도 하는 것은?

① Layer　　② Index
③ SDTS　　④ Meta data

해설 메타데이터(meta data)란 실제 데이터는 아니지만 데이터베이스, 레이어, 속성, 공간형상 등과 관련된 데이터의 내용, 품질, 조건 및 특징 등을 저장한 데이터로서 데이터에 관한 데이터로 데이터의 이력을 말한다. 메타데이터는 데이터의 일관성 유지에 활용될 수 있다.

53. 토지정보시스템의 필요성을 가장 잘 설명한 것은?

① 기준점의 효율적 관리
② 지적재조사 사업 추진
③ 지역측지계의 세계좌표계로의 변환
④ 토지관련 자료의 효율적 이용과 관리

해설 [토지정보시스템(LIS)]
주로 토지와 관련된 위치정보와 속성정보를 수집, 처리, 저장, 관리하기 위한 정보시스템이다.

54. 필지 식별 번호에 대한 설명으로 틀린 것은?

① 각 필지에 부여하며 가변성이 있는 번호다.
② 필지에 관련된 자료의 공통적인 색인번호 역할을 한다.
③ 필지별 대장의 등록사항과 도면의 등록사항을 연결하는 기능을 한다.
④ 각 필지별 등록 사항의 저장과 수정 등을 용이하게 처리할 수 있는 고유번호다.

해설 [필지식별자(필지식별번호)]
① 단일필지 식별번호 또는 부동산식별자 또는 단일식별 참조번호 등의 여러 가지로 표현하나 의미는 비슷함
② 매 필지의 등록사항을 저장, 검색, 수정 등을 편리하게 처리할 수 있어야 함
③ 영구히 불변하는 필지의 고유번호라 하며, 토지필지와 연관된 표준참조번호라 함

정답 49. ④　50. ②　51. ④　52. ④　53. ④　54. ①

55. 다음 중 GIS데이터의 표준화에 해당하지 않는 것은?

① 데이터 모델(Data Model)의 표준화
② 데이터 내용(Data Contents)의 표준화
③ 데이터 제공(Data Supply)의 표준화
④ 위치참조(Location Reference)의 표준화

해설 [데이터 측면에 따른 분류]
① 내적요소 : 데이터 모델, 데이터 내용, 데이터 교환, 메타데이터 표준
② 외적요소 : 데이터 수집, 데이터 품질, 위치참조 표준

56. 토지정보데이터의 처리시 활용하는 벡터데이터의 장점이 아닌 것은?

① 자료의 갱신과 유지관리에 편하다.
② 객체의 크기와 방향성에 대한 정보를 가지고 있다.
③ 컴퓨터상에서 확대축소하여도 선이 매끄럽고 정확한 형상 묘사가 가능하다.
④ 격자의 크기 및 형태가 동일하므로 중첩분석이나 시뮬레이션에 용이하다.

해설 [벡터자료의 특징]
• 현상적 자료구조의 표현이 용이하고 효율적 축약
• 뛰어난 위상관계 구축과 위치와 속성의 일반화 가능
• 3차원 분석 및 확대 축소시의 정보의 손실 없음
• 자료구조는 복잡하고 고가의 장비 필요

57. 현지측량 등으로 얻어진 대상물의 좌표를 직접 입력하여 공간정보를 구축하는 방식은?

① 스캐닝   ② COGO
③ DIGEST   ④ 디지타이징

해설 [COGO(COordinate GeOmetry) : 좌표기하, 코고]
① 측량계산과 토목설계에서 좌표・위치・면적・방향 등을 구하거나 도면 전개할 수 있도록 구성된 프로그램(Coordinate Geometry Program)
② 1950년대에 MIT에서 시초로 사용하였다. 토지의 분할 및 분배, 도로 및 시설물에 관한 설계에 필요한 측량, 토목 엔지니어링에 필요한 기능을 제공하는 기하좌표의 입력과 관리 체계

58. 국가지리정보시스템 구축사업 중 제1차 주제도 전산화사업이 아닌 것은?

① 지적도   ② 도로망도
③ 도시계획도   ④ 지형지번도

해설 [제1차 국가지리정보시스템 구축사업 중 지리정보분과]
① 지형도 수치화 사업
② 6대 주제도 전산화사업
국토이용 계획도, 토지이용현황도, 지형지번도, 행정구역도, 도로망도, 도시계획도
③ 7대 지하시설물 수치화 사업
상수도, 하수도, 가스, 통신, 전력, 송유관, 난방열관

59. 다음 중 지도데이터의 표준화를 위하여 미국의 국가위원회(NCDCDS)에서 분류한 1차원의 공간객체에 해당하지 않는 것은?

① 선(Line)   ② 아크(Arc)
③ 면적(Area)   ④ 스트링(String)

해설 [공간객체의 종류]
① 점(point) : 0차원 공간객체
② 선(line) : 1차원 공간객체
③ 면(polygon, area) : 2차원 공간객체

60. 적합도를 판단하는 조건이 다음과 같을 때 표현식으로 옳은 것은?

[조건]
사질토에 산림이 있거나 점토에 목초지가 있을 경우에는 적합하고 그렇지 않을 경우에는 부적합

① IFF((토지이용="산림" OR 토질="사질토") OR (토지이용="목초지" AND 토질="점토"), "적합", "부적합")
② IFF((토지이용="산림" AND 토질="사질토") OR (토지이용="목초지" OR 토질="점토"), "적합", "부적합")
③ IFF((토지이용="산림" AND 토질="사질토") OR (토지이용="목초지" AND 토질="점토"), "적합", "부적합")
④ IFF((토지이용="산림" OR 토질="사질토") AND (토지이용="목초지" AND 토질="점토"), "적합", "부적합")

정답 55. ③ 56. ④ 57. ② 58. ① 59. ③ 60. ③

해설 문제의 조건을 해석해 보면 다음과 같다.
① 토질은 사질토이고(AND) 토지이용은 산림이다 : 두 조건이 교집합인 AND로 연결
② 토질은 점토이고(AND) 토지이용은 목초지이다 : 두 조건이 교집합인 AND로 연결
③ 두 조건이 있거나로 연결되어 있다 : ①, ②의 두 조건이 합집합인 OR로 연결

4과목 지적학

61. 지적의 발생설을 토지측량과 밀접하게 관련지어 이해할 수 있는 이론은?

① 과세설 ② 치수설
③ 지배설 ④ 역사설

해설 [지적발생설의 종류]
① 과세설 : 세금징수의 목적에서 출발
② 치수설 : 농지측량(토지측량) 및 치수에서 출발
③ 통치설 : 통치적 수단에서 출발
④ 침략설 : 영토 확장과 침략상 우위의 목적

62. 일필지를 구획하기 위해 선차적으로 결정되어야 할 것은?

① 면적 ② 지번
③ 지목 ④ 경계

해설 일필지란 토지대장에 등록하는 단위의 토지로 일필지를 구획하기 위해 선차적으로 결정되어야 할 것은 경계선을 정하는 작업인 일필지 측량이라 할 수 있다.

63. 결부제에 대한 설명으로 옳은 것은?

① 1척은 10파 ② 100파는 1속
③ 100속은 1부 ④ 100부는 1결

해설 [결부제]
① 농지의 비옥도에 따라 수확량으로 세액을 파악하는 주관적인 지세부과 방법
② 1결 = 100부, 1부 = 10속, 1속 = 10파, 1파 = 곡식 한줌

64. 다음 중 지목의 변천에 관한 설명으로 옳은 것은?

① 2000년의 지목의 수는 28개였다.
② 토지조사사업당시 지목의 수는 21개였다.
③ 최초 지적법이 개정된 후 지목의 수는 24개였다.
④ 지목 수의 증가는 경제발전에 따른 토지이용의 세분화를 반영하는 것이다.

해설 [지목의 변천과정]
① 토지조사사업당시의 1910년 토지조사 및 1912년 토지조사령은 18개 지목
② 1918년 지세령에서는 19개
③ 1943년 조선지세령은 21개
④ 1950년 제정 지적법은 21개
⑤ 1975년 개정 지적법은 24개
⑥ 2001년 개정 지적법에서는 토지의 주된 사용목적 또는 용도에 따라 주차장·주유소용지·창고용지·양어장 등 4개의 지목을 새로이 도입하여 현재 법률에 규정된 지목은 28개의 종류로 구분

65. 토지경계에 대한 설명으로 옳지 않은 것은?

① 지역선은 사정선과 같다.
② 강계선은 사정선과 같다.
③ 원칙적으로 지적(임야)도 상의 경계를 말한다.
④ 지적공부상에 등록하는 단위토지인 일필지의 구획선을 말한다.

해설 토지조사사업은 토지조사부 및 지적도에 의하여 토지소유자 및 강계를 확정하는 행정처분을 말하며 지적도에 등록된 강계선이 대상이며, 지역선은 사정하지 않는다.

66. 토지조사사업의 사정에 불복하는 자는 공시기간 만료 후 최대 며칠 이내에 고등토지조사위원회에 재결을 신청하여야 했는가?

① 10일 ② 30일
③ 60일 ④ 90일

해설 [토지조사사업의 사정(査定)]
① 임시토지조사국은 지방토지조사위원회에 자문하여 토지소유자와 그 강계를 사정

② 임시토지조사국장은 사정을 하는 때에는 30일간 이를 공시
③ 사정에 불복하는 자는 공시기간 만료 후 60일내에 고등토지조사위원회에 제기하여 재결받을 수 있음

67. 지주총대의 사무에 해당되지 않는 것은?

① 신고서류 취급 처리
② 소유자 및 경계 사정
③ 동리의 경계 및 일필지조사의 안내
④ 경계표에 기재된 성명 및 지목 등의 조사

해설 [지주총대의 사무]
① 동리의 경계 및 일필지조사의 안내
② 신고서류 취급 처리
③ 경계표에 기재된 성명 및 지목 등의 조사

68. 지적의 분류 중 등록대상에 따른 분류가 아닌 것은?

① 도해지적
② 2차원지적
③ 3차원지적
④ 입체지적

해설 도해지적과 수치지적은 경계의 표시방법에 따른 분류이다.
[지적의 등록방법(등록대상)별 분류]
① 2차원 지적 : 토지의 고저에 관계없이 수평면상의 투영만을 가상하여 각 필지의 경계를 등록·공시하는 제도로 평면지적이라 함
② 3차원 지적 : 선과 면으로 구성된 2차원 지적에 높이를 추가하는 것으로 입체지적이라 함
③ 4차원 지적 : 지표, 지상건축물, 지하시설물 등을 효율적으로 등록·공시하거나 관리·지원할 수 있고, 등록사항의 변경내용을 정확하게 유지·관리할 수 있는 다목적지적제도

69. 지적제도의 특성으로 가장 거리가 먼 것은?

① 윤리성
② 민원성
③ 전문성
④ 지역성

해설 현대지적의 성격(특성)에는 역사성과 영구성, 반복적 민원성, 전문성과 기술성, 서비스성과 윤리성, 정보원 등이 있으며 지역성은 해당하지 않는다.

70. 토렌스 시스템은 오스트레일리아의 Robert Torrens경에 의해 창안된 시스템으로서, 토지권리등록법인의 기초가 된다. 다음 중 토렌스 시스템의 주요 이론에 해당되지 않는 것은?

① 거울이론
② 권원이론
③ 보험이론
④ 커튼이론

해설 [토렌스 시스템]
① 근본목적 : 법률적으로 토지의 권리를 확인하는 대신 토지의 권원을 등록하는 행위로 토지의 소유권을 명확히 하고 토지거래에 따른 변동사항과 정리를 용이하게 하여 권리증서의 발행을 손쉽게 행함
② 적극적 등록주의의 발달된 형태
③ 3대이론 : 거울이론, 커튼이론, 보험이론

71. 다음 지적측량의 행정적 효력 중 지적공부에 유효하게 등록된 표시사항은 일정한 기간이 경과된 후 그 상대방이나 이해관계자가 그 효력을 다툴 수 없으며 소관청 자체도 특별한 사유가 있는 경우를 제외하고 그 성과를 변경할 수 없는 처분행위의 효력은?

① 구속력
② 확정력
③ 강제력
④ 추정력

해설 [토지등록의 법률적 효력]
① 구속력 : 행정처분이 그 내용에 따라 처분 행정 자신이나 행정처분의 상대방 및 관계인을 구속하는 효력
② 공정력 : 토지등록에 있어서의 행정처분이 유효하게 성립하기 위한 요건을 완전히 갖추지 못한 경우에도 절대 무효인 경우를 제외하고 소관청, 감독청, 법원 등 권한있는 기관에 의해 쟁송 또는 직권으로 취소할 때까지 법적으로 제한을 받지 않고 그 효력을 부인할 수 없는 것으로 적법성이 추정됨
③ 강제력 : 지적측량이나 토지등록사항에 대하여 사법권과 관계없이 소관청 명의로 집행할 수 있는 강력한 효력을 말함
④ 확정력 : 토지에 등록된 표시사항은 일정한 기간이 경과한 뒤에 등록이 유효하며 이해관계인 및 소관청도 그 효력을 다툴 수 없는 것을 형식적 확정력이라 하며, 소관청도 변경할 수 없는 것을 관습적 확정력이라 함

정답 67. ② 68. ① 69. ④ 70. ② 71. ②

72. 경국대전에 의한 공전(公田), 사전(私田)의 구분 중 사전(私田)에 속하는 것은?

① 적전(藉田) ② 직전(職田)
③ 관둔전(官屯田) ④ 목장토(牧場土)

해설 [직전법(職田法)]
① 조선시대 전기 현직 관리에게만 수조지(收租地)를 분급한 토지제도
② 과전(科田)은 경기도 내의 토지에 한하여 지급하였기에 관리 수의 증가와 과전의 세습, 토지의 한정으로 인한 한계

73. 우리나라의 지적도에 등록해야 할 사항으로 볼 수 없는 것은?

① 지번 ② 필지의 경계
③ 토지의 소재 ④ 소관청의 명칭

해설 [공간정보의 구축 및 관리 등에 관한 법률 제72조(지적도 등의 등록사항)]
① 지적도, 임야도 기재사항 : 토지의 소재, 지번, 지목, 경계, 색인도, 제명 및 축척, 도곽선과 그 수치 등
② 경계점좌표등록부 기재사항 : **토지의 소재, 지번**, 좌표, 토지의 고유번호, 지적도면의 번호, 장번호, 부호 및 부호도

74. 상고시대 촌락의 설치와 토지분급 및 수확량의 파악을 위하여 시행하였던 제도는?

① 정전제(井田制) ② 결부제(結負制)
③ 두락제(斗落制) ④ 경무법(頃畝法)

해설 상고시대란 삼국시대 이전을 말하며 고조선시대의 지적제도에는 균형있는 촌락의 설치와 토지분급 및 수확량 파악을 위해 정전제(井田制)를 시행하였다.

75. 토지등록제도의 유형에 포함되지 않는 것은?

① 임시 등록제도 ② 소극적 등록제도
③ 적극적 등록제도 ④ 날인증서 등록제도

해설 [토지등록제도의 종류]
① 적극적 등록주의 : 토지등록은 일필지의 개념으로 법적인 권리보장이 인증되고 정부에 의해 그러한 합법성과 효력이 발생
② 소극적 등록주의 : 기본적으로 거래와 그에 관한 거래증서의 변경기록을 수행하는 것이며, 일필지의 소유권이 거래되면서 발생되는 거래증서를 변경 등록하는 것
③ 날인증서등록제도 : 토지의 이익에 미치는 문서의 공적 등기를 보전하는 등록
④ 권원등록제도 : 공적기관에서 보존되는 특정한 사람에게 귀속된 명확히 한정된 단위의 토지에 대한 권리와 그러한 권리들이 존속되는 한계에 대한 권위있는 등록

76. 임야조사사업 당시 임야대장에 등록된 정(町), 단(段), 무(畝), 보(步)의 면적을 평으로 환산한 값이 틀린 것은?

① 1정(町)=3,000평 ② 1단(段)=300평
③ 1무(畝)=30평 ④ 1보(步)=3평

해설 [면적의 단위]
• 1평(坪) = 6척×6척 = 1간×1간
• 1합(合)(홉) = 1/10평(坪)
• 1보(步) = 1평(坪) = 10홉
• 1무(畝)(묘) = 30평(坪)
• 1단(段) = 300평(坪) = 10무(畝)
• 1정(町) = 3000평(坪) = 100무(畝) = 10단(段)

77. 다음 중 역토(驛土)에 대한 설명으로 옳지 않은 것은?

① 역토는 주로 군수비용을 충당하기 위한 토지이다.
② 역토의 수입은 국고수입으로 하였다.
③ 역토는 역참에 부속된 토지의 명칭이다.
④ 조선시대 초기에 역토에는 관둔전, 공수전 등이 있다.

해설 [역토(驛土)]
① 역참(관리의 공무에 필요한 숙박의 제공)에 부속된 토지
② 역토의 종류로는 관둔전, 공수전, 장전, 부장전, 마위전 등이 있음
③ 역토는 타인에게 양도, 매매, 전대할 수 없고, 수입은 국고수입으로 함

정답 72. ② 73. ④ 74. ① 75. ① 76. ④ 77. ①

78. 다음 중 토지등록제도의 장점으로 보기 어려운 것은?

① 사인 간의 토지거래에 있어서 용이성과 경비절감을 기할 수 있다.
② 토지에 대한 장기신용에 의한 안전성을 확보할 수 있다.
③ 지적과 등기에 공신력이 인정되고 측량성과의 정확도가 향상될 수 있다.
④ 토지분쟁의 해결을 위한 개인의 경비측면이나 시간적 절감을 가져오고 소송사건이 감소될 수 있다.

해설 토지등록의 공신력이나 정확도는 토지등록제도의 유형에 따라 달라지면 등록제도로 인해 지적과 등기의 공신력이 인정되는 것이 아니며 측량성과의 정확도를 보장하지도 않는다.

79. 지적재조사사업의 사업 내용으로 옳은 것은?

① 지가 조사
② 소유권 조사
③ 일필지 조사
④ 지형·지모 조사

해설 지적재조사사업은 지적공부의 등록사항을 바로잡는 작업으로 일필지조사를 의미한다.
[지적재조사에 관한 특별법 제1조(목적)]
이 법은 토지의 실제 현황과 일치하지 아니하는 지적공부(地籍公簿)의 등록사항을 바로 잡고 종이에 구현된 지적(地籍)을 디지털 지적으로 전환함으로써 국토를 효율적으로 관리함과 아울러 국민의 재산권 보호에 기여함을 목적으로 한다.

80. 토지등록공부의 편성방법에 해당되지 않는 것은?

① 물적 편성주의
② 인적 편성주의
③ 법률적 편성주의
④ 연대적 편성주의

해설 [토지등록의 편성방법]
물적 편성주의, 인적 편성주의, 연대적 편성주의, 인적·물적 편성주의

5과목 지적관계법규

81. 축척변경시행지역의 토지는 언제 토지의 이동이 있는 것으로 보는가?

① 등기촉탁일
② 청산금지급완료일
③ 축척변경시행공고일
④ 축척변경확정공고일

해설 [공간정보의 구축 및 관리 등에 관한 법률 시행령 제78조(축척변경의 확정공고)]
① 청산금의 납부 및 지급이 완료되었을 때에는 지적소관청은 지체 없이 축척변경의 확정공고를 하여야 한다.
② 지적소관청은 제1항에 따른 확정공고를 하였을 때에는 지체 없이 축척변경에 따라 확정된 사항을 지적공부에 등록하여야 한다.
③ 축척변경 시행지역의 토지는 제1항에 따른 확정공고일에 토지의 이동이 있는 것으로 본다.

82. 공간정보의 구축 및 관리 등에 관한 법률상 용어의 정의로 틀린 것은?

① "면적"이란 지적공부에 등록한 필지의 수평면상 넓이를 말한다.
② "토지의 이동"이란 토지의 표시를 새로 정하거나 변경 또는 말소하는 것을 말한다.
③ "경계"란 필지별 경계점 등을 직선 혹은 곡선으로 연결하여 지적공부에 등록한 선을 말한다.
④ "지번부여지역"이란 지번을 부여하는 단위지역으로서 동·리 또는 이에 준하는 지역을 말한다.

해설 [공간정보의 구축 및 관리 등에 관한 법률 제2조(정의)]
"경계"란 필지별로 경계점들을 직선으로 연결하여 지적공부에 등록한 선을 말한다.

정답 78. ③ 79. ③ 80. ③ 81. ④ 82. ③

83. 공간정보의 구축 및 관리 등에 관한 법률 시행령상 지상경계의 결정기준에서 분할에 따른 지상경계를 지상건축물에 걸리게 결정할 수 있는 경우로 틀린 것은?

① 법원의 확정판결이 있는 경우
② 토지를 토지소유자의 필요에 의해 분할하는 경우
③ 공공사업 등에 따라 지목이 학교용지로 되는 토지를 분할하는 경우
④ 도시개발사업 등의 사업시행자가 사업지구의 경계를 결정하기 위하여 토지를 분할하려는 경우

해설 [공간정보의 구축 및 관리 등에 관한 법률 시행령 제55조(지상경계의 결정기준 등)]
분할에 따른 지상 경계는 지상건축물을 걸리게 결정해서는 안되지만 다음 각 호의 어느 하나에 해당하는 경우에는 그러하지 아니하다.
1. 법원의 확정판결이 있는 경우
2. 법 제87조제1호(공공사업 등에 따라 학교용지 등으로 되는 토지)에 해당하는 토지를 분할하는 경우
3. 제3항제1호(도시개발사업 등의 사업시행자가 사업지구의 경계를 결정하기 위하여) 토지를 분할하려는 경우

84. 공간정보의 구축 및 관리 등에 관한 법률상 측량업등록의 결격사유에 해당되는 자는?

① 금치산자 또는 한정치산자
② 임원 중에 금치산자가 있는 법인
③ 측량업의 등록이 취소된 후 3년이 지난 자
④ 「국가보안법」 등을 위반하여 금고이상의 집행유예를 선고받고 그 집행유예기간 중에 있는 자

해설 [공간정보의 구축 및 관리 등에 관한 법률 제47조(측량업 등록의 결격 사유)]
다음 각 호의 어느 하나에 해당하는 자는 측량업의 등록을 할 수 없다.
1. 피성년후견인 또는 피한정후견인
2. 이 법이나 국가보안법, 형법의 규정을 위반하여 금고 이상의 실형을 선고받고 그 집행이 끝나거나 집행이 면제된 날부터 2년이 지나지 아니한 자
3. 이 법이나 국가보안법, 형법의 규정을 위반하여 금고 이상의 형의 집행유예를 선고받고 그 집행유예기간 중에 있는 자
4. 측량업의 등록이 취소된 후 2년이 지나지 아니한 자
5. 임원 중에 제1호부터 제4호까지의 어느 하나에 해당하는 자가 있는 법인

85. 공간정보의 구축 및 관리 등에 관한 법령상 중앙지적위원회의 구성 등에 관한 설명으로 옳은 것은?

① 위원장은 국토교통부장관이 임명하거나 위촉한다.
② 부위원장은 국토교통부의 지적업무 담당 국장이 된다.
③ 위원장 및 부위원장을 제외한 위원의 임기는 2년으로 한다.
④ 위원장 1명과 부위원장 1명을 제외하고, 5명 이상 10명 이하의 위원으로 구성한다.

해설 [공간정보의 구축 및 관리 등에 관한 법률 시행령 제20조(중앙지적위원회의 구성 등)]
① 중앙지적위원회의 위원은 5명 이상 10명 이하로 구성(위원장, 부위원장 포함)
② 위원장은 국토교통부 지적업무담당국장, 부위원장은 담당과장
③ 위원의 임기는 2년(위원장, 부위원장 제외)으로 하고 국토교통부장관이 임명

86. 공간정보의 구축 및 관리 등에 관한 법률상 용어 정의에서 "지적공부"로 볼 수 없는 것은?

① 면적측정부   ② 대지권등록부
③ 토지·임야대장 ④ 지적도와 임야도

해설 [공간정보의 구축 및 관리 등에 관한 법률 제2조(정의)]
"지적공부"란 토지대장, 임야대장, 공유지연명부, 대지권등록부, 지적도, 임야도 및 경계점좌표등록부 등 지적측량 등을 통하여 조사된 토지의 표시와 해당 토지의 소유자 등을 기록한 대장 및 도면을 말한다.

정답 83. ② 84. ④ 85. ③ 86. ①

87. 지적공부 관리에 대한 내용으로 틀린 것은?

① 지적공부는 지적업무담당공무원과 지적측량수행자 외에는 취급하지 못한다.
② 도면은 말거나 접지 못하며 직사광선을 받게 하거나 건습이 심한 장소에서 취급하지 못한다.
③ 지적공부를 지적서고 밖으로 반출하고자 할 때에는 훼손이 되지 않도록 보관·운반함 등을 사용한다.
④ 지적공부 사용을 완료한 때에는 즉시 보관상자에 넣어야 하나 간이보관 상자를 비치한 경우에는 그러하지 아니한다.

해설 [지적업무처리규정 제33조(지적공부의 관리)]
지적공부 관리방법은 부동산종합공부시스템에 따른 방법을 제외하고는 다음 각 호와 같다.
① 지적공부는 지적업무담당공무원 외에는 취급하지 못한다.
② 지적공부 사용을 완료한 때에는 즉시 보관 상자에 넣어야 한다. 다만, 간이보관 상자를 비치한 경우에는 그러하지 아니하다.
③ 지적공부를 지적서고 밖으로 반출하고자 할 때에는 훼손이 되지 않도록 보관·운반함 등을 사용한다.
④ 도면은 항상 보호대에 넣어 취급하되, 말거나 접지 못하며 직사광선을 받게 하거나 건습이 심한 장소에서 취급하지 못한다.

88. 지적측량성과도의 발급에 대한 내용으로 틀린 것은?

① 지적소관청은 지적측량성과도를 발급한 토지에 대하여 지적공부정리 신청여부를 조사하여 필요한 조치를 하여야 한다.
② 측량성과도를 정보시스템으로 작성한 경우 측량의뢰인이 파일로 제공할 것을 요구하면 편집이 가능한 파일 형식으로 변환하여 파일로 제공할 수 있다.
③ 각종 인가·허가 등의 내용과 다르게 토지의 형질이 변경되었을 경우, 각종 인·허가 등이 변경되어야 지적공부정리처리신청을 할 수 있다는 뜻을 지적측량성과도에 표기하여야 한다.
④ 경계복원측량과 지적현황측량 성과도를 지적측량의뢰인에게 송부하고자 하는 때에는 지체없이 인터넷 등 정보통신망 또는 등기우편으로 송달하거나 직접 발급하여야 한다.

해설 [지적업무처리규정 제29조(측량성과도의 발급 등)]
① 시·도지사 및 대도시 시장으로부터 지적측량성과 검사결과 측량성과가 정확하다고 통지를 받은 지적소관청은 측량성과 및 지적측량성과도를 지적측량수행자에게 발급하여야 한다.
② 경계복원측량과 지적현황측량을 완료하고 발급한 측량성과도와 측량성과도를 지적측량수행자가 지적측량의뢰인에게 송부하고자 하는 때에는 지체 없이 인터넷 등 정보통신망 또는 등기우편으로 송달하거나 직접 발급하여야 한다.
③ 측량성과도를 정보시스템으로 작성한 경우 측량의뢰인이 파일로 제공할 것을 요구하면 **편집이 불가능한 파일형식으로 변환하여** 측량성과를 파일로 제공할 수 있다.
④ 지적소관청은 측량성과를 결정한 경우에는 그 측량성과에 따라 각종 인가·허가 등이 변경되어야 지적공부정리 신청을 할 수 있다는 뜻을 지적측량성과도에 표시하고, 지적측량의뢰인에게 알려야 한다.
⑤ 지적소관청은 지적측량성과도를 발급한 토지에는 지적공부정리 신청여부를 조사하여 필요한 조치를 하여야 한다.

89. 도로명주소법상 도로 및 건물 등의 위치에 관한 기초조사의 권한이 부여되지 않은 자는?

① 시·도지사
② 읍·면·동장
③ 행정안전부장관
④ 시장·군수·구청장

해설 [도로명주소법 제6조(기초조사 등)]
① 행정안전부장관, 시·도지사 및 시장·군수·구청장은 기초번호, 도로명주소, 국가기초구역, 국가지점번호 및 사물주소의 부여·설정·관리 등을 위하여 도로 및 건물 등의 위치에 관한 기초조사를 할 수 있다.
② 「도로법」에 따른 도로관리청은 도로구역을 결정·변경 또는 폐지한 경우 그 사실을 행정안전부장관, 시·도지사 또는 시장·군수·구청장에게 통보하여야 한다.

90. 다음 중 토지소유자의 토지이동 신청 기간 기준이 다른 것은?

① 등록전환 신청
② 신규등록 신청
③ 지목변경 신청
④ 바다로 된 토지의 등록말소 신청

해설 ① 신규등록, 등록전환, 분할, 합병, 지목변경 : 60일 이내
② 도시개발사업 착수신고 : 15일 이내
③ 등록사항 정정 : 기한없음
④ 바다로 된 토지의 등록말소 신청 : 90일 이내

91. 도로명주소법령상 도로명 부여의 세부기준으로 옳은 것은?

① 도로명은 한글과 영문으로 표기할 것
② 도로구간만 변경된 경우에는 새로운 도로명을 사용할 것
③ 도로명에 숫자를 사용하는 경우 숫자는 한번만 사용하도록 할 것
④ 도로명의 로마자 표기는 행정안전부장관이 고시하는 「국어의 로마자 표기법」을 따를 것

해설 [도로명주소법 시행규칙 제6조(도로명 부여의 세부기준)]
1. 길에 후단에 따른 숫자나 방위를 붙이려는 경우에는 다음에 해당하는 방식으로 도로명을 부여할 것
   가. 기초번호방식 : 길의 시작지점이 분기되는 도로구간의 도로명, 길이 분기되는 지점의 기초번호와 '번길'을 차례로 붙여서 도로명을 부여할 것
   나. 일련번호방식 : 길의 시작지점이 분기되는 도로구간의 도로명, 길이 분기되는 지점의 일련번호(도로구간에 일정한 간격 없이 순차적으로 부여하는 번호를 말한다)와 '길'을 차례로 붙여서 도로명을 부여할 것
   다. 복합명사방식 : 주된 명사에 방위 등을 붙여 도로명을 부여할 것
2. 도로구간만 변경된 경우에는 기존의 도로명을 계속 사용할 것
3. 도로명에 숫자를 사용하는 경우 숫자는 한 번만 사용하도록 할 것
4. 도로명은 한글로 표기할 것(숫자와 온점을 포함할 수 있다)
5. 도로명의 로마자 표기는 문화체육관광부장관이 정하여 고시하는 「국어의 로마자 표기법」을 따를 것
6. 도로의 유형을 안내하는 경우 다음 각 목과 같이 표기할 것
   가. 대로(大路): Blvd
   나. 로(路): St
   다. 길(街): Rd

92. 공간정보의 구축 및 관리 등에 관한 법령상 결번대장에 기재하여 영구히 보존하여야 하는 결번발생에 해당하지 않는 것은?

① 지목변경으로 지번에 결번이 발생한 경우
② 지번변경으로 지번에 결번이 발생한 경우
③ 지번정정으로 지번에 결번이 발생한 경우
④ 축척변경으로 지번에 결번이 발생한 경우

해설

결번이 발생하는 경우	결번이 발생하지 않는 경우
행정구역변경, 도시개발사업, 축척변경, 지번변경, 지번정정, 등록 전환 및 합병, 해면성 말소	신규등록, 분할, 지목변경

93. 지적측량 시행규칙상 세부측량의 기준 및 방법으로 옳지 않은 것은?

① 평판측량방법에 따른 세부측량의 측량결과도는 그 토지가 등록된 도면과 동일한 축척으로 작성하여야 한다.
② 평판측량방법에 따른 세부측량은 교회법, 도선법 및 방사법(放射法)에 따른다.
③ 평판측량방법에 따른 세부측량을 교회법으로 하는 경우 방향각의 교각은 45도 이상 120도 이하로 하여야 한다.
④ 평판측량방법에 따른 세부측량을 도선법으로 하는 경우 측선장은 8cm 이하로 하여야 한다.

해설 [지적측량 시행규칙 제18조(세부측량의 기준 및 방법 등)]
방향각의 교각은 30도 이상 150도 이하로 할 것

94. 다음 중 사용자권한 등록관리청에 해당하지 않는 것은?

① 지적소관청   ② 시·도지사
③ 국토교통부장관 ④ 국토지리정보원장

해설 [공간정보의 구축 및 관리 등에 관한 법률 시행규칙 제76조(지적정보관리체계 담당자의 등록 등)]
국토교통부장관, 시·도지사 및 지적소관청은 지적공부정리 등을 지적정보관리체계로 처리하는 담당자를 사용자권한 등록파일에 등록하여 관리하여야 한다.

95. 국토의 계획 및 이용에 관한 법률의 정의에 따른 도시·군관리계획에 포함되지 않는 것은?

① 기반시설의 설치·정비 또는 개량에 관한 계획
② 광역계획권의 기본구조와 발전방향에 관한 계획
③ 지구단위계획구역의 지정 또는 변경에 관한 계획
④ 용도지역·용도지구의 지정 또는 변경에 관한 계획

해설 [국토의 계획 및 이용에 관한 법률 제2조(정의)]
"도시·군관리계획"이란 특별시·광역시·특별자치시·특별자치도·시 또는 군의 개발·정비 및 보전을 위하여 수립하는 토지 이용, 교통, 환경, 경관, 안전, 산업, 정보통신, 보건, 복지, 안보, 문화 등에 관한 다음 각 목의 계획을 말한다.
가. 용도지역·용도지구의 지정 또는 변경에 관한 계획
나. 개발제한구역, 도시자연공원구역, 시가화조정구역(市街化調整區域), 수산자원보호구역의 지정 또는 변경에 관한 계획
다. 기반시설의 설치·정비 또는 개량에 관한 계획
라. 도시개발사업이나 정비사업에 관한 계획
마. 지구단위계획구역의 지정 또는 변경에 관한 계획과 지구단위계획
바. 삭제 〈2024. 2. 6.〉
사. 도시혁신구역의 지정 또는 변경에 관한 계획과 도시혁신계획
아. 복합용도구역의 지정 또는 변경에 관한 계획과 복합용도계획
자. 도시·군계획시설입체복합구역의 지정 또는 변경에 관한 계획

96. 지적재조사측량의 세부측량방법이 아닌 것은?

① 위성측량   ② 평판측량
③ 항공사진측량 ④ 토털스테이션측량

해설 [지적재조사에 관한 특별법 시행규칙 제5조(지적재조사측량)]
① 지적재조사측량은 지적기준점을 정하기 위한 기초측량과 일필지의 경계와 면적을 정하는 세부측량으로 구분한다.
② 기초측량과 세부측량은 「공간정보의 구축 및 관리에 관한 법률 시행령」 제8조제1항에 따른 국가기준점 및 지적기준점을 기준으로 측량하여야 한다.
③ 기초측량은 위성측량 및 토털 스테이션측량의 방법으로 한다.
④ 세부측량은 위성측량, 토털 스테이션측량 및 항공사진측량 등의 방법으로 한다.

⑤ 제1항부터 제4항까지에서 규정한 사항 외에 지적재조사측량의 기준, 방법 및 절차 등에 관하여 필요한 사항은 국토교통부장관이 정하여 고시한다.

97. 부동산등기법상 미등기의 토지에 관한 소유권보존등기를 신청할 수 없는 자는?

① 시장의 확인에 의하여 자기의 소유권을 증명하는 자
② 확정판결에 의하여 자기의 소유권을 증명하는 자
③ 수용(收用)으로 인하여 소유권을 취득하였음을 증명하는 자
④ 임야대장에 최초의 소유자로 등록되어 있는 자의 상속인

해설 [부동산등기법 제65조(소유권보존등기의 신청인)]
미등기의 토지 또는 건물에 관한 소유권보존등기는 다음 각 호의 어느 하나에 해당하는 자가 신청할 수 있다.
1. 토지대장, 임야대장 또는 건축물대장에 최초의 소유자로 등록되어 있는 자 또는 그 상속인, 그 밖의 포괄승계인
2. 확정판결에 의하여 자기의 소유권을 증명하는 자
3. 수용(收用)으로 인하여 소유권을 취득하였음을 증명하는 자
4. 특별자치도지사, 시장, 군수 또는 구청장의 확인에 의하여 자기의 소유권을 증명하는 자(건물의 경우로 한정한다)

98. 지적삼각보조점측량에서 다각망도선법에 의한 측량시 1도선의 점의 수는 최대 몇 개까지로 할 수 있는가?(단, 기지점과 교점을 포함한 점의 수)

① 3개   ② 5개
③ 7개   ④ 9개

해설 [다각망도선법에 의한 지적삼각측보조점측량의 기준]
① 3점 이상의 기지점으로 포함한 결합다각방식에 의한다.
② 1도선의 거리는 4km 이하로 한다.
③ 1도선의 점의 수는 기지점과 교점 포함하여 5점 이하로 한다.

99. 중앙지적재조사위원회의 설명으로 틀린 것은?

① 중앙지적재조사위원회는 위원장 및 부위원장 각 1명을 포함한 15명 이상 20명 이하의 위원으로 구성한다.
② 중앙지적재조사위원회는 기본계획의 수립 및 변경, 관계 사항 등을 제정·개정 및 제도의 개선에 관한 사항 등을 심의·의결한다.
③ 위원이 최근 3년 이내에 심의·의결 안건과 관련된 업체의 임원 또는 직원으로 재직한 경우 그 안건의 심의·의결에서 제척된다.
④ 중앙지적재조사위원회의 위원장은 국토교통부장관이 되며, 위원장은 회의 개최 10일 전까지 회의 일시·장소 및 심의안건을 각 위원에게 통보하여야 한다.

해설 위원장은 회의 개최 5일 전까지 회의 일시·장소 및 심의안건을 각 위원에게 통보하여야 한다. 다만, 긴급한 경우에는 회의 개최 전까지 통보할 수 있다.

[지적재조사에 관한 특별법 제28조(중앙지적재조사위원회)]
① 지적재조사사업에 관한 주요 정책을 심의·의결하기 위하여 국토교통부장관 소속으로 중앙지적재조사위원회(이하 "중앙위원회"라 한다)를 둔다.
② 중앙위원회는 다음 각 호의 사항을 심의·의결한다.
 1. 기본계획의 수립 및 변경
 2. 관계 법령의 제정·개정 및 제도의 개선에 관한 사항
 3. 그 밖에 지적재조사사업에 필요하여 중앙위원회의 위원장이 회의에 부치는 사항
③ 중앙위원회는 위원장 및 부위원장 각 1명을 포함한 15명 이상 20명 이하의 위원으로 구성한다.
④ 중앙위원회의 위원장은 국토교통부장관이 되며, 부위원장은 위원 중에서 위원장이 지명한다.

100. 공간정보의 구축 및 관리 등에 관한 법령상 지목설정이 잘못된 것은?

① 영구적인 봉안당 → 묘지
② 자연의 유수가 있는 토지 → 하천
③ 택지조성공사가 준공된 토지 → 대
④ 용·배수가 용이한 지역의 연·왕골 재배지 → 유지

해설 댐, 저수지, 소류지(沼溜地), 호수, 연못 등의 토지와 연·왕골 등이 자생하는 용·배수가 잘 되지 아니하는 토지는 유지이다.